· E60-2 시리즈 ·

전기산업기사 실기

엔트미디어

머리말

전기분야의 자격증을 가장 단시간에 쉽게 취득하기 위해서는 먼저 기 출제된 문제를 기본으로 하여 시험범위 및 난이도를 분석하고, 그에 맞도록 준비하는 것이 가장 중요하다고 할 수 있습니다.

또한 자격증 취득을 준비하고 있는 수험생들은 각자의 능력과 취향을 고려하여 자기에게 알맞은 교재를 준비하는 것도 중요한 일이라고 생각 합니다.

이에 본서는 다음 사항에 중점을 두었습니다.

> **첫 째** : 수험생들이 가장 어려워하는 수변전 설비에 대해 상세한 설명과 예제를 통하여 쉽게 이해할 수 있도록 준비 하였습니다.
> **둘 째** : 비 전공자인 수험생들도 쉽게 자격증 취득이 가능 하도록 본문내용을 준비 하였습니다.
> **셋 째** : 최근 22년간 기 출제된 문제를 순차적으로 수록
> **넷 째** : 각각의 문제에 기 출제된 연도와 배점을 표시하여 문제의 중요도를 쉽게 파악할 수 있도록 하였으며
> **다섯째** : 철저한 검증을 통한 답안작성 및 해설을 통하여 수험생 여러분들이 완벽하게 이해할 수 있도록 준비하였습니다.
> **여섯째** : 2024년 새로워진 출제기준에 맞게 수정 보완 하였습니다.

따라서 본 수험서를 충분히 이해한다면 단시간에 자격증 취득이 가능할 뿐만 아니라 현업에서도 즉시 사용될 수 있는 지식을 갖출 수 있도록 준비하였습니다.

끝으로 본 수험서로 실기 시험을 준비하시는 여러분들에게 깊은 감사를 드리며 출판 과정에서 발생할 수 있는 오·탈자 및 오답이 발견될 경우 연락주시면 수정토록하여 보다 나은 수험서가 되도록 노력하겠습니다. 또한 본 수험서에 잘못된 내용은 인터넷 홈페이지 고객센터/정오게시판에 게시할 예정이오니 많은 참고바랍니다.

인터넷 주소 : www.ent1.co.kr

저 자

출제기준(실기)

직무분야	전기·전자	중직무분야	전기	자격종목	전기산업기사	적용기간	2024.1.~2026.12.31

○ **직무내용** : 전기설비에 관한 이론을 기반으로 전기기계·기구의 선정, 전기설비의 계획, 에너지 절약기술 적용, 용량 산정, 재료선정 등 설계도서 작성, 감리, 유지관리 및 운용 등 시설관리 등의 업무를 수행하는 직무이다.

○ **수행준거** : 1. 전기설비에 관한 기초지식을 기반으로 전기설비의 계획 및 설계도서를 파악할 수 있다.
             2. 전력공급 안정성을 위하여 설비회로 구성과 제어에 필요한 사항을 파악할 수 있다.
             3. 설비의 안전한 운용을 위한 방안을 수립하고 구성기기의 특성을 파악할 수 있다.
             4. 전기설비의 안전관리를 위한 각종 계측 및 시험방법을 파악할 수 있다.

실기검정방법	필답형	시험시간	2시간

실기 과목명	주요항목	세부항목	세 세 항 목
전기설비설계 및 관리	1. 전기계획	1. 현장조사 및 분석하기	1. 건축물의 용도, 부하의 위치, 규모에 따라 이에 적합한 전기설비를 계획할 수 있다. 2. 현장의 위치를 파악하여 전력의 인입계획을 수립할 수 있다. 3. 현장의 대지특성을 분석하여 접지설비를 계획할 수 있다. 4. 현장의 낙뢰빈도를 조사하여 피뢰설비를 계획할 수 있다.
		2. 부하용량 산정하기	1. 건축물의 용도, 규모에 따라 이에 적합한 부하설비용량을 추정할 수 있다. 2. 수용률, 부등률, 부하율을 추정하여 최대수용전력을 산출할 수 있다. 3. 건물의 종류별 표준부하와 부분표준부하를 산출할 수 있다. 4. 부하의 종류별, 규모별로 수용률을 추정할 수 있다.
		3. 전기실 크기 산정하기	1. 추정된 부하설비용량에 의하여 변전실 면적을 산출할 수 있다. 2. 발전설비용량에 의한 발전실 면적을 산출할 수 있다. 3. 부하설비용량에 의한 각층별, 구획별로 EPS실 면적을 산출할 수 있다. 4. 중요부하설비의 UPS실과 축전지실 등의 면적을 산출할 수 있다.

실기 과목명	주요항목	세부항목	세 세 항 목
		4. 비상전원 및 무정전 전원 산정하기	1. 건축물의 규모, 용도에 따라 비상전원과 무정전전원을 계획할 수 있다. 2. 추정된 부하설비용량에 의하여 비상부하용량을 산정할 수 있다. 3. 비상부하용량을 분석하여 무정전전원 용량을 산정할 수 있다. 4. 비상전원과 무정전전원을 분석하여 축전지용량을 산정할 수 있다.
		5. 에너지이용기술 계획하기	1. 고효율 전기설비를 적용 검토할 수 있다. 2. 전기 에너지 이용 효율 향상 기술을 적용 검토 할 수 있다. 3. 전기에너지 부하 평준화 기술을 적용 검토할 수 있다. 4. 대체 에너지 적용설비의 적정 여부를 검토할 수 있다. 5. 전기 에너지 절감 효과를 반영한 에너지 수요량 분석의 적정성을 검토할 수 있다.
	2. 전기설계	1. 부하설비 설계하기	1. 부하설비의 공학적 구조, 원리, 구성장치, 운전 특성을 설명할 수 있다. 2. 조명, 전열, 전동력 설비 등의 계산을 할 수 있다.
		2. 수변전 설비 설계하기	1. 변압기의 구조, 동작원리, 종류, 특성을 설명할 수 있다. 2. 수전실의 위치, 면적, 관련 규정 및 법규를 적용할 수 있다.
		3. 실용도별 설비 기준 적용하기	1. 건축물의 종류에 따른 조명설비, 각종 배선방법을 적용할 수 있다. 2. 각종 전기 기계기구를 실 용도에 맞게 적용할 수 있다.
		4. 설계도서 작성하기	1. 전기 설비의 분류체계를 설명할 수 있다. 2. 도면, 시방서, 공사비 내역서를 작성할 수 있다.
		5. 원가계산하기	1. 설계에 따른 자재비, 노무비, 경비를 산출할 수 있다. 2. 계약의 종류 및 방법, 구성요소를 이해하고, 국가계약법 등 각종규제 사항을 활용할 수 있다.

실기 과목명	주요항목	세부항목	세 세 항 목
		6. 에너지 절약 설계하기	1. 수변전설비의 에너지 효율 향상기술을 적용할 수 있다. 2. 동력설비의 에너지 효율 향상 기술을 적용할 수 있다. 3. 조명설비의 에너지 효율 향상 기술을 적용할 수 있다. 4. 제어설비의 에너지 효율 향상기술을 적용할 수 있다. 5. 전력원단위를 고려하여 에너지 절약 설계기준을 적용할 수 있다.
	3. 자동제어 운용	1. 시퀀스제어 설계하기	1. 스위치의 동작원리를 이해하고 접점의 특성에 따라 시퀀스제어 회로에 적용할 수 있다. 2. 유접점제어와 무접점제어의 특성을 이해하고 시퀀스제어에 적용 할 수 있다. 3. 릴레이와 타이머 등 제어기기의 동작원리를 알고 시퀀스 제어 회로에 적용할 수 있다. 4. 제어시스템을 구성하고, 시스템을 제어하기 위한 시퀀스 제어회로를 구성할 수 있다.
		2. 논리회로 작성하기	1. 논리기호를 파악하고 활용할 수 있다. 2. 제어 목적에 맞게 논리회로를 구성할 수 있다. 3. 논리회로로 구성된 제어시스템을 해석할 수 있다. 4. 복잡한 논리식을 간략화 시킬 수 있다.
		3. PLC프로그램 작성하기	1. 릴레이 제어방식과 PLC제어 방식의 차이점에 대하여 파악할 수 있다. 2. PLC 종류와 시스템 구성에 대하여 파악할 수 있다. 3. PLC 종류에 따른 명령어를 이해하고, 동작특성에 따라 활용할 수 있다. 4. PLC를 이용하여 각종 제어회로를 작성할 수 있다.
		4. 제어시스템 설계 운용하기	1. 센서의 종류와 특성을 설명할 수 있다. 2. 제어 대상에 적합한 센서를 적용할 수 있다. 3. 센서와 구동기의 조합 특성을 파악할 수 있다. 4. 제어 범위를 선정하고 제어시스템을 설계할 수 있다. 5. 입출력 장치에 의하여 제어기기 및 시스템 활용을 할 수 있다.
	4. 전기설비 운용	1. 수ㆍ변전설비 운용하기	1. 전기 단선도를 이해하고, 기기 정격의 정확여부를 판단할 수 있다. 2. 해당 기계, 기구의 매뉴얼에 따라 설치된 기기의 정상 작동 유무를 판단할 수 있다.

실기 과목명	주요항목	세부항목	세 세 항 목
			3. 보호계전기의 정정을 할 수 있고, 정상 작동 유무를 판단할 수 있다. 4. 수변전설비의 도면(단선도, 장비 배치도 등)을 이해하고, 설계 도서를 검토하여 중요한 항목이 무엇인지를 도출할 수 있다.
		2. 예비전원설비 운용하기	1. 비상용 발전기의 특성을 이해하고, 정상 작동 유무를 판단할 수 있다. 2. 무정전전원장치의 특성을 이해하고, 정상 작동 유무를 판단할 수 있다. 3. 축전지설비의 특성을 이해하고, 정상 작동 유무를 판단할 수 있다. 4. 전원설비의 도면(단선도, 기기배치도 등)을 이해하고, 설계 도서를 검토하여 중요한 항목을 도출할 수 있다.
		3. 전동력설비 운용하기	1. 전동기의 종류와 특성별 기동특성을 이해하고, 작동매뉴얼을 활용하여 절차에 따라 점검, 관리할 수 있다. 2. 인버터 등의 전동기제어장치의 특성을 이해하고, 정상 작동 유무를 판단할 수 있다. 3. 펌프와 팬의 특성 및 정격산정 방법을 이해하고, 작동매뉴얼을 활용하여 절차에 따라 점검, 관리할 수 있다. 4. 동력설비의 도면(동력결선도 등)을 이해하고, 설계도서를 검토하여 중요한 항목을 도출할 수 있다.
		4. 부하설비 운용하기	1. 조명기기의 특성 및 설계도서를 이해하고, 작동매뉴얼을 활용하여 절차에 따라 점검, 관리할 수 있다. 2. 전열설비의 특성을 이해하고, 작동매뉴얼을 활용하여 절차에 따라 점검, 관리할 수 있다. 3. 승강기설비의 특성을 이해하고, 작동매뉴얼을 활용하여 절차에 따라 점검, 관리할 수 있다. 4. 전기로, 대형컴퓨터 등 특수전기설비의 특성을 이해하고, 작동매뉴얼을 활용하여 절차에 따라 점검, 관리할 수 있다.
	5. 전기설비 유지관리	1. 계측기 사용법 파악하기	1. 각종 계측기의 동작원리를 이해하고 용도에 따른 적정 계측기 선정을 할 수 있다. 2. 각종 계측기의 사용법을 파악할 수 있다. 3. 각종 계측 데이터를 수집하고, 이를 분석 및 활용할 수 있다. 4. 각종 계측기에 대한 검·교정 주기를 파악할 수 있다.

실기 과목명	주요항목	세부항목	세 세 항 목
		2. 수·변전기기 시험, 검사하기	1. 수·변전 설비의 계통을 파악할 수 있다. 2. 각종 수·변전기기들의 원리 및 사용용도 등을 파악할 수 있다. 3. 각종 수·변전기기 등에 대한 시험 성적서를 파악할 수 있다. 4. 각종 수·변전기기 등에 대한 외관 검사 및 정밀검사 결과를 검토할 수 있다.
		3. 조도, 휘도 측정하기	1. 실 용도별 조도 및 휘도기준을 확인할 수 있다. 2. 휘도와 조도와의 관계를 파악하여 사용할 수 있다. 3. 조도측정방식을 설명할 수 있다. 4. 조명기구의 특성을 설명할 수 있다. 5. 휘도와 조도가 시 환경에 미치는 영향을 이해할 수 있다.
		4. 유지관리 및 계획수립하기	1. 수·변전설비의 주요 기기(변압기, CT, PT, MOF, CB, LA 등)의 외관검사를 실시할 수 있다. 2. 전력케이블의 상태를 점검할 수 있다. 3. 배전반, 분전반의 외관검사를 실시할 수 있다. 4. 예비 전원설비의 외관검사를 실시할 수 있다.
	6. 감리업무 수행계획	1. 인허가업무 검토하기	1. 착공 전 공사수행과 연관된 분야의 인허가 사항과 관련 법령, 조례, 규정 등을 분석할 수 있다. 2. 「전력기술관리법」에 따른 감리원배치신고서를 제출할 수 있다. 3. 「전기사업법」에 적합한 자가용전기설비 공사계획신고서를 검토할 수 있다. 4. 전기사업자의 전기공급방안과 공사용 임시전력을 사용하기 위하여 전기수용신청을 할 수 있다. 5. 소방전기설비를 시공하기 위하여 소방시설시공(변경)신고서를 검토할 수 있다. 6. 전기통신설비를 시공하기 위하여 기간통신사업자와 수급지점을 협의하고 검토할 수 있다. 7. 항공장애등설비를 시공하기 위하여 항공법에 따라 항공장애등 설치 신고서를 검토할 수 있다.
	7. 감리 여건제반 조사	1. 설계도서 검토하기	1. 관련 법령에 따라 설계도서의 누락, 오류, 불분명한 부분, 문제점 등을 검토하여 설계도서 검토서를 작성할 수 있다.

실기 과목명	주요항목	세부항목	세 세 항 목
	8. 감리행정업무		2. 설계도서간의 상이로 인한 오류를 방지하기 위하여 설계도서간 불일치 사항을 검토하고 설계도서 검토서를 작성할 수 있다. 3. 시방서, 부하, 장비용량 계산서 등 각종 계산서를 검토하고 설계도서 검토서를 작성할 수 있다. 4. 효율적인 시공을 위하여 건축, 설비 등 타 공정간의 상호 간섭사항을 파악할 수 있다. 5. 경제적인 시공을 위하여 신기술, 신공법에 의한 공법개선과 가치공학(Value Engineering)기법을 활용한 원가절감을 검토할 수 있다.
		1. 착공신고서 검토하기	1. 공사업자가 제출한 착공신고서가 공사기간, 공사비 지급조건 등 공사계약문서에서 정한 사항과 적합한지 여부를 검토할 수 있다. 2. 관련 법령에 따라 시공관리책임자, 안전관리자 등 현장기술자가 해당 현장에 적합하게 배치되었는지 여부를 검토할 수 있다. 3. 예정공정표가 작업 간 선행, 동시, 완료 등 공사 전·후 간의 연관성이 명시되어 작성되고, 예정 공정률이 적정하게 작성되었는지 검토할 수 있다. 4. 품질관리계획이 공사 예정공정표에 따라 공사용 자재의 투입시기와 시험방법, 빈도 등이 적정하게 반영되었는지 검토할 수 있다. 5. 안전관리계획이 산업안전보건법령에 따라 해당 규정이 적절하게 반영되어있는지 여부를 검토할 수 있다. 6. 공사의 규모, 성격, 특성에 맞는 장비형식이나 수량의 적정여부에 따라 작업인원과 장비 투입 계획이 수립되었는지 여부를 검토할 수 있다.
	9. 전기설비감리 안전관리	1. 안전관리계획서 검토하기	1. 현장의 안전관리를 위하여 「산업안전보건법」과 관련 법령을 이해하고 안전관리계획서의 적정성을 검토할 수 있다. 2. 감리원은 전기공사의 공정에 따른 작업의 위험요인을 확인하고 이에 대한 재해예방대책이 안전관리계획에 반영 될 수 있도록 지도 감독할 수 있다. 3. 공사업자가 재해예방을 위한 관련 법령을 이해하고, 전기공사의 안전관리계획의 사전검토, 실시확인, 평가, 자료의 기록유지를 할 수 있도록 지도 감독할 수 있다. 4. 관련 기준에 따라 안전관리 예산의 편성과 집행계획에 대한 적정성 검토를 할 수 있다.

실기 과목명	주요항목	세부항목	세 세 항 목
	10. 전기설비감리 기성준공관리	2. 안전관리 지도하기	1. 사고예방을 위하여 안전관련 법령에서 명시하는 사항을 이행하도록 안전관리자와 공사업자를 지도감독 할 수 있다. 2. 공정진행상황에 따라 안전점검과 관찰 결과와 안전관련 자료에 의하여 공사업자에게 안전을 유지하도록 지시하고 이행상태를 점검할 수 있다. 3. 현장의 안전관리자가 위험장소와 작업에 대한 안전조치를 적정하게 이행하는지 여부를 확인하여 지도 감독할 수 있다.
		1. 기성 검사하기	1. 공사업자로부터 기성검사원을 접수하고 기성검사를 실시한 이후 그 결과를 발주자에게 보고할 수 있다. 2. 공정진행에 따른 자재의 반입, 설치, 인력의 투입, 현장시공 상태 등을 확인 후 검사처리절차에 따라 기성검사를 할 수 있다. 3. 신청된 기성내역과 시공내용이 설계도서와 일치하는지 검사하여 시공기준에 부적합한 경우 기성율을 조정할 수 있다. 4. 특수공종의 기성검사는 발주자와 협의하여 전문기술자가 포함된 합동 검사를 할 수 있다.
		2. 예비준공검사하기	1. 예정공사기간 내 준공가능 여부와 미진한 사항의 사전 보완을 위해 예비준공검사를 실시 할 수 있다. 2. 준공가능여부를 판단하기 위하여 잔여공정, 품질시험, 타 공정의 진행사항 등을 고려하고 준공검사에 준하는 검사항목을 적용하여 검사할 수 있다. 3. 검사 시 자재나 장비 납품업체, 공종별 시공관리책임자와 발주자의 입회하에 예비준공검사를 할 수 있다. 4. 예비준공검사 결과를 설계도서, 제작승인서류 등과 비교 검토하여 보완사항이 있는 경우 조치하도록 지시하고 재검사하여 합격한 후 준공검사원을 제출할 수 있다.
		3. 시설물 시운전하기	1. 공사업자로부터 시운전 계획서를 제출받아 건축, 기계, 소방 등 시운전 유관자와 범위, 기간 등을 고려하여 검토하고 발주자에게 제출할 수 있다. 2. 시운전을 위한 외관점검, 전원공급, 연료, 부품, 측정계측장비 등의 준비를 지시하고 측정기록 문서의 작성을 지도할 수 있다.

실기 과목명	주요항목	세부항목	세 세 항 목
		4. 준공검사하기	3. 다른 공정과 관련된 설비는 유관자의 입회하에 가동상태, 회전방향, 소음상태 등 성능을 확인할 수 있다. 4. 시운전 결과가 설계기준치에 적정한지 검토하고, 계속 사용하여야 할 시설은 부분 인수 인계를 시행하고 유지관리자가 지정되도록 조치할 수 있다. 5. 시운전 완료 후 검사결과보고서를 공사업자로부터 제출받아 검토 후 발주자에게 제출할 수 있다. 1. 공사업자로부터 준공검사원을 접수하고 준공검사를 실시한 이후 그 결과를 발주자에게 보고할 수 있다. 2. 공사준공에 따른 자재의 반입, 설치, 인력의 투입, 완공된 시설물 등을 확인 후 검사처리절차에 따라 준공검사를 할 수 있다. 3. 특수공종의 준공검사는 발주자와 협의하여 전문기술자가 포함된 합동 검사를 할 수 있다. 4. 해당 공사에 상주감리원, 공사업자와 시공관리책임자 입회하에 계약서, 설계설명서, 설계도서 그 밖의 관련 서류에 따라 준공검사를 할 수 있다. 5. 공사업자가 작성 제출한 준공도면이 실제 시공된대로 작성되었는지 여부를 검토하고 확인·서명할 수 있다. 6. 준공검사 시 시공기준에 부적합한 경우 보완하게 한 후, 검사절차에 의해 재검사를 할 수 있다. 7. 준공검사 시에 공사업자에게 시설물 인수인계를 위한 제반도서, 서류와 예비품의 준비를 지시할 수 있다.
	11. 전기설비 설계감리업무	1. 설계감리계획서 작성하기	1. 설계용역 계약문서, 설계감리 과업내역서 등을 참고하여 설계감리를 수행하는데 필요한 절차와 방법 등을 포함된 설계감리계획서를 작성할 수 있다. 2. 설계업자로부터 착수신고서를 제출받아 설계예정공정표와 과업수행계획에 대한 적정성 여부를 검토할 수 있다. 3. 설계용역계획서와 공정표에 따라 단계별 착안사항과 확인사항을 참고하여 설계감리계획을 수립할 수 있다. 4. 설계대상물의 현장 적합성과 가치공학(Value Engineering) 등을 검토하여 설계단계별 경제성을 검토할 수 있다. 5. 건축, 소방, 기계, 통신 등 타 공종과의 간섭관계를 고려하여 설계에 반영하게 할 수 있다. 6. 설계감리 대상물의 특징과 고려사항을 감안하여 설계내용, 예상문제점, 대책 등을 수립할 수 있다.

차 례

PART I 본문

01장 기초 전기 수학
1.1 삼각함수 ··· 19
1.2 지수법칙 ··· 20
1.3 곱셈 공식, 인수분해 공식 ·· 21
1.4 복소수 ··· 21
1.5 미 분 ··· 22
1.6 적 분 ··· 22

02장 통칙
2.1 전압의 구분 ··· 23
2.2 용어 정의 ··· 23

03장 전선과 옥내배선용 기호
3.1 전선 약호 ··· 26
3.2 전선의 식별 ··· 27
3.3 케이블의 종류 ··· 27
3.4 전선의 접속 및 병렬전선 사용 ·· 28
3.5 옥내배선의 그림기호 ··· 30

04장 옥내 배선도 및 배선공사
4.1 옥내 배선도와 전선 접속도 ··· 38
4.2 시설장소와 배선방법(400[V] 이하) ··· 39
4.3 금속관 및 버스덕트공사 ··· 40

05장 배선 설비 설계

- 5.1 부하의 상정 및 분기회로 ········· 44
- 5.2 과부하전류에 대한 보호 ········· 48
- 5.3 단락전류에 대한 보호 ········· 51
- 5.4 저압 전로의 절연성능 ········· 52
- 5.5 누전차단기 및 콘센트 ········· 53
- 5.6 단상 3선식과 단상 2선식의 비교 ········· 55
- 5.7 불평형률 ········· 57
- 5.8 수용가 설비에서의 전압 강하 ········· 58

06장 전등 및 동력설비

- 6.1 조 명 ········· 80
- 6.2 전동기 및 전열기의 용량 산정 ········· 89

07장 송배전

- 7.1 송배전 선로의 전기적 특성 ········· 93
- 7.2 지락전류 및 접지저항 값 ········· 102
- 7.3 배전 전압 승압의 필요성 및 효과 ········· 103
- 7.4 절연협조 ········· 105
- 7.5 유도 장해 및 대책 ········· 107
- 7.6 코로나 ········· 110

08장 수변전 설비

- 8.1 수변전 설비에 대한 계획 ········· 111
- 8.2 부하 관계 용어 및 변압기 용량 산정 ········· 113
- 8.3 변압기 ········· 121
- 8.4 단권 변압기 ········· 144
- 8.5 표준전압 ········· 146
- 8.6 차단기 ········· 147
- 8.7 전력 퓨즈(PF : Power Fuse) ········· 164
- 8.8 이상전압 방지대책 ········· 167
- 8.9 역률 개선 ········· 173
- 8.10 계기용 변성기 ········· 183
- 8.11 보호 계전기 ········· 190
- 8.12 수전설비 표준 결선도 ········· 202

09장 예비 전원 설비

9.1 비상용 예비전원설비 ··· 219
9.2 자가 발전 설비 ··· 220
9.3 무정전 전원 장치(UPS : Uninterruptible Power Supply) ·············· 226
9.4 축전지 설비 ·· 227

10장 안전 및 접지

10.1 안전을 위한 보호 ·· 237
10.2 접지공사 ·· 239
10.3 외부피뢰시스템 ··· 249
10.4 계통접지의 방식 ··· 251
10.5 방폭 구조 ··· 265

11장 시험 및 측정

11.1 전기계기 ·· 266
11.2 전력의 측정 ·· 267
11.3 적산전력계 ··· 268
11.4 저항 및 접지저항 측정법 ··· 273
11.5 고장점 탐지법 ·· 275
11.6 변압기 시험 ·· 278

12장 시퀀스

1. 회로 소자 ··· 282
2. 논리 변환과 논리 연산 ·· 285
3. XOR(Exclusive OR) ··· 286
4. 인터록 회로(interlock) ··· 286
5. 신입 신호 우선 회로 ··· 287
6. 동작 우선 회로 ··· 288
7. 시한 회로(On delay timer : Ton) ······································· 288
8. 시한 복구 회로(Off delay timer Toff) ··································· 289
9. 단안정 회로(monostable) ·· 290
10. 전동기 운전 회로 ··· 290
11. 전동기 정·역 운전 회로 ··· 292

12. 전동기 Y-△ 기동 회로 ······ 294
13. 역상제동 ······ 296
14. PLC(Programmable Logic Controller) ······ 296

13장 견적

1. 상세견적 ······ 317
2. 견적도 ······ 317
3. 발주자 및 수주자 입자에서 본 견적 흐름도 ······ 317
4. 설계서의 작성순서에서 변경설계순서 ······ 317
5. 시방서(Specification)를 작성할 때 요구되는 전문성 ······ 318
6. 공사원가의 계산 ······ 318

14장 감리업무 수행계획

14.1 전력시설물 공사감리업무 수행지침 ······ 320
14.2 공사착공 단계 감리업무 ······ 322
14.3 공사시행 단계 감리업무 ······ 324
14.4 설계변경 및 계약금액의 조정 관련 감리업무 ······ 336
14.5 기성 및 준공검사 관련 감리업무 ······ 338
14.6 시설물의 인수·인계 관련 감리업무 ······ 341
14.7 설계감리업무 수행지침 ······ 342

PART II 기출문제

- 2003년도 전기산업기사 ······ 349
- 2004년도 전기산업기사 ······ 383
- 2005년도 전기산업기사 ······ 415
- 2006년도 전기산업기사 ······ 447
- 2007년도 전기산업기사 ······ 481
- 2008년도 전기산업기사 ······ 513
- 2009년도 전기산업기사 ······ 545
- 2010년도 전기산업기사 ······ 579
- 2011년도 전기산업기사 ······ 611
- 2012년도 전기산업기사 ······ 647

- 2013년도 전기산업기사 ·· 679
- 2014년도 전기산업기사 ·· 713
- 2015년도 전기산업기사 ·· 745
- 2016년도 전기산업기사 ·· 779
- 2017년도 전기산업기사 ·· 817
- 2018년도 전기산업기사 ·· 853
- 2019년도 전기산업기사 ·· 889
- 2020년도 전기산업기사 ·· 923
- 2021년도 전기산업기사 ·· 973
- 2022년도 전기산업기사 ·· 1019
- 2023년도 전기산업기사 ·· 1059
- 2024년도 전기산업기사 ·· 1101

E60-2
전기산업기사 실기

PART I. 본문

1장 기초 전기 수학
2장 통 칙
3장 전선과 옥내배선용 기호
4장 옥내 배선도 및 배선공사
5장 배선 설비 설계
6장 전등 및 동력설비
7장 송배전
8장 수변전 설비
9장 예비 전원 설비
10장 안전 및 접지
11장 시험 및 측정
12장 시퀀스
13장 견적
14장 감리업무 수행계획

1장 기초 전기 수학

1.1 삼각함수

1. 삼각비의 정의

직각삼각형에서 한 예각(∠B)이 결정되면 임의의 2변의 비는 삼각형의 크기에 관계없이 일정하다. 이들 비를 그 각의 삼각비라 한다.

1) 사인(sine) : 빗변에 대한 높이의 비

$$\sin B = \frac{높이}{빗변} = \frac{b}{c}$$

2) 코사인(cosine) : 빗변에 대한 밑변의 비

$$\cos B = \frac{밑변}{빗변} = \frac{a}{c}$$

3) 탄젠트(tangent) : 밑변에 대한 높이의 비

$$\tan B = \frac{높이}{밑변} = \frac{b}{a}$$

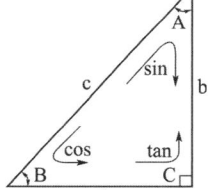

2. 특수각의 삼각비

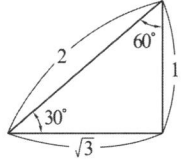 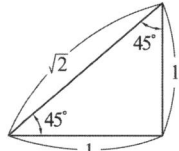 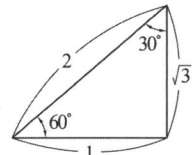

삼각비 \ θ	30°	45°	60°
$\sin\theta$	$\frac{1}{2}$	$\frac{1}{\sqrt{2}}$	$\frac{\sqrt{3}}{2}$
$\cos\theta$	$\frac{\sqrt{3}}{2}$	$\frac{1}{\sqrt{2}}$	$\frac{1}{2}$
$\tan\theta$	$\frac{1}{\sqrt{3}}$	1	$\sqrt{3}$

3. 삼각비의 상호관계

1) 삼각함수

   ① $\sin(\alpha \pm \beta) = \sin\alpha\cos\beta \pm \cos\alpha\sin\beta$

   ② $\cos(\alpha \pm \beta) = \cos\alpha\cos\beta \mp \sin\alpha\sin\beta$

2) 예각의 삼각비

   ① $\sin(90° + A) = \sin 90°\cos A + \cos 90°\sin A = \cos A$
   ($\because \sin 90° = 1,\ \cos 90° = 0$)

   ② $\cos(90° + A) = \cos 90°\cos A - \sin 90°\sin A = -\sin A$
   ($\because \sin 90° = 1,\ \cos 90° = 0$)

   ③ $\tan(90° - A) = \dfrac{1}{\tan A}$

3) 보각의 삼각비

   ① $\sin(180° - A) = \sin 180°\cos A - \cos 180°\sin A = \sin A$
   ($\because \sin 180° = 0,\ \cos 180° = -1$)

   ② $\cos(180° - A) = \cos 180°\cos A + \sin 180°\sin A = -\cos A$
   ($\because \sin 180° = 0,\ \cos 180° = -1$)

   ③ $\tan(180° - A) = -\tan A$

4) 같은 각의 삼각비

   ① $\sin^2 A + \cos^2 A = 1$

   ② $\tan A = \dfrac{\sin A}{\cos A}$

   ③ $1 + \tan^2 A = \dfrac{1}{\cos^2 A}$

1.2 지수법칙

① $a^m a^n = a^{m+n}$ ② $(a^m)^n = a^{mn}$

③ $(ab)^m = a^m b^m$ ④ $\dfrac{a^m}{a^n} = a^{m-n}$

⑤ $a^{-n} = \dfrac{1}{a^n}$ ⑥ $a^0 = 1$

1.3 곱셈 공식, 인수분해 공식

① $m(a+b-c) = ma+mb-mc$ ② $(a+b)^2 = a^2+2ab+b^2$
③ $(a-b)^2 = a^2-2ab+b^2$ ④ $(a+b)(a-b) = a^2-b^2$
⑤ $(x+a)(x+b) = x^2+(a+b)x+ab$
⑥ $(ax+b)(cx+d) = acx^2+(bc+ad)x+bd$

1.4 복소수

1. 복소수의 정의

복소수는 $a+jb$ 형으로 사용하는데 a는 **실수부**(real part), b는 **허수부**(imaginary part)라 한다. 여기서, $j = \sqrt{-1}$로 표시하며, 이것을 허수 단위(imaginary part)라고 한다.

- $j = \sqrt{-1}$
- $j^2 = -1$
- $j^3 = j \times j^2 = -j$
- $j^4 = j^2 \times j^2 = (-1) \times (-1) = 1$

2. 복소수의 사칙연산

$Z_1 = a+jb$, $Z_2 = c+jd$ 라 하면

1) 더하기, 빼기

$Z_1 \pm Z_2 = (a+jb) \pm (c+jd) = (a \pm c) + j(b \pm d)$

2) 곱하기

$Z_1 Z_2 = (a+jb)(c+jd) = (ac-bd) + j(ad+bc)$

3) 나누기

$\dfrac{Z_1}{Z_2} = \dfrac{a+jb}{c+jd} = \dfrac{(a+jb)(c-jd)}{(c+jd)(c-jd)} = \dfrac{ac+bd}{c^2+d^2} + j\dfrac{bc-ad}{c^2+d^2}$ (단, $c^2+d^2 \neq 0$)

3. 공액복소수의 성질

$Z = a+jb$에 대하여 $\overline{Z} = a-jb$인 복소수를 Z의 공액복소수라 하며, Z와 $\overline{Z}$는 서로 공액(conjugate)이라고 한다. 따라서, $Z = a+jb$, $\overline{Z} = a-jb$ 이다.

1) $Z + \overline{Z} =$ 실수 $\because (a+jb)+(a-jb) = 2a$

2) $Z \cdot \overline{Z} =$ 실수 $\because (a+jb)(a-jb) = a^2+b^2$

1.5 미 분

① $y = C$ (C는 상수) $\quad y' = 0$
② $y = x^m$ $\quad y' = m x^{m-1}$
③ $y = f(x)g(x)$ $\quad y' = f'(x)g(x) + f(x)g'(x)$
④ $y = \dfrac{f(x)}{g(x)}$ $\quad y' = \dfrac{f'(x)g(x) - f(x)g'(x)}{g(x)^2}$
⑤ $y = \epsilon^{ax}$ $\quad y' = a\epsilon^{ax}$
⑥ $y = \sin x$ $\quad y' = \cos x$
⑦ $y = \cos x$ $\quad y' = -\sin x$
⑧ $y = \tan x$ $\quad y' = \sec^2 x = \dfrac{1}{\cos^2 x}$

1.6 적 분

① $n \neq -1$ 일 때 $\displaystyle\int x^n dx = \dfrac{1}{n+1} x^{n+1} + C$

② $n = -1$ 일 때 $\displaystyle\int x^{-1} dx = \int \dfrac{1}{x} dx = \ln x + C$

③ $\displaystyle\int \sin x\, dx = -\cos x + C$

④ $\displaystyle\int \sin ax\, dx = -\dfrac{1}{a}\cos ax + C$

⑤ $\displaystyle\int \cos x\, dx = \sin x + C$

⑥ $\displaystyle\int \cos ax\, dx = \dfrac{1}{a}\sin ax + C$

⑦ $\displaystyle\int \sec^2 ax\, dx = \dfrac{1}{a}\tan ax + C$

⑧ $\displaystyle\int k f(x) dx = k \int f(x) dx$

⑨ $\displaystyle\int [f(x) \pm g(x)] dx = \int f(x) dx \pm \int g(x) dx$

2장 통 칙

2.1 전압의 구분

이 규정에서 적용하는 전압의 구분은 다음과 같다.

분 류	전압의 범위
저 압	• 직류 : 1.5 [kV] 이하 • 교류 : 1 [kV] 이하
고 압	• 직류 : 1.5 [kV]를 초과하고, 7 [kV] 이하 • 교류 : 1 [kV]를 초과하고, 7 [kV] 이하
특고압	7 [kV]를 초과

2.2 용어 정의

① **"가공인입선"**이란 가공전선로의 지지물로부터 다른 지지물을 거치지 아니하고 수용장소의 붙임점에 이르는 가공전선을 말한다.

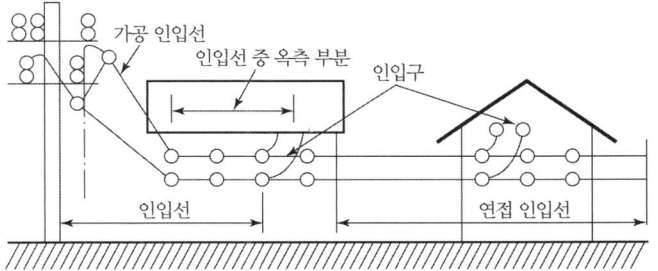

② **"계통연계"**란 둘 이상의 전력계통 사이를 전력이 상호 융통될 수 있도록 선로를 통하여 연결하는 것으로 전력계통 상호간을 송전선, 변압기 또는 직류-교류변환설비 등에 연결하는 것. 계통연락이라고도 한다.

③ **"계통접지(System Earthing)"**란 전력계통에서 돌발적으로 발생하는 이상현상에 대비하여 대지와 계통을 연결하는 것으로, **중성점을 대지에 접속**하는 것을 말한다.

④ "**관등회로**"란 방전등용 안정기 또는 방전등용 변압기로부터 방전관까지의 전로를 말한다.

⑤ "**기본보호**(직접접촉에 대한 보호, Protection Against Direct Contact)"란 정상 운전 시 기기의 **충전부에 직접 접촉**함으로써 발생할 수 있는 위험으로부터 인축을 보호하는 것을 말한다.

⑥ "**단독운전**"이란 전력계통의 일부가 **전력계통의 전원과 전기적으로 분리된 상태**에서 분산형전원에 의해서만 운전되는 상태를 말한다.

⑦ "**단순 병렬운전**"이란 자가용 발전설비 또는 저압 소용량 일반용 발전설비를 배전계통에 연계하여 운전하되, 생산한 전력의 전부를 자체적으로 소비하기 위한 것으로서 **생산한 전력이 연계계통으로 송전되지 않는 병렬 형태**를 말한다.

⑧ "**리플프리**(Ripple-free)**직류**"란 교류를 직류로 변환할 때 **리플성분의 실효값이 10[%] 이하**로 포함된 직류를 말한다.

⑨ "**보호도체**(PE, Protective Conductor)"란 감전에 대한 보호 등 안전을 위해 제공되는 도체를 말한다.

⑩ "**보호접지**(Protective Earthing)"란 **고장 시 감전에 대한 보호를 목적**으로 기기의 한 점 또는 여러 점을 접지하는 것을 말한다.

⑪ "**분산형전원**"이란 중앙급전 전원과 구분되는 것으로서 전력소비지역 부근에 분산하여 배치 가능한 전원을 말한다. 상용전원의 정전시에만 사용하는 비상용 예비전원은 제외하며, 신·재생에너지 발전설비, 전기저장장치 등을 포함한다.

⑫ "**스트레스전압**(Stress Voltage)"이란 지락고장 중에 접지부분 또는 기기나 장치의 외함과 기기나 장치의 다른 부분 사이에 나타나는 전압을 말한다.

⑬ "**외부피뢰시스템**(External Lightning Protection System)"이란 수뢰부시스템, 인하도선시스템, 접지극시스템으로 구성된 피뢰시스템의 일종을 말한다.

⑭ "**제1차 접근상태**"란 가공 전선이 다른 시설물과 접근하는 경우에 가공 전선이 다른 시설물의 위쪽 또는 옆쪽에서 수평거리로 가공 전선로의 지지물의 지표상의 높이에 상당하는 거리 안에 시설됨으로써 가공 전선로의 전선의 절단, 지지물의 도괴 등의 경우에 그 전선이 다른 시설물에 접촉할 우려가 있는 상태를 말한다.

⑮ "**제2차 접근상태**"란 가공 전선이 다른 시설물과 접근하는 경우에 그 가공 전선이 다른 시설물의 위쪽 또는 옆쪽에서 수평 거리로 3[m] 미만인 곳에 시설되는 상태를 말한다.

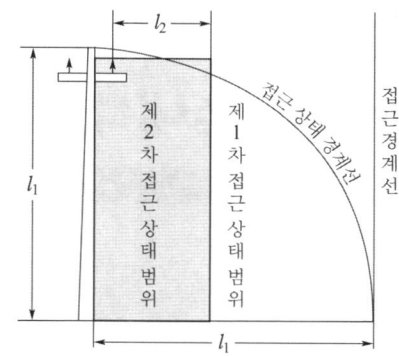

⑯ "**접지도체**"란 계통, 설비 또는 기기의 한 점과 접지극 사이의 도전성 경로 또는 그 경로의 일부가 되는 도체를 말한다.

⑰ "**접촉범위**(Arm's Reach)"란 사람이 통상적으로 서있거나 움직일 수 있는 바닥면상의 어떤 점에서라도 보조장치의 도움 없이 손을 뻗어서 접촉이 가능한 접근구역을 말한다.

⑱ "**정격전압**"이란 발전기가 정격운전상태에 있을 때, 동기기 단자에서의 전압을 말한다.

⑲ "**지중 관로**"란 지중 전선로·지중 약전류 전선로·지중 광섬유 케이블 선로·지중에 시설하는 수관 및 가스관과 이와 유사한 것 및 이들에 부속하는 지중함 등을 말한다.

⑳ "**충전부**(Live Part)"란 통상적인 운전 상태에서 전압이 걸리도록 되어 있는 도체 또는 도전부를 말한다. 중성선을 포함하나 PEN 도체, PEM 도체 및 PEL 도체는 포함하지 않는다.

㉑ "**특별저압**(ELV, Extra Low Voltage)"이란 인체에 위험을 초래하지 않을 정도의 저압을 말한다. 여기서 SELV(Safety Extra Low Voltage)는 비접지회로에 해당되며, PELV(Protective Extra Low Voltage)는 접지회로에 해당된다.

㉒ "**PEN 도체**(protective earthing conductor and neutral conductor)"란 교류회로에서 중성선 겸용 보호도체를 말한다.

㉓ "**PEM 도체**(protective earthing conductor and a mid-point conductor)"란 직류회로에서 중간선 겸용 보호도체를 말한다.

㉔ "**PEL 도체**(protective earthing conductor and a line conductor)"란 직류회로에서 선도체 겸용 보호도체를 말한다.

3장 전선과 옥내배선용 기호

3.1 전선 약호

ABC 순	약 호	명 칭
A	ACSR	강심알루미늄 연선
	ACSR-DV	인입용 강심 알루미늄도체 비닐절연전선
	ACSR-OC	옥외용 강심 알루미늄도체 가교 폴리에틸렌 절연전선
	ACSR-OE	옥외용 강심 알루미늄도체 폴리에틸렌 절연전선
C	CCE	0.6/1 [kV] 제어용 가교 폴리에틸렌 절연 폴리에틸렌 시스 케이블
	CCV	0.6/1 [kV] 제어용 가교 폴리에틸렌 절연 비닐 시스 케이블
	CE1	0.6/1 [kV] 가교 폴리에틸렌 절연 폴리에틸렌 시스 케이블
	CE10	6/10 [kV] 가교 폴리에틸렌 절연 폴리에틸렌 시스 케이블
	CN-CV	**동심중성선 차수형 전력케이블**
	CN-CV-W	**동심중성선 수밀형 전력케이블**
	CV1	**0.6/1 [kV] 가교 폴리에틸렌 절연 비닐 시스 케이블**
	CV10	6/10 [kV] 가교 폴리에틸렌 절연 비닐 시스 케이블
	CVV	**0.6/1 [kV] 비닐 절연 비닐 시스 제어 케이블**
	CVT	6/10 [kV] 트리플렉스형 가교 폴리에틸렌 절연 비닐 시스 케이블
D	**DV**	**인입용 비닐절연전선**
E	EE	폴리에틸렌 절연 폴리에틸렌 시스 케이블
	EV	폴리에틸렌 절연 비닐 시스 케이블
F	**FL**	**형광방전등용 비닐전선**
	FNC	300/300[V] 평형 비닐 코드
	FR CNCO-W	동심중성선 수밀형 저독성 난연 전력 케이블
H	H	경동선
	HA	반경동선
	HAL	경알루미늄선
M	MI	미네랄 인슈레이션 케이블
N	NRV	고무절연 비닐 시스 네온전선
	NV	**비닐절연 네온전선**
O	OC	옥외용 가교 폴리에틸렌 절연전선
	OE	옥외용 폴리에틸렌 절연전선
	OW	**옥외용 비닐절연전선**

ABC 순	약 호	명 칭
P	PN	0.6/1[kV] EP 고무 절연 클로로프렌 시스 케이블
	PNCT	0.6/1[kV] EP 고무 절연 클로로프렌 캡타이어 케이블
	PV	0.6/1[kV] EP 고무 절연 비닐 시스 케이블
V	VCT	0.6/1[kV] 비닐절연 비닐 캡타이어 케이블
	VV	0.6/1[kV] 비닐절연 비닐 시스 케이블

3.2 전선의 식별

1. 전선의 색별 표시 목적

1) 공사, 유지보수의 **안전 및 편의 도모**
2) 전압측전선 상호 및 중성선의 구별 등 **오접속에 의한 사고 방지**
3) 3상 계통에서 단상부하 공급시 **상별 부하전류의 평형유지를 위한 접속편의 도모**

2. 전선의 색상

1) 전선의 색상

교류(AC)도체		직류(DC)도체	
상(문자)	색상	극	색상
L1	갈색	L_+	적색
L2	검은색	L_-	백색
L3	회색	중성선	파란색
N	파란색	N	
보호도체	녹색-노란색	보호도체	녹색-노란색

2) 색상 식별이 종단 및 연결 지점에서만 이루어지는 **나도체 등은 전선 종단부에 색상이 반영구적으로 유지될 수 있는 도색, 밴드, 색 테이프 등의 방법으로 표시**해야 한다.

3.3 전선의 종류

1. 고압 및 특고압케이블

사용전압이 특고압인 전로(전기기계기구 안의 전로를 제외한다)에 전선으로 사용하는 케이블

가. 절연체가 에틸렌 프로필렌고무혼합물 또는 가교폴리에틸렌 혼합물인 케이블로서 선심 위에 금속제의 전기적 차폐층을 설치한 것

나. **파이프형 압력 케이블 · 연피케이블 · 알루미늄케이블**

그 밖의 금속피복을 한 케이블

3.4 전선의 접속 및 병렬전선 사용

1. 전선의 접속

전선을 접속하는 경우에는 전선의 전기저항을 증가시키지 아니하도록 접속하여야 하며, 또한 다음에 따라야 한다.

1) 절연전선 상호 · 절연전선과 코드, 캡타이어 케이블과 접속하는 경우에는
   ① 전선의 세기를 20[%] 이상 감소시키지 아니할 것.
   ② 접속부분은 접속관 기타의 기구를 사용할 것.
   ③ 접속부분의 절연전선에 절연전선의 절연물과 동등 이상의 절연효력이 있는 것으로 충분히 피복할 것.

2) **코드 상호, 캡타이어 케이블 상호** 또는 이들 상호를 접속하는 경우에는 **코드 접속기 · 접속함 기타의 기구를 사용할 것.**
   다만 공칭단면적이 10[mm^2] 이상인 캡타이어 케이블 상호를 규정에 준하여 접속하는 경우에는 기구를 사용하지 않을 수 있다.

3) **도체에 알루미늄**(알루미늄 합금을 포함한다.)을 사용하는 전선과 동(동합금을 포함한다.)을 사용하는 전선을 접속하는 등 **전기 화학적 성질이 다른 도체를 접속하는 경우에는 접속부분에 전기적 부식이 생기지 않도록 할 것.**

2. 병렬전선 사용

두 개 이상의 전선을 병렬로 사용하는 경우에는 다음에 의하여 시설할 것.

1) 병렬로 사용하는 각 **전선의 굵기는 동선 50[mm^2] 이상 또는 알루미늄 70[mm^2] 이상**으로 하고, 전선은 같은 도체, 같은 재료, 같은 길이 및 같은 굵기의 것을 사용할 것.

2) 같은 극의 각 전선은 동일한 터미널러그에 완전히 접속할 것.

3) 같은 극인 각 전선의 터미널러그는 동일한 도체에 2개 이상의 리벳 또는 2개 이상의 나사로 접속할 것.

4) **병렬로 사용하는 전선에는 각각에 퓨즈를 설치하지 말 것.**
5) 교류회로에서 병렬로 사용하는 전선은 금속관 안에 **전자적 불평형이 생기지 않도록** 시설할 것.

3. 전자적 불평형 방지방법

교류 회로에서 전선을 병렬로 사용하는 경우에는 "병렬전선 사용"의 규정에 따르며, **관 내에 전자적 불평형이 생기지 아니하도록 시설**하여야 한다.

즉, 단상의 경우 1개의 전선관에 L1, L2상의 2가닥 전선을, **3상의 경우 L1, L2, L3 상의 3가닥 전선을 함께 시설**해야만 각상의 자속 ϕ_{L_1}, ϕ_{L_2}, ϕ_{L_3}의 합 ($\phi_{L_1} + \phi_{L_2} + \phi_{L_3} = 0$)이 0이 되어 **전자적 불평형이 생기지 않는다.**

[주] 금속관 배선에서 전선을 병렬로 사용하는 경우의 예는 다음 그림과 같다.

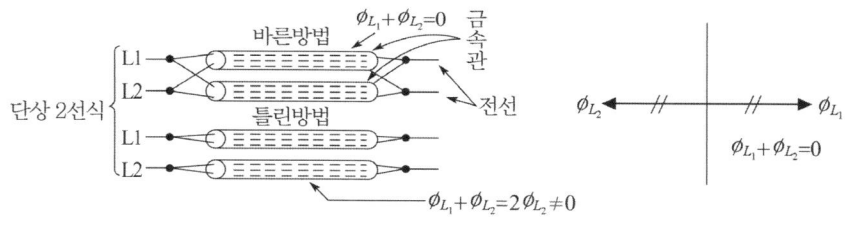

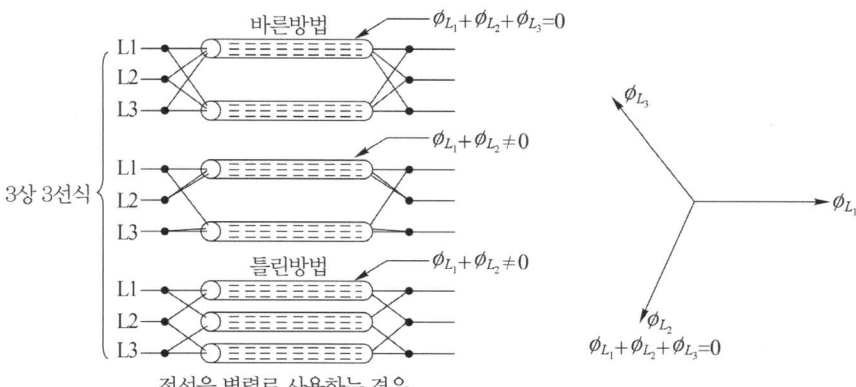

전선을 병렬로 사용하는 경우

3.5 옥내배선의 그림기호

1. 점멸기

명 칭	그림기호	적 요
점멸기	●	① 용량의 표시 방법은 다음과 같다. • 10 [A]는 표기하지 않는다. • 15 [A] 이상은 전류값을 표기한다. [보기] ●$_{15A}$ ② 극수의 표시 방법은 다음과 같다. • 단극은 표기하지 않는다. • 2극 또는 3로, 4로는 각각 2P 또는 3, 4의 숫자를 표기한다. [보기] ●$_{2P}$ ●$_3$ ③ 파일럿램프 내장형은 L을 표기한다. [보기] ●$_L$ ④ 방수형은 WP를 표기한다. [보기] ●$_{WP}$ ⑤ 방폭형은 EX를 표기한다. [보기] ●$_{EX}$ ⑥ 타이머 붙이는 T를 표기한다. [보기] ●$_T$
조광기	●↗	용량을 표시하는 경우는 표기한다. [보기] ●↗$_{15A}$
리모콘 스위치	●$_R$	① 파일럿 램프 붙이는 ○을 병기한다. [보기] ○●$_R$ ② 리모콘 스위치임이 명백한 경우는 R을 생략하여도 좋다.
셀렉터 스위치	⊗	① 점멸 회로수를 표기한다. [보기] ⊗$_9$ ② 파일럿 램프 붙이는 L을 표기한다. [보기] ⊗$_{9L}$
리모콘 릴레이	▲	리모콘 릴레이를 집합하여 부착하는 경우는 ▲▲▲ 를 사용하고 릴레이 수를 표기한다. [보기] ▲▲▲$_{10}$

2. 등기구

명 칭	그림기호	적 요

일반용
조 명
백열등
HID등
	○	① 벽붙이는 벽 옆을 칠한다. ◐
		② 걸림 로제트만 ⓘ
		③ 팬던트 ⊖
		④ 실링·직접 부착 Ⓒ🅛
		⑤ 샹들리에 Ⓒ🅗
		⑥ 매입 기구 Ⓓ🅛 (◎로 하여도 좋다.)
		⑦ 옥외등은 Ⓞ로 하여도 좋다.
		⑧ HID등의 종류를 표시하는 경우는 용량 앞에 다음 기호를 붙인다.
		   수은등 H
		   메탈 헬라이드등 M
		   나트륨등 N
		[보기] H400

형광등	▭○▭	① 용량을 표시하는 경우는 램프의 크기(형)×램프 수로 표시한다. 또, 용량 앞에 F를 붙인다. [보기] F40 F40×2 ② 용량 외에 기구수를 표시하는 경우는 램프의 크기(형)×램프 수 - 기구 수로 표시한다. [보기] F40-2 F40×2-3
비상용 조명 (건축기준법에 따르는 것) 백열등	●	① 일반용 조명 백열등의 적요를 준용한다. 다만, 기구의 종류를 표시하는 경우는 표기한다. ② 일반용 조명 형광등에 조립하는 경우는 다음과 같다. ▭○▬
형광등	▬○▬	① 일반용 조명 백열등의 적요를 준용한다. 다만, 기구의 종류를 표시하는 경우는 표기한다. ② 계단에 설치하는 통로 유도등과 겸용인 것은 ▬⊗▬로 한다.
유도등 (소방법에 따르는 것) 백열등	⊗	① 일반용 조명 백열등의 적요를 준용한다. ② 객석 유도등인 경우는 필요에 따라 S를 표기한다. ⊗S

3. 콘센트

명 칭	그림 기호	적 요
콘센트	⊙	① 천장에 부착하는 경우는 다음과 같다. ② 바닥에 부착하는 경우는 다음과 같다. ③ 용량의 표시 방법은 다음과 같다. 　• 15 [A]는 표기하지 않는다. 　• 20 [A]이상은 암페어 수를 표기한다. 　　[보기] ⊙₂₀ₐ ④ 2구 이상인 경우는 구수를 표기한다. 　　[보기] ⊙₂ ⑤ 3극 이상인 것은 극수를 표기한다. 　　[보기] ⊙₃ₚ ⑥ 종류를 표시하는 경우는 다음과 같다. 　　빠짐 방지형　　　⊙_LK 　　걸림형　　　　　⊙_T 　　접지극붙이　　　⊙_E 　　접지단자붙이　　⊙_ET 　　누전 차단기붙이　⊙_EL ⑦ 방수형은 WP를 표기한다.　⊙_WP ⑧ 방폭형은 EX를 표기한다.　⊙_EX ⑨ 의료용은 H를 표기한다.　⊙_H
누전 차단기	E	① 상자인 경우는 상자의 재질 등을 표기한다. ② 과전류 소자붙이는 극수, 프레임의 크기, 정격전류, 정격 감도전류 등 과전류 소자 없음은 극수, 정격전류, 정격 감도전류 등을 표기한다. 　　과전류 소자 있음의 보기　E 2P 30AF 15A 30mA 　　과전류 소자 없음의 보기　E 3P 15A 30mA ③ 과전류 소자 있음은 BE를 사용하여도 좋다. ④ E를 S ELB로 표시하여도 좋다.
개폐기	S	① 상자인 경우는 상자의 재질 등을 표기한다. ② 극수, 정격전류, 퓨즈 정격전류 등을 표기한다. 　　[보기]　S 2P 30A f 15A ③ 전류계붙이는 Ⓢ를 사용하고 전류계의 정격 전류를 표기한다. 　　[보기]　Ⓢ 2P 30A f 15A A5

명 칭	그림 기호	적 요
배 선 용 차 단 기	B	① 상자인 경우는 상자의 재질 등을 표기한다. ② 극수, 프레임의 크기, 정격전류 등을 표기한다. [보기] B 3P 225AF 150A ③ 모터브레이커를 표시하는 경우는 ⒷP 를 사용한다. ④ B 를 S MCB 로서 표시하여도 좋다.
전력량계	Wh	
전력량계 (상자들이 또는 후드붙이)	WH	
변류기(상자들이)	CT	
전류 제한기	L	
누전 경보기	⊖G	
누전 화재 경보기 (소방법에 따르는 것)	⊖F	

4. 기기

명 칭	그림기호	적 요
룸 에어컨	RC	① 옥외 유닛에는 O을, 옥내 유닛에는 I를 표기한다. RC O RC I ② 필요에 따라 전동기, 전열기의 전기 방식, 전압, 용량 등을 표기한다.
소 형 변압기	T	① 필요에 따라 용량, 2차 전압을 방기한다. ② 필요에 따라 벨 변압기는 B, 리모콘 변압기는 R, 네온 변압기는 N, 형광등용 안정기는 F, HID등(고효율 방전등)용 안정기는 H를 표기한다. Ⓣ$_B$ Ⓣ$_R$ Ⓣ$_N$ Ⓣ$_F$ Ⓣ$_H$ ③ 형광등용 안정기 및 HID등용 안정기로서 기구에 넣는 것은 표시하지 않는다.

5. 배전반, 분전반, 제어반

명 칭	그림기호	적 요
배전반 분전반 및 제어반	▭	① 종류를 구별하는 경우는 다음과 같다. 　배전반 ⊠ 　분전반 ◩ 　제어반 ⧖ ② 직류용은 그 뜻을 표기한다. ③ 재해 방지 전원 회로용 배전반 등인 경우는 2중 틀로 하고 필요에 따라 종별을 표기한다. 　[보기]　⊠ 1종　　◩ 2종

6. 경보, 호출 표시 장치

명 칭	그림기호	적 요
손잡이 누름 버튼	●	간호부 호출용은 ●$_N$ 또는 Ⓝ로 한다.
벨	⌒	경보용, 시보용을 구별하는 경우는 다음과 같다. 　경보용 Ⓐ　　시보용 Ⓣ
버저	◠	경보용, 시보용을 구별하는 경우는 다음과 같다. 　경보용 Ⓐ　　시보용 Ⓣ

7. 배선

명 칭	그림기호	적 요
천장 은폐 배선 바닥 은폐 배선 노출 배선	——— – – – – - - - - -	① 천장 은폐 배선 중 천장 속의 배선을 구별하는 경우는 천장 속의 배선에 —··—··— 를 사용하여도 좋다. ② 노출 배선 중 바닥면 노출 배선을 구별하는 경우는 바닥면 노출 배선에 —··—··— 를 사용하여도 좋다. ③ 전선의 종류를 표시할 필요가 있는 경우는 기호를 기입한다. ④ 배관은 다음과 같이 표시한다. 　　　　　　2.5mm²(VE19) 　　전선관의 종류 ─┘　└─ 전선관의 굵기 전선관의 종류 　• 강제전선관은 별도의 표기없음 　• VE : 경질비닐전선관

명 칭	그림기호	적 요
		• F_2 : 2종 금속제 가요전선관 • PF : 합성수지제 가요관 ⑤ □----LD---- : 라이팅 덕트 ⑥ MD : 금속 덕트 ⑦ ----◎---- : 정크션 박스(접속함·조인트 박스) ⑧ -------(F7)------- : 플로어 덕트
풀박스 및 접속상자	⊠	① 재료의 종류, 치수를 표시한다. ② 박스의 대소 및 모양에 따라 표시한다.
VVF용 조인트 박스	⊘	단자붙이임을 표시하는 경우는 t를 표기한다. ⊘t
접지 단자	⏚	의료용인 것은 H를 표시한다.
접지 센터	EC	의료용인 것은 H를 표기한다.
접지극	⏚	
수전점	 ⌇	인입구에 이것을 적용하여도 좋다.
점검구	◯	

[예]

1) 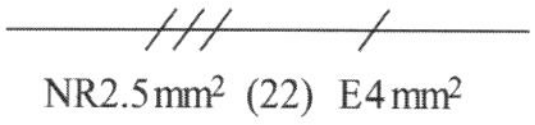 ———///—/———
   NR2.5mm² (22) E4mm²

   2.5 [mm²], 450/750 [V] 일반용 단심 비닐절연전선 3본과 접지도체 4 [mm²] 1본을 22 [mm] 금속 전선관 속에 넣어 천장 은폐 배선을 한 것

2) 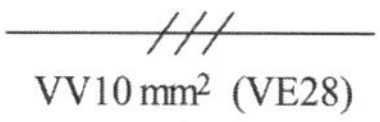 ———///———
   VV10mm² (VE28)

   10 [mm²]의 0.6/1 [kV] 비닐 절연 비닐 시스 케이블 3본을 28 [mm] 합성수지관 속에 넣어 천장 은폐 배선을 한 것

• 예제 01 •

그림과 같은 콘센트의 심벌을 구분하여 설명하시오.

(1) ❽   (2) ❽₂   (3) ❽₃ₚ   (4) ❽ᵂᴾ   (5) ❽ₑ

답안작성

(1) 벽붙이 콘센트   (2) 2구 콘센트
(3) 3극 콘센트   (4) 방수 콘센트
(5) 접지극 붙이 콘센트

● 예제 02 ●

다음의 전기 배선용 도식 기호에 대한 명칭을 쓰시오. 단 "(4), (5), (6)"의 경우에는 그 명칭을 서로 구분이 되도록 특징도 명기하시오.

(1) ⊗   (2) ○┤   (3) ⊖
(4) ⊙   (5) ●WP   (6) ●20A

답안작성

(1) 유도등 (백열등)   (2) 벽붙이 백열등 (개정 후 : ◐)
(3) 코드팬던트   (4) 콘센트 (천정에 부착하는 경우)
(5) 콘센트(방수형)   (6) 콘센트 (정격 용량 20 [A])

● 예제 03 ●

그림은 점멸기의 심벌이다. 각 심벌의 용도, 형태 등을 구분하여 설명하시오.

(1) ●L   (2) ●WP   (3) ●4   (4) ○●   (5) ●

답안작성

(1) ●L : 파일럿 램프 붙이 스위치
(2) ●WP : 방수형 스위치
(3) ●4 : 4로 스위치
(4) ○● : 따로 놓여진 파일럿 램프 붙이 스위치
(5) ● : 스위치

● 예제 04 ●

다음 전기 설비에서 사용하는 그림 기호의 명칭을 쓰시오.

(1) ----▭---- LD   (2) ⊠   (3) ●R   (4) ●EX   (5) ◿

답안작성

(1) 라이팅 덕트
(2) 풀박스 및 접속 상자
(3) 리모콘 스위치
(4) 방폭형 콘센트
(5) 분전반

● 예제 05 ●

옥내 배선용 그림 기호에 대한 다음 각 물음에 답하시오.
(1) 일반적인 콘센트의 그림 기호는 ● 이다. ⊙ 은 어떤 경우에 사용되는가?
(2) 점멸기의 그림 기호로 ●, ●2P, ●3 의 의미는 어떤 의미인가?
(3) 개폐기, 배선용 차단기, 누전 차단기의 그림 기호를 그리시오.

답안작성
    (1) 천장에 부착하는 경우
    (2) 단극 스위치, 2극 스위치, 3로 스위치
    (3) 개폐기 : S , 배선용 차단기 : B , 누전 차단기 : E

• 예제 06 •

다음 조건에 있는 콘센트의 그림기호를 그리시오.
(1) 벽붙이용   (2) 천장에 부착하는 경우
(3) 바닥에 부착하는 경우   (4) 방수형
(5) 타이머 붙이   (6) 2구용

답안작성
(1) ◐   (2) ⦁⦁   (3) ◐̣   (4) ◐$_{WP}$ (5) ◐$_{TM}$ (6) ◐$_2$

• 예제 07 •

일반용 조명 및 콘센트의 그림 기호에 대한 다음 각 물음에 답하시오.
(1) ⊗ 로 표시되는 등은 어떤 등인가?
(2) HID등을 ① ○$_{H400}$, ② ○$_{M400}$, ③ ○$_{N400}$ 로 표시하였을 때 각 등의 명칭은 무엇인가?
(3) 콘센트의 그림 기호는 ◐ 이다.
    ① 천장에 부착하는 경우의 그림 기호는?
    ② 바닥에 부착하는 경우의 그림 기호는?
(4) 다음 그림 기호를 구분하여 설명하시오.
    ① ◐$_2$ ② ◐$_{3P}$

답안작성
    (1) 옥외등
    (2) ① 400 [W] 수은등
        ② 400 [W] 메탈 헬라이드등
        ③ 400 [W] 나트륨등
    (3) ① ⦁⦁   ② ◐̣
    (4) ① 2구 콘센트   ② 3극 콘센트

4장 옥내 배선도 및 배선공사

4.1 옥내 배선도와 전선 접속도

조건	배선도	전선 접속도
(1) 1등을 스위치 하나로 점멸한다.	(단극 스위치의 경우) / (2극 스위치의 경우)	
(2) 2등을 하나의 스위치로 동시에 점멸한다.		
(3) (2)의 예에 콘센트 (점멸하지 않음)가 있는 경우		
(4) 2등을 별개의 스위치로 점멸하는 경우		
(5) 1등을 2개소에서 점멸하는 경우		

조 건	배선도	전선 접속도
(6) 2등을 동시에 2개소에서 점멸하는 경우		
(7) 1등을 3개소에서 점멸하는 경우		

○ : 전등   ● : 점멸기(첨자가 없는 것은 단극, 2P는 2극, 3은 3로, 4는 4로)   ⊙ : 콘센트

4.2 시설장소와 배선방법(400[V] 이하)

배선 방법		옥내						옥측 옥외	
		노출 장소		은폐 장소					
				점검 가능		점검 불가능			
		건조한 장소	습기가 많은 장소 또는 물기가 있는 장소	건조한 장소	습기가 많은 장소 또는 물기가 있는 장소	건조한 장소	습기가 많은 장소 또는 물기가 있는 장소	우선 내	우선 외
애자공사		○	○	○	○	×	×	①	①
금속관공사		○	○	○	○	○	○	○	○
합성수지관 공사	합성수지관 (CD관 제외)	○	○	○	○	○	○	○	○
	CD관	②	②	②	②	②	②	②	②
가요전선관 공사	1종 가요전선관	○	×	○	×	×	×	×	×
	비닐피복1종 가요전선관	○	○	○	○	×	×	×	×
	2종 가요전선관	○	×	○	×	×	×	○	×
	비닐피복2종 가요전선관	○	○	○	○	○	○	○	○
금속몰드공사		○	×	×	×	×	×	×	×
합성수지몰드공사		○	×	×	×	×	×	×	×
플로어덕트공사		×	×	×	×	③	×	×	×
셀룰러덕트공사		×	×	○	×	③	×	×	×
금속덕트공사		○	×	○	×	×	×	×	×
라이팅덕트공사		○	×	○	×	×	×	×	×
버스덕트공사		○	×	○	×	×	×	④	④
케이블공사		○	○	○	○	○	○	○	○
케이블 트레이공사		○	○	○	○	○	○	○	○

[비고] 기호의 뜻은 다음과 같다.
　　　○ : 시설할 수 있다.　　× : 시설할 수 없다.
　　CD관 : 내연성이 없는 것을 말한다.
　　① : 노출장소 및 점검할 수 있는 은폐장소에 한하여 시설할 수 있다.
　　② : 직접 콘크리트에 매설하는 경우를 제외하고 전용의 불연성 또는 자소성이 있는 난연성의 관 또는 덕트에 넣는 경우에 한하여 시설할 수 있다.
　　③ 콘크리트 등의 바닥 내에 한한다.
　　④ 옥외용 덕트를 사용하는 경우에 한하여(점검할 수 없는 은폐장소는 제외한다) 시설할 수 있다.

4.3 금속관 및 버스덕트공사

1. 금속관공사

1) 공통사항
   ① 전선은 절연 전선(**옥외용 비닐절연전선을 제외한다**)을 사용하여야 한다.
   ② 전선은 연선일 것. 다만, **단면적 10[mm^2]**(알루미늄선은 단면적 16[mm^2]) **이하의 것은 단선을 사용할 수 있다.**
   ③ 전선관 내에는 전선의 접속점을 만들어서는 안된다.

2) 금속관의 종류

종류	기 준	관의 호칭 [호]	비 고
후강 전선관	근사내경	16 22 28 36 42 54 70 82 92 104	관의 호칭이 **짝수**
박강 전선관	근사외경	19 25 31 39 51 63 75	관의 호칭이 **홀수**
나사없는 전선관		박강 전선관과 치수가 같다.	

3) 금속관 굵기의 선정
   ① 금속관의 굵기
   　금속관의 굵기는 전선의 피복 절연물을 포함한 단면적의 총합계가 **관내단면적의 1/3 이하**가 되도록 선정하는 것이 바람직하다.
   ② 관의 두께는 다음에 의할 것.
   　• 콘크리트에 매입하는 것은 1.2 [mm] 이상
   　• 콘크리트 매입 이외의 것은 1 [mm] 이상
   　(다만, 이음매가 없는 길이 4 [m] 이하인 것을 건조하고 전개된 곳에 시설하는 경우에는 0.5 [mm]까지로 감할 수 있다.)

2. 버스 덕트

1) 도체의 최소 굵기

형 태	재 료	
	동	알루미늄
띠 모양	20 [mm^2] 이상	30 [mm^2] 이상
관 또는 둥근 막대모양	5 [mm] 이상	–

2) 덕트를 조영재에 붙이는 경우에는 **덕트의 지지점 간의 거리를 3[m](수직으로 붙이는 경우에는 6[m]) 이하**로 할 것.

3) 덕트(환기형의 것을 제외한다)의 끝부분은 막을 것.

4) 습기가 많은 장소 또는 물기가 있는 장소에 시설하는 경우에는 옥외용 버스덕트를 사용하고 버스덕트 내부에 물이 침입하여 고이지 아니하도록 할 것.

5) 버스 덕트의 종류는 다음 표와 같다.

명 칭	형 식		설 명
피더 버스 덕트	옥내용	환기형 비환기형	도중에 부하를 접속하지 아니한 것
	옥외용	환기형 비환기형	
익스팬션 버스 덕트	옥내용	비환기형	열 신축에 따른 변화량을 흡수하는 구조인 것
탭붙이 버스 덕트			종단 및 중간에서 기기 또는 전선 등과 접속시키기 위한 탭을 가진 버스 덕트
트랜스포지션 버스 덕트			각 상의 임피던스를 평균시키기 위해서 도체 상호의 위치를 관로 내에서 교체시키도록 만든 버스덕트
플러그인 버스 덕트	옥내용	환기형 비환기형	도중에 부하 접속용으로 꽂음 플러그를 만든 것

• 예제 01 •

전등을 3개소에서 점멸하기 위하여 3로 스위치 2개와 4로 스위치 1개를 조합하는 경우 이들의 계통도(실제 배선도)를 그리시오.

답안작성

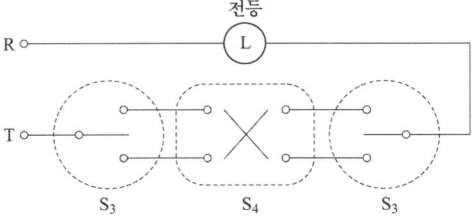

예제 02

그림과 같은 배선평면도와 주어진 조건을 이용하여 다음 각 물음에 답하시오.

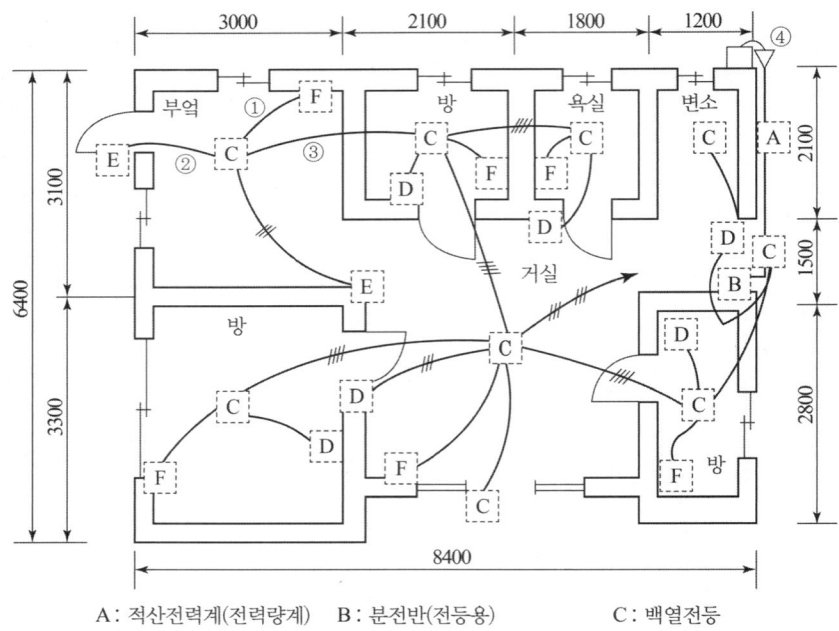

A : 적산전력계(전력량계) B : 분전반(전등용) C : 백열전등
D : 텀블러 스위치 E : 텀블러 스위치(3로 스위치) F : 10[A] 콘센트

(1) 점선으로 표시된 위치(A~F)에 기구를 배치하여 배선평면도를 완성하려고 한다. 해당되는 기구의 그림기호를 그리시오.
(2) 배선평면도의 ①~③의 배선 가닥수는 몇 가닥인가?
(3) 도면의 ④에 대한 그림기호의 명칭은 무엇인가?
(4) 본 배선평면도에 소요되는 4각 박스와 부싱은 몇 개인가? (단, 자재의 규격은 구분하지 않고 갯수만 산정한다.)

[조건]
- 사용하는 전선은 모두 NR 2.5 [mm^2] 이다.
- 박스는 모두 4각 박스를 사용하며, 기구 1개에 박스 1개를 사용한다. 2개연등인 경우에는 각 1개씩을 사용하는 것으로 한다.
- 전선관은 콘크리트 매입 후강금속관이다.
- 층고는 3 [m]이고, 분전반의 설치 높이는 1.5 [m] 이다.
- 3로 스위치 이외의 스위치는 단극 스위치를 사용하며, 2개를 나란히 사용한 개소는 2개소이다.

▒ 답안작성 ▒

(1) Ⓐ WH   Ⓑ ◣   Ⓒ ○
    Ⓓ ●   Ⓔ ●₃   Ⓕ ⦂

(2) ① 2가닥　　　　② 3가닥　　　　③ 4가닥
(3) 케이블 헤드
(4) 4각 박스 25개, 부싱 46개

해설

(2)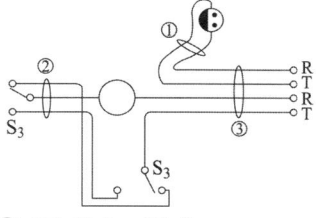

(4) ① 4각 박스 : 25개
　　　• C : 9개　• D : 6개　• E : 2개　• F : 6개
　　　• 스위치 2개를 나란히 사용한 장소에 추가되는 스위치 박스 : 2개
② 부싱 : 46개
　　4각 박스 수(스위치 2개를 나란히 사용한 장소 제외)×2 = 23×2 = 46개

5장 배선 설비 설계

5.1 부하의 상정 및 분기회로

1. 표준 부하

1) 건축물의 종류에 따른 표준 부하

건축물의 종류	표준 부하 [VA/m²]
공장, 공회당, 사원, 교회, 극장, 영화관, 연회장 등	10
기숙사, 여관, **호텔**, **병원**, **학교**, 음식점, 다방, 대중 목욕탕	20
사무실, 은행, 상점, 이발소, 미장원	30
주택, **아파트**	40

2) 건축물 중 별도 계산할 부분의 표준 부하 (주택, 아파트는 제외)

건축물의 부분	표준 부하 [VA/m²]
복도, **계단**, 세면장, 창고, 다락	5
강당, 관람석	10

3) 표준 부하에 따라 산출한 수치에 가산하여야 할 [VA]수
   ① **주택**, **아파트**(1세대 마다)에 대하여는 500∼1000[VA]
   ② 상점의 진열창에 대하여는 **진열창 폭 1[m]에 대하여 300[VA]**
   ③ 옥외의 광고등, 전광사인, 네온사인등의 [VA]수

2. 부하의 상정

$$부하 \, 설비 \, 용량 = PA + QB + C$$

여기서, P : 건축물의 바닥 면적 [m²] (Q 부분 면적 제외)
Q : 별도 계산할 부분의 바닥면적 [m²]
A : P 부분의 표준 부하 [VA/m²]
B : Q 부분의 표준 부하 [VA/m²]
C : 가산해야할 부하 [VA]

3. 분기 회로수

1) 분기 회로수 계산

$$\text{분기 회로수} = \frac{\text{표준 부하 밀도 [VA/m}^2\text{]} \times \text{바닥 면적 [m}^2\text{]}}{\text{전압 [V]} \times \text{분기 회로의 전류 [A]}}$$

[주1] 계산결과에 소수가 발생하면 절상한다.
[주2] • 최대상정부하 = 바닥면적×표준부하 + 룸에어콘 + 가산부하
  • 분기회로수 산정시 **소수가 발생되면 무조건 절상**하여 산출한다.
  • **220[V]에서 3 [kW]** (110 [V]때는 1.5 [kW])이상인 **냉방기기, 취사용 기기** 등 대형 **전기 기계기구**를 사용하는 경우에는 **단독분기회로**를 사용하여야 한다.

2) **연속부하가 있는 분기회로의 부하용량은 그 분기회로를 보호하는 과전류차단기의 정격전류의 80[%]를 초과하지 않을 것**

[주1] 연속부하는 상시 3시간 이상 연속하여 사용하는 것을 말한다.
[주2] 80[%]를 초과하여 사용하는 경우는 과전류차단기의 동작원리(트립 방식에 따라 주위온도의 영향을 받지 않는 것이 있다)와 전압변동범위 등을 고려하여 연속사용 상태에서 동작하지 않도록 유의할 것

● 예제 01 ●

단상 2선식 100[V], 40[W]×2등용 형광등 기구 50대를 설치하려고 하는 경우 16[A]의 분기회로는 최소 몇 회로가 필요한가? 단, 형광등의 역률은 80[%], 안정기의 손실은 고려하지 않음. 1회로의 부하 전류는 분기회로 용량의 80[%] 이다.

답안작성

$$\text{분기회로 수} = \frac{\text{상정 부하 설비의 합 [VA]}}{\text{전압} \times \text{분기회로 전류}}$$

$$= \frac{\frac{40}{0.8} \times 2 \times 50}{100 \times 16 \times 0.8} = 3.91 \text{ 회로}$$

답 : 16 [A] 분기 4 회로

● 예제 02 ●

점포가 붙어 있는 주택이 그림과 같을 때 주어진 참고 자료를 이용하여 예상되는 설비 부하 용량을 상정하고, 16[A] 분기 회로수는 원칙적으로 몇 회로로 하여야 하는지를 산정하시오. 단, 사용 전압은 220[V]라고 한다.

* RC는 룸 에어컨디셔너 1.1[kW]
* 주어진 참고 자료의 수치 적용은 최대값을 적용하도록 한다.

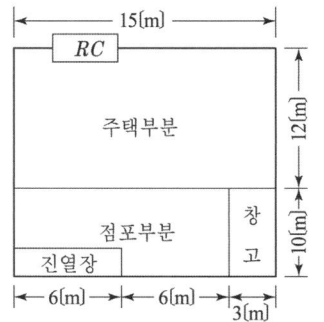

[참고사항]
가. 설비 부하 용량은 다만 "가" 및 "나"에 표시하는 종류 및 그 부분에 해당하는 표준 부하에 바닥 면적을 곱한 값에 "다"에 표시하는 건물 등에 대응하는 표준 부하 [VA]를 가한값으로 할 것

표준 부하

건축물의 종류	표준 부하 [VA/m²]
공장, 공회당, 사원, 교회, 극장, 영화관, 연회장 등	10
기숙사, 여관, 호텔, 병원, 학교, 음식점, 다방, 대중 목욕탕	20
사무실, 은행, 상점, 이발소, 미장원	30
주택, 아파트	40

[비고] 건물이 음식점과 주택 부분의 2 종류로 될 때에는 각각 그에 따른 표준 부하를 사용할 것
[비고] 학교와 같이 건물의 일부분이 사용되는 경우에는 그 부분만을 적용한다.

나. 건물(주택, 아파트 제외)중 별도 계산할 부분의 표준 부하

부분적인 표준 부하

건축물의 부분	표준부하 [VA/m²]
복도, 계단, 세면장, 창고, 다락	5
강당, 관람석	10

다. 표준 부하에 따라 산출한 수치에 가산하여야 할 [VA]수
① 주택, 아파트(1세대마다)에 대하여는 1000~500 [VA]
② 상점의 진열장에 대하여는 진열장 폭 1[m]에 대하여 300 [VA]
③ 옥외의 광고등, 전광 사인등의 [VA]수
④ 극장, 댄스홀 등의 무대 조명, 영화관등의 특수 전등부하의 [VA]수

답안작성

계산 : 부하 설비 용량 = 바닥 면적×표준 부하 + 룸에어컨디셔너 + 가산 부하
$$P = 12 \times 15 \times 40 + 12 \times 10 \times 30 + 3 \times 10 \times 5 + 6 \times 300 + 1100 + 1000 = 14850 [VA]$$

분기 회로수 = $\dfrac{\text{부하 용량 [VA]}}{\text{사용 전압 [V]} \times \text{분기 회로 전류 [A]}} = \dfrac{14850}{220 \times 16} = 4.22$

답 : 16 [A] 분기 5회로

해설

• 분기회로수
220[V]에서 **정격소비전력 3[kW]** (110[V]때는 1.5[kW])**이상인 냉방기기, 취사용 기기는 전용분기회로**로 하여야 한다. 따라서 **룸에어컨디셔너는 1.1[kW]이므로 단독 분기회로로 하지 않아도 된다.**
• 주택의 부하설비 용량 = 바닥면적×표준부하 + 룸에어컨디셔너 + 가산부하
   = 15×12×40 + 1100 + 1000 = 9300[VA]
• 점포의 부하설비 용량 = 바닥면적×표준부하 + 진열장 가산부하
   = 12×10×30 + 6×300 = 5400[VA]
• 창고의 부하설비 용량 = 바닥면적×표준부하 = 3×10×5 = 150[VA]

• 예제 03 •

그림과 같은 평면도의 2층 건물에 대한 배선설계를 하기 위하여 주어진 조건을 이용하여 1층 및 2층을 분리하여 분기회로수를 결정하고자 한다. 다음 각 물음에 답하시오.

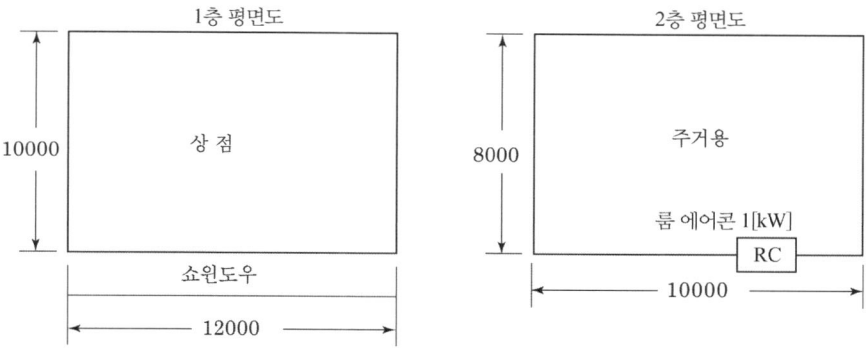

[조건]
- 분기 회로는 16 [A] 분기 회로로 하고 80 [%]의 정격이 되도록 한다.
- 배전 전압은 200 [V]를 기준으로 하여 적용 가능한 최대 부하를 상정한다.
- 주택 및 상점의 표준 부하는 30 [VA/m²]로 하되 1층, 2층 분리하여 분기 회로수를 결정하고 상점과 주거용에 각각 1000 [VA]를 가산하여 적용한다.
- 상점의 쇼윈도우에 대해서는 길이 1 [m]당 300 [VA]를 적용한다.
- 옥외 광고등 500 [VA]짜리 1등이 상점에 있는 것으로 한다.
- 예상이 곤란한 콘센트, 틀어끼우는 접속기, 소켓 등이 있을 경우에라도 이를 상정하지 않는다.

(1) 1층의 분기 회로수는?
(2) 2층의 분기 회로수는?

답안작성

(1) **계산** : 최대 상정 부하 = 바닥면적 × 표준부하 + 쇼윈도우 가산부하 + 옥외 광고등 + 가산부하

$$P = (12 \times 10) \times 30 + 12 \times 300 + 500 + 1000 = 8700 [VA]$$

분기 회로수 $N = \dfrac{8700}{200 \times 16 \times 0.8} = 3.4 [회로]$

답 : 16 [A] 분기 4회로

(2) **계산** : 최대 상정 부하 = 바닥면적 × 표준부하 + 룸에어콘 + 가산부하

$$P = (10 \times 8) \times 30 + 1000 + 1000 = 4400 [VA]$$

분기 회로수 $N = \dfrac{4400}{200 \times 16 \times 0.8} = 1.72 [회로]$

답 : 16 [A] 분기 2회로

해설
- 분기회로수 산정시 소수가 발생되면 무조건 절상하여 산출한다.
- **220[V]에서 3[kW]** (110[V]때는 1.5[kW]) **이상인 냉방기기, 취사용 기기등 대형 전기기계기구를 사용하는 경우에는 단독분기회로를 사용하여야 한다.** 따라서 **룸 에어콘이 1[kW]이므로 단독분기회로로 할 필요는 없음.**
- 문제에서 16[A] 분기 회로로 하고 **80[%]의 정격**이 되도록 한다는 조건이 있으므로
  16[A]×0.8 = 12.8[A]
  즉 **16[A] 차단기에 최대 12.8[A] 전류만 흐르도록** 분기 회로수를 산정하라는 의미이다.

5.2 과부하전류에 대한 보호

1. 도체와 과부하 보호장치 사이의 협조

과부하에 대해 케이블(전선)을 보호하는 장치의 동작특성은 다음의 조건을 충족해야 한다.

$$I_B \leq I_n \leq I_Z, \quad I_2 \leq 1.45 \times I_Z$$

I_B : 회로의 설계전류
- 선도체를 흐르는 설계전류 또는 함유율이 높은 영상분 고조파, 특히 제3고조파가 지속적으로 흐르는 경우 중성선에 흐르는 전류이다.
- 분기회로인 경우에는 부하의 효율과 역률 및 부하율이 고려된 최대전류를 의미
- 간선의 경우에는 추가로 수용률, 부하불평형률 및 장래부하증가에 대한 여유가 고려되어야 한다.

I_Z : 케이블의 허용전류

I_n : 보호장치의 정격전류(사용현장에 적합하게 조정된 전류의 설정 값)

I_2 : 보호장치가 규약시간 이내에 유효하게 동작하는 것을 보장하는 전류

$1.45 I_Z$ (도체의 과부하 보호점) : 케이블에 허용전류의 1.45배의 전류가 60분간 지속적으로 흐를 때 연속사용온도에 도달하는 지점

> [참고] $I_2 \leq 1.45 I_Z$의 요구조건
> 과부하전류가 도체의 허용전류(I_Z)보다크고 I_2 미만의 전류가 지속적으로 흐르는 경우에는 도체가 과전류보호장치에 의하여 보호되지 않을 수도 있다. 따라서 과부하 전류에 의하여 도체가 장시간에 걸쳐 열적손상에 의한 피해를 방지하기 위하여 가능한 도체의 허용전류 선정은 과부하 차단기 정격전류의 1.25배 이상 되도록 선정하는 것이 바람직 하다.

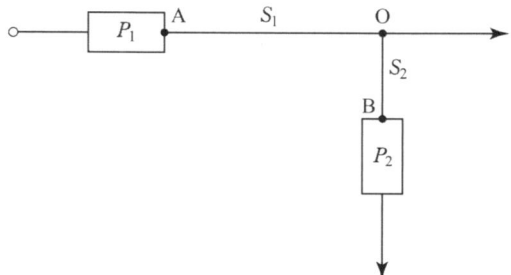

과부하 보호 설계 조건도

2. 과부하 보호장치의 설치 위치

1) 설치위치

   과부하 보호장치는 분기점에 설치해야 한다.

2) 설치위치의 예외

   과부하 보호장치는 분기점(O)에 설치해야 하나, 분기점(O)점과 분기회로의 과부하 보호장치(P_2) 설치점 사이의 배선 부분에 다른 분기회로나 콘센트 회로가 접속되어 있지 않고, 다음 중 하나를 충족하는 경우에는 변경이 있는 배선에 설치할 수 있다.

   ① 분기회로에 대한 단락보호가 이루어지고 있는 경우

   P_2는 분기회로의 분기점(O)으로부터 **부하 측으로 거리에 구애 받지 않고 이동하여 설치할 수 있다.**

   ② 단락의 위험과 화재 및 인체에 대한 위험성이 최소화 되도록 시설된 경우

   분기회로의 보호장치(P_2)는 **분기회로의 분기점(O)으로부터 3[m]까지 이동하여 설치할 수 있다.**

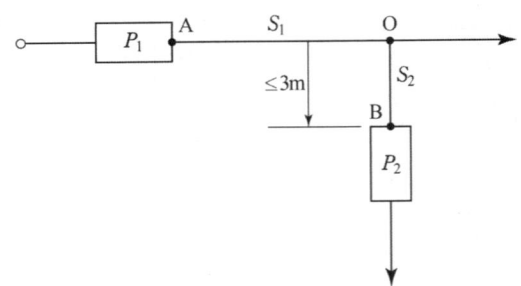

3. 과부하보호장치의 생략

1) 일반사항

   다음의 어느 하나에 해당되는 경우에는 과부하 보호장치 생략이 가능하다.

   ① 분기회로의 전원 측에 설치된 보호장치에 의하여 분기회로에서 발생하는 과부하에 대해 유효하게 보호되고 있는 분기회로

   ② 분기점 이후의 분기회로에 다른 분기회로 및 콘센트가 접속되지 않는 분기회로 중, 부하에 설치된 과부하 보호장치가 유효하게 동작하여 과부하전류가 분기회로에 전달되지 않도록 조치를 하는 경우

   ③ 통신회로용, 제어회로용, 신호회로용 및 이와 유사한 설비

2) IT 계통에서 과부하 보호장치 설치위치 변경 또는 생략

   과부하에 대해 보호가 되지 않은 각 회로가 다음과 같은 방법 중 어느 하나에 의해 보호될 경우, 설치위치 변경 또는 생략이 가능하다.

   ① 이중절연 또는 강화절연에 의한 보호수단 적용

   ② 2차 고장이 발생할 때 즉시 작동하는 누전차단기로 각 회로를 보호

   ③ 지속적으로 감시되는 시스템의 경우 다음 중 어느 하나의 기능을 구비한 절연 감시 장치의 사용

   - 최초 고장이 발생한 경우 회로를 차단하는 기능
   - 고장을 나타내는 신호를 제공하는 기능

3) 안전을 위해 과부하 보호장치를 생략할 수 있는 경우

   사용 중 예상치 못한 회로의 개방이 위험 또는 큰 손상을 초래할 수 있는 다음과 같은 부하에 전원을 공급하는 회로에 대해서는 과부하 보호장치를 생략할 수 있다.

   ① 회전기의 여자회로

   ② 전자석 크레인의 전원회로

   ③ 전류변성기의 2차회로

   ④ 소방설비의 전원회로

   ⑤ 안전설비(주거침입경보, 가스누출경보 등)의 전원회로

5.3 단락전류에 대한 보호

1. 단락보호장치의 설치위치

1) 설치위치

    단락전류 보호장치는 분기점(O)에 설치해야 한다.

2) 설치위치의 예외

    ① 분기회로의 단락보호장치 설치점(B)과 분기점(O) 사이에 다른 분기회로 또는 콘센트의 접속이 없고 단락, 화재 및 인체에 대한 위험이 최소화될 경우, 분기 회로의 단락 보호장치 P_2는 분기점(O)으로 부터 3[m]까지 이동하여 설치할 수 있다.

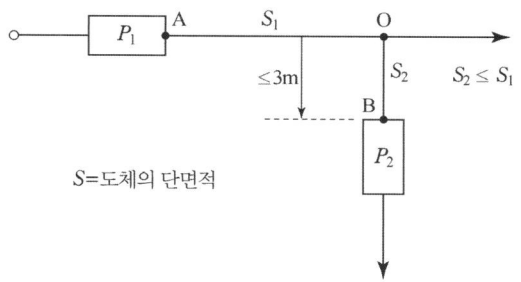

    ② 분기회로의 시작점(O)과 이 분기회로의 단락보호장치(P_1) 사이에 있는 도체가 **전원측에 설치되는 보호장치(P_1)에 의해 단락보호가 되는 경우**에, P_2의 설치위치는 분기점(O)로부터 **거리제한이 없이** 설치할 수 있다.

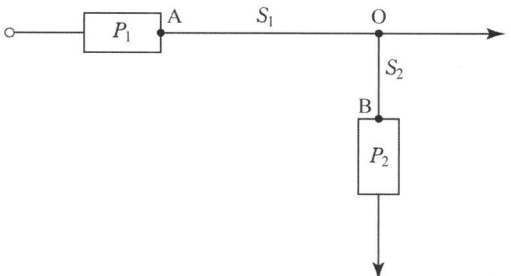

5.4 저압 전로의 절연성능

1. 저압 전로의 절연성능

1) 전기사용 장소의 사용전압이 저압인 전로의 전선 상호간 및 전로와 대지 사이의 절연저항은 개폐기 또는 과전류차단기로 구분할 수 있는 전로마다 다음 표에서 정한 값 이상이어야 한다.

전로의 사용전압[V]	DC 시험전압[V]	절연저항[MΩ]
SELV 및 PELV	250	0.5
FELV, 500[V]이하	500	1.0
500[V] 초과	1,000	1.0

[주] 특별저압(extra low voltage : 2차 전압이 AC 50[V], DC 120[V] 이하)으로 SELV(비접지회로 구성) 및 PELV(접지회로 구성)은 1차와 2차가 전기적으로 절연된 회로, FELV는 1차와 2차가 전기적으로 절연되지 않은 회로

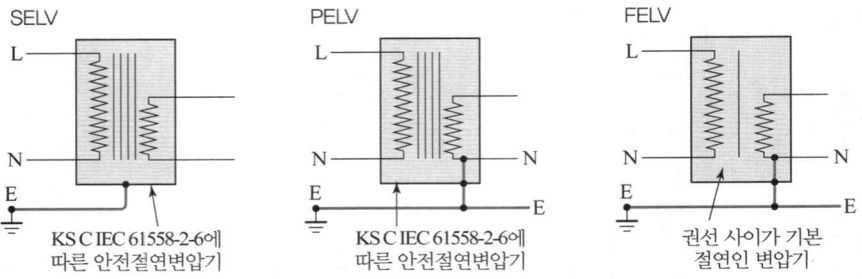

SELV(안전 특별저압), PELV(보호 특별저압) 및 FELV(기능적 특별저압)

2) 전선 상호간의 절연저항은 기계기구를 쉽게 분리가 곤란한 분기회로의 경우 기기 접속 전에 측정할 수 있다.
3) 측정 시 영향을 주거나 손상을 받을 수 있는 SPD 또는 기타 기기 등은 측정 전에 분리시켜야 하고, 부득이하게 **분리가 어려운 경우에는 시험전압을 250[V] DC로 낮추어 측정할 수 있지만 절연저항 값은 1[MΩ] 이상**이어야 한다.

2. 전선과 대지 사이의 절연저항

저압전선로 중 절연 부분의 전선과 대지 사이 및 전선의 심선 상호 간의 절연 저항은 **사용전압에 대한 누설전류가 최대 공급전류의 1/2,000을 넘지 않도록** 하여야 한다.

5.5 누전차단기 및 콘센트

1. 누전차단기의 시설

1) 전원의 자동차단에 의한 저압전로의 보호대책으로 **누전차단기를 시설해야할 대상**은 금속제 외함을 가지는 사용전압이 50[V]를 초과하는 저압의 기계 기구로서 사람이 쉽게 접촉할 우려가 있는 곳에 시설하는 것에 전기를 공급하는 전로. 다만, 다음의 어느 하나에 해당하는 경우에는 적용하지 않는다.

   ① 기계기구를 **발전소·변전소·개폐소 또는 이에 준하는 곳에 시설하는 경우**
   ② 기계기구를 **건조한 곳에 시설하는 경우**
   ③ 대지전압이 150[V] 이하인 기계기구를 **물기가 있는 곳 이외의 곳에 시설하는 경우**
   ④ **이중 절연구조의 기계기구**를 시설하는 경우
   ⑤ 그 전로의 전원측에 절연변압기(2차 전압이 300[V] 이하인 경우에 한한다)를 시설하고 또한 그 **절연 변압기의 부하측의 전로에 접지하지 아니하는 경우**
   ⑥ 기계기구가 **고무·합성수지 기타 절연물로 피복된 경우**
   ⑦ 기계기구가 유도전동기의 2차측 전로에 접속되는 것일 경우

2) 주택의 인입구 등 다른 절에서 누전차단기 설치를 요구하는 전로

3) 특고압전로, 고압전로 또는 저압전로와 변압기에 의하여 결합되는 사용전압 400[V] 초과의 저압전로 또는 발전기에서 공급하는 사용전압 400[V] 초과의 저압전로(발전소 및 변전소와 이에 준하는 곳에 있는 부분의 전로를 제외한다).

4) 다음의 전로에는 **자동복구 기능을 갖는 누전차단기**를 시설할 수 있다.

   ① **독립된 무인 통신중계소·기지국**
   ② 관련법령에 의해 **일반인의 출입을 금지 또는 제한하는 곳**
   ③ 옥외의 장소에 **무인으로 운전하는 통신중계기** 또는 단위기기 전용회로. 단, 일반인이 특정한 목적을 위해 지체하는(머물러 있는) 장소로서 버스정류장, 횡단보도 등에는 시설할 수 없다.

2. 누전차단기의 시설장소

○ : 누전차단기를 시설하는 곳

△ : 주택에 기계기구를 시설하는 경우에는 누전차단기를 시설할 곳

□ : 주택 구내 또는 도로에 접한 면에 룸에어컨디셔너, 아이스 박스, 진열창, 자동판매기 등 전동기를 부품으로 한 기계기구를 시설하는 경우에는 누전차단기를 시설하는 것이 바람직한 곳

× : 누전차단기를 시설하지 않아도 되는 곳

전로의 대지전압	기계기구의 시설장소	옥내		옥측		옥 외	물기가 있는 장소
		건조한 장소	습기가 많은 장소	우선내	우선외		
150 [V] 이하		×	×	×	□	□	○
150 [V] 초과 300 [V] 이하		△	○	×	○	○	○

3. 누전차단기의 설치방법

일반인이 접촉할 우려가 있는 장소(세대 내 분전반 및 이와 유사한 장소)에는 주택용 누전차단기를 시설하여야 하고, 주택용 누전차단기를 정방향(세로)으로 부착할 경우에는 **차단기의 위쪽이 켜짐(on)으로, 차단기의 아래쪽은 꺼짐(off)으로 시설**하여야 한다.

4. 누전 차단기의 선정

저압 전로에 시설하는 **누전차단기는 전류 동작형**으로 다음 각 호에 적합한 것이어야 한다.

1) 누전 차단기의 종류

구 분		정격 감도 전류 [mA]	동 작 시 간
고 감 도 형	고 속 형	5, 10, 15, 30	·정격 감도 전류에서 0.1초 이내, 인체 감전 보호용은 0.03초 이내
	시 연 형		·정격감도전류에서 0.1초 초과 2초이내
	반한시형		·정격 감도 전류에서 0.2초를 초과하고 1초 이내 ·정격 감도 전류 1.4배의 전류에서 0.1초를 초과하고 0.5초 이내 ·정격 감도 전류 4.4배의 전류에서 0.05초 이내
중감 도형	고 속 형	50, 100, 200, 500, 1000	·정격 감도 전류에서 0.1초 이내
	시 연 형		·정격 감도 전류에서 0.1초를 초과하고 2초이내
저감 도형	고 속 형	3000, 5000 10,000, 20,000	·정격 감도 전류에서 0.1초 이내
	시 연 형		·정격 감도 전류에서 0.1초를 초과하고 2초 이내

2) 인입구 장치 등에 시설하는 **누전 차단기는 충격파 부동작형**일 것
3) 누전차단기의 **조작용 손잡이 또는 누름단추는 트립프리(Trip Free) 기구**이어야 한다.
4) **감전방지**를 목적으로 시설하는 누전차단기는 **고감도 고속형**일 것
5) 누전 차단기의 적색 버튼과 녹색 버튼의 차이점

- **적색 버튼** : 누전 및 과전류 차단기능
- **녹색 버튼** : 누전 차단 기능

5. 전류동작형 누전차단기 등의 시설

전류동작형 누전차단기 등을 시설하는 경우는 보호하는 전로의 전원측에 다음 각호에 의하여 시설하여야 한다.

1) 전로에 접지전용선이 있는 경우는 변류기에 접지전용선을 관통하지 않도록 할 것
2) 전로에 시설하는 변류기는 접지선을 관통하지 않도록 할 것
3) 변류기는 전기방식이 서로 다른 2회로 이상의 배선을 일괄하여 관통하지 않도록 할 것

6. 콘센트의 시설

1) 욕조나 샤워시설이 있는 **욕실 또는 화장실 등 인체가 물에 젖어있는 상태**에서 전기를 사용하는 장소에 콘센트를 시설하는 경우에는 다음에 따라 시설하여야 한다.
   ① **인체감전보호용 누전차단기(정격감도전류 15[mA] 이하, 동작시간 0.03[초] 이하의 전류동작형의 것에 한한다) 또는 절연변압기(정격용량 3[kVA] 이하인 것에 한한다)로 보호된 전로**에 접속하거나, 인체감전보호용 누전차단기가 부착된 콘센트를 시설하여야 한다.
   ② 콘센트는 접지극이 있는 방적형 콘센트를 사용하여 규정에 준하여 접지하여야 한다.
2) 주택의 옥내전로에는 접지극이 있는 콘센트를 사용하여 규정에 준하여 접지하여야 한다.

5.6 단상 3선식과 단상 2선식의 비교

1. 회로도

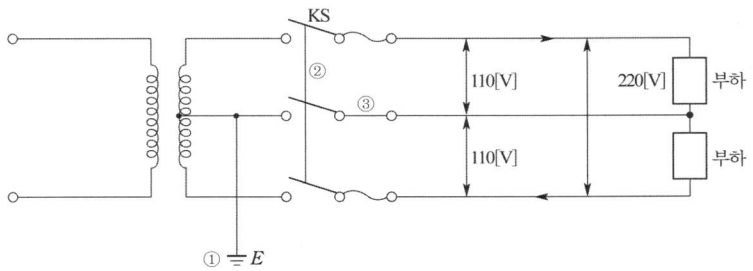

2. 조건

① 변압기 2차측 1단자는 **접지공사**를 한다.

② 2차측 개폐기는 **동시 동작형**이어야 한다.

③ **중성선에는 퓨즈를 삽입할 수 없다.**

3. 중성선 단선시 부하측 단자 전압

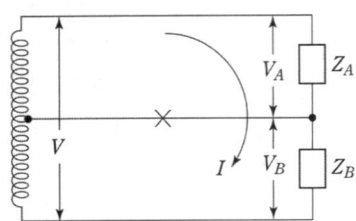

$$I = \frac{V}{Z_A + Z_B}$$

$$V_A = IZ_A = \frac{V}{Z_A + Z_B}Z_A$$

$$V_B = IZ_B = \frac{V}{Z_A + Z_B}Z_B$$

4. 부하 불평형시 중성선에 흐르는 전류

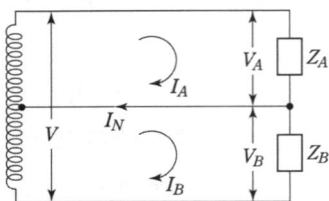

$$I_N = \dot{I}_A - \dot{I}_B$$

1) Z_A 부하의 역률과 Z_B 부하의 **역률이 같은 경우**

중성선에 흐르는 전류 $I_N = I_A - I_B$

이때, I_N 의 값이 $-$인 경우는 그림에 주어진 전류의 방향이 반대로 되어야 한다.

2) Z_A 부하와 Z_B 부하의 **역률이 서로 다른 경우**

중성선에 흐르는 전류는 **vector로 계산**하여야 한다.

즉, 실수부와 허수부를 구분하여 계산하여야 한다.

중성선에 흐르는 전류

$$I_N = I_A(\cos\theta_A - j\sin\theta_A) - I_B(\cos\theta_B - j\sin\theta_B)$$
$$= (I_A\cos\theta_A - I_B\cos\theta_B) - j(I_A\sin\theta_A - I_B\sin\theta_B)$$

5. 중성선의 단면적

1) 다음의 경우는 **중성선의 단면적은 최소한 선도체의 단면적 이상**이어야 한다.

① 2선식 단상회로

② 선도체의 단면적이 구리선 16[mm^2], 알루미늄선 25[mm^2] 이하인 다상 회로

③ 제3고조파 및 제3고조파의 홀수배수의 고조파 전류가 흐를 가능성이 높고 **전류 종합고조파왜형률이 15~33[%]인 3상회로**

2) **제3고조파 및 제3고조파 홀수배수의 전류 종합고조파왜형률이 33[%]를 초과하는 경우** 아래와 같이 중성선의 단면적을 증가시켜야 한다.

① 다심케이블의 경우 선도체의 단면적은 중성선의 단면적과 같아야 하며, 이 단면적은 **선도체의 $1.45 \times I_B$(회로 설계전류)를 흘릴 수 있는 중성선**을 선정한다.

② 단심케이블은 선도체의 단면적이 중성선 단면적보다 작을 수도 있다. 계산은 다음과 같다.
- 선 : I_B(회로 설계전류)
- 중성선 : 선도체의 $1.45 I_B$와 동등 이상의 전류

5.7 불평형률

1. 저압 수전의 단상 3선식

$$\text{설비불평형률} = \frac{\text{중성선과 각 전압측 전선간에 접속되는 부하설비용량[kVA]의 차}}{\text{총 부하 설비 용량[kVA]의 1/2}} \times 100[\%]$$

여기서, **불평형률은 40 [%] 이하**이어야 한다.

2. 저압, 고압 및 특고압 수전의 3상 3선식 또는 3상 4선식

$$\text{설비불평형률} = \frac{\text{각 선간에 접속되는 단상부하의 최대와 최소의 차[kVA]}}{\text{총 부하 설비 용량[kVA](3상 부하도 포함)의 1/3}} \times 100[\%]$$

여기서, **불평형률은 30[%] 이하**이어야 한다. 다만, 다음 각 호의 경우에는 이 제한을 따르지 않을 수 있다.

① 저압 수전에서 **전용 변압기 등으로 수전**하는 경우
② 고압 및 특고압 수전에서는 **100[kVA] 이하의 단상 부하**의 경우
③ 특고압 및 고압 수전에서는 단상 부하 용량의 **최대와 최소의 차가 100 [kVA] 이하**인 경우
④ 특고압 수전에서는 100[kVA] 이하의 단상 변압기 2대로 역 V결선하는 경우

※ 설비 불평형률의 계산식에서 **부하설비용량의 단위는 반드시 [kVA]의 수치로 계산하여야 한다.**

즉, $\dfrac{[\text{kW}]}{\cos\theta} = [\text{kVA}]$를 적용한다.

5.8 수용가 설비에서의 전압 강하

1. 전압강하

1) 수용가 설비의 인입구로부터 기기까지의 전압강하는 표의 값 이하이어야 한다.

설비의 유형	조명 [%]	기타 [%]
A – 저압으로 수전하는 경우	3	5
B – 고압 이상으로 수전하는 경우[a]	6	8

a 가능한 한 최종회로 내의 전압강하가 A 유형의 값을 넘지 않도록 하는 것이 바람직하다. 사용자의 배선설비가 100[m]를 넘는 부분의 전압강하는 미터 당 0.005[%] 증가할 수 있으나 이러한 증가분은 0.5[%]를 넘지 않아야 한다.

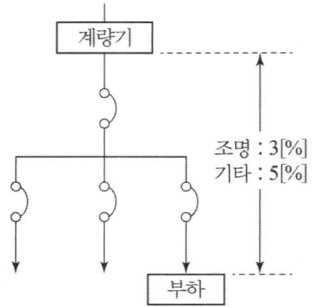

저압으로 수전하는 경우

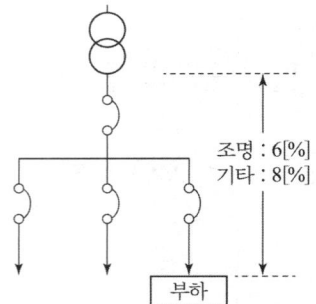

고압이상으로 수전하는 경우

2) 다음의 경우에는 표 보다 더 큰 전압강하를 허용할 수 있다.
   ① 기동 시간 중의 전동기
   ② 돌입전류가 큰 기타 기기

2. 전압 강하 및 전선의 단면적 계산

1) 단상 3선식, 직류 3선식, 3상 4선식의 경우 전압강하 e_1

[조건]
- 교류의 경우 역률 $\cos\theta = 1$
- 각상 부하가 평형되어 있어 중성선에는 전류가 흐르지 않는 경우
- 전선의 도전율은 97 [%]

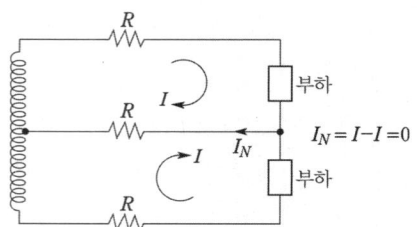

단상 3선식, 직류 3선식, 3상 4선식의 경우 **전압강하는 1선의 전선에서만 발생(중성선에는 전류가 흐르지 않는 조건)**하므로

$$e_1 = IR = I \times \rho \frac{L}{A} = I \times \frac{1}{58} \times \frac{100}{C} \times \frac{L}{A} \quad \left(\because \rho = \frac{1}{58} \times \frac{100}{C}\right)$$

$$= I \times \frac{1}{58} \times \frac{100}{97} \times \frac{L}{A} = 0.0178 \times \frac{LI}{A} = \frac{17.8LI}{1000A}$$

2) 단상 2선식의 경우 전압강하 e_2

　단상 2선식의 경우 **전압강하는 전선 2가닥에서 발생**하므로 전선 1가닥에서의 **전압강하** e_1의 2배가 된다.

$$e_2 = 2IR = 2e_1$$

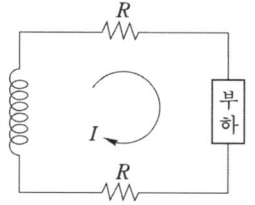

3) 3상 3선식의 경우 전압강하 e_3

$$e_3 = \sqrt{3}\,IR = \sqrt{3}\,e_1$$

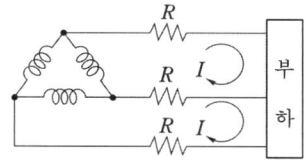

4) 요약

전기 방식	전압 강하		전선 단면적
단상 3선식 직류 3선식 3상 4선식	$e_1 = IR$	$e_1 = \dfrac{17.8LI}{1000A}$	$A = \dfrac{17.8LI}{1000e_1}$
단상 2선식 및 직류 2선식	$e_2 = 2IR = 2e_1$	$e_2 = \dfrac{35.6LI}{1000A}$ $(2 \times 17.8 = 35.6)$	$A = \dfrac{35.6LI}{1000e_2}$
3상 3선식	$e_3 = \sqrt{3}\,IR = \sqrt{3}\,e_1$	$e_3 = \dfrac{30.8LI}{1000A}$ $(\sqrt{3} \times 17.8 = 30.8)$	$A = \dfrac{30.8LI}{1000e_3}$

여기서, A : 전선의 단면적 [mm^2]

　　　　e_2, e_3 : 각 선간의 전압 강하 [V]

　　　　　e_1 : 외측선 또는 각 상의 1선과 중성선 사이의 전압 강하 [V]

　　　　　L : 전선 1본의 길이 [m]

　　　　　C : 전선의 도전율(97 [%])

3. 표를 이용한 전선의 굵기 선정

1) 부하가 말단에 집중되어 있는 경우

표. 3상 380[V] 배선인 경우 (전압강하 3.8[V])

전류[A]	전선의 굵기 [mm²]											
	2.5	4	6	10	16	25	35	50	95	150	185	240	300
	전선 최대 길이 [m]											
1	534	854	1281	2135	3416	5337	7472	10674	20281	**32022**	39494	51236	64045
2	267	427	640	1067	1708	2669	3736	5337	10140	16011	19747	25618	32022
3	178	285	427	712	1139	1779	2491	3558	6760	10674	13165	17079	21348
4	133	213	320	534	854	1334	1868	2669	5070	8006	9874	12809	16011
5	107	171	256	427	683	1067	1494	2135	4056	6404	7899	10247	12809
6	89	142	213	356	569	890	1245	1779	3380	5337	6582	8539	10674
7	76	122	183	305	488	762	1067	1525	2897	4575	5642	7319	9149
8	67	107	160	267	427	667	934	1334	2535	4003	4937	6404	8006
9	59	95	142	237	380	593	830	1186	2253	3558	4388	5693	7116
12	44	71	107	178	285	445	623	890	1690	2669	3291	4270	5337
14	38	61	91	152	244	381	534	762	1449	2287	2821	3660	4575
15	36	57	85	142	228	356	498	712	1352	2135	2633	3416	4270
16	33	53	80	133	213	334	467	667	1268	2001	2468	3202	4003
18	30	47	71	119	190	297	415	593	1127	1779	2194	2846	3558
25	21	34	51	85	137	213	299	427	811	1281	1580	2049	2562
35	15	24	37	61	98	152	213	305	579	915	1128	1464	1830
45	12	19	28	47	76	119	166	237	451	712	878	1139	1423

[비고 1] 전압강하가 2 [%] 또는 3 [%]의 경우, 전선길이는 각각 이 표의 2배 또는 3배가 된다. 다른 경우에도 이 예에 따른다.
[비고 2] 전류가 20 [A] 또는 200 [A] 경우의 전선길이는 각각 이 표 전류 2 [A] 경우의 1/10 또는 1/100이 된다. 다른 경우에도 이 예에 따른다.
[비고 3] 이 표는 평형부하의 경우에 대한 것이다.
[비고 4] 이 표는 역률 1로 하여 계산한 것이다.

(1) 표의 의미

연선 150[mm²] 예를 들어 설명하면

부하 전류가 1[A]이고 전압강하를 3.8[V]까지 허용하는 경우 전원으로부터 32022[m] 떨어져 있는 부하까지 전력을 공급(전선 최대 길이)할 수 있다는 의미를 갖고 있다.

(2) 표의 사용방법

① 전선 최대 길이 계산방법

$$\text{전선 최대 길이} = \frac{\text{배선 설계의 길이} \times \dfrac{\text{부하의 최대 사용 전류 [A]}}{\text{표의 전류 [A]}}}{\dfrac{\text{배선 설계의 전압 강하 [V]}}{\text{표의 전압 강하 [V]}}}$$

위 식에서 구한 **전선 최대 길이를 초과하는 전선 굵기**를 선정하면 된다.

② 표의 전류는 부하의 최대 사용전류를 고려하여 **표의 전류 중 임의의 값을 선정**하면 된다.

즉, 부하의 **최대 전류가 30[A]**인 경우 **표의 전류값을 3[A]로 선정**하면 $\frac{30}{3}=10$으로 **계산이 용이**한 반면에 7[A]를 선정하면 $\frac{30}{7}=4.28571\cdots$로 되어 계산이 복잡해진다. 또한 이때 전선의 **굵기를 선정할 때는 반드시 계산에 적용된 전류값의 표를 기준**해야 한다.

예를들면

- 배선설계의 길이 : 50 [m]
- 부하의 최대 사용전류 : 30 [A]
- 허용전압 강하 : 3.8 [V]인 경우에 있어서 전선의 굵기를 선정해보면

[case 1] 표의 전류 3[A] 기준한 경우

$$\text{전선최대 길이} = \frac{50 \times \frac{30}{3}}{\frac{3.8}{3.8}} = 500[\text{m}]$$

표의 3 [A]란에서 전선최대 길이가 500 [m]를 초과하는 712 [m]의 10 [mm²] 선정

[case 2] 표의 전류 15 [A] 기준한 경우

$$\text{전선최대 길이} = \frac{50 \times \frac{30}{15}}{\frac{3.8}{3.8}} = 100[\text{m}]$$

표의 15 [A]란에서 전선최대 길이가 100 [m]를 초과하는 142 [m]의 10 [mm²] 선정

따라서, case 1, case 2 모두 **동일한 결과**를 얻을 수 있다.

2) 부하가 분산되어 있는 경우

$$\text{배선설계의 길이 } L = \frac{i_1 l_1 + i_2 l_2 + i_3 l_3 + \cdots + i_n l_n}{i_1 + i_2 + i_3 + \cdots + i_n}$$

따라서, 전원으로부터 $L[\text{m}]$ 떨어진 지점에 $\Sigma i[\text{A}]$의 부하가 집중되어 있는 경우로 보고 문제를 풀면 된다.

• 예제 04 •

그림과 같은 3상 3선식 200[V] 수전인 경우의 설비불평형률을 계산하고 규정에 맞는지를 판단하시오. 단, 전용 변압기 등으로 수전하는 경우가 아님

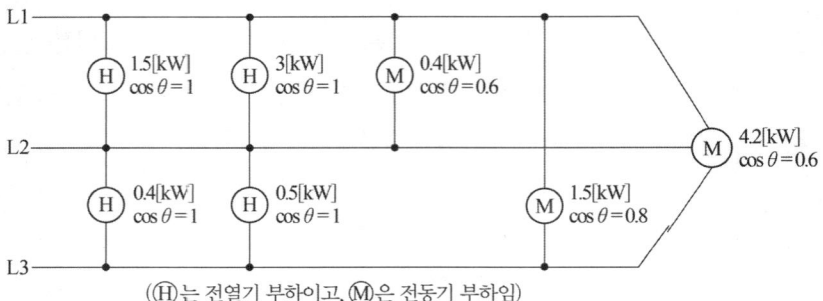

답안작성

3상 3선식의 경우

설비불평형률 = $\dfrac{\left(1.5+3+\dfrac{0.4}{0.6}\right)-(0.4+0.5)}{\left(1.5+3+\dfrac{0.4}{0.6}+0.4+0.5+\dfrac{1.5}{0.8}+\dfrac{4.2}{0.6}\right)\times\dfrac{1}{3}} \times 100 = 85.7[\%]$

판단 : 30[%]를 초과하였으므로 기술 기준상 불량하다.

해설

- 설비불평형률 = $\dfrac{\text{각 선간에 접속되는 단상부하의 최대와 최소의 차}}{\text{총 부하 설비용량의 1/3}} \times 100[\%]$
- 문제에서 부하의 설비용량이 [kW]이고 역률이 주어졌으므로 [kW]를 [kVA]로 환산하여 계산하여야 한다.
- L1-L2 사이의 부하 = $1.5+3+\dfrac{0.4}{0.6}=5.17$ [kVA] - 최대
- L2-L3 사이의 부하 = $0.4+0.5=0.9$ [kVA] - 최소
- L3-L1 사이의 부하 = $\dfrac{1.5}{0.8}=1.88$ [kVA]

• 예제 05 •

사무실로 사용하는 건물에 단상 3선식 110/220 [V]를 채용하고 변압기가 설치된 수전실에서 60 [m] 되는 곳의 부하를 "부하집계표"와 같이 배분하는 분전반을 시설하고자 한다. 주어진 조건과 참고자료를 이용하여 다음 각 물음에 답하시오.
- 공사방법은 A1으로 PVC 절연전선을 사용한다.
- 전압 강하는 3 [%] 이하로 되어야 한다.(단, 중성선에서의 전압강하는 무시한다.)
- 부하집계표는 다음과 같다.

회로 번호	부하 명칭	총 부하 [VA]	부하 분담[VA] A선	부하 분담[VA] B선	비고
1	전등	2920	1460	1460	
2	〃	2680	1340	1340	
3	콘센트	1100	1100		
4	〃	1400	1400		
5	〃	800		800	
6	〃	1000		1000	
7	팬코일	750	750		
8	〃	700		700	
합계		11350	6050	5300	

[참고자료]

표 1. 간선의 굵기, 개폐기 및 과전류 차단기의 용량

최대 상정 부하 전류 [A]	배선 종류에 의한 간선의 동 전선 최소 굵기 [mm²] 공사방법 A1 2개선 PVC	공사방법 A1 2개선 XLPE, EPR	공사방법 A1 3개선 PVC	공사방법 A1 3개선 XLPE, EPR	공사방법 B1 2개선 PVC	공사방법 B1 2개선 XLPE, EPR	공사방법 B1 3개선 PVC	공사방법 B1 3개선 XLPE, EPR	공사방법 C 2개선 PVC	공사방법 C 2개선 XLPE, EPR	공사방법 C 3개선 PVC	공사방법 C 3개선 XLPE, EPR	개폐기의 정격 [A]	과전류 차단기의 정격 [A] B종 퓨즈	과전류 차단기의 정격 [A] A종 퓨즈 또는 배선용 차단기
20	4	2.5	4	2.5	2.5	2.5	2.5	2.5	2.5	2.5	2.5	2.5	30	20	20
30	6	4	6	4	4	2.5	6	4	4	2.5	4	2.5	30	30	30
40	10	6	10	6	6	4	10	6	6	4	6	4	60	40	40
50	16	10	16	10	10	6	10	10	10	6	10	6	60	50	50
60	16	10	25	16	16	10	16	10	10	10	16	10	60	60	60
75	25	16	35	25	16	10	25	16	16	10	16	16	100	75	75
100	50	25	50	35	25	16	35	25	25	16	35	25	100	100	100
125	70	35	70	50	35	25	50	35	35	25	50	35	200	125	125
150	70	50	95	70	50	35	70	50	50	35	70	50	200	150	150
175	95	70	120	70	70	50	95	50	70	50	70	50	200	200	175
200	120	70	150	95	95	70	95	70	70	50	95	70	200	200	200
250	185	120	240	150	120	70	—	95	95	70	120	95	300	250	250
300	240	150	300	185	—	95	—	120	150	95	185	120	300	300	300
350	300	185	—	240	—	120	—	—	185	120	240	150	400	400	350
400	—	240	—	300	—	—	—	—	240	120	240	185	400	400	400

[비고 1] 단상 3선식 또는 3상 4선식 간선에서 전압강하를 감소하기 위하여 전선을 굵게 할 경우라도 중성선은 표의 값보다 굵은 것으로 할 필요는 없다.

[비고 2] 최소 전선 굵기는 1회선에 대한 것이며, 2회선 이상일 경우는 복수회로 보정계수를 적용하여야 한다.

[비고3] 공사방법 A1은 벽 내의 전선관에 공사한 절연전선 또는 단심케이블, B1은 벽면의 전선관에 공사한 절연전선 또는 단심케이블, 공사방법 C는 벽면에 공사한 단심 또는 다심케이블을 시설하는 경우의 전선 굵기를 표시하였다.

[비고4] B종 퓨즈의 정격전류는 전선의 허용전류의 0.96배를 초과하지 않는 것으로 한다.

표 2. 간선의 수용률

건 축 물 의 종 류	수용률 [%]
주택, 기숙사, 여관, 호텔, 병원, 창고	50
학교, 사무실, 은행	70

[주] 전등 및 소형 전기기계 기구의 용량 합계가 10 [kVA]를 초과하는 것은 그 초과 용량에 대해서는 표의 수용률을 적용할 수 있다.

표 3. 후강 전선관 굵기의 선정

도 체 단면적 [mm^2]	전선 본수									
	1	2	3	4	5	6	7	8	9	10
	전선관의 최소 굵기 [호]									
2.5	16	16	16	16	22	22	22	28	28	28
4	16	16	16	22	22	22	28	28	28	28
6	16	16	22	22	22	28	28	28	36	36
10	16	22	22	28	28	36	36	36	36	36
16	16	22	28	28	36	36	36	42	42	42
25	22	28	28	36	36	42	54	54	54	54
35	22	28	36	42	54	54	54	70	70	70
50	22	36	54	54	70	70	70	82	82	82
70	28	42	54	54	70	70	70	82	82	82
95	28	54	54	70	70	82	82	92	92	104
120	36	54	54	70	70	82	82	92		
150	36	70	70	82	92	92	104	104		
185	36	70	70	82	92	104				
240	42	82	82	92	104					

(1) 간선으로 사용하는 전선(동도체)의 단면적은 몇 [mm^2]인가?
(2) 간선보호용 퓨즈(A종)의 정격전류는 몇 [A]인가?
(3) 이 곳에 사용되는 후강 전선관은 몇 호인가?
(4) 설비 불평형률은 몇 [%]가 되겠는가?

답안작성

(1) **계산** : 전압 강하 $e = 110 \times 0.03 = 3.3 [V]$

A선 전류 $I_A = \dfrac{6050}{110} = 55 [A]$

B선 전류 $I_B = \dfrac{5300}{110} = 48.18 [A]$ 이므로 전류는 A선 전류 55[A]를 기준으로 하면

전선 단면적 $A = \dfrac{17.8 LI}{1000 e} = \dfrac{17.8 \times 60 \times 55}{1000 \times 3.3} = 17.8 [mm^2]$

답 : 전선 굵기 25 [mm^2] 선정

(2) 표 1에서 공사방법 A1, PVC 절연전선 3개선을 사용하는 경우 전선의 굵기가 25 [mm^2]일 때 과전류 차단기의 정격 전류 60 [A] 선정

(3) 표 3에서 25 [mm^2] 전선 3본이 들어갈 수 있는 전선관 28 [호] 선정

(4) 계산 : 불평형률 = $\dfrac{3250-2500}{11350 \times \dfrac{1}{2}} \times 100 = 13.22\,[\%]$ 답 : 13.22[%]

해설

(1) ① 부하집계표에서 보면 전등은 220 [V]로 A, B 선에 접속되어 있고, 콘센트 및 팬코일은 110 [V] 부하로 A-N, B-N 선에 접속되어 있다. 따라서 **A, B선에 흐르는 전류를 계산하기 위해서 전등부하는 A, B 선에 1/2씩 분배되어 있다고 가정하여 계산**하고 A, B 선에 흐르는 전류중 큰 전류를 기준으로 하여 전선의 굵기를 계산하여야 한다.

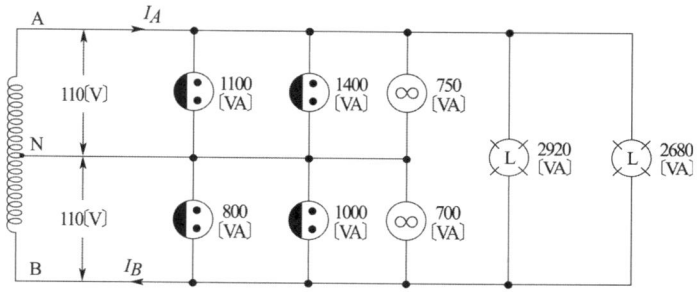

② 전선의 굵기를 계산 할 때는 110 [V](A선과 N선)로 하거나 혹은 220 [V](A선과 B선)로 하여도 관계없다. 예를들면 220 [V]를 기준으로 할 경우 전압강하식은 단상 2선식을 적용하여야 한다.

전선 단면적 $A = \dfrac{35.6LI}{1000e} = \dfrac{35.6 \times 60 \times 55}{1000 \times 220 \times 0.03} = 17.7\,[\text{mm}^2]$

로 계산결과가 110 [V]로 한 경우와 동일하다.

(5) 단상 3선식에서 설비불평형률

설비불평형률 = $\dfrac{\text{중성선과 각 전압측 전선간에 접속되는 부하설비용량 [kVA]의 차}}{\text{총 부하설비용량 [kVA]의 1/2}} \times 100\,[\%]$

여기서, **불평형률은 40[%] 이하**이어야 한다.
- 전압선 A와 중성선 사이에 접속되는 부하 = 1100 + 1400 + 750 = 3250[VA]
- 전압선 B와 중성선 사이에 접속되는 부하 = 800 + 1000 + 700 = 2500[VA]
- 전등은 A, B선에 접속되므로 설비불평형률 계산시 분모에는 포함되나 분자에는 포함되지 않는다.

• 예제 06 •

저압, 고압 및 특고압 수전의 3상 3선식 또는 3상 4선식에서 불평형 부하의 한도는 단상 접속 부하로 계산하여 설비 불평형률을 30[%] 이하로 하는 것을 원칙으로 한다. 그러나 이 원칙에 따르지 아니할 수 있는 경우가 있는데, 다음 경우로 구분하여 30 [%] 제한에 따르지 않아도 되는 경우를 설명할 때 (   ) 안에 알맞은 것은?

- 저압 수전에서 (가) 등으로 수전하는 경우이다.
- 고압 및 특고압 수전에서는 (나)[kVA] 이하의 단상 부하인 경우이다.
- 특고압 및 고압 수전에서는 단상 부하 용량의 최대와 최소의 차가 (다)[kVA] 이하인 경우이다.
- 특고압 수전에서는 (라)[kVA] 이하의 단상 변압기 2대로 (마) 결선하는 경우이다.

답안작성

(가) 전용 변압기   (나) 100   (다) 100   (라) 100   (마) 역V

예제 07

그림과 같은 100/200[V] 단상 3선식 회로를 보고 다음 각 물음에 답하시오.

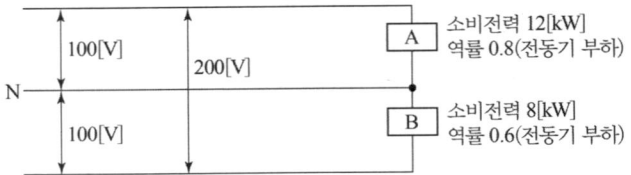

(1) 중성선 N에 흐르는 전류는 몇 [A]인가?
(2) 부하는 저압 전동기이다. 이 전동기는 제 몇 종 절연을 하는가? 단, 이 전동기의 허용 온도는 105 [℃]라고 한다.
(3) A 전동기의 용량으로 양수를 한다면 양정 10 [m], 펌프 효율 80 [%] 정도에서 매 분당 양수량은 몇 [m³]이 되겠는가? 단, 여유계수는 1.1로 한다.

답안작성

(1) A상의 전류 : $I_A = \dfrac{12 \times 10^3}{100 \times 0.8} = 150$ [A]

  B상의 전류 : $I_B = \dfrac{8 \times 10^3}{100 \times 0.6} = 133.33$ [A]

  $I_N = I_A(\cos\theta_A - j\sin\theta_A) - I_B(\cos\theta_B - j\sin\theta_B)$
  $I_N = 150(0.8 - j\,0.6) - 133.33(0.6 - j\,0.8)$
    $= 120 - j90 - 80 + j106.66 = 40 + j16.66$
    $= \sqrt{40^2 + 16.66^2} = 43.33$ [A]

  답 : 43.33 [A]

(2) A종 절연

(3) 양수 펌프용 전동기의 용량 : $P = \dfrac{KQH}{6.12\eta}$ [kW]

  여기서, $12\,[\text{kW}] = \dfrac{1.1 \times Q \times 10}{6.12 \times 0.8}$

  ∴ $Q = 5.34$ [m³/min]

해설

(1) 부하의 **역률이 서로 다르므로 중성선에 흐르는 전류는 Vector로 계산**하여야 한다.

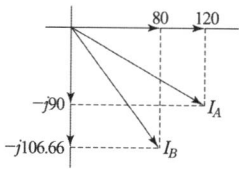

(2) 절연물의 종류에 따른 최고 허용 온도

종 류	Y종	A종	E종	B종	F종	H종	C종
최고사용온도 [℃]	90	105	120	130	155	180	180 초과

예제 08

그림과 같은 단상 3선식 배전선의 a, b, c 각 선간에 부하가 접속되어 있다. 전선의 저항은 3선이 같고, 각각 0.06[Ω]이라고 한다. ab, bc, ca 간의 전압을 구하시오. 단, 부하의 역률은 변압기의 2차 전압에 대한 것으로 하고, 또 선로의 리액턴스는 무시한다.

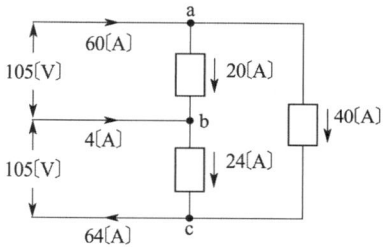

답안작성

$V_{ab} = 105 - (60 \times 0.06 - 4 \times 0.06) = 101.64 \ [V]$

$V_{bc} = 105 - (4 \times 0.06 + 64 \times 0.06) = 100.92 \ [V]$

$V_{ca} = 210 - (60 \times 0.06 + 64 \times 0.06) = 202.56 \ [V]$

해설

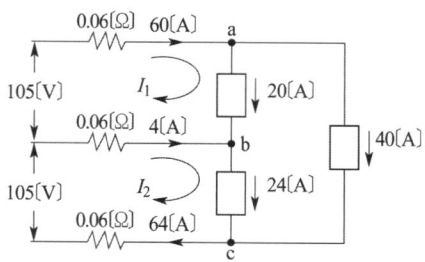

- V_{ab} : a점으로 흐르는 전류 60 [A]는 I_1과 동일 방향이므로 +가 되고 b점으로 흐르는 전류 4[A]는 I_1과 **방향이 다르므로 −가 된다**.

- V_{bc} : b점으로 흐르는 전류 4 [A]는 I_2와 동일 방향이므로 +가 되고 c점에서 흐르는 전류 64 [A]도 I_2와 동일 방향이므로 +가 된다.

• 예제 09 •

도면은 어느 건물의 구내 간선 계통도이다. 주어진 조건과 참고자료를 이용하여 다음 각 물음에 답하시오.

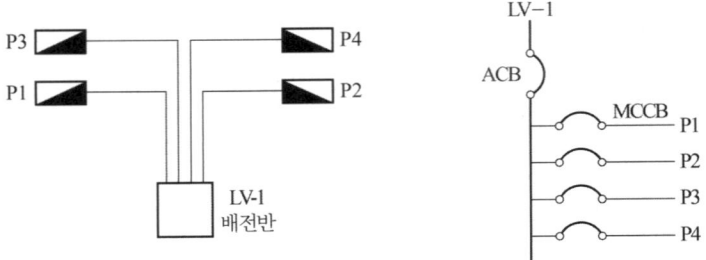

(1) P1의 전부하시 전류를 구하고, 여기에 사용될 배선용 차단기(MCCB)의 규격을 선정하시오.
(2) P1에 사용될 케이블의 굵기는 몇 [mm²]인가?
(3) 배전반에 설치된 ACB의 최소 규격을 산정하시오.
(4) 0.6/1 [kV] 가교 폴리에틸렌 절연 비닐 시스 케이블의 영문 약호는?

[조건]
- 전압은 380 [V]/220 [V]이며, 3φ4W 이다.
- CABLE은 TRAY 배선으로 한다.(공중, 암거 포설)
- 전선은 가교 폴리에틸렌 절연 비닐 외장 케이블이다.
- 허용 전압 강하는 2 [%]이다.
- 분전반간 부등률은 1.1이다.
- 주어진 조건이나 참고자료의 범위 내에서 가장 적절한 부분을 적용시키도록 한다.
- CABLE 배선 거리 및 부하 용량은 표와 같다.

분전반	거리 [m]	연결 부하 [kVA]	수용률 [%]
P1	50	240	65
P2	80	320	65
P3	210	180	70
P4	150	60	70

[참고자료]

표 1. 배선용 차단기(MCCB)

Frame	100			225			400		
기본 형식	A11	A12	A13	A21	A22	A23	A31	A32	A33
극 수	2	3	4	2	3	4	2	3	4
정격 전류 [A]	60, 75, 100			125, 150, 175, 200, 225			250, 300, 350, 400		

표 2. 기중 차단기(ACB)

TYPE	G1	G2	G3	G4
정 격 전 류 [A]	600	800	1000	1250
정격 절연 전압 [V]	1000	1000	1000	1000
정격 사용 전압 [V]	660	660	660	660
극 수	3, 4	3, 4	3, 4	3, 4
과전류 Trip 장치의 정격 전류	200, 400, 630	400, 630, 800	630, 800, 1000	800, 1000, 1250

표 3. 전선 최대 길이 (3상 3선식 380[V]·전압강하 3.8[V])

전류 [A]	전선의 굵기 [mm²]											
	2.5	4	6	10	16	25	35	50	95	150	185	240	300
	전선 최대 길이 [m]											
1	534	854	1281	2135	3416	5337	7472	10674	20281	32022	39494	51236	64045
2	267	427	640	1067	1708	2669	3736	5337	10140	16011	19747	25618	32022
3	178	285	427	712	1139	1779	2491	3558	6760	10674	13165	17079	21348
4	133	213	320	534	854	1334	1868	2669	5070	8006	9874	12809	16011
5	107	171	256	427	683	1067	1494	2135	4056	6404	7899	10247	12809
6	89	142	213	356	569	890	1245	1779	3380	5337	6582	8539	10674
7	76	122	183	305	488	762	1067	1525	2897	4575	5642	7319	9149
8	67	107	160	267	427	667	934	1334	2535	4003	4937	6404	8006
9	59	95	142	237	380	593	830	1186	2253	3558	4388	5693	7116
12	44	71	107	178	285	445	623	890	1690	2669	3291	4270	5337
14	38	61	91	152	244	381	534	762	1449	2287	2821	3660	4575
15	36	57	85	142	228	356	498	712	1352	2135	2633	3416	4270
16	33	53	80	133	213	334	467	667	1268	2001	2468	3202	4003
18	30	47	71	119	190	297	415	593	1127	1779	2194	2846	3558
25	21	34	51	85	137	213	299	427	811	1281	1580	2049	2562
35	15	24	37	61	98	152	213	305	579	915	1128	1464	1830
45	12	19	28	47	76	119	166	237	451	712	878	1139	1423

[비고1] 전압강하가 2[%] 또는 3[%]의 경우, 전선길이는 각각 이 표의 2배 또는 3배가 된다. 다른 경우에도 이 예에 따른다.

[비고2] 전류가 20[A] 또는 200[A] 경우의 전선길이는 각각 이 표 전류 2[A] 경우의 1/10 또는 1/100이 된다. 다른 경우에도 이 예에 따른다.

[비고3] 이 표는 평형부하의 경우에 대한 것이다.
[비고4] 이 표는 역률 1로 하여 계산한 것이다.

답안작성

(1) 전부하 전류 $= \dfrac{\text{설비용량} \times \text{수용률}}{\sqrt{3} \times \text{전압}} = \dfrac{(240 \times 10^3) \times 0.65}{\sqrt{3} \times 380} = 237.02\,[A]$

따라서, MCCB 규격은 표 1에 의해서 표준 용량을 선정하면 400 [AF]의 정격전류 250 [A] MCCB를 선정한다.

답 : 전부하 전류 237.02 [A], 배선용 차단기 400 [AF] / 250 [AT]

(2) 전선 최대길이 $= \dfrac{50 \times \dfrac{237.02}{25}}{\dfrac{380 \times 0.02}{3.8}} = 237.02\,[m]$

표 3 전류 25 [A] 난에서 전선 최대 길이가 237.02 [m]를 초과하는 299 [m]난의 전선 35 [mm²] 선정

답 : 35 [mm²]

(3) $I = \dfrac{(240 \times 0.65 + 320 \times 0.65 + 180 \times 0.7 + 60 \times 0.7)}{\sqrt{3} \times 380 \times 1.1} \times 10^3 = 734.81\,[A]$

이므로 표 2에서 G2 Type의 정격 전류 800 [A]를 선정한다.

답 : G2 type 800 [A]

(4) CV1

해설

(2) 전선최대길이 $= \dfrac{\text{배선 설계의 길이} \times \dfrac{\text{부하의 최대 사용 전류 [A]}}{\text{표의 전류 [A]}}}{\dfrac{\text{배선 설계의 전압 강하 [V]}}{\text{표의 전압 강하 [V]}}}$

(3) • 합성최대수용전력 [kVA] $= \dfrac{\text{개별 부하의 최대 수용 전력의 합계}}{\text{부등률}}$

$= \dfrac{\text{설비 용량 [kVA]} \times \text{수용률}}{\text{부등률}}$

$= \dfrac{\text{설비 용량 [kW]} \times \text{수용률}}{\text{부등률} \times \text{역률}}$

• 3상의 경우 합성최대 전류 $= \dfrac{\text{설비 용량 [kW]} \times \text{수용률}}{\text{부등률} \times \text{역률}} \times \dfrac{1}{\sqrt{3} \times \text{전압[kV]}}$

• 예제 10 •

분전반에서 25 [m]의 거리에 2 [kW]의 교류 단상 100 [V] 전열기를 설치하였다. 배선 방법을 금속관 공사로 하고 전압 강하를 2 [%] 이하로 하기 위해서 전선의 굵기를 얼마로 선정하는 것이 적당한가?

•계산 :   •답 :

답안작성

계산 : $I = \dfrac{P}{V} = \dfrac{2 \times 10^3}{100} = 20\,[A]$

$$e = 100 \times 0.02 = 2 \, [\text{V}]$$
$$A = \frac{35.6LI}{1000 \cdot e} = \frac{35.6 \times 25 \times 20}{1000 \times 2} = 8.9 \, [\text{mm}^2]$$

답 : 10 [mm^2]

해설

• 전선규격
1.5 [mm^2], 2.5, 4, 6, 10, 16, 25, 35, 50, 70, 95, 120, 150, 185, 240, 300, 400, 500, 630 [mm^2]

• 예제 11 •

그림과 같은 3상 3선식 회로의 전선 굵기를 구하시오. 단, 배선 설계의 길이는 50 [m], 부하의 최대 사용 전류는 300 [A], 배선 설계의 전압 강하는 4 [V]이며, 전선 도체는 구리이다.

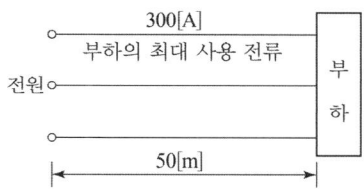

[참고자료]

표. 전선 최대 길이 (3상 3선식 380[V] · 전압 강하 3.8[V])

전류 [A]	전선의 굵기 [mm²]											
	2.5	4	6	10	16	25	35	50	95	150	185	240	300
	전선 최대 길이 [m]											
1	534	854	1281	2135	3416	5337	7472	10674	20281	32022	39494	51236	64045
2	267	427	640	1067	1708	2669	3736	5337	10140	16011	19747	25618	32022
3	178	285	427	712	1139	1779	2491	3558	6760	10674	13165	17079	21348
4	133	213	320	534	854	1334	1868	2669	5070	8006	9874	12809	16011
5	107	171	256	427	683	1067	1494	2135	4056	6404	7899	10247	12809
6	89	142	213	356	569	890	1245	1779	3380	5337	6582	8539	10674
7	76	122	183	305	488	762	1067	1525	2897	4575	5642	7319	9149
8	67	107	160	267	427	667	934	1334	2535	4003	4937	6404	8006
9	59	95	142	237	380	593	830	1186	2253	3558	4388	5693	7116
12	44	71	107	178	285	445	623	890	1690	2669	3291	4270	5337
14	38	61	91	152	244	381	534	762	1449	2287	2821	3660	4575
15	36	57	85	142	228	356	498	712	1352	2135	2633	3416	4270
16	33	53	80	133	213	334	467	667	1268	2001	2468	3202	4003
18	30	47	71	119	190	297	415	593	1127	1779	2194	2846	3558
25	21	34	51	85	137	213	299	427	811	1281	1580	2049	2562
35	15	24	37	61	98	152	213	305	579	915	1128	1464	1830
45	12	19	28	47	76	119	166	237	451	712	878	1139	1423

[비고1] 전압강하가 2[%] 또는 3[%]의 경우, 전선길이는 각각 이 표의 2배 또는 3배가 된다. 다른 경우에도 이 예에 따른다.

[비고2] 전류가 20[A] 또는 200[A] 경우의 전선길이는 각각 이 표 전류 2[A] 경우의 1/10 또는 1/100이 된다. 다른 경우에도 이 예에 따른다.
[비고3] 이 표는 평형부하의 경우에 대한 것이다.
[비고4] 이 표는 역률 1로 하여 계산한 것이다.

답안작성

전선 최대 길이 $= \dfrac{50 \times \dfrac{300}{3}}{\dfrac{4}{3.8}} = 4750[m]$

따라서, 표의 3[A]란에서 전선 최대 길이가 4750[m]를 넘는 6760[m]인 전선의 굵기 95[mm^2] 선정

답 : 95 [mm^2]

해설

- 표의 전류는 부하의 최대 사용전류를 고려하여 표의 전류 중 임의의 값을 선정하면 된다. 즉, 부하의 최대 전류가 300[A]인 경우 표의 전류값 3[A]로 하면 $\dfrac{300}{3}=100$으로 계산이 용이한 반면에 7[A]를 선정하면 $\dfrac{300}{7}=42.8571\cdots$로 되어 계산이 복잡해진다.
- 표의 전류값을 1[A]로 하여 계산해 보면

전선 최대 길이 $= \dfrac{50 \times \dfrac{300}{1}}{\dfrac{4}{3.8}} = 14250[m]$

따라서, 표의 전류값 1[A]란에서 전선최대길이가 14250[m]를 초과하는 전선의 굵기는 95[mm^2]가 되어 표의 전류 3[A]를 선정하여 계산한 결과와 동일하게 된다.
따라서, 표의 전류값중 어느 것을 선정하여도 계산 결과는 동일하게 나오며, 단지 어느 값을 선정하는 것이 편리한지만 고려하면 된다.

예제 12

그림과 같은 분기회로 전선의 단면적을 산출하여 적당한 굵기를 선정하시오.
단, ① 배전 방식은 단상 2선식 교류 100[V]로 한다.
② 사용 전선은 450/750[V] 일반용 단심 비닐절연전선 이다.
③ 사용 전선관은 후강전선관으로 하며, 전압 강하는 최원단에서 2[%]로 보고 계산한다.

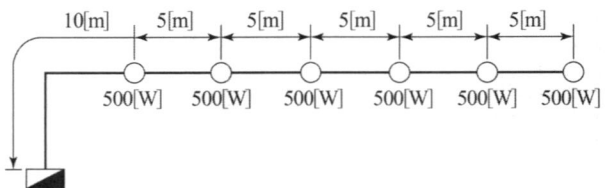

5장 배선 설비 설계

표 1. 전선 최대 긍장(1) (단상 2선식 전압 강하 2.2[V])

전류 [A]	전선의 굵기 [mm²]											
	2.5	4	6	10	16	25	35	50	95	150	185	240	300
	전선 최대 길이 [m]											
1	154	247	371	618	989	1545	2163	3090	5871	9270	11433	14831	18539
2	77	124	185	309	494	772	1081	1545	2935	4635	5716	7416	9270
3	51	82	124	206	330	515	721	1030	1957	3090	3811	4944	6180
4	39	62	93	154	247	386	541	772	1468	2317	2858	3708	4635
5	31	49	74	124	198	309	433	618	1174	1854	2287	2966	3708
6	26	41	62	103	165	257	360	515	978	1545	1905	2472	3090
7	22	35	53	88	141	221	309	441	839	1324	1633	2119	2648
8	19	31	46	77	124	193	270	386	734	1159	1429	1854	2317
9	17	27	41	69	110	172	240	343	652	1030	1270	1648	2060
12	13	21	31	51	82	129	180	257	489	772	953	1236	1545
14	11	18	26	44	71	110	154	221	419	662	817	1059	1324
15	10	16	25	41	66	103	144	206	391	618	762	989	1236
16	9.7	15	23	39	62	97	135	193	367	579	715	927	1159
18	8.6	14	21	34	55	86	120	172	326	515	635	824	1030
25	6.2	10	15	25	40	62	87	124	235	371	457	593	742
35	4.4	7.1	11	18	28	44	62	88	168	265	327	424	530
45	3.4	5.5	8.2	14	22	34	48	69	130	187	254	330	412

[비고1] 전압강하가 2[%] 또는 3[%]의 경우, 전선 길이는 각각 이 표의 2배 또는 3배가 된다. 다른 경우에도 이 예에 따른다.

[비고2] 전류가 20[A] 또는 200[A] 경우의 전선 길이는 각각 이 표의 전류 2[A] 경우의 1/10 또는 1/100이 된다. 다른 경우에도 이 예에 따른다.

[비고3] 이 표는 역률 1로 하여 계산한 것이다.

답안작성

① 부하 중심의 길이

$$i = \frac{P}{V} = \frac{500}{100} = 5[A]$$

$$L = \frac{i_1 l_1 + i_2 l_2 + i_3 l_3 + \cdots + i_n l_n}{i_1 + i_2 + i_3 + \cdots + i_n} = \frac{5 \times 10 + 5 \times 15 + 5 \times 20 + 5 \times 25 + 5 \times 30 + 5 \times 35}{5 + 5 + 5 + 5 + 5 + 5}$$

$$= 22.5 \, [m]$$

② 부하 전류 $I = \frac{nP}{V} = \frac{6 \times 500}{100} = 30[A]$

③ 전선의 최대 길이 $L = \frac{22.5 \times 30/3}{2/2.2} = 247.5$ [m]이므로 표 1의 3 [A] 난에서 전선의 최대 긍장이 247.5 [m]를 초과하는 330 [m]인 난의 전선의 굵기 16 [mm²] 선정

∴ 16 [mm²]

해설

• 부하 중심의 길이 $L = \frac{i_1 l_1 + i_2 l_2 + i_3 l_3 + \cdots + i_n l_n}{i_1 + i_2 + i_3 + \cdots + i_n}$

$$= \frac{5 \times 10 + 5 \times 15 + 5 \times 20 + 5 \times 25 + 5 \times 30 + 5 \times 35}{5 + 5 + 5 + 5 + 5 + 5} = 22.5[m]$$

즉, 분전반으로부터 22.5[m] 지점에 부하 3000[W]가 설치된 것으로 계산할 수 있다.

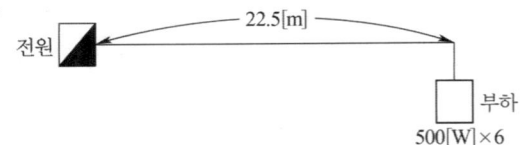

- 전선 최대 길이 = $\dfrac{\text{배선 설계의 길이[m]} \times \dfrac{\text{부하의 최대 사용 전류 [A]}}{\text{표의 전류 [A]}}}{\dfrac{\text{배선 설계의 전압 강하 [V]}}{\text{표의 전압 강하 [V]}}}$

- 표의 전류는 표 1의 전류값 중에서 임의로 선정하여 계산할 수 있다. 다만 계산을 간단하게 하기 위하여 부하의 최대사용전류를 고려하여 선정한다.

  즉, 표에서 3 [A]를 선정하면 $\dfrac{30}{3}=10$으로 계산이 간단하게 된다.

- 주어진 표 1 전선최대긍장 표는 단상 2선식으로서 전압강하가 2.2 [V]일 때의 표이다.

• 예제 13 •

전동기 $M_1 \sim M_5$의 사양이 주어진 조건과 같고 이것을 그림과 같이 배치하여 공사방법 B_1으로 XLPE 절연전선을 사용한다고 가정할 때 간선 및 분기 회로의 설계에 필요한 다음 각 물음에 대한 답을 작성하도록 하시오.

[조건]
- M_1 : 3ϕ 200 [V] 0.75 [kW] 농형 유도 전동기(직입 기동)
- M_2 : 3ϕ 200 [V] 3.7 [kW] 농형 유도 전동기(직입 기동)
- M_3 : 3ϕ 200 [V] 5.5 [kW] 농형 유도 전동기(직입 기동)
- M_4 : 3ϕ 200 [V] 15 [kW] 농형 유도 전동기(Y-△ 기동)
- M_5 : 3ϕ 200 [V] 30 [kW] 농형 유도 전동기(기동 보상기 기동)

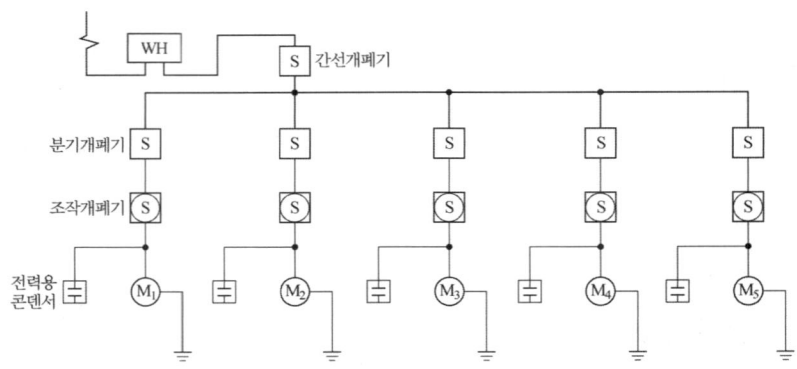

(1) 각 전동기 분기 회로의 전압 강하를 2[%]로 할 때 해당되는 값을 표에서 찾아 답안지 표의 빈칸에 기입하시오.

구 분		M_1	M_2	M_3	M_4	M_5
규 약 전 류 [A]						
전선 최소 굵기 [mm^2]						
개폐기 용량 [A]	분 기					
	현장 조작					
과전류 차단기 [A]	분 기					
	현장 조작					
초과눈금 전류계 [A]						
접지도체의 굵기 [mm^2]						
금속관의 굵기 [호]						
콘덴서 용량 [μF]						

(2) 간선의 전압 강하를 2[%]로 할 때 해당되는 값을 표에서 찾아 답안지 표의 빈칸에 기입하시오.

구 분	전선 최소 굵기 [mm^2]	개폐기 용량 [A]	과전류 차단기 용량 [A]	금속관의 굵기 [호]
간 선				

표 1-1. 후강 전선관 굵기의 선정

도 체 단면적 [mm^2]	전선 본수									
	1	2	3	4	5	6	7	8	9	10
	전선관의 최소 굵기 [호]									
2.5	16	16	16	16	22	22	22	28	28	28
4	16	16	16	22	22	22	28	28	28	28
6	16	16	22	22	22	28	28	28	36	36
10	16	22	22	28	28	36	36	36	36	36
16	16	22	28	28	36	36	36	42	42	42
25	22	28	28	36	36	42	54	54	54	54
35	22	28	36	42	54	54	54	70	70	70
50	22	36	54	54	70	70	70	82	82	82
70	28	42	54	54	70	70	70	82	82	82
95	28	54	54	70	70	82	82	92	92	104
120	36	54	54	70	70	82	82	92		
150	36	54	70	70	82	92	92	104	104	
185	36	70	70	82	92	104				
240	42	70	82	82	92	104				

표 1-2. 200 [V] 3상 유도 전동기 1대인 경우의 분기회로(B종 퓨즈의 경우)

정격출력 [kW]	전부하전류 [A]	배선 종류에 의한 동 전선의 최소 굵기 [mm²]					
		공사방법 A1 3개선		공사방법 B1 3개선		공사방법 C 3개선	
		PVC	XLPE, EPR	PVC	XLPE, EPR	PVC	XLPE, EPR
0.2	1.8	2.5	2.5	2.5	2.5	2.5	2.5
0.4	3.2	2.5	2.5	2.5	2.5	2.5	2.5
0.75	4.8	2.5	2.5	2.5	2.5	2.5	2.5
1.5	8	2.5	2.5	2.5	2.5	2.5	2.5
2.2	11.1	2.5	2.5	2.5	2.5	2.5	2.5
3.7	17.4	2.5	2.5	2.5	2.5	2.5	2.5
5.5	26	6	4	4	2.5	4	2.5
7.5	34	10	6	6	4	6	4
11	48	16	10	10	6	10	6
15	65	25	16	16	10	16	10
18.5	79	35	25	25	16	25	16
22	93	50	25	35	25	25	16
30	124	70	50	50	35	50	35
37	152	95	70	70	50	70	50

정격출력 [kW]	전부하전류 [A]	개폐기 용량 [A]				과전류 차단기(B종 퓨즈)[A]				전동기용 초과눈금 전류계의 정격전류 [A]	접지도체의 최소 굵기 [mm²]
		직입기동		기동기 사용		직입기동		기동기 사용			
		현장조작	분기	현장조작	분기	현장조작	분기	현장조작	분기		
0.2	1.8	15	15			15	15			3	2.5
0.4	3.2	15	15			15	15			5	2.5
0.75	4.8	15	15			15	15			5	2.5
1.5	8	15	30			15	20			10	4
2.2	11.1	30	30			20	30			15	4
3.7	17.4	30	60			30	50			20	6
5.5	26	60	60	30	60	50	60	30	50	30	6
7.5	34	100	100	60	100	75	100	50	75	30	10
11	48	100	200	100	100	100	150	75	100	60	16
15	65	100	200	100	100	100	150	100	100	60	16
18.5	79	200	200	100	200	150	200	100	150	100	16
22	93	200	200	100	200	150	200	100	150	100	16
30	124	200	400	200	200	200	300	150	200	150	25
37	152	200	400	200	200	200	300	150	200	200	25

[비고1] 최소 전선 굵기는 1회선에 대한 것이며, 2회선 이상일 경우는 부록 500-2의 복수회로 보정계수를 적용하여야 한다.
[비고2] 공사방법 A1은 벽 내의 전선관에 공사한 절연전선 또는 단심케이블, B1은 벽면의 전선관에 공사한 절연전선 또는 단심 케이블, 공사방법 C는 벽면에 공사한 단심 또는 다심케이블을 시설하는 경우의 전선 굵기를 표시하였다.
[비고3] 전동기 2대 이상을 동일회로로 할 경우는 간선의 표를 적용할 것

표 1-3. 200 [V] 3상 유도 전동기의 간선의 굵기 및 기구의 용량(B종 퓨즈)

전동기 [kW] 수의 총계 ① [kW] 이하	최대 사용 전류 ①' [A] 이하	배선종류에 의한 간선의 최소 굵기[mm²] ②						직입기동 전동기 중 최대 용량의 것									
		공사방법 A1		공사방법 B1		공사방법 C		0.75이하	1.5	2.2	3.7	5.5	7.5	11	15	18.5	22	30	37~55
								기동기 사용 전동기 중 최대 용량의 것									
								–	–	–	5.5	7.5	11 15	18.5 22	–	30 37	–	45	55
		PVC	XLPE, EPR	PVC	XLPE, EPR	PVC	XLPE, EPR	과전류 차단기 [A] ·········(칸 위 숫자) ③ 개 폐 기 용량 [A] ·········(칸 아래 숫자) ④									
3	15	2.5	2.5	2.5	2.5	2.5	2.5	15 30	20 30	30 30	–	–	–	–	–	–	–	–	–
4.5	20	4	2.5	2.5	2.5	2.5	2.5	20 30	20 30	30 30	50 60	–	–	–	–	–	–	–	–
6.3	30	6	4	6	4	4	2.5	30 30	30 30	50 60	50 60	75 100	–	–	–	–	–	–	–
8.2	40	10	6	10	6	6	4	50 60	50 60	50 60	75 100	75 100	100 100	–	–	–	–	–	–
12	50	16	10	10	10	10	6	50 60	50 60	50 60	75 100	75 100	100 200	150 200	–	–	–	–	–
15.7	75	35	25	25	16	16	16	75 100	75 100	75 100	75 100	100 200	150 200	150 200	–	–	–	–	–
19.5	90	50	25	35	25	25	16	100 100	100 100	100 100	100 200	150 200	150 200	200 200	200 200	–	–	–	–
23.2	100	50	35	35	25	35	25	100 100	100 100	100 100	100 200	150 200	150 200	200 200	200 200	–	–	–	–
30	125	70	50	50	35	50	35	150 200	150 200	150 200	150 200	150 200	150 200	150 200	200 200	200 200	–	–	–
37.5	150	95	70	70	50	70	50	150 200	150 200	150 200	150 200	150 200	150 200	200 200	300 300	300 300	300 300	–	–
45	175	120	70	95	50	70	50	200 200	200 200	200 200	200 200	200 200	200 200	200 200	300 300	300 300	300 300	300 300	–
52.5	200	150	95	95	70	95	70	200 200	200 200	200 200	200 200	200 200	200 200	200 200	300 300	300 300	400 400	400 400	–
63.7	250	240	150	–	95	120	95	300 300	300 300	300 300	300 300	300 300	300 300	300 300	400 400	400 400	400 400	500 600	–
75	300	300	185	–	120	185	120	300 300	300 300	300 300	300 300	300 300	300 300	300 300	400 400	400 400	400 400	500 600	–
86.2	350	–	240	–	–	240	150	400 400	400 400	400 400	400 400	400 400	400 400	400 400	400 400	400 400	400 400	600 600	–

[비고1] 최소 전선 굵기는 1회선에 대한 것이며, 2회선 이상일 경우는 부록 500-2의 복수회로 보정계수를 적용하여야 한다.
[비고2] 공사방법 A1은 벽 내의 전선관에 공사한 절연전선 또는 단심케이블, B1은 벽면의 전선관에 공사한 절연전선 또는 단심케이블, 공사방법 C는 벽면에 공사한 단심 또는 다심케이블을 시설하는 경우의 전선 굵기를 표시하였다.
[비고3] 「전동기중 최대의 것」에는 동시 기동하는 경우를 포함함.
[비고4] 과전류 차단기의 용량은 해당 조항에 규정되어 있는 범위에서 실용상 거의 최대값을 표시함.
[비고5] 과전류 차단기의 선정은 최대 용량의 정격전류의 3배에 다른 전동기의 정격전류의 합계를 가산한 값 이하를 표시함.
[비고6] 이 표의 전선 굵기 및 허용전류는 부록 500-2에서 공사방법 A1, B1, C는 표 A.52-4와 표 A.52-5에 의한 값으로 하였다.
[비고7] 고리퓨즈는 300[A] 이하에서 사용하여야 한다.

표 1-4. 200 [V], 3상 유도 전동기의 콘덴서 설치 용량 기준

출력 [kW]	설치 용량 [μF]
0.4	20
0.75	30
1.5	50
2.2	75
3.7	100
5.5	150
7.5	175
11	250
15	300
22	400
30	600

답안작성

(1)

구 분		M_1	M_2	M_3	M_4	M_5
규 약 전 류 [A]		4.8	17.4	26	65	124
전선 최소 굵기 [mm^2]		2.5	2.5	2.5	10	35
개폐기 용량 [A]	분 기	15	60	60	100	200
	현장 조작	15	30	60	100	200
과전류 차단기 [A]	분 기	15	50	60	100	200
	현장 조작	15	30	50	100	150
초과눈금 전류계 [A]		5	20	30	60	150
접지도체의 굵기 [mm^2]		2.5	6	6	16	25
금속관의 굵기 [호]		16	16	16	36	36
콘덴서 용량 [μF]		30	100	150	300	600

(2) 전동기수의 총화 = 0.75 + 3.7 + 5.5 + 15 + 30 = 54.95 [kW]

전류 총화 = 4.8 + 17.4 + 26 + 65 + 124 = 237.2 [A]

따라서, 표 1-3에서 전동기수의 총화 63.7 [kW], 250 [A]난에서 선정한다.

구 분	전선 최소 굵기 [mm^2]	개폐기 용량 [A]	과전류 차단기 용량 [A]	금속관의 굵기 [호]
간 선	95	300	300	54

해설

(1) M_4 전동기 (Y-△ 기동)

① **기동시**에는 MC_Y만 투입되어 Ⓐ **전선 3가닥에만 전류가 흐르다가 기동 완료 후**(MC_Y 개방, $MC_△$ 투입)에는 Ⓐ, Ⓑ **전선 6가닥 전체에 전류가 흐르며** 이때 6가닥의 전선에 **흐르는 전류는 상전류로서 전부하 전류의** $\frac{1}{\sqrt{3}}$ **에 해당하는 전류**가 흐르므로 직기동 시 사용되는 전선의 허용전류의 $\frac{1}{\sqrt{3}}$ (약 60 [%]) 이상의 허용전류를 가진 전선을 선을 선정하면 된다.

② 기동장치 중 Y-△ 기동기를 사용하는 경우는 기동기와 전동기간의 배선은 해당 전동기 분기회로 배선의 60 [%] 이상의 허용전류를 가지는 전선을 사용하여야 한다 (내선규정 3120-2).

③ M_4 전동기는 Y-△ 기동이므로 MCC Panel로부터 전동기까지의 전선은 6가닥임. 따라서, 6가닥의 전선이 들어갈 수 있는 36 [호] 전선관 선정

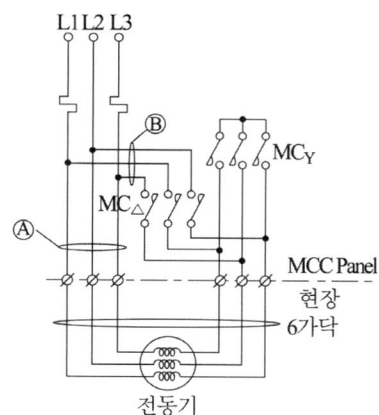

6장 전등 및 동력설비

6.1 조 명

1. 조명 계산의 기본

1) 광속 : F [lm]

   복사 에너지를 눈으로 보아 빛으로 느끼는 크기로서 나타낸 것으로 **광원으로부터 발산되는 빛의 양**이다.

2) 광도 : I [cd]

   광원에서 어떤 방향에 대한 **단위 입체각당 발산되는 광속**으로서 광원의 능력을 나타낸다.

3) 조도 : E [lx]

   어떤 면의 **단위 면적당의 입사 광속**으로서 피조면의 밝기를 나타낸다.

4) 휘도 : B [sb]

   광원의 임의의 방향에서 본 **단위 투영 면적당의 광도**로서 광원의 빛나는 정도를 나타낸다.

   ※ 휘도의 단위

   $\left. \begin{array}{l} 1\,[\text{sb}] = 1\,[\text{cd}/\text{cm}^2] \\ 1\,[\text{nt}] = 1\,[\text{cd}/\text{m}^2] \end{array} \right\} \rightarrow 1\,[\text{sb}] = 10^4\,[\text{nt}],\ 1\,[\text{nt}] = 10^{-4}\,[\text{sb}]$

5) 광속발산도 : R [rlx]

   광원의 **단위 면적으로부터 발산하는 광속**으로서 광원 혹은 물체의 밝기를 나타낸다.

   $$R = \pi B = \rho E = \tau E$$
   (반사면)　(투과면)

6) 조명률

   조명률이란 사용 광원의 **전 광속과 작업면에 입사하는 광속의 비**를 말한다.

   $$U = \frac{F}{F_o} \times 100\,[\%]$$

여기서, F : 작업면에 입사하는 광속 [lm]
F_o : 광원의 총 광속 [lm]

7) 감광보상률

조명설계를 할 때 점등 중에 **광속의 감소를 미리 예상하여 소요 광속의 여유를 두는 정도**를 말하며 항상 1보다 큰 값이다. 그리고, 감광보상률의 역수를 유지율 혹은 보수율이라고 한다.

$$보수율(M) = \frac{설비\ 조도(E)}{초기\ 조도(E_o)}$$

$$감광보상률(D) = \frac{초기\ 조도(E_o)}{설비\ 조도(E)}$$

$$M = \frac{1}{D}$$

여기서, M : 유지율(보수율), D : 감광보상률($D > 1$)

8) 램프의 효율

$$효율\ [lm/W] = \frac{광속\ [lm]}{소비\ 전력\ [W]}$$

2. 광원의 종류

1) HID(High Intensity Discharge Lamp)의 종류
   ① 고압 수은등
   ② 고압 나트륨등
   ③ 메탈 할라이드 등
   ④ 초고압 수은등
   ⑤ 고압 크세논 방전등

2) 형광등이 백열등에 비하여 우수한 점
   ① 효율이 높다.
   ② 수명이 길다.
   ③ 열방사가 적다.
   ④ 필요로 하는 광색을 쉽게 얻을 수 있다.

3) 열음극 형광등과 슬림라인(Slim line) 형광등의 장·단점 비교

   열음극 형광등은 음극을 가열시킨 후 기동하나 **슬림 라인 형광등은 고전압을 가하여 냉음극인 상태에서 기동**한다. 그러나 점등을 할 때는 양자가 다같이 열음극이 되어 있다. 또한 슬림 라인의 특징은 다음과 같다.

(1) 장점

① 필라멘트를 예열할 필요가 없어 점등관등 기동장치가 불필요하다.

② 순시 기동으로 점등에 시간이 걸리지 않는다.

③ 점등 불량으로 인한 고장이 없다.

④ 관이 길어 양광주가 길고 효율이 좋다.

⑤ 전압 변동에 의한 수명의 단축이 없다.

(2) 단점

① 점등 장치가 비싸다.

② 전압이 높아 기동시에 음극이 손상하기 쉽다.

③ 전압이 높아 위험하다.

4) 광원의 효율

램 프	효율 [lm/W]	램 프	효율 [lm/W]
나트륨 램프	80~150	수은 램프	35~55
메탈 할라이드 램프	75~105	할로겐 램프	20~22
형광 램프	48~80	백열 전구	7~22

3. 조명 설계

1) 옥내 조명 설계

(1) 조명 기구의 배치 결정

① 광원의 높이

$$H = 천장의\ 높이 - 작업면의\ 높이$$

② 등기구의 간격

- 등기구~등기구 : $S \leq 1.5H$ (직접, 전반조명의 경우)
- 등기구~벽면 : $S_o \leq \dfrac{1}{2}H$ (벽면을 사용하지 않을 경우)

(2) 실지수(Room Index)의 결정

광속의 이용에 대한 방의 크기의 척도로 나타낸다.

$$실지수\ R \cdot I = \dfrac{X \cdot Y}{H(X+Y)}$$

여기서, H : 작업면으로부터 광원의 높이 [m]
X : 방의 가로 길이 [m], Y : 방의 세로 길이 [m]

(3) 광속의 결정

광속법에 따라 다음 식에 의하여 소요되는 총 광속의 산정

$$NF = \frac{EAD}{U} = \frac{EA}{UM}[\text{lm}]$$

여기서, N : 광원의 수, F : 광속, E : 조도
D : 감광보상률, U : 조명률, M : 유지율 $\left(M = \frac{1}{D}\right)$

(4) 조도 계산

① 거리 역제곱의 법칙

$$E = \frac{I}{r^2}[\text{lx}]$$

즉, **조도 E는 광도 I에 비례하고 거리 r의 제곱에 반비례**한다.

② 입사각 여현의 법칙

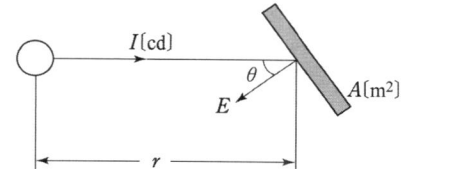

$$E = \frac{I}{r^2}\cos\theta\,[\text{lx}]$$

③ 조도의 구분

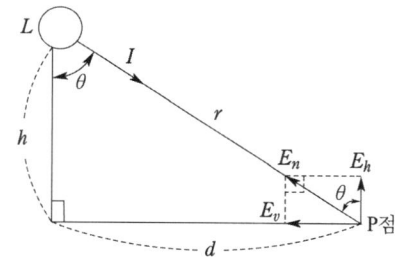

- 법 선 조도 : $E_n = \dfrac{I}{r^2}$
- 수평면 조도 : $E_h = E_n\cos\theta = \dfrac{I}{r^2}\cos\theta = \dfrac{I}{h^2}\cos^3\theta$
- 수직면 조도 : $E_v = E_n\sin\theta = \dfrac{I}{r^2}\sin\theta = \dfrac{I}{d^2}\sin^3\theta$

2) 도로 조명 설계

조명 기구의 배치 방법에 의한 분류

(1) 도로 중앙 배열 $A = B \cdot S \, [\text{m}^2]$

(2) 도로 편측 배열 $A = B \cdot S \, [\text{m}^2]$

(3) 도로 양측으로 대칭 배열 $A = \dfrac{1}{2} B \cdot S \, [\text{m}^2]$

(4) 도로 양측으로 지그재그 배열 $A = \dfrac{1}{2} B \cdot S \, [\text{m}^2]$

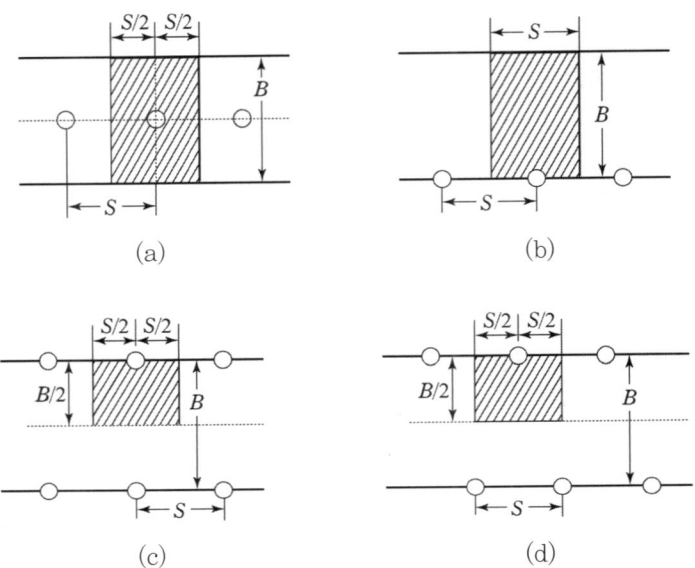

3) 조명 설비에서 에너지 절약 방안

　(1) **고효율 등기구 채택**

　(2) **고조도 저휘도 반사갓 채택**

　(3) **슬림라인 형광등** 및 안정기 내장형 램프 채택

　(4) 창측 조명기구 개별점등

　(5) 재실감지기 및 카드키 채택

　(6) 적절한 조광제어실시

　(7) 전반조명과 국부조명의 적절한 병용 (TAL조명)

　(8) **고역률 등기구** 채택

　(9) 등기구의 **격등제어 회로구성**

　(10) 등기구의 보수 및 유지관리

4) 플리커 현상 방지대책

　(1) 전원측에서의 대책

　　　① **전용 계통**으로 공급한다.

② 단락용량이 큰 계통에서 공급한다.
③ **전용 변압기로 공급**한다.
④ **공급 전압을 승압**한다.

(2) 수용가측에서의 대책

① **전원 계통에 리액터**분을 보상하는 방법
- 직렬 콘덴서 방식
- 3권선 보상 변압기 방식

② **전압 강하를 보상**하는 방법
- 부스터 방식
- 상호 보상 리액터 방식

③ **부하의 무효 전력 변동분을 흡수**하는 방법
- 동기 조상기와 리액터 방식
- 사이리스터(thyristor) 이용 콘덴서 개폐 방식
- 사이리스터용 리액터

④ **플리커 부하 전류의 변동분을 억제**하는 방법
- 직렬 리액터 방식
- 직렬 리액터 가포화 방식 등이 있다.

4. 적절한 조명제어 시스템의 채택

1) 조명제어의 종류

   (1) 주광 sensor에 의한 창가 조명제어
   (2) time schedule에 의한 조명제어
   (3) 수동조작에 의한 조명제어

2) 조명제어 시스템의 종류

   (1) 주광센서 + 메커니컬 타이머 + 수동조작 system
   (2) 주광센서 + 프로그램 타이머 + 수동조작 system
   (3) 주광센서 + 프로그래머블 타이머 + 감광기능 + 수동조작 system
   (4) 주광센서 + 프로그램 타이머 + 감광기능 + 수동조작 system

3) 감광제어 system

   (1) 3선 연결에 의한 형광등 조광 : 0~100[%] 연속제어
   (2) 임피던스 변환방식 : 단계적 조광
   (3) 전원 2선식 : 전자식 안정기 20~100 [%] 제어

4) 조광장치의 적용
   (1) 전압가변식 ┐
   (2) 전류가변식 ┘ 진폭제어식
   (3) 도통각 가변식 : 위상제어식

● 예제 01 ●

바닥면적이 12 [m²]인 방에 40 [W] 형광등 2등(1등당의 전광속은 3000 [lm])을 점등하였을 때 바닥면에서의 광속의 이용도(조명률)를 60 [%]라 하면 바닥면의 평균 조도는 몇 [lx]인가?

답안작성

계산 : $E = \dfrac{FUN}{AD} = \dfrac{3000 \times 0.6 \times 2}{12 \times 1} = 300 [\text{lx}]$

답 : 300 [lx]

● 예제 02 ●

각 방향에 900 [cd]의 광도를 갖는 광원을 높이 3 [m]에 취부한 경우, 직하의 조도는 몇 [lx]인가?

답안작성

계산 : 거리 역제곱의 법칙 $E = \dfrac{I}{r^2}$ 에 의하여

$E = \dfrac{900}{3^2} = 100 [\text{lx}]$

답 : 100 [lx]

● 예제 03 ●

건물의 비상 조명용 설비의 조도를 15[lx]로 유지하고자 한다. 등기구의 보수율이 0.75라고 할 때 초기 조도는 얼마인가?

답안작성

계산 : 보수율$(M) = \dfrac{\text{설비 조도}(E)}{\text{초기 조도}(E_o)}$ 에서

∴ 초기 조도 $E_0 = \dfrac{E}{M} = \dfrac{15}{0.75} = 20 [\text{lx}]$

답 : 20 [lx]

해설

감광보상률이란 **점등 중의 광속감퇴를 고려하여 소요광속에 여유를 두는 것이다.** 따라서, **초기 조도는 감광보상률만큼 높아야 한다.**

• 예제 **04** •

다음 사무실에 대한 조명을 설계하시오.
- 조도는 100 [lx]로 한다.
- 광속은 형광등 40 [W]를 사용할 때 2500 [lm]로 한다.
- 조명률은 0.6으로 한다.
- 감광 보상률은 1.2로 한다.
- 건물의 천장 높이는 3.85 [m], 작업면은 0.85 [m]로 한다.
- 등기구는 ○으로 표현한다.
- 경제적으로 설계해야 한다.

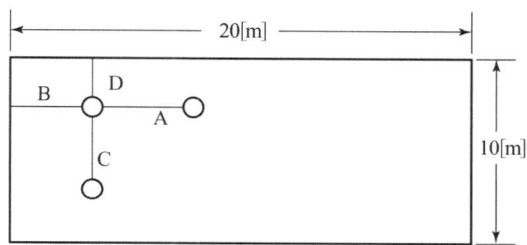

(1) 형광등 등기구의 수량은?
(2) 등기구를 답안지에 배치하시오.
(3) 등기구와 건물벽 간의 간격(A, B, C, D)은 몇 [m]인가?
(4) 60 [Hz] 형광 방전등을 50 [Hz]에서 사용한다면 광속과 점등 시간은 어떻게 되는가? (감소, 증가, 빠름, 늦음으로 표현할 것)
(5) 등 간격은 등 높이의 몇 배 이하로 해야 하는가?

답안작성

(1) 등수 $N = \dfrac{EAD}{FU} = \dfrac{100 \times (20 \times 10) \times 1.2}{2500 \times 0.6} = 16$ [등]

(2)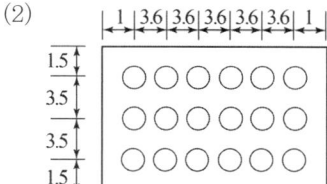

(3) 등의 배치 간격 :
　① $S \leq 1.5H = 1.5 \times 3 = 4.5$ [m]
　　여기서, $H = 3.85 - 0.85 = 3$ [m]
　② $S_0 \leq \dfrac{1}{2}H = \dfrac{1}{2} \times 3 = 1.5$ [m]
　　A : 3.6 [m]　B : 1 [m]　C : 3.5 [m]　D : 1.5 [m]

(4) • 광속 : 증가　• 점등 시간 : 늦음
(5) 1.5 [배]

해설

(2) 계산상 등수는 16 [등]이나 설계 도면에 등 배치상 18 [등]이 적정함.
(3) 등의 배치 간격 :
① $S \leq 1.5H = 1.5 \times 3 = 4.5[m]$ 즉, 등간격은 4.5 [m] 이하
② $S_0 \leq \frac{1}{2}H = \frac{1}{2} \times 3 = 1.5[m]$ 즉, 등과 벽사이 간격은 1.5 [m] 이하

예제 05

길이 20 [m], 폭 10 [m], 천장 높이 3.8 [m], 조명률 50 [%]인 사무실의 평균 조도를 200 [lx]로 1일 12시간 유지하려고 한다. 전광속 5500 [lm]의 300 [W] 백열 전등을 사용할 경우 1일 사용 전력량 [kWh]은 얼마인가? 단, 감광보상률은 1.3으로 계산하며 1일 12시간 이외에는 전등을 1등도 켜지 않는 것으로 한다.

답안작성

$N = \dfrac{EAD}{FU} = \dfrac{200 \times 20 \times 10 \times 1.3}{5500 \times 0.5} = 18.9 \rightarrow 19\ [등]$

∴ 전력량 $W = 19 \times 300 \times 12 \times 10^{-3} = 68.4\ [kWh]$

답 : 68.4 [kWh]

예제 06

폭 20 [m], 등간격 30 [m]에 200 [W] 수은등을 설치할 때 도로면의 조도는 몇 [lx]가 되겠는가? 단, 등배열은 한쪽(편면)으로만 함. 조명률 : 0.5, 감광 보상률 : 1.5, 200 [W] 수은등의 광속 : 8500 [lm]이다.

답안작성

$E = \dfrac{FUN}{AD} = \dfrac{8500 \times 0.5 \times 1}{20 \times 30 \times 1.5} = 4.72\ [lx]$

해설

편면(한쪽 배열) $A = B \cdot S\ [m^2]$

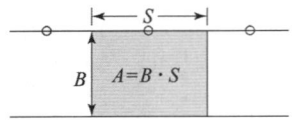

예제 07

TV나 형광등과 같은 전기제품에서의 깜빡거림 현상을 플리커 현상이라 하는데 이 플리커 현상을 경감시키기 위한 전원측과 수용가측에서의 대책을 각각 3가지씩 쓰시오.

(1) 전원측
(2) 수용가측

답안작성

(1) 전원측
  ① 전용계통으로 공급한다.
  ② 공급 전압을 승압한다.
  ③ 단락 용량이 큰 계통에서 공급한다.
(2) 수용가측
  ① 전원계통에 리액터분 보상(직렬 콘덴서 방식, 3권선 보상 변압기 방식)
  ② 전압강하 보상(부스터 방식, 상호 보상 리액터 방식)
  ③ 플리커 부하 전류의 변동분을 억제(직렬 리액터 방식, 직렬 리액터 가포화 방식)

6.2 전동기 및 전열기의 용량 산정

1. 펌프용 전동기

$$P = \frac{9.8 Q'[\text{m}^3/\text{sec}] H K}{\eta} [\text{kW}]$$
$$= \frac{9.8 Q[\text{m}^3/\text{min}] H K}{60 \times \eta} [\text{kW}] = \frac{Q[\text{m}^3/\text{min}] H K}{6.12 \eta} [\text{kW}]$$

여기서, P : 전동기의 용량 [kW] Q : 양수량 [m³/min]
    Q' : 양수량 [m³/sec] H : 양정(낙차) [m]
    η : 펌프의 효율 K : 여유 계수 (1.1~1.2 정도)

2. 권상용 전동기

$$P = \frac{WV}{6.12\eta} [\text{kW}]$$

여기서, W : 권상하중 [ton], V : 권상 속도 [m/min], η : 권상기 효율

3. 엘리베이터용 전동기

$$P = \frac{KVW}{6120\eta} [\text{kW}]$$

여기서, P : 전동기 용량 [kW] η : 엘리베이터 효율
    V : 승강 속도 [m/min] K : 계수 (평형률)
    W : 적재하중 [kg] (기체의 무게는 포함하지 않는다.)

4. 에스컬레이터용 전동기

$$P = \frac{GV\sin\theta}{6120\eta}\beta$$

여기서, P : 전동기 용량 [kW] G : 적재하중 [kg]
       V : 속도 [m/min] η : 종합효율 β : 승객 유입률

● 예제 08 ●

지표면상 20[m] 높이에 수조가 있다. 이 수조에 초당 0.2[m³]의 물을 양수하려고 한다. 여기에 사용되는 펌프 모터에 3상 전력을 공급하기 위하여 단상 변압기 2대를 사용하였다. 펌프 효율이 65[%]이고, 펌프축 동력에 15[%]의 여유를 둔다면 변압기 1대의 용량은 몇 [kVA]이며, 이 때 변압기를 어떠한 방법으로 결선하여야 하는가? 단, 펌프용 3상 농형 유도 전동기의 역률은 80[%]로 가정한다.

답안작성

① 변압기 1대의 용량
양수 펌프용 전동기
$$P = \frac{QHK}{6.12\eta} = \frac{0.2 \times 60 \times 20 \times 1.15}{6.12 \times 0.65} = 69.38 [\text{kW}]$$

[kVA]로 환산하면
$$P_a = \frac{P}{\cos\theta} = \frac{69.38}{0.8} = 86.73 [\text{kVA}]$$

단상 변압기 2대로 3상부하에 전력을 공급 할 수 있는 결선 방법은 V결선이고 이때의 출력 P_a은
$$P_a = \sqrt{3}P_1 [\text{kVA}]$$

∴ 변압기 1대 정격 용량 $P_1 = \frac{P_a}{\sqrt{3}} = \frac{86.73}{\sqrt{3}} = 50.07 [\text{kVA}]$

답 : 50.07 [kVA]

② 결선 : V결선

● 예제 09 ●

어느 철강 회사에서 천장크레인의 권상용 전동기에 의하여 권상 중량 80 [ton]을 권상 속도 2 [m/min]로 권상하려고 한다. 권상용 전동기의 소요 출력은 몇 [kW] 정도이어야 하는가? 단, 권상기의 기계효율은 70 [%]이다.

답안작성

$$P = \frac{W \cdot V}{6.12\eta} = \frac{80 \times 2}{6.12 \times 0.7} = 37.35 [\text{kW}]$$

• 예제 10 •

권상기용 전동기의 출력이 50 [kW]이고 분당 회전속도가 950[rpm]일 때 그림을 참고하여 물음에 답하시오. 단, 기중기의 기계 효율은 100[%] 이다.
(1) 권상 속도는 몇 [m/min]인가?
(2) 권상기의 권상 중량은 몇 [kg]인가?

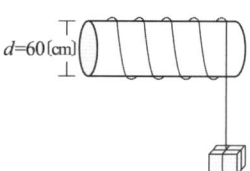

답안작성

(1) 권상속도 $V = \pi d N = \pi \times 0.6 \times 950 = 1790.71$ [m/min]
답 : 1790.71 [m/min]

(2) $P = \dfrac{WV}{6.12\eta}$ 에서

권상중량 $W = \dfrac{6.12 P \eta}{V} = \dfrac{6.12 \times 50 \times 1}{1790.71} \times 1000 = 170.88$ [kg]

답 : 170.88 [kg]

• 예제 11 •

에스컬레이터용 전동기의 용량 [kW]을 계산하시오.
(단, 에스컬레이터 속도 : 30[m/s], 경사각 : 30°, 에스컬레이터 적재하중 : 1200 [kgf], 에스컬레이터 총효율 : 0.6, 승객 승입률 : 0.85이다.)
• 계산 :   • 답 :

답안작성

계산 : $P = \dfrac{G \times V \times \sin\theta \times \beta}{6120 \times \eta} = \dfrac{1200 \times 30 \times 60 \times 0.5 \times 0.85}{6120 \times 0.6} = 250$ [kW]

답 : 250 [kW]

해설

$P = \dfrac{G \times V \times \sin\theta \times \beta}{6120 \times \eta}$

G : 적재하중 [kg], V : 속도 [m/min], η : 종합효율, β : 승객 유입률

• 예제 12 •

그림과 같은 2 : 1 로핑의 기어레스 엘리베이터에서 적재하중은 1000 [kg], 속도는 140 [m/min]이다. 구동 로프 바퀴의 직경은 760 [mm]이며, 기체의 무게는 1500 [kg]인 경우 다음 각 물음에 답하시오. (단, 평형율은 0.6, 엘리베이터의 효율은 기어레스에서 1 : 1 로핑인 경우는 85 [%], 2 : 1 로핑인 경우는 80 [%]이다.)
(1) 권상소요 동력은 몇 [kW]인지 계산하시오.
• 계산 :   • 답 :

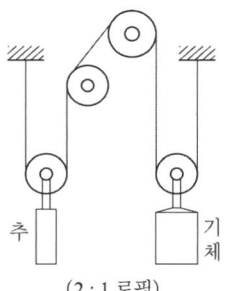

(2 : 1 로핑)

(2) 전동기의 회전수는 몇 [rpm]인지 계산하시오.
  • 계산 :   • 답 :

답안작성

(1) 계산 : $P = \dfrac{KWV}{6120\eta} = \dfrac{0.6 \times 1000 \times 140}{6120 \times 0.8} = 17.16 [kW]$ 답 : 17.16 [kW]

(2) 계산 : $N = \dfrac{V}{D\pi} = \dfrac{280}{0.76 \times \pi} = 117.27 [rpm]$ 답 : 117.27 [rpm]

해설

(1) $P = \dfrac{KWV}{6120\eta}$
  (K : 평형율, W : 적재하중[kg], V : 케이지 속도 [m/min], η : 권상기 효율)

(2) $N = \dfrac{V}{D\pi}$
  (V : 로프의 속도 [m/min], D : 구동 로프 바퀴의 직경 [m])
  여기서 V는 2 : 1 로핑이므로 케이지 속도 140 [m/min]일 때 로프의 속도는 280 [m/min] 이다.

7장 송배전

7.1 송배전 선로의 전기적 특성

1. 표준전압·표준주파수 및 허용오차

1) 표준전압 및 허용오차

표준전압	허용오차
110 [V]	110± 6 [V] 이내
220 [V]	220±13 [V] 이내
380 [V]	380±38 [V] 이내

2) 표준주파수 및 허용오차

주파수	허용오차
60 [Hz]	60±0.2 [Hz]

2. 전압강하 계산 및 전선의 굵기 선정

1) 단상 2선식

전압강하는 왕복선로에서 발생하게 된다.

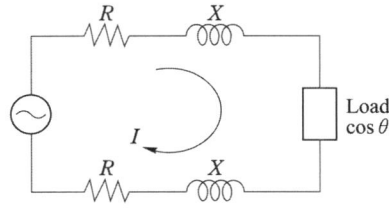

$$e = 2I(R\cos\theta + X\sin\theta)[V]$$

2) 단상 3선식, 3상 4선식

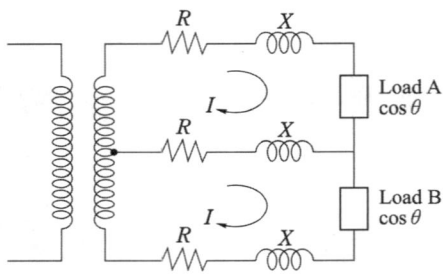

부하의 크기 및 역률이 동일한 경우 중성선에는 전류가 흐르지 않으므로 **중성선에서의 전압강하는 발생하지 않는다.**

$$e = I(R\cos\theta + X\sin\theta)[V]$$

3) 3상 3선식

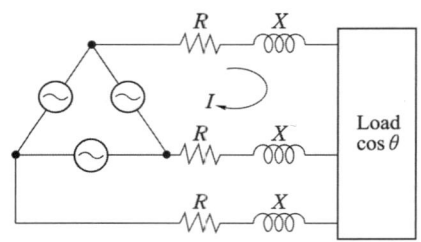

$$\begin{aligned}
e &= \sqrt{3}\,I(R\cos\theta + X\sin\theta) \\
&= \frac{\sqrt{3}\,VI}{V}(R\cos\theta + X\sin\theta) \\
&= \frac{(R \times \sqrt{3}\,VI\cos\theta + X \times \sqrt{3}\,VI\sin\theta)}{V} \\
&= \frac{RP + XQ}{V} \quad (\because P = \sqrt{3}\,VI\cos\theta,\quad Q = \sqrt{3}\,VI\sin\theta) \\
&= \frac{P}{V}\left(R + X\frac{Q}{P}\right) = \frac{P}{V}(R + X\tan\theta) \quad \left(\because \tan\theta = \frac{Q}{P}\right)
\end{aligned}$$

여기서, e : 전압 강하 [V] X : 전선 1선의 리액턴스 [Ω]
　　　　I : 전류 [A]　　　 R : 전선 1선의 저항 [Ω]
　　　　P : 전력 [W]　　　 V : 전압 [V]

4) 3상 선로에 부하가 분포된 경우

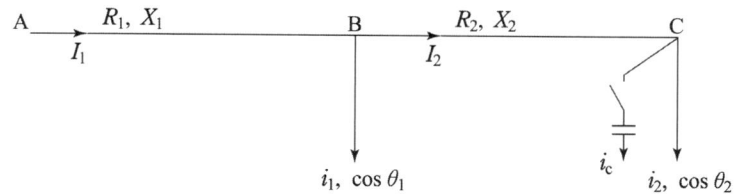

$$\begin{bmatrix} I_1\cos\theta(\text{유효분})= i_1\cos\theta_1 + i_2\cos\theta_2 \\ I_1\sin\theta(\text{무효분})= i_1\sin\theta_1 + i_2\sin\theta_2 - i_c \end{bmatrix}$$

$$\begin{bmatrix} I_2\cos\theta(\text{유효분})= i_2\cos\theta_2 \\ I_2\sin\theta(\text{무효분})= i_2\sin\theta_2 - i_c \end{bmatrix}$$

$$V_B = V_A - \sqrt{3}\,I_1\,(R_1\cos\theta + X_1\sin\theta)$$
$$= V_A - \sqrt{3}\,(R_1 \times I_1 \cos\theta + X_1 \times I_1 \sin\theta)$$
$$V_C = V_B - \sqrt{3}\,I_2\,(R_2\cos\theta + X_2\sin\theta)$$
$$= V_B - \sqrt{3}\,(R_2 \times I_2 \cos\theta + X_2 \times I_2 \sin\theta)$$

5) 저항 R

$$R = \rho\,\frac{l}{A}$$

여기서, $\rho = \dfrac{1}{58} \times \dfrac{100}{C}$

ρ : 고유저항

C : 도전율 (경동선의 도전율 95~97[%])

l : 전선의 길이

A : 전선의 단면적

6) 온도의 변화에 따른 저항값의 변화

$$R_t = R_0\,\{1 + \alpha_0\,(t_2 - t_1)\}$$

여기서, R_t : $t[℃]$에서의 저항

R_0 : $0\,[℃]$에서의 저항

α_0 : $0\,[℃]$에서의 연동선의 온도계수 ($\alpha_0 = \dfrac{1}{234.5}$)

t_1 : $0\,[℃]$

7) KS C IEC 전선규격

전선의 공칭 단면적 [mm²]		
1.5	2.5	4
6	10	16
25	35	50
70	95	120
150	185	240
300	400	500
630		

3. 전압강하율

전압강하 $e = V_s - V_r = \dfrac{P}{V_r}(R + X\tan\theta)$ 에서

전압 강하율 $\epsilon = \dfrac{V_s - V_r}{V_r} \times 100[\%]$

$\epsilon = \dfrac{e}{V_r} \times 100 = \dfrac{P}{V_r^2}(R + X\tan\theta) \times 100[\%]$

4. 전압변동률

$$\delta = \dfrac{V_{ro} - V_r}{V_r} \times 100[\%]$$

여기서, V_{ro} : 무부하시 수전단 전압 [V]

V_r : 전부하시 수전단 전압 [V]

5. 단상 2선식의 환상 배전선로에서의 전압강하

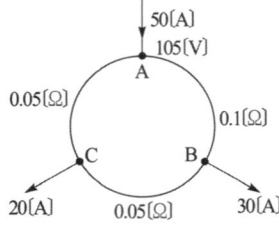

그림과 같은 단상 2선식 환상 배전선로에서 각 인출점에서의 전압 V_B, V_C는 다음과 같다.

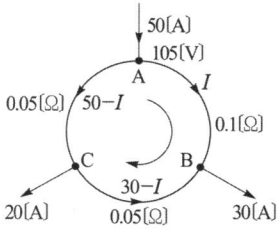

전류 분포를 그림과 같이 가정하면 폐회로에서의 전압강하의 합은 0이 되므로

$0.1I - (30-I)0.05 - (50-I)0.05 = 0$

$0.1I - 1.5 + 0.05I - 2.5 + 0.05I = 0$

$\therefore I = 20[A]$

$V_B = V_A - IR = 105 - 20 \times 0.1 = 103[V]$

$V_C = V_A - (50-I)R = 105 - (50-20) \times 0.05 = 103.5[V]$

6. 전력 손실

전력손실 = 전선 가닥수 × 전류의 자승 × 전선 1가닥의 저항

1) 단상 2선식에서 전체 전력손실

$$P_l = 2I^2R = 2\left(\frac{P}{V\cos\theta}\right)^2 R = \frac{2P^2R}{V^2\cos^2\theta}$$

2) 3상에서의 전체 전력손실

$$P_l = 3I^2R = 3\left(\frac{P}{\sqrt{3}\,V\cos\theta}\right)^2 R = \frac{P^2R}{V^2\cos^2\theta}$$

7. 선로의 충전전류 및 충전용량

1) 작용정전용량 C_w

① 단상 2선식 $C_w = C_s + 2C_m$

② 3상 3선식 $C_w = C_s + 3C_m$

여기서, C_s : 대지 정전 용량

C_m : 선간 정전 용량

2) 충전전류

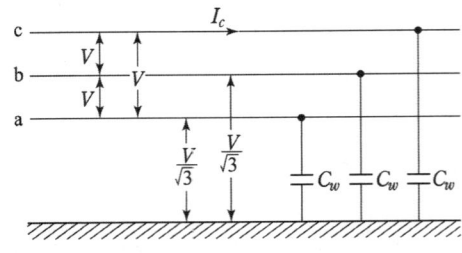

$$I_c = 2\pi f C_w \times \frac{V}{\sqrt{3}} \text{ [A] (3상)}$$

3) 충전용량

$$Q_c = \sqrt{3}\,VI_c = \sqrt{3}\,V \times 2\pi f C_w \times \frac{V}{\sqrt{3}} = 2\pi f C_w V^2 \text{ [VA]}$$

여기서, I_c : 충전 전류 [A]
Q_c : 충전 용량 [VA]
V : 선간 전압 [V]
C_w : 작용 정전 용량 [F]

예제 01

송전단 전압 3300 [V]의 고압 단상 배전선에서 수전단 전압을 3150 [V]로 유지하고자 한다. 부하 전력 1000 [kW], 역률 0.8, 배전선의 길이 3 [km]이며, 선로의 리액턴스를 무시한다면 이에 적당한 경동선의 굵기는 몇 [mm²]인가? 단, 배선의 굵기는 전선의 공칭 단면적으로 표시하시오.

답안작성

전압강하 $e = V_s - V_r = 2I(R\cos\theta + X\sin\theta)$에서
전압강하 $e = 3300 - 3150 = 150 \text{[V]}$
단상에서 전류 $I = \dfrac{P}{V_r \cos\theta} = \dfrac{1000 \times 10^3}{3150 \times 0.8} = 396.83 \text{[A]}$
문제에서 선로의 리액턴스 X는 무시한다고 하였으므로 $X = 0$
∴ $150 = 2 \times 396.83 \times R \times 0.8$
$R = 0.23625 \text{ [}\Omega\text{]}$
$R = \rho \dfrac{l}{A}$에서
$A = \rho \dfrac{l}{R} = \dfrac{1}{58} \times \dfrac{100}{C} \times \dfrac{l}{R} = \dfrac{1}{58} \times \dfrac{100}{97} \times \dfrac{3000}{0.23625} = 225.71 \text{[mm}^2\text{]}$
답 : 240 [mm²]

• 예제 02 •

그림과 같은 3상 배전선이 있다. 변전소(A점)의 전압은 3300 [V], 중간(B점) 지점의 부하는 50 [A], 역률 0.8(지상), 말단(C점)의 부하는 50 [A], 역률 0.80이다. AB 사이의 길이는 2 [km], BC 사이의 길이는 4 [km]이고, 선로의 km당 임피던스는 저항 0.9 [Ω], 리액턴스 0.4 [Ω]이다.

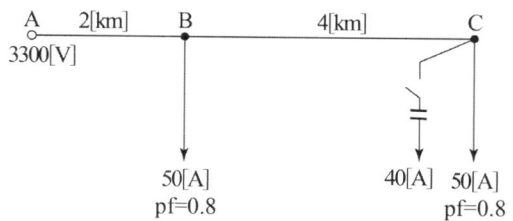

(1) 이 경우의 B점, C점의 전압은?
 - B점 •계산 :   •답 :
 - C점 •계산 :   •답 :

(2) C점에 전력용 콘덴서를 설치하여 진상 전류 40 [A]를 흘릴 때 B점, C점의 전압은?
 - B점 •계산 :   •답 :
 - C점 •계산 :   •답 :

(3) 전력용 콘덴서를 설치하기 전과 후의 선로의 전력 손실을 구하시오.
 - 설치 전 •계산 :   •답 :
 - 설치 후 •계산 :   •답 :

답안작성

(1) ① B점의 전압

 계산 : $V_B = V_A - \sqrt{3}\,I_1(R_1\cos\theta + X_1\sin\theta)$
 $= 3300 - \sqrt{3} \times 100(1.8 \times 0.8 + 0.8 \times 0.6) = 2967.45\,[V]$

 답 : 2967.45 [V]

 ② C점의 전압

 계산 : $V_C = V_B - \sqrt{3}\,I_2(R_2\cos\theta + X_2\sin\theta)$
 $= 2967.45 - \sqrt{3} \times 50(3.6 \times 0.8 + 1.6 \times 0.6) = 2634.9\,[V]$

 답 : 2634.9 [V]

(2) ① B점의 전압

 계산 : $V_B = V_A - \sqrt{3} \times \{I_1\cos\theta \cdot R_1 + (I_1\sin\theta - I_C) \cdot X_1\}$
 $= 3300 - \sqrt{3} \times \{100 \times 0.8 \times 1.8 + (100 \times 0.6 - 40) \times 0.8\}$
 $= 3022.87\,[V]$

 답 : 3022.87 [V]

② C점의 전압

계산 : $V_C = V_B - \sqrt{3} \times \{I_2\cos\theta \cdot R_2 + (I_2\sin\theta - I_C) \cdot X_2\}$
$= 3022.87 - \sqrt{3} \times \{50 \times 0.8 \times 3.6 + (50 \times 0.6 - 40) \times 1.6\}$
$= 2801.17 \, [\text{V}]$

답 : 2801.17 [V]

(3) ① 설치 전

계산 : $P_{L1} = 3I_1^2 R_1 + 3I_2^2 R_2$
$= 3 \times 100^2 \times 1.8 + 3 \times 50^2 \times 3.6 = 81000[\text{W}] = 81[\text{kW}]$

답 : 81 [kW]

② 설치 후

계산 : $I_1 = 100(0.8 - j0.6) + j40 = 80 - j20 = 82.46[\text{A}]$
$I_2 = 50(0.8 - j0.6) + j40 = 40 + j10 = 41.23[\text{A}]$
$\therefore P_{L2} = 3 \times 82.46^2 \times 1.8 + 3 \times 41.23^2 \times 3.6 = 55080[\text{W}] = 55.08[\text{kW}]$

답 : 55.08 [kW]

해설

(1) $R_1 = 0.9 \times 2 = 1.8$
$R_2 = 0.9 \times 4 = 3.6$
$X_1 = 0.4 \times 2 = 0.8$
$X_2 = 0.4 \times 4 = 1.6$

(2) 전력용 콘덴서를 설치하여 진상 전류(I_C)를 흘려주면 무효 전류가 감소한다.

(3) 3상 배전 선로의 전력 손실 : $P_L = 3I^2R \, [\text{W}]$

• 예제 03 •

수전단 전압이 3300 [V]이고, 전압 강하율이 5 [%]인 송전선의 송전단 전압은 몇 [V]인가?

답안작성

전압 강하율 $\epsilon = \dfrac{V_s - V_r}{V_r} \times 100 = \dfrac{e}{V_r} \times 100[\%]$ 에서

송전단 전압 $V_s = V_r + e = V_r + \dfrac{\epsilon}{100} \cdot V_r$

$V_s = 3300 + \dfrac{5}{100} \times 3300 = 3465 \, [\text{V}]$

• 예제 04 •

송전단 전압 66 [kV], 수전단 전압 61 [kV]인 송전 선로에서 수전단의 부하를 끊은 경우의 수전단 전압이 63 [kV]라 할 때 전압 강하율을 구하시오.

답안작성

전압 강하율 $\epsilon = \dfrac{V_s - V_r}{V_r} \times 100 = \dfrac{66 - 61}{61} \times 100 = 8.2[\%]$

답 : 8.2 [%]

예제 05

송전단 전압 66 [kV], 수전단 전압 61 [kV]인 송전 선로에서 수전단의 부하를 끊은 경우의 수전단 전압이 63 [kV]라 할 때 전압 변동률을 구하시오.

답안작성

전압 변동률 $\epsilon = \dfrac{V_{r0} - V_r}{V_r} \times 100 = \dfrac{63-61}{61} \times 100 = 3.28[\%]$

답 : 3.28[%]

예제 06

그림과 같이 환상 직류 배전 선로에서 각 구간의 왕복 저항은 0.1 [Ω], 급전점 A의 전압은 100 [V], 부하점 B, D의 부하전류는 각각 25 [A], 50 [A]라 할 때 부하점 B의 전압은 몇 [V]인가?

- 계산 :   • 답 :

답안작성

계산 : 그림과 같이 전류 방향을 가정하면 폐회로내의 전압강하의 합은 0 이므로

$0.1 I_1 + 0.1(I_1 - 25) + 0.1(I_1 - 25) - 0.1 I_2 = 0$

$0.3 I_1 - 0.1 I_2 = 5$ ········ ①

또, $I_1 + I_2 = 75 [A]$ 이므로

$I_1 = 75 - I_2$ ············· ②

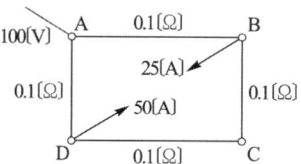

②식을 ①식에 대입하면

$0.3(75 - I_2) - 0.1 I_2 = 5$

$22.5 - 0.4 I_2 = 5$

$\therefore I_2 = \dfrac{22.5 - 5}{0.4} = 43.75 [A]$

$I_1 = 75 - I_2 = 75 - 43.75 = 31.25 [A]$

부하점 B의 전압 $V_B = V_A - I_1 R = 100 - 31.25 \times 0.1 = 96.88 [V]$

답 : 96.88 [V]

7.2 지락전류 및 접지저항 값

1. 지락전류의 크기

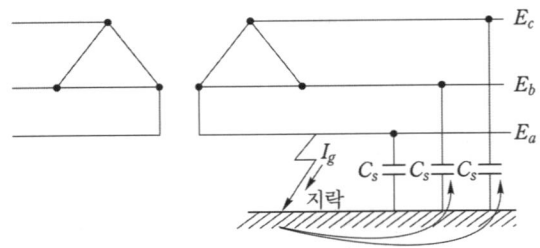

$$지락전류\ I_g = 3 \times 2\pi f C_s \times \frac{V}{\sqrt{3}}$$

$$I_g = j\omega C_s(E_a - E_b) + j\omega C_s(E_a - E_c)$$

a상을 기준하여 $E_a = E$ 라고 하면

$$E_b = E\left(-\frac{1}{2} - j\frac{\sqrt{3}}{2}\right)$$

$$E_c = E\left(-\frac{1}{2} + j\frac{\sqrt{3}}{2}\right)$$

$$\therefore\ I_g = j\omega C_s\left[E - E\left(-\frac{1}{2} - j\frac{\sqrt{3}}{2}\right) + E - E\left(-\frac{1}{2} + j\frac{\sqrt{3}}{2}\right)\right]$$

$$= j3\omega C_s E = j3 \times 2\pi f C_s \times \frac{V}{\sqrt{3}}$$

즉, 비접지계통에서의 지락전류는 전압보다 $\frac{\pi}{2}$ 앞선전류가 흐르게 된다.

• 예제 07 •

그림은 고압측 전로가 비접지식인 전로에서 고·저압 혼촉 사고가 발생된 것을 표시한 것이다. 변압기 TR₁의 내부에서 혼촉 사고가 발생되었다고 할 때 다음 각 물음에 답하시오. 단, 대지 정전 용량 $C = 1.16[\mu F]$이고, 지락 저항은 무시한다고 하며, I는 고압 전로의 1선 지락 전류이다.

(1) 전로의 대지 정전 용량에 흐르는 전류(충전 전류)는 몇 [A]인가?
(2) 변압기 TR₁의 중성점 접지저항 R_g는 몇 [Ω]이하로 하여야 하는가?
(3) 변압기 결선에 대한 결선도(△-△, △-Y)를 작성하시오.

답안작성

(1) 충전 전류
$$I_c = 2\pi f C \times \frac{V}{\sqrt{3}} = 2\pi \times 60 \times 1.16 \times 10^{-6} \times \frac{6600}{\sqrt{3}} = 1.67 \,[\text{A}]$$

(2) 1선 지락전류 $I = 3 \times 2\pi f C \times \dfrac{V}{\sqrt{3}}$ 에서

$$I = 3 \times 2\pi \times 60 \times 1.16 \times 10^{-6} \times \frac{6600}{\sqrt{3}} = 5\,[\text{A}] \text{ 이므로}$$

접지 저항값 $R_g = \dfrac{150}{1선지락전류\ I} = \dfrac{150}{5} = 30\,[\Omega]$

(3) △ - △   △ - Y

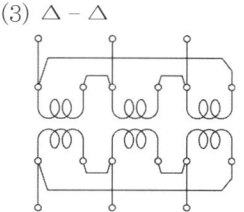 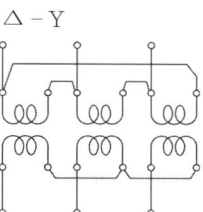

7.3 배전 전압 승압의 필요성 및 효과

1. 승압의 필요성

1) 전력 사업자측
   (1) 저압 설비의 투자비 절감
   (2) 전력 손실 감소
   (3) 전력 판매 원가 절감
   (4) 전압 강하 및 전압변동률을 감소시켜 양질의 전기 공급

2) 수용가측
   (1) 옥내 배선의 증설없이 대용량 기기 사용 가능
   (2) 양질의 전기를 풍족하게 사용가능

2. 승압의 효과

1) 공급 능력 증대($P_a \propto V$) [전력손실률이 동일하다 라는 조건이 없음]

   공급능력 $P_a = VI$ 에서 **공급능력 P_a는 전압 V에 비례**한다.

   예를들어, 허용전류 100[A]인 전선에 전압을 높인다고 하여도 전선에 흐를수 있는 전류가 100[A]를 초과하여 흐를 수 없으므로 **공급능력 P_a는 전압에만 비례**하게 된다.

2) 공급 전력 증대(전력 손실률이 동일한 경우 $P \propto V^2$)

   전력손실 $P_l = 3I^2 R = 3\left(\dfrac{P}{\sqrt{3}\,V\cos\theta}\right)^2 R = \dfrac{P^2 R}{V^2 \cos^2\theta}$ 이므로

   전력 손실률 $h = \dfrac{P_l}{P} = \dfrac{PR}{V^2 \cos^2\theta}$

   $$\therefore P = \dfrac{hV^2 \cos^2\theta}{R} \text{[W]}$$

   여기서, P : 공급 전력 P_l : 전력손실 R : 저항
   h : 전력손실률 V : 전압 $\cos\theta$: 부하역률

   따라서 **전력손실률 h가 일정한 경우 공급전력 P는 전압 V의 자승에 비례**한다. 주의할 점은 전력손실 P_l이 일정한 경우가 아니라 전력손실률 h가 일정한 경우이다.

3) 전력 손실의 감소 $\left(P_l \propto \dfrac{1}{V^2}\right)$

   3상의 경우 전력손실 P_l은

   $$P_l = 3I^2 R = 3\left(\dfrac{P}{\sqrt{3}\,V\cos\theta}\right)R = \dfrac{P^2 R}{V^2 \cos^2\theta}$$

   따라서 **전력손실 P_l은 전압 V의 자승에 반비례**하게 된다.

4) 전압 강하율의 감소 $\left(\epsilon \propto \dfrac{1}{V^2}\right)$

   $$\text{전압강하율 } \epsilon = \dfrac{e}{V} = \dfrac{\sqrt{3}\,IZ}{V} = \sqrt{3}\,Z\left(\dfrac{\dfrac{P}{\sqrt{3}\,V\cos\theta}}{V}\right) = \dfrac{Z \cdot P}{V^2 \cos\theta}$$

   따라서 **전압강하율 ϵ은 전압 V의 자승에 반비례**한다.

5) 고압 배전선 연장의 감소
6) 대용량 전기기기 사용이 용이

• 예제 08 •

가정용 100 [V] 전압을 220 [V]로 승압할 경우 저압간선에 나타나는 효과로서 다음 각 물음에 답하시오.
(1) 공급능력 증대는 몇 배인가?
(2) 전력손실의 감소는 몇 [%]인가?
(3) 전압강하율의 감소는 몇 [%]인가?

답안작성

(1) 단상에서 공급능력 $P_a = VI$
따라서, 전압 V를 높이면 그에 비례하여 공급능력은 증대되므로
$P_a' : P_a = 2.2V : V$
$\therefore P_a' = 2.2P_a$
답 : 2.2배

(2) $P_l \propto \dfrac{1}{V^2}$ 이므로
$P_l' : P_l = \dfrac{1}{(2.2V)^2} : \dfrac{1}{V^2}$
$\therefore P_l' = \dfrac{1}{2.2^2} P_l = 0.2066 P_l$
따라서 전력손실 감소는 $1 - 0.2066 = 0.7934$
답 : 79.34 [%]

(3) $\epsilon \propto \dfrac{1}{V^2}$ 이므로
$\epsilon' : \epsilon = \dfrac{1}{(2.2V)^2} : \dfrac{1}{V^2}$
$\therefore \epsilon' = \dfrac{1}{2.2^2} \epsilon = 0.2066\epsilon$
따라서 전압강하율 감소는 $1 - 0.2066 = 0.7934$
답 : 79.34 [%]

7.4 절연협조

계통 내의 각 기기, 기구 및 애자 등의 상호 간에 적정한 절연 강도를 지니게끔 함으로써 **계통의 설계를 합리적, 경제적으로 할 수 있게 한 것을 절연협조**(insulation coordination)라 한다.

[예]

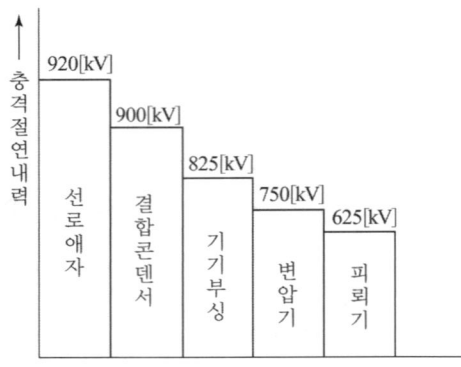

154 [kV] 송전계통 절연협조

예제 09

송전 계통에는 변압기, 차단기, 계기용 변압 변류기, 애자 등 많은 기기와 기구 등이 사용되고 있는데, 이들의 절연 강도는 서로 균형을 이루어야 한다. 만약, 대충 정해져 있다면 그다지 중요하지 않는 개소의 절연을 강화하였기 때문에, 중요한 기기의 절연이 파괴될 수도 있게 된다. 그러므로, 절연 설계에 있어 계통에서 발생하는 이상 전압, 기기 등의 절연 강도, 피뢰 장치로 저감된 전압쪽 보호 레벨(level)의 3자 사이의 관련을 합리적으로 해야 하는데, 이것을 절연 협조(insulation coordination)라 한다. 그림은 이와 같이 하여 정한 절연 협조의 보기를 든 것이다. 각 개소에 해당되는 것을 다음 보기에서 골라 쓰시오.

[보기] 변압기, 피뢰기, 결합 콘덴서, 선로 애자

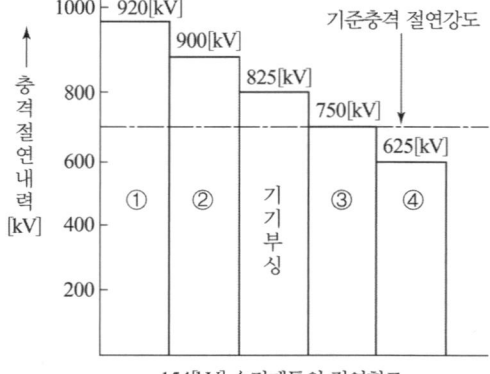

154[kV] 송전계통의 절연협조

답안작성

① 선로 애자
② 결합 콘덴서
③ 변압기
④ 피뢰기

7.5 유도 장해 및 대책

1. 유도 장해

전력선이 통신선에 근접해 있을 때 통신선에 전압 및 전류를 유도해서 다음과 같은 장해를 주게 된다.

1) 정전유도 : 전력선과 통신선과의 **상호 정전 용량에 의해 발생**

정전유도 전압 : $I_a = j\omega C_a(E_a - E_s)$
$I_b = j\omega C_b(E_b - E_s)$
$I_c = j\omega C_c(E_c - E_s)$

$I_{cs} = j\omega C_s E_s$ 이므로

$I_a + I_b + I_c = I_{cs}$ 에 대입하여 정리하면

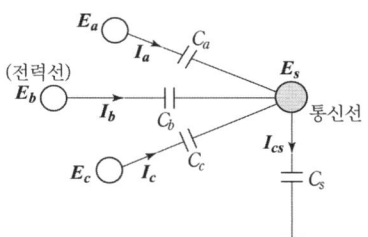

$$|E_s| = \frac{\sqrt{C_a(C_a - C_b) + C_b(C_b - C_c) + C_c(C_c - C_a)}}{C_a + C_b + C_c + C_s} \times \frac{V}{\sqrt{3}}$$

2) 전자유도 : 전력선과 통신선과의 **상호 인덕턴스에 의해 발생**

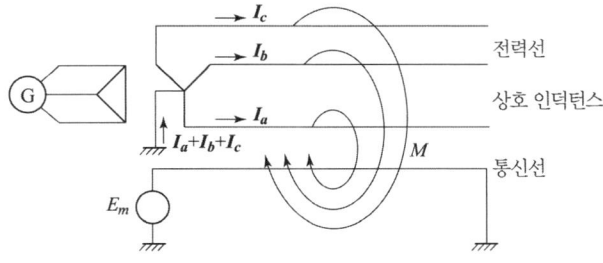

전자유도 전압 $E_m = -j\omega Ml(\dot{I_a} + \dot{I_b} + \dot{I_c})$
$E_m = -j\omega Ml(3I_o)$

3) 고조파 유도 : 고조파의 유도에 의한 잡음 장해

2. 유도 장해 대책

1) 근본 대책 : 전자유도 전압의 감소

$E_m = -j\omega Ml3I_0$

여기서, E_m : 전자 유도 전압, M : 상호 인덕턴스, l : 양선의 병행길이

$3I_0 = 3 \times$영상 전류 = 지락 전류 = 기유도 전류

(1) 기 유도전류의 감소 (I_o의 **저감**)

(2) 통신선과 전력선간의 상호 인덕턴스 감소 (M의 **저감**)

(3) 선로 병행 길이 감소 (l의 **저감**)

2) 전력선측 대책

(1) 송전선로를 가능한 한 통신선로로부터 멀리 떨어져 건설한다.

(2) 중성점을 저항 접지할 경우에는 **저항값을 가능한한 큰 값**으로 한다.

(3) 고장회선을 **고속도 차단**한다.

(4) **차폐선**을 설치한다.

(5) **연가**를 충분히 한다.

3) 통신선측 대책

(1) 통신선 중간에 **중계 코일**을 설치하여 구간을 분할한다.

(2) **연피 케이블**을 사용한다.

(3) 통신선에 성능이 우수한 **피뢰기**를 설치한다.

(4) **배류 코일**을 설치한다.

(5) 전력선과 교차 시 수직교차 한다.

3. 고조파 전류 발생원인 및 대책

1) 고조파 전류의 발생원인

(1) **전기로, 아크로** 등

(2) Converter, Inverter, Chopper 등의 **전력 변환 장치**

(3) **전기용접기** 등

(4) 송전 선로의 코로나

(5) 변압기, 전동기 등의 **여자 전류**

(6) **전력용 콘덴서** 등

2) 대책

(1) 전력변환 장치의 Pulse수를 크게 한다.

(2) **고조파 필터**를 사용하여 제거한다.

(3) 고조파를 발생하는 기기들을 따로 모아 결선해서 별도의 상위 전원으로부터 전력을 공급하고 여타 기기들로부터 분리시킨다.

(4) 전력용 콘덴서에는 **직렬 리액터를 설치**한다.
(5) 선로의 **코로나 방지를 위하여 복도체, 다도체를 사용**한다.
(6) **변압기 결선에서** △**결선을 채용**하여 고조파 순환회로를 구성하여 외부에 고조파가 나타나지 않도록 한다.

• 예제 10 •

전원에 고조파 성분이 포함되어 있는 경우 부하설비의 과열 및 이상현상이 발생하는 경우가 있다. 이러한 고조파 전류가 발생하는 주원인과 그 대책을 각각 3가지씩 쓰시오.
(1) 고조파 전류의 발생원인
(2) 대책

답안작성

(1) 고조파 전류의 발생원인
① 변압기, 전동기 등의 여자 전류
② Converter, Inverter, Chopper 등의 전력 변환 장치
③ 전기로, 아크로 등
(2) 대책
① 전력 변환 장치의 pulse 수를 크게 한다.
② 고조파 필터를 사용하여 제거한다.
③ 변압기 결선에서 △결선을 채용하여 고조파 순환회로를 구성하여 외부에 고조파가 나타나지 않도록 한다.

해설

(1) **고조파 전류의 발생원인**
① **전기로, 아크로** 등
② Converter, Inverter, Chopper 등의 **전력 변환 장치**
③ **전기용접기** 등
④ 송전 선로의 코로나
⑤ 변압기, 전동기 등의 **여자 전류**
⑥ **전력용 콘덴서** 등
(2) 대책
① 전력변환 장치의 Pulse수를 크게 한다.
② **고조파 필터**를 사용하여 제거한다.
③ 고조파를 발생하는 기기들을 따로 모아 결선해서 별도의 상위 전원으로부터 전력을 공급하고 여타 기기들로부터 분리시킨다.
④ 전력용 콘덴서에는 **직렬 리액터를 설치**한다.
⑤ 선로의 **코로나 방지를 위하여 복도체, 다도체를 사용**한다.
⑥ **변압기 결선에서** △**결선을 채용**하여 고조파 순환회로를 구성하여 외부에 고조파가 나타나지 않도록 한다.

7.6 코로나

1. 코로나 현상
전선로나 애자 부근에 임계 전압 이상의 전압이 가해지면 **공기의 절연이 부분적으로 파괴**되어 낮은 소리나 엷은 빛을 내면서 방전되는 현상

2. 코로나 임계현상

$$E_0 = 24.3 m_0 m_1 \delta d \log_{10} \frac{D}{r} \ [kV]$$

여기서, m_0 : 전선의 표면 상태에 따라 정해지는 계수
d : 전선의 지름 [cm], m_1 : 날씨에 관계되는 계수
D : 등가 선간 거리 [cm]
δ : 상대 공기 밀도 $\left(\delta = \dfrac{0.386b}{273+t}\right)$
r : 전선의 반지름 [cm], t : 온도 [℃]
b : 기압 [mmHg]

3. 코로나 현상에 대한 영향
1) 코로나 손실 발생 및 송전 효율의 저하
2) 코로나 잡음
3) 통신선 유도장해
4) 소호 리액터의 소호 능력 저하
5) 전선의 부식 촉진

4. 코로나 발생 방지대책
기본대책 : 코로나 임계전압을 상규 전압 이상으로 높여 준다.
1) **굵은 전선**을 사용한다.
2) 전선의 바깥 지름을 크게 한다 (복도체 방식 채용).
3) 가선금구를 개량한다.

5. 접지 공사
지중전선로의 전선은 Cable을 사용하며, **방식 조치를 하지 않은 지중 전선의 피복 금속체는 접지공사**를 하여야 한다.

8장 수변전 설비

8.1 수변전 설비에 대한 계획

1. 수변전설비의 기본설계에 있어서 검토해야 할 주요사항
1) 건물의 용도 (부하의 종류)
2) 부하조사
3) 수변전설비 용량과 계약전력
4) 수전전압과 수전방식
5) 단선결선도 작성
6) 비상용 발전설비의 용량과 절환방식
7) 배전 전압과 주회로의 결선방식
8) 보호협조와 보호방식
9) 수변전설비의 형식과 기기의 시방, 정격
10) 감시제어방식
11) 전기인입과 인입방식
12) 전기실의 위치와 크기 및 배치

2. 변전실의 위치 선정시 고려하여야 할 사항
1) 부하 중심에 가까울 것(전압강하, 전력손실, 배선비 절감)
2) 인입선의 인입이 쉽고 보수유지 및 점검이 용이한 곳
3) 간선처리 및 증설이 용이한 곳
4) 기기 반출입에 지장이 없을 것
5) 침수, 기타 재해발생의 우려가 적은 곳
6) 화재, 폭발 위험성이 적을 것
7) 습기, 먼지가 적은 곳
8) 열해, 유독가스의 발생이 적을 것
9) 발전기, 축전지 실이 가급적 인접한 곳
10) 장래 부하 증설에 대비한 면적 확보가 용이한 곳

3. 발전기 실의 위치 선정시 고려하여야 할 사항

1) 엔진기초는 건물기초와 관계없는 장소로 할 것
2) 발전기의 보수 점검 등이 용이하도록 충분한 면적 및 층고를 확보할 것
    (1) 발전기 실의 높이는 발전기 높이의 약 2배 정도를 확보하여야 한다.
    (2) 발전기실의 면적
        ① 기준 : $S \geq 1.7\sqrt{P}$
        ② 추천 : $S \geq 3\sqrt{P}$
            여기서, S : 발전기실의 필요면적 [m^2], P : 발전기의 출력 [Ps]
3) 급·배기가 잘되는 장소일 것
4) 엔진 및 배기관의 소음, 진동이 주위에 영향을 미치지 않는 장소일 것

4. 변압기, 배전반 등 수전설비 주요부분이 유지하여야 할 거리의 기준

[주] 보수점검에 필요한 공간 및 방화상 유효한 공간을 유지하기 위함임.

수전설비의 배전반 등의 최소유지거리

위치별 기기별	앞면 또는 조작·계측면	뒷면 또는 점검면	열상호간 (점검하는 면)【주】	기타의 면
특고압 배전반	1.7	0.8	1.4	–
고압 배전반	1.5	0.6	1.2	–
저압 배전반	1.5	0.6	1.2	–
변압기 등	0.6	0.6	1.2	0.3

[비고1] 앞면 또는 조작계측면은 배전반 앞에서 계측기를 판독할 수 있거나 필요조작을 할 수 있는 최소거리임.
[비고2] 뒷면 또는 점검 면은 사람이 통행할 수 있는 최소거리임. 무리없이 편안히 통행하기 위하여 0.9[m] 이상으로 함이 좋다.
[비고3] 열상호간(점검하는 면)은 기기류를 2열 이상 설치하는 경우를 말하며 배전반류의 내부에 기기가 설치되는 경우는 이의 인출을 대비하여 내장기기의 최대 폭에 적절한 안전거리(통상 0.3[m] 이상)를 가산한 거리를 확보하는 것이 좋다.
[비고4] 기타 면은 변압기 등을 벽 등에 연하여 설치하는 경우 최소 확보거리이다. 이 경우도 사람의 통행이 필요할 경우는 0.6[m] 이상으로 함이 바람직하다.

5. 고압 또는 특고압 수전설비가 큐비클인 경우에 금속함 주위와 이격거리 또는 다른 조영물이나 다른 시설물과의 이격거리

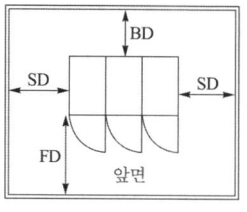
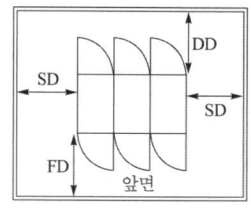

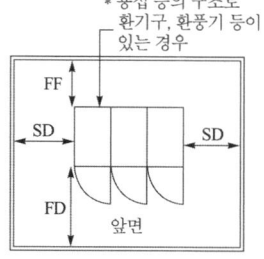
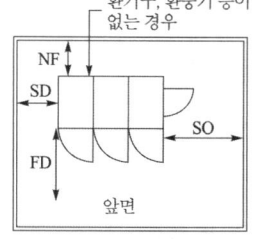

* 용접 등의 구조는 큐비클의 마감 면을 용접하였거나 나사 등으로 견고히 고정시켜 쉽게 떼어낼 수 없게 만들어진 구조의 것을 말한다.

큐비클의 이격거리 등

[주1] FD는 저, 고압용의 경우 1.5 [m] 이상, 특고압용의 경우 1.7 [m] 이상으로 함이 바람직하다.
[주2] SD는 큐비클의 마감 면을 떼어낼 수 없는 경우의 벽마감 면과 큐비클의 마감 면 사이의 거리로 최소 0.6 [m] 이상이어야 하며 0.8 [m] 이상으로 하는 것이 통행에 편리하다.
[주3] BD는 큐비클의 뒷마감 면이 나사 등으로 고정되어 있어 필요 시는 나사 등을 열고 작업을 하여야 하는 경우로 큐비클 마감 면부터 벽마감 면까지 최소 0.6 [m] 이상이어야 하며 보수작업이나 통행을 위하여 0.8 [m] 이상으로 하는 것이 바람직하다.
[주4] DD는 큐비클 뒷면에 개폐문이 있는 경우에 큐비클중 문의 폭이 제일 큰 것의 문 폭에 최소 0.3 [m] 이상(문을 열어놓은 상태에서 통행을 쉽게 하기 위해서는 0.6 [m] 이상)을 가산한 값 이상으로 하여야 하며 어떠한 경우라도 1.2 [m] 이상으로 하여야 한다.
[주5] FF는 큐비클 뒷마감 면이 용접되어 있거나 나사 등으로 견고히 고정되어 있어 열어볼 확률이 거의 없거나 뒷면에 환풍기 등이나 환기구가 설치되어 있는 경우로 소방상 필요한 최소 공간 또는 점검 상 최소공간의 확보측면에서 저고압큐비클은 최소 0.3 [m] 이상, 특고압 큐비클은 0.6 [m] 이상 확보하는 것이 바람직하다.
[주6] SO는 큐비클의 옆면에 문이 있는 경우로 DD의 경우와 같다. 다만, 문에 계측기 등이 설치되는 경우는 FD에 준한다.
[주7] NF는 큐비클 뒷마감 면이 FF의 경우와 같고 뒷면의 환풍기나 환기구가 없는 경우로(완전밀폐구조) 이격거리에 제한을 받지는 않으나 건물의 벽체가 인화물인 경우는 소방상 필요에 의해 큐비클 뒷면의 도장을 위해 0.3 [m] 이상 확보하는 것이 바람직하다.

8.2 부하 관계 용어 및 변압기 용량 산정

1. 변압기 용량 P [kVA]

$$변압기\ 용량[\text{kVA}] \geq 합성\ 최대\ 수용\ 전력 = \frac{개별\ 부하의\ 최대\ 수용\ 전력의\ 합계}{부등률}$$

$$= \frac{설비\ 용량\ [\text{kVA}] \times 수용률}{부등률}$$

$$\text{변압기 용량 [kVA]} = \frac{\text{설비 용량 [kVA]} \times \text{수용률}}{\text{부등률}} = \frac{\text{설비 용량 [kW]} \times \text{수용률}}{\text{부등률} \times \text{역률}}$$

2. 부하 관계 용어

1) 수용률 (Demand Factor)

   수용 설비가 동시에 사용되는 정도를 나타내며 주상 변압기 등의 적정공급 설비 용량을 파악하기 위하여 사용한다.

   $$\text{수용률} = \frac{\text{최대 수용 전력 [kW]}}{\text{총부하 설비 용량 [kW]}} \times 100 [\%]$$

2) 부등률 (Diversity Factor)

   각 수용가에서의 **최대 수용 전력의 발생 시각은 시간적으로 차이가 있으며** 이 경우에 배전 변압기 또는 간선에서의 합성 최대 수용 전력은 각 수용가에서의 최대 수용 전력의 합보다 적게 되는데 이 비를 부등률이라 하며 **이 값은 항상 1보다 크고** 수용률과 더불어 배전 변압기 또는 배전 간선 등의 공급 설비 계획 자료로 사용된다.

   $$\text{부등률} = \frac{\text{수용 설비 각각의 최대 수용 전력의 합 [kW]}}{\text{합성 최대 수용 전력 [kW]}}$$

   ① 수전 설비 용량 산정에 사용
   ② **부등률은 항상 1보다 크다.**
   ③ **부등률이 클수록 설비의 이용률이 크므로 유리**

   즉, 변압기 용량 [kVA] ≥ 합성 최대 수용 전력 = $\dfrac{\text{설비 용량 [kVA]} \times \text{수용률}}{\text{부등률}}$

   이므로 **부등률이 클수록 적은 변압기 용량으로 큰 부하를 담당**할 수 있다.

3) 부하율

   공급 설비가 어느 정도 유효하게 사용되는가를 나타내며 부하율이 클수록 공급 설비가 유효하게 사용된다.

   $$\text{부하율} = \frac{\text{평균 수용 전력 [kW]}}{\text{합성 최대 수용 전력 [kW]}} \times 100 [\%]$$

   여기서, 평균전력 [kW] = $\dfrac{\text{총 사용전력량 [kWh]}}{\text{사용시간 [h]}}$

• 예제 01 •

그림과 같은 부하를 갖는 변압기의 최대 수용 전력은 몇 [kVA]인가?

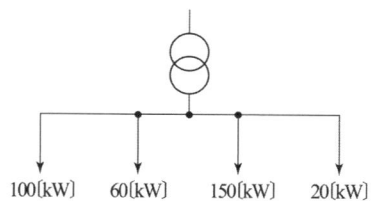

단, ① 부하간 부등률은 1.2이다.
② 부하의 역률은 모두 85 [%]이다.
③ 부하에 대한 수용률은 다음 표와 같다.

부 하	수용률
10 [kW] 이상 ~ 50 [kW] 미만	70 [%]
50 [kW] 이상 ~ 100 [kW] 미만	65 [%]
100 [kW] 이상 ~ 150 [kW] 미만	60 [%]
150 [kW] 이상	55 [%]

답안작성

변압기 최대수용전력 $[kVA] = \dfrac{\text{설비 용량}[kW] \times \text{수용률}}{\text{부등률} \times \text{역률}}$ 이므로

∴ $Tr = \dfrac{100 \times 0.6 + 60 \times 0.65 + 150 \times 0.55 + 20 \times 0.7}{1.2 \times 0.85} = 191.67 \, [kVA]$

답 : 191.67 [kVA]

• 예제 02 •

전등만의 수용가를 두 군으로 나누어 각 군에 변압기 1대씩을 설치하여 각 군의 수용가의 총 설비용량을 각각 30 [kW], 40 [kW]라 한다. 각 수용가의 수용률을 0.6, 수용가 간의 부등률을 1.2, 변압기군의 부등률을 1.4라 하면 고압 간선에 대한 최대부하 [kW]는?

• 계산 :   • 답 :

답안작성

계산 : 부등률 = $\dfrac{\text{개별 최대수용전력의 합}}{\text{합성 최대수용전력}} = \dfrac{\sum(\text{설비용량} \times \text{수용률})}{\text{합성최대수용전력}}$ 에서

고압간선에서의 최대 수요 전력 = $\dfrac{\dfrac{30 \times 0.6}{1.2} + \dfrac{40 \times 0.6}{1.2}}{1.4} = 25 \, [kW]$

답 : 25 [kW]

해설

$$부등률 = \frac{개별\ 최대수용전력의\ 합}{합성\ 최대수용전력} = \frac{\Sigma(설비용량 \times 수용률)}{합성최대수용전력}$$ 에서

- 각각의 변압기에서의 합성최대수용전력 = $\dfrac{설비용량 \times 수용률}{부등률}$

- 고압간선에서의 최대부하전력 = $\dfrac{각\ 변압기의\ 최대수용전력의\ 합}{변압기군의\ 부등률}$

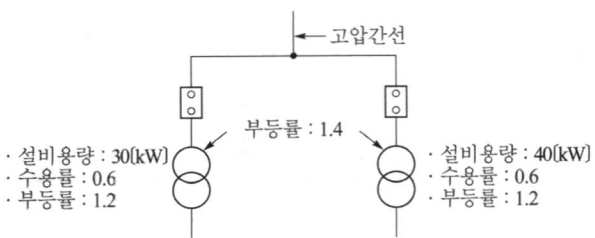

• 예제 03 •

3층 사무실용 건물에 3상 3선식의 6000 [V]를 수전하여 200 [V]로 체강하여 수전하는 설비를 하였다. 각종 부하 설비가 표와 같을 때 다음 물음에 답하시오. 참고자료도 이용하시오.

동력 부하 설비

사용 목적	용량 [kW]	대수	상용 동력 [kW]	하계 동력 [kW]	동계 동력 [kW]
난방 관계					
・보일러 펌프	6.0	1			6.0
・오일 기어 펌프	0.4	1			0.4
・온수 순환 펌프	3.0	1			3.0
공기 조화 관계					
・1, 2, 3층 패키지 콤프레셔	7.5	6		45.0	
・콤프레셔 팬	5.5	3	16.5		
・냉각수 펌프	5.5	1		5.5	
・쿨링 타워	1.5	1		1.5	
급수・배수 관계					
・양수 펌프	3.0	1	3.0		
기타					
・소화 펌프	5.5	1	5.5		
・셔터	0.4	2	0.8		
합 계			25.8	52.0	9.4

조명 및 콘센트 부하 설비

사용 목적	와트수 [W]	설치수량	환산 용량[VA]	총용량[VA]	비 고
전등관계					
·수은등 A	200	4	260	1040	200 [V] 고역률
·수은등 B	100	8	140	1120	100 [V] 고역률
·형광등	40	820	55	45100	200 [V] 고역률
·백열 전등	60	10	60	600	
콘센트 관계					
·일반 콘센트		80	150	12000	2P 15 [A]
·환기팬용 콘센트		8	55	440	
·히터용 콘센트	1500	2		3000	
·복사기용 콘센트		4		3600	
·텔레타이프용 콘센트		2		2400	
·룸 쿨러용 콘센트		6		7200	
기타					
·전화 교환용 정류기		1		800	
계				77300	

[주] 변압기 용량(제작 회사에서 시판)
　　 단상, 3상 공히 5, 10, 15, 20, 30, 50, 75, 100, 150 [kVA]

(1) 동계 난방 때 온수 순환 펌프는 상시 운전하고, 보일러용과 오일 기어 펌프의 수용률이 50 [%]일 때 난방 동력 수용 부하는 몇 [kW]인가?
　　• 계산 :　　　　　　　　　　　　　　• 답 :

(2) 동력 부하의 역률이 전부 70 [%]라고 한다면 피상 전력은 각각 몇 [kVA]인가? 단, 상용 동력, 하계 동력, 동계 동력별로 각각 계산하시오.
　　• 계산 :　　　　　　　　　　　　　　• 답 :

(3) 총 전기 설비 용량은 몇 [kVA]를 기준으로 하여야 하는가?
　　• 계산 :　　　　　　　　　　　　　　• 답 :

(4) 전등의 수용률은 60 [%], 콘센트 설비의 수용률은 70 [%]라고 한다면 몇 [kVA]의 단상 변압기에 연결하여야 하는가? 단, 전화 교환용 정류기는 100 [%] 수용률로서 계산 결과에 포함시키며 변압기 예비율(여유율)은 무시한다.
　　• 계산 :　　　　　　　　　　　　　　• 답 :

(5) 동력 설비 부하의 수용률이 모두 65 [%]라면 동력 부하용 3상 변압기의 용량은 몇 [kVA]인가? 단, 동력 부하의 역률은 70 [%]로 하며 변압기의 예비율은 무시한다.
　　• 계산 :　　　　　　　　　　　　　　• 답 :

(6) 단상과 3상 변압기의 1차측 전류계용으로 사용되는 변류기의 1차측 정격 전류는 각각 몇 [A]인가?
　　• 계산 :　　　　　　　　　　　　　　• 답 :

(7) 선정된 동력용 변압기 용량에서 역률을 95 [%]로 올리려면 콘덴서 용량은 몇 [kVA]인가?
  • 계산 :   • 답 :

[참고자료]

표 1. 부하에 대한 콘덴서 용량 산출표 [%]

개선 전 역률 \ 개선 후 역률	1.0	0.99	0.98	0.97	0.96	0.95	0.94	0.93	0.92	0.91	0.9	0.875	0.85	0.825	0.8	0.775	0.75	0.725	0.7
0.4	230	216	210	205	201	197	194	190	187	184	181	175	168	161	155	149	142	136	128
0.425	213	198	192	188	184	180	176	173	180	167	164	157	151	144	138	131	124	118	111
0.45	198	183	177	173	168	165	161	158	155	152	149	142	136	129	123	116	110	103	96
0.475	185	171	165	161	156	153	149	146	143	140	137	130	123	116	110	104	98	91	84
0.5	173	159	153	148	144	140	137	134	130	128	125	118	112	104	98	92	85	87	71
0.525	162	148	142	137	133	129	126	122	119	117	114	107	100	93	87	81	74	67	60
0.55	152	138	132	127	123	119	116	112	109	106	104	97	90	87	77	71	64	57	50
0.575	142	128	122	117	114	110	106	103	99	96	94	87	80	74	67	60	54	47	40
0.6	133	119	113	108	104	101	97	94	91	88	85	78	71	65	58	52	46	39	32
0.625	125	111	105	100	96	92	89	85	82	79	77	70	63	56	50	44	37	30	23
0.65	117	103	97	92	88	84	81	77	74	71	69	62	55	48	42	36	29	22	15
0.675	109	95	89	84	80	76	73	70	66	64	61	54	47	40	34	28	21	14	7
0.7	102	88	81	77	73	69	66	62	59	56	54	46	40	33	27	20	14	7	
0.725	95	81	75	70	66	62	59	55	52	49	46	39	33	26	20	13	7		
0.75	88	74	67	63	58	55	52	49	45	43	40	33	26	19	13	6.5			
0.775	81	67	61	57	52	49	45	42	39	36	33	26	19	12	6.5				
0.8	75	61	54	50	46	42	39	35	32	29	27	19	13	6					
0.825	69	54	48	44	40	36	33	29	26	23	21	14	7						
0.85	62	48	42	37	33	29	26	22	19	16	14	7							
0.875	55	41	35	30	26	23	19	16	13	10	7								
0.9	48	34	28	23	19	16	12	9	6	2.8									
0.91	45	31	25	21	16	13	9	6	2.8										
0.92	43	28	22	18	13	10	6	3.1											
0.93	40	25	19	15	10	7	3.3												
0.94	36	22	16	11	7	3.6													
0.95	33	18	12	8	3.5														
0.96	29	15	9	4															
0.97	25	11	5																
0.98	20	6																	
0.99	14																		

[용례]

(1) 부하 500 [kW]

개선전의 역률 $\cos\theta = 0.6$을 $\cos\theta = 0.95$로 개선하는 데에는

$k_\theta = 101[\%]$

콘덴서 $500 \times 1.01 = 505$ [kVA]

(2) [kVA] 부하의 경우

[kW] = [kVA]$\times \cos\theta$ 로부터 [kW]를 산출하여 용례 (1)에 따른다.

답안작성

(1) **계산** : 수용부하 $= 3 + 6.0 \times 0.5 + 0.4 \times 0.5 = 6.2$ [kW]   **답** : 6.2 [kW]

(2) ① **계산** : 상용 동력의 피상 전력 $= \dfrac{25.8}{0.7} = 36.86$ [kVA]   **답** : 36.86 [kVA]

    ② **계산** : 하계 동력의 피상 전력 $= \dfrac{52.0}{0.7} = 74.29$ [kVA]   **답** : 74.29 [kVA]

    ③ **계산** : 동계 동력의 피상 전력 $= \dfrac{9.4}{0.7} = 13.43$ [kVA]   **답** : 13.43 [kVA]

(3) **계산** : $36.86 + 74.29 + 77.3 = 188.45$ [kVA]   **답** : 188.45 [kVA]

(4) **계산** : 전등 관계 : $(1040 + 1120 + 45100 + 600) \times 0.6 \times 10^{-3} = 28.72$ [kVA]

           콘센트 관계 : $(12000 + 440 + 3000 + 3600 + 2400 + 7200) \times 0.7 \times 10^{-3}$
                                $= 20.05$ [kVA]

           기타 : $800 \times 1 \times 10^{-3} = 0.8$ [kVA]

           $28.72 + 20.05 + 0.8 = 49.57$ [kVA]이므로 단상 변압기 용량은 50 [kVA]가 된다.

    답 : 50 [kVA]

(5) **계산** : 설비용량 = 상용동력 + 동계 동력과 하계 동력중 큰 부하
                   $= 25.8 + 52 = 77.8$ [kW]

       변압기 용량 $P_a = \dfrac{77.8 \times 0.65}{0.7} = 72.24$ [kVA]

       3상 변압기 용량은 표준용량 75 [kVA]가 된다.

    답 : 75 [kVA]

(6) ① 단상 변압기

       계산 : 변압기 1차 정격전류 $I_n = \dfrac{P_a}{V} = \dfrac{50000}{6000} = 8.33$ [A]

             변압기용 변류기의 1차 정격 전류 $= I_n \times (1.25 \sim 1.5)$
                                   $= 8.33 \times (1.25 \sim 1.5) = 10.4 \sim 12.5$ [A]

    답 : 10 [A]

    ② 3상 변압기

       계산 : 변압기의 1차 정격전류 $I_n = \dfrac{P_a}{\sqrt{3} \times V} = \dfrac{75000}{\sqrt{3} \times 6000} = 7.22$ [A]

             변압기용 변류기의 1차 정격 전류 $= I_n \times (1.25 \sim 1.5)$
                                   $= 7.22 \times (1.25 \sim 1.5) = 9.03 \sim 10.83$ [A]

    답 : 10 [A]

(7) 표 1에서 역률 70 [%]를 95 [%]로 개선하기 위한 콘덴서 용량 $k_\theta = 0.69$이므로

    콘덴서 소요 용량 [kVA] = [kW] 부하$\times k_\theta = 75 \times 0.7 \times 0.69 = 36.23$ [kVA]

해설

(1) 수용 전력 = 설비 용량 × 수용률
(3) **하계 동력 부하와 동계 동력 부하는 동시에 운전되지 않으므로 그 중 큰 부하만 고려**
(5) 동계 동력과 하계 동력은 동시에 운전되는 경우가 없으므로 변압기 용량 산정시 **동계 동력과 하계 동력 중 큰 부하를 기준**하고 상용 동력과 합산하여 계산하면 된다.
즉, 설비용량 = 상용동력 + 동계 동력과 하계 동력중 큰 부하
$= 25.8 + 52 = 77.8 [\text{kW}]$

변압기 용량 = $\dfrac{\text{설비용량[kW]} \times \text{수용률}}{\text{부등률} \times \text{역률}}$ [kVA]

(여기서 부등률이 주어지지 않았으므로 고려할 필요 없음)

(6) 변류기 표준품 5, 10, 15, 20, 30, 40, 50, 75, 100, 150, 200, 300, 400, 500 [A] 중에서 10.4~12.5 [A] 사이에는 표준품이 없으므로 10 [A]와 15 [A] 중에서 선정하여야 한다. 그러나 15 [A]는 너무 크므로 10.4 [A]에 근접한 10 [A]을 선정하는 것이 바람직하다.

• 예제 04 •

10 [kW]의 440 [V] 3상 부하가 있다. 그 부하 곡선이 아래 그림과 같은 경우 일부하율 및 수용률을 구하시오.

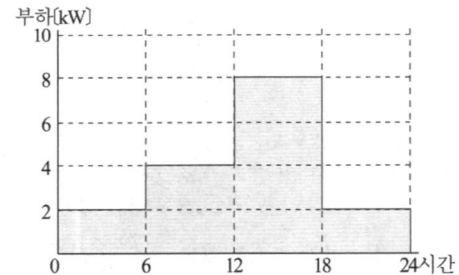

답안작성

(1) 수용률

계산 : 수용률 = $\dfrac{\text{최대 수용 전력}}{\text{설비 용량}} \times 100[\%]$

에서 최대수용전력은 12시~18시 사이에서 발생되며 그 크기는 8 [kW]이므로

수용률 = $\dfrac{8}{10} \times 100 = 80[\%]$

답 : 80[%]

(2) 부하율

계산 : 평균전력 = $\dfrac{\text{총 사용전력량}}{\text{사용시간}}$ 에서

평균전력 = $\dfrac{2 \times 6 + 4 \times 6 + 8 \times 6 + 2 \times 6}{24} = 4[\text{kW}]$

부하율 = $\dfrac{\text{평균 전력}}{\text{최대 수용 전력}} \times 100 = \dfrac{4}{8} \times 100 = 50[\%]$

답 : 50 [%]

8.3 변압기

1. 권수비 a

$$a = \frac{n_1}{n_2} = \frac{E_1}{E_2} = \frac{I_2}{I_1}$$

여기서, n_1, n_2 : 1차, 2차의 권선수
E_1, E_2 : 1차, 2차 권선의 유기기전력 (상전압)
I_1, I_2 : 1차, 2차 권선의 전류 (상전류)

따라서 **권수비** a는 1차 상전압과 2차 상전압의 비, 1차 상전류와 2차 상전류와의 비를 의미하지 1차 선간 전압과 2차 선간 전압, 1차 선전류와 2차 선전류와의 비를 의미하지 않는다는 것에 유의하여야 한다.

2. 변압기의 극성

1) 변압기의 극성

  변압기의 극성(polarity)이란 어느 순간에 1차와 2차 양단자에 나타나는 유기기전력의 방향을 나타내는 말이다. 변압기를 단독 운전시키는 경우는 이것이 그다지 문제가 되지 않지만 3상 결선이나 병렬 운전을 할 경우에는 극성을 맞추어야 한다.

2) 극성의 결정법

  그림과 같이 외함의 같은 쪽에 있는 고저압 단자인 A와 a를 접속하고 다른 단자 B와 b 사이에 전압계 V를 연결하고 고압측인 AB간에 적당한 전압 V_1을 가했을 때의 저압측 ab간의 전압을 V_2 그리고 V의 지시를 V_0라고 하면

  - 감극성 $V_0 = V_1 - V_2$
  - 가극성 $V_0 = V_1 + V_2$

  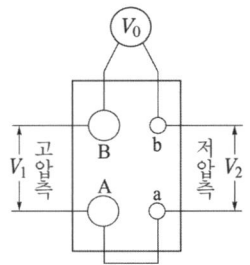

  극성시험 결선도

  현재 우리나라는 감극성을 표준으로 하고 있다.

3) 극성의 기호

  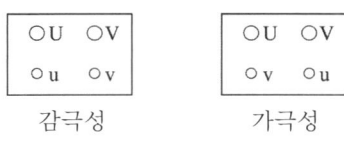

  극성의 기호

3. 변압기의 냉각방식

- 변압기 냉각 방식
  - 건식
    - **공냉식**(AA : air cooled type) : 특별한 냉각 방식을 취하지 않고 전력손실에 의한 발생열을 공기의 대류 작용에 의해 냉각시키는 방식
    - **풍냉식**(AFA : air blast type) : 송풍기에 의해 강제 통풍을 시켜 냉각시키는 방식으로 공냉식에 비해 냉각 효과가 양호하다.
  - 유입식
    - **유입자냉식**(OA : oil immersed self cooled type) : 변압기의 본체를 절연유로 채워진 외함내에 넣어 대류 작용에 의해 발생된 열을 외기 중으로 방산 시키는 방식
    - **유입수냉식**(OW : oil immersed water cooled type) : 외함 내의 상부 기름 중에 냉각관을 두어 이것에 냉각수를 순환시켜 냉각하는 방식
    - **유입송유식**(oil immersed forced oil circulating type) : 외함내에 있는 가열된 기름을 순환 펌프에 의해 외부의 냉각기에 의해 냉각시켜 다시 외함 내로 유입시키는 방식
      - FOA : 풍냉식 냉각기에 의해 냉각 시키는 방식
      - FOW : 수냉식 냉각기에 의해 냉각 시키는 방식
    - **유입풍냉식**(FA : oil immersed air blast type) : 유입변압기에 방열기를 부착시키고 송풍기에 의해 강제 통풍시켜 냉각 효과를 증대시킨 방식

4. 변압기의 재료

1) 절연의 종류

종 류	최고사용온도 [℃]	종 류	최고사용온도 [℃]
Y 종	90	F 종	155
A 종	105	H 종	180
E 종	120	C 종	180 초과
B 종	130		

2) 변압기의 기름

   (1) 변압기의 기름으로서 갖추어야 할 조건

   ① 절연 저항 및 **절연내력이 클 것** (30 [kV] / 2.5 [mm] 이상)
   ② 절연 재료 및 금속에 **화학 작용을 일으키지 않을 것**
   ③ **인화점이 높고**(130 [℃] 이상), **응고점이 낮을 것**(−30 [℃] 이하)
   ④ 점도가 낮고(유동성이 풍부), 비열이 커서 **냉각 효과가 클 것**
   ⑤ 고온에서도 석출물이 생기거나 산화하지 않을 것
   ⑥ 열전도율이 클 것
   ⑦ 열 팽창계수가 작고 증발로 인한 감소량이 적을 것

(2) 절연유의 열화
  ① 열화 원인 : 변압기의 호흡작용에 의해 **고온의 절연유가 외부 공기와의 접촉에 의해 열화** 발생
  ② 열화영향
    • 절연내력의 저하   • 냉각효과 감소   • 침식작용
  ③ 열화 방지설비
    • 브리더   • 질소봉입   • 콘서베이터

(3) 절연유 검사 방법 및 판정

검사 항목	검사 방법	판정법	조치
절연유 파괴 전압측정	2.5[mm] 갭에 의한 측정	·30 [kV] 이상-양호 ·30 [kV] 미만~20 [kV]-보통 ·20 [kV] 미만-불량	절연유 교체 혹은 여과
산가측정	절연유 1[g] 중의 산성 물질을 중화하는 데 필요한 KOH의 [mg] 수	0.5 정도의 Sludge 석출	
절연유 가스분석	성분 분석	가연가스 총량치 혹은 기설 분석 자료와 성분 패턴의 급격한 변화	

(4) 절연유 열화방지를 위한 oil seal tank 설치용 변압기

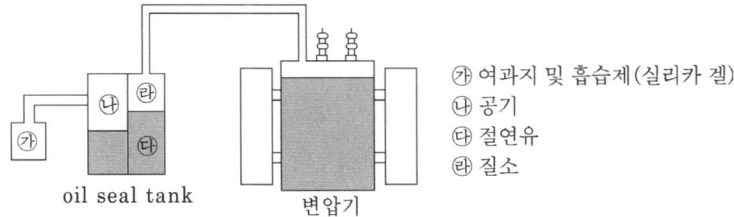

㉮ 여과지 및 흡습제(실리카 겔)
㉯ 공기
㉰ 절연유
㉱ 질소

5. 몰드(Mold) 변압기의 특성

1) 몰드변압기의 특징
  (1) 자기 소화성이 우수하므로 화재의 염려가 없다.
  (2) 코로나 특성 및 임펄스 강도가 높다.
  (3) 소형 경량화 할 수 있다.
  (4) 습기, 가스, 염분 및 소손 등에 대해 안전하다.
  (5) 보수 및 점검이 용이
  (6) 저진동 및 저소음 기기
  (7) 단시간 과부하 내량이 크다.
  (8) 전력손실이 감소

2) 몰드 절연 방식의 분류

방식	방법	내 용
금형 방식	주형법	충진제를 배합한 수지를 금형내에 진공 주입하는 것
	합침법	코일과 금형간에 유리 섬유를 충진하고 저점도 수지와 진공 합침하는 것
	합침주형법	합침과 주형을 조합시킨 것
	FRP 주형법	FRP층을 절연층으로 설계하고 고압 및 저압권선을 일체로 하여 몰드하는 주형법
무금형 방식	프리프레그 절연법	당초부터 수지를 합침해서 반경화시킨 유리섬유 테이프를 코일에 감아 경화시키는 것
	디핑법	코일 주변을 유리테이프로 덮은 후 수지를 함침하고 수지가 누출되지 않도록 경화시키는 것
	필라멘트 와인딩법	에폭시수지와 순도 높은 동을 유리섬유로 특수 조합시켜 제조하는 것
	부유경화법	코일주변을 유리섬유로 덮은 후 수지 함침해서 반용융액속에 침적해서 경화시키는 것
	기 타	코일주변에 고정형 절연물로 싸서 그것을 금형으로 대신 이용하는 여러 가지 방법의 것

6. 변압기 결선

1) △-△ 결선

(1) 결선도

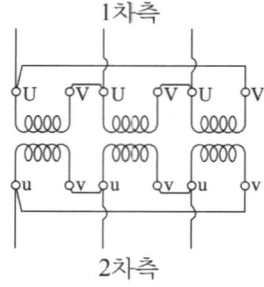

(2) 전압, 전류

① 선간 전압(V_l), 상전압(V_p)

선간 전압과 상전압은 크기가 같고 **동상**이 된다.

$$V_l = V_p \angle 0°$$

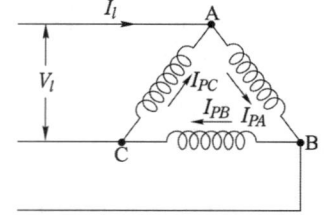

② 선전류(I_l), 상전류(I_p)

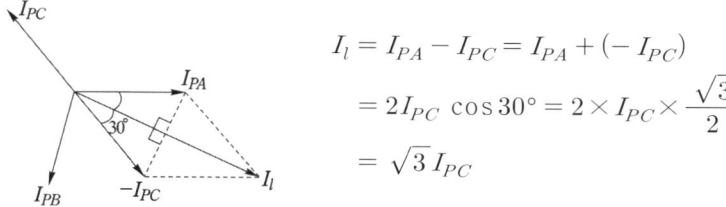

$$I_l = I_{PA} - I_{PC} = I_{PA} + (-I_{PC})$$
$$= 2I_{PC}\cos 30° = 2 \times I_{PC} \times \frac{\sqrt{3}}{2}$$
$$= \sqrt{3}\,I_{PC}$$

선전류는 상전류에 비해 크기가 $\sqrt{3}$ 배이고 위상은 30° 뒤진다.

$$I_l = \sqrt{3}\,I_p \angle -30°$$

(3) 장·단점

① 장점
- 제3고조파 전류가 △결선 내를 순환하므로 정현파 교류 전압을 유기하여 **기전력의 파형이 왜곡되지 않는다.**
- 1상분이 고장이 나면 나머지 2대로써 **V결선 운전이 가능**하다.
- 각 변압기의 **상전류가 선전류의 $1/\sqrt{3}$이 되어 대전류에 적당**하다.

② 단점
- 중성점을 접지할 수 없으므로 **지락 사고의 검출이 곤란**하다.
- 권수비가 다른 변압기를 결선 하면 **순환 전류**가 흐른다.
- 각 상의 임피던스가 다를 경우 3상 부하가 평형이 되어도 **변압기의 부하 전류는 불평형**이 된다.

(4) △-△ 결선된 3상 변압기에 인가할 수 있는 단상 부하 용량

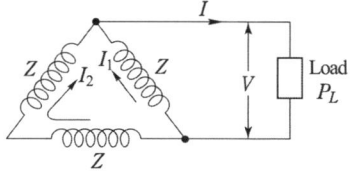

단상 부하 용량 $P_L = VI$

변압기 내부에 흐르는 전류 I_1은 전류 분배법칙에 의해

$$I_1 = \frac{2Z}{2Z+Z} \times I = \frac{2}{3}I$$

$$I_2 = \frac{Z}{2Z+Z} \times I = \frac{1}{3}I$$

$$\therefore I = \frac{3}{2}I_1,\ I = 3I_2$$

여기서, $I = 3I_2$를 적용하면 I_1은 $2I_2$가 되어 변압기 정격전류의 2배가 흐르게 되므로 $I = \frac{3}{2}I_1$를 적용하여야 하며 이 식의 양변에 전압 V를 곱하면 $VI = \frac{3}{2}VI_1$

$$P_L = \frac{3}{2}P_1 \text{ (변압기 1대의 용량 } P_1 = VI_1)$$

따라서, **3상 변압기에 단상 부하를 걸 경우에는 단상변압기 1대 용량의 $\frac{3}{2}$배의 단상부하를 인가할 수 있다.**

2) Y-Y 결선

  (1) 결선도

  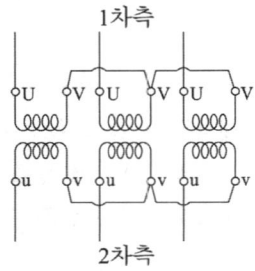

  (2) 전압, 전류

  ① 선간 전압(V_l), 상전압(V_p)

  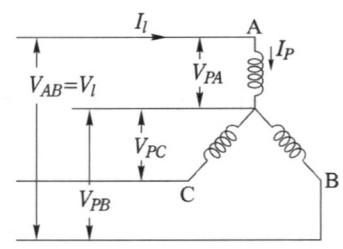 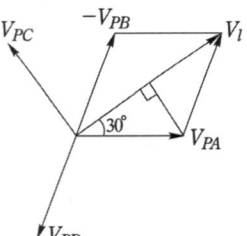

$$V_{AB} = V_{PA} - V_{PB}$$
$$= V_{PA} + (-V_{PB})$$
$$= 2V_{PA}\cos 30° = \sqrt{3}\,V_{PA} = \sqrt{3}\,V_P$$

여기서, $V_{PA} = V_{PB} = V_{PC} = V_P$

선간 전압은 상전압에 비해 크기가 $\sqrt{3}$ 배이고 위상은 30° 앞선다.

$$V_l = \sqrt{3}\,V_p \angle 30°$$

② 선전류(I_l), 상전류(I_p)

선전류는 상전류와 크기가 같고 위상이 동상이 된다.

$$I_l = I_p \angle 0°$$

(3) 장·단점

① 장점
- 1차 전압, 2차 전압 사이에 위상차가 없다.
- 1차, 2차 모두 중성점을 접지할 수 있으며 고압의 경우 이상 전압을 감소시킬 수 있다.
- **상전압이 선간 전압의 $1/\sqrt{3}$ 배이므로 절연이 용이하여 고전압에 유리**하다.

② 단점
- 제3고조파 전류의 통로가 없으므로 **기전력의 파형이 제3고조파를 포함한 왜형파**가 된다.
- **중성점을 접지**하면 제3고조파 전류가 흘러 **통신선에 유도 장해**를 일으킨다.
- 부하의 불평형에 의하여 중성점 전위가 변동하여 3상 전압이 불평형을 일으키므로 송·배전 계통에 거의 사용하지 않는다.

(4) Y결선 변압기 한 상의 중성점과 다른 단자간의 전압

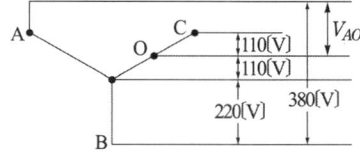

[방법 I]

$$V_{AO} = \sqrt{(220\cos 60° + 110)^2 + (220\sin 60°)^2}$$
$$= \sqrt{220^2 + (110\sqrt{3})^2} = 291.03[V]$$

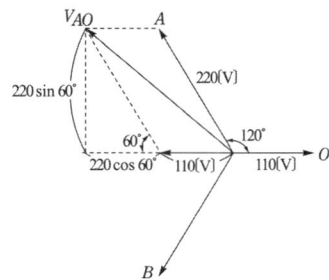

[방법 Ⅱ]

$$V_{AO} = 110\underline{/120°} - 220\underline{/0°}$$
$$= 110(\cos 120° + j\sin 120°) - 220(\cos 0° + j\sin 0°)$$
$$= 110\left(-\frac{1}{2} + j\frac{\sqrt{3}}{2}\right) - 220 = -275 + j55\sqrt{3}$$
$$= \sqrt{275^2 + (55\sqrt{3})^2} = 291.03[V]$$

(5) Y-Y-△의 3권선 변압기에서 3권선의 용도는

① 제3고조파 제거

② 조상 설비 설치

③ 소내 전력 공급용으로 쓰인다.

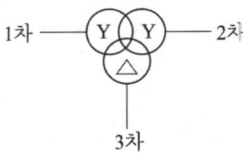

3) Y-△, △-Y 결선

(1) 결선도 (△-Y)

(2) 장·단점

① 장점

- 한 쪽 Y결선의 중성점을 접지할 수 있다.
- Y결선의 **상전압**은 선간 전압의 $1/\sqrt{3}$ 이므로 **절연이 용이**하다.
- 1, 2차 중에 △결선이 있어 제3고조파의 장해가 적고, 기전력의 파형이 왜곡되지 않는다.
- **Y-△ 결선**은 **강압용**으로, **△-Y 결선**은 **승압용**으로 사용할 수 있어서 송전 계통에 융통성 있게 사용된다.

② 단점

- 1, 2차 선간전압 사이에 30°의 위상차가 있다.
- 1상에 고장이 생기면 전원 공급이 불가능해진다.
- 중성점 접지로 인한 유도 장해를 초래한다.

4) V-V 결선

   (1) 결선도

   $$출력\ P_V = \sqrt{3}\,P_1$$

   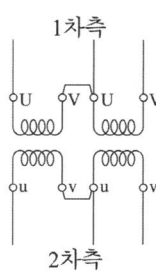

   여기서, P_V : V결선시의 출력

   　　　　P_1 : 단상 변압기 1대의 용량

   (2) 장·단점

   ① 장점

   - △-△ 결선에서 **1대의 변압기 고장시 2대만으로도 3상 부하에 전력을 공급**할 수 있다.
   - 설치 방법이 간단하고, 소용량이면 가격이 저렴하므로 3상 부하에 널리 이용된다.

   ② 단점

   - **설비의 이용률이 86.6 [%]로 저하**된다.
   - △결선에 비해 **출력이 57.7 [%]로 저하**된다.
   - 부하의 상태에 따라서, 2차 단자 전압이 불평형이 될 수 있다.

   (3) V-V 결선의 이용률 및 출력비

   $$① 이용률 = \frac{3상\ 출력}{설비용량} = \frac{\sqrt{3}\,P_1}{2P_1} \times 100 = 86.6[\%]$$

   $$② 출력비 = \frac{V결선\ 출력}{\triangle결선\ 출력} \times 100 = \frac{\sqrt{3}\,P_1}{3P_1} \times 100 = 57.7[\%]$$

   (4) V-V 결선에서 중간탭 사용시 전류

   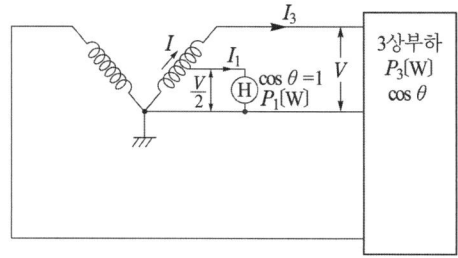

   ① 3상 부하 전류

   - 3상 부하에 흐르는 전류 $I_3 = \dfrac{P_3}{\sqrt{3}\,V\cos\theta}$

- 선전류 I_3의 위상 ϕ는 선간전압 V보다 $(30°+\theta)$만큼 늦다.

$$I_3 = I_3 \underline{/-(30°+\theta)}$$

② 단상부하 전류
- 단상부하 $(\cos\theta = 1)$에 흐르는 전류 $I_1 = \dfrac{P_1}{\dfrac{V}{2}} = \dfrac{2P_1}{V}$

- I_1의 역률이 1이므로 I_1과 V는 동상이다.

$$I_1 = I_1 \underline{/0°}$$

③ 변압기에 흐르는 전류 I

$$I = I_1 + I_3 = I_1 \underline{/0°} + I_3 \underline{/-(30°+\theta)}$$

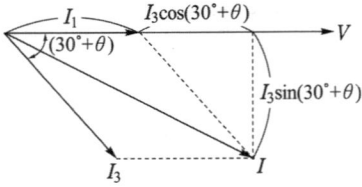

$$\therefore I = \sqrt{[(I_1 + I_3\cos(30°+\theta)]^2 + [I_3\sin(30°+\theta)]^2}$$

(5) V결선 변압기 한 상의 중성점과 다른 단자간의 전압

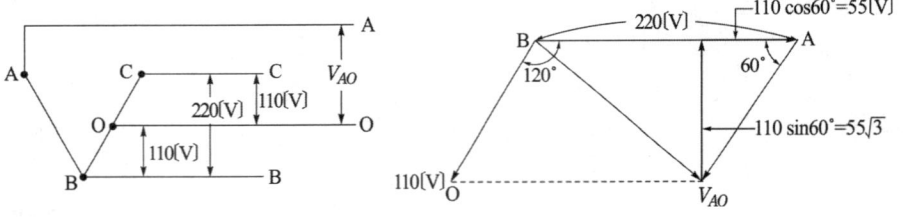

$$V_{AO} = 220 \underline{/0°} + 110 \underline{/-120°}$$
$$= 220[\cos 0° + j\sin 0°] + 110\left[\cos\left(-\dfrac{2}{3}\pi\right) + j\sin\left(-\dfrac{2}{3}\pi\right)\right]$$
$$= 220 + (-55 - j55\sqrt{3}) = 165 - j55\sqrt{3}$$
$$= \sqrt{165^2 + (55\sqrt{3})^2} = 190.53[V]$$

7. 변압기의 전압조정

전원전압의 변동이나 부하의 변동에 따른 **변압기 2차측 전압의 변동을 보상하고 일정 전압으로 유지시키기** 위하여 변압기의 권수비를 바꾸어야 하며 그 방법은 다음과 같다.

1) 무전압 탭 절환기(NLTC : no load tap changer)

고압측 권선의 중앙위치에 몇 개의 탭 단자를 두고 그 접속을 바꾸어 변압기의 권수비를 조정하여 전압을 조정하는 방식으로 **무전압 상태에서 탭을 변경**하여야 한다.

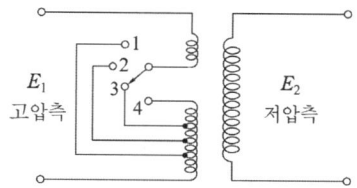

$$a = \frac{n_1}{n_2} = \frac{E_1}{E_2}$$

2) 부하시 탭 절환장치

(ULTC : under load tap changer 또는 OLTC : on load tap changer)
부하가 인가되어 있는 상태에서 변압기의 tap을 변경시켜 전압을 조정하는 방법으로 **부하전류개폐기, 탭선택기 및 탭확장기로 구성**되며 다음과 같은 방식이 있다.

(1) 병렬 구분식

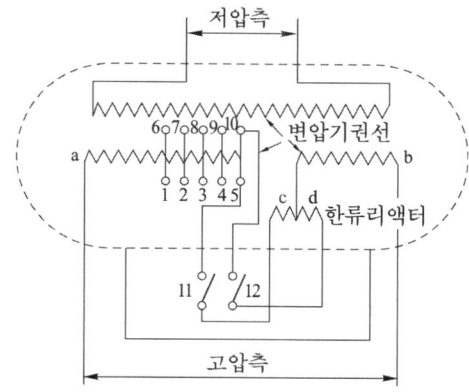

(2) 단일 회로식

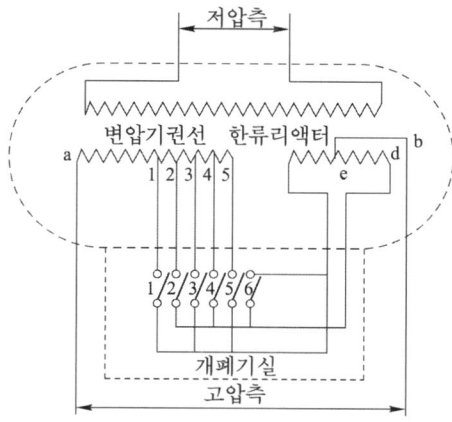

8. 변압기 병렬 운전

1) 단상 변압기 병렬 운전 조건

병렬운전 조건	조건이 맞지 않는 경우
① 극성이 일치할 것	큰 순환 전류가 흘러 **권선이 소손**
② 정격 전압(권수비)이 같을 것	순환 전류가 흘러 **권선이 가열**
③ %임피던스 강하(임피던스 전압)가 같을 것	부하의 분담이 용량의 비가 되지 않아 **부하의 분담이 균형을 이룰 수 없다.**
④ 내부 저항과 누설 리액턴스의 비 (즉 $r_a/x_a = r_b/x_b$)가 같을 것	각 변압기의 전류간에 위상차가 생겨 **동손이 증가**

(1) 각 변압기의 극성이 같을 것

극성이 같지 않을 경우 **큰 순환 전류가 흘러 권선을 소손**시킨다.

$$I_c = \frac{E_a + E_b}{Z_a + Z_b}$$

$E_a = E_b = E$, $Z_a = Z_b = Z$ 라고 하면

$$I_c = \frac{2E}{2Z} = \frac{E}{Z}$$

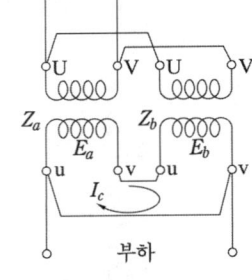

여기서, **변압기 내부 임피던스 Z는 매우 적으므로 순환전류 I_c는 큰** 값이 된다.

(2) 각 변압기의 권수비 및 1차, 2차 정격 전압이 같을 것

2차 기전력의 크기가 다르면 **순환 전류 I_c가 흘러 권선을 과열**시킨다.

$$I_c = \frac{E_a - E_b}{Z_a + Z_b}$$

$Z_a = Z_b = Z$라고 하면

$$I_c = \frac{E_a - E_b}{2Z}$$

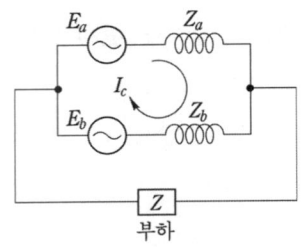

(3) 각 변압기의 %임피던스 강하가 같을 것

%임피던스 강하가 다르면 부하 분담이 각 변압기의 용량의 비가 되지 않아 **부하 분담의 균형을 이룰 수 없다.**

즉, $\dfrac{P_a}{P_b} = \dfrac{\%Z_B}{\%Z_A} \cdot \dfrac{P_A}{P_B}$

여기서, P_a, P_b : A, B 변압기의 분담 부하

$\%Z_A, \%Z_B$: A, B 변압기의 %임피던스

P_A, P_B : A, B 변압기의 용량

(4) 각 변압기의 저항과 누설 리액턴스 비가 같을 것

변압기간의 저항과 누설 리액턴스 비가 다르면 각 변압기의 전류간에 위상 차가 생기기 때문에 **동손이 증가**한다.

기전력의 크기는 같고 위상이 다르게 되므로

$$E_a = E_b = E$$

$$E_c = 2E\sin\frac{\theta}{2}$$

$$I_c = \frac{E_c}{Z_a + Z_b}$$

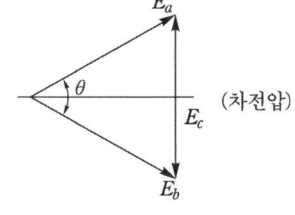
(차전압)

$Z_a = Z_b = Z$ 라고 하면

$$I_c = \frac{1}{2Z}2E\sin\frac{\theta}{2} = \frac{E}{Z}\sin\frac{\theta}{2}$$ 에 의해 동손이 증가한다.

2) 3상 변압기 병렬 운전 조건

3상 변압기의 병렬 운전 조건은 단상 변압기의 병렬 운전 조건 이외의 다음 조건을 만족해야 한다.

① **상회전 방향**이 같을 것

② **위상 변위**가 같을 것

3) 3상 변압기 병렬 운전의 결선 조합

병렬 운전 가능	병렬 운전 불가능
△-△ 와 △-△	△-△ 와 △-Y
Y-△ 와 Y-△	△-Y 와 Y-Y
Y-Y 와 Y-Y	
△-Y 와 △-Y	
△-△ 와 Y-Y	
△-Y 와 Y-△	

9. 변압기 효율 및 시험

1) 변압기의 효율

$$\eta = \frac{출력}{출력+손실}\times 100 = \frac{출력}{출력+철손+동손}\times 100[\%]$$

$$\eta = \frac{VI\cos\theta}{VI\cos\theta + P_i + I^2 r} \times 100[\%]$$

2) 변압기 최대 효율 조건

즉, 변압기의 최대 효율은 "**철손 = 동손**"일 때 발생한다.

$$\eta = \frac{VI\cos\theta}{VI\cos\theta + P_i + I^2 r} \text{에서}$$

$$\eta = \frac{V\cos\theta}{V\cos\theta + \frac{P_i}{I} + Ir}$$

효율이 최대가 되기 위해서는 분모가 최소가 되어야 하므로 분모를 y로 하면

$$y = V\cos\theta + \frac{P_i}{I} + Ir$$

y가 최소가 되기 위해서는 $\frac{dy}{dI} = 0$일 때 이므로

$$\frac{dy}{dI} = -\frac{P_i}{I^2} + r = 0$$

$$\therefore P_i = I^2 r$$

(1) 전부하시 최대 효율 조건

$$P_i = P_c$$

(2) 부하율 m으로 운전시 최대 효율 조건

$$P_i = m^2 P_c$$

여기서, P_i : 철손, P_c : 동손, m : 부하율

10. 변압기 효율이 저하하는 경우

1) 부하 역률이 저하되는 경우

$$\eta = \frac{mVI\cos\theta}{mVI\cos\theta + P_i + m^2 I^2 r} \times 100[\%] \text{ 에서}$$

역률이 저하되면 **분자는 역률의 저하만큼 저하** 하지만 분모의 P_i, $I^2 r$은 **변화지 않으므로** 효율 η는 감소하게 된다.

2) 경부하 운전하는 경우

$$\eta = \frac{mVI\cos\theta}{mVI\cos\theta + P_i + m^2I^2r} \times 100[\%] \text{ 에서}$$

경부하로 운전하는 경우 **분자는 부하율의 감소만큼 감소하지만 분모의 P_i는 변하지 않으므로 효율 η는 감소**하게 된다.

3) 부하 변동이 심한 경우

효율은 $m^2P_c = P_i$일 때 **최대효율**이 된다.

따라서 부하 변동이 심하게 되면 $m^2P_c = P_i$의 조건이 만족하지 못하는 경우가 많게되어 결과적으로 효율이 저하하게 된다.

11. 변압기의 보호 장치

1) 기계적 보호 장치
   ① 충격가스압 계전기 ② 부흐홀츠 계전기
   ③ 충격 압력 계전기   ④ 가스 검출 계전기

2) 전기적 보호 장치
   ① 비율 차동 계전 방식 ② 거리 계전 방식
   ③ 과전류 계전 방식   ④ 과전압 계전 방식

• 예제 05 •

주상 변압기 고압측의 사용탭이 6600 [V]인 때에 저압측의 전압이 95 [V]였다. 저압측의 전압을 약 100 [V]로 유지하기 위해서는 고압측의 사용탭은 얼마로 하여야 하는가? 단, 변압기의 정격 전압은 6600/105 [V]이다.

답안작성

고압측의 탭전압 $E_1 = \dfrac{V_1}{V_2} \times E_2 = \dfrac{6600}{100} \times 95 = 6270[V]$

∴ 탭전압의 표준값인 6300[V] 탭으로 선정한다.
답 : 6300 [V]

해설

① Tap 전압
  • 변경 전 권수비 $a_1 = \dfrac{6600}{105}$
  • 저압측 전압이 95 [V]일 때 1차 공급전압 $E_1 = a_1 E_2 = \dfrac{6600}{105} \times 95 = 5971.43[V]$
    즉, 변압기 1차측에 5971.43 [V]가 공급되고 있을 때 변압기 2차측 전압은 95 [V]가 된다.
  • 변압기 1차측에 5971.43 [V]가 공급되고 있을 때 변압기 2차측 전압을 95 [V]에서 100 [V]로 상승시키기 위한 새로운 권수비 a_2는

$$a_2 = \frac{E_1}{E_2'} = \frac{5971.43}{100} = 59.71$$

- 새로운 고압측 Tap 전압 $= a_2 \times 105 = 59.71 \times 105 = 6269.55[V]$

② 주상 변압기의 표준 Tap
6600 [V]급 : 5700 [V], 6600 [V], 6300 [V]

• 예제 06 •

용량이 100 [kVA]이고, 3상, 60 [Hz], 권수비 30인 △-Y 결선 변압기의 1차측에 3300 [V]의 전압을 인가했을 때 V_{11}, V_{22}, V_2, I_1, I_{11}, I_{22}, I_2를 구하시오.

답안작성

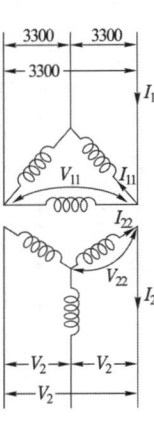

(1) V_{11}
1차측 결선이 △결선이므로 선간전압과 상전압이 같으므로
$V_{11} = 3300[V]$

(2) V_{22}
권수비 $a = 30$ 이므로
$a = \dfrac{V_{11}}{V_{22}}$ 에서 $V_{22} = \dfrac{V_{11}}{a} = \dfrac{3300}{30} = 110[V]$

(3) V_2
2차측이 Y결선이므로 Y결선의 선간전압은 상전압의 $\sqrt{3}$ 배 이므로
$V_2 = \sqrt{3}\, V_{22} = \sqrt{3} \times 110 = 190.53[V]$

(4) I_1
$P = \sqrt{3}\, V_1 I_1$ 에서
$I_1 = \dfrac{P}{\sqrt{3}\, V_1} = \dfrac{100000}{\sqrt{3} \times 3300} = 17.5[A]$

(5) I_{11}
△결선에서 상전류 I_{11}은 선전류 I_1의 $\dfrac{1}{\sqrt{3}}$ 이므로
$I_{11} = \dfrac{I_1}{\sqrt{3}} = \dfrac{17.5}{\sqrt{3}} = 10.1[A]$

(6) I_{22}
$a = \dfrac{I_{22}}{I_{11}}$ 에서 $I_{22} = aI_{11} = 30 \times 10.1 = 303[A]$

(7) I_2
Y결선에서 선전류 = 상전류 이므로
$I_2 = I_{22} = 303[A]$

• 예제 07 •

210[V], 10[kW], 역률 $\sqrt{3}/2$(지상)인 3상 부하와 210[V], 5[kW], 역률 1.0인 단상 부하가 있다. 그림과 같이 단상 변압기 2대로 V결선하여 이들 부하에 전력을 공급하고자 한다. 다음 각 물음에 답하시오.

변압기의 표준 용량 [kVA]

| 5 | 7.5 | 10 | 15 | 20 | 25 | 50 | 75 | 100 |

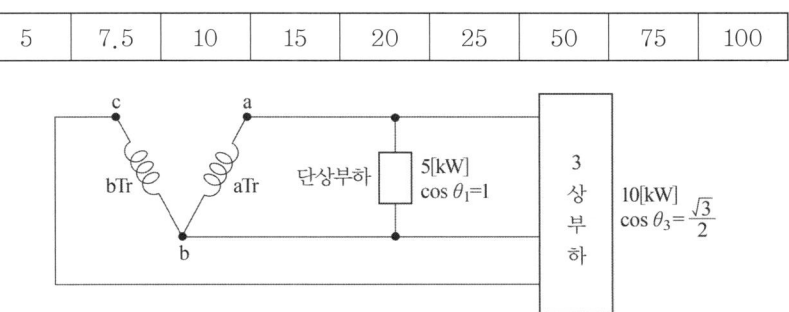

(1) 공용상과 전용상을 동일한 용량의 것으로 하는 경우에 변압기의 용량은 몇 [kVA]를 사용하여야 하는가?

(2) 공용상과 전용상을 각각 다른 용량의 것으로 하는 경우에 변압기의 용량은 각각 몇 [kVA]를 사용하여야 하는가?

답안작성

(1) ① 전용 변압기 부하
$P_V = \sqrt{3}\,P_1$ [kVA]에서
$P_1 = \dfrac{P_V}{\sqrt{3}} = \dfrac{1}{\sqrt{3}} \cdot \dfrac{10}{\dfrac{\sqrt{3}}{2}} = 6.67$ [kVA]

② 공용 변압기 부하
P = 단상 부하 + 3상 부하중 공용 변압기에서 공급하는 전력
$= \sqrt{\left(5 + 6.67 \times \dfrac{\sqrt{3}}{2}\right)^2 + \left(6.67 \times \dfrac{1}{2}\right)^2} = 11.28$ [kVA]

변압기 용량은 표에서 15 [kVA] 선정
답 : 15 [kVA]

(2) 공용상 15 [kVA], 전용상 7.5 [kVA]

해설

(1) • **공용상(a Tr)** : 단상부하 및 3상 부하에 전력공급
  • **전용상(b Tr)** : 3상 부하만 전용으로 전력을 공급
  • **전용상과 공용상을 동일 용량의 변압기를 사용할 경우에는 큰 용량을 기준하여 선정**
    $kVA = \sqrt{(kW)^2 + (kVar)^2}$
  • 3상 부하의 역률 $\cos\theta = \dfrac{\sqrt{3}}{2}$ 이므로 $\sin\theta = \dfrac{1}{2}$ 이 된다.

• **예제 08** •

변압비가 6,600/220[V]이고, 정격용량이 50[kVA]인 변압기 3대를 그림과 같이 △결선하여 100[kVA]인 3상 평형 부하에 전력을 공급하고 있을 때, 변압기 1대가 소손되어 V결선하여 운전하려고 한다. 이 때 다음과 각 물음에 답하시오. 단, 변압기 1대당 정격 부하시의 동손은 500[W], 철손은 150[W]이며, 각 변압기는 120[%]까지

과부하 운전할 수 있다고 한다.

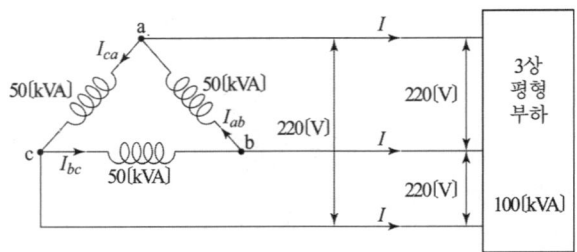

(1) 소손되기 전의 부하 전류와 변압기의 상전류는 몇 [A]인가?
   • 계산 :   • 답 :
(2) △결선 할 때 전체 변압기의 동손과 철손은 각각 몇 [W]인가?
   • 계산 :   • 답 :
(3) 소손 후의 부하 전류와 변압기의 상전류는 각각 몇 [A]인가?
   • 계산 :   • 답 :
(4) 변압기의 V결선 운전이 가능한지의 여부를 그 근거를 밝혀서 설명하시오.
(5) V결선 할 때 전체 변압기의 동손과 철손은 각각 몇 [W]인가?
   • 계산 :   • 답 :

답안작성

(1) **계산** : 부하전류
$$I = \frac{P}{\sqrt{3}\,V} = \frac{100 \times 10^3}{\sqrt{3} \times 220} = 262.43\,[A]$$
△결선 이므로 상전류 $I_{ab} = I_{bc} = I_{ca} = I_p$ 라고 하면
$$I_p = \frac{I_l}{\sqrt{3}} = \frac{262.43}{\sqrt{3}} = 151.51\,[A]$$
답 : 부하전류 : 262.43 [A], 변압기의 상전류 : 151.51 [A]

(2) **계산** : • 동손
변압기의 부하율 $L_F = \frac{100}{50 \times 3} \times 100 = 66.67\,[\%]$
동손은 부하율의 제곱에 비례하므로
$$P_C = 0.6667^2 \times 500 \times 3 = 666.73\,[W]$$
• 철손
철손은 부하전류와 무관하므로 $150 \times 3 = 450[W]$
답 : 동손 : 666.73 [W], 철손 : 450 [W]

(3) **계산** : 부하전류 $I = \frac{P}{\sqrt{3}\,V} = \frac{100 \times 10^3}{\sqrt{3} \times 220} = 262.43\,[A]$
상전류는 선전류와 같으므로
$$I = \frac{P}{\sqrt{3}\,V} = \frac{100 \times 10^3}{\sqrt{3} \times 220} = 262.43\,[A]$$
답 : 부하전류 : 262.43 [A], 변압기의 상전류 : 262.43 [A]

(4) V결선으로 120 [%] 과부하시 V결선 출력 P_V

$P_V = \sqrt{3} P_1 \times$과부하율$= \sqrt{3} \times 50 \times 1.2 = 103.92$ [kVA] 이므로

100 [kVA] 부하에 전력을 공급할 수 있다.

따라서, V결선 운전이 가능하다.

(5) **계산** : • 동손

V결선시 변압기 1대에 인가되는 부하$= \dfrac{100}{\sqrt{3}} = 57.74$ [kVA]

부하율 $L_F = \dfrac{57.74}{50} \times 100 = 115.48$ [%]

동손은 부하율의 제곱에 비례하므로

$P_C = 1.1548^2 \times 500 \times 2 = 1333.56$ [W]

• 철손

철손은 부하전류와 무관하므로 $150 \times 2 = 300$ [W]

답 : 동손 : 1333.56 [W], 철손 : 300 [W]

해설

(1) 부하율 $L_F = \dfrac{부하용량}{공급용량} \times 100$ [%]

(5) $P_V = P = \sqrt{3} P_1$ 으로

변압기 1대에 인가되는 부하 $P_1 = \dfrac{P}{\sqrt{3}} = \dfrac{100}{\sqrt{3}} = 57.74$ [kVA]

• 예제 09 •

그림과 같이 20 [kVA]의 단상 변압기 3대를 사용하여 45 [kW], 역률 0.8(지상)인 3상 전동기 부하에 전력을 공급하는 배전선이 있다. 지금 변압기 a, b의 중성점 n에 1선을 접속하여 an, nb 사이에 같은 수의 전구를 점등하고자 한다. 60 [W]의 전구를 사용하여 변압기가 과부하되지 않는 한도 내에서 몇 등까지 점등할 수 있겠는가?

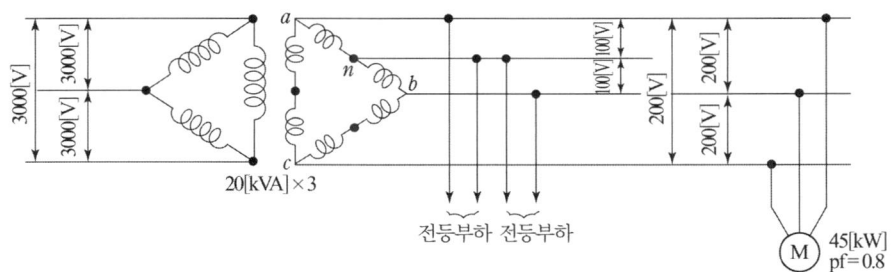

답안작성

1상의 유효 전력 $P = \dfrac{45}{3} = 15$ [kW]

1상의 무효 전력 $Q = \dfrac{P \times sin\theta}{\cos\theta} = 15 \times \dfrac{0.6}{0.8} = 11.25$ [kVar]

즉, 20[kVA] 단상 변압기를 과부하시키지 않는 범위에서의 변압기 용량 여유분(유효전력) ΔP는

변압기 용량[kVA]= $\sqrt{(유효전력[kW]+유효전력증가분[kW])^2+(무효전력[kVar])^2}$
에서
$$P_a^2 = (P+\Delta P)^2 + Q^2$$
$$20^2 = (15+\Delta P)^2 + 11.25^2$$
$$\therefore \Delta P = 1.53 \,[kW]$$
증가시킬 수 있는 단상 부하
$$\Delta P' = \frac{3}{2} \times \Delta P = \frac{3}{2} \times 1.53 ≒ 2.3\,[kW]$$
따라서, 사용할 수 있는 전등의 수 n은
$$n = \frac{2.3 \times 10^3}{60} = 38.33\,[등]$$
답 : 38 [등]

해설
① 3상 변압기에 단상 부하를 걸면 단상 변압기 1대 용량의 3/2배까지 걸 수 있다.
② **전등수는 정수**가 되어야 하고, 변압기에 과 부하를 걸면 안되므로 계산되는 전등의 수에 소수가 발생하는 경우 **소수 이하는 버려야** 한다.

● 예제 **10** ●

그림과 같이 V결선과 Y결선된 변압기 한 상의 중심 O에서 110 [V]를 인출하여 사용하고자 한다.

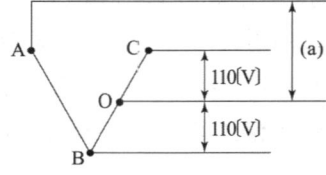 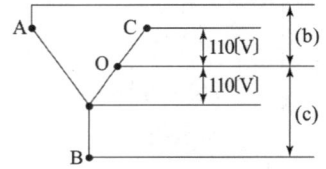

(1) 위 그림에서 (a)의 전압을 구하시오.
　• 계산 :
　• 답 :
(2) 위 그림에서 (b)의 전압을 구하시오.
　• 계산 :
　• 답 :
(3) 위 그림에서 (c)의 전압을 구하시오.
　• 계산 :
　• 답 :

답안작성

(1) **계산** : $V_{AO} = 220 \underline{/0°} + 110 \underline{/-120°}$

$= 220[\cos 0° + j\sin 0°] + 110\left[\cos\left(-\frac{2}{3}\pi\right) + j\sin\left(-\frac{2}{3}\pi\right)\right]$

$= 220 + (-55 - j55\sqrt{3}) = 165 - j55\sqrt{3}$

$= \sqrt{165^2 + (55\sqrt{3})^2} = 190.53[V]$

답 : 190.53[V]

(2) **계산** : $V_{AO} = 110 \underline{/120°} - 220 \underline{/0°}$

$= 110(\cos 120° + j\sin 120°) - 220(\cos 0° + j\sin 0°)$

$= 110\left(-\frac{1}{2} + j\frac{\sqrt{3}}{2}\right) - 220 = -275 + j55\sqrt{3}$

$= \sqrt{275^2 + (55\sqrt{3})^2} = 291.03[V]$

답 : 291.03[V]

(3) **계산** : $V_{BO} = 110 \underline{/120°} - 220 \underline{/-120°}$

$= 110[\cos 120° + j\sin 120°] - 220[\cos(-120°) + j\sin(-120°)]$

$= 110\left(-\frac{1}{2} + j\frac{\sqrt{3}}{2}\right) - 220\left(-\frac{1}{2} - j\frac{\sqrt{3}}{2}\right) = 55 + j165\sqrt{3}$

$= \sqrt{55^2 + (165\sqrt{3})^2} = 291.03$

답 : 291.03[V]

해설

(1) $V_{AO} = \sqrt{(220\cos 60° - 110)^2 + (220\sin 60°)^2} = 110\sqrt{3} = 190.53[V]$

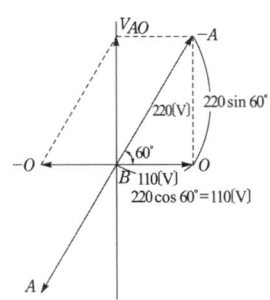

(2)(3) $V_{AO} = \sqrt{(220\cos 60° + 110)^2 + (220\sin 60°)^2} = \sqrt{220^2 + (110\sqrt{3})^2} = 291.03[V]$

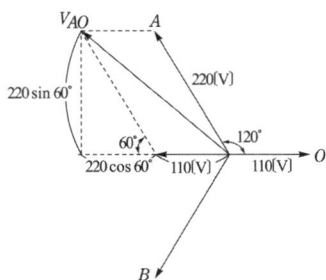

• 예제 11 •

답안지의 그림은 3상 4선식 배전 선로에 단상 변압기 2대가 있는 미완성 회로이다. 이것을 역 V결선하여 2차에 3상 전원 방식으로 결선하시오.

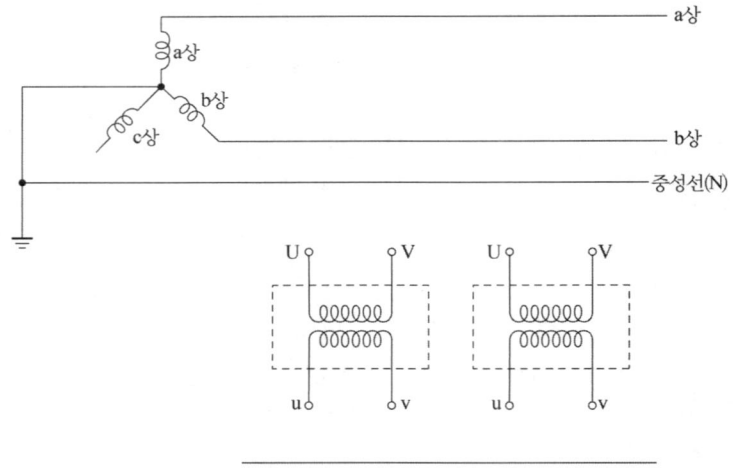

답안작성

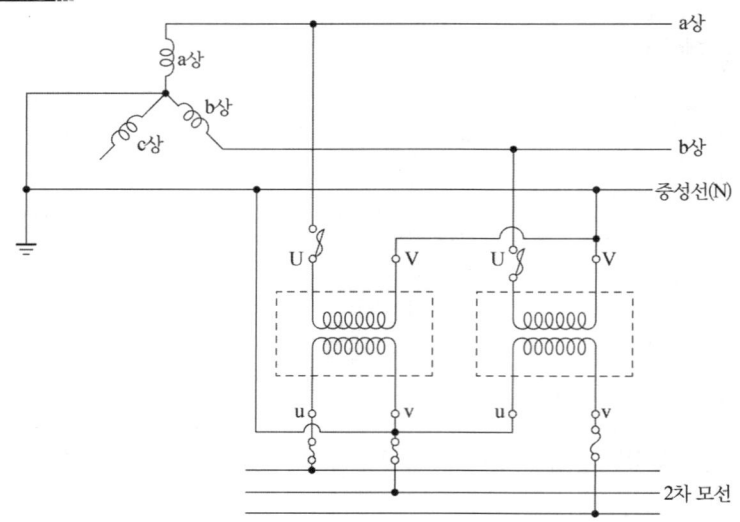

• 예제 12 •

변압기에 사용되는 절연유의 필요한 성질을 4가지만 쓰시오.

답안작성

① 인화점이 높고, 응고점이 낮을 것
② 점도가 낮고 비열이 커서 냉각 효과가 클 것
③ 고온에서 불용성 침전물이 생기지 말 것
④ 절연물과 화학작용이 없을 것

• 예제 13 •

답란의 그림과 같이 3상 3선식 6600 [V] 비접지 고압선로로부터 전등, 전열등 단상 부하와 3상 부하를 함께 공급하기 위한 동력과 전등 공용 변압기 결선을 20 [kVA] 단상 변압기 2대로 V결선하고 이때 필요한 보호 설비와 접지를 도해하시오.
(단, 기기의 규격은 생략한다.)

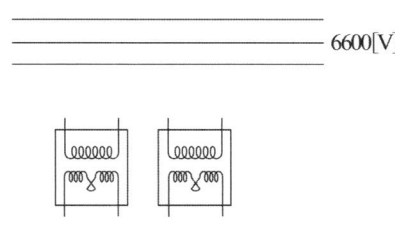

답안작성

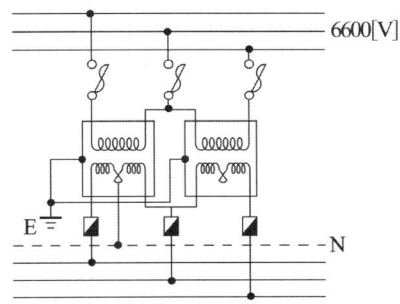

• 예제 14 •

용량 100 [kVA], 3300/115 [V]인 3상 변압기의 철손은 1 [kW], 전부하 동손은 1.25 [kW]이다. 매일 무부하로 18시간, 역률 100 [%]의 1/2 부하로 4시간, 역률 80 [%]의 전부하로 2시간 운전할 때 전일 효율은 몇 [%]가 되는가?

답안작성

출력 P [kWh]=용량 [kVA]×역률×부하율×사용시간 이므로

출력 $P = \left(100 \times 1 \times \dfrac{1}{2} \times 4\right) + (100 \times 0.8 \times 2) = 360$ [kWh]

동손 P_c [kWh]=전 부하시 동손×부하율의 자승×사용시간 이므로

동손 $P_c = 1.25 \times \left[\left(\dfrac{1}{2}\right)^2 \times 4 + 2\right] = 3.75$ [kWh]

철손은 부하에 관계없이 전원만 인가되면 발생하는 손실이므로

철손 $P_i = 1 \times 24 = 24$ [kWh]

효율 $\eta = \dfrac{\text{출력}}{\text{출력} + \text{손실}} \times 100 [\%] = \dfrac{360}{360 + 3.75 + 24} \times 100 = 92.84$ [%]

답 : 92.84 [%]

• 예제 15 •

변압기의 1일 부하 곡선이 그림과 같은 분포일 때 다음 물음에 답하시오.
(단, 변압기의 전부하 동손은 130 [W], 철손은 100 [W]이다).

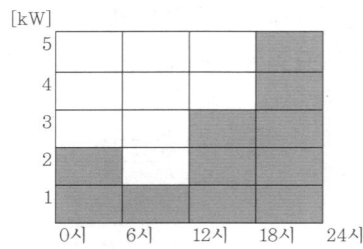

(1) 1일 중의 사용 전력량은 몇 [kWh]인가?
(2) 1일 중의 전손실 전력량은 몇 [kWh]인가?
(3) 1일 중 전일효율은 몇 [%]인가?

답안작성

(1) 1일 사용 전력량
사용 전력량 = 전력×사용시간 이므로
$W = 2 \times 6 + 1 \times 6 + 3 \times 6 + 5 \times 6 = 66 \ [\text{kWh}]$

(2) 1일 전손실
동손=부하율의 자승×전부하동손×사용시간 이므로
동손 $P_c = \left[\left(\dfrac{2}{5}\right)^2 \times 0.13 + \left(\dfrac{1}{5}\right)^2 \times 0.13 + \left(\dfrac{3}{5}\right)^2 \times 0.13 + \left(\dfrac{5}{5}\right)^2 \times 0.13\right] \times 6$
$= 1.22 \ [\text{kWh}]$
철손은 부하에 관계없이 전원만 인가되면 발생하는 손실이므로
철손 $P_i = 0.1 \times 24 = 2.4 \ [\text{kWh}]$
∴ $P_L = P_i + P_c = 2.4 + 1.22 = 3.62 \ [\text{kWh}]$

(3) 효율 $\eta = \dfrac{출력}{출력+손실} \times 100 \ [\%] = \dfrac{66}{66+3.62} \times 100 = 94.8 \ [\%]$

8.4 단권 변압기

1. 회로도

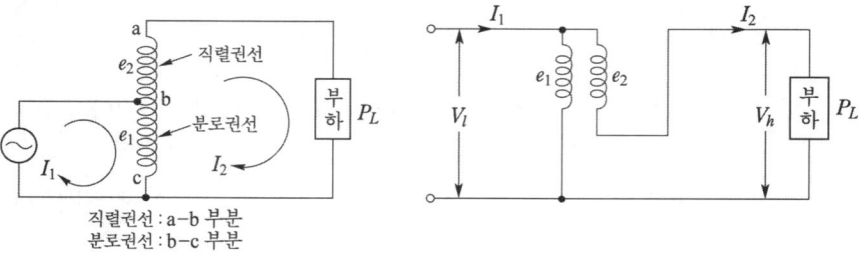

직렬권선 : a-b 부분
분로권선 : b-c 부분

분로권선에는 $I_1 - I_2$의 차전류만 흐른다.

2. 단권 변압기 용도

1) 배전 선로의 **승압 및 강압용** 변압기
2) 동기 전동기와 유도 전동기의 **기동 보상기용 변압기**
3) 실험실용 소용량의 슬라이닥스

3. 승압 후 전압

$$V_h = V_l + V_l \times \frac{e_2}{e_1} = V_l + V_l \frac{1}{a} = V_l \left(1 + \frac{1}{a}\right)$$

여기서, $a = \dfrac{e_1}{e_2}$

4. 단권 변압기 용량

1) 공급 전압(V_l)과 단권 변압기의 1차 전압(e_1)이 동일한 경우

$$\frac{\text{자기 용량}}{\text{부하 용량}} = \frac{(V_h - V_l)I_2}{V_h I_2} = 1 - \frac{V_l}{V_h} = 1 - \frac{\text{저압}}{\text{고압}}$$

$$\text{자기 용량}(P) = \text{부하 용량}(P_L) \times \frac{\text{고압}(V_h) - \text{저압}(V_l)}{\text{고압}(V_h)}$$

또 부하 용량 $P_L = P \times \dfrac{V_h}{V_h - V_l}$

2) 공급 전압(V_l)과 단권 변압기의 1차 전압(e_1)이 다른 경우의 단권 변압기 용량

고압측 전압 $V_h = V_l + V_l \dfrac{1}{a} = V_l (1 + \dfrac{e_2}{e_1})$ 이므로 (여기서, $a = \dfrac{e_1}{e_2}$)

부하전류 $I_2 = \dfrac{P_L}{V_h}$ 이다.

∴ 단권변압기의 자기용량 $P = e_2 I_2$

5. 장·단점

1) 장점
   ① 자기 회로가 단축되므로 사용 재료가 적게 든다 (**동량이 절약**된다).
   ② **전압비가 1에 가까울수록 동손이 감소**되어 효율이 좋다.
   ③ %임피던스 강하가 작고 **전압변동률이 작다**.
   ④ 부하 용량이 자기 정격 용량보다 크므로 경제적이다.

2) 단점
① 누설 리액턴스가 작아 **단락 전류**가 크다.
② 1, 2차 절연이 불가능하므로 **1차측에 이상 전압이 발생**하였을 경우 **2차측에도 고전압이 걸려 위험**하다.

• 예제 16 •

단상 회로에서 3300/220 [V]의 변압기를 그림과 같이 접속하여 50 [kW], 역률 0.8인 부하에 공급할 때 몇 [kVA]의 변압기를 사용해야 하는가? 단, 1차 전압은 3000 [V]이다.

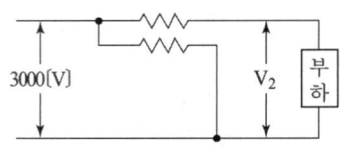

• 계산 :   • 답 :

답안작성

계산 : 승압기 2차 전압 $V_2 = V_1\left(1 + \dfrac{1}{a}\right) = 3000\left(1 + \dfrac{220}{3300}\right) = 3200$ [V]

부하 전류 $I = \dfrac{P}{V_2 \cos\theta} = \dfrac{50,000}{3200 \times 0.8} = 19.53$ [A]

승압기 용량 $= eI_2 = 220 \times 19.53 \times 10^{-3} = 4.3$ [kVA]

답 : 4.3 [kVA]

해설

공급전압(3000 [V])과 단권변압기 1차측 전압(3300 [V])이 서로 다른 경우 이므로

자기 용량$(P) =$ 부하 용량$(P_L) \times \dfrac{\text{고압}(V_h) - \text{저압}(V_l)}{\text{고압}(V_h)}$

의 공식을 이용할 수 없으며 고압측 전압과 부하 전류를 구해서
승압기 용량 $= eI_2$ **[VA]를 이용해서 구해야 한다.**

8.5 표준전압

송배전 계통의 전압을 표준화해서 정한 것이 표준 전압이며 표준 전압에는 공칭 전압과 최고 전압이 있다.

1) 공칭 전압
   전선로를 대표하는 선간전압을 말하며 그 계통의 송전 전압을 나타낸다.

2) 최고 전압
   그 전선로에 통상 발생하는 최고의 선간 전압으로서 염해 대책, 1선 지락 고장시 등 내부 이상 전압, 코로나 장해, 정전 유도 등을 고려할 때의 표준이 되는 전압이다.

$$\text{최고 전압} = \text{공칭 전압} \times \frac{1.15}{1.1}$$

3) 우리 나라의 표준 전압

공칭 전압 [kV]	최고 전압 [kV]
3.3/5.7 Y	3.4/5.9 Y
6.6/11.4 Y	6.9/11.9 Y
13.2/22.9 Y	13.7/23.8 Y
22/38 Y	23/40 Y
66	69
154	170
345	362
765	800

8.6 차단기

1. 정격

1) 정격전압

   차단기에 부과할 수 있는 사용 회로 전압의 상한을 말하며 그 크기는 **선간 전압의 실효값**으로 나타낸다.

   $$\text{차단기의 정격전압} = 1.2 \times \frac{\text{공칭전압}}{1.1}$$

2) 정격 전류

   정격 전압, 정격 주파수 하에서 정해진 일정한 온도 상승 한도를 초과하지 않고 그 **차단기에 흘릴 수 있는 전류**를 말한다.

3) 정격 차단 전류

   규정된 회로 조건하에서 규정값의 **표준 동작 책무 및 동작 상태를 수행할 수 있는 차단 전류의 한도**를 말하며 **교류 전류 실효값**을 나타낸다.

4) 정격 투입 전류

   모든 정격 및 규정의 회로 조건하에서 규정의 표준 동작 책무 및 동작 상태에 따라 투입할 수 있는 투입 전류의 한도를 말하며, **투입 전류의 최초 주파수에서 순시 최대값**으로 나타내며 **정격 차단전류(실효값)의 2.5배를 표준**으로 한다.

5) 정격 단시간 전류

규정된 회로 조건하에서 **1초 동안 차단기에 흘렸을 때 이상이 발생하지 않는 최대 한도의 전류**로 차단기의 정격 차단 전류와 같은 **실효값**으로 하며 **최대 파고값은 정격값의 2.5배**로 한다.

6) 정격 차단 시간

정격 차단 전류를 모든 정격 및 규정의 회로 조건하에서 규정의 표준 동작 책무 및 동작 상태에 따라 차단할 때의 차단 시간 한도를 말하며 **정격 개극 시간 + 아크 시간**을 말한다.

7) 표준 동작 책무

차단기가 계통에 사용될 때 "차단 - 투입 - 차단"의 동작을 반복하게 되는데 그 시간 간격을 나타낸 일련의 동작을 규정한 것으로 다음과 같이 표기한다.

(1) **일반용** : O-(3분)-CO-(3분)-CO

또는 CO-(15초)-CO

(2) **고속도 재투입용** : O-(0.3초)-CO-(3분 또는 15초, 1분)-CO

여기서, O(open) : 차단

C(close) : 투입

CO(close and open) : 투입직후 차단

8) BIL (basic insulation level : 기준충격 절연강도)

BIL은 절연계급 20호 이상의 비유효접지계에서 다음과 같이 계산된다.

- BIL $= 5E + 50$ [kV] $E = \dfrac{공칭전압}{1.1}$

여기서, E : 절연계급
- 공칭전압 $= E \times 1.1$

2. 차단기 및 단로기의 적용 기준

1) 차단기(CB)

평상시에는 부하 전류, 선로의 충전 전류, 변압기의 여자 전류 등을 개폐하고, **고장시에는** 보호 계전기의 동작에서 발생하는 신호를 받아 **단락 전류, 지락 전류, 고장 전류 등을 차단**한다.

2) 단로기(DS)

(1) **용도** : 기기와 선로 또는 모선 등의 점검 및 수리시, 특히 충전 가압을 막을 수 있고 **단로 구간을 확실하게 하여 정전 개소를 확보**하며, 전력 계통을 분리,

송전 및 수전 계통을 변경 하는데 사용한다.

(2) **전류의 개폐** : 단로기는 **부하 전류의 개폐를 하지 않는 것을 원칙**을 하나 다음과 같은 전류의 개폐는 가능하다.

① 무부하 선로의 충전전류

② 변압기의 무부하 여자전류

(3) 접속방법

F-F : 표면접속(front front)

B-B : 이면접속(back back)

3. 소호 원리에 따른 차단기의 종류

종류 명칭	약어	소 호 원 리
유입 차단기	OCB	소호실에서 아크에 의한 **절연유 분해 가스의 열전도 및 압력**에 의한 blast을 이용해서 차단
기중 차단기	ACB	대기 중에서 아크를 길게 해서 **소호실에서 냉각** 차단
자기 차단기	MBB	대기중에서 **전자력을 이용**하여 아크를 소호실 내로 유도해서 냉각 차단
공기 차단기	ABB	**압축된 공기**를 아크에 불어 넣어서 차단
진공 차단기	VCB	고진공 중에서 **전자의 고속도 확산**에 의해차단
가스 차단기	GCB	고성능 절연 특성을 가진 특수 가스(SF_6)를 이용해서 차단

4. 차단기의 트립 방식

1) 직류 전압 트립 방식

별도로 설치된 축전지 등의 제어용 **직류 전원의 에너지에 의하여 트립**되는 방식

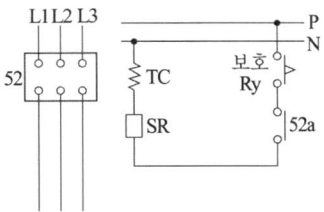

2) 과전류 트립 방식

차단기의 주회로에 접속된 **변류기의 2차 전류에 의하여 차단기가 트립**되는 방식으로 현재는 거의 사용하지 않고 있다.

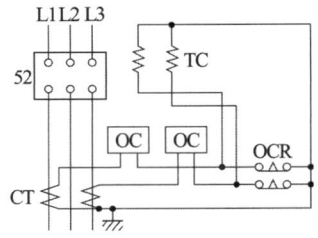

3) 콘덴서 트립(CTD) 방식

충전된 콘덴서의 에너지에 의하여 트립되는 방식

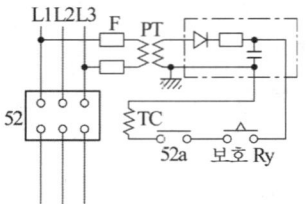

4) 부족 전압 트립 방식

부족 전압 트립 장치에 인가되어 있는 전압의 저하에 의하여 차단기가 트립되는 방식

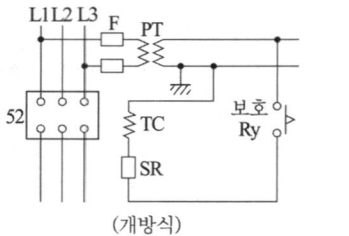
(개방식)

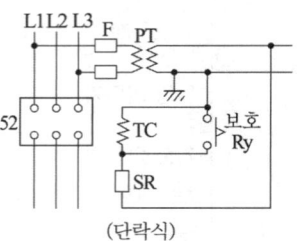
(단락식)

5. 차단기의 보조 접점

1) aa 접점

  차단기가 개방된 상태에서 개방되어 있는 것은 a접점과 같으나 닫힐 때는 a접점보다 시간적으로 늦게 닫히고 열릴 때는 빨리 열리는 접점이다.

2) bb 접점

  차단기가 개방된 상태에서 폐로되어 있는 것은 b접점과 같으나 닫힐 때는 b접점보다 시간적으로 빨리 닫히고 열릴 때는 늦게 열리는 접점이다.

6. SF_6(육불화황) 가스의 특징

1) 물리적, 화학적 성질

  (1) 열 전달성이 뛰어나다.(공기의 약 1.6배)
  (2) 화학적으로 **불활성**이므로 매우 안정된 gas이다.
  (3) **무색, 무취, 무해, 불연성**의 gas이다.
  (4) 열적 안정성이 뛰어나다.
    (용매가 없는 상태에서는 약 500 [℃]까지 분해되지 않는다.)

2) 전기적 성질

(1) **절연 내력이 높다** (평등 전계 중에서는 1기압에서 공기의 2.5배~3.5배, 3기압에서는 기름과 같은 level의 절연 내력을 갖고 있음).

(2) **소호 성능**이 뛰어나다.

(3) arc가 안정되어 있다.

(4) 절연 회복이 빠르다.

7. 차단기와 단로기의 조작순서

1) 2중모선

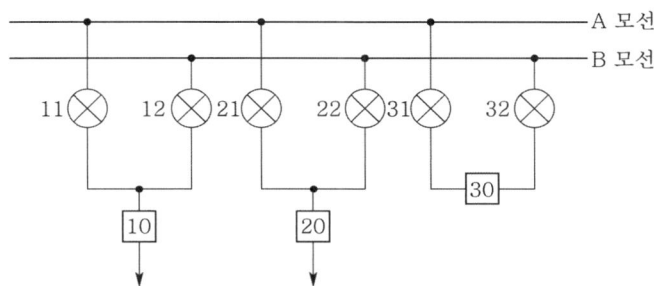

(1) 장점 : **무정전으로 모선 점검이 가능**

(2) 조건

① 현 상태
- 단로기 11, 22 ON 상태
- 단로기 12, 21 OFF 상태
- 단로기 31, 32 ON 또는 OFF 상태
- 차단기 10, 20 ON 상태
- 차단기 30 OFF 상태

② **단로기는 부하전류의 개·폐가 불가능**하나 그 반면에 **차단기는 부하전류뿐만 아니라 고장전류까지도 차단가능**

③ 현재 A모선 부하와 B모선 부하의 크기가 다르므로 A, B 모선의 전압이 동일하지 않다. 따라서 OFF 상태의 단로기 12 또는 21을 ON하게 되면 **A, B 두 모선의 전압차로 인하여 단로기 투입시 단로기에 대 전류가 흐르게 되어 위험하게 된다.**

(3) B모선 점검 방법

현재 B모선에서 전력을 공급받고 있는 NO.2 T/L의 부하를 무정전으로 A모선으로 이동시킨 후 B모선을 점검하여야 하므로 조작 순서는 다음과 같다.

step 1 : A, B 모선의 균압 : 31(ON) - 32(ON) - 30(ON)

단로기 21을 투입하기 전에 먼저 모선연락용 차단기(30)를 투입하여 A,B 모선의 전압을 동일하게 하면, 단로기 21 투입시에도 단로기 에는 전류가 흐르지 않게 된다.

step 2 : 부하이동(B모선에서 A모선으로) : 21(ON) - 22(OFF)

모선연락용 차단기(30)가 ON됨에 따라 A, B모선이 병렬 접속되어 A, **B모선의 전압이 동일**하게 된다. 이 경우에 **단로기 21을 투입하고 단로기 22를 개방하는 경우에도 단로기에는 전류가 흐르지 않게 된다.**

step 3 : 모선분리 : 30(OFF) - 31(OFF) - 32(OFF)

B모선의 부하를 A모선으로 이동시킨 후 병렬운전 중인 A, B모선을 분리시켜야 한다. 이 경우, A, B모선의 전압차로 인하여 모선 분리시에는 큰 전류가 흐르게 된다. 따라서 **부하전류의 차단이 가능한 차단기(30)로 부하 전류를 차단시킨 후 단로기 31, 32를 개방**하여야 한다.

① B 모선을 점검하기 위한 절체 순서

31(ON) - 32(ON) - 30(ON) - 21(ON) - 22(OFF) - 30(OFF) - 31(OFF) - 32(OFF)
└ A · B모선의 균압 ┘   └ 부하이동 ┘   └─── 모선분리 ───┘

② B 모선 점검 후 원상 복구 순서

31(ON) - 32(ON) - 30(ON) - 22(ON) - 21(OFF) - 30(OFF) - 31(OFF) - 32(OFF)
└ A · B모선의 균압 ┘   └ 부하이동 ┘   └─── 모선분리 ───┘

2) DS 및 CB로 구성

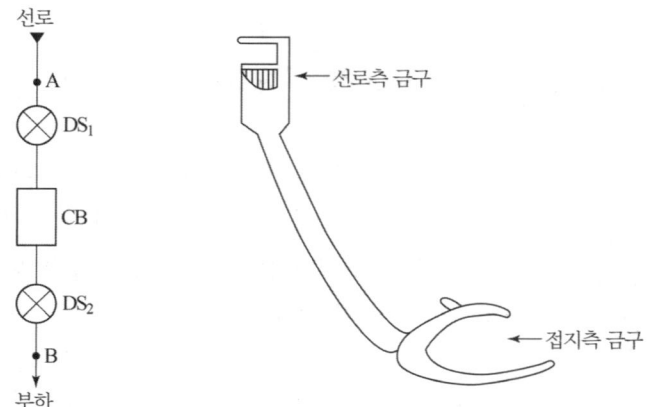

(1) 접지 순서 : **대지에 먼저 연결 후 선로에 연결**
(2) 접지 개소 : 선로측 A와 부하측 B
(3) 개로시 조작 순서 : CB(OFF) → DS_2 (OFF) → DS_1 (OFF)
(4) 폐로시 조작 순서 : DS_2 (ON) → DS_1 (ON) → CB(ON)

8. 차단기의 차단 용량

$$정격\ 차단\ 용량 = \sqrt{3} \times 정격\ 전압 \times 정격\ 차단\ 전류$$

- 정격전압 = 공칭전압 $\times \dfrac{1.2}{1.1}$
- **22.9[kV]** 계통에서의 정격전압 $= 22.9 \times \dfrac{1.2}{1.1} = 24.98[V]$이나 **25.8[kV]**로 결정

9. 단락 용량 계산 방법

1) 단위법 (P.U법 : Per Unit method)

어떤 양을 나타내는데 있어서 그 **절대량이 아니고 기준량에 대한 비**로서 나타내는 방법

2) 옴법 (Ohm's methode)

$$I_s = \frac{E}{Z} = \frac{E}{Z_g + Z_t + Z_l} [A]$$

여기서, I_s : 단락 전류 [A]
E : 고장점에서의 고장 직전의 상전압 [V]
Z_g : 전압 E를 기준으로 한 발전기 임피던스 [Ω]
Z_t : 전압 E를 기준으로 한 변압기 임피던스 [Ω]
Z_l : 전압 E를 기준으로 한 선로 임피던스 [Ω]

3) %법 (Percent methode)

(1) $\%Z = \dfrac{ZP_n}{10V^2}[\%]$

$$\%Z = \frac{I_n Z}{E_n} \times 100 = \frac{\sqrt{3}\,VI_n Z}{\sqrt{3}\,VE_n} \times 100 = \frac{\sqrt{3}\,VI_n Z}{V\sqrt{3}\,E_n} \times 100$$

$$= \frac{P_n[VA]Z}{V^2[V]} \times 100 = \frac{P_n[kVA] \times 10^3 \times Z}{V^2[kV] \times 10^6} \times 100 = \frac{ZP_n[kVA]}{10V^2[kV]}$$

$$\begin{cases} \because P_n = \sqrt{3}\, V I_n \\ \quad V = \sqrt{3}\, E_n \end{cases}$$

여기서, V 와 P_n 의 단위가 [kV], [kVA] 가 되어야 한다는 것에 유의해야 한다.

(2) $I_s = \dfrac{100}{\%Z} I_n$ [A]

$\%Z = \dfrac{I_n Z}{E_n} \times 100$ 에서 $Z = \dfrac{E_n \times \%Z}{100 I_n}$ 이므로

$I_s = \dfrac{E_n}{Z} = \dfrac{100 I_n E_n}{\%Z E_n} = \dfrac{100 I_n}{\%Z}$

(3) $P_s = \dfrac{100}{\%Z} P_n$ [kVA]

여기서, $\%Z$: 퍼센트 임피던스 [%] 　I_s : 단락 전류 [A]
　　　　I_n : 정격 전류 [A]　　　　 V : 선간 전압 [kV]
　　　　P_s : 단락 용량 [kVA]　　　 P_n : 기준 용량 [kVA]

4) 계산 순서

첫째 : 기준 용량 P_n 을 선정(임의로 선정가능 하나 계산을 간단하게 하기 위하여 계통에 있는 공통적인 값을 선정하는 것이 바람직하다.)

둘째 : 기준 용량에 대한 $\%Z$ 환산

$$\text{기준 용량에 대한 } \%Z = \dfrac{\text{기준용량}}{\text{자기용량}} \times \text{자기 용량에 대한 } \%Z$$

셋째 : 고장점까지의 $\%Z$ 합산
넷째 : I_s, P_s 계산

• 예제 17 •

그림과 같이 A 변전소에서 B 변전소로 1회선 송전을 하고 있다. 이 경우 B 변전소의 (e) 차단기의 차단 용량을 구하시오. 단, 계통의 %임피던스는 10[MVA]를 기준으로 그림에 표시한 것으로 한다.

차단기의 정격 용량

차단 용량 [MVA]	50	100	200	300	500

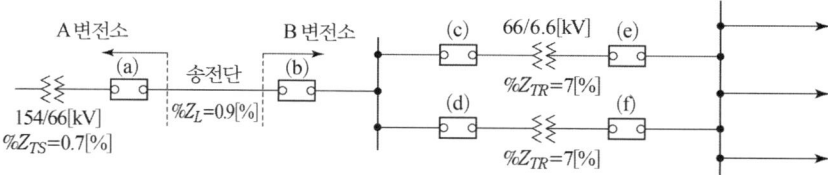

답안작성

계산 : ① 고장점까지의 %임피던스

$$\%Z = \%Z_{TS} + \%Z_L + \%Z_{TR} = 0.7 + 0.9 + 7 = 8.6 \,[\%]$$

② 단락 용량

$$P_S = \frac{100}{\%Z} P_N = \frac{100}{8.6} \times 10 = 116.28 \,[MVA]$$

답 : 차단기의 차단 용량은 단락 용량보다 커야 하므로 표에서 200 [MVA] 선정

해설

2회선 선로에서 단락사고시 차단기의 차단용량 계산

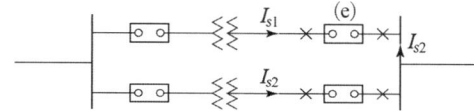

① (e) 차단기 1차측에서 단락사고시 (e) 차단기를 흐르는 전류는 I_{s2}
　(이때 I_{s1}은 (e) 차단기를 흐르지 않는다.)
② (e) 차단기 2차측에서 단락사고시 (e) 차단기를 흐르는 전류는 I_{s1}
　(이때 I_{s2}는 (e) 차단기를 흐르지 않는다.)
따라서, 차단기의 차단전류는 I_{s1}과 I_{s2}중에서 큰 값을 기준하여 선정하면 된다.

• 예제 18 •

수전 전압 6600 [V], 계약 전력 300 [kW], 3상 단락 전류가 8000 [A]인 수용가의 수전용 차단기의 적정 차단 용량은 몇 [MVA]인가?

차단기 용량 [MVA]

10, 20, 30, 40, 50, 60, 70, 80, 100

• 계산 :　　　　　　　　　　　　　　　　　　• 답 :

답안작성

계산 : 차단 용량 $= \sqrt{3} \times$ 정격 전압 $\times$ 정격 차단 전류

$$= \sqrt{3} \times 6600 \times \frac{1.2}{1.1} \times 8000 \times 10^{-6} = 99.77 \,[MVA]$$

답 : 100 [MVA] 선정

해설

차단기의 **정격 차단 전류는 단락 전류보다 커야 한다.**

예제 19

수용가 인입구의 전압이 22.9 [kV], 주차단기의 차단 용량이 250 [MVA]이다. 10 [MVA], 22.9/3.3 [kV] 변압기의 임피던스가 5.5 [%]일 때 변압기 2차측에 필요한 차단기 용량을 다음 표에서 선정하시오.

차단기 정격용량 [MVA]

10, 20, 30, 50, 75, 100, 150, 250, 300, 400, 500, 750, 1000

• 계산 :   • 답 :

답안작성

계산 : ① 기준 Base를 10 [MVA]로 할 때 전원측 임피던스

$$\%Z_s = \frac{100}{250} \times 10 = 4\,[\%]$$

② 차단기 용량

단락 용량 $P_s = \frac{100}{\%Z} \times P_n = \frac{100}{4+5.5} \times 10 = 105.26\,[MVA]$

∴ 차단 용량은 단락 용량보다 커야하므로 표에서 150 [MVA] 선정

답 : 150 [MVA]

해설

문제에 주차단기의 차단용량 P_s가 250 [MVA]로 주어졌기 때문에 기준용량 $P_n = 10$ [MVA]로 할 때 전원측으로부터 주차단기까지의 $\%Z_s$는

단락용량 $P_s = \frac{100}{\%z} \times P_n$에서

전원측 $\%Z_s = \frac{P_n}{P_s} \times 100$

$= \frac{10}{250} \times 100 = 4[\%]$가 된다.

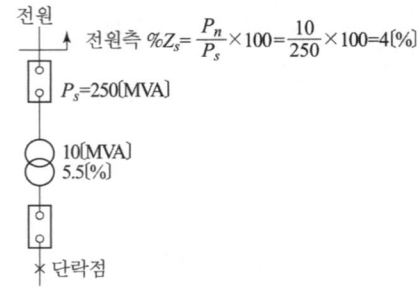

예제 20

그림과 같은 단선계통도를 보고 다음 각 물음에 답하시오. 단, 한국 전력측의 전원 용량은 500,000 [kVA]이고, 선로손실 등 제시되지 않은 조건은 무시하기로 한다.

(1) CB-2의 정격을 계산하시오. 단, 차단 용량은 [MVA]로 표기하시오.
(2) 기기-A의 명칭과 기능을 설명하시오

답안작성

(1) 기준 용량을 3000 [kVA]로 하면

① $P_s = \frac{100}{\%z} \times P_n$ 에서 전원측의 단락용량 $P_s = 500,000\,[kVA]$이므로

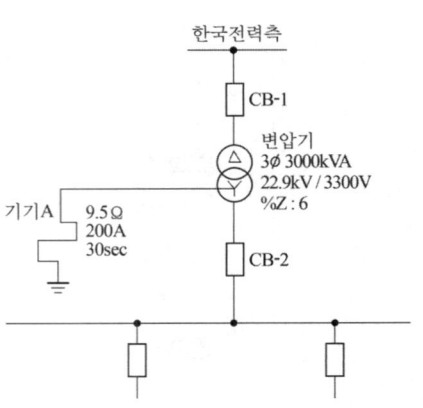

전원측 $\%Z_S = \dfrac{P_n}{P_s} \times 100 = \dfrac{3000}{500000} \times 100 = 0.6\,[\%]$

② CB-2 2차측까지의 합성 임피던스
$\%Z = \%Z_S + \%Z_T = 0.6 + 6 = 6.6\,[\%]$

③ 차단 용량 $P_s = \dfrac{100}{\%Z} \times P_n = \dfrac{100}{6.6} \times 3000 \times 10^{-3} = 45.45\,[\text{MVA}]$

답 : 45.45 [MVA]

(2) 명칭 : 중성점 접지저항기
기능 : 지락사고시 지락 전류 억제 및 건전상 전위 상승 억제

해설

$P_s = \dfrac{100}{\%Z_s} \times P_n$ 에서

전원측 $\%Z_s = \dfrac{P_n}{P_s} \times 100$

변압기 용량 3000 [kVA]를 기준용량 P_n 으로 하면

$P_n = 3000\,[\text{kVA}]$, $P_s = 500000\,[\text{kVA}]$ 이므로

$\%Z_s = \dfrac{3000}{500000} \times 100 = 0.6\,[\%]$

CB-2 2차측까지의 합성임피던스
$\%Z = \%Z_s + \%Z_t = 0.6 + 6 = 6.6\,[\%]$

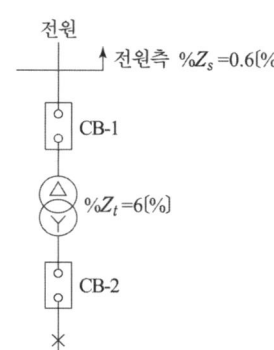

• 예제 21 •

수전 전압 6600 [V], 가공 전선로의 %임피던스가 58.5 [%]일 때 수전점의 3상 단락 전류가 7000 [A]인 경우 기준 용량과 수전용 차단기의 차단 용량은 얼마인가?

차단기의 정격 용량 [MVA]

10	20	30	50	75	100	150	250	300	400	500

(1) 기준 용량은 몇 [MVA]인가?
(2) 차단 용량은 몇 [MVA]인가?

답안작성

(1) 기준 용량

단락전류 $I_s = \dfrac{100}{\%Z} I_n$ 에서 정격전류 $I_n = \dfrac{\%Z}{100} I_s = \dfrac{58.5}{100} \times 7000 = 4095\,[\text{A}]$

∴ 기준 용량 : $P_n = \sqrt{3}\,V_n I_n = \sqrt{3} \times 6600 \times 4095 \times 10^{-6} = 46.81\,[\text{MVA}]$

답 : 46.81 [MVA]

(2) 차단 용량

$P_s = \sqrt{3}\,V_n I_n = \sqrt{3} \times 6600 \times \dfrac{1.2}{1.1} \times 7000 \times 10^{-6} = 87.3\,[\text{MVA}]$

답 : 100 [MVA]

해설

차단기의 정격 차단 전류는 단락 전류보다 커야 한다.

• 예제 22 •

그림과 같은 계통에서 6.6 [kV] 모선에서 본 전원측 % 리액턴스는 100 [MVA] 기준으로 110 [%]이고, 각 변압기의 % 리액턴스는 자기용량 기준으로 모두 3 [%]이다. 지금 6.6[kV] 모선 F_1점, 380 [V] 모선 F_2점에 각각 3상 단락고장 및 110 [V]의 모선 F_3점에서 단락 고장이 발생하였을 경우 각각의 경우에 대한 고장 전력 및 고장 전류를 구하시오.

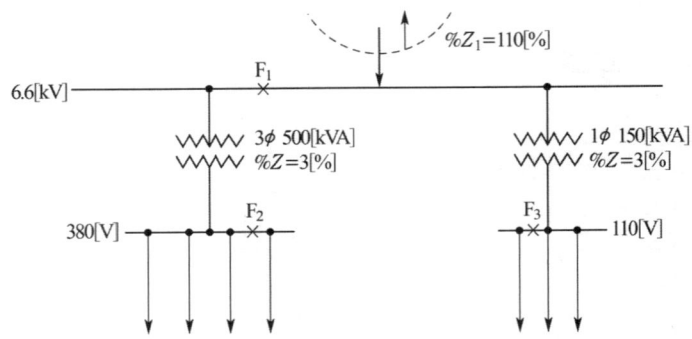

(1) F_1 • 계산 :   • 답 :
(2) F_2 • 계산 :   • 답 :
(3) F_3 • 계산 :   • 답 :

답안작성

(1) F_1점

   계산 : 계통의 기준 용량을 100 [MVA]로 적용하면

   고장 전력 $P_{s1} = \dfrac{100}{\%Z_1} P_n = \dfrac{100}{110} \times 100 = 90.91$ [MVA]

   고장 전류 $I_{s1} = \dfrac{100}{\%Z_1} I_n = \dfrac{100}{110} \times \dfrac{100 \times 10^3}{\sqrt{3} \times 6.6} = 7952.48$ [A]

   답 : $P_{s1} = 90.91$ [MVA], $I_{s1} = 7952.48$ [A]

(2) F_2점

   계산 : 계통의 기준 용량을 100 [MVA]로 적용하면

   합성 $\%Z_2 = \%Z_1 + \%Z_t = 110 + 600 = 710$ [%]

   (여기서, $\%Z_t = 3$ [%] $\times \dfrac{100 \times 10^3}{500} = 600$ [%])

   $\therefore P_{s2} = \dfrac{100}{\%Z_2} P_n = \dfrac{100}{710} \times 100 = 14.08$ [MVA]

   $I_{s2} = \dfrac{100}{\%Z_2} I_n = \dfrac{100}{710} \times \dfrac{100 \times 10^6}{\sqrt{3} \times 380} = 21399.19$ [A]

   답 : $P_{s2} = 14.08$ [MVA], $I_{s2} = 21399.19$ [A]

(3) F_3점

   계산 : 계통의 기준 용량을 100 [MVA]로 적용하면

   합성 $\%Z_3 = \%Z_1 + \%Z_t = 110 + 2000 = 2110$ [%]

(여기서, $\%Z_t = 3\,[\%] \times \dfrac{100 \times 10^3}{150} = 2000[\%]$)

$\therefore P_{s3} = \dfrac{100}{\%Z_3} P_n = \dfrac{100}{2110} \times 100 = 4.74\,[\text{MVA}]$

$I_{s3} = \dfrac{100}{\%Z_3} I_n = \dfrac{100}{2110} \times \dfrac{100 \times 10^6}{110} = 43084.88\,[\text{A}]$

답 : $P_{s3} = 4.74\,[\text{MVA}]$, $I_{s3} = 43084.88\,[\text{A}]$

• 예제 23 •

그림과 같은 송전계통 S점에서 3상 단락사고가 발생하였다. 주어진 도면과 조건을 참고하여 발전기, 변압기(T_1), 송전선 및 조상기의 %리액턴스를 기준출력 100 [MVA]로 환산하시오.

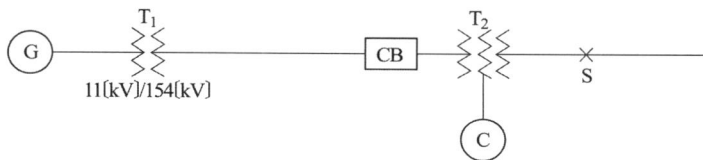

[조건]

번호	기기명	용량	전압	%X
1	G : 발전기	50,000 [kVA]	11 [kV]	30
2	T_1 : 변압기	50,000 [kVA]	11/154 [kV]	12
3	송전선		154 [kV]	10(10,000 [kVA])
4	T_2 : 변압기	1차 25,000 [kVA]	154 [kV]	12(25,000 [kVA])
		2차 30,000 [kVA]	77 [kV]	15(25,000 [kVA])
		3차 10,000 [kVA]	11 [kV]	10.8(10,000 [kVA])
5	C : 조상기	10,000 [kVA]	11 [kV]	20(10,000 [kVA])

답안작성

$\%X = \dfrac{\text{기준 용량 [kVA]}}{\text{자기 용량 [kVA]}} \times \text{자기 용량 기준 }\%X$

① 발전기 　　$\%X_G = \dfrac{100}{50} \times 30 = 60[\%]$

② T_1 변압기　$\%X_T = \dfrac{100}{50} \times 12 = 24[\%]$

③ 송전선 　　$\%X_l = \dfrac{100}{10} \times 10 = 100[\%]$

④ 조상기 　　$\%X_C = \dfrac{100}{10} \times 20 = 200[\%]$

• 예제 24 •

도면과 같이 345 [kV] 변전소의 단선도와 변전소에 사용되는 주요 재원을 이용하여 다음 각 물음에 답하시오.

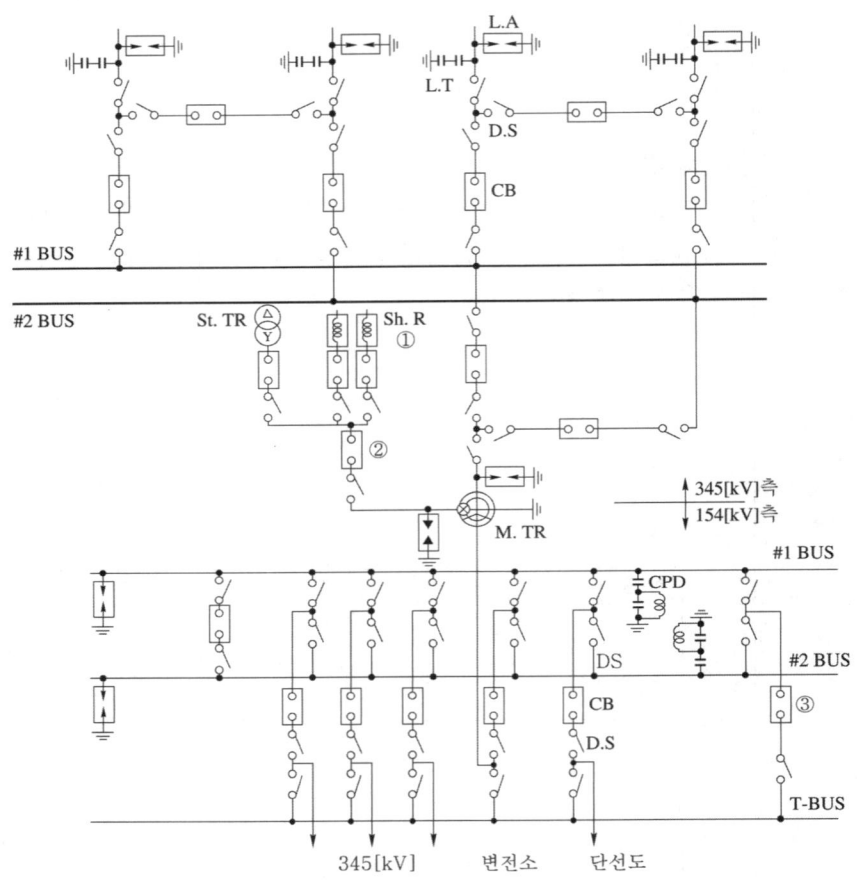

345 [kV] 변전소 단선도

[주변압기]

　　단권변압기 345 [kV]/154 [kV]/23 [kV](Y - Y - △)
　　　　　　166.7 [MVA]×3대 ≒ 500 [MVA],
　　OLTC부 %임피던스(500 [MVA] 기준) : 1차～2차 : 10 [%]
　　　　　　　　　　　　　　　　　　　1차～3차 : 78 [%]
　　　　　　　　　　　　　　　　　　　2차～3차 : 67 [%]

[차단기]

　　362 [kV] GCB 25 [GVA] 4000 [A]～2000 [A]
　　170 [kV] GCB 15 [GVA] 4000 [A]～2000 [A]
　　25.8 [kV] VCB (　　) [MVA] 2500 [A]～1200 [A]

[단로기]
　362 [kV] D.S 4000 [A] ~ 2000 [A]
　170 [kV] D.S 4000 [A] ~ 2000 [A]
　25.8 [kV] D.S 2500 [A] ~ 1200 [A]
[피뢰기]
　288 [kV] LA 10 [kA]
　144 [kV] LA 10 [kA]
　21 [kV] LA 10 [kA]
[분로 리액터]
　23 [kV] sh.R 30 [MVAR]
[주모선]
　Al – Tube 200ϕ

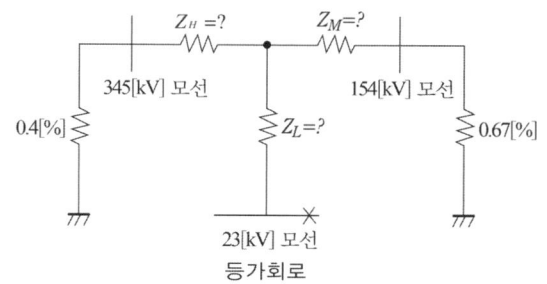

23[kV] 모선 등가회로

(1) 도면의 345 [kV]측 모선 방식은 어떤 모선 방식인가?
(2) 도면에서 ①번 기기의 설치 목적은 무엇인가?
(3) 도면에 주어진 제원을 참조하여 주변압기에 대한 등가 %임피던스(Z_H, Z_M, Z_L)를 구하고 ②번 23 [kV] VCB의 차단용량을 계산하시오. (단, 그림과 같은 임피던스 회로는 100 [MVA] 기준이다.)
(4) 도면의 345 [kV] GCB에 내장된 계전기용 BCT의 오차계급은 C800이다. 부담은 몇 [VA]인가?
(5) 도면의 ③번 차단기의 설치 목적을 설명하시오.
(6) 도면의 주변압기 1 Bank(단상×3대)을 증설하여 병렬 운전시키고자 한다. 이때 병렬 운전 조건 4가지를 쓰시오.

답안작성

　(1) 2중 모선방식
　(2) 페란티 현상 방지
　(3) ① 등가 %임피던스
　　　500 [MVA] 기준 %Z는　1차~2차 $Z_{HM} = 10[\%]$
　　　　　　　　　　　　　　2차~3차 $Z_{ML} = 67[\%]$
　　　　　　　　　　　　　　1차~3차 $Z_{HL} = 78[\%]$이므로
　　　100 [MVA] 기준으로 환산하면
　　　　$Z_{HM} = 10 \times \dfrac{100}{500} = 2[\%]$
　　　　$Z_{ML} = 67 \times \dfrac{100}{500} = 13.4[\%]$
　　　　$Z_{HL} = 78 \times \dfrac{100}{500} = 15.6[\%]$

등가 임피던스

$$Z_H = \frac{1}{2}(Z_{HM} + Z_{HL} - Z_{ML}) = \frac{1}{2}(2 + 15.6 - 13.4) = 2.1[\%]$$

$$Z_M = \frac{1}{2}(Z_{HM} + Z_{ML} - Z_{HL}) = \frac{1}{2}(2 + 13.4 - 15.6) = -0.1[\%]$$

$$Z_L = \frac{1}{2}(Z_{HL} + Z_{ML} - Z_{HM}) = \frac{1}{2}(15.6 + 13.4 - 2) = 13.5[\%]$$

② 23 [kV] VCB 차단용량 등가 회로로 그리면

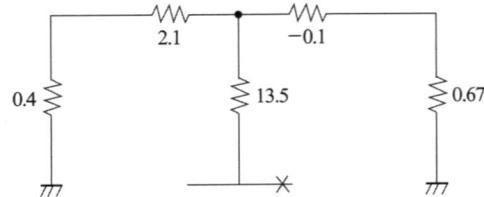

따라서, 등가회로를 알기 쉽게 다시 그리면 아래와 같이 된다.

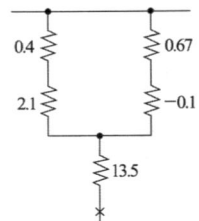

23 [kV] VCB 설치점까지 전체 임피던스 %Z

$$\%Z = 13.5 + \frac{(2.1 + 0.4)(-0.1 + 0.67)}{(2.1 + 0.4) + (-0.1 + 0.67)} = 13.96 [\%]$$

$$\therefore 23 \,[\text{kV}] \text{ VCB 단락 용량 } P_S = \frac{100}{\%Z} P_n = \frac{100}{13.96} \times 100 = 716.33 \,[\text{MVA}]$$

(4) 오차 계급 C800에서 임피던스는 8 [Ω]이므로

부담 $I^2 Z = 5^2 \times 8 = 200$ [VA]

(5) 모선절체 : 무정전으로 점검하기 위해
(6) ① 정격 전압(전압비)이 같을 것
   ② 극성이 같을 것
   ③ %임피던스가 같을 것
   ④ 내부 저항과 누설 리액턴스 비가 같을 것

해설

(4) **오차계급 C800의 의미는 CT 2차 단자에 100 [A]의 전류를 흘릴 때 단자 전압이 800 [V]라는 것을 의미**한다.

따라서 임피던스 $Z = \dfrac{E}{I} = \dfrac{800}{100} = 8[\Omega]$

변류기 2차측 정격 전류는 5 [A]이므로

변류기의 부담 $VA = I^2 Z = 5^2 \times 8 = 200[\text{VA}]$가 된다.

• 예제 25 •

다음의 임피던스 맵(impedance map)과 조건을 보고 다음 각 물음에 답하시오.

[조건]

$\%Z_s$: 한전 s/s의 154 [kV] 인출측의 전원측 정상 임피던스 1.2 [%] (100 [MVA] 기준)

Z_{TL} : 154 [kV] 송전 선로의 임피던스 1.83 [Ω]

$\%Z_{TR1} = 10[\%]$ (15 [MVA] 기준)

$\%Z_{TR2} = 10[\%]$ (30 [MVA] 기준)

$\%Z_c = 50[\%]$ (100 [MVA] 기준)

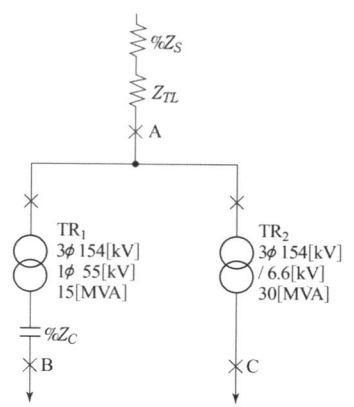

(1) 다음 임피던스의 100 [MVA] 기준의 %임피던스를 구하시오.
  ① $\%Z_{TL}$ ② $\%Z_{TR1}$ ③ $\%Z_{TR2}$

(2) A, B, C 각 점에서의 합성 %임피던스를 구하시오.
  ① $\%Z_A$ ② $\%Z_B$ ③ $\%Z_C$

(3) A, B, C 각 점에서의 차단기의 소요 차단 전류는 몇 [kA]가 되겠는가?
  (단, 비대칭분을 고려한 상승 계수는 1.6으로 한다.)
  ① I_A ② I_B ③ I_C

답안작성

(1) ① $\%Z_{TL} = \dfrac{Z \cdot P}{10 V^2} = \dfrac{1.83 \times 100 \times 10^3}{10 \times 154^2} = 0.77[\%]$

  ② $\%Z_{TR1} = 10[\%] \times \dfrac{100}{15} = 66.67[\%]$

  ③ $\%Z_{TR2} = 10[\%] \times \dfrac{100}{30} = 33.33[\%]$

  답 : $\%Z_{TL} = 0.77[\%]$, $\%Z_{TR1} = 66.67[\%]$, $\%Z_{TR2} = 33.33[\%]$

(2) ① $\%Z_A = \%Z_s + \%Z_{TL} = 1.2 + 0.77 = 1.97[\%]$

  ② $\%Z_B = \%Z_s + \%Z_{TL} + \%Z_{TR1} - \%Z_c = 1.2 + 0.77 + 66.67 - 50 = 18.64[\%]$

  ③ $\%Z_C = \%Z_s + \%Z_{TL} + \%Z_{TR2} = 1.2 + 0.77 + 33.33 = 35.3[\%]$

  답 : $\%Z_A = 1.97[\%]$, $\%Z_B = 18.64[\%]$, $\%Z_C = 35.3[\%]$

(3) ① $I_A = \dfrac{100}{\%Z_A} I_n = \dfrac{100}{1.97} \times \dfrac{100 \times 10^3}{\sqrt{3} \times 154} \times 1.6 \times 10^{-3} = 30.45[\text{kA}]$

  ② $I_B = \dfrac{100}{\%Z_B} I_n = \dfrac{100}{18.64} \times \dfrac{100 \times 10^3}{55} \times 1.6 \times 10^{-3} = 15.61[\text{kA}]$

  ③ $I_C = \dfrac{100}{\%Z_C} I_n = \dfrac{100}{35.3} \times \dfrac{100 \times 10^3}{\sqrt{3} \times 6.6} \times 1.6 \times 10^{-3} = 39.65[\text{kA}]$

해설

(1) $\%Z$(기준용량) $= \dfrac{\text{기준용량}}{\text{자기용량}} \times \%Z$(자기용량)

(2) **변압기의 $\%Z$는 지상$(+j)$인 반면 콘덴서의 $\%Z$는 진상$(-j)$ 이므로 $-\%Z$가 되어야 한다.**

8.7 전력 퓨즈 (PF : Power Fuse)

1. 기능

전력 회로에 사용되는 퓨즈로서 주로 고전압 회로 및 기기의 단락 보호용으로 차단기와 같은 과전류 보호장치로서 그 기능은 다음과 같다.
1) 부하 전류는 안전하게 통전
2) 단락 전류는 차단

2. 소호 방식에 따른 분류

1) 한류형 퓨즈

밀폐된 절연통 안에 퓨즈 엘리먼트와 규소 등의 소호제를 충전 밀폐한 구조로서 퓨즈 동작시 높은 아크 저항을 발생하여 **사고 전류를 강제적으로 한류 억제시켜 차단하는 퓨즈.** 즉 단락사고 발생시 단락전류가 최대값에 도달하기 전 차단함으로써 계통에 흐르는 단락전류의 크기를 억제할 수 있다.

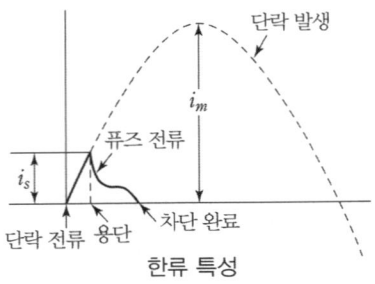

한류 특성

2) 비한류형 퓨즈

전류 0점에서 극간의 절연내력을 재기전압 이상으로 높여서 차단하는 퓨즈

3. 전력용 퓨즈의 특징

전력용 퓨즈는 차단기에 비하여 다음과 같은 장·단점을 가진다.

장 점	단 점
· **소형 경량**이다. · 가격이 싸다. · **릴레이와 변성기가 필요없다.** · 차단시 무방출 무음(한류형퓨즈) · 고속도 차단한다. · 보수가 용이하다. · 한류효과가 우수하다. · 소형이기 때문에 장치전체가 소형 · 후비보호가 완벽하다.	· **재투입을 할 수 없다.** (가장 큰 단점) · 과전류에서 용단될 수 있다. · **동작시간-전류 특성을 계전기처럼 마음대로 조정 불가능** · 최소차단전류 영역이 있다. · 비보호 영역이 있어 사용 중에 열화동작에 의해 **결상 우려**가 있다. · 차단시 과전압을 발생(한류형) · 고임피던스 접지계통의 지락보호는 불가

4. 퓨즈 선정시 고려사항

① 과부하 전류에 동작하지 말 것

② 변압기 여자 돌입 전류에 동작하지 말 것

③ 충전기 및 전동기 기동 전류에 동작하지 말 것

④ 보호기기와 협조를 가질 것

5. 고압퓨즈의 규격

1) 과전류차단기로 시설하는 퓨즈 중 고압전로에 사용하는 포장퓨즈의 구비 조건

　(1) 정격전류의 1.3배의 전류에 견디고 또한 2배의 전류에서 120분 이내에 용단되는 것

　(2) 고압한류 퓨즈의 종류와 용단 특성

　　① 변압기용(퓨즈에「T」로 표시)

　　　여자돌입 전류를 고려하여 0.1초에서 용단전류를 규정하고 있다.

　　② 전동기용 (퓨즈에「M」으로 표시)

　　　전동기의 기동전류를 고려하여 10초에서 용단전류를 규정하고 있다.

　　③ 변압기 및 전동기용(퓨즈에「T/M」으로 표시)

　　　변압기의 여자전류와 전동기의 기동전류를 고려하여 0.1초와 10초에서 용단전류를 규정하고 있다.

　　④ 특별히 용도를 정하지 않은 것 (퓨즈에「G」로 표시)

　　　종전부터 사용되던 것을 규정하고 있다.

2) 과전류차단기로 시설하는 퓨즈 중 고압전로에 사용하는 비포장퓨즈의 구비조건

　정격전류의 1.25배의 전류에 견디고 또한 2배의 전류에서 2분 이내에 용단되는 것이어야 한다.

6. 퓨즈의 특성

1) 용단 특성
2) 단시간 허용 특성
3) 전차단 특성

7. 퓨즈와 각종 개폐기 및 차단기와의 기능 비교

기능 \ 능력	회로 분리		사고 차단	
	무부하	부하	과부하	단락
퓨 즈	○			○
차단기	○	○	○	○
개폐기	○	○	○	
단로기	○			
전자 접촉기	○	○	○	

※ 퓨즈와 단로기는 Arc 소호장치가 없으므로 부하전류 및 과부하 전류의 개폐가 곤란하다.

8. 전력 퓨즈의 정격

계통 전압 [kV]	퓨즈 정격	
	퓨즈 정격전압 [kV]	최대 설계전압 [kV]
6.6	6.9 또는 7.5	– 8.25
6.6 / 11.4Y	11.5 또는 15	– 15.5
13.2	15	15.5
22 또는 22.9	23	25.8
66	69	72.5
154	161	169

• 예제 26 •

전원 전압이 100 [V]인 회로에서 600 [W]의 전기솥 1대, 350 [W]의 다리미 1대, 150 [W]의 텔레비젼 1대를 사용할 때 10 [A]의 고리 퓨즈는 어떻게 되겠는지 그 상태와 그 이유를 설명하시오.
• 상태 :
• 이유 :

답안작성

부하 전류 $I = \dfrac{600+350+150}{100} = 11[A]$

- 상태 : 용단되지 않는다.
- 이유 : 4[A] 초과 16[A] 미만의 저압용 퓨즈는 정격전류의 1.5배에 견디도록 되어 있다.

• 예제 27 •

전력 퓨즈 및 각종 개폐기들의 능력을 비교할 때, 그 능력이 가능한 곳에 ○표를 하시오.

능력 기능	회로 분리		사고 차단	
	무부하	부하	과부하	단락
퓨 즈				
차단기				
개폐기				
단로기				
전자 접촉기				

답안작성

능력 기능	회로 분리		사고 차단	
	무부하	부하	과부하	단락
퓨 즈	○			○
차단기	○	○	○	○
개폐기	○	○	○	
단로기	○			
전자 접촉기	○	○	○	

8.8 이상전압 방지대책

송전계통의 이상전압 방지대책

(1) **피뢰기** : 뢰로부터 **전기기기 보호**
(2) **가공지선** : 뢰로부터 **가공전선로 보호**
(3) **매설지선** : **철탑의 역섬락 방지**
(4) **서지 흡수기** : 개폐서지, 순간 과도전압으로부터 **기기 보호**
(5) **피뢰침 설비** : 뢰로부터 건축물과 내부의 **사람이나 물체를 보호**

1. 피뢰기

1) **피뢰기의 기능**

   피뢰기(LA)는 뇌나 계통의 개폐에 의하여 발생하는 **이상전압을 대지로 방전**시켜 전력설비의 절연을 보호하고 **속류를 차단하여 계통을 원래 상태로 회복**시켜주는 보안장치이다.

2) **피뢰기의 제1 보호 대상**

   전력용 변압기

3) **피보호 기기인 변압기의 절연강도**

   변압기의 절연강도 > 피뢰기의 제한전압 + 피뢰기 접지저항에 의한 전압강하

4) **피뢰기의 구성 요소**

   (1) **직렬갭** : 뇌전류를 대지로 방전시키고 **속류를 차단**한다.

   (2) **특성 요소** : 뇌전류 방전시 피뢰기 자신의 **전위 상승을 억제**하여 자신의 절연 파괴를 방지한다.

5) **피뢰기의 구비조건**

   (1) 상용주파 방전개시전압이 높을 것
   - 이유 : 상용주파의 전압이란 이상전압의 침입이 없는 **정상상태를 의미**한다. 따라서 정상상태에서 피뢰기가 동작하면 안되므로 **상용 주파에서 방전을 개시하는 전압이 높을수록 좋다.**

   (2) 충격 방전 개시 전압이 낮을 것
   - 이유 : **직격뢰**의 파두장은 $1 \sim 10\ [\mu s]$, 파미장은 $10 \sim 100\ [\mu s]$ 정도인 **충격파**다. 따라서 **뇌써지가 침입하면 피뢰기는 즉시 동작**하여 이상전압을 대지로 방전시켜야 하므로 피뢰기의 **충격 방전 개시 전압은 낮을수록 좋다.**

   (3) 제한 전압이 낮을 것
   - 이유 : 제한전압은 **피뢰기 동작시 피뢰기 양단자에 남게되는 전압**으로 이 제한전압이 변압기에 가해진다. 따라서 피뢰기 동작시 피뢰기의 **제한전압이 낮을수록 변압기에 가해지는 전압이 낮아지게 되므로 제한 전압이 낮아야 좋다.**

   (4) 속류 차단 능력이 클 것
   - 이유 : 뇌써지 침입 후 피뢰기가 동작하여 이상전압을 대지로 방전시킨 후 **정상상태**에 도달하게 되면 피뢰기는 즉시 동작을 멈추어 **상용주파수의 전류가 대지로 흐르게 되는 것을 막아야 한다.** 따라서 피뢰기는 속류차단

능력이 클수록 좋다.

(5) 뇌전류 방전과 속류차단의 반복동작에 대하여 장기간 사용할 수 있을 것

6) 피뢰기 설치 장소

(1) 뇌써지 침입 후 피뢰기가 동작한 경우에도 피뢰기와 변압기가 떨어져 있으면 진행파의 반사작용에 의해 변압기의 단자전압은 대단히 높아져 절연을 파괴하게 된다. 따라서 **피뢰기는 가능한 한 피보호 기기의 가까운 곳에 설치**하는 것이 바람직하며 다음과 같은 이격 거리 이내에 설치하여야 한다.

공칭 전압 [kV]	이격 거리 [m]
345	85
154	65
66	45
22	20
22.9	20

(2) 피뢰기의 시설

① 발전소, 변전소의 **가공 전선 인입구 및 인출구**

② 가공 전선로에 접속하는 **배전용 변압기의 고압측 및 특고압측**

③ **고압 및 특고압** 가공 전선로로부터 공급을 받는 **수용가의 인입구**

④ **가공 전선로와 지중 전선로가 접속되는 곳**

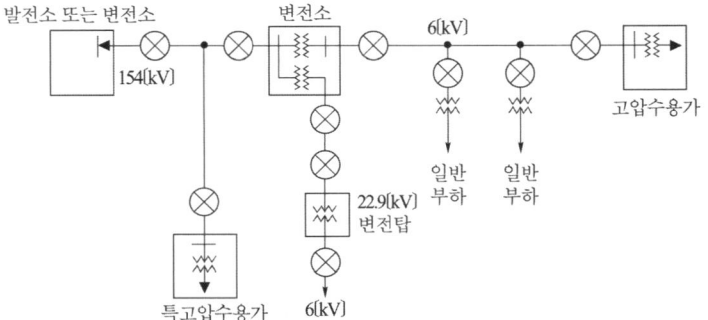

7) 피뢰기의 정격 전압

속류를 차단할 수 있는 최고 교류 전압으로 다음과 같다.

전력 계통		피뢰기의 정격전압 [kV]	
전압 [kV]	중성점 접지방식	변전소	배전 선로
345	유효접지	288	
154	유효접지	144	
66	PC 접지 또는 비접지	72	
22	PC 접지 또는 비접지	24	
22.9	3상 4선 다중접지	21	18

[주] 전압 22.9[kV-Y] 이하의 배전선로에서 수전하는 설비의 피뢰기 정격전압 [kV]은 배전선로용을 적용한다.

8) 피뢰기의 정격전압 계산방법

  (1) 방법 1

  ① 직접 접지방식 $E_R = 0.8 \sim 1.0V$
  ② 저항 또는 소호 리액터 접지방식 $E_R = 1.4 \sim 1.6V$

  여기서, E_R : 피뢰기의 정격전압, $V = \dfrac{공칭전압}{1.1}$

  (2) 방법 2

  $$E_R = \alpha\beta V_m$$

  여기서, E_R : 피뢰기의 정격전압
     α : 접지계수
         (유효접지 계통 : 0.64~0.75 범위, 비유효 접지계통 : 1)
         일반적으로 • 765 [kV] : 0.64
             • 345 [kV] : 0.69
             • 154[kV] : 0.75을 적용
     β : 여유도(유효접지 계통 : 1.15)
     V_m : 선간의 최고 전압 ($V_m = 공칭전압 \times \dfrac{1.15}{1.1}$)

  (3) 계산 예

    ① 765 [kV] 계통 (유효접지 계통)
      $E_R = 0.64 \times 1.15 \times 800 ≒ 580[kV]$
    ② 345 [kV] 계통 (유효접지 계통)
      $E_R = 0.69 \times 1.15 \times 362 ≒ 288[kV]$
    ③ 154 [kV] 계통 (유효접지 계통)
      $E_R = 0.75 \times 1.15 \times 170 ≒ 144[kV]$

9) 피뢰기의 방전 전류

  갭의 방전에 따라 **피뢰기를 통해서 대지로 흐르는 충격 전류**를 말한다.

설치 장소별 피뢰기의 공칭 방전 전류

공칭 방전 전류	설치장소	적용 조건
10000 [A]	변전소	1. 154 [kV] 이상 계통 2. 66 [kV] 및 그 이하 계통에서 **뱅크 용량이 3000 [kVA] 를 초과**하거나 특히 중요한 곳 3. 장거리 송전선 케이블(배전피더 인출용 단거리 케이블 제외) 및 콘덴서 뱅크를 개폐하는 곳
5000 [A]	변전소	66 [kV] 및 그 이하 계통에서 **뱅크 용량이 3000 [kVA] 이하**인 곳
2500 [A]	선 로	**배전 선로**

[주] 전압 22.9 [kV-Y] 이하 (22 [kV] 비접지 제외)의 배전선로에서 수전하는 설비의 피뢰기 공칭 방전 전류는 일반적으로 2500 [A]의 것을 적용한다.

10) 충격파 방전 개시 전압

  피뢰기 단자간에 **충격 전압을 인가**하였을 경우 **방전을 개시하는 전압**

11) 상용주파 방전 개시 전압

  피뢰기 단자간에 **상용 주파수의 전압을 인가**하였을 경우 **방전을 개시하는 전압 (실효값)**

12) 제한 전압

  피뢰기 **방전 중 피뢰기 단자간에 남게 되는 충격 전압** (피뢰기가 처리하고 남은 전압)

13) 속류

  방전 전류에 이어서 전원으로부터 공급되는 **상용 주파수의 전류가 직렬갭을 통하여 대지로 흐르는 전류**

14) 갭레스(Gapless) 피뢰기

  (1) 구조

  갭형 피뢰기의 특성요소는 탄화규소(SiC)로 되어 있으나 **갭레스(Gapless) 피뢰기는 비직선성이 뛰어난 ZnO를 특성 요소**로 사용하여 직렬갭을 없앤 구조의 피뢰기

  (2) SiC와 ZnO 특성요소의 전압-전류 특성

  그림에서 알 수 있듯이 산화아연(ZnO) 특성요소는 일정전압 V_0 이하에서는 특성요소에 거의 전류가 흐르지 않으므로 직렬갭이 필요 없게 된다.

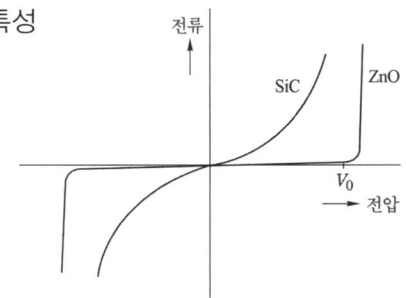

SiC와 ZnO 특성요소의 전압-전류 특성

(3) 갭레스 피뢰기의 특성
① 직렬갭이 없으므로 구조가 간단하고 소형 경량화 할 수 있다.
② 급준파 응답이 이론적으로 뛰어나다.
③ 오손에 강하다.

2. 서지흡수기

1) 서지흡수기의 시설

구내선로에서 발생할 수 있는 개폐서지, 순간과도전압 등으로 이상전압이 2차 기기에 악영향을 주는 것을 막기 위해 서지흡수기를 시설하는 것이 바람직하다.

2) 설치위치

서지흡수기는 보호하고자 하는 기기전단으로, 개폐서지를 발생하는 차단기후단과 부하측 사이에 설치 운용한다.

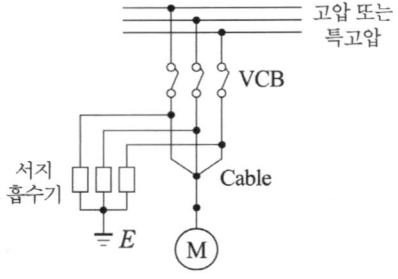

3) 서지흡수기의 적용

| 차단기의 종류 | | VCB | | | | |
| 전압등급 | | | | | | |
2차 보호기기		3 [kV]	6 [kV]	10 [kV]	20 [kV]	30 [kV]
전동기		적 용	적 용	적 용	-	-
변압기	유입식	불필요	불필요	불필요	불필요	불필요
	몰드식	적 용	적 용	적 용	적 용	적 용
	건 식	적 용	적 용	적 용	적 용	적 용
콘덴서		불필요	불필요	불필요	불필요	불필요
변압기와 유도기기와의 혼용 사용시		적 용	적 용	-	-	-

[주] 상기 표에서와 같이 VCB를 사용시 반드시 서지흡수기를 설치하여야 하나 VCB와 유입변압기를 사용시는 설치하지 않아도 된다.

• 예제 28 •

154[kV] 중성점 직접 접지 계통의 피뢰기 등에 대한 다음 각 물음에 답하시오.
(1) 피뢰기의 정격 전압은 어떤 것을 선택해야 하는가?
   (단, 접지 계수는 0.75이고, 유도는 1.1이다.)

피뢰기의 정격 전압 (표준값 [kV])

| 126 | 144 | 154 | 168 | 182 | 196 |

(2) 피뢰기의 구성 요소 2가지를 쓰시오.
(3) 피뢰기 방전 후 피뢰기의 단자간에 잔류하는 전압을 무슨 전압이라 하는가?
(4) 피뢰기에서 상용주파 허용 단자 전압은 보통 공칭 전압의 몇 배 이상을 표준으로 하는가?
(5) 지락 사고를 검출하기 위해 사용되는 것은?

답안작성

(1) **계산** : 피뢰기 정격전압 $E_R = \alpha\beta V_m$ 에서
$$E_R = 0.75 \times 1.1 \times 170 = 140.25 [\text{kV}]$$
답 : 144 [kV]
(2) ① 직렬 갭   ② 특성 요소   (3) 제한 전압
(4) 0.8~1.0배   (5) 지락 과전류 계전기

해설

(1) 피뢰기의 정격전압

전력 계통		피뢰기의 정격전압 [kV]	
전압 [kV]	중성점 접지방식	변전소	배전 선로
345	유효접지	288	
154	유효접지	144	
66	PC 접지 또는 비접지	72	
22	PC 접지 또는 비접지	24	
22.9	3상 4선 다중접지	21	18

[주] 전압 22.9 [kV-Y] 이하의 배전선로에서 수전하는 설비의 피뢰기 정격전압 [kV]은 배전선로용을 적용한다.

8.9 역률 개선

1. 역률

- **역률** : 피상 전력에 대한 유효 전력의 비 $\left(\cos\theta = \dfrac{\text{P}[\text{kW}]}{P_a[\text{kVA}]}\right)$

- **역률개선** : 역률을 개선 한다는 것은 유효전력 P는 변함이 없고 **콘덴서로 진상의 무효전력** Q_C를 공급하여 부하의 지상 무효전력 Q_L을 감소시키는 것을 말한다.

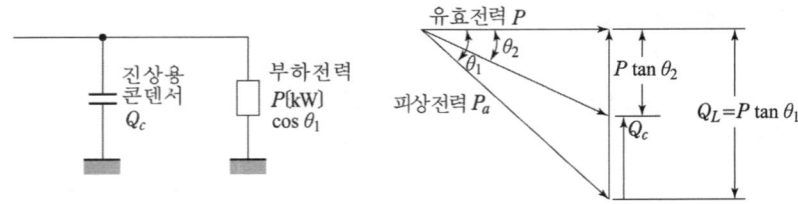

그림에서 역률각 θ_1을 θ_2로 개선하기 위해서는 **부하의 무효전력 $Q_L (P\tan\theta_1)$을 콘덴서 Q_C로 보상하여 부하의 무효전력을** $P\tan\theta_2$로 감소시켜야 한다.

이때 필요한 콘덴서 용량 Q_c는

$$Q_c = P\tan\theta_1 - P\tan\theta_2 = P(\tan\theta_1 - \tan\theta_2)$$
$$= P\left(\frac{\sin\theta_1}{\cos\theta_1} - \frac{\sin\theta_2}{\cos\theta_2}\right)$$
$$= P\left(\frac{\sqrt{1-\cos^2\theta_1}}{\cos\theta_1} - \frac{\sqrt{1-\cos^2\theta_2}}{\cos\theta_2}\right)$$

여기서, $\cos\theta_1$: 개선 전 역률, $\cos\theta_2$: 개선 후 역률

2. 역률 개선의 효과

1) 변압기와 배전선의 전력 손실 경감

$$\text{전력손실 } P_l = 3I^2R = 3\left(\frac{P}{\sqrt{3}\,V\cos\theta}\right)^2 R = \frac{P^2 R}{V^2\cos^2\theta}$$

따라서, **전력손실은 역률의 자승에 반비례**하므로 역률을 개선하면 전력손실은 감소한다.

2) 전압 강하의 감소

$$\text{전압강하 } e = \sqrt{3}\,I(R\cos\theta + X\sin\theta)$$
$$= \sqrt{3}\left(\frac{P}{\sqrt{3}\,V\cos\theta}\right)(R\cos\theta + X\sin\theta)$$
$$= \frac{P}{V}\left(R + X\frac{\sin\theta}{\cos\theta}\right) = \frac{P}{V}(R + X\tan\theta)$$

따라서, **역률을 개선하면 분모인 $\cos\theta$는 증가하고 분자인 $\sin\theta$는 감소**하게 되어 전압강하는 감소하게 된다.

3) 설비 용량의 여유 증가

$$\text{부하의 피상전력} = \sqrt{(\text{부하의 유효전력})^2 + (\text{부하의 무효전력} - \text{콘덴서 용량})^2}$$

이므로 콘덴서를 설치하면 **부하의 피상전력이 감소**하게 되어 동일한 전기공급 설비로서 더 많은 부하에 전기를 공급할 수 있게 된다.

4) 전기 요금의 감소

수용가의 **역률을 90[%]를 기준**으로 하여 90[%]보다 낮은 매 1[%]마다 기본요금이 1[%]씩 할증되고, 90[%]보다 높은 매 1[%] 마다 (95[%]까지 적용) 기본요금을 1[%]씩 감해주는 제도가 있다.

따라서, **역률을 개선하면 전기 요금이 감소**하게 된다.

3. 방전장치

(1) 저압진상용 콘덴서 회로에는 방전코일, 방전저항, 기타 개로후의 잔류전하를 방전시키는 장치를 하는 것을 원칙으로 한다. 다만, 다음 각호의 경우는 적용하지 않는다.

① **콘덴서가 현장조작 개폐기보다도 부하측에 직접 접속**되고 또한 부하기기의 내부에 개폐기류를 갖추지 않는 경우(콘덴서에 전용의 개폐기, 과전류차단기 또는 차단기를 설치해서는 안된다.)

② **콘덴서가 변압기의 2차측**에 개폐기 또는 과전류차단기를 경유하지 않고 **직접 접속되어 있는 경우**

(2) 제1항의 방전장치는 콘덴서회로에 직접 접속하여 두거나 또는 콘덴서회로를 개방하였을 경우, 자동적으로 접속할 수 있도록 장치하고 **개로 후 3분 이내에 콘덴서의 잔류전하를 75[V] 이하로 저하시킬 수 있는 능력**을 갖는 것이어야 한다.

4. 저압진상용 콘덴서를 개개의 부하에 설치하는 경우의 시설

(1) 콘덴서의 용량은 **부하의 무효분보다 크지 않을 것**

(2) 콘덴서는 현장조작개폐기 또는 이에 상당하는 **개폐기보다 부하측에 설치할 것**
   [주] 전류계가 있는 경우는 전류계의 전원측에서 분기하는 것을 원칙으로 한다.

(3) 본선에서 분기하여 **콘덴서에 이르는 전로에는 개폐기 등의 장치를 하여서는 안된다.**

(4) 방전 저항기부 콘덴서를 시설하는 것이 바람직하다.

5. 개개의 부하에 고압 및 특고압 진상용 콘덴서를 시설하는 경우

(1) 콘덴서의 용량은 **부하의 무효분보다 크게 하지 말 것**

(2) **콘덴서는 본선에 직접 접속하고 특히 전용의 개폐기, 퓨즈, 유입차단기 등을 설치하지 말 것**. 이 경우 콘덴서에 이르는 분기선은 본선의 최소 굵기보다는 적게하지 말 것. 다만, 방전장치가 있는 콘덴서에는 개폐기(차단기 포함)를 설치할 수 있으나 평상시 개폐는 하지 않음을 원칙으로 하며 C.O.S를 설치할 경우는 다음에 의하여야 한다.

① 고압 : C.O.S에 퓨즈를 삽입하지 않고 단면적 6[mm^2] 이상의 나동선으로 직결한다.

② 특고압 : C.O.S에는 퓨즈를 삽입하며, 콘덴서 용량별 퓨즈정격은 정격전류의 200 [%] 이내의 것을 사용

6. 각 부하에 공용의 고압 및 특고압 진상용 콘덴서를 시설하는 경우

(1) 콘덴서는 그의 **총용량이 300[kVA] 초과, 600[kVA] 이하의 경우는 2군 이상, 600[kVA]를 초과할 때에는 3군 이상으로 분할**하고 또한 부하의 변동에 따라서 접속콘덴서의 용량을 변화시킬 수 있도록 시설할 것.

(2) 콘덴서의 회로에는 전용의 과전류 트립 코일이 있는 차단기를 설치할 것. 다만, 콘덴서의 용량이 100[kVA] 이하인 경우는 유입개폐기 또는 이와 유사한 것(인터럽트 스위치 등), 50[kVA] 미만인 경우는 컷아웃스위치(직결로 한다)를 사용할 수 있다.

7. 콘덴서 회로의 부속 기기

1) 방전 코일 (DC : Discharge Coil)

   (1) 콘덴서에 축적된 **잔류 전하를 방전**하여 감전 사고 방지

   (2) 선로에 재투입시 콘덴서에 걸리는 과전압 방지

2) 직렬 리액터 (SR : Series Reactor)

   제5고조파로부터 전력용 콘덴서 보호 및 **파형 개선의 목적**으로 사용된다. 직렬리액터의 용량은 다음과 같다.

   (1) 이론적 : 콘덴서 용량 × 4[%]

   $$5\omega L = \frac{1}{5\omega C}$$

   $$\therefore \omega L = \frac{1}{25} \times \frac{1}{\omega C} = 0.04 \times \frac{1}{\omega C}$$

   (2) 실제 : 콘덴서 용량 × 6[%]

8. 콘덴서 설비의 주요 사고 원인

1) 콘덴서 설비의 모선 단락 및 지락
2) 콘덴서 소체 파괴 및 층간 절연 파괴
3) 콘덴서 설비내의 배선 단락

9. 역률 과보상시 발생하는 현상

역률을 과보상하여 진상이 되는 경우 다음과 같은 문제점이 발생한다.

- 역률의 저하
- 손실의 증가
- 단자 전압 상승
- 계전기 오동작

1) **역률의 저하**

역률을 과보상하여 **진상이 된 경우는 지상일때와 마찬가지로 역률이 저하**하며 손실이 증가한다.

(1) 지상 부하의 경우   (2) 진상부하의 경우

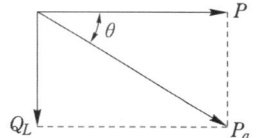 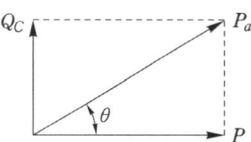

$$\cos\theta = \frac{P}{P_a} = \frac{P}{\sqrt{P^2+Q_L^2}} \qquad \cos\theta = \frac{P}{P_a} = \frac{P}{\sqrt{P^2+Q_C^2}}$$

그러므로 **진상이든 지상이든 무효전력의 크기가 증가하면 역률은 감소**한다.

2) **손실의 증가**

$$P_l = 3I^2R = 3\left(\frac{P}{\sqrt{3}\,V\cos\theta}\right)^2 R = \frac{P^2R}{V^2\cos\theta^2} \text{ 이므로}$$

역률 $\cos\theta$가 저하하면 **전력손실은 역률의 자승에 반비례**하여 증가하게 된다.

3) **단자 전압 상승**

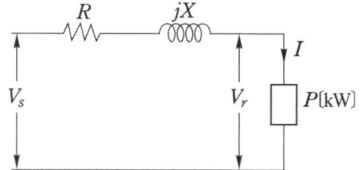

(1) 지상부하의 경우 송전단 전압 V_s는 수전단 전압 V_r보다 높다

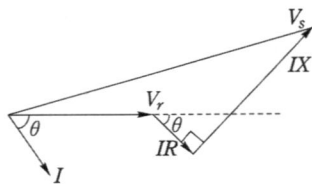

(2) **진상 부하의 경우 수전단 전압 V_r이 송전단 전압 V_s보다 높게 된다.**

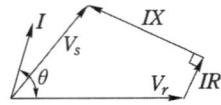

10. 콘덴서 투입시 돌입전류

$$I = I_C \left(1 + \sqrt{\frac{X_C}{X_L}}\right)$$

I : 콘덴서 투입시 돌입전류 [A]
I_C : 콘덴서 정격전류 [A]
X_L : 직렬 리액터 용량
X_C : 콘덴서 용량

• 예제 29 •

50[Hz]로 사용하던 역률 개선용 콘덴서를 같은 전압의 60[Hz]로 사용하면 여기에 흐르는 전류는 어떻게 되는가?

• 계산 :   • 답 :

답안작성

계산 : $I_c = 2\pi f C V$ 에서 전류는 주파수에 비례한다.

$$I_c' = \frac{60}{50} \times I_c = 1.2 I_c$$

답 : 20 [%] 증가한다.

• 예제 30 •

다음 계통도의 가, 나, 다 의 명칭과 역할을 간단히 설명하시오.

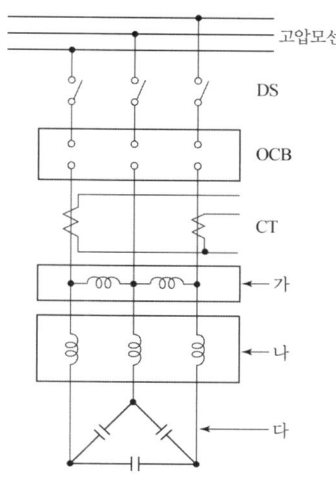

답안작성

번호	명 칭	역 할
가	방 전 코 일	콘덴서에 축적된 잔류 전하를 방전
나	직 렬 리 액 터	제5고조파를 제거하여 파형을 개선한다.
다	전력용 콘덴서	역률을 개선한다.

• 예제 31 •

전압 220[V], 1시간의 사용 전력량 40[kWh], 역률 80[%]인 3상 부하가 있다. 이 부하의 역률을 개선하기 위하여 용량 30[kVA]의 진상 콘덴서를 설치할 경우에 개선 후의 무효 전력은 몇 [kVar]이며, 전류는 몇 [A] 감소하는가?

답안작성

(1) 역률 개선 후 무효전력 Q

부하의 무효전력 $Q_L = \dfrac{P}{\cos\theta} \times \sin\theta = 40 \times \dfrac{0.6}{0.8} = 30[\text{kVar}]$

콘덴서 용량 $Q_c = 30[\text{kVA}] = 30[\text{kVar}]$

역률 개선 후 무효전력 Q 는 $Q = Q_L - Q_c = 30 - 30 = 0[\text{kVar}]$

답 : 0 [kVar]

(2) 전류 감소

① 역률 개선 전 전류 $I_1 = \dfrac{P}{\sqrt{3}\,V\cos\theta_1} = \dfrac{40 \times 10^3}{\sqrt{3} \times 220 \times 0.8} = 131.22[\text{A}]$

② 역률 개선 후 전류 $I_2 = \dfrac{P}{\sqrt{3}\,V\cos\theta_2} = \dfrac{40 \times 10^3}{\sqrt{3} \times 220 \times 1.0} = 104.97[\text{A}]$

∴ 감소 전류 $I_1 - I_2 = 131.22 - 104.97 = 26.25$ [A]

답 : 26.25 [A]

해설

역률 개선 후 무효전력이 0 [kVar]가 되므로 역률 $\cos\theta = 1$이 된다.

예제 32

전용 배전선에서 800 [kW] 역률 0.8의 한 부하에 공급할 경우 배전선 전력 손실은 90 [kW]이다. 지금 이 부하와 병렬로 300 [kVA]의 콘덴서를 시설할 때 배전선의 전력 손실은 몇 [kW]인가?

•계산 :   •답 :

답안작성

계산 : 부하의 무효전력 $Q = \dfrac{P}{\cos\theta} \times \sin\theta = \dfrac{800}{0.8} \times 0.6 = 600 [kVar]$

콘덴서 설치 후의 역률

$$\cos\theta_2 = \dfrac{P}{\sqrt{P^2+(Q-Q_c)^2}} = \dfrac{800}{\sqrt{800^2+(600-300)^2}} = 0.94$$

전력손실 $P_l = \dfrac{P^2 R}{V^2 \cos^2\theta}$ 에서

전력손실 P_l은 역률의 자승에 반비례 하므로

$$P_{l1} : P_{l2} = \dfrac{1}{\cos^2\theta_1} : \dfrac{1}{\cos^2\theta_2}$$

$$\therefore P_{l2} = \left(\dfrac{\cos\theta_1}{\cos\theta_2}\right)^2 P_{l1} = \left(\dfrac{0.8}{0.94}\right)^2 \times 90 = 65.19 [kW]$$

답 : 65.19 [kW]

해설

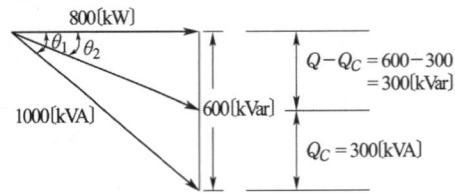

예제 33

제3고조파의 유입으로 인한 사고를 방지하기 위하여 콘덴서 회로에 콘덴서 용량의 11 [%]인 직렬 리액터를 설치하였다. 이 경우에 콘덴서의 정격 전류(정상시 전류)가 10 [A]라면 콘덴서 투입시의 전류는 몇 [A]가 되겠는가?

답안작성

계산 : 콘덴서 투입시 돌입 전류 $I = I_C \left(1 + \sqrt{\dfrac{X_C}{X_L}}\right)$

$$I = 10 \left(1 + \sqrt{\dfrac{X_C}{0.11 X_C}}\right) = 40.15 [A]$$

답 : 40.15 [A]

• 예제 34 •

제5고조파로부터 역률 개선용 콘덴서를 보호하기 위하여 직렬 리액터를 설치하고자 한다. 콘덴서의 용량이 200 [kVA]라고 할 때 이론상 필요한 직렬 리액터의 용량을 계산하고, 실제로는 몇 [kVA]의 직렬 리액터를 설치하여야 하는지를 명시하시오.
- 이론상 :   • 실제상 :

답안작성

이론상 : $200 \times 0.04 = 8\,[\text{kVA}]$
실제상 : $200 \times 0.06 = 12\,[\text{kVA}]$

해설

[이론상] 리액터 용량 = 콘덴서 용량 $\times 4[\%]$
[실제상] 리액터 용량 = 콘덴서 용량 $\times 6[\%]$

• 예제 35 •

부하설비의 역률이 90[%] 이하로 저하하는 경우(지상 역률) 수용가가 볼 수 있는 손해는 무엇인지 4가지를 예로 들어 답하시오.

답안작성

① 전력 손실이 커진다.
② 전압 강하가 커진다.
③ 전기 설비 용량이 증가한다.
④ 전기 요금이 증가한다.

• 예제 36 •

수전단 전압이 3000 [V]인 3상 3선식 배전 선로의 수전단에 역률 0.8(지상)되는 520[kW]의 부하가 접속되어 있다. 이 부하에 동일 역률의 부하 80[kW]를 추가하여 600[kW]로 증가시키되 부하와 병렬로 전력용 콘덴서를 설치하여 수전단 전압 및 선로 전류를 일정하게 불변으로 유지하고자 할 때, 다음 각 물음에 답하시오.
(단, 전선의 1선당 저항 및 리액턴스는 각각 1.78[Ω] 및 1.17[Ω]이다.)
(1) 이 경우에 필요한 전력용 콘덴서 용량은 몇 [kVA]인가?
(2) 부하 증가 전의 송전단 전압은 몇 [V]인가?
(3) 부하 증가 후의 송전단 전압은 몇 [V]인가?

답안작성

(1) 부하 증가 후의 역률 $\cos\theta_2$는 선로 전류가 불변이므로

$$I = \frac{P_1}{\sqrt{3}\,V\cos\theta_1} = \frac{P_2}{\sqrt{3}\,V\cos\theta_2} \text{에서}$$

$$\cos\theta_2 = \frac{P_2}{P_1}\cos\theta_1 = \frac{600}{520} \times 0.8 = 0.92$$

∴ 콘덴서 용량 $Q_c = P(\tan\theta_1 - \tan\theta_2)$

$$Q_c = 600\left(\frac{0.6}{0.8} - \frac{\sqrt{1-0.92^2}}{0.92}\right) = 194.4 [kVA]$$

(2) 부하 증가 전의 송전단 전압 ($\cos\theta_1 = 0.8$)

$$V_s = V_r + \sqrt{3}\,I(R\cos\theta + X\sin\theta)$$
$$= 3000 + \sqrt{3} \times \frac{520 \times 10^3}{\sqrt{3} \times 3000 \times 0.8} \times (1.78 \times 0.8 + 1.17 \times 0.6)$$
$$= 3460.63\ [V]$$

(3) 부하 증가 후의 송전단 전압 ($\cos\theta_2 = 0.92$)

$$V_s = 3000 + \sqrt{3} \times \frac{600 \times 10^3}{\sqrt{3} \times 3000 \times 0.92} \times (1.78 \times 0.92 + 1.17 \times \sqrt{1-0.92^2})$$
$$= 3455.68\ [V]$$

• 예제 37 •

어느 신설 공장에서 자가용 전기 설비를 시운전하여 표와 같은 값을 얻었다. 부하 전력을 500[kW]로 하고 역률을 85[%]로 개선하기 위하여 이 공장의 수전실에 전력용 고압콘덴서를 설치하고자 한다. 다음 각 물음에 답하시오.

수전일지의 일부

시 각	전력량계의 지시 [kWh]	전압 [kV]			전류 [A]		
		V_{12}	V_{23}	V_{31}	I_1	I_2	I_3
14 : 00	39,700	6.5	6.5	6.5	70	70	70
15 : 00	40,200	6.5	6.5	6.5	70	70	70
16 : 00	40,700	6.5	6.5	6.5	70	70	70
17 : 00	40,900	6.5	6.5	6.5	70	70	70

(1) 전력용 고압콘덴서를 설치하기 전 3상 부하의 무효 전력은 몇 [kVar]인가?
(2) 설치할 전력용 고압콘덴서의 용량은 몇 [kVA]인가?

답안작성

(1) 개선 전의 역률 : $\cos\theta = \dfrac{P}{\sqrt{3}\,VI} = \dfrac{500}{\sqrt{3} \times 6.5 \times 70} \times 100 = 63.45[\%]$

∴ 무효 전력 : $Q = P \times \dfrac{\sin\theta}{\cos\theta} = 500 \times \dfrac{\sqrt{1-0.6345^2}}{0.6345} = 609.08\ [kVar]$

답 : 609.08 [kVar]

(2) 콘덴서 용량

$$Q_c = P(\tan\theta_1 - \tan\theta_2) = P\left(\frac{\sqrt{1-\cos^2\theta_1}}{\cos\theta_1} - \frac{\sqrt{1-\cos^2\theta_2}}{\cos\theta_2}\right)\ [kVA]$$

$$Q_c = 500\left(\frac{\sqrt{1-0.6345^2}}{0.6345} - \frac{\sqrt{1-0.85^2}}{0.85}\right) = 299.21\ [kVA]$$

답 : 299.21 [kVA]

8.10 계기용 변성기

1. 계기용 변압기 (PT : Potential Transformer)

1) 목적

   고전압을 저전압으로 변성하여 계기나 계전기에 공급하기 위한 목적으로 사용

2) 용도

   배전반의 전압계, 전력계, 주파수계, 역률계, 보호 계전기, 부족 전압계전기 및 표시등의 전원으로 사용

3) 정격 부담

   변성기의 2차측 단자간에 접속되는 부하의 한도를 말하며 [VA]로 표시한다.

4) 계기용 변압기의 2차 정격전압 : AC 110[V]

5) 퓨즈 설치 : 계기용 변압기 1차측과 2차측에는 반드시 퓨즈를 부착하여, 계기용 변압기 및 부하측에 고장 발생시 이를 고압 회로로부터 분리하여 **사고의 확대를 방지**하도록 하여야 한다.

2. 계기용 변류기(CT : Current Transformer)

1) 목적 : 회로의 대전류를 소전류로 변성하여 계기나 계전기에 공급하기 위한 목적으로 사용

2) 용도 : 배전반의 전류계, 전력계, 역률계, 보호 계전기 및 차단기 트립 코일의 전원으로 사용

3) 정격 부담

   변류기 2차측 단자간에 접속되는 부하의 한도를 말하며 [VA]로 표시한다.

4) 2차측 개방 불가

   변류기 2차측을 개방하면 1차 전류가 모두 여자전류가 되어 **2차측에 과전압을 유기하여 절연이 파괴**되어 소손될 우려가 있으므로 CT 2차측 기기를 교체하고자 하는 경우는 반드시 **CT 2차측을 단락**시켜야 한다.

5) 변류비 선정

   (1) 변압기 회로

   $$변류비 = \frac{CT\ 1차측\ 전류 \times (1.25 \sim 1.5)}{CT\ 2차측\ 전류}$$

   $$= \frac{최대\ 부하\ 전류 \times (1.25 \sim 1.5)\ [A]}{5\ [A]}$$

(2) 전동기 회로

$$변류비 = \frac{CT\ 1차측\ 전류 \times (1.5 \sim 2.0)}{CT\ 2차측\ 전류}$$

$$= \frac{최대\ 부하\ 전류 \times (1.5 \sim 2.0)[A]}{5\ [A]}$$

(3) 전력 수급용 계기용 변성기(MOF)의 변류비

$$변류비 = \frac{CT\ 1차측\ 정격\ 전류}{CT\ 2차측\ 전류}$$

즉, MOF용 변류기의 변류비 선정시에는 여유를 고려하지 않는다.

6) 변류비 및 부담

(1) 1차 전류 : 5, 10, 15, 20, 30, 40, 50, 75, 100, 150, 200, 300, 400, 500[A]

(2) 2차 전류 : 5[A]

(3) 정격 부담 : 5, 10, 15, 25, 40, 100[VA]

7) BCT(Bushing CT)의 오차계급

(1) 종류

계전기용	
오차계급	부담
C100	B-1 (25 [VA])
C200	B-2 (50 [VA])
C400	B-4 (100 [VA])
C800	B-8 (200 [VA])

(2) 의미

① 오차계급 C100은 2차 단자에 100[A]의 전류가 흘렀을 때 단자전압이 100 [V]가 된다는 것을 의미한다.

따라서 $E = IZ$에서 임피던스 $Z = \dfrac{E}{I} = \dfrac{100}{100} = 1[\Omega]$

또한 오차계급 C800의 경우 임피던스 $Z = \dfrac{800}{100} = 8[\Omega]$이 된다.

② B-1은 부담을 나타낸다.

즉 부담 $VA = I^2Z$에서 변류기의 2차 정격전류는 5 [A]이므로

$VA = 5^2 Z = 25Z$ 가 되고 **임피던스를 알면 변류기의 부담을 알 수 있다.**

따라서 B-1의 1은 변류기의 임피던스를 나타낸다.

예를 들면 B-8의 경우 임피던스가 8 [Ω]이므로 부담

$VA = 25 \times 8 = 200[VA]$가 됨을 알 수 있다.

8) 변류기 결선

(1) 가동 접속(정상 접속)

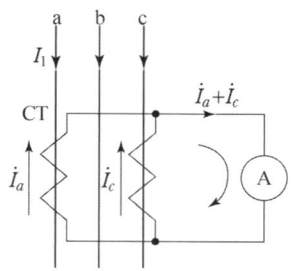 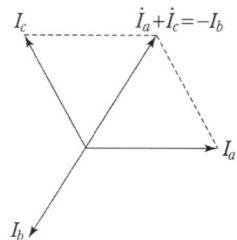

여기서, I_1 : 부하 전류

$\dot{I}_a, \dot{I}_b, \dot{I}_c$: CT 2차 전류

$\dot{I}_a + \dot{I}_c$: 전류계 Ⓐ의 지시값, 즉 Ⓐ의 지시는 CT 2차 전류와 같은 크기의 전류값 지시(I_b상)

(2) 차동 접속(교차 접속)

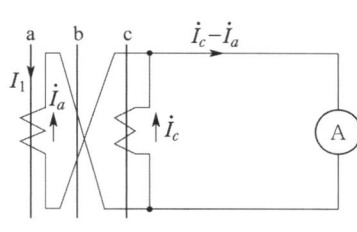 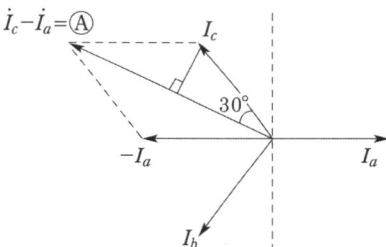

여기서, $\dot{I}_c - \dot{I}_a$: 전류계 Ⓐ 지시값

$$Ⓐ = 2 \times I_c \cos 30° = \sqrt{3}\, I_c = \sqrt{3}\, I_a$$

즉, Ⓐ의 지시는 CT 2차 전류의 $\sqrt{3}$ 배를 지시하므로

$$I_a = \frac{Ⓐ}{\sqrt{3}},\ I_c = \frac{Ⓐ}{\sqrt{3}} \text{가 되므로}$$

$$\therefore\ I_1 = \frac{\text{전류계 Ⓐ 지시값}}{\sqrt{3}} \times \text{CT비}$$

3. 전력 수급용 계기용 변성기(MOF : Metering Out Fit)

계기용 변압기와 변류기를 조합한 것으로 **전력 수급용 전력량을 측정**하며, 또한 옥내 수전실 또는 옥내 큐비클 등 **밀폐된 공간에 설치하는 전력 수급계기용 계기용 변성기는 난연성**(에폭시몰드 및 가스 절연 또는 실리콘 절연 등)제품을 사용하는 것이 바람직하다.

4. 접지형 계기용 변압기 (GPT : Ground Potential Transformer)

1) 목적

   비접지 계통에서 지락 사고시의 영상 전압 검출

2) 회로

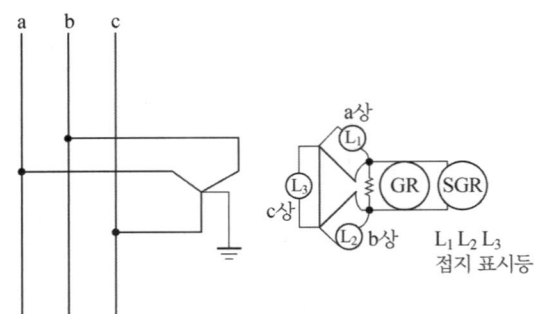

3) GPT 2차측 전압 및 접지 표시등

   (1) 정상 상태

   정상 상태에서는 GPT 2차측 각상의 전압은 $110/\sqrt{3}$ [V]이며 이때 접지 표시등 L_1, L_2, L_3의 밝기가 동일하다.

   (2) a상 완전 지락 사고시

   a상에서 지락 사고시 GPT 2차측 a상의 전압은 0 [V], b상 및 c상의 전압은 $110/\sqrt{3}$ [V]에서 110 [V]로 상승하게 되며, 이 때 접지 표시등 L_1은 소등, L_2, L_3의 밝기는 정상 상태보다 밝아진다.

4) a상 완전지락 사고시 각 상전압의 변화

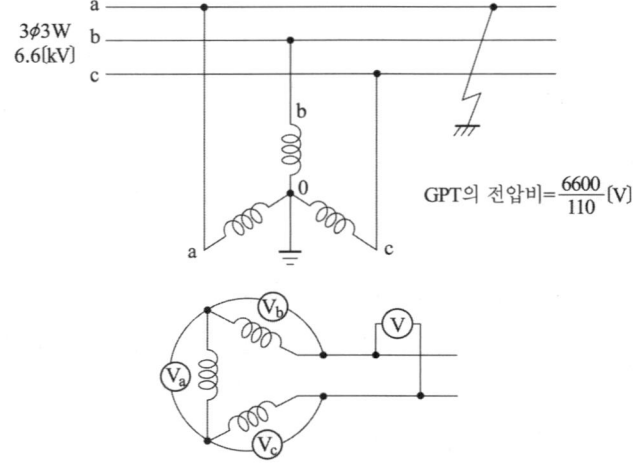

(1) 정상상태 (a상 지락전)

① a-0에 인가되는 전압(1차측 권선에 인가되는 상전압)$= \dfrac{6600}{\sqrt{3}}$ [V]

② 2차측 전압($V_a = V_b = V_c$) $= \dfrac{6600}{\sqrt{3}} \times \dfrac{110}{6600} = \dfrac{110}{\sqrt{3}}$ [V]

(2) a상 완전지락시

① a-0에 인가되는 전압은 0 [V]가 인가된다.

② b-0 및 c-0에는 선간전압 6600 [V]가 인가된다.

③ 2차측 전압

- $V_a = 0 \times \dfrac{110}{6600} = 0 [V]$

- $V_b = V_c = 6600 \times \dfrac{110}{6600} = 110 [V]$

④ 전압계 Ⓥ

Ⓥ $= \sqrt{3} \times$ Ⓥ$_b$ $= \sqrt{3} \times 110 = 190 [V]$

5. 영상 변류기 (ZCT : Zerophase Current Transformer)

지락 사고시 지락 전류(영상 전류)를 검출하는 것으로 지락 계전기와 조합하여 차단기를 차단시킨다.

• 예제 38 •

CT 2대를 V결선하여 OCR 3대를 그림과 같이 연결하여 사용할 경우 다음 각 물음에 답하시오.

(1) 일반적으로 우리 나라에서 사용하는 CT의 극성은 무엇인가?

(2) 변류기 2차측에 접속하는 외부 부하 임피던스를 무엇이라고 하는가?

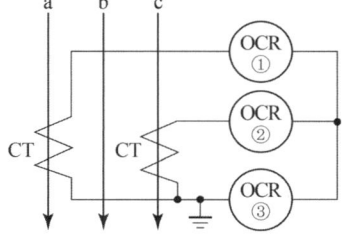

(3) ③번 OCR에 흐르는 전류는 어떤 상의 전류인가?

(4) OCR은 어떤 고장(사고)이 발생하였을 때 동작하는가?

(5) 이 선로는 어떤 배전 방식(전기 방식)인가?

답안작성

(1) 감극성
(2) 부담
(3) b상 전류
(4) 단락 사고
(5) 3상 3선식 비접지 방식

해설

(1) CT의 극성에는 **감극성과 가극성**이 있으나 우리나라에서는 **감극성**을 **표준**으로 한다.

(3)

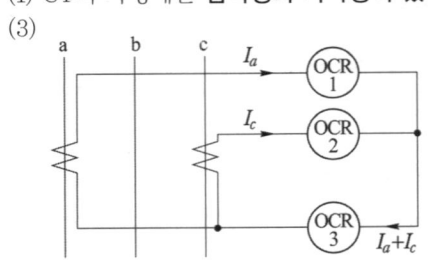
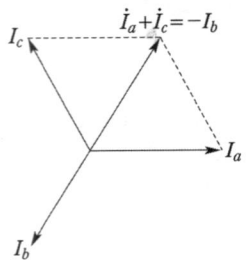

• 예제 39 •

그림과 같은 3상 3선식 고압 수전 설비의 변류기에 결선되어 있는 A_3 전류계에 흐르는 전류는 몇 [A]인가?

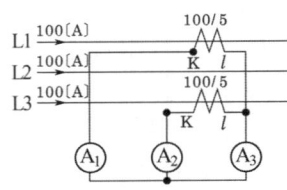

답안작성

$$A_3 = 100 \times \frac{5}{100} = 5[A]$$

해설

전류계 A_3의 지시는 A_1과 A_2의 vector 합이므로 3상이 평형되었다면 $A_1 = A_2 = A_3$가 된다.

• 예제 40 •

변류비 50/5인 CT 2개를 그림과 같이 접속할 때 전류계에 2[A]가 흐른다면 CT 1차측에 흐르는 전류는 몇 [A]인가?

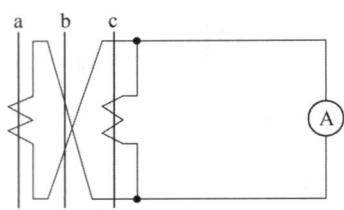

답안작성

CT 1차측 전류 = 전류계 지시치 $\times \dfrac{1}{\sqrt{3}} \times$ 변류비

$$= 2 \times \frac{1}{\sqrt{3}} \times \frac{50}{5} = 11.55 [A]$$

∴ 11.55[A]

해설

CT가 교차 접속되어 있으므로 CT 2차측 전류는 전류계 지시치의 $\dfrac{1}{\sqrt{3}}$이 된다.

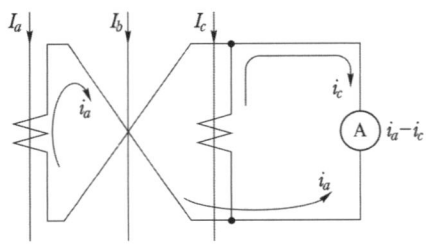
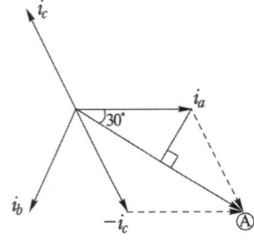

$$Ⓐ = 2 \times i_a \cos 30° = 2 \times i_c \cos 30° = \sqrt{3}\, i_a = \sqrt{3}\, i_c$$

$$\therefore\ i_a = i_c = \frac{Ⓐ}{\sqrt{3}}$$

• 예제 41 •

3상 4선식 22.9 [kV] 수전 설비의 부하 전류가 30 [A]이다. 60/5 [A]의 변류기를 통하여 과부하 계전기를 시설하였다. 120 [%]의 과부하에서 차단기를 동작시키려면 과부하 트립 전류값은 몇 [A]로 설정해야 하는가?

답안작성

과전류 계전기의 전류 탭(I_t) = 부하전류(I) × $\frac{1}{변류비}$ × 설정값

$$\therefore\ I_t = 30 \times \frac{5}{60} \times 1.2 = 3\,[A]$$

답 : 3 [A] 설정

해설

※ OCR(과전류 계전기)의 탭 전류
2 [A], 3 [A], 4 [A], 5 [A], 6 [A], 7 [A], 8 [A], 10 [A], 12 [A]

• 예제 42 •

변류비 160/5인 변류기 2대를 그림과 같이 접속하였을 때, 전류계에 2.5 [A]의 전류가 흘렀다. 1차 전류를 구하시오.

• 계산
• 답

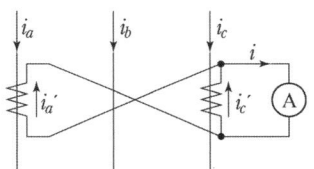

답안작성

계산 : 교차결선이므로

$$Ⓐ = \sqrt{3}\, i_a' = \sqrt{3}\, i_c' = 2.5[A]$$

$$\therefore\ i_a' = \frac{2.5}{\sqrt{3}}\,[A]$$

1차 전류 $I_a = a\, i_a' = \frac{160}{5} \times \frac{2.5}{\sqrt{3}} = 46.19[A]$

답 : 46.19 [A]

• 예제 43 •

그림과 같은 회로에서 최대 눈금 15 [A]의 직류 전류계 2개를 접속하고 전류 20 [A]를 흘리면 각 전류계의 지시는 몇 [A]인가? 단, 전류계 최대 눈금의 전압강하는 A_1이 75 [mV], A_2가 50 [mV]임.

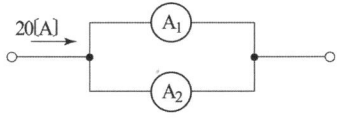

• 계산 :

• 답 :

답안작성

계산 : 전류계 내부 저항

$$R_1 = \frac{e_1}{I_1} = \frac{75 \times 10^{-3}}{15} = 5 \times 10^{-3} [\Omega]$$

$$R_2 = \frac{e_2}{I_2} = \frac{50 \times 10^{-3}}{15} = 3.33 \times 10^{-3} [\Omega]$$

전류 분배 법칙에 의해 각 전류계에 흐르는 전류 A_1, A_2는

$$A_1 = \frac{R_2}{R_1 + R_2} \times I = \frac{3.33 \times 10^{-3}}{5 \times 10^{-3} + 3.33 \times 10^{-3}} \times 20 = 8[A]$$

$$A_2 = I - A_1 = 20 - 8 = 12[A]$$

답 : $A_1 = 8[A]$, $A_2 = 12[A]$

8.11 보호 계전기

1. 보호 계전기 동작 요소

요 소	종 류	계전기 명
단일 전류요소	전 류 계 전 기	OCR, UCR, OCGR
단일 전압요소	전 압 계 전 기	OVR, UVR, OVGR
전압, 전류요소	방향지락계전기	DOCGR, SGR
	방향단락계전기	DOCR, OCR with voltage res
	전 력 계 전 기	조류계전기
2전류 요소	기 기 보 호 용	비율차동계전기 (% Diff)
기타 요소	한 시 계 전 기	A.C Timer
	보 조 계 전 기	A.C Aux relay

2. 주보호 및 후비보호

1) 주보호 : 사고 발생시 신속하게 **고장구간을 최소 범위로 한정해서 제거**한다는 것을 책무로 하는 것으로 고장점 직상의 보호계전기 시스템을 의미한다.

2) 후비보호 : **주보호가 실패**했을 경우 또는 보호할 수 없을 경우에 일정한 시간을 두고 동작하는 **백업(back up) 계전 방식**이다.

3. 사고 종류에 대한 보호장치 및 보호조치

항 목	사고 종류	보호장치 및 보호조치
고압 배전선로	접지사고	접지 계전기
	과부하, 단락	과전류 계전기
	뇌해	피뢰기, 가공지선
주상 변압기	과부하, 단락	고압 퓨즈
저압 배전선로	고저압 혼촉	중성점 접지공사
	과부하, 단락	저압 퓨즈

4. 단락 보호용 계전기

1) 과전류 계전기 (Over Current Relay : OCR)
   일정값 이상의 전류가 흘렀을 때 동작하며 일명 과부하 계전기라 불려진다.

2) 과전압 계전기 (Over Voltage Relay : OVR)
   일정값 이상의 전압이 걸렸을 때 동작한다.

3) 부족 전압 계전기 (Under Voltage Relay : UVR)
   전압이 일정값 이하로 떨어졌을 경우, 예를 들면 대형 유도 전동기 등에서 갑자기 공급 전압이 내려갔을 때 지나친 과전류가 흐르지 않게끔 동작하는 것이다.

4) 단락 방향 계전기 (Directional Short Circuit Relay : DSR)
   어느 일정한 방향으로 일정값 이상의 단락 전류가 흘렀을 경우 동작하는 것

5) 선택 단락 계전기 (Selective Short Circuit Relay : SSR)
   병행 2회선 송전 선로에서 한쪽의 1회선에 단락 사고가 발생하였을 때 2중 방향 동작 계전기를 사용해서 고장 회선을 선택 차단할 수 있는 것

6) 거리 계전기 (Distance Relay : ZR)
   계전기가 설치된 위치로부터 고장점 까지의 전기적 거리에 비례하여 한시 동작하는 것으로 복잡한 계통의 단락 보호에 과전류 계전기의 대용으로 쓰인다.

$$Z_{RY} = \frac{V_2}{I_2} = \frac{V_1 \times \frac{1}{PT비}}{I_1 \times \frac{1}{CT비}} = \frac{V_1}{I_1} \times \frac{CT비}{PT비} = Z_1 \times \frac{CT비}{PT비}$$

여기서, Z_{RY} : 계전기측 임피던스 [Ω]

Z_1 : 계전기 설치점에서 고장점까지의 임피던스 [Ω]

7) 방향 거리 계전기 (Directive Distance Relay : DZR)
   거리 계전기에 방향성을 가지게 한 것으로서 복잡한 계통에서 방향 단락 계전기

의 대용으로 쓰인다.

5. 지락 보호 계전기

1) 과전류 지락 계전기 (Over Current Ground Relay : OCGR)
   과전류 계전기의 동작 전류를 특별히 작게 한 것으로 지락 고장 보호용으로 사용한다.

2) 방향 지락 계전기 (Directional Ground Relay : DGR)
   과전류 지락 계전기에 방향성을 준 것

3) 선택 지락 계전기 (Selective Ground Relay : SGR)
   병행 2회선 송전 선로에서 한쪽의 1회선에 지락 사고가 일어났을 경우 이것을 검출하여 고장 회선만을 선택 차단할 수 있게끔 선택 단락 계전기의 동작 전류를 특별히 작게 한 것

6. 전류차동 계전기 (비율 차동 계전기[Percentage Differential Relay])

1) 결선도

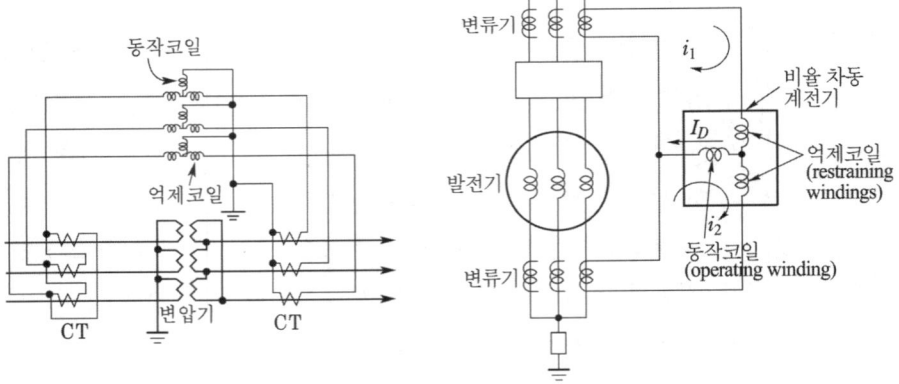

2차측에 설치된 CT는 부하 측을 머리인 K로 변압기측을 꼬리인 L로 하고 있다. 이것을 그림으로 나타내면 다음과 같이 되며 혼돈을 방지하기 위해 변압기 양측에 설치된 CT의 극성 및 단자표시가 서로 반대임을 주의하여야 한다.

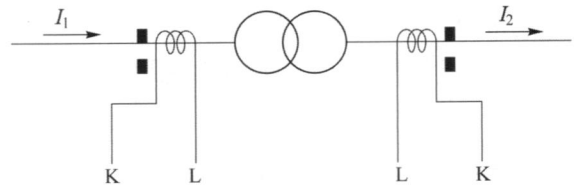

2) 용도 : 발전기나 변압기의 **내부 고장에 대한 보호용**으로 사용

3) 동작원리

정상 상태에서는 기기의 1, 2차측 변류기 2차 전류 i_1, i_2의 크기는 같아서 동작 코일에는 **전류가 흐르지 않는다**($I_D = i_1 - i_2 = 0$). 그러나 발전기 또는 변압기 **내부 고장이 발생**하면 기기의 1, 2차측 변류기 1차 전류의 크기가 변화하고 그에 따라 변류기 2차측 전류 i_1, i_2의 크기가 변하게 되어 **동작 코일에는 $i_1 - i_2$의 차 전류가 흐르게 되어 보호 계전기가 동작**하게 된다.

4) 비율 차동 계전기 결선

변압기의 결선이 Y-△ 또는 △-Y인 경우 변압기 1, 2차측 **변류기의 2차 전류** i_1, i_2의 크기 및 위상을 동일하게 하기 위해 비율 차동 계전기의 변류기의 결선은 **변압기 결선과 반대**로 한다.

변압기 결선	변류기 결선
Y - △	△ - Y
△ - Y	Y - △

예를들어

- 변압기 권수비 : $a = 1$
- 변압기 결선 : Y-△
- 정격 1차전류 $I_1 = 5[A]$
- C.T비 : 5/5

(1) 변압기 결선 Y-△ (CT 결선 : △-Y)

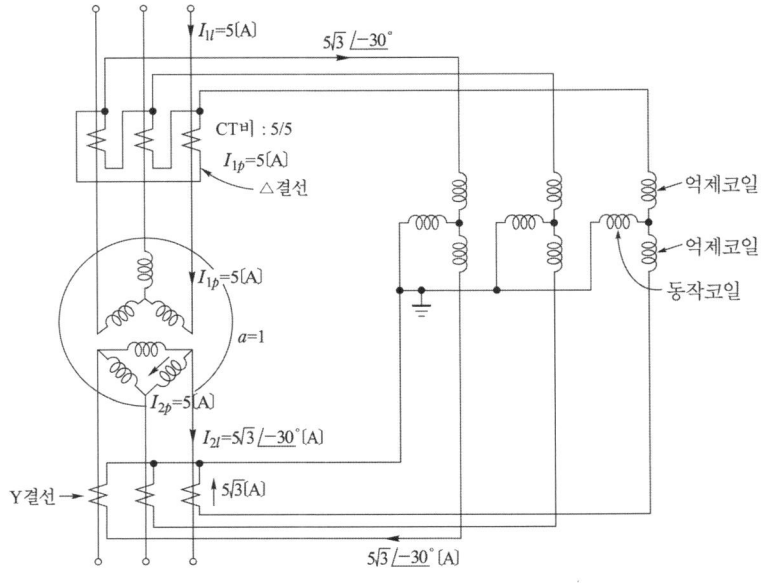

$$I_{1l} = I_{1p} \angle 0° = 5 \angle 0°$$

$$I_{2p} = aI_{1p} = 1 \times 5 = 5[A]$$

그런데 **변압기 2차측이 △결선** 되어 있으므로

$$I_{2l} = \sqrt{3}\, I_{2p} \angle -30° = 5\sqrt{3} \angle -30°$$

따라서, **변압기 1차측 CT를 △결선하고, 변압기 2차측 CT를 Y결선** 하면 비율차동계전기에 흐르는 전류는 크기도 동일하고 위상도 같게 된다.

(2) 변압기 결선 △-Y (CT 결선 : Y-△)

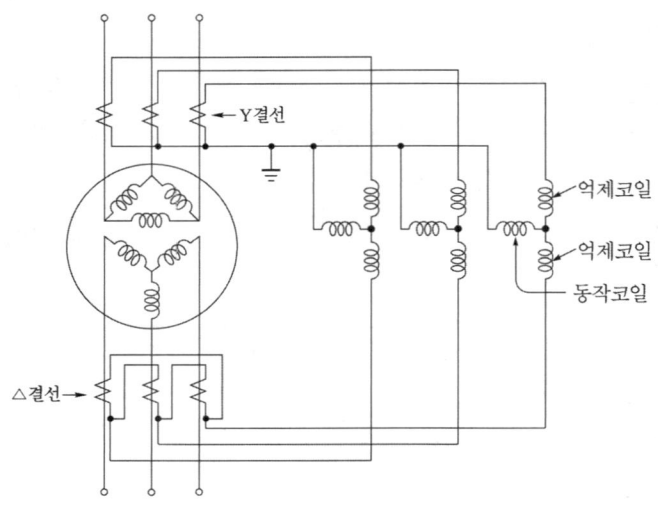

5) 변압기 결선 및 각 변위에 따른 변류기 결선

변압기 결선 및 각 변위	변류기 결선
△-Y 결선 Dy11	
Y-△ 결선 yd11	

변압기 결선 및 각 변위	변류기 결선
△-△ 결선 DdO	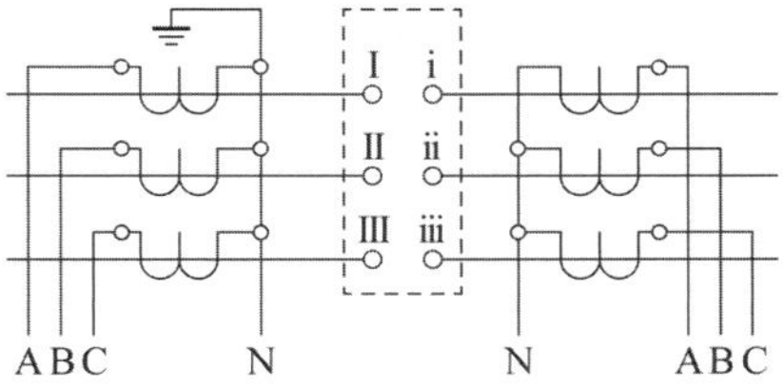
△-Y 결선 Dy1	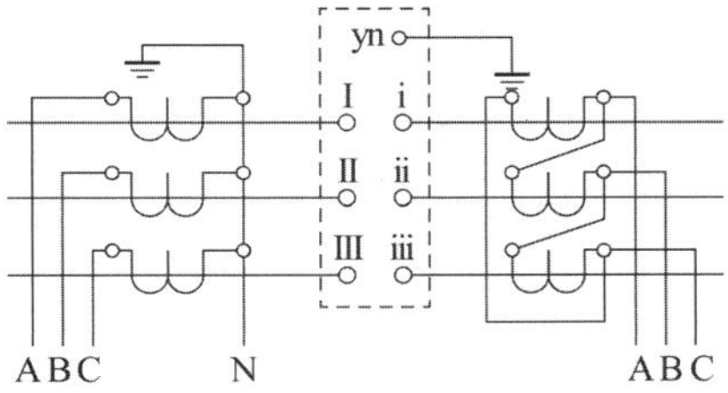
Y-△ 결선 Yd1	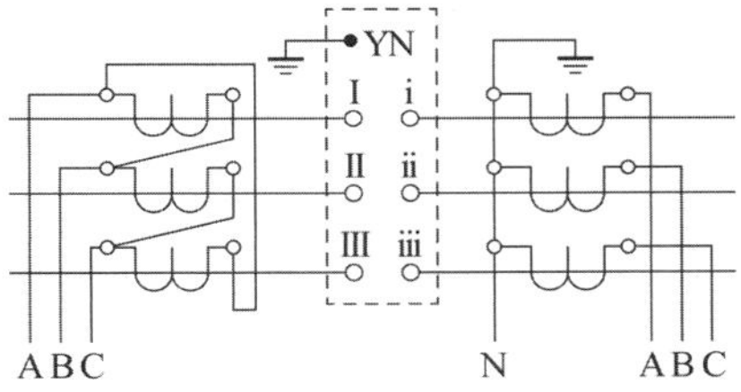
Y-Y 결선 YyO	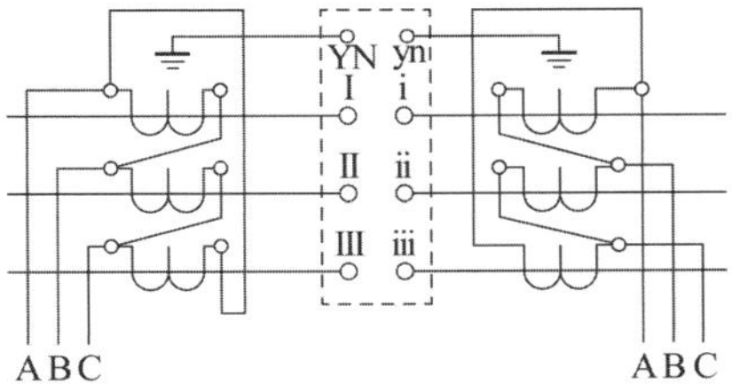

6) 계전기 고유번호
- 87 : 전류차동계전기(비율차동계전기)
- 87B : 모선보호 차동계전기
- 87G : 발전기용 차동계전기
- 87T : 주변압기 차동계전기

참고로 **계전기 87의 명칭은 현장에서는 비율차동계전기로 불리고 있으나 공식적인 명칭은 전류차동계전기로** 되어 있다.

7. 보호계전방식의 적용

1) 송전선로의 보호계전방식

	동작 속도	다상 재폐로의 가능성	검출 감도	자동 감시의 가능성	다단자에의 적용 가능성	전송로 여건
전류 차동 보호 계전 방식 (파일럿 와이어 전송)	빠르다	가 능	높다	가 능	가 능	파일럿 와이어 회선이 필요 (단, 30[km]미만)
전류 차동 보호 계전 방식 (PCM 전송)	빠르다	가 능	높다	가 능	가 능	마이크로파 회선이 필요
전류 위상 비교 보호 계전 방식	빠르다	가 능	높다	가 능	요주의	마이크로파 회선이 필요
방향 비교 보호 계전 방식	빠르다	어렵다	낮다	어렵다	요주의	전력선 반송 회선이 필요
거리 보호 계전 방식	느리다	어렵다	낮다	어렵다	가 능	불가
전류 균형 보호 계전 방식	느리다	어렵다	낮다	어렵다	가 능	불가
과전류 방식	느리다	어렵다	낮다	어렵다	가 능	불가

2) 방사상 선로의 단락보호방식

(1) 전원이 1단에만 있을 경우 : 과전류계전기

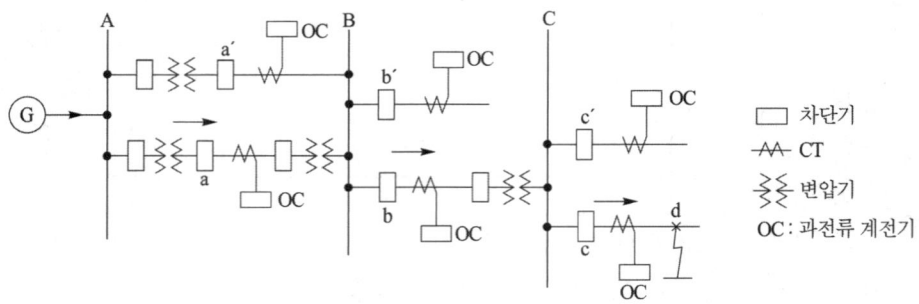

방사상 송전선의 보호방식

(2) 전원이 양단에 있을 경우 : 방향단락계전기(DS)+과전류계전기(OC)

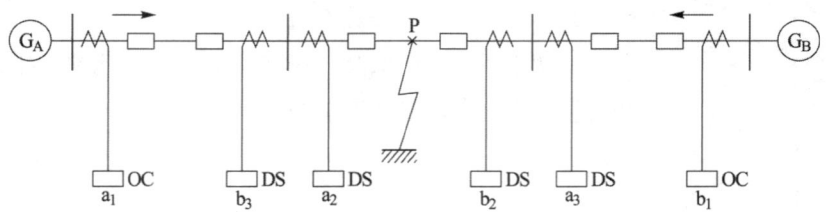

양단 전원 단일 선로의 보호 방식

3) 환상 선로의 단락 보호 방식

(1) 전원이 1단에만 있는 경우 : 방향단락계전기(DS)

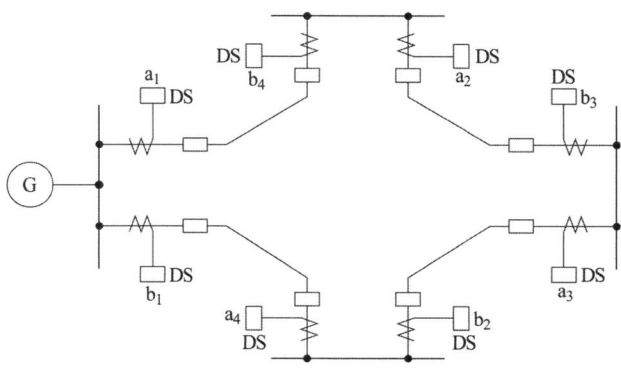

(2) 전원이 두 군데 이상 있는 경우 : 방향거리계전기(DZ)

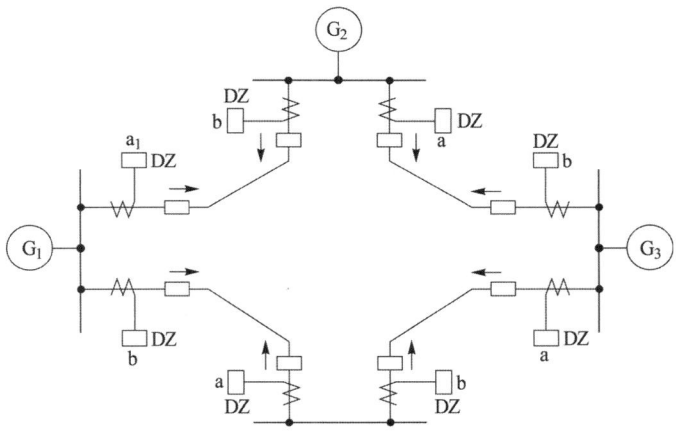

4) 모선 보호 방식

(1) 전류 차동 방식

각 모선에 설치된 CT의 2차 회로를 차동 접속하고 거기에 과전류 계전기를 설치한 것으로서, 모선내 고장에서는 모선에 유입하는 전류의 총계와 유출하는 전류의 총계가 서로 다르다는 것을 이용해서 고장 검출을 하는 방식이다.

(2) 전압 차동 방식

각 모선에 설치된 CT의 2차 회로를 차동 접속하고 거기에 임피던스가 큰 전압계전기를 설치한 것으로서, 모선내 고장에서는 계전기에 큰 전압이 인가되어서 동작하는 방식이다.

(3) 위상 비교 방식

모선에 접속된 각 회선의 전류 위상을 비교함으로써 모선 내 고장인지 외부 고장인지를 판별하는 방식

(4) 방향 비교 방식

모선에 접속된 각 회선에 전력방향계전기 또는 거리방향 계전기를 설치하여 모선으로부터 유출하는 고장 전류가 없는데 어느 회선으로부터 모선 방향으로 고장 전류의 유입이 있는지 파악하여 모선 내 고장인지 외부 고장인지를 판별하는 방식

8. 과전류 계전기 동작 시험

1) 실제 배선도

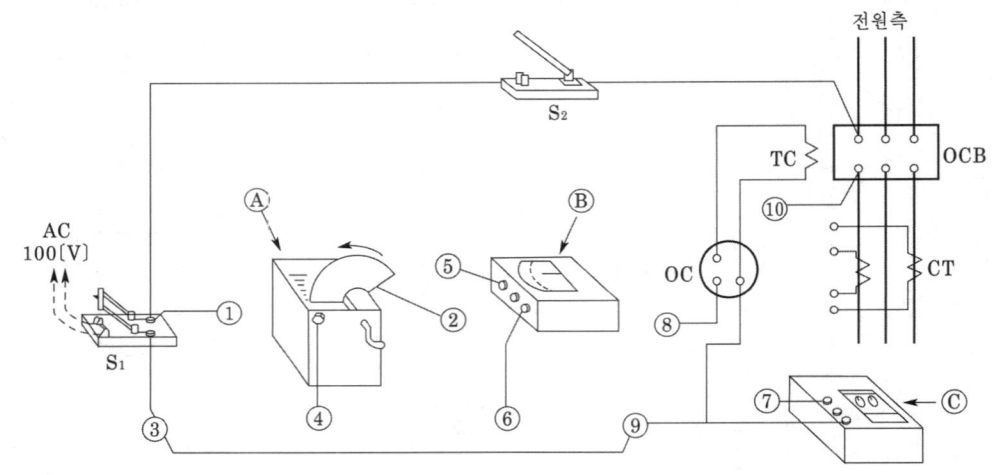

(1) 기기 명칭

　Ⓐ : 수저항기

　Ⓑ : 전류계

　Ⓒ : 사이클 카운터 (계전기 시험 장치)

(2) 결선 방법

　①-④, ②-⑤, ⑥-⑧, ⑩-⑦

2) 측정 방법

(1) S_2 투입 : 계전기 한시 동작 특성 시험

(2) S_2 개방 : 계전기 최소 동작 전류 시험

8장 수변전 설비

• 예제 **44** •

그림은 통상적인 단락, 지락 보호에 쓰이는 방식으로서 주보호와 후비보호의 기능을 지니고 있다. 도면을 보고 다음 각 물음에 답하시오.

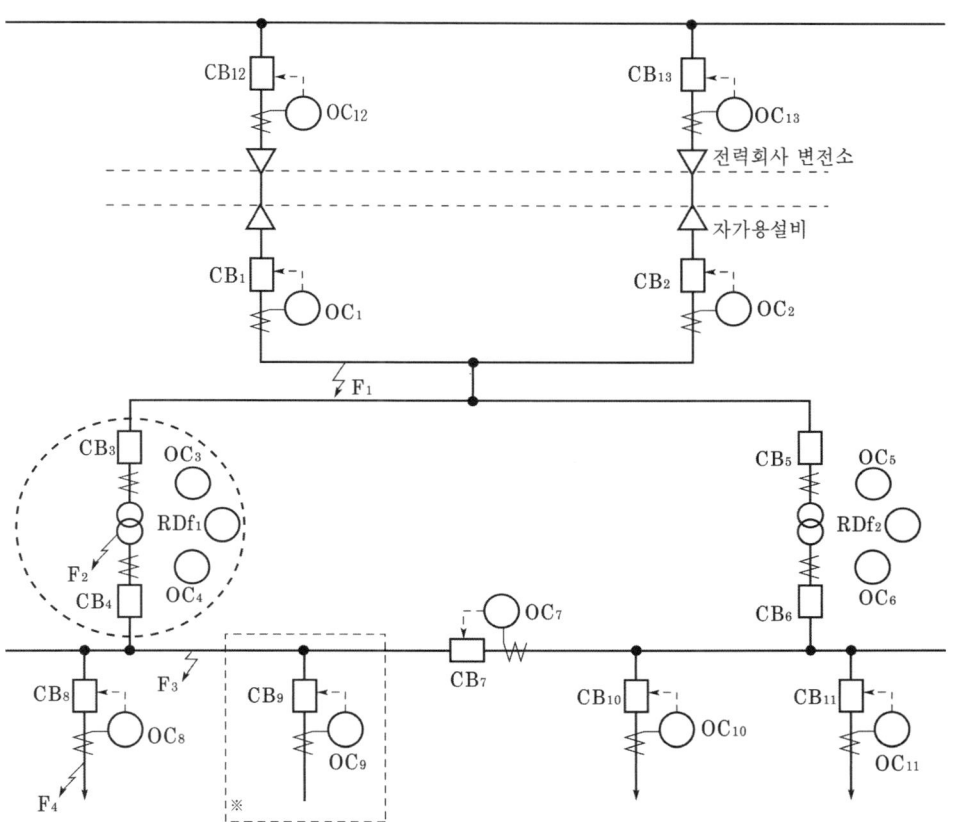

(1) 사고점이 F_1, F_2, F_3, F_4라고 할 때 주보호와 후비보호에 대한 다음 표의 ( ) 안을 채우시오.

사고점	주 보 호	후 비 보 호
F_1	OC_1+CB_1 And OC_2+CB_2	①
F_2	②	OC_1+CB_1 And OC_2+CB_2
F_3	OC_4+CB_4 And OC_7+CB_7	OC_3+CB_3 And OC_6+CB_6
F_4	OC_8+CB_8	OC_4+CB_4 And OC_7+CB_7

(2) 그림은 도면의 ※ 표 부분을 좀더 상세하게 나타낸 도면이다. 각 부분 ①~④에 대한 명칭을 쓰고, 보호 기능 구성상 ⑤~⑦의 부분을 검출부, 판정부, 동작부로 나누어 표현하시오.

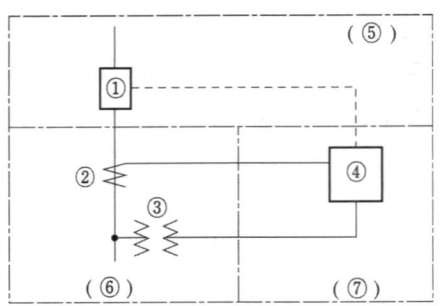

(3) 답란의 그림 F_2 사고와 관련된 검출부, 판정부, 동작부의 도면을 완성하시오.
   단, 질문 "(2)"의 도면을 참고하시오.
(4) 자가용 전기 설비에 발전 시설이 구비되어 있을 경우 자가용 수용가에 설치되어야 할 계전기는 어떤 계전기인가?

답안작성

(1) ① $OC_{12} + CB_{12}$ And $OC_{13} + CB_{13}$
   ② $RDf_1 + OC_4 + CB_4$ And $OC_3 + CB_3$
(2) ① 교류 차단기   ② 변류기
   ③ 계기용 변압기   ④ 과전류 계전기
   ⑤ 동작부   ⑥ 검출부
   ⑦ 판정부
(3)

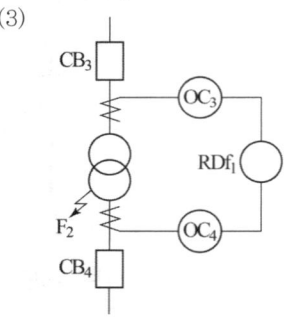

(4) ① 과전류 계전기
   ② 주파수 계전기
   ③ 부족전압 계전기
   ④ 비율 차동 계전기
   ⑤ 과전압 계전기

해설

(1) ① F_1 사고시
   • 주보호 : OC_1에 의해 CB_1이 동작되고 동시에 CB_2를 통해 공급되는 고장전류를 차단하기 위하여 OC_2가 동작하여 CB_2를 차단하여야 한다.
   • 후비보호 : 주보호 시스템인 OC_1 및 CB_1 또는 OC_2 및 CB_2에 문제점이 발생하여 고장전류를 일정 시간 내에 차단하지 못하는 경우 그 전단에 있는 CB_{12} 및 CB_{13} 차단기가 동작하여 고장전류를 차단하여야 한다.

② F_2 사고시
- 주보호 : 비율차동계전기 RDf_1에 의해 CB_3와 CB_4가 차단되거나 또는 OC_3에 의해 CB_3, OC_4에 의해 CB_4가 차단되어야 한다. 만약, CB_4가 차단되지 않으면 고장전류가 병렬로 운전중인 CB_6, CB_7을 통해 고장점으로 흐를 수 있다.
- 후비보호 : 만약 주보호 시스템이 동작하지 못하면 그 후비보호 시스템인 OC_1에 의해 CB_1, OC_2에 의해 CB_2가 동작하여 전원측으로 부터의 고장전류의 공급을 차단 하여야 한다. 그러나 **후비보호 시스템이 동작하는 경우에는 시스템 전체가 정전이 되는 상황이 발생**하게 된다.

③ F_4 사고시
- 주보호 : OC_8에 의해 CB_8이 동작
- 후비보호 : 만약 주보호 시스템이 동작하지 못하면 그 후비보호 시스템인 OC_4에 의해 CB_4가 동작하여야 하고 동시에 병렬 운전 중인 CB_7 회로를 통해 공급되는 고장전류를 차단하기 위하여 OC_7에 의해 CB_7이 차단되어야 한다. 이 경우에는 CB_8 부하 이외에도 CB_9 부하까지도 정전되어 정전 범위가 확대된다.

• 예제 45 •

그림은 발전기의 상간 단락 보호 계전 방식을 도면화한 것이다. 이 도면을 보고 다음 각 물음에 답하시오.

(1) 점선안의 계전기 명칭은?

(2) 동작 코일은 A, B, C 코일 중 어느 것인가?

(3) 발전기에 상간 단락이 생길 때 코일 C의 전류 i_d는 어떻게 표현되는가?

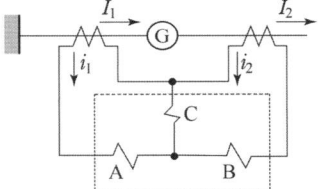

답안작성

(1) 비율 차동 계전기
(2) C 코일
(3) $i_d = |i_1 - i_2|$

해설

(2) C 코일 : 동작 코일 (차동 전류), A, B 코일 : 억제 코일 (부하 전류)
(3) C 코일(동작 코일)에 흐르는 전류는 A, B 코일(억제 코일)에 흐르는 전류의 차전류가 흐른다.

8.12 수전설비 표준 결선도

1. 표준 결선도 작성 요령

1) **작성기준 1** : MOF(전력 수급용 계기용 변성기)는 전력사용량을 계측하기 위한 설비로서 **전력 소비기기**(변압기, 계기용 변압기, …)의 **전단에 설치**되어야 한다.

2) **작성기준 2** : MOF(전력 수급용 계기용 변성기)내부의 전압코일에서 단락이 생긴 경우 MOF를 전로로부터 분리할 수 있는 **보호장치(파워퓨즈, 차단기)는** MOF 전단에 **설치**되어야 한다.

3) **작성기준 3** : 차단기 또는 파워퓨즈의 정비를 안전하게 하기 위하여 **DS 또는 LS를 차단기 또는 퓨즈 전단에 설치**하여야 한다.

4) **작성기준 4** : LA(피뢰기)를 수전단의 DS 또는 LS 뒤에 **설치**함으로서 LA를 안전하게 점검, 보수할 수 있도록 하여야 한다.

5) **작성기준 5** : 전원 측 보호계전기용 CT는 차단기의 1차측 또는 2차측에 설치할 수 있으며 특징은 다음과 같다.

   (1) 차단기 1차측

   ① 장점 : **보호 범위가 넓어진다.** 즉, 차단기 2차측 단자에서 사고 발생시에도 사고를 검출할 수 있다.

   ② 단점 : CT를 점검 보수하기 위해서는 **차단기 전단의 개폐기를 개방**하여야 하며, 이 경우 작업의 번거로움 발생할 수 있으며 정전 범위가 확대 될 수 있다.

   (2) 차단기 2차측

   ① 장점 : CT의 보수 점검이 용이하다. 즉, CT를 보수 점검하기 위해서는 차단기만 개방하면 된다.

   ② 단점 : **보호범위가 좁아진다.** 즉, 차단기 2차측 단자에서 사고 발생시 사고를 검출할 수 없다.

표준 결선도 작성 예

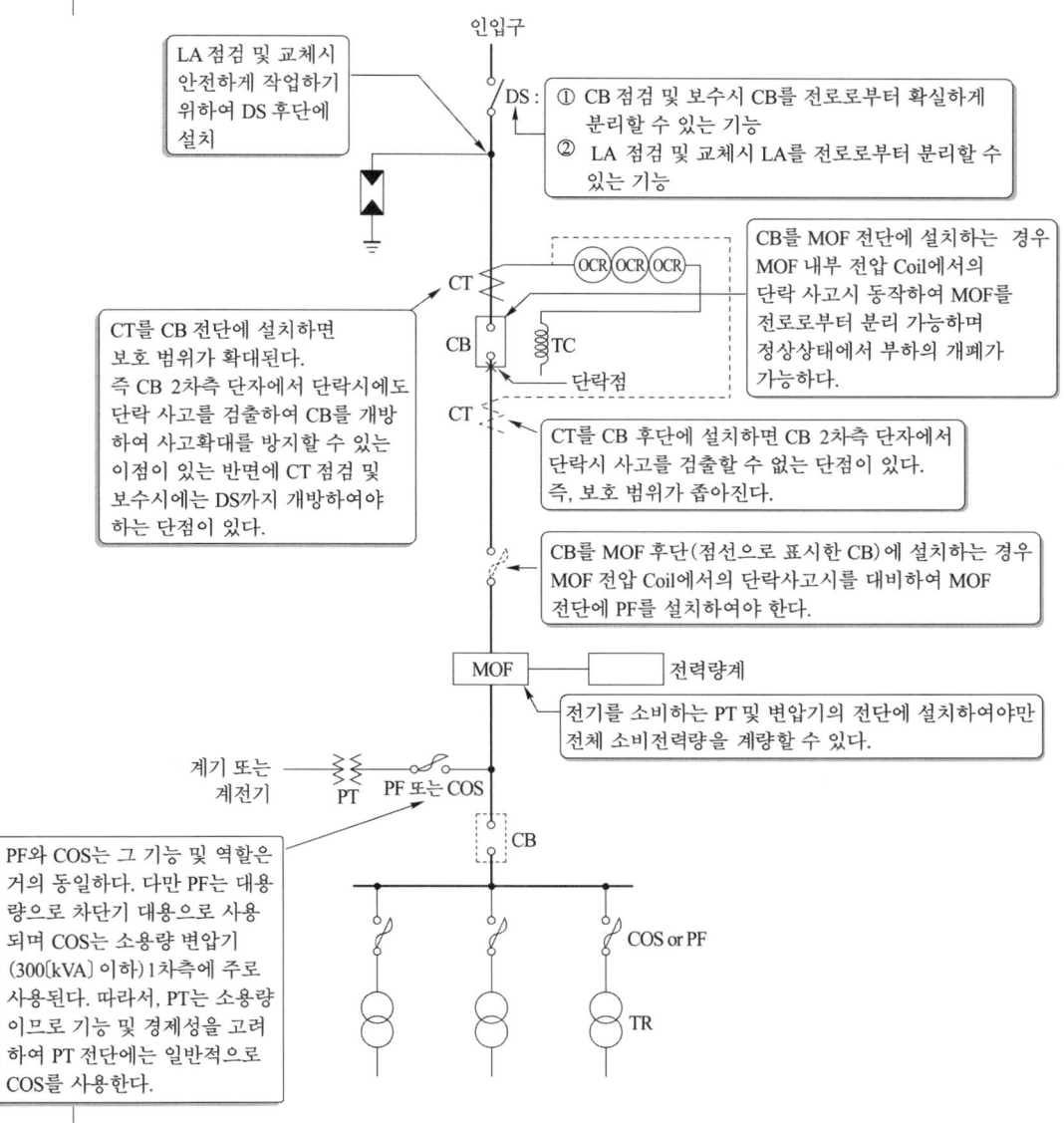

2. 특고압 수전 설비 표준 결선도-1

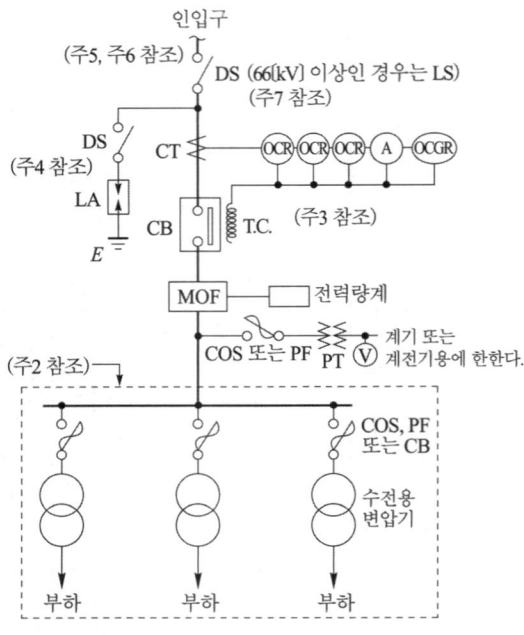

3. 특고압 수전 설비 표준 결선도-2

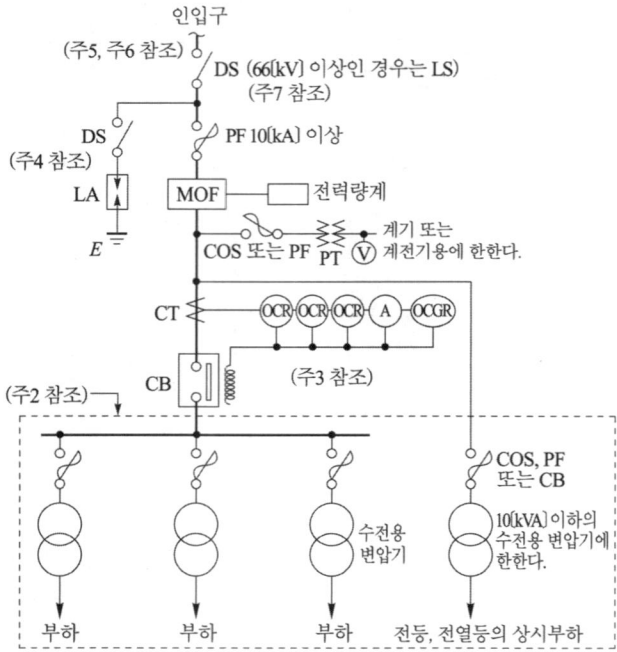

4. 특고압 수전 설비 표준 결선도-3

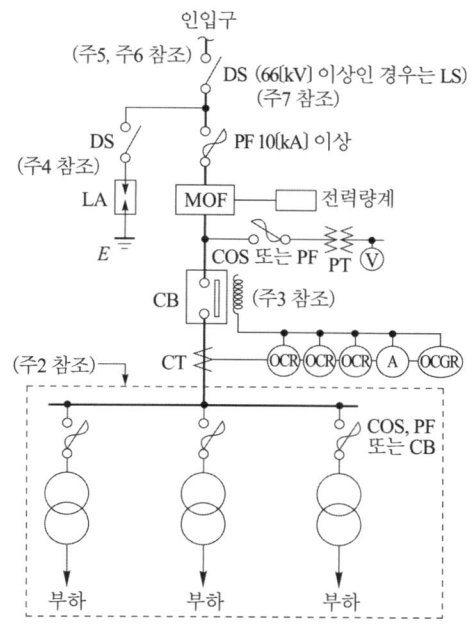

약 호	명 칭
DS	단로기
LA	피뢰기
CT	변류기
CB	차단기
TC	트립 코일
OCR	과전류 계전기
GR	지락 계전기
MOF	전력 수급용 계기용 변성기
COS	컷아웃 스위치
PF	전력 퓨즈
PT	계기용 변압기

[주1] 22.9 [kV - Y] 1000 [kVA] 이하인 경우에는 간이 수전 설비 결선도에 의할 수 있다.

[주2] 결선도 중 점선내의 부분은 참고용 예시이다.

[주3] 차단기의 트립 전원은 직류(DC) 또는 콘덴서 방식(CTD)이 바람직하며 66 [kV] 이상의 수전 설비에는 직류(DC)이어야 한다.

[주4] LA용 DS는 생략할 수 있으며 22.9 [kV - Y]용의 LA는 Disconnector(또는 Isolator) 붙임형을 사용하여야 한다.

[주5] 인입선을 지중선으로 시설하는 경우로서 공동 주택 등 사고시 정전 피해가 큰 수전 설비 인입선은 예비선을 포함하여 2회선으로 시설하는 것이 바람직하다.

[주6] 지중인입선의 경우에 22.9 [kV-Y] 계통은 CNCV-W 케이블(수밀형) 또는 TR CNCV-W 케이블(트리억제형)을 사용하여야 한다. 다만, 전력구·공동구·덕트·건물구내 등 화재의 우려가 있는 장소에서는 FR CNCO-W 케이블(난연)을 사용하는 것이 바람직하다.

[주7] DS 대신 자동고장구분 개폐기(7000[kVA] 초과시에는 Sectionalizer)를 사용할 수 있으며 66[kV] 이상의 경우는 LS를 사용하여야 한다.

5. 간이 수전 설비 표준 결선도

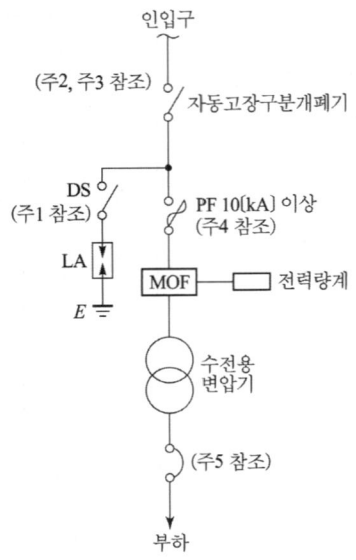

약 호	명 칭
DS	단로기
ASS	자동고장 구분 개폐기
LA	피뢰기
MOF	전력 수급용 계기용 변성기
COS	컷아웃 스위치
PF	전력 퓨즈

[주1] LA용 DS는 생략할 수 있으며 22.9 [kV - Y]용의 LA는 Disconnector(또는 Isolator) 붙임형을 사용하여야 한다.

[주2] 인입선을 지중선으로 시설하는 경우로서 공동 주택 등 사고시 정전 피해가 큰 수전 설비 인입선은 예비선을 포함하여 2회선으로 시설하는 것이 바람직하다.

[주3] 지중인입선의 경우에 22.9 [kV-Y] 계통은 CNCV-W 케이블(수밀형) 또는 TR CNCV-W 케이블(트리억제형)을 사용하여야 한다. 다만, 전력구·공동구·덕트·건물구내 등 화재의 우려가 있는 장소에서는 FR CNCO-W 케이블(난연)을 사용하는 것이 바람직하다.

[주4] 300[kVA] 이하인 경우 PF대신 COS(비대칭 차단 전류 10[kA] 이상의 것)을 사용할 수 있다.

[주5] 간이 수전 설비는 PF의 용단 등에 의한 결상 사고에 대한 대책이 없으므로 변압기 2차측에 설치되는 주차단기에는 결상 계전기 등을 설치하여 결상 사고에 대한 보호 능력이 있도록 함이 바람직하다.

6. 각 표준 결선도의 특징

결선도 번호	특 징	장·단점
표준결선도 -1	• MOF 전단에 CB 설치 • CB 전단에 CT 설치	장점 • 타 결선에 비해 **PF가 생략되어 경제적** • CT가 CB 전단에 설치되어 있어 CB 2차측 단자에서 단락 사고시 단락전류의 차단이 가능하여 **보호 범위가 넓어진다.** 단점 • PT가 CB 후단에 설치되어 있어 **CB 개방시**에는 PT 전단에 전원공급이 차단되므로 **한전에서의 전원 공급 유무를 알 수 없다.**
표준결선도 -2	• 상시부하용 TR(10 [kVA] 이하)을 별도 설치 • 일반 부하용 TR은 CB로 투입/개방할 수 있음 • PT는 CB 전단에 설치 • CB 전단에 CT 설치	장점 • **무부하시** 일반 부하용 TR 전원을 차단하여(단, 조명, 전열등의 상시부하용 TR은 ON) **변압기의 무부하 손실 감소** • PT가 CB 전단에 설치되어 있으므로 **CB 개방시**에도 한전으로 부터의 **전원 공급유무를 파악 할 수 있다.** • **CT가 CB 전단에 설치**되어 있어 CB 2차측 단자에서 단락 사고시 단락전류의 차단이 가능하여 **보호 범위가 넓어진다.** 단점 • 표준 결선도-1에 비해 **PF가 추가되어 시설비가 상승**
표준결선도 -3	• CB 전단(MOF 후단)에 PT 설치 • CB 후단에 CT 설치	장점 • PT가 CB 전단에 설치되어 있으므로 **CB 개방시**에도 한전으로 부터의 **전원 공급유무를 파악**할 수 있다. 단점 • 표준 결선도-1에 비해 **PF가 추가되어 시설비가 상승** • CB 2차측 단자에서 단락사고시 단락전류의 검출이 곤란하며 **보호 범위가 좁아진다.**
표준결선도 -4 (간이 수전설비)	• 간이 수전설비 (1000 [kVA] 이하인 경우) • CB 및 관련설비 (CT 및 보호계전기) 생략	장점 • CB 및 관련설비(CT 및 보호계전기) 가 생략되어 **시설비가 감소** 단점 • CB가 없으므로 정전 후 복전시 자동으로 부하에 전원이 공급되어 안전사고의 위험이 있으므로 **변압기 2차측에 UVR 계전기를 설치**하여야 한다.

예제 46

3φ4W 22.9 [kV] 수전 설비 단선 결선도이다. ①~⑩번까지 표준 심벌을 사용하여 도면을 완성하고 ①~⑩번까지 표를 완성하시오.

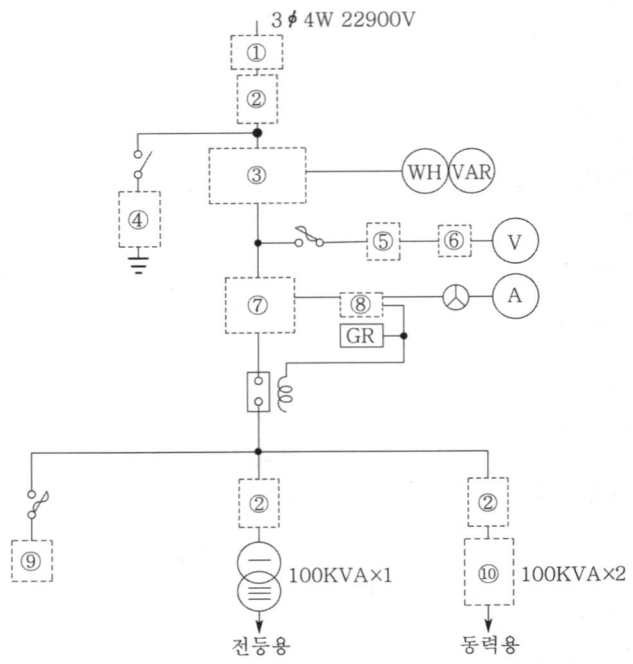

답안작성

① 표준 결선도

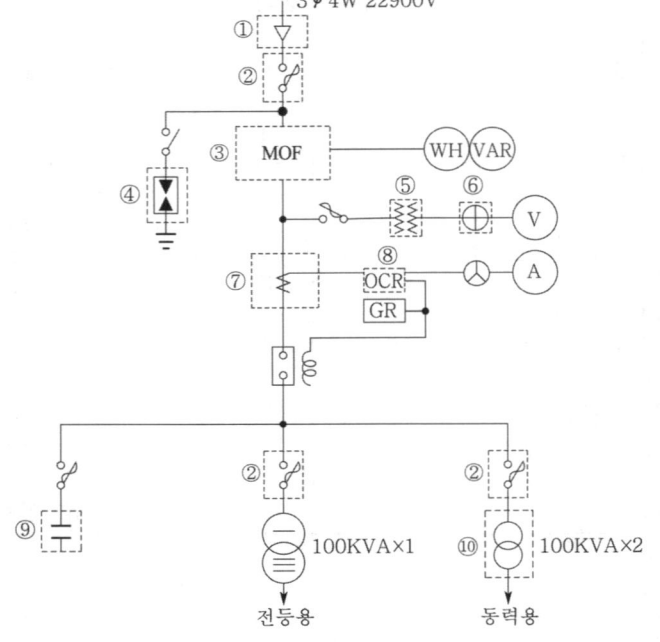

② 기능 설명

번호	약호	명칭	용도 및 역할
①	CH	케이블헤드	케이블의 종단을 단심인 옥내선 또는 가공선에 접속할 때 수용지점(변전소)의 입상 부분 등에 사용
②	PF	전력퓨즈	회로 및 기기의 단락보호용으로 사용된다.
③	MOF	전력 수급용 계기용변성기	전력량을 적산하기 위하여 고전압 대전류를 저전압 소전류로 변성
④	LA	피뢰기	이상 전압을 대지로 방전시키고 그 속류를 차단
⑤	PT	계기용변압기	고전압을 저전압으로 변성하여 계기나 계전기의 전압원으로 사용
⑥	VS	전압계용 전환개폐기	3상 회로에서 각 상의 전압을 1개의 전압계로 측정하기 위하여 사용하는 전환 스위치
⑦	CT	계기용변류기	대전류 및 고압 회로의 전류를 안전하게 측정하기 위하여 고압 회로로부터 절연하여 소전류로 변환
⑧	OCR	과전류계전기	과전류에 의해 동작하며 경보 및 차단기 트립코일 여자
⑨	SC	전력용콘덴서	부하의 역률을 개선하기 위하여 사용
⑩	TR	변압기	교류 전압 및 전류의 크기를 변환하기 위해 사용되는 정지기기

해설

② **PF(파워퓨즈)** : MOF 내부에 있는 PT 단락사고시 MOF를 전로로부터 분리시키기 위한 차단장치(차단기, PF)가 필요하다. 주어진 단선도에서 ②에 보호계전기가 설치되어 있지 않으면 PF(파워퓨즈)가 설치되어야 하고, CT 및 보호계전기가 설치되어 있다면 CB가 설치되어야 한다.

③ **MOF(전력 수급용 계기용 변성기)** : MOF는 전력량을 적산하기 위한 변성기로 MOF에는 전력량계 및 무효전력량계가 접속된다.

④ **LA(피뢰기)** : LA 1차측을 점검 보수할 때에는 전원측 DS를 개방하여 LA를 전로로부터 완전하게 분리시킨 후 안전하게 작업 할 수 있도록 LA는 DS 후단에 설치한다.

⑤ **PT(계기용 변압기)** : PT는 고전압을 110 [V]로 변성하여 전압계, 역률계, 전력계 등 계기와 보호계전기에 전압을 공급하는 장치로서 PT 1차측에는 PT 단락사고시를 대비하여 COS(컷아웃스위치)를 설치하여야 한다.

• 예제 **47** •

3φ4W 22.9 [kV] 수변전실 단선 결선도이다. 그림에서 표시된 ①~⑩까지의 명칭을 쓰시오.

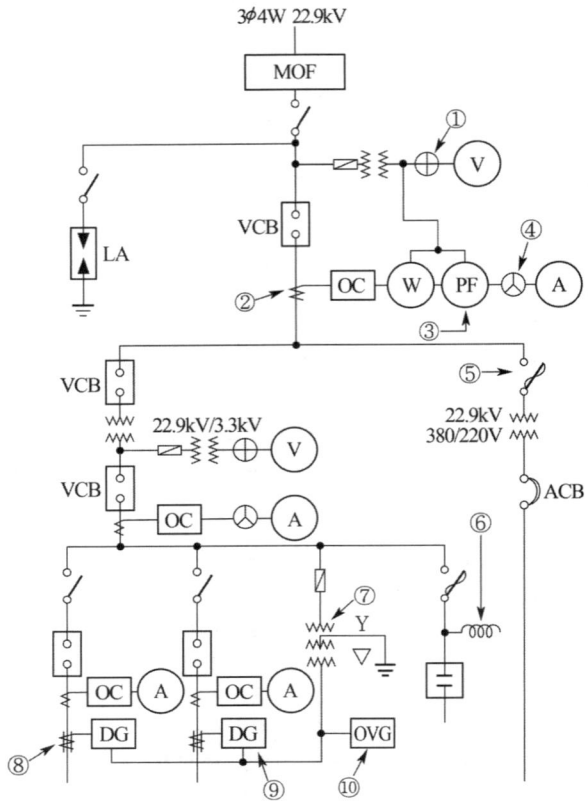

답안작성

① 전압계용 전환 개폐기
② 변류기
③ 역률계
④ 전류계용 전환 개폐기
⑤ 전력 퓨즈
⑥ 방전 코일
⑦ 접지형 계기용 변압기
⑧ 영상 변류기
⑨ 지락 방향 계전기
⑩ 지락 과전압 계전기

• 예제 **48** •

회로도는 펌프용 3.3 [kV] 모터 및 GPT 단선 결선도이다. 회로도를 보고 다음 물음에 답하시오.

(1) ①~⑥으로 표시된 보호 계전기 및 기기의 명칭을 쓰시오.
  ①   ②   ③
  ④   ⑤   ⑥

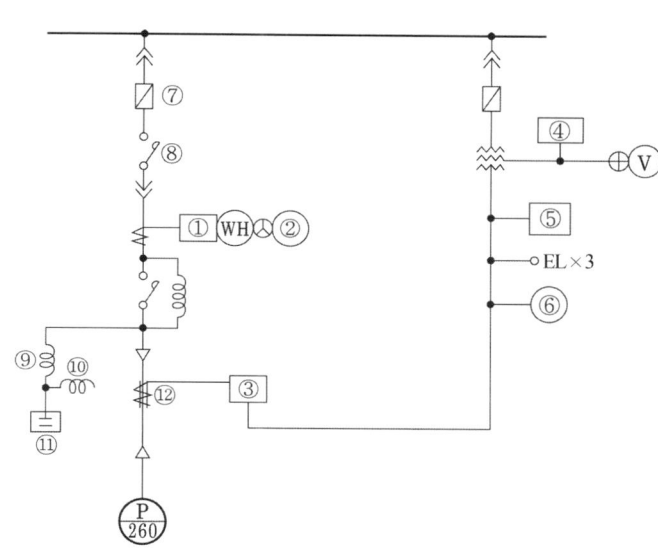

(2) ⑦~⑫로 표시된 전기기계 기구의 명칭과 용도를 간단히 기술하시오.
  •명칭 :   •용도 :

(3) 펌프용 모터의 출력이 260 [kW], 역률 85 [%]인 뒤진 역률 부하를 95 [%]로 개선하는데 필요한 전력용 콘덴서의 용량을 계산하시오.
  •계산 :   •답 :

답안작성

(1) ① 과전류 계전기   ② 전류계
    ③ 지락 방향 계전기   ④ 부족 전압 계전기
    ⑤ 지락 과전압 계전기   ⑥ 영상 전압계
(2) ⑦ 명칭 : 전력 퓨즈
       용도 : 단락사고시 기기를 전로로부터 분리하여 사고확대 방지
    ⑧ 명칭 : 개폐기   용도 : 전동기의 기동 정지
    ⑨ 명칭 : 직렬 리액터   용도 : 제5고조파의 제거
    ⑩ 명칭 : 방전 코일   용도 : 잔류 전하의 방전
    ⑪ 명칭 : 전력용 콘덴서   용도 : 역률 개선
    ⑫ 명칭 : 영상 변류기   용도 : 지락 사고시 지락 전류를 검출
(3) **계산** : $Q_c = P(\tan\theta_1 - \tan\theta_2) = 260\left(\dfrac{\sqrt{1-0.85^2}}{0.85} - \dfrac{\sqrt{1-0.95^2}}{0.95}\right) = 75.68$ [kVA]
   답 : 75.68 [kVA]

• 예제 **49** •

도면은 어느 154[kV] 수용가의 수전 설비 단선 결선도의 일부분이다. 주어진 표와 도면을 이용하여 다음 각 물음에 답하시오.

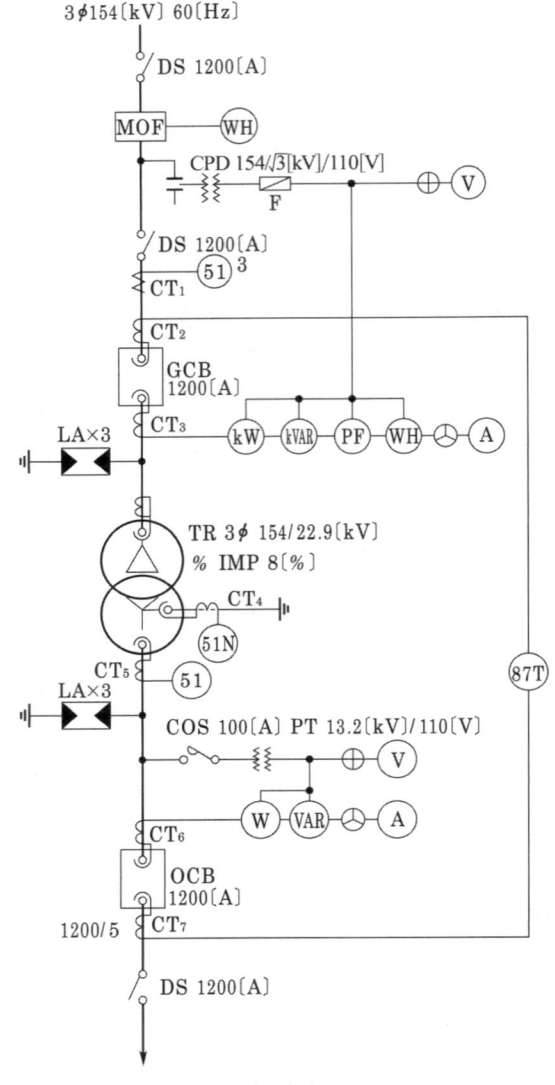

CT의 정격

1차 정격 전류 [A]	200	400	600	800	1200
2차 정격 전류 [A]	5				

(1) 변압기 2차 부하 설비 용량이 51 [MW], 수용률이 70 [%], 부하역률이 90 [%]일 때 도면의 변압기 용량은 몇 [MVA]가 되는가?
　•계산 :　　　　　　　　　　　　　　•답 :

(2) 변압기 1차측 DS의 정격전압은 몇 [kV]인가?
(3) CT_1의 비는 얼마인지를 계산하고 표에서 선정하시오.
　　•계산 :　　　　　　　　　　　　•답 :
(4) GCB의 정격전압은 몇 [kV]인가?
　　•계산 :　　　　　　　　　　　　•답 :
(5) 변압기 명판에 표시되어 있는 OA/FA의 뜻을 설명하시오.
　　•OA :　　　　　　　　　　　　•FA :
(6) GCB 내에 사용되는 가스는 주로 어떤 가스가 사용되는지 그 가스의 명칭을 쓰시오.
(7) 154 [kV] 측 LA의 정격전압은 몇 [kV]인가?
(8) ULTC의 구조상의 종류 2가지를 쓰시오.
　　①
　　②
(9) CT_5의 비는 얼마인지를 계산하고 표에서 선정하시오.
　　•계산 :　　　　　　　　　　　　•답 :
(10) OCB의 정격 차단전류가 23[kA]일 때, 이 차단기의 차단용량은 몇 [MVA]인가?
　　•계산 :　　　　　　　　　　　　•답 :
(11) 변압기 2차측 DS의 정격전압은 몇 [kV]인가?
(12) 과전류 계전기의 정격부담이 9 [VA]일 때 이 계전기의 임피던스는 몇 [Ω]인가?
　　•계산 :　　　　　　　　　　　　•답 :
(13) CT_7 1차 전류가 600 [A]일 때 CT_7의 2차에서 비율 차동 계전기의 단자에 흐르는 전류는 몇 [A]인가?
　　•계산 :　　　　　　　　　　　　•답 :

답안작성

(1) **계산** : 변압기 용량 ≥ 합성 최대 수용 전력 $= \dfrac{\text{설비용량 [MVA]} \times \text{수용률}}{\text{부등률}}$

$= \dfrac{\text{설비용량 [MW]} \times \text{수용률}}{\text{부등률} \times \text{역률}}$ [MVA]에서

부등률이 주어지지 않았으므로, 부등률 = 1

∴ 변압기 용량 $= \dfrac{51 \times 0.7}{0.9} = 39.67$ [MVA]

답 : 39.67 [MVA]

(2) 170 [kV]

(3) **계산** : 변압기에서 CT의 변류비는 변압기 정격전류에 1.25~1.5배를 한후 표준품에서 선정한다.

변압기 1차 정격전류 $I_1 = \dfrac{P_a}{\sqrt{3} \times V} = \dfrac{39.67 \times 10^6}{\sqrt{3} \times 154 \times 10^3} = 148.72$ [A]

배수 적용하면 $148.72 \times (1.25 \sim 1.5) = 185.9 \sim 223.08$ [A]

∴ 표에서 185.9~223.08 [A] 사이에 있는 200/5 선정

답 : 200/5

(4) **계산** : 정격전압 $= 154 \times \dfrac{1.2}{1.1} = 168 [kV]$

  답 : 170 [kV]

(5) OA : 유입자냉식, FA : 유입풍냉식

(6) SF_6

(7) 144 [kV]

(8) ① 병렬 구분식   ② 단일 회로식

(9) **계산** : CT의 1차 전류 $= \dfrac{39.67 \times 10^6}{\sqrt{3} \times 22.9 \times 10^3} = 1000.15$

  배수 적용하면 $1000.15 \times (1.25 \sim 1.5) = 1250.19 \sim 1500.23$

  주어진 정격이 1200 [A]가 최대이므로 1200/5 선정

  답 : 1200/5

(10) **계산** : 3상에서 차단기의 차단용량 $P_s = \sqrt{3} \times$ 정격전압 $\times$ 정격차단전류 이므로

  $P_s = \sqrt{3} \, V_n I_s = \sqrt{3} \times 25.8 \times 23 = 1027.8 \,[MVA]$

  답 : 1027.8 [MVA]

(11) 25.8 [kV]

(12) **계산** : $P = I^2 Z$

  $\therefore Z = \dfrac{P}{I^2} = \dfrac{9}{5^2} = 0.36 \,[\Omega]$

  답 : 0.36 [Ω]

(13) **계산** : $I_2 = 600 \times \dfrac{5}{1200} \times \sqrt{3} = 4.33 \,[A]$

  답 : 4.33 [A]

해설

(4) 차단기의 정격 전압 = 공칭 전압 $\times \dfrac{1.2}{1.1}$

(5) • OA(유입자냉식) : 변압기의 본체를 절연유로 채워진 외함내에 넣어 대류작용에 의해 발생된 열을 외기 중으로 방산시키는 방식
  • FA(유입풍냉식) : 유입변압기에 방열기를 부착시키고 송풍기에 의해 강제 통풍시켜 냉각효과를 증대시킨 방식으로 송풍기가 필요하며 OA(유입자냉식)보다 용량을 증대시킬 수 있다.

(7) 피뢰기의 정격전압

전력 계통		피뢰기의 정격전압 [kV]	
전 압 [kV]	중성점 접지방식	변전소	배전 선로
345	유효 접지	288	
154	유효 접지	144	
66	PC 접지 또는 비접지	72	
22	PC 접지 또는 비접지	24	
22.9	3상 4선 다중접지	21	18

(13) **변압기 결선이** △ – Y이므로 비율 차동 계전기의 **CT 결선은** Y – △로 한다. 또한 비율 차동 계전기에 흐르는 전류는 선전류로 상전류의 $\sqrt{3}$ 배가 된다.

• 예제 50 •

주어진 도면은 어떤 수용가의 수전 설비의 단선 결선도이다. 도면과 참고표를 이용하여 물음에 답하시오.

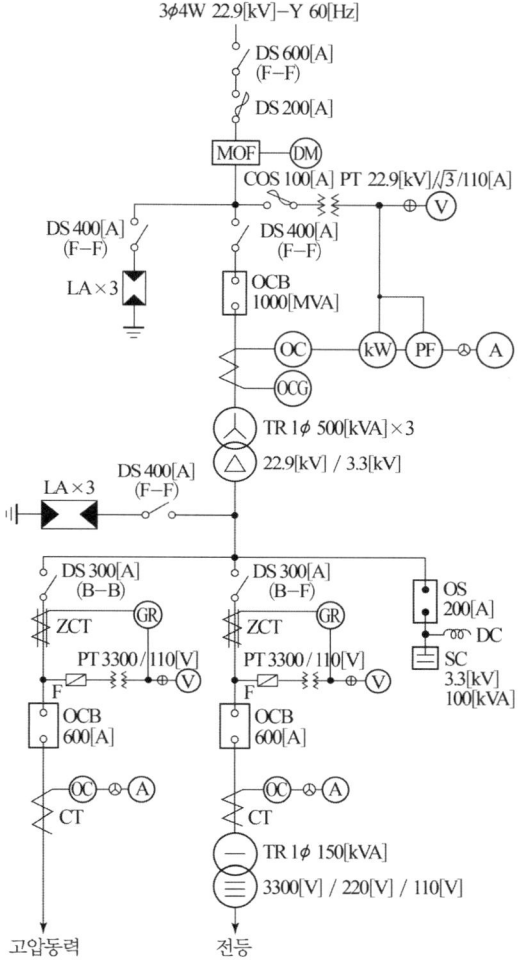

[참고표]

계기용 변압 변류기 정격(일반 고압용)

종 별		정 격
PT	1차 정격 전압 [V]	3300, 6000
	2차 정격 전압 [V]	110
	정격 부담 [VA]	50, 100, 200, 400
CT	1차 정격 전류 [A]	10, 15, 20, 30, 40, 50, 75, 100, 150, 200, 300, 400, 500, 600
	2차 정격 전류 [A]	5
	정격 부담 [VA]	15, 40, 100 일반적으로 고압 회로는 40 [VA] 이하, 저압 회로는 15 [VA] 이상

(1) 22.9 [kV] 측에 대하여 다음 각 물음에 답하시오.
　① MOF에 연결되어 있는 ⓓⓜ은 무엇인가?
　② DS의 정격 전압은 몇 [kV]인가?
　③ LA의 정격 전압은 몇 [kV]인가?
　④ OCB의 정격 전압은 몇 [kV]인가?
　⑤ OCB의 정격 차단 용량 선정은 무엇을 기준으로 하는가?
　⑥ CT의 변류비는? (단, 1차 전류의 여유는 25 [%]로 한다)
　　• 계산 :　　　　　　　　　　• 답 :
　⑦ DS에 표시된 F-F의 뜻은?
　⑧ 변압기와 피뢰기의 최대 유효 이격 거리는 몇 [m]인가?
　⑨ 그림과 같은 결선에서 단상 변압기가 2부싱형 변압기이면 1차 중성점의 접지는 어떻게 해야 하는가? (단, "접지를 한다", "접지를 하지 않는다"로 답하되 접지를 하게 되면 접지 종별을 쓰도록 하시오.)
　⑩ OCB의 차단 용량이 1000 [MVA]일 때 정격 차단 전류는 몇 [A]인가?

(2) 3.3 [kV]측에 대하여 다음 각 물음에 답하시오.
　① 옥내용 PT는 주로 어떤 형을 사용하는가?
　② 고압 동력용 OCB에 표시된 600 [A]는 무엇을 의미하는가?
　③ 콘덴서에 내장된 DC의 역할은?
　④ 전등 부하의 수용률이 70 [%]일 때 전등용 변압기에 걸 수 있는 부하 용량은 몇 [kW]인가?

답안작성

(1) ① 최대 수요 전력량계　② 25.8 [kV]　③ 18 [kV]　④ 25.8 [kV]　⑤ 단락 용량

⑥ 계산 : $I_1 = \dfrac{500 \times 3}{\sqrt{3} \times 22.9} \times 1.25 = 47.27 \,[A]$

이므로 CT의 변류비는 50/5 선정

답 : 50/5

⑦ 접속 단자의 접속 방법이 표면 접속이라는 것
⑧ 20 [m]
⑨ 접지를 하지 않는다.
⑩ 계산 : 정격 차단 용량 = $\sqrt{3}$ × 정격 전압 × 정격 차단 전류 에서

$$I_S = \dfrac{P_S}{\sqrt{3}\, V} = \dfrac{1000 \times 10^3}{\sqrt{3} \times 25.8} = 22377.92\,[A]$$

답 : 22377.92 [A]

(2) ① 몰드형
② 정격 전류
③ 콘덴서에 축적된 잔류 전하 방전
④ 부하 용량 = $\dfrac{150}{0.7} = 214.29\,[kW]$

• **예제 51** •

다음 어느 생산 공장의 수전 설비이다. 이것을 이용하여 다음 각 물음에 답하시오.

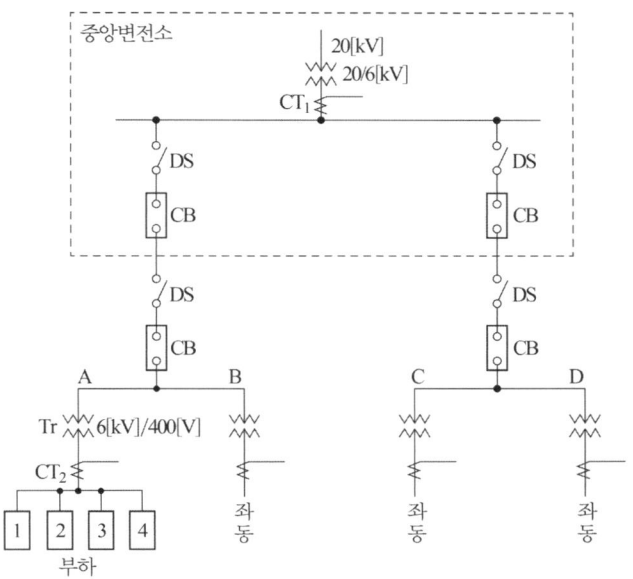

뱅크의 부하 용량표

피더	부하 설비 용량 [kW]	수용률 [%]
1	125	80
2	125	80
3	500	70
4	600	84

변류기 규격표

항 목	변 류 기
정격 1차 전류 [A]	5, 10, 15, 20, 30, 40 50, 75, 100, 150, 200 300, 400, 500, 600, 750 1000, 1500, 2000, 2500
정격 2차 전류 [A]	5

(1) 표와 같이 A, B, C, D 4개의 뱅크가 있으며, 각 뱅크는 부등률이 1.1이다. 이 때 중앙 변전소의 변압기 용량을 산정하시오. (단, 각 부하의 역률은 0.8이며, 변압기 용량은 표준규격으로 답하도록 한다.)

•계산 : •답 :

(2) 변류기 CT_1과 CT_2의 변류비를 산정하시오. 단, 1차 수전 전압은 20000/6000 [V], 2차 수전 전압은 6000/400 [V]이며, 변류비는 표준규격으로 답하도록 한다.

•계산 : •답 :

답안작성

(1) **계산** : A 뱅크의 최대 수요 전력 $= \dfrac{125 \times 0.8 + 125 \times 0.8 + 500 \times 0.7 + 600 \times 0.84}{1.1 \times 0.8}$

$= 1197.73 \, [kVA]$

A, B, C, D 각 뱅크간의 부등률은 없으므로
$$STr = 1197.73 \times 4 = 4790.92 \, [kVA]$$
답 : 5000 [kVA]

(2) **계산** : ① CT_1
$$I_1 = \frac{5000}{\sqrt{3} \times 6} \times (1.25 \sim 1.5) = 601.4 \sim 721.68 \, [A] \quad \therefore \; 600/5 \; 선정$$

② CT_2
$$I_1 = \frac{1197.73}{\sqrt{3} \times 0.4} \times (1.25 \sim 1.5) = 2160.97 \sim 2593.16 \, [A] \quad \therefore \; 2500/5 \; 선정$$

답 : ① CT_1 : 600/5 ② CT_2 : 2500/5

해설

(1) 최대 수요 전력 $= \dfrac{\text{부하 설비 용량 [kW]} \times \text{수용률}}{\text{부등률} \times \cos\theta} \, [kVA]$

(2) **변류기는 최대 부하 전류의 1.25~1.5배로 선정**

• 예제 52 •

한 변압기로부터 1호 간선과 2호 간선의 3상 배전선로를 통하여 어느 구역의 전등 및 동력부하의 전력을 공급하는 배전용 변전소가 있다. 이 구역 내의 각 간선에 접속된 부하의 설비용량 및 수용률은 각각 1호선의 경우 150 [kW], 0.9, 2호선의 경우 200 [kW], 0.8 이라고 한다. 공급되는 최대 부하는 몇 [kVA]인가? 단, 각 배전 간선의 전력손실은 1호선, 2호선 모두 10 [%]이고, 부하의 합성 역률은 변전소에서 1호선 0.95, 2호선 0.85라고 한다.

• 계산 : • 답 :

답안작성

계산 : (1) 1호 간선 최대 전력
① 유효 전력 $P_1 = 150 \times 0.9 \times (1 + 0.1) = 148.5 \, [kW]$
② 무효 전력 $Q_1 = \dfrac{150 \times 0.9}{0.95} \times \sqrt{1 - 0.95^2} = 44.37 \, [kVar]$

(2) 2호 간선 최대 전력
① 유효 전력 $P_2 = 200 \times 0.8 \times (1 + 0.1) = 176 \, [kW]$
② 무효 전력 $Q_2 = \dfrac{200 \times 0.8}{0.85} \times \sqrt{1 - 0.85^2} = 99.16 \, [kVar]$

(3) 최대 공급 전력 $P \, [kVA]$
$$P = \sqrt{(P_1 + P_2)^2 + (Q_1 + Q_2)^2}$$
$$= \sqrt{(148.5 + 176)^2 + (44.37 + 99.16)^2} = 354.83 \, [kVA]$$

답 : 354.83 [kVA]

해설

무효전력 $= \dfrac{\text{유효전력}}{\text{역률}} \times \sqrt{1 - \text{역률}^2}$

9장 예비 전원 설비

9.1 비상용 예비전원설비

1. 비상용 예비전원설비의 조건 및 분류
1) 비상용 예비전원설비는 상용전원의 고장 또는 화재 등으로 정전되었을 때 수용장소에 전력을 공급하도록 시설하여야 한다.
2) 비상용 예비전원설비의 전원 공급방법은 다음과 같이 분류한다.
    (1) 수동 전원공급
    (2) 자동 전원공급
3) **자동 전원공급은 절환 시간에 따라 다음과 같이 분류된다.**
    (1) **무순단** : 과도시간 내에 전압 또는 주파수 변동 등 정해진 조건에서 **연속적인 전원공급이 가능**한 것
    (2) **순단** : 0.15초 이내 자동 전원공급이 가능한 것
    (3) **단시간 차단** : 0.5초 이내 자동 전원공급이 가능한 것
    (4) **보통 차단** : 5초 이내 자동 전원공급이 가능한 것
    (5) **중간 차단** : 15초 이내 자동 전원공급이 가능한 것
    (6) **장시간 차단** : **자동 전원공급이 15초 이후**에 가능한 것

2. 비상용 예비전원의 시설
상용전원의 정전으로 비상용전원이 대체되는 경우에는 **상용전원과 병렬운전이 되지 않도록** 다음 중 하나 또는 그 이상의 조합으로 격리조치를 하여야 한다.
1) 조작기구 또는 절환 개폐장치의 제어회로 사이의 **전기적, 기계적 또는 전기 기계적 연동**
2) **단일 이동식 열쇠**를 갖춘 잠금 계통
3) 차단-중립-투입의 **3단계 절환 개폐장치**
4) 적절한 연동기능을 갖춘 **자동 절환 개폐장치**
5) 동등한 동작을 보장하는 기타 수단

3. 비상용 예비전원설비의 배선

1) 비상용 예비전원설비의 전로는 **다른 전로로부터 독립**되어야 한다.
2) 비상용 예비전원설비의 전로는 그들이 내화성이 아니라면, 어떠한 경우라도 화재의 위험과 폭발의 위험에 노출되어 있는 지역을 통과해서는 안 된다.
3) 다음 배선설비 중 하나 또는 그 이상을 **화재상태에서 운전하는 것이 요구되는 비상용 예비전원설비**에 적용하여야 한다.
   (1) 무기물절연(MI)케이블
   (2) 내화 케이블
   (3) 화재 및 기계적 보호를 위한 배선설비
4) 직류로 공급될 수 있는 비상용 예비전원설비 전로는 **2극 과전류 보호장치**를 구비하여야 한다.
5) 교류전원과 직류전원 모두에서 사용하는 개폐장치 및 제어장치는 교류조작 및 직류조작 모두에 적합하여야 한다.

9.2 자가 발전 설비

1. 자가 발전 설비의 출력 결정

아래와 같은 1), 2), 3)의 방법으로 구한 발전기 용량 중 최대 값을 기준하여 선정한다.

1) 단순 부하의 경우 (전부하 정상 운전시의 소요 입력에 의한 용량)

$$\text{발전기의 출력} \quad P = \frac{\sum W_L \times L}{\cos\theta} \; [\text{kVA}]$$

여기서, $\sum W_L$: 부하 입력 총계
   L : 부하 수용률 (비상용일 경우 1.0)
   $\cos\theta$: 발전기의 역률 (통상 0.8)

2) 기동용량이 큰 부하가 있을 경우 (전동기 시동에 대처하는 용량)
   자가 발전 설비에서 전동기를 기동할 때에는 큰 부하가 발전기에 갑자기 걸리게 되므로 **발전기의 단자전압이 순간적으로 저하하여 개폐기의 개방 또는 엔진의 정지** 등 이와같은 문제점이 야기되는 수가 있다. 이런 경우를 방지하기 위한 발전기의 정격 출력 $P\,[\text{kVA}]$은

$$P[\text{kVA}] > \left(\frac{1}{허용\ 전압\ 강하} - 1\right) \times X_d \times 기동\ [\text{kVA}]$$

여기서, X_d : 발전기의 과도 리액턴스 (보통 25~30 [%])

허용 전압 강하 : 20~30 [%]

따라서 **허용 전압 강하가 크면 클수록 필요한 발전기 용량은 감소**하게 된다.

3) 단순 부하와 기동 용량이 큰 부하가 있을 경우 (순시 최대 부하에 대한 용량)

$$P > \frac{\sum W_o + \{Q_{Lmax} \times cos\theta_{GL}\}}{K cos\theta_G} [\text{kVA}]$$

여기서, $\sum W_o$: 기운전중인 부하의 합계[kW]

Q_{Lmax} : 시동 돌입 부하[kVA]

$cos\theta_{GL}$: 최대 시동 돌입 부하 시동시 역률

K : 원동기 기관의 과부하 내량

$cos\theta_G$: 발전기 역률

2. 발전기와 부하 사이에 설치하는 기기

1) 과전류 차단기 및 개폐기 : 각 극에 설치
2) 전압계 : 각상의 전압을 읽을 수 있도록 설치
3) 전류계 : 각선의 전류(중성선 제외)를 읽을 수 있도록 설치

3. 발전기 병렬 운전 조건

병렬운전 조건	조건이 맞지 않는 경우
① 기전력의 **크기**가 같을 것	무효 순환전류가 흐르게 된다.
② 기전력의 **주파수**가 같을 것	동기화 전류가 흐르게 된다.
③ 기전력의 **위상**이 같을 것	동기화 전류가 흐르게 된다.
④ 기전력의 **파형**이 같을 것	고조파 무효순환 전류가 흐르게 된다.

4. 단락비

1) 단락비 $K_s = \dfrac{I_f'}{I_f''}$

여기서, I_f' : 무부하에서 정격 전압을 유기하는데 요하는 여자 전류

I_f'' : 3상 영구 단락 전류를 통하는 데 요하는 여자 전류

2) $\%Z_s = \dfrac{Z_s I_n}{E_n} \times 100 = \dfrac{Z_s I_n}{\dfrac{V_n}{\sqrt{3}}} \times 100 = \dfrac{I_f''}{I_f'} \times 100 = \dfrac{1}{K_s} \times 100 [\%]$

$\therefore Z[\text{PU}] = \dfrac{1}{K_S}$

3) 단락비의 값
   ① 터빈 발전기 : 0.6~1.0
   ② 수차 발전기 : 0.9~1.2

4) 단락비 산출시 필요한 시험
   ① 무부하 시험
   ② 3상 단락 시험

5. 철기계와 동기계

1) 철기계의 특징
   ① **단락비가 크다.**
   ② **동기 임피던스가 적다.**
   ($K_s = \dfrac{1}{Z_s}$ 에서 동기 임피던스가 적어진다.)
   ③ **반작용 리액턴스 x_a가 적다.**
   ($Z_s = r_a + j(x_a + x_l)$에서 Z_s가 적다는 것은 반작용 리액턴스 x_a가 적다는 것을 의미한다).
   ④ 계자 기자력이 크다.
   (전기자 기자력에 비해 상대적으로 계자 기자력이 크므로 전기자 반작용에 의한 영향이 적게 되고, **전압 변동률이 양호**해진다.)
   ⑤ 기계의 중량이 크다.
   (계자 기자력이 크다는 것은 계자 권회수가 많고 계자철심 즉, 회전자의 직경이 크게 되므로 기계의 중량이 큰 철기계를 의미한다)
   ⑥ 과부하 내량이 증대되고, 송전선의 충전 용량이 큰 여유가 있는 기계이나 반면에 **기계의 가격이 상승**한다.

2) 동기계의 특징
   ① **단락비가 적다.**   ② **동기 임피던스가 크다.**
   ③ **전기자 반작용이 크다.**   ④ 공극이 적다.
   ⑤ 중량이 가볍고 재료가 적게 들어 **가격이 싸다.**

6. 자기 여자

1) 자기 여자란?

동기 발전기에 콘덴서와 같은 용량성 부하를 접속 시키면 진상 전류가 전기자 권선에 흐르게 되며, 이때 전기자 전류에 의한 전기자 반작용은 자화작용이 되므로 발전기에 직류 여자를 가하지 않아도 전기자 권선에 기전력이 유기된다. 이와 같이 **앞선 전류에 의해 전압이 점차 상승되어 정상 전압까지 확립되어 가는 현상**을 동기 발전기의 **자기 여자 작용**(self excitation)이라 한다.

2) 자기 여자 방지법

① 발전기 2대 또는 3대를 **병렬로 모선에 접속**한다.
② 수전단에 **동기 조상기**를 접속하고 이것을 **부족 여자**로 하여 송전선에서 지상 전류를 취하게 하면 충전 전류를 그만큼 감소시키는 것이 된다.
③ 송전 선로의 **수전단에 변압기를 접속**한다.
④ 수전단에 **리액턴스를 병렬로 접속**한다.
⑤ 발전기의 **단락비를 크게** 한다.

3) 단락비와 충전 용량

발전기가 송전선로를 충전하는 경우 자기여자 현상을 보상하기 위하여 단락비를 크게 하여야 하며 선로를 안전하게 충전 할 수 있는 단락비의 값은 다음 식을 만족해야 한다.

$$단락비 > \frac{Q'}{Q}\left(\frac{V}{V'}\right)^2 (1+\sigma)$$

여기서, Q' : 소요 충전 전압 V'에서의 선로의 충전 용량 [kVA]
Q : 발전기의 정격 출력 [kVA]
V : 발전기의 정격 전압 [V]
σ : 발전기의 정격 전압에서의 포화율

• 예제 01 •

정격 전압 6000 [V], 정격 출력 5000 [kVA]인 3상 교류 발전기의 여자 전류가 300 [A]일 때 무부하 단자 전압이 6000 [V]이고, 또, 그 여자 전류에 있어서의 3상 단락 전류가 700 [A]라고 한다. 다음 물음에 답하시오.
(1) 단락비를 구하시오.
(2) 수차 발전기와 터빈 발전기 중 단락비가 큰 것은 어느 것인가?

(3) 다음 보기를 보고 ☐ 안에 기입하시오.

[보기] 높다(고), 낮다(고), 크다(고), 작다(고)

단락비가 큰 기계는 기기의 치수가 ①, 가격은 ②, 철손 및 기계손이 ③, 안정도가 ④, 전압 변동률은 ⑤, 효율은 ⑥ 이다.

답안작성

(1) $I_n = \dfrac{P_n}{\sqrt{3}\,V_n} = \dfrac{5000 \times 10^3}{\sqrt{3} \times 6000} = 481.13\,[A]$

∴ 단락비$(K_s) = \dfrac{I_s}{I_n} = \dfrac{700}{481.13} = 1.45$

(2) 수차 발전기

(3) ① 크고 ② 높고 ③ 크고 ④ 높고 ⑤ 작고 ⑥ 낮다

해설

(2) 단락비 - 수차 발전기 : 0.9~1.2 정도
　　　　　터빈 발전기 : 0.6~1.0 정도

예제 02

주어진 표는 어떤 부하 데이터의 예이다. 이 부하 데이터를 수용할 수 있는 발전기 용량을 산정하시오. 단, 발전기 표준 역률은 0.8, 허용 전압 강하 25[%], 발전기 리액턴스 20[%], 원동기 기관 과부하 내량 1.2이다.

예	부하의 종류	출력 [kW]	전부하 특성				기동 특성			기동 순서	비 고
			역률 [%]	효율 [%]	입력 [kVA]	입력 [kW]	역률 [%]	입력 [kVA]		
200[V] 60[Hz]	조 명	10	100	–	10	10	–	–	1	
	스프링클러	55	86	90	71.1	61.1	40	142.2	2	Y-△ 기동
	소화전 펌프	15	83	87	21.0	17.2	40	42	3	Y-△ 기동
	양 수 펌 프	7.5	83	86	10.5	8.7	40	63	3	직입 기동

(1) 전부하 정상 운전시의 입력에 의한 것
(2) 전동기 기동에 필요한 용량

[참고] $P\,[kVA] = \dfrac{(1-\Delta E)}{\Delta E} \cdot x_d \cdot Q_L\,[kVA]$

(3) 순시 최대 부하에 의한 용량

[참고] $P\,[kVA] = \dfrac{\sum W_0\,[kW] + \{Q_{Lmax}\,[kVA] \times \cos\theta_{QL}\}}{K \times \cos\theta_G}$

답안작성

(1) $P = (10 + 61.1 + 17.2 + 8.7)/0.8 = 121.25\,[kVA]$　　답 : 121.25 [kVA]

(2) $P = \dfrac{(1-0.25)}{0.25} \times 0.2 \times 142.2 = 85.32\,[kVA]$　　답 : 85.32 [kVA]

(3) 부하가 최대로 되는 순간은 기동 순서 2에서 3으로 이행하는 때이므로 순시 최대 부하 용량은

$$P = \frac{(\text{기운전 중인 부하의 합계}) + (\text{기동 돌입 부하} \times \text{기동시 역률})}{(\text{원동기 기관 과부하 내량}) \times (\text{발전기 표준 역률})}$$

$$= \frac{(10+61.1) + 0.4 \times (42+63)}{(1.2 \times 0.8)} = 117.81 \, [\text{kVA}]$$

답 : 117.81 [kVA]

예제 03

자가용 전기 설비에 대한 다음 각 물음에 답하시오.
(1) 자가용 전기 설비의 중요 검사(시험) 사항을 3가지만 쓰시오.
(2) 예비용 자가 발전 설비를 시설코자 한다. 다음 조건에서 발전기의 정격 용량은 최소 몇 [kVA]를 초과하여야 하는가?

[조건] • 부하 : 유도 전동기 부하로서 기동 용량은 1500 [kVA]
 • 기동시의 전압 강하 : 25 [%]
 • 발전기의 과도 리액턴스 : 30 [%]

답안작성

(1) 절연 저항 시험, 접지 저항 시험, 계전기 동작 시험
(2) 발전기 용량 [kVA] $\geq \left(\dfrac{1}{\text{허용 전압 강하}} - 1\right) \times$ 기동 용량 [kVA] $\times$ 과도 리액턴스

$$P \geq \left(\frac{1}{0.25} - 1\right) \times 1500 \times 0.3 = 1350 \, [\text{kVA}]$$

답 : 1350 [kVA]

해설

(1) ① 절연 저항 시험 ② 접지 저항 시험
 ③ 절연 내력 시험 ④ 계전기 동작 시험
 ⑤ 외관검사 ⑥ 계측 장치 설치 상태 검사
 ⑦ 절연유 내압 시험 및 산가 측정
(2) 농형유도전동기 기동시에는 기동인입전류가 정격전류에 비해 매우 크며 이 기동전류의 크기를 나타내는 방법으로 기동계급이라는 것이 있다.

기동용량 [kVA] = 기동 계급에 따른 배수 × 부하용량 [kW] 으로 표현된다.

기동용량의 크기는 부하용량에 비해 수배~수십배에 이르며, **기동시에만 존재하는 것**으로서 **기동이 완료되면 정상적인 부하용량으로 전환**된다. 따라서, 발전기 출력은 기동용량보다 반드시 커야되는 것이 아니라 허용 전압 강하에 따라 기동용량 보다 적을 수도 있다.

9.3 무정전 전원 장치(UPS : Uninterruptible Power Supply)

1. 개 요
UPS는 축전지, 정류 장치(Converter)와 역변환 장치(Inverter)로 구성되어 있으며 선로의 정전이나 입력 전원에 이상 상태가 발생하였을 경우에도 정상적으로 전력을 부하측에 공급하는 설비를 UPS라 한다.

2. UPS의 구성도

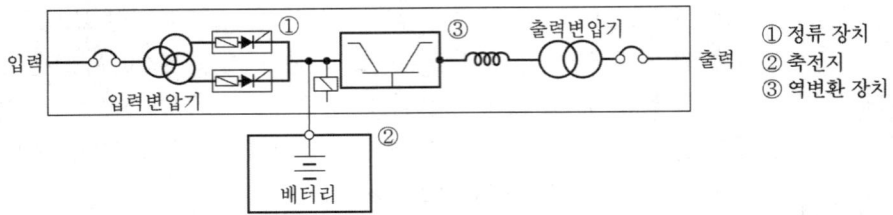

① 정류 장치
② 축전지
③ 역변환 장치

3. 구성 요소 및 기능
1) **정류 장치(Converter)** : **교류를 직류로 변환**
2) **축전지** : 정류 장치에 의해 변환된 **직류 전력을 저장**
3) **역변환 장치(Inverter)** : 직류를 사용 주파수의 **교류 전압으로 변환**

4. 비상 전원으로 사용되는 UPS의 블록 다이어그램

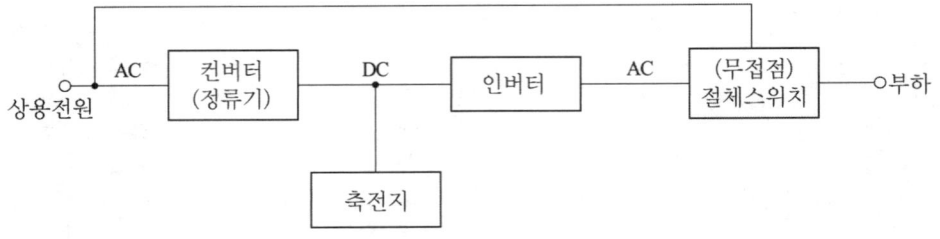

9.4 축전지 설비

1. 축전지 설비

1) 축전지 설비의 구성요소

   (1) **축전지**　　　　(2) **충전 장치**

   (3) **보안 장치**　　(4) **제어 장치**

2) 축전지의 종류

   (1) 연축전지

   ① 화학 반응식

   $$\underset{\text{양극}}{PbO_2} + \underset{\text{전해액}}{2H_2SO_4} + \underset{\text{음극}}{Pb} \underset{\text{충전}}{\overset{\text{방전}}{\rightleftarrows}} \underset{\text{양극}}{PbSO_4} + \underset{\text{전해액}}{2H_2O} + \underset{\text{음극}}{PbSO_4}$$

   ② 특성
   - **공칭 전압** : 2.0 [V/cell]
   - **공칭 용량** : 10시간율 [Ah]
   - 부동 충전 전압

     CS형(클래드식 : 완 방전형) → 2.15 [V]

     HS형(페이스트식 : 급 방전형) → 2.18 [V]
   - **방전 종료 전압** : 1.8 [V]

   (2) 알칼리 축전지

   ① 화학 반응식

   $$\underset{\text{양극}}{2Ni(OH)_2} + \underset{\text{음극}}{Cd(OH)_2} \underset{\text{충전}}{\overset{\text{방전}}{\rightleftarrows}} \underset{\text{양극}}{2NiOOH} + 2H_2O + \underset{\text{음극}}{Cd}$$

   ② 특성
   - **공칭 전압** : 1.2 [V/cell]
   - **공칭 용량** : 5시간율 [Ah]

3) 알칼리 축전지의 특성

   (1) 장점

   ① 수명이 길다 (납 축전지의 3~4배)

   ② **진동과 충격에 강하다.**

   ③ **충·방전 특성이 양호**하다.

   ④ 방전시 전압 변동이 작다.

   ⑤ 사용 온도 범위가 넓다.

(2) 단점
　① 납축전지보다 **공칭 전압**이 낮다.
　② 가격이 비싸다.

4) 축전지의 극판 형식과 구조

종 별	연축전지		알칼리 축전지	
형식명	클래드식	패이스트식	포켓식	소결식
형식기호	CS	HS (급방전형)	AL (완만한 방전형) AS(표준형) AMH(급방전형) AH(초급방전형)	AH(표준형) AHH(급방전형)

2. 충전 방식 및 직류 전원의 접지 유무판별법

1) 충전 방식

축전지의 충전에는 충전 목적, 시기 등에 따라 사용하기 시작할 때의 초기 충전과 사용중의 충전으로 나눌 수 있다.

(1) 초기 충전

축전지에 전해액을 넣지 아니한 미충전 상태의 전지에 전해액을 주입하여 처음으로 행하는 충전이다.

(2) 사용중의 충전
　① **보통 충전** : 필요할 때마다 표준 시간율로 소정의 충전을 하는 방식이다.
　② **급속 충전** : 비교적 단시간에 보통 전류의 2~3배의 전류로 충전하는 방식이다.
　③ **부동 충전** : 축전지의 **자기 방전을 보충**함과 동시에 **상용 부하에 대한 전력 공급은 충전기**가 부담하도록 하되 충전기가 부담하기 어려운 일시적인 대전류 부하는 축전지로 하여금 부담하게 하는 방식이다.

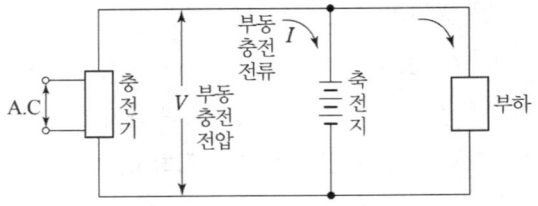

충전기 2차 충전 전류 $[A] = \dfrac{축전지\ 용량\ [Ah]}{정격\ 방전율\ [h]} + \dfrac{상시\ 부하\ 용량\ [VA]}{표준\ 전압\ [V]}$

④ **세류 충전** : 자기 방전량만을 항시 충전하는 부동 충전 방식의 일종이다.

⑤ **균등 충전** : 부동 충전 방식에 의하여 사용할 때 각 전해조에서 일어나는 전위차를 보정하기 위하여 1~3개월 마다 1회씩 정전압으로 10~12시간 충전하여 각 전해조의 용량을 균일화하기 위한 방식이다.

2) 축전지의 허용 최저 전압

$$V = \frac{V_a + V_e}{n} \text{[V/cell]}$$

여기서, V_a : 부하의 허용 최저 전압
V_e : 축전지와 부하간의 전압 강하
n : 직렬로 접속된 셀 수

3) 직류전원의 접지 유무 판별법

(1) 회로도

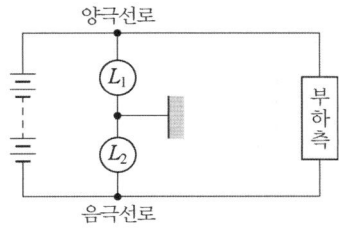

(2) 접지 판별법

① **양극측 선로 접지**

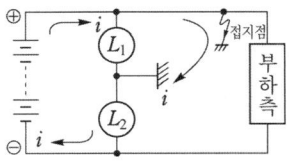

전류 i는 접지점을 통해 흐르므로 ⓛ소등 ⓛ는 밝아진다. (ⓛ에 전전압 인가)

② **음극측 선로 접지**

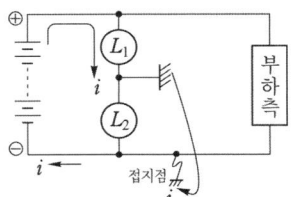

전류 i는 ⓛ을 통해 접지점에 흐르므로 ⓛ은 밝아지고(ⓛ에 전전압 인가) ⓛ는 소등된다.

③ 양극측과 음극측 모두 접지

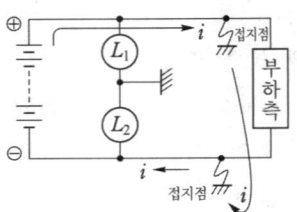

전류 i는 L_1, L_2을 통하지 않고 접지점을 통해 흐르게 되므로 L_1, L_2 **모두 소등**

3. 축전지 용량 산출

1) 시간의 경과와 함께 방전 전류가 증가하는 부하

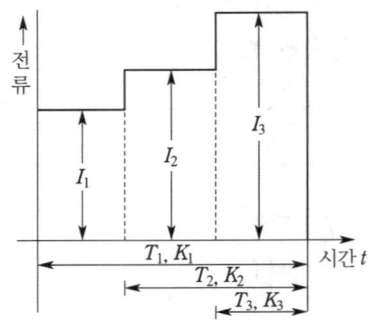

(1) 계산 방법 : 전구간 일괄 계산

(2) 축전지 용량

$$C = \frac{1}{L}[K_1 I_1 + K_2 (I_2 - I_1) + K_3 (I_3 - I_2)] \ [Ah]$$

여기서, C : 축전지 용량 [Ah]
L : 보수율 (축전지 용량 변화의 보정값)
K : 용량 환산 시간 [h]
I : 방전 전류 [A]

2) 시간 경과와 함께 방전전류가 감소하는 부하

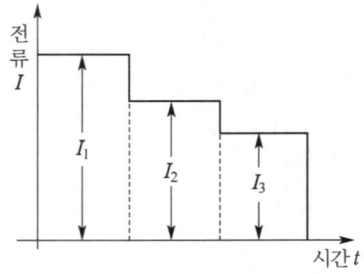

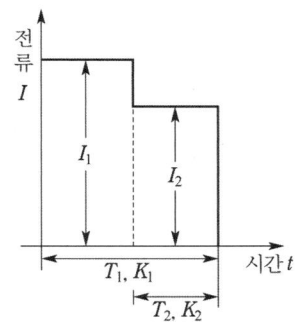

(1) $C_A = \dfrac{1}{L} K_1 I_1$ (2) $C_B = \dfrac{1}{L}[K_1 I_1 + K_2(I_2 - I_1)]$

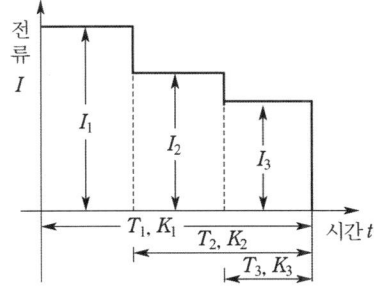

(3) $C_C = \dfrac{1}{L}[K_1 I_1 + K_2(I_2 - I_1) + K_3(I_3 - I_2)]$

① 계산 방법 : **각 구간별로 구분 계산 후 그중 최대의 값을 선정**
② 축전지 용량은 각 구간별로 구분 계산한 값 C_A, C_B, C_C 중에서 제일 큰 값 선정(이때, C_A, C_B, C_C를 구할 때 각각의 K_1, K_2값은 서로 다른 값임)
③ 그러나 현재까지 **기 출제된 문제중 K 값을 각 구간별로 주어진 경우는 없었다.** 따라서, 각 구간별로 계산하여 C_A, C_B, C_C를 구할 수가 없어서 부득이 $C_C = \dfrac{1}{L}[K_1 I_1 + K_2(I_2 - I_1) + K_3(I_3 - I_2)]$식을 적용하여 문제를 풀어야 한다.

3) 요약

축전지 용량은 축전지 방전 곡선의 면적을 구하는 것과 같다.

(1) 방전전류가 증가하는 부하

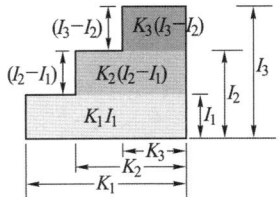

즉, $C = \dfrac{1}{L}[K_1 I_1 + K_2(I_2 - I_1) + K_3(I_3 - I_2)]$

(2) 방전전류가 감소하는 부하

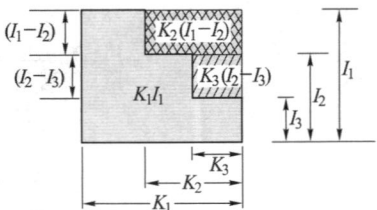

면적은 전체 면적 $K_1 I_1$에서 $K_2(I_1 - I_2)$와 $K_3(I_2 - I_3)$를 빼면되므로

$$C = \dfrac{1}{L}[K_1 I_1 - K_2(I_1 - I_2) - K_3(I_2 - I_3)]$$

$C = \dfrac{1}{L}[K_1 I_1 + K_2(I_2 - I_1) + K_3(I_3 - I_2)]$가 된다.

(3) K값이 각 구간별로 주어진 경우

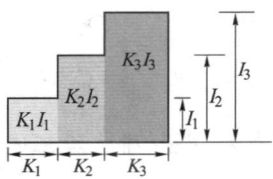

즉, $C = \dfrac{1}{L}[K_1 I_1 + K_2 I_2 + K_3 I_3]$가 된다.

4. 축전지 고장의 원인과 현상

1) 설페이션(Sulfation) 현상

납 축전지를 방전 상태에서 오랫동안 방치하여 두면 극판의 황산납이 회백색으로 변하고(황산화 현상) 내부 저항이 대단히 증가하여 **충전시 전해액의 온도 상승이 크고 황산의 비중 상승이 낮으며 가스 발생이 심하게 되며 전지의 용량이 감퇴하고 수명이 단축되는** 이러한 현상을 설페이션 현상이라 한다.

(1) 원인
① **방전 상태에서 장시간 방치**하는 경우
② **방전 전류가 대단히 큰 경우**
③ **불충분한 충전**을 반복하는 경우

(2) 현상

① 극판이 회백색으로 변하고 극판이 휘어진다.

② 충전시 전해액의 온도 상승이 크고 비중 상승이 낮으며 가스의 발생이 심하다.

2) 축전지의 용량과 수명

(1) 축전지의 용량

완전히 충전된 축전지를 일정한 전류로 연속 방전시켜 방전중의 단자전압이 방전 종료전압에 도달할 때까지 축전지에서 나오는 총 전기량을 말한다.

축전지의 용량 [Ah] = 방전 전류 [A] × 방전 시간 [h]

(2) 축전지의 수명

축전지의 용량이 **규정 용량의 80~90[%]로 저하될 때까지의 총 방전횟수**로 표시한다.

• 예제 04 •

컴퓨터나 마이크로프로세서에 사용하기 위하여 전원장치로 UPS를 구성하려고 한다. 주어진 그림을 보고 다음 각 물음에 답하시오.

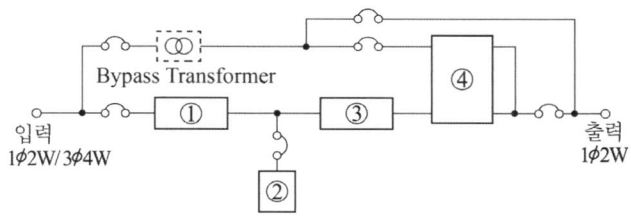

(1) 그림의 ①~④ 에 들어갈 기기 또는 명칭을 쓰고 그 역할에 대하여 간단히 설명하시오.

(2) Bypass Transformer를 설치하여 회로를 구성하는 이유를 설명하시오.

(3) 전원장치인 UPS, CVCF, VVVF 장치에 대한 비교표를 다음과 같이 구성할 때 빈칸을 채우시오. 단, 출력전원에 대하여서는 가능은 ○, 불가능은 ×로 표시하시오.

구 분 \ 장 치		UPS	CVCF	VVVF
우리말 명칭				
주회로 방식				
스위칭 방식	컨 버 터			
	인 버 터			
주회로 디바이스	컨 버 터			
	인 버 터			
출 력 전 압	무 정 전			
	정 전 압 정 주 파 수			
	가 변 전 압 가변주파수			

답안작성

(1)

번호	명 칭	역 할
①	컨 버 터	교류를 직류로 변환
②	축 전 지	충전 장치에 의해 변환된 직류 전력을 저장
③	인 버 터	직류를 사용 주파수의 교류 전압으로 변환
④	절체스위치	상용전원 정전시 인버터 회로로 절체되어 부하에 무정전으로 전력을 공급하기 위한 장치

(2) ① 회로의 절연
② UPS 및 축전지의 점검보수 및 고장시에도 부하에 연속적으로 전력을 공급하기 위함

(3)

구 분 \ 장 치		UPS	CVCF	VVVF
우리말 명칭		무정전 전원공급 장치	정전압 정주파수 장치	가변전압 가변주파수장치
주회로 방식		전압형인버터	전압형인버터	전류형 인버터
스위칭 방식	컨 버 터	PWM제어 또는 위상제어	PWM제어	PWM제어 또는 위상제어
	인 버 터	PWM제어	PWM제어	PWM제어
주회로 디바이스	컨 버 터	IGBT	IGBT	IGBT
	인 버 터	IGBT	IGBT	IGBT
출 력 전 압	무 정 전	○	×	×
	정 전 압 정 주 파 수	○	○	×
	가 변 전 압 가변주파수	×	×	○

해설

(3) ① 주회로 디바이스 : 중소용량이면 모두 IGBT 또는 MOSFET이 가능하다.

• 예제 05 •

연 축전지의 정격용량 100[Ah], 상시부하 8[kW], 표준전압 100[V]인 부동 충전 방식 충전기의 2차 전류(충전 전류)값은 얼마인가? 단, 상시 부하의 역률은 1로 간주한다.

답안작성

계산 : 충전기 2차 충전 전류 [A] = $\dfrac{축전지\ 용량\ [Ah]}{정격\ 방전율\ [h]} + \dfrac{상시\ 부하\ 용량\ [VA]}{표준\ 전압\ [V]}$

에서 납(연) 축전지의 정격방전율은 10 [Ah]이므로

$$I = \dfrac{100}{10} + \dfrac{8 \times 10^3}{100} = 90\ [A]$$

답 : 90 [A]

• 예제 06 •

그림과 같은 부하 특성을 갖는 축전지를 사용할 때 보수율이 0.8, 최저 축전지 온도 5 [℃], 허용 최저 전압 90 [V]일 때 몇 [Ah] 이상인 축전지를 선정하여야 하는가? 단, $K_1 = 1.15$, $K_2 = 0.91$이고 셀당 전압은 1.06 [V/cell]이다.

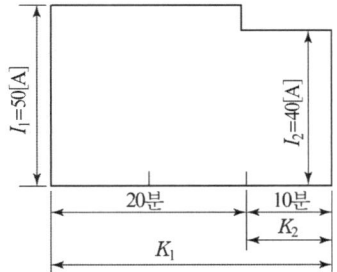

답안작성

계산 : $C = \dfrac{1}{L}[K_1 I_1 + K_2 (I_2 - I_1)]$

$= \dfrac{1}{0.8}[1.15 \times 50 + 0.91(40 - 50)] = 60.5\ [Ah]$

답 : 60.5 [Ah]

해설

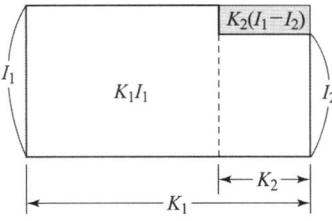

방전 특성 곡선의 면적

$K_1 I_1 - K_2 (I_1 - I_2) = K_1 I_1 + K_2 (I_2 - I_1)$

즉, 축전지 용량은 방전 특성 곡선의 면적과 같게 된다.

$C = \dfrac{1}{L}[K_1 I_1 + K_2 (I_2 - I_1)]$

• 예제 07 •

비상용 전원 설비로써 축전지 설비를 계획코자 한다. 사용 부하의 방전 전류 – 시간 특성 곡선이 다음 그림과 같다면 이론상 축전지 용량은 어떻게 선정하여야 하는지 각 물음에 답하시오. 단, 축전지 개수는 83개이며, 단위 전지 방전 종지 전압은 1.06[V]로 하고, 축전지 형식은 AH형을 채택코자 하며, 또한 축전지 용량은 다음과 같은 일반식에 의하여 구한다.

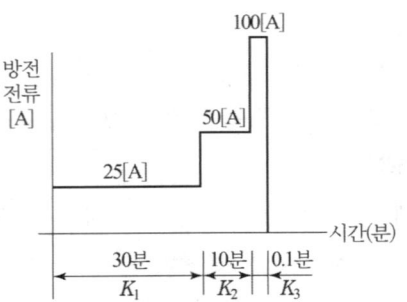

$$C = \frac{1}{L}[K_1 I_1 + K_2(I_2 - I_1) + K_3(I_3 - I_2) + \cdots + K_n(I_n - I_{n-1})]$$

용량 환산 시간 계수 K (온도 5[℃]에서)

형식	최저 허용 전압 [V/cell]	0.1분	1분	5분	10분	20분	30분	60분	120분
AH	1.10	0.30	0.46	0.56	0.66	0.87	1.04	1.56	2.60
	1.06	0.24	0.33	0.45	0.53	0.70	0.85	1.40	2.45
	1.00	0.20	0.27	0.37	0.45	0.60	0.77	1.30	2.30

(1) 여기서 L은 무엇을 뜻하는가?
(2) 용량 환산시간 K값으로서 K_1, K_2, K_3를 표에서 구하시오.
(3) 축전지 용량 C는 이론상 몇 [Ah] 이상의 것을 채택하여야 하는가?
(4) ( )안에 알맞은 말은?

축전지에는 연 축전지와 알칼리 축전지가 있으며, 각각의 방전 특성에 따라 다른 종류가 여러 가지가 있다. 일반적으로 축전지의 선정시, 장시간 일정 전류를 취하는 부하에는 (①) 축전지가 쓰이며, 비교적 단시간에 대전류를 쓰는 경우나 소전류에서 대전류로 변화하는 경우에는 방전 특성이 좋은 (②) 축전지가 경제적이다.

답안작성

(1) 보수율
(2) $K_1 = 0.85$, $K_2 = 0.53$, $K_3 = 0.24$
(3) 축전지 용량 $C = \frac{1}{L}KI = \frac{1}{0.8}(0.85 \times 25 + 0.53 \times 50 + 0.24 \times 100) = 89.69$ [Ah]
(4) ① 연   ② 알칼리

해설

(2) 최저 허용전압 1.06 [V/cell]의 난에서 방전시간 30분, 10분, 0.1분에서의 용량 환산 시간 계수값은 각각 $K_1 = 0.85$, $K_2 = 0.53$, $K_3 = 0.24$이다.
(3) 용량환산 시간 계수값 K_1, K_2, K_3가 각 구간별로 주어졌기 때문에 축전지 용량 C는
$$C = \frac{1}{L}(K_1 I_1 + K_2 I_2 + K_3 I_3) \text{ 가 되어야 한다.}$$
즉, 방전 특성 곡선의 면적을 구하면 된다.

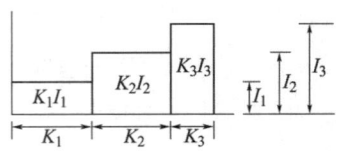

10장 안전 및 접지

10.1 안전을 위한 보호

전기설비를 적절하게 사용할 때 전기시설에서 발생할 수 있는 위험과 장해로부터 생명과 재산을 안전하게 보호하기 위한 보호원칙은 다음과 같다.
① 감전에 대한 보호
② 열 영향에 대한 보호
③ 과전류에 대한 보호
④ 고장전류에 대한 보호
⑤ 과전압 및 전자기 장애에 대한 대책
⑥ 전원공급 중단에 대한 보호

1. 감전에 대한 보호

1) 기본보호
    (1) 기본보호는 일반적으로 직접접촉을 방지하는 것으로, **전기설비의 충전부에 인축이 접촉하여 일어날 수 있는 위험으로부터 보호**되어야 한다. **기본보호는 다음 중 어느 하나에 적합하여야 한다.**
        ① **인축의 몸을 통해 전류가 흐르는 것을 방지**
        ② **인축의 몸에 흐르는 전류를 위험하지 않은 값 이하로 제한**
    (2) 보호방법
        ① 충전부 절연
        ② 격벽 또는 외함
        ③ 접촉범위 밖 배치

2) 고장 보호
    (1) **고장 보호**는 일반적으로 **기본절연의 고장에 의한 간접접촉을 방지**하는 것이다.
        ① 노출도전부에 인축이 접촉하여 일어날 수 있는 위험으로부터 보호되어야 한다.

② **고장 보호**는 다음 중 어느 하나에 적합하여야 한다.
- 인축의 몸을 통해 **고장전류가 흐르는 것을 방지**
- 인축의 몸에 흐르는 **고장전류를 위험하지 않는 값 이하로 제한**
- 인축의 몸에 흐르는 **고장전류의 지속시간을 위험하지 않은 시간까지로 제한**

(2) 보호방법
① 이중절연 또는 강화절연　② 보호등전위 본딩
③ 전원 자동차단　　　　　　④ 전기적 분리
⑤ 비도전성 장소

3) 특별저압에 의한 보호
(1) 특별저압에 의한 보호는 **전기량을 제한하는 전원을 사용**하여 사람이나 가축이 접촉하여도 인체에 위험을 초래하지 않을 정도의 전압으로 전원을 공급하는 방법이다.
(2) 보호방법
① 비접지회로 적용 SELV
② 접지회로 적용 PELV
③ 기능적 특별저압 사용시 적용 FELV

2. 과전류에 대한 보호

1) 도체에서 발생할 수 있는 **과전류에 의한 과열 또는 전기·기계적 응력에 의한 위험으로부터 인축의 상해를 방지**하고 재산을 보호하여야 한다.
2) 과전류에 대한 보호는 과전류가 흐르는 것을 방지하거나 과전류의 지속시간을 위험하지 않는 시간까지로 제한함으로써 보호할 수 있다.

3. 고장전류에 대한 보호

1) 고장전류가 흐르는 도체 및 다른 부분은 **고장전류로 인해 허용온도 상승 한계에 도달하지 않도록** 하여야 한다.
2) 도체는 고장으로 인해 발생하는 과전류에 대하여 보호되어야 한다.

4. 전원공급 중단에 대한 보호

전원공급 중단으로 인해 위험과 피해가 예상되면, 설비 또는 설치기기에 적절한 보호장치를 구비하여야 한다.

10.2 접지공사

1. 접지의 목적

1) 중성점 접지의 목적
   (1) 지락 고장시 건전상의 **대지 전위 상승을 억제**하여 **전선로 및 기기의 절연 레벨을 경감**시킨다.
   (2) 뇌, 아크 지락, 기타에 의한 **이상 전압의 경감 및 발생을 방지**한다.
   (3) 지락 고장시 **접지 계전기의 동작을 확실하게** 한다.
   (4) 소호 리액터 접지 방식에서는 1선 지락시의 **아크 지락을 재빨리 소멸시켜 그대로 송전을 계속할 수 있게** 한다.

2) 배전용 변전소의 각 종 전기시설물에 대한 접지
   (1) 접지목적
      ① 감전방지
      ② 기기의 손상 방지
      ③ 보호 계전기의 확실한 동작
   (2) 접지개소
      ① 전기기기의 금속제 프레임 또는 외함
      ② 금속제의 전선관, 덕트 등
      ③ 케이블의 금속피복
      ④ 전로의 중성점 또는 1단자
      ⑤ 피뢰기의 접지 단자
      ⑥ 변성기의 2차측 접지단자
      ⑦ 기타 접지의 목적물

2. 접지시스템의 구분 및 종류

1) 접지시스템의 분류
   (1) **계통접지** : 전력계통에서 돌발적으로 발생하는 이상현상에 대비하여 대지와 계통을 연결하는 것으로, 중성점을 대지에 접속하는 것을 말한다.
   (2) **보호접지** : 고장 시 감전에 대한 보호를 목적으로 기기의 한 점 또는 여러 점을 접지하는 것을 말한다.
   (3) **피뢰시스템 접지**

2) 접지시스템의 시설 종류
  (1) **단독접지** : 고압, 특고압계통의 접지극과 저압계통의 **접지극을 독립적으로 설치**하는 것

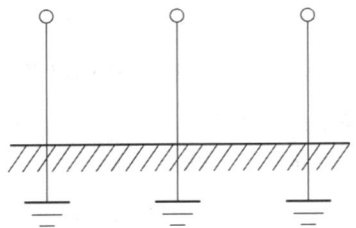

  (2) **공통접지** : 등전위가 형성되도록 **고압, 특고압계통과 저압접지계통을 공통으로 접지**하는 것

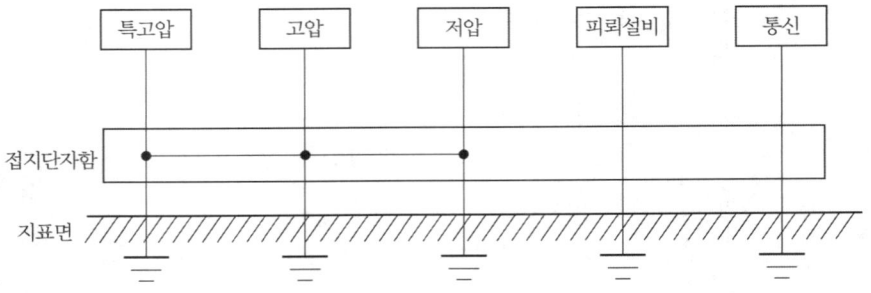

  (3) **통합접지** : **전기설비 접지계통, 피뢰설비 및 전기통신설비 등의 접지극을 통합하여 접지시스템을 구성**하는 것을 말하며, 설비 사이의 전위차를 해소하여 등전위를 형성하는 접지방식으로 서지보호장치를 시설하여야 할 필요가 있다.

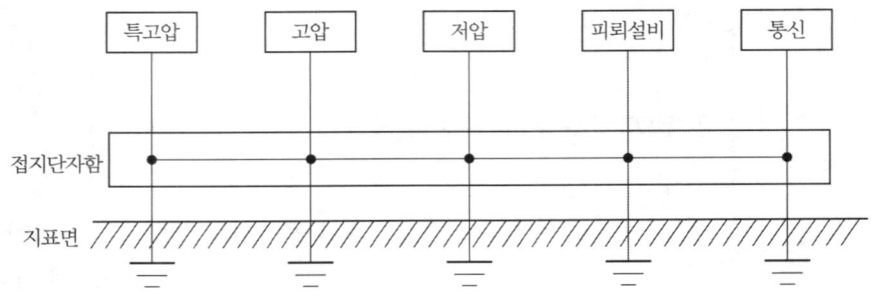

3) 접지시스템의 구성요소 및 요구사항
  (1) 접지시스템은 **접지극, 접지도체, 보호도체 및 기타 설비로 구성**되는데, 접지시스템은 다음 사항을 충족하여야 한다.

① 지락고장전류 및 보호도체 전류(누설전류 등)를 열적, 기계적 및 전자력에 의한 스트레스로 인한 위험 없이 흘릴 것.

② 접지저항 값은 고장보호에서 정해진 인체감전보호를 위한 값과 전기설비의 기계적 요구에 따라 정해진 값을 충족할 것.

③ 부식, 건조 또는 동결로 인한 접지저항의 변화에 의해 영향을 받지 않을 것 등이다.

(2) 접지극은 접지도체를 사용하여 주 접지단자에 연결하여야 한다.

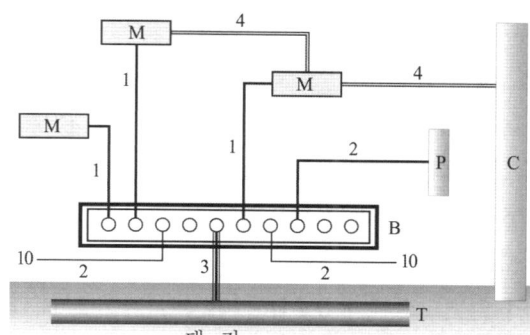

1 : 보호도체(PE)
2 : 보호등전위 본딩용 전선
3 : 접지도체
4 : 보조 보호등전위 본딩용 전선
10 : 기타 기기(예, 통신설비, 피뢰시스템)
B : 주 접지단자
M : 전기기구의 노출 도전성부분
C : 철골, 금속덕트 등 계통의 도전부
P : 수도관, 가스관 등 계통의 도전부
T : 접지극

4) 주 접지단자

접지시스템은 주 접지단자를 설치하고, 다음의 도체들을 접속하여야 한다.
① 등전위본딩도체   ② 접지도체
③ 보호도체   ④ 기능성 접지도체

5) 접지극

(1) 접지극의 형태

① 콘크리트매입 기초접지극
② 토양매설 기초접지극
③ 토양에 매설된 접지봉 또는 관, 접지선 또는 판
④ 요건에 적합한 케이블 금속외장 또는 지중 금속구조물
⑤ 콘크리트(PS콘크리트는 제외)의 용접된 철근 등

(2) 지중에 매설되어 있고 **대지와의 전기저항 값이 3[Ω] 이하의 값을 유지하고 있는 금속제 수도관로**가 다음에 따르는 경우 접지극으로 사용이 가능하다.

① 접지도체와 금속제 수도관로의 접속은 **안지름 75[mm] 이상**인 부분 또는 여기에서 **분기한 안지름 75[mm]** 미만인 분기점으로부터 5[m] 이내의 부분에서 하여야 한다. 다만, 금속제 **수도관로와 대지 사이의 전기저항 값이 2[Ω] 이하**인 경우에는 분기점으로부터의 거리는 5[m]을 넘을 수 있다.

② 접지도체와 금속제 수도관로의 접속부를 수도계량기로부터 수도 수용가 측에 설치하는 경우에는 수도계량기를 사이에 두고 양측 수도관로를 등전위본딩 하여야 한다.

(3) 건축물·구조물의 철골 기타의 금속제는 이를 비접지식 고압전로에 시설하는 기계기구의 철대 또는 금속제 외함의 접지공사 또는 비접지식 고압전로와 저압전로를 결합하는 변압기의 저압전로의 접지공사의 접지극으로 사용할 수 있다. 다만, **대지와의 사이에 전기저항 값이 2[Ω] 이하인 값을 유지하는 경우에 한한다.**

(4) 접지극의 매설기준
① 접지극은 동결깊이를 감안하여 시설하되 고압이상의 전기설비와 변압기 중성점 접지에 의하여 시설하는 접지극의 매설깊이는 지표면으로부터 지하 **0.75[m] 이상으로 한다.**
② 접지도체를 철주 기타의 금속체를 따라서 시설하는 경우에는 **접지극을 철주의 밑면으로부터 0.3[m] 이상의 깊이에 매설**하는 경우 이외에는 **접지극을 지중에서 그 금속체로부터 1[m] 이상 떼어 매설**하여야 한다.

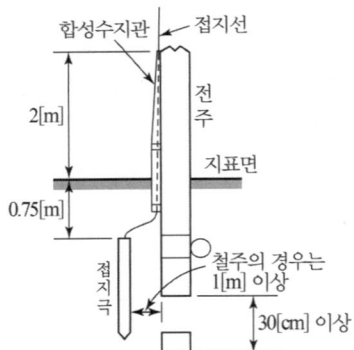

6) 접지도체
(1) 접지도체의 최소 굵기
① **구리는 6[mm²] 이상**
② **철제는 50[mm²] 이상**
(2) **접지도체에 피뢰시스템이 접속되는 경우**, 접지도체의 단면적
① **구리는 16[mm²] 이상**
② 철제는 50[mm²] 이상
(3) 접지도체의 굵기는 고장 시 흐르는 전류를 안전하게 통할 수 있는 것으로서 다음에 의한다.
① 특고압·고압 전기설비용 접지도체 : 단면적 6[mm²] 이상의 연동선

② **중성점 접지용 접지도체** : **공칭단면적 16[mm²] 이상**의 연동선

다만, 다음의 경우에는 **공칭단면적 6[mm²] 이상**의 연동선을 사용할 수 있다.

- **7[kV] 이하의 전로**
- **사용전압이 25[kV] 이하인 특고압 가공전선로**

(다만, 중성선 다중접지식의 것으로서 전로에 지락이 생겼을 때 2초 이내에 자동적으로 이를 전로로부터 차단하는 장치가 되어 있는 것.)

③ 이동하여 사용하는 전기기계기구의 금속제 외함 등의 접지시스템의 경우는 다음의 것을 사용하여야 한다.

접지	접지도체의 종류	접지선의 단면적
특고압·고압 전기설비용 접지도체 및 중성점 접지용 접지도체	• 클로로프렌캡타이어케이블(3종 및 4종)의 1개 도체 • 클로로설포네이트폴리에틸렌캡타이어 케이블(3종 및 4종)의 1개 도체 • 다심캡타이어케이블의 차폐 기타의 금속제	10[mm²]
저압 전기설비	다심 코드 또는 다심 캡타이어케이블의 1개 도체	0.75[mm²]
	다심코드 및 다심 캡타이어케이블의 1개 도체 이외의 가요성이 있는 연동연선	1.5[mm²]

(4) 접지도체의 굵기결정 시 고려사항

① **전류 용량**　② **기계적 강도**　③ **내식성**

(5) 다음과 같이 매입되는 지점에는 **"안전 전기 연결"** 라벨이 영구적으로 고정되도록 시설하여야 한다.

① 접지극의 모든 접지도체 연결지점

② 외부도전성 부분의 모든 본딩도체 연결지점

③ 주 개폐기에서 분리된 주접지단자

(6) 접지도체 설치기준

① **절연전선(옥외용 비닐절연전선은 제외)** 또는 케이블(통신용 케이블은 제외)을 사용하여야 한다. 다만, 접지도체를 철주 기타의 금속체를 따라서 시설하는 경우 이 외의 경우에는 접지도체의 지표상 0.6[m]를 초과하는 부분에 대하여는 절연전선을 사용하지 않을 수 있다.

② 접지도체는 **지하 0.75[m]부터 지표 상 2[m]까지** 부분은 합성수지관(두께 2[mm] 미만의 합성수지제 전선관 및 가연성 콤바인덕트관은 제외한다) 또는 이와 동등 이상의 절연효과와 강도를 가지는 몰드로 덮어야 한다.

7) 보호도체

(1) **보호도체의 최소 단면적**은 표 에 따라 선정해야 한다. 다만, "(2)"에 따라 계산한 값 이상이어야 한다.

선도체의 단면적 S ([mm^2], 구리)	보호도체의 최소 단면적([mm^2], 구리)	
	보호도체의 재질	
	선도체와 같은 경우	선도체와 다른 경우
$S \leq 16$	S	$(k_1/k_2) \times S$
$16 < S \leq 35$	$16^{(a)}$	$(k_1/k_2) \times 16$
$S > 35$	$S^{(a)}/2$	$(k_1/k_2) \times (S/2)$

여기서, - k_1 : 선도체에 대한 k값 - k_2 : 보호도체에 대한 k값
      - a : PEN 도체의 최소단면적은 중성선과 동일하게 적용한다

(2) 보호도체의 단면적은 다음의 계산 값 이상이어야 한다.
   (단, 차단시간이 5초 이하인 경우에만 다음 계산식을 적용한다.)

$$S = \frac{\sqrt{I^2 t}}{k}$$

   여기서, S : 단면적[mm^2]
          I : 보호장치를 통해 흐를 수 있는 예상 고장전류 실효값[A]
          t : 자동차단을 위한 보호장치의 동작시간[s]
          k : 보호도체, 절연, 기타 부위의 재질 및 초기온도와 최종온도에 따라 정해지는 계수

(3) 보호도체가 케이블의 일부가 아니거나 선도체와 동일 외함에 설치되지 않으면 단면적은 다음의 굵기 이상으로 하여야 한다.
   ① 기계적 손상에 대해 보호가 되는 경우 : 구리 2.5[mm^2], 알루미늄 16 [mm^2] 이상
   ② 기계적 손상에 대해 보호가 되지 않는 경우 : 구리 4[mm^2], 알루미늄 16 [mm^2] 이상
   ③ 케이블의 일부가 아니라도 전선관 및 트렁킹 내부에 설치되거나, 이와 유사한 방법으로 보호되는 경우 기계적으로 보호되는 것으로 간주한다.

(4) **보호도체는 다음 중 하나 또는 복수로 구성**하여야 한다.
   ① 다심케이블의 도체
   ② 충전도체와 같은 트렁킹에 수납된 절연도체 또는 나도체
   ③ 고정된 절연도체 또는 나도체
   ④ 금속케이블 외장, 케이블 차폐, 케이블 외장, 전선묶음(편조전선), 동심도체, 금속관

(5) **다음과 같은 금속부분은 보호도체 또는 보호본딩도체로 사용해서는 안 된다.**

① 금속 수도관

② 가스·액체·분말과 같은 잠재적인 인화성 물질을 포함하는 금속관

③ 상시 기계적 응력을 받는 지지 구조물 일부

④ 가요성 금속배관

⑤ 가요성 금속전선관

⑥ 지지선, 케이블트레이 및 이와 비슷한 것

(6) **보호도체에는 어떠한 개폐장치를 연결해서는 안 된다.**

(7) 접지에 대한 전기적 감시를 위한 전용장치(동작센서, 코일, 변류기 등)를 설치하는 경우, 보호도체 경로에 직렬로 접속하면 안 된다.

8) 접지저항 저감방법

(1) 물리적 저감방법

① 접지극 길이를 길게 한다.
- 직렬 접지시공
- 매설지선 시설
- 평판 접지극 시설

② 접지극의 병렬접속

$R = k \dfrac{R_1 R_2}{R_1 + R_2}$ (여기서, k : 결합계수로 보통 1.2를 적용한다)

③ 접지극의 매설깊이를 깊게(지표면하 75 [cm] 이하에 시설)

④ 접지극과 대지와의 접촉저항을 향상시키기 위하여 심타공법으로 시공

(2) 화학적 저감방법

① 접지극 주변의 토양 개량 (염, 유산, 암모니아, 탄산소다, 카본분말, 밴드나이트 등 화공약품을 사용하는 데 따른 환경오염 문제로 사용이 제한되고 있다)

② 접지저항 저감제 사용 (주로 아스롱을 사용)

3. 전기수용가 접지

1) 저압수용가 인입구 접지

(1) 수용장소 인입구 부근에서 다음의 것을 접지극으로 사용하여 변압기 중성점 접지를 한 **저압전선로의 중성선 또는 접지측 전선에 추가로 접지공사를 할 수** 있다.

① 지중에 매설되어 있고 **대지와의 전기저항 값이 3 [Ω] 이하의 값을 유지하고** 있는 금속제 수도관로

② 대지 사이의 전기저항 값이 3[Ω] 이하인 값을 유지하는 건물의 철골
(2) 제(1)에 따른 접지도체는 공칭단면적 6[mm²] 이상의 연동선

2) 주택 등 저압수용장소 접지

저압수용장소에서 **계통접지가 TN-C-S 방식인 경우** 중성선 겸용 보호도체(PEN)의 단면적이 **구리는 10[mm²] 이상, 알루미늄은 16[mm²] 이상**이어야 하며, 그 계통의 최고전압에 대하여 절연되어야 한다.

4. 변압기 중성점 접지저항값

접지공사의 종류	접지 저항값의 상한
변압기 중성점 접지	$R_2 = \dfrac{150}{\text{변압기의 고압측 또는 특고압측의 1선 지락전류}}[\Omega]$ 단, 변압기의 고압·특고압측 전로 또는 사용전압이 35[kV] 이하의 특고압전로가 저압측 전로와 혼촉하고 저압전로의 대지전압이 150[V]를 초과하는 경우 저항 값은 다음에 의한다. ① 1초를 초과하고 2초 이내에 차단하는 장치가 있는 경우 $R_2 = \dfrac{300}{\text{변압기의 고압측 또는 특고압측의 1선 지락전류}}[\Omega]$ ② 1초 이내에 차단하는 장치가 있는 경우 $R_2 = \dfrac{600}{\text{변압기의 고압측 또는 특고압측의 1선 지락전류}}[\Omega]$

단, **전로의 1선 지락전류는 실측값에 의한다.** 다만, 실측이 곤란한 경우에는 선로정수 등으로 계산한 값에 의한다.

5. 기계기구의 철대 및 외함의 접지

1) 전로에 시설하는 기계기구의 **철대 및 금속제 외함**(외함이 없는 변압기 또는 계기용변성기는 철심)에는 **접지공사를 하여야 한다.**
2) **다음의 어느 하나에 해당하는 경우에는 접지를 생략 할 수 있다.**
    (1) 사용전압이 직류 300[V] 또는 **교류 대지전압이 150[V] 이하인 기계기구를 건조한 곳**에 시설하는 경우
    (2) 저압용의 기계기구를 건조한 목재의 마루 기타 이와 유사한 **절연성 물건 위에서 취급하도록 시설하는 경우**
    (3) 저압용이나 고압용의 기계기구를 사람이 쉽게 접촉할 우려가 없도록 목주 기타 이와 유사한 것의 위에 시설하는 경우
    (4) 철대 또는 외함의 주위에 **적당한 절연대를 설치하는 경우**
    (5) 외함이 없는 계기용변성기가 **고무·합성수지 기타의 절연물로 피복한 것일 경우**

(6) **2중 절연구조**로 되어 있는 기계기구를 시설하는 경우

(7) 저압용 기계기구에 전기를 공급하는 전로의 전원측에 **절연변압기**(2차 전압이 300[V] 이하이며, 정격용량이 3[kVA] 이하인 것에 한한다)를 시설하고 또한 그 **절연변압기의 부하측 전로를 접지하지 않은 경우**

(8) 물기 있는 장소 이외의 장소에 시설하는 저압용의 개별 기계기구에 전기를 공급하는 전로에 **인체감전보호용 누전차단기**(정격감도전류가 30[mA] 이하, 동작시간이 0.03초 이하의 전류동작형에 한한다)를 시설하는 경우

(9) 외함을 충전하여 사용하는 기계기구에 사람이 접촉할 우려가 없도록 시설하거나 절연대를 시설하는 경우

6. 케이블 차폐 접지

1) ZCT를 전원측에 설치시 전원측 케이블 차폐의 접지는 **ZCT를 관통**시켜 접지한다.

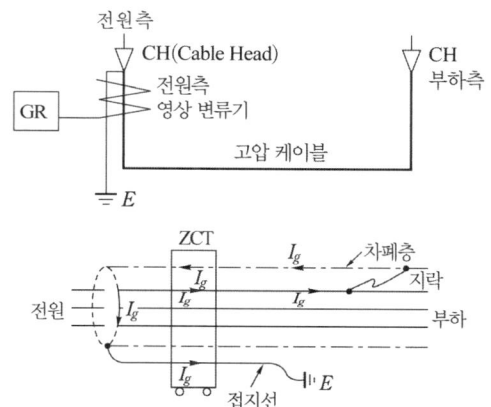

접지선을 ZCT 내로 관통시켜야만 ZCT는 지락전류 I_g를 검출할 수 있다.

$$I_g - I_g + I_g = I_g$$

2) ZCT를 부하측에 설치시 케이블 차폐의 접지는 ZCT를 관통시키지 않고 접지한다.

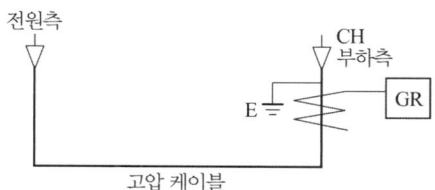

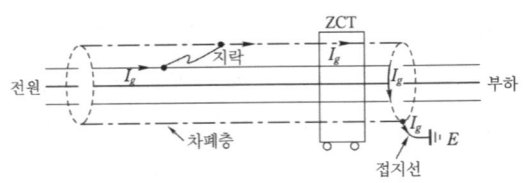

접지선을 ZCT 내로 관통시키지 않아야 지락전류 I_g를 검출할 수 있다.

만약 아래 그림과 같이 **접지선을 ZCT 내로 관통시키면** $I_g - I_g = 0$으로 지락전류를 검출할 수 없게 된다.

7. 공통접지 및 통합접지

1) 고압 및 특고압과 저압 전기설비의 접지극이 서로 근접하여 시설되어 있는 변전소 또는 이와 유사한 곳에서는 다음과 같이 공통접지시스템으로 할 수 있다.
   (1) 저압 전기설비의 접지극이 고압 및 특고압 접지극의 접지저항 형성영역에 완전히 포함되어 있다면 위험전압이 발생하지 않도록 이들 접지극을 상호 접속하여야 한다.
   (2) 접지시스템에서 고압 및 특고압 계통의 지락사고 시 저압계통에 가해지는 상용주파 과전압은 표에서 정한 값을 초과해서는 안 된다.

표. 저압설비 허용 상용주파 과전압

고압계통에서 지락고장시간 (초)	저압설비 허용 상용주파 과전압 (V)	비 고
>5	$U_0 + 250$	중성선 도체가 없는 계통에서 U_0는 선간전압을 말한다.
≤5	$U_0 + 1,200$	

2) 전기설비의 접지설비·건축물의 피뢰설비·전자통신설비 등의 접지극을 공용하는 통합접지시스템으로 하는 경우 다음과 같이 하여야 한다.
   (1) 통합접지시스템은 제 1)에 의한다.
   (2) 낙뢰에 의한 과전압 등으로부터 전기전자기기 등을 보호하기 위해 규정에 따라 **서지보호장치를 설치**하여야 한다.

8. 등전위본딩 분류 및 그 대상설비

등전위본딩은 건축물의 공간에서 금속도체를 서로 접속하여 전위를 같게 하는 것으로 **감전보호용 등전위본딩과 피뢰시스템 등전위본딩**이 있다.

1) 감전보호용 등전위본딩
   (1) 보호등전위본딩 : 인입구 부근에서 **인입 금속배관 본딩과 건축물·구조물의 철근, 철골 등을 본딩** 하는 것.
   (2) 보조 보호등전위 본딩 : 고장시 전원 자동 차단시간이 계통별 최대 차단시간을 초과하는 경우 **2.5[m]이내의 노출도전부 및 계통외 도전부를 본딩**하는 것.
   (3) 비접지 국부 등전위본딩 : 절연성 바닥으로 된 **비접지 장소에서 2.5[m]이내 전기설비 상호간** 및 전기설비를 지지하는 금속체를 본딩하는 것

2) 피뢰시스템 등전위본딩
   (1) 금속설비 등전위본딩 : 구조물에 접속된 외부도전부의 본딩
   (2) 인입설비 등전위본딩 : 건축물·구조물의 외부에서 내부로 인입되는 설비본딩
   (3) 내부피뢰시스템 : 구조물 내부의 전기전자시스템

3) 등전위본딩 도체
   주접지단자에 접속하기 위한 등전위본딩 도체는 설비 내에 있는 **가장 큰 보호접지도체 단면적의 1/2 이상의 단면적**을 가져야 하고 다음의 단면적 이상이어야 한다.
   ① 구리도체 6[mm²]
   ② 알루미늄 도체 16[mm²]
   ③ 강철 도체 50[mm²]

10.3 외부피뢰시스템

1. 수뢰부시스템

1) **수뢰부시스템의 선정은 돌침, 수평도체, 메시도체의 요소 중에 한 가지** 또는 이를 조합한 형식으로 시설하여야 한다.
2) 수뢰부시스템의 배치는 다음에 의한다.
   ① 보호각법, 회전구체법, 메시법 중 하나 또는 조합된 방법으로 배치하여야 한다.

② 건축물·구조물의 뾰족한 부분, 모서리 등에 우선하여 배치한다.
3) 건축물·구조물과 분리되지 않은 수뢰부시스템의 시설은 다음에 따른다.
① 지붕 마감재가 불연성 재료로 된 경우 지붕표면에 시설할 수 있다.
② 지붕 마감재가 높은 가연성 재료로 된 경우 지붕재료와 다음과 같이 이격하여 시설한다.
- 초가지붕 또는 이와 유사한 경우 0.15[m] 이상
- 다른 재료의 가연성 재료인 경우 0.1[m] 이상

2. 인하도선시스템

1) 수뢰부시스템과 접지시스템을 연결하는 것으로 다음에 의한다.
① **복수의 인하도선을 병렬**로 구성해야 한다. 다만, 건축물·구조물과 분리된 피뢰시스템인 경우 예외로 한다.
② **도선경로의 길이가 최소**가 되도록 한다.

2) 수뢰부시스템과 접지극시스템 사이에 전기적 연속성이 형성되도록 다음에 따라 시설하여야 한다.
① 경로는 가능한 한 루프 형성이 되지 않도록 하고, 최단거리로 곧게 수직으로 시설하여야 하며, 처마 또는 수직으로 설치 된 홈통 내부에 시설하지 않아야 한다
② 철근콘크리트 구조물의 철근을 자연적구성부재의 인하도선으로 사용하기 위해서는 해당 **철근 전체 길이의 전기저항 값은 0.2[Ω] 이하**가 되어야 한다.
③ 시험용 접속점을 접지극시스템과 가까운 인하도선과 접지극시스템의 연결부분에 시설하고, 이 접속점은 항상 폐로 되어야 하며 측정 시에 공구 등으로만 개방할 수 있어야 한다.

3. 접지극시스템

1) 뇌전류를 대지로 방류시키기 위한 접지극시스템은 다음에 의한다.
A형 접지극(수평 또는 수직접지극) 또는 B형 접지극(환상도체 또는 기초접지극) 중 하나 또는 조합하여 시설할 수 있다.

2) 접지극은 다음에 따라 시설한다.
① **지표면에서 0.75[m] 이상 깊이**로 매설하여야 한다. 다만, 필요시는 해당 지역의 동결심도를 고려한 깊이로 할 수 있다.
② 대지가 암반지역으로 대지저항이 높거나 건축물·구조물이 전자통신시스템을 많이 사용하는 시설의 경우에는 환상도체접지극 또는 기초접지극으로

한다.
③ 접지극 재료는 대지에 환경오염 및 부식의 문제가 없어야 한다.

10.4 계통접지의 방식

1. 계통접지 구성

1) 저압전로의 보호도체 및 중성선의 접속 방식에 따라 **접지계통은 다음과 같이 분류한다.**
   (1) **TN 계통**   (2) **TT 계통**   (3) **IT 계통**

2) 계통접지에서 사용되는 문자의 정의는 다음과 같다.
   (1) **제1문자 – 전원계통과 대지의 관계**
       T : 한 점을 대지에 직접 접속
       I : 모든 충전부를 대지와 절연시키거나 높은 임피던스를 통하여 한 점을 대지에 직접 접속
   (2) **제2문자 – 전기설비의 노출도전부와 대지의 관계**
       T : 노출도전부를 대지로 직접 접속. 전원계통의 접지와는 무관
       N : 노출도전부를 전원계통의 접지점(교류 계통에서는 통상적으로 중성점, 중성점이 없을 경우는 선도체)에 직접 접속
   (3) **그 다음 문자(문자가 있을 경우) – 중성선과 보호도체의 배치**
       S : 중성선 또는 접지된 선도체 외에 별도의 도체에 의해 제공되는 보호 기능
       C : 중성선과 보호 기능을 한 개의 도체로 겸용(PEN 도체)

3) 각 계통에서 나타내는 그림의 기호는 다음과 같다.

표. 기호 설명

기호	설명
	중성선(N), 중간도체(M)
	보호도체(PE)
	중성선과 보호도체겸용(PEN)

2. TN 계통

- **전원측의 한 점을 직접접지하고 설비의 노출도전부를 보호도체로 접속시키는 방식**으로 중성선 및 보호도체(PE 도체)의 배치 및 접속방식에 따라 TN-S, TN-C 및 TN-C-S로 분류한다.
- TN계통에서의 **지락고장은 과전류차단기로 보호**한다. 고장이 발생했을 때는 고장점 임피던스를 고려하지 않고, 지정 시간 내에 전원의 과전류차단기가 동작하도록 차단기의 특성 및 도체의 굵기를 선정 할 필요가 있다.

1) TN-S 계통

계통 전체에 대해 별도의 중성선 또는 PE 도체를 사용한다. 배전계통에서 PE 도체를 추가로 접지할 수 있다.

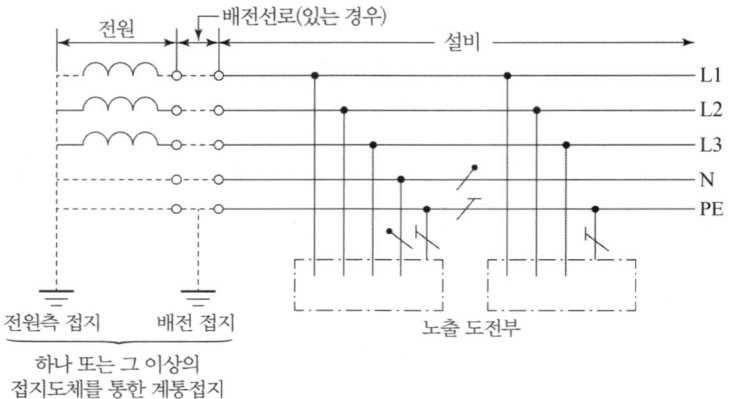

계통 내에서 별도의 중성선과 보호도체가 있는 TN-S 계통

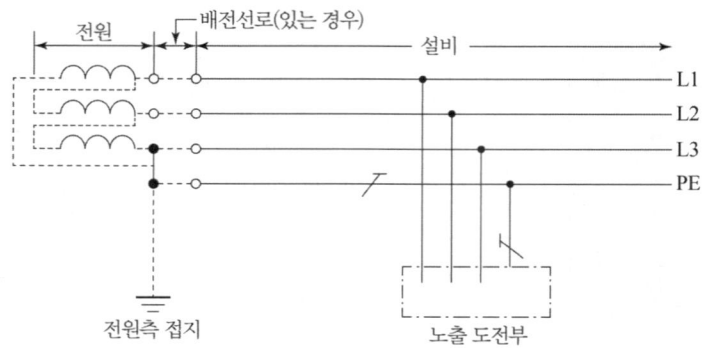

계통 내에서 별도의 접지된 선도체와 보호도체가 있는 TN-S 계통

계통 내에서 접지된 보호도체는 있으나 중성선의 배선이 없는 TN-S 계통

2) TN-C 계통

계통 전체에 대해 중성선과 보호도체의 기능을 동일도체로 겸용한 PEN 도체를 사용한다. 배전계통에서 PEN 도체를 추가로 접지할 수 있다.

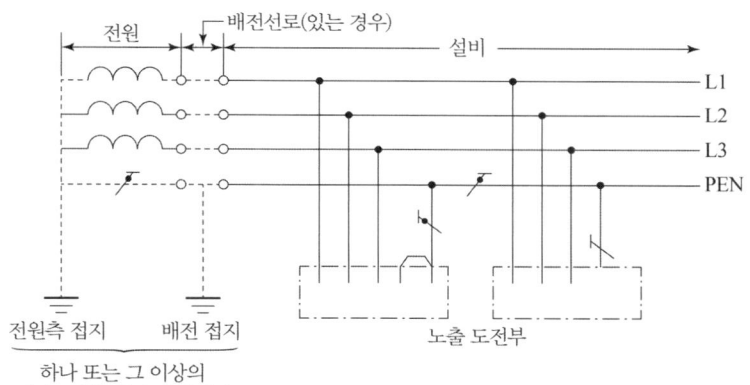

TN-C 계통

3) TN-C-S계통

계통의 일부분에서 PEN 도체를 사용하거나, 중성선과 별도의 PE 도체를 사용하는 방식이 있다. 배전계통에서 PEN 도체와 PE 도체를 추가로 접지할 수 있다.

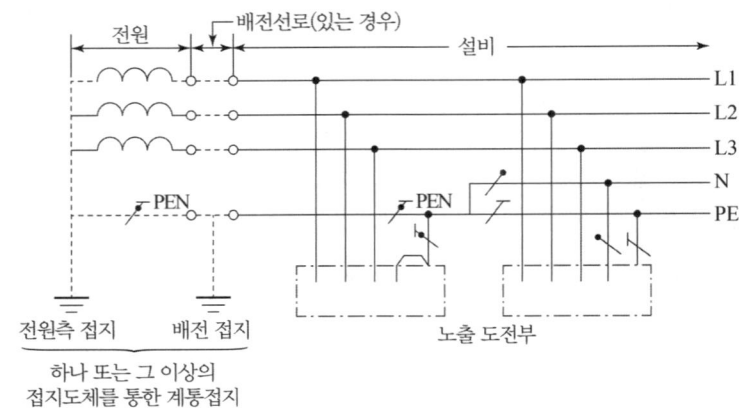

설비의 어느 곳에서 PEN이 PE와 N으로 분리된 3상 4선식 TN-C-S 계통

3. TT 계통

- 전원의 한 점을 직접 접지하고 설비의 노출도전부는 전원의 접지전극과 전기적으로 독립적인 접지극에 접속시킨다. 배전계통에서 PE 도체를 추가로 접지할 수 있다.
- 지락고장은 누전차단기로 보호한다.

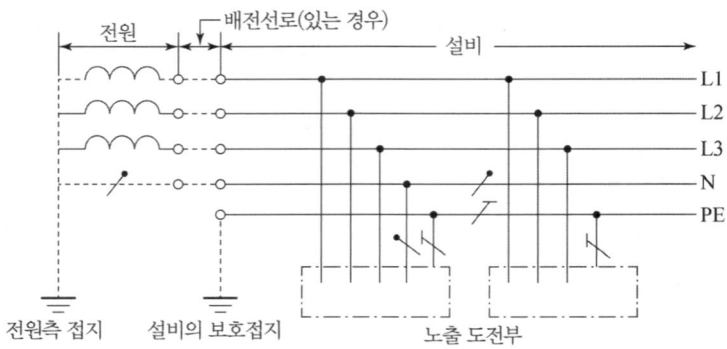

설비 전체에서 별도의 중성선과 보호도체가 있는 TT 계통

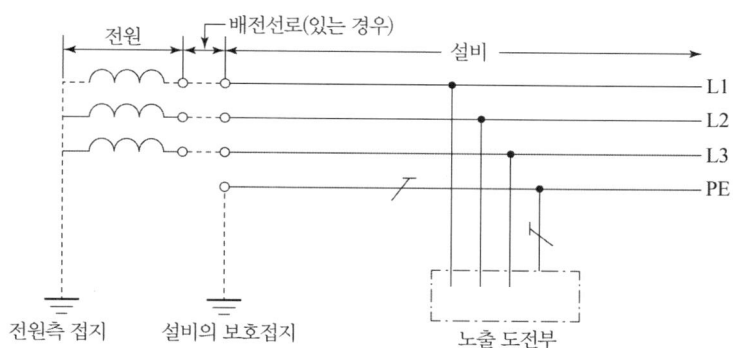

설비 전체에서 접지된 보호도체가 있으나 배전용 중성선이 없는 TT 계통

4. IT 계통

- **충전부 전체를 대지로부터 절연시키거나, 한 점을 임피던스를 통해 대지에 접속시킨다.** 전기설비의 노출도전부를 단독 또는 일괄적으로 계통의 PE 도체에 접속시킨다. 배전계통에서 추가접지가 가능하다.
- 계통은 충분히 높은 임피던스를 통하여 접지할 수 있다. 이 접속은 중성점, 인위적 중성점, 선도체 등에서 할 수 있다. 중성선은 배선할 수도 있고, 배선하지 않을 수도 있다.
- 1점 지락고장의 경우는 기기외함측의 접지저항 값을 작게 함으로써 보호될 수 있지만 2점 지락고장이 발생할 때의 대책을 고려할 필요가 있다.

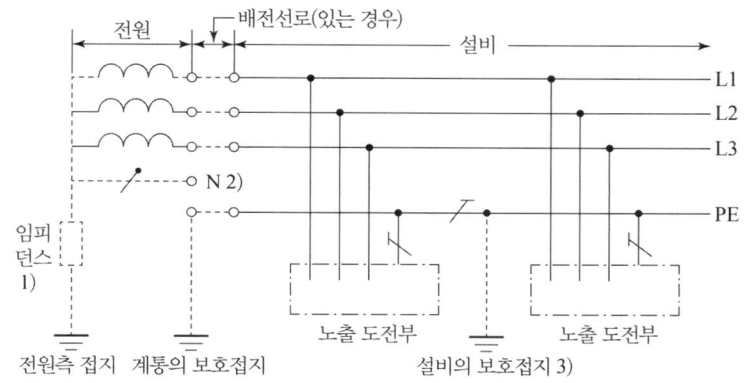

계통 내의 모든 노출도전부가 보호도체에 의해 접속되어 일괄 접지된 IT 계통

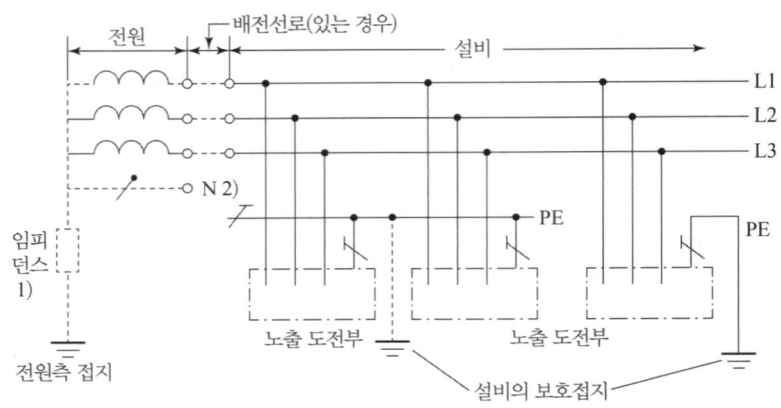

노출도전부가 조합으로 또는 개별로 접지된 IT 계통

5. TN계통과 TT계통의 안전특성

계통접지방식은 각각의 특성과 장·단점이 있으므로, 전원 계통의 접지방식과 시설하려는 전기설비의 특성을 고려하여 적절한 계통을 선택하는 것이 필요하다. 주로 사용되고 있는 TN-S계통과 TT계통에 대해 누전시 고장전류, 뇌서지 및 감전보호에 대한 안전특성을 비교해 보면 다음과 같다.

1) 누전시 단락전류의 크기

   (1) TN 계통은 그림과 같이 **누전고장시 단락상태**가 되어 매우 큰 고장전류가 흘러 위험하다.

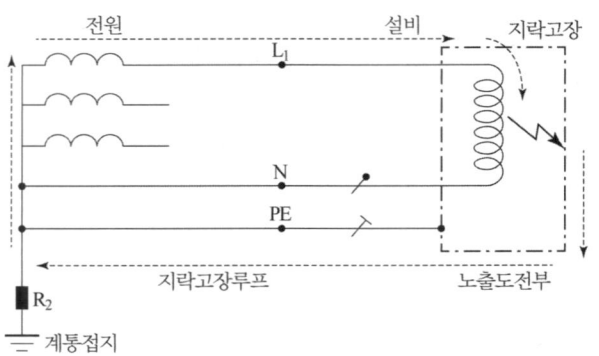

TS-N 계통 지락고장루프

   (2) TT 계통은 그림과 같이 누전 시 **고장전류는** $R_3 \rightarrow R_2$를 통해 흐르므로 **접지저항 값에 의해 제한**된다.

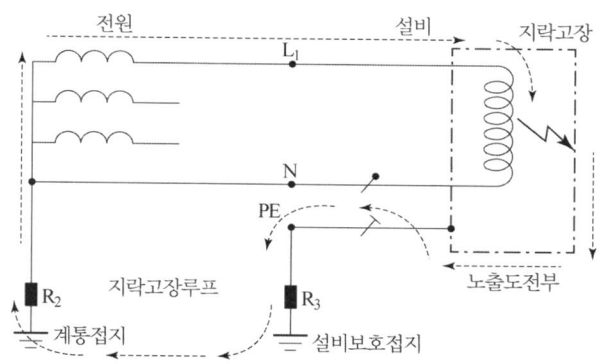

TT 계통 지락고장루프

2) 뇌서지의 영향 비교

(1) TN 계통은 그림과 같이 전원계통에 서지전압이 침입하거나 또는 계통의 접지 전압이 부근의 낙뢰에 의해 상승했을 경우라도 **노출도전부 전위와 전원전위가 같게 되어 설비기기 등의 손상이 없다.**

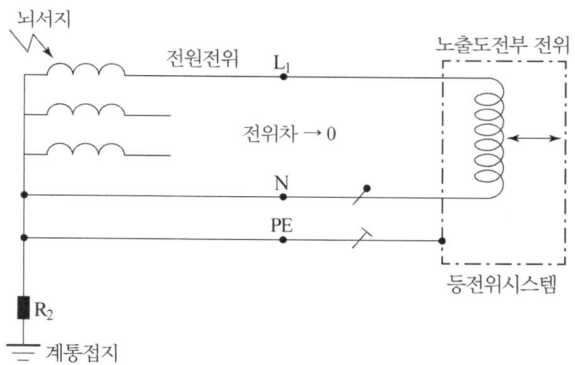

TN-S 뇌서지 전위

(2) TT 계통은 그림과 같이 전원계통에 서지전압이 침입하거나 또는 계통의 접지전압이 부근의 낙뢰에 의해 상승하면 설비기기접지와 전원계통접지가 독립되어 있기 때문에 **노출도전부와 전원의 전위차로 인해 설비기기 등에 손상을 줄 수 있다.**

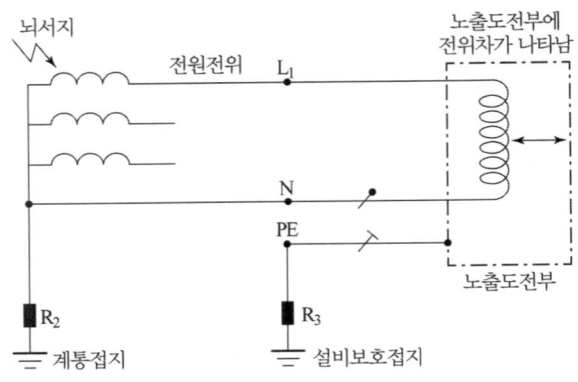

TT 계통 뇌서지전위

3) 감전에 대한 보호
   (1) TN방식은 그림과 같이 설비기기가 누전되었다 해도 **대지전위와 외함 전위가 같으므로 인체에 영향을 미치지 않는다.**

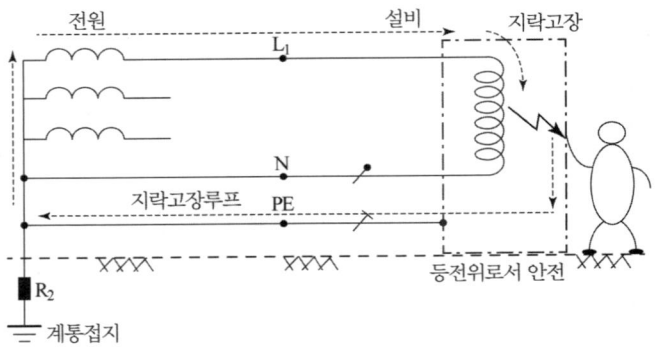

TN-S 감전보호 특성

(2) TT방식의 경우는 그림과 같이 설비기기가 누전되는 경우, 대지전위는 0이지만 R_3의 값에 따라서는 **외함의 전위가 커져 인체에 영향을 미치게 되어 위험할 수 있다.** 따라서 누전된 기기의 전위상승을 안전한 수준으로 억제하기 위한 R_3 값이 필요하며, 누전차단기를 설치함으로써 그 안전성을 높일 수 있다.

TT 계통 감전보호특성

6. TN계통 자동차단조건 및 접촉전압

1) TN-S, TN-C 및 TN-C-S계통의 자동차단조건은 다음 식과 같다.

$$Z_s \times I_a \leq U_0$$

여기서, Z_s : 고장루프임피던스
I_a : 정해진 시간 내에 보호장치를 자동 차단시키는 전류
U_0 : 공칭전압

2) TN 계통의 고장임피던스(Z_s), 고장전류(I_s) 및 보호장치 설치조건

 (1) TN-S 계통

  TN-S 계통의 회로와 고장임피던스(Z_s), 고장전류(I_s) 및 보호장치의 설치조건을 요약 하면 그림과 같다.

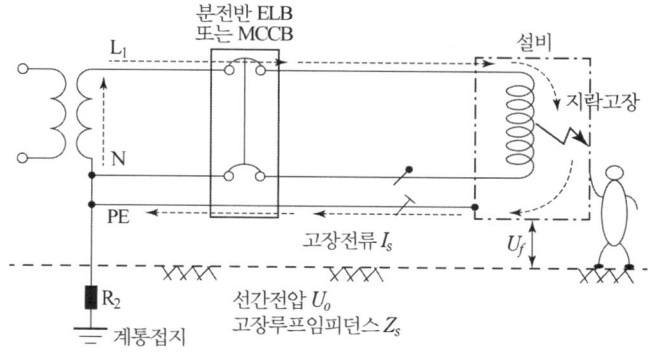

TN-S 계통

고장루프 임피던스 (Z_s)	매우 작음
고장전류 (I_s)	큰 고장전류

보호장치 설치조건	◦ 과전류차단기 사용
	  – 순시차단특성(Type B, C, D)이 고장전류 이하가 되도록 선정
	◦ 누전차단기(ELB, RCD)에 의한 추가보호
	  – 일반인 사용 20[A] 이하 콘센트회로
	  – 32[A] 이하 이동용 전기기기
	◦ 설비고장 또는 부주의에 의한 고장발생시 추가적 보호를 위해 정격감도전류 30[mA] 이하 누전차단기 설치 권장

(2) TN-C 계통

TN-C 계통의 회로와 고장임피던스, 고장전류 및 보호장치의 설치조건을 요약하면 그림과 같다.

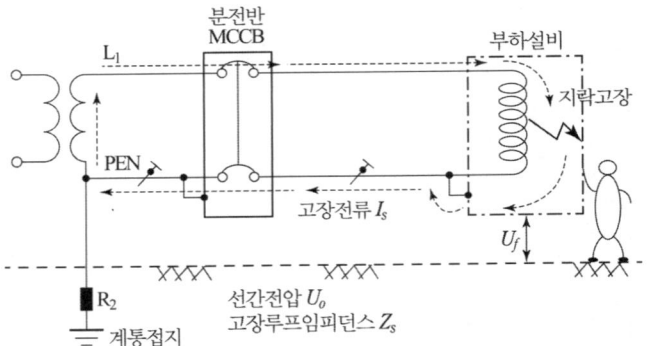

TN-C 계통

고장루프 임피던스(Z_s)	매우 작음
고장전류 (I_s)	큰 고장전류
보호장치 설치조건	◦ 과전류차단기만 사용 ◦ 누전차단기 사용 불가 ◦ PEN 도체의 단선 위험에 대해 특별한 주의를 요함. TN-S계통의 부하측에 TN-C 계통을 시설하지 말 것. PEN 도체로 이동케이블, 이동전선은 사용할 수 없다.

(3) TN-C-S 계통

TN-C-S 계통의 회로와 고장임피던스, 고장전류 및 보호장치의 설치조건을 요약하면 그림과 같다.

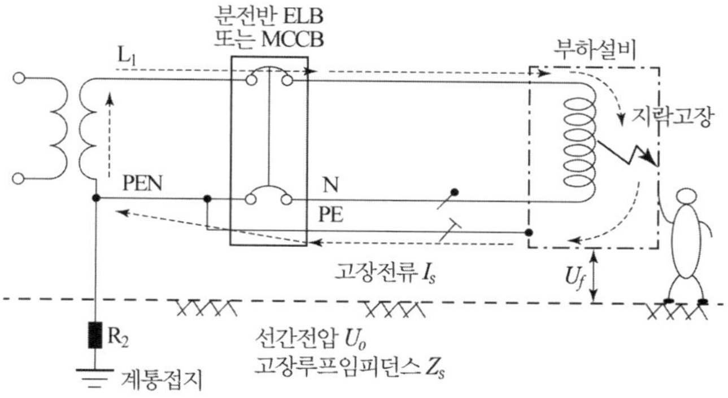

```
                    분전반 ELB
                    또는 MCCB           부하설비
         L₁                              지락고장
        PEN         N
                    PE
                  고장전류 Iₛ        U_f
        R₂       선간전압 U₀
       계통접지    고장루프임피던스 Z_s
```

TN-C-S 계통

고장루프 임피던스(Z_s)	매우 작음
고장전류 (I_s)	큰 고장전류
보호장치 설치조건	○ 과전류차단기 사용 － 순시차단특성(Type B, C, D)이 고장전류 이하가 되도록 선정 ○ 누전차단기 설치시 ELB 부하측에 PEN 도체를 사용해서는 않되며, 노출도전부에 접속한 보호도체는 ELB의 전원측에 접속 ○ PEN 도체의 단선 위험에 대해 특별한 주의를 요함

7. TT계통 자동차단조건 및 접촉전압

1) TT계통에서의 자동차단조건은 다음 식과 같다.

$$R_a \times I_a \leq 50[\text{V}]$$

여기서, R_a : 노출도전부에 접속된 보호도체의 저항과 접지극 접지저항의 합계

I_a : 보호장치를 자동차단시키는 전류

(보호장치가 누전차단기인 경우는 정격감도전류)

2) TT계통의 접촉전압

보호접지저항 R_3와 계통접지저항 R_2가 전원전압을 분담하며, 보호접지저항은 일반적으로 계통접지저항에 비해 크다. 그러므로 TT계통의 접촉전압은 보호접지에 의한 전원전압의 저감효과가 적다($R_3 = R_2$인 경우 $U_f = \dfrac{U_0}{2}$이다).

3) TT 계통의 고장임피던스(Z_s), 고장전류(I_s) 및 보호장치의 설치조건

TT 계통의 회로와 고장임피던스, 고장전류 및 보호장치의 설치조건을 요약하면 그림과 같다.

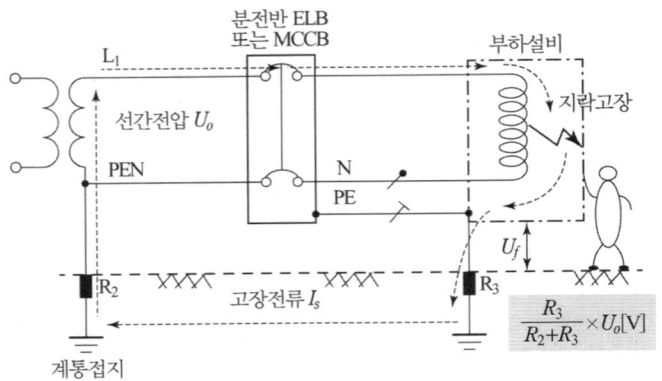

TT 계통

고장루프 임피던스(Z_s)	◦ 크다. − 극히 작은 보호접지저항을 얻기 곤란하고, 그 값을 장기적으로 유지 곤란
고장전류 (I_s)	매우 작다.
보호장치 설치조건	◦ 누전차단기 사용 − 정격감도전류 30[mA] 이하인 경우 $I_{\triangle n} \leq 50/R_3$, $R_3 = 50/0.03 \Rightarrow 1.6[k\Omega]$ 이하 ◦ 고장루프임피던스가 충분히 낮고, 영구적이며 신뢰성이 보장되는 경우에는 과전류차단기 사용가능

4) 지락 사고시 지락 전류 및 접촉 전압

그림과 같이 전동기에서 완전지락된 경우 지락 전류와 접촉 전압은 다음과 같다.

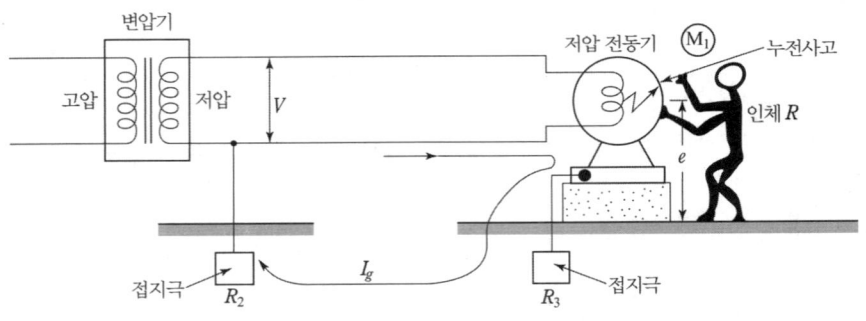

(1) 인체 비 접촉시

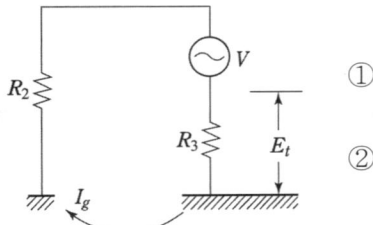

① 지락 전류 $I_g = \dfrac{V}{R_2 + R_3}$

② 대지 전압 $E_t = I_g R_3 = \dfrac{V}{R_2 + R_3} R_3$

(2) 인체 접촉시

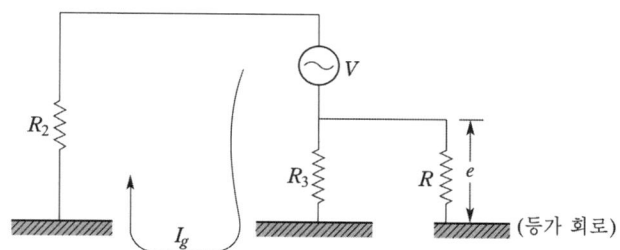

① 인체에 흐르는 전류

$$I = \frac{V}{R_2 + \frac{RR_3}{R+R_3}} \times \frac{R_3}{R+R_3} = \frac{R_3}{R_2(R+R_3)+RR_3} \times V$$

② 접촉 전압

$$E_t = IR = \frac{RR_3}{R_2(R+R_3)+RR_3} \times V$$

여기서, R_2 : 계통 접지저항
R_3 : 보호 접지저항
R : 인체 저항

• 예제 01 •

단상 2선식 200 [V] 옥내 배선에서 접지 저항이 90 [Ω]인 금속관 안의 임의의 개소에서 전선이 절연파괴 되어 도체가 직접 금속관 내면에 접촉되었다면 대지 전압은 몇 [V]가 되겠는가? 단, 이 전로에 공급하는 변압기 한 단자에는 접지 공사가 되어 있고, 그 접지 저항은 30 [Ω]이라고 한다.

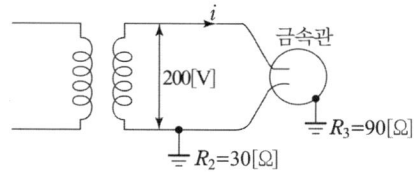

• 계산 :   • 답 :

답안작성

계산 : 대지 전압 $e = \dfrac{V}{R_2+R_3} \times R_3 = \dfrac{200}{30+90} \times 90 = 150 \,[V]$

답 : 150 [V]

해설

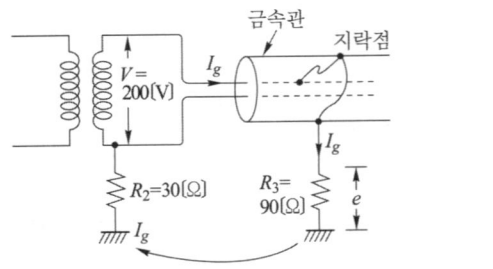
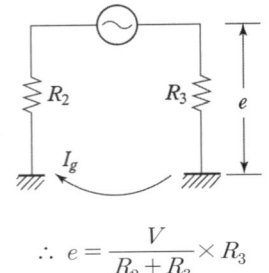

$$\therefore e = \frac{V}{R_2 + R_3} \times R_3$$

• 예제 02 •

옥내 배선의 시설에 있어서 인입구 부근에 전기 저항치가 3 [Ω] 이하의 값을 유지하는 수도관 또는 철골이 있는 경우에는 이것을 접지극으로 사용하여 이를 접지 공사한 저압 전로의 중성선 또는 접지측 전선에 추가 접지 할 수 있다. 이 추가 접지의 목적은 저압 전로에 침입하는 뇌격이나 고저압 혼촉으로 인한 이상 전압에 의한 옥내 배선의 전위 상승을 억제하는 역할을 한다. 또 지락 사고시에 단락 전류를 증가시킴으로서 과전류 차단기의 동작을 확실하게 하는 것이다. 그림에 있어서 (나)점에서 지락이 발생한 경우 추가 접지가 없는 경우의 지락 전류와 추가 접지가 있는 경우의 지락전류값을 구하고 두 값의 적합성을 비교 설명하시오.

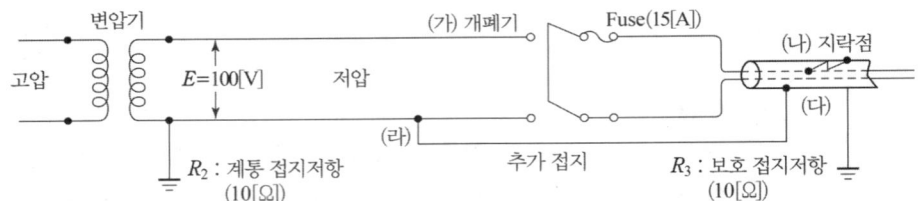

답안작성

(1) 지락 전류 계산

① 추가 접지가 없는 경우

$$I_g = \frac{E}{R_2 + R_3} = \frac{100}{10 + 10} = 5 \text{ [A]}$$

과전류 차단기(FUSE)의 정격이 15 [A]이므로, 지락 사고시 과전류 차단기는 동작하지 않는다.

② 추가 접지가 있는 경우

$$I_g = \frac{100}{\frac{3 \times (10 + 10)}{3 + (10 + 10)}} = 38.33 \text{ [A]}$$

과전류 차단기(FUSE)의 정격이 15[A]이므로, 지락 사고시 과전류 차단기는 동작한다.

(2) 적합성 비교
지락시 과전류 차단기(FUSE)를 동작시키기 위해서는 추가 접지를 하는 것이 바람직하다.

해설

(1) ① 추가 접지가 없는 경우　　　　② 추가 접지가 있는 경우

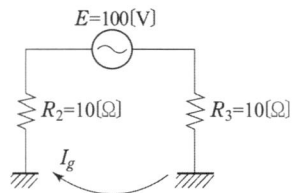
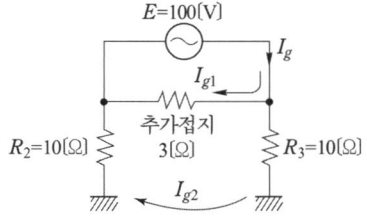

10.5 방폭 구조

1) 내압 방폭 구조 (기호 : d)
   전폐 구조로 용기 내부에서 폭발이 생겨도 용기가 압력에 견디고 외부의 폭발성 가스에 인화될 우려가 없는 구조

2) 압력 방폭 구조 (기호 : p)
   용기내부에 보호가스(신선한 공기 또는 불연성가스)를 압입하여 내부압력을 유지 하므로써 폭발성 가스 또는 증기가 용기 내부로 유입하지 않도록 된 구조를 말한다.

3) 유입 방폭 구조 (기호 : o)
   전기불꽃, 아크 또는 고온이 발생하는 부분을 기름 속에 넣고, 기름면 위에 존재하는 폭발성가스 또는 증기에 인화되지 않도록 한 구조를 말한다.

4) 안전증 방폭 구조 (기호 : e)
   정상운전 중에 폭발성 가스 또는 증기에 점화원이 될 전기불꽃, 아크 또는 고온 부분 등의 발생을 방지하기 위하여 기계적, 전기적 구조상 또는 온도상승에 대해서 특히 안전도를 증가시킨 구조를 말한다.

5) 본질안전 방폭 구조 (기호 : i)
   정상시 및 사고시(단선, 단락, 지락 등)에 발생하는 전기불꽃, 아크 또는 고온에 의하여 폭발성 가스 또는 증기에 점화되지 않는 것이 점화시험, 기타에 의하여 확인된 구조를 말한다.

11장 시험 및 측정

11.1 전기계기

1. 계기의 계급 및 용도

계 급	확 도	용 도	허용오차
0.2급	부표준기급	실험실용	±0.2 [%]
0.5급	정 밀 급	휴대용	±0.5 [%]
1.0급	준 정 밀 급	소형 휴대용	±1.0 [%]
1.5급	보 통 급	배전반용	±1.5 [%]
2.5급	준 보 통 급	소형 panel	±2.5 [%]

2. 전기계기의 오차

1) 계기의 구조 등으로 인한 오차
   (1) 가동 부분의 마찰
   (2) 0점의 틀림
   (3) 눈금의 부정확
   (4) 가동 부분의 불평형
   (5) 주파수 및 파형의 영향
   (6) 열기전력
   (7) 자기가열

2) 외부의 영향으로 인한 오차
   (1) 외기 온도의 영향
   (2) 외부 자계의 영향
   (3) 정전계의 영향

11.2 전력의 측정

1. 3전압계법

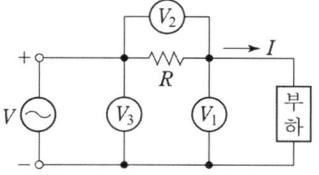

$$P = \frac{1}{2R}\left(V_3^2 - V_2^2 - V_1^2\right) [\text{W}]$$

즉, **전력** $P = \dfrac{V^2}{R}$ **의 형태**로서 제일 높은 전압(V_3)에서 낮은 전압(V_2, V_1)을 빼는 형태임.

2. 3전류계법

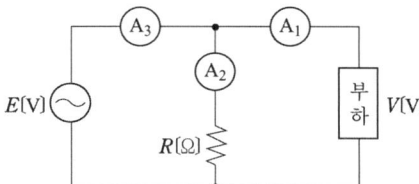

$$P = \frac{R}{2}\left(A_3^2 - A_2^2 - A_1^2\right) [\text{W}]$$

즉, **전력** $P = I^2 R$ **의 형태**로서 제일 큰 전류(A_3)에서 낮은 전류(A_2, A_1)을 빼는 형태임.

3. 2전력계법

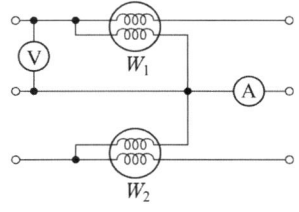

(1) 유효 전력 : $P = W_1 + W_2$ [W]
(2) 무효 전력 : $P_r = \sqrt{3}(W_1 - W_2)$ [VAR]
(3) 피상 전력 : $P_a = 2\sqrt{W_1^2 + W_2^2 - W_1 W_2}$ [VA]
  $P_a = \sqrt{3}\,VI$ [VA]

(4) 역률 : $\cos\theta = \dfrac{W_1 + W_2}{2\sqrt{W_1^2 + W_2^2 - W_1 W_2}} = \dfrac{W_1 + W_2}{\sqrt{3}\, VI}$

11.3 적산전력계

1. 적산전력계의 측정값

$$P = \dfrac{3600 \cdot n}{t \cdot k} \times \text{CT비} \times \text{PT비}\,[\text{kW}]$$

여기서, n : 회전수 [회], t : 시간 [sec], k : 계기정수 [rev/kWh]

2. 오차 및 보정

1) 오차 = 측정값(M) - 참값(T)

2) 오차율 = $\dfrac{\text{오차}}{\text{참값}(T)} = \dfrac{M-T}{T}$

3) 보정값 = 참값(T) - 측정값(M)

4) 보정률 = $\dfrac{\text{보정값}}{\text{측정값}(M)} = \dfrac{T-M}{M}$

　　여기서, M : 측정값, T : 참값

3. 적산전력계의 구비 조건

(1) 내부 손실이 적을 것
(2) 온도나 주파수 변화에 보상이 되도록 할 것
(3) 기계적 강도가 클 것
(4) 부하 특성이 좋을 것
(5) 과부하 내량이 클 것

4. 적산전력계의 잠동

1) 잠동 현상

무부하 상태에서 **정격 주파수 및 정격 전압의 110[%]를** 인가하여 계기의 원판이 **1회전 이상 회전하는** 현상

2) 방지 대책
   (1) 원판에 작은 구멍을 뚫는다.
   (2) 원판에 소철편을 붙인다.

5. 적산전력계의 결선(단독계기)

1) 단상 2선식

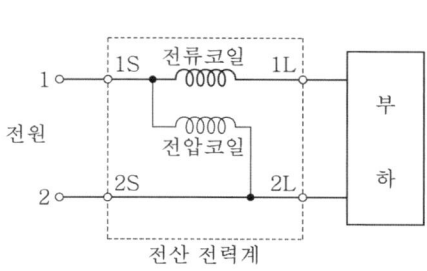 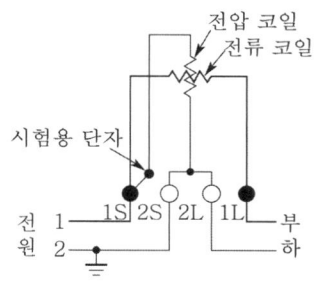

2) 3상 3선식 (1, 2, 3은 상순 표시), 단상 3선식(2는 중성선 표시)

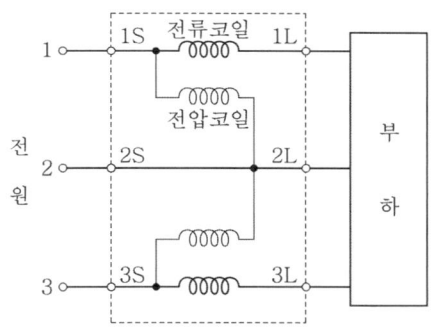 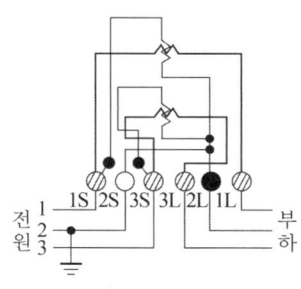

3) 3상 4선식 (1,2,3은 상순, 0은 중성선)

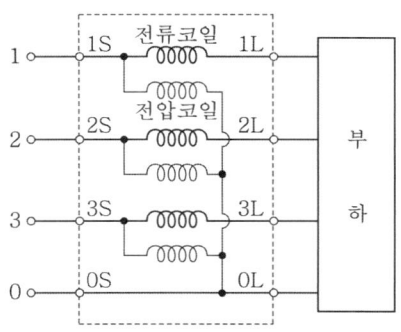 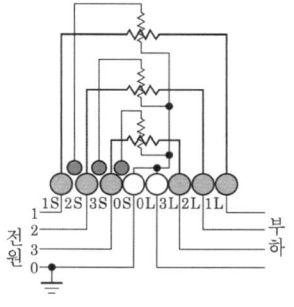

6. 적산전력계 결선(변성기 사용)

상 선	변류기 부속	계기용 변압기 및 변류기 부속
단상 2선식		
3상 3선식 단상 3선식		
3상 4선식		

• 예제 01 •

3상 3선식 6.6 [kV], 고압 자가용 수용가에 있는 전력량계의 계기 정수가 1000 [Rev/kWh]이다. 이 계기의 원판이 5회전하는 데 40초가 걸렸다. 이 때 부하의 평균 전력은 몇 [kW]인가? 단, 계기용 변압기의 정격은 6600/110 [V], 변류기의 정격은 20/5 [A]이다.

• 계산 :   • 답 :

답안작성

계산 : $P_M = \dfrac{3600 \cdot n}{t \cdot k} \times CT비 \times PT비 = \dfrac{3600 \times 5}{40 \times 1000} \times \dfrac{20}{5} \times \dfrac{6600}{110} = 108 \ [kW]$

답 : 108 [kW]

• 예제 02 •

% 오차가 −3 [%]인 전압계로 측정한 값이 100 [V]라면 그 참값은 몇 [V]인가?
•계산 : •답 :

답안작성

계산 : 오차 $\epsilon = \dfrac{측정값 - 참값}{참값} \times 100 \ [\%] = \dfrac{M-T}{T} \times 100 \ [\%]$ 에서

$-0.03 = \dfrac{100-T}{T}$

$T = \dfrac{100}{0.97} = 103.09 \ [V]$

답 : 103.09 [V]

• 예제 03 •

어떤 부하에 그림과 같이 접속된 전압계, 전류계 및 전력계의 지시가 각각 $V = 200[V]$, $I = 30[A]$, $W_1 = 5.96[kW]$, $W_2 = 2.36[kW]$이다. 이 부하에 대하여 다음 각 물음에 답하시오.

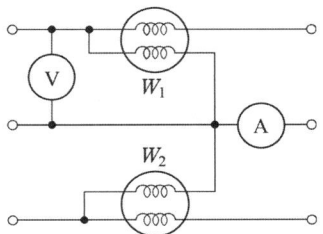

(1) 소비 전력은 몇 [kW]인가?
(2) 피상 전력은 몇 [kVA]인가?
(3) 부하 역률은 몇 [%]인가?

답안작성

(1) 소비 전력
$P = W_1 + W_2 = 5.96 + 2.36 = 8.32 \ [kW]$

(2) 피상 전력
$P_a = \sqrt{3} \times VI = \sqrt{3} \times 200 \times 30 \times 10^{-3} = 10.39 \ [kVA]$

(3) 역률
$\cos\theta = \dfrac{P}{P_a} = \dfrac{8.32}{10.39} \times 100 = 80.08 \ [\%]$

해설

(2) 2전력계법의 피상전력
$P_a = 2\sqrt{W_1^2 + W_2^2 - W_1 W_2}$
$= 2\sqrt{5.96^2 + 2.36^2 - 5.96 \times 2.36} = 10.4 \ [kVA]$ 로
$P_a = \sqrt{3} \ VI$ 로 계산한 결과와 동일하다.

• 예제 04 •

그림과 같은 평형 3상 회로로 운전하는 유도전동기가 있다. 이 회로에 그림과 같이 2개의 전력계 W_1, W_2, 전압계 Ⓥ, 전류계 Ⓐ를 접속한 후 지시값은 $W_1 = 6.4$ [kW], $W_2 = 2.5$[kW], $V = 200$[V], $I = 30$[A]이었다.

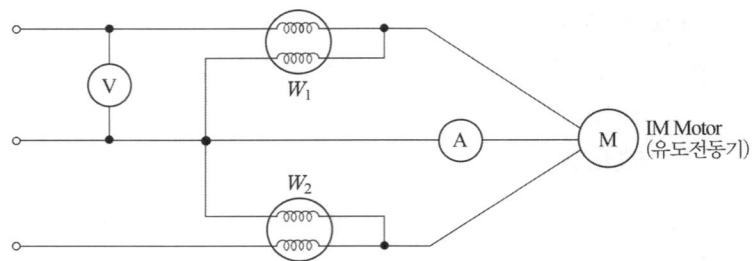

(1) 이 유도전동기의 역률은 몇 [%]인가?
  •계산 :   •답 :
(2) 역률을 90 [%]로 개선시키려면 몇 [kVA] 용량의 콘덴서가 필요한가?
  •계산 :   •답 :
(3) 이 전동기로 만일 매분 20 [m]의 속도로 물체를 권상한다면 몇 [ton]까지 가능한가? 단, 종합효율은 80 [%]로 한다.
  •계산 :   •답 :

답안작성

(1) **계산** : 전력 $P = W_1 + W_2 = 6.4 + 2.5 = 8.9$ [kW]
  피상전력 $P_a = \sqrt{3}\,VI = \sqrt{3} \times 200 \times 30 \times 10^{-3} = 10.39$ [kVA]
  역률 $\cos\theta = \dfrac{8.9}{10.39} \times 100 = 85.66$ [%]
  답 : 85.66 [%]

(2) **계산** : $Q_c = P(\tan\theta_1 - \tan\theta_2)$
  $= (6.4 + 2.5) \times \left(\dfrac{\sqrt{1-0.8566^2}}{0.8566} - \dfrac{\sqrt{1-0.9^2}}{0.9} \right) = 1.05$ [kVA]
  답 : 1.05 [kVA]

(3) **계산** : 권상용 전동기의 용량 $P = \dfrac{W \cdot V}{6.12\eta}$ [kW]
  ∴ 물체의 중량 $W = \dfrac{6.12 \times 0.8 \times (6.4 + 2.5)}{20} = 2.18$ [ton]
  답 : 2.18 [ton]

해설

(1) $\cos\theta = \dfrac{W_1 + W_2}{2\sqrt{W_1^{\,2} + W_2^{\,2} - W_1 W_2}}$ ……………… ①

  $\cos\theta = \dfrac{\text{유효 전력}}{\text{피상 전력}} = \dfrac{W_1 + W_2}{\sqrt{3}\,VI}$ ……………… ②

실제는 ①의 방법과 ②의 방법에 의해 계산한 값이 서로 같아야 한다. 그러나 **문제에서 전류값을 임의의 값으로 주었기 때문에 그 결과가 서로 다르다.** 그러므로 문제를 풀 때에는 ①, ②의 방법 모두가 맞는 방법이나 문제에서 2전력계법이란 문구가 없으므로 ②의 방법으로 계산하였음.

(2) $P = \dfrac{W \cdot V}{6.12\eta}$ [kW]

W : 중량 [ton], V : 권상속도 [m/min], η : 효율

• 예제 05 •

답란의 미완성 도면에서 3상 적산 전력계의 결선도를 완성하시오. 단, 접지가 필요한 곳에는 접지를 표현하도록 한다.

답안작성

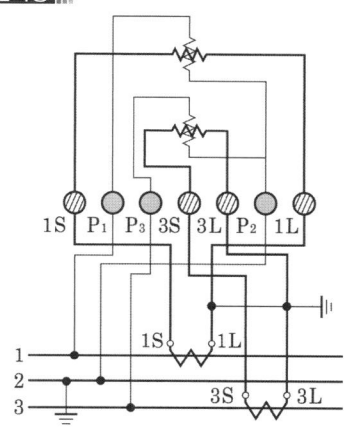

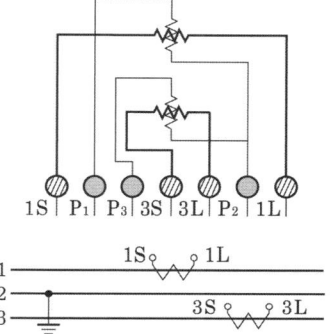

11.4 저항 및 접지저항 측정법

1. 저항측정

1) 저 저항 측정(1 [Ω] 이하)

켈빈더블 브리지법 : $10^{-5} \sim 1$ [Ω] 정도의 저 저항 정밀 측정에 사용된다.

2) 중 저항 측정(1 [Ω]~10 [kΩ] 정도)

(1) 전압 강하법의 전압 전류계법 : 백열 전구의 필라멘트 저항 측정 등에 사용된다.

(2) 휘이스톤 브리지법

3) 특수 저항 측정
   (1) 검류계의 내부 저항 : 휘이스톤 브리지법
   (2) 전해액의 저항 : 콜라우시 브리지법
   (3) 접지 저항 : 콜라우시 브리지법
   (4) 절연저항, 절연재료의 고유저항 : 절연저항계(Megger)

2. 콜라우시 브리지법에 의한 접지 저항 측정

$R_{G1} + R_{G2} = R_{G12}$ ················①

$R_{G2} + R_{G3} = R_{G23}$ ················②

$R_{G3} + R_{G1} = R_{G31}$ ················③

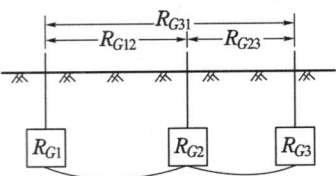

즉, (① + ② + ③)을 하면

$2(R_{G1} + R_{G2} + R_{G3}) = (R_{G12} + R_{G23} + R_{G31})$ ················④

$R_{G1} + R_{G2} + R_{G3} = \frac{1}{2}(R_{G12} + R_{G23} + R_{G31})$ ················⑤

∴ ⑤ － ② 하면 $R_{G1} = \frac{1}{2}(R_{G12} + R_{G31} - R_{G23})$

⑤ － ③ 하면 $R_{G2} = \frac{1}{2}(R_{G12} + R_{G23} - R_{G31})$

⑤ － ① 하면 $R_{G3} = \frac{1}{2}(R_{G23} + R_{G31} - R_{G12})$ 가 된다.

또한 쉽게 암기 할 수 있는 방법으로

R_{G1}을 구할때는 1이 포함된 항은 +, 1이 포함되지 않은 항은 －로

R_{G2}을 구할때는 2가 포함된 항은 +, 2가 포함되지 않은 항은 －로

R_{G3}을 구할때는 3이 포함된 항은 +, 3이 포함되지 않은 항은 －로 하면 된다.

• 예제 06 •

3개의 접지판 상호간의 저항을 측정한 값이 그림과 같다면 G_3의 접지 저항값은 몇 [Ω]이 되겠는가?

• 계산 :   • 답 :

답안작성

계산 : 접지 저항값

$$R_{G3} = \frac{1}{2}(R_{G23} + R_{G31} - R_{G12}) = \frac{1}{2}(50 + 40 - 30) = 30[\Omega]$$

답 : 30 [Ω]

11.5 고장점 탐지법

1. 지중케이블 고장점 탐지법

1) 머레이루프(Murray loop) 법
   휘이스톤브리지의 평형상태를 이용하여 **고장점까지의 도체저항으로부터 거리를 측정하는 방법**으로 1선 지락 사고 및 선간 단락 사고시 측정에 이용

2) 펄스 측정법(Pulse radar)
   케이블 한쪽에서 펄스를 입사시키면 고장점에서는 케이블의 서지 임피던스가 급변하기 때문에 입사파의 일부는 고장점에서 반사되어 돌아온다. 그 시간을 측정하면 **펄스의 케이블내의 전파속도에 의해서 고장점까지의 거리를 구할 수 있으며 3선 단락 및 지락 사고시 측정에 이용**

3) 정전 브리지법(Capacity bridge)
   정전용량은 길이에 비례하므로 선로전체의 정전용량을 알고 있으면 **고장점까지의 정전용량을 측정**하여 그 값으로부터 길이의 비를 알 수 있으며 **단선 사고시 측정에 이용**

4) 수색 코일법
   케이블의 한쪽에 600[Hz] 전후의 단속전류를 흘리고 지상에서 수색코일에 증폭기와 수화기를 가지고 케이블을 따라서 고장점을 수색하는 방법으로 전원 측으로부터 고장점 사이에서는 단속전류에 의해서 수색코일에 전압이 유도되므로 소리가 들리지만 고장점을 넘어서면 소리가 작아지므로 고장점이 판명된다.

5) 음향에 의한 방법
   고장 케이블에 **고전압의 펄스를 보내어 고장점에서의 방전음**을 듣고 고장점을 찾는 방법

2. 머레이루프(Murray loop)법

전기적 사고점 탐지법의 하나로서 **휘이스톤 브리지의 원리를 이용**하여 선로상의 고장점(1선 지락 사고)을 검출하는 방법으로 이 방법은 **건전한 보조 귀선 1선이 필요**하다.

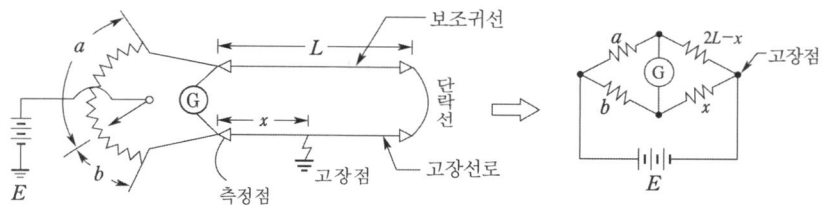

검류계에 전류가 흐르지 않으면 평형 상태이므로

$$a \cdot x = b \cdot (2L - x)$$

$$\therefore x = \frac{b}{a+b} \times 2L \,[\text{m}]$$

여기서, L : 선로의 전체 길이 [m], x : 측정점에서 고장점까지의 거리 [m]

3. 정전용량법

건전상의 정전 용량과 사고상의 정전 용량을 비교하여 사고점 산출

$$L = 선로 \; 긍장 \times \frac{C_x}{C_o}$$

여기서, C_x : 사고상의 사고점까지의 정전 용량 측정치
C_o : 건전상의 정전 용량 측정치

● 예제 07 ●

75 [mm²], 길이 3.45 [km]의 3심 케이블의 1선이 접지되었을 때 그림과 같이 접속하고 측정한 결과 $P = 10[\Omega]$, $Q = 1000[\Omega]$, $R = 92[\Omega]$에서 검류계 G가 평형되었다. 지락 사고점까지의 거리 d를 구하시오. 단, 시험시 20 [℃]에서 케이블의 전체 왕복 저항 $R = 1.65$ [Ω]이다.

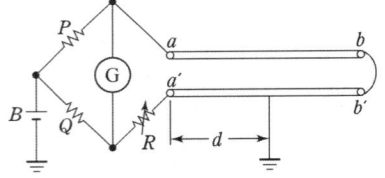

답안작성

계산 : $10 \times (92 + R_x) = 1000 \times (1.65 - R_x)$

여기서, $R_x = 0.723[\Omega]$

∴ 측정점에서 고장점까지의 거리

$$x = \frac{0.723}{1.65} \times (3.45 \times 2) = 3.02[\text{km}]$$

답 : 3.02 [km]

● 예제 08 ●

그림의 표시와 같이 AB간 400 [m]는 100 [mm²], BC간 500 [m]는 200 [mm²], CD간 650 [m]는 325 [mm²]인 3상 전력 케이블의 지중 전선로가 있다. 지금 3상 전력 케이블에서 1선 지락 사고가 발생하여 A점에서 머레이 루프법으로 고장점을 찾으려고 그림과 같이 휘스톤 브리지의 원리를 이용하였다. A점에서부터 몇 [m]인 지점에서 1선 지락 사고가 발생하였겠는가? 단, a의 저항은 400 [Ω]이고, b의 저항은 600 [Ω]이다.

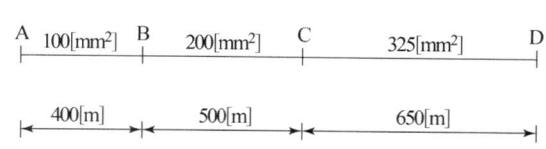
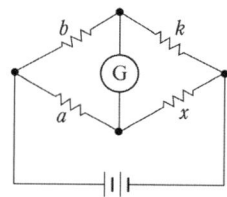

답안작성

① 전선로 전체 길이에 대한 저항

전선 $100\,[\text{mm}^2]$, $1\,[\text{m}]$당 저항을 $1\,[\Omega]$이라고 가정하면 $R = \rho\dfrac{l}{A}$에서 $R \propto \dfrac{l}{A}$이므로 전체 저항 R은

$$R = \left\{400 \times \dfrac{100}{100} + 500 \times \dfrac{100}{200} + 650 \times \dfrac{100}{325}\right\} \times 2 = 1700\,[\Omega]$$

② 휘스톤 브리지의 평형 조건에서 고장점까지의 저항 x은

$a \times k = a \times (R-x) = b \times x$

$400 \times (1700 - x) = 600 \times x$

$x = 680\,[\Omega]$

③ 저항을 거리로 환산하면

저항 $x = 680 = 400 + 250 + 30\,[\Omega]$이므로

고장점까지의 거리 $= 400 + 500 + 30 \times \dfrac{325}{100} = 997.5\,[\text{m}]$

답 : $997.5\,[\text{m}]$

해설

① 도체의 저항 $R = \rho\dfrac{l}{A}$

즉, 전선의 저항은 길이에 비례하고, 단면적에 반비례하므로 $100\,[\text{mm}^2]$, $1\,[\text{m}]$당 저항을 $1\,[\Omega]$이라고 가정할 때 각 구간의 저항은

- A–B 구간 : $\dfrac{1\,[\text{m}]}{100\,[\text{mm}^2]} : \dfrac{400\,[\text{m}]}{100\,[\text{mm}^2]}$ $\therefore\ x = 400\,[\Omega]$

- B–C 구간 : $\dfrac{1\,[\text{m}]}{100\,[\text{mm}^2]} : \dfrac{500\,[\text{m}]}{200\,[\text{mm}^2]} = 1 : x$ $\therefore\ x = 250\,[\Omega]$

- C–D 구간 : $\dfrac{1\,[\text{m}]}{100\,[\text{mm}^2]} : \dfrac{650\,[\text{m}]}{325\,[\text{mm}^2]} = 1 : x$ $\therefore\ x = 200\,[\Omega]$

- 왕복이므로 전선로 전체 저항
  $R = 2 \times (400 + 250 + 200) = 1700\,[\Omega]$

②

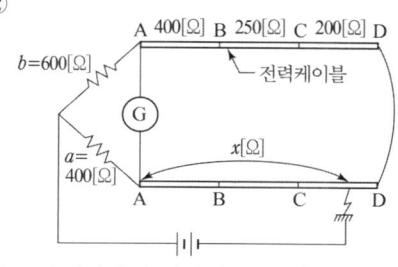

브리지의 평형 조건

$400 \times [(400 + 250 + 200) \times 2 - x] = 600 \times x$

$400 \times 1700 - 400x = 600x$

$\therefore\ x = 680\,[\Omega]$

③ 고장점까지의 저항이 $680\,[\Omega]$이므로 고장은 C–D 구간에 발생하였다.

즉, $680\,[\Omega]$ = A–B 구간의 저항 $400\,[\Omega]$ + B–C 구간의 저항 $250\,[\Omega]$ + C점에서 $30\,[\Omega]$

따라서, 고장은 C점에서 30[Ω]되는 지점에서 고장이 발생하였으며, 거리는

$$\frac{1[m]}{100[mm^2]} : \frac{x[m]}{325[mm^2]} = 1 : 30$$

$$\therefore x = 325 \times \frac{30}{100} = 97.5[m]$$

④ 고장점까지의 거리
A-B 구간 400[m] + B-C 구간 500[m] + C점에서 97.5[m] 거리 = 997.5[m]

11.6 변압기 시험

1. 변압기 전로의 절연내력

변압기의 전로는 표 에서 정하는 시험전압을 권선과 다른 권선, 철심 및 외함 간에 **시험전압을 연속하여 10분간** 가하여 절연내력을 시험하였을 때에 이에 견디는 것이어야 한다.

권선의 종류 (최대사용전압)	접지방식	시험 전압 (최대사용전압의 배수)	최저 시험 전압
1. 7[kV] 이하		1.5배	500[V]
	다중접지	0.92배	500[V]
2. 7[kV] 초과 25[kV] 이하	다중접지	0.92배	
3. 7[kV] 초과 60[kV] 이하 (2란의 것을 제외한다)		1.25배	10.5[kV]
4. 60[kV] 초과 (전위 변성기를 사용하여 접지하는 것을 포함한다. 8란의 것을 제외한다)	비접지	1.25	
5. 60[kV] 초과 (전위 변성기를 사용하여 접지하는 것, 6란 및 8란의 것을 제외한다)	접지식	1.1배	75[kV]
6. 60[kV] 초과(8란의 것을 제외한다) 다만, 170[kV]를 초과하는 권선에는 그 중성점에 피뢰기를 시설하는 것에 한한다.	직접접지	0.72배	
7. 170[kV] 초과 (8란의 것을 제외한다)	직접접지	0.64배	
8. 60[kV]를 초과하는 정류기에 접속하는 권선	정류기의 교류측의 최대 사용전압의 1.1배의 교류전압 또는 정류기의 직류측의 최대 사용전압의 1.1배의 직류전압		

2. 변압기 절연 내력 시험

1) 회로도

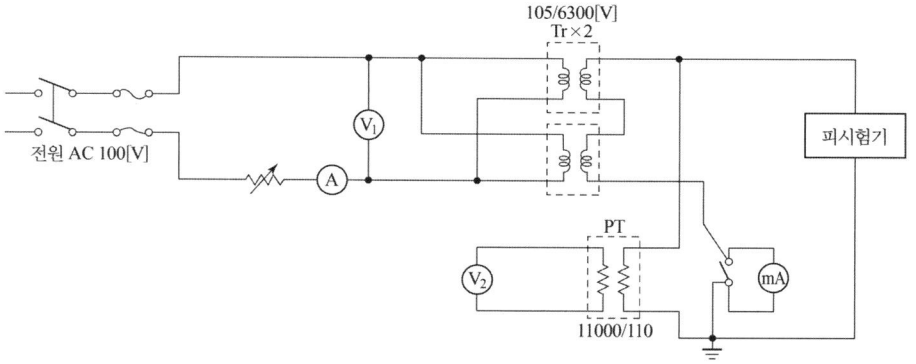

2) 절연내력

> ① 시험 전압 = (공칭 전압 × $\frac{1.15}{1.1}$) × 최대사용전압의 배수
>
> ② 시험전압 인가시간 : 연속하여 10분

3) 결선

시험용 변압기의 결선을 1차측은 병렬로, 2차측은 직렬로 접속하여 1차측 전압을 0[V]에서 105[V]로 조정하면 2차측 전압은 0[V]에서 12,600[V]로 조정된다.

4) 각 기기의 용도

  (1) V_1에 인가되는 전압

$$V_1 = \frac{1}{2} \times 시험\ 전압 \times \frac{n_1}{n_2}$$

  (2) V_2에 인가되는 전압

$$V_2 = 시험\ 전압 \times \frac{1}{PT비}$$

  (3) mA 전류계

    절연 내력 시험시 피시험 기기의 누설 전류를 측정하여 절연 강도를 판정

  (4) PT의 설치 목적

    피시험 기기에 인가되는 절연 내력 시험 전압 측정

3. 변압기 단락 시험과 개방 시험

1) 단락 시험

(1) 단락 시험 회로

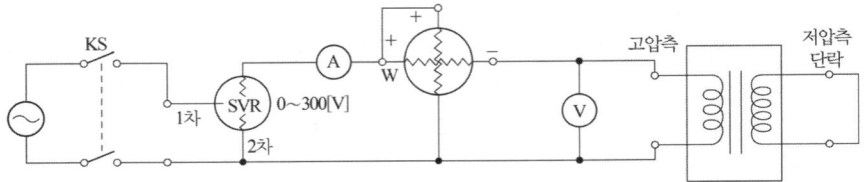

(2) 측정 항목

① **임피던스 전압**

변압기 2차측(저압측)을 단락시키고 1차측(고압측)에 전압을 가하여 1차(고압측) 단락 전류가 1차(고압측) 정격 전류와 같게 되었을 때, 이때 고압측에 인가하는 전압으로 교류 전압계의 지시값 V[V]로 표시된다.

② **% 임피던스**

$$\%임피던스(\%Z) = \frac{1차\ 정격\ 전류 \times 임피던스}{1차\ 정격\ 전압} \times 100[\%]$$

$$= \frac{I_n Z}{V_{1n}} \times 100 = \frac{V}{V_{1n}} \times 100[\%]$$

③ 동손 : 교류 전력계 지시값 W[W]로 표시된다.

2) 개방 시험

(1) 개방 시험 회로

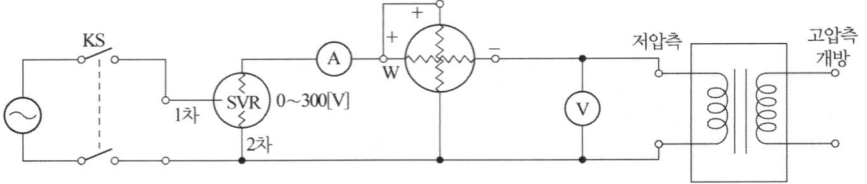

(2) 측정 항목

① **철손** : 슬라이닥스를 조정하여 시험용 변압기 1차측(저압측) 전압이 정격 전압과 동일하게 될 때의 교류 전력계 지시값 W[W]로 표시

• 예제 09 •

다음 그림은 최대 사용 전압 6900 [V] 변압기의 절연 내력 시험을 위한 시험 회로이다. 그림을 보고 다음 물음에 답하시오.

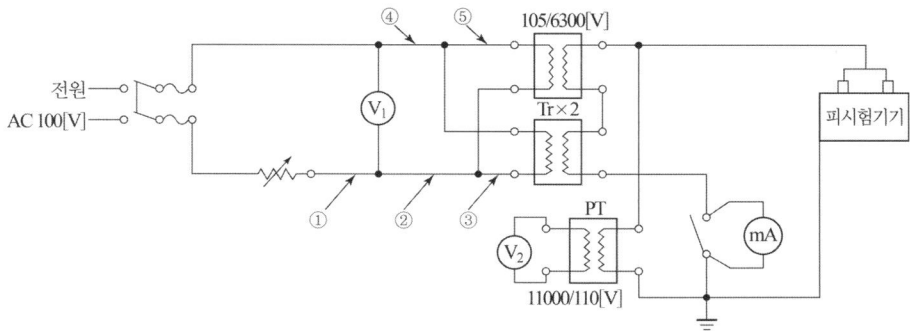

(1) 전원측 회로에 전류계 Ⓐ를 설치하고자 할 때 ①~⑤번 중 어느 곳이 적당한가?
(2) 시험시 전압계 Ⓥ₁으로 측정되는 전압은 몇 [V]인가? 소수점 이하는 반올림할 것
(3) 시험 전압계 Ⓥ₂로 측정되는 전압은 몇 [V]인가?
(4) PT의 설치 목적은?
(5) 전류계 ⓜⒶ의 설치 목적은?

답안작성

(1) ①
(2) 절연 내력 시험 전압 $V = 6900 \times 1.5 = 10350$ [V]

  전압계 : Ⓥ₁ $= 10350 \times \dfrac{105}{6300} \times \dfrac{1}{2} = 86$ [V]

(3) Ⓥ₂ $= 10350 \times \dfrac{110}{11000} = 103.5$ [V]

(4) 피시험 기기의 절연내력 시험전압 측정
(5) 누설 전류의 측정

12장 시퀀스

1. 회로 소자

1) AND 회로

(1) 기능

회로그림에서 **입력 A, B가 동시에 있을 때 출력 X가 생기는 회로**

① 논리곱 회로

② 직렬 논리 회로

(2) 논리기호와 논리식

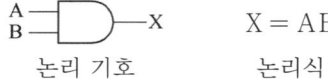

논리 기호   논리식

$X = AB$

(3) 회로와 타임 차트

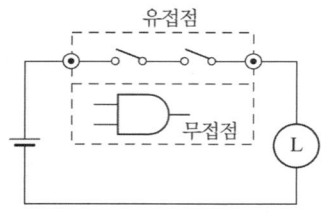
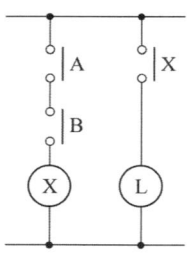
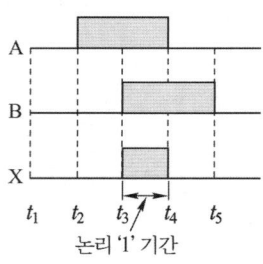

(4) 진리표

A	B	X
0	0	0
0	1	0
1	0	0
1	1	1

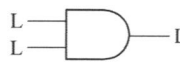
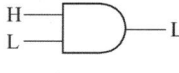
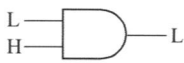

2) OR 회로

(1) 기능

그림에서 **입력 A, B 중 한 입력만 있어도 출력 X가 생기는 회로**

① 논리합 회로

② 병렬 논리 회로

(2) 논리 기호와 논리식

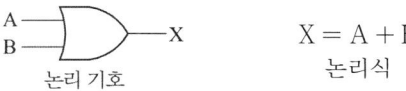

$$X = A + B$$
논리식

(3) 회로와 타임 차트

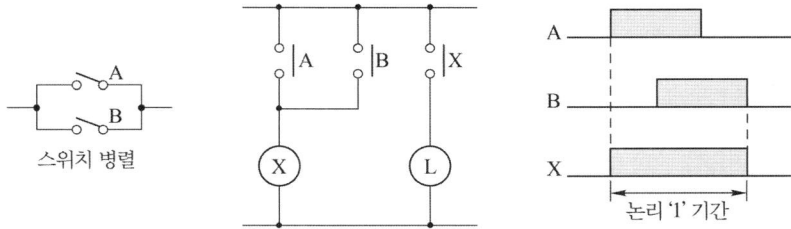

(4) 진리표

A	B	X
0	0	0
0	1	1
1	0	1
1	1	1

3) NOT 회로

(1) 기능

입력과 출력의 상태가 반대로 되는 **상태 반전 회로**, 즉 부정의 판단 기능을 갖는 회로

(2) 논리 기호와 논리식

A ─────▷○───── X

(3) 회로와 타임 차트

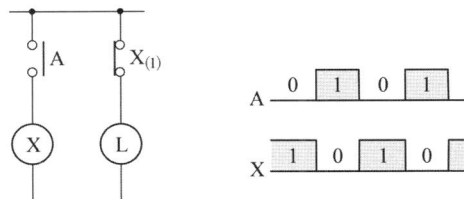

(4) 진리표

A	X
0	1
1	0

4) NAND 회로

   (1) 기능

   AND 회로를 부정하는 판단 기능을 갖는 회로
   - AND + NOT 로 구성

   (2) 논리 기호와 논리식

   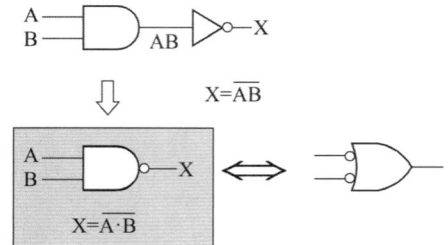

   (3) 진리표

A	B	X
0	0	1
0	1	1
1	0	1
1	1	0

5) NOR 회로

   (1) 기능

   OR 회로를 부정하는 판단 기능을 갖는 회로
   - OR + NOT로 구성

   (2) 논리 기호와 논리식

   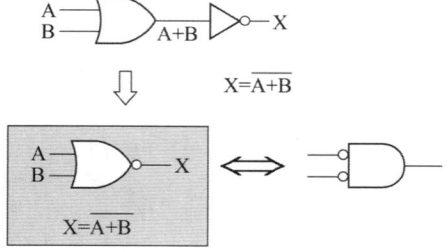

   (3) 진리표

A	B	X
0	0	1
0	1	0
1	0	0
1	1	0

2. 논리 변환과 논리 연산

1) 분배 법칙
$A + (B \cdot C) = (A + B) \cdot (A + C)$

$A \cdot (B + C) = A \cdot B + A \cdot C$

2) 2진수(0과 1)에서
① $A + 0 = A$, $A \cdot 1 = A$ ② $A + A = A$, $A \cdot A = A$
③ $A + 1 = 1$, $A + \overline{A} = 1$ ④ $A \cdot 0 = 0$, $A \cdot \overline{A} = 0$
⑤ $0 + 0 = 0$, $0 + 1 = 1$, $\overline{0} = 1$, $0 \cdot 1 = 0$, $1 \cdot 1 = 1$, $\overline{1} = 0$

3) De Morgan의 정리
$\overline{A + B} = \overline{A}\,\overline{B}$ $A + B = \overline{\overline{A}\,\overline{B}}$ $\overline{AB} = \overline{A} + \overline{B}$ $AB = \overline{\overline{A} + \overline{B}}$

4) 동일 법칙
$A \cdot A = A$ $\overline{A} \cdot A = 0$ $\overline{A} \cdot \overline{A} = \overline{A}$ $A \cdot \overline{A} = 0$

5) 논리식의 간략화

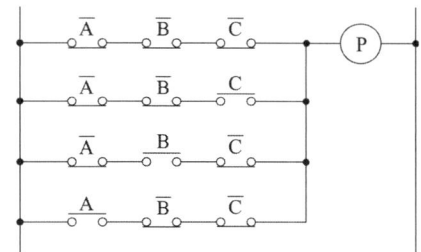

$P = \overline{A}\,\overline{B}\,\overline{C} + \overline{A}\,\overline{B}\,C + \overline{A}\,B\,\overline{C} + A\,\overline{B}\,\overline{C}$

위의 시퀀스도에 아래 시퀀스도의 점선과 같이 **동일한 회로를 병렬로 추가하여도** 그 결과는 변함이 없다.

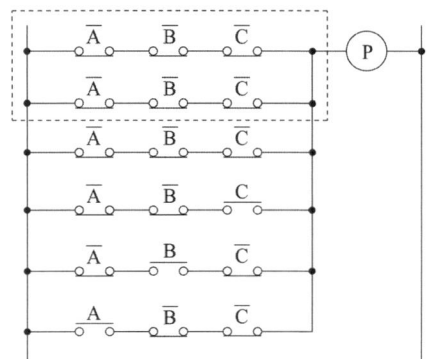

$P = \overline{A}\,\overline{B}\,\overline{C} + \overline{A}\,\overline{B}\,C + \overline{A}\,B\,\overline{C} + \overline{A}\,B\,C + \overline{A}\,B\,\overline{C} + A\,\overline{B}\,\overline{C}$
$= \overline{A}\,\overline{B}(C + \overline{C}) + \overline{A}\,\overline{C}(B + \overline{B}) + \overline{B}\,\overline{C}(A + \overline{A})$

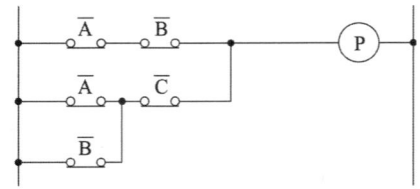

여기서, $A + \overline{A} = 1$, $B + \overline{B} = 1$, $C + \overline{C} = 1$ 이므로

$P = \overline{A}\,\overline{B} + \overline{A}\,\overline{C} + \overline{B}\,\overline{C} = \overline{A}\,\overline{B} + (\overline{A} + \overline{B})\overline{C}$

와 같이 간략화시킬 수 있다.

3. XOR (Exclusive OR)

1) 기능

두 입력의 상태가 다를 때에만 출력이 생기는 판단 기능을 갖는 회로

2) 논리 기호와 논리식

3) 회로

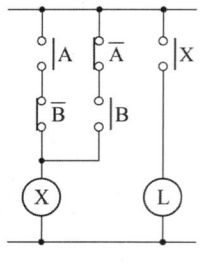 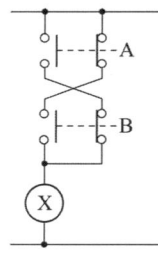 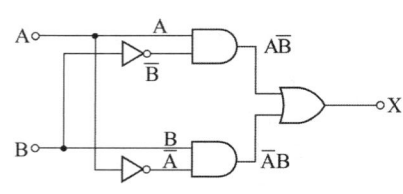

4) 타임 차트와 진리표

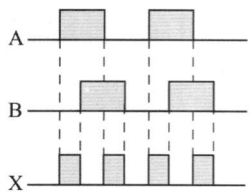

A	B	X
0	0	0
0	1	1
1	0	1
1	1	0

4. 인터록 회로(interlock)

1) 기능

한 쪽이 동작하면 다른 한쪽은 동작할 수 없는 논리

2) 회로 및 타임 차트

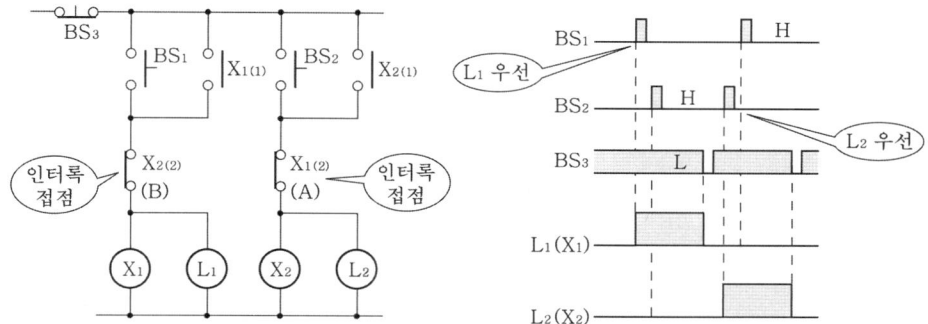

3) 동작 설명

BS$_1$을 먼저 누르면 L$_1$(X$_1$)이 동작 유지하고 인터록 접점 X$_{1(2)}$(A)가 열린다. 따라서 이후 BS$_2$를 눌러도 L$_2$(X$_2$)가 동작할 수 없다. 또 BS$_2$를 먼저 주면 L$_2$(X$_2$)가 동작하고 인터록 접점 X$_{2(2)}$(B)가 열린다. 따라서 이후 BS$_1$을 눌러도 L$_1$(X$_1$)이 동작할 수 없다.

5. 신입 신호 우선 회로

1) 기능

한쪽이 동작하면 다른 한쪽이 복구되는 논리

2) 회로 및 타임 차트

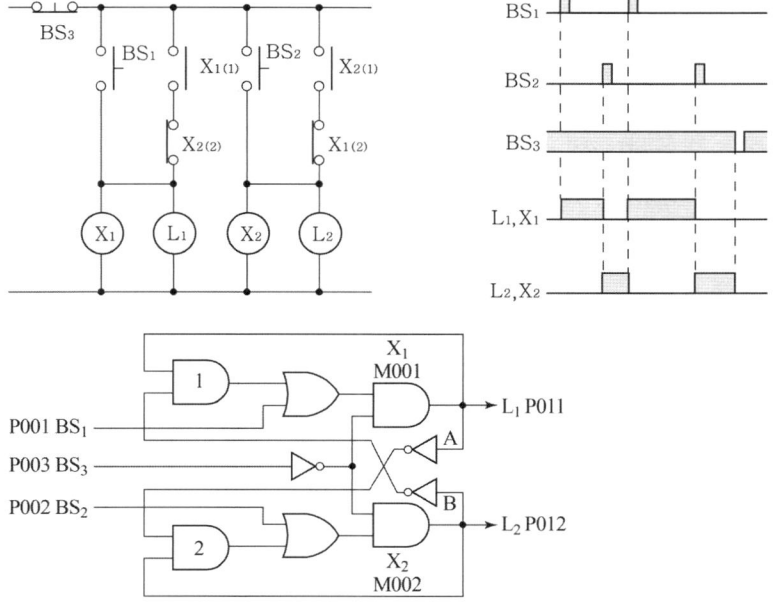

3) 동작 설명

BS$_1$을 주면 L$_1$(X$_1$)이 동작하고 동작 중인 X$_2$의 유지 회로의 직렬 b접점 X$_{1(2)}$가 열려 L$_2$(X$_2$)가 복구한다. 다음 BS$_2$를 주면 L$_2$(X$_2$)가 동작하고 X$_1$의 유지 회로의 직렬 b접점 X$_{2(2)}$가 열려 동작 중인 L$_1$(X$_1$)이 복구한다. 이하 반복 동작된다.

6. 동작 우선 회로

1) 기능

   정해진 순서대로 동작되는 회로의 예이다.

2) 회로 및 타임차트

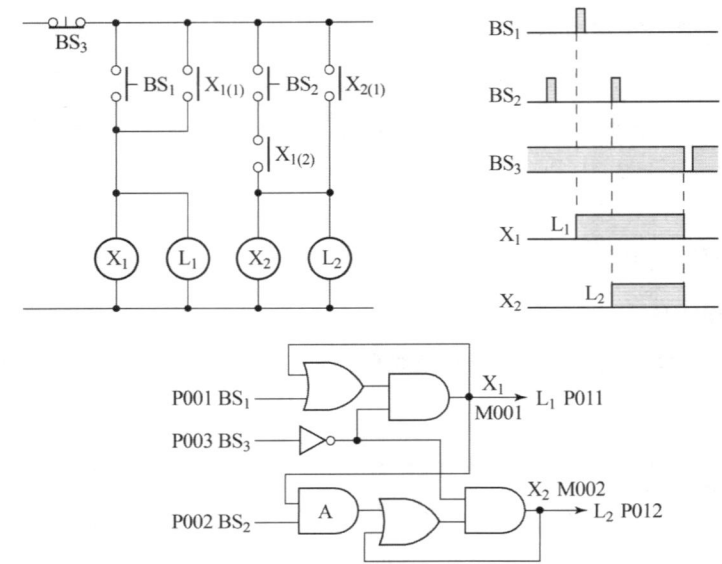

3) 동작 설명

BS$_1$을 주면 L$_1$(X$_1$)이 동작하고 접점 X$_{1(2)}$가 닫혀 L$_2$(X$_2$)의 기동 회로를 준비한다. 다음 BS$_2$를 주면 L$_2$(X$_2$)가 동작하며 L$_2$가 먼저 동작할 수 없다.

7. 시한 회로(On delay timer : Ton)

1) 기능

   입력을 주면 **설정 시간(t)이 지난 후 출력이 동작**한다.

2) 기호

3) 회로 및 타임 차트

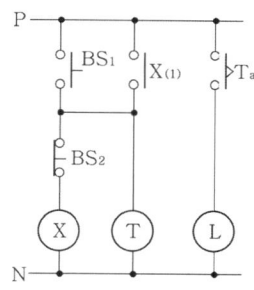
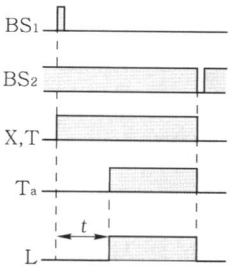

4) 동작 설명

유지 회로 $X_{(1)}$에 의하여 시한 동작 타이머 ⓣ가 여자되고 t초 후에 시한 동작 접점 T_a 가 닫혀서 출력 ⓛ이 생긴다.

8. 시한 복구 회로(Off delay timer Toff)

1) 기능

정지 입력을 주면 **설정 시간(t)이 지난 후 출력이 복구**한다.

2) 기호

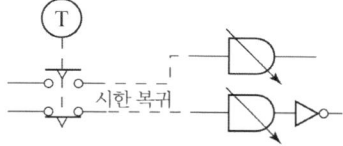

3) 회로 및 타임 차트

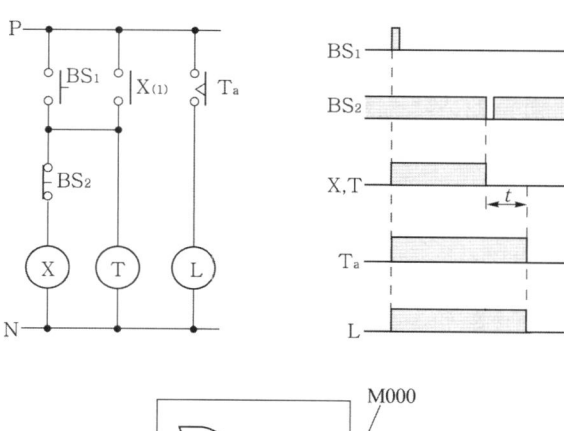

4) 동작 설명

유지 회로 X_1로 시한 복구 타이머 ⓣ가 동작되고 출력 ⓛ이 생긴다. 정지 신호를 주면 t초 후에 시한 복구 접점 T_a가 열려 출력 ⓛ이 없어진다.

9. 단안정 회로(monostable)

1) 기능

    정해진(설정 시간) 시간 동안만 출력이 생기는 회로

2) 회로 및 타임 차트

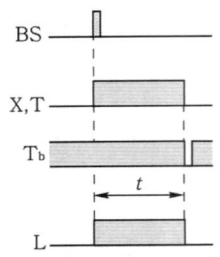 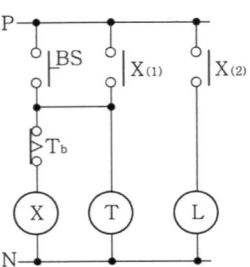

3) 동작 설명

유지 회로 $X_{(1)}$로 시한 동작 타이머 ⓣ가 여자되고 시한 동작 b접점으로 회로를 복구시킨다.

10. 전동기 운전 회로

1) 직입기동

   (1) 기동 방법 : 기동 장치를 따로 사용하지 않고 직접 정격 전압을 인가한다.
   (2) 전전압 기동시 기동 전류는 정격 전류의 6~7배 정도
   (3) 기동 전류 : 부하 전류의 5~6배
   (4) 적용 용량 : 5 [kW] 이하

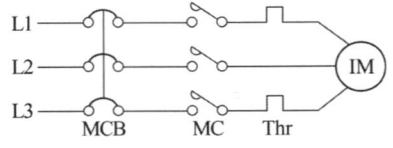

MC의 주접점이 닫히면 전동기 Ⓜ이 구동된다. 열동 계전기 Thr을 접속한다.

여기서, MCB : Molded case circuit Breaker
MC : magnetic contact
MS : magnetic switch
MS = MC + Thr
Thr : thermal relay

2) 회로 및 타임 차트

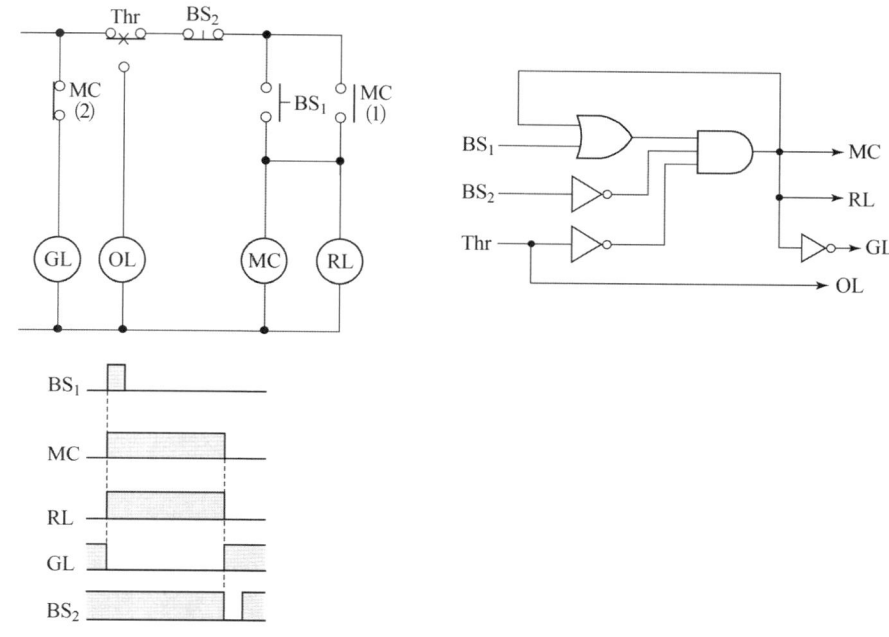

3) 동작 설명

(1) 기동 (동작 기구 : MC, RL, Ⓜ)

전원을 투입(MCB)하면 정지 표시 램프 GL이 점등한다. 기동 입력 BS₁을 주면 전자 접촉기 MC가 동작 유지하고 구동 회로의 주접점 MC가 닫혀 전동기 Ⓜ이 기동한다. 동시에 GL이 소등되고, 운전 표시 램프 RL이 점등한다.

(2) 정지 (동작기구 : GL)

정지 입력 BS₂를 주면 MC가 복구하여 구동 회로의 주접점 MC가 열려 전동기 Ⓜ이 정지하고 동시에 GL이 점등되고 RL이 소등된다.

(3) 고장 및 복구 (고장중 동작기구 : OL, GL, Thr)

운전 중 이상 전류가 흘러 열동 계전기 Thr이 트립되면 MC가 복구하고 Ⓜ이 정지하며 RL 소등, GL 점등과 동시에 경보 표시 램프 OL이 점등한다. 고장이 회복되면 수동, 혹은 자동으로 Thr이 회복되고 OL램프가 소등된다.

11. 전동기 정·역 운전 회로

1) 구동 회로

전동기의 정·역 회전은 회전 자장의 방향을 바꾼다.

- 3상 : 전원의 3단자 중 2단자의 접속을 바꾼다.
- 단상 : 기동 권선의 접속을 바꾼다.

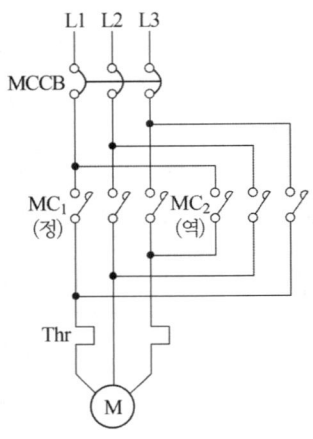

2) 회로 및 타임차트

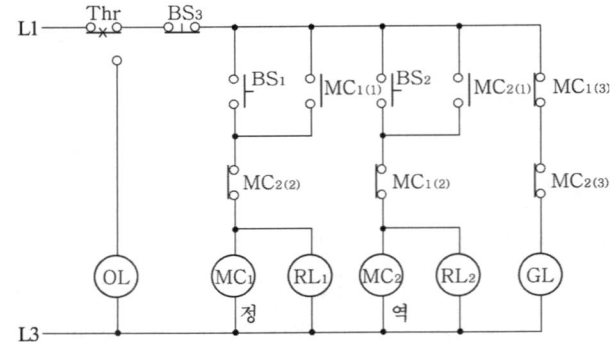

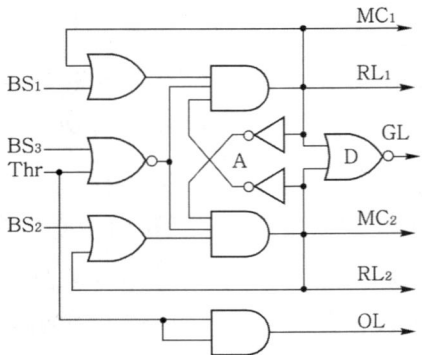

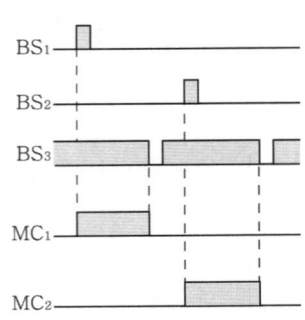

여기서, 입력 기구 : BS_1, BS_2 출력 기구 : MC_1, MC_2
　　　　구동 기계 : Ⓜ(전동기)　　경보 기구 : Thr
　　　　정지 표시 램프 : GL　　　운전 표시 램프 : RL_1, RL_2
　　　　고장 표시 램프 : OL

3) 동작 설명

　(1) 정회전(동작 기구 : MC_1, RL_1, Ⓜ)

　　BS_1을 주면 MC_1이 동작 유지하고 구동 회로의 주접점 MC_1이 닫혀 전동기 Ⓜ이 정회전 기동한다. 동시에 GL이 소등되고, RL_1이 점등한다. 인터록 접점 $MC_{1(2)}$는 MC_2에 인터록을 건다.

　(2) 역회전(동작 기구 : MC_2, RL_2, Ⓜ)

　　BS_2를 주면 MC_2가 동작 유지하고 구동 회로의 주접점 MC_2가 닫혀 전동기 Ⓜ이 역회전 기동한다. 동시에 GL이 소등되고, RL_2가 점등한다. 인터록 접점 $MC_{2(2)}$는 MC_1에 인터록을 건다.

　(3) 정지(동작 기구 : GL)

　　BS_3을 주면 $MC_1(MC_2)$이 복구하고 구동 회로의 주접점 $MC_1(MC_2)$이 열려 전동기 Ⓜ이 정지한다. 동시에 GL이 점등되고 $RL_1(RL_2)$이 소등된다.

　(4) 고장 및 복구(고장중 동작기구 : OL(GL), Thr)

　　운전 중 이상 전류가 흘러 열동 계전기 Thr이 트립되면 $MC_1(MC_2)$이 복구하고 Ⓜ이 정지하며, $RL_1(RL_2)$이 소등되고, GL이 소등됨과 동시에 경보 표시 램프 OL이 점등한다. 고장이 회복되면 수동, 혹은 자동으로 Thr이 회복되고 OL 램프가 소등된다.

4) 기동 보상기 기동

　(1) 기동 방법

　　3상 단권 변압기로 정격 전압의 50~80[%]의 전압에서 시동, 정격 속도에 가까워지면 스위치로 단권 변압기를 분리하고 전전압 인가

　(2) 기동 방법

　　단권 변압기로 공급 전압을 낮추어 기동 전류를 정격 전류의 100~150[%]로 제한

　(3) 적용 용량

　　30 [kW] 이상에 사용하며 특히 기동전류를 제한하고자 할 때 사용

　(4) 기동전류

　　　I_s : 전원에서 공급되는 전류　　　I_{sm} : 전동기의 기동전류

I_{st} : 단권 변압기 2차측 전류 a : 단권 변압기의 권수비

- 단권변압기 2차에서 전동기에 흐르는 전류는 공급전압에 비례하므로

$$I_{st} = \frac{I_{sm}}{a}$$

- 전원에서 공급되는 전류(단권변압기 1차측 전류) I_s는

$$I_s = \frac{I_{st}}{a} = \frac{I_{sm}}{a^2}$$

으로 전원측의 전류는 권수비의 자승에 반비례하게 된다.

5) 리액터 기동

전원과 전동기 사이에 직렬 리액터를 삽입하여 단자 전압을 저감하여 시동하고 일정 시간 후 리액터를 단락시킨다. 일반적으로 리액터의 크기는 전동기 단자 전압이 정격 전압의 50~80[%]가 되는 값을 선택

12. 전동기 Y-△ 기동 회로

전동기의 기동 전류를 줄이기 위하여 **Y결선 기동하고 기동이 끝나면 △결선으로 운전**한다.

1) 구동 회로

2) Y-△ 기동

 (1) 기동 방법 : 고장자 권선을 Y접속으로 하여 기동하고 정격 속도에 가까워지면 △접속으로 교체 운전

 (2) 기동 전류 : △ 결선으로 기동 할 때의 1/3배

 (3) 기동 토크 : 전전압 기동시의 1/3배

 (4) 적용 용량 : 5~15[kW] 이하

 (5) 모선 접속

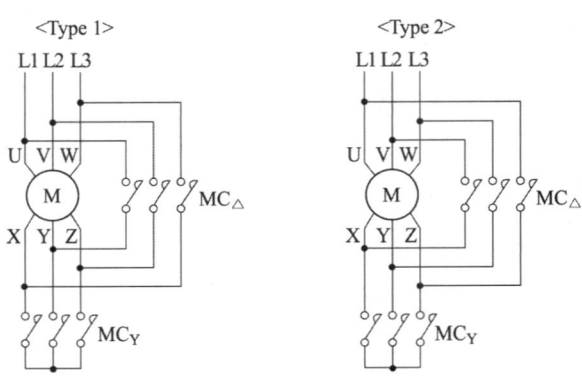

Type 1 또는 Type 2 모두 사용되나 **기동 순간의 과도(돌입) 전류를 감소시키기 위하여 현재는 Type 1이 많이 사용**된다.

3) 회로 및 타임 차트

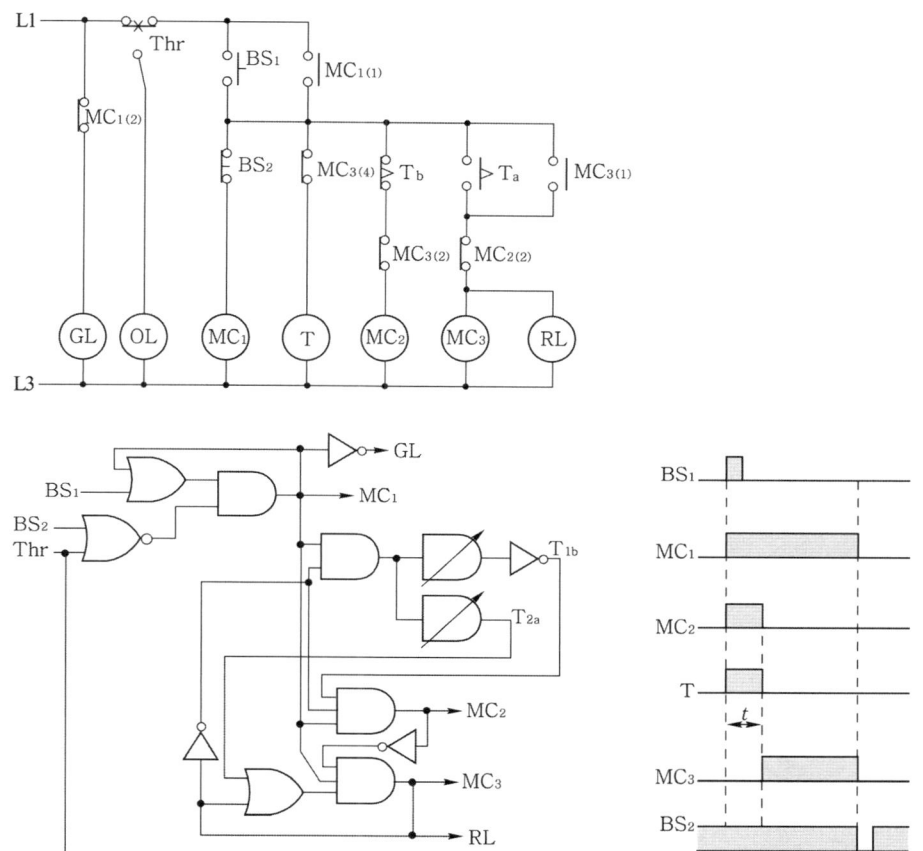

4) 동작 설명

(1) 전원을 투입(MCB)하면 정지 표시 램프 GL이 점등한다. BS_1을 주면 MC_1이 동작 유지하고 GL이 소등된다. 또 MC_2가 동작하고 타이머 Ⓣ가 여자된다.

(2) 모선 접속 – 구동 회로의 주접점 MC_1이 닫혀 모선을 접속한다.

(3) Y기동 – 구동 회로의 주접점 MC_2가 닫혀 전동기 Ⓜ이 기동한다. 또 접점 $MC_{2(2)}$는 MC_3에 인터록을 건다.

(4) 설정 시간(약 7초)이 되면 시한 동작 타이머의 접점 T_b로 MC_2가 복구하여 Y기동이 끝난다. 이어 접점 T_a로 MC_3이 동작하고 RL이 점등한다.

(5) △ 운전 – 구동 회로의 주접점 MC_3이 닫혀 전동기 Ⓜ이 운전된다. 또 접점 $MC_{3(2)}$는 MC_2에 인터록을 건다. 접점 $MC_{3(4)}$는 운전 중 타이머 Ⓣ를 복구시킨다.

(6) BS₂를 주면 MC₁이 복구하고 구동 회로의 주접점 MC₁이 열려 전동기 Ⓜ이 정지한다. 이어 MC₃이 복구하며 또한 GL이 점등되고 RL이 소등된다.

(7) 운전 중 이상 전류가 흘러 열동 계전기 Thr이 트립되면 MC₁과 MC₃이 복구하여 Ⓜ이 정지하며, RL이 소등하고 GL이 점등함과 동시에 OL이 점등한다. 고장이 회복되면 수동, 혹은 자동으로 Thr이 회복되고 OL램프가 소등된다.

5) Y-Δ 기동방식에서의 전선의 가닥수 산정 및 굵기 선정

기동시에는 MC_Y 만 투입되어 전동기를 통과하는 전선에만 전류가 흐르다가 **기동 완료 후(MC_Y 개방, MC_Δ 투입)에는 6가닥 전선 전체에 전류가 흐르며** 이때 6가닥의 전선에 흐르는 전류는 상전류로서 **전부하 전류의** $\frac{1}{\sqrt{3}}$ **에 해당하는 전류**가 흐르므로 **직기동시 사용되는 전선의 허용전류의** $\frac{1}{\sqrt{3}}$ (약 60[%]) 이상의 허용 **전류를 가진 전선**을 선정하면 된다.

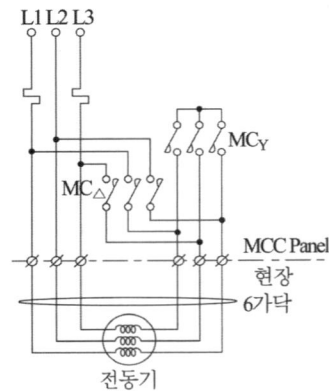

13. 역상제동

역상 제동의 기본 논리는 정·역 논리이다.

따라서 정방향으로 회전하고 있는 전동기의 결선을 역방향의 토크가 발생 하도록 결선하면(R선과 T선의 접속 변경) 전동기는 큰 역회전력을 받게 되어 속도가 급격히 감소하다가, 시간이 지나면 전동기는 정지 상태를 지나서 역회전을 하게 되므로 이때 플러깅 릴레이가 작동하여 역전을 금지시키고 정지된다.

이와같은 제동 방법을 역상제동이라고 하며 전동기를 급정지 시킬 때 사용한다.

14. PLC (Programmable Logic Controller)

기호, 번지, 명령어는 PLC의 기종과 제조회사에 따라 다르므로, 여기서는 LG 제품의 기초적인 몇 가지만을 이용하기로 한다.

1) 기본기호 및 명령어

   (1) 기본기호

   a접점 : ─┤ ├─   b접점 : ─┤/├─   출력 : ─○─

   (2) 기본 명령어
   - 회로시작 : LOAD
   - 출력과 내부 출력(회로끝) : OUT
   - 직렬 : AND
   - 병렬 : OR
   - 부정(b접점) : NOT
   - 기타 : AND LOAD, OR LOAD, MCS(MCR), TMR(TON), CNT(CTU)

2) 명령어와 부호

내 용	명 령 어	부호	기능
시작 입력	LOAD(STR)	─┤ ├─ a	독립된 하나의 회로에서 a접점에 의한 논리 회로의 시작 명령
	LOAD NOT	─┤/├─ b	독립된 하나의 회로에서 b접점에 의한 논리 회로의 시작 명령
직렬 접속	AND	─┤ ├─┤ ├─ a	독립된 바로 앞의 회로와 a접점의 직렬 회로 접속, 즉 a접점 직렬
	AND NOT	─┤ ├─┤/├─ b	독립된 바로 앞의 회로와 b접점의 직렬 회로 접속, 즉 b접점 직렬
병렬 접속	OR	(병렬 a접점)	독립된 바로 위의 회로와 a접점의 병렬 회로 접속, 즉 a접점 병렬
	OR NOT	(병렬 b접점)	독립된 바로 위의 회로와 b접점의 병렬 회로 접속, 즉 b접점 병렬
출 력	OUT	─○─	회로의 결과인 출력 기기(코일) 표시와 내부 출력(보조 기구 기능-코일) 표시
직렬 묶음	AND LOAD	(A, B 직렬 그룹)	현재 회로와 바로 앞의 회로의 직렬 A, B 2회로의 직렬 접속, 즉 2개 그룹(group)의 직렬 접속
병렬 묶음	OR LOAD	(A, B 병렬 그룹)	현재 회로와 바로 앞의 회로의 병렬 A, B 2회로의 병렬 접속, 즉 2개 그룹(group)의 병렬 접속
공통 묶음	MCS MCS CLR (MCR)	(MCS 기호)	출력을 내는 2회로 이상이 공통으로 사용하는 입력으로 공통 입력 다음에 사용 (마스터 컨트롤의 시작과 종료) MCS 0부터 시작, 역순으로 끝낸다.

내용	명령어	부호	기능
타이머	TMR(TIM)	(Ton) T000 5초	기종에 따라 구분 -- TON, TOFF, TMON, TMR, TRTG 등 타이머 종류, 번지, 설정 시간 기입
카운터	CNT	U CTU C000 R 00010	기종에 따라 구분 -- CTU, CTD, CTUD, CTR, HSCNT 등 카운터 종류, 번지, 설정 회수 기입
끝	END	—	프로그램의 끝 표시

3) 기본 명령에 의한 프로그램

   기본 명령에는 회로시작(LOAD), 출력(OUT), 직렬(AND), 병렬(OR), 부정(NOT) 명령이 있다.

   (1) 입·출력 회로 – LOAD/OUT, LOAD NOT/OUT

step	명령	번지
0	LOAD	P000
1	OUT	P010

step	명령	번지
0	LOAD NOT	P000
1	OUT	P010

   (2) 직렬 – AND/AND NOT, 병렬 – OR/OR NOT

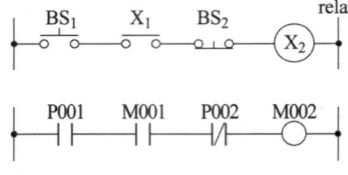

step	명령	번지
0	LOAD	P000
1	AND	M001
2	AND NOT	P002
3	OUT	M002

step	명령	번지
6	LOAD	P001
7	OR	M001
8	OR NOT	P002
9	OUT	M002

   (3) 그룹 직·병렬 명령에 의한 프로그램

   직렬 회로들의 병렬, 또는 병렬 회로들의 직렬인 경우 즉 그룹 직렬일 때 AND LOAD, 그룹 병렬일 때 OR LOAD 명령어를 사용한다. 또 여러 회로에 공통으로 사용할 때 묶음 명령어(괄호 명령어)로 MCS/MCS CLR이 사용된다.

그룹 직렬 – AND LOAD, 그룹병렬 – OR LOAD

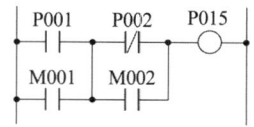

step	명령	번지
0	LOAD	P001
1	OR	M001
2	LOAD NOT	P002
3	OR	M002
4	AND LOAD	–
5	OUT	P015

step	명령	번지
6	LOAD	P001
7	AND	M001
8	LOAD NOT	P002
9	AND	M002
10	OR LOAD	–
11	OUT	P015

(4) 유지 회로(예)

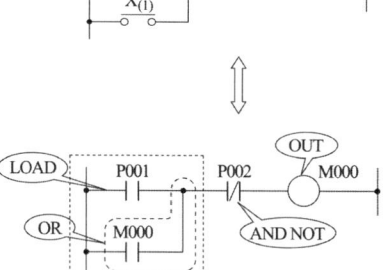

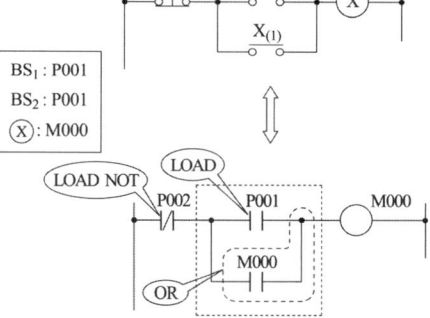

step	명령	번지
0	LOAD	P001
1	OR	M000
2	AND NOT	P002
3	OUT	M000
–	–	–

step	명령	번지
6	LOAD NOT	P002
7	LOAD	P001
8	OR	M000
9	AND LOAD	–
10	OUT	M000

예제 01

반도체의 스위칭 이론을 이용하여 표현된 무접점식인 논리 기호는 아래의 "예"와 같이 접점에 의하여 표시할 수 있다.

[예]

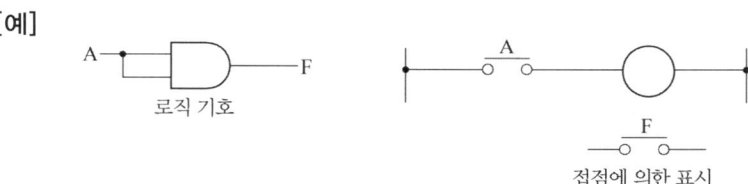

다음의 로직 기호를 앞의 [예]와 같이 유접점으로 표현하시오.

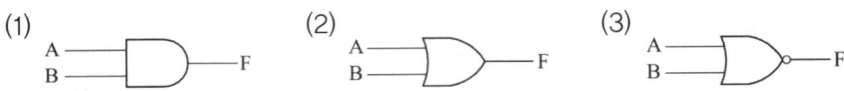

답안작성

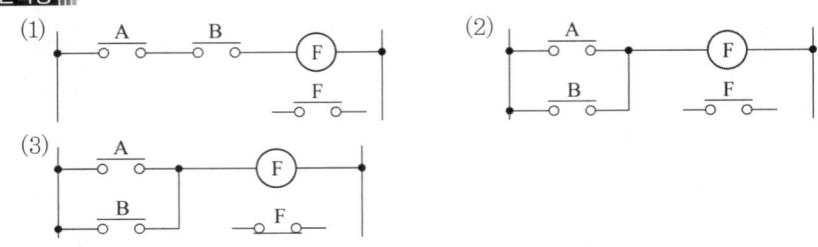

• 예제 02 •

다음 그림과 같은 무접점 릴레이 출력을 쓰고 이것을 전자릴레이 회로로 그리시오.

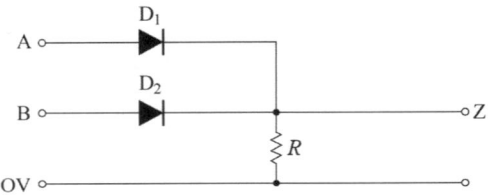

답안작성

① 출력 $Z = A + B$
② 회로도

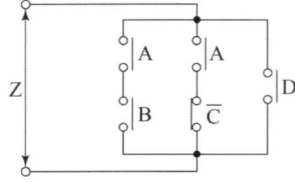

해설

A 또는 B에 +전압이 인가되면 다이오드를 통하여 저항 R에 전류가 흘러 출력단 Z에 전압이 나타나게 된다. 따라서 OR 회로가 된다.

• 예제 03 •

릴레이 회로가 그림과 같을 때 이것을 무접점 논리 회로로 그리시오.

답안작성

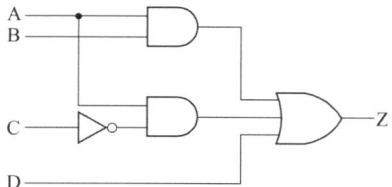

해설

릴레이 회로	논리회로
직렬	AND
병렬	OR
b 접점	NOT

● 예제 **04** ●

각 회로의 명칭을 쓰고 그 기능을 간단히 설명하시오. 단, 회로명은 시퀀스 제어회로 명칭으로 표현하시오. (예 : AND 회로, NAND 회로, 금지 회로, 인터록 회로, 플립플롭 회로, 자기유지 회로)

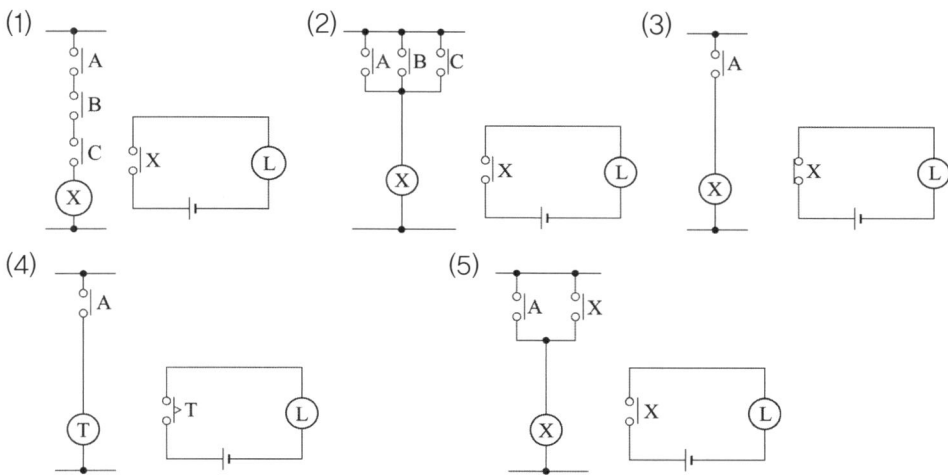

답안작성

번호	명 칭	기 능
(1)	AND 회로	입력 단자 A, B, C 모두 ON 되어야 출력이 ON되는 회로
(2)	OR 회로	입력 단자 A, B, C중 어느 하나 이상이 ON 되면 출력이 ON이 되는 회로
(3)	NOT 회로	입력이 ON 되면 출력이 OFF 되고, 입력이 OFF 되면 출력이 ON 되는 회로
(4)	한시 동작 회로	입력이 ON 되면 일정 시간 후 출력이 ON되는 회로
(5)	자기 유지 회로	입력이 ON 되면 출력이 ON 되고, 이 때 입력이 OFF 되어도 계속 출력이 ON 되도록 유지하는 회로

• 예제 05 •

그림과 같은 회로의 출력을 입력변수로 나타내고 AND 회로 1개, OR 회로 2개, NOT 회로 1개를 이용한 등가회로를 그리시오.

• 출력식
• 등가회로

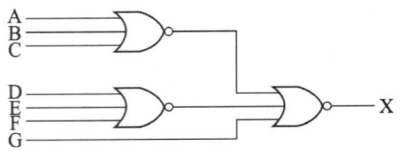

답안작성

• 출력식 : $X = (A+B+C) \cdot (D+E+F) \cdot \overline{G}$
• 등가회로 :

해설

$X = \overline{\overline{A+B+C} + \overline{D+E+F} + G} = (A+B+C) \cdot (D+E+F) \cdot \overline{G}$

• 예제 06 •

어느 회사에서 한 부지에 A, B, C의 세 공장을 세워 3대의 급수 펌프 P_1(소형), P_2(중형), P_3(대형)으로 다음 계획에 따라 급수 계획을 세웠다. 이 계획을 잘 보고 다음 물음에 답하시오.

[계획]

① 모든 공장 A, B, C가 휴무일 때 또는 그 중 한 공장만 가동할 때에는 펌프 P_1만 가동시킨다.
② 모든 공장 A, B, C중 어느 것이나 두 개의 공장만 가동할 때에는 P_2만 가동시킨다.
③ 모든 공장 A, B, C가 모두 가동할 때에는 P_3만 가동시킨다.

(1) 급수계획에 대한 진리표를 작성하시오.

A	B	C	P_1	P_2	P_3
0	0	0			
0	0	1			
0	1	0			
0	1	1			
1	0	0			
1	0	1			
1	1	0			
1	1	1			

(2) 급수 펌프 P_1, P_2에 대한 유접점 회로를 완성하시오.
(3) 급수 펌프 P_1, P_2에 대한 출력식을 쓰시오.

답안작성

(1)

A	B	C	P_1	P_2	P_3
0	0	0	1	0	0
0	0	1	1	0	0
0	1	0	1	0	0
0	1	1	0	1	0
1	0	0	1	0	0
1	0	1	0	1	0
1	1	0	0	1	0
1	1	1	0	0	1

(2)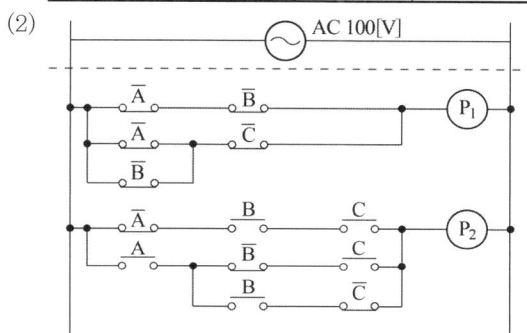

(3) $P_1 = \overline{A}\,\overline{B}\,\overline{C} + \overline{A}\,\overline{B}\,C + \overline{A}\,B\,\overline{C} + A\,\overline{B}\,\overline{C}$
$= \overline{A}\,\overline{B}\,\overline{C} + \overline{A}\,\overline{B}\,C + \overline{A}\,B\,\overline{C} + \overline{A}\,\overline{B}\,C + \overline{A}\,B\,C + A\,\overline{B}\,\overline{C}$
$= \overline{A}\,\overline{B}(\overline{C}+C) + \overline{A}\,\overline{C}(\overline{B}+B) + \overline{B}\,\overline{C}(\overline{A}+A)$
$= \overline{A}\,\overline{B} + \overline{A}\,\overline{C} + \overline{B}\,\overline{C} = \overline{A}\,\overline{B} + (\overline{A}+\overline{B})\overline{C}$
$P_2 = \overline{A}BC + A\overline{B}C + AB\overline{C} = \overline{A}BC + A(\overline{B}C + B\overline{C})$

• 예제 **07** •

그림과 같은 무접점 논리회로에 대응하는 유접점 릴레이(시퀀스) 회로를 그리시오.

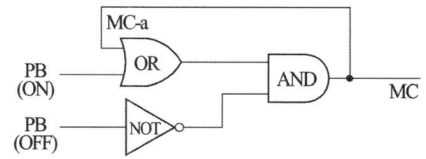

답안작성

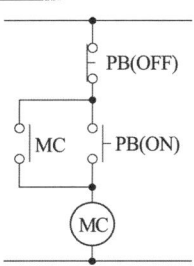

• 예제 08 •

다음 그림의 회로는 어느 것인가 먼저 ON 조작된 측의 램프만 점등하는 병렬 우선 회로(PB_1 ON 시 L_1이 점등된 상태에서 L_2가 점등되지 않고, PB_2 ON 시 L_2가 점등된 상태에서 L_1이 점등되지 않는 회로)로 변경하여 그리시오. 단, 계전기 R_1, R_2의 보조 b접점 각 1개씩을 추가 사용하여 그리도록 한다.

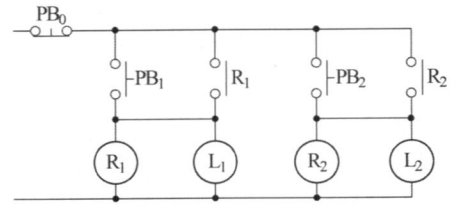

[답안작성]

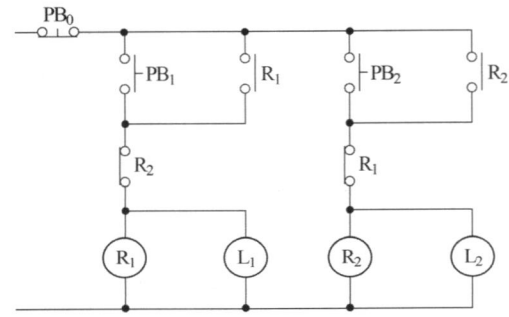

[해설]
R_1, R_2의 b접점으로 각각 상대쪽의 동작을 금지하는 인터록(interlock) 회로이다.

• 예제 09 •

그림과 같은 전자 릴레이 회로를 미완성 다이오드매트릭스 회로에 다이오드를 추가시켜 다이오드매트릭스로 바꾸어 그리시오.

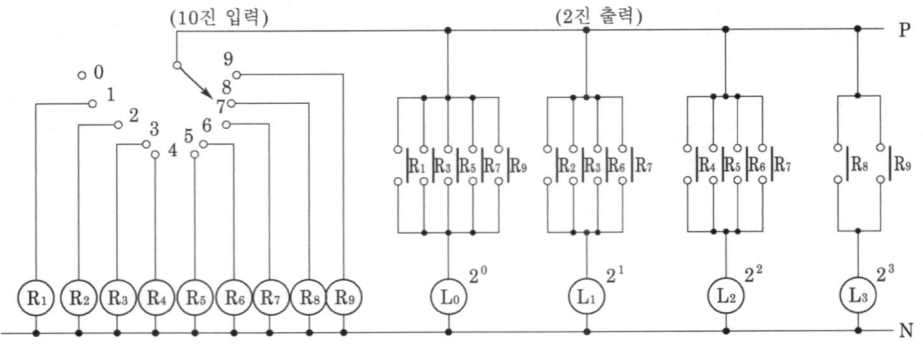

전자 릴레이 회로

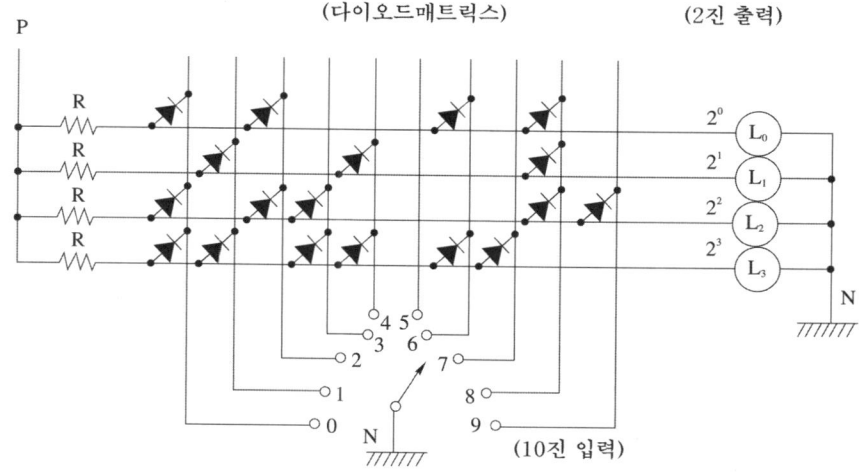

답안작성

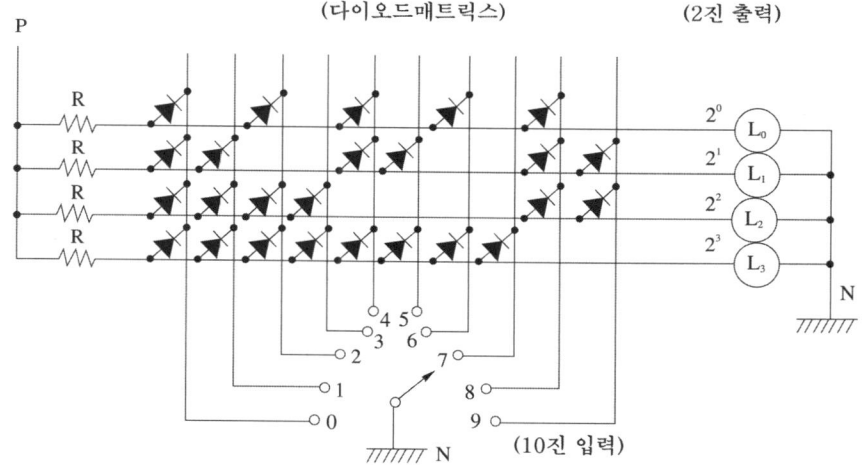

해설

10진법	1	2	3	4	5	6	7	8	9
2진법	2^0	2^1	2^1+2^0	2^2	2^2+2^0	2^2+2^1	$2^2+2^1+2^0$	2^3	2^3+2^0

예를 들어 **10진 입력 9**의 2진 출력은 2^3+2^0가 되어야 한다. 따라서, selector s/w를 9에 접속하였을 때 L_3 및 L_0에는 전원 P가 다이오드를 통하여 selector s/w의 N과 회로를 구성하면 안되고 전원 P가 L_3 및 L_0에 접속되어야 한다.

• 예제 10 •

다음 회로의 계전기 X, Y, Z에 대한 논리식을 나타내시오.

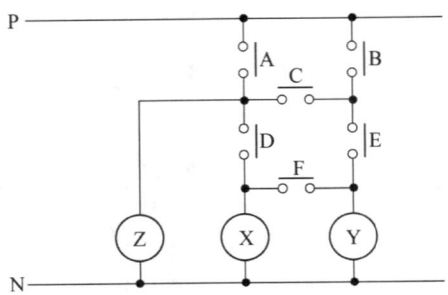

답안작성

$X = AD + BCD + BEF + ACEF$
$Y = BE + ACE + ADF + BCDF$
$Z = A + BC + BEFD = A + B(C + EFD)$

• 예제 11 •

그림의 회로는 푸시 버튼 스위치 PB_1, PB_2, PB_3를 ON조작하여 기계 A, B, C를 운전한다. 이 회로를 타임 차트의 요구대로 병렬 우선 순위 회로로 고쳐서 그리시오.

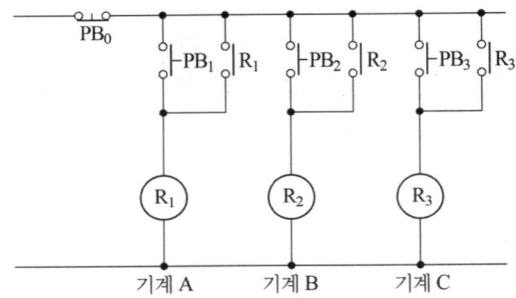

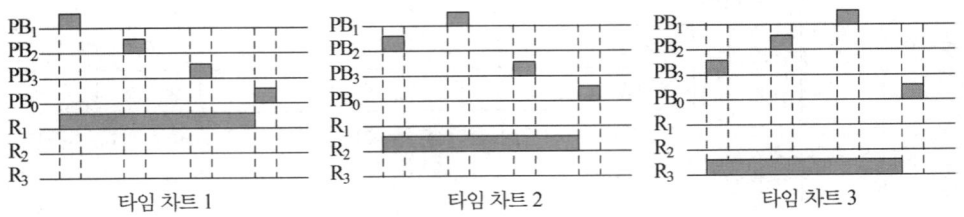

타임 차트 1   타임 차트 2   타임 차트 3

R_1, R_2, R_3는 계전기이며 이 계전기의 보조 a접점 또는 보조 b접점을 추가 또는 삭제하여 작성하되 불필요한 접점을 사용하지 않도록 할 것이며 보조 접점에는 접점의 명칭을 기입하도록 할 것

[예]

답안작성

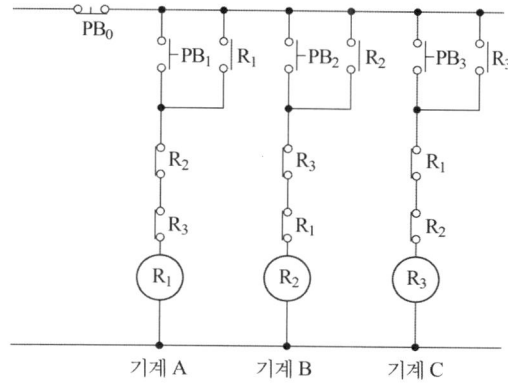

예제 12

시퀀스도를 보고 다음 각 물음에 답하시오.

(1) 전원측에 가장 가까운 푸시버튼 PB_1으로부터 PB_3, PB_0까지 "ON" 조작할 경우의 동작사항을 간단히 설명하시오.

(2) 최초에 PB_2를 "ON" 조작한 경우에는 어떻게 되는가?

(3) 타임차트를 푸시버튼 PB_1, PB_2, PB_3, PB_0와 같이 타이밍으로 "ON" 조작하였을 때의 타임차트의 R_1, R_2, R_3를 완성하시오.

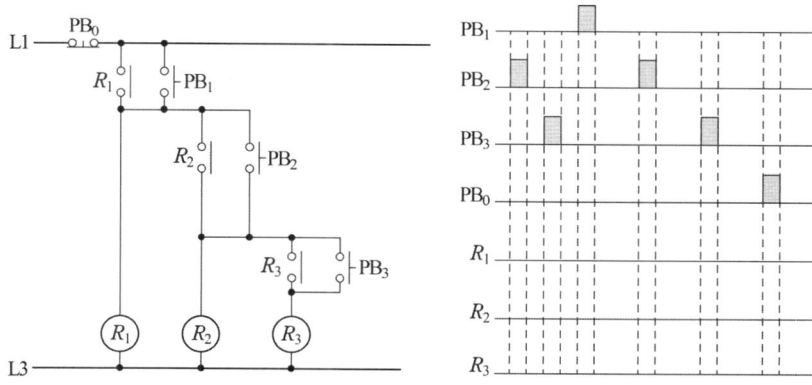

답안작성

(1) PB_1, PB_2, PB_3 순서대로 누르면 R_1, R_2, R_3가 순서대로 여자된다.
또한 PB_0를 누르면 R_1, R_2, R_3가 동시에 소자된다.

(2) 동작하지 않는다.

(3)

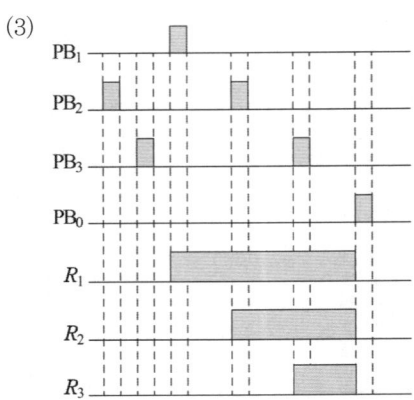

• 예제 13 •

그림은 자동차 차고의 셔터 회로이다. 셔터를 열 때 셔터에 빛이 비치면 PHS에 의해 자동으로 열리고, 또한 PB_1를 조작해도 열린다. 셔터를 닫을 때는 PB_2를 조작하면 된다. 리미트 스위치 LS_1은 셔터의 상한용이고, LS_2는 셔터의 하한용이다. 물음에 답하시오.

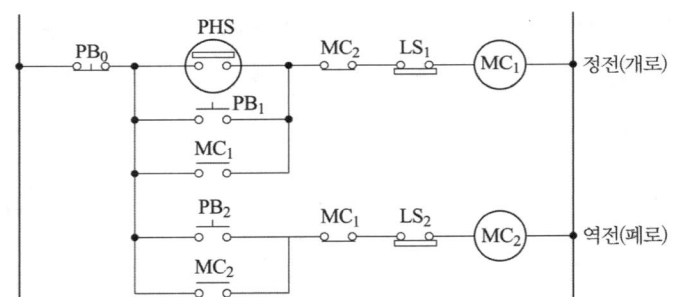

(1) MC_1, MC_2의 a접점은 어떤 역할을 하는 접점인가?
(2) MC_1, MC_2의 b접점은 어떤 역할을 하는가?
(3) LS_1, LS_2는 어떤 역할을 하는가?
(4) PHS(또는 PB_1)과 PB_2를 답지의 타임 차트와 같이 ON조작하였을 때의 타임 차트를 완성하시오.

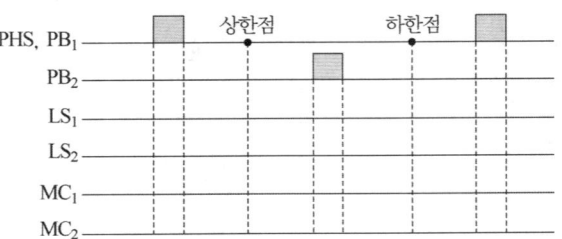

[답안작성]
(1) 자기 유지
(2) 인터록(interlock)
(3) LS_1은 셔터의 상한을 검지하여 MC_1을 복구시켜 전동기 정지
    LS_2는 셔터의 하한을 검지하여 MC_2를 복구시켜 전동기 정지
(4)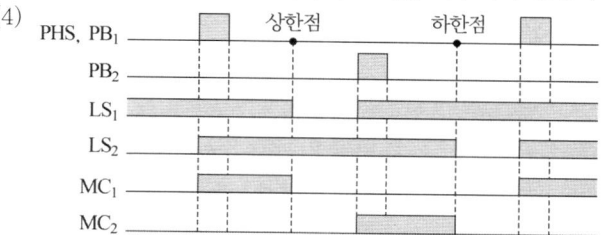

[해설]
셔터의 개폐는 상승, 하강 논리이고, 전동기의 정·역 논리와 같다. 따라서 인터록 논리가 필요하며 리프트 장치와 같이 상·하한용 리미트 스위치가 필요하다.

• 예제 14 •

200 [V], 10 [kW], 6극, 3상 유도 전동기의 기동전류는 270 [A], 기동토크는 전부하 토크의 160 [%]이다. 이 전동기에 기동 보상기를 사용하면 기동전류는 얼마까지 줄일 수 있겠는가? 또한 기동토크는 얼마까지 감소하는가? 여기서 기동보상기는 50 [%]의 탭을 사용한다.

[답안작성]
(1) 기동전류는 공급전압에 비례하므로 기동보상기 2차측 전류 I_{st}는

권수비 $a = \dfrac{V_1}{V_2} = \dfrac{V_1}{0.5\,V_1} = 2$ 이므로

$$I_{st} = \dfrac{I_{sm}}{a} = \dfrac{270}{2} = 135[A]$$

따라서 전원에서 공급되는 전류(단권변압기 1차측 전류) I_s는

$$I_s = \dfrac{I_{st}}{a} = \dfrac{135}{2} = 67.5[A]$$

(2) 기동토크는 전압의 자승에 비례 하므로

$V_1^2 : V_2^2 = 160 : x$

$\therefore x = \left(\dfrac{V_2}{V_1}\right)^2 \times 160 = \left(\dfrac{0.5\,V_1}{V_1}\right)^2 \times 160 = 40[\%]$

• 예제 15 •

답안지의 그림은 리액터 시동 정지 시퀀스제어의 미완성 회로 도면이다. 이 도면을 이용하여 다음 각 물음에 답하시오.

(1) 미완성 부분의 다음 회로를 완성하시오.
  ① 리액터 단락용 전자접촉기 MCD와 주회로를 완성하시오.
  ② PBS-ON 스위치를 투입하였을 때 자기유지가 될 수 있는 회로를 구성하시오.
  ③ 전동기 운전용 램프 RL과 정지용 램프 GL 회로를 구성하시오.

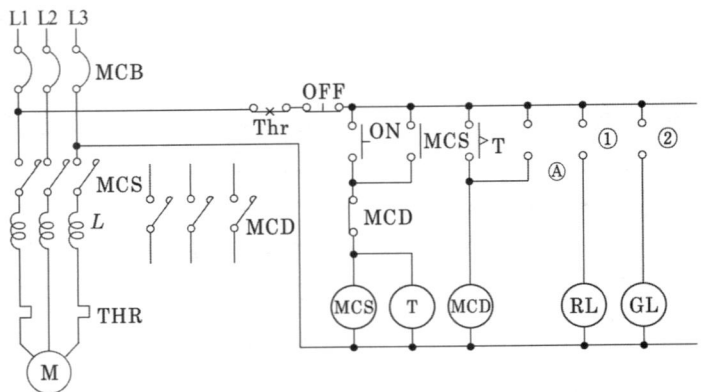

(2) 직입 시동시의 시동 전류가 정격 전류의 6배가 흐르는 전동기를 80[%] 탭에서 리액터 시동한 경우의 시동 전류는 약 몇 배 정도가 되는가?

(3) 직입 시동시의 시동 토크가 정격 토크의 2배였다고 하면 80[%] 탭에서 리액터 시동한 경우의 시동 토크는 약 몇 배로 되는가?

답안작성

(1)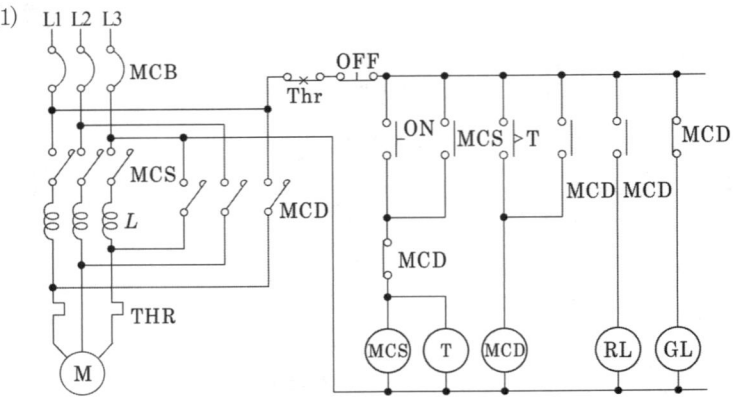

(2) 기동 전류 $I_S \propto V_1$이고, 시동 전류는 정격 전류의 6배이므로

   $I_S = 6I \times 0.8 = 4.8I$

   ∴ 정격 전류의 4.8배

(3) 시동 토크 $T_S \propto V_1^2$이고, 시동 토크는 정격 토크의 2배이므로

   $T_S = 2T \times 0.8^2 = 1.28T$

   ∴ 정격 토크의 1.28배

• 예제 **16** •

그림은 전동기 기동 방식의 하나인 Y-△ 기동 회로의 미완성 회로도이다.

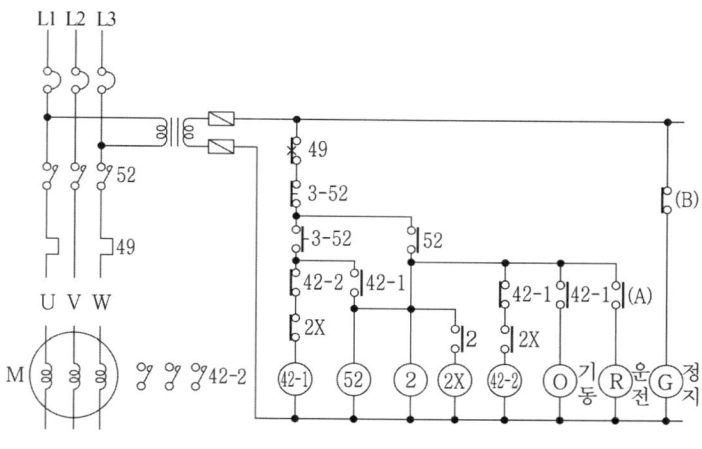

3-52 : 수동 조작 스위치
52 : 전자 접촉기
42-1, 42-2 : 기동용 조작 접촉기 (Y, △ 접속)
2, 2X : 시한 계전기 및 동보조 계전기
49 : 과부하 계전기

(1) 미완성 회로 부분을 완성하시오. (주회로 부분)
(2) 기동 완료시 열려있는(open) 접촉기는 무엇인가?
(3) 기동 완료시 닫혀있는(close) 접촉기는 무엇인가?
(4) (A), (B)에 적당한 계전기 번호를 쓰시오.

답안작성

(1)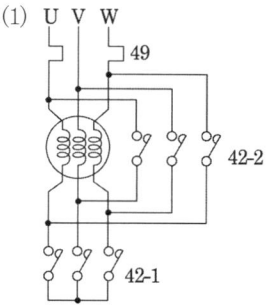

(2) 42-1
(3) 42-2, 52
(4) (A) : 42-2
　　(B) : 52

해설

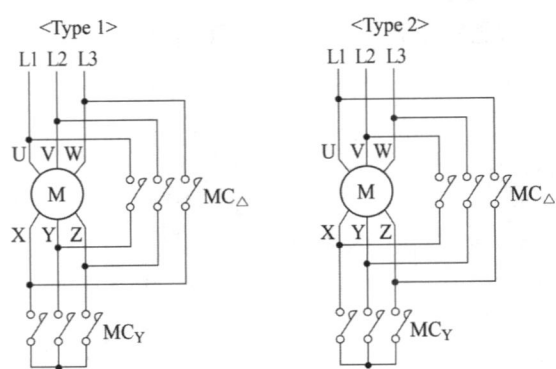

Type 1 또는 Type 2 모두 사용되나 기동 순간의 과도(돌입) 전류를 감소시키기 위하여 현재는 Type 1이 많이 사용된다.

• 예제 17 •

그림과 같이 3상 농형유도 전동기 4대가 있다. 이에 대한 MCC반을 구성하고자 할 때 다음 각 물음에 답하시오.

(1) MCC(Motor Control Center)의 기기 구성에 대한 대표적인 장치를 3가지만 쓰시오.
(2) 전동기 기동방식을 기기의 수명과 경제적인 면을 고려한다면 어떤 방식이 적합한가?
(3) 콘덴서 설치시 제5고조파를 제거하고자 한다. 그 대책에 대해 설명하시오.
(4) 차단기는 보호 계전기의 4가지 요소에 의해 동작되도록 하는 데 그 4가지 요소를 쓰시오.

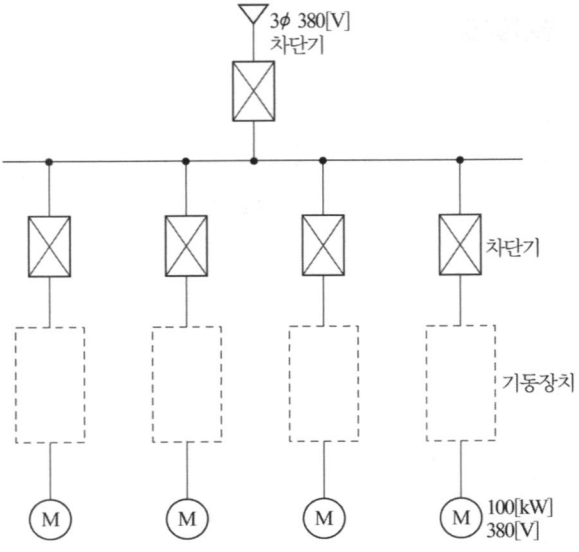

답안작성
(1) ① 차단 장치   ② 기동 장치   ③ 제어 및 보호 장치
(2) 기동 보상 기법
(3) 콘덴서 용량의 6[%] 정도의 직렬 리액터를 설치한다.
(4) ① 단일 전류 요소   ② 단일 전압 요소
    ③ 전압·전류 요소   ④ 2전류 요소

해설
(2) ① 전전압 기동 : 5[kW] 이하
    ② Y-△기동 : 5~15[kW]
    ③ 기동 보상 기법 : 15[kW] 이상

• 예제 18 •

그림과 같은 전동기 역상 제동(플러깅) 제어 회로의 미완성 도면을 보고 다음 물음에 답하시오.

(1) 미완성 회로를 완성하여 그리시오. (단, 그림이 잘못된 부분이 있으면 수정하여 그리도록 한다.)
(2) (1)항의 미완성 회로 중 A, B, C, D의 접점 명칭을 기입하시오.
    (예시 : F-MC-a, F-MC-b, RX-a, …)

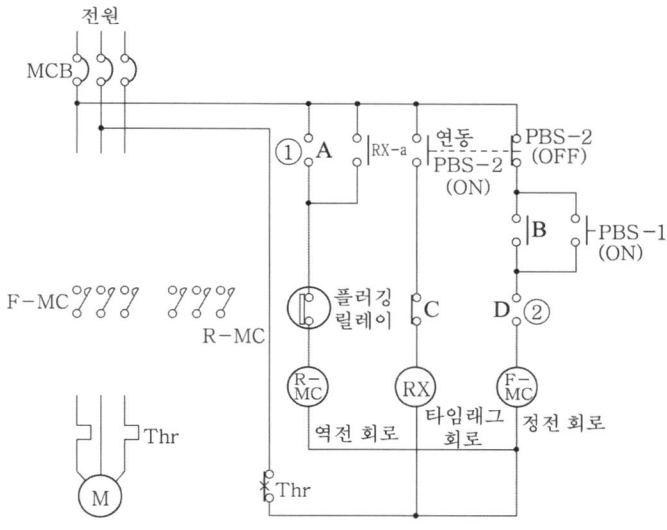

[문자기호]
MCB : 배선용 차단기   Thr : 열동 과전류 계전기
F-MC : 정전용 전자 접촉기   PBS-2 : 제동 역상 버튼 스위치(연동)
R-MC : 역전용 전자 접촉기   PBS-2 : 제동 역상 버튼 스위치(연동)
RX : 타임 래크 릴레이   PBS-1 : 기동버튼 스위치

답안작성

(1)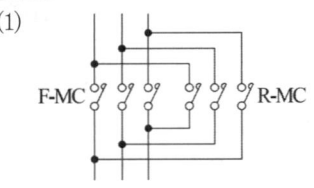

(2) A : R‑MC‑a
B : F‑MC‑a
C : F‑MC‑b
D : R‑MC‑b

해설

역상 제동의 기본 논리는 정·역 논리이다. 따라서 F‑MC(정)와 R‑MC(역)는 정·역 결선(L1선과 L3선의 접속 변경)한다. PBS‑1(ON)을 주면 F‑MC가 동작하여 전동기는 운전된다. 정지시킬 때 연동 PBS‑2(ON, OFF)를 주면 F‑MC는 복구되어 전동기는 정지 상태로 들어간다. 또 RX가 동작하여 그 접점으로 R‑MC가 동작되어 전동기가 역회전력을 받게 된다. 즉 급정지용이다. 시간이 지나면 전동기는 정지 상태를 지나서 역회전을 하게 되므로 이때 플러깅 릴레이가 작동하여 역전을 금지시키고 정지된다. A와 B는 유지용이고 C와 D는 인터록용이다. 보통 RX는 시간 지연 릴레이를 사용하여 제동시 과전류를 방지하는 시간적인 여유를 주도록 한다.

● 예제 19 ●

PLC 래더 다이어그램이 그림과 같을 때 표 (b)에 ①~⑥의 프로그램을 완성하시오. 단, 회로 시작(STR), 출력(OUT), AND, OR, NOT 등의 명령어를 사용한다.

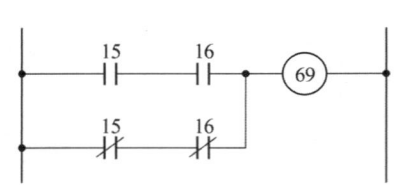

차례	명령	번지
0	(①)	15
1	AND	16
2	(②)	(③)
3	(④)	16
4	OR STR	–
5	(⑤)	(⑥)

표 (b)

답안작성

① STR   ② STR NOT
③ 15   ④ AND NOT
⑤ OUT   ⑥ 69

● 예제 20 ●

다음 그림과 같은 유접점 회로에 대한 주어진 미완성 PLC 래더 다이어그램을 완성하고, 표의 빈칸 ①~⑥에 해당하는 프로그램을 완성하시오.
(단, 회로 시작 LOAD, 출력 OUT, 직렬 AND, 병렬 OR, b접점 NOT, 그룹간 묶음 AND LOAD 이다.)

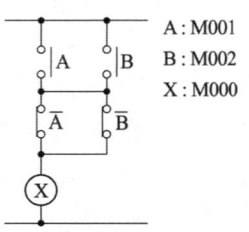

A : M001
B : M002
X : M000

• 프로그램

차례	명령	번지
0	LOAD	M001
1	①	M002
2	②	③
3	④	⑤
4	⑥	–
5	OUT	M000

• 래더 다이어그램

답안작성

① OR ② LOAD NOT ③ M001 ④ OR NOT ⑤ M002 ⑥ AND LOAD

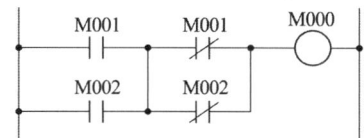

• 예제 21 •

PLC 프로그램을 보고 프로그램에 맞도록 주어진 PLC 접점 회로도를 완성하시오.
(단, ① STR : 입력 A 접점 (신호)   ② STRN : 입력 B 접점 (신호)
　　③ AND : AND A 접점　　　　④ ANDN : AND B 접점
　　⑤ OR : OR A 접점　　　　　　⑥ ORN : OR B 접점
　　⑦ OB : 병렬접속점　　　　　　⑧ OUT : 출력
　　⑨ END : 끝　　　　　　　　　⑩ W : 각 번지 끝)

어드레스	명령어	데이터	비고
01	STR	001	W
02	STR	003	W
03	ANDN	002	W
04	OB	–	W
05	OUT	100	W
06	STR	001	W
07	ANDN	002	W
08	STR	003	W
09	OB	–	W
10	OUT	200	W
11	END	–	W

• PLC 접점 회로도

답안작성

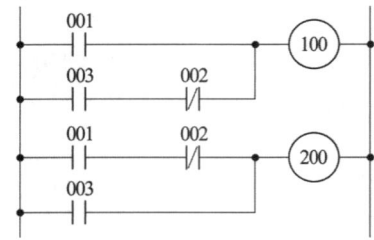

• 예제 22 •

그림은 PLC 시퀀스 회로의 일부를 그린 것이다. 입력 P000을 주면 출력 P011이 동작하고 이어 P012가 동작한다. 5초 후 T000이 동작하여 P012가 정지된다. P001은 정지 신호이고, 시간 단위는 0.1초이다. 프로그램의 괄호((1)~(5))에 알맞은 것을 답안지에 적으시오.

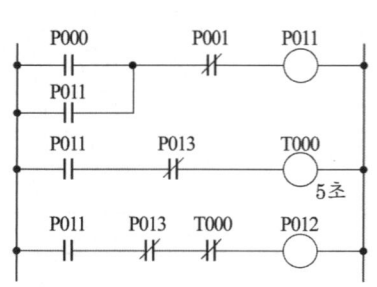

STEP	OP	add	ENT
생략	LOAD	P000	ENT
	OR	(1)	이하 생략
	(2)	P001	
	OUT	P011	
	LOAD	P011	
	AND NOT	P013	
	TMR	T000	
	(DATA)	(3)	
	(4)	P011	
	AND NOT	P013	
	AND NOT	T000	
	(5)	P012	

답안작성

(1) P011
(2) AND NOT
(3) 50
(4) LOAD
(5) OUT

13장 견적

1. 상세견적
주어진 도면 또는 사양서 등의 설계도면 및 자료에 의해 재료와 공법 등 관계 법령을 이해하고 현장 상황을 파악하여 상세하게 견적을 계산하는 것

2. 견적도
일반적으로 구조, 치수를 나타내는 개요도, 외형도 정도의 것을 사용하는 도면으로 견적서에 첨부하여 피조회자에게 첨부되는 도면

3. 발주자 및 수주자 입자에서 본 견적 흐름도

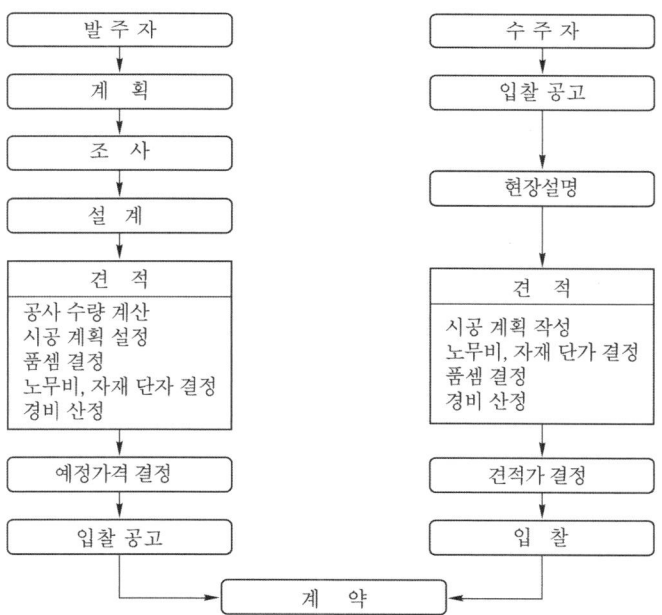

4. 설계서의 작성순서에서 변경설계순서
표지 – 목차 – 변경이유서 – 일반시방서 – 특별시방서 – 예정공정표 – 동원인원 계획표 – 내역서 – 이하생략

5. 시방서(Specification)를 작성할 때 요구되는 전문성

(1) 설계도서 구성 및 작성에 대한 이해
(2) 계약수립 및 관리 과정에 관한 지식
(3) 설계도서의 활용에 대한 이해
(4) 공사개시 전 준비단계에 대한 이해
(5) 공사 추진 과정의 단계별 활용에 대한 이해
(6) 공사 완성 단계의 업무에 대한 이해
(7) 법적, 기술적 책임한계를 명확하게 표현할 수 있는 지식

6. 공사원가의 계산

공사 원가라 함은 공사 시공 과정에서 발생한 재료비, 노무비, 경비의 합계액을 말한다.(준칙 제13조)

총원가
- 공사(제조)원가
  - 재료비
    - 직접 재료비 : 주재료비, 부분 품비
    - 간접 재료비 : 소모 재료비, 소모 공구, 기구, 비품비, 포장 재료비(제조), 가설 재료비(공사) 등
  - 노무비
    - 직접 노무비 : 기본급, 제수당, 상여금, 퇴직급여 충당금
    - 간접 노무비 : 직접 노무비 × 간접 노무 비율
      (※ 간접 노무비율 = $\frac{간접 노무비}{직접노무비}$)
  - 경비 : 전력비등 21개 비목
- 일반 관리비 - 공사 또는 제조원가 × 일정률(6~14 [%])
- 이윤 - (노무비+경비+일반과리비) × 일정률(제조 25 [%], 공사 15 [%])

※ 예정 가격 = 총원가 + 부가가치세(10 [%])

1) 일반 관리비의 계상 방법

전문, 전기, 전기 통신 공사	
공사 원가	일반 관리 비율
5억원 미만	6 [%]
5억원~30억원 미만	5.5 [%]
30억원 이상	5 [%]

2) 이윤

영업 이익을 말하며 공사 원가 중 노무비, 경비와 일반 관리비의 합계액(이 경우 기술료 및 외주 가공비는 제외한다)에 이윤을 15[%]를 초과하여 계상할 수 없다.

3) 간접노무비율

$$간접노무비율 = \frac{공사종류별 간접노무비율 + 공사규모별 간접노무비율 + 공사기간별 간접노무비율}{3}$$

4) 공구손료

공구 손료는 일반 공구 및 시험 검사용 일반 계측 기구류의 손료로서 공사중 상시 일반적으로 사용하는 것을 말하며 직접 노무비(제수당 상여금 또는 퇴직 급여 충당금을 제외)의 3 [%]를 계상할 수 있다.

14장 감리업무 수행계획

14.1 전력시설물 공사감리업무 수행지침

1. 용어 정의

1) "**공사감리**"란 발주자의 위탁을 받은 감리업자가 설계도서, 그 밖의 **관계 서류의 내용대로 시공되는지 여부를 확인**하고, **품질관리·공사관리 및 안전관리 등에 대한 기술지도**를 하며, 관계 법령에 따라 발주자의 권한을 대행하는 것을 말한다(이하 "감리"라 한다).
2) "**감리원**"이란 감리업체에 종사하면서 감리업무를 수행하는 사람으로서 **상주감리원과 비상주감리원**을 말한다.
3) "**책임감리원**"이란 **감리업자를 대표하여 현장에 상주**하면서 해당 공사 전반에 관하여 책임감리 등의 업무를 총괄하는 사람을 말한다.
4) "**보조감리원**"이란 책임감리원을 보좌하는 사람으로서 담당 감리업무를 책임감리원과 연대하여 책임지는 사람을 말한다.
5) "**상주감리원**"이란 **현장에 상주**하면서 감리업무를 수행하는 사람으로서 **책임감리원과 보조감리원**을 말한다.
6) "**비상주감리원**"이란 감리업체에 근무하면서 **상주감리원의 업무를 기술적·행정적으로 지원하는 사람**을 말한다.
7) "**지원업무담당자**"란 감리업무 수행에 따른 업무 연락 및 문제점 파악, 민원해결, 용지보상 지원 그 밖에 필요한 업무를 수행하게 하기 위하여 발주자가 지정한 발주자의 소속 직원을 말한다.
8) "**공사계약문서**"란 계약서, 설계도서, 공사입찰유의서, 공사계약 일반조건, 공사계약 특수조건 및 산출내역서 등으로 구성되며 상호 보완의 효력을 가진 문서를 말한다.
9) "**감리용역 계약문서**"란 계약서, 기술용역입찰유의서, 기술용역계약 일반조건, 감리용역계약 특수조건, 과업지시서, 감리비 산출내역서 등으로 구성되며 상호 보완의 효력을 가진 문서를 말한다.

2. 감리원의 근무수칙

1) **감리원은** 감리업무를 수행함에 있어 발주자와의 계약에 따라 **발주자의 권한을 대행**한다.

2) 발주자와 감리업자 간에 체결된 감리용역 계약의 내용에 따라 감리원은 해당 공사가 설계도서 및 그 밖에 관계 서류의 내용대로 시공되는지 여부를 확인하고 **품질관리, 공사관리 및 안전관리** 등에 대한 기술지도를 하며, 전력기술관리 법령에 따라 감리업자를 대표하고 발주자의 감독 권한을 대행한다.

3) 감리업무를 수행하는 감리원은 그 업무를 성실히 수행하고 공사의 품질 확보와 향상에 노력하며, 다음 각 호의 사항을 실천하여 감리원으로서의 품위를 유지하여야 한다.

   (1) **감리원은 공사의 품질확보** 및 **질적 향상을 위하여** 기술지도와 지원 및 기술개발·보급에 노력하여야 한다.

   (2) **감리원은** 감리업무를 수행함에 있어 **발주자의 감독권한을 대행**하는 사람으로서 공정하고, 청렴결백하게 업무를 수행하여야 한다.

   (3) **감리원은** 감리업무를 수행함에 있어 **해당 공사의 공사계약문서, 감리과업지시서**, 그 밖에 관련 법령 등의 내용을 숙지하고 해당 공사의 특수성을 파악한 후 감리업무를 수행하여야 한다.

   (4) **감리원**은 해당 공사가 **공사계약문서, 예정공정표, 발주자의 지시사항**, 그 밖에 관련 법령의 내용대로 시공되는가를 공사 시행시 수시로 확인하여 품질관리에 임하여야 하고, 공사업자에게 **품질·시공·안전·공정관리** 등에 대한 **기술지도와 지원**을 하여야 한다.

   (5) **감리원은 공사업자의 의무와 책임을 면제시킬 수 없으며, 임의로 설계를 변경하거나, 기일연장 등** 공사계약조건과 다른 지시나 조치 또는 결정을 하여서는 아니 된다.

   (6) 감리원은 공사현장에서 문제점이 발생되거나 시공에 관련한 중요한 변경 및 예산과 관련되는 사항에 대하여는 수시로 발주자(지원업무담당자)에게 보고하고 지시를 받아 업무를 수행하여야 한다. 다만, 인명손실이나 시설물의 안전에 위험이 예상되는 사태가 발생할 때에는 우선 적절한 조치를 취한 후 즉시 발주자에게 보고하여야 한다.

4) **상주감리원은** 다음 각 호에 따라 **현장 근무**를 하여야 한다.

   (1) **상주감리원은** 공사현장(공사와 관련한 외부 현장점검, 확인 등 포함)에서 운영요령에 따라 배치된 일수를 상주하여야 하며, 다른 업무 또는 부득이한 사유로 **1일 이상 현장을 이탈**하는 경우에는 반드시 감리업무일지에 기록하고,

발주자(지원업무담당자)의 **승인**(부재시 유선보고)을 받아야 한다.

(2) **상주감리원**은 감리사무실 출입구 부근에 부착한 **근무상황판에 현장 근무위치 및 업무내용 등을 기록**하여야 한다.

(3) 상주감리원은 발주자의 요청이 있는 경우에는 초과근무를 하여야 하며, 공사업자의 요청이 있을 경우에는 발주자의 승인을 받아 초과근무를 하여야 한다.

5) **비상주감리원**은 다음 각 호에 따라 업무를 수행하여야 한다.

(1) **설계도서 등의 검토**

(2) 상주감리원이 수행하지 못하는 **현장 조사분석 및 시공상의 문제점에 대한 기술검토**와 민원사항에 대한 현지조사 및 해결방안 검토

(3) 중요한 설계변경에 대한 **기술검토**

(4) **설계변경 및 계약금액 조정의 심사**

(5) **기성 및 준공검사**

(6) **정기적**(분기 또는 월별)으로 현장 시공상태를 종합적으로 **점검·확인·평가**하고 기술지도

(7) 공사와 관련하여 **발주자(지원업무수행자 포함)가 요구한 기술적 사항 등에 대한 검토**

(8) 그 밖에 감리업무 추진에 필요한 **기술지원 업무**

14.2 공사착공 단계 감리업무

1. 설계도서 등의 검토

1) **감리원**은 **설계도면, 설계설명서, 공사비 산출내역서, 기술계산서, 공사계약서의 계약내용과 해당 공사의 조사 설계보고서** 등의 내용을 완전히 숙지하여 새로운 방향의 공법개선 및 예산절감을 도모하도록 노력하여야 한다.

2) **감리원**은 설계도서 등에 대하여 공사계약문서 상호 간의 모순되는 사항, 현장 실정과의 부합여부 등 현장 시공을 주안으로 하여 해당 공사 시작 전에 검토하여야 하며 **검토내용**에는 다음 각 호의 사항 등이 포함되어야 한다.

(1) **현장조건에 부합 여부**

(2) **시공의 실제가능 여부**

(3) 다른 사업 또는 **다른 공정과의 상호부합 여부**

(4) 설계도면, 설계설명서, 기술계산서, 산출내역서 등의 **내용에 대한 상호일치**

여부

 (5) **설계도서의 누락, 오류** 등 불명확한 부분의 존재여부

 (6) 발주자가 제공한 물량 내역서와 공사업자가 제출한 산출내역서의 수량일치 여부

 (7) **시공 상의 예상 문제점 및 대책 등**

2. 착공신고서 검토 및 보고

1) 감리원은 공사가 시작된 경우에는 공사업자로부터 다음 각 호의 서류가 포함된 **착공신고서를 제출받아 적정성 여부를 검토하여 7일 이내에 발주자에게 보고**하여야 한다.

 (1) 시공관리책임자 지정통지서(현장관리조직, 안전관리자)

 (2) 공사 예정공정표

 (3) 품질관리계획서

 (4) 공사도급 계약서 사본 및 산출내역서

 (5) 공사 시작 전 사진

 (6) 현장기술자 경력사항 확인서 및 자격증 사본

 (7) 안전관리계획서

 (8) 작업인원 및 장비투입 계획서

 (9) 그 밖에 발주자가 지정한 사항

2) **감리원**은 다음 각 호를 참고하여 **착공신고서의 적정여부를 검토**하여야 한다.

 (1) **계약내용의 확인**

  ① 공사기간(착공~준공)

  ② 공사비 지급조건 및 방법(선급금, 기성부분 지급, 준공금 등)

  ③ 그 밖에 공사계약문서에 정한 사항

 (2) **현장기술자의 적격여부**

  ① 시공관리책임자 :「전기공사업법」제17조

  ② 안전관리자 :「산업안전보건법」제15조

 (3) **공사 예정공정표** : 작업 간 선행·동시 및 완료 등 공사 전·후 간의 연관성이 명시되어 작성되고, 예정 공정률이 적정하게 작성되었는지 확인

 (4) **품질관리계획** : 예정공정표에 따라 공사용 자재의 투입시기와 시험방법, 빈도 등이 적정하게 반영되었는지 확인

 (5) **공사 시작 전 사진** : 전경이 잘 나타나도록 촬영되었는지 확인

 (6) **안전관리계획** : 산업안전보건법령에 따른 해당 규정 반영여부

 (7) **작업인원 및 장비투입 계획** : 공사의 규모 및 성격, 특성에 맞는 장비형식이나

수량의 적정여부 등

3. 현장사무소, 공사용 도로, 작업장부지 등의 선정

1) **감리원**은 공사 시작과 동시에 **공사업자**에게 다음 각 호에 따른 가설시설물의 면적, 위치 등을 표시한 **가설시설물 설치계획표를 작성하여 제출**하도록 하여야 한다.
    (1) **공사용도로**(발·변전설비, 송·배전설비에 해당)
    (2) **가설사무소, 작업장, 창고, 숙소, 식당 및 그 밖의 부대설비**
    (3) **자재 야적장**
    (4) **공사용 임시전력**

2) 감리원은 제1)항에 따른 가설시설물 설치계획에 대하여 다음 각 호의 내용을 검토하고 지원업무담당자와 협의하여 승인하도록 하여야 한다.
    (1) 가설시설물의 규모는 공사규모 및 현장여건을 고려하여 정하여야 하며, 위치는 감리원이 공사 전구간의 관리가 용이하도록 공사 중의 동선계획을 고려할 것
    (2) 가설시설물이 공사 중에 이동, 철거되지 않도록 지하구조물의 시공위치와 중복되지 않는 위치를 선정
    (3) 가설시설물에 우수가 침입되지 않도록 대지조성 시공기면(F.L)보다 높게 설치하여, 홍수시 피해발생 유무 등을 고려할 것
    (4) 식당, 세면장 등에서 사용한 물의 배수가 용이하고 주변 환경을 오염시키지 않도록 조치
    (5) 가설시설물의 이용 등으로 인하여 인접 주민들에게 소음 등 민원이 발생하지 않도록 조치

14.3 공사시행 단계 감리업무

1. 일반 행정업무

1) 감리원은 감리업무 착수 후 빠른 시일 내에 해당 공사의 내용, 규모, 감리원 배치인원수 등을 감안하여 각종 행정업무 중에서 최소한의 필요한 행정업무 사항을 발주자와 협의하여 결정하고, 이를 공사업자에게 통보하여야 한다.
2) 감리원은 다음 각 호의 서식 중 해당 감리현장에서 감리업무 수행 상 필요한 서식을 비치하고 기록·보관하여야 한다.
    (1) 감리업무일지   (2) 근무상황판
    (3) 지원업무수행 기록부   (4) 착수 신고서

(5) 회의 및 협의내용 관리대장	(6) 문서접수대장
(7) 문서발송대장	(8) 교육실적 기록부
(9) 민원처리부	(10) 지시부
(11) 발주자 지시사항 처리부	(12) 품질관리 검사·확인대장
(13) 설계변경 현황	(14) 검사 요청서
(15) 검사 체크리스트	(16) 시공기술자 실명부
(17) 검사결과 통보서	(18) 기술검토 의견서
(19) 주요기자재 검수 및 수불부	(20) 기성부분 감리조서
(21) 발생품(잉여자재) 정리부	(22) 기성부분 검사조서
(23) 기성부분 검사원	(24) 준공 검사원
(25) 기성공정 내역서	(26) 기성부분 내역서
(27) 준공검사조서	(28) 준공감리조서
(29) 안전관리 점검표	(30) 사고 보고서
(31) 재해발생 관리부	(32) 사후환경영향조사 결과보고서

3) 감리원은 다음 각 호에 따른 문서의 기록관리 및 문서수발에 관한 업무를 하여야 한다.

(1) **감리업무일지**는 감리원별 분담업무에 따라 항목별(**품질관리, 시공관리, 안전관리, 공정관리, 행정 및 민원 등**)로 수행업무의 내용을 육하원칙에 따라 기록하며 공사업자가 작성한 공사일지를 매일 제출받아 확인한 후 보관한다.

(2) **주요한 현장은 공사 시작 전, 시공 중, 준공 등 공사과정을 알 수 있도록 동일 장소에서 사진을 촬영하여 보관**한다.

2. 감리보고 등

1) **책임감리원**은 다음 각 호의 사항이 포함된 **분기보고서를 작성**하여 발주자에게 제출하여야 한다. **보고서는 매 분기말 다음 달 7일 이내로 제출**한다.

(1) 공사추진 현황(공사계획의 개요와 공사추진계획 및 실적, 공정현황, 감리용역현황, 감리조직, 감리원 조치내역 등)

(2) 감리원 업무일지

(3) 품질검사 및 관리현황

(4) 검사요청 및 결과통보내용

(5) 주요기자재 검사 및 수불내용(주요기자재 검사 및 입·출고가 명시된 수불현황)

(6) 설계변경 현황

(7) 그 밖에 책임감리원이 감리에 관하여 중요하다고 인정하는 사항

2) **책임감리원**은 다음 각 호의 사항이 포함된 **최종감리보고서를 감리기간 종료 후 14일 이내에 발주자에게 제출**하여야 한다.
   (1) 공사 및 감리용역 개요 등(사업목적, 공사개요, 감리용역 개요, 설계용역 개요)
   (2) 공사추진 실적현황(기성 및 준공검사 현황, 공종별 추진실적, 설계변경 현황, 공사현장 실정보고 및 처리현황, 지시사항 처리, 주요인력 및 장비투입현황, 하도급 현황, 감리원 투입현황)
   (3) 품질관리 실적(검사요청 및 결과통보현황, 각종 측정기록 및 조사표, 시험장비 사용현황, 품질관리 및 측정자 현황, 기술검토실적 현황 등)
   (4) 주요기자재 사용실적(기자재 공급원 승인현황, 주요기자재 투입현황, 사용자재 투입현황)
   (5) 안전관리 실적(안전관리조직, 교육실적, 안전점검실적, 안전관리비 사용실적)
   (6) 환경관리 실적(폐기물발생 및 처리실적)
   (7) 종합분석
3) **분기 및 최종감리보고서는 전산프로그램(CD-ROM)으로 제출**할 수 있다.

3. 현장 정기교육

감리원은 공사업자에게 현장에 종사하는 시공기술자의 양질시공 의식고취를 위한 다음 각 호와 같은 내용의 **현장 정기교육**을 해당 현장의 특성에 적합하게 실시하도록 하게하고, 그 내용을 교육실적 기록부에 기록·비치하여야 한다.
1) 관련 법령·전기설비기준, 지침 등의 내용과 공사현황 숙지에 관한 사항
2) 감리원과 현장에 종사하는 기술자들의 화합과 협조 및 양질시공을 위한 의식교육
3) 시공결과·분석 및 평가
4) 작업시 유의사항 등

4. 감리원의 의견제시 등

감리원은 해당 공사와 관련하여 **공사업자의 공법 변경요구 등 중요한 기술적인 사항에 대하여 요구한 날부터 7일 이내에 이를 검토하고 의견서를 첨부**하여 발주자에게 보고하여야 하며, **전문성이 요구되는 경우에는 요구가 있는 날부터 14일 이내에 비상주감리의 검토의견서를 첨부**하여 발주자에 보고하여야 한다. 이 경우 발주자는 그가 필요하다고 인정하는 때에는 제3자에게 자문을 의뢰할 수 있다.

5. 시공기술자 등의 교체

감리원은 공사업자의 시공기술자 등이 각 호에 해당되어 해당 공사현장에 적합하지 않다고 인정되는 경우에는 **공사업자 및 시공기술자에게 문서로 시정을 요구**하고, 이에 불응하는 때에는 발주자에게 그 실정을 보고하여야 한다.

1) 시공기술자 및 안전관리자가 관계 법령에 따른 배치기준, 겸직금지, 보수교육 이수 및 품질관리 등의 **법규를 위반**하였을 때
2) 시공관리책임자가 감리원과 발주자의 사전 승낙을 받지 아니하고 정당한 사유 없이 **해당 공사현장을 이탈**한 때
3) 시공관리책임자가 고의 또는 과실로 **공사를 조잡하게 시공하거나 부실시공**을 하여 일반인에게 위해(危害)를 끼친 때
4) 시공관리책임자가 계약에 따른 **시공 및 기술능력이 부족**하다고 인정되거나 정당한 사유 없이 **기성 공정이 예정공정에 현격히 미달**한 때
5) 시공관리책임자가 **불법 하도급**을 하거나 이를 방치하였을 때
6) 시공기술자의 기술능력이 부족하여 시공에 차질을 초래하거나 **감리원의 정당한 지시에 응하지 아니할 때**
7) 시공관리책임자가 감리원의 검사·확인 등 승인을 받지 아니하고 후속공정을 진행하거나 **정당한 사유 없이 공사를 중단**할 때

6. 사진촬영 및 보관

1) 감리원은 공사업자에게 촬영일자가 나오는 시공사진을 공종별로 공사 시작 전부터 끝났을 때까지의 공사과정, 공법, 특기사항을 촬영하고 공사내용(시공일자, 위치, 공종, 작업내용 등) 설명서를 기재, 제출하도록 하여 후일 참고 자료로 활용하도록 한다. 공사기록사진은 공종별, 공사추진 단계에 따라 다음의 사항을 촬영·정리하도록 하여야 한다.
   (1) **주요한 공사현황은 공사 시작 전, 시공 중, 준공 등 시공과정을 알 수 있도록** 가급적 동일 장소에서 촬영
   (2) **시공 후 검사가 불가능**하거나 곤란한 부분
      ① 암반선 확인 사진(송·배·변전접지설비에 해당)
      ② 매몰, 수중 구조물
      ③ 매몰되는 옥내외 배관 등 광경
      ④ 배전반 주변의 매몰배관 등
2) 감리원은 특별히 중요하다고 판단되는 시설물에 대하여는 공사과정을 동영상 등으로 촬영하도록 하여야 한다.

3) 감리원은 촬영한 사진은 Digital 파일, CD(필요시 촬영한 동영상)을 제출 받아 수시 검토·확인할 수 있도록 보관하고 준공시 발주자에게 제출하여야 한다.

7. 시공관리 관련 감리업무

감리원은 공사가 설계도서 및 관계 규정 등에 적합하게 시공되는지 여부를 확인하고 공사업자가 작성 제출한 시공계획서, 시공상세도의 검토·확인 및 시공단계별 검사, 현장설계변경 여건처리 등의 시공관리업무를 통하여 공사목적물이 소정의 공기 내에 우수한 품질로 완공되도록 철저를 기하여야 한다.

8. 시공계획서의 검토·확인

1) 감리원은 **공사업자가 작성·제출한 시공계획서를 공사 시작일부터 30일 이내에 제출받아 이를 검토·확인하여 7일 이내에 승인하여 시공하도록 하여야 하고**, 시공계획서의 보완이 필요한 경우에는 그 내용과 사유를 문서로서 공사업자에게 통보하여야 한다. **시공계획서**에는 시공계획서의 작성기준과 함께 **다음 각 호의 내용이 포함**되어야 한다.
   (1) 현장 조직표   (2) 공사 세부공정표
   (3) 주요 공정의 시공 절차 및 방법   (4) 시공일정
   (5) 주요 장비 동원계획   (6) 주요 기자재 및 인력투입 계획
   (7) 주요 설비   (8) 품질·안전·환경관리 대책 등
2) 감리원은 시공계획서를 공사 착공신고서와 별도로 실제 공사시작 전에 제출받아야 하며, **공사 중 시공계획서에 중요한 내용변경이 발생할 경우에는 그 때마다 변경 시공계획서를 제출받은 후 5일 이내에 검토·확인하여 승인한 후 시공하도록 하여야 한다.**

9. 시공상세도 승인

1) 감리원은 **공사업자로부터 시공상세도를 사전에 제출**받아 다음 각 호의 사항을 고려하여 **공사업자가 제출한 날부터 7일 이내에 검토·확인**하여 승인 한 후 시공할 수 있도록 하여야 한다. 다만, 7일 이내에 검토·확인이 불가능한 때에는 사유 등을 명시하여 통보하고, 통보사항이 없는 때에는 승인한 것으로 본다.
   (1) 설계도면, 설계설명서 또는 관계 규정에 일치하는지 여부
   (2) 현장의 시공기술자가 명확하게 이해할 수 있는지 여부
   (3) 실제시공 가능 여부

(4) 안정성의 확보 여부
   (5) 계산의 정확성
   (6) 제도의 품질 및 선명성, 도면작성 표준에 일치 여부
   (7) 도면으로 표시 곤란한 내용은 시공시 유의사항으로 작성되었는지 등의 검토
2) **시공상세도**는 설계도면 및 설계설명서 등에 불명확한 부분을 명확하게 해줌으로써 **시공 상의 착오방지 및 공사의 품질을 확보하기 위한 수단**으로 다음 각 호의 사항에 대한 것과 공사 설계설명서에서 작성하도록 명시한 시공상세도에 대하여 작성하였는지를 확인한다.
   (1) 시설물의 연결·이음 부분의 시공 상세도
   (2) 매몰시설물의 처리도
   (3) 주요 기기 설치도
   (4) 규격, 치수 등이 불명확하여 시공에 어려움이 예상되는 부위의 각종 상세도면
3) 공사업자는 감리원이 시공 상 필요하다고 인정하는 경우에는 시공상세도를 제출하여야 하며, 감리원이 시공상세도(Shop Drawing)를 검토·확인하여 승인할 때까지 시공을 해서는 아니 된다.

10. 검사업무

감리원은 다음 각 호의 검사업무 수행 기본방향에 따라 검사업무를 수행하여야 한다.

(1) 감리원은 현장에서의 시공확인을 위한 검사는 해당 공사와 현장조건을 감안한 "검사업무지침"을 현장별로 작성·수립하여 발주자의 승인을 받은 후 이를 근거로 검사업무를 수행함을 원칙으로 한다. **검사업무지침은 검사하여야 할 세부공종, 검사절차, 검사시기 또는 검사빈도, 검사 체크리스트 등의 내용을 포함**하여야 한다.

(2) 수립된 검사업무지침은 모든 시공 관련자에게 배포하고 주지시켜야 하며, 보다 확실한 이행을 위하여 교육한다.

(3) 현장에서의 검사는 체크리스트를 사용하여 수행하고, 그 결과를 검사 체크리스트에 기록한 후 공사업자에게 통보하여 후속 공정의 승인여부와 지적사항을 명확히 전달한다.

(4) 검사 체크리스트에는 검사항목에 대한 시공기준 또는 합격기준을 기재하여 검사결과의 합격여부를 합리적으로 신속 판정한다.

(5) 단계적인 검사로는 현장 확인이 곤란한 공종은 시공 중 감리원의 계속적인

입회·확인으로 시행한다.
(6) 공사업자가 검사요청서를 제출할 때 시공기술자 실명부가 첨부되었는지를 확인한다.

11. 기술검토 의견서

1) 감리원은 시공 중 발생되는 기술적 문제점, 설계변경사항, 공사계획 및 공법 변경 문제, 설계도면과 설계설명서 상호 간의 차이, 모순 등의 문제점, 그 밖에 공사업자가 시공 중 당면하는 문제점 및 발주자가 해당 공사의 기술검토를 요청한 사항에 대하여 현지실정을 충분히 조사, 검토, 분석하여 공사업자가 공사를 원활히 수행할 수 있는 해결방안을 제시하여야 한다.
2) 기술검토는 반드시 기술검토서를 작성·제출하여야 하고 상세 기술검토 내역 또는 근거가 첨부되어야 한다.

12. 현장상황 보고

감리원은 공사현장에 다음 각 호의 사태가 발생하였을 때에는 필요한 **응급조치를 취하는 동시에 상세한 경위를 발주자에게 보고**하여야 한다.
(1) **천재지변** 등의 사유로 공사현장에 피해가 발생하였을 때
(2) **시공관리책임자가 승인 없이 2일 이상 현장에 상주하지 않을 때**
(3) 공사업자가 **정당한 사유 없이 공사를 중단**할 때
(4) 공사업자가 계약에 따른 **시공능력이 없다고 인정되거나 공정이 현저히 미달될 때**
(5) 공사업자가 **불법하도급 행위**를 할 때
(6) 그 밖에 공사추진에 지장이 있을 때

13. 감리원의 공사 중지명령 등

1) 감리원은 공사업자가 공사의 설계도서, 설계설명서 그 밖에 관계 서류의 내용과 적합하지 아니하게 시공하는 경우에는 재시공 또는 공사 중지명령이나 그 밖에 필요한 조치를 할 수 있다.
2) 공사중지 및 재시공 지시 등의 적용한계는 다음 각 호와 같다.
   (1) 재시공 : 시공된 공사가 품질확보 미흡 또는 위해를 발생시킬 우려가 있다고 판단되거나, 감리원의 확인·검사에 대한 승인을 받지 아니하고 후속 공정을 진행한 경우와 관계 규정에 맞지 아니하게 시공한 경우
   (2) 공사중지 : 시공된 공사가 품질확보 미흡 또는 중대한 위해를 발생시킬 우려

가 있다고 판단되거나, 안전상 중대한 위험이 발견된 경우에는 공사중지를 지시할 수 있으며 **공사중지는 부분중지와 전면중지로** 구분한다.

① 부분중지
- 재시공 지시가 이행되지 않는 상태에서는 다음 단계의 공정이 진행됨으로써 하자발생이 될 수 있다고 판단될 때
- 안전시공상 중대한 위험이 예상되어 물적, 인적 중대한 피해가 예견될 때
- 동일 공정에 있어 3회 이상 시정지시가 이행되지 않을 때
- 동일 공정에 있어 2회 이상 경고가 있었음에도 이행되지 않을 때

② 전면중지
- 공사업자가 고의로 공사의 추진을 지연시키거나, 공사의 부실 발생우려가 짙은 상황에서 적절한 조치를 취하지 않은 채 공사를 계속 진행하는 경우
- 부분중지가 이행되지 않음으로써 전체공정에 영향을 끼칠 것으로 판단될 때
- 지진·해일·폭풍 등 불가항력적인 사태가 발생하여 시공을 계속할 수 없다고 판단될 때
- 천재지변 등으로 발주자의 지시가 있을 때

14. 공정관리

1) 감리원은 해당 공사가 정해진 공기 내에 설계설명서, 도면 등에 따라 우수한 품질을 갖추어 완성될 수 있도록 공정관리의 계획수립, 운영, 평가에 있어서 공정진척도 관리와 기성관리가 동일한 기준으로 이루어질 수 있도록 감리하여야 한다.

2) 감리원은 **공사 시작일부터 30일 이내에 공사업자로부터 공정관리 계획서를 제출받아 제출받은 날부터 14일 이내에 검토하여 승인하고 발주자에게 제출**하여야 하며 다음 각 호의 사항을 검토·확인하여야 한다.

(1) 공사업자의 공정관리 기법이 공사의 규모, 특성에 적합한지 여부
(2) 계약서, 설계설명서 등에 공정관리 기법이 명시되어 있는 경우에는 명시된 공정관리 기법으로 시행되도록 감리
(3) 계약서, 설계설명서 등에 공정관리 기법이 명시되어 있지 않을 경우, 단순한 공종 및 보통의 공종 공사인 경우에는 공사조건에 적합한 공정관리 기법을 적용하도록 하고, 복잡한 공종의 공사 또는 감리원이 PERT/CPM 이론을 기

본으로 한 공정관리가 필요하다고 판단하는 경우에는 별도의 PERT/CPM 기법에 의한 공정관리를 적용하도록 조치

(4) 감리원은 일정관리와 원가관리, 진도관리가 병행될 수 있는 종합관리 형태의 공정관리가 되도록 조치

3) **감리원**은 공사의 규모, 공종 등 제반여건을 감안하여 공사업자가 공정관리업무를 성공적으로 수행할 수 있는 공정관리 조직을 갖추도록 **다음 각 호의 사항을 검토·확인**하여야 한다.

(1) 공정관리 요원 자격 및 그 요원 수의 적합 여부
(2) Software와 Hardware 규격 및 그 수량의 적합 여부
(3) 보고체계의 적합성 여부
(4) 계약공기의 준수 여부
(5) 각 공종별 작업공기에 품질·안전관리가 고려되었는지 여부
(6) 지정휴일과 기상조건 감안 여부
(7) 자원조달 여부
(8) 공사주변의 여건 및 법적제약조건 감안 여부
(9) 주공정의 적합 여부
(10) 동원 가능한 장비, 그 밖의 부대설비 및 그 성능 감안 여부
(11) 동원 가능한 작업인원과 작업자의 숙련도 감안 여부
(12) 특수장비 동원을 위한 준비기간의 반영 여부
(13) 그 밖에 필요하다고 판단되는 사항

15. 공사진도 관리

1) 감리원은 공사업자로부터 전체 실시공정표에 따른 월간, 주간 상세공정표를 사전에 제출받아 검토·확인하여야 한다.
   (1) **월간 상세공정표 : 작업 착수 7일전 제출**
   (2) **주간 상세공정표 : 작업 착수 4일전 제출**
2) 감리원은 매주 또는 매월 정기적으로 공사진도를 확인하여 예정공정과 실시공정을 비교하여 공사의 부진 여부를 검토한다.
3) 감리원은 현장여건, 기상조건, 지장물 이설 등에 따른 관련 기관 협의사항이 정상적으로 추진되는지를 검토·확인하여야 한다.
4) 감리원은 공정진척도 현황을 최근 1주일 전의 자료가 유지될 수 있도록 관리하고 공정지연을 방지하기 위하여 주 공정 중심의 일정관리가 될 수 있도록 공사업자를 감리하여야 한다.

16. 부진공정 만회대책

1) 감리원은 **공사 진도율이 계획공정 대비 월간 공정실적이 10[%] 이상 지연**되거나, **누계공정 실적이 5[%] 이상 지연**될 때에는 공사업자에게 부진사유 분석, 만회대책 및 만회공정표를 수립하여 제출하도록 지시하여야 한다.

2) 감리원은 공사업자가 제출한 부진공정 만회대책을 검토·확인하고, 그 이행상태를 주간단위로 점검·평가하여야 하며, 공사추진회의 등을 통하여 미 조치 내용에 대한 필요대책 등을 수립하여 정상 공정으로 회복할 수 있도록 조치하여야 한다.

17. 수정 공정계획

1) 감리원은 **설계변경 등으로 인한 물공량의 증감, 공법변경, 공사 중 재해, 천재지변 등 불가항력에 따른 공사중지, 지급자재 공급지연** 등으로 인하여 공사진척 실적이 지속적으로 부진할 경우에는 공정계획을 재검토하여 **수정공정 계획수립**의 필요성을 검토하여야 한다.

2) 감리원은 공사업자의 요청 또는 감리원의 판단에 따라 수정공정 계획을 수립할 경우에는 공사업자로부터 수정 공정계획을 제출받아 제출일부터 7일 이내에 검토하여 승인하고 발주자에게 보고하여야 한다.

3) 감리원은 수정 공정계획을 검토할 때에는 수정목표 종료일이 당초 계약종료일을 초과하지 않도록 조치하여야 하며, 초과할 경우에는 그 사유를 분석하여 감리원의 검토안을 작성하고 필요시 수정 공정계획과 함께 발주자에게 보고하여야 한다.

18. 안전관리

1) 감리원은 공사의 안전 시공을 위해서 안전조직을 갖추도록 하고 안전조직은 현장 규모와 작업내용에 따라 구성하며 동시에 「산업안전보건법」에 명시된 업무가 수행되도록 조직을 편성하여야 한다.

2) **책임감리원은 소속 직원 중 안전담당자를 지정**하여 공사업자의 안전관리자를 지도·감독하도록 하여야 하며, 공사전반에 대한 안전관리계획의 사전검토, 실시확인 및 평가, 자료의 기록유지 등 사고예방을 위한 제반 안전관리업무에 대하여 확인을 하도록 하여야 한다.

3) 감리원은 공사업자에게 공사현장에 배치된 소속 직원 중에서 안전보건관리책임자(시공관리책임자)와 안전관리자(법정자격자)를 지정하게 하여 현장의 전반적인 안전·보건문제를 책임지고 추진하도록 하여야 한다.

4) **감리원은 공사업자에게 「근로기준법」, 「산업안전보건법」, 「산업재해보상보험법」 및 그 밖의 관계 법규를 준수**하도록 하여야 한다.
5) 감리원은 산업재해 예방을 위한 제반 안전관리 지도에 적극적인 노력과 동시에 안전 관계 법규를 이행하도록 하기 위하여 다음 각 호와 같은 업무를 수행하여야 한다.
   (1) 공사업자의 안전조직 편성 및 임무의 법상 구비조건 충족 및 실질적인 활동 가능성 검토
   (2) 안전관리자에 대한 임무수행 능력보유 및 권한부여 검토
   (3) 시공계획과 연계된 안전계획의 수립 및 그 내용의 실효성 검토
   (4) 유해, 위험 방지계획(수립 대상에 한함) 내용 및 실천가능성 검토
       (「산업안전보건법」 제48조제3항 및 제4항)
   (5) 안전점검 및 안전교육 계획의 수립 여부와 내용의 적정성 검토
       (「산업안전보건법」 제31조 및 제32조)
   (6) 안전관리 예산 편성 및 집행계획의 적정성 검토
   (7) 현장 안전관리규정의 비치 및 그 내용의 적정성 검토
   (8) 표준 안전관리비는 다른 용도에 사용불가
   (9) 감리원이 공사업자에게 시공과정마다 발생될 수 있는 안전사고 요소를 도출하고 이를 방지할 수 있는 절차, 수단 등을 규정한 "총체적 안전관리계획서(TSC : Total Safety Control)를 작성, 활용하도록 적극 권장하여야 한다.
   (10) 안전관리계획의 이행 및 여건 변동 시 계획변경 여부
   (11) 안전보건협의회 구성 및 운영상태
   (12) 안전점검 계획수립 및 실시(일일, 주간, 우기 및 해빙기 등 자체 안전점검 등)
   (13) 안전교육계획의 실시
   (14) 위험장소 및 작업에 대한 안전조치 이행(고소작업, 추락위험작업, 낙하비래 위험작업, 중량물 취급작업, 화재위험 작업, 그 밖의 위험작업 등)
   (15) 안전표지 부착 및 유지관리
   (16) 안전통로 확보, 기자재의 적치 및 정리정돈
   (17) 사고조사 및 원인분석, 각종 통계자료 유지
   (18) 월간 안전관리비 사용실적 확인
6) 감리원은 안전에 관한 감리업무를 수행하기 위하여 공사업자에게 다음 각 호의 자료를 기록·유지하도록 하고 이행상태를 점검한다.
   (1) 안전업무일지(일일보고)
   (2) 안전점검 실시(안전업무일지에 포함가능)

(3) 안전교육(안전업무일지에 포함가능)
(4) 각종 사고보고
(5) 월간 안전통계(무재해, 사고)
(6) 안전관리비 사용실적(월별)

7) 감리원은 공사업자의 안전관리책임자 및 안전관리자로 하여금 현장 기술자에게 다음 각 호의 내용과 자료가 포함된 안전교육을 실시하도록 지도·감독하여야 한다.
(1) 산업재해에 관한 통계 및 정보
(2) 작업자의 자질에 관한 사항
(3) 안전관리조직에 관한 사항
(4) 안전제도, 기준 및 절차에 관한 사항
(5) 작업공정에 관한 사항
(6) 「산업안전보건법」 등 관계 법규에 관한 사항
(7) 작업환경관리 및 안전작업 방법
(8) 현장안전 개선방법
(9) 안전관리 기법
(10) 이상 발견 및 사고발생시 처리방법
(11) 안전점검 지도요령과 사고조사 분석요령

19. 안전관리결과 보고서의 검토

감리원은 매 분기마다 공사업자로부터 안전관리 결과보고서를 제출받아 이를 검토하고 미비한 사항이 있을 때에는 시정하도록 조치하여야 하며, 안전관리결과 보고서에는 다음 각 호와 같은 서류가 포함되어야 한다.
(1) 안전관리 조직표
(2) 안전보건 관리체제
(3) 재해발생 현황
(4) 산재요양신청서 사본
(5) 안전교육 실적표
(6) 그 밖에 필요한 서류

20. 환경관리

1) 감리원은 공사업자에게 시공으로 인한 재해를 예방하고 자연환경, 생활환경 사회·경제 환경을 적정하게 관리·보전함으로써 현재와 장래의 모든 국민이 건강하고 쾌적한 환경에서 생활할 수 있도록 「환경영향평가법」에 따른 환경영향평가 내용과 이에 대한 협의내용을 충실히 이행하도록 하여야 한다.
2) 감리원은 「환경영향평가법」에 따른 환경영향 조사결과를 조사기간이 만료된

날부터 30일 이내(다만, 조사기간이 1년 이상인 경우에는 매 연도별 조사결과를 다음 해 1월 31일까지 통보 하여야 함)에 지방환경청장 및 승인기관의 장에게 통보할 수 있도록 하여야 한다.

14.4 설계변경 및 계약금액의 조정 관련 감리업무

1. 설계변경 및 계약금액 조정

감리원은 설계변경 및 계약금액의 조정업무 흐름을 참조하여 감리업무를 수행하여야 한다.

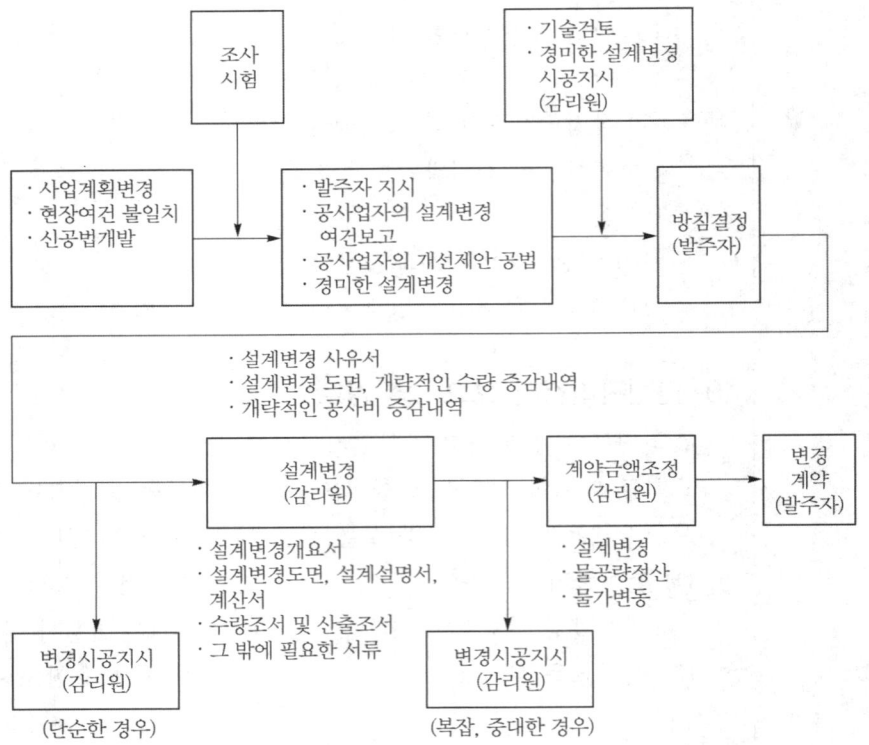

2) 감리원은 시공과정에서 **당초 설계의 기본적인 사항인 전압, 변압기 용량, 공급방식, 접지방식, 계통보호, 간선규격, 시설물의 구조, 평면 및 공법 등의 변경 없이 현지 여건에 따른 위치변경과 연장증감** 등으로 인한 수량증감이나 단순 시설물의 추가 또는 삭제 등의 경미한 설계변경 사항이 발생한 경우에는 설계변경 도면, 수량증감 및 증감공사 내역을 공사업자로부터 제출받아 검토·확인하고 우선 변경 시공하도록 지시할 수 있으며 사후에 발주자에게 서면으로 보고하

여야 한다. 이 경우 경미한 설계변경의 구체적 범위는 발주자가 정한다.

3) 발주자는 외부적 사업환경의 변동, 사업추진 기본계획의 조정, 민원에 따른 노선변경, 공법변경, 그 밖의 시설물 추가 등으로 설계변경이 필요한 경우에는 다음 각 호의 서류를 첨부하여 반드시 서면으로 책임감리원에게 설계변경을 하도록 지시하여야 한다. 다만, 발주자가 설계변경 도서를 작성할 수 없을 경우에는 설계변경개요서만 첨부하여 설계변경 지시를 할 수 있다.
   (1) 설계변경 개요서
   (2) 설계변경 도면, 설계설명서, 계산서 등
   (3) 수량산출 조서
   (4) 그 밖에 필요한 서류

4) 감리원은 공사업자가 현지여건과 설계도서가 부합되지 않거나 공사비의 절감 및 공사의 품질향상을 위한 개선사항 등 **설계변경이 필요하다고 설계변경사유서, 설계변경도면, 개략적인 수량증감내역 및 공사비 증감내역 등의 서류를 첨부**하여 제출하면 이를 검토·확인하고 필요시 기술검토 의견서를 첨부하여 발주자에게 실정을 보고하고, 발주자의 방침을 받은 후 시공하도록 조치하여야 한다. 감리원은 공사업자로부터 현장실정보고를 접수 후 기술검토 등을 요하지 않는 단순한 사항은 7일 이내, 그 외의 사항은 14일 이내에 검토처리 하여야 하며, 만일 기일내 처리가 곤란하거나 기술적 검토가 미비한 경우에는 그 사유와 처리계획을 발주자에게 보고하고 공사업자에게도 통보하여야 한다.

5) 감리원은 설계변경 등으로 인한 계약금액 조정 업무처리를 지체함으로써 공사업자가 지급자재 수급 및 기성부분을 인정받지 못하여 공사추진에 지장을 초래하지 않도록 적기에 계약변경이 이루어질 수 있도록 조치하여야 한다. **최종 계약금액의 조정**은 예비 준공검사기간 등을 고려하여 늦어도 **준공예정일 45일 전까지 발주자에 제출**되어야 한다.

2. 물가변동으로 인한 계약금액의 조정

1) 감리원은 공사업자로부터 물가변동에 따른 계약금액 조정요청을 받은 경우에는 다음 각 호의 서류를 작성·제출하도록 하고 공사업자는 이에 응하여야 한다.
   (1) 물가변동조정 요청서
   (2) 계약금액조정 요청서
   (3) 품목조정율 또는 지수조정율의 산출근거
   (4) 계약금액 조정 산출근거
   (5) 그 밖에 설계변경에 필요한 서류

2) 감리원은 제출된 서류를 검토·확인하여 조정요청을 받은 날부터 14일 이내에 검토의견을 첨부하여 발주자에게 보고하여야 한다.

14.5 기성 및 준공검사 관련 감리업무

1. 기성 및 준공검사자의 임명

감리원은 기성부분 검사원 또는 준공 검사원을 접수하였을 때에는 신속히 검토·확인하고, 기성부분 감리조서와 다음의 서류를 첨부하여 지체 없이 감리업자에게 제출하여야 한다.
(1) 주요기자재 검수 및 수불부
(2) 감리원의 검사기록 서류 및 시공 당시의 사진
(3) 품질시험 및 검사성과 총괄표
(4) 발생품 정리부
(5) 그 밖에 감리원이 필요하다고 인정하는 서류와 준공검사원에는 지급기자자 잉여분 조치현황과 공사의 사전검사·확인서류, 안전관리점검 총괄표 추가 첨부

2. 기성 및 준공검사

1) 검사자는 해당 공사 검사시에 상주감리원 및 공사업자 또는 시공관리책임자 등을 입회하게 하여 계약서, 설계설명서, 설계도서, 그 밖의 관계 서류에 따라 다음 각 호의 사항을 검사하여야 한다. 다만,「국가를 당사자로 하는 계약에 관한 법률 시행령」에 따른 약식 기성검사의 경우에는 책임감리원의 감리조사와 기성부분 내역서에 대한 확인으로 갈음할 수 있다.
   (1) 기성검사
       ① 기성부분 내역이 설계도서대로 시공되었는지 여부
       ② 사용된 가자재의 규격 및 품질에 대한 실험의 실시여부
       ③ 시험기구의 비치와 그 활용도의 판단
       ④ 지급기자재의 수불 실태
       ⑤ 주요 시공과정을 촬영한 사진의 확인
       ⑥ 감리원의 기성검사원에 대한 사전검토 의견서
       ⑦ 품질시험·검사성과 총괄표 내용
       ⑧ 그 밖에 검사자가 필요하다고 인정하는 사항

(2) 준공검사

① 완공된 시설물이 설계도서대로 시공되었는지의 여부

② 시공시 현장 상주감리원이 작성 비치한 제 기록에 대한 검토

③ 폐품 또는 발생물의 유무 및 처리의 적정여부

④ 지급 기자재의 사용적부와 잉여자재의 유무 및 그 처리의 적정여부

⑤ 제반 가설시설물의 제거와 원상복구 정리 상황

⑥ 감리원의 준공 검사원에 대한 검토의견서

⑦ 그 밖에 검사자가 필요하다고 인정하는 사항

2) 검사자는 시공된 부분이 수중 또는 지하에 매몰되어 사후검사가 곤란한 부분과 주요 시설물에 중대한 영향을 주거나 대량의 파손 및 재시공 행위를 요하는 검사는 검사조서와 사전검사 등을 근거로 하여 검사를 시행할 수 있다.

3. 준공검사 등의 절차

1) 감리원은 해당 공사 완료 후 준공검사 전에 사전 시운전 등이 필요한 부분에 대하여는 공사업자에게 다음 각 호의 사항이 포함된 **시운전을 위한 계획을 수립하여 시운전 30일 이내에 제출**하도록 하고, 이를 검토하여 발주자에게 제출하여야 한다.

(1) 시운전 일정

(2) 시운전 항목 및 종류

(3) 시운전 절차

(4) 시험장비 확보 및 보정

(5) 기계·기구 사용계획

(6) 운전요원 및 검사요원 선임계획

2) 감리원은 공사업자로부터 시운전 계획서를 제출받아 검토, 확정하여 시운전 20일 이내에 발주자 및 공사업자에게 통보하여야 한다.

3) 감리원은 공사업자에게 다음 각 호와 같이 시운전 절차를 준비하도록 하여야 하며 시운전에 입회하여야 한다.

(1) 기기점검   (2) 예비운전

(3) 시운전   (4) 성능보장운전

(5) 검수   (6) 운전인도

4) 감리원은 시운전 완료 후에 다음 각 호의 성과품을 공사업자로부터 제출받아 검토 후 발주자에게 인계하여야 한다.

(1) 운전개시, 가동절차 및 방법

(2) 점검항목 점검표
(3) 운전지침
(4) 기기류 단독 시운전 방법 검토 및 계획서
(5) 실가동 Diagram
(6) 시험구분, 방법, 사용매체 검토 및 계획서
(7) 시험성적서
(8) 성능시험 성적서(성능시험 보고서)

4. 예비준공검사

1) 공사현장에 주요공사가 완료되고 현장이 정리단계에 있을 때에는 **준공예정일 2개월 전**에 준공기한 내 준공가능 여부 및 미진한 사항의 사전 보완을 위해 **예비 준공검사를 실시**하여야 한다. 다만, 소규모 공사인 경우에는 발주자와 협의하여 생략할 수 있다.
2) 감리업자는 전체공사 준공시에는 책임감리원, 비상주감리원 중에서 고급감리원 이상으로 검사자를 지정하여 합동으로 검사하도록 하여야 하며, 필요시 지원업무담당자 또는 시설물 유지관리 직원 등을 입회하도록 하여야 한다. 연차별로 시행하는 장기계속공사의 예비준공검사의 경우에는 해당 책임감리원을 검사자로 지정할 수 있다.
3) 예비준공검사는 감리원이 확인한 정산설계도서 등에 따라 검사하여야 하며, 그 검사내용은 준공검사에 준하여 철저히 시행되어야 한다.
4) 책임감리원은 예비준공검사를 실시하는 경우에는 공사업자가 제출한 품질시험·검사총괄표의 내용을 검토하여야 한다.
5) 예비준공 검사자는 검사를 행한 후 보완사항에 대하여는 공사업자에게 보완을 지시하고 준공검사자가 검사시 확인할 수 있도록 감리업자 및 발주자에게 검사결과를 제출하여야 한다. 공사업자는 예비준공검사의 지적사항 등을 완전히 보완하고 책임감리원의 확인을 받은 후 준공 검사원을 제출하여야 한다.

5. 준공도면 등의 검토·확인

1) 감리원은 준공 설계도서 등을 검토·확인하고 완공된 목적물이 발주자에게 차질없이 인계될 수 있도록 지도·감독하여야 한다. 감리원은 공사업자로부터 가능한 한 준공예정일 2개월 전까지 준공 설계도서를 제출받아 검토·확인하여야 한다.
2) 감리원은 공사업자가 작성·제출한 준공도면이 실제 시공된 대로 작성되었는

지 여부를 검토·확인하여 발주자에게 제출하여야 한다. 준공도면은 계약서에 정한 방법으로 작성되어야 하며, 모든 준공도면에는 감리원의 확인·서명이 있어야 한다.

14.6 시설물의 인수·인계 관련 감리업무

1. 시설물 인수·인계

1) 감리원은 공사업자에게 해당 공사의 예비준공검사(부분 준공, 발주자의 필요에 따른 기성부분 포함) 완료 후 30일 이내에 다음의 사항이 포함된 시설물의 인수·인계를 위한 계획을 수립하도록 하고 이를 검토하여야 한다.
   (1) 일반사항(공사개요 등)
   (2) 운영지침서(필요한 경우)
      ① 시설물의 규격 및 기능점검 항목
      ② 기능점검 절차
      ③ Test 장비 확보 및 보정
      ④ 기자재 운전지침서
      ⑤ 제작도면·절차서 등 관련 자료
   (3) 시운전 결과 보고서(시운전 실적이 있는 경우)
   (4) 예비 준공검사결과
   (5) 특기사항
2) 감리원은 공사업자로부터 시설물 인수·인계 계획서를 제출받아 7일 이내에 검토, 확정하여 발주자 및 공사업자에게 통보하여 인수·인계에 차질이 없도록 하여야 한다.
3) 감리원은 발주자와 공사업자 간 시설물 인수·인계의 입회자가 된다.
4) 감리원은 시설물 인수·인계에 대한 발주자 등 이견이 있는 경우, 이에 대한 현상파악 및 필요대책 등의 의견을 제시하여 공사업자가 이를 수행하도록 조치한다.
5) 인수·인계서는 준공검사 결과를 포함하는 내용으로 한다.
6) **시설물의 인수·인계는** 준공검사시 지적사항에 대한 **시정완료일부터 14일 이내에 실시**하여야 한다.

2. 현장문서 인수·인계

1) 감리원은 해당 공사와 관련한 감리기록서류 중 다음 각 호의 서류를 포함하여 발주자에게 인계할 문서의 목록을 발주자와 협의하여 작성하여야 한다.
   (1) 준공사진첩
   (2) 준공도면
   (3) 품질시험 및 검사성과 총괄표
   (4) 기자재 구매서류
   (5) 시설물 인수·인계서
   (6) 그 밖에 발주자가 필요하다고 인정하는 서류
2) 감리업자는 해당 감리용역이 완료된 때에는 **30일 이내에 공사감리 완료보고서를 협회에 제출**하여야 한다.

3. 유지관리 및 하자보수

감리원은 발주자(설계자) 또는 공사업자(주요설비 납품자) 등이 제출한 시설물의 유지관리지침 자료를 검토하여 다음 각 목의 내용이 포함된 유지관리지침서를 작성, **공사 준공 후 14일 이내에 발주자에게 제출**하여야 한다.
(1) 시설물의 규격 및 기능설명서
(2) 시설물 유지관리기구에 대한 의견서
(3) 시설물 유지관리방법
(4) 특기사항

14.7 설계감리업무 수행지침

1. 용어 정의

1) **"설계감리"** 란 전력시설물의 설치·보수 공사(이하 "전력시설물공사"라 한다)의 계획·조사 및 설계가 법에 따른 전력기술기준과 관계 법령에 따라 적정하게 시행되도록 관리하는 것을 말한다.
2) **"설계용역성과"** 란 법에 따른 설계도서(설계도면, 설계내역서, 설계설명서, 그 밖에 발주자가 필요하다고 인정하여 요구한 관련 서류) 및 각종 보고서를 포함한 설계자가 발주자에게 제출하여야 하는 성과물을 말한다.
3) **"설계의 경제성 검토"** 란 전력시설물의 현장적용 적합성 및 생애주기비용 등을 검토하는 것을 말한다.
4) **"설계감리원"** 이란 설계감리자에 소속하여 설계감리 용역계약에 따라 설계감리업무를 직접 수행하는 전기 분야 기술사, 고급기술자 또는 고급감리원(경력

수첩 또는 감리원 수첩을 발급받은 사람을 말한다) 이상인 사람을 말한다.
5) **"지원업무수행자"**란 설계용역 및 설계감리 용역에 관한 업무를 주관하는 사람으로서 발주자의 소속 직원을 말한다.
6) **"설계감리용역 계약문서"**란 계약서, 설계감리용역 입찰유의서, 설계감리용역계약 일반조건, 설계감리용역계약 특수조건, 과업내용서 및 설계감리비 산출내역서로 구성되며 상호보완의 효력을 가진다.

2. 설계감리원의 업무

설계감리원은 다음 각 호의 업무를 수행하여야 한다.
(1) 주요 설계용역 업무에 대한 기술자문
(2) 사업기획 및 타당성조사 등 전 단계 용역 수행 내용의 검토
(3) 시공성 및 유지관리의 용이성 검토
(4) 설계도서의 누락, 오류, 불명확한 부분에 대한 추가 및 정정 지시 및 확인
(5) 설계업무의 공정 및 기성관리의 검토·확인
(6) 설계감리 결과보고서의 작성
(7) 그 밖에 계약문서에 명시된 사항

3. 설계용역의 관리

1) 설계감리원은 설계업자로부터 착수신고서를 제출받아 다음 각 호의 사항에 대한 적정성 여부를 검토하여 보고하여야 한다.
   (1) 예정공정표
   (2) 과업수행계획 등 그 밖에 필요한 사항
2) 설계감리원은 필요한 경우 다음 각 호의 문서를 비치하고, 그 세부양식은 발주자의 승인을 받아 설계감리과정을 기록하여야 하며, 설계감리 완료와 동시에 발주자에게 제출하여야 하며, 필요한 경우 전자매체(CD-ROM)로 제출할 수 있다.
   (1) 근무상황부   (2) 설계감리일지
   (3) 설계감리지시부   (4) 설계감리기록부
   (5) 설계자와 협의사항 기록부   (6) 설계감리 추진현황
   (7) 설계감리 검토의견 및 조치 결과서   (8) 설계감리 주요검토결과
   (9) 설계도서 검토의견서
   (10) 설계도서(내역서, 수량산출 및 도면 등)를 검토한 근거서류
   (11) 해당 용역관련 수·발신 공문서 및 서류

(12) 그 밖에 발주자가 요구하는 서류
3) 설계감리원은 발주된 설계용역의 특성에 맞게 지침에 따른 설계감리원 세부 업무 내용을 정하고 다음 각 호의 사항을 포함한 설계감리업무 수행계획서를 작성하여 발주자에게 제출하여야 한다.
  (1) 대상 : 용역명, 설계감리규모 및 설계감리기간 등
  (2) 세부시행계획 : 세부공정계획 및 업무흐름도 등
  (3) 보안 대책 및 보안각서
  (4) 그 밖에 발주자가 정한 사항

4. 설계용역 성과검토

1) 설계감리원은 설계자가 작성한 전력시설물공사의 설계설명서가 다음 각 호의 사항이 적정하게 반영되어 작성되었는지 여부를 검토하여야 한다.
  (1) 공사의 특수성, 지역여건 및 공사방법 등을 고려하여 설계도면에 구체적으로 표시할 수 없는 내용
  (2) 자재의 성능·규격 및 공법, 품질시험 및 검사 등 품질관리, 안전관리 및 환경관리 등에 관한 사항
  (3) 그 밖에 공사의 안전성 및 원활한 수행을 위하여 필요하다고 인정되는 사항
2) 설계감리원은 설계도면의 적정성을 검토함에 있어 다음 각 호의 사항을 확인하여야 한다.
  (1) 도면작성이 의도하는 대로 경제성, 정확성 및 적정성 등을 가졌는지 여부
  (2) 설계 입력 자료가 도면에 맞게 표시되었는지 여부
  (3) 설계결과물(도면)이 입력 자료와 비교해서 합리적으로 되었는지 여부
  (4) 관련 도면들과 다른 관련 문서들의 관계가 명확하게 표시되었는지 여부
  (5) 도면이 적정하게, 해석 가능하게, 실시 가능하며 지속성 있게 표현되었는지 여부
  (6) 도면상에 사업명을 부여 했는지 여부

5. 설계감리용역의 성과물

설계감리원은 설계감리 완료일에 계약서에 따른 설계감리용역 성과물을 종합적으로 기술한 다음 각 호의 내용을 발주자에게 제출하여야 하며, 필요한 경우 전자매체(CD-ROM)로 제출할 수 있다.
  (1) 설계감리 결과보고서
  (2) 그 밖에 설계감리수행 관련 서류

6. 설계감리의 기성 및 준공

책임 설계감리원이 설계감리의 기성 및 준공을 처리한 때에는 다음 각 호의 준공서류를 구비하여 발주자에게 제출하여야 한다.

(1) 설계용역 기성부분 검사원 또는 설계용역 준공검사원
(2) 설계용역 기성부분 내역서
(3) 설계감리 결과보고서
(4) 감리기록서류
    ① 설계감리일지
    ② 설계감리지시부
    ③ 설계감리기록부
    ④ 설계감리요청서
    ⑤ 설계자와 협의사항 기록부
(5) 그 밖에 발주자가 과업지시서상에서 요구한 사항

MEMO

E60-2
전기산업기사 실기
PART II. 기출문제

- 2003년 전기산업기사
- 2004년 전기산업기사
- 2005년 전기산업기사
- 2006년 전기산업기사
- 2007년 전기산업기사
- 2008년 전기산업기사
- 2009년 전기산업기사
- 2010년 전기산업기사
- 2011년 전기산업기사
- 2012년 전기산업기사
- 2013년 전기산업기사
- 2014년 전기산업기사
- 2015년 전기산업기사
- 2016년 전기산업기사
- 2017년 전기산업기사
- 2018년 전기산업기사
- 2019년 전기산업기사
- 2020년 전기산업기사
- 2021년 전기산업기사
- 2022년 전기산업기사
- 2023년 전기산업기사
- 2024년 전기산업기사

E60-2
전기산업기사 실기

2003년도 기출문제

- 2003년 전기산업기사 1회
- 2003년 전기산업기사 2회
- 2003년 전기산업기사 3회

국가기술자격검정 실기시험문제 및 답안지

2003년도 산업기사 일반검정 제 1 회

자격종목(선택분야)	시험시간	형별
전기산업기사	2시간 00분	

문제 01

▶ 출제년도 : 03.   ▶ 점수 : 4점

유도 전동기(IM)을 유도 전동기가 있는 현장과 현장에서 조금 떨어진 제어실의 어느 쪽에서든지 기동 및 정지가 가능하도록 전자 접촉기 (MC)와 눌름 버튼 스위치 PBS-ON용 및 PBS-OFF용을 이용하여 제어회로를 구성하시오.

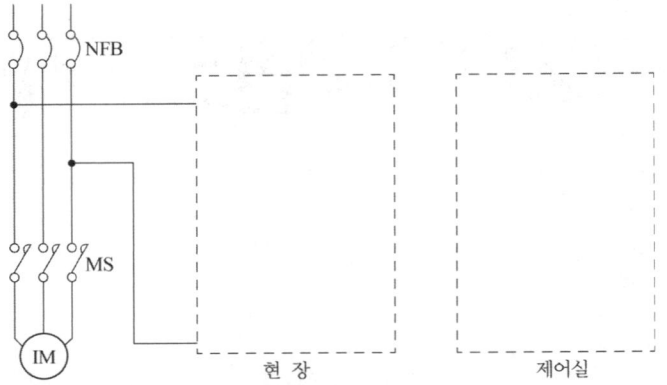

답안작성

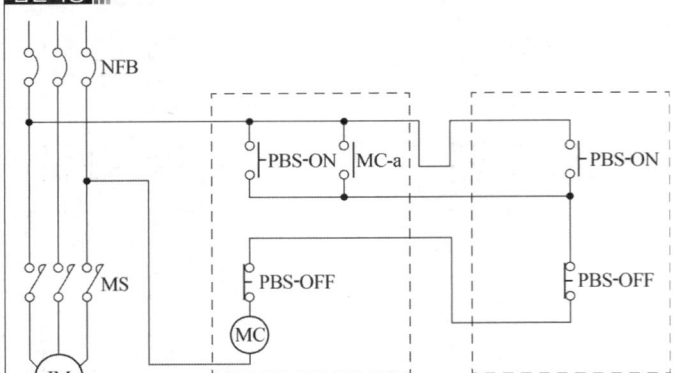

해설

- ON 스위치는 병렬접속
- OFF 스위치는 직렬접속

▶ 출제년도 : 97. 99. 03. 07.   ▶ 점수 : 6점

문제 02 그림과 같은 계통의 기기의 A점에서 완전 지락이 발생하였다. 그림을 이용하여 다음 각 물음에 답하시오.

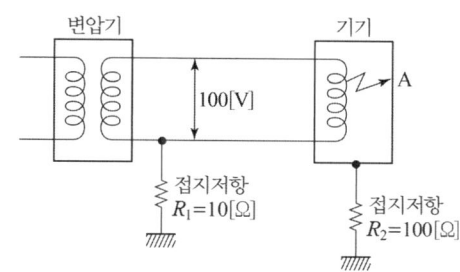

(1) 이 기기의 외함에 인체가 접촉하고 있지 않을 경우 이 외함의 대지 전압을 구하시오.
  •계산 :   •답 :
(2) 이 기기의 외함에 인체가 접촉하였을 경우 인체를 통해서 흐르는 전류를 구하시오. 단, 인체의 저항은 3000 [Ω]으로 한다.
  •계산 :   •답 :

답안작성

(1) 대지 전압 : $e = \dfrac{R_2}{R_1 + R_2} \times V = \dfrac{100}{10 + 100} \times 100 = 90.91\,[\text{V}]$

  답 : 90.91 [V]

(2) 인체에 흐르는 전류

$I = \dfrac{V}{R_1 + \dfrac{R_2 \cdot R}{R_2 + R}} \times \dfrac{R_2}{R_2 - R} = \dfrac{100}{10 + \dfrac{100 \times 3000}{100 + 3000}} \times \dfrac{100}{100 + 3000} = 0.03021\,[\text{A}] = 30.21\,[\text{mA}]$

  답 : 30.21 [mA]

▶ 출제년도 : 96. 01. 03.   ▶ 점수 : 6점

문제 03 200 [V], 15 [kVA]인 3상 유도전동기를 부하로 사용하는 공장이 있다. 이 공장이 어느 날 1일 사용전력량이 90 [kWh]이고, 1일 최대전력이 10 [kW]일 경우 다음 각 물음에 답하시오. 단, 최대전력일 때의 전류값은 43.3 [A]라고 한다.
(1) 일 부하율은 몇 [%]인가?
  •계산 :   •답 :
(2) 최대전력일 때의 역률은 몇 [%]인가?
  •계산 :   •답 :

답안작성

(1) 계산 : 일 부하율 = $\dfrac{90/24}{10} \times 100 = 37.5\,[\%]$ 답 : 37.5 [%]

(2) 계산 : $\cos\theta = \dfrac{P}{\sqrt{3}\,VI} = \dfrac{10\times 10^3}{\sqrt{3}\times 200\times 43.3}\times 100 = 66.67\,[\%]$ 답 : $\cos\theta = 66.67[\%]$

해설

부하율 $= \dfrac{\text{평균전력}}{\text{최대전력}}\times 100[\%] = \dfrac{\text{1일 사용 전력량}/24}{\text{최대전력}}\times 100[\%]$

▶ 출제년도 : 91. 95. 03. 06.   ▶ 점수 : 4점

문제 04 그림과 같이 단상 3선식 110/220 [V] 수전인 경우 설비 불평형률은 몇 [%]인가? 단, 여기서 전동기의 수치가 괄호 내와 다른 것은 출력 [kW]를 입력[kVA]로 환산하였기 때문임.

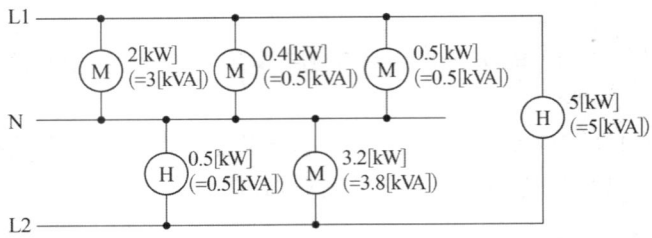

• 계산 :   • 답 :

답안작성

설비불평형률 $= \dfrac{(0.5+3.8)-(3+0.5+0.5)}{(3+0.5+0.5+0.5+3.8+5)\times \dfrac{1}{2}}\times 100 = 4.51\,[\%]$

답 : $4.51\,[\%]$

▶ 출제년도 : 03. 07.   ▶ 점수 : 6점

문제 05 그림과 같은 무접점 릴레이 회로의 출력식 Z를 구하고, 이것을 전자 릴레이 회로로 바꾸어 그리시오.

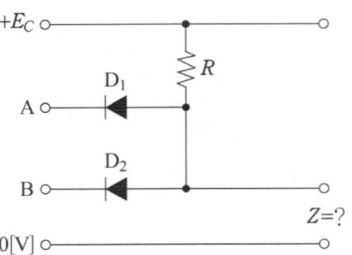

답안작성

• 출력식 : $Z = A \cdot B$
• 전자 릴레이 회로(유접점 회로)

▶ 출제년도 : 98. 00. 03.   ▶ 점수 : 9점

문제 06

축전지 설비의 부하 특성 곡선이 그림과 같을 때 주어진 조건을 이용하여 필요한 축전지의 용량을 산정하고 축전지 설비에 관련된 다음 각 물음에 답하시오.

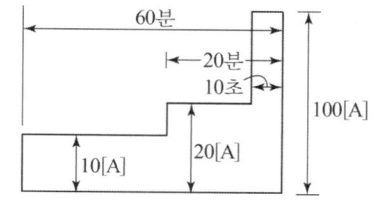

(1) 주어진 조건과 도면 등을 이용하여 축전지 용량을 산정하시오.
(2) 축전지의 충전 방식 중 균등 충전 방식과 부동 충전 방식에 대하여 충전 방식의 이용 목적을 설명하시오.
(3) 전압 24 [V]에 알칼리 축전지를 이용한다면 셀 수는 몇 개가 필요한가? 단, 1셀의 여유를 둔다.

[조건]
- 사용 축전지 : 보통형 소결식 알칼리 축전지
- 경년 용량 저하율 : 0.9
- 최저 축전지 온도 : 5 [℃]
- 허용 최저 전압 : 1.06 [V/셀]
- 소결식 알칼리 축전지의 표준특성(표준형 5HR 환산)

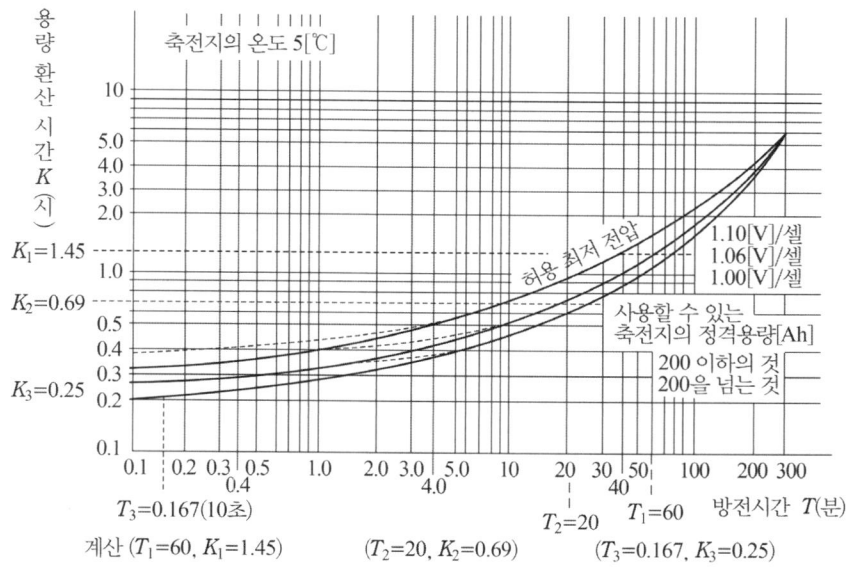

계산 (T_1=60, K_1=1.45)   (T_2=20, K_2=0.69)   (T_3=0.167, K_3=0.25)

답안작성

(1) $C = \dfrac{1}{L}[K_1 I_1 + K_2 (I_2 - I_1) + K_3 (I_3 - I_2)]$

   $= \dfrac{1}{0.9}[1.45 \times 10 + 0.69(20 - 10) + 0.25(100 - 20)] = 46\ [\text{Ah}]$

   답 : 46 [Ah]

(2) • 균등 충전 : 여러 개의 축전지를 한 조로 하여 장시간 사용하는 경우 축전지 개개의 특성에 따라 자기 방전으로 생기는 축전 상태의 불균형을 없애고 충전 상태를 균등하게 하기 위한 충전 방식

• 부동 충전 : 축전지의 자기 방전을 보충함과 동시에 상용 부하에 대한 전력 공급은 충전기가 부담하도록 하되, 충전기가 부담하기 어려운 일시적인 대전류 부하는 축전지로 하여금 분담하게 하는 방식

(3) $N = \dfrac{24}{1.06} = 22.6 \rightarrow 23 + 1(여유) = 24\,[\text{cell}]$ 답 : 24 [cell]

해설

(1) $C = \dfrac{1}{L}[K_1 I_1 + K_2(I_2 - I_1) + K_3(I_3 - I_2)]$

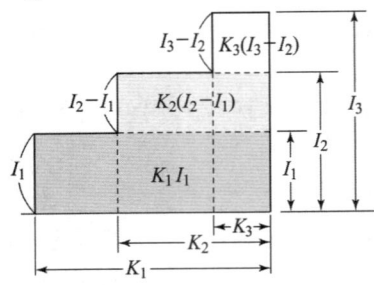

즉, 축전지 용량은 방전특성곡선의 면적을 구하면 된다.
(3) 여유를 감안하지 않으면 23 [cell]이 됨

▶ 출제년도 : 86. 96. 98. 00. 02. 03. ▶ 점수 : 12점

문제 07 어느 회사에서 한 부지에 A, B, C의 세 공장을 세워 3대의 급수 펌프 P_1(소형), P_2(중형), P_3(대형)으로 다음 계획에 따라 급수 계획을 세웠다. 이 계획을 잘 보고 다음 물음에 답하시오.

[조건]
① 모든 공장 A, B, C가 휴무일 때 또는 그 중 한 공장만 가동할 때에는 펌프 P_1만 가동시킨다.
② 모든 공장 A, B, C중 어느 것이나 두 개의 공장만 가동할 때에는 P_2만 가동시킨다.
③ 모든 공장 A, B, C가 모두 가동할 때에는 P_3만 가동시킨다.

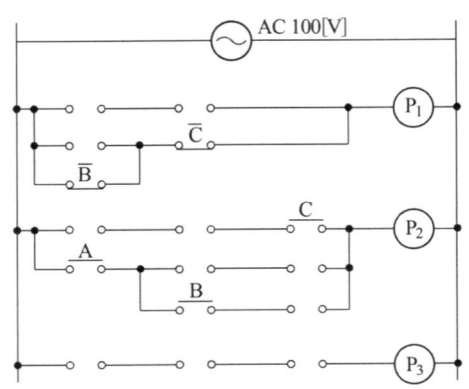

(1) 조건과 같은 진리표를 작성하시오.

A	B	C	P_1	P_2	P_3
0	0	0			
1	0	0			
0	1	0			
0	0	1			
1	1	0			
1	0	1			
0	1	1			
1	1	1			

(2) 미완성 시퀀스 도면에 접점과 그 기호를 삽입하여 도면을 완성하시오.
(3) P_1, P_2, P_3의 출력식을 가장 간단한 식으로 표현하시오.
※ 접점 심벌을 표시할 때는 A, B, C, $\overline{A}$, $\overline{B}$, $\overline{C}$등 문자 표시도 할 것

답안작성

(1)

A	B	C	P_1	P_2	P_3
0	0	0	1	0	0
1	0	0	1	0	0
0	1	0	1	0	0
0	0	1	1	0	0
1	1	0	0	1	0
1	0	1	0	1	0
0	1	1	0	1	0
1	1	1	0	0	1

(2)

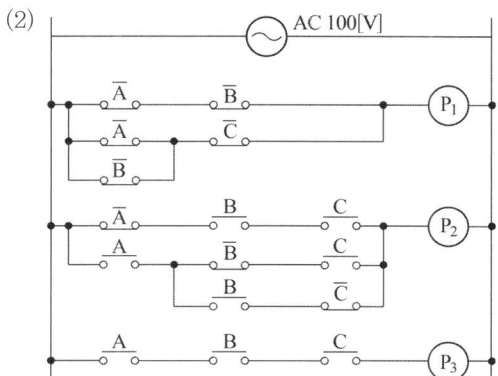

(3) $P_1 = \overline{A}\,\overline{B} + (\overline{A} + \overline{B})\overline{C}$

$P_2 = \overline{A}BC + A(\overline{B}C + B\overline{C})$

$P_3 = ABC$

해설

$P_1 = \overline{A}\,\overline{B}\,\overline{C} + \overline{A}\,\overline{B}C + \overline{A}B\overline{C} + A\overline{B}\,\overline{C}$
$= \overline{A}\,\overline{B}\,\overline{C} + \overline{A}\,\overline{B}C + \overline{A}\,\overline{B}\,\overline{C} + \overline{A}B\overline{C} + A\overline{B}\,\overline{C}$
  ($\overline{A}\,\overline{B}\,\overline{C}$를 병렬로 추가하여도 회로의 기능은 변함없다.)
$= \overline{A}\,\overline{B}(\overline{C}+C) + \overline{A}\,\overline{C}(\overline{B}+B) + \overline{B}\,\overline{C}(\overline{A}+A)$
  ($\overline{C}+C=1,\ \overline{B}+B=1,\ \overline{A}+A=1$)
$= \overline{A}\,\overline{B} + \overline{A}\,\overline{C} + \overline{B}\,\overline{C} = \overline{A}\,\overline{B} + (\overline{A}+\overline{B})\overline{C}$

$P_2 = \overline{A}BC + A\overline{B}C + AB\overline{C} = \overline{A}BC + A(\overline{B}C + B\overline{C})$

$P_3 = ABC$

▶ 출제년도 : 97. 00. 03.   ▶ 점수 : 4점

문제 08 사용 중에 변류기의 2차측을 개로하면 변류기는 어떤 현상이 발생하는지 원인과 결과를 간단하게 쓰시오.

답안작성

CT의 사용 중 2차측을 개방하면 1차측 부하 전류가 모두 여자 전류가 되어 2차측에 고전압이 유기되어 절연파괴의 위험을 초래하게 된다.

▶ 출제년도 : 88. 92. 00. 03.   ▶ 점수 : 10점

문제 09 어떤 수원지의 가압 펌프 모터에 전기를 공급하는 3상 380[V] 용량 50[HP]의 전동기가 있다. 주어진 조건과 참고표를 이용하여 다음 각 물음에 답하시오.
(1) 이 전동기의 전부하 전류는 얼마인가?
　　• 계산 :　　　　　　　　　　　　• 답 :
(2) 사용되는 전선의 온도 감소 계수는 얼마인가?
(3) 이 전선은 허용 전류가 몇 [A]인 이상인 것을 사용하여야 하는가?
　　• 계산 :　　　　　　　　　　　　• 답 :
(4) 이 전선의 최소 굵기는 몇 [mm²]인가?
(5) 금속관 공사에 의하여 설비한다고 할 때 사용되는 후강전선관의 최소 굵기는 몇 [mm]인가?

[조건] ① 전선은 450/750 [V] 일반용 단심 비닐절연전선을 사용하고, 공사방법은 B1으로 한다.
　　　② 전선을 시설하는 장소의 주위 온도는 55 [℃]이다.
　　　③ 전동기의 효율은 100 [%]라고 가정하며 전압 강하는 없는 것으로 본다.
　　　④ 전동기의 역률은 0.8이며 전부하 전류는 전선 허용 전류의 80 [%]를 초과하지 않는다고 한다.
　　　⑤ 전동기의 기동 방식은 직입 기동 방식이다.
　　　⑥ 접지도체는 동일 전선관에 넣지 않는 것으로 본다.

[표 1] 후강 전선관 굵기의 선정

도체 단면적 [mm²]	전선 본수									
	1	2	3	4	5	6	7	8	9	10
	전선관의 최소 굵기 [호]									
2.5	16	16	16	16	22	22	22	28	28	28
4	16	16	16	22	22	22	28	28	28	28
6	16	16	22	22	22	28	28	28	36	36
10	16	22	22	28	28	36	36	36	36	36
16	16	22	28	28	36	36	36	42	42	42
25	22	28	28	36	36	42	54	54	54	54
35	22	28	36	42	54	54	54	70	70	70
50	22	36	54	54	70	70	70	82	82	82
70	28	42	54	54	70	70	70	82	82	82
95	28	54	54	70	70	82	82	92	92	104
120	36	54	54	70	70	82	82	92		
150	36	70	70	82	92	92	104	104		
185	36	70	70	82	92	104				
240	42	82	82	92	104					

[비고 1] 전선 1본수는 접지도체 및 직류회로의 전선에도 적용한다.
[비고 2] 이 표는 실험결과와 경험을 기초로 하여 결정한 것이다.
[비고 3] 이 표는 KS C IEC 60227-3의 450/750[V] 일반용 단심 비닐절연전선을 기준한 것이다.

[표 2] 공사방법의 허용전류 [A]

PVC 절연, 3개 부하전선, 동 또는 알루미늄
전선온도 : 70[℃], 주위온도 : 기중 30[℃], 지중 20[℃]

전선의 공칭단면적 [mm²]	표 A.52-1의 공사방법					
	A1	A2	B1	B2	C	D
1	2	3	4	5	6	7
동						
1.5	13.5	13	15.5	15	17.5	18
2.5	18	17.5	21	20	24	24
4	24	23	28	27	32	31
6	31	29	36	34	41	39
10	42	39	50	46	57	52
16	56	52	68	62	76	67
25	73	68	89	80	96	86
35	89	83	110	99	119	103
50	108	99	134	118	144	122
70	136	125	171	149	184	151
95	164	150	207	179	223	179
120	188	172	239	206	259	203
150	216	196	–	–	299	230
185	245	223	–	–	341	258
240	286	261	–	–	403	297
300	328	298	–	–	464	336

[표 3] 주위의 대기온도가 30[℃] 이외인 경우 보정계수
기중케이블의 허용전류에 적용한다.

주위온도 [℃]	절연체			
	PVC	XLPE 또는 EPR	무기*	
			PVC 피복 또는 노출로 접촉할 우려가 있는 것 (70[℃])	노출로 접촉할 우려가 없는 것 (105[℃])
10	1.22	1.15	1.26	1.14
15	1.17	1.12	1.20	1.11
20	1.12	1.08	1.14	1.07
25	1.06	1.04	1.07	1.04
35	0.94	0.96	0.93	0.96
40	0.87	0.91	0.85	0.92
45	0.79	0.87	0.87	0.88
50	0.71	0.82	0.67	0.84
55	0.61	0.76	0.57	0.80
60	0.50	0.71	0.45	0.75
65	–	0.65	–	0.70
70	–	0.58	–	0.65
75	–	0.50	–	0.60
80	–	0.41	–	0.54
85	–	–	–	0.47
90	–	–	–	0.40
95	–	–	–	0.32

답안작성

(1) $I = \dfrac{P}{\sqrt{3}\,V\cos\theta}$ 에서 $I = \dfrac{50 \times 746}{\sqrt{3} \times 380 \times 0.8} = 70.84\,[A]$

답 : 70.84 [A]

(2) 표 3에서 PVC 절연전선의 경우 주위 온도 55 [℃]에서의 전류 감소 계수 0.61

답 : 0.61

(3) 설계전류 $I_B = \dfrac{70.84}{0.61 \times 0.8} = 145.16\,[A]$, $I_B \leq I_n \leq I_Z$에서 전선의 허용전류 $I_Z \geq 145.16\,[A]$ 이상이어야 한다.

답 : 145.16 [A]

(4) 표 2에서 공사방법 B1에서 전선의 허용전류가 145.16 [A]를 초과하는 171 [A]인 70[mm²] 선정

답 : 70 [mm²]

(5) 표 1에서 70 [mm²] 3가닥을 넣을 경우 전선관의 최소 굵기 54 [호] 선정

답 : 54 [호]

해설

(1) 1 [HP] = 746 [W]
(3) ① KEC 212.4.1 도체와 과부하 보호장치 사이의 협조
    과부하에 대해 케이블(전선)을 보호하는 장치의 동작특성은 다음의 조건을 충족해야 한다.
    $$I_B \leq I_n \leq I_Z, \quad I_2 \leq 1.45 \times I_Z$$

I_B : 회로의 설계전류(선도체를 흐르는 설계전류 또는 함유율이 높은 영상분 고조파,특히 제3 고조파가 지속적으로 흐르는 경우 중성선에 흐르는 전류이다.)
I_Z : 케이블의 허용전류
I_n : 보호장치의 정격전류(사용현장에 적합하게 조정된 전류의 설정 값)
I_2 : 보호장치가 규약시간 이내에 유효하게 동작하는 것을 보장하는 전류

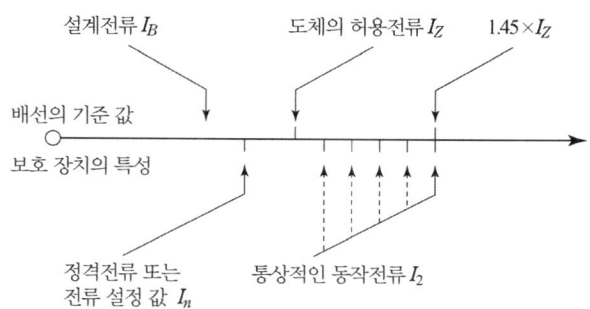

과부하 보호 설계 조건도

② 조건에서 전부하 전류는 전선의 허용 전류의 80 [%]를 초과하지 않는 조건
③ 전류 감소 계수 : 0.61

▸ 출제년도 : 03. 06.   ▸ 점수 : 10점

문제 10 그림은 22.9[kV] 특고압 수전설비의 단선도이다. 이 도면을 보고 다음 각 물음에 답하시오.

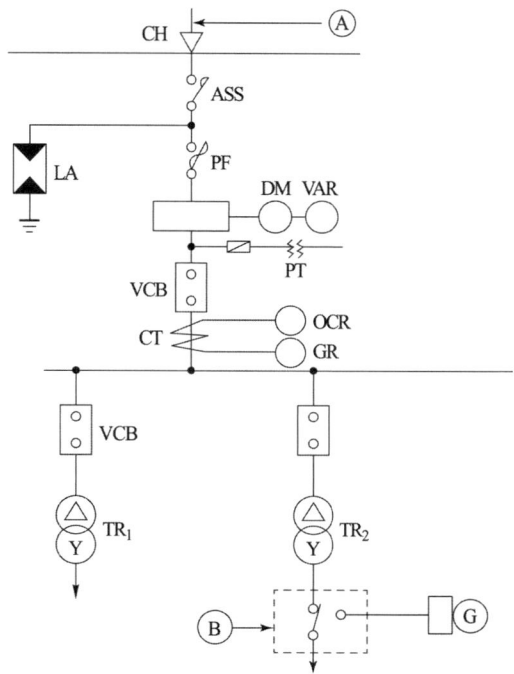

(1) 도면에 표시되어 있는 다음 약호의 명칭을 우리말로 쓰시오.
  ① ASS :   ② LA :
  ③ VCB :   ④ DM :
(2) TR₁쪽의 부하 용량의 합이 300[kW]이고, 역률 및 효율이 각각 0.8, 수용률이 0.6이라면 TR₁ 변압기의 용량은 몇 [kVA]가 적당한지를 계산하고 규격용량으로 답하시오.
  • 계산 :   • 답 :
(3) Ⓐ에는 어떤 종류의 케이블이 사용되는가?
(4) Ⓑ의 명칭은 무엇인가?
(5) 변압기의 결선도를 복선도로 그리시오.

답안작성

(1) ① ASS : 자동고장 구분개폐기
   ② LA : 피뢰기
   ③ VCB : 진공 차단기
   ④ DM : 최대 수요전력량계
(2) 계산 : $TR_1 = \dfrac{300 \times 0.6}{0.8 \times 0.8} = 281.25$ [kVA]

   답 : 300 [kVA] 선정
(3) CNCV-W 케이블 (수밀형)
(4) 자동 전환개폐기
(5)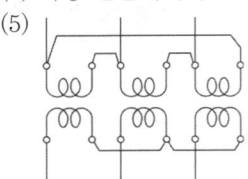

해설

(1) ① ASS : Automatic Section Switch
   ② LA : Lightning Arresters
   ③ VCB : Vacuum Circuit Breaker
   ④ DM : Demand Meter
(2) 변압기 용량 [kVA] $\geq \dfrac{\text{설비용량 [kVA]} \times \text{수용률}}{\text{효율}} = \dfrac{\text{설비용량 [kW]} \times \text{수용률}}{\text{효율} \times \text{역률}}$

▶ 출제년도 : 98. 00. 03.   ▶ 점수 : 17점

문제 11 도면은 어느 사무실의 전등 설비 평면도이다. 주어진 조건과 도면을 이용하여 다음의 물음에 답하시오.

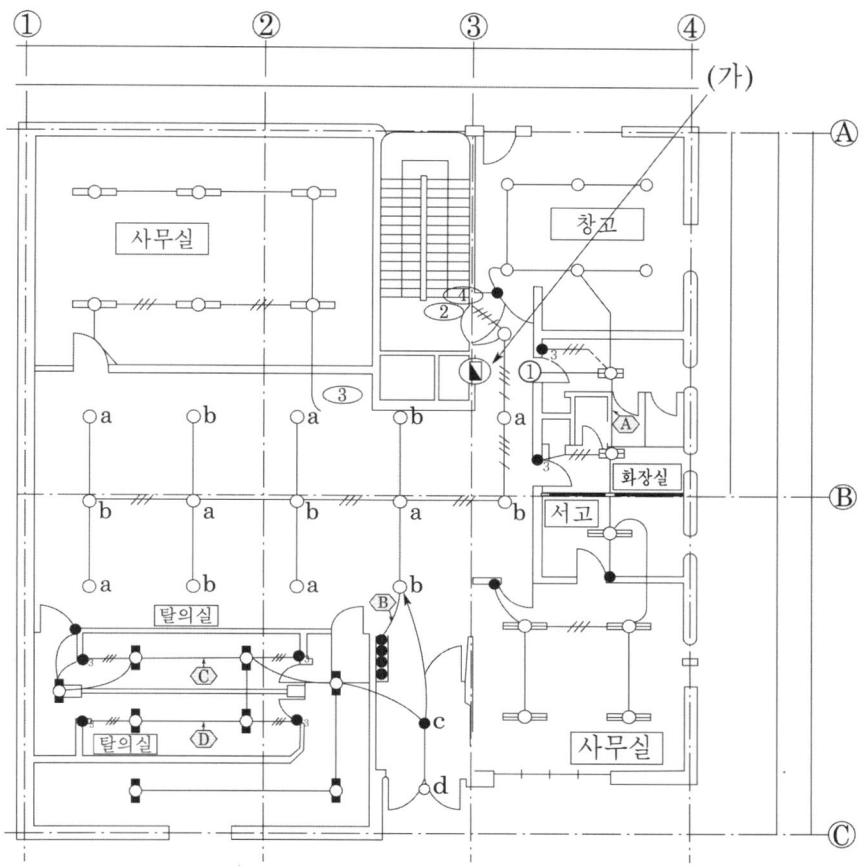

[조건]
- 사무실의 층고는 3 [m]이고 이중 천장은 천장면에서 0.5 [m]에 설치된다.
- 전선관은 후강 전선관이며 천장 슬라브 및 벽체 매입 배관으로 한다.
- 창고 부분은 이중 천장이 없다.
- 전등 회로의 사용 전압은 1ϕ3W 110/220 [V]에서 1ϕ220 [V]를 적용한다.
- 콘크리트 BOX는 3방출 이상 4각 BOX를 사용한다.
- 사무실과 서고에 사용하는 형광등은 F40×2이고 기타 장소의 형광등은 F20×2이다.
- 모든 배관 배선은 후강 전선관과 NR 2.5 [mm²]를 사용하며 관의 굵기, 배선 가닥수, 배선 굵기는 다음과 같이 표기하도록 한다.

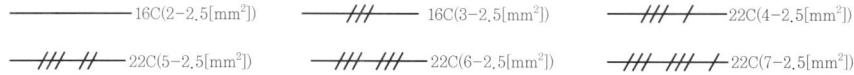

(1) 도면에서 Ⓐ, Ⓑ, Ⓒ, Ⓓ에 해당하는 전선의 가닥수는 몇 가닥인가?
(2) 백열등을 벽에 붙이는 경우의 그림 기호는 어떻게 표시하는가?
(3) (가)의 명칭은 무엇인가?
(4) 회로 번호 ①에 대한 설계를 하려고 한다. 다음 표에 대한 물량을 산출하시오.

품명	규격	단위	수량	품명	규격	단위	수량
붓싱	16C	개		덤블러스위치	단로	개	
붓싱	22C	개		덤블러스위치	삼로	개	
록크넛트	16C	개		후렉스불콘넥터	16C	개	
록크넛트	22C	개		조명기구형광등	F40×2	기구	
BOX	4각	개		조명기구형광등	F20×2	기구	
BOX	8각	개		백열등	1L 100W	등	
BOX 카바	4각맹카바	개		스위치 BOX	1개용	개	

답안작성

(1) Ⓐ 5　　Ⓑ 5　　Ⓒ 5　　Ⓓ 4
(2) ◐
(3) 분전반
(4)

품명	규격	단위	수량	품명	규격	단위	수량
붓싱	16C	개	34	덤블러스위치	단로	개	3
붓싱	22C	개	2	덤블러스위치	삼로	개	2
록크넛트	16C	개	68	후렉스불콘넥터	16C	개	7
록크넛트	22C	개	4	조명기구형광등	F40×2	기구	5
BOX	4각	개	7	조명기구형광등	F20×2	기구	2
BOX	8각	개	6	백열등	1L 100W	등	6
BOX 카바	4각맹카바	개	7	스위치 BOX	1개용	개	5

▶ 출제년도 : 93. 03.　▶ 점수 : 6점

문제 12 배전 변전소의 각종 시설에는 접지를 하고 있다. 그 접지 목적을 3가지로 요약하여 설명하고, 접지 개소를 5개소만 쓰시오.

답안작성

- 접지의 목적
  ① 지락 및 단락 전류 등 고장 전류로부터 기기 보호
  ② 배전 변전소 운전원의 감전사고 및 설비의 화재사고를 방지
  ③ 보호 계전기의 확실한 동작 확보 및 전위 상승 억제
- 접지 개소
  ① 각종 기기의 철대 및 외함　　② 피뢰기
  ③ 케이블 실드　　　　　　　　④ 계통접지(중성점 접지)
  ⑤ 계측용 변압기 2차측 접지

▶ 출제년도 : 03.　▶ 점수 : 6점

문제 13 그림과 같이 고층 아파트에 급수설비가 시설되어 있다. 급수관의 마찰 손실이 흡입관과 토출관을 합하여 0.3 [kg/cm²], 펌프의 효율이 75 [%]일 때, 다음 각 물음에 답하시오.

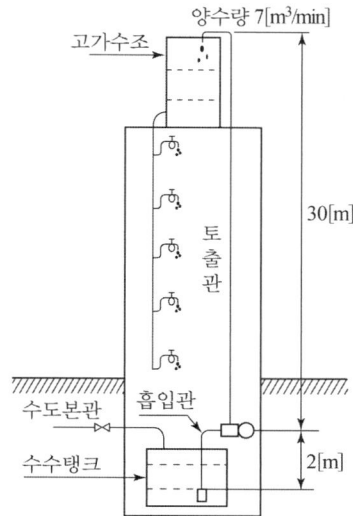

(1) 옥상의 고가수조와 지하층의 수수(受水) 탱크에 수위를 전기적으로 자동으로 조절하기 위하여 시설하는 것은 무엇인가?
(2) 펌프의 총 양정은 몇 [m]인가?
　•계산 :　　　　　　　　　　　•답 :
(3) 급수 펌프용 전동기의 축동력은 몇 [HP](마력)이 필요한가?
　•계산 :　　　　　　　　　　　•답 :

답안작성

(1) 액면 조정용 플로트 스위치 또는 전극봉 스위치
(2) 계산 : $H = (30+2) + 0.3 \times 10 = 35 \,[\text{m}]$　　　답 : 35 [m]
(3) 계산 : $P = \dfrac{9.8 QHK}{\eta} = \dfrac{9.8 \times \dfrac{7}{60} \times 35}{0.75 \times 0.746} = 71.52 \,[\text{HP}]$　　답 : 71.52 [HP]

해설

(2) 총양정 = 높이 + 손실수두
　　손실수두 $h = \dfrac{P}{w} = \dfrac{0.3 \times 10^4}{1000} = 3 \,[\text{m}]$
(3) 1 [HP] = 746 [W] = 0.746 [kW]

국가기술자격검정 실기시험문제 및 답안지

2003년도 산업기사 일반검정 제 2 회

자격종목(선택분야)	시험시간	형별	수험번호	성 명	감독위원 확인
전기산업기사	2시간 00분				

문제 01 ▸ 출제년도 : 93. 94. 95. 99. 00. 01. 02. 03. 07.   ▸ 점수 : 4점

다음 그림은 계전기의 심벌이다. 각각의 명칭을 우리말로 쓰시오.

(1) OC (2) OL
(3) UV (4) GR

답안작성

(1) 과전류 계전기
(2) 과부하 계전기
(3) 부족 전압 계전기
(4) 지락 계전기

해설

OC : Over Current   OL : Over Load
UV : Under Voltage   GR : Ground Relay
☐ : Relay

문제 02 ▸ 출제년도 : 03. 05.   ▸ 점수 : 6점

수전전압 22.9 [kV] 변압기 용량 3000 [kVA]의 수전설비를 계획할 때 외부와 내부의 이상전압으로부터 계통의 기기를 보호하기 위해 설치해야 할 기기의 명칭과 그 설치위치를 설명하시오. 단, 변압기는 몰드형으로서 변압기 1차의 주차단기는 진공차단기를 사용하고자 한다.
(1) 낙뢰 등 외부 이상전압
(2) 개폐 이상전압 등 내부 이상전압

답안작성

(1) •기기명 : 피뢰기
    •설치위치 : 진공 차단기 1차측
(2) •기기명 : 서지 흡수기
    •설치위치 : 진공 차단기 2차측과 몰드형 변압기 1차측 사이

▸ 출제년도 : 03.   ▸ 점수 : 9점

문제 03 그림과 같은 단상변압기 3대를 △-△ 결선하고 이 결선방식의 장점과 단점을 3가지씩 설명하시오.

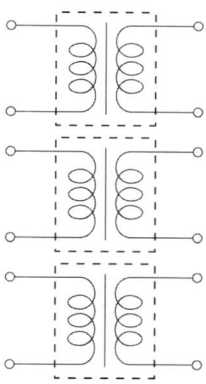

답안작성

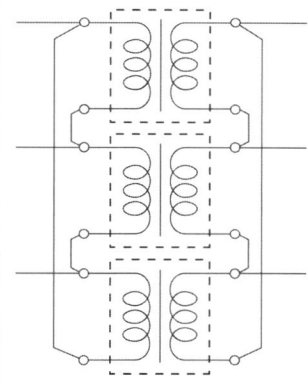

[장점] ① 제3고조파 전류가 △결선 내를 순환하므로 정현파 교류 전압을 유기하여 기전력의 파형이 왜곡되지 않는다.
② 1대가 고장이 나면 나머지 2대로 V결선하여 사용할 수 있다.
③ 각 변압기의 상전류가 선전류의 $\dfrac{1}{\sqrt{3}}$이 되어 대전류에 적합하다.

[단점] ① 중성점을 접지할 수 없으므로 지락사고의 검출이 곤란하다.
② 권수비가 다른 변압기를 결선하면 순환전류가 흐른다.
③ 각 상의 임피던스가 다를 경우 3상 부하가 평형이 되어도 변압기의 부하전류는 불평형이 된다.

▸ 출제년도 : 91. 99. 03.   ▸ 점수 : 6점

문제 04 다음의 저항을 측정하는 데 가장 적당한 방법은 무엇인가?
(1) 황산구리 용액
(2) 길이 1[m]의 연동선

(3) 백열 상태에 있는 백열 전구의 필라멘트
(4) 검류계의 내부 저항

답안작성

(1) 콜라우시 브리지법
(2) 캘빈 더블 브리지법
(3) 전압 강하법
(4) 휘이스톤 브리지법

▶ 출제년도 : 89. 95. 97. 00. 03.   ▶ 점수 : 5점

문제 05 굵기가 4 [mm²]인 전선 3본과 10 [mm²]인 전선 3본을 동일 전선관 내에 넣을 수 있는 후강 전선관의 굵기를 주어진 표를 이용하여 구하시오. 단, 전선관은 내단면적의 32[%] 이하가 되도록 한다.

[표 1] 전선(피복 절연물을 포함)의 단면적

도체 단면적 [mm²]	절연체 두께 [mm]	평균 완성 바깥지름 [mm]	전선의 단면적 [mm²]
1.5	0.7	3.3	9
2.5	0.8	4.0	13
4	0.8	4.6	17
6	0.8	5.2	21
10	1.0	6.7	35
16	1.0	7.8	48
25	1.2	9.7	74
35	1.2	10.9	93
50	1.4	12.8	128
70	1.4	14.6	167
95	1.6	17.1	230
120	1.6	18.8	277
150	1.8	20.9	343
185	2.0	23.3	426
240	2.2	26.6	555
300	2.4	29.6	688
400	2.6	33.2	865

[비고 1] 전선의 단면적은 평균완성 바깥지름의 상한 값을 환산한 값이다.
[비고 2] KS C IEC 60227-3의 450/750[V] 일반용 단심 비닐절연전선(연선)을 기준한 것이다.

[표 2] 절연전선을 금속관 내에 넣을 경우의 보정계수

도체 단면적 [mm²]	보정계수
2.5, 4	2.0
6, 10	1.2
16 이상	1.0

[표 3] 후강 전선관의 내 단면적의 32[%] 및 48[%]

관의 호칭	내 단면적의 32[%] [mm²]	내 단면적의 48[%] [mm²]
16	67	101
22	120	180
28	201	301
36	342	513
42	460	690
54	732	1098
70	1216	1825
82	1701	2552
92	2205	3308
104	2843	4265

답안작성

표 1에서 전선의 단면적
  $4\,[\mathrm{mm}^2]$ 3가닥 : $17 \times 3 = 51\,[\mathrm{mm}^2]$
  $10\,[\mathrm{mm}^2]$ 3가닥 : $35 \times 3 = 105\,[\mathrm{mm}^2]$
표 2에서 보정 계수를 적용하면
  $51 \times 2.0 + 105 \times 1.2 = 228\,[\mathrm{mm}^2]$
표 3에서 32 [%] 342 [mm²]난의 36 [호]로 선정한다.
답 : 36 [호]

▸ 출제년도 : 93. 01. 03. 06.   ▸ 점수 : 4점

문제 06
그림은 어느 공장의 일부하 곡선이다. 이 공장에서의 일부하율은 몇 [%]인가?

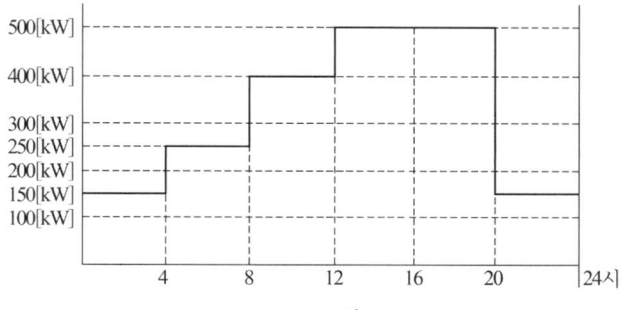

•계산 :   •답 :

답안작성

계산 : 부하율 $= \dfrac{(150 \times 4 + 250 \times 4 + 400 \times 4 + 500 \times 8 + 150 \times 4) \times \dfrac{1}{24}}{500} \times 100 = 65\,[\%]$

답 : 65 [%]

해설

• 부하율 $= \dfrac{\text{평균 전력}}{\text{최대 전력}} \times 100\,[\%]$

• 평균전력 $= \dfrac{\text{전력 사용량 [kWh]}}{\text{사용시간 [h]}}$

▸ 출제년도 : 00. 03.   ▸ 점수 : 10점

문제 07 그림과 같은 유도 전동기의 미완성 시퀀스 회로도를 보고 다음 각 물음에 답하시오.

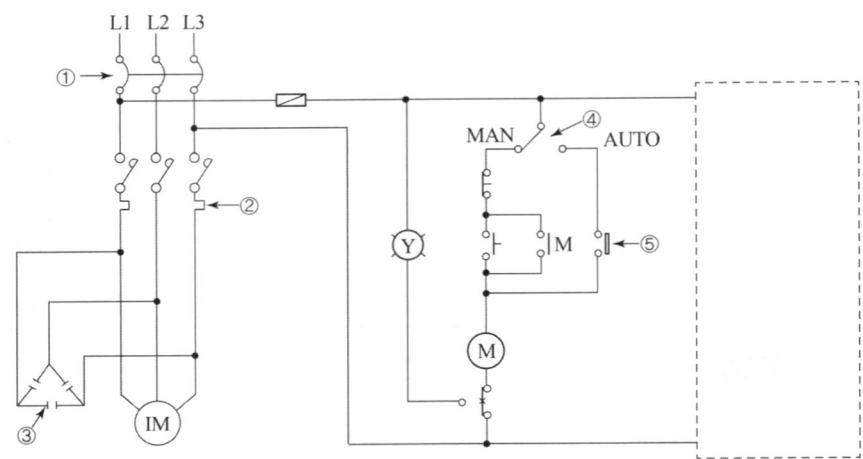

(1) 도면에 표시된 ①~⑤의 명칭을 쓰시오.
(2) 도면에 그려져 있는 Ⓨ등은 어떤 역할을 하는 등인가?
(3) 전동기가 정지하고 있을 때는 녹색등 Ⓖ가 점등되고, 전동기가 운전중일 때는 녹색등 Ⓖ가 소등되고 적색등 Ⓡ이 점등되도록 표시등 Ⓖ, Ⓡ을 회로의 ☐ 내에 설치하시오.

답안작성

(1) ① 배선용 차단기
    ② 열동 계전기
    ③ 전력용 콘덴서
    ④ 셀렉터 스위치
    ⑤ 리밋 스위치 접점
(2) 과부하 동작 표시 램프
(3)

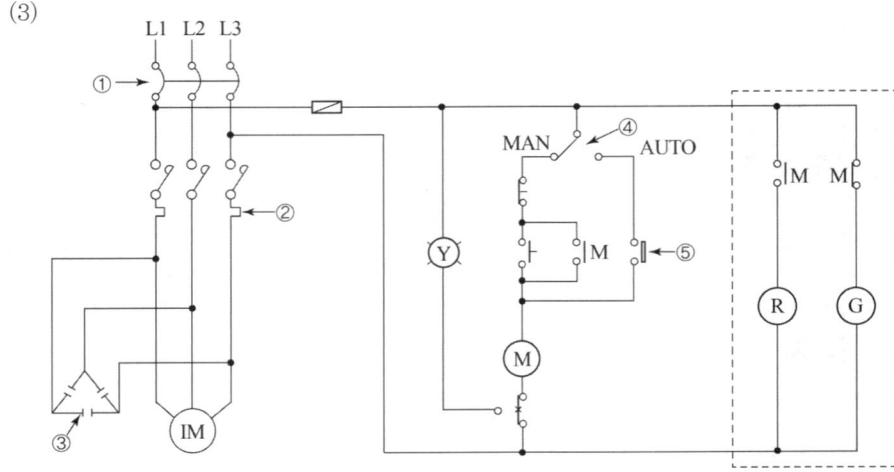

문제 08

▸ 출제년도 : 94. 03. ▸ 점수 : 10점

다음 그림은 고압수전설비 참고 결선도이다. 각 물음에 답하시오.

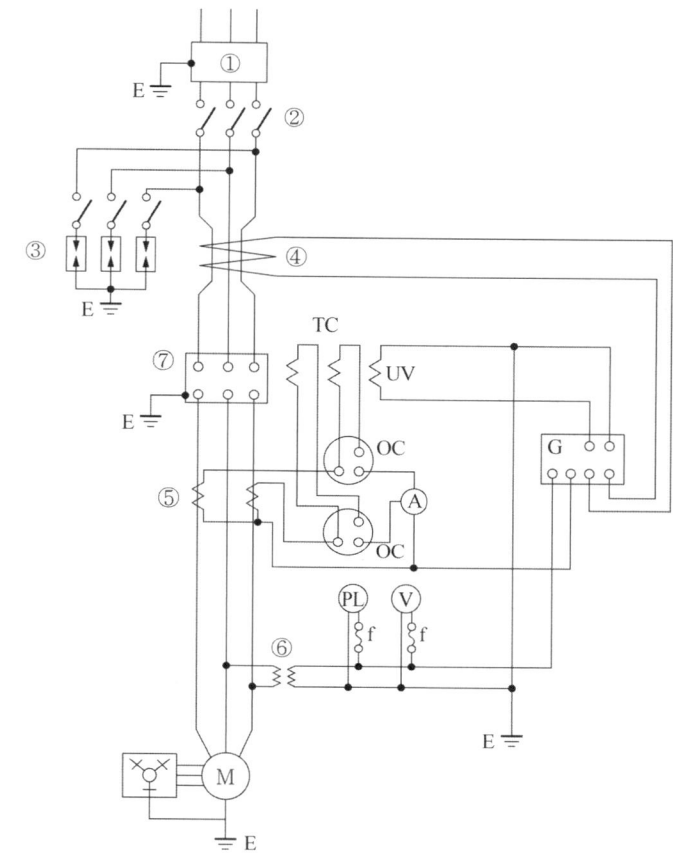

①~⑦까지의 기기의 약호와 명칭을 쓰시오.

답안작성

① MOF : 전력 수급용 계기용 변성기
② DS : 단로기
③ LA : 피뢰기
④ ZCT : 영상 변류기
⑤ CT : 변류기
⑥ PT : 계기용 변압기
⑦ CB : 교류 차단기

문제 09

▸ 출제년도 : 93. 94. 95. 99. 00. 01. 02. 03. 07. ▸ 점수 : 7점

그림과 같은 콘센트의 심벌을 구분하여 설명하시오.

(1) ⊙⊙   (2) ●₂   (3) ●₃ₚ   (4) ●_WP   (5) ●_E

답안작성

(1) 천장붙이 콘센트
(2) 2구 콘센트
(3) 3극 콘센트
(4) 방수 콘센트
(5) 접지극 붙이 콘센트

▶ 출제년도 : 03.   ▶ 점수 : 8점

문제 10 어느 변전소에서 뒤진 역률 80 [%]의 부하 6000 [kW]가 있다. 여기에 뒤진 역률 60 [%], 1200 [kW] 부하를 증가하였다면 다음과 같은 경우에 전력용 콘덴서의 용량은 몇 [kVA]가 되겠는가?

(1) 부하 증가 후 역률을 90 [%]로 유지할 경우 전력용 콘덴서의 용량은 몇 [kVA]인가?
 • 계산 :   • 답 :

(2) 부하 증가 후 변전소의 피상전력을 동일하게 유지할 경우 전력용 콘덴서의 용량은 몇 [kVA]인가?
 • 계산 :   • 답 :

답안작성

(1) 계산 : 유효전력 $P = 6000 + 1200 = 7200$ [kW]

무효전력 $Q = \dfrac{6000}{0.8} \times 0.6 + \dfrac{1200}{0.6} \times 0.8 = 6100$ [kVar]

$Q_c = P(\tan\theta_1 - \tan\theta_2) = P\left(\dfrac{Q}{P} - \dfrac{\sqrt{1-\cos^2\theta_2}}{\cos\theta_2}\right)$ 에서

$Q_c = 7200\left(\dfrac{6100}{7200} - \dfrac{\sqrt{1-0.9^2}}{0.9}\right) = 2612.88$ [kVA]

답 : 2612.88 [kVA]

(2) 계산 : 부하 증가 전 피상전력 $= \dfrac{6000}{0.8} = 7500$ [kVA]

부하 증가 후 무효전력 $= \dfrac{6000}{0.8} \times 0.6 + \dfrac{1200}{0.6} \times 0.8 = 6100$ [kVar]

부하 증가 후 유효전력 $= 6000 + 1200 = 7200$ [kW]

$P_a = \sqrt{P^2 + Q^2} = \sqrt{7200^2 + (6100-Q_c)^2} = 7500$

$Q_c = 4000$ [kVA]

답 : 4000 [kVA]

해설

(1) • 무효전력 $Q = \dfrac{P}{\cos\theta} \times \sin\theta$

 • 역률 $\cos\theta = \dfrac{P}{\sqrt{P^2 + Q^2}}$

▶ 출제년도 : 03. 06.   ▶ 점수 : 9점

문제 11 누름버튼 스위치 BS_1, BS_2, BS_3에 의하여 직접 제어되는 계전기 X_1, X_2, X_3가 있다. 이 계전기 3개가 모두 소자(복귀)되어 있을 때만 출력램프 L_1이 점등되고, 그 이외에는 출력램프 L_2가 점등되도록 계전기를 사용한 시퀀스 제어회로를 설계하려고 한다. 이 때 다음 각 물음에 답하시오.

(1) 본문 요구조건과 같은 진리표를 작성하시오.

입 력			출 력	
X_1	X_2	X_3	L_1	L_2
0	0	0		
0	0	1		
0	1	0		
0	1	1		
1	0	0		
1	0	1		
1	1	0		
1	1	1		

(2) 최소 접점수를 갖는 논리식을 쓰시오.
  $L_1 =$ $L_2 =$
(3) 논리식에 대응되는 계전기 시퀀스 제어회로(유접점 회로)를 그리시오.

답안작성

(1)

입 력			출 력	
X_1	X_2	X_3	L_1	L_2
0	0	0	1	0
0	0	1	0	1
0	1	0	0	1
0	1	1	0	1
1	0	0	0	1
1	0	1	0	1
1	1	0	0	1
1	1	1	0	1

(2) $L_1 = \overline{X_1} \cdot \overline{X_2} \cdot \overline{X_3}$

$L_2 = \overline{X_1} \cdot \overline{X_2} \cdot X_3 + \overline{X_1} \cdot X_2 \cdot \overline{X_3} + \overline{X_1} \cdot X_2 \cdot X_3$
$\qquad + X_1 \cdot \overline{X_2} \cdot \overline{X_3} + X_1 \cdot \overline{X_2} \cdot X_3 + X_1 \cdot X_2 \cdot \overline{X_3} + X_1 \cdot X_2 \cdot X_3$
$= X_1 + X_2 + X_3$

(3)

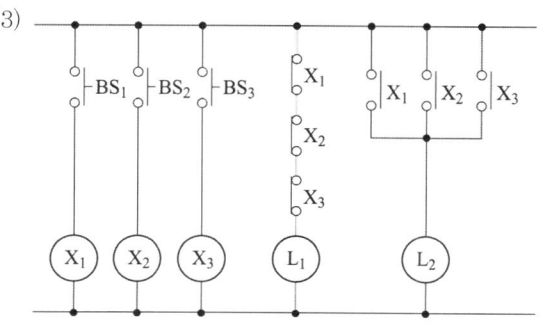

▸ 출제년도 : 89. 97. 98. 00. 03. 05. 06.　▸ 점수 : 8점

문제 12 CT 2대를 V결선하여 OCR 3대를 그림과 같이 연결하여 사용할 경우 다음 각 물음에 답하시오.

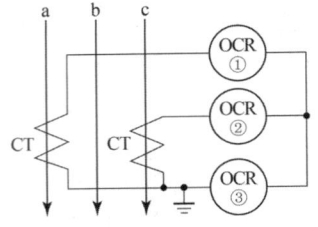

(1) 국내에서 사용되는 CT는 일반적으로 어떤 극성을 사용하는가?
(2) 도면에서 사용된 CT의 변류비가 40 : 5이고 변류기 2차측 전류를 측정하니 3 [A]의 전류가 흘렀다면 수전전력은 몇 [kW]인가? 단, 수전전압은 22900 [V]이고 역률은 90 [%]이다.
　•계산 :　　　　　　　　　　　•답 :
(3) OCR 중에서 ③번 OCR에 흐르는 전류는 어떤 상의 전류인가?
(4) OCR은 주로 어떤 사고가 발생하였을 때 동작하는가?
(5) 통전 중에 있는 변류기 2차측 기기를 교체하고자 할 때 가장 먼저 취하여야 할 조치는 무엇인지를 설명하시오.

답안작성

(1) 감극성
(2) 계산 : $P = \sqrt{3}\,VI\cos\theta$ 에서
　　　　$P = \sqrt{3} \times 22900 \times 3 \times \dfrac{40}{5} \times 0.9 \times 10^{-3} = 856.74$ [kW]
　답 : 856.74 [kW]
(3) b상 전류
(4) 단락 사고
(5) 2차측 단락

해설

(3) 가동접속(정상접속)

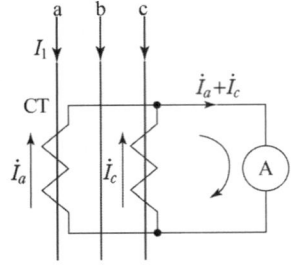 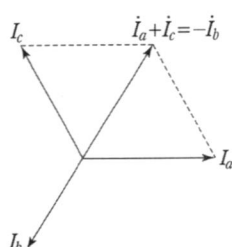

여기서, I_1 : 부하 전류
　　$\dot{I}_a,\ \dot{I}_b,\ \dot{I}_c$: CT 2차 전류
　　$\dot{I}_a + \dot{I}_c$: 전류계 Ⓐ의 지시값, 즉 Ⓐ의 지시는 CT 2차 전류와 같은 크기의 전류값 지시
　　　(I_b 상)

▸ 출제년도 : 98. 00. 03.   ▸ 점수 : 8점

문제 13 어떤 작업장의 실내에 조명 설비를 하고자 한다. 조명 설비의 설계에 필요한 다음 각 물음에 답하시오.

[조건]
- 방바닥에서 0.8 [m]의 높이에 있는 작업면에서 모든 작업이 이루어진다고 한다.
- 작업장의 면적은 가로 15 [m]×세로 20 [m]이다.
- 방바닥에서 천장까지의 높이는 3.8 [m]이다.
- 이 작업장의 평균 조도는 150 [lx]가 되도록 한다.
- 등기구는 40 [W] 형광등을 사용하며, 형광등 1개의 전광속은 3000 [lm]이다.
- 조명률은 0.7, 감광 보상률은 1.4로 한다.

(1) 이 작업장의 실지수는 얼마인가?
　•계산 :　　　　　　　　　　　•답 :
(2) 이 작업장에 필요한 평균 조도를 얻으려면 형광등은 몇 등이 필요한가?
　•계산 :　　　　　　　　　　　•답 :

답안작성

(1) 계산 : 실지수$(R \cdot I) = \dfrac{X \cdot Y}{H(X+Y)} = \dfrac{15 \times 20}{(3.8-0.8) \times (15+20)} = 2.86$

　답 : 2.86

(2) 계산 : 등수$(N) = \dfrac{EAD}{FU} = \dfrac{150 \times (15 \times 20) \times 1.4}{3000 \times 0.7} = 30$ [등]

　답 : 30 [등]

해설

(1) 실지수 $= \dfrac{X \cdot Y}{H(X+Y)}$

▸ 출제년도 : 97. 99. 03.   ▸ 점수 : 6점

문제 14 축전지에 대한 다음 각 물음에 답하시오.
(1) 연축전지의 고장으로 전 셀의 전압이 불균형이 크고 비중이 낮았을 때 추정할 수 있는 원인은?
(2) 연축전지와 알칼리 축전지의 1셀당 기전력은 약 몇 [V]인가?
(3) 알칼리 축전지에 불순물이 혼입되었다면 어떤 현상이 나타나는가?

답안작성

(1) 방전 상태로 방치, 충전 부족으로 장기간 사용, 불순물의 혼입
(2) 연축전지 : 2.05~2.08 [V/cell], 알칼리 축전지 : 1.32 [V/cell]
(3) 전해액의 착색 및 용량의 감소

국가기술자격검정 실기시험문제 및 답안지

2003년도 산업기사 일반검정 제3회

자격종목(선택분야)	시험시간	형별	수험번호	성 명	감독위원 확 인
전기산업기사	2시간 00분				

문제 01 ▸출제년도 : 90. 00. 03. ▸점수 : 8점

답란의 그림과 같이 3상 3선식 6600[V] 비접지 고압선로로부터 전등, 전열등 단상 부하와 3상 부하를 함께 공급하기 위한 동력과 전등 공용 변압기 결선을 20[kVA] 단상 변압기 2대로 V결선하고 이때 필요한 보호 설비와 접지를 도해하시오. (단, 기기의 규격은 생략한다.)

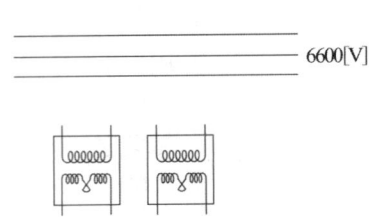

[답안작성]

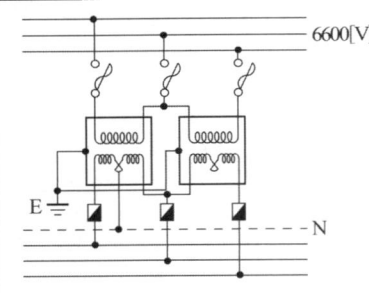

문제 02 ▸출제년도 : 03. ▸점수 : 5점

아래 그림은 154[kV] 계통절연협조를 위한 각 기기의 절연강도 비교표이다. 변압기, 선로애자, 개폐기 지지애자, 피뢰기 제한전압이 속해 있는 부분은 어느 곳인가? □안에 써 넣으시오.

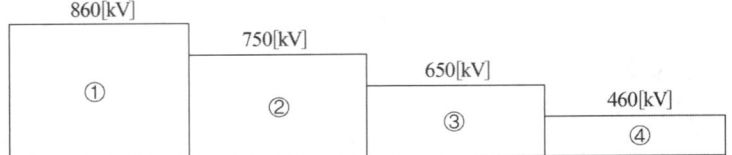

[답안작성]

① 선로애자   ② 개폐기 지지애자   ③ 변압기   ④ 피뢰기 제한전압

▸ 출제년도 : 97. 00. 02. 03.　▸ 점수 : 9점

문제 03 어떤 공장에서 역률 0.6, 용량 300 [kVA]인 3상 평형 유도 부하가 사용되고 있다고 한다. 이 부하에 병렬로 전력용 콘덴서를 설치하여 합성 역률을 95 [%]로 개선한다고 할 때 다음 각 물음에 답하시오.

(1) 전력용 콘덴서의 용량은 몇 [kVA]가 필요하겠는가?
　• 계산 :　　　　　　　　　　• 답 :
(2) 잔류 전하를 방전시키기 위하여는 전력용 콘덴서에는 무엇이 있어야 하는가?
(3) 전력용 콘덴서에 직렬 리액터를 설치하는 이유는 무엇인지를 설명하고 합성 역률을 95[%]로 개선할 때 직렬 리액터는 이론상 몇 [kVA]가 필요하며, 실제로는 몇 [kVA]를 사용하는지를 설명하시오.
　• 설치 이유 :
　• 이론상 용량 :
　• 실제의 용량 :

답안작성

(1) 계산 : 콘덴서 용량
$$Q_c = P_a \cos\theta_1 \left(\frac{\sin\theta_1}{\cos\theta_1} - \frac{\sin\theta_2}{\cos\theta_2} \right) = 300 \times 0.6 \left(\frac{\sqrt{1-0.6^2}}{0.6} - \frac{\sqrt{1-0.95^2}}{0.95} \right)$$
$$= 180.84 \, [\text{kVA}]$$
답 : 180.84 [kVA]
(2) 방전 코일
(3) 설치 이유 : 제5고조파의 제거
　이론상 용량 : 180.84 × 0.04 = 7.23 [kVA]
　실제 용량 : 180.84 × 0.06 = 10.85 [kVA]

해설

(3) 이론상 : 콘덴서 용량 × 4[%]
　실　제 : 콘덴서 용량 × 6[%]

▸ 출제년도 : 03.　▸ 점수 : 8점

문제 04 축전지 설비에 대한 다음 각 물음에 답하시오.

(1) 연 축전지 설비의 초기에 단전지 전압의 비중이 저하되고, 전압계가 역전하였다. 어떤 원인으로 추정할 수 있는가?
(2) 충전장치고장, 과충전, 액면 저하로 인한 극판 노출, 교류분 전류의 유입과대 등의 원인에 의하여 발생될 수 있는 현상은?
(3) 축전지와 부하를 충전기에 병렬로 접속하여 사용하는 충전방식은?
(4) 축전지 용량은 $C = \frac{1}{L}KI$로 계산하면, I는 방전전류, K는 용량환산시간이다. L은 무엇인가?

답안작성

(1) 축전지의 역 접속
(2) 축전지의 현저한 온도 상승 또는 소손
(3) 부동 충전 방식
(4) 보수율

▶ 출제년도 : 88. 95. 03.   ▶ 점수 : 18점

문제 05 아래 도면은 어느 수전설비의 단선 결선도이다. 물음에 답하시오.

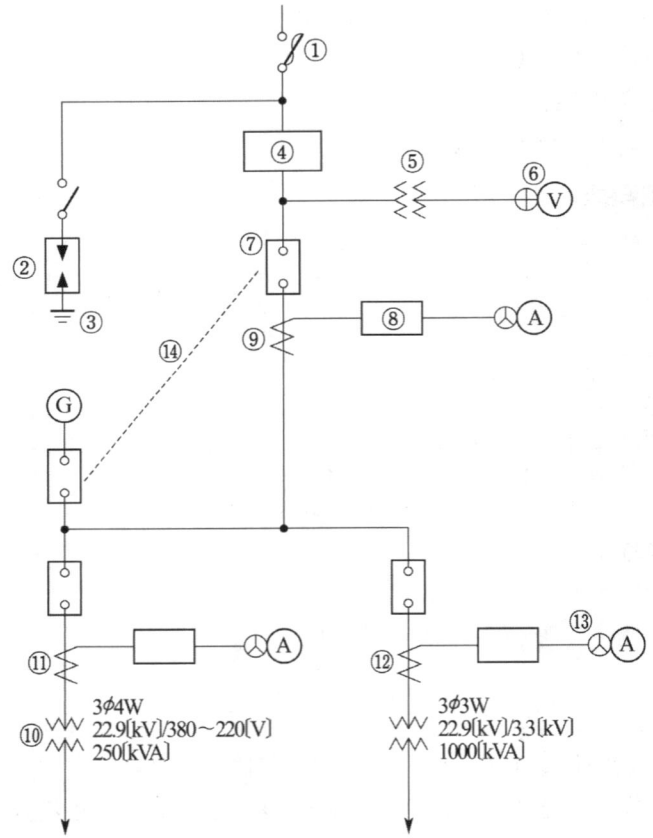

(1) ①~②, ④~⑨, ⑬에 해당되는 부분의 명칭과 용도를 쓰시오.
(2) ⑤의 1차, 2차 전압은?
(3) ⑩의 2차측 결선 방법은?
(4) ⑪, ⑫의 1차 2차 전류는? 단, CT 정격 전류는 부하 정격 전류의 1.5배로 한다.
(5) ⑭의 목적은?

답안작성

(1)

번호	명 칭	용 도
①	전력 퓨즈	일정값 이상의 과전류 및 단락 전류를 차단하여 사고 확대를 방지
②	피뢰기	이상 전압이 내습하면 이를 대지로 방전하고, 속류를 차단한다.
④	전력 수급용 계기용 변성기	전력량을 적산하기 위하여 고전압을 저전압으로, 대전류를 소전류로 변성시켜 전력량계에 공급한다.
⑤	계기용 변압기	고전압을 저전압으로 변성시켜 계기 및 계전기 등의 전원으로 사용한다.
⑥	전압계용 전환 계폐기	1대의 전압계로 3상 각상의 전압을 측정하기 위한 전환 개폐기
⑦	교류 차단기	단락 사고, 과부하, 지락 사고 등 사고 전류와 부하 전류를 차단하기 위한 장치
⑧	과전류 계전기	계통에 과전류가 흐르면 동작하여 차단기의 트립 코일을 여자시킨다.
⑨	변류기	대전류를 소전류로 변성하여 계기 및 과전류 계전기에 공급한다.
⑬	전류계용 전환 개폐기	1대의 전류계로 3상 각상의 전류를 측정하기 위한 전환 개폐기

(2) 1차 전압 : $\dfrac{22900}{\sqrt{3}}$ [V], 2차 전압 : $\dfrac{190}{\sqrt{3}}$ [V]

(3) Y결선

(4) ⑪ $I_1 = \dfrac{250}{\sqrt{3} \times 22.9} = 6.3$ [A]

∴ $6.3 \times 1.5 = 9.45$ [A]이므로 변류비 10/5 선정

∴ $I_2 = \dfrac{250}{\sqrt{3} \times 22.9} \times \dfrac{5}{10} = 3.15$ [A]

답 : 1차 전류 6.3 [A], 2차 전류 3.15 [A]

⑫ $I_1 = \dfrac{1000}{\sqrt{3} \times 22.9} = 25.21$ [A]

∴ $25.21 \times 1.5 = 37.82$ [A]이므로 변류비 40/5 선정

∴ $I_2 = \dfrac{1000}{\sqrt{3} \times 22.9} \times \dfrac{5}{40} = 3.15$ [A]

답 : 1차 전류 25.21 [A], 2차 전류 3.15 [A]

(5) 상용 전원과 예비 전원의 동시 투입을 방지한다. (인터록)

해설

(3)

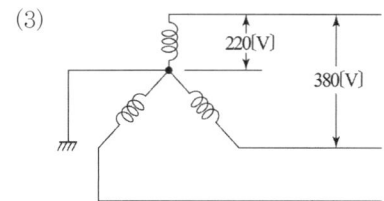

문제 06

▶ 출제년도 : 99. 03.   ▶ 점수 : 10점

다음 회로는 전동기의 정·역 변환 시퀀스 회로이다. 전동기는 가동 중 정·역을 곧바로 바꾸면 과전류와 기계적 손상이 오기 때문에 지연 타이머로 지연 시간을 주도록 하였다. 다음 각 물음에 답하시오.

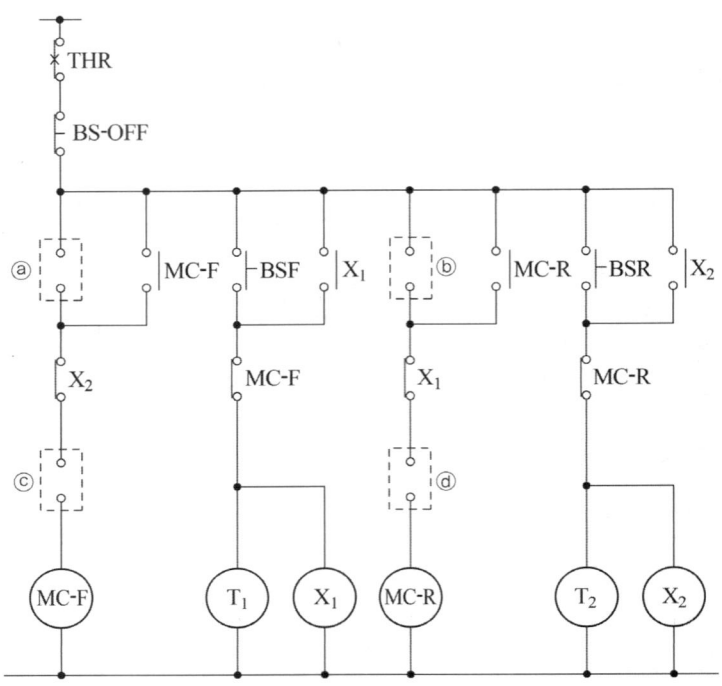

(1) ⓐ, ⓑ, ⓒ, ⓓ에 들어갈 접점을 그리고 접점 옆에 접점 기호를 표시하시오.
(2) 주 회로 부분을 그리시오.
(3) 약호 THR은 무엇인가?

답안작성

(1) ⓐ T_1 한시동작 a접점   ⓑ T_2 한시동작 a접점   ⓒ MCR-b   ⓓ MCF-b

(2)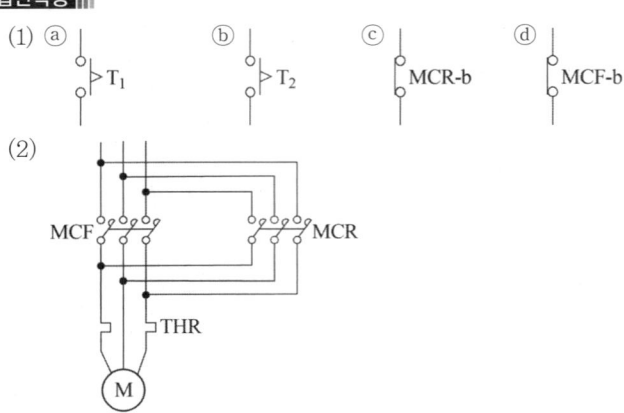

(3) 열동계전기

▸ 출제년도 : 03. ▸ 점수 : 12점

문제 07

주어진 다음 표를 이용하여 물음에 답하시오.

LS_1	LS_2	LS_3	X
0	0	0	0
0	0	1	0
0	1	0	0
0	1	1	1
1	0	0	0
1	0	1	1
1	1	0	1
1	1	1	1

(1) 카르노 도표를 작성하시오.
(2) 논리식을 쓰시오.
(3) 무접점 회로를 완성하시오.

답안작성

(1)

LS_3 \ LS_1, LS_2	0 0	0 1	1 1	1 0
0	0	0	1	0
1	0	1	1	1

(2) $X = LS_1 LS_2 + LS_2 LS_3 + LS_1 LS_3$

(3)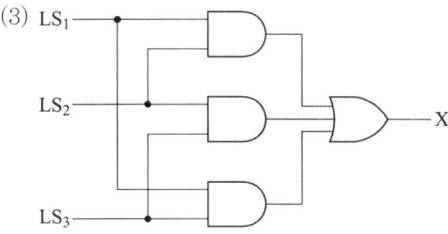

해설

(2) $X = \overline{LS_1} LS_2 LS_3 + LS_1 \overline{LS_2} LS_3 + LS_1 LS_2 \overline{LS_3} + LS_1 LS_2 LS_3$
$= LS_2 LS_3 + LS_1 LS_3 + LS_1 LS_2$
또는 $X = LS_1(LS_2 + LS_3) + LS_2 LS_3$

(3) $X = LS_2 LS_3 + LS_1 LS_3 + LS_1 LS_2$ 　 또는 　 $X = LS_1(LS_2 + LS_3) + LS_2 LS_3$

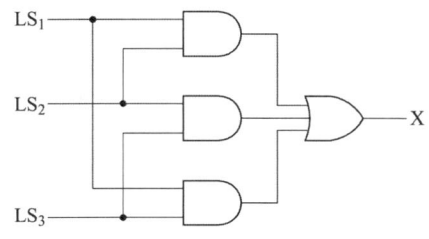 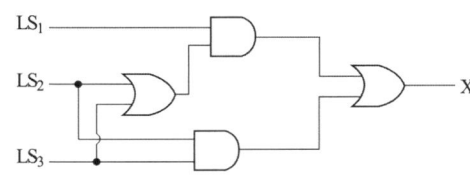

문제 08 ▸ 출제년도 : 97. 03. 05. ▸ 점수 : 6점

다음과 같은 값을 측정하는데 가장 적당한 것은?
(1) 단선인 전선의 굵기
(2) 옥내전등선의 절연저항
(3) 접지저항(브리지로 답할 것)

답안작성

(1) 와이어 게이지
(2) 메거
(3) 콜라우시 브리지

해설

(2) 메거를 절연저항계로 답하여도 된다.

문제 09 ▸ 출제년도 : 99. 03. ▸ 점수 : 8점

분전반에서 30 [m]의 거리에 2.5 [kW]의 교류 단상 220 [V] 전열용 아우트렛을 설치하여 전압강하를 2 [%] 이내가 되도록 하고자 한다. 이곳의 배선 방법을 금속관공사로 한다고 할 때, 다음 각 물음에 답하시오.
(1) 전선의 굵기를 선정하고자 할 때 고려하여야 할 사항을 3가지만 쓰시오.
(2) 전선은 450/750 [V] 일반용 단심 비닐절연전선을 사용한다고 할 때 본문내용에 따른 전선의 굵기를 계산하고, 규격품의 굵기로 답하시오.

답안작성

(1) 허용 전류, 전압 강하, 기계적 강도

(2) $I = \dfrac{2.5 \times 10^3}{220} = 11.36 [\text{A}]$

전선의 굵기 : $A = \dfrac{35.6 LI}{1000 e} = \dfrac{35.6 \times 30 \times 11.36}{1000 \times (220 \times 0.02)} = 2.76 [\text{mm}^2]$

답 : $4 [\text{mm}^2]$

해설

전선규격 [mm²]

1.5	2.5	4
6	10	16
25	35	50
70	95	120
150	185	240
300	400	500

전선의 단면적

단상 2선식	$A = \dfrac{35.6 LI}{1000 \cdot e}$
3상 3선식	$A = \dfrac{30.8 LI}{1000 \cdot e}$
단상 3선식 3상 4선식	$A = \dfrac{17.8 LI}{1000 \cdot e}$

▶ 출제년도 : 95. 03.   ▶ 점수 : 5점

문제 10 부하 설비 및 수용률이 그림과 같은 경우 이곳에 공급할 변압기 Tr의 용량을 계산하여 표준 용량으로 결정하시오. 단, 부등률은 1.1, 종합 역률은 80 [%] 이하로 한다.

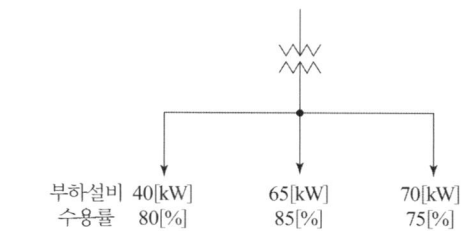

| 부하설비 | 40[kW] | 65[kW] | 70[kW] |
| 수용률 | 80[%] | 85[%] | 75[%] |

변압기 표준 용량 [kVA]

| 50 | 100 | 150 | 200 | 250 | 300 | 500 |

• 계산 :   • 답 :

답안작성

계산 : 변압기 용량 $= \dfrac{40 \times 0.8 + 65 \times 0.85 + 70 \times 0.75}{1.1 \times 0.8} = 158.81\ [\text{kVA}]$

답 : 표준 용량 200 [kVA] 선정

해설

① 변압기 용량 [kVA] ≥ 합성 최대 전력 [kVA] $= \dfrac{\text{설비 용량 [kVA]} \times \text{수용률}}{\text{부등률}}$

② 변압기 용량 [kVA] ≥ 합성 최대 전력 [kVA] $= \dfrac{\text{설비 용량 [kW]} \times \text{수용률}}{\text{부등률} \times \text{역률}}$

▶ 출제년도 : 98. 03.   ▶ 점수 : 6점

문제 11 일반용 조명 및 콘센트의 그림 기호에 대한 다음 각 물음에 답하시오.

(1) 백열등의 그림 기호는 ◯이다. 벽붙이의 그림 기호를 그리시오.
(2) ⊗로 표시되는 등은 어떤 등인가?
(3) ◯H :   ◯M :   ◯N :

답안작성

(1) ◐
(2) 옥외등
(3) ◯H : 수은등   ◯M : 메탈헬라이드등   ◯N : 나트륨등

▶ 출제년도 : 03. 07.   ▶ 점수 : 5점

문제 12 거리계전기의 설치점에서 고정점까지의 임피던스를 50 [Ω]이라면 계전기측에서 보는 임피던스는 얼마인가? 단, PT의 비는 154000/110 [V], CT의 비는 400/5 [A]이다.

답안작성

계산 : $Z_{Ry} = Z_1 \times \dfrac{CT비}{PT비} = 50 \times \dfrac{400}{5} \times \dfrac{110}{154000} = 2.86\,[\Omega]$

답 : $2.86\,[\Omega]$

해설

$Z_{Ry} = \dfrac{V_2}{I_2} = \dfrac{V_1 \times \dfrac{1}{PT비}}{I_1 \times \dfrac{1}{CT비}} = \dfrac{V_1}{I_1} \times \dfrac{CT비}{PT비} = Z_1 \times \dfrac{CT비}{PT비}$

E60-2
전기산업기사 실기

2004년도 기출문제

- 2004년 전기산업기사 1회
- 2004년 전기산업기사 2회
- 2004년 전기산업기사 3회

국가기술자격검정 실기시험문제 및 답안지

2004년도 산업기사 일반검정 제 1 회

자격종목(선택분야)	시험시간	형별
전기산업기사	2시간 00분	

문제 01 ▸ 출제년도 : 04. ▸ 점수 : 6점

큐비클의 종류 3가지를 쓰고 각 주 차단장치에 대해 간단히 설명을 하시오.

답안작성

큐비클의 종류	설 명
CB형	차단기(CB)를 사용한것
PF-CB형	한류형 전력 퓨우즈(PF)와 CB를 조합하여 사용하는 것
PF-S형	PF와 고압 개폐기를 조합하여 사용하는 것

문제 02 ▸ 출제년도 : 89. 04. ▸ 점수 : 6점

선로의 길이가 30 [km]인 3상 3선식 2회선 송전 선로가 있다. 수전단에 30[kV], 6000[kW], 역률 0.8의 3상 부하에 공급할 경우 송전 손실을 10 [%] 이하로 하기 위해서는 전선의 굵기를 얼마로 하여야 하는가? 단, 사용 전선의 고유 저항은 1/55 [Ω/mm²·m] 이다.

심선의 굵기와 허용 전류

심선의 굵기 [mm²]	25	35	50	70	95	120	150
허용 전류 [A]	50	90	100	140	160	180	200

답안작성

① 1회선당 흐르는 부하 전류

$$I = \frac{6000}{\sqrt{3} \times 30 \times 0.8} \times \frac{1}{2} = 72.17 \text{ [A]}$$

허용 전류 고려시 전선의 굵기는 35 [mm²]

② 송전 손실을 10 [%] 이하로 하기 위한 전선의 굵기

$$P_l = 0.1 \times 6000 \times \frac{1}{2} = 300 \text{ [kW]}$$

$$P_l = 3I^2 R = 3I^2 \times \frac{1}{55} \times \frac{l}{A} \text{에서}$$

$$A = \frac{3 \times I^2 \times l}{55 \times P_l} = \frac{3 \times (72.17)^2 \times 30000}{55 \times 300 \times 1000} = 28.41 \text{ [mm}^2\text{]}$$

∴ 전선의 허용 전류 및 전력 손실을 감안하여 ①, ② 계산 결과중 큰 값인 35 [mm²] 선정

답 : 35 [mm²]

해설

- 고유저항의 단위가 $[\Omega/mm^2 \cdot m]$일 때, 전선의 길이는 $[m]$로, 전선의 단면적은 $[mm^2]$ 단위로 계산하여야 한다.
- 1회선당 전력손실 = 2회선의 전력손실 $\times \dfrac{1}{2}$

▸ 출제년도 : 89. 97. 04.   ▸ 점수 : 20점

문제 03 답안지에 있는 미완성 복선 결선도를 보고 다음 각 물음에 답하시오.

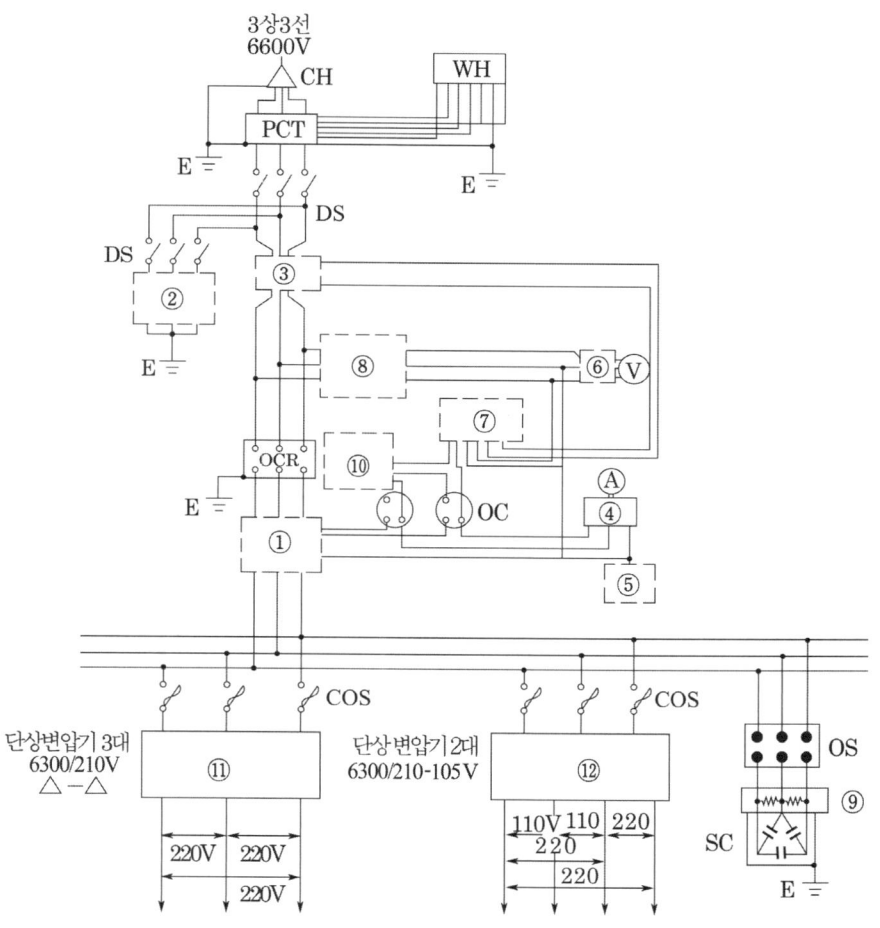

(1) ① ~ ⑥ 부분에 해당되는 심벌을 그려넣고 그 옆에 제어 약호를 쓰도록 하시오.
(2) ⑪, ⑫의 변압기 결선을 완성하시오.
(3) ⑦, ⑧에 사용되는 기기의 명칭은 무엇인가?
(4) ⑨, ⑩ 부분을 사용하는 주된 목적을 설명하시오.

답안작성

(1)

번호	①	②	③
심벌	CT⫞⫞CT	⩔⩔⩔LA	ZCT⫞⫞

번호	④	⑤	⑥
심벌	Ⓐ AS	⏚ E	⊕ VS

(2) 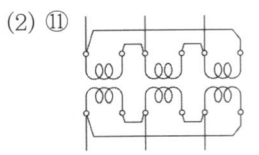 ⑪   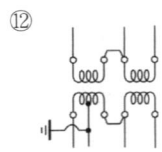 ⑫

(3) ⑦ 지락 계전기   ⑧ 계기용 변압기

(4) ⑨ 콘덴서에 축적된 잔류 전하 방전
⑩ 차단기를 트립시키기 위한 여자 코일

▸ 출제년도 : 01. 04. 06.   ▸ 점수 : 12점

문제 04

그림은 자가용 수변전 설비 주회로의 절연 저항 측정시험에 대한 배치도이다. 다음 각 물음에 답하시오.

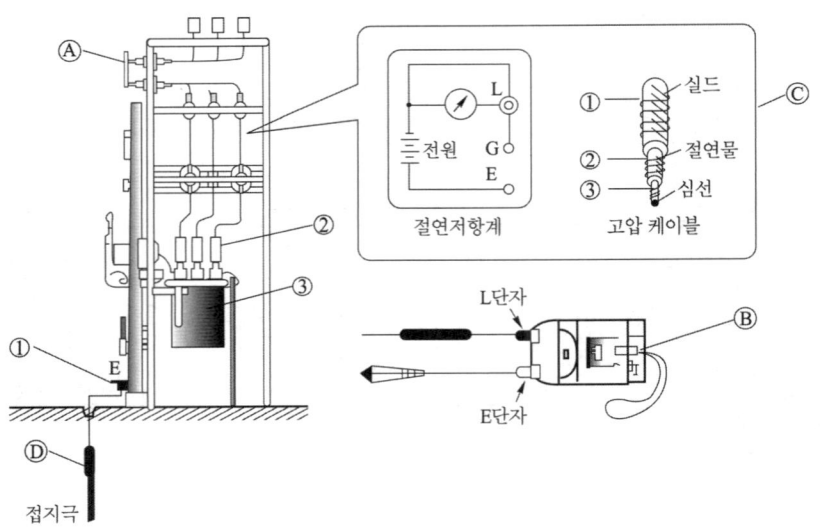

(1) 절연 저항 측정에서 Ⓐ기기의 명칭을 쓰고 개폐 상태를 밝히시오.
(2) 기기 Ⓑ의 명칭은 무엇인가?
(3) 절연 저항계의 L단자와 E단자의 접속은 어느 개소에 하여야 하는가?
(4) 절연 저항계의 지시가 잘 안정되지 않을 때에는 통상 어떻게 하여야 하는가?
(5) ⓒ의 고압 케이블과 절연 저항계의 단자 L, G, E와의 접속은 어떻게 하여야 하는가?

답안작성

(1) 단로기 : 개방 상태
(2) 절연 저항계
(3) L 단자 : 선로측   E 단자 : 접지극 ①
(4) 1분 후 다시 측정한다.
(5) L 단자 : ③   G 단자 : ②   E 단자 : ①

▸ 출제년도 : 04. ▸ 점수 : 5점

문제 05 500 [kVA]의 변압기가 그림과 같은 부하로 운전되고 있다. 오전에는 역률 80 [%]로 오후에는 100 [%]로 운전된다고 할 때 전일효율은 몇 [%]가 되겠는가? 단, 이 변압기의 철손은 6 [kW] 전부하시 동손은 10 [kW]라 한다.

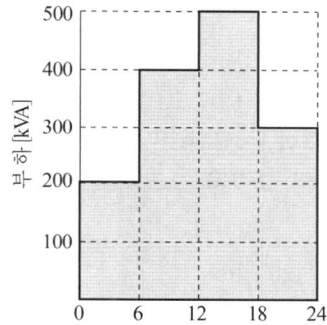

답안작성

출력 $P = (200 \times 6 \times 0.8 + 400 \times 6 \times 0.8 + 500 \times 6 \times 1 + 300 \times 6 \times 1) = 7680$ [kWh]

철손 $P_i = 6 \times 24 = 144$ [kWh]

동손 $P_c = 10 \times \left\{ \left(\frac{200}{500}\right)^2 \times 6 + \left(\frac{400}{500}\right)^2 \times 6 + \left(\frac{500}{500}\right)^2 \times 6 + \left(\frac{300}{500}\right)^2 \times 6 \right\} = 129.6$ [kWh]

전일 효율 $\eta = \dfrac{7680}{7680 + 144 + 129.6} \times 100 = 96.56$ [%]

답 : 96.56 [%]

해설

전일효율 $\eta = \dfrac{\sum h \left(\frac{1}{m}\right) VI \cos\theta}{\sum h \left(\frac{1}{m}\right) VI \cos\theta + 24 P_i + \sum h \left(\frac{1}{m}\right)^2 P_c} \times 100$

▸ 출제년도 : 96. 98. 00. 04. ▸ 점수 : 4점

문제 06 다음과 같은 전선이나 케이블에 대한 명칭을 쓰시오.

(1) DV   (2) EV
(3) CV1   (4) OW

답안작성

(1) 인입용 비닐 절연 전선
(2) 폴리에틸렌 절연 비닐 시스 케이블
(3) 0.6/1 [kV] 가교폴리에틸렌 절연비닐시스케이블
(4) 옥외용 비닐절연 전선

▸ 출제년도 : 96. 00. 04.   ▸ 점수 : 9점

문제 07 그림과 같은 단상 3선식 수전인 경우 다음 각 물음에 답하시오.

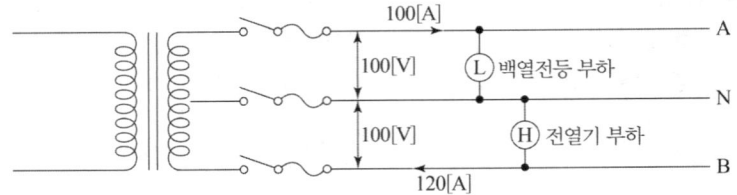

(1) 2차측이 폐로되어 있다고 할 때 설비 불평형률은 몇 [%]인가?
(2) 변압기 2차측에서 부하전단까지 누락되거나 잘못된 부분이 3가지 있다. 이것을 지적하고 올바른 그림을 그리시오. 접지는 E로 표시하시오.

답안작성

(1) 불평형률 $= \dfrac{120-100}{\dfrac{1}{2}(100+120)} \times 100 = 18.18 \, [\%]$ 답 : 18.18 [%]

(2) ① 중성선 : 계통접지공사를 하여야 함
    ② 중성선 과전류 차단기는 생략하고 동선으로 직결
    ③ 개폐기는 3극 동시개폐

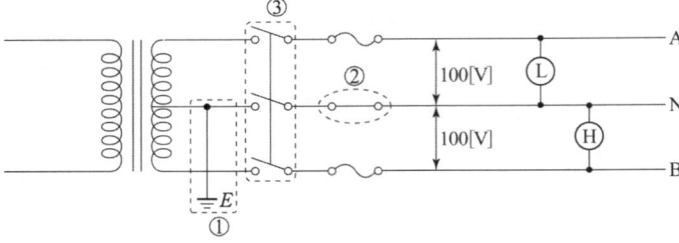

▸ 출제년도 : 99. 04. 06.   ▸ 점수 : 5점

문제 08 일반용 조명에 관한 다음 각 물음에 답하시오.

(1) 백열등의 그림 기호는 ○ 이다. 벽붙이의 그림 기호를 그리시오.
(2) HID 등의 종류를 표시하는 경우는 용량 앞에 문자기호를 붙이도록 되어 있다. 수은등, 메탈헬라이드등, 나트륨등은 어떤 기호를 붙이는가?
(3) 그림 기호가 ⊗로 표시되어 있다. 어떤 용도의 조명등인가?
(4) 조명등으로서의 일반 백열등을 형광등과 비교할 때의 그 기능상의 장점을 3가지만 쓰시오.

답안작성

(1) ◐
(2) 수은등 : H   메탈 핼라이드등 : M   나트륨등 : N
(3) 옥외등
(4) ① 역률이 좋다.
    ② 연색성이 우수하다.
    ③ 안정기가 불필요하며, 기동시간이 짧다.

해설

(4) 그 외. ④ 램프의 점등 방식이 간단하다.
           ⑤ 가격이 저렴하다.

▶ 출제년도 : 96. 00. 04.   ▶ 점수 : 12점

문제 09 그림은 최대 사용 전압 6900 [V]인 변압기의 절연 내력 시험을 위한 시험 회로도이다. 그림을 보고 다음 각 물음에 답하시오.

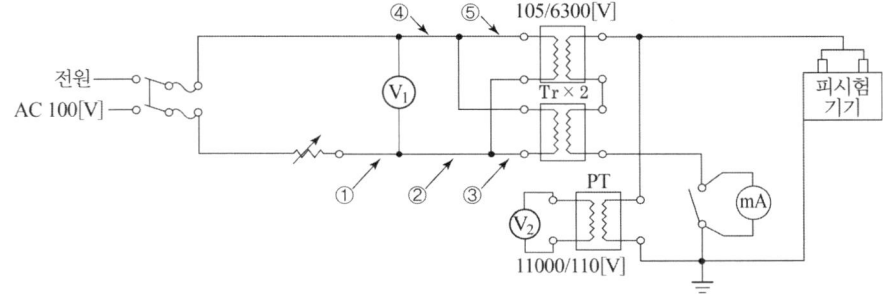

(1) 전원측 회로에 전류계 Ⓐ를 설치하고자 할 때 ①~⑤번 중 어느 곳이 적당한가?
(2) 시험시 전압계 Ⓥ₁로 측정되는 전압은 몇 [V]인가?(단, 소수점 이하는 반올림 할 것)
   • 계산 :   • 답 :
(3) 시험시 전압계 Ⓥ₂로 측정되는 전압은 몇 [V]인가?
   • 계산 :   • 답 :
(4) PT의 설치 목적은 무엇인가?
(5) 전류계 [mA]의 설치 목적은 어떤 전류를 측정하기 위함인가?

답안작성

(1) ①
(2) 계산 : 절연 내력 시험 전압 : $V = 6900 \times 1.5 = 10350[V]$

   전압계 : $V_1 = 10350 \times \dfrac{1}{2} \times \dfrac{105}{6300} = 86.25[V]$ 답 : 86 [V]

(3) 계산 : $V_2 = 6900 \times 1.5 \times \dfrac{110}{11000} = 103.5[V]$ 답 : 103.5 [V]

(4) 피시험기기의 절연 내력 시험 전압 측정
(5) 누설 전류의 측정

해설

(2) ① KEC 135 변압기 전로의 절연내력

변압기의 전로는 표에서 정하는 시험전압을 권선과 다른 권선, 철심 및 외함 간에 시험전압을 연속하여 10분간 가하여 절연내력을 시험하였을 때에 이에 견디는 것이어야 한다.

권선의 종류 (최대사용전압)	접지방식	시험 전압 (최대사용전압의 배수)	최저 시험 전압
1. 7[kV] 이하		1.5배	500[V]
	다중접지	0.92배	500[V]
2. 7[kV] 초과 25[kV] 이하	다중접지	0.92배	
3. 7[kV] 초과 60[kV] 이하 (2란의 것을 제외한다)		1.25배	10.5[kV]
4. 60[kV] 초과 (전위 변성기를 사용하여 접지하는 것을 포함한다. 8란의 것을 제외한다)	비접지	1.25	
5. 60[kV] 초과 (전위 변성기를 사용하여 접지하는 것, 6란 및 8란의 것을 제외한다)	접지식	1.1배	75[kV]
6. 60[kV] 초과(8란의 것을 제외한다) 다만, 170[kV]를 초과하는 권선에는 그 중성점에 피뢰기를 시설하는 것에 한한다.	직접접지	0.72배	
7. 170[kV] 초과 (8란의 것을 제외한다)	직접접지	0.64배	

② 문제에서 소수점 이하는 반올림할 것이라는 조건이 있음.

▶ 출제년도 : 95. 98. 00. 05.　▶ 점수 : 5점

문제 10　그림과 같은 방전 특성을 갖는 부하에 대한 각 물음에 답하시오.

방전 전류 [A] $I_1 = 500$, $I_2 = 300$, $I_3 = 80$, $I_4 = 100$

방전 시간 [분] $T_1 = 120$, $T_2 = 119$, $T_3 = 50$, $T_4 = 1$

용량 환산 시간 $K_1 = 2.49$, $K_2 = 2.49$, $K_3 = 1.46$, $K_4 = 0.57$

보수율은 0.8을 적용한다.

(1) 이와 같은 방전 특성을 갖는 축전지 용량은 몇 [Ah]인가?

(2) 납 축전지의 정격방전율은 몇 시간으로 하는가?

(3) 축전지의 전압은 납 축전지에서는 1단위당 몇 [V]인가?

(4) 예비전원으로 시설되는 축전지로부터 부하에 이르는 전로에는 개폐기와 또 무엇을 설치하는가?

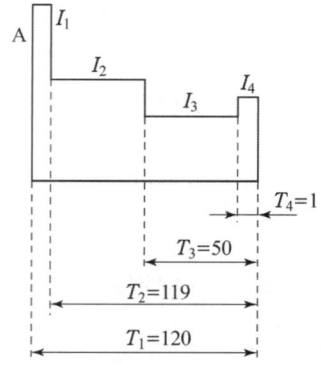

답안작성

(1) 계산 : $C = \dfrac{1}{L}[K_1 I_1 + K_2(I_2 - I_1) + K_3(I_3 - I_2) + K_4(I_4 - I_3)]$ [Ah]

$= \dfrac{1}{0.8}[2.49 \times 500 + 2.49(300 - 500) + 1.46(80 - 300) + 0.57(100 - 80)]$

$= 546.5$ [Ah]

답 : 546.5 [Ah]

(2) 10 시간율
(3) 2 [V/cell]
(4) 과전류 차단기

해설

축전지 용량은 전체 면적 K_1I_1 에서 $K_2(I_1-I_2)$ 면적과 $K_3(I_2-I_3)$ 면적을 빼주고 $K_4(I_4-I_3)$ 면적을 더해주면 된다.

즉, $C = \dfrac{1}{L}\left[K_1I_1 - K_2(I_1-I_2) - K_3(I_2-I_3) + K_4(I_4-I_3)\right]$
$= \dfrac{1}{L}\left[K_1I_1 + K_2(I_2-I_1) + K_3(I_3-I_2) + K_4(I_4-I_3)\right]$

가 된다.

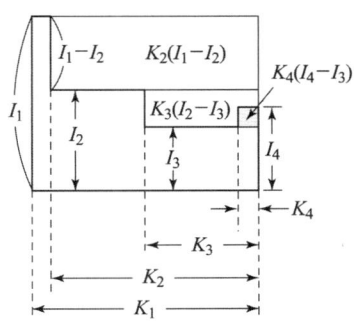

▸ 출제년도 : 04. ▸ 점수 : 10점

문제 11 그림은 오락실의 시퀀스 회로도이다. 다음 물음에 답하시오. 단, 코인을 2개 투입하면 1시간만큼 동작하는 회로이다.

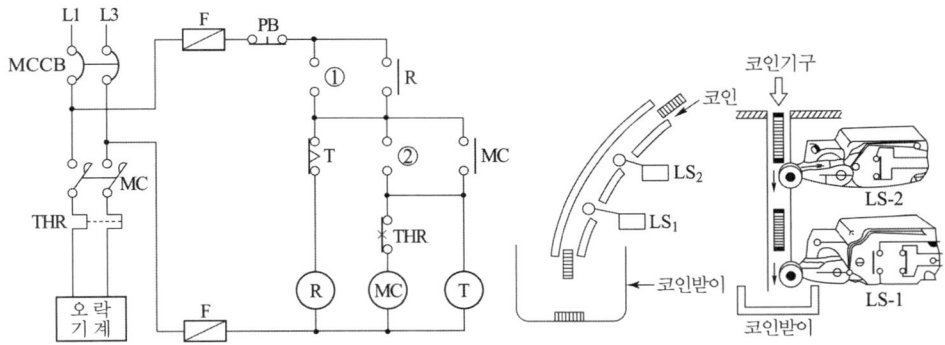

(1) 그림의 시퀀스 회로를 보고 ①, ② 접점을 완성하시오.
(2) 동작·정지를 순서대로 ①, ②, ③, ④로 설명하여라.
(3) 다음 타임 챠트를 완성하여라.

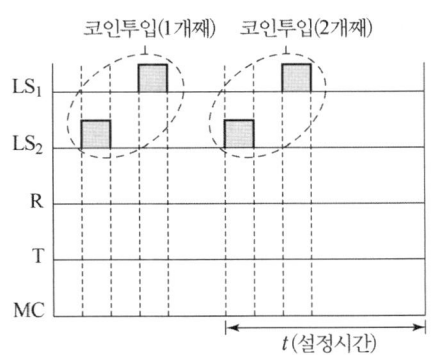

답안작성

(1) ①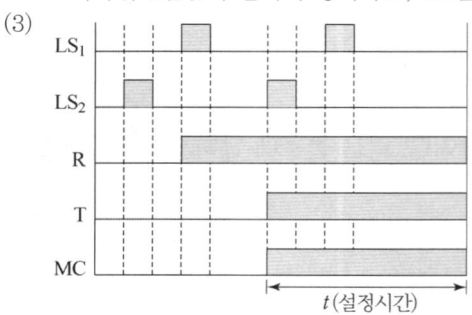

(2) ① 코인(동전)한개를 투입하면 $LS_2 \to LS_1$의 순으로 동작되는데, LS_2가 동작하여도 회로는 동작하지 않고 LS_1이 동작되어야만 릴레이 ⓡ이 여자된다.
② 릴레이 ⓡ의 a접점에 의해 자기 유지되어 있는 상태에서 두 번째 코인을 투입하면 LS_2가 동작되어 전자 접촉기 MC가 여자된다.
③ MC의 a접점에 의해 MC가 자기 유지되어 오락기계가 작동한다.
④ 타이머 T의 설정시간 동안 릴레이 ⓡ이 여자되다가 설정 시간 후에는 타이머의 한시동작 순시복귀 b접점이 떨어져 정지하고, PB를 눌러도 정지된다.

(3)

▶ 출제년도 : 97. 00. 04. 06.   ▶ 점수 : 6점

문제 12 그림과 같은 계통에서 측로 단로기 DS_3을 통하여 부하에 공급하고 차단기 CB를 점검하고자 할 때 다음 각 물음에 답하시오. 단, 평상시에 DS_3는 열려 있는 상태임.
(1) 차단기 점검을 하기 위한 조작 순서를 쓰시오.
(2) CB의 점검이 완료된 후 정상 상태로 전환시의 조작 순서를 쓰시오.
(3) 도면과 같은 설비에서 차단기 CB의 점검 작업 중 발생할 수 있는 문제점을 설명하고 이러한 문제점을 해소하기 위한 방안을 설명하시오.

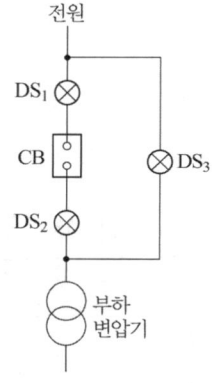

답안작성

(1) DS_3(ON) → CB(OFF) → DS_2(OFF) → DS_1(OFF)
(2) DS_2(ON) → DS_1(ON) → CB(ON) → DS_3(OFF)
(3) • 발생될 수 있는 문제점 : 차단기(CB)가 투입(ON)된 상태에서 단로기(DS_1, DS_2)를 투입(ON)하거나 개방(OFF)하면 위험(감전 및 전기화상)하다.
• 해소 방안 : 단로기(DS)와 차단기(CB)간에 인터록 장치를 한다.
(부하 전류가 통전 중에는 회로의 개폐가 되지 않도록 시설한다.)

국가기술자격검정 실기시험문제 및 답안지

2004년도 산업기사 일반검정 제 2 회

자격종목(선택분야): 전기산업기사
시험시간: 2시간 00분

문제 01

▶ 출제년도 : 98. 04.   ▶ 점수 : 9점

예비 전원 설비로 축전지 설비를 하고자 한다. 축전지 설비에 대한 다음 각 물음에 답하시오.

(1) 축전지 설비를 구성하는 주요 부분을 4가지로 구분할 때, 그 4가지는 무엇인가?
(2) 축전지의 충전 방식중 부동 충전 방식에 대한 개략도를 그리고 이 충전방식에 대하여 설명하시오.
(3) 축전지의 과방전 및 방치상태, 가벼운 설페이션(Sulfation) 현상 등이 생겼을 때 기능 회복을 위하여 실시하는 충전 방식은 어떤 충전 방식인가?

답안작성

(1) 축전지, 충전 장치, 보안 장치, 제어 장치
(2)
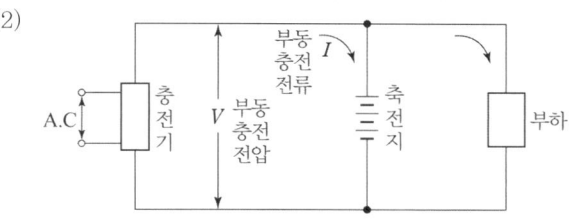

축전지의 자기방전을 보충함과 동시에 상용부하에 대한 전력공급은 충전기가 부담하되 충전기가 부담하기 어려운 일시적인 대전류 부하는 축전지로 하여금 부담케 하는 방식
(3) 회복 충전

해설

(3) 회복 충전 : 정전류 충전법에 의하여 약한 전류로 40~50시간 충전시킨 후 방전시키고, 다시 충전시킨 후 방전시킨다. 이와같은 동작을 여러 번 반복하게 되면 본래의 출력 용량을 회복하게 되는데 이러한 충전 방법을 회복 충전이라 한다.

▶ 출제년도 : 90. 98. 04.   ▶ 점수 : 15점

문제 02
주어진 도면은 어떤 수용가의 수전 설비의 단선 결선도이다. 도면과 참고표를 이용하여 물음에 답하시오.

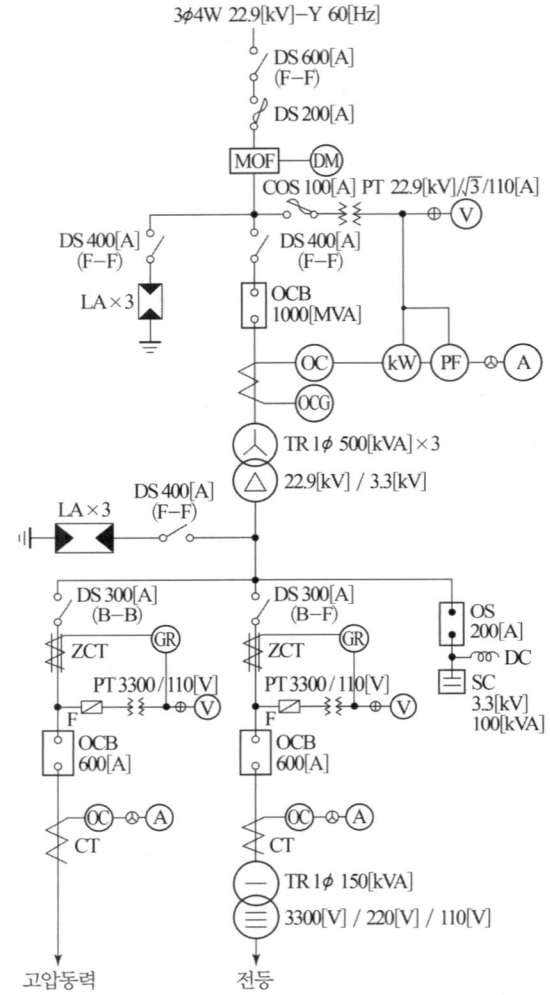

[참고표]

계기용 변성기 정격(일반 고압용)

종 별	정 격	
PT	1차 정격 전압 [V]	3300, 6000
	2차 정격 전압 [V]	110
	정격 부담 [VA]	50, 100, 200, 400
CT	1차 정격 전류 [A]	10, 15, 20, 30, 40, 50, 75, 100, 150, 200, 300, 400, 500, 600
	2차 정격 전류 [A]	5
	정격 부담 [VA]	15, 40, 100 일반적으로 고압 회로는 40 [VA] 이하, 저압 회로는 15 [VA] 이상

(1) 22.9 [kV] 측에 대하여 다음 각 물음에 답하시오.
   ① MOF에 연결되어 있는 ⓓⓜ은 무엇인가?
   ② DS의 정격 전압은 몇 [kV]인가?
   ③ LA의 정격 전압은 몇 [kV]인가?
   ④ OCB의 정격 전압은 몇 [kV]인가?
   ⑤ OCB의 정격 차단 용량 선정은 무엇을 기준으로 하는가?
   ⑥ CT의 변류비는? (단, 1차 전류의 여유는 25 [%]로 한다)
      • 계산 :   • 답 :
   ⑦ DS에 표시된 F – F의 뜻은?
   ⑧ 변압기와 피뢰기의 최대 유효 이격 거리는 몇 [m]인가?
   ⑨ 그림과 같은 결선에서 단상 변압기가 2부싱형 변압기이면 1차 중성점의 접지는 어떻게 해야 하는가? (단, "접지를 한다", "접지를 하지 않는다"로 답 하시오.)
   ⑩ OCB의 차단 용량이 1000 [MVA]일 때 정격 차단 전류는 몇 [A]인가?

(2) 3.3 [kV]측에 대하여 다음 각 물음에 답하시오.
   ① 옥내용 PT는 주로 어떤 형을 사용하는가?
   ② 고압 동력용 OCB에 표시된 600 [A]는 무엇을 의미하는가?
   ③ 콘덴서에 내장된 DC의 역할은?
   ④ 전등 부하의 수용률이 70 [%]일 때 전등용 변압기에 걸 수 있는 부하 용량은 몇 [kW]인가?

답안작성

(1) ① 최대 수요 전력량계   ② 25.8 [kV]   ③ 18 [kV]
    ④ 25.8 [kV]   ⑤ 단락 용량
    ⑥ 계산 : $I_1 = \dfrac{500 \times 3}{\sqrt{3} \times 22.9} \times 1.25 = 47.27$ [A]이므로
       CT의 변류비는 50/5 선정
      답 : 50/5
    ⑦ 접속 단자의 접속 방법이 표면 접속이라는 것
    ⑧ 20 [m]
    ⑨ 접지를 하지 않는다.
    ⑩ 계산 : 정격 차단 용량 = $\sqrt{3}$×정격 전압×정격 차단 전류 에서
       $I_s = \dfrac{P_s}{\sqrt{3}\,V} = \dfrac{1000 \times 10^3}{\sqrt{3} \times 25.8} = 22377.92$ [A]
      답 : 22377.92 [A]

(2) ① 몰드형
    ② 정격 전류
    ③ 콘덴서에 축적된 잔류 전하 방전
    ④ 부하 용량 = $\dfrac{150}{0.7} = 214.29$ [kW]

▶ 출제년도 : 04. 05. 07.   ▶ 점수 : 5점

문제 03 그림은 릴레이 인터록 회로이다. 이 그림을 보고 다음 각 물음에 답하시오.

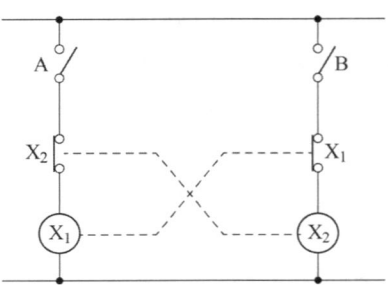

(1) 이 회로를 논리회로로 고쳐서 그리고, 주어진 타임챠트를 완성하시오.
 • 논리회로
 • 타임챠트

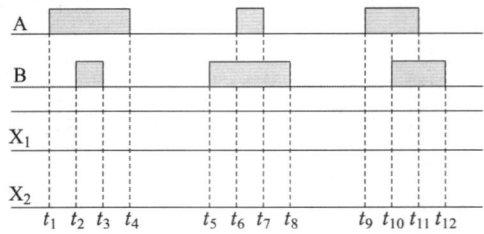

(2) 인터록회로는 어떤 회로인지 상세하게 설명하시오.

답안작성

(1) • 논리회로

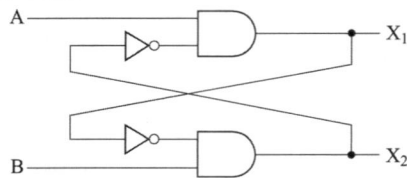

 • 타임챠트

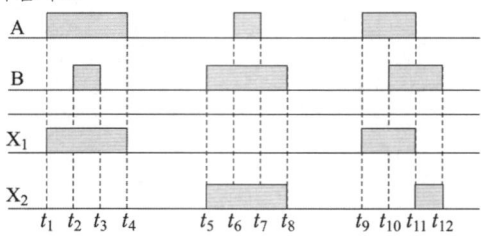

(2) 기기의 보호와 조작자의 안전을 목적으로 기기의 동작상태를 나타내는 접점을 사용하여 관련된 기기의 동작을 금지시키는 회로

▶ 출제년도 : 96. 98. 00. 04.   ▶ 점수 : 4점

문제 04

전선 및 케이블에 대한 다음 약호의 우리말 명칭을 쓰시오.
(1) DV 전선
(2) NR 전선
(3) CV10 케이블
(4) EV 케이블

답안작성

(1) 인입용 비닐 절연 전선
(2) 450/750 [V] 일반용 단심 비닐 절연 전선
(3) 6/10 [kV] 가교 폴리에틸렌 절연 비닐 시스 케이블
(4) 폴리에틸렌 절연 비닐 시스 케이블

▶ 출제년도 : 04.   ▶ 점수 : 18점

문제 05

도면은 옥내의 전등 및 콘센트 설비에 대한 평면 배선이다. 주어진 조건을 이용하여 각 물음에 답하여라.

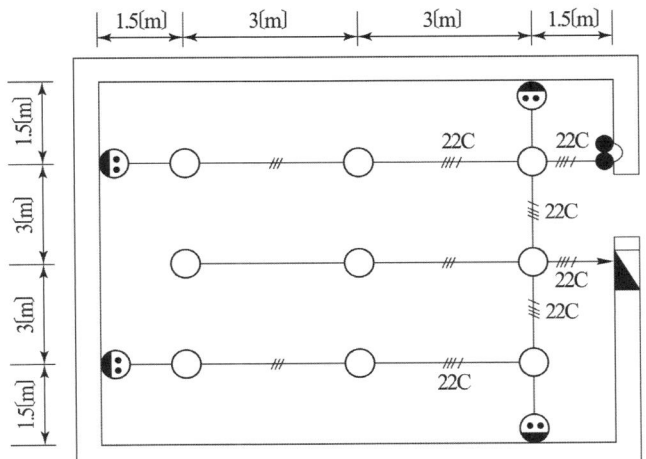

[조건]
- 바닥에서 천장 슬라브까지의 높이는 3 [m]이다.
- 전선은 450/750 [V] 일반용 단심 비닐절연전선 2.5 [mm^2]를 사용한다.
- 전선관은 후강전선관을 사용하고 도면에 표현이 없는 것과 전선이 3가닥인 것은 16 [호]를 사용하는 것으로 한다.
- 4조 이상의 배관과 접속되는 박스는 4각 박스를 사용한다.
- 분전반의 설치 높이는 1.8 [m](바닥에서 상단까지)이고, 바닥에서 하단까지는 0.5 [m] 로 한다.

- 콘센트는 설치 높이는 0.3 [m](바닥에서 중심까지)로 한다.
- 스위치의 설치 높이는 1.2 [m](바닥에서 중심까지)로 한다.
- 자재 산출시 산출수량과 할증수량은 소수점 이하도 모두 기재하고, 자재별 총 수량 (산출수량+할증수량)을 산정할 때 소수점 이하의 수는 올려서 계산하도록 한다.
- 배관, 배선의 할증은 10 [%]로 하고 배관, 배선 이외의 자재는 할증이 없는 것으로 한다.
- 배관, 배선의 자재산출은 기구 중심에서 중심까지로 하되 벽면에 있는 기구는 그 끝까지(즉, 도면의 치수표시 숫자인 1.5 [m]) 산정한다.
- 콘센트용 박스는 4각 박스로 한다.
- 도면에 전선 가닥수의 표시가 없는 것은 최소 전선수를 적용하도록 한다.
- 분전반 내부에서의 배선 여유는 전선 1본당 0.5 [m]로 한다.
- 천장 슬라브에서 천장 슬라브내의 배관 및 배선의 설치높이는 자재 산출에 포함시키지 않는다.

(1) 주어진 도면에서 산출할 수 있는 다음 재료표의 빈칸을 채우시오. 단, 전선관 및 절연전선은 산출수량의 근거식을 반드시 쓰도록 한다.

자재명	규 격	단위	산출수량	할증수량	총 수 량 (산출수량+ 할증수량)
후강전선관	16 [호]	m			
후강전선관	22 [호]	m			
NR 전선	2.5 [mm^2]	m			
스위치	300 [V], 10 [A]	개			
스위치 플레이트	2개용	개			
매입콘센트	300 [V], 15 [A] 2개용	개			
4각박스	–	개			
8각박스	–	개			
스위치박스	2개용	개			
콘센트 플레이트	2개용	개			

- 후강전선관 16 [호] :
- 후강전선관 22 [호] :
- NR 전선 :

(2) 도면에 그려져 있는 콘센트는 일반용 콘센트의 그림기호이다. 방수형은 어떤 문자를 방기하는가?

(3) 배전반, 분전반 및 제어반의 그림기호는 □이며, 종류를 구별할 때 도면에서의 그림기호는 분전반의 그림 기호이다. 종류를 구별할 때 배전반의 그림기호를 그리시오.

답안작성

(1)

자재명	규 격	단위	산출수량	할증수량	총 수 량 (산출수량+할증수량)	
후강전선관	16 [호]	m	28.8	2.88	28.8+2.88=31.68	답 : 32
후강전선관	22 [호]	m	18	1.8	18+1.8=19.8	답 : 20
NR 전선	2.5 [mm^2]	m	140.6	14.06	140.6+14.06=154.66	답 : 155
스위치	300[V], 10[A]	개	2		2	
스위치 플레이트	2개용	개	1		1	
매입콘센트	300[V], 15[A] 2개용	개	4		4	
4각박스	–	개	6		6	
8각박스	–	개	7		7	
스위치박스	2개용	개	1		1	
콘센트 플레이트	2개용	개	4		4	

- 후강전선관 16 [호] : $1.5 \times 4 + 3 \times 4 + (3 - 0.3) \times 4 = 28.8$ [m]
- 후강전선관 22 [호] : $1.5 \times 2 + 3 \times 4 + (3 - 1.8) + (3 - 1.2) = 18$ [m]
- NR 전선 : $1.5 \times 16 + 3 \times 27 + 1.8 \times 4 + 1.2 \times 4 + 0.5 \times 4 + 2.7 \times 8 = 140.6$

(2) WP

(3) ⊠

▸ 출제년도 : 96. 04.   ▸ 점수 : 5점

문제 06 분전반에서 30 [m]인 거리에 5 [kW]의 단상 교류 200 [V]의 전열기용 아웃트렛을 설치하여, 그 전압강하를 4 [V] 이하가 되도록 하려고 한다. 배선방법을 금속관공사로 한다고 할 때 여기에 필요한 전선의 굵기를 계산하고, 실제 사용되는 전선의 굵기를 정하시오.

답안작성

$I = \dfrac{P}{E} = \dfrac{5000}{200} = 25$ [A]

$A = \dfrac{35.6LI}{1000e} = \dfrac{35.6 \times 30 \times 25}{1000 \times 4} = 6.68$ [mm^2]

답 : 10 [mm^2]

해설

전선규격 [mm^2]		
1.5	2.5	4
6	10	16
25	35	50
70	95	120
150	185	240
300	400	500

전선의 단면적	
단상 2선식	$A = \dfrac{35.6LI}{1000 \cdot e}$
3상 3선식	$A = \dfrac{30.8LI}{1000 \cdot e}$
단상 3선식 3상 4선식	$A = \dfrac{17.8LI}{1000 \cdot e}$

▸ 출제년도 : 04.　▸ 점수 : 4점

문제 07 계기용 변압기와 변류기를 부속하는 3상 3선식 전력량계를 결선하시오. 단, 1, 2, 3은 상순을 표시하고, P1, P2, P3은 계기용 변압기에 1S, 1L, 3S, 3L은 변류기에 접속하는 단자이다.

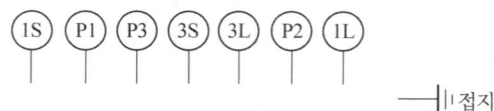

답안작성

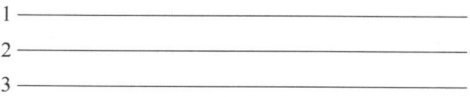

▸ 출제년도 : 04.　▸ 점수 : 4점

문제 08 전선의 굵기가 다른 NR 4 [mm²] 4본과 6 [mm²] 3본을 동일 전선관에 배선하고자 한다. 이 때 다음 물음에 답하시오.

전선의 굵 기	단면적 [mm²]	보정계수
4 [mm²]	17	2.0
6 [mm²]	21	1.2
10 [mm²]	35	1.2

전선관의 굵　기	내단면적의 32 [%]	내단면적의 48 [%]
16	67	101
22	120	180
28	201	301
36	342	513
42	460	690

(1) 전선관의 최소 규격을 구하시오. 단, 관 내단면적의 32[%]를 적용한다.
(2) 금속관을 구부릴 때 곡률 반지름은 관 안지름의 몇 배 이상이어야 하는가?

답안작성

(1) 보정계수를 고려한 총 단면적 = $17 \times 4 \times 2 + 21 \times 3 \times 1.2 = 211.6 [\text{mm}^2]$
   표에서 내단면적의 32 [%]란에서 내 단면적이 211.6 [mm²]를 초과하는 342 [mm²]인 36 [호]를 선정
   답 : 36 [호]
(2) 6배

문제 09 ▸ 출제년도 : 04. ▸ 점수 : 5점

그림에 나타낸 과전류 계전기가 유입차단기를 차단 할 수 있도록 결선하고, CT와 OCR 및 전류계를 연결할 때 접지를 표시하시오.. 단, 과전류 계전기는 상시 폐로식이다.

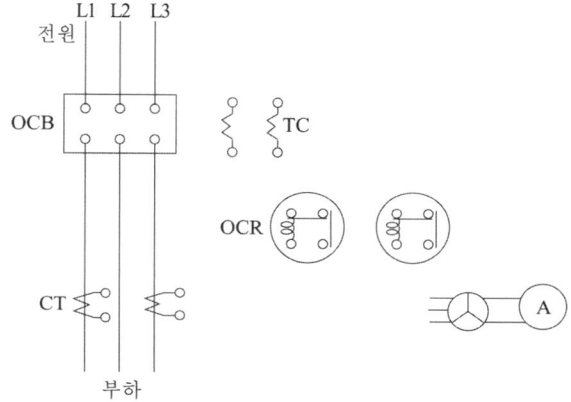

답안작성

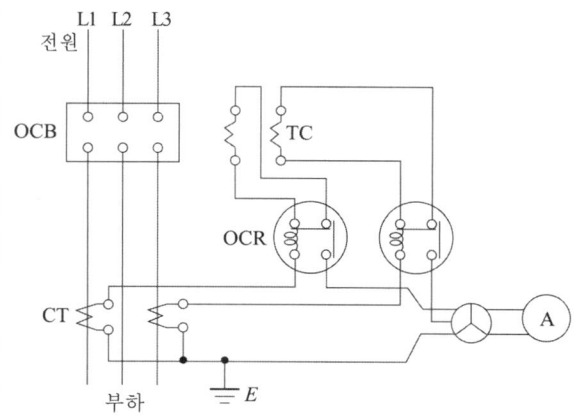

▶ 출제년도 : 04.   ▶ 점수 : 5점

문제 10 면적 216 [m²]인 사무실에 2×40W용 형광등 기구를 설치하려고 한다. 이 형광등 기구의 전광속이 4600 [lm], 전류가 0.87 [A]라고 할 때, 이 형광등 기구들을 설치하여 평균 조도를 200 [lx]로 한다면, 이 사무실의 형광등 기구의 수는 몇 개가 필요하며, 최소 분기 회로수는 몇 분기회로로 하여야 하는가? 단, 조명률 51 [%], 감광보상률은 1.3이며 전기방식은 단상 2선식 200 [V]로 16 [A] 분기회로로 한다.

답안작성

① 전등수 $N = \dfrac{EAD}{FU} = \dfrac{200 \times 216 \times 1.3}{4600 \times 0.51} = 23.94$ [개]   답 : 24 [개]

② 분기회로수 $n = \dfrac{24 \times 0.87}{16} = 1.31$ 답 : 16 [A] 분기 2회로

▶ 출제년도 : 04.   ▶ 점수 : 12점

문제 11 그림은 중형 환기 팬의 수동 운전 및 고장 표시등 회로의 일부이다. 이 회로를 이용하여 다음 각 물음에 답하시오.

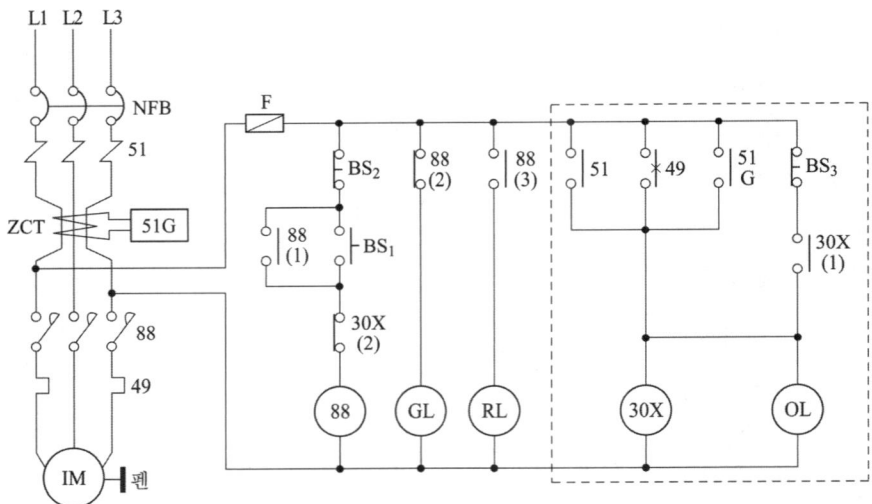

(1) 88은 MC로서 도면에서는 출력기구이다. 도면에 표시된 기구에 대하여 다음과 해당되는 명칭을 그 약호로 쓰시오. 단, 중복은 없고, NFB, ZCT, IM, 펜은 제외하며, 해당되는 기구가 여러 가지일 경우에는 모두 쓰도록 한다.

① 고장표시기구 :   ② 고장회복 확인기구 :
③ 기동기구 :   ④ 정지기구 :
⑤ 운전표시램프 :   ⑥ 정지표시램프 :
⑦ 고장표시램프 :   ⑧ 고장검출기구 :

(2) 그림의 점선으로 표시된 회로를 AND, OR, NOT 회로를 사용하여 로직회로를 그리시오. 로직소자는 3입력 이하로 한다.

답안작성

(1) ① 30X ② BS$_3$ ③ BS$_1$ ④ BS$_2$ ⑤ RL ⑥ GL ⑦ OL ⑧ 51, 51G, 49

(2)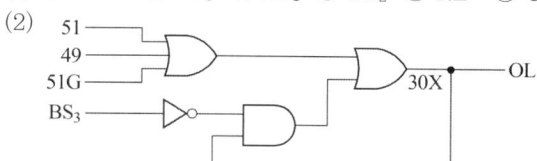

▶ 출제년도 : 93. 97. 04.   ▶ 점수 : 6점

문제 12 신설 공장의 부하 설비가 [표]와 같을 때 다음 각 물음에 답하시오.

변압기군	부하의 종류	출력[kW]	수용률[%]	부등률	역률[%]
A	플라스틱 압출기(전동기)	50	60	1.3	80
A	일반 동력 전동기	85	40	1.3	80
B	전등 조명	60	80	1.1	90
C	플라스틱 압출기	100	60	1.3	80

(1) 각 변압기군의 최대 수용 전력은 몇 [kW]인가?
　① A 변압기의 최대 수용 전력
　② B 변압기의 최대 수용 전력
　③ C 변압기의 최대 수용 전력

(2) 변압기 효율은 98[%]로 할 때 각 변압기의 최소 용량은 몇 [kVA]인가?
　① A 변압기의 용량
　② B 변압기의 용량
　③ C 변압기의 용량

답안작성

(1) ① $P_A = \dfrac{50 \times 0.6 + 85 \times 0.4}{1.3} = 49.23 \,[\text{kW}]$ 답 : 49.23 [kW]

　② $P_B = \dfrac{60 \times 0.8}{1.1} = 43.64 \,[\text{kW}]$ 답 : 43.64 [kW]

　③ $P_C = \dfrac{100 \times 0.6}{1.3} = 46.15 \,[\text{kW}]$ 답 : 46.15 [kW]

(2) ① $\text{Tr}_A = \dfrac{50 \times 0.6 + 85 \times 0.4}{1.3 \times 0.8 \times 0.98} = 62.79 \,[\text{kVA}]$ 답 : 62.72 [kVA]

　② $\text{Tr}_B = \dfrac{60 \times 0.8}{1.1 \times 0.9 \times 0.98} = 49.47 \,[\text{kVA}]$ 답 : 49.47 [kVA]

　③ $\text{Tr}_C = \dfrac{100 \times 0.6}{1.3 \times 0.8 \times 0.98} = 58.87 \,[\text{kVA}]$ 답 : 58.87 [kVA]

해설

변압기 용량 [kVA] ≥ 합성최대 수용전력 = $\dfrac{\text{부하 설비 용량 [kVA]} \times \text{수용률}}{\text{부등률}}$

$= \dfrac{\text{부하 설비 용량 [kW]} \times \text{수용률}}{\text{부등률} \times \text{역률}}$

문제 13 ▸ 출제년도 : 04.   ▸ 점수 : 4점

송전계통의 중성점 접지방식에서 어떻게 접지하는 것을 유효접지(effective grounding)라 하는지를 설명하고, 유효접지의 가장 대표적인 접지 방식 한 가지만 쓰시오.
- 설 명 :
- 접지방식 :

답안작성
- 설 명 : 1선지락 사고시 건전상의 전압상승이 상규 대지전압의 1.3배를 넘지 않도록 접지 임피던스를 조절해서 접지하는 것
- 접지방식 : 직접접지방식

문제 14 ▸ 출제년도 : 94. 04.   ▸ 점수 : 4점

500 [kVA] 단상 변압기 3대를 △ - △ 결선의 1뱅크로 하여 사용하고 있는 변전소가 있다. 지금 부하의 증가로 1대의 단상 변압기를 증가하여 2뱅크로 하였을 때 최대 얼마의 3상 부하에 응할 수 있겠는가?
- 계산 :   • 답 :

답안작성

계산 : $P = 2P_V = 2 \times \sqrt{3}\, P_1 = 2 \times \sqrt{3} \times 500 = 1732.05$ [kVA]

답 : 1732.05 [kVA]

해설

단상 변압기 4대로 V - V 결선 2 bank 운영할 수 있으므로

$P = 2P_V = 2 \times \sqrt{3}\, P_1$

국가기술자격검정 실기시험문제 및 답안지

2004년도 산업기사 일반검정 제3회

자격종목(선택분야)	시험시간	형별
전기산업기사	2시간 00분	

문제 01 ▶출제년도 : 96. 99. 04. 07.   ▶점수 : 5점

CT의 변류비가 400/5 [A]이고 고장 전류가 4000 [A]이다. 과전류 계전기의 동작 시간은 몇 [sec]로 결정되는가? 단, 전류는 125 [%]에 정정되어 있고, 시간 표시판 정정은 5이며, 계전기의 동작 특성은 그림과 같다.

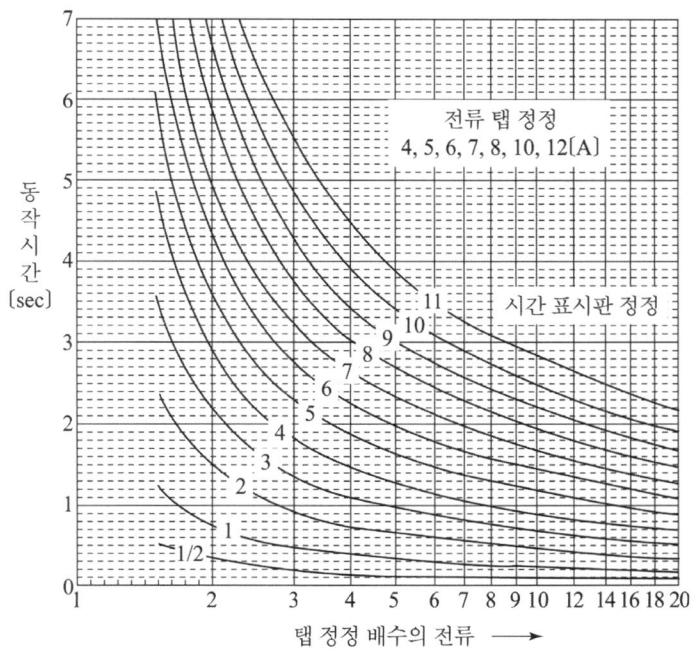

전형적 과전류 계전기의 동작 시간 특성

답안작성

계산 : 정정목표치 $= 400 \times \dfrac{5}{400} \times 1.25 = 6.25$

따라서, 7 [A] 탭으로 정정

탭정정 배수 $= \dfrac{4000 \times \dfrac{5}{400}}{7} = 7.14$

동작시간은 탭정정 배수 7.14와 시간표시판 정정 5와 만나는 1.4 [sec]에 동작한다.

답 : 1.4 [sec]

▶ 출제년도 : 97. 04.   ▶ 점수 : 10점

문제 02 그림은 발전기의 상간 단락 보호 계전 방식을 도면화한 것이다. 이 도면을 보고 다음 각 물음에 답하시오.
(1) 점선안의 계전기 명칭은?
(2) 동작 코일은 A, B, C 코일 중 어느 것인가?
(3) 발전기에 상간 단락이 생길 때 코일 C의 전류 i_d는 어떻게 표현되는가?
(4) 동기발전기를 병렬운전 시키기 위한 조건을 4가지만 쓰시오

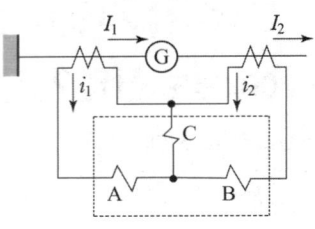

답안작성
(1) 비율 차동 계전기
(2) C 코일
(3) $i_d = |i_1 - i_2|$
(4) ① 기전력의 크기가 같을 것 ② 기전력의 위상이 같을 것
    ③ 기전력의 주파수가 같을 것 ④ 기전력의 파형이 같을 것

해설
(2) C 코일 : 동작 코일 (차동 전류)
    A, B 코일 : 억제 코일 (부하 전류)
(3) C 코일(동작 코일)에 흐르는 전류는 A, B 코일(억제 코일)에 흐르는 전류의 차전류가 흐른다.

▶ 출제년도 : 96. 04.   ▶ 점수 : 4점

문제 03 전력용 콘덴서의 개폐 제어는 크게 나누어 수동 조작과 자동 조작이 있으며, 수동 조작에는 직접 조작과 원방 조작 두 가지가 있다. 이 때 자동 조작 방식을 제어 요소에 따라 분류할 때 그 제어 요소에는 어떤 것이 있는지 아는 대로 쓰시오.

답안작성
① 무효전력에 의한 제어   ② 전압에 의한 제어
③ 역률에 의한 제어   ④ 전류에 의한 제어
⑤ 시간에 의한 제어

▶ 출제년도 : 94. 99. 04.   ▶ 점수 : 5점

문제 04 200 [V] 3상 유도 전동기 부하에 전력을 공급하는 저압간선의 최소 굵기를 구하고자 한다. 전동기의 종류가 다음과 같을 때 200 [V] 3상 유도 전동기 간선의 굵기 및 기구의 용량표를 이용하여 각 물음에 답하시오. 단, 전선은 PVC 절연전선으로서 공사방법은 B1에 준한다.

부하 ｛ 0.75 [kW]×1대 직입기동 전동기
      1.5 [kW]×1대 직입기동 전동기
      3.7 [kW]×1대 직입기동 전동기
      3.7 [kW]×1대 직입기동 전동기

(1) 간선배선을 금속관 배선으로 할 때 간선의 최소 굵기는 구리도체 전선 사용의 경우 얼마인가?
(2) 과전류 차단기의 용량은 몇 [A]를 사용하는가?
(3) 주개폐기 용량은 몇 [A]를 사용하는가?

[참고자료]

[표] 200[V] 3상 유도전동기의 간선의 굵기 및 기구의 용량

전동기 [kW] 수의 총계 ① [kW] 이하	최대 사용 전류 ①' [A] 이하	배선종류에 의한 간선의 최소 굵기 [mm²] ②						직입기동 전동기 중 최대 용량의 것									
		공사방법 A1		공사방법 B1		공사방법 C		0.75이하	1.5	2.2	3.7	5.5	7.5	11	15	18.5	22	30	37~55
		3개선		3개선		3개선		기동기 사용 전동기 중 최대 용량의 것									
								–	–	–	5.5	7.5	11 15	18.5 22	–	30 37	–	45	55
		PVC	XLPE, EPR	PVC	XLPE, EPR	PVC	XLPE, EPR	과전류 차단기 [A] ·······(칸 위 숫자) ③ 개폐기 용량 [A] ·······(칸 아래 숫자) ④									
3	15	2.5	2.5	2.5	2.5	2.5	2.5	15 30	20 30	30 30	–	–	–	–	–	–	–	–
4.5	20	4	2.5	2.5	2.5	2.5	2.5	20 30	20 30	30 30	50 60	–	–	–	–	–	–	–
6.3	30	6	4	6	4	4	2.5	30 30	30 30	50 60	50 60	75 100	–	–	–	–	–	–
8.2	40	10	6	10	6	6	4	50 60	50 60	50 60	75 100	75 100	100 100	–	–	–	–	–
12	50	16	10	10	10	10	6	50 60	50 60	50 60	75 100	75 100	100 100	150 200	–	–	–	–
15.7	75	35	25	25	16	16	16	75 100	75 100	75 100	75 100	100 100	100 100	150 200	150 200	–	–	–
19.5	90	50	25	35	25	25	16	100 100	100 100	100 100	100 100	100 100	150 200	150 200	200 200	–	–	–
23.2	100	50	35	35	25	35	25	100 100	100 100	100 100	100 100	100 100	150 200	150 200	200 200	200 200	–	–
30	125	70	50	50	35	50	35	150 200	150 200	150 200	150 200	150 200	150 200	150 200	200 200	200 200	–	–
37.5	150	95	70	70	50	70	50	150 200	150 200	150 200	150 200	150 200	150 200	150 200	200 200	300 300	300 300	–
45	175	120	70	95	50	70	50	200 200	200 200	200 200	200 200	200 200	200 200	200 200	200 200	300 300	300 300	300 300
52.5	200	150	95	95	70	95	70	200 200	200 200	200 200	200 200	200 200	200 200	200 200	300 300	300 300	400 400	400 400
63.7	250	240	150	–	95	120	95	300 300	300 300	300 300	300 300	300 300	300 300	300 300	300 300	400 400	400 400	500 600
75	300	300	185	–	120	185	120	300 300	300 300	300 300	300 300	300 300	300 300	300 300	300 300	400 400	400 400	500 600
86.2	350	–	240	–	–	240	150	400 400	400 400	400 400	400 400	400 400	400 400	400 400	400 400	400 400	400 400	600 600

답안작성

전동기 [kW]수의 총화 $P = 0.75 + 1.5 + 3.7 + 3.7 = 9.65$ [kW]이므로
표의 12 [kW] 난에서 직입기동중 최대의 것 3.7 [kW]난에 의해
(1) 10 [mm²] (2) 75 [A] (3) 100 [A]

▸ 출제년도 : 04. 06.　▸ 점수 : 12점

문제 05 주어진 도면은 3상 유도전동기의 플러깅(plugging)회로에 대한 미완성 도면이다. 이 도면을 보고 다음 각 물음에 답하시오.

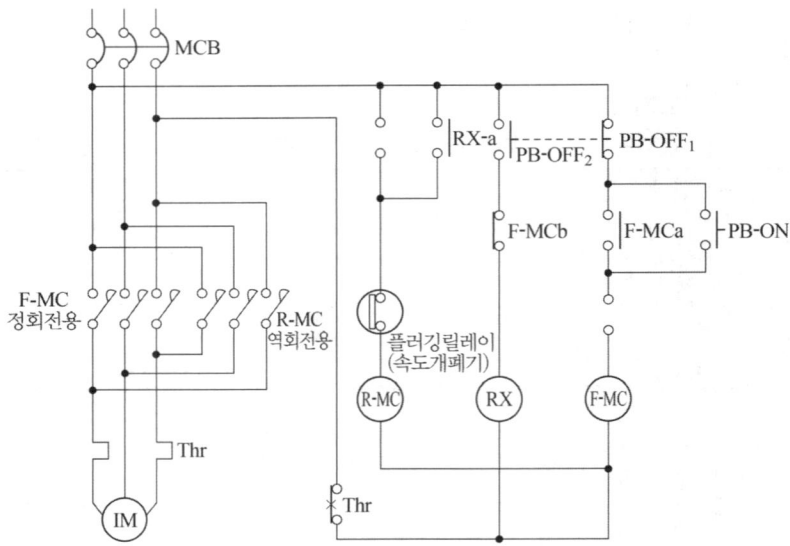

(1) 동작이 완전하도록 도면을 완성하시오.
(2) ⓇⓍ 계전기를 사용하는 이유를 설명하시오.
(3) 전동기가 정회전하고 있는 중에 PB-OFF를 누를 때의 동작과정을 상세하게 설명하시오.
(4) 플러깅에 대하여 간단히 설명하시오.

답안작성

(1)

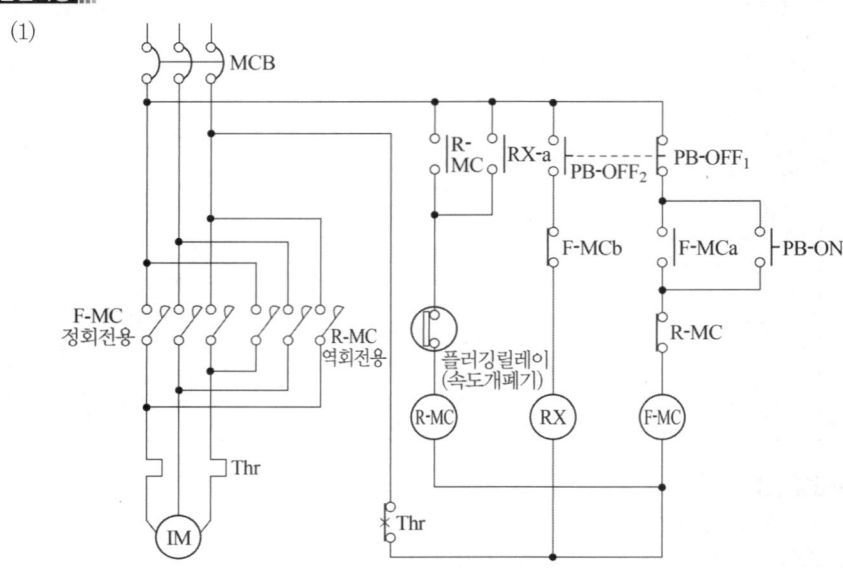

(2) 인터록 시간 지연과 제동시 과전류를 방지하는 시간적인 여유를 얻기 위함
(3) ① PB - OFF를 누르면 F - MC 소자, RX 계전기 여자
    ② RX - a에 의해 R - MC 여자에 의해 전동기 역회전 토크 발생하여 전동기 속도 급저하
    ③ 전동기 속도가 0에 가까워지면 플러깅 릴레이에 의해 전동기는 전원에서 분리되어 정지
(4) 역상제동에 의한 전동기의 급제동법

▸ 출제년도 : 04. 07. ▸ 점수 : 12점

문제 06 그림은 154 [kV]를 수전하는 어느 공장의 수전설비 도면의 일부분이다. 이 도면을 보고 다음 각 물음에 답하시오.

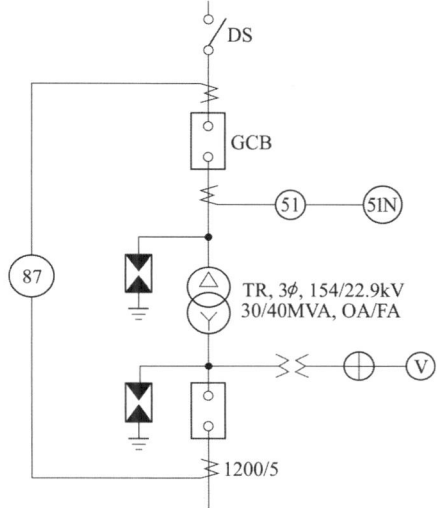

(1) 그림에서 87과 51N의 명칭은 무엇인가?
    • 87   • 51N
(2) 154/22.9 [kV] 변압기에서 FA 용량기준으로 154 [kV]측의 전류와 22.9 [kV]측의 전류는 몇 [A]인가?
    • 154 [kV]측   계산 :   답 :
    • 22.9 [kV]측   계산 :   답 :
(3) GCB에는 주로 어떤 절연재료를 사용하는가?
(4) △ - Y 변압기의 복선도를 그리시오.

답안작성
(1) • 87 : 전류차동계전기   • 51N : 중성점 과전류계전기
(2) • 154 [kV]측

   계산 : $I = \dfrac{40000}{\sqrt{3} \times 154} = 149.96$ [A]   답 : 149.96 [A]

   • 22.9 [kV]측

   계산 : $I = \dfrac{40000}{\sqrt{3} \times 22.9} = 1008.47$ [A]   답 : 1008.47 [A]

(3) SF₆ (육불화유황) 가스
(4)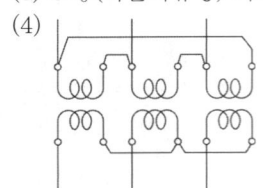

해설

(1) • 87 : 전류 차동 계전기　　　• 87G : 발전기용 차동 계전기
　　• 87B : 모선 보호 차동 계전기　• 87T : 주변압기 차동 계전기
(2) 30/40[MVA], OA/FA는 냉각팬없이 유입자냉식(OA)으로 사용할 경우 변압기 용량은 30[MVA]이고, 유입풍냉식(FA)으로 사용할 경우 변압기 용량은 40[MVA]가 된다.

▶ 출제년도 : 04. 06.　▶ 점수 : 9점

문제 07 그림과 같은 로직 시퀀스 회로를 보고 다음 각 물음에 답하시오.

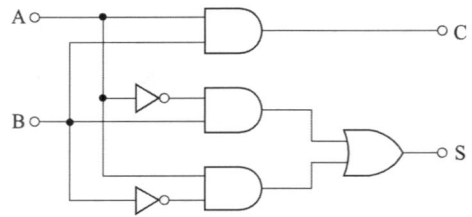

(1) 출력 S와 C의 논리식을 쓰시오.
　• S :
　• C :
(2) NAND gate와 NOT gate만 사용하여 로직 시퀀스 회로를 바꾸어 그리시오.
(3) 2개의 논리소자(Exclusive OR gate 및 AND gate)를 사용하여 등가 로직 시퀀스 회로를 그리시오.

답안작성

(1) $S = \overline{A}B + A\overline{B}$　　　$C = AB$

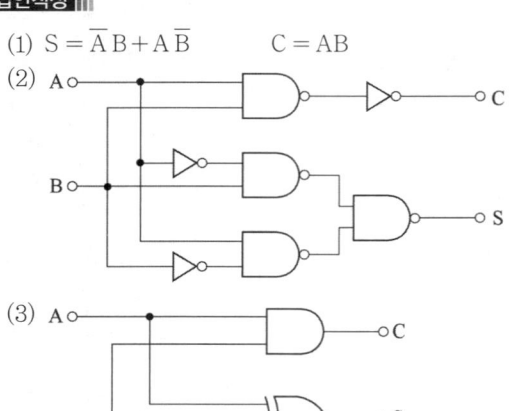

- 410 -

문제 08
▸ 출제년도 : 04. ▸ 점수 : 6점

다음 (   ) 안에 알맞는 말이나 숫자를 써넣으시오.
- 6600 [V] 전로에 사용하는 다심케이블은 최대사용전압의 (①)배의 시험전압을 심선 상호 및 심선과 (②) 사이에 연속해서 (③)분간 가하여 절연내력을 시험했을 때 이에 견디어야 한다.
- 비방향성의 고압지락 계전장치는 전류에 의하여 동작한다. 따라서 수용가 구내에 선로의 길이가 긴 고압 케이블을 사용하고 대지와의 사이의 (④)이 크면 (⑤)측 지락사고에 의해 불필요한 동작을 하는 경우가 있다.

답안작성

① 1.5배   ② 대지   ③ 10   ④ 정전용량   ⑤ 저압

문제 09
▸ 출제년도 : 96. 98. 04. ▸ 점수 : 6점

다음 조건에 있는 콘센트의 그림기호를 그리시오.
(1) 벽붙이용   (2) 천장에 부착하는 경우
(3) 바닥에 부착하는 경우   (4) 방수형
(5) 타이머 붙이   (6) 2구용

답안작성

(1) ◖:   (2) ⊙   (3) ⊙
(4) ◖:$_{WP}$ (5) ◖:$_{TM}$ (6) ◖:$_2$

문제 10
▸ 출제년도 : 04. 06. ▸ 점수 : 5점

어느 건물의 수용가가 자가용 디젤 발전기 설비를 설계하려고 한다. 발전기 용량을 산출하기 위하여 필요한 부하의 종류와 여러 가지 특성이 다음의 부하 및 특성표와 같을 때 전부하를 운전하는 데 필요한 수치값들을 주어진 표를 활용하여 수치표의 빈칸에 기록하면서 발전기의 [kVA] 용량을 산정하시오. 단, 전동기 기동시에 필요한 용량은 무시하고, 수용률의 적용은 최대 입력 전동기 한 대에 대하여 100 [%], 기타의 전동기는 80 [%]로 한다. 또한 전등 및 기타의 효율 및 역률은 100 [%]로 한다.

부하 및 특성표

부하의 종류	출력[kW]	극수[극]	대수[대]	적용 부하	기동 방법
전동기	30	8	1	소화전 펌프	리액터 기동
	11	6	3	배풍기	Y-△기동
전등 및 기타	60			비상조명	

[표 1] 전동기

정격출력 [kW]	극수	동기속도 [rpm]	전부하 특성 효율 η [%]	전부하 특성 역률 pf [%]	기동전류 I_{st} 각 상의 평균값 [A]	비 고 무부하 전류 I_0 각상의 전류값 [A]	비 고 전부하 전류 I 각상의 평균값 [A]	비 고 전부하 슬 립 S [%]
5.5			82.5 이상	79.5 이상	150 이하	12	23	5.5
7.5			83.5 이상	80.5 이상	190 이하	15	31	5.5
11			84.5 이상	81.5 이상	280 이하	22	44	5.5
15	4	1800	85.5 이상	82.0 이상	370 이하	28	59	5.0
(19)			86.0 이상	82.5 이상	455 이하	33	74	5.0
22			86.5 이상	83.0 이상	540 이하	38	84	5.0
30			87.0 이상	83.5 이상	710 이하	49	113	5.0
37			87.5 이상	84.0 이상	875 이하	59	138	5.0
5.5			82.0 이상	74.5 이상	150 이하	15	25	5.5
7.5			83.0 이상	75.5 이상	185 이하	19	33	5.5
11			84.0 이상	77.0 이상	290 이하	25	47	5.5
15	6	1200	85.0 이상	78.0 이상	380 이하	32	62	5.5
(19)			85.5 이상	78.5 이상	470 이하	37	78	5.0
22			86.0 이상	79.0 이상	555 이하	43	89	5.0
30			86.5 이상	80.0 이상	730 이하	54	119	5.0
37			87.0 이상	80.0 이상	900 이하	65	145	5.0
5.5			81.0 이상	72.0 이상	160 이하	16	26	6.0
7.5			82.0 이상	74.0 이상	210 이하	20	34	5.5
11			83.5 이상	75.5 이상	300 이하	26	48	5.5
15	8	900	84.0 이상	76.5 이상	405 이하	33	64	5.5
(19)			85.0 이상	77.0 이상	485 이하	39	80	5.5
22			85.5 이상	77.5 이상	575 이하	47	91	5.0
30			86.0 이상	78.5 이상	760 이하	56	121	5.0
37			87.5 이상	79.0 이상	940 이하	68	148	5.0

[표 2] 자가용 디젤 발전기의 표준 출력

50	100	150	200	300	400

수치값 표

부하	출력 [kW]	효율 [%]	역률 [%]	입력[kVA]	수용률 [%]	수용률 적용값 [kVA]
전동기	30×1					
전동기	11×3					
전등 및 기타	60					
계						
필요한 발전기 용량 [kVA]						

※ 수치표의 빈칸을 채울 때, 계산이 필요한 것은 계산식을 반드시 기록하고 그 결과값을 표시하도록 한다.

답안작성

부하	출력 [kW]	효율 [%]	역률 [%]	입력[kVA]	수용률 [%]	수용률 적용값 [kVA]
전동기	30×1	86	78.5	$\dfrac{30}{0.86 \times 0.785} = 44.44$	100	44.44
전동기	11×3	84	77	$\dfrac{11 \times 3}{0.84 \times 0.77} = 51.02$	80	40.82
전등 및 기타	60	100	100	60	100	60
계						145.26
필요한 발전기 용량[kVA]						150

▸ 출제년도 : 04. ▸ 점수 : 6점

문제 11 그림과 같은 탭(tab) 전압 1차측이 3150 [V], 2차측이 210 [V]인 단상 변압기에서 전압 V_1을 V_2로 승압하고자 한다. 이 때 다음 각 물음에 답하시오.

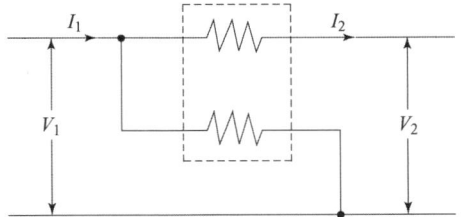

(1) V_1이 3000 [V]인 경우, V_2는 몇 [V]가 되는가?
(2) I_1이 25 [A]인 경우 I_2는 몇 [A]가 되는가? 단, 변압기의 임피던스, 여자전류 및 손실은 무시한다.

답안작성

(1) 계산 : $V_2 = V_1\left(1 + \dfrac{e_2}{e_1}\right) = 3000\left(1 + \dfrac{210}{3150}\right) = 3200\,[V]$ 답 : 3200 [V]

(2) 계산 : 입력 $P_1 = V_1 I_1 = 3000 \times 25 = 75{,}000\,[VA]$

손실을 무시하면 입력 = 출력이므로

출력 $P_2 = V_2 I_2$에서 $I_2 = \dfrac{P_2}{V_2} = \dfrac{75{,}000}{3{,}200} = 23.44\,[A]$

답 : 23.44 [A]

▸ 출제년도 : 04. 06. ▸ 점수 : 4점

문제 12 단상 2선식 220 [V]로 공급되는 전동기가 절연열화로 인하여 외함에 전압이 인가 될 때 사람이 접촉하였다. 이 때의 접촉전압은 몇 [V]인가? 단, 변압기 2차측 접지저항은 9 [Ω], 전로의 저항은 1 [Ω], 전동기 외함의 접지저항은 100 [Ω]이다.

• 계산 :   • 답 :

답안작성

계산 : $I_g = \dfrac{220}{9+1+100} = 2[A]$

$V_g = I_g \cdot R = 2 \times 100 = 200[V]$

답 : 200 [V]

해설

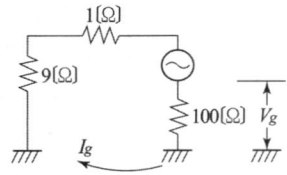

▶ 출제년도 : 04. ▶ 점수 : 6점

문제 13 200 [V], 10 [kVA]인 3상 유도전동기를 부하설비로 사용하는 곳이 있다. 이 곳의 어느 날 부하실적이 1일 사용 전력량 60 [kWh], 1일 최대전력 8 [kW], 최대 전류 일 때의 전류 값이 30 [A]이었을 경우, 다음 각 물음에 답하시오.

(1) 1일 부하율은 얼마인가?
(2) 최대 공급 전력일 때의 역률은 얼마인가?

답안작성

(1) 부하율 $= \dfrac{\text{평균 수용 전력}}{\text{최대 수용 전력}} \times 100[\%] = \dfrac{\frac{60}{24}}{8} \times 100 = 31.25[\%]$ 답 : 31.25 [%]

(2) $\cos\theta = \dfrac{P}{\sqrt{3}\,VI} = \dfrac{8 \times 10^3}{\sqrt{3} \times 200 \times 30} \times 100 = 76.98[\%]$ 답 : 76.98 [%]

▶ 출제년도 : 04. ▶ 점수 : 10점

문제 14 피뢰기에 대한 다음 각 물음에 답하시오.

(1) 현재 사용되고 있는 교류용 피뢰기의 주요 구조는 무엇과 무엇으로 구성되어 있는가?
(2) 피뢰기의 정격전압이라고 하는 것은 어떤 전압을 말하는가?
(3) 피뢰기의 제한전압은 어떤 전압을 말하는가?
(4) 피뢰기의 기능상 필요한 구비조건을 4가지만 쓰시오.

답안작성

(1) 직렬갭, 특성요소
(2) 속류를 차단할 수 있는 교류 최고전압
(3) 피뢰기 방전중 피뢰기 단자에 남게되는 충격전압
(4) ① 충격방전 개시 전압이 낮을 것
　　② 상용주파 방전개시 전압이 높을 것
　　③ 방전내량이 크면서 제한 전압이 낮을 것
　　④ 속류차단 능력이 충분할 것

E60-2
전기산업기사 실기

2005년도 기출문제

- 2005년 전기산업기사 1회
- 2005년 전기산업기사 2회
- 2005년 전기산업기사 3회

국가기술자격검정 실기시험문제 및 답안지

2005년도 산업기사 일반검정 제 **1** 회

자격종목(선택분야)	시험시간	형별
전기산업기사	2시간 00분	

▸ 출제년도 : 90. 94. 97. 02. 05.   ▸ 점수 : 9점

문제 01

폭 10 [m], 길이 20 [m]인 사무실의 조명 설계를 하려고 한다. 작업면에서 광원까지의 높이는 2.8 [m], 실내 평균 조도는 120 [lx], 조명률은 0.5, 유지율이 0.72이며, 40 [W] 백색 형광등(광속 2800 [lm])을 사용한다고 할 때 다음 각 물음에 답하시오.

(1) 소요 등수를 계산하시오.
　•계산 :　　　　　　　　　　•답 :
(2) F40×2를 사용한다고 할 때 F40×2의 KSC 심벌을 그리시오.
(3) F40×2를 사용한다고 할 때 적절한 배치도를 그리시오. 단, 위치에 대한 치수 기입은 생략하고 F40×2의 심벌을 모를 경우 ⊏○⊐ 로 배치하여 표시할 것

답안작성

(1) 전등수 $N = \dfrac{EA}{FUM} = \dfrac{120 \times (10 \times 20)}{2800 \times 0.5 \times 0.72} = 23.8 \,[\text{등}]$

답 : 40 [W] 24등

(2) ⊏○⊐
　　F40×2

(3)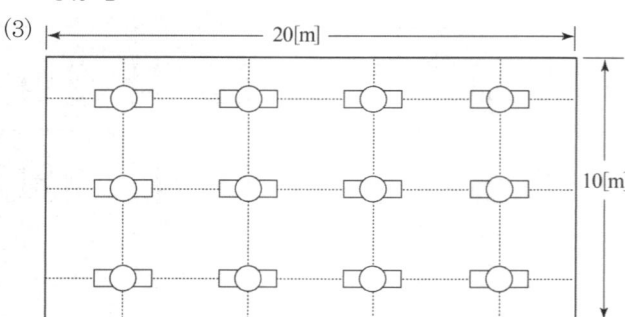

해설

(3) ① F40 : 24 [등], F40×2 : 12 [등]
　　② 감광보상률 $D = \dfrac{1}{\text{보수율(유지율)}\ M}$

▸ 출제년도 : 05.   ▸ 점수 : 6점

문제 02 다음 각 물음에 답하시오.

(1) 농형 유도 전동기의 기동법을 쓰시오.

(2) 유도 전동기의 1차 권선의 결선을 △에서 Y로 바꾸면 기동시 1차 전류는 △결선시의 몇 배가 되는가?

답안작성

(1) 전전압 기동법, Y-△기동법, 리액터 기동법, 기동 보상기법
(2) $\frac{1}{3}$ 배

해설

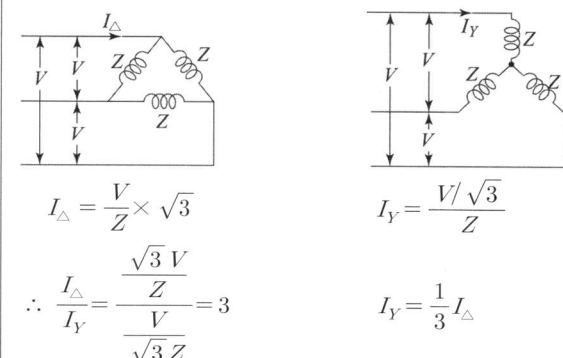

$$I_\triangle = \frac{V}{Z} \times \sqrt{3}$$

$$I_Y = \frac{V/\sqrt{3}}{Z}$$

$$\therefore \frac{I_\triangle}{I_Y} = \frac{\frac{\sqrt{3}\,V}{Z}}{\frac{V}{\sqrt{3}\,Z}} = 3$$

$$I_Y = \frac{1}{3} I_\triangle$$

▸ 출제년도 : 05.   ▸ 점수 : 6점

문제 03 배전반 주회로 부분과 감시제어회로중 감시제어기기의 구성요소를 4가지 쓰고 간단히 설명하시오.

답안작성

① 감시기능 : 기기의 운전, 정지, 개폐의 상태를 표시하고 이상 발생시 고장 부분의 표시 및 경보
② 제어기능 : 기기를 수동, 자동의 상태로 변환 시키면서 운전시킬 수 있으며 정전, 화재, 천재지변 등의 이상 발생시 제어 할 수 있는 기능
③ 계측제어 : 전류, 전압, 전력 등을 계측하여 부하 또는 기기의 상태를 파악
④ 기록기능 : 계측값을 일일이 기록용지에 자동 인쇄하여 등록된 데이터를 집계

▸ 출제년도 : 98. 01. 05.   ▸ 점수 : 6점

문제 04 점멸기의 그림 기호에 대하여 다음 각 물음에 답하시오.

(1) ●는 몇 [A]용 점멸기인가?
(2) 방수형 점멸기의 그림 기호를 그리시오.
(3) 점멸기의 그림 기호로 ●$_4$ 의 의미는 무엇인가?

답안작성

(1) 10[A]　　(2) ●_WP　　(3) 4로 스위치

해설

(1) 점멸기(스위치)는 정격 용량 15[A] 이상은 방기한다. 따라서 용량 표시가 없으므로 전류는 15[A]보다 낮은 10[A] 용이다.

▸ 출제년도 : 01. 05.　　▸ 점수 : 6점

문제 05 ● 배전반, 분전반 및 제어반의 그림 기호는 ☐로 표현된다. 이것을 각 종류별로 구별하는 경우의 그림 기호를 그리시오.

답안작성

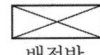　　　　

　배전반　　　　　분전반　　　　　제어반

▸ 출제년도 : 05.　　▸ 점수 : 4점

문제 06 ● 다음의 역할에 대하여 쓰시오.

(1) 방전코일　　　　　　　　　　(2) 직렬리액터

답안작성

(1) 잔류 전하의 방전　　(2) 제5고조파 제거

▸ 출제년도 : 97. 99. 00. 05.　　▸ 점수 : 6점

문제 07 ● UPS 장치에 대한 다음 각 물음에 답하시오.

(1) 이 장치는 어떤 장치인지를 설명하시오.
(2) 이 장치의 중심부분을 구성하는 것이 CVCF이다. 이것의 의미를 설명하시오.
(3) 그림은 CVCF의 기본 회로이다. 축전지는 A~H 중 어디에 설치되어야 하는가?

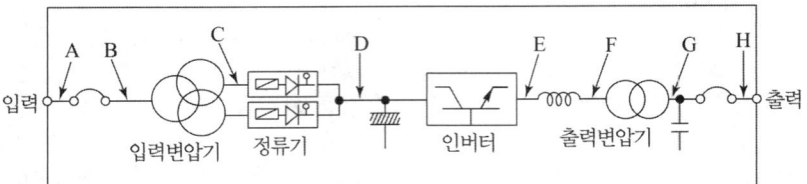

답안작성

(1) 무정전 전원 공급 장치
(2) 정전압 정주파수 공급 장치
(3) D

해설

(1) UPS (Uninterruptible Power supply System) : 무정전 전원 공급 장치로서 입력 전원의 정전시에도 부하 전력 공급의 연속성을 확보하며 출력의 전압, 주파수 등의 안정도를 향상시킴으로써 전력의 질을 더욱 개선하는 역할을 한다.

(2) CVCF (Constant Voltage Constant Frequency) : 정전압 정주파수 공급 장치로서 전원측의 전압이나 주파수가 변하여도 부하측에는 일정한 전압과 주파수를 공급하는 장치를 말한다.

문제 08

▶ 출제년도 : 04. 05. 07.   ▶ 점수 : 10점

이 그림을 보고 다음 각 물음에 답하시오.

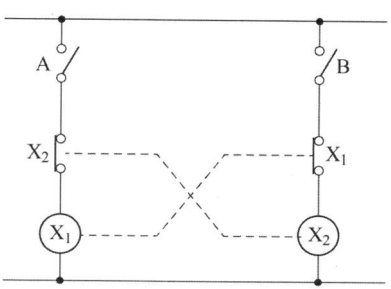

(1) 진리표를 완성하시오.

A	B	X_1	X_2
0	0		
0	1		
1	0		

(2) 이 회로를 논리회로로 고쳐 그리시오.
(3) 주어진 타임챠트를 완성하시오.

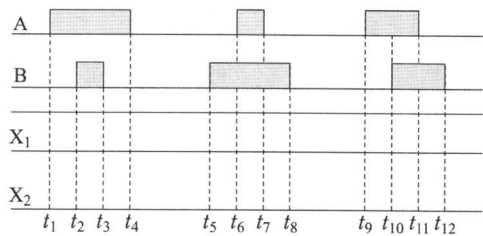

(4) 이러한 회로를 무슨 회로라 하는가?

답안작성

(1)

A	B	X_1	X_2
0	0	0	0
0	1	0	1
1	0	1	0

(2)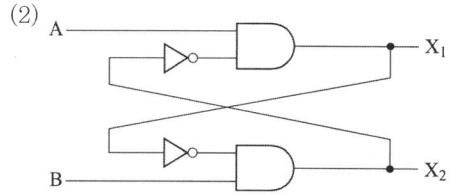

(3)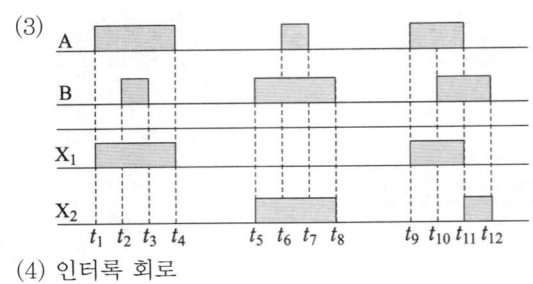

(4) 인터록 회로

▶ 출제년도 : 98. 01. 05.   ▶ 점수 : 9점

문제 09 답안지의 그림은 전동기의 정·역 운전 회로도의 일부분이다. 동작 설명과 미완성 도면을 이용하여 주회로 부분과 보조 회로 부분을 완성하시오.

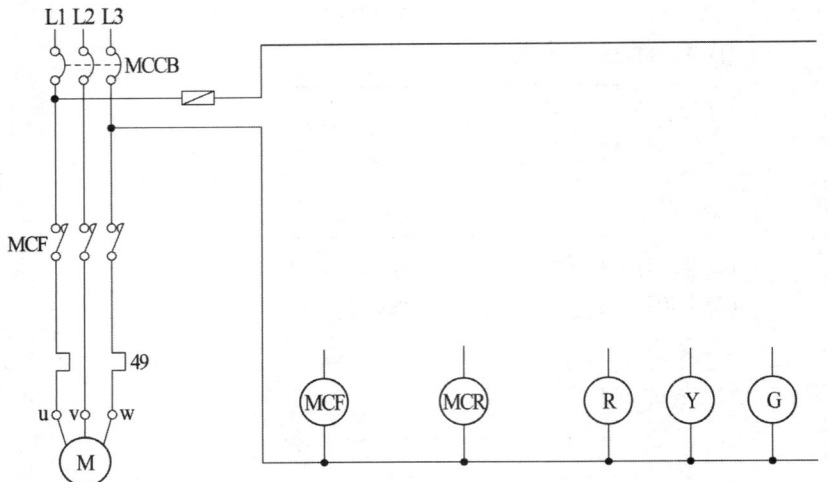

[동작설명]
- NFB를 투입하여 전원을 인가하면 ⓖ등이 점등 되도록 한다.
- 누름 버튼 스위치 ON(정)을 ON하면 MCF가 여자 되며, 이 때 ⓖ등은 소등되고 ⓡ등은 점등 되도록 하며, 또한 정회전한다.
- 누름 버튼 스위치 OFF를 OFF하면 전동기는 정지한다.
- 누름 버튼 스위치 ON(역)을 ON하면 MCR가 여자 되며, 이 때 ⓖ등은 소등되고 ⓨ등이 점등되도록 하며, 전동기는 역회전한다.
- 과부하시에는 열동계전기 49가 동작되어 49의 b접점이 개방되어 전동기는 정지된다.
※ 위와 같은 사항으로 동작되며, 특이한 사항은 MCF나 MCR 어느 하나가 여자되면 나머지 하나는 전동기가 정지 후 동작시켜야 동작이 가능하다.
※ MCF, MCR의 보조 접점으로는 각각 a 접점 2개, b 접점 2개를 사용한다.

답안작성

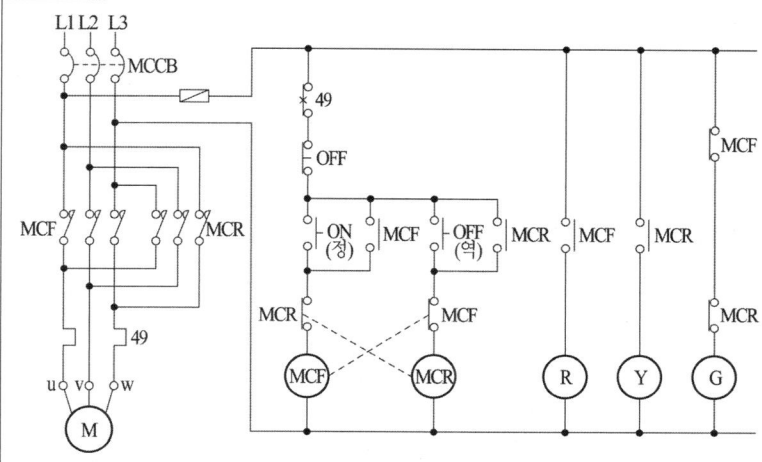

▸ 출제년도 : 96. 00. 05.　▸ 점수 : 13점

문제 10 도면과 같은 22.9 [kV-Y] 1000 [kVA] 이하인 특고압 수전설비 표준결선도를 보고 다음 각 물음에 답하시오.

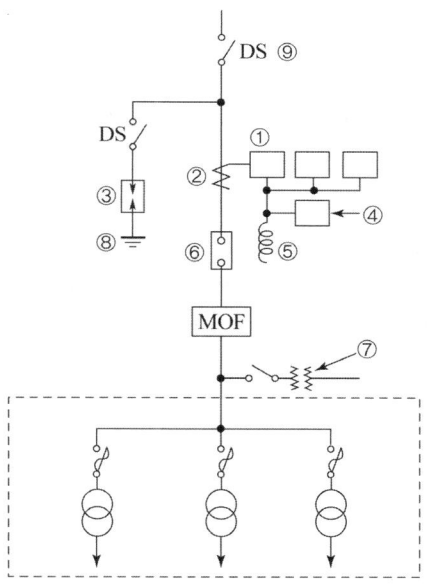

(1) ①~⑦에 해당되는 단선도용 심벌의 약호를 쓰시오.
(2) 인입구에 수전 전압의 66[kV]인 경우에 ⑨의 DS 대신에 무엇을 사용하여야 하는가?
(3) 도면의 ⑦에 전압계를 연결코자 한다. 전압계 바로 앞에 전압계용 전환개폐기를 부착할 때 그 심벌을 그리시오.

답안작성

(1) ① OCR ② CT ③ LA ④ GR ⑤ TC ⑥ CB ⑦ PT
(2) LS
(3) ⊕

▶ 출제년도 : 99. 05.   ▶ 점수 : 7점

문제 11 그림과 같은 설비에 대하여 절연저항계(메거)로 직접 선간 절연저항을 측정하고자 한다. 부하의 접속여부, 스위치의 ON, OFF 상태, 분기 개폐기의 ON, OFF 상태를 어떻게 하여야 하며 L과 E 단자는 어느 개소에 연결하여 어떤 방법으로 측정하여야 하는지를 상세히 설명하시오. 단, L, E 와 연결되는 선은 도면에 알맞는 개소에 직접 연결하도록 한다.

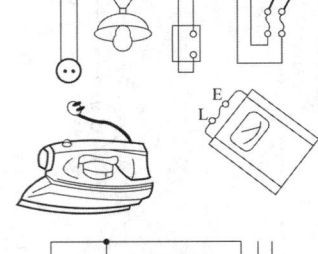

답안작성

측정 방법
① 분기 개폐기를 OFF시킨다.
② 부하를 전로로부터 분리시킨다.
③ 스위치를 OFF시킨다.
④ 절연 저항계의 E 및 L단자를 부하 개폐기의 부하측 두 단자에 각각 연결한다.
⑤ 절연 저항계의 버튼을 눌러 계기 눈금의 지시값을 읽는다.

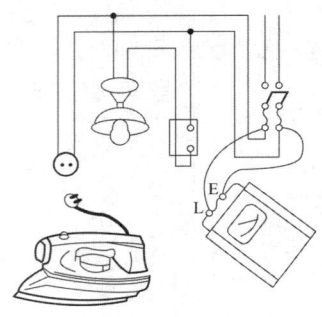

▶ 출제년도 : 05.   ▶ 점수 : 5점

문제 12 어느 주택 시공에서 바닥 면적 90 [m²]의 일반주택배선 설계에서 전등 수구 14개, 소형기기용 콘센트 8개 및 2 [kW] 룸 에어콘 2대를 사용하는 경우 최소 분기회로 수는 몇 회선인가? 단, 전등 및 콘센트는 16 [A]의 분기회로로 하고 바닥 1 [m²]당 전등(소형기기 포함)의 표준부하는 40 [VA], 전체에 가산하는 VA수는 1000 [VA], 전압은 220 [V]이다.

• 계산 :   • 답 :

답안작성

계산 : 분기회로수 $= \dfrac{상정\ 부하}{전압 \times 전류} = \dfrac{90 \times 40 + 2000 \times 2 + 1000}{220 \times 16} = 2.44$회로 → 3 회로 선정

답 : 16 [A] 분기 3 회로

해설

분기회로수
220 [V]에서 정격소비전력 3[kW] (110[V]때는 1.5[kW]) 이상인 냉방기기, 취사용 기기는 전용분기회로로 하여야 한다.

▶ 출제년도 : 97. 00. 05. ▶ 점수 : 5점

문제 13 3상 3선식 380 [V] 수전인 경우에 부하 설비가 그림과 같을 때 설비 불평형율은 몇 [%]인가? 단, ⒽH는 전열기 또는 일반 부하로서 역률은 1이며, ⓂM은 전동기 부하로서 역률은 0.8이다.

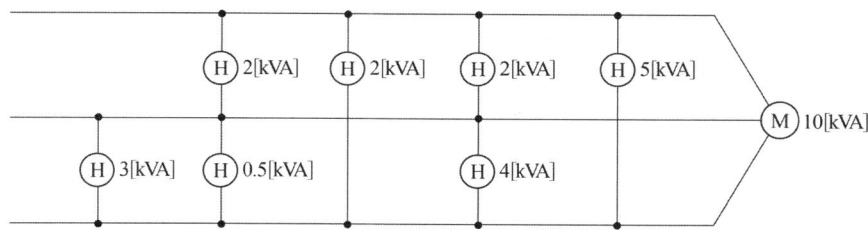

답안작성

$P_{AB} = 2 + 2 = 4$ [kVA]
$P_{BC} = 3 + 0.5 + 4 = 7.5$ [kVA]
$P_{CA} = 2 + 5 = 7$ [kVA]

∴ 불평형률 $= \dfrac{7.5 - 4}{(4 + 7.5 + 7 + 10) \times \dfrac{1}{3}} \times 100 = 36.84 [\%]$

답 : 36.84 [%]

해설

3상 3선식에서의 설비불평형률

설비불평형률 $= \dfrac{\text{각 선간에 접속되는 단상부하의 최대와 최소의 차}}{\text{총 부하 설비용량의 1/3}} \times 100 [\%]$

▶ 출제년도 : 05. ▶ 점수 : 8점

문제 14 다음 각 물음에 답하시오.

(1) 22.9 [kV-Y] 배전용 주상 변압기의 1차측 탭 전압이 22900 [V]의 경우 저압측의 전압이 220 [V]이다. 저압측 전압을 210 [V]로 하자면 1차측은 어느 탭 전압에 접속해야 하는가? 단, 탭은 20000 [V], 21000 [V], 22000 [V], 23000 [V], 24000 [V]가 있다.

(2) 과거에 유입 변압기가 주로 사용되어 왔으나 최근에는 건식 변압기가 많이 사용되고 있다. 특히 대형 백화점이나 병원등에 주로 사용하고 있는데, 같은 용량의 유입 변압기를 사용할 때와 비교하여 잇점을 4가지만 쓰시오.

(3) 구내 선로에서 발생 할 수 있는 개폐서지, 순간과도전압 등으로 이상전압이 2차 기기에 악영향을 주는 것을 막기 위해 설치하는 것으로 변압기나 기기계통을 보호하는 것은 무엇인가?

답안작성

(1) 고압측 탭전압

$$E_1 = \frac{V_1}{V_2} E_2 = \frac{22900}{210} \times 220 = 23990.48 [V]$$

∴ 탭전압의 표준값인 24000 [V] 탭으로 선정한다.

답 : 24000 [V]

(2) ① 소형·경량화할 수 있다.
　② 절연에 대한 신뢰성이 높다.
　③ 난연성, 자기소화성으로 화재의 발생이나 연소의 우려가 적으므로 안정성이 높다.
　④ 절연유를 사용하지 않으므로 유지 보수가 용이

(3) 서지 흡수기(Surge Absorber)

| 05년도 2회 |

국가기술자격검정 실기시험문제 및 답안지

2005년도 산업기사 일반검정 제2회

자격종목(선택분야)	시험시간	형별	수험번호	성 명	감독위원 확인
전기산업기사	2시간 00분				

문제 01

▸ 출제년도 : 97. 05.   ▸ 점수 : 7점

폭 15 [m], 길이 30 [m]인 사무실에 조명 설비를 하려고 한다. 주어진 조건을 이용하여 다음 각 물음에 답하시오.

- 실내 평균 조도 : 150 [lx]
- 조명률 : 0.5
- 유지율 : 0.69
- 작업면에서 광원까지의 높이 : 2.8 [m]
- 등기구 : 40 [W], 백색 형광등(광속 2800 [lm]) 사용

(1) 이 사무실에 백색 형광등이 몇 등이 필요한지 그 소요 등수를 산정하시오.
   • 계산 :   • 답 :
(2) 형광등의 램프수가 2개인 것을 사용할 경우 그림 기호를 그리고 형광등에 그 문자 기호를 써넣으시오.
(3) 건축기준법에 따르는 비상조명등을 백열등과 형광등으로 구분하여 그 그림기호를 그리시오.
   • 형광등   • 백열등

답안작성

(1) 계산 : 전등수 $N = \dfrac{EAD}{FU} = \dfrac{150 \times 15 \times 30 \times \dfrac{1}{0.69}}{2800 \times 0.5} = 69.88$ [등]

   답 : 70 [등]

(2) ▭ F40×2

(3) • 형광등 : ▬◯▬   • 백열등 : ●

해설

감광보상률 $D = \dfrac{1}{M}$,   여기서 M : 유지율

▸ 출제년도 : 89. 97. 98. 00. 03. 05. 06.   ▸ 점수 : 8점

문제 02 CT 2대를 V결선하여 OCR 3대를 그림과 같이 연결하여 사용할 경우 다음 각 물음에 답하시오.

(1) 국내에서 사용되는 CT는 일반적으로 어떤 극성을 사용하는가?
(2) 도면에서 사용된 CT의 변류비가 40 : 5이고 변류기 2차측 전류를 측정하니 3 [A]의 전류가 흘렀다면 수전전력은 몇 [kW]인가? 단, 수전전압은 22900 [V]이고 역률은 90 [%]이다.
   • 계산 :   • 답 :
(3) OCR 중에서 ③번 OCR에 흐르는 전류는 어떤 상의 전류인가?
(4) OCR은 주로 어떤 사고가 발생하였을 때 동작하는가?
(5) 통전 중에 있는 변류기 2차측 기기를 교체하고자 할 때 가장 먼저 취하여야 할 조치는 무엇인지를 설명하시오.

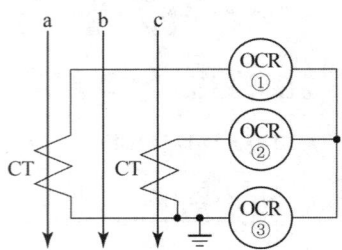

답안작성

(1) 감극성
(2) 계산 : $P = \sqrt{3}\,VI\cos\theta$ 에서
   $P = \sqrt{3} \times 22900 \times 3 \times \dfrac{40}{5} \times 0.9 \times 10^{-3} = 856.74$ [kW]
   답 : 856.74 [kW]
(3) b상 전류
(4) 단락 사고
(5) 2차측 단락

해설

(3) 가동접속(정상접속)

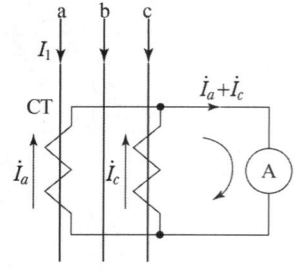 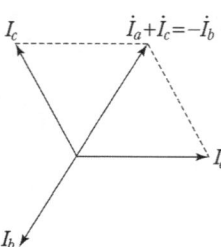

여기서, I_1 : 부하 전류
   $\dot{I}_a$, $\dot{I}_b$, $\dot{I}_c$: CT 2차 전류
   $\dot{I}_a + \dot{I}_c$: 전류계 ⓐ의 지시값, 즉 ⓐ의 지시는 CT 2차 전류와 같은 크기의 전류값 지시
      (I_b 상)

▸ 출제년도 : 99. 01. 05.   ▸ 점수 : 8점

문제 03 답안지의 도면은 유도 전동기 M의 정·역회전 회로의 미완성 도면이다. 이 도면을 이용하여 다음에 답하시오. 단, 주 접점 및 보조 접점을 그릴 때에는 해당되는 접점의 명칭도 함께 쓰도록 한다.

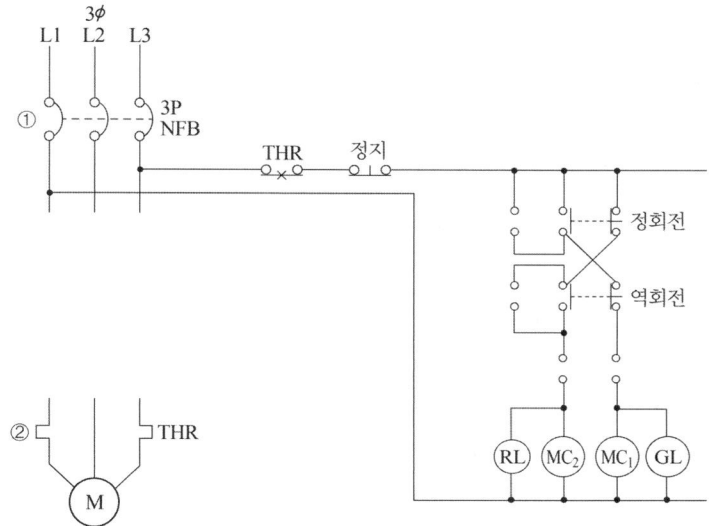

[동작조건]
- NFB를 투입한 다음
- 정회전용 누름 버튼 스위치를 누르면 전동기 M이 정회전하며, GL 램프가 점등된다.
- 정지용 누름 버튼 스위치를 누르면 전동기 M은 정지한다.
- 역회전용 누름 버튼 스위치를 누르면 전동기 M이 역회전하며, RL 램프가 점등된다.
- 과부하시에는 —o×o— 접점이 떨어져서 전동기가 멈추게 된다.

※ 정회전 또는 역회전 중에 회전 방향을 바꾸려면 전동기를 정지시킨 다음 회전 방향을 바꾸어야 한다.
※ 누름 버튼 스위치를 누르는 것은 눌렀다가 즉시 손을 떼는 것을 의미한다.
※ 정회전과 역회전의 방향은 임의로 결정하도록 한다.

(1) 도면의 ①, ②에 대한 우리말 명칭(기능)은 무엇인가?
(2) 정회전과 역회전이 되도록 주 회로의 미완성 부분을 완성하시오.
(3) 정회전과 역회전이 되도록 다음의 동작조건을 이용하여 미완성된 보조 회로를 완성하시오.

답안작성
(1) ① 배선용 차단기
    ② 열동계전기

(2) (3)

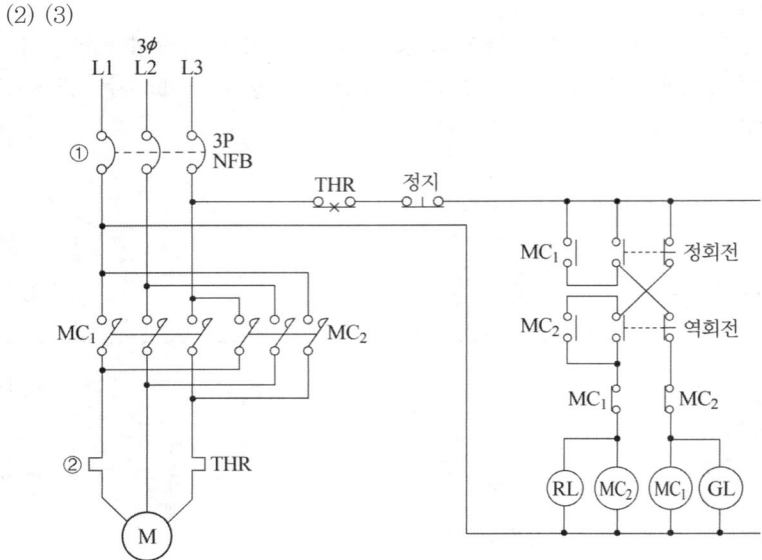

▶ 출제년도 : 00. 05.   ▶ 점수 : 6점

문제 04 60 [Hz]로 설계된 3상 유도 전동기를 동일 전압으로 50 [Hz]에 사용할 경우 다음 요소는 어떻게 변화하는지를 수치를 이용하여 설명하시오.
(1) 무부하 전류
(2) 온도 상승
(3) 속도

답안작성
(1) 6/5으로 증가
(2) 6/5으로 증가
(3) 5/6로 감소

▶ 출제년도 : 98. 02. 05.   ▶ 점수 : 8점

문제 05 어느 수용가의 공장 배전용 변전실에 설치되어 있는 250 [kVA]의 3상 변압기에서 A, B 2회선으로 아래 표에 명시된 부하에 전력을 공급하고 있는데 A, B 각 회선의 합성 부등률은 1.2, 개별 부등률 1.0이라고 할 때 최대 수용 전력시에는 과부하가 되는 것으로 추정되고 있다. 다음 각 물음에 답하시오.

회 선	부하 설비 [kW]	수용률 [%]	역 률 [%]
A	250	60	75
B	150	80	75

(1) A회선의 최대 부하는 몇 [kW]인가?
  • 계산 :   • 답 :

(2) B회선의 최대 부하는 몇 [kW]인가?
   • 계산 :   • 답 :
(3) 합성 최대 수용 전력(최대 부하)은 몇 [kW]인가?
   • 계산 :   • 답 :
(4) 전력용 콘덴서를 병렬로 설치하여 과부하되는 것을 방지하고자 한다. 이론상 필요한 콘덴서 용량은 몇 [kVA]인가?
   • 계산 :   • 답 :

답안작성

(1) 계산 : $P_A = \dfrac{250 \times 0.6}{1.0} = 150 \, [\text{kW}]$ 답 : 150 [kW]

(2) 계산 : $P_B = \dfrac{150 \times 0.8}{1.0} = 120 \, [\text{kW}]$ 답 : 120 [kW]

(3) 계산 : $P = \dfrac{150 + 120}{1.2} = 225 \, [\text{kW}]$ 답 : 225 [kW]

(4) 계산 : 개선 후의 역률 $\cos\theta_2 = \dfrac{225}{250} = 0.9$가 되어야 하므로

콘덴서 용량 $Q_c = P(\tan\theta_1 - \tan\theta_2) = P\left(\dfrac{\sin\theta_1}{\cos\theta_1} - \dfrac{\sin\theta_2}{\cos\theta_2}\right)$

$= P\left(\dfrac{\sqrt{1-\cos^2\theta_1}}{\cos\theta_1} - \dfrac{\sqrt{1-\cos^2\theta_2}}{\cos\theta_2}\right)$

$= 225\left(\dfrac{\sqrt{1-0.75^2}}{0.75} - \dfrac{\sqrt{1-0.9^2}}{0.9}\right) = 89.46 \, [\text{kVA}]$

답 : 89.46 [kVA]

해설

(1) 합성 최대 전력 = $\dfrac{\text{설비용량} \times \text{수용률}}{\text{부등률}}$

▸ 출제년도 : 05.   ▸ 점수 : 5점

문제 06 그림은 갭형 피뢰기와 갭레스형 피뢰기의 구조를 나타낸 것이다. 화살표로 표시된 각 부분의 명칭을 쓰시오.

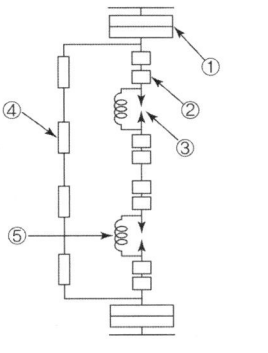
갭형 피뢰기

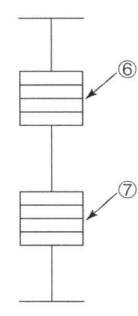
갭레스형 피뢰기

답안작성

① 특성요소　② 주갭　③ 측로갭　④ 분로저항
⑤ 소호코일　⑥ 특성요소　⑦ 특성요소

▶ 출제년도 : 05.　▶ 점수 : 9점

문제 07

전로의 절연 저항에 대하여 다음 각 물음에 답하시오.

(1) 다음표의 전로의 사용 전압의 구분에 따른 절연저항값은 몇 [MΩ] 이상 이어야 하는지 그 값을 표에 써 넣으시오.

전로의 사용전압[V]	절연저항[MΩ]
SELV 및 PELV	
FELV, 500[V] 이하	
500[V] 초과	

(2) 대지 전압은 접지식 전로와 비접지식 전로에서 어떤 전압(어느 개소간의 전압)인지를 설명하시오.
　• 접지식 선로 :
　• 비접지식 선로 :

(3) 사용 전압이 200 [V]이고 최대 공급전류가 30 [A]인 단상 2선식 가공 전선로에 2선을 총괄한 것과 대지간의 절연 저항은 몇 [Ω]인가?
　•계산 :　　　　　　　　　　•답 :

답안작성

(1)

전로의 사용전압[V]	절연저항[MΩ]
SELV 및 PELV	0.5
FELV, 500[V] 이하	1.0
500[V] 초과	1.0

(2) 접지식 전로 : 전선과 대지 사이의 전압
　　비접지식 전로 : 전선과 그 전로 중의 임의의 다른 전선 사이의 전압

(3) 누설전류 $I = 30 \times \dfrac{1}{2000} \times 2 = 0.03$ [A]

절연저항 $R = \dfrac{200}{0.03} = 6666.67$ [Ω]

해설

(1) 전기설비기술기준 제52조 저압전로의 절연성능
　　전기사용 장소의 사용전압이 저압인 전로의 전선 상호간 및 전로와 대지 사이의 절연저항은 개폐기 또는 과전류차단기로 구분할 수 있는 전로마다 다음 표에서 정한 값 이상이어야 한다. 다만, 전선 상호간의 절연저항은 기계기구를 쉽게 분리가 곤란한 분기회로의 경우 기기 접속 전에 측정할 수 있다. 또한, 측정 시 영향을 주거나 손상을 받을 수 있는 SPD 또는 기타 기기 등은 측정 전에 분리시켜야 하고, 부득이하게 분리가 어려운 경우에는 시험전압을 250[V] DC로 낮추어 측정할 수 있지만 절연저항 값은 1[MΩ] 이상이어야 한다.

전로의 사용전압[V]	DC 시험전압[V]	절연저항[MΩ]
SELV 및 PELV	250	0.5
FELV, 500[V] 이하	500	1.0
500[V] 초과	1,000	1.0

[주] 특별저압(extra low voltage : 2차 전압이 AC 50[V], DC 120[V] 이하)으로 SELV(비접지 회로 구성) 및 PELV(접지회로 구성)은 1차와 2차가 전기적으로 절연된 회로, FELV는 1차와 2차가 전기적으로 절연되지 않은 회로

(3) 전기설비기술기준 제27조 전선로의 전선 및 절연성능
전선과 대지 사이의 절연저항은 사용전압에 대한 누설전류가 최대 공급 전류의 $\frac{1}{2000}$ (1조당) 을 초과하지 않도록 유지하여야 한다.

▶ 출제년도 : 97. 01. 05.　▶ 점수 : 10점

문제 08

그림과 같은 UPS 설비를 보고 다음 각 물음에 답하시오.

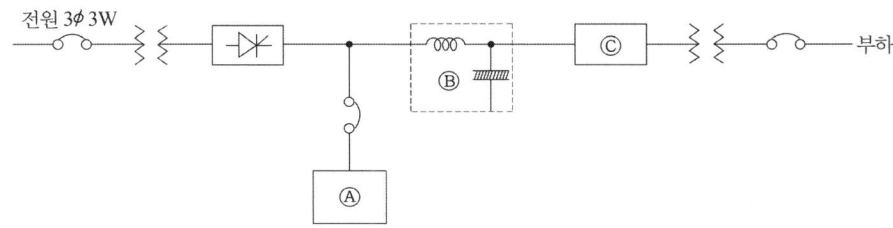

(1) UPS의 주요 기능을 2가지로 요약하여 설명하시오.
(2) A는 무슨 부분인가?
(3) B는 무슨 역할을 하는 회로인가?
(4) C 부분은 무슨회로이며, 그 역할은 무엇인가?

답안작성

(1) ① 무정전 전원 공급　② 정전압 정주파수 공급장치
(2) 축전지
(3) DC 필터로 Ripple 전압을 제거한다.
(4) 인버터 회로, 역할 : 직류를 교류로 변환한다.

▶ 출제년도 : 03. 05.　▶ 점수 : 6점

문제 09

수전전압 22.9 [kV] 변압기 용량 3000 [kVA]의 수전설비를 계획할 때 외부와 내부의 이상전압으로부터 계통의 기기를 보호하기 위해 설치해야 할 기기의 명칭과 그 설치위치를 설명하시오. 단, 변압기는 몰드형으로서 변압기 1차의 주차단기는 진공차단기를 사용하고자 한다.

(1) 낙뢰 등 외부 이상전압
(2) 개폐 이상전압 등 내부 이상전압

답안작성

(1) • 기기명 : 피뢰기
    • 설치위치 : 진공 차단기 1차측
(2) • 기기명 : 서지 흡수기
    • 설치위치 : 진공 차단기 2차측과 몰드형 변압기 1차측 사이

▸ 출제년도 : 91. 94. 05.   ▸ 점수 : 9점

문제 10 배전 선로에 있어서 전압을 3 [kV]에서 6 [kV]로 상승시켰을 경우, 승압 전과 승압 후의 장점과 단점을 비교하여 설명하시오. 단, 수치 비교가 가능한 부분은 수치를 적용시켜 비교 설명하시오.

답안작성

(1) 장점
① 전력 손실이 75 [%] 경감된다.
② 전압 강하율 및 전압 변동률이 75 [%] 경감된다.
③ 공급 전력이 4배 증대된다.
(2) 단점
① 변압기, 차단기 등의 절연 레벨이 높아지므로 기기가 비싸진다.
② 전선로, 애자 등의 절연 레벨이 높아지므로 건설비가 많이 든다.

해설

(1) 전력 손실 $P_l \propto \dfrac{1}{V^2}$, 전압 강하율 $\epsilon \propto \dfrac{1}{V^2}$, 공급 전력 $P \propto V^2$

▸ 출제년도 : 05.   ▸ 점수 : 11점

문제 11 어떤 인텔리전트 빌딩에 대한 등급별 추정 전원 용량에 대한 다음 표를 이용하여 각 물음에 답하시오.

등급별 추정 전원 용량 [VA/m²]

등급별 내 용	0등급	1등급	2등급	3등급
조 명	22	22	22	30
콘 센 트	5	13	5	5
사무자동화(OA) 기기	–	2	34	36
일반동력	38	45	45	45
냉방동력	40	43	43	43
사무자동화(OA)동력	–	2	8	8
합 계	105	127	157	167

(1) 연면적 10000 [m²]인 인텔리전트 2등급인 사무실 빌딩의 전력 설비 부하의 용량을 다음 표에 의하여 구하도록 하시오.

부하 내용	면적을 적용한 부하용량 [kVA]
조 명	
콘 센 트	
OA 기기	
일반동력	
냉방동력	
OA 동력	
합 계	

(2) 물음 "(1)"에서 조명, 콘센트, 사무자동화기기의 적정 수용률은 0.75, 일반동력 및 사무자동화 동력의 적정 수용률은 0.5, 냉방동력의 적정 수용률은 0.9이고, 주변압기 부등률은 1.3으로 적용한다. 이때 전압방식을 2단 강압 방식으로 채택할 경우 변압기의 용량에 따른 변전설비의 용량을 산출하시오. (단, 조명, 콘센트, 사무자동화 기기를 3상 변압기 1대로, 일반동력 및 사무자동화 동력을 3상 변압기 1대로, 냉방동력을 3상 변압기 1대로 구성하고, 상기 부하에 대한 주변압기 1대를 사용하도록 하며, 변압기 용량은 일반 규격 용량으로 정하도록 한다.)
- 계산 :
- 조명, 콘센트, 사무자동화 기기에 필요한 변압기 용량 산정
- 일반동력, 사무자동화동력에 필요한 변압기 용량 산정
- 냉방동력에 필요한 변압기 용량 산정
- 주변압기 용량 산정

(3) 주변압기에서부터 각 부하에 이르는 변전설비의 단선 계통도를 간단하게 그리시오.

답안작성

(1)

부하 내용	면적을 적용한 부하용량 [kVA]
조 명	$22 \times 10000 \times 10^{-3} = 220$ [kVA]
콘 센 트	$5 \times 10000 \times 10^{-3} = 50$ [kVA]
OA 기기	$34 \times 10000 \times 10^{-3} = 340$ [kVA]
일반동력	$45 \times 10000 \times 10^{-3} = 450$ [kVA]
냉방동력	$43 \times 10000 \times 10^{-3} = 430$ [kVA]
OA 동력	$8 \times 10000 \times 10^{-3} = 80$ [kVA]
합 계	$157 \times 10000 \times 10^{-3} = 1570$ [kVA]

(2) ① 조명, 콘센트, 사무자동화 기기에 필요한 변압기 용량 산정
　　계산 : $\text{Tr}_1 = (220 + 50 + 340) \times 0.75 = 457.5$ [kVA]　　답 : 500[kVA]
　② 일반동력, 사무자동화동력에 필요한 변압기 용량 산정
　　계산 : $\text{Tr}_2 = (450 + 80) \times 0.5 = 265$ [kVA]　　답 : 300[kVA]
　③ 냉방동력에 필요한 변압기 용량 산정
　　계산 : $\text{Tr}_3 = 430 \times 0.9 = 387$ [kVA]　　답 : 500[kVA]

④ 주변압기 용량 산정

계산 : $STr = \dfrac{457.5+265+387}{1.3} = 853.46$ [kVA]   답 : 1000[kVA]

(3)

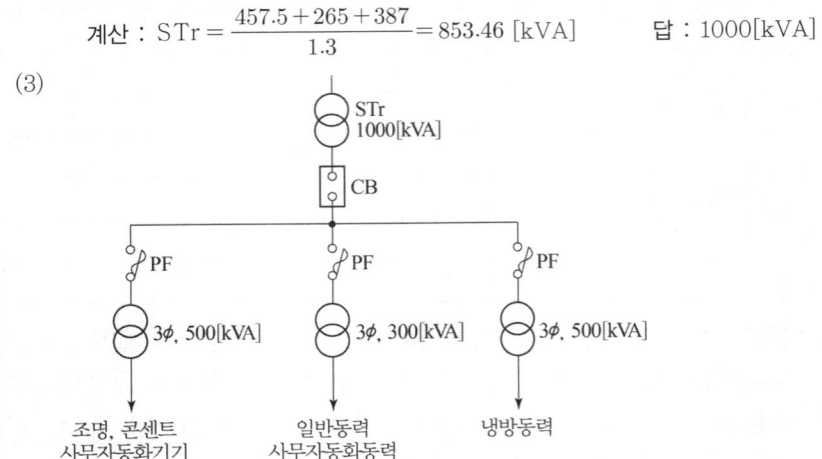

해설

(2) 3상 변압기의 표준용량
3, 5, 7.5, 10, 15, 20, 30, 50, 75, 100, 150, 200, 300, 500, 750, 1000 [kVA]

▶ 출제년도 : 94. 01. 05.   ▶ 점수 : 5점

문제 12

그림과 같은 무접점 논리 회로의 래더 다이어그램(ladder diagram)의 미완성 부분(점선 부분)을 그리시오. 단, 입·출력 번지의 할당은 다음과 같다.

입력 : $Pb_1(01)$, $Pb_2(02)$, 출력 : GL(30), RL(31), 릴레이 : X(40)

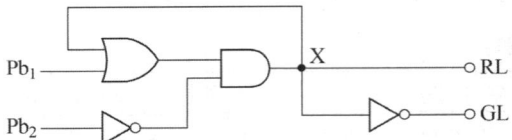

답안작성

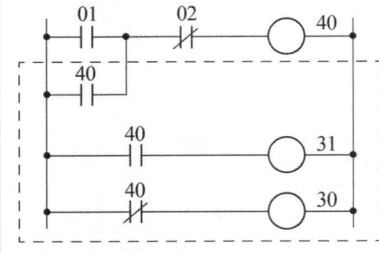

해설

$Pb_1(01)$과 X(40)가 OR(병렬)이고 여기에 $Pb_2(02)$가 직렬로 X(40) 회로가 된다. RL(31)은 X(40)으로, GL(30)은 X(40)의 b접점으로 각각 출력이 생긴다.

▸ 출제년도 : 90. 92. 98. 02. 05.   ▸ 점수 : 4점

문제 13 다음 그림과 같은 회로에서 램프 ⓛ의 동작을 답지의 타임 차트에 표시하시오. 단, 타임 차트 상단에서 선의 상단의 표시는 a접점으로 ON 상태를 나타내며, 하단에 있는 것은 b접점으로 OFF를 나타낸다.

(1)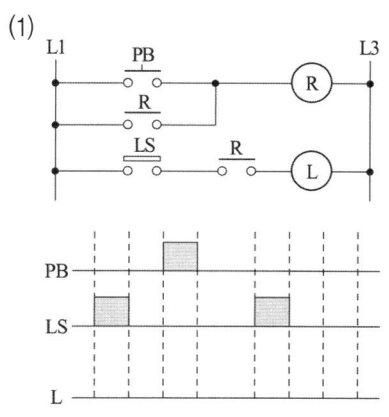

(2)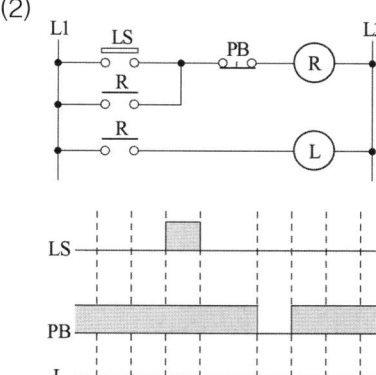

답안작성

(1)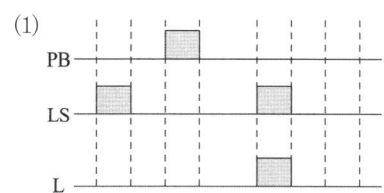

(2)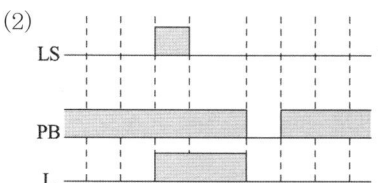

▸ 출제년도 : 97. 03. 05.   ▸ 점수 : 4점

문제 14 다음과 같은 값을 측정하는데 가장 적당한 것은?
(1) 단선인 전선의 굵기
(2) 옥내전등선의 절연저항
(3) 접지저항(브리지로 답할 것)

답안작성

(1) 와이어 게이지
(2) 메거
(3) 콜라우시 브리지

해설

(2) 메거를 절연저항계로 답하여도 된다.

국가기술자격검정 실기시험문제 및 답안지

2005년도 산업기사 일반검정 제3회

자격종목(선택분야)	시험시간	형별	수험번호	성 명	감독위원 확인
전기산업기사	2시간 00분				

▶ 출제년도 : 00. 05. ▶ 점수 : 6점

문제 01 다음 물음에 답하시오.

(1) 저압 수전의 단상 3선식에서 중성선과 각 전압측 전선간의 부하는 평형이 되게 하는 것을 원칙으로 한다. 다만, 부득이한 경우는 몇 [%]까지로 할 수 있는가?

(2) 그림과 같은 단상 3선식 100 [V]/200 [V] 수전 경우에 설비불평형률은 몇 [%]인지를 구하시오.

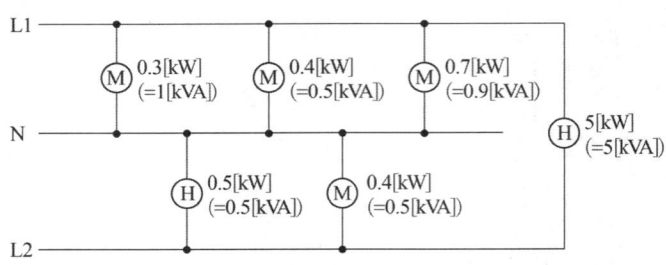

• 계산 :   • 답 :

답안작성

(1) 40 [%]

(2) 계산 : 설비불평형률 $= \dfrac{(1+0.5+0.9)-(0.5+0.5)}{\dfrac{1}{2}(1+0.5+0.9+0.5+0.5+5)} \times 100 = 33.33\,[\%]$

답 : 33.33 [%]

해설

(1) 설비불평형률 허용 범위
- 단상 3선식 : 40 [%] 이하
- 3상 3선식 : 30 [%] 이하

(2) 단상 3선식에서 설비불평형률

설비불평형률 $= \dfrac{\text{중성선과 각 전압측 전선간에 접속된 부하 설비용량의 차}}{\text{총 부하 설비용량의 1/2}} \times 100\,[\%]$

▶ 출제년도 : 02. 05.   ▶ 점수 : 6점

문제 02 전압의 크기에 따라 종별로 구분하고 그 전압의 범위를 쓰시오.

답안작성

분 류	전압의 범위
저 압	• 직류 : 1.5 [kV] 이하 • 교류 : 1 [kV] 이하
고 압	• 직류 : 1.5 [kV]를 초과하고, 7 [kV] 이하 • 교류 : 1 [kV]를 초과하고, 7 [kV] 이하
특고압	7 [kV]를 초과

▶ 출제년도 : 01. 05.   ▶ 점수 : 4점

문제 03 그림은 옥내 배선을 설계할 때 사용되는 배전반, 분전반 및 제어반의 일반적인 그림기호이다. 이것을 배전반, 분전반, 제어반 및 직류용으로 구별하여 그림기호를 사용하고자 할 때 그 그림기호를 그리시오.

(1) 배전반   (2) 분전반
(3) 제어반   (4) 직류용

답안작성

(1) 배전반 : ⊠   (2) 분전반 : ◨
(3) 제어반 : ◆   (4) 직류반 : ▭ DC

▶ 출제년도 : 97. 01. 05.   ▶ 점수 : 6점

문제 04 그림과 같은 UPS 설비를 보고 다음 각 물음에 답하시오.

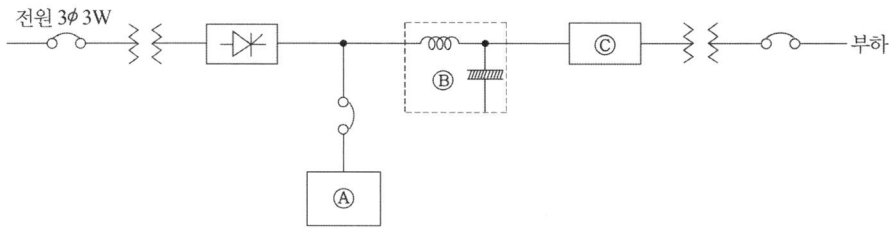

(1) UPS의 우리말 명칭을 쓰시오.
(2) 블록 다이어그램에서 A는 어떤 부분인가?
(3) B와 C 부분의 역할에 대하여 설명하시오.

답안작성

(1) 무정전 전원 공급장치
(2) 축전지
(3) B : 리플전압을 제거하여 파형을 개선한다.
　　C : 직류를 교류로 변환한다.

▶출제년도 : 01. 05.   ▶점수 : 9점

문제 05 평형 3상 회로에 그림과 같은 유도 전동기가 있다. 이 회로에 2개의 전력계와 전압계 및 전류계를 접속하였더니 그 지시값은 $W_1 = 5.5$[kW], $W_2 = 3.2$[kW], 전압계의 지시는 200 [V], 전류계의 지시는 30 [A] 이었다. 이 때 다음 각 물음에 답하시오.

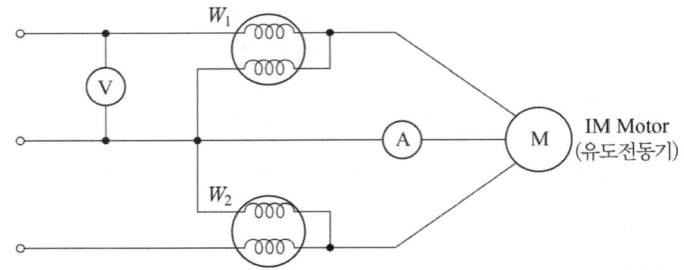

(1) 부하에 소비되는 전력과 피상전력을 구하시오.
   ① 전력
     •계산 :   •답 :
   ② 피상전력
     •계산 :   •답 :
(2) 이 유도 전동기의 역률은 몇 [%]인가?
     •계산 :   •답 :
(3) 역률을 95 [%]로 개선하고자 할 때 전력용 콘덴서는 몇 [kVA]가 필요한가?
     •계산 :   •답 :
(4) 이 유도 전동기로 매분 25 [m]의 속도로 물체를 끌어 올린다면 몇 [ton]까지 가능한가? 단, 종합 효율은 80 [%]로 계산한다.
     •계산 :   •답 :

답안작성

(1) ① 전력
      계산 : $P = W_1 + W_2 = 5.5 + 3.2 = 8.7$ [kW]   답 : 8.7 [kW]
   ② 피상전력
      계산 : $P_a = \sqrt{3}\,VI = \sqrt{3} \times 200 \times 30 \times 10^{-3} = 10.39$ [kVA]   답 : 10.39 [kVA]

(2) 계산 : $\cos\theta = \dfrac{W_1 + W_2}{\sqrt{3}\,VI} = \dfrac{8.7}{10.39} \times 100 = 83.73$ [%]   답 : 83.73 [%]

(3) 계산 : $Q = P\left(\dfrac{\sin\theta_1}{\cos\theta_1} - \dfrac{\sin\theta_2}{\cos\theta_2}\right) = 8.7\left(\dfrac{\sqrt{1-0.8373^2}}{0.8373} - \dfrac{\sqrt{1-0.95^2}}{0.95}\right) = 2.82$ [kVA]
   답 : 2.82 [kVA]

(4) 계산 : 권상용 전동기의 용량
      $W = \dfrac{6.12 P \eta}{V} = \dfrac{6.12 \times 8.7 \times 0.8}{25} = 1.7$ [ton]
   답 : 1.7 [ton]

▶ 출제년도 : 05.   ▶ 점수 : 6점

문제 06 그림과 같은 논리회로를 보고 다음 각 물음에 답하시오.

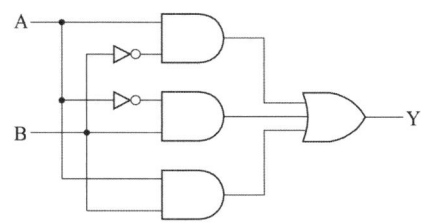

(1) 각 논리소자를 모두 사용할 때 부울대수의 초기식을 쓰고 이 식을 가장 간단하게 정리하여 표현하시오.
   ① 초기식 :
   ② 정리식 :
(2) 주어진 논리회로에 대한 부울 대수식의 초기식("(1)"번 문제의 초기식)을 유접점 회로(계전기 접점회로)로 바꾸어 그리시오.
(3) 입력 A, B와 출력 Y에 대한 진리표를 만드시오.

입력		출력
A	B	Y
0	0	
0	1	
1	0	
1	1	

답안작성

(1) ① 초기식 : $Y = A\overline{B} + \overline{A}B + AB$
    ② 정리식 : $Y = A\overline{B} + \overline{A}B + AB = A\overline{B} + \overline{A}B + AB + AB$
              $= A(B+\overline{B}) + B(A+\overline{A}) = A+B$

(2)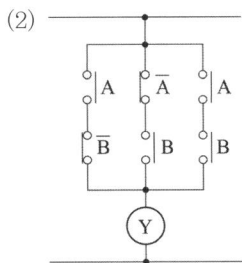

(3)
입력		출력
A	B	Y
0	0	0
0	1	1
1	0	1
1	1	1

해설

(1) 분배법칙 : $A+(B \cdot C) = (A+B) \cdot (A+C)$
              $A \cdot (B+C) = A \cdot B + A \cdot C$
(2) 2진수 (0과 1)에서
    $A \cdot 1 = A$ $A+\overline{A}=1$ $A+1=1$ $A+A=A$

▶ 출제년도 : 01. 05.   ▶ 점수 : 11점

문제 07 그림은 3상 유도 전동기의 역상 제동 시퀀스회로이다. 물음에 답하시오. 단, 플러깅 릴레이 Sp는 전동기가 회전하면 접점이 닫히고, 속도가 0에 가까우면 열리도록 되어 있다.

(1) 회로에서 ①~④에 접점과 기호를 넣고 MC$_1$, MC$_2$의 동작 과정을 간단히 설명하시오.

(2) 보조 릴레이 T와 저항 r에 대하여 그 용도 및 역할에 대하여 간단히 설명하시오.

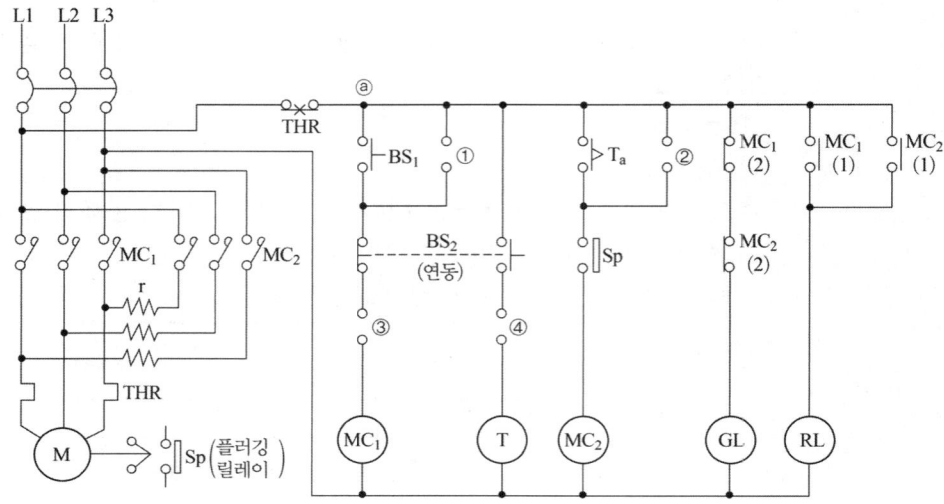

답안작성

(1)

[동작과정]
① BS$_1$으로 MC$_1$을 여자시켜 전동기를 직입 기동한다. (자기 유지)
② BS$_2$를 눌러 MC$_1$이 소자되면 전동기는 전원에서 분리되나 회전자 관성모멘트로 인하여 회전은 계속한다.
③ 이때 BS$_2$의 연동접점으로 T가 MC$_1$ 소자 즉시 여자되며, BS$_2$를 누르고 있는 상태에서 설정 시간 후 MC$_2$가 여자되어 전동기는 역회전하려고 한다. (자기 유지)
④ 전동기의 속도가 급격히 감소하여 0에 가까워지면 플러깅 릴레이에 의하여 전동기는 전원에서 완전히 분리되어 급정지한다. (플러깅 제동)

(2) T : 시간 지연 릴레이를 사용하여 제동시 과전류를 방지하는 시간적인 여유를 주기 위함
    r : 역상 제동시 저항의 전압 강하로 전압을 줄이고 제동력을 제한함

문제 08

▶ 출제년도 : 92. 05. ▶ 점수 : 12점

3층 사무실용 건물에 3상 3선식의 6000 [V]를 수전하여 200 [V]로 체강하여 수전하는 설비를 하였다. 각 종 부하설비가 주어진 표1, 2와 같을 때 다음 각 물음에 답하시오. 단, 각 물음에 대한 답은 계산 과정을 모두 쓰면서 답하도록 한다.

[표 1] 동력 부하 설비

사용 목적	용량 [kW]	대수	상용 동력 [kW]	하계 동력 [kW]	동계 동력 [kW]
난방 관계					
· 보일러 펌프	6.0	1			6.0
· 오일 기어 펌프	0.4	1			0.4
· 온수 순환 펌프	3.0	1			3.0
공기 조화 관계					
· 1, 2, 3층 패키지 콤프레셔	7.5	6		45.0	
· 콤프레셔 팬	5.5	3	16.5		
· 냉각수 펌프	5.5	1		5.5	
· 쿨링 타워	1.5	1		1.5	
급수·배수 관계					
· 양수 펌프	3.0	1	3.0		
기타					
· 소화 펌프	5.5	1	5.5		
· 셔터	0.4	2	0.8		
합 계			25.8	52.0	9.4

[표 2] 조명 및 콘센트 부하 설비

사용 목적	와트수 [W]	설치 수량	환산 용량 [VA]	총용량 [VA]	비 고
전등관계					
· 수은등 A	200	4	260	1040	200 [V] 고역률
· 수은등 B	100	8	140	1120	100 [V] 고역률
· 형광등	40	820	55	45100	200 [V] 고역률
· 백열 전등	60	10	60	600	
콘센트 관계					
· 일반 콘센트		80	150	12000	2P 15 [A]
· 환기팬용 콘센트		8	55	440	
· 히터용 콘센트	1500	2		3000	
· 복사기용 콘센트		4		3600	
· 텔레타이프용 콘센트		2		2400	
· 룸 쿨러용 콘센트		6		7200	
기타					
· 전화 교환용 정류기		1		800	
계				77300	

[주] 변압기 용량(제작 회사에서 시판)
  단상, 3상 공히 5, 10, 15, 20, 30, 50, 75, 100, 150 [kVA]

[표 3] 변압기 용량

상 별	제작회사에서 시판되는 표준용량 [kVA]
단상 3상	5, 10, 15, 20, 30, 50, 75, 100, 150, 200, 250, 300 [kVA]

(1) 동계 난방 때 온수 순환 펌프는 상시 운전하고, 보일러용과 오일 기어 펌프의 수용률이 55[%]일 때 난방 동력 수용 부하는 몇 [kW]인가?
　•계산 :　　　　　　　　　　•답 :
(2) 동력 부하의 역률이 전부 70 [%]라고 한다면 피상 전력은 각각 몇 [kVA]인가?
　단, 상용 동력, 하계 동력, 동계 동력별로 각각 계산하시오.
　① 상용 동력
　② 하계 동력
　③ 동계 동력
(3) 총 전기 설비 용량은 몇 [kVA]를 기준으로 하여야 하는가?
(4) 전등의 수용률은 60 [%], 콘센트 설비의 수용률은 70 [%]라고 한다면 몇 [kVA]의 단상 변압기에 연결하여야 하는가? 단, 전화 교환용 정류기는 100 [%] 수용률로서 계산 결과에 포함시키며 변압기 예비율(여유율)은 무시한다.
　•계산 :　　　　　　　　　　•답 :
(5) 동력 설비 부하의 수용률이 모두 65 [%]라면 동력 부하용 3상 변압기의 용량은 몇 [kVA]인가? 단, 동력 부하의 역률은 70 [%]로 하며 변압기의 예비율은 무시한다.
　•계산 :　　　　　　　　　　•답 :
(6) 상기 "(4)"항과 "(5)"항에서 선정된 단상과 3상 변압기의 각 1차측 전류계용으로 사용되는 변류기의 1차측 정격 전류는 각각 몇 [A]인가?
　• 단상
　• 3상

답안작성

(1) 계산 : 수용부하 $= 3 + 6.0 \times 0.55 + 0.4 \times 0.55 = 6.52$ [kW]　　답 : 6.52 [kW]

(2) ① 계산 : 상용 동력의 피상 전력 $= \dfrac{25.8}{0.7} = 36.86$ [kVA]　　답 : 36.86 [kVA]

　② 계산 : 하계 동력의 피상 전력 $= \dfrac{52.0}{0.7} = 74.29$ [kVA]　　답 : 74.29 [kVA]

　③ 계산 : 동계 동력의 피상 전력 $= \dfrac{9.4}{0.7} = 13.43$ [kVA]　　답 : 13.43 [kVA]

(3) 계산 : $36.86 + 74.29 + 77.3 = 188.45$ [kVA]　　답 : 188.45 [kVA]

(4) 계산 : 전등 관계 : $(1040 + 1120 + 45100 + 600) \times 0.6 \times 10^{-3} = 28.72$ [kVA]
　　　　　콘센트 관계 : $(12000 + 440 + 3000 + 3600 + 2400 + 7200) \times 0.7 \times 10^{-3} = 20.05$ [kVA]
　　　　　기타 : $800 \times 1 \times 10^{-3} = 0.8$ [kVA]
　　　　　$28.72 + 20.05 + 0.8 = 49.57$ [kVA]이므로
　　　　　단상 변압기 용량은 50 [kVA]가 된다.
　답 : 50 [kVA]

(5) 계산 : 동계 동력과 하계 동력 중 큰 부하를 기준하고 상용 동력과 합산하여 계산하면

$$\frac{(25.8+52.0)}{0.7} \times 0.65 = 72.25 \text{ [kVA]}$$이므로

3상 변압기 용량은 75 [kVA]가 된다.

답 : 75 [kVA]

(6) ① 단상 변압기 1차측 변류기

$$I = \frac{50 \times 10^3}{6 \times 10^3} \times (1.25 \sim 1.5) = 10.42 \sim 12.5 \text{ [A]}$$

10.42~12.5 [A] 사이에 표준품이 없으므로 10 [A] 선정

② 3상 변압기 1차측 변류기

$$I = \frac{75 \times 10^3}{\sqrt{3} \times 6 \times 10^3} \times (1.25 \sim 1.5) = 9.02 \sim 10.82 \text{ [A]} \qquad 10 \text{ [A] 선정}$$

▶ 출제년도 : 05.   ▶ 점수 : 8점

문제 09 동기 발전기를 병렬 운전시키기 위한 조건을 3가지만 쓰시오.

답안작성

① 기전력의 주파수가 같을 것
② 기전력의 위상이 같을 것
③ 기전력의 파형이 같을 것

해설

그 외, 기전력의 크기가 같을 것

▶ 출제년도 : 91. 95. 00. 01. 05.   ▶ 점수 : 11점

문제 10 다음 답안지의 미완성 도면을 보고 다음 각 물음에 답하시오.

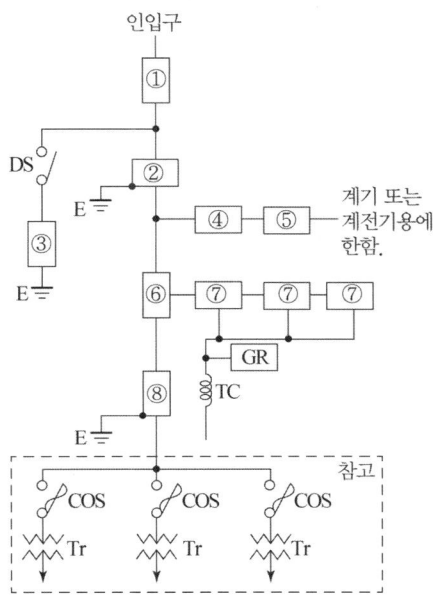

(1) 주어진 단선 결선도에서 ☐ 표시한 ①~⑧까지의 기기에 대하여 표준 심벌을 사용하여 단선 결선도를 완성하시오.

(2) 주어진 단선도의 ①~⑧까지의 기기의 약호와 명칭의 표를 작성하고 그 용도 또는 역할에 대하여 간단히 설명하시오.

번호	약호	명 칭	용도 또는 역할
①	PF	전력용 퓨즈	
②	MOF	전력 수급용 계기용 변성기	
③	LA	피뢰기	
④	COS	컷아웃 스위치	
⑤	PT	계기용 변압기	
⑥	CT	변류기	
⑦	OCR	과전류 계전기	
⑧	CB	차단기	

답안작성

(1)

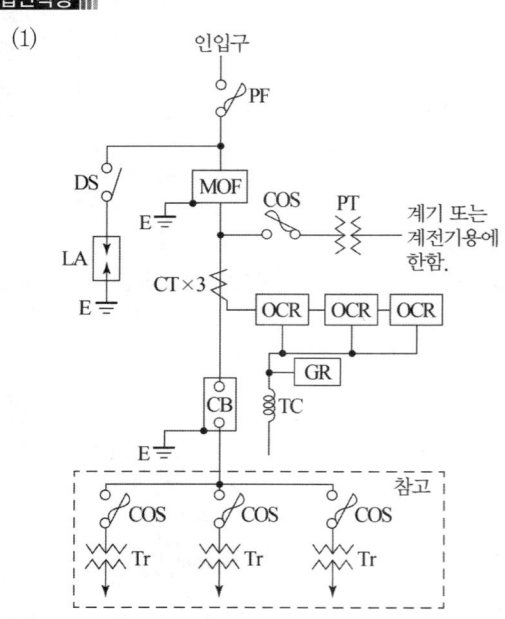

(2)

번호	약호	명 칭	용도 또는 역할
①	PF	전력용 퓨즈	단락 전류 및 고장 전류 차단
②	MOF	전력 수급용 계기용 변성기	전력량을 적산하기 위하여 고전압을 저전압(110 [V])으로 대전류를 저전류(5 [A])로 변성한다.
③	LA	피뢰기	이상 전압 침입시 이를 대지로 방전시키며 속류를 차단한다.
④	COS	컷아웃 스위치	계기용 변압기 및 부하측에 고장 발생시 이를 고압회로로부터 분리하여 사고의 확대를 방지한다.

번호	약호	명 칭	용도 또는 역할
⑤	PT	계기용 변압기	고전압을 저전압(정격 110 [V])로 변성한다.
⑥	CT	변류기	대전류를 소전류(정격 5 [A])로 변성한다.
⑦	OCR	과전류 계전기	변류기로부터 검출된 과전류에 의해 동작하며 차단기의 트립 코일을 여자시킨다.
⑧	CB	차단기	부하전류 개폐 및 고장전류 차단

▸ 출제년도 : 95. 00. 05.　　▸ 점수 : 6점

문제 11 그림과 같은 부하 곡선을 보고 다음 각 물음에 답하시오.

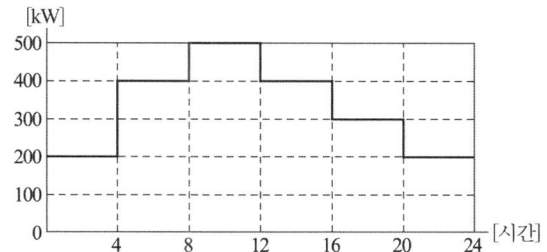

(1) 첨두 부하는 몇 [kW]인가?
(2) 첨두 부하가 지속되는 시간은 몇 시부터 몇 시까지인가?
(3) 일공급 전력량은 몇 [kWh]인가?
　• 계산 :　　　　　　　　　　　• 답 :
(4) 일부하율은 몇 [%]인가?
　• 계산 :　　　　　　　　　　　• 답 :

답안작성

(1) 500 [kW]
(2) 8~12시
(3) $W = (200+400+500+400+300+200) \times 4 = 8000$ [kWh]
(4) 일부하율 $= \dfrac{8000}{24 \times 500} \times 100 = 66.67$ [%]

해설

(4) 일부하율 $= \dfrac{1일의 \ 평균 \ 전력}{1일의 \ 최대 \ 전력} = \dfrac{1일 \ 사용 \ 전력량/24}{1일의 \ 최대 \ 전력}$

▸ 출제년도 : 05.　　▸ 점수 : 6점

문제 12 폭 12 [m], 길이 18 [m], 천장 높이 3.1 [m], 작업면(책상 위)높이 0.85 [m]인 사무실이 있다. 이 사무실의 천장은 백색 텍스로 마감하였으며, 벽면은 옅은 크림색으로 마감하였고, 실내 조도는 500 [lx], 조명기구는 40W 2등용(H형)팬던트를 설치하고자 한다. 이 때 다음 조건을 이용하여 각 물음의 설계를 하도록 하시오.

[조건]
- 천장의 반사율은 50 [%], 벽의 반사율은 30 [%]로서 H형 팬던트의 기구를 사용할 때 조명율은 0.61로 한다.
- H형 팬던트 기구의 보수율은 0.75로 하도록 한다.
- H형 팬던트의 길이는 0.5 [m]이다.
- 램프의 광속은 40 [W] 1등당 3300 [lm]으로 한다.
- 조명기구의 배치는 5열로 배치하도록 하며 각 열당 등수는 동일하게 되도록한다.

(1) 광원의 높이는 몇 [m]인가?
(2) 이 사무실의 실지수는 얼마인가?
  • 계산 :   • 답 :
(3) 이 사무실에는 40 [W] 2등용(H형) 팬던트의 조명기구를 몇 조 설치하여야 하는가?
  • 계산 :   • 답 :

답안작성

(1) $H = 3.1 - 0.85 - 0.5 = 1.75 \, [\text{m}]$

(2) 계산 : 실지수 $= \dfrac{XY}{H(X+Y)} = \dfrac{12 \times 18}{1.75(12+18)} = 4.11$ 답 : 4.11

(3) 계산 : $N = \dfrac{EA}{FUM} = \dfrac{500 \times (12 \times 18)}{3300 \times 2 \times 0.61 \times 0.75} = 35.77 \, [\text{조}]$ 답 : 40 [조]

▶ 출제년도 : 05. ▶ 점수 : 4점

문제 13 길이 40 [m], 폭 30 [m], 높이 9 [m]의 공장에 고압 수은등 400 [W] 27개를 설치하였을 때의 조도는 몇 [lx]인가? 단, 수은등 1개의 광속은 18000 [lm], 조명률 47 [%], 감광보상률은 1.3이다.
  • 계산 :   • 답 :

답안작성

계산 : 평균 조도 $E = \dfrac{FUN}{AD} = \dfrac{18000 \times 0.47 \times 27}{40 \times 30 \times 1.3} = 146.42 [\text{lx}]$

답 : 146.42 [lx]

출제기준 변경 및 개정된 관계법규에 따라 삭제된 문제가 있어 배점의 합계가 100점이 안됩니다.

E60-2
전기산업기사 실기

2006년도 기출문제

- 2006년 전기산업기사 1회
- 2006년 전기산업기사 2회
- 2006년 전기산업기사 3회

국가기술자격검정 실기시험문제 및 답안지

2006년도 산업기사 일반검정 제1회

자격종목(선택분야)	시험시간	형별	수험번호	성 명	감독위원 확인
전기산업기사	2시간 00분				

▶ 출제년도 : 01. 04. 06.   ▶ 점수 : 12점

문제 01 그림은 자가용 수변전 설비 주회로의 절연 저항 측정시험에 대한 배치도이다. 다음 각 물음에 답하시오.

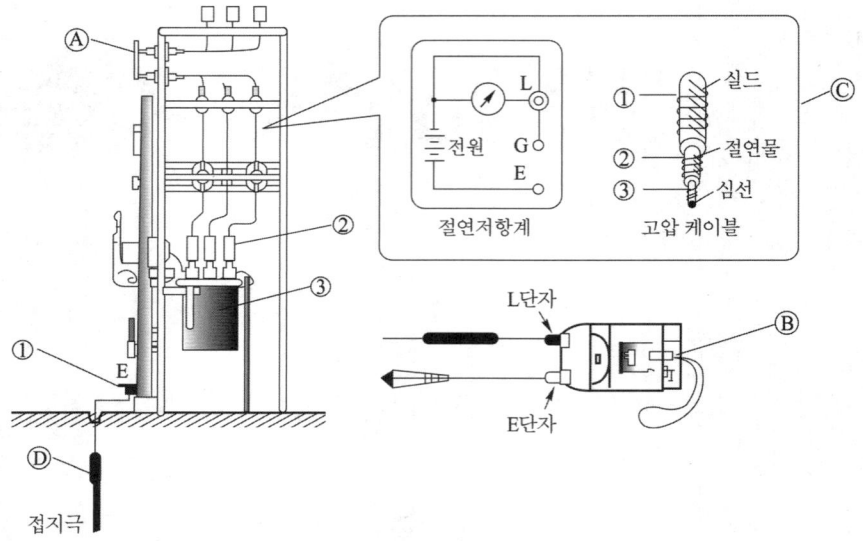

(1) 절연 저항 측정에서 Ⓐ기기의 명칭을 쓰고 개폐 상태를 밝히시오.
(2) 기기 Ⓑ의 명칭은 무엇인가?
(3) 절연 저항계의 L단자와 E단자의 접속은 어느 개소에 하여야 하는가?
(4) 절연 저항계의 지시가 잘 안정되지 않을 때에는 통상 어떻게 하여야 하는가?
(5) ⓒ의 고압 케이블과 절연 저항계의 단자 L, G, E와의 접속은 어떻게 하여야 하는가?

답안작성

(1) 단로기 : 개방 상태
(2) 절연 저항계
(3) L 단자 : 선로측   E 단자 : 접지극 ①
(4) 1분 후 다시 측정한다.
(5) L 단자 : ③   G 단자 : ②   E 단자 : ①

▸ 출제년도 : 06.   ▸ 점수 : 8점

문제 02 절연전선의 피복에 다음과 같은 표시가 되어 있다. 이 표시에 대한 의미를 상세하게 쓰시오.
1) N-RV
2) N-RC
3) N-EV
4) N-V

답안작성

1) N-RV : 고무 절연 비닐 시스 네온 전선
2) N-RC : 고무 절연 클로로프렌 시스 네온 전선
3) N-EV : 폴리에틸렌 절연 비닐 시스 네온 전선
4) N-V : 비닐 절연 네온 전선

▸ 출제년도 : 88. 06.   ▸ 점수 : 5점

문제 03 다음 그림의 회로는 어느 것인가 먼저 ON 조작된 측의 램프만 점등하는 병렬 우선 회로(PB₁ ON 시 L₁이 점등된 상태에서 L₂가 점등되지 않고, PB₂ ON 시 L₂가 점등된 상태에서 L₁이 점등되지 않는 회로)로 변경하여 그리시오. 단, 계전기 R₁, R₂의 보조 b접점 각 1개씩을 추가 사용하여 그리도록 한다.

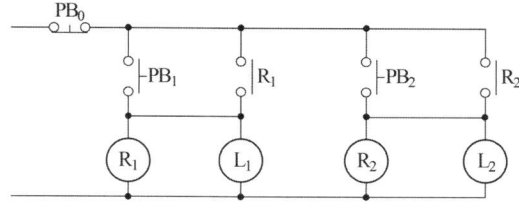

답안작성

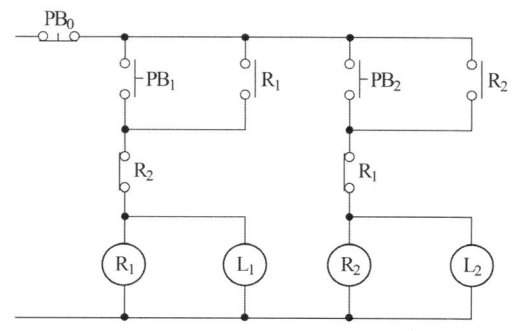

해설

R₁, R₂의 b접점으로 각각 상대쪽의 동작을 금지하는 인터록(interlock) 회로이다.

▸ 출제년도 : 06. ▸ 점수 : 8점

문제 04 발전기에 대한 다음 각 물음에 답하시오.
(1) 발전기의 출력이 500 [kVA]일 때 발전기용 차단기의 차단 용량을 산정하시오. 단, 변전소 회로측의 차단 용량은 30 [MVA]이며, 발전기 과도 리액턴스는 0.25로 한다.
(2) 동기 발전기의 병렬 운전 조건 4가지를 쓰시오.

답안작성

(1) 계산 : ① 기준용량 $P_n = 30[\text{MVA}]$로 하면
- 변전소측 %Z_s

$$P_s = \frac{100}{\%Z_s} \times P_n \text{에서} \quad \%Z_s = \frac{P_n}{P_s} \times 100 = \frac{30}{30} \times 100 = 100[\%]$$

- 발전기 %Z_g

$$\%Z_g = \frac{30,000}{500} \times 25 = 1500[\%]$$

② 차단용량

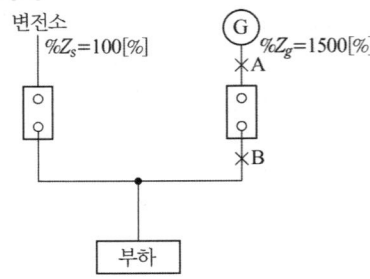

- A점에서 단락시 단락용량 P_{sA}

$$P_{sA} = \frac{100}{\%Z_s} \times P_n = \frac{100}{100} \times 30 = 30[\text{MVA}]$$

- B점에서 단락시 단락용량 P_{sB}

$$P_{sB} = \frac{100}{\%Z_g} \times P_n = \frac{100}{1500} \times 30 = 2[\text{MVA}]$$

차단기 용량은 P_{sA}와 P_{sB} 중에서 큰 값 기준하여 선정

답 : 30 [MVA]

(2) ① 기전력의 크기가 같을 것
② 기전력의 위상이 같을 것
③ 기전력의 주파수가 같을 것
④ 기전력의 파형이 같을 것

해설

(1) ① A점에서 단락시 : 변전소에서 공급되는 고장 전류만 차단기를 흐른다.
② B점에서 단락시 : 발전기측에서 공급되는 고장 전류만 차단기를 흐른다.

▸ 출제년도 : 97. 99. 00. 06. ▸ 점수 : 6점

문제 05 무접점 릴레이 회로가 그림과 같을 때 출력 Z 값을 구하고 이것의 전자릴레이(유접점) 회로와 논리회로를 그리시오.

답안작성

① 출력 Z=A+B
③ 무접점 회로

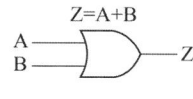

② 유접점 회로

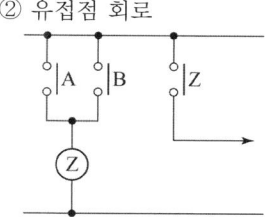

▸ 출제년도 : 96. 06.   ▸ 점수 : 8점

문제 06 도면과 같은 동력 및 옥외용 배선도를 보고 다음 각 물음에 답하시오.

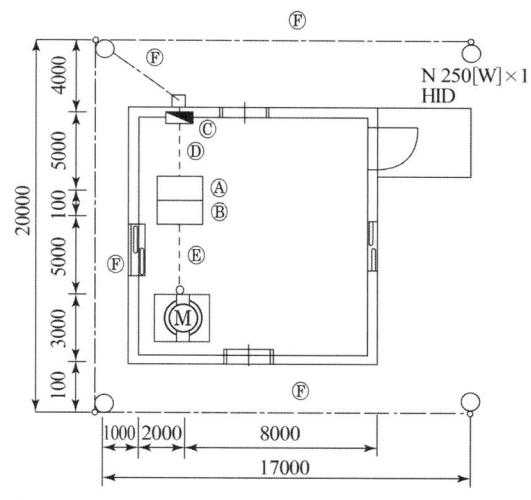

Ⓐ 저압 큐비클(750 [kg], 600(W)×1700(D)×2300(H))
Ⓑ 3.3 [kV] 고압 모터 기동반(500 [kg]), 1000(W)×2300(D)×2300(H)

(1) 도면에서 Ⓒ는 무엇을 나타내는가?
(2) 도면에서 Ⓓ와 Ⓔ는 어떤 배선을 나타내는가?
(3) 도면에서 Ⓕ는 어떤 배선을 나타내는가?
(4) 본 설계에 사용된 옥외등은 어떤 종류의 HID등인가?

답안작성

(1) 분전반   (2) 바닥 은폐배선
(3) 지중매설배선   (4) 나트륨등

해설

(4) H : 수은등, M : 메탈헬라이드등, N : 나트륨등

▸ 출제년도 : 96. 06.   ▸ 점수 : 4점

문제 07 어떤 변전소의 공급 구역내의 총 설비 용량은 전등 600 [kW], 동력 800 [kW]이다. 각 수용가의 수용률을 각각 전등 60 [%], 동력 80 [%]로 보고, 또 각 수용가간의 부등률은 전등 1.2, 동력 1.6이며 변전소에 전등 부하와 동력 부하간의 부등률이 1.4라 하면, 이 변전소에서 공급하는 최대 전력을 구하시오. 단, 배전선로(주상 변압기를 포함)의 전력 손실은 전등 부하, 동력 부하 모두 부하 전력의 10 [%] 이다.

• 계산 :   • 답 :

답안작성

계산 : 전등 부하 $P_N = \dfrac{600 \times 0.6}{1.2} = 300 [\text{kW}]$

동력 부하 $P_M = \dfrac{800 \times 0.8}{1.6} = 400 [\text{kW}]$

최대 부하 $P = \dfrac{300 + 400}{1.4} \times (1 + 0.1) = 550 [\text{kW}]$

답 : 550 [kW]

▸ 출제년도 : 06.   ▸ 점수 : 5점

문제 08 그림과 같은 교류 100 [V] 단상 2선식 분기 회로의 전선 굵기를 결정하되 표준 규격으로 결정하시오. 단, 전압강하는 2 [V] 이하, 배선은 600 [V] 고무 절연 전선을 사용하는 애자사용 공사로 한다.

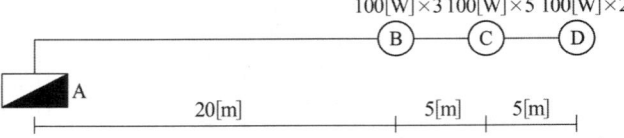

답안작성

계산 : 부하중심까지의 거리

$$L = \dfrac{\sum l \times i}{\sum i} = \dfrac{20 \times \dfrac{100 \times 3}{100} + 25 \times \dfrac{100 \times 5}{100} + 30 \times \dfrac{100 \times 2}{100}}{\dfrac{100 \times 3}{100} + \dfrac{100 \times 5}{100} + \dfrac{100 \times 2}{100}} = 24.5 [\text{m}]$$

전부하 전류 $I = \sum i = \dfrac{100 \times 3}{100} + \dfrac{100 \times 5}{100} + \dfrac{100 \times 2}{100} = 10 [\text{A}]$

전선의 굵기 $A = \dfrac{35.6 LI}{1000 e} = \dfrac{35.6 \times 24.5 \times 10}{1000 \times 2} = 4.36 [\text{mm}^2]$

답 : 6 [mm^2]

해설

전선규격(KSC IEC 기준)

1.5, 2.5, 4, 6, 10, 16, 25, 35, 50, 70, 95, 120, 150, 185, 240, 300, 400, 500, 630 [mm^2]

▸ 출제년도 : 06. ▸ 점수 : 8점

문제 09 그림은 간이 수전 설비에 대한 단선 결선도이다. 이 결선도를 보고 다음 각 물음에 대하여 답하시오.

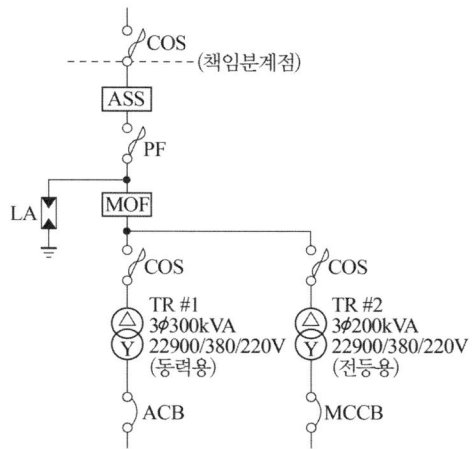

(1) 수전실의 형태를 Cubicle Type으로 할 경우 고압반(HV : High voltage)과 저압반(LV : Low voltage)은 몇 개의 면으로 구성되는지 구분하고, 각 큐비클에 수용되는 기기의 약호를 쓰시오.
(2) 도면상의 피뢰기의 정격(전압과 전류)를 쓰시오.
(3) ACB의 용량(AF, AT)를 산정하시오. 단, 역률은 100[%]로 계산하시오.
(4) 단상 변압기 3대를 △-Y 결선하는 복선도를 작성하시오.

답안작성

(1) 고압반 : 4면(수용기기 : LA, MOF, TR#1, TR#2, COS, PF)
    저압반 : 2면(수용기기 : ACB, MCCB)
(2) 정격전압 : 18 [kV], 공칭방전전류 : 2500 [A]
(3) $I_1 = \dfrac{300 \times 10^3}{\sqrt{3} \times 380} = 455.82$ [A]   AF : 630 [A],   AT : 600 [A]
(4)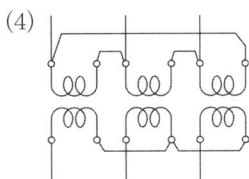

해설

(1) 고압반 ; PF+LA : 1면, MOF : 1면, COS+TR#1 : 1면, COS+TR#2 : 1면
    저압반 ; TR#1용 ACB반, TR#2용 MCCB반

문제 10 ▸ 출제년도 : 98. 01. 06. ▸ 점수 : 10점

그림과 같은 철골 공장에 백열등의 전반 조명을 할 때 평균조도로 200 [lx]를 얻기 위한 광원의 소비전력을 구하려고 한다. 주어진 조건과 참고자료를 이용하여 다음 각 물음에 답하면서 순차적으로 구하도록 하시오.

[조건]
- 천장, 벽면의 반사율은 30 [%] 이다.
- 광원은 천장면하 1 [m]에 부착한다.
- 천장의 높이는 9 [m] 이다.
- 감광보상률은 보수 상태를 "양"으로 하며 적용한다.
- 배광은 직접 조명으로 한다.
- 조명 기구는 금속 반사갓 직부형이다.

[도면]

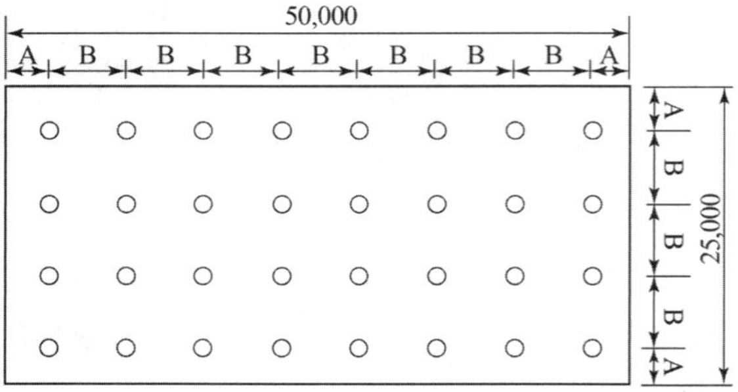

[참고자료]

[표 1] 각종 전등의 특성

(A) 백열등

형식	종별	유리구의 지름 (표준치) [mm]	길이 [mm]	베이스	초기 특성			50 [%] 수명에서의 효율 [lm/W]	수명 [h]
					소비 전력 [W]	광 속 [lm]	효율 [lm/W]		
L100V 10W	진공 단코일	55	101 이하	E26/25	10±0.5	76±8	7.6±0.6	6.5 이상	1500
L100V 20W	진공 단코일	55	101 〃	E26/25	20±1.0	175±20	8.7±0.7	7.3 〃	1500
L100V 30W	가스입단코일	55	108 〃	E26/25	30±1.5	290±30	9.7±0.8	8.8 〃	1000
L100V 40W	가스입단코일	55	108 〃	E26/25	40±2.0	440±45	11.0±0.9	10.0 〃	1000
L100V 60W	가스입단코일	50	114 〃	E26/25	60±3.0	760±75	12.6±1.0	11.5 〃	1000
L100V 100W	가스입단코일	70	140 〃	E26/25	100±5.0	1500±150	15.0±1.2	13.5 〃	1000
L100V 150W	가스입단코일	80	170 〃	E26/25	150±7.5	2450±250	16.4±1.3	14.8 〃	1000
L150V 200W	가스입단코일	80	180 〃	E26/25	200±10	3450±350	17.3±1.4	15.3 〃	1000
L100V 300W	가스입단코일	95	220 〃	E39/41	300±15	5550±550	18.3±1.5	15.8 〃	1000
L100V 500W	가스입단코일	110	240 〃	E39/41	500±25	9900±990	19.7±1.6	16.9 〃	1000
L100V 1000W	가스입단코일	165	332 〃	E39/41	1000±50	21000±2100	21.0±1.7	17.4 〃	1000
Ld100V 30W	가스입이중코일	55	108 〃	E26/25	30±1.5	330±35	11.1±0.9	10.1 〃	1000
Ld100V 40W	가스입이중코일	55	108 〃	E26/25	40±2.0	500±50	12.4±1.0	11.3 〃	1000
Ld100V 50W	가스입이중코일	60	114 〃	E26/25	50±2.5	660±65	13.2±1.1	12.0 〃	1000
Ld100V 60W	가스입이중코일	60	114 〃	E26/25	60±3.0	830±85	13.0±1.1	12.7 〃	1000
Ld100V 75W	가스입이중코일	60	117 〃	E26/25	75±4.0	1100±110	14.7±1.2	13.2 〃	1000
Ld100V 100W	가스입이중코일	65 또는 67	128 〃	E26/25	100±5.0	1570±160	15.7±1.3	14.1 〃	1000

[표 2] 조명률, 감광보상률 및 설치 간격

번호	배광 설치간격	조명 기구	감광보상률(D) 보수상태 양	중	부	반사율 ρ 천장 벽 실지수	0.75 0.5	0.75 0.3	0.75 0.1	0.50 0.5	0.50 0.3	0.50 0.1	0.30 0.3	0.30 0.1
									조명률 U [%]					
(1)	간접 0.80 0 $S \leq 1.2H$		전구 1.5	1.7	2.0	J0.6	16	13	11	12	10	08	06	05
						I0.8	20	16	15	15	13	11	08	07
						H1.0	23	20	17	17	14	13	10	08
						G1.25	26	23	20	20	17	15	11	10
						F1.5	29	26	22	22	19	17	12	11
						E2.0	32	29	26	24	21	19	13	12
			형광등 1.7	2.0	2.5	D2.5	36	32	30	26	24	22	15	14
						C3.0	38	35	32	28	25	24	16	15
						B4.0	42	39	36	30	29	27	18	17
						A5.0	44	41	39	33	30	29	19	18
(2)	반간접 0.70 0.10 $S \leq 1.2H$		전구 1.4	1.5	1.7	J0.6	18	14	12	14	11	09	08	07
						I0.8	22	19	17	17	15	13	10	09
						H1.0	26	22	19	20	17	15	12	10
						G1.25	29	25	22	22	19	17	14	12
						F1.5	32	28	25	24	21	19	15	14
						E2.0	35	32	29	27	24	21	17	15
			형광등 1.7	2.0	2.5	D2.5	39	35	32	29	26	24	19	18
						C3.0	42	38	35	31	28	27	20	19
						B4.0	46	42	39	34	31	29	22	21
						A5.0	48	44	42	36	33	31	23	22
(3)	전반확산 0.40 0.40 $S \leq 1.2H$		전구 1.3	1.4	1.5	J0.6	24	19	16	22	18	15	16	14
						I0.8	29	25	22	27	23	20	21	19
						H1.0	33	28	26	30	26	24	24	21
						G1.25	37	32	29	33	29	26	26	24
						F1.5	40	36	31	36	32	29	29	26
						E2.0	45	40	36	40	36	33	32	29
			형광등 1.4	1.7	2.0	D2.5	48	43	39	43	39	36	34	33
						C3.0	51	46	42	45	41	38	37	34
						B4.0	55	50	47	49	45	42	40	38
						A5.0	57	53	49	51	47	44	41	40
(4)	반직접 0.25 0.55 $S \leq H$		전구 1.3	1.4	1.5	J0.6	26	22	19	24	21	18	19	17
						I0.8	33	28	26	30	26	24	25	23
						H1.0	36	32	30	33	30	28	28	26
						G1.25	40	36	33	36	33	30	30	29
						F1.5	43	39	35	39	35	33	33	31
						E2.0	47	44	40	43	39	36	36	34
			형광등 1.6	1.7	1.8	D2.5	51	47	43	46	42	40	39	37
						C3.0	54	49	45	48	44	42	42	38
						B4.0	57	53	50	51	47	45	43	41
						A5.0	59	55	52	53	49	47	47	43

번호	배 광 설치간격	조명 기구	감광보상률(D) 보수상태 양		중	부	반사율 ρ	천장 벽	0.75			0.50			0.30	
									0.5	0.3	0.1	0.5	0.3	0.1	0.3	0.1
							실지수		조명률 U[%]							
(5)	직접 0 0.75 $S \leq 1.3H$	전구 형광등	1.3 1.4		1.4 1.7	1.5 2.0	J0.6 I0.8 H1.0 G1.25 F1.5 E2.0 D2.5 C3.0 B4.0 A5.0		34 43 47 50 52 58 62 64 67 68	29 38 43 47 50 55 58 61 64 66	26 35 40 44 47 52 56 58 62 64	32 39 41 44 46 49 52 54 55 56	29 36 40 43 44 48 51 52 53 54	27 35 38 41 43 46 49 51 52 53	29 36 40 42 44 47 50 51 52 54	27 34 38 41 43 46 49 50 52 52

[표 3] 실지수 기호

기 호	A	B	C	D	E	F	G	H	I	J
실지수	5.0	4.0	3.0	2.5	2.0	1.5	1.25	1.0	0.8	0.6
범 위	4.5 이상	4.5 ~ 3.5	3.5 ~ 2.75	2.75 ~ 2.25	2.25 ~ 1.75	1.75 ~ 1.38	1.38 ~ 1.12	1.12 ~ 0.9	0.9 ~ 0.7	0.7 이하

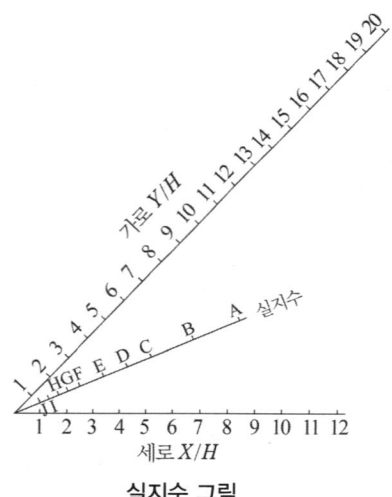

실지수 그림

(1) 광원의 높이는 몇 [m]인가?
(2) 실지수의 기호와 실지수를 구하시오.
(3) 조명률은 얼마인가?

(4) 감광보상률은 얼마인가?
(5) 전 광속을 계산하시오.
  • 계산					• 답
(6) 전등 한 등의 광속은 몇 [lm]인가?
  • 계산					• 답
(7) 전등의 Watt 수는 몇 [W]를 선정하면 되는가?

답안작성

(1) 등고 $H = 9 - 1 = 8$ [m]
(2) 실지수 $= \dfrac{XY}{H(X+Y)} = \dfrac{50 \times 25}{8(50+25)} = 2.08$
  따라서, 표 3에서 실지수 기호는 E
(3) 조명률 : 문제 조건에서 천장, 벽 반사율 30 [%], 실지수 E, 직접 조명이므로
  표 2에서 조명률 47 [%] 선정
(4) 감광보상률 : 문제 조건에서 보수 상태 양이므로 표 2에서 직접 조명, 전구란에서 1.3 선택
(5) 전 광속 $NF = \dfrac{EAD}{U} = \dfrac{200 \times (50 \times 25) \times 1.3}{0.47} = 691489.36$ [lm]
(6) 1등당 광속 : 등수가 32개이므로
  $F = \dfrac{691489.36}{32} = 21609.04$ [lm]
(7) 백열 전구의 크기 : 표 1의 전등 특성표에서 21000 ± 2100 [lm]인 1000 [W] 선정

▶ 출제년도 : 06. ▶ 점수 : 5점

문제 11 3상 회로에서 CT 3개를 이용한 영상 회로를 구성시키면, 지락사고 발생시에 지락 과전류 계전기(OCGR)를 이용하여 이를 검출할 수 있다. 다음의 단선 접속도를 복선 접속도로 나타내시오.

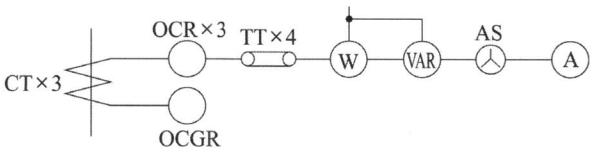

답안작성

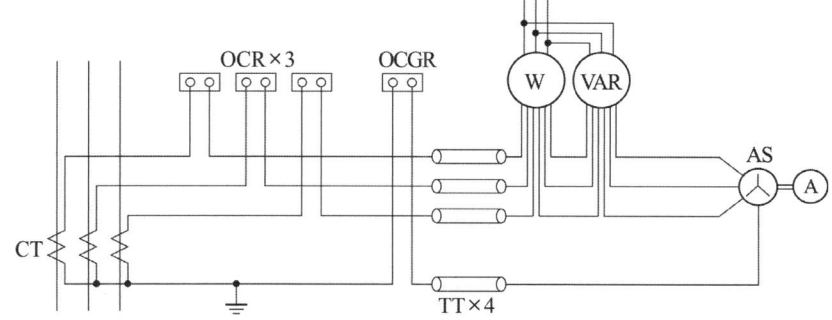

▸ 출제년도 : 06.　▸ 점수 : 12점

문제 12 그림과 같은 평형 3상 회로에서 운전되는 유도 전동기에 전력계, 전압계, 전류계를 접속하고, 각 계기의 지시를 측정하니 전력계 $W_1 = 6.27[\text{kW}]$, $W_2 = 5.38[\text{kW}]$, 전압계 $V = 200[\text{V}]$, 전류계 $I = 40[\text{A}]$ 이었을 때, 다음 각 물음에 답하시오. 단, 전압계와 전류계는 정상 상태로 연결되어 있다고 한다.

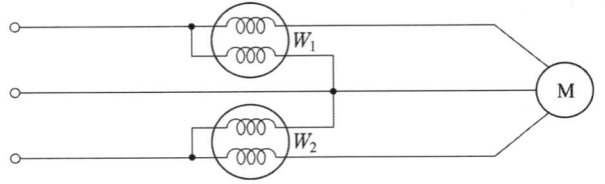

(1) 전압계와 전류계를 적당한 위치에 부착하여 도면을 작성하시오.
(2) 유효 전력은 몇 [kW]인가?
(3) 피상전력은 몇 [kVA]인가?
(4) 이 유도 전동기로 30 [m/min]의 속도로 물체를 권상한다면 몇 [kg]까지 가능하겠는가? 단, 종합 효율은 85 [%]이다.

답안작성

(1)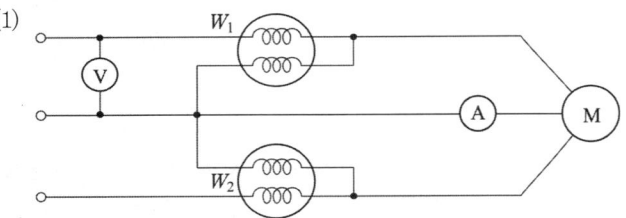

(2) 유효 전력 $P = W_1 + W_2 = 6.27 + 5.38 = 11.65\,[\text{kW}]$

(3) 피상 전력 $P_a = \sqrt{3}\,VI = \sqrt{3} \times 200 \times 40 \times 10^{-3} = 13.86\,[\text{kVA}]$

(4) 권상기 용량 $P = \dfrac{MV}{6.12\eta}\,[\text{kW}]$

$\therefore\ 11.65 = \dfrac{\dfrac{M}{1000} \times 30}{6.12 \times 0.85}$ 에서 $M = 2020.11\,[\text{kg}]$

해설

$P = \dfrac{MV}{6.12\eta}$

여기서, P : 권상기 용량 [kW], M : 중량 [ton], V : 권상속도 [m/min], η : 효율

▸ 출제년도 : 06.　▸ 점수 : 4점

문제 13 상품 진열장에 하이빔 전구(산광형 100 [W])를 설치하였는데 이 전구의 광속은 840 [lm] 이다. 전구의 직하 2 [m] 부근에서의 수평면 조도는 몇 [lx]인지 주어진 배광 곡선을 이용하여 구하시오.

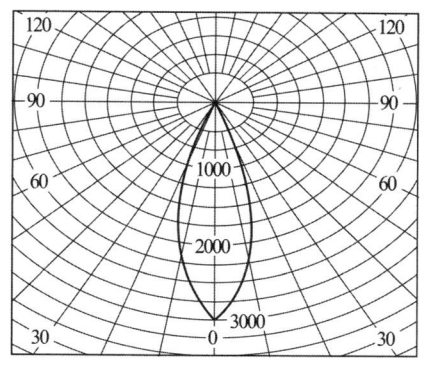

하이빔 전구 산광형(100W 형)의 배광곡선(램프광속 1000[lm] 기준)

답안작성

계산 : 0°에서 만나는 배광곡선 3000 [cd], 1000 [lm]이므로

$$I = 3000 \times \frac{840}{1000} = 2520 \text{ [cd]}$$

$$\therefore E_h = \frac{I}{r^2}\cos\theta = \frac{2520}{2^2}\cos 0° = 630 \text{ [lx]}$$

답 : 630 [lx]

▶ 출제년도 : 92. 97. 06.   ▶ 점수 : 5점

문제 14 그림은 전동기 5대가 동작할 수 있는 제어 회로 설계도이다. 회로를 완전히 숙지한 다음 ( ) 안에 알맞은 말을 넣어 완성하여라.

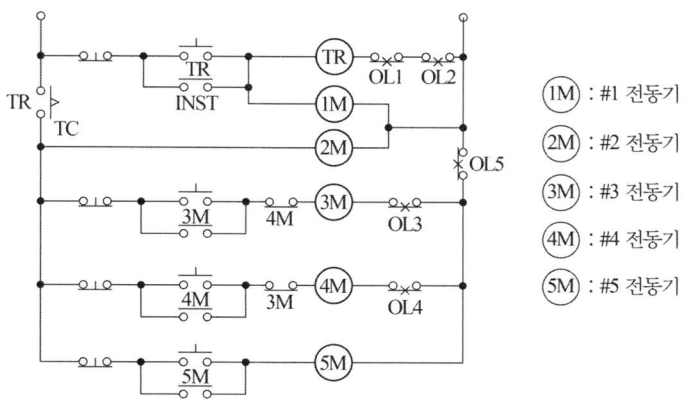

① : #1 전동기
② : #2 전동기
③ : #3 전동기
④ : #4 전동기
⑤ : #5 전동기

(1) #1 전동기가 기동하면 일정 시간 후에 (①) 전동기가 기동하고 #1 전동기가 운전 중에 있는 한 (②) 전동기도 운전된다.

(2) #1, #2 전동기가 운전 중이 아니면 (①) 전동기는 기동할 수 없다.

(3) #4 전동기가 운전 중일 때 (①) 전동기는 기동할 수 없으며 #3 전동기가 운전 중일 때 (②) 전동기는 기동할 수 없다.

(4) #1 또는 #2 전동기의 과부하 계전기가 트립하면 (①) 전동기가 정지한다.
(5) #5 전동기의 과부하 계전기가 트립하면 (①) 전동기가 정지한다.

답안작성

(1) ① #2, ② #2
(2) ① #3 #4 #5
(3) ① #3, ② #4
(4) ① #1 #2 #3 #4 #5
(5) ① #3 #4 #5

국가기술자격검정 실기시험문제 및 답안지

2006년도 산업기사 일반검정 제 2 회

자격종목(선택분야)	시험시간	형별
전기산업기사	2시간 00분	

수험번호 / 성 명 / 감독위원 확인

문제 01 ▸ 출제년도 : 99. 04. 06. ▸ 점수 : 9점

일반용 조명에 관한 다음 각 물음에 답하시오.

(1) 백열등의 그림 기호는 ○ 이다. 벽붙이의 그림 기호를 그리시오.
(2) HID 등의 종류를 표시하는 경우는 용량 앞에 문자기호를 붙이도록 되어 있다. 수은등, 메탈헬라이드등, 나트륨등은 어떤 기호를 붙이는가?
 • 수은등
 • 메탈 헬라이드등
 • 나트륨등
(3) 그림 기호가 ⊗ 로 표시되어 있다. 어떤 용도의 조명등인가?
(4) 조명등으로서의 일반 백열등을 형광등과 비교할 때의 그 기능상의 장점을 3가지만 쓰시오.

답안작성

(1) ◐
(2) • 수은등 : H   • 메탈 헬라이드등 : M   • 나트륨등 : N
(3) 옥외등
(4) ① 역률이 좋다.
 ② 연색성이 우수하다.
 ③ 안정기가 불필요하며, 기동시간이 짧다.

해설

(4) 그 외, ④ 램프의 점등 방식이 간단하다.
 ⑤ 가격이 저렴하다.

문제 02 ▸ 출제년도 : 04. 06. ▸ 점수 : 10점

주어진 도면은 3상 유도전동기의 플러깅(plugging)회로에 대한 미완성 도면이다. 이 도면을 보고 다음 각 물음에 답하시오.

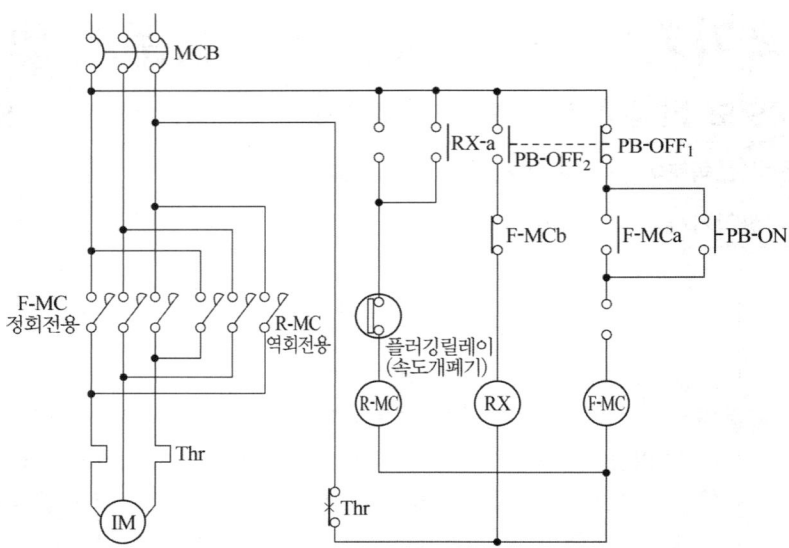

(1) 동작이 완전하도록 도면을 완성하시오. 사용 접점에 대한 기호를 반드시 기록하도록 한다.
(2) ⓡⓧ 계전기를 사용하는 이유를 설명하시오.
(3) 전동기가 정회전하고 있는 중에 PB-OFF를 누를 때의 동작 과정을 상세하게 설명하시오. 단, PB-OFF$_1$, PB-OFF$_2$는 연동 스위치로 PB-OFF$_1$을 누르는 것을 PB-OFF를 누른다고 한다.
(4) 플러깅에 대하여 간단히 설명하시오.

답안작성

(1)
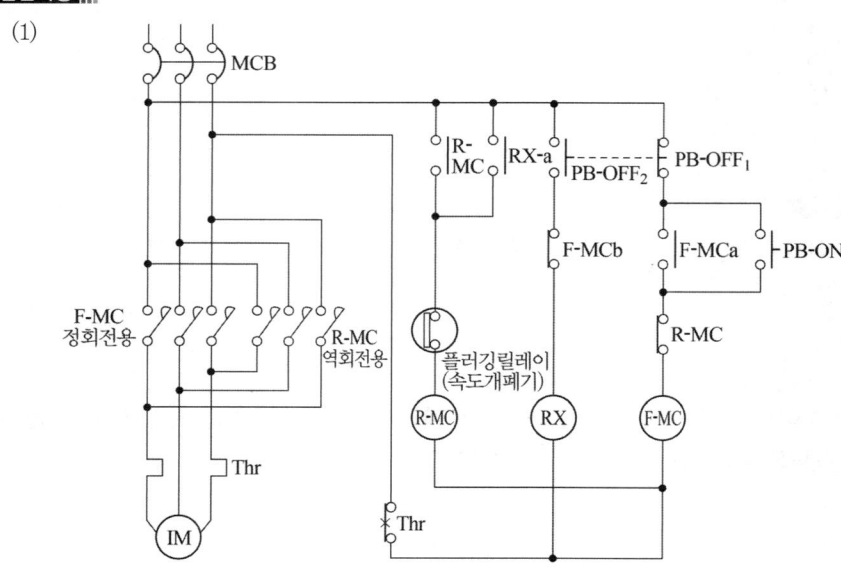

(2) 인터록 시간 지연과 제동시 과전류를 방지하는 시간적인 여유를 얻기 위함
(3) ① PB-OFF를 누르면 F-MC 소자, RX 계전기 여자
② RX-a에 의해 R-MC 여자에 의해 전동기 역회전 토크 발생하여 전동기 속도 급저하
③ 전동기 속도가 0에 가까워지면 플러깅 릴레이에 의해 전동기는 전원에서 분리되어 정지
(4) 역상제동에 의한 전동기의 급제동법

▸ 출제년도 : 06. ▸ 점수 : 6점

문제 03 주어진 진리값 표는 3개의 리미트 스위치 LS_1, LS_2, LS_3에 입력을 주었을 때 출력 X와의 관계표이다. 이 표를 이용하여 다음 각 물음에 답하시오.

진리값 표

LS_1	LS_2	LS_3	X
0	0	0	0
0	0	1	0
0	1	0	0
0	1	1	1
1	0	0	0
1	0	1	1
1	1	0	1
1	1	1	1

(1) 진리값 표를 이용하여 다음과 같은 Karnaugh도를 완성하시오.

LS_3 \ LS_1, LS_2	0 0	0 1	1 1	1 0
0				
1				

(2) 물음 (1)항의 Karnaugh 도에 대한 논리식을 쓰시오.
(3) 진리값과 물음 (2)항의 논리식을 이용하여 이것을 무접점 회로도로 표시하시오.

답안작성

(1)

LS_3 \ LS_1, LS_2	0 0	0 1	1 1	1 0
0	0	0	1	0
1	0	1	1	1

(2) $X = LS_1 LS_2 + LS_2 LS_3 + LS_1 LS_3$

(3)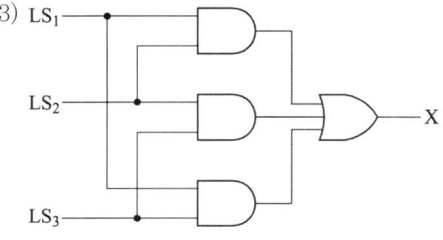

해설

(2) $X = \overline{LS_1}LS_2LS_3 + LS_1\overline{LS_2}LS_3 + LS_1LS_2\overline{LS_3} + LS_1LS_2LS_3$
$= LS_2LS_3 + LS_1LS_3 + LS_1LS_2$

또는
$X = LS_1(LS_2 + LS_3) + LS_2LS_3$

(3) $X = LS_2LS_3 + LS_1LS_3 + LS_1LS_2$ 　　또는　　$X = LS_1(LS_2 + LS_3) + LS_2LS_3$

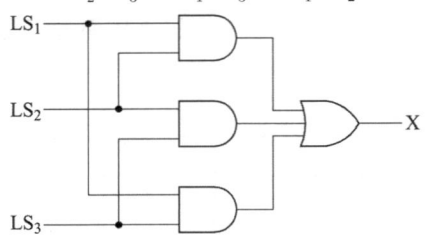 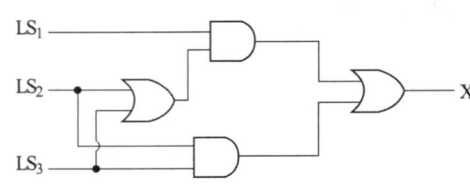

▶ 출제년도 : 06.　　▶ 점수 : 7점

문제 04 그림은 무정전 전원설비(UPS)의 기본 구성도이다. 이 그림을 보고 다음 각 물음에 답하시오.

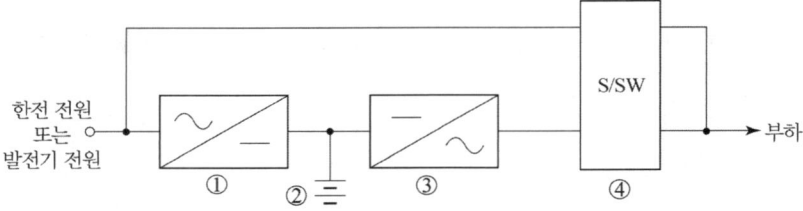

(1) 무정전 전원설비(UPS)의 사용 목적을 간단히 설명하시오.
(2) 그림의 ①, ②, ③, ④에 대한 기기 명칭과 그 주요 기능을 쓰시오.

구분	기기 명칭	주요 기능
①		
②		
③		
④		

답안작성

(1) UPS (Uninterruptible Power supply System) : 무정전 전원 공급 장치로서 입력 전원의 정전시에도 부하 전력 공급의 연속성을 확보하며 출력의 전압, 주파수 등의 안정도를 향상시킴으로써 전력의 질을 더욱 개선하는 역할을 한다.

(2)

구분	기기 명칭	주요 기능
①	컨버터	AC를 DC로 변환
②	축전지	컨버터로 변환된 직류 전력을 저장
③	인버터	DC를 AC로 변환
④	절체스위치	상용전원 또는 UPS 전원으로 절체하는 스위치

▶ 출제년도 : 04. 06. ▶ 점수 : 5점

문제 05 어느 건물의 수용가가 자가용 디젤 발전기 설비를 설계하려고 한다. 발전기 용량을 산출하기 위하여 필요한 부하의 종류와 여러 가지 특성이 다음의 부하 및 특성표와 같을 때 전부하를 운전하는 데 필요한 수치값들을 주어진 표를 활용하여 수치표의 빈칸에 기록하면서 발전기의 [kVA] 용량을 산정하시오. 단, 전동기 기동시에 필요한 용량은 무시하고, 수용률의 적용은 최대 입력 전동기 한 대에 대하여 100 [%], 기타의 전동기는 80 [%]로 한다. 또한 전등 및 기타의 효율 및 역률은 100 [%]로 한다.

부하 및 특성표

부하의 종류	출력[kW]	극수[극]	대수[대]	적용 부하	기동 방법
전동기	30	8	1	소화전 펌프	리액터 기동
	11	6	3	배풍기	Y-△기동
전등 및 기타	60			비상조명	

[표 1] 전동기

정격 출력 [kW]	극 수	동기 속도 [rpm]	전부하 특성		기동전류 I_{st} 각 상의 평균값 [A]	비 고		
			효율 η [%]	역률 pf [%]		무부하 전류 I_0 각상의 전류값 [A]	전부하 전류 I 각상의 평균값 [A]	전부하 슬 립 S [%]
5.5	4	1800	82.5 이상	79.5 이상	150 이하	12	23	5.5
7.5			83.5 이상	80.5 이상	190 이하	15	31	5.5
11			84.5 이상	81.5 이상	280 이하	22	44	5.5
15			85.5 이상	82.0 이상	370 이하	28	59	5.0
(19)			86.0 이상	82.5 이상	455 이하	33	74	5.0
22			86.5 이상	83.0 이상	540 이하	38	84	5.0
30			87.0 이상	83.5 이상	710 이하	49	113	5.0
37			87.5 이상	84.0 이상	875 이하	59	138	5.0
5.5	6	1200	82.0 이상	74.5 이상	150 이하	15	25	5.5
7.5			83.0 이상	75.5 이상	185 이하	19	33	5.5
11			84.0 이상	77.0 이상	290 이하	25	47	5.5
15			85.0 이상	78.0 이상	380 이하	32	62	5.5
(19)			85.5 이상	78.5 이상	470 이하	37	78	5.0
22			86.0 이상	79.0 이상	555 이하	43	89	5.0
30			86.5 이상	80.0 이상	730 이하	54	119	5.0
37			87.0 이상	80.0 이상	900 이하	65	145	5.0
5.5	8	900	81.0 이상	72.0 이상	160 이하	16	26	6.0
7.5			82.0 이상	74.0 이상	210 이하	20	34	5.5
11			83.5 이상	75.5 이상	300 이하	26	48	5.5
15			84.0 이상	76.5 이상	405 이하	33	64	5.5
(19)			85.0 이상	77.0 이상	485 이하	39	80	5.5
22			85.5 이상	77.5 이상	575 이하	47	91	5.0
30			86.0 이상	78.5 이상	760 이하	56	121	5.0
37			87.5 이상	79.0 이상	940 이하	68	148	5.0

[표 2] 자가용 디젤 발전기의 표준 출력

| 50 | 100 | 150 | 200 | 300 | 400 |

수치값 표

부하	출력 [kW]	효율 [%]	역률 [%]	입력[kVA]	수용률 [%]	수용률 적용값 [kVA]
전동기	30×1					
전동기	11×3					
전등 및 기타	60					
계						
필요한 발전기 용량 [kVA]						

※ 수치표의 빈칸을 채울 때, 계산이 필요한 것은 계산식을 반드시 기록하고 그 결과값을 표시하도록 한다.

답안작성

부하	출력 [kW]	효율 [%]	역률 [%]	입 력 [kVA]	수용률 [%]	수용률 적용값 [kVA]
전동기	30×1	86	78.5	$\dfrac{30}{0.86 \times 0.785}=44.44$	100	44.44
전동기	11×3	84	77	$\dfrac{11 \times 3}{0.84 \times 0.77}=51.02$	80	40.82
전등 및 기타	60	100	100	60	100	60
계						145.26
필요한 발전기 용량[kVA]						150

▶ 출제년도 : 93. 01. 03. 06.　▶ 점수 : 4점

문제 06

그림은 어느 공장의 일부하 곡선이다. 이 공장에서의 일부하율은 몇 [%]인가?

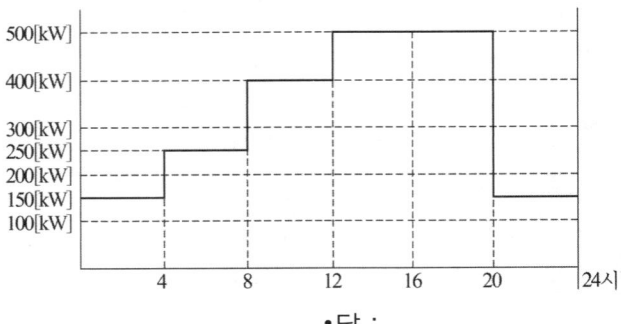

• 계산 :　　　　　　　　　　• 답 :

답안작성

계산 : 부하율 = $\dfrac{(150 \times 4 + 250 \times 4 + 400 \times 4 + 500 \times 8 + 150 \times 4) \times \dfrac{1}{24}}{500} \times 100 = 65\,[\%]$

답 : 65 [%]

해설

- 부하율 = $\dfrac{\text{평균 전력}}{\text{최대 전력}} \times 100[\%]$

- 평균전력 = $\dfrac{\text{전력 사용량[kWh]}}{\text{사용시간[h]}}$

▸ 출제년도 : 03. 06. ▸ 점수 : 11점

문제 07 그림은 22.9[kV] 특고압 수전설비의 단선도이다. 이 도면을 보고 다음 각 물음에 답하시오.

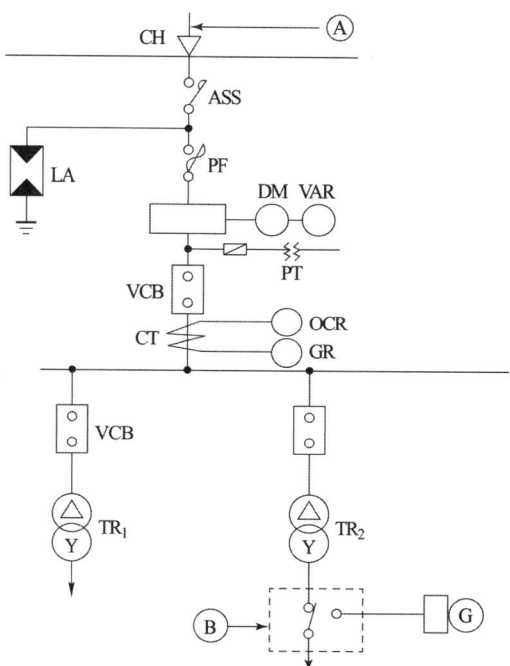

(1) 도면에 표시되어 있는 다음 약호의 명칭을 우리말로 쓰시오.
    ① ASS :   ② LA :
    ③ VCB :   ④ DM :
(2) TR₁쪽의 부하 용량의 합이 300 [kW]이고, 역률 및 효율이 각각 0.8, 수용률이 0.6 이라면 TR₁ 변압기의 용량은 몇 [kVA]가 적당한지를 계산하고 규격용량으로 답하시오.
    • 계산 :   • 답 :
(3) Ⓐ에는 어떤 종류의 케이블이 사용되는가?
(4) Ⓑ의 명칭은 무엇인가?
(5) 변압기의 결선도를 복선도로 그리시오.

답안작성

(1) ① ASS : 자동고장 구분개폐기   ② LA : 피뢰기
    ③ VCB : 진공 차단기   ④ DM : 최대 수요전력량계

(2) 계산 : $TR_1 = \dfrac{300 \times 0.6}{0.8 \times 0.8} = 281.25$ [kVA]   답 : 300 [kVA] 선정
(3) CNCV-W 케이블 (수밀형)
(4) 자동 전환개폐기
(5)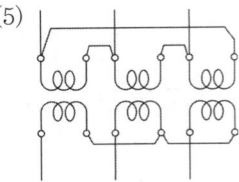

해설

(1) ① ASS : Automatic Section Switch
   ② LA : Lightning Arresters
   ③ VCB : Vacuum Circuit Breaker
   ④ DM : Demand Meter
(2) 변압기 용량 [kVA] $\geq \dfrac{\text{설비용량 [kVA]} \times \text{수용률}}{\text{효율}} = \dfrac{\text{설비용량 [kW]} \times \text{수용률}}{\text{효율} \times \text{역률}}$

▶ 출제년도 : 95. 98. 06. ▶ 점수 : 6점

문제 08 다음의 용어를 간단히 설명하시오.
(1) BIL   (2) INVERTER
(3) CONVERTER   (4) CVCF 전원 방식

답안작성

(1) 기준 충격 절연 강도(Basic Impulse Insulation Level)
(2) 역변환 장치로서 직류(D.C)를 교류(A.C)로 변환시킨다.
(3) 순변환 장치로서 교류(A.C)를 직류(D.C)로 변환시킨다.
(4) 정 전압 정 주파수(Constant Voltage Constant Frequency) 전원 공급 장치이다.

▶ 출제년도 : 06. ▶ 점수 : 8점

문제 09 그림은 사장과 공장장의 출·퇴근 표시를 수위실과 비서실에서 스위치로 동시에 조작할 수 있고 작업장과 사무실에 동시에 표시되는 장치를 나타낸 것이다. 그림에서 ①, ②, ③으로 표시되는 전선관에 들어가는 전선의 최소 가닥수는 몇 가닥인지를 표시하고 실체 배선도를 그려서 표현하시오. 단, 접지선은 제외하며, S_1, L_1은 사장의 출·퇴근 스위치 및 표시등이고, B는 축전지, S_2, L_2는 공장장의 출·퇴근 스위치 및 표시등이다.

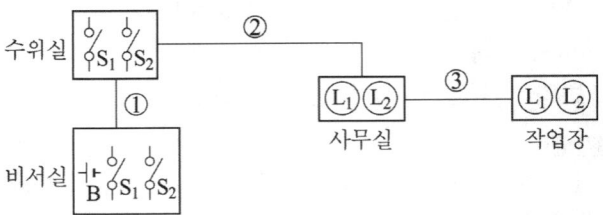

• 배선 가닥수 : ①   ②   ③
• 실체 배선도

답안작성

• 배선 가닥수 : ① 4   ② 3   ③ 3
• 실체 배선도

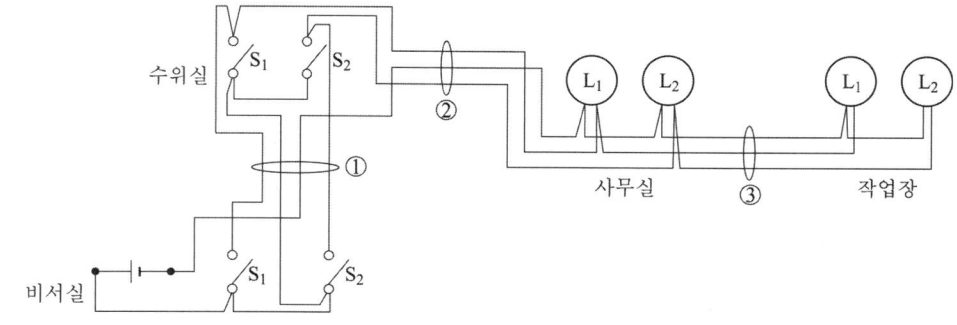

▸ 출제년도 : 06.   ▸ 점수 : 4점

문제 10 가스절연 개폐설비(GIS)의 장점을 4가지만 설명하시오.

답안작성

① 소형화 할 수 있다. (옥외 철구형 변전소의 1/10~1/15)
② 충전부가 완전히 밀폐되어 안정성이 높다.
③ 소음이 적고 환경 조화를 기할 수 있다.
④ 대기 중의 오염물의 영향을 받지 않으므로 신뢰도가 높다.

해설

이외에도
⑤ 조작 중 소음이 적고 라디오 방해전파를 줄여 공해문제를 해결해 준다.
⑥ 공장조립이 가능하여 설치공사기간이 단축된다.
⑦ 절연물, 접촉자 등이 SF_6 Gas내에 설치되어 보수점검 주기가 길어진다.

▸ 출제년도 : 04. 06.   ▸ 점수 : 9점

문제 11 그림과 같은 로직 시퀀스 회로를 보고 다음 각 물음에 답하시오.

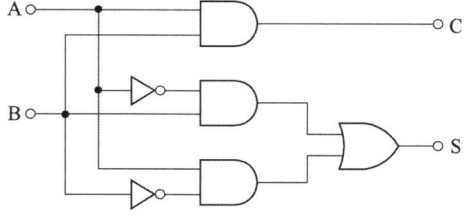

(1) 출력 S와 C의 논리식을 쓰시오.
  • 출력 S에 대한 논리식 :
  • 출력 C에 대한 논리식 :

(2) NAND gate와 NOT gate만 사용하여 로직 시퀀스 회로를 바꾸어 그리시오.
(3) 2개의 논리소자(Exclusive OR gate 및 AND gate)를 사용하여 등가 로직 시퀀스 회로를 그리시오.

답안작성

(1) $S = \overline{A}B + A\overline{B}$, $C = AB$

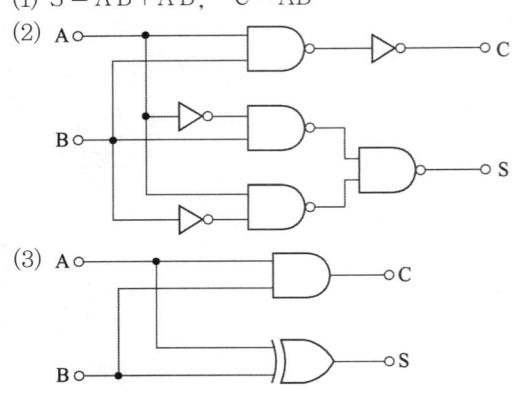

▶ 출제년도 : 89. 93. 95. 02. 06.　▶ 점수 : 9점

문제 12 가정용 100 [V] 전압을 220 [V]로 승압할 경우 저압 전선에 나타나는 효과에 대하여 다음 각 물음에 답하시오.
(1) 공급능력의 증대는 몇 배가 되는가?
　•계산 :　　　　　　　　　　•답 :
(2) 손실전력의 감소는 몇 [%]가 되는가?
　•계산 :　　　　　　　　　　•답 :
(3) 전압강하율의 감소는 몇 [%]인가?
　•계산 :　　　　　　　　　　•답 :

답안작성

(1) 공급능력 $P = VI$에서 $P \propto V$이므로
　　$P : P' = 100 : 220$
　　$\therefore P' = \dfrac{220}{100} \times P = 2.2P$
　답 : 2.2배

(2) $P_L \propto \dfrac{1}{V^2}$이므로　$P_L' = \left(\dfrac{100}{220}\right)^2 P_L = 0.2066 P_L$
　　$\therefore$ 감소는 $1 - 0.2066 = 0.7934$
　답 : 79.34 [%]

(3) $\epsilon \propto \dfrac{1}{V^2}$이므로　$\epsilon' = \left(\dfrac{100}{220}\right)^2 \epsilon = 0.2066\epsilon$
　　$\therefore$ 감소는 $1 - 0.2066 = 0.7934$
　답 : 79.34 [%]

해설

(1) 공급능력 $P = VI\cos\theta [W]$에서 선로의 허용전류는 전선의 굵기에 의해 좌우된다.
따라서, 전선의 굵기가 일정한 경우 전선의 허용전류가 일정하므로 $P \propto V$

(2) 전력손실 $P_l = 3I^2R = 3 \times \left(\dfrac{P}{\sqrt{3}\,V\cos\theta}\right)^2 = \dfrac{RP^2}{V^2\cos^2\theta}$ $\qquad \therefore P_l \propto \dfrac{1}{V^2}$

(3) 전압강하율 $\epsilon = \dfrac{e}{V} = \dfrac{\frac{PR+XQ}{V}}{V} = \dfrac{PR+XQ}{V^2}$ $\qquad \therefore \epsilon \propto \dfrac{1}{V^2}$

▶ 출제년도 : 93. 06.   ▶ 점수 : 5점

문제 13 변압기를 과부하로 운전할 수 있는 조건을 5가지만 요약하여 쓰시오.

답안작성
① 주위 온도가 저하되었을 때
② 온도 상승 시험 기록에 의해 미달되어 있는 경우
③ 단시간 사용하는 경우
④ 부하율이 저하되었을 경우
⑤ 여러 가지 조건이 중복되었을 경우

▶ 출제년도 : 89. 97. 98. 00. 03. 05. 06.   ▶ 점수 : 7점

문제 14 CT 2대를 V결선하여 OCR 3대를 그림과 같이 연결하여 사용할 경우 다음 각 물음에 답하시오.

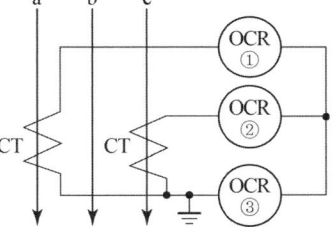

(1) 우리 나라에서 사용하는 CT의 극성은 일반적으로 어떤 극성을 사용하는가?
(2) 변류기 2차측에 접속하는 외부 부하 임피던스를 무엇이라고 하는가?
(3) ③번 OCR에 흐르는 전류는 어떤 상의 전류인가?
(4) OCR은 주로 어떤 사고가 발생하였을 때 동작하는가?
(5) 이 선로는 어떤 배전 방식을 취하고 있는가? 단, 배전방식 및 접지식, 비접지식 등을 구분하여 구체적을 쓰도록 한다.

답안작성
(1) 감극성
(2) 부담
(3) b상 전류
(4) 단락 사고
(5) 3상 3선식 비접지 방식

국가기술자격검정 실기시험문제 및 답안지

2006년도 **산업기사** 일반검정 제**3**회

자격종목(선택분야)	시험시간	형별	수험번호	성 명	감독위원 확인
전기산업기사	2시간 00분				

문제 01 ▸출제년도 : 97. 06. ▸점수 : 8점

다음은 특고압 수전설비 중 지락 보호 회로의 복선도이다. ①번부터 ⑤번까지의 명칭을 쓰시오.

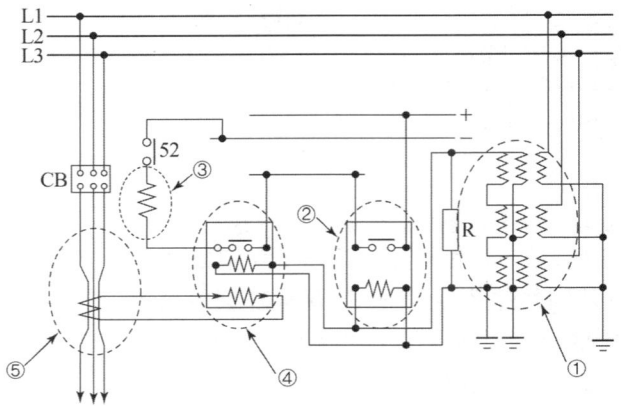

답안작성

① 접지형 계기용 변압기 (GPT)   ② 지락 과전압 계전기 (OVGR)
③ 트립 코일 (TC)   ④ 선택 접지 계전기 (SGR)
⑤ 영상 변류기 (ZCT)

문제 02 ▸출제년도 : 89. 02. 06. ▸점수 : 6점

계기용 변압기(PT)와 전압 절환 개폐기(VS 혹은 VCS)로 모선 전압을 측정하고자 한다.

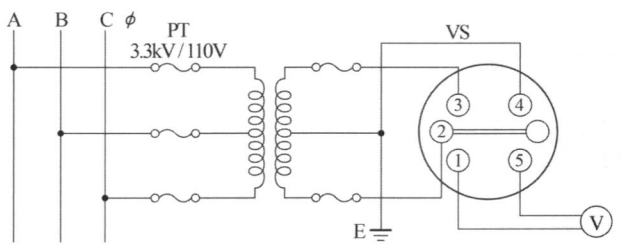

-472-

(1) ① - ③, ④ - ⑤
(2) ① - ②, ④ - ⑤
(3) PT의 절연 파괴시 고저압 혼촉사고로 인한 2차측의 전위 상승을 방지하기 위하여

▶ 출제년도 : 03. 06.   ▶ 점수 : 12점

문제 03 누름버튼 스위치 BS₁, BS₂, BS₃에 의하여 직접 제어되는 계전기 X_1, X_2, X_3가 있다. 이 계전기 3개가 모두 소자(복귀)되어 있을 때만 출력램프 L_1이 점등되고, 그 이외에는 출력램프 L_2가 점등되도록 계전기를 사용한 시퀀스 제어회로를 설계하려고 한다. 이 때 다음 각 물음에 답하시오.

(1) 본문 요구조건과 같은 진리표를 작성하시오.

입 력			출 력	
X_1	X_2	X_3	L_1	L_2
0	0	0		
0	0	1		
0	1	0		
0	1	1		
1	0	0		
1	0	1		
1	1	0		
1	1	1		

(2) 최소 접점수를 갖는 논리식을 쓰시오.
(3) 논리식에 대응되는 계전기 시퀀스 제어회로(유접점 회로)를 그리시오.

답안작성

(1)

입 력			출 력	
X_1	X_2	X_3	L_1	L_2
0	0	0	1	0
0	0	1	0	1
0	1	0	0	1
0	1	1	0	1
1	0	0	0	1
1	0	1	0	1
1	1	0	0	1
1	1	1	0	1

(2) $L_1 = \overline{X_1} \cdot \overline{X_2} \cdot \overline{X_3}$

$L_2 = \overline{X_1} \cdot \overline{X_2} \cdot X_3 + \overline{X_1} \cdot X_2 \cdot \overline{X_3} + \overline{X_1} \cdot X_2 \cdot X_3$
$\quad\quad + X_1 \cdot \overline{X_2} \cdot \overline{X_3} + X_1 \cdot \overline{X_2} \cdot X_3 + X_1 \cdot X_2 \cdot \overline{X_3} + X_1 \cdot X_2 \cdot X_3$

$\quad = X_1 + X_2 + X_3$

(3)

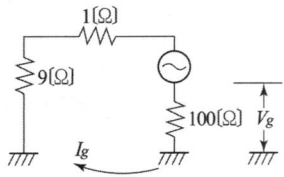

▶ 출제년도 : 04. 06.   ▶ 점수 : 4점

문제 04

단상 2선식 220 [V]로 공급되는 전동기가 절연열화로 인하여 외함에 전압이 인가 될 때 사람이 접촉하였다. 이 때의 접촉전압은 몇 [V]인가? 단, 변압기 2차측 접지저항은 9 [Ω], 전로의 저항은 1 [Ω], 전동기 외함의 접지저항은 100 [Ω]이다.

답안작성

계산 : $I_g = \dfrac{220}{9+1+100} = 2\,[\text{A}]$

$V_g = I_g \cdot R = 2 \times 100 = 200\,[\text{V}]$

답 : 200 [V]

해설

▶ 출제년도 : 98. 04. 06.   ▶ 점수 : 7점

문제 05

예비 전원 설비로 축전지 설비를 하고자 한다. 축전지 설비에 대한 다음 각 물음에 답하시오.

(1) 축전지 설비를 구성하는 주요 부분을 4가지로 구분할 때, 그 4가지는 무엇인가?

(2) 축전지의 충전 방식중 부동 충전 방식에 대한 개략도를 그리고 이 충전방식에 대하여 설명하시오.

(3) 축전지의 과방전 및 방치상태, 가벼운 설페이션(Sulfation) 현상 등이 생겼을 때 기능 회복을 위하여 실시하는 충전 방식은 어떤 충전 방식인가?

답안작성

(1) 축전지, 충전 장치, 보안 장치, 제어 장치
(2)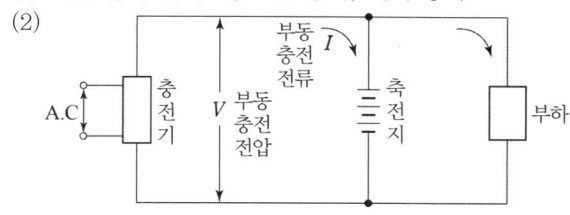
축전지의 자기방전을 보충함과 동시에 상용부하에 대한 전력공급은 충전기가 부담하되 충전기가 부담하기 어려운 일시적인 대전류 부하는 축전지로 하여금 부담케 하는 방식

(3) 회복 충전

해설

(3) 회복충전 : 정전류 충전법에 의하여 약한 전류로 40~50시간 충전시킨 후 방전시키고, 다시 충전시킨 후 방전시킨다. 이와같은 동작을 여러 번 반복하게 되면 본래의 출력 용량을 회복하게 되는데 이러한 충전 방법을 회복충전이라 한다.

▶ 출제년도 : 94. 98. 06.   ▶ 점수 : 11점

문제 06 다음 그림은 전동기의 정·역회전 제어 회로도의 미완성 회로도이다. 다음 물음에 답하시오.

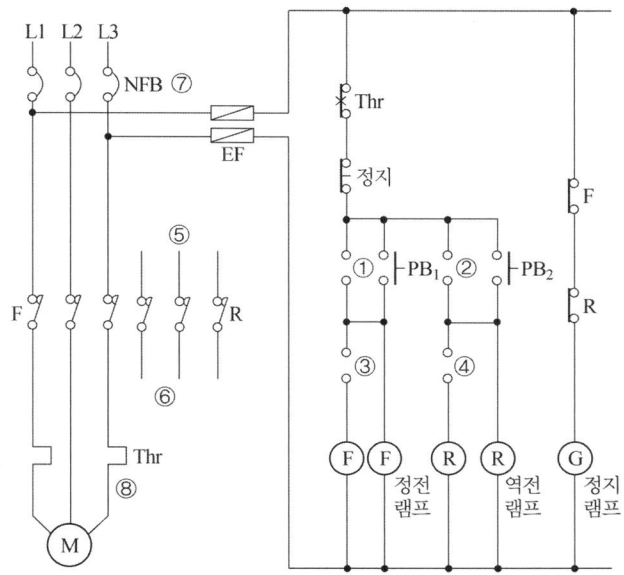

(1) 미완성 부분 ①~⑥을 완성하시오. 또 ⑦, ⑧의 명칭을 쓰시오.
(2) 자기 유지 접점을 도면의 번호로 답하시오.
(3) 인터록 접점은 어느 것들인가, 도면의 번호를 답하고 인터록에 대하여 설명하시오.
(4) 전동기의 과부하 보호는 무엇이 하는가?
(5) PB_1을 ON하여 전동기가 정회전하고 있을 때 PB_2를 ON하면 전동기는 어떻게 되는가?

답안작성

(1)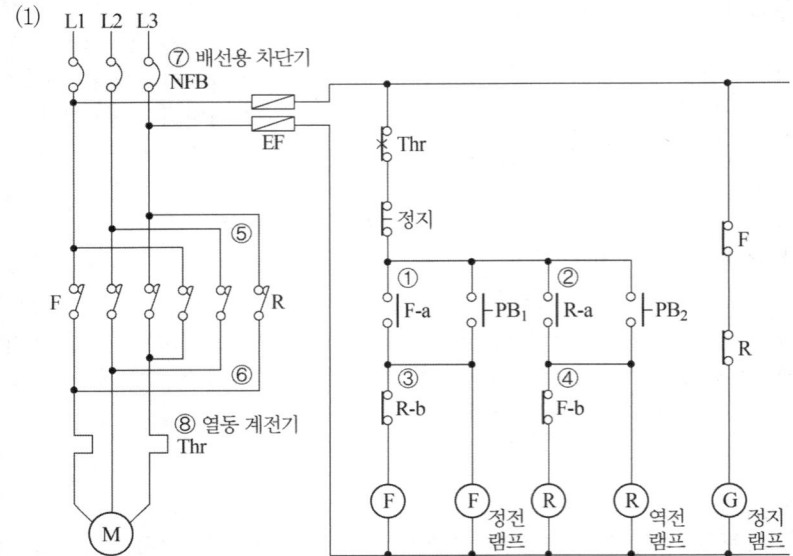

(2) ①, ②
(3) 접점 : ③, ④
    설명 : F가 동작 중 R이 동작할 수 없고, 또 R이 동작 중 F가 동작할 수 없다. 즉, F(정)와 R
    (역)의 두 MC가 동시에 동작되지 못하게 한다.
(4) 열동계전기(Thr)
(5) 계속 정회전한다.

해설

(1) L1선과 L3선의 접속을 바꾼다.
(2) ①과 ②는 유지 접점, ③과 ④는 인터록 접점이다.

▸출제년도 : 06.   ▸점수 : 4점

문제 07 3상 3선식 송전단 전압 6.6 [kV] 전선로의 전압강하율 10 [%]이하로 하는 경우이다. 수전전력의 크기[kW]는? 단, 저항 1.19 [Ω], 리액턴스 1.8 [Ω] 역률 80 [%]이다.
• 계산   • 답

답안작성

계산 : $V_r = \dfrac{V_s}{1+\epsilon} = \dfrac{6600}{1+0.1} = 6000\ [V]$

$I = \dfrac{e}{\sqrt{3}\,(R\cos\theta + X\sin\theta)} = \dfrac{6600-6000}{\sqrt{3}\,(1.19\times 0.8 + 1.8\times 0.6)} = 170.48$

$P = \sqrt{3}\times V_r\, I\cos\theta = \sqrt{3}\times 6000 \times 170.48 \times 0.8 \times 10^{-3} = 1417.34\ [kW]$

답 : 1417.34 [kW]

해설

• 전압강하율 $\epsilon = \dfrac{V_s - V_r}{V_r}\times 100$

• 전압강하 $e = \sqrt{3}\,I\,(R\cos\theta + X\sin\theta)$

문제 08

▸ 출제년도 : 98. 06.   ▸ 점수 : 6점

변압기에 사용되는 절연유의 구비조건을 4가지만 쓰시오.

답안작성

① 점도가 낮고 비열이 커서 냉각효과가 클 것
② 절연내력이 클 것
③ 인화점이 높고 응고점이 낮을 것
④ 절연물과 화학작용이 없어야 하며, 고온에서 불용성 침전물이 생기지 않을 것

문제 09

▸ 출제년도 : 91. 96. 06.   ▸ 점수 : 5점

대지 전압이란 무엇과 무엇 사이의 전압을 말하는지 접지식 전로와 비접지식 전로를 구분하여 설명하시오.

답안작성

① 접지식 전로 : 전선과 대지 사이의 전압
② 비접지식 전로 : 전선과 그 전로중 임의의 다른 전선 사이의 전압

문제 10

▸ 출제년도 : 06.   ▸ 점수 : 10점

그림과 같은 고압수전설비의 단선결선도에서 ①에서 ⑩까지의 심벌의 약호와 명칭을 번호별로 작성하시오.

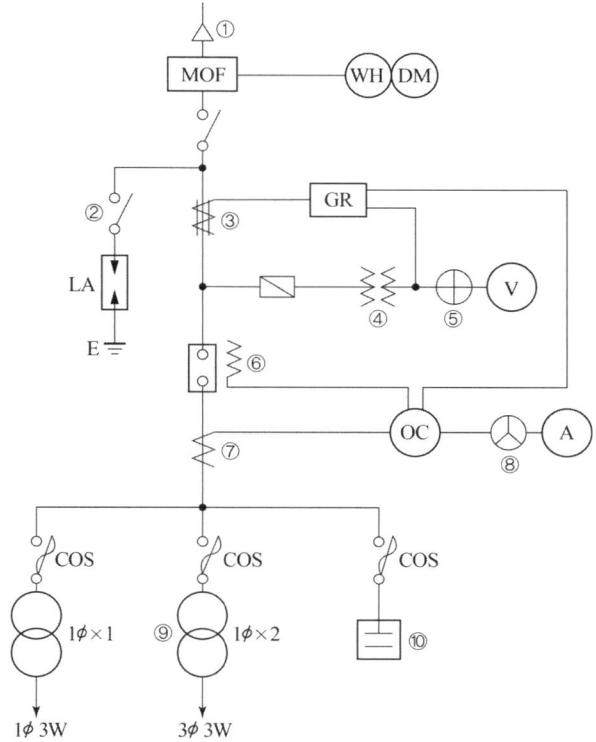

답안작성

① CH : 케이블 헤드
② DS : 단로기
③ ZCT : 영상변류기
④ PT : 계기용 변압기
⑤ VS : 전압계용 전환 개폐기
⑥ TC : 트립코일
⑦ CT : 변류기
⑧ AS : 전류계용 전환 개폐기
⑨ Tr : 전력용 변압기
⑩ SC : 전력용 콘덴서

▸출제년도 : 97. 00. 04. 06.　▸점수 : 7점

문제 11 그림과 같은 계통에서 측로 단로기 DS_3을 통하여 부하에 공급하고 차단기 CB를 점검하고자 할 때 다음 각 물음에 답하시오. 단, 평상시에 DS_3는 열려 있는 상태임.
(1) 차단기 점검을 하기 위한 조작 순서를 쓰시오.
(2) CB의 점검이 완료된 후 정상 상태로 전환시의 조작 순서를 쓰시오.
(3) 도면과 같은 설비에서 차단기 CB의 점검 작업 중 발생할 수 있는 문제점을 설명하고 이러한 문제점을 해소하기 위한 방안을 설명하시오.

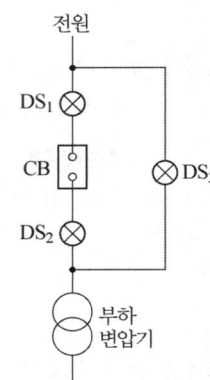

답안작성

(1) DS_3(ON) → CB(OFF) → DS_2(OFF) → DS_1(OFF)
(2) DS_2(ON) → DS_1(ON) → CB(ON) → DS_3(OFF)
(3) • 발생될 수 있는 문제점 : 차단기(CB)가 투입(ON)된 상태에서 단로기(DS_1, DS_2)를 투입(ON)하거나 개방(OFF)하면 위험(감전 및 전기화상)하다.
  • 해소 방안
    ① 인터록 장치를 한다. (부하 전류가 통전 중에 회로의 개폐가 되지 않도록 시설한다.)
    ② 단로기에 잠금 장치를 한다. (사용 중의 단로기를 개방상태와 투입상태를 그대로 유지하기 위하여 자물쇠 장치를 한다.)

▸출제년도 : 02. 06.　▸점수 : 6점

문제 12 그림은 어느 공장의 하루의 전력부하곡선이다. 이 그림을 보고 다음 각 물음에 답하시오.

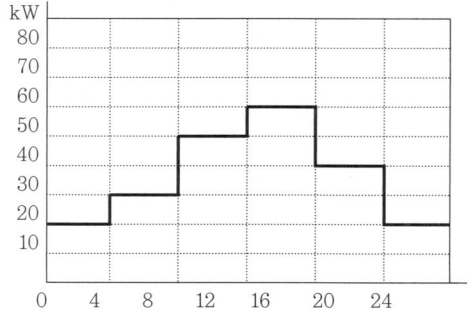

(1) 이 공장의 부하 평균전력은 몇 [kW]인가?
(2) 이 공장의 일 부하율은 얼마인가?
(3) 이 공장의 수용률은 얼마인가? (단, 이 공장의 부하설비용량은 80 [kW]라고 한다.)

답안작성

(1) 계산 : $P = \dfrac{20 \times 4 + 30 \times 4 + 50 \times 4 + 60 \times 4 + 40 \times 4 + 20 \times 4}{24} = 36.67\,[\text{kW}]$

답 : 36.67 [kW]

(2) 계산 : 일 부하율 $= \dfrac{36.67}{60} \times 100 = 61.12\,[\%]$ 답 : 61.12 [%]

(3) 계산 : 수용률 $= \dfrac{60}{80} \times 100 = 75\,[\%]$ 답 : 75 [%]

해설

(2) 부하율 $= \dfrac{\text{평균 부하전력}}{\text{최대 부하전력}} \times 100\,[\%]$

(3) 수용률 $= \dfrac{\text{최대 수요전력}}{\text{부하설비 합계}} \times 100\,[\%]$

▶ 출제년도 : 91. 95. 03. 06.   ▶ 점수 : 5점

문제 13 그림과 같이 단상 3선식 110/220 [V] 수전인 경우 설비 불평형률은 몇 [%]인가? 단, 여기서 전동기의 수치가 괄호내와 다른 것은 출력 [kW]를 입력[kVA]로 환산하였기 때문임.

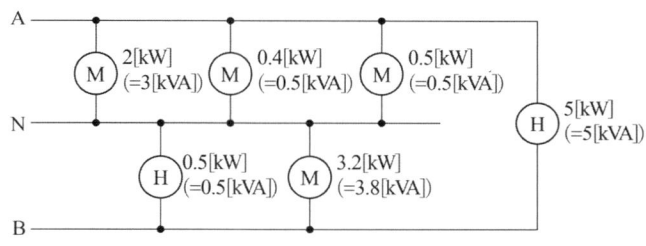

• 계산 :   • 답 :

답안작성

설비불평형률 $= \dfrac{(0.5+3.8)-(3+0.5+0.5)}{(3+0.5+0.5+0.5+3.8+5) \times \dfrac{1}{2}} \times 100 = 4.51\,[\%]$

답 : 4.51 [%]

해설

• 단상 3선식의 경우

설비불평형률 $= \dfrac{\text{중성선과 각 전압측 전선간에 접속된 부하 설비용량의 차}}{\text{총 부하 설비용량의 1/2}} \times 100\,[\%]$

• $P_{AN} = 3 + 0.5 + 0.5 = 4\,[\text{kVA}]$
• $P_{BN} = 0.5 + 3.8 = 4.3\,[\text{kVA}]$

▶ 출제년도 : 94. 98. 00. 02. 06.　▶ 점수 : 9점

문제 14 전력 퓨즈에서 퓨즈에 대한 그 역할과 기능에 대해서 다음 각 물음에 답하시오.

(1) 퓨즈의 역할을 크게 2가지로 대별하여 간단하게 설명하시오.
  ·
  ·

(2) 퓨즈의 가장 큰 단점은 무엇인가?

(3) 주어진 표는 개폐장치(기구)의 동작 가능한 곳에 ○표를 한 것이다. ①~③은 어떤 개폐 장치이겠는가?

기능 \ 능력	회로 분리		사고 차단	
	무부하	부하	과부하	단락
퓨 즈	○			○
①	○	○	○	○
②	○	○	○	
③	○			

(4) 큐비클의 종류중 PF·S형 큐비클은 주 차단장치로서 어떤 것들을 조합하여 사용하는 것을 말하는가?

답안작성

(1) • 부하 전류는 안전하게 통전한다
　　• 어떤 일정값 이상의 과전류는 차단하여 전로나 기기를 보호한다.
(2) 재투입할 수 없다.
(3) ① 차단기　② 개폐기　③ 단로기
(4) 전력 퓨즈와 개폐기

E60-2
전기산업기사 실기

2007년도 기출문제

- 2007년 전기산업기사 1회
- 2007년 전기산업기사 2회
- 2007년 전기산업기사 3회

국가기술자격검정 실기시험문제 및 답안지

2007년도 산업기사 일반검정 제1회

자격종목(선택분야)	시험시간	형별
전기산업기사	2시간 00분	

문제 01

▶ 출제년도 : 95. 99. 07.　　▶ 점수 : 8점

그림과 같은 기동 우선 자기 유지 회로의 타임 차트를 그리고 이 회로를 무접점(로직) 회로로 작성하시오.

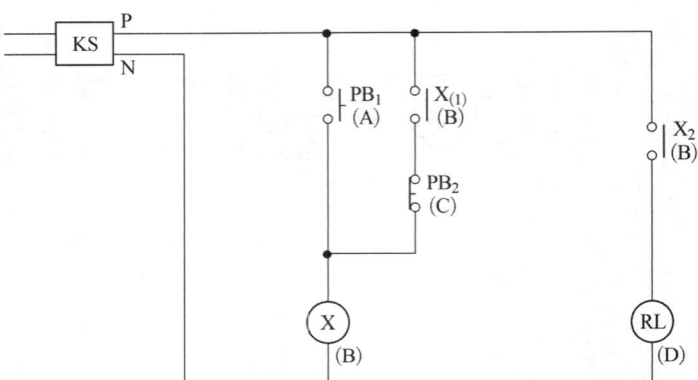

[답안작성]

(1) 무접점 논리 회로

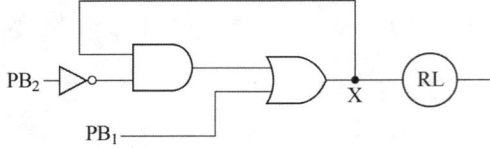

(2) 타임차트

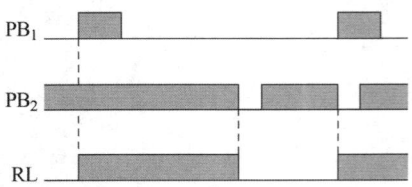

문제 02

▸출제년도 : 07. ▸점수 : 8점

정격용량 500 [kVA]의 변압기에서 배전선의 전력손실을 40 [kW]로 유지하면서 부하 L_1, L_2에 전력을 공급하고 있다. 지금 그림과 같이 전력용 콘덴서를 기존 부하와 병렬로 연결하여 합성 역률을 90 [%]로 개선하고 새로운 부하를 증설하려고 할 때 다음 물음에 답하시오. 단, 여기서 부하 L_1은 역률 60 [%], 180 [kW]이고, 부하 L_2의 전력은 120 [kW], 160 [kVar] 이다.

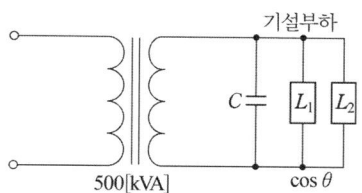

(1) 부하 L_1과 L_2의 합성용량 [kVA]과 합성역률은?
  ① 합성용량
    •계산   •답
  ② 합성역률
    •계산   •답
(2) 역률 개선시 변압기 용량의 한도까지 부하설비를 증설하고자 할 때 증설부하용량은 몇 [kW]인가?
    •계산   •답

답안작성

(1) ① 합성용량

계산 : 유효전력 $P = P_1 + P_2 = 180 + 120 = 300 [kW]$

무효전력 $Q = Q_1 + Q_2 = \dfrac{P_1}{\cos\theta_1} \times \sin\theta_1 + Q_2 = \dfrac{180}{0.6} \times 0.8 + 160 = 400 [kVar]$

합성용량 $P_a = \sqrt{P^2 + Q^2} = \sqrt{300^2 + 400^2} = 500 [kVA]$

답 : 500 [kVA]

② 합성역률

계산 : $\cos\theta = \dfrac{P}{P_a} \times 100 = \dfrac{300}{500} \times 100 = 60 [\%]$

답 : 60 [%]

(2) 계산 : 증설부하용량을 $\triangle P$라 하면

역률 개선 후 총 유효전력 $P = P_a \cos\theta = 500 \times 0.9 = 450 [kW]$

증설 부하 용량 $\triangle P = P - P_1 - P_2 - P_l = 450 - 180 - 120 - 40 = 110 [kW]$

답 : 110 [kW]

▶ 출제년도 : 07. ▶ 점수 : 10점

문제 03 다음은 22.9 [kV] 선로의 기본장주도 중 3상 4선식 선로의 직선주 그림이다. 다음 표의 빈칸에 들어갈 자재의 명칭을 쓰시오. 단, 장주에 경완금(□75×75×3.2×2400)를 사용하고 취부에 완금 밴드를 사용한 경우이다.

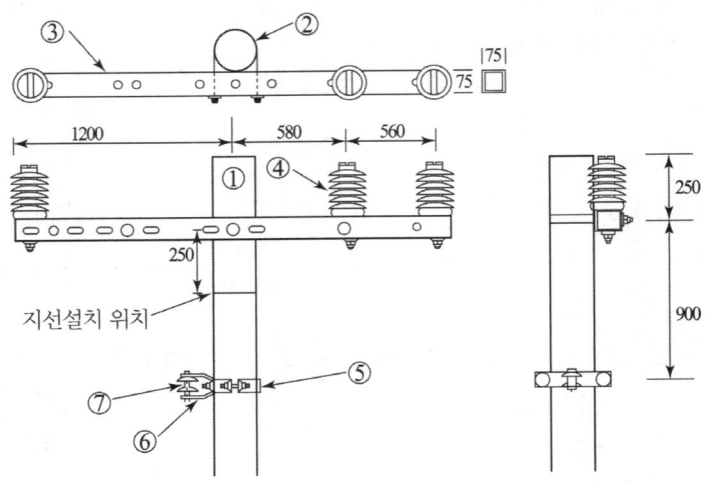

항목번호	자재명	규격	수량[개]	품목단위부품 및 수량[개]
①		10 [m] 이상	1	
②		1방 2호	1	U금구 1, M좌 1, 와셔 4, 너트 4
③		75×75×3.2×2400	1	
④		152×304(경완금용)	3	와셔 1, 육각 너트 1, 록크 너트 1
⑤		100×230 1방 (2호)	1	(M16×60)2, (M16×35) 1, 너트 3
⑥		4.5×100×100	1	
⑦		110×95(녹색)	1	

답안작성

항목번호	자재명	규격	수량[개]	품목단위부품 및 수량[개]
①	콘크리트 전주	10 [m] 이상	1	
②	완금밴드	1방 2호	1	U금구 1, M좌 1, 와셔 4, 너트 4
③	경완금	75×75×3.2×2400	1	
④	라인포스트 애자	152×304(경완금용)	3	와셔 1, 육각 너트 1, 록크 너트 1
⑤	랙크밴드	100×230 1방 (2호)	1	(M16×60)2, (M16×35) 1, 너트 3
⑥	랙크	4.5×100×100	1	
⑦	저압인류애자	110×95(녹색)	1	

▶ 출제년도 : 07. ▶ 점수 : 5점

문제 04 다음 심벌의 명칭을 쓰시오.
① PO　　　　　　　　　　　② SP
③ T　　　　　　　　　　　 ④ PR

답안작성
① 위치 계전기　　　　　　② 속도 계전기
③ 온도 계전기　　　　　　④ 압력 계전기

해설

약 어	명 칭	
CLR	한류계전기	(Current Limiting Relay)
CR	전류계전기	(Current Relay)
DFR	차동계전기	(Differential Relay)
FR	주파수계전기	(Frequency Relay)
GR	지락계전기	(Ground Relay)
OCR	과전류계전기	(Overcurrent Relay)
OSR	과속도계전기	(Over-speed Relay)
OPR	결상계전기	(Open-phase Relay)
OVR	과전압계전기	(Over voltage Relay)
PLR	극성계전기	(Polarity Relay)
POR	위치계전기	(Position Relay)
PRR	압력계전기	(Pressure Relay)
RCR	재폐로계전기	(Reclosing Relay)
SPR	속도계전기	(Speed Relay)
SR	단락계전기	(Short-circuit Relay)
TDR	시연계전기	(Time Delay Relay)
THR	열동계전기	(Thermal Relay)
TLR	한시계전기	(Time-lag Relay)
TR	온도계전기	(Temperature Relay)
UVR	부족전압계전기	(Under-voltage Relay)
VR	전압계전기	(Voltage Relay)

▶ 출제년도 : 01. 07.　▶ 점수 : 5점

문제 05 전력계통에 이용되는 리액터에 대하여 그 설치 목적을 쓰시오.
(1) 분로(병렬) 리액터　　　　　(2) 직렬 리액터
(3) 소호 리액터　　　　　　　 (4) 한류 리액터

답안작성
(1) 페란티 현상을 방지
(2) 제5고조파 전류 제거
(3) 지락 전류의 제한
(4) 단락 전류의 제한

▶ 출제년도 : 04. 07. ▶ 점수 : 12점

문제 06 그림은 154 [kV]를 수전하는 어느 공장의 수전설비 도면의 일부분이다. 이 도면을 보고 다음 각 물음에 답하시오.

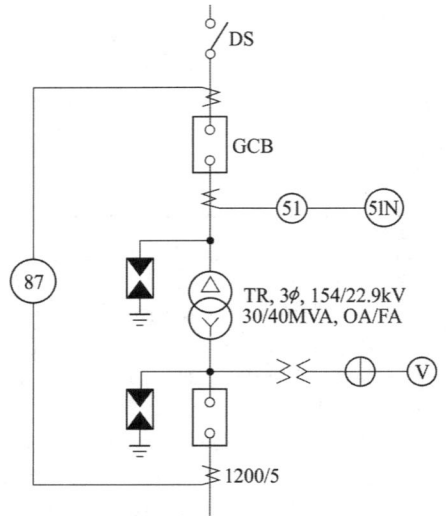

(1) 그림에서 87과 51N의 명칭은 무엇인가?
   • 87   • 51N
(2) 154/22.9 [kV] 변압기에서 FA 용량기준으로 154 [kV]측의 전류와 22.9 [kV]측의 전류는 몇 [A]인가?
   • 154 [kV]측   계산 :   답 :
   • 22.9 [kV]측   계산 :   답 :
(3) GCB에는 주로 어떤 절연재료를 사용하는가?
(4) △ - Y 변압기의 복선도를 그리시오.

답안작성

(1) • 87 : 전류차동계전기
    • 51N : 중성점 과전류계전기
(2) • 154 [kV]측
    계산 : $I = \dfrac{40000}{\sqrt{3} \times 154} = 149.96$ [A]   답 : 149.96 [A]
    • 22.9 [kV]측
    계산 : $I = \dfrac{40000}{\sqrt{3} \times 22.9} = 1008.47$ [A]   답 : 1008.47 [A]
(3) SF_6 (육불화유황) 가스
(4)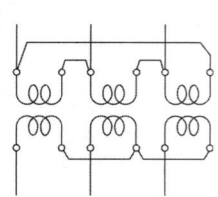

해설

(1) • 87 : 전류 차동 계전기　　• 87G : 발전기용 차동 계전기
　　• 87B : 모선 보호 차동 계전기　• 87T : 주변압기 차동 계전기
(2) 30/40[MVA], OA/FA는 냉각팬없이 유입자냉식(OA)으로 사용할 경우 변압기 용량은 30[MVA]이고, 유입풍냉식(FA)으로 사용할 경우 변압기 용량은 40[MVA]가 된다.

▶ 출제년도 : 97. 99. 03. 07.　▶ 점수 : 6점

문제 07 그림과 같은 계통의 기기의 A점에서 완전 지락이 발생하였다. 그림을 이용하여 다음 각 물음에 답하시오.

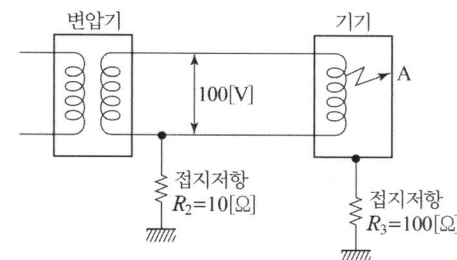

(1) 이 기기의 외함에 인체가 접촉하고 있지 않을 경우, 이 외함의 대지 전압을 구하시오.
　•계산 :　　　　　　　　　　　　•답 :
(2) 이 기기의 외함에 인체가 접촉하였을 경우 인체를 통해서 흐르는 전류를 구하시오. 단, 인체의 저항은 3000 [Ω]으로 한다.
　•계산 :　　　　　　　　　　　　•답 :

답안작성

(1) 대지 전압 : $e = \dfrac{R_3}{R_2+R_3} \times V = \dfrac{100}{10+100} \times 100 = 90.91\,[\text{V}]$

답 : 90.91 [V]

(2) 인체에 흐르는 전류

$I = \dfrac{V}{R_2 + \dfrac{R_3 \cdot R}{R_3+R}} \times \dfrac{R_3}{R_3+R} = \dfrac{100}{10 + \dfrac{100 \times 3000}{100+3000}} \times \dfrac{100}{100+3000}$

$= 0.03021[\text{A}] = 30.21\,[\text{mA}]$

답 : 30.21 [mA]

해설

(1) 인체가 접촉하지 않은 경우　　　(2) 인체가 접촉하였을 경우

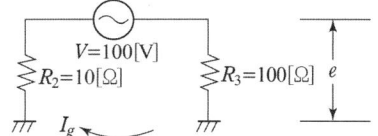
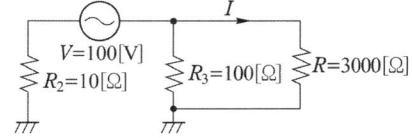

▸ 출제년도 : 91, 92, 94, 96, 99, 07. ▸ 점수 : 5점

문제 08 그림과 같이 80 [kW], 70 [kW], 60 [kW]의 부하설비의 수용률이 각각 50 [%], 60 [%], 80 [%]로 되어있는 경우 이것에 사용될 변압기 용량을 계산하여 변압기 표준 정격용량을 결정하시오. 단, 부등률은 1.1, 부하의 종합 역률은 85 [%]로 하며, 다른 요인은 무시한다.

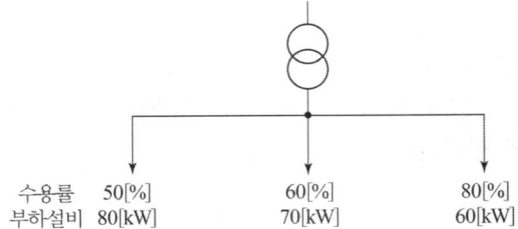

변압기 표준 정격용량 : 50, 75, 100, 150, 200, 300, 400[kVA]

• 계산 :   • 답 :

답안작성

계산 : 변압기 용량 [kVA] ≥ 합성최대수용전력

$$= \frac{\text{설비용량 [kVA]} \times \text{수용률}}{\text{부등률}} = \frac{\text{설비용량 [kW]} \times \text{수용률}}{\text{부등률} \times \text{역률}}$$

$$= \frac{80 \times 0.5 + 70 \times 0.6 + 60 \times 0.8}{1.1 \times 0.85} = 139.04 \text{[kVA]}$$

답 : 150 [kVA] 선정

▸ 출제년도 : 90, 96, 07. ▸ 점수 : 8점

문제 09 다음 답안지의 단상 변압기 3대를 ① Y-Y 결선과 ② △-△ 결선으로 완성하고, 필요한 접지를 표시하시오.

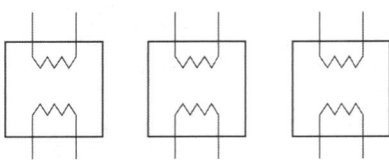

답안작성

(1) Y-Y 결선   (2) △-△ 결선

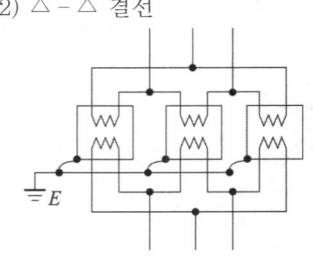

문제 10 ▸ 출제년도 : 03. 07. ▸ 점수 : 5점

거리계전기의 설치점에서 고정점까지의 임피던스를 70 [Ω]이라고 하면 계전기측에서 본 임피던스는 몇 [Ω]인가? 단, PT의 비는 154000/110 [V], CT의 변류비는 500/5 [A]이다.

답안작성

계산 : $Z_{Ry} = Z_1 \times \dfrac{CT \, 비}{PT \, 비} = 70 \times \dfrac{500}{5} \times \dfrac{110}{154000} = 5 \, [\Omega]$

답 : 5 [Ω]

해설

$$Z_{Ry} = \dfrac{V_2}{I_2} = \dfrac{V_1 \times \dfrac{1}{PT비}}{I_1 \times \dfrac{1}{CT비}} = \dfrac{V_1}{I_1} \times \dfrac{CT비}{PT비} = Z_1 \times \dfrac{CT비}{PT비}$$

문제 11 ▸ 출제년도 : 95. 07. ▸ 점수 : 5점

폭 5 [m], 길이 7.5 [m], 천장 높이 3.5 [m]의 방에 형광등 40 [W] 4등을 설치하니 평균 조도가 100 [lx]가 되었다. 40 [W] 형광등 1등의 전광속이 3000 [lm], 조명률 0.5일 때 감광보상률 D를 구하시오.

• 계산 :   • 답 :

답안작성

계산 : $D = \dfrac{FUN}{EA} = \dfrac{3000 \times 0.5 \times 4}{100 \times 5 \times 7.5} = 1.6$

답 : 1.6

문제 12 ▸ 출제년도 : 07. ▸ 점수 : 6점

그림은 차단기 트립방식을 나타낸 도면이다. 트립방식의 명칭을 쓰시오.

(1) 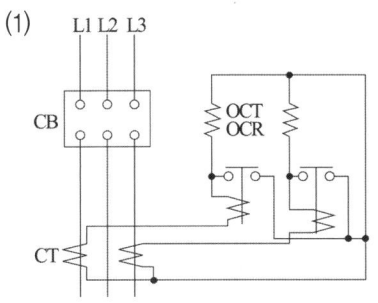   (2)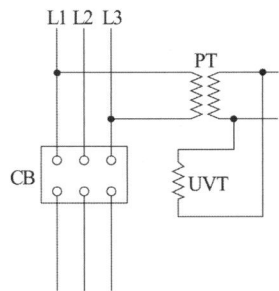

답안작성

(1) 전류 trip 방식
(2) 부족 전압 trip 방식

▸출제년도 : 07. ▸점수 : 12점

문제 13 그림과 같은 3상 배전선이 있다. 변전소(A점)의 전압은 3300 [V], 중간(B점) 지점의 부하는 60 [A], 역률 0.8(지상), 말단(C점)의 부하는 40 [A], 역률 0.8이다. AB 사이의 길이는 3 [km], BC 사이의 길이는 2 [km]이고, 선로의 km당 임피던스는 저항 0.9 [Ω], 리액턴스 0.4 [Ω]이다. 다음 물음에 답하시오.

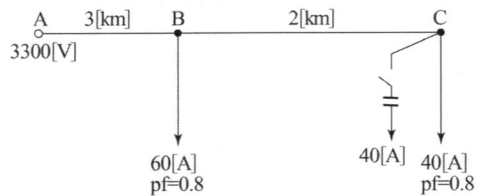

(1) C점에 전력용 콘덴서가 없는 경우 B점, C점의 전압은?
　① B점의 전압
　　•계산 :　　　　　　　　　　　　　　　　•답 :
　② C점의 전압
　　•계산 :　　　　　　　　　　　　　　　　•답 :

(2) C점에 전력용 콘덴서를 설치하여 진상 전류 40 [A]를 흘릴 때 B점, C점의 전압은?
　① B점의 전압
　　•계산 :　　　　　　　　　　　　　　　　•답 :
　② C점의 전압
　　•계산 :　　　　　　　　　　　　　　　　•답 :

답안작성

(1) ① B점의 전압
　　계산 : $V_B = V_A - \sqrt{3} I(R_1 \cos\theta + X_1 \sin\theta)$
　　　　　$= V_A - \sqrt{3}(I\cos\theta \times R_1 + I\sin\theta \times X_1)$
　　　　　$= 3300 - \sqrt{3}(100 \times 0.8 \times 3 \times 0.9 + 100 \times 0.6 \times 3 \times 0.4) = 2801.17$ [V]
　　답 : 2801.17 [V]
　② C점의 전압
　　계산 : $V_C = V_B - \sqrt{3} I_2 (R_2 \cos\theta + X_2 \sin\theta)$
　　　　　$= 2801.17 - \sqrt{3} \times 40(2 \times 0.9 \times 0.8 + 2 \times 0.4 \times 0.6) = 2668.15$ [V]
　　답 : 2668.15 [V]

(2) ① B점의 전압
　　계산 : $V_B = V_A - \sqrt{3} \times \{I\cos\theta \cdot R_1 + (I\sin\theta - I_C) \cdot X_1\}$
　　　　　$= 3300 - \sqrt{3} \times \{100 \times 0.8 \times 3 \times 0.9 + (100 \times 0.6 - 40) \times 3 \times 0.4\} = 2884.31$ [V]
　　답 : 2884.31 [V]
　② C점의 전압
　　계산 : $V_C = V_B - \sqrt{3} \times \{I_2 \cos\theta \cdot R_2 + (I_2 \sin\theta - I_C) \cdot X_2\}$
　　　　　$= 2884.31 - \sqrt{3} \times \{40 \times 0.8 \times 2 \times 0.9 + (40 \times 0.6 - 40) \times 2 \times 0.4\} = 2806.71$ [V]
　　답 : 2806.71 [V]

▸출제년도 : 07. ▸점수 : 5점

문제 14 그림과 같은 3상 3선식 배전선로에서 불평형률을 구하시오.

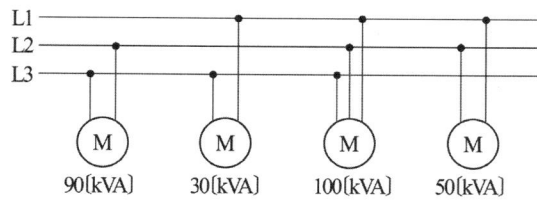

답안작성

설비불평형률 = $\dfrac{90-30}{(90+30+100+50) \times \dfrac{1}{3}} \times 100 = 66.67[\%]$

해설

3상 3선식에서

설비불평형률 = $\dfrac{\text{각 선간에 접속되는 단상 부하의 최대와 최소의 차}}{\text{총 부하 설비용량의 1/3}} \times 100[\%]$

국가기술자격검정 실기시험문제 및 답안지

2007년도 산업기사 일반검정 제2회

자격종목(선택분야)	시험시간	형별	수험번호	성 명	감독위원 확인
전기산업기사	2시간 00분				

문제 01

▶출제년도 : 07.   ▶점수 : 6점

어떤 부하에 그림과 같이 접속된 전압계, 전류계 및 전력계의 지시가 각각 $V = 200[\text{V}]$, $I = 34[\text{A}]$, $W_1 = 6.24[\text{kW}]$, $W_2 = 3.77[\text{kW}]$ 이다. 이 부하에 대하여 다음 각 물음에 답하시오.

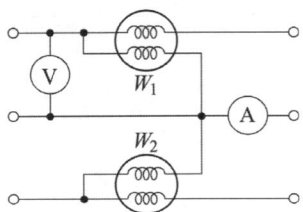

(1) 소비 전력은 몇 [kW]인가?
　•계산 :　　　　　　　　　　　　　•답 :
(2) 피상 전력은 몇 [kVA]인가?
　•계산 :　　　　　　　　　　　　　•답 :
(3) 부하 역률은 몇 [%]인가?
　•계산 :　　　　　　　　　　　　　•답 :

답안작성

(1) 계산 : $P = W_1 + W_2 = 6.24 + 3.77 = 10.01[\text{kW}]$
　답 : 10.01 [kW]
(2) 계산 : $P_a = \sqrt{3}\, VI \times 10^{-3} = \sqrt{3} \times 200 \times 34 \times 10^{-3} = 11.78[\text{kVA}]$
　답 : 11.78 [kVA]
(3) 계산 : $\cos\theta = \dfrac{P}{P_a} = \dfrac{10.01}{11.78} \times 100 = 84.97[\%]$
　답 : 84.97 [%]

문제 02

▸ 출제년도 : 07.   ▸ 점수 : 15점

그림은 릴레이 금지회로의 응용 예이다. 무접점 회로와 같은 유접점 릴레이 회로를 완성하시오.

문항	무접점 릴레이 회로	회로 명칭	유접점 릴레이 회로
(1)	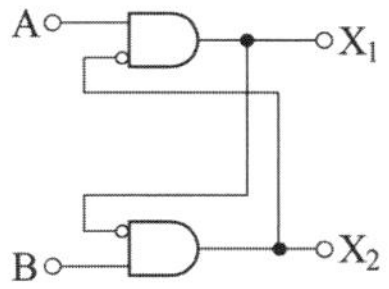	상호 인터록 회로	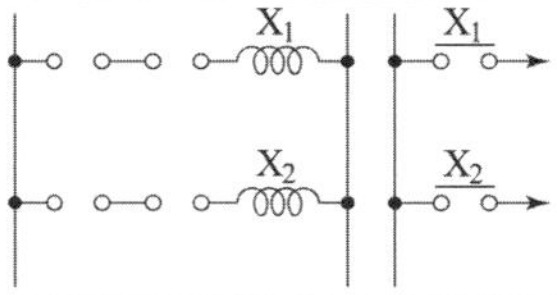
(2)	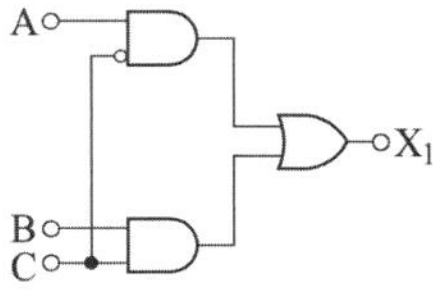	절환 회로	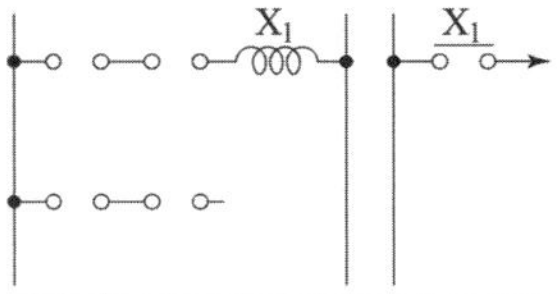
(3)	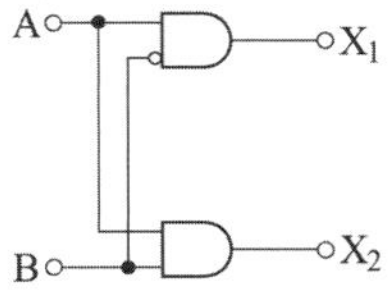	절환 회로	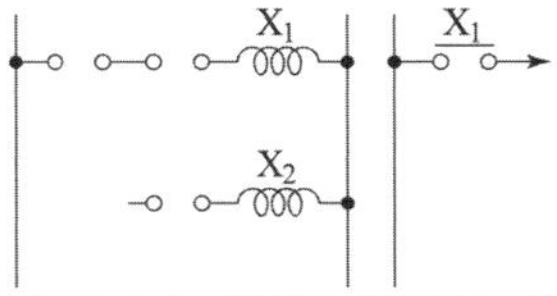
(4)	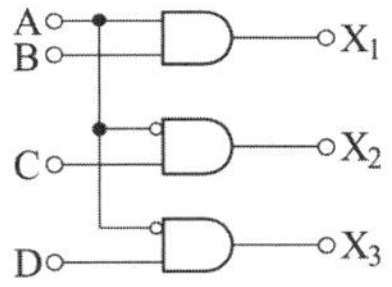	우선 회로	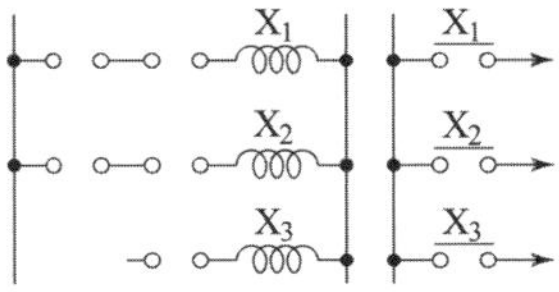

답안작성

문항	무접점 릴레이 회로	회로 명칭	유접점 릴레이 회로
(1)	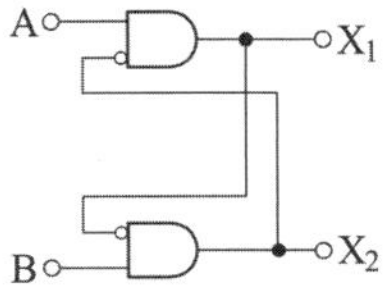	상호 인터록 회로	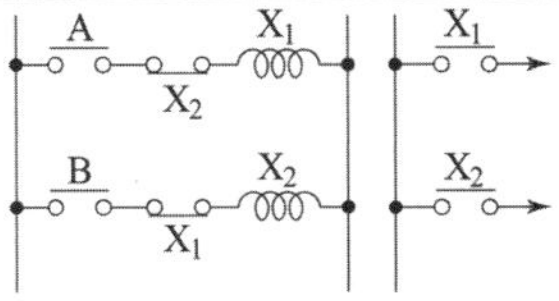
(2)	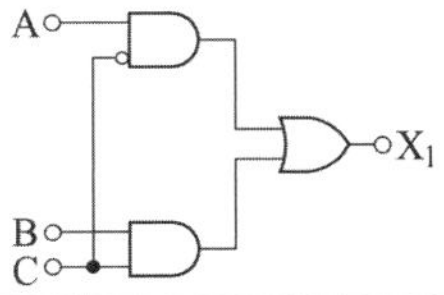	절환 회로	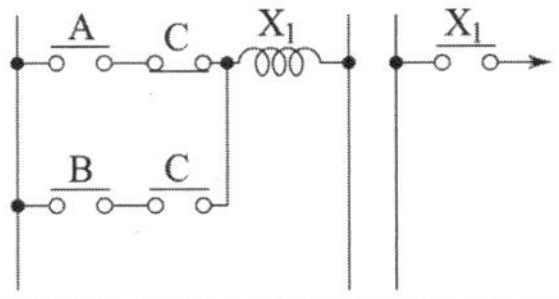
(3)	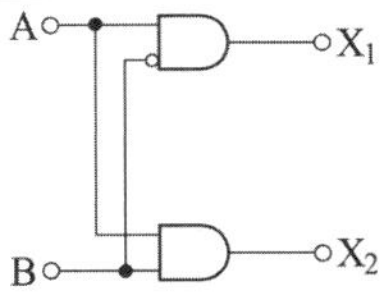	절환 회로	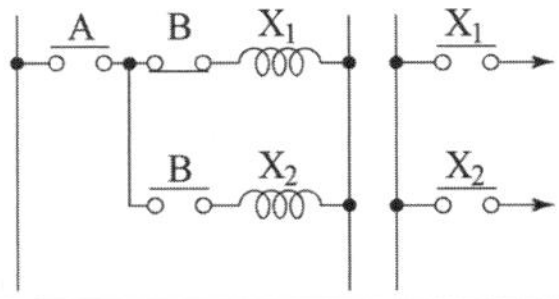
(4)	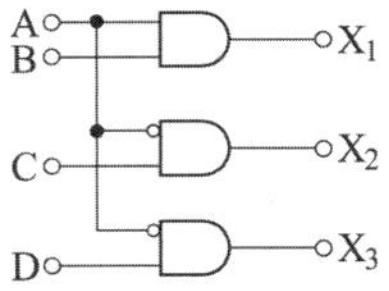	우선 회로	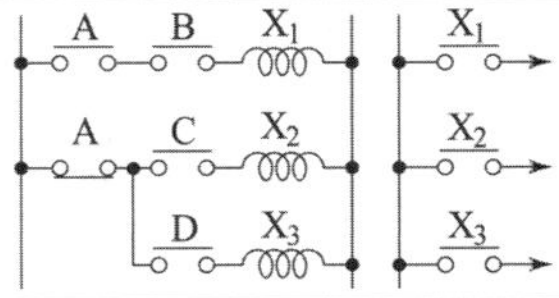

▸ 출제년도 : 07.   ▸ 점수 : 14점

문제 03 그림은 자동 Y-△ 기동회로이다. 이 회로를 보고 다음 각 물음에 답하시오.

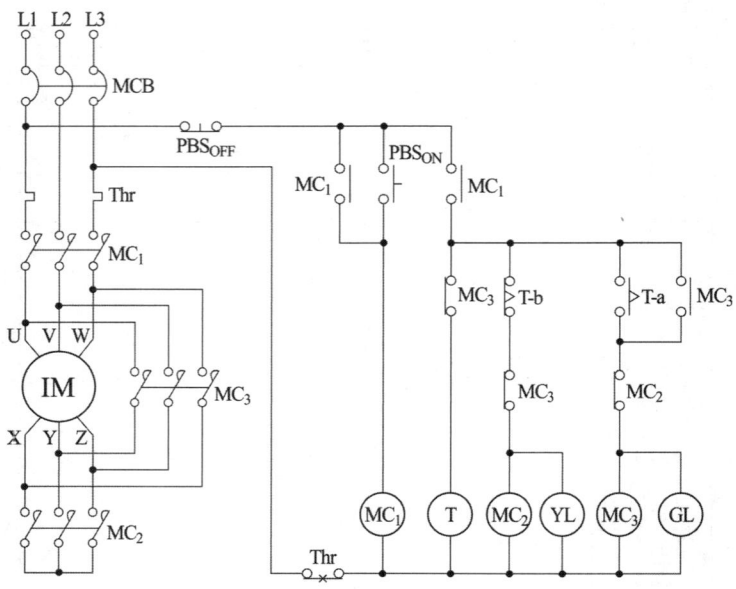

(1) 작동 설명의 (   )안에 알맞은 내용을 쓰시오.
- 기동스위치 PBS$_{ON}$을 누르면 (①)이 여자되고, (②)가 여자되면서 일정시간 동안 (③)와 (④) 접점에 의해 MC$_2$가 여자되어 MC$_1$, MC$_2$가 작동하여 (⑤) 결선으로 전동기가 기동된다.
- 일정시간 이후에 (⑥) 접점에 의해 개회로가 되므로 (⑦)가 소자되고, (⑧)와 (⑨) 접점에 의해 MC$_3$이 여자되어 MC$_1$, (⑩)가 작동하여 (⑪) 결선에서 (⑫) 결선으로 변환되어 전동기가 정상운전 된다.

(2) 주어진 기동회로에 인터록 회로의 표시를 한다면 어느 부분에 어떻게 표현하여야 하는가?

답안작성

(1) ① MC$_1$ ② T   ③ T-b   ④ MC$_3$-b
    ⑤ Y   ⑥ T-b   ⑦ MC$_2$ ⑧ T-a
    ⑨ MC$_2$-b   ⑩ MC$_3$ ⑪ Y   ⑫ △

(2) ⓜ𝐜 회로에 있는 MC$_{3-b}$와 ⓜ𝐜 를 점선으로 연결하고 또한 ⓜ𝐜 회로에 있는 MC$_{2-b}$를 ⓜ𝐜와 점선으로 연결한다.

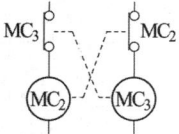

▶ 출제년도 : 91. 92. 94. 96. 99. 07.   ▶ 점수 : 5점

문제 04 어느 수용가의 부하설비가 그림과 같이 30 [kW], 20 [kW], 30 [kW]로 배치되어 있다. 이들의 수용률이 각각 50 [%], 60 [%], 70 [%]로 되어있는 경우 여기에 전력을 공급할 변압기의 용량을 계산하시오. 단, 부등률은 1.1, 종합부하의 역률은 80 [%] 이다.

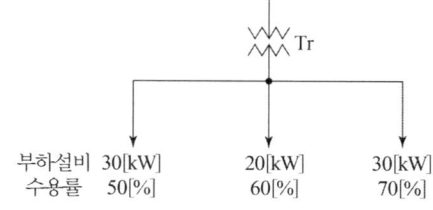

• 계산 :   • 답 :

답안작성

계산 : 변압기 용량 $= \dfrac{30 \times 0.5 + 20 \times 0.6 + 30 \times 0.7}{1.1 \times 0.8} = 54.55 \, [kVA]$

답 : 54.55 [kVA]

해설

변압기 용량 $[kVA] \geq$ 합성최대 수용전력 $= \dfrac{\text{설비용량}[kVA] \times \text{수용률}}{\text{부등률}} = \dfrac{\text{설비용량}[kW] \times \text{수용률}}{\text{부등률} \times \text{역률}}$

▶ 출제년도 : 07.   ▶ 점수 : 5점

문제 05 그림과 같이 CT가 결선되어 있을 때 전류계 A_3의 지시는 얼마인가? 단, 부하전류 $I_1 = I_2 = I_3 = I$로 한다.

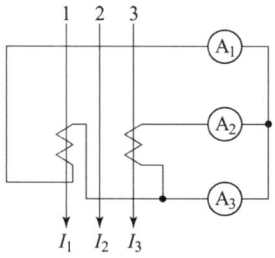

• 계산 :   • 답 :

답안작성

계산 : $A_3 = I_1 - I_3 = \sqrt{3}\, I$ 답 : $\sqrt{3}\, I$

해설

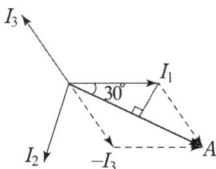

$A_3 = 2 \times I_1 \cos 30° = \sqrt{3}\, I$

문제 06 ▸ 출제년도 : 07. ▸ 점수 : 7점

다음의 결선도는 PT 및 CT의 미완성 결선도이다. 그림기호를 그리고 약호들을 사용하여 결선도를 완성하시오.

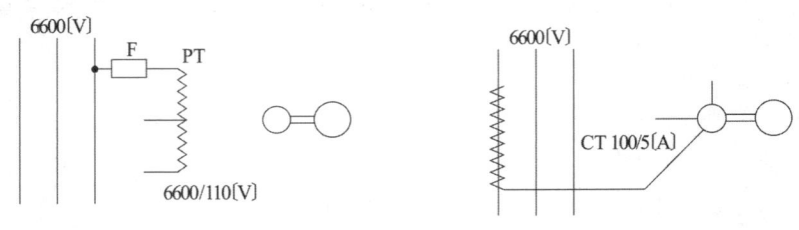

답안작성

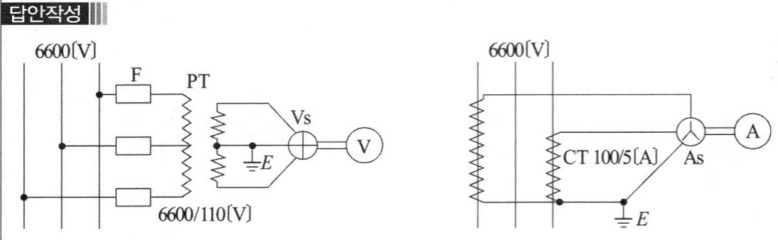

문제 07 ▸ 출제년도 : 9€. 99. 04. 07. ▸ 점수 : 8점

CT의 변류비가 400/5 [A]이고 고장 전류가 4000 [A]이다. 과전류 계전기의 동작 시간은 몇 [sec]로 결정되는가? 단, 전류는 125 [%]에 정정되어 있고, 시간 표시판 정정은 5이며, 계전기의 동작 특성은 그림과 같다.

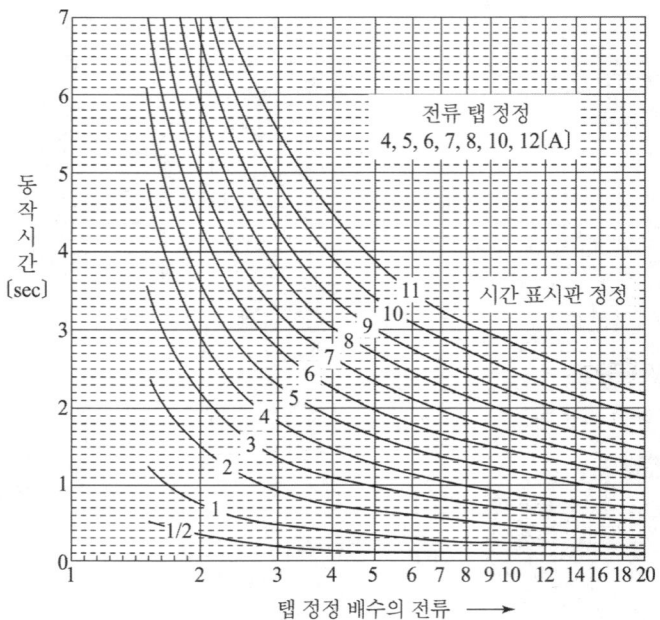

전형적 과전류 계전기의 동작 시간 특성

답안작성

계산 : 정정목표치 $= 400 \times \dfrac{5}{400} \times 1.25 = 6.25$

따라서, 7 [A] 탭으로 정정

탭정정 배수 $= \dfrac{4000 \times \dfrac{5}{400}}{7} = 7.14$

동작시간은 탭정정 배수 7.14와 시간표시판 정정 5와 만나는 1.4 [sec]에 동작한다.

답 : 1.4 [sec]

▸ 출제년도 : 98. 07.   ▸ 점수 : 8점

문제 08 ● 그림과 같은 회로의 램프 ⓛ에 대한 점등을 타임차트로 표시하시오.

(1)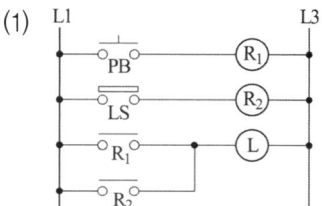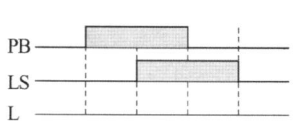

(2)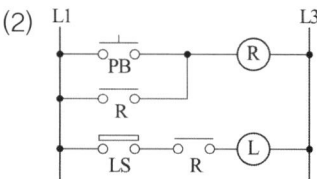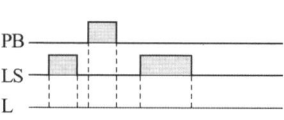

(3)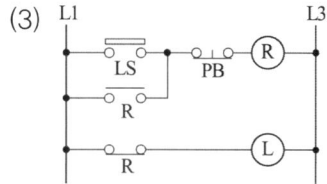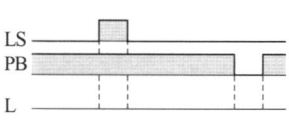

(4)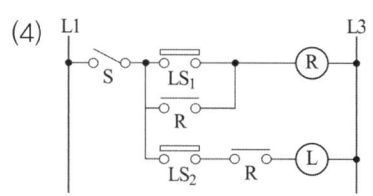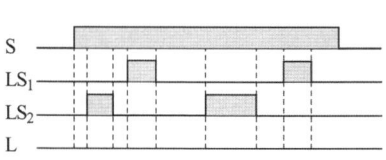

답안작성

(1) 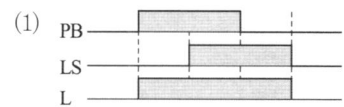   (2)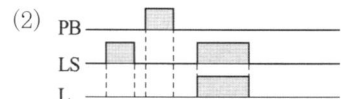

(3) 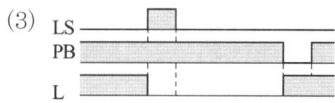   (4)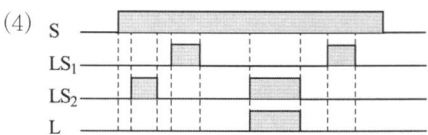

▶ 출제년도 : 97. 07.   ▶ 점수 : 5점

문제 09 방의 크기가 가로 12 [m], 세로 24 [m], 높이 4 [m]이며, 6 [m]마다 기둥이 있고, 기둥 사이에 보가 있으며, 이중천장으로 실내마감되어 있다. 이 방의 평균조도를 500 [lx]가 되도록 매입개방형 형광등 조명을 하고자 할 때 다음 조건을 이용하여 이 방의 조명에 필요한 등수를 구하시오.

[조건]
- 천장반사율 : 75 [%]
- 벽반사율 : 50 [%]
- 조명률 : 70 [%]
- 등의 보수상태 : 중간정도
- 등의 광속 : 2200 [lm]
- 바닥반사율 : 30 [%]
- 창반사율 : 50 [%]
- 감광보상률 : 1.6
- 안정기손실 : 개당 20 [W]

답안작성

계산 : 등수 $N = \dfrac{EAD}{FU} = \dfrac{500 \times 12 \times 24 \times 1.6}{2200 \times 0.7} = 149.61$ [등]   답 : 150 [등]

▶ 출제년도 : 07.   ▶ 점수 : 4점

문제 10 그림과 같은 회로에서 단자 전압이 V_0일 때 전압계의 눈금 V로 측정하기 위해서는 배율기의 저항 R_m은 얼마로 하여야 하는가? 단, 전압계의 내부 저항은 R_v로 한다.

•계산 :   •답 :

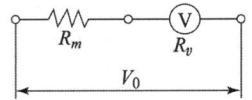

답안작성

계산 : $V = IR_v$, $I = \dfrac{V_0}{R_m + R_v}$ 이므로

$V = \dfrac{R_v}{R_m + R_v} V_0$ ∴ $R_m = R_v \left(\dfrac{V_0}{V} - 1 \right)$

답 : $R_m = R_v \left(\dfrac{V_0}{V} - 1 \right)$

▶ 출제년도 : 07.   ▶ 점수 : 5점

문제 11 3상 4선식 송전선에서 한 선의 저항이 10 [Ω], 리액턴스가 20 [Ω]이고, 송전단 전압이 6600 [V], 수전단 전압이 6100 [V]이었다. 수전단의 부하를 끊은 경우 수전단 전압이 6300 [V], 부하 역률이 0.8일 때 이 송전선로의 수전가능한 전력 [kW]를 구하시오.

•계산 :   •답 :

답안작성

계산 : 전압강하 $e = V_s - V_r = 6600 - 6100 = 500 [V]$

$e = \dfrac{P(R + X\tan\theta)}{V_r}$ 에서 $P = \dfrac{eV_r}{R + X\tan\theta} = \dfrac{500 \times 6100}{10 + 20 \times \dfrac{0.6}{0.8}} \times 10^{-3} = 122 [kW]$

답 : 122 [kW]

해설

$$e = \sqrt{3}I(R\cos\theta + X\sin\theta) = \frac{\sqrt{3}V_r I(R\cos\theta + X\sin\theta)}{V_r}$$

$$= \frac{R\sqrt{3}V_r I\cos\theta + X\sqrt{3}V_r I\sin\theta}{V_r} = \frac{RP + XQ}{V_r}$$

$$= \frac{P(R + X\frac{Q}{P})}{V_r} = \frac{P(R + X\tan\theta)}{V_r}$$

▶ 출제년도 : 07. ▶ 점수 : 5점

문제 12 단상변압기 3대를 △-△ 결선으로 완성하고, 단상변압기 1대 고장으로 2대를 V결선하여 사용시 장·단점을 각각 2가지만 쓰시오.

• 결선도
• 장점
• 단점

답안작성

• 결선도

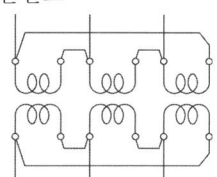

• 장점
  ① 단상 변압기 2대로 3상 부하에 전력을 공급할 수 있다.
  ② 설치 방법이 간단하고, 소용량이면 가격이 저렴
• 단점
  ① △결선에 비해 출력이 57.7 [%]로 저하된다.
  ② 설비의 이용률이 86.6 [%]로 저하된다.

▶ 출제년도 : 96. 07. ▶ 점수 : 8점

문제 13 60 [kW], 역률 80 [%](지상)인 부하 회로에 전력용 콘덴서를 설치하려고 할 때 다음 각 물음에 답하시오.

(1) 전력용 콘덴서에 직렬 리액터를 함께 설치하는 이유는 무엇 때문인가?
(2) 전력용 콘덴서에 사용하는 직렬 리액터의 용량은 전력용 콘덴서 용량의 약 몇 [%]인가?
(3) 역률을 95 [%]로 개선하는 데 필요한 전력용 콘덴서의 용량은 몇 [kVA]인가?
  • 계산 :   • 답 :

답안작성

(1) 제5고조파의 제거
(2) 이론적 : 4 [%], 실제적 : 6 [%]
(3) 계산 : $Q_c = 60\left(\dfrac{0.6}{0.8} - \dfrac{\sqrt{1-0.95^2}}{0.95}\right) = 25.28$ [kVA]   답 : 25.28 [kVA]

해설

$$Q_c = P(\tan\theta_1 - \tan\theta_2) = P\left(\frac{\sin\theta_1}{\cos\theta_1} - \frac{\sin\theta_2}{\cos\theta_2}\right) = P\left(\frac{\sqrt{1-\cos^2\theta_1}}{\cos\theta_1} - \frac{\sqrt{1-\cos^2\theta_2}}{\cos\theta_2}\right)$$

▸ 출제년도 : 94. 07. ▸ 점수 : 5점

문제 14 그림과 같은 수전설비에서 변압기나 부하설비에서 사고가 발생하였다면 어떤 개폐기를 제일 먼저 개로 할 수 있는가?

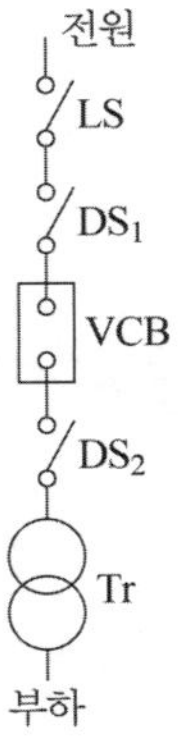

답안작성

VCB

해설

단로기(DS_1, DS_2)는 사고 전류의 차단 능력이 없다. 따라서, 고장전류의 차단능력이 있는 VCB(진공 차단기)를 개로하여 사고개소를 전원으로부터 분리하여야 한다.

국가기술자격검정 실기시험문제 및 답안지

2007년도 산업기사 일반검정 제 3 회

자격종목(선택분야)	시험시간	형별
전기산업기사	2시간 00분	

문제 01 ▸출제년도 : 07. ▸점수 : 5점

다음 ( )에 알맞은 내용을 쓰시오.

"임의의 면에서 한 점의 조도는 광원의 광도 및 입사각 θ의 코사인에 비례하고 거리의 제곱에 반비례한다. 이와 같이 입사각의 코사인에 비례하는 것을 Lambert의 코사인 법칙이라 한다. 또 광선과 피조면의 위치에 따라 조도를 ( )조도, ( )조도, ( )조도 등으로 분류할 수 있다.

답안작성

법선, 수평면, 수직면

문제 02 ▸출제년도 : 07. ▸점수 : 5점

전등 1개를 3개소에서 점멸하기 위하여 3로 스위치 2개, 4로 스위치 1개를 사용한 배선도이다. 전선 접속도를 그리시오.

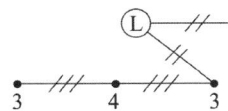

• 전선 접속도

답안작성

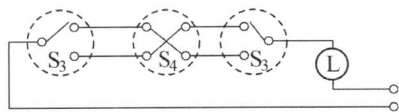

문제 03 ▸출제년도 : 07. ▸점수 : 5점

접지저항을 줄일 수 있는 방안에 대하여 3가지만 쓰시오.

답안작성

① 도전율이 양호한 접지 재료를 사용한다.
② 화학적 저감제(아스론, 하이드라드 석고)를 사용하여 접지저항을 줄인다.
③ 심타법, 메쉬접지법, 매설지선, 접지극의 병렬 접속

▸ 출제년도 : 04. 05. 07.　▸ 점수 : 7점

문제 04 그림은 릴레이 인터록 회로이다. 이 그림을 보고 다음 각 물음에 답하시오.

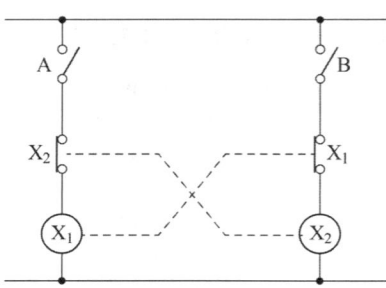

(1) 이 회로를 논리회로로 고쳐서 그리고, 주어진 타임챠트를 완성하시오.
　• 논리회로
　• 타임챠트

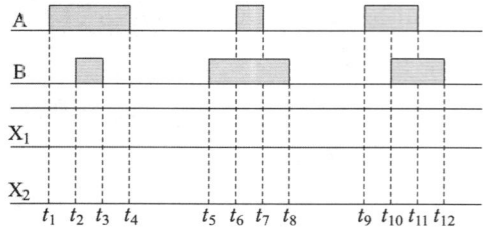

(2) 인터록회로는 어떤 회로인지 상세하게 설명하시오.

답안작성

(1) • 논리회로

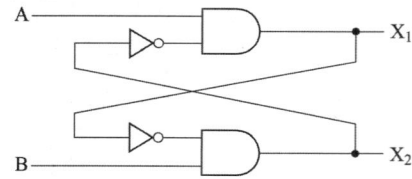

• 타임챠트

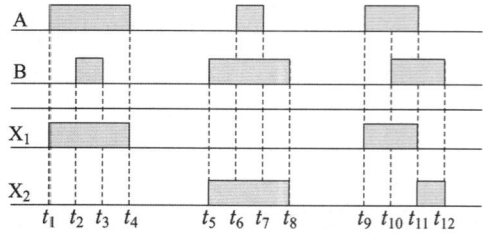

(2) 기기의 보호와 조작자의 안전을 목적으로 기기의 동작상태를 나타내는 접점을 사용하여 관련된 기기의 동작을 금지시키는 회로

▶ 출제년도 : 92. 05. 07.   ▶ 점수 : 14점

문제 05 3층 사무실용 건물에 3상 3선식의 6000 [V]를 수전하여 200 [V]로 체강하여 수전하는 설비를 하였다. 각 종 부하설비가 표와 같을 때 주어진 조건을 이용하여 다음 각 물음에 답하시오.

동력 부하 설비

사용 목적	용량 [kW]	대수	상용 동력 [kW]	하계 동력 [kW]	동계 동력 [kW]
난방 관계					
・보일러 펌프	6.7	1			6.7
・오일 기어 펌프	0.4	1			0.4
・온수 순환 펌프	3.7	1			3.7
공기 조화 관계					
・1, 2, 3층 패키지 콤프레셔	7.5	6		45.0	
・콤프레셔 팬	5.5	3	16.5		
・냉각수 펌프	5.5	1		5.5	
・쿨링 타워	1.5	1		1.5	
급수·배수 관계					
・양수 펌프	3.7	1	3.7		
기타					
・소화 펌프	5.5	1	5.5		
・셔터	0.4	2	0.8		
합 계			26.5	52.0	10.8

조명 및 콘센트 부하 설비

사용 목적	와트수 [W]	설치 수량	환산 용량 [VA]	총용량 [VA]	비 고
전등관계					
・수은등 A	200	2	260	520	200 [V] 고역률
・수은등 B	100	8	140	1120	100 [V] 고역률
・형광등	40	820	55	45100	200 [V] 고역률
・백열 전등	60	20	60	1200	
콘센트 관계					
・일반 콘센트		70	150	10500	2P 15 [A]
・환기팬용 콘센트		8	55	440	
・히터용 콘센트	1500	2		3000	
・복사기용 콘센트		4		3600	
・텔레타이프용 콘센트		2		2400	
・룸 쿨러용 콘센트		6		7200	
기타					
・전화 교환용 정류기		1		800	
계				75880	

[조건]
1. 동력부하의 역률은 모두 70 [%]이며, 기타는 100 [%]로 간주한다.
2. 조명 및 콘센트 부하설비의 수용률은 다음과 같다.
   - 전등설비 : 60 [%]
   - 콘센트설비 : 70 [%]
   - 전화교환용 정류기 : 100 [%]
3. 변압기 용량 산출시 예비율(여유율)은 고려하지 않으며 용량은 표준규격으로 답하도록 한다.
4. 변압기 용량 산정시 필요한 동력부하설비의 수용률은 전체 평균 65 [%]로 한다.

(1) 동계 난방 때 온수 순환 펌프는 상시 운전하고, 보일러용과 오일 기어 펌프의 수용률이 55 [%]일 때 난방 동력 수용 부하는 몇 [kW]인가?
   • 계산 :   • 답 :
(2) 상용 동력, 하계 동력, 동계 동력에 대한 피상전력은 몇 [kVA]가 되겠는가?
   ① 상용 동력
      • 계산 :   • 답 :
   ② 하계 동력
      • 계산 :   • 답 :
   ③ 동계 동력
      • 계산 :   • 답 :
(3) 이 건물의 총 전기설비 용량은 몇 [kVA]를 기준으로 하여야 하는가?
   • 계산 :   • 답 :
(4) 조명 및 콘센트 부하설비에 대한 단상변압기의 용량은 최소 몇 [kVA]가 되어야 하는가?
   • 계산 :   • 답 :
(5) 동력 부하용 3상 변압기의 용량은 몇 [kVA]가 되겠는가?
   • 계산 :   • 답 :
(6) 단상과 3상 변압기의 각 1차측 전류계용으로 사용되는 변류기의 1차측 정격전류는 각각 몇 [A]인가?
   ① 단상
      • 계산 :   • 답 :
   ② 3상
      • 계산 :   • 답 :
(7) 역률개선을 위하여 각 부하마다 전력용 콘덴서를 설치하려고 할 때 보일러 펌프의 역률을 95 [%]로 개선하려면 몇 [kVA]의 전력용 콘덴서가 필요한가?
   • 계산 :   • 답 :

답안작성

(1) 계산 : 수용부하 $= 3.7 + (6.7 + 0.4) \times 0.55 = 7.61$ [kW]   답 : 7.61 [kW]

(2) ① 계산 : 상용 동력의 피상 전력 $= \dfrac{26.5}{0.7} = 37.86$ [kVA]   답 : 37.86 [kVA]

    ② 계산 : 하계 동력의 피상 전력 $= \dfrac{52.0}{0.7} = 74.29$ [kVA]   답 : 74.29 [kVA]

    ③ 계산 : 동계 동력의 피상 전력 $= \dfrac{10.8}{0.7} = 15.43$ [kVA]   답 : 15.43 [kVA]

(3) 계산 : $37.86 + 74.29 + 75.88 = 188.03$ [kVA]   답 : 188.03 [kVA]

(4) 계산 : 전등 관계 : $(520 + 1120 + 45100 + 1200) \times 0.6 \times 10^{-3} = 28.76$ [kVA]

    콘센트 관계 : $(10500 + 440 + 3000 + 3600 + 2400 + 7200) \times 0.7 \times 10^{-3} = 19$ [kVA]

    기타 : $800 \times 1 \times 10^{-3} = 0.8$ [kVA]

    $28.76 + 19 + 0.8 = 48.56$ [kVA]이므로

    단상 변압기 용량은 50 [kVA]가 된다.

    답 : 50 [kVA]

(5) 계산 : 동계 동력과 하계 동력 중 큰 부하를 기준하고 상용 동력과 합산하여 계산하면

    $\dfrac{(26.5 + 52.0)}{0.7} \times 0.65 = 72.89$ [kVA]이므로

    3상 변압기 용량은 75 [kVA]가 된다.

    답 : 75 [kVA]

(6) ① 단상 변압기 1차측 변류기

    계산 : $I = \dfrac{50 \times 10^3}{6 \times 10^3} \times (1.25 \sim 1.5) = 10.42 \sim 12.5$ [A]

    답 : $10.42 \sim 12.5$ [A] 사이에 표준품이 없으므로 10 [A] 선정

    ② 3상 변압기 1차측 변류기

    계산 : $I = \dfrac{75 \times 10^3}{\sqrt{3} \times 6 \times 10^3} \times (1.25 \sim 1.5) = 9.02 \sim 10.82$ [A]

    답 : 10 [A] 선정

(7) 계산 : $Q_c = P(\tan\theta_1 - \tan\theta_2) = 6.7 \left(\dfrac{\sqrt{1-0.7^2}}{0.7} - \dfrac{\sqrt{1-0.95^2}}{0.95} \right) = 4.63$ [kVA]

    답 : 4.63 [kVA]

▶ 출제년도 : 89. 95. 07.   ▶ 점수 : 6점

문제 06 다음과 같은 상황의 전자 개폐기의 고장에서 주요 원인과 그 보수 방법을 2가지씩 써넣으시오.

(1) 철심이 운다.

(2) 동작하지 않는다.

(3) 서멀릴레이가 떨어진다.

답안작성

(1) 원인 : ① 가동철심과 고정철심 접촉 부위에 녹 발생

       ② 철심 전원 단자 나사 부분의 이완

  보수 방법 : ① 샌드 페이퍼로 녹을 제거한다.

          ② 나사의 이완 부분을 조인다.

(2) 원인 : ① 여자 코일이 단선 또는 소손되었을 때
            ② 전원이 결상 되었을 때
    보수 방법 : ① 여자 코일을 교체한다.
              ② 전원 결상 부분을 찾아 연결한다.
(3) 원인 : ① 과부하 발생시
            ② 서멀 릴레이 설정값이 낮을 때
    보수 방법 : ① 부하를 정격값으로 조정한다.
              ② 서멀 릴레이 설정값을 상위값으로 조정한다.

▶ 출제년도 : 97. 07.   ▶ 점수 : 10점

문제 07 다음 도면을 보고 물음에 답하시오.

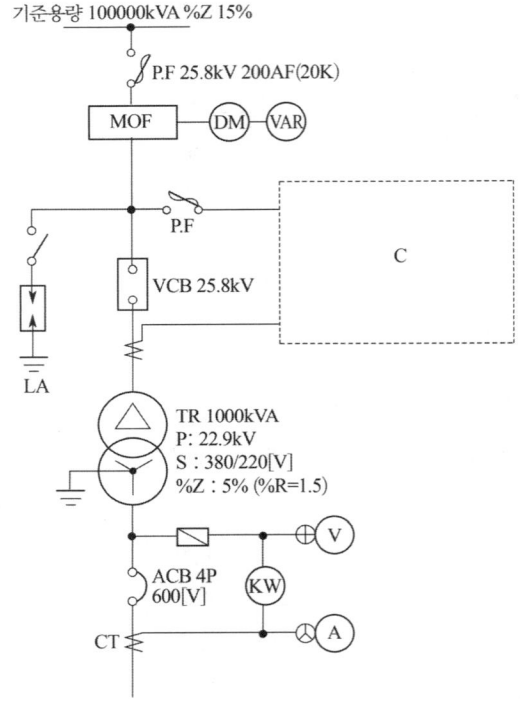

(1) LA의 명칭 및 기능은?
   • 명칭 :   • 기능 :
(2) VCB의 필요한 최소 차단 용량은 몇 [MVA]인가?
   • 계산 :   • 답 :
(3) C 부분의 계통도에 그려져야 할 것들 중에서 그 종류를 7가지만 쓰도록 하시오.
(4) ACB의 최소 차단 전류는 몇 [kA]인가?
   • 계산 :   • 답 :
(5) 최대 부하 800[kVA], 역률 80[%]라 하면 변압기에 의한 전압 변동률은 몇 [%]인가?
   • 계산 :   • 답 :

답안작성

(1) 명칭 : 피뢰기
   기능 : 이상 전압이 내습하면 이를 대지로 방전시키고, 속류를 차단한다.

(2) 전원측 %Z가 100 [MVA]에 대하여 15 [%]이므로
   $P_s = \dfrac{100}{\%Z} \times P_n$ [MVA]에서
   $P_s = \dfrac{100}{15} \times 100 = 666.67$ [MVA]
   답 : 666.67 [MVA]

(3) ① 계기용 변압기   ② 전압계용 전환 개폐기
   ③ 전압계   ④ 과전류 계전기
   ⑤ 전류계용 전환 개폐기 ⑥ 전류계   ⑦ 역률계

(4) 변압기 %Z를 100 [MVA]로 환산하면 $\dfrac{100000}{1000} \times 5 = 500 [\%]$
   합성 %Z = 15 + 500 = 515 [%]
   단락 전류 $I_s = \dfrac{100}{\%Z} \times I_n = \dfrac{100}{515} \times \dfrac{100 \times 10^6}{\sqrt{3} \times 380} \times 10^{-3} = 29.5$ [kA]
   답 : 29.5 [kA]

(5) %저항 강하 $p = 1.5 \times \dfrac{800}{1000} = 1.2$ [%]
   %리액턴스 강하 $q = \sqrt{5^2 - 1.5^2} \times \dfrac{800}{1000} = 3.82$ [%]
   전압 변동률 $\epsilon = p\cos\theta + q\sin\theta$
   $\epsilon = 1.2 \times 0.8 + 3.82 \times 0.6 = 3.25$ [%]
   답 : 3.25 [%]

▶ 출제년도 : 99. 01. 07.   ▶ 점수 : 10점

문제 08 그림과 같은 교류 단상 3선식 선로를 보고 다음 각 물음에 답하시오.

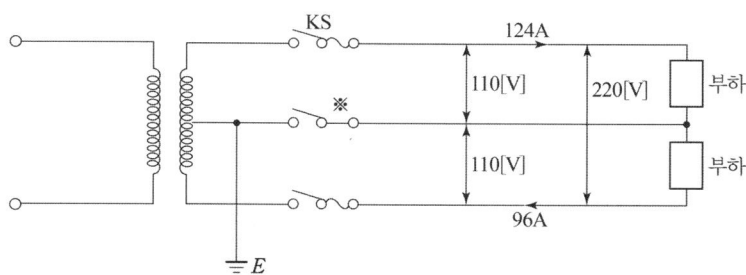

(1) 주어진 도면에 잘못된 부분을 표시하고 그 이유를 쓰시오.
(2) 부하 불평형률은 몇 [%]인가?
   • 계산 :   • 답 :
(3) 도면에서 ※ 부분에 퓨즈를 넣지 않고 동선을 연결하였다. 옳은 방법인지의 여부를 구분하고 그 이유를 설명하시오.

답안작성

(1)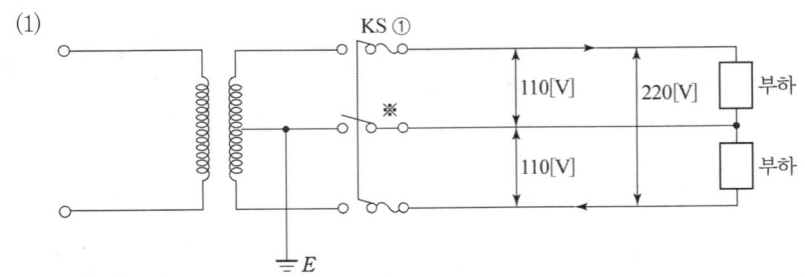

① 개폐기는 3극 동시에 개폐하여야 한다.
  이유 : 동시에 개폐되지 않을 경우 전압불평형이 나타날 수 있다.

(2) 부하 불평형률 $= \dfrac{124-96}{\dfrac{1}{2}(124+96)} \times 100 = 25.45[\%]$ 　　　답 : 25.45 [%]

(3) 옳다
  이유 : 중성선에 퓨즈를 설치할 경우, 만약 퓨즈가 용단되는 경우에는 전압 불평형에 의해 경부하측의 전위가 상승되기 때문

▶ 출제년도 : 90. 94. 07.　▶ 점수 : 5점

문제 09 ◉ 다음에 제시하는 조건에 일치하는 제어 회로의 Sequence를 그리시오.

[조건]

누름 버튼 스위치 PB₂를 누르면 lamp ⓛ이 점등되고 손을 떼어도 점등이 계속된다. 그 다음에 PB₁을 누르면 ⓛ이 소등되며 손을 떼어도 소등상태는 지속된다.

답안작성

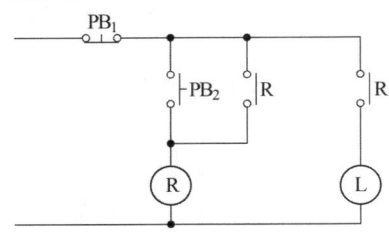

▶ 출제년도 : 03. 07.　▶ 점수 : 5점

문제 10 ◉ 그림과 같은 무접점 릴레이 회로의 출력식 Z를 구하고, 이것을 전자 릴레이 회로로 바꾸어 그리시오.

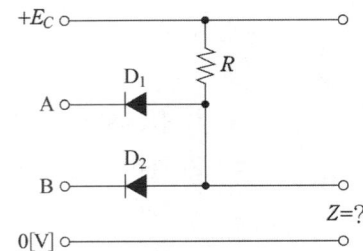

답안작성

• 출력식 : $Z = A \cdot B$
• 전자 릴레이 회로(유접점 회로)

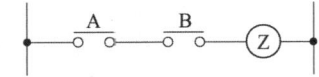

문제 11

다음은 정전시 조치사항이다. 점검방법에 따른 알맞은 점검절차를 보기에서 찾아 빈 칸을 채우시오.

[보기]
- 수전용 차단기 개방
- 단로기 또는 전력퓨즈의 개방
- 수전용 차단기의 투입
- 보호계전기 시험
- 검전의 실시
- 투입금지 표시찰 취부
- 고압개폐기 또는 교류부하개폐기의 개방
- 잔류전하의 방전
- 단락접지용구의 취부
- 보호계전기 및 시험회로의 결선
- 저압개폐기의 개방
- 안전표지류의 취부
- 구분 또는 분기개폐기의 개방

점검순서	점검절차	점검방법
1		(1) 개방하기 전에 연락책임자와 충분한 협의를 실시하고 정전에 의하여 관계되는 기기의 장애가 없다는 것을 확인한다. (2) 동력개폐기를 개방한다. (3) 전등개폐기를 개방한다.
2		수동(자동)조작으로 수전용 차단기를 개방한다.
3		고압고무장갑을 착용하고, 고압검전기로 수전용 차단기의 부하측 이후를 3상 모두 검전하고 무전압상태를 확인한다.
4		(책임분계점의 구분개폐기 개방의 경우) (1) 지락계전기가 있는 경우는 차단기와 연동시험을 실시한다. (2) 지락계전기가 없는 경우는 수동조작으로 확실히 개방한다. (3) 개방한 개폐기의 조작봉(끈)은 제3자가 조작하지 않도록 높은 장소에 확실히 매어(lock) 놓는다.
5		개방한 개폐기의 조작봉을 고정하는 위치에서 보이기 쉬운 개소에 취부한다.
6		원칙적으로 첫 번째 상부터 순서대로 확실하게 충분한 각도로 개방한다.
7		고압케이블 및 콘덴서 등의 측정 후 잔류전하를 확실히 방전한다.
8		(1) 단락접지용구를 취부할 경우는 우선 먼저 접지금구를 접지선에 취부한다. (2) 다음에 단락접지 용구의 훅크부를 개방한 DS 또는 LBS 전원측 각 상에 취부한다. (3) 안전표지판을 취부하여 안전작업이 이루어지도록 한다.
9		공중이 들어가지 못하도록 위험구역에 안전네트(망) 또는 구획로프 등을 설치하여 위험표시를 한다.
10		(1) 릴레이측과 CT측을 회로테스타 등으로 확인한다. (2) 시험회로의 결선을 실시한다.
11		시험전원용 변압기 이외의 변압기 및 콘덴서 등의 개폐기를 개방한다.
12		수동(자동)조작으로 수전용 차단기를 투입한다.
13		보호계전기 시험요령에 의해 실시한다.

답안작성

1. 저압개폐기의 개방
2. 수전용 차단기 개방
3. 검전의 실시
4. 구분 또는 분기 개폐기의 개방
5. 투입금지 표시찰 취부
6. 단로기 또는 전력퓨즈의 개방
7. 잔류전하의 방전
8. 단락접지용구의 취부
9. 안전표지류의 취부
10. 보호계전기 및 시험회로의 결선
11. 고압개폐기 또는 교류부하 개폐기의 개방
12. 수전용 차단기의 투입
13. 보호계전기 시험

▶ 출제년도 : 07.　　▶ 점수 : 5점

문제 12 전원 전압이 220 [V]인 회로에서 700 [W]의 전기밥솥 2대, 600 [W]의 다리미 1대, 150[W]의 TV 2대를 동시에 사용할 때 10 [A] 고리 퓨즈의 상태(용단여부)와 그 이유를 쓰시오.

답안작성

- 부하 전류 $I = \dfrac{P}{V} = \dfrac{700 \times 2 + 600 \times 1 + 150 \times 2}{220} = 10.45[\text{A}]$
- 상태 : 용단되지 않는다.
- 이유 : 4[A] 초과 16[A] 미만의 저압용 퓨즈는 정격전류의 1.5배 견디도록 되어 있다.

▶ 출제년도 : 07.　　▶ 점수 : 6점

문제 13 송전선로 전압을 154 [kV]에서 345 [kV]로 승압할 경우 송전선로에 나타나는 효과로서 다음 물음에 답하시오.

(1) 전력손실이 동일한 경우 공급능력 증대는 몇 배인가?
　•계산 :　　　　　　　　•답 :
(2) 전력손실의 감소는 몇 [%]인가?
　•계산 :　　　　　　　　•답 :
(3) 전압강하율의 감소는 몇 [%]인가?
　•계산 :　　　　　　　　•답 :

답안작성

(1) 계산 : 공급능력 $P = \sqrt{3}\,VI$ 에서
$$\dfrac{P'}{P} = \dfrac{\sqrt{3} \times 345 \times I}{\sqrt{3} \times 154 \times I} \quad \therefore P' = 2.24P$$
답 : 2.24배

(2) 계산 : 전력손실 $P_l \propto \dfrac{1}{V^2}$ 이므로
$$P_l : P_l' = \dfrac{1}{154^2} : \dfrac{1}{345^2}$$
$$\therefore P_l' = \left(\dfrac{154}{345}\right)^2 P_l = 0.1993 = 19.93[\%]$$

전력손실 감소분 = 100 − 19.93 = 80.07[%]
답 : 80.07[%]

(3) 계산 : 전압강하율 $\epsilon \propto \dfrac{1}{V^2}$ 이므로

$$\epsilon : \epsilon' = \dfrac{1}{154^2} : \dfrac{1}{345^2}$$

$$\therefore \epsilon' = \left(\dfrac{154}{345}\right)^2 \epsilon = 0.1993 = 19.93[\%]$$

전압강하율 감소분 = 100 − 19.93 = 80.07[%]
답 : 80.07[%]

▸ 출제년도 : 96. 07.   ▸ 점수 : 4점

문제 14 권수비가 33인 PT와 20인 CT를 그림과 같이 단상 고압 회로에 접속했을 때 전압계 Ⓥ 와 전류계 Ⓐ 및 전력계 Ⓦ의 지시가 95 [V], 4.5 [A], 360 [W]이었다면 고압 부하의 역률은 몇 [%]가 되겠는가? 단, PT의 2차 전압은 110 [V], CT의 2차 전류는 5 [A]이다.

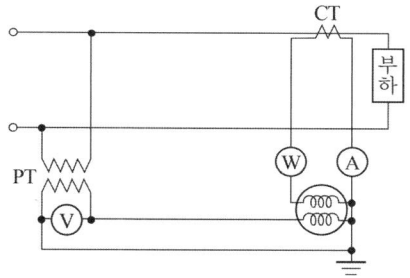

답안작성

역률 $\cos\theta = \dfrac{P[\text{W}]}{VI[\text{VA}]} = \dfrac{360}{95 \times 4.5} \times 100 = 84.21[\%]$ ∴ 84.21[%]

해설

단상 회로임을 고려하여 산출하여야 한다.

MEMO

E60-2
전기산업기사 실기

2008년도 기출문제

- 2008년 전기산업기사 1회
- 2008년 전기산업기사 2회
- 2008년 전기산업기사 3회

국가기술자격검정 실기시험문제 및 답안지

2008년도 산업기사 일반검정 제1회

자격종목(선택분야)	시험시간	형별
전기산업기사	2시간 00분	

문제 01 ▸출제년도 : 08. ▸점수 : 6점

제5고조파 전류의 확대 방지 및 스위치 투입 시 돌입전류 억제를 목적으로 역률개선용 콘덴서에 직렬 리액터를 설치하고자 한다. 콘덴서의 용량이 500 [kVA]라고 할 때 다음 각 물음에 답하시오.

(1) 이론상 필요한 직렬 리액터의 용량은 몇 [kVA]인가?
　•계산 :　　　　　　　　　　•답 :

(2) 실제적으로 설치하는 직렬 리액터의 용량은 몇 [kVA]인가?
　•리액터의 용량
　•사유

답안작성

(1) 계산 : $500 \times 0.04 = 20$ [kVA]
　답 : 20[kVA]
(2) 리액터의 용량 : $500 \times 0.06 = 30$ [kVA]
　사유 : 주파수 변동 등을 고려하여 6 [%]를 선정한다.

해설

[이론상] 리액터 용량 = 콘덴서 용량 × 4[%]
[실제상] 리액터 용량 = 콘덴서 용량 × 6[%]

문제 02 ▸출제년도 : 08. ▸점수 : 5점

주변압기 단상 22900/380 [V], 500 [kVA] 3대를 Y-Y 결선으로 하여 사용하고자 하는 경우 2차측에 설치해야할 차단기 용량은 몇 [MVA]로 하면 되는가? 단, 변압기의 %Z는 3 [%]로 계산하며, 그 외 임피던스는 고려하지 않는다.
　•계산 :　　　　　　　　　　•답 :

답안작성

계산 : $P_s = \dfrac{100}{\%Z} P_n = \dfrac{100}{3} \times 1500 = 50,000 [\text{kVA}] = 50 [\text{MVA}]$
답 : 50 [MVA]

문제 03

▸출제년도 : 08.   ▸점수 : 8점

단상 변압기의 병렬 운전 조건 4가지를 쓰고, 이들 각각에 대하여 조건이 맞지 않을 경우에 어떤 현상이 나타나는지 쓰시오.

(1) •조건 :   •현상 :
(2) •조건 :   •현상 :
(3) •조건 :   •현상 :
(4) •조건 :   •현상 :

답안작성

(1) •조건 : 극성이 일치할 것
    •현상 : 큰 순환 전류가 흘러 권선이 소손
(2) •조건 : 정격 전압(권수비)이 같은 것
    •현상 : 순환 전류가 흘러 권선이 가열
(3) •조건 : %임피던스 강하(임피던스 전압)가 같을 것
    •현상 : 부하의 분담이 용량의 비가 되지 않아 부하의 분담이 균형을 이룰 수 없다.
(4) •조건 : 내부 저항과 누설 리액턴스의 비(즉 $r_a/x_a = r_b/x_b$)가 같을 것
    •현상 : 각 변압기의 전류간에 위상차가 생겨 동손이 증가

문제 04

▸출제년도 : 02. 08.   ▸점수 : 8점

도면과 같이 단상 변압기 3대가 있다. 다음 각 물음에 답하시오.

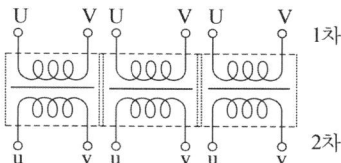

(1) 이 변압기를 △-△로 결선하시오. (주어진 도면에 직접 그리시오.)

(2) △-△ 결선으로 운전하던 중 한 상의 변압기에 고장이 생겨 이것을 분리하고 나머지 2대로 3상 전력을 공급하고자 한다. 이때 사용하는 결선의 명칭은 무엇이며, 이 결선과 △결선의 출력비는 몇 [%]가 되는지 계산하고 결선도를 완성하시오. (주어진 도면에 직접 그리시오.)

　① 결선의 명칭
　② △결선과의 출력비
　　•계산 :
　　•답 :
　③ 결선도

답안작성

(1)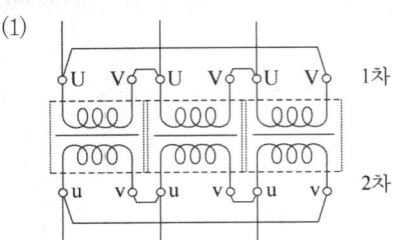

(2) ① 결선의 명칭 : V-V 결선
② △결선과의 출력비
- 계산 : 출력의 비 = $\dfrac{\text{V결선 출력}}{3상 출력}$
$= \dfrac{P_v}{P_\triangle} = \dfrac{\sqrt{3}\,VI}{3\,VI} = \dfrac{1}{\sqrt{3}} ≒ 0.577 = 57.7[\%]$

- 답 : 57.7[%]

③ 결선도
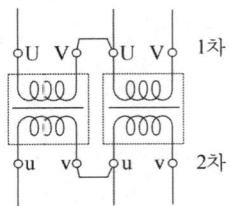

해설

이용률 = $\dfrac{3상 출력}{설비용량} = \dfrac{\sqrt{3}\,VI}{2\,VI} = \dfrac{\sqrt{3}}{2} = 0.866 = 86.6[\%]$

출력의 비 = $\dfrac{\text{V결선 출력}}{3상 출력} = \dfrac{\sqrt{3}\,VI}{3\,VI} = \dfrac{1}{\sqrt{3}} ≒ 0.577 = 57.7[\%]$

▶ 출제년도 : 08.   ▶ 점수 : 5점

문제 05 3상 4선식에서 역률 100 [%]의 부하가 각 상과 중성선간에 연결되어 있다. a상, b상, c상에 흐르는 전류가 각각 110 [A], 86 [A], 95 [A]이다. 중성선에 흐르는 전류의 크기의 절대값은 몇 [A]인가?
- 계산 :   • 답 :

답안작성

계산 : $I_n = 110 + 86\;\underline{/-120°} + 95\;\underline{/-240°}$
$= 110 + 86\left(-\dfrac{1}{2} - j\dfrac{\sqrt{3}}{2}\right) + 95\left(-\dfrac{1}{2} + j\dfrac{\sqrt{3}}{2}\right)$
$= 110 - 43 - j74.48 - 47.5 + j82.27 = 19.5 + j7.79$
$= \sqrt{19.5^2 + 7.79^2} = 21[A]$

답 : 21 [A]

▶ 출제년도 : 02. 08.   ▶ 점수 : 10점

문제 06 옥외의 간이 수변전설비에 대한 단선 결선도이다. 이 도면을 보고 다음 각 물음에 답하시오.

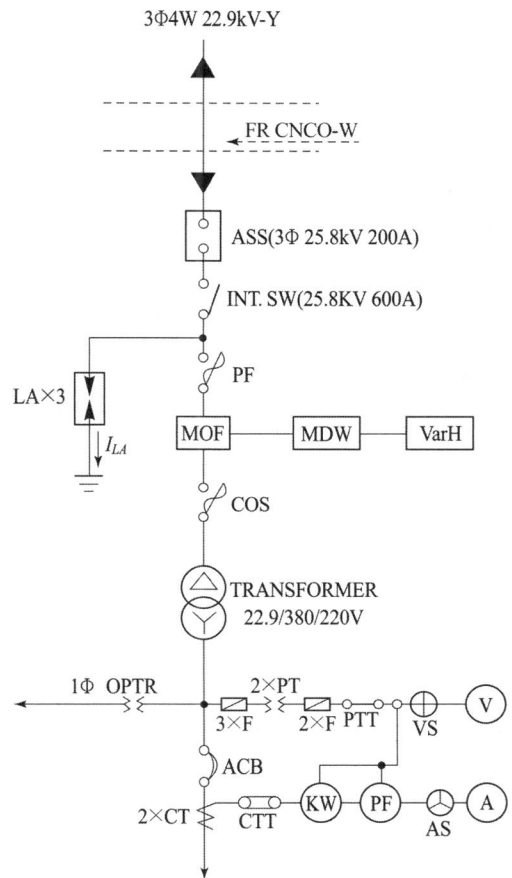

(1) 도면상의 A.S.S는 무엇인지 그 명칭을 쓰시오.
(2) 도면상의 MDW의 명칭은 무엇인가?
(3) 도면상의 전선 약호 FR CNCO-W의 품명을 쓰시오.
(4) 22.9 [kV-Y], 간이 수변전설비는 수전용량 몇 [kVA] 이하에 적용하는가?
(5) LA의 공칭 방전전류는 몇 [A]를 적용하는가?
(6) 도면에서 PTT는 무엇인가?
(7) 도면에서 CTT는 무엇인가?
(8) 2차측 주개폐기로 380 [V]/220 [V]를 사용하는 경우 중성선측 개폐기에 접속되는 중성선은 어떤 색깔로 하여야 하는가?
(9) 도면상의 ⊕은 무엇인가?
(10) 도면상의 ⊝은 무엇인가?

답안작성

(1) 자동 고장 구분 개폐기 (2) 최대 수요 전력량계
(3) 동심중성선 수밀형 저독성 난연 전력케이블 (4) 1000[kVA]
(5) 2500[A] (6) 전압 시험단자
(7) 전류 시험단자 (8) 청색
(9) 전압계용 전환 개폐기 (10) 전류계용 전환 개폐기

해설

(1) A.S.S : Automatic Section Switch (자동 고장 구분 개폐기)
(2) MDW : Maximum Demand Wattmeter (최대 수요 전력량계)
(3) CN-CV : 동심 중성선 차수형 전력케이블
(8) KEC 121.2 전선의 식별
① 전선의 색상은 표에 따른다.

상(문자)	색상
L1	갈색
L2	검은색
L3	회색
N	파란색
보호도체	녹색-노란색

② 색상 식별이 종단 및 연결 지점에서만 이루어지는 나도체 등은 전선 종단부에 색상이 반영구적으로 유지될 수 있는 도색, 밴드, 색 테이프 등의 방법으로 표시해야 한다.

▶ 출제년도 : 08.　▶ 점수 : 5점

문제 07 전부하에서 동손 100 [W], 철손 50 [W]인 변압기에서 최대 효율을 나타내는 부하는 몇 [%]인가?

•계산 :　　　　　　　　　　　　•답 :

답안작성

계산 : $m = \sqrt{\dfrac{P_i}{P_c}} \times 100 = \sqrt{\dfrac{50}{100}} \times 100 = 70.71[\%]$

답 : 70.71 [%]

해설

최대 효율은 동손과 철손이 같을 때 발생하므로
$m^2 P_c = P_i$ 에서　$m = \sqrt{\dfrac{P_i}{P_c}}$

▶ 출제년도 : 04. 05. 07. 08.　▶ 점수 : 7점

문제 08 다음의 호로는 두 입력 중 먼저 동작한 쪽이 우선이고, 다른 쪽의 동작을 금지시키는 시퀀스 회로이다. 이 회로를 보고 다음 각 물음에 답하시오. 단, A, B는 입력 스위치 이고, X_1, X_2는 계전기 이다.

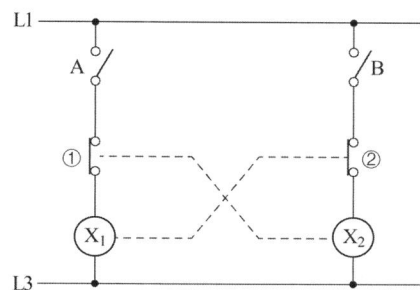

(1) ①, ②에 맞는 각 보조접점의 접점기호의 명칭을 쓰시오.
(2) 이 회로는 주로 기기의 보호와 조작자의 안전을 목적으로 하는데 이와 같은 회로의 명칭을 무엇이라 하는가?
(3) 주어진 진리표를 완성하시오.

입 력		출 력	
A	B	X_1	X_2
0	0		
0	1		
1	0		

(4) 계전기 시퀀스 회로를 논리회로로 변환하여 그리시오.
(5) 그림과 같은 타임차트를 완성하시오.

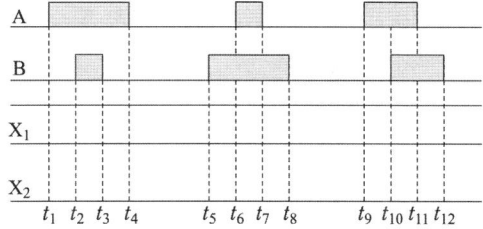

답안작성

(1) ① X_2 계전기의 순시 b접점
　　② X_1 계전기의 순시 b접점
(2) 인터록회로
(3)

입 력		출 력	
A	B	X_1	X_2
0	0	0	0
0	1	0	1
1	0	1	0

(4)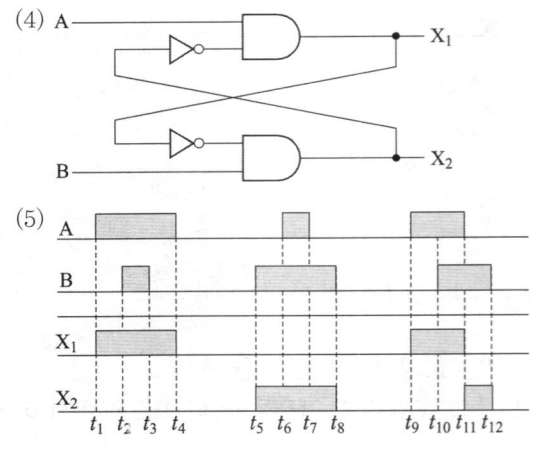

(5)

▸ 출제년도 : 04. 08.   ▸ 점수 : 5점

문제 09 그림에 나타낸 과전류 계전기가 유입 차단기를 차단할 수 있도록 결선하고, CT와 OCR 및 전류계를 연결할 때 접지를 표시하도록 하시오. 단, 과전류 계전기는 상시 폐로식이다.

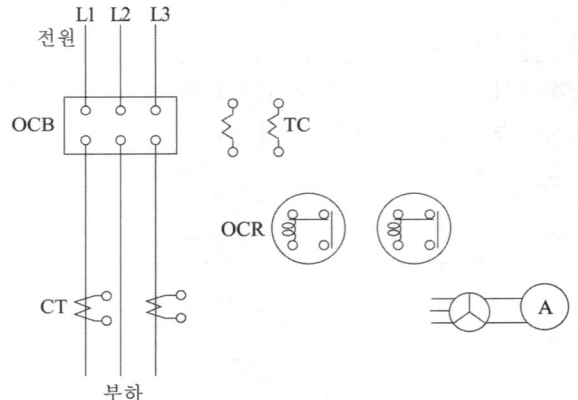

답안작성

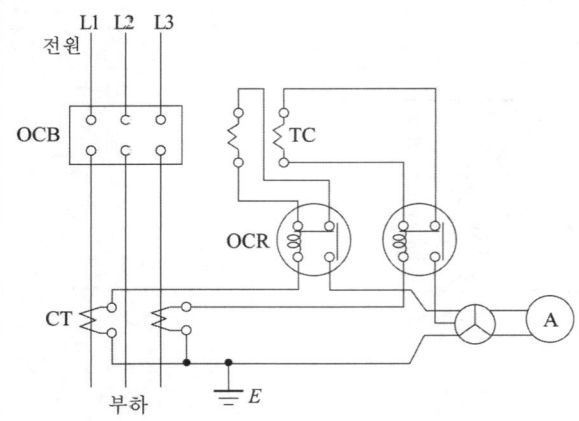

▶ 출제년도 : 98. 08.   ▶ 점수 : 5점

문제 10 다음 각 항목을 측정하는데 가장 알맞은 계측기 또는 측정방법을 쓰시오.
(1) 변압기의 절연저항   (2) 검류계의 내부저항
(3) 전해액의 저항   (4) 배전선의 전류
(5) 절연 재료의 고유저항

답안작성
(1) 절연저항계 (Megger)   (2) 휘이스톤 브리지
(3) 콜라우시 브리지   (4) 후크온 메터
(5) 절연저항계 (Megger)

▶ 출제년도 : 04. 08.   ▶ 점수 : 8점

문제 11 피뢰기는 이상전압이 기기에 침입했을 때 그 파고값을 저감시키기 위하여 뇌전류를 대지로 방전시켜 절연파괴를 방지하며, 방전에 의하여 생기는 속류를 차단하여 원래의 상태로 회복시키는 장치이다. 다음 각 물음에 답하시오.
(1) 피뢰기의 구성요소를 쓰시오.
(2) 피뢰기의 구비 조건 4가지만 쓰시오.
(3) 피뢰기의 제한전압이란 무엇인가?
(4) 피뢰기의 정격전압이란 무엇인가?
(5) 충격 방전 개시 전압이란 무엇인가?

답안작성
(1) 직렬 갭과 특성요소
(2) ① 충격 방전 개시 전압이 낮을 것
    ② 상용주파 방전 개시 전압이 높을 것
    ③ 방전내량이 크면서 제한전압이 낮을 것
    ④ 속류 차단능력이 클 것
(3) 피뢰기 방전 중 피뢰기 단자간에 남게되는 충격전압
(4) 속류를 차단할 수 있는 최고의 교류전압
(5) 피뢰기 단자간에 충격전압을 인가하였을 경우 방전을 개시하는 전압

▶ 출제년도 : 97. 04. 08.   ▶ 점수 : 5점

문제 12 그림은 발전기의 상간 단락 보호계전 방식을 도면화 한 것이다. 이 도면을 보고 다음 각 물음에 답하시오.
(1) 점선안의 계전기 명칭은 무엇인가?
(2) 동작 코일은 A, B, C 의 코일 중 어느 것인가?
(3) 발전기에 상간 단락이 생길 때 코일 C의 전류 (I_d)는 어떻게 표현되는가?
(4) 동기 발전기를 병렬 운전하기 위한 조건 2가지만 쓰시오.

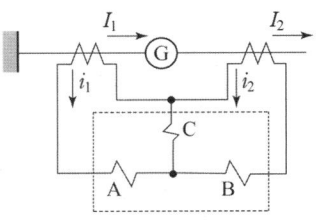

답안작성

(1) 비율 차동 계전기
(2) C 코일
(3) $i_d = |i_1 - i_2|$
(4) ① 기전력의 크기가 같을 것
　　② 기전력의 위상이 같을 것

해설

(2) C 코일 : 동작 코일 (차동 전류)
　　A, B 코일 : 억제 코일 (부하 전류)
(3) C 코일(동작 코일)에 흐르는 전류는 A, B 코일(억제 코일)에 흐르는 전류의 차전류가 흐른다.
(4) 이외에도 ③ 기전력의 주파수가 같을 것
　　　　　　　④ 기전력의 파형이 같을 것

▶ 출제년도 : 98. 01. 05. 08.　　▶ 점수 : 6점

문제 13 그림은 전동기의 정·역 변환이 가능한 미완성 시퀀스 회로도이다. 이 회로도를 보고 다음 각 물음에 답하시오. 단, 전동기는 가동 중 정·역을 곧바로 바꾸면 과전류와 기계적 손상이 발생되기 때문에 지연 타이머로 지연시간을 주도록 하였다.

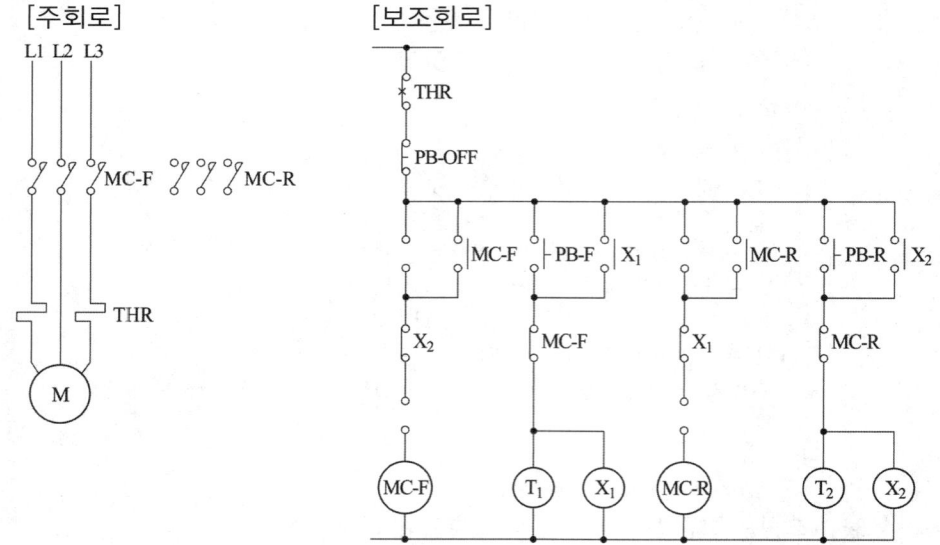

(1) 정·역 운전이 가능하도록 주어진 회로의 주회로의 미완성 부분을 완성하시오.
(2) 정·역 운전이 가능하도록 주어진 보조(제어)회로의 미완성 부분을 완성하시오. 단, 접점에는 접점 명칭을 반드시 기록하도록 하시오.
(3) 주회로 도면에서 약호 THR은 무엇인가?

답안작성

(1)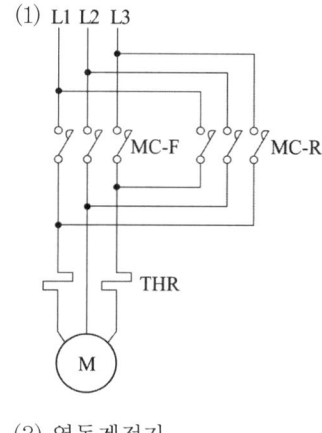

(2)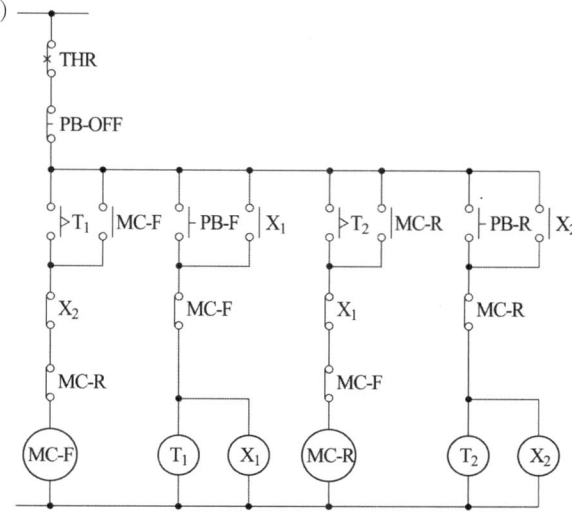

(3) 열동계전기
    (또는 과부하 계전기)

해설

(3) THR : Thermal Relay (열동 계전기)

▸ 출제년도 : 08.   ▸ 점수 : 12점

문제 14 일반용 전기설비 및 자가용 전기설비에 사용되는 용어에 관한 사항이다. ( )안에 알맞은 내용을 쓰시오.

(1) "과전류차단기(過電流遮斷器)"라 함은 배선용차단기, 퓨즈, 기중차단기(A.C.B)와 같이 (①) 및 (②)를 자동차단하는 기능을 가진 기구를 말한다.

(2) "누전차단장치(漏電遮斷裝置)"라 함은 전로에 지락이 생겼을 경우에 부하기기, 금속제 외함 등에 발생하는 (③) 또는 (④)를 검출하는 부분과 차단기부분을 조합하여 자동적으로 전로를 차단하는 장치를 말한다.

(3) "배선용차단기(配線用遮斷器)"라 함은 전자작용 또는 바이메탈의 작용에 의하여 (⑤)를 검출하고 자동으로 차단하는 (⑥)로써 그 최소동작전류(동작하고 안하는 한계전류)가 정격전류의 100 [%]와 (⑦) 사이에 있고 또 외부에서 수동, 전자적 또는 전동적으로 조작할 수 있는 것을 말한다.

(4) "과전류(過電流)"라 함은 과부하 전류 및 (⑧)를 말한다.

(5) "중성선(中性線)"이라 함은 (⑨)에서 전원의 (⑩)에 접속된 전선을 말한다.

(6) "조상설비(調相設備)"라 함은 (⑪)을 조정하는 전기기계기구를 말한다.

(7) "이격거리(離隔距離)"라 함은 떨어져야 할 물체의 표면간의 (⑫)를 말한다.

답안작성

① 과부하전류   ② 단락전류   ③ 고장전압   ④ 지락전류
⑤ 과전류   ⑥ 과전류차단기 ⑦ 125 [%]   ⑧ 단락전류
⑨ 다선식전로   ⑩ 중성극   ⑪ 무효전력   ⑫ 최단거리

▸ 출제년도 : 98. 02. 05. 08.   ▸ 점수 : 5점

문제 15 어느 수용가의 공장 배전용 변전실에 설치되어 있는 250 [kVA]의 3상 변압기에서 A, B 2회선으로 주어진 표에 명시된 부하에 전력을 공급하고 있으며, A, B 각 회선의 합성 부등률이 1.2이고 개별 부등률이 1.0일 때 최대수용전력시에 과부하가 되는 것으로 추정되고 있다. 이 때 다음 각 물음에 답하시오.

회 선	부하설비 [kW]	수용률 [%]	역률 [%]
A	250	60	75
B	150	80	75

(1) A회선의 최대 부하는 몇 [kW]인가?
 • 계산 :   • 답 :
(2) B회선의 최대 부하는 몇 [kW]인가?
 • 계산 :   • 답 :
(3) 합성 최대수용전력(최대 부하)은 몇 [kW]인가?
 • 계산 :   • 답 :
(4) 전력용콘덴서를 병렬로 설치하여 과부하가 되는 것을 방지하고자 한다. 이론상 필요한 전력용콘덴서의 용량은 몇 [kVA]인가?
 • 계산 :   • 답 :

답안작성

(1) 계산 : $P_A = \dfrac{250 \times 0.6}{1.0} = 150 \, [\text{kW}]$ 답 : 150 [kW]

(2) 계산 : $P_B = \dfrac{150 \times 0.8}{1.0} = 120 \, [\text{kW}]$ 답 : 120 [kW]

(3) 계산 : $P = \dfrac{150 + 120}{1.2} = 225 \, [\text{kW}]$ 답 : 225 [kW]

(4) 계산 : 개선 후의 역률 $\cos\theta_2 = \dfrac{225}{250} = 0.9$가 되어야 하므로

  콘덴서 용량 $Q_c = P(\tan\theta_1 - \tan\theta_2) = 225 \left(\dfrac{\sqrt{1-0.75^2}}{0.75} - \dfrac{\sqrt{1-0.9^2}}{0.9} \right) = 89.46 \, [\text{kVA}]$

  답 : 89.46 [kVA]

해설

(1) 합성 최대 전력 = $\dfrac{\text{설비용량} \times \text{수용률}}{\text{부등률}}$

국가기술자격검정 실기시험문제 및 답안지

2008년도 산업기사 일반검정 제2회		수험번호	성 명	감독위원 확인
자격종목(선택분야)	시험시간	형별		
전기산업기사	2시간 00분			

문제 01

▸ 출제년도 : 03. 08.   ▸ 점수 : 5점

유도 전동기 IM을 유도전동기가 있는 현장과 현장에서 조금 떨어진 제어실 어느 쪽에 서든지 기동 및 정지가 가능하도록 전자접촉기 MC와 누름버튼 스위치 PBS-ON용 및 PBS-OFF용을 사용하여 제어회로를 점선안에 그리시오.

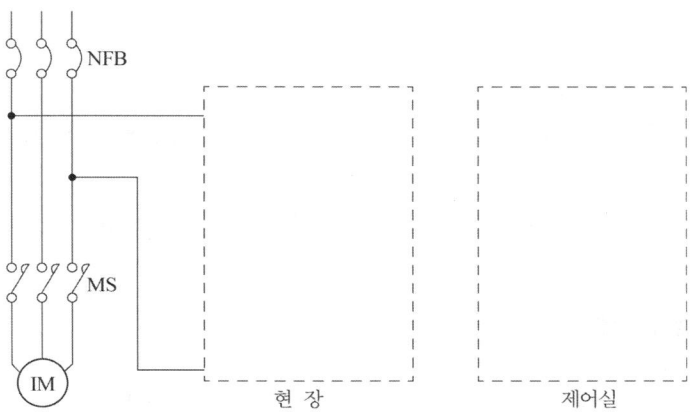

답안작성

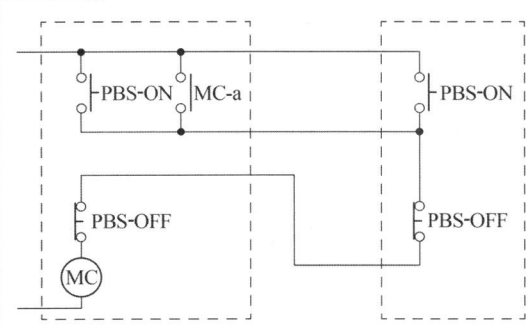

해설

ON 스위치는 병렬접속
OFF 스위치는 직렬접속

- 525 -

▶ 출제년도 : 07. 08.   ▶ 점수 : 8점

문제 02 정격용량 500 [kVA]의 변압기에서 배전선의 전력손실을 40 [kW]로 유지하면서 부하 L_1, L_2에 전력을 공급하고 있다. 지금 그림과 같이 전력용 콘덴서를 기존 부하와 병렬로 연결하여 합성 역률을 90 [%]로 개선하려고 할 때 다음 각 물음에 답하시오.
단, 여기서 부하 L_1은 역률 60 [%], 180 [kW]이고, 부하 L_2의 전력은 120 [kW], 160 [kVar]이다.

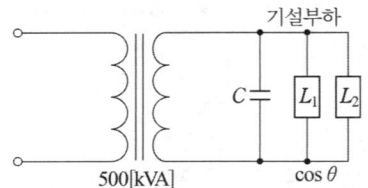

(1) 부하 L_1과 L_2의 합성 용량 [kVA]과 합성 역률을 구하시오.
① 합성 용량
　• 계산 :　　　　　　　　　　　　　• 답 :
② 합성 역률
　• 계산 :　　　　　　　　　　　　　• 답 :
(2) 합성 역률을 90 [%]로 개선하는데 필요한 콘덴서 용량(Q_c)은 몇 [kVA]인가?
　• 계산 :　　　　　　　　　　　　　• 답 :
(3) 역률개선시 배전선의 전력손실은 몇 [kW]인가?
　• 계산 :　　　　　　　　　　　　　• 답 :

답안작성

(1) ① 합성용량

계산 : 유효전력 $P = P_1 + P_2 = 180 + 120 = 300 [kW]$

무효전력 $Q = Q_1 + Q_2 = \dfrac{P_1}{\cos\theta_1} \times \sin\theta_1 + Q_2 = \dfrac{180}{0.6} \times 0.8 + 160 = 400 [kVar]$

합성용량 $P_a = \sqrt{P^2 + Q^2} = \sqrt{300^2 + 400^2} = 500 [kVA]$

답 : 500 [kVA]

② 합성역률

계산 : $\cos\theta = \dfrac{P}{P_a} = \dfrac{300}{500} \times 100 = 60 [\%]$

답 : 60 [%]

(2) 계산 : $Q_c = P(\tan\theta_1 - \tan\theta_2) = 300 \times \left(\dfrac{0.8}{0.6} - \dfrac{\sqrt{1-0.9^2}}{0.9} \right) = 254.7 [kVA]$

답 : 254.7 [kVA]

(3) 계산 : $P_l = \dfrac{RP^2}{V^2 \cos^2\theta}$ 에서 $P_l \propto \dfrac{1}{\cos^2\theta}$ 이므로

$40 : P_l' = \dfrac{1}{0.6^2} : \dfrac{1}{0.9^2}$　　$P_l' = \left(\dfrac{0.6}{0.9} \right)^2 \times 40 = 17.78 [kW]$

답 : 17.78 [kW]

문제 03

▶ 출제년도 : 08.　　▶ 점수 : 8점

그림은 22.9 [kV-y] 1000 [kVA] 이하를 시설하는 경우의 특고압 간이수전설비 결선도이다. [주1]~[주5]의 (①~⑦)에 알맞은 내용을 쓰시오.

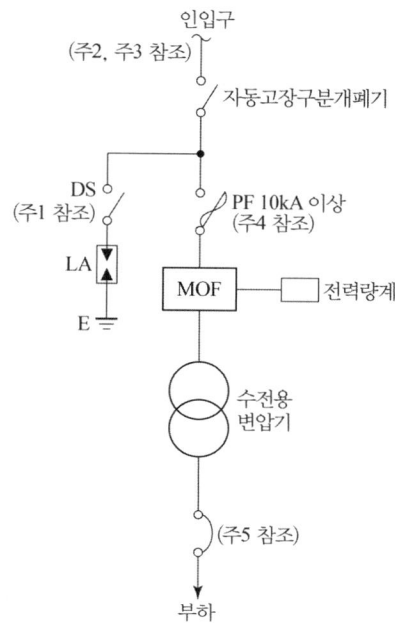

[주1] LA용 DS는 생략할 수 있으며 22.9 [kV-y]용의 LA는 (①)붙임 형을 사용하여야 한다.
[주2] 인입선을 지중선으로 시설하는 경우로 공동주택 등 고장 시 정전피해가 큰 경우는 예비 지중선을 포함하여 (②)으로 시설하는 것이 바람직하다.
[주3] 지중 인입선의 경우에 22.9 [kV-y] 계통은 (③) 또는 (④)을 사용하여야 한다. 다만, 전력구·공동구·덕트·건물구내 등 화재의 우려가 있는 장소에서는 (⑤)을 사용하는 것이 바람직하다.
[주4] 300 [kVA] 이하인 경우는 PF 대신 (⑥)을 사용할 수 있다.
[주5] 특고압 간이수전설비는 PF의 용단 등의 결상사고에 대한 대책이 없으므로 변압기 2차 측에 설치되는 주차단기에는 (⑦)등을 설치하여 결상사고에 대한 보호 능력이 있도록 함이 바람직하다.

답안작성

① Disconnector(또는 Isolator)
② 2회선
③ CNCV-W 케이블(수밀형)
④ TR CNCV-W 케이블(트리억제형)
⑤ FR CNCO-W 케이블(난연)
⑥ COS(비대칭 차단 전류 10 [kA] 이상의 것)
⑦ 결상 계전기

▶ 출제년도 : 08.   ▶ 점수 : 5점

문제 04 공동주택에 전력량계 1φ2W용 35개를 신설, 3φ4W용 7개를 사용이 종료되어 신품으로 교체하였다. 소요되는 공구손료 등을 제외한 직접 노무비를 계산하시오. 단, 인공 계산은 소수 셋째자리까지 구하며, 내선전공의 노임은 95000원 이다.

전력량계 및 부속장치 설치

(단위 : 대)

종 별	내선전공
전력량계 1φ2W용	0.14
〃 1φ3W용 및 3φ3W용	0.21
〃 3φ4W용	0.32
CT(저고압)	0.40
PT(저고압)	0.40
ZCT(영상변류기)	0.40
현수용 MOF(고압·특고압)	3.00
거치용 MOF(고압·특고압)	2.00
계기함	0.30
특수계기함	0.45
변성기함(저압·고압)	0.60

[해설] ① 방폭 200 [%]
② 아파트 등 공동주택 및 기타 이와 유사한 동일 장소 내에서 10대를 초과하는 전력량계 설치시 추가 1대당 해당품의 70 [%]
③ 특수계기함은 3종 계기함, 농사용 계기함, 집합 계기함 및 저압 변류기용 계기함 등임.
④ 고압변성기함, 현수용 MOF 및 거치용 MOF(설치대 조립품 포함)를 주상설치 시 배전전공 적용
⑤ 철거 30 [%], 재사용 철거 50 [%]

답안작성

계산 : 내선전공 $= 10 \times 0.14 + (35-10) \times 0.14 \times 0.7 + 7 \times 0.32(1+0.3) = 6.762$ [인]

직접노무비 $= 6.762 \times 95000 = 642,390$ [원]

답 : 642,390 [원]

해설

① 1φ2W용 전력량계 신설
  • 기본 10대 설치 인공 : $10 \times 0.14 = 1.4$ [인]
  • 기본 10대를 초과하는 25대 설치 인공 : $25 \times 0.14 \times 0.7 = 2.45$ [인]
② 3φ4W용 전력량계 철거 : $7 \times 0.32 \times 0.3 = 0.672$ [인]
    (사용이 종료된 계기이므로 재사용 철거 적용 안함)
③ 3φ4W용 전력량계 신설 : $7 \times 0.32 = 2.24$ [인]

▶ 출제년도 : 08.   ▶ 점수 : 5점

문제 05 디젤 발전기를 5시간 전부하로 운전할 때 연료 소비량이 300 [kg]이었다. 이 발전기의 정격 출력은 몇 [kVA]인가? 단, 중유의 열량은 10000 [kcal/kg], 기관의 효율은 40 [%], 발전기의 효율은 85 [%], 전부하시 발전기의 역률은 60 [%]이다.

• 계산 :   • 답 :

답안작성

계산 : $P = \dfrac{BH\eta_g\eta_t}{860t\cos\theta} = \dfrac{300 \times 10000 \times 0.4 \times 0.85}{860 \times 5 \times 0.6} = 395.35\,[\text{kVA}]$

답 : 395.35 [kVA]

해설

- 1시간당 연료 소비량 $= \dfrac{300}{5} = 60\,[\text{kg}]$
- 발생열량 $= 60\,[\text{kg}] \times 10000\,[\text{kcal/kg}] = 600000\,[\text{kcal}]$
- 효율 감안한 출력 $P = \dfrac{600000 \times 0.4 \times 0.85}{860} = 237.21\,[\text{kW}]$ (1 [kWh] = 860 [kcal])
- 출력 $[\text{kVA}] = \dfrac{P[\text{kW}]}{\cos\theta} = \dfrac{237.21}{0.6} = 395.35\,[\text{kVA}]$

▸ 출제년도 : 08. ▸ 점수 : 5점

문제 06 수변전계통에서 주변압기의 1차/2차 전압은 22.9 [kV]/6.6 [kV]이고, 주변압기 용량은 1500 [kVA]이다. 주변압기의 2차측에 설치되는 진공차단기의 정격전압은?

• 계산 :   • 답 :

답안작성

계산 : $V_n = 6.6 \times \dfrac{1.2}{1.1} = 7.2\,[\text{kV}]$ 답 : 7.2 [kV]

해설

- 정격전압 = 공칭전압 × $\dfrac{1.2}{1.1}$
- 주변압기 2차측 공칭전압 : 6.6 [kV]

▸ 출제년도 : 08. ▸ 점수 : 5점

문제 07 축전지 설비에 대하여 다음 각 물음에 답하시오.

(1) 연(鉛)축전지의 전해액이 변색되며, 충전하지 않고 방치된 상태에서도 다량으로 가스가 발생되고 있다. 어떤 원인의 고장으로 추정되는가?

(2) 거치용 축전설비에서 가장 많이 사용되는 충전방식으로 자기방전을 보충함과 동시에 상용부하에 대한 전력공급은 충전기가 부담하도록 하되 충전기가 부담하기 어려운 일시적인 대전류 부하는 축전지로 하여금 부담하게 하는 충전 방식은?

(3) 연(鉛)축전지와 알칼리 축전지의 공칭전압은 몇 [V/셀]인가?

① 연(鉛)축전지   ② 알칼리 축전지

(4) 축전지 용량을 구하는 식

$$C_B = \dfrac{1}{L}[K_1 I_1 + K_2(I_2 - I_1) + K_3(I_3 - I_2) \cdots + K_n(I_n - I_{n-1})]\,[\text{Ah}]$$

에서 L은 무엇을 나타내는가?

답안작성

(1) 전해액의 불순물 혼입
(2) 부동충전방식
(3) ① 연(鉛)축전지 : 2.0 [V/cell]
    ② 알칼리 축전지 : 1.2 [V/cell]
(4) 보수율

▶ 출제년도 : 87. 91. 97. 00. 08. ▶ 점수 : 11점

문제 08 도면과 같은 시퀀스도의 작동원리가 다음과 같을 때 주어진 물음에 답하시오.

[동작원리]
"자동차 차고의 셔터에 라이트가 비치면 PHS에 의하여 자동으로 열리고, 또한 PB_1을 조작해도 열린다. 셔터를 닫을 때는 PB_2를 조작하면 셔터는 닫힌다. LS_1은 셔터의 상한이고 LS_2는 셔터의 하한이다."

[도면]

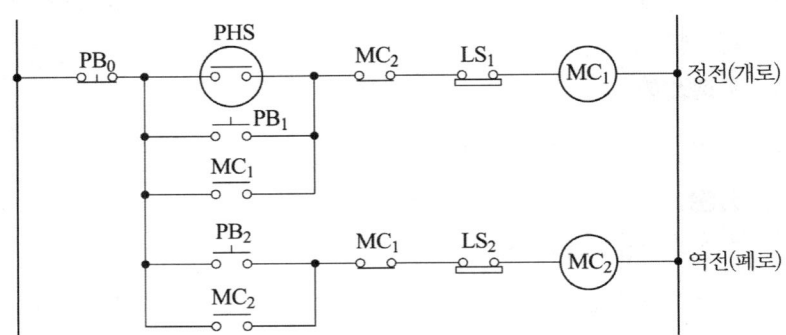

(1) MC_1, MC_2의 a접점은 어떤 역할을 하는 접점인가?
(2) MC_1, MC_2의 b접점은 어떤 역할을 하는가?
(3) 도면에서 ─o─o─ 의 약호는 LS이다. 이것의 우리말 명칭은 무엇인가?
(4) 시퀀스도에서 PHS(또는 PB_1)과 PB_2를 타임 차트와 같은 타이밍으로 "ON" 조작하였을 때의 타임 차트를 완성하시오.

답안작성

(1) 자기 유지
(2) 인터록(동시 투입 방지)
(3) 리미트 스위치
(4)

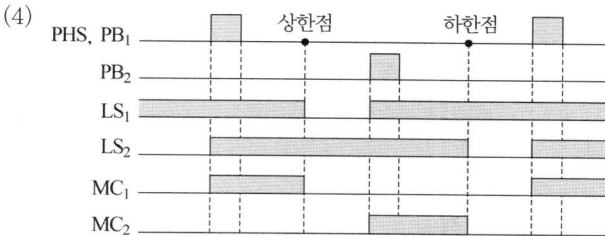

▸ 출제년도 : 89. 08.   ▸ 점수 : 5점

문제 09 단상 100 [kVA], 22900/210 [V], %임피던스 5 [%]인 배전용 변압기의 2차측의 단락전류는 몇 [A]인가?
• 계산 :   • 답 :

답안작성

계산 : $I_s = \dfrac{100}{\%Z} \quad I_n = \dfrac{100}{5} \times \dfrac{100 \times 10^3}{210} = 9523.81 [A]$

답 : 9523.81 [A]

해설

• 단락전류 $I_s = \dfrac{100}{\%z} \times$ 정격전류 I_n
• $I_n = \dfrac{P}{V}$

▸ 출제년도 : 93. 99. 08.   ▸ 점수 : 5점

문제 10 길이 20 [m], 폭 10 [m], 천장높이 5 [m], 조명률 50 [%], 유지율 80 [%]의 방에 있어서 책상면의 평균조도를 120 [lx]로 할 때 소요광속은 몇 [lm]인가?
• 계산 :   • 답 :

답안작성

계산 : $NF = \dfrac{EAD}{U} = \dfrac{120 \times 20 \times 10 \times \dfrac{1}{0.8}}{0.5} = 60{,}000 [\text{lm}]$

답 : 60,000 [lm]

해설

$D = \dfrac{1}{M}$

여기서, D : 감광보상률, M : 유지율

문제 11
▸ 출제년도 : 97. 08.   ▸ 점수 : 5점

최근 차단기의 절연 및 소호용으로 많이 이용되고 있는 SF₆ Gas의 특성 4가지만 쓰시오.

답안작성

① 절연 성능과 안전성이 우수한 불활성 기체(SF_6)이다.
② 소호 능력이 뛰어나다 (공기의 약 100배).
③ 절연 내력은 공기의 2~3배 정도이다.
④ 무독, 무취, 불연 기체로서 유독 가스를 발생하지 않는다.

문제 12
▸ 출제년도 : 90. 97. 08.   ▸ 점수 : 8점

배전용 변전소의 각 종 전기 시설에는 접지를 하고 있다. 그 접지 목적을 3가지로 요약하여 쓰고, 접지개소를 5개소만 쓰시오.
(1) 접지 목적
(2) 접지 개소

답안작성

(1) 접지 목적
　① 감전 방지
　② 기기의 손상 방지
　③ 보호 계전기의 확실한 동작
(2) 접지개소
　① 일반기기 및 제어반 외함 접지
　② 피뢰기 접지
　③ 피뢰침 접지
　④ 옥외 철구 및 경계책 접지
　⑤ 케이블 실드선 접지

해설

(1) ① 감전 방지 : 기기의 절연 열화나 손상 등으로 누전이 발생하면 전류가 접지선으로 흘러 기기의 대지 전위 상승이 억제되고 인체의 감전 위험이 줄어들게 된다.
　② 기기의 손상 방지 : 뇌전류 또는 고 저압 혼촉 등에 의하여 침입하는 고전압을 접지선을 통해 대지로 흘려 보내 기기의 손상을 방지 할 수 있다.
　③ 보호 계전기의 확실한 동작 : 지락 사고시에 일정 크기 이상의 지락 전류가 흐르기 때문에 지락 계전기 등의 동작을 확실하게 할 수 있다.

문제 13
▸ 출제년도 : 08.   ▸ 점수 : 5점

욕실 등 인체가 물에 젖어있는 상태에서 물을 사용하는 장소에 콘센트를 시설하는 경우에 설치해야 하는 인체감전보호용 누전차단기의 정격감도전류와 동작시간은 얼마 이하를 사용하여야 하는가?
•정격감도전류　　　　　　　　　　　　　•동작시간

답안작성

•정격감도전류 : 15 [mA] 이하
•동작시간 : 0.03 [sec]

해설

KEC 234.5 콘센트의 시설
1) 욕조나 샤워시설이 있는 욕실 또는 화장실 등 인체가 물에 젖어있는 상태에서 전기를 사용하는 장소에 콘센트를 시설하는 경우에는 다음에 따라 시설하여야한다.
   가. 인체감전보호용 누전차단기(정격감도전류 15[mA] 이하, 동작시간 0.03[초] 이하의 전류동작형의 것에 한한다) 또는 절연변압기(정격용량 3[kVA] 이하인 것에 한한다)로 보호된 전로에 접속하거나, 인체감전보호용 누전차단기가 부착된 콘센트를 시설하여야 한다.
   나. 콘센트는 접지극이 있는 방적형 콘센트를 사용하여 규정에 준하여 접지하여야 한다.
2) 주택의 옥내전로에는 접지극이 있는 콘센트를 사용하여 규정에 준하여 접지하여야 한다.

▶ 출제년도 : 88. 06. 08.   ▶ 점수 : 5점

문제 14

그림의 회로를 먼저 ON 조작된 측의 램프가 점등하는 병렬 우선 회로(PB_1 ON시 L_1이 점등된 상태에서 L_2가 점등되지 않고 PB_2 ON시 L_2가 점등된 상태에서 L_1이 점등되지 않는 회로)로 변경하여 그리시오.
단, 계전기 R_1, R_2의 보조접점을 사용하되 최소수를 사용하여 그리도록 한다.

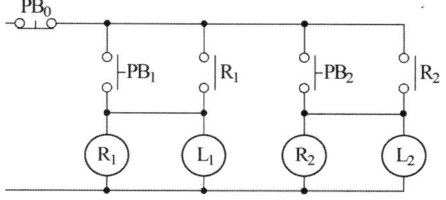

답안작성

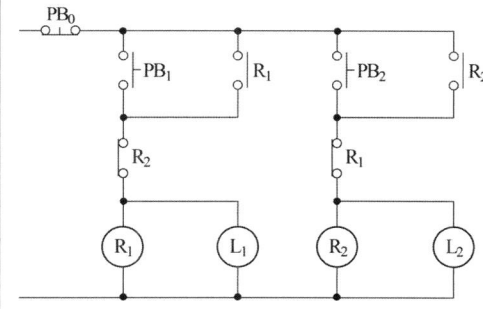

해설

R_1, R_2의 b접점으로 각각 상대쪽의 동작을 금지하는 인터록(interlock) 회로이다.

▶ 출제년도 : 93. 94. 95. 99. 00. 01. 02. 03. 07. 08.   ▶ 점수 : 5점

문제 15

다음은 계전기의 그림기호이다. 각각의 명칭을 우리말로 쓰시오.
(1) OC   (2) OL   (3) UV   (4) GR

답안작성

(1) 과전류 계전기
(2) 과부하 계전기
(3) 부족전압 계전기
(4) 지락 계전기

해설

- OC : Over Current
- UV : Under Voltage
- ☐ : Relay
- OL : Over Load
- GR : Ground Relay

▶ 출제년도 : 08.   ▶ 점수 : 5점

문제 16 전기사업자는 그가 공급하는 전기의 품질(표준전압, 표준주파수)을 허용오차 범위안에서 유지하도록 전기사업법에 규정되어 있다. 다음 표의 빈칸 ① ~ ④에 표준전압·표준주파수에 대한 허용오차를 정확하게 쓰시오.

표준전압·표준주파수	허용오차
110 볼트	①
220 볼트	②
380 볼트	③
60 헤르츠	④

답안작성

① 110볼트의 상하로 6볼트 이내
② 220볼트의 상하로 13볼트 이내
③ 380볼트의 상하로 38볼트 이내
④ 60헤르츠 상하로 0.2헤르츠 이내

해설

전기사업법 시행규칙 별표3
표준전압·표준주파수 및 허용오차(제18조관련)
1. 표준전압 및 허용오차

표준전압	허용오차
110 볼트	110볼트의 상하로 6볼트 이내
220 볼트	220볼트의 상하로 13볼트 이내
380 볼트	380볼트의 상하로 38볼트 이내

2. 표준주파수 및 허용오차

표준 주파수	허용오차
60 헤르츠	60헤르츠 상하로 0.2헤르츠 이내

▶ 출제년도 : 08.   ▶ 점수 : 5점

문제 17 절연전선(絕緣電線)의 종류에 대하여 5가지만 쓰시오.

답안작성

① 450/750 [V] 일반용 유연성 단심 비닐 절연전선(NF 전선)
② 인입용 비닐 절연전선(DV 전선)
③ 비닐 절연 네온 전선(NV 전선)
④ 옥외용 가교 폴리에틸렌 절연전선(OC 전선)
⑤ 옥외용 비닐 절연전선(OW 전선)

국가기술자격검정 실기시험문제 및 답안지

2008년도 산업기사 일반검정 제 3 회

자격종목(선택분야)	시험시간	형별	수험번호	성 명
전기산업기사	2시간 00분			

문제 01 ▸출제년도 : 08.   ▸점수 : 4점

도로의 너비가 30 [m]인 곳에 양쪽으로 30 [m] 간격으로 지그재그 식으로 등주를 배치하여 도로위의 평균조도를 6 [lx]가 되도록 하려면 각 등주에 사용되는 수은등은 몇 [W]의 것을 사용하면 되는 지를 주어진 표를 참조하여 답하시오. 단, 노면의 광속이용률은 32 [%], 유지율은 80 [%]로 한다.

수은등의 광속

용량 [W]	전광속 [lm]
100	3200 ~ 3500
200	7700 ~ 8500
300	10000 ~ 11000
400	13000 ~ 14000
500	18000 ~ 20000

• 계산 :   • 답 :

답안작성

계산 : $F = \dfrac{EBSD}{U} = \dfrac{6 \times \dfrac{30}{2} \times 30 \times \dfrac{1}{0.8}}{0.32} = 10546.88$ [lm]

표에서 광속이 10000~11000 [lm]인 300 [W] 선정

답 : 300 [W]

해설

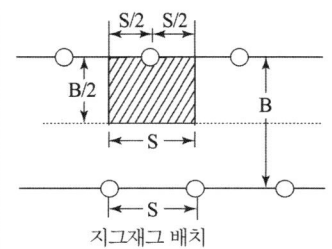

지그재그 배치

문제 02

▶ 출제년도 : 96. 99. 01. 08.   ▶ 점수 : 14점

어느 공장에서 예비전원을 얻기 위한 전기시동방식 수동제어장치의 디젤엔진 3상교류 발전기를 시설하게 되었다. 발전기는 사이리스터식 정지 자여자 방식을 채택하고 전압은 자동과 수동으로 조정 가능하게 하였을 경우, 다음 각 물음에 답하시오.

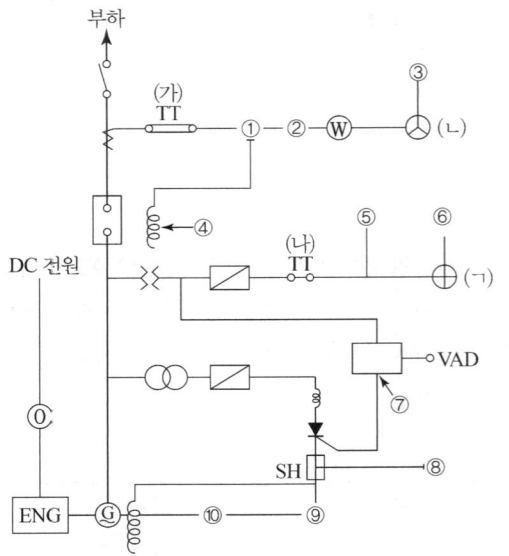

[약호]
ENG : 전기기동식 디젤 엔진
G : 정지여자식 교류 발전기
TG : 타코제너레이터
AVR : 자동전압 조정기
VAD : 다이리스터 조정기
AV : 교류 전압계
AA : 교류 전류계
CT : 변류기
PT : 계기용 변압기
WH : 지시 전력량계
Fuse : 퓨즈
F : 주파수계
TrE : 여자용 변압기
RPM : 회전수계
CB : 차단기
DA : 직류전류계
TC : 트립 코일
OC : 과전류 계전기
DS : 단로기
※ ◎ 엔진기동용 푸시 버튼

(1) 도면에서 ①~⑩에 해당되는 부분의 명칭을 주어진 약호로 답하시오.
(2) 도면에서 (가) TT 와 (나) TT 는 무엇을 의미하는가?
(3) 도면에서 (ㄱ)와 (ㄴ)는 무엇을 의미하는가?

답안작성

(1) ① OC   ② WH   ③ AA   ④ TC   ⑤ F
    ⑥ AV   ⑦ AVR ⑧ DA   ⑨ RPM ⑩ TG
(2) (가) 전류 시험 단자   (나) 전압 시험단자
(3) (ㄱ) 전압계용 전환 개폐기   (ㄴ) 전류계용 전환 개폐기

해설

- TT : Test Terminal
- CTT : Current Test Terminal (전류 시험 단자)
- PTT : Potential Test Terminal (전압 시험 단자)

문제 03

▶ 출제년도 : 93. 94. 95. 99. 00. 01. 02. 03. 07. 08.   ▶ 점수 : 5점

다음 계전기의 심볼을 보고 이의 명칭을 쓰시오.

(1) UV   (2) OC
(3) OV   (4) P

답안작성

(1) 부족전압 계전기   (2) 과전류 계전기
(3) 과전압 계전기   (4) 전력 계전기

문제 04

▸ 출제년도 : 08.   ▸ 점수 : 5점

부하율을 식으로 표시하고 부하율이 적다는 것은 무엇을 의미하는지 2가지만 쓰시오.
(1) 식
(2) 의미

답안작성

(1) 식 : 부하율 $= \dfrac{\text{평균 전력}}{\text{최대 전력}} \times 100 [\%]$

(2) 의미
   ① 공급 설비를 유용하게 사용하지 못한다.
   ② 평균 수요 전력과 최대 수요 전력과의 차가 커지게 되므로 부하 설비의 가동률이 저하된다.

문제 05

▸ 출제년도 : 08.   ▸ 점수 : 5점

그림은 3상 3선식 적산전력계의 결선도(계기용변압기 및 변류기를 시설하는 경우)를 나타낸 것이다. 미완성 부분의 결선도를 완성하시오. 단, 접지가 필요한 곳에는 접지 표시를 하도록 한다.

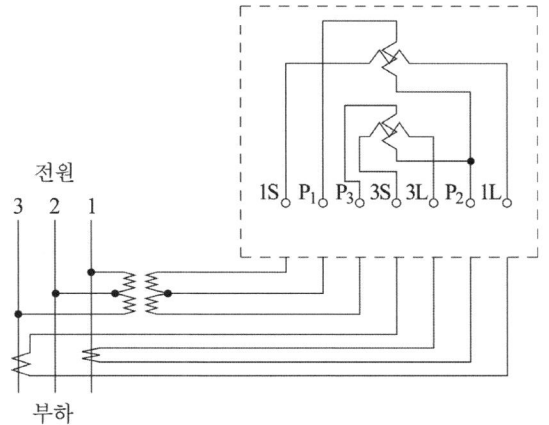

답안작성

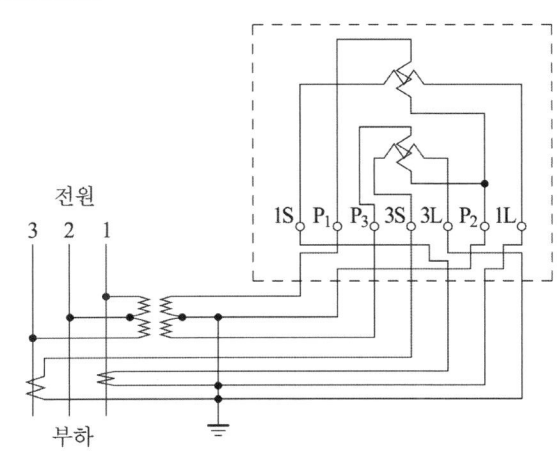

▶ 출제년도 : 08.   ▶ 점수 : 5점

문제 06 다음 그림은 사용이 편리하고 일반적인 접지저항을 측정하고자 할 때 널리 사용하는 전위차계법의 미완성 접속도이다. 다음 각 물음에 답하시오.

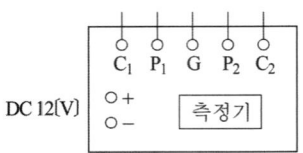
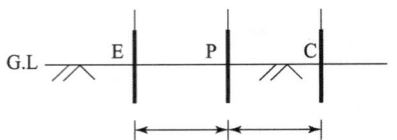

(1) 미완성 접속도를 완성하시오.
(2) 전극간 거리는 몇 [m] 이상으로 하는가?

답안작성

(1)
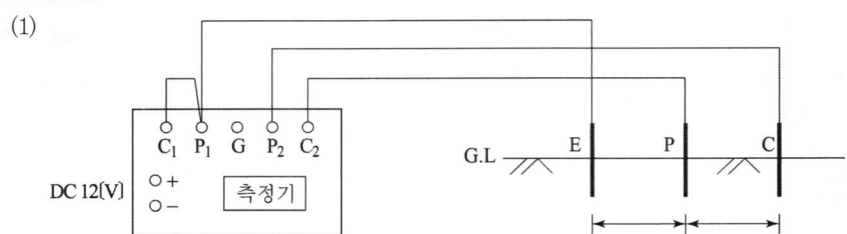

(2) 10 [m]

▶ 출제년도 : 03. 08.   ▶ 점수 : 6점

문제 07 어느 변전소에서 뒤진 역률 80[%]의 부하 6000[kW]가 있다. 여기에 뒤진 역률 60[%], 1200 [kW] 부하가 증가하였을 경우 다음 각 물음에 답하시오.
(1) 부하 증가 후 역률을 90 [%]로 유지할 경우 전력용 콘덴서의 용량은 몇 [kVA]인가?
　•계산 :　　　　　　　　　　　　　•답 :
(2) 부하증가 후 변전소의 피상전력을 동일하게 유지할 경우 전력용 콘덴서의 용량은 몇 [kVA]인가?
　•계산 :　　　　　　　　　　　　　•답 :

답안작성

(1) 계산 : 유효전력 $P = 6000 + 1200 = 7200$ [kW]

무효전력 $Q = \dfrac{6000}{0.8} \times 0.6 + \dfrac{1200}{0.6} \times 0.8 = 6100$ [kVar]

$Q_c = P(\tan\theta_1 - \tan\theta_2) = P\left(\dfrac{Q}{P} - \dfrac{\sqrt{1-\cos^2\theta_2}}{\cos\theta_2}\right)$ 에서

$Q_c = 7200\left(\dfrac{6100}{7200} - \dfrac{\sqrt{1-0.9^2}}{0.9}\right) = 2612.88$ [kVA]

답 : 2612.88 [kVA]

(2) 계산 : 부하 증가 전 피상전력 $=\dfrac{6000}{0.8}=7500\,[\text{kVA}]$

부하 증가 후 무효전력 $=\dfrac{6000}{0.8}\times 0.6+\dfrac{1200}{0.6}\times 0.8=6100\,[\text{kVar}]$

부하 증가 후 유효전력 $=6000+1200=7200\,[\text{kW}]$

$P_a=\sqrt{P^2+Q^2}=\sqrt{7200^2+(6100-Q_c)^2}=7500$

$Q_c=4000\,[\text{kVA}]$

답 : $4000\,[\text{kVA}]$

해설

(1) 무효전력 $Q=\dfrac{P}{\cos\theta}\times\sin\theta$

▸ 출제년도 : 08.   ▸ 점수 : 5점

문제 08 변압기와 고압 모터에 서지흡수기를 설치하고자 한다. 각각의 경우에 대하여 서지흡수기를 그려 넣고 각각의 공칭전압에 따른 서지흡수기의 정격(정격전압 및 공칭방전전류)도 함께 쓰시오.

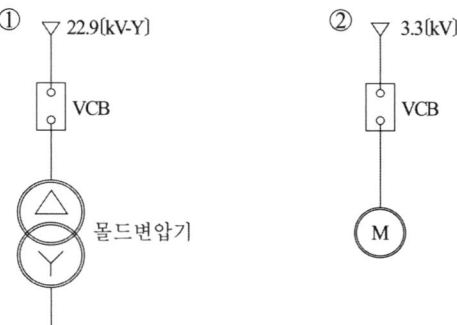

답안작성

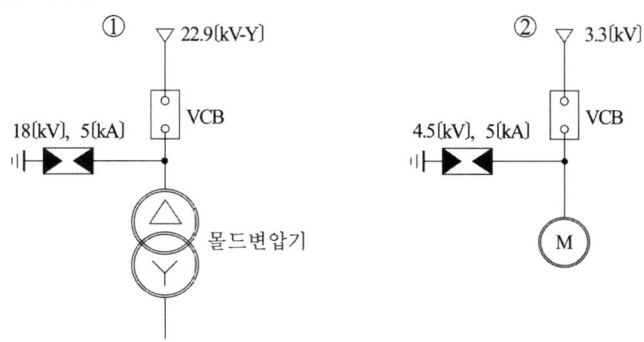

▸ 출제년도 : 08.   ▸ 점수 : 5점

문제 09 변압기의 고장(소손(燒損))원인 중 5가지만 쓰시오.

답안작성

① 권선의 상간단락
② 층간단락
③ 고·저압 혼촉
④ 지락 및 단락사고에 의한 과전류
⑤ 절연물 및 절연유의 열화에 의한 절연내력 저하

▶ 출제년도 : 08.　▶ 점수 : 6점

문제 10 수전실 등의 시설과 관련하여 변압기, 배전반 등 수전설비는 보수 점검에 필요한 공간 및 방화상 유효한 공간을 유지하기 위하여 주요부분이 유지하여야 할 거리를 정하고 있다. 다음 표에 기기별 최소유지거리를 쓰시오.

기기별＼위치별	앞면 또는 조작계측면	뒷면 또는 점검면	열상호간(점검하는면)
저압 배전반	[m]	[m]	[m]

답안작성

기기별＼위치별	앞면 또는 조작계측면	뒷면 또는 점검면	열상호간(점검하는면)
저압 배전반	1.5 [m]	0.6 [m]	1.2 [m]

해설

수전설비의 배전반 등의 최소유지거리

(단위 : [m])

기기별＼위치별	앞면 또는 조작·계측면	뒷면 또는 점검면	열상호간 (점검하는면)	기타의 면
특고압 배전반	1.7	0.8	1.4	–
고압 배전반	1.5	0.6	1.2	–
저압 배전반	1.5	0.6	1.2	–
변압기 등	0.6	0.6	1.2	0.3

[비고 1] 앞면 또는 조작계측 면은 배전반 앞에서 계측기를 판독할 수 있거나 필요조작을 할 수 있는 최소거리임.

▶ 출제년도 : 08.　▶ 점수 : 8점

문제 11 변전설비의 과전류 계전기가 동작하는 단락사고의 원인 4가지만 쓰시오.

답안작성

① 모선에서의 선간 및 3상단락
② 전기기기(변압기 등) 내부에서의 절연불량에 의한 단락
③ 인·축의 접촉에 의한 단락
④ 케이블의 절연파괴에 의한 단락

▸ 출제년도 : 07. 08.　▸ 점수 : 6점

문제 12 어떤 부하에 그림과 같이 접속된 전압계, 전류계 및 전력계의 지시가 각각 $V = 200[V]$, $I = 34[A]$, $W_1 = 6.24[kW]$, $W_2 = 3.77[kW]$이다. 이 부하에 대하여 다음 각 물음에 답하시오.

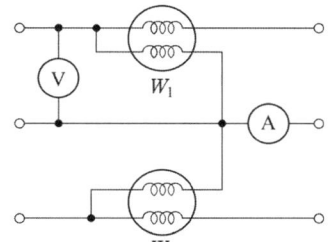

(1) 소비 전력은 몇 [kW]인가?
　•계산 :　　　　　　　　　　　•답 :
(2) 피상 전력은 몇 [kVA]인가?
　•계산 :　　　　　　　　　　　•답 :
(3) 부하 역률은 몇 [%]인가?
　•계산 :　　　　　　　　　　　•답 :

답안작성

(1) 계산 : $P = W_1 + W_2 = 6.24 + 3.77 = 10.01\ [kW]$　　답 : 10.01 [kW]

(2) 계산 : $P_a = \sqrt{3} \times VI = \sqrt{3} \times 200 \times 34 \times 10^{-3} = 11.78\ [kVA]$　　답 : 11.78 [kW]

(3) 계산 : $\cos\theta = \dfrac{P}{P_a} = \dfrac{10.01}{11.78} \times 100 = 84.97\ [\%]$　　답 : 84.97 [%]

▸ 출제년도 : 08.　▸ 점수 : 7점

문제 13 그림은 3상 유도전동기의 Y-△ 기동법을 나타내는 결선도이다. 다음 물음에 답하시오.

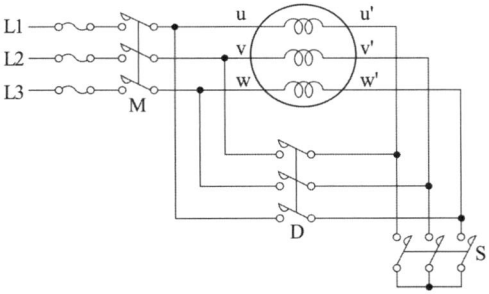

(1) 다음 표의 빈칸에 기동시 및 운전시의 전자개폐기 접점의 ON, OFF 상태 및 접속상태(Y결선, △결선)를 쓰시오.

구 분	전자개폐기 접점상태(ON, OFF)			접속상태
	S	D	M	
기동시				
운전시				

(2) 전전압 기동과 비교하여 Y-△기동법의 기동시 기동전압, 기동전류 및 기동토크는 각각 어떻게 되는가?

① 기동전압(선간전압)
② 기동전류
③ 기동토크

답안작성

(1)

구 분	전자개폐기 접점상태(ON, OFF)			접속상태
	S	D	M	
기동시	ON	OFF	ON	Y 결선
운전시	OFF	ON	ON	△ 결선

(2) ① 기동전압(선간전압) : $\dfrac{1}{\sqrt{3}}$ 배

　　② 기동전류 : $\dfrac{1}{3}$ 배

　　③ 기동토크 : $\dfrac{1}{3}$ 배

해설

- Y기동시 선전류 $I_Y = \dfrac{\frac{V}{\sqrt{3}}}{Z} = \dfrac{V}{\sqrt{3}\,Z}$

- △기동시 선전류 $I_\triangle = \sqrt{3}\,\dfrac{V}{Z}$

- $\dfrac{I_Y}{I_\triangle} = \dfrac{\frac{V}{\sqrt{3}Z}}{\frac{\sqrt{3}V}{Z}} = \dfrac{1}{3}$　　∴ $I_Y = \dfrac{1}{3}I_\triangle$

▶ 출제년도 : 97. 02. 08.　　▶ 점수 : 10점

문제 14 그림과 같이 단상변압기 3대가 있다. 이 변압기에 대하여 다음 각 물음에 답하시오.

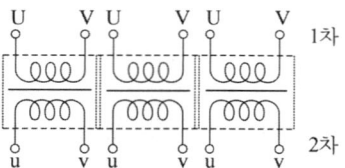

(1) 이 변압기를 주어진 그림에 △-△결선을 하시오.

(2) △-△결선으로 운전하던 중 S상의 변압기에 고장이 생겨 이것을 분리하고 나머지 2대로 3상 전력을 공급하고자 한다. 이때의 결선도를 그리고, 이 결선의 명칭을 쓰시오.

　　① 결선도　　　　　　　　　　　　② 명칭

(3) "(2)"문항에서 변압기 1대의 이용률은 몇 [%]인가?

　　• 계산 :　　　　　　　　　　　　• 답 :

(4) "(2)"문항에서와 같이 결선한 변압기 2대의 3상 출력은 △-△결선시의 변압기 3대의 3상 출력과 비교할 때 몇 [%] 정도 되는가?
  • 계산 :   • 답 :
(5) △-△결선시의 장점을 2가지만 쓰시오.

답안작성

(1)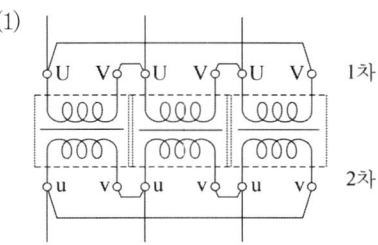

(2) ① 결선도   ② 명칭 : V-V 결선

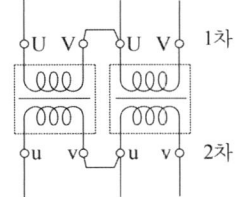

(3) 계산 : 이용률 $= \dfrac{\sqrt{3}\,P_1}{2P_1} \times 100 = 86.6\,[\%]$ 답 : $86.6\,[\%]$

(4) 계산 : 출력비 $= \dfrac{\sqrt{3}\,P_1}{3P_1} \times 100 = 57.7\,[\%]$ 답 : $57.7\,[\%]$

(5) ① 제3 고조파 전류가 △결선 내를 순환하므로 정현파 교류 전압을 유기하여 기전력의 파형이 왜곡되지 않는다.
    ② 1대 고장시 V-V 결선으로 운전할 수 있다.

▶ 출제년도 : 89. 96. 08.   ▶ 점수 : 9점

문제 15 그림과 같은 시퀀스도를 보고 다음 각 물음에 답하시오. 단, R_1, R_2, R_3는 보조 릴레이이다.

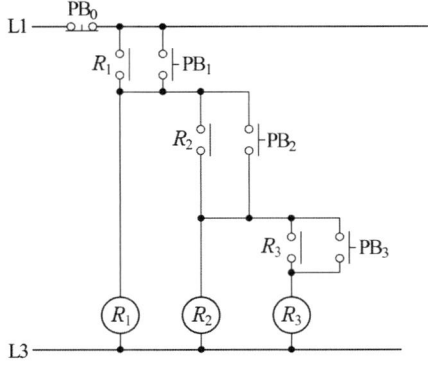

(1) 전원 측의 가장 가까운 누름버튼스위치 PB₁으로부터 PB₂, PB₃, PB₀까지 "ON" 조작할 경우의 동작사항을 간단히 설명하시오. 단, 여기에서 "ON"조작은 누름버튼스위치를 눌러주는 역할을 말한다.
(2) 최초에 PB₂를 "ON" 조작한 경우에는 동작상황이 어떻게 되는가?
(3) 타임차트의 누름버튼스위치 PB₁, PB₂, PB₃, PB₀와 같은 타이밍으로 "ON" 조작하였을 때 타임차트의 R_1, R_2, R_3의 동작상태를 그림으로 완성하시오.

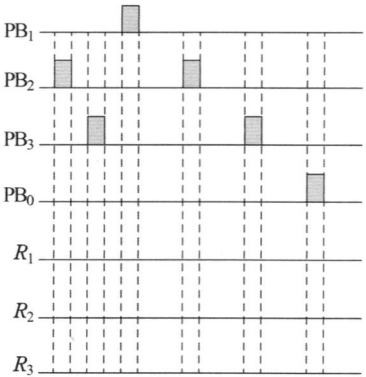

답안작성

(1) PB₁, PB₂, PB₃ 순서대로 누르면 R_1, R_2, R_3가 순서대로 여자된다. 또한 PB₀를 누르면 R_1, R_2, R_3가 동시에 소자된다.
(2) 동작하지 않는다.
(3)

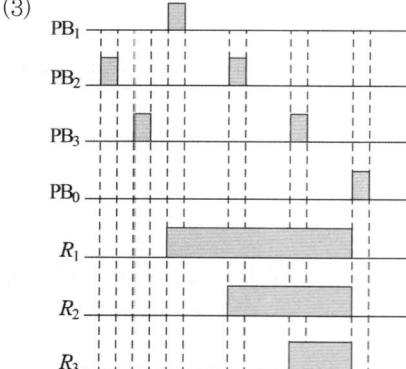

E60-2
전기산업기사 실기

2009년도 기출문제

- 2009년 전기산업기사 1회
- 2009년 전기산업기사 2회
- 2009년 전기산업기사 3회

국가기술자격검정 실기시험문제 및 답안지

2009년도 산업기사 일반검정 제1회

자격종목(선택분야)	시험시간	형별
전기산업기사	2시간 00분	

문제 01 ▶출제년도 : 09. ▶점수 : 5점

3상 4선식 옥내 배선으로 전등, 동력공용방식에 의하여 전원을 공급하고자 한다. 이 경우 상별 부하전류가 평형으로 유지되도록 쉽게 결선하기 위하여 전압 측 전선을 상별로 구분할 수 있도록 색별전선을 사용하거나 색 테이프를 감아 표시하고자 한다. 이 때 각 상 및 중성선의 색별 표시색을 쓰시오.

- L1상 :
- L2상 :
- L3상 :
- N상(중성선) :

답안작성

- L1상 : 갈색
- L2상 : 검은색
- L3상 : 회색
- N상 : 파란색

해설

KEC 121.2 전선의 식별
1. 전선의 색상은 표 에 따른다.

상(문자)	색상
L1	갈색
L2	검은색
L3	회색
N	파란색
보호도체	녹색-노란색

2. 색상 식별이 종단 및 연결 지점에서만 이루어지는 나도체 등은 전선 종단부에 색상이 반영구적으로 유지될 수 있는 도색, 밴드, 색 테이프 등의 방법으로 표시해야 한다.

문제 02 ▶출제년도 : 09. ▶점수 : 5점

버스덕트 배선은 옥내의 노출 장소 또는 점검 가능한 은폐장소의 건조한 장소에 한하여 시설할 수 있다. 버스덕트의 종류 5가지를 쓰시오.

답안작성

① 피더 버스덕트
② 익스팬션 버스덕트
③ 탭붙이 버스덕트
④ 트랜스포지션 버스덕트
⑤ 플러그인 버스덕트

해설

버스 덕트의 종류

명 칭	형 식		정격 전류
• 피더 버스 덕트	옥내용	환 기 형 비환기형	100, 200, 300 400, 600, 1000 1200, 1500, 2000 2500, 3000, 3500 4000, 4500, 5000
	옥외용	환 기 형 비환기형	
• 익스팬션 버스덕트 • 탭붙이 버스덕트 • 트랜스포지션 버스덕트	옥내용	비환기형	
• 플러그인 버스덕트	옥내용	환 기 형 비환기형	

▸ 출제년도 : 09.   ▸ 점수 : 5점

문제 03 그림에서 피뢰기 시설이 의무화되어 있는 장소를 도면에 ⊗로 표시하시오.

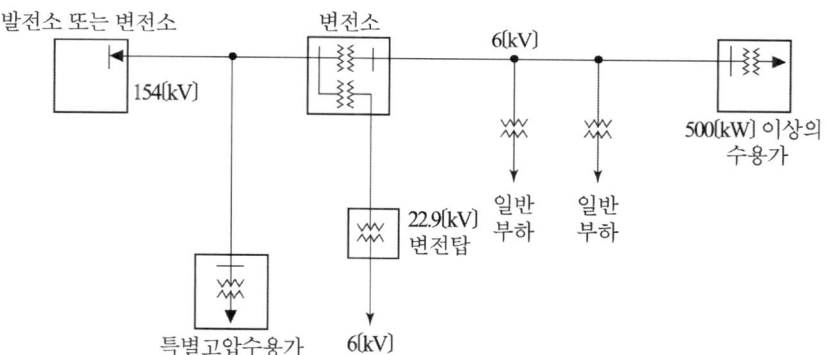

답안작성

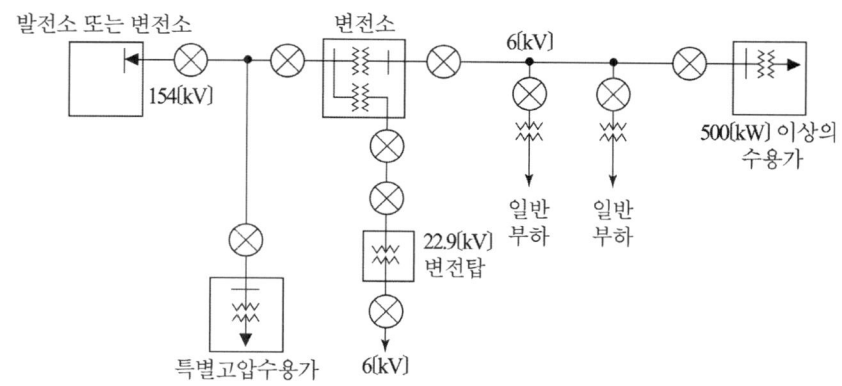

문제 04

▶ 출제년도 : 09. ▶ 점수 : 5점

그림과 같은 회로에서 최대 전력이 전달되기 위한 권수비($N_1:N_2$)는?

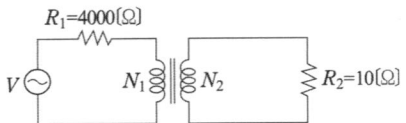

• 계산 :

• 답 :

답안작성

계산 : 2차 측 저항을 1차 측으로 환산하면 $R_{21} = a^2 R_2 = 10a^2$

최대전력 전달조건 $R_1 = R_{21}$ 이므로

$4000 = 10a^2$, $a = 20$

$a = \dfrac{N_1}{N_2}$ 에서 $N_1 : N_2 = 20 : 1$

답 : 20 : 1

문제 05

▶ 출제년도 : 09. ▶ 점수 : 7점

변압기 설비에 대한 다음 각 물음에 답하시오.

(1) 22.9 [kV-Y] 배전용 주상변압기의 1차측이 22900 [V]인 경우에 2차측은 220 [V] 이다. 저압측을 210 [V]로 하자면 1차측은 어느 탭 전압에 접속하는 것이 가장 적당한가? (단, 탭 전압은 20000 [V], 21000 [V], 22000 [V], 23000 [V], 24000 [V] 이다.)
　• 계산 :　　　　　　　　　　　　　　• 답 :

(2) H종 절연 건식 변압기는 백화점, 병원, 극장, 지하상가 등 화재가 발생했을 때 더 큰 사고로의 진전을 방지하기 위하여 주로 많이 사용되고 있다. 이 변압기의 주요 특성으로 장점을 3가지만 쓰시오.

(3) H종 절연 건식 변압기를 설치하면 이 변압기는 유입식 변압기에 비하여 충격파 내전압이 작기 때문에, 계통에 서지가 발생될 경우를 예상하여 어떤 것을 설치할 필요가 있는가?

답안작성

(1) 계산 : $22900 \times \dfrac{220}{210} \fallingdotseq 24000[V]$　　　　답 : 24000[V]

(2) 장점
　① 소형·경량화할 수 있다.
　② 절연에 대한 신뢰성이 높다.
　③ 난연성, 자기소화성으로 화재의 발생이나 연소의 우려가 적으므로 안정성이 높다.

(3) 서지흡수기

해설

(1) $a = \dfrac{N_1}{N_2} = \dfrac{22900}{220} = \dfrac{V_1}{V_2}$ 에서 $V_1 = 220 \times \dfrac{22900}{220} = 22900[V]$

2차측 전압을 210[V]로 하기 위한 새로운 권수비 a' (이때 변압기 1차측 공급전압은 변동이 없음)

$$a' = \frac{V_1}{V_2'} = \frac{22900}{210}$$

따라서, 변압기 1차측 탭전압은

$$N_1' = a' N_2 = \frac{22900}{210} \times 220 = 23990.47 [V]$$

(2) ④ 절연유를 사용하지 않으므로 유지 보수가 용이
(3) 서지흡수기의 적용

차단기의 종류 전압등급 2차 보호기기		VCB				
		3 [kV]	6 [kV]	10 [kV]	20 [kV]	30 [kV]
전 동 기		적 용	적 용	적 용	—	—
변압기	유입식	불필요	불필요	불필요	불필요	불필요
	몰드식	적 용	적 용	적 용	적 용	적 용
	건 식	적 용	적 용	적 용	적 용	적 용
콘 덴 서		불필요	불필요	불필요	불필요	불필요
변압기와 유도기기 와의 혼용 사용시		적 용	적 용	—	—	—

[주] 상기 표에서와 같이 VCB를 사용시 반드시 서지흡수기를 설치하여야 하나 VCB와 유입변압기를 사용시는 설치하지 않아도 된다

▶ 출제년도 : 09.   ▶ 점수 : 5점

문제 06 전압 200 [V]인 20 [kVA]와 30 [kVA]의 단상 변압기를 각 1대씩 갖는 변전설비가 있다. 이 변전설비에서 다음 그림과 같이 200 [V], 30 [kW], 역률 0.8인 3상 평형부하에 전력을 공급함과 동시에 30 [kVA] 변압기에서 전등부하(역률 1.0)에 전력을 공급하고자 한다. 변압기가 과부하되지 않는 범위내에서 60 [W]의 전구를 몇 개까지 점등할 수 있는가? (단, $\cos^{-1} 0.8 = 36.87$, $\cos 66.87° = 0.39$, $\sin 66.87° = 0.92$)

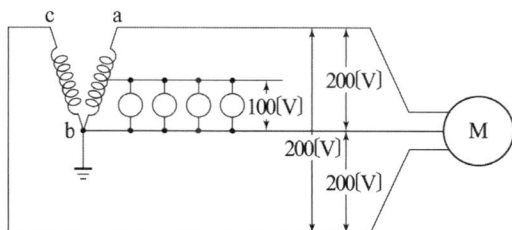

답안작성

• 30 [kVA] 변압기의 정격전류 $I = \frac{P}{V} = \frac{30000}{200} = 150 [A]$

• 3상 부하에 흐르는 전류 $I_3 = \frac{P}{\sqrt{3} V \cos\theta} [A]$ 에서

$$I_3 = \frac{30000}{\sqrt{3} \times 200 \times 0.8} = 108.25 [A]$$

• 선전류 I_3의 위상 ϕ는 선간전압 V보다 $(30° + \theta)$만큼 늦으므로

$$\phi = -(30° + \cos^{-1} 0.8) = -(30° + 36.87°) = -66.87°$$

따라서 $I_3 = 108.25 \angle -66.87°$ [A]

- 변압기에서 추가로 공급할 수 있는 전류를 I_1이라고 하면 I_1은 선간전압과 동상이므로

$$I = \sqrt{(I_3 \cos\phi + I_1)^2 + (I_3 \sin\phi)^2}$$ 에서

$$I_1 = \sqrt{I^2 - (I_3 \sin\phi)^2} - I_3 \cos\phi \text{ [A]}$$
$$= \sqrt{150^2 - (108.25 \times \sin 66.87)^2} - 108.25 \times \cos 66.87$$
$$= \sqrt{150^2 - (108.25 \times 0.92)^2} - 108.25 \times 0.39 = 69.95 \text{ [A]}$$

- 전등 1등당 전류 $I_0 = \dfrac{60}{100} = 0.6$ [A]

- 전구 수 $n = \dfrac{I_1}{I_0} = \dfrac{69.95}{0.6} = 116.58$ [등]

답 : 116 [등]

해설

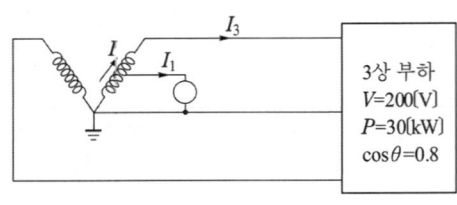 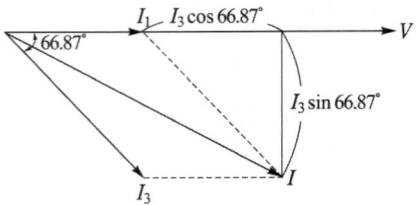

▶ 출제년도 : 92. 05. 07. 09.   ▶ 점수 : 13점

문제 07 3층 사무실용 건물에 3상 3선식 6000 [V]를 수전하고 200 [V]로 체강하여 사용하는 수전설비를 시설하였다. 각종 부하설비가 [표 1], [표 2]와 같을 때 다음 각 물음에 답하시오.

[표 1] 동력부하설비

사 용 목 적		용량[kW]	대수	상용동력[kW]	하계동력[kW]	동계동력[kW]
난방설비	보일러 펌프	6.0	1			6.0
	오일기어펌프	0.4	1			0.4
	온수순환펌프	3.0	1			3.0
공기조화설비	1,2,3층 패키지 콤프레셔	7.5	6		45.0	
	콤프레셔 팬	5.5	3	16.5		
	냉각수 펌프	5.5	1		5.5	
	쿨링 타워	1.5	1		1.5	
급·배수설비	양수펌프	3.0	1	3.0		
기타	소화펌프	5.5	1	5.5		
	샷 터	0.4	2	0.8		
합 계				25.8	52.0	9.4

[표 2] 조명 및 콘센트 부하설비

사 용 목 적		왓트수[W]	설치수량	환산용량[VA]	총용량[VA]	비고
전등설비	수은등 A	200	4	260	1,040	200[V]고역률
	수은등 B	100	8	140	1,120	100[V]고역률
	형광등	40	820	55	45,100	200[V]고역률
	백열전등	60	10	60	600	
콘센트설비	일반 콘센트		80		12,000	2P 15[A]
	환기팬용 콘센트		8	150	440	
	히터용 콘센트	1,500	2	55	3,000	
	복사기용 콘센트		4		3,600	
	텔레타이프용 콘센트		2		2,400	
	룸 쿨러용 콘센트		6		7,200	
기 타	전화교환용 정류기		1		800	
합 계					77,300	

[표 3] 변압기 용량

상 별	제작회사에서 시판되는 표준용량[kVA]
단상 3상	5, 10, 15, 20, 30, 50, 75, 100, 150, 200, 250, 300

(1) 동계난방 때 온수순환펌프는 상시 운전하고, 보일러용과 오일기어펌프의 수용률이 55[%]일 때 난방동력 수용부하는 몇 [kW]인가?
  • 계산 :   • 답 :

(2) 동력부하의 역률이 전부 70 [%]라고 한다면 피상전력은 각각 몇 [kVA]인가?
  ① 상용 동력
    • 계산 :   • 답 :
  ② 하계 동력
    • 계산 :   • 답 :
  ③ 동계 동력
    • 계산 :   • 답 :

(3) 총 전기설비 용량은 몇 [kVA]를 기준으로 하여야 하는가?
  • 계산 :   • 답 :

(4) 전등의 수용률을 60 [%], 콘센트 설비의 수용률을 70 [%]라고 한다면 몇 [kVA]의 단상변압기에 연결하여야 하는가? (단, 전화교환용 정류기는 100 [%] 수용률로서 계산결과에 포함시키며, 변압기 예비율(여유율)은 무시한다.)
  • 계산 :   • 답 :

(5) 동력설비 부하의 수용률이 모두 65 [%]라면 동력부하용 3상변압기의 용량은 몇 [kVA]인가? (단, 동력부하의 역률은 70 [%]로 하며 변압기의 예비율은 무시한다.)
  • 계산 :   • 답 :

(6) 상기 "(4)"항과 "(5)"항에서 선정된 단상과 3상 변압기의 각 1차측 전류계용으로 사용되는 변류기의 1차측 정격전류는 각각 몇 [A]인가?
  ① 단상
    • 계산 :   • 답 :
  ② 3상
    • 계산 :   • 답 :

답안작성

(1) 계산 : 수용부하 $= 3.0 + (6.0 + 0.4) \times 0.55 = 6.52$ [kW]   답 : 6.52 [kW]

(2) ① 계산 : 상용 동력의 피상 전력 $= \dfrac{25.8}{0.7} = 36.86$ [kVA]   답 : 36.86 [kVA]

   ② 계산 : 하계 동력의 피상 전력 $= \dfrac{52.0}{0.7} = 74.29$ [kVA]   답 : 74.29 [kVA]

   ③ 계산 : 동계 동력의 피상 전력 $= \dfrac{9.4}{0.7} = 13.43$ [kVA]   답 : 13.43 [kVA]

(3) 계산 : $36.86 + 74.29 + 77.3 = 188.45$ [kVA]   답 : 188.45 [kVA]

(4) 계산 : 전등 관계 : $(1040 + 1120 + 45100 + 600) \times 0.6 \times 10^{-3} = 28.72$ [kVA]
   콘센트 관계 : $(12000 + 440 + 3000 + 3600 + 2400 + 7200) \times 0.7 \times 10^{-3} = 20.05$ [kVA]
   기타 : $800 \times 1 \times 10^{-3} = 0.8$ [kVA]
   $28.72 + 20.05 + 0.8 = 49.57$ [kVA]이므로 단상 변압기 용량은 50 [kVA]가 된다.
   답 : 50 [kVA]

(5) 계산 : 동계 동력과 하계 동력 중 큰 부하를 기준하고 상용 동력과 합산하여 계산하면
   $\dfrac{(25.8 + 52.0)}{0.7} \times 0.65 = 72.24$ [kVA]이므로
   3상 변압기 용량은 75 [kVA]가 된다.
   답 : 75 [kVA]

(6) ① 단상 변압기 1차측 변류기
   계산 : $I = \dfrac{50 \times 10^3}{6 \times 10^3} \times (1.25 \sim 1.5) = 10.42 \sim 12.5$ [A]
   답 : 10.42~12.5 [A] 사이에 표준품이 없으므로 10 [A] 선정

   ② 3상 변압기 1차측 변류기
   계산 : $I = \dfrac{75 \times 10^3}{\sqrt{3} \times 6 \times 10^3} \times (1.25 \sim 1.5) = 9.02 \sim 10.83$ [A]
   답 : 10 [A] 선정

▸ 출제년도 : 09.   ▸ 점수 : 14점

문제 08 도면은 CB 1차측에 PT를 CB 2차측에 CT를 시설하는 경우에 대한 특고압 수전설비 결선도의 계통을 나타낸 미완성 도면이다. 이 도면을 이용하여 다음 각 물음에 답하시오.

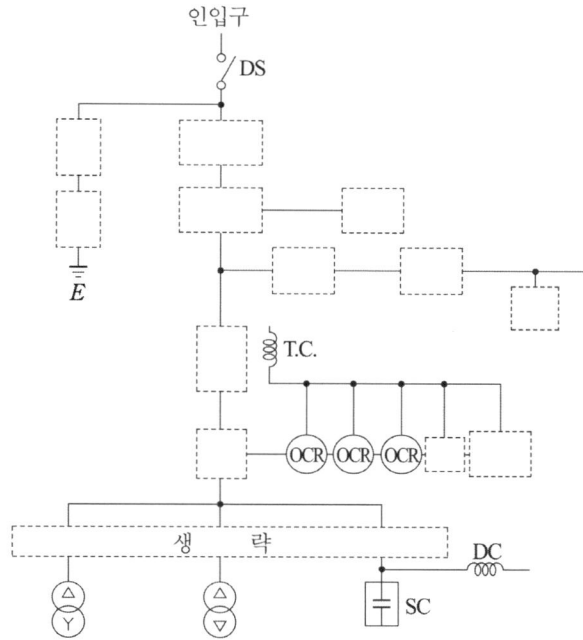

(1) 점선으로 표시된 ☐ 안에 들어갈 기계기구의 그림기호를 그리고, ☐ 옆에 기계기구에 해당되는 약호를 쓰시오.

(2) 도면에서 SC의 우리말 명칭을 쓰고 여기에 부착되어 있는 DC의 역할에 대하여 쓰시오.
　　• SC의 명칭 :
　　• DC의 역할 :

(3) △ − Y 변압기의 결선도와 △ − △ 변압기의 결선도를 그리시오.
　　• △ − Y 변압기 결선도
　　• △ − △ 변압기 결선도

답안작성

(1)

(2) • SC : 전력용 콘덴서
  • DC : 콘덴서에 축적된 잔류 전하 방전

(3) • △-Y 변압기 결선도   • △-△ 변압기 결선도

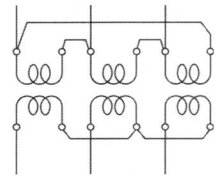   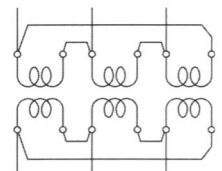

▶ 출제년도 : 09.   ▶ 점수 : 5점

문제 09 주변압기가 3상 △결선(6.6 [kV] 계통)일 때 지락사고시 지락보호에 대하여 답하시오.

(1) 지락보호에 사용하는 변성기 및 계전기의 명칭을 쓰시오.
  ① 변성기
  ② 계전기

(2) 영상전압을 얻기 위하여 단상 PT 3대를 사용하는 경우 접속방법을 간단히 설명하시오.

답안작성

(1) ① 변성기
    • 계기용 변압기 : 접지형 계기용 변압기(GPT)
    • 계기용 변류기 : 영상 변류기(ZCT)
  ② 계전기 : 지락방향 계전기

(2) 3대의 단상PT를 사용하여 1차측을 Y결선하여 중성점을 직접 접지하고, 2차측은 개방 △결선(broken delta connection) 한다.

문제 10

▸ 출제년도 : 09.   ▸ 점수 : 5점

가스 또는 분진폭발위험장소에서 전기기계·기구를 사용하는 경우에는 그 증기·가스 또는 분진에 대하여 적합한 방폭 성능을 가진 방폭구조 전기기계·기구를 선정하여야 한다. 주어진 예를 참조하여 다음 각 방폭 구조에 대하여 설명하시오.

[예] 내압 방폭 구조 : 전폐 구조로 용기 내부에서 폭발이 생겨도 용기가 압력에 견디고 외부의 폭발성 가스에 인화될 우려가 없는 구조

(1) 압력 방폭 구조 :
(2) 유입 방폭 구조 :
(3) 안전증 방폭 구조 :
(4) 본질안전 방폭 구조 :

답안작성

(1) 압력 방폭 구조 : 용기내부에 보호가스(신선한 공기 또는 불연성가스)를 압입하여 내부압력을 유지 하므로써 폭발성 가스 또는 증기가 용기 내부로 유입하지 않도록 된 구조를 말한다.
(2) 유입 방폭 구조 : 전기불꽃, 아크 또는 고온이 발생하는 부분을 기름 속에 넣고, 기름면 위에 존재하는 폭발성가스 또는 증기에 인화되지 않도록 한 구조를 말한다.
(3) 안전증 방폭 구조 : 정상운전 중에 폭발성 가스 또는 증기에 점화원이 될 전기불꽃, 아크 또는 고온 부분 등의 발생을 방지하기 위하여 기계적, 전기적 구조상 또는 온도상승에 대해서 특히 안전도를 증가시킨 구조를 말한다
(4) 본질안전 방폭 구조 : 정상시 및 사고시(단선, 단락, 지락 등)에 발생하는 전기불꽃, 아크 또는 고온에 의하여 폭발성 가스 또는 증기에 점화되지 않는 것이 점화시험, 기타에 의하여 확인된 구조를 말한다.

문제 11

▸ 출제년도 : 09.   ▸ 점수 : 5점

다음과 같은 단상 2선식 회로가 있다. AB 사이의 한 선의 저항을 0.02 [Ω], BC 사이의 한 선의 저항을 0.04 [Ω]이라 할 때 B지점의 전압 V_B 및 C지점의 전압 V_C를 구하시오.

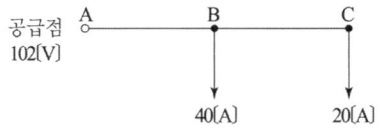

(1) B지점의 전압 V_B
 • 계산 :   • 답 :
(2) C지점의 전압 V_C
 • 계산 :   • 답 :

답안작성

(1) 계산 : $V_B = V_A - 2IR = 102 - 2(40+20) \times 0.02 = 99.6 [V]$ 답 : 99.6 [V]
(2) 계산 : $V_C = V_B - 2IR = 99.6 - 2 \times 20 \times 0.04 = 98 [V]$ 답 : 98 [V]

해설

$V_B = V_A - 2IR$ 에서
• A, B 사이에는 40 [A]와 20 [A]의 합인 전류 I가 흐른다.
• R은 전선 1가닥에 대한 저항값 이다.

▶ 출제년도 : 96. 09. ▶ 점수 : 10점

문제 12 스위치 S_1, S_2, S_3, S_4에 의하여 직접 제어되는 계전기 A_1, A_2, A_3, A_4가 있다. 전등 X, Y, Z 가 동작표와 같이 점등되었다고 할 때 다음 각 물음에 답하시오.

A_1	A_2	A_3	A_4	X	Y	Z
0	0	0	0	0	1	0
0	0	0	1	0	0	0
0	0	1	0	0	0	0
0	0	1	1	0	0	0
0	1	0	0	0	0	0
0	1	0	1	0	0	0
0	1	1	0	1	0	0
0	1	1	1	1	0	0
1	0	0	0	0	0	0
1	0	0	1	0	0	1
1	0	1	0	0	0	0
1	0	1	1	1	1	0
1	1	0	0	0	0	1
1	1	0	1	0	0	1
1	1	1	0	0	0	0
1	1	1	1	1	0	0

• 출력 램프 X에 대한 논리식

$X = \overline{A_1} A_2 A_3 \overline{A_4} + \overline{A_1} A_2 A_3 A_4 + A_1 A_2 A_3 A_4 + A_1 \overline{A_2} A_3 A_4$
$= A_3 (\overline{A_1} A_2 + A_1 A_4)$

• 출력 램프 Y에 대한 논리식

$Y = \overline{A_1}\,\overline{A_2}\,\overline{A_3}\,\overline{A_4} + A_1 \overline{A_2} A_3 A_4 = \overline{A_2}(\overline{A_1}\,\overline{A_3}\,\overline{A_4} + A_1 A_3 A_4)$

• 출력 램프 Z에 대한 논리식

$Z = A_1 \overline{A_2}\,\overline{A_3} A_4 + A_1 A_2 \overline{A_3}\,\overline{A_4} + A_1 A_2 \overline{A_3} A_4 = A_1 \overline{A_3}(A_2 + A_4)$

(1) 답란에 미완성 부분을 최소 접점수로 접점 표시를 하고 접점 기호를 써서 유접점 회로를 완성하시오. (예 : ⊶|A_1 ⊷|$\overline{A_1}$)

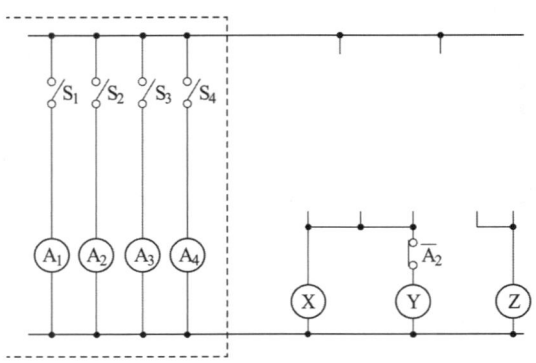

(2) 답란에 미완성 무접점 회로도를 완성하시오.

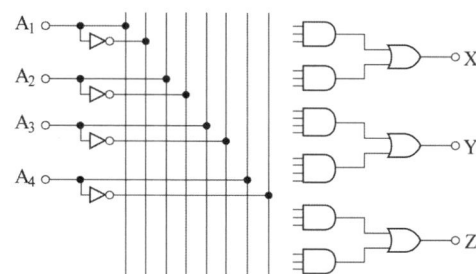

답안작성

(1)

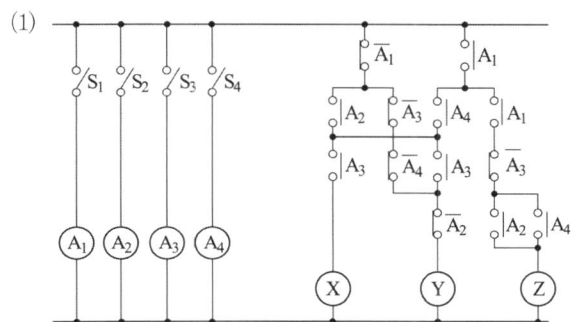

(2)

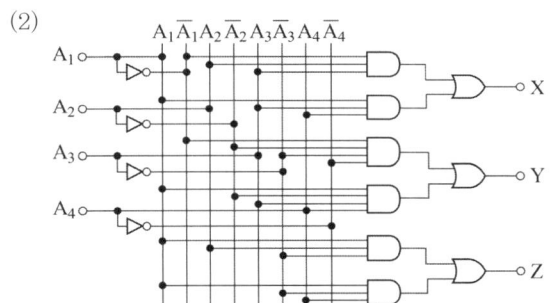

▸ 출제년도 : 09.   ▸ 점수 : 5

문제 13 사람의 접촉 우려가 있는 장소의 변압기 중성점 접지에 관한 사항이다. 철주에 절연전선을 사용하여 접지 공사를 그림과 같이 노출 시공하고자 한다. 다음 각 물음에 답하시오.
(1) 접지극의 지하 매설 깊이는 몇 [m] 이상이어야 하는가?
(2) 전주와 접지극의 이격 거리는 몇 [m] 이상이어야 하는가?
(3) 지표상 접지 몰드의 높이는 몇 [m]까지로 하여야 하는가?

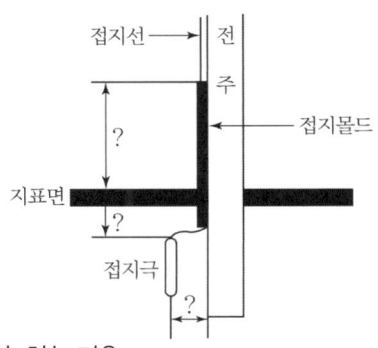

답안작성

(1) 0.75 [m]
(2) 1 [m]
(3) 2 [m]

해설

접지공사

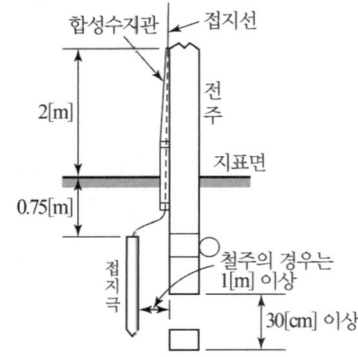

▶ 출제년도 : 09.   ▶ 점수 : 6점

문제 14 3상 3선식 배전선로의 1선당 저항이 3 [Ω], 리액턴스가 2 [Ω]이고 수전단 전압이 6000[V], 수전단에 용량 480 [kW] 역률 0.8(지상)의 3상 평형 부하가 접속되어 있을 경우에 송전단 전압 V_s, 송전단 전력 P_s 및 송전단 역률 $\cos\theta_s$를 구하시오.

(1) 송전단 전압
  • 계산 :   • 답 :
(2) 송전단 전력
  • 계산 :   • 답 :
(3) 송전단 역률
  • 계산 :   • 답 :

답안작성

(1) 계산 : $V_s = V_r + \sqrt{3}\,I(R\cos\theta + X\sin\theta) = V_r + \dfrac{P_r}{V_r}(R + X\tan\theta)$

$= 6000 + \dfrac{480 \times 10^3}{6000}\left(3 + 2 \times \dfrac{0.6}{0.8}\right) = 6360\,[\text{V}]$

답 : 6360 [V]

(2) 계산 : $I = \dfrac{P_r}{\sqrt{3}\,V_r \cos\theta_r} = \dfrac{480000}{\sqrt{3} \times 6000 \times 0.8} = 57.74\,[\text{A}]$

$P_s = P_r + 3I^2 R = 480 + 3 \times 57.74^2 \times 3 \times 10^{-3} = 510\,[\text{kW}]$

답 : 510 [kW]

(3) 계산 : $\cos\theta_s = \dfrac{P_s}{P_a} = \dfrac{P_s}{\sqrt{3}\,V_s I}$ 에서

$$\cos\theta_s = \dfrac{510 \times 10^3}{\sqrt{3} \times 6360 \times 57.74} = 0.8018 = 80.18[\%]$$

답 : 80.18 [%]

해설

(1) $V_s = V_r + \sqrt{3}\,I(R\cos\theta + X\sin\theta)$

$= V_r + \dfrac{\sqrt{3}\,V_r I(R\cos\theta + X\sin\theta)}{V_r} = V_r + \dfrac{RP_r + XQ_r}{V_r}$

$= V_r + \dfrac{P_r}{V_r}\left(R + X\dfrac{Q_r}{P_r}\right) = V_r + \dfrac{P_r}{V_r}(R + X\tan\theta)$

▸ 출제년도 : 00. 05. 09.　▸ 점수 : 5점

문제 15 60 [Hz]로 설계된 3상 유도 전동기를 동일 전압으로 50 [Hz]에 사용할 경우 다음 각 요소는 어떻게 변화하는지 수치를 이용하여 설명하시오.

(1) 무부하 전류
(2) 온도 상승
(3) 속도

답안작성

(1) 6/5으로 증가
(2) 6/5으로 증가
(3) 5/6로 감소

해설

(1) $V = 4.44 K_w w f \phi$ [V]에서 $\phi = \dfrac{V}{4.44 K_w w f}$,　∴ $I_\phi \propto \phi \propto \dfrac{1}{f}$

따라서 주파수가 낮아지면 자화전류가 증가하고 그에 따라 무부하 전류(여자전류)도 증가하게 된다.

(2) 히스테리시스손 $P_h \propto f B_m^2 \propto f \phi^2 \propto f \cdot \left(\dfrac{1}{f}\right)^2 \propto \dfrac{1}{f}$

따라서 주파수가 낮아지면 히스테리시스손이 증가하게 되고 그에 따라 전동기의 온도도 상승하게 된다.

(3) 속도 $N_s = \dfrac{120f}{p}$에서 $N_s \propto f$

따라서 주파수가 낮아지면 전동기의 속도도 감소하게 된다.

국가기술자격검정 실기시험문제 및 답안지

2009년도 산업기사 일반검정 제2회

문제 01
▶ 출제년도 : 03. 09. ▶ 점수 : 5점

그림은 154 [kV] 계통의 절연협조를 위한 각 기기의 절연강도에 대한 비교 그림이다. 변압기, 선로애자, 개폐기 지지애자, 피뢰기 제한전압이 속해있는 부분은 어느 곳인지 그림의 □안에 쓰시오.

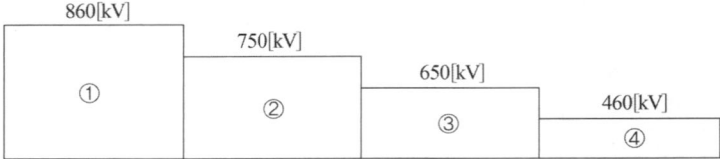

절연강도 비교 (BIL 650)

답안작성
① 선로애자   ② 개폐기 지지애자   ③ 변압기   ④ 피뢰기 제한전압

문제 02
▶ 출제년도 : 90. 09. ▶ 점수 : 5점

2차 정격전압이 105 [V], 1차측은 6750 [V], 6600 [V], 6450 [V], 6300 [V] 및 6150 [V]의 탭이 있는 변압기가 있으며, 6600 [V]의 탭을 사용했을 때 무부하의 2차측 전압이 97 [V]이었다. 여기에서 탭을 6150 [V]로 변경하면 2차 전압은 몇 [V]이겠는가?

• 계산 :   • 답 :

답안작성
계산 : $V_2' = \dfrac{N_1}{N_1'} V_2 = \dfrac{6600}{6150} \times 97 = 104.1 [\text{V}]$

답 : 104.1[V]

해설

권수비 $a = \dfrac{N_1}{N_2} = \dfrac{V_1}{V_2}$ 에서 $V_1 = aV_2$

변압기 1차측 공급전압은 변함이 없으므로 탭 변경시 새로운 권수비 a'는

$a' = \dfrac{N_1'}{N_2} = \dfrac{V_1}{V_2'}$ 에서 $V_2' = \dfrac{V_1}{a'} = \dfrac{a}{a'} V_2 = \dfrac{N_1/N_2}{N_1'/N_2} = \dfrac{N_1}{N_1'} V_2$

▶ 출제년도 : 91. 92. 09.　　▶ 점수 : 6점

문제 03　12×18 [m]인 사무실의 조도를 200 [lx]로 할 경우에 광속 4600 [lm]의 형광등 40 [W] 2등용을 시설할 경우 사무실의 최소 분기 회로수는 얼마가 되는가? (단, 40 [W] 2등용 형광등 기구 1개의 전류는 0.87 [A]이고, 조명률 50 [%], 감광보상률 1.3, 전기방식은 단상 2선식으로서 1회로의 전류는 최대 16 [A]로 제한한다.)

• 계산 :　　　　　　　　　　　　　　• 답 :

답안작성

① 전등수

　계산 : $N = \dfrac{EAD}{FU} = \dfrac{200 \times 12 \times 18 \times 1.3}{4600 \times 0.5} = 24.42$ [등]

　답 : 25 [등] 선정

② 분기 회로수

　계산 : $n = \dfrac{25 \times 0.87}{16} = 1.36$ [회로]

　답 : 16 [A] 분기 2회로 선정

해설

2×40[W]는 40[W] 형광등 Lamp 2개를 한 개의 등기구에 설치한 것으로 소요 등기구수를 계산하여야 한다.

▶ 출제년도 : 97. 06. 09.　　▶ 점수 : 8점

문제 04　그림은 특고압 수변전설비 중 지락보호회로의 복선도의 일부분이다. ① ~ ⑤ 까지에 해당되는 부분의 각 명칭을 쓰시오.

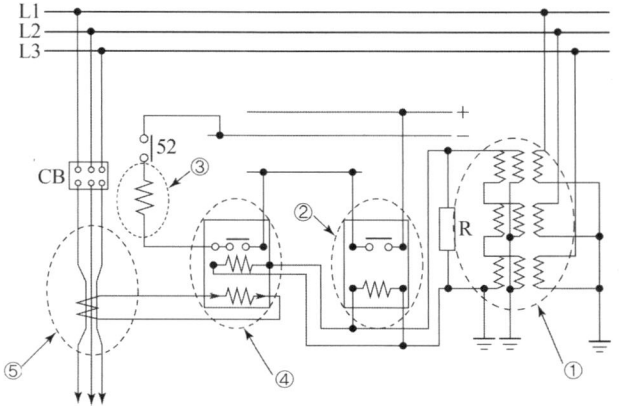

답안작성

① 접지형 계기용 변압기 (GPT)
② 지락 과전압 계전기 (OVGR)
③ 트립 코일 (TC)
④ 선택 접지 계전기 (SGR)
⑤ 영상 변류기 (ZCT)

▶ 출제년도 : 09.   ▶ 점수 : 5점

문제 05 5[HP]의 전동기를 사용하여 지상 5[m], 용량 400[m³]의 저수조에 물을 채우려한다. 펌프의 효율 70[%], $K=1.2$라면 몇 분 후에 물이 가득 차겠는가?

• 계산 :   • 답 :

답안작성

계산 : $P = \dfrac{KHQ}{6.12\eta} = \dfrac{KH\dfrac{V}{t}}{6.12\eta}$ 에서

$t = \dfrac{KHV}{P \times 6.12\eta} = \dfrac{1.2 \times 5 \times 400}{5 \times 0.746 \times 6.12 \times 0.7} = 150.19[\text{분}]$

답 : 150.19 [분]

해설

$P = \dfrac{KHQ}{6.12\eta} = \dfrac{KH\dfrac{V}{t}}{6.12\eta}$

P : 전동기 용량[kW], H : 전 양정[m], Q : 양수량[m³/min]
η : 효율, V : 저수조 용량[m³], t : 시간[min],   1[HP] = 746[W]

▶ 출제년도 : 09.   ▶ 점수 : 6점

문제 06 3로스위치 4개를 사용한 3개소 점멸의 단선도를 참조하여 복선도를 완성하시오.

답안작성

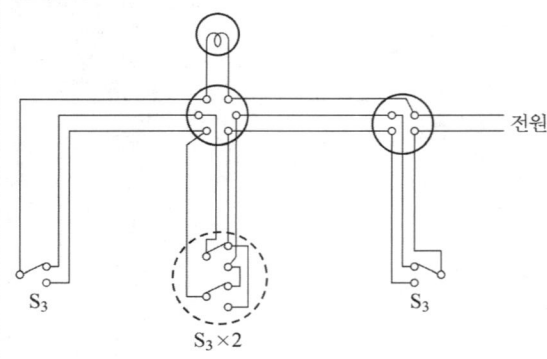

▶ 출제년도 : 09.   ▶ 점수 : 11점

문제 07 CB 1차 측에 CT와 PT를 시설하는 경우의 특고압 수전설비 결선도이다. 다음 물음에 답하시오.

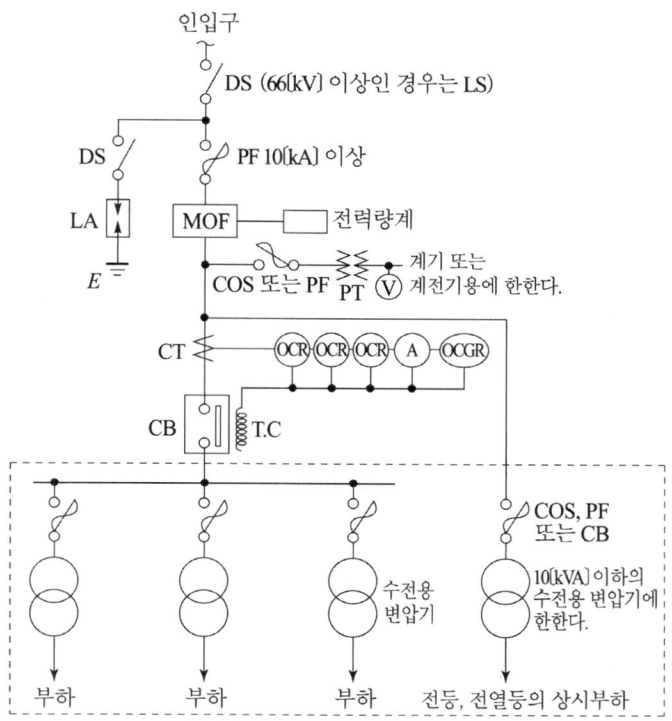

(1) 일반적으로 수전설비에서 LA의 공칭방전전류가 2500 [A]이면 정격전압(①)[kV]가 사용되는데, 공칭방전전류가 5000 [A]이면 정격전압(②)[kV]가 사용된다.
(2) LA용 DS는 생략할 수 있으며, 22.9 [kV-Y]용의 LA에는 (③)또는 (④)붙임형을 사용하여야 한다.
(3) 지중인입선의 경우 22.9 [kV-Y] 계통은 (⑤)케이블 또는 (⑥)를 사용하여야 한다.
(4) 여기에 사용할 수 있는 CB종류 3가지를 약호와 명칭을 정확히 쓰시오.
(5) MOF(PCT)의 역할에 대하여 쓰시오.

답안작성

(1) ① 18[kV]   ② 72[kV]
(2) ③ Disconnector   ④ Isolator
(3) ⑤ CNCV-W   ⑥ TR CNCV-W
(4) VCB(진공차단기), OCB(유입차단기), GCB(가스차단기)
(5) PT와 CT를 한 함내에 설치하고 고전압, 대전류를 저전압(110 [V]), 소전류(5 [A])로 변압·변류하여 전력량계에 공급한다.

해설

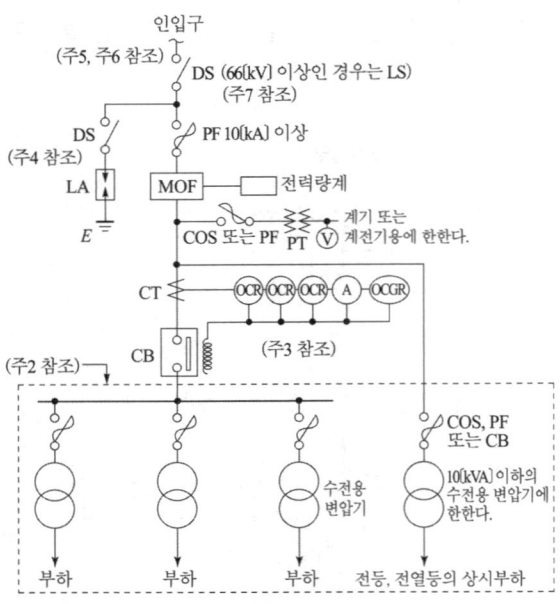

특고압 수전설비 결선도

[주1] 22.9 [kV-Y], 1000 [kVA] 이하인 경우는 간이 수전설비를 할 수 있다.
[주2] 결선도 중 점선내의 부분은 참고용 예시이다.
[주3] 차단기의 트립 전원은 직류(DC) 또는 콘덴서 방식(CTD)이 바람직하며 66 [kV] 이상의 수전 설비에는 직류(DC)이어야 한다.
[주4] LA용 DS는 생략할 수 있으며 22.9 [kV-Y]용의 LA는 Disconnector(또는 Isolator) 붙임형을 사용하여야 한다.
[주5] 인입선을 지중선으로 시설하는 경우에 공동주택 등 고장시 정전피해가 큰 경우는 예비 지중선을 포함하여 2회선으로 시설하는 것이 바람직하다.
[주6] 지중인입선의 경우에 22.9 [kV-Y] 계통은 CNCV-W 케이블(수밀형) 또는 TR CNCV-W 케이블(트리억제형)을 사용하여야 한다. 다만, 전력구·공동구·덕트·건물구내 등 화재의 우려가 있는 장소에서는 FR CNCO-W 케이블(난연)을 사용하는 것이 바람직하다.
[주7] DS 대신 자동고장구분 개폐기(7000 [kVA] 초과시에는 Sectionalizer)를 사용할 수 있으며 66 [kV] 이상의 경우는 LS를 사용하여야 한다.

▶ 출제년도 : 01. 09.　▶ 점수 : 6점

문제 08 전력계통에 일반적으로 사용되는 리액터에는 병렬리액터, 한류리액터, 직렬리액터 및 소호리액터 등이 있다. 이들 리액터의 설치목적을 쓰시오.
(1) 병렬 리액터　　　　　　　　　(2) 직렬 리액터
(3) 소호 리액터　　　　　　　　　(4) 한류 리액터

답안작성

(1) 페란티 현상의 방지　　　(2) 제5고조파의 제거
(3) 지락 전류의 제한　　　　(4) 단락 전류의 제한

해설

(3) 지락시 아크를 소호하며 병렬 공진을 이용하여 지락 전류를 소멸한다.

문제 09
▸출제년도 : 96. 98. 00. 04. 09.   ▸점수 : 5점

다음 전선(케이블)의 표시 약호에 대한 우리말 명칭을 쓰시오.

(1) VV :   (2) DV :
(3) CV1 :   (4) OW :
(5) NV :

답안작성

(1) 0.6/1 [kV] 비닐 절연 비닐 시스 케이블
(2) 인입용 비닐 절연 전선
(3) 0.6/1 [kV] 가교 폴리에틸렌 절연 비닐 시스 케이블
(4) 옥외용 비닐 절연 전선
(5) 비닐 절연 네온 전선

문제 10
▸출제년도 : 09.   ▸점수 : 5점

3상 3선식 6600 [V]인 변전소에서 저항 6 [Ω] 리액턴스 8 [Ω]의 송전선을 통하여 역률 0.8의 부하에 전력을 공급할 때 수전단 전압을 6000 [V] 이상으로 유지하기 위해서 걸 수 있는 부하는 최대 몇 [kW]까지 가능 하겠는가?

• 계산 :   • 답 :

답안작성

계산 : 전압강하 $e = \dfrac{P}{V}(R + X\tan\theta)$ 에서

$$P = \dfrac{e \times V}{R + X\tan\theta} \times 10^{-3} = \dfrac{(6600 - 6000) \times 6000}{6 + 8 \times \dfrac{0.6}{0.8}} \times 10^{-3} = 300 [\text{kW}]$$

답 : 300 [kW]

문제 11
▸출제년도 : 09.   ▸점수 : 6점

연가의 주목적은 선로정수의 평형이다. 연가의 효과를 2가지만 쓰시오.

답안작성

① 통신선에 대한 유도장해 경감
② 소호리액터 접지시 직렬공진에 의한 이상전압 상승 방지

해설

연가는 선로정수를 평형시키는 것으로서 그에 따른 효과는
• 통신선에 대한 유도장해 경감
• 소호리액터 접지시 직렬공진에 의한 이상전압 상승 방지
• 각 상의 전압강하를 동일하게 한다.

문제 12
▸출제년도 : 89. 09.   ▸점수 : 5점

차단기 트립회로 전원방식의 일종으로서 AC 전원을 정류해서 콘덴서에 충전시켜 두었다가 AC 전원 정전시 차단기의 트립전원으로 사용하는 방식을 무엇이라 하는가?

답안작성

CTD 방식(콘덴서 트립 방식)

▸ 출제년도 : 04. 09.   ▸ 점수 : 5점

문제 13 다음 (①), (②), (③), (④), (⑤) 안에 알맞은 내용을 쓰시오.
(1) 6600 [V] 전로에 사용하는 다심케이블은 최대사용전압의 (①)배의 시험전압을 심선 상호 및 심선과 (②) 사이에 연속해서 (③) 분간 가하여 절연내력을 시험했을 때 이에 견디어야 한다.
(2) 비방향성의 고압지락 계전장치는 전류에 의하여 동작한다. 따라서 수용가 구내에 선로의 길이가 긴 고압케이블을 사용하고 대지와의 사이의 (④)이 크면 (⑤)측 지락사고에 의해 불필요한 동작을 하는 경우가 있다.

답안작성

① 1.5배   ② 대지   ③ 10   ④ 정전용량   ⑤ 저압

▸ 출제년도 : 97. 00. 02. 03. 09.   ▸ 점수 : 6점

문제 14 어떤 공장의 전기설비로 역률 0.8, 용량 200 [kVA]인 3상 평형유도부하가 사용되고 있다. 이 부하에 병렬로 전력용콘덴서를 설치하여 합성역률을 0.95로 개선하고자 할 경우 다음 각 물음에 답하시오.
(1) 전력용 콘덴서의 용량은 몇 [kVA]가 필요한가?
　　•계산 :　　　　　　　　　　　•답 :
(2) 전력용 콘덴서에 직렬리액터를 설치할 때 용량은 몇 [kVA]를 설치하여야 하는가?
　　•계산 :　　　　　　　　　　　•답 :

답안작성

(1) 계산 : $Q_c = P(\tan\theta_1 - \tan\theta_2) = 200 \times 0.8 \left(\dfrac{\sqrt{1-0.8^2}}{0.8} - \dfrac{\sqrt{1-0.95^2}}{0.95} \right) = 67.41 [\text{kVA}]$

답 : 67.41 [kVA]

(2) 계산 : 콘덴서 용량의 4 [%]이므로 $67.41 \times 0.04 = 2.7$ [kVA]

답 : 2.7 [kVA]

해설

실제로는 주파수 변동 등을 고려하여 콘덴서 용량의 6 [%]에 해당하는 직렬 리액터를 설치한다. $67.41 \times 0.06 = 4.04 [\text{kVA}]$

▸ 출제년도 : 94. 01. 05. 09.   ▸ 점수 : 6점

문제 15 그림과 같은 무접점 논리회로의 래더다이어그램(ladder diagram)의 미완성 부분(점선 부분)을 완성하시오. (단, 입·출력 번지의 할당은 다음과 같으며, GL은 녹색램프, RL은 적색램프이다.)
입력 : Pb_1(01), Pb_2(02), 출력 : GL(30), RL(31), 릴레이 : X(40)

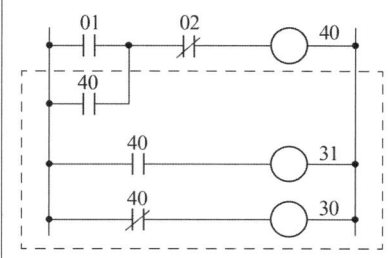

답안작성

(래더 다이어그램)

해설

Pb₁(01)과 X(40)가 OR(병렬)이고 여기에 Pb₂(02)가 직렬로 X(40) 회로가 된다.
RL(31)은 X(40)으로, GL(30)은 X(40)의 b접점으로 각각 출력이 생긴다.

▶ 출제년도 : 09. ▶ 점수 : 5점

문제 16

과도적인 과전압을 제한하고 서지(Surge)전류를 분류하는 목적으로 사용되는 서지보호장치(SPD : Surge Protective Device)를 기능에 따라 3가지로 분류하여 쓰시오.

답안작성

① 전압스위칭형 SPD
② 전압제한형 SPD
③ 복합형 SPD

▶ 출제년도 : 기사 98. 00. 03. 04. 09. ▶ 점수 : 5점

문제 17

표와 같이 어느 수용가 A, B, C에 공급하는 배전선로의 최대전력은 600 [kW]이다. 이때 수용가의 부등률은 얼마인가?

수용가	설비용량 [kW]	수용률 [%]
A	400	70
B	400	60
C	500	60

답안작성

계산 : 부등률 $= \dfrac{(400 \times 0.7)+(400 \times 0.6)+(500 \times 0.6)}{600} = 1.37$

답 : 1.37

해설

부등률 $= \dfrac{\text{개개 최대 수용 전력의 합계}}{\text{합성 최대 수용 전력}} = \dfrac{\text{설비 용량} \times \text{수용률}}{\text{합성 최대 수용 전력}}$

국가기술자격검정 실기시험문제 및 답안지

2009년도 산업기사 일반검정 제3회

자격종목(선택분야)	시험시간	형별
전기산업기사	2시간 00분	

문제 01 ▸출제년도 : 09. ▸점수 : 5점

풍력발전 시스템의 특징을 4가지만 쓰시오.

답안작성

① 무공해 청정에너지이다.
② 운전 및 유지비용이 절감된다.
③ 풍력발전소 부지를 효율적으로 이용할 수 있다.
④ 화석연료를 대신하여 에너지원의 고갈에 대비할 수 있다.

문제 02 ▸출제년도 : 09. ▸점수 : 6점

주어진 조건과 동작 설명을 이용하여 다음 각 물음에 답하시오.

[조건]
- 누름버튼스위치는 3개(BS_1, BS_2, BS_3)를 사용한다.
- 보조 릴레이는 3개(X_1, X_2, X_3)를 사용한다.
  ※ 보조릴레이 접점의 개수는 최소로 사용할 것

[동작설명]
BS_1에 의하여 X_1이 여자되어 동작하던 중 BS_3을 누르면 X_3가 여자되어 동작하고 X_1은 복귀, 또 BS_2를 누르면 X_2가 여자되어 동작하고 X_3는 복귀한다. 즉, 항상 새로운 신호만 동작한다.

(1) 선택 동작회로(신입신호 우선회로)의 시퀀스회로를 그리시오.

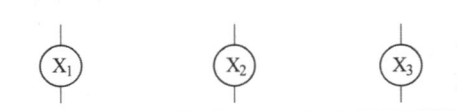

(2) 위 문항 (1)의 타임 차트를 그리시오.

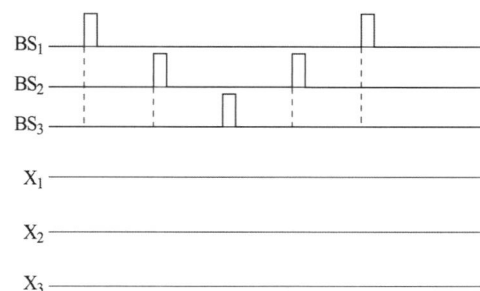

답안작성

(1)

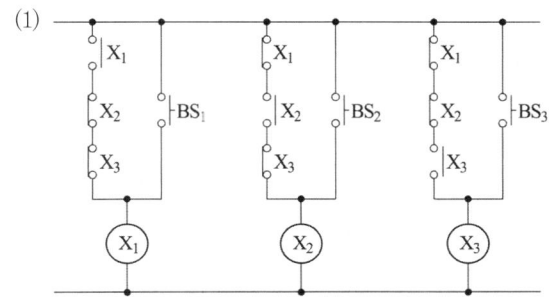

(2)

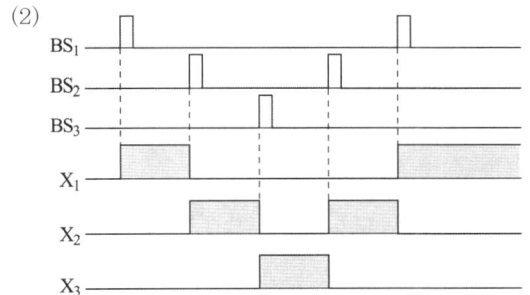

해설
유지 회로를 끊어 복구시킨다. 이런 회로를 신입 신호 우선 회로라고도 한다.

▸ 출제년도 : 09.   ▸ 점수 : 6점

문제 03

패란티 현상에 대해서 다음 각 물음에 답하시오.
(1) 패란티 현상이란 무엇인지 쓰시오.
(2) 발생원인은 무엇인지 쓰시오.
(3) 발생 억제 대책에 대하여 쓰시오.

답안작성
(1) 수전단 전압이 송전단 전압보다 높아지는 현상
(2) 장거리 송전선로에서 무부하시 흐르는 충전전류에 의해 발생
(3) 분로리액터를 설치한다.

▸ 출제년도 : 02. 09   ▸ 점수 : 14점

문제 04 옥외의 간이 수변전설비에 대한 단선 결선도이다. 이 도면을 보고 다음 각 물음에 답하시오.

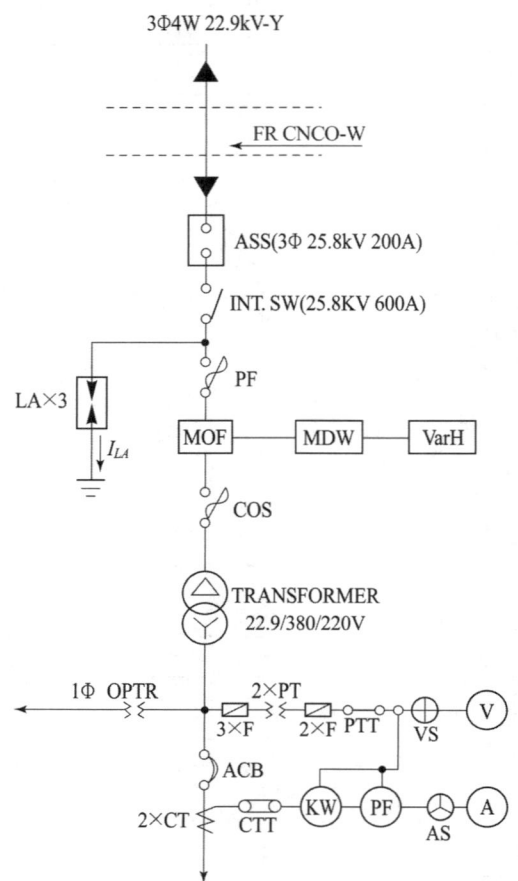

(1) 도면상의 ASS는 무엇인지 그 명칭을 쓰시오.
(2) 도면상의 MDW의 명칭은 무엇인지 쓰시오.
(3) 도면상의 전선 약호 FR-CNCO-W의 품명을 쓰시오.
(4) 22.9 [kV-Y] 간이 수변전설비는 수전용량 몇 [kVA] 이하에 적용하는지 쓰시오.
(5) LA의 공칭 방전 전류는 몇 [A]를 적용하는지 쓰시오.
(6) 도면에서 PTT는 무엇인지 쓰시오.
(7) 도면에서 CTT는 무엇인지 쓰시오.
(8) 2차측 주개폐기로 380 [V]/220 [V]를 사용하는 경우 중성선측 개폐기에 접속되는 중성선은 어떤 색깔로 하여야 하는가?
(9) 도면상의 기호 ⊕은 무엇인지 쓰시오.
(10) 도면상의 기호 ⊘은 무엇인지 쓰시오.

답안작성

(1) 자동 고장 구분 개폐기(Automatic Section Switch)
(2) 최대 수요 전력량계(Maximum Demand Wattmeter)
(3) 동심중성선 수밀형 저독성 난연 전력케이블
(4) 1000 [kVA]
(5) 2500 [A]
(6) 전압 시험 단자
(7) 전류 시험 단자
(8) 청색
(9) 전압계용 전환 개폐기
(10) 전류계용 전환 개폐기

해설

(8) KEC 121.2 전선의 식별
① 전선의 색상은 표 에 따른다.

상(문자)	색상
L1	갈색
L2	검은색
L3	회색
N	파란색
보호도체	녹색-노란색

② 색상 식별이 종단 및 연결 지점에서만 이루어지는 나도체 등은 전선 종단부에 색상이 반영구적으로 유지될 수 있는 도색, 밴드, 색 테이프 등의 방법으로 표시해야 한다.

▶ 출제년도 : 89. 97. 98. 00. 03. 05. 06. 09.   ▶ 점수 : 6점

문제 05

다음은 CT 2대를 V결선하고, OCR 3대를 그림과 같이 연결하였다. 그림을 보고 다음 각 물음에 답하시오.

(1) 그림에서 CT의 변류비가 30/5 이고 변류기 2차측 전류를 측정하니 3 [A]의 전류가 흘렀다면 수전 전력은 몇 [kW]인지 계산하시오. (단, 수전 전압은 22900 [V], 역률 90 [%]이다.)
  • 계산 :   • 답 :

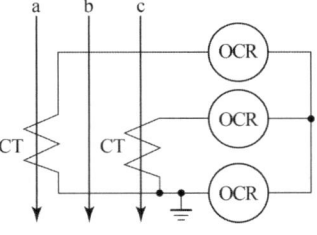

(2) OCR는 주로 어떤 사고가 발생하였을 때 동작하는지 쓰시오.
(3) 통전 중에 있는 변류기 2차측 기기를 교체하고자 할 때 가장 먼저 취하여야 할 조치는 무엇인지 쓰시오.

답안작성

(1) 계산 : $P = \sqrt{3}\, VI\cos\theta \times 10^{-3} = \sqrt{3} \times 22900 \times \left(3 \times \dfrac{30}{5}\right) \times 0.9 \times 10^{-3} = 642.56 [\text{kW}]$

  답 : 642.56 [kW]
(2) 단락사고
(3) 2차측 단락

▸ 출제년도 : 93. 09.   ▸ 점수 : 5점

문제 06 % 오차가 −4 [%]인 전압계로 측정한 값이 100[V]라면 그 참값은 얼마인지 계산하시오.

• 계산 :   • 답 :

답안작성

계산 : $\epsilon = \dfrac{M-T}{T} \times 100[\%]$ 에서

$T = \dfrac{M}{1+\dfrac{\epsilon}{100}} = \dfrac{100}{1-\dfrac{4}{100}} = 104.17[\text{V}]$

답 : 104.17 [V]

▸ 출제년도 : 09.   ▸ 점수 : 6점

문제 07 PLC 프로그램을 보고 프로그램에 맞도록 주어진 PLC 접점 회로도를 완성하시오.
단, ① STR : 입력 A 접점 (신호)   ② STRN : 입력 B 접점 (신호)
　　③ AND : AND A 접점   ④ ANDN : AND B 접점
　　⑤ OR : OR A 접점   ⑥ ORN : OR B 접점
　　⑦ OB : 병렬접속점   ⑧ OUT : 출력
　　⑨ END : 끝   ⑩ W : 각 번지 끝

어드레스	명령어	데이터	비고
01	STR	001	W
02	STR	003	W
03	ANDN	002	W
04	OB	−	W
05	OUT	100	W
06	STR	001	W
07	ANDN	002	W
08	STR	003	W
09	OB	−	W
10	OUT	200	W
11	END	−	W

• PLC 접점 회로도

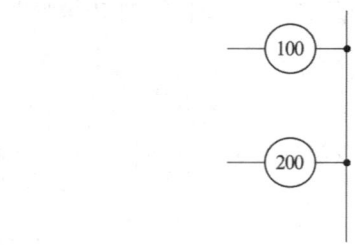

답안작성

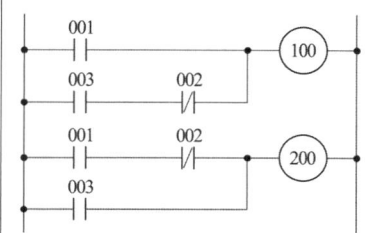

▶ 출제년도 : 09.   ▶ 점수 : 5점

문제 08 다음은 일반 옥내배선에서 전등·전력·통신·신호·재해방지·피뢰설비 등의 배선, 기기 및 부착위치, 부착방법을 표시하는 도면에 사용되는 기호이다. 각 기호의 명칭을 쓰시오.

(1) ⊠   (2) ◢   (3) ⊠

(4) ▭   (5) ▭

답안작성

(1) 배전반   (2) 분전반   (3) 제어반   (4) 단자반   (5) 중간단자반

▶ 출제년도 : 09.   ▶ 점수 : 5점

문제 09 부하가 유도전동기이고, 기동용량이 150 [kVA] 이다. 기동시 전압강하는 20 [%]이며, 발전기의 과도리액턴스가 25 [%] 이다. 이 전동기를 운전할 수 있는 자가발전기의 최소 용량은 몇 [kVA]인지 계산하시오.

• 계산 :   • 답 :

답안작성

계산 : $P = \left(\dfrac{1}{e} - 1\right) \times x_d \times 기동용량 = \left(\dfrac{1}{0.2} - 1\right) \times 0.25 \times 150 = 150\,[\text{kVA}]$

답 : 150 [kVA]

해설

발전기 정격용량[kVA] $= \left(\dfrac{1}{허용\ 전압\ 강하} - 1\right) \times 과도\ 리액턴스 \times 기동\ 용량\ [\text{kVA}]$

▶ 출제년도 : 09.   ▶ 점수 : 6점

문제 10 전력퓨즈(Power Fuse)는 고압, 특고압 기기의 단락전류의 차단을 목적으로 사용되며, 소호방식에 따라 한류형(PF)과 비한류형(COS)이 있다. 다른 개폐기와 비교한 퓨즈의 장점과 단점을 각각 3가지씩만 쓰시오. (단, 가격, 크기, 무게 등 기술 외적인 사항은 제외한다.)

답안작성

(1) 장점
　① 고속도 차단이 가능하다.
　② 소형으로 큰 차단용량을 갖는다.
　③ 릴레이나 변성기가 필요 없다

(2) 단점
　① 동작 후 재투입 불가
　② 차단전류-동작시간특성의 조정이 불가능하다.
　③ 비보호영역이 존재한다.

▶ 출제년도 : 09.　　▶ 점수 : 6점

문제 11 송전선로 전압을 154 [kV]에서 345 [kV]로 승압할 경우 송전선로에 나타나는 효과에 대하여 다음 물음에 답하시오.

(1) 전력손실이 동일한 경우 공급능력의 증대는 몇 배인지 구하시오.
　• 계산 :　　　　　　　　　　　　• 답 :
(2) 전력손실의 감소는 몇 [%]인지 구하시오.
　• 계산 :　　　　　　　　　　　　• 답 :
(3) 전압강하율의 감소는 몇 [%]인지 구하시오.
　• 계산 :　　　　　　　　　　　　• 답 :

답안작성

(1) 공급능력
　계산 : $P \propto V$ 이므로
　$$P_1 : P_2 = V_1 : V_2 \text{ 에서 } P_2 = \frac{V_2}{V_1} \times P_1 = \frac{345}{154} \times P_1 = 2.24 P_1$$
　답 : 2.24배

(2) 전력손실
　계산 : $P_L \propto \frac{1}{V^2}$ 이므로
　$$P_{L1} : P_{L2} = \frac{1}{V_1^2} : \frac{1}{V_2^2} \text{ 에서 } P_{L2} = \left(\frac{V_1}{V_2}\right)^2 P_{L1}$$
　$$P_{L2} = \left(\frac{154}{345}\right)^2 P_{L1} = 0.1993 P_{L1}$$
　전력손실 감소분 = $1 - 0.1993 = 0.8007 = 80.07 [\%]$
　답 : 80.07 [%]

(3) 전압강하율
　계산 : $\epsilon \propto \frac{1}{V^2}$ 이므로
　$$\epsilon_1 : \epsilon_2 = \frac{1}{V_1^2} : \frac{1}{V_2^2} \text{ 에서 } \epsilon_2 = \left(\frac{V_1}{V_2}\right)^2 \epsilon_1$$
　$$\epsilon_2 = \left(\frac{154}{345}\right)^2 \epsilon_1 = 0.1993 \epsilon_1$$
　전압강하율 감소분 = $1 - 0.1993 = 0.8007 = 80.07 [\%]$
　답 : 80.07 [%]

해설

(1) 전력손실이 동일 한 경우 이므로(전력손실률이 동일한 경우가 아님)
　전력손실 $P_L = 3I^2 R$에서 전류 I는 일정하다.
　따라서, 공급능력 $P = \sqrt{3} \, VI\cos\theta$ 에서 $P \propto V$

(2) 전력손실 $P_L = \dfrac{P^2 R}{V^2 \cos^2 \theta}$ 에서 $P_L \propto \dfrac{1}{V^2}$

(3) 전압강하율 $\epsilon = \dfrac{e}{V} \times 100 = \dfrac{P}{V^2}(R + X \tan \theta)$ 에서 $\epsilon \propto \dfrac{1}{V^2}$

▶ 출제년도 : 09.   ▶ 점수 : 5점

문제 12 집합형으로 콘덴서를 설치할 경우와 비교하여, 전동기 단자에 개별로 콘덴서를 설치할 경우 예상되는 장점 및 단점을 각 1가지씩만 쓰시오.

답안작성
- 장점 : 전력손실 경감효과가 크다.
- 단점 : 설치 및 유지보수 비용이 증가한다.

▶ 출제년도 : 09.   ▶ 점수 : 5점

문제 13 그림과 같이 V결선과 Y결선된 변압기 한 상의 중심 O에서 110 [V]를 인출하여 사용하고자 한다.

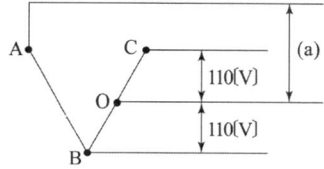
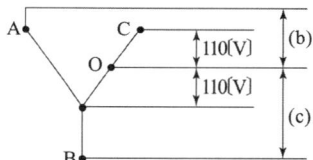

(1) 위 그림에서 (a)의 전압을 구하시오.
  • 계산 :   • 답 :
(2) 위 그림에서 (b)의 전압을 구하시오.
  • 계산 :   • 답 :
(3) 위 그림에서 (c)의 전압을 구하시오.
  • 계산 :   • 답 :

답안작성

(1) 계산 : $V_{AO} = 220 \underline{/0°} + 110 \underline{/-120°}$

$= 220[\cos 0° + j \sin 0°] + 110\left[\cos\left(-\dfrac{2}{3}\pi\right) + j \sin\left(-\dfrac{2}{3}\pi\right)\right]$

$= 220 + (-55 - j55\sqrt{3}) = 165 - j55\sqrt{3}$

$= \sqrt{165^2 + (55\sqrt{3})^2} = 190.53 [V]$

답 : 190.53[V]

(2) 계산 : $V_{AO} = 110 \underline{/120°} - 220 \underline{/0°}$

$= 110(\cos 120° + j \sin 120°) - 220(\cos 0° + j \sin 0°)$

$= 110\left(-\dfrac{1}{2} + j\dfrac{\sqrt{3}}{2}\right) - 220 = -275 + j55\sqrt{3}$

$= \sqrt{275^2 + (55\sqrt{3})^2} = 291.03 [V]$

답 : 291.03[V]

(3) 계산 : $V_{BO} = 110\angle 120° - 220\angle -120°$
$= 110[\cos 120° + j\sin 120°] - 220[\cos(-120°) + j\sin(-120°)]$
$= 110\left(-\dfrac{1}{2} + j\dfrac{\sqrt{3}}{2}\right) - 220\left(-\dfrac{1}{2} - j\dfrac{\sqrt{3}}{2}\right) = 55 + j165\sqrt{3}$
$= \sqrt{55^2 + (165\sqrt{3})^2} = 291.03$

답 : 291.03[V]

해설

(1) $V_{AO} = \sqrt{(220\cos 60° - 110)^2 + (220\sin 60°)^2} = 110\sqrt{3} = 190.53[V]$

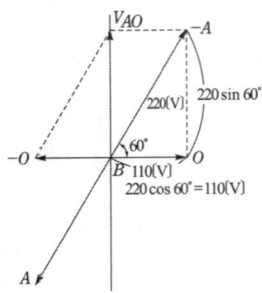

(2)(3) $V_{AO} = \sqrt{(220\cos 60° + 110)^2 + (220\sin 60°)^2} = \sqrt{220^2 + (110\sqrt{3})^2} = 291.03[V]$

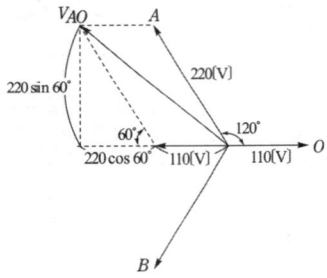

▸ 출제년도 : 09.   ▸ 점수 : 5점

문제 14 어떤 상가건물에서 6.6[kV]의 고압을 수전하여 220[V]의 저압으로 감압하여 옥내 배전을 하고 있다. 설비부하는 역률 0.8인 동력부하가 160[kW], 역률 1인 전등이 40[kW], 역률 1인 전열기가 60[kW]이다. 부하의 수용률을 80[%]로 계산한다면, 변압기 용량은 최소 몇 [kVA] 이상이어야 하는지 계산하시오.

• 계산 :   • 답 :

답안작성

계산 : • 동력부하의 유효전력 : 160[kW]
• 동력부하의 무효전력 : $Q = \dfrac{P}{\cos\theta} \times \sin\theta = \dfrac{160}{0.8} \times 0.6 = 120[kVar]$
• 전등 및 전열기의 유효전력 : $40 + 60 = 100[kW]$
• 총설비 용량 $= \sqrt{(160+100)^2 + 120^2} = 286.36[kVA]$
• 변압기용량=부하설비용량×수용률$= 286.36 \times 0.8 = 229.09[kVA]$

답 : 229.09[kVA]

▸ 출제년도 : 99. 02. 09.   ▸ 점수 : 5점

문제 15 예비전원설비에 이용되는 연축전지와 알칼리축전지에 대하여 다음 각 물음에 답하시오.

(1) 연축전지와 비교할 때 알칼리축전지의 장점과 단점을 1가지씩만 쓰시오.
 • 장점 :
 • 단점 :

(2) 연축전지와 알칼리축전지의 공칭전압은 각각 몇 [V]인지 쓰시오.
 • 연축전지 :
 • 알칼리축전지 :

(3) 축전지의 일상적인 충전방식 중 부동충전방식에 대하여 설명하시오.

(4) 연축전지의 정격용량이 200 [Ah]이고, 상시부하가 15 [kW]이며, 표준전압이 100 [V]인 부동충전방식 충전기의 2차 전류는 몇 [A]인지 구하시오. (단, 상시부하의 역률은 1로 간주한다.)
 • 계산 :   • 답 :

답안작성

(1) • 장점 : 수명이 길다.
 • 단점 : 연축전지 보다 공칭 전압이 낮다.

(2) • 연축전지 : 2.0 [V/cell]
 • 알칼리축전지 : 1.2 [V/cell]

(3) 축전지와 부하를 충전기에 병렬로 접속하여 사용하는 방식으로 축전지의 자기방전을 보충함과 동시에 일상적인 부하전류는 충전기가 공급하되, 충전기가 공급하기 어려운 일시적인 대전류 부하는 축전지가 공급하는 충전방식

(4) 계산 : $I = \dfrac{200}{10} + \dfrac{15000}{100} = 170 [A]$ 답 : 170 [A]

해설

(1) 알칼리 축전지의 장·단점
 [장점]
  • 수명이 길다(연축전지의 3~4배).   • 진동과 충격에 강하다.
  • 충·방전 특성이 양호하다.   • 방전시 전압 변동이 작다.
  • 사용 온도 범위가 넓다.
 [단점]
  • 연축전지 보다 공칭 전압이 낮다.   • 가격이 비싸다.

(4) • 충전기 2차 전류 [A] = $\dfrac{축전지 용량 [Ah]}{정격방전률 [h]} + \dfrac{상시 부하용량 [VA]}{표준전압 [V]}$
 • 연축전지의 정격방전율 : 10 [h]

▸ 출제년도 : 09.   ▸ 점수 : 5점

문제 16 정격전류 15 [A]인 유도전동기 1대와 정격전류 3 [A]인 전열기 4대에 공급하는 저압 옥내간선을 보호할 과전류차단기의 정격전류의 최소값[A]을 구하시오.
 • 계산 :   • 답 :

답안작성

계산 : 설계전류 $I_B = 15 + 3 \times 4 = 27[A]$

$I_B \leq I_n \leq I_Z$의 조건을 만족하는 과전류차단기의 정격전류 $I_n \geq I_B$, 즉 27[A] 이상이 되어야 한다.

답 : 27 [A]

해설

KEC 212.4.1 도체와 과부하 보호장치 사이의 협조
과부하에 대해 케이블(전선)을 보호하는 장치의 동작특성은 다음의 조건을 충족해야 한다.

$$I_B \leq I_n \leq I_Z, \quad I_2 \leq 1.45 \times I_Z$$

I_B : 회로의 설계전류(선도체를 흐르는 설계전류 또는 함유율이 높은 영상분 고조파, 특히 제3고조파가 지속적으로 흐르는 경우 중성선에 흐르는 전류이다.)

I_Z : 케이블의 허용전류

I_n : 보호장치의 정격전류(사용현장에 적합하게 조정된 전류의 설정 값)

I_2 : 보호장치가 규약시간 이내에 유효하게 동작하는 것을 보장하는 전류

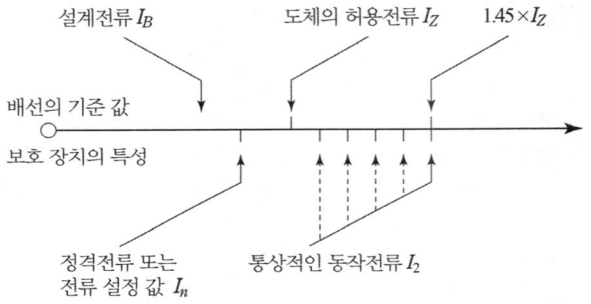

과부하 보호 설계 조건도

▶출제년도 : 09   ▶점수 : 5점

문제 17 공장 조명 설계시 에너지 절약대책을 4가지만 쓰시오.

답안작성

① 고효율 등기구 채용
② 고조도 저휘도 반사갓 채용
③ 등기구의 격등 제어 및 적정한 회로 구성
④ 전반조명과 국부조명(TAL 조명)을 적절히 병용하여 이용

해설

이외에도 ⑤ 슬림라인 형광등 및 전구식 형광등 채용
⑥ 재실감지기 및 카드키 채용
⑦ 적절한 조광제어실시
⑧ 고역률 등기구 채용
⑨ 창측 조명기구 개별점등
⑩ 등기구의 적절한 보수 및 유지 관리 등이 있다.

E60-2
전기산업기사 실기

2010년도 기출문제

- 2010년 전기산업기사 1회
- 2010년 전기산업기사 2회
- 2010년 전기산업기사 3회

국가기술자격검정 실기시험문제 및 답안지

2010년도 산업기사 일반검정 제1회

자격종목(선택분야): 전기산업기사
시험시간: 2시간 00분

문제 01

▸ 출제년도 : 08. 10.　▸ 점수 : 5점

변압기의 고장(소손(燒損))원인 중 5가지만 쓰시오.

답안작성

① 권선의 상간단락
② 층간단락
③ 고·저압 혼촉
④ 지락 및 단락사고에 의한 과전류
⑤ 절연물 및 절연유의 열화에 의한 절연내력 저하

문제 02

▸ 출제년도 : 10.　▸ 점수 : 5점

3상 3선식 송전계통에서 한 선의 저항이 2.5 [Ω], 리액턴스가 5 [Ω]이고, 수전단의 선간 전압은 3 [kV], 부하역률이 0.8인 경우, 전압 강하율을 10 [%]라 하면 이 송전선로는 몇 [kW]까지 수전할 수 있는가?

• 계산 :　　　　　　　　　　　　　　　　• 답 :

답안작성

계산 : 전압강하율 $\delta = \dfrac{P}{V^2}(R + X\tan\theta)[\%]$ 에서

$$P = \dfrac{\delta V^2}{R + X\tan\theta} \times 10^{-3} [\text{kW}]$$

$$\therefore P = \dfrac{0.1 \times (3 \times 10^3)^2}{\left(2.5 + 5 \times \dfrac{0.6}{0.8}\right)} \times 10^{-3} = 144 [\text{kW}]$$

답 : 144[kW]

해설

전압강하율　$\delta = \dfrac{V_s - V_r}{V_r} = \dfrac{\sqrt{3}\,I(R\cos\theta + X\sin\theta)}{V_r}$

$$= \dfrac{R \times \sqrt{3}\,V_r I\cos\theta + X \times \sqrt{3}\,V_r I\sin\theta}{V_r^2}$$

$$= \dfrac{RP + XQ}{V_r^2} = \dfrac{P}{V_r^2}\left(R + X\dfrac{Q}{P}\right) = \dfrac{P}{V_r^2}(R + X\tan\theta)$$

▸ 출제년도 : 98. 00. 03. 04. 09. 10.　▸ 점수 : 5점

문제 03 다음과 같은 수용가 A, B, C, D에 공급하는 배전 선로의 최대 전력이 700 [kW]라고 할 때 다음 각 물음에 답하시오.

수용가	설비용량 [kW]	수용률 [%]
A	300	70
B	300	50
C	400	60
D	500	80

(1) 수용가의 부등률은 얼마인가?
(2) 부등률이 크다는 것은 어떤 것을 의미하는가?
(3) 수용률의 의미를 간단히 설명하시오.

답안작성

(1) 부등률 = $\dfrac{300 \times 0.7 + 300 \times 0.5 + 400 \times 0.6 + 500 \times 0.8}{700} = 1.43$

(2) 기기의 최대전력 소비시간대가 서로 다르다.

(3) 설비 용량에 대한 최대 전력의 비를 백분율로 나타낸 것

수용률 = $\dfrac{\text{최대 수용 전력}}{\text{설비 용량}} \times 100 [\%]$

해설

(1) 부등률 = $\dfrac{\text{개개 최대 수용 전력의 합계}}{\text{합성 최대 수용 전력}} = \dfrac{\text{설비 용량} \times \text{수용률}}{\text{합성 최대 수용 전력}}$

▸ 출제년도 : 10.　▸ 점수 : 6점

문제 04 각각의 타임차트를 완성하시오.

구 분	명령어	타임차트
(1) T-ON(ON-Delay)	Increment	S / 출력
(2) T-OFF(OFF-Delay)	Decrement	S / 출력

답안작성

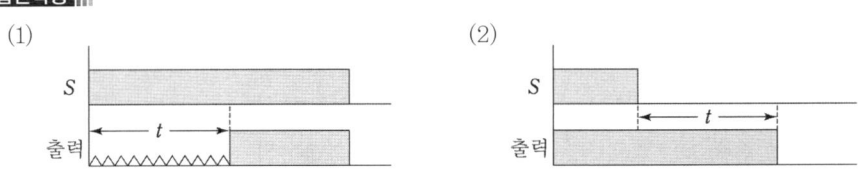

▶ 출제년도 : 10.   ▶ 점수 : 5점

문제 05 답안지의 그림은 고압 인입 케이블에 지락 계전기를 설치하여 지락 사고로부터 수전 설비를 보호하고자 할 때 케이블의 차폐를 접지하는 방법을 표시하려고 한다. 적당한 개소에 케이블의 접지 표시를 도시하시오.

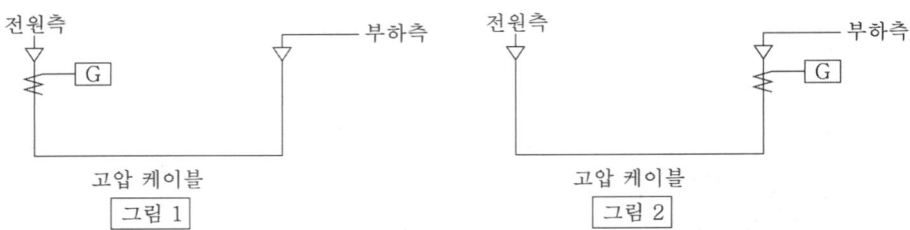

답안작성

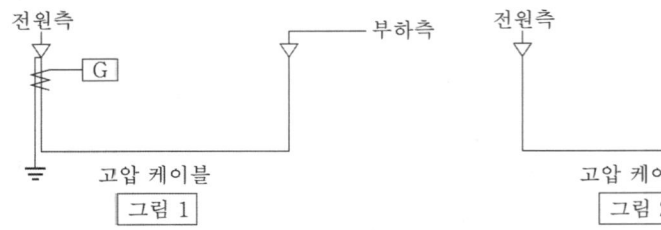

해설

1) 전원측에 ZCT 설치

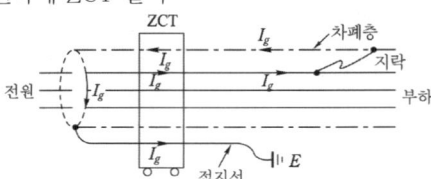

접지선을 ZCT 내로 관통시켜야만 ZCT는 지락전류 I_g를 검출할 수 있다.

$$I_g - I_g + I_g = I_g$$

2) 부하측에 ZCT 설치

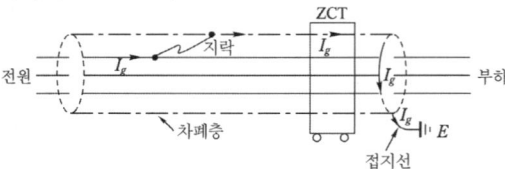

접지선을 ZCT 내로 관통시키지 않아야 지락전류 I_g를 검출할 수 있다.

▶ 출제년도 : 10.   ▶ 점수 : 5점

문제 06 폭 24 [m]의 도로 양쪽에 30 [m] 간격으로 지그재그 식으로 가로등을 배치하여 도로상의 평균조도를 5 [lx]로 한다면 각 등주 상에 몇 [lm]의 전구가 필요한가? 단, 도로면에서의 광속이용률은 35 [%], 감광보상율은 1.30이다.

• 계산 :   • 답 :

답안작성

계산 : $F = \dfrac{EAD}{UN} = \dfrac{5 \times \dfrac{1}{2} \times 24 \times 30 \times 1.3}{0.35 \times 1} = 6685.71\,[\text{lm}]$

답 : $6685.71\,[\text{lm}]$

해설

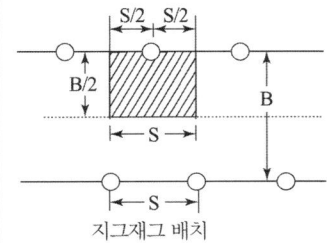

지그재그 배치

▶ 출제년도 : 93. 09. 10   ▶ 점수 : 5점

문제 07 % 오차가 −4 [%]인 전압계로 측정한 값이 100 [V]라면 그 참값은 얼마인지 계산하시오.
• 계산 :   • 답 :

답안작성

계산 : $\epsilon = \dfrac{M-T}{T} \times 100\,[\%]$ 에서

$T = \dfrac{M}{1+\dfrac{\epsilon}{100}} = \dfrac{100}{1-\dfrac{4}{100}} = 104.17\,[\text{V}]$

답 : $104.17\,[\text{V}]$

▶ 출제년도 : 10.   ▶ 점수 : 5점

문제 08 비상용 자가 발전기를 구입하고자 한다. 부하는 단일 부하로서 유도 전동기이며, 기동 용량이 2000 [kVA]이고, 기동시 전압 강하는 20 [%]까지 허용하며, 발전기의 과도 리액턴스는 25 [%]로 본다면 자가 발전기의 용량은 이론(계산)상 몇 [kVA] 이상의 것을 선정하여야 하는가?
• 계산 :   • 답 :

답안작성

계산 : $P = \left(\dfrac{1}{0.2} - 1\right) \times 2000 \times 0.25 = 2000\,[\text{kVA}]$

답 : $2000\,[\text{kVA}]$

해설

발전기 정격용량 $= \left(\dfrac{1}{허용\ 전압\ 강하} - 1\right) \times 기동\ 용량 \times 과도\ 리액턴스\,[\text{kVA}]$

▸출제년도 : 04. 10. ▸점수 : 12점

문제 09 그림은 중형 환기 팬의 수동 운전 및 고장 표시등 회로의 일부이다. 이 회로를 이용하여 다음 각 물음에 답하시오.

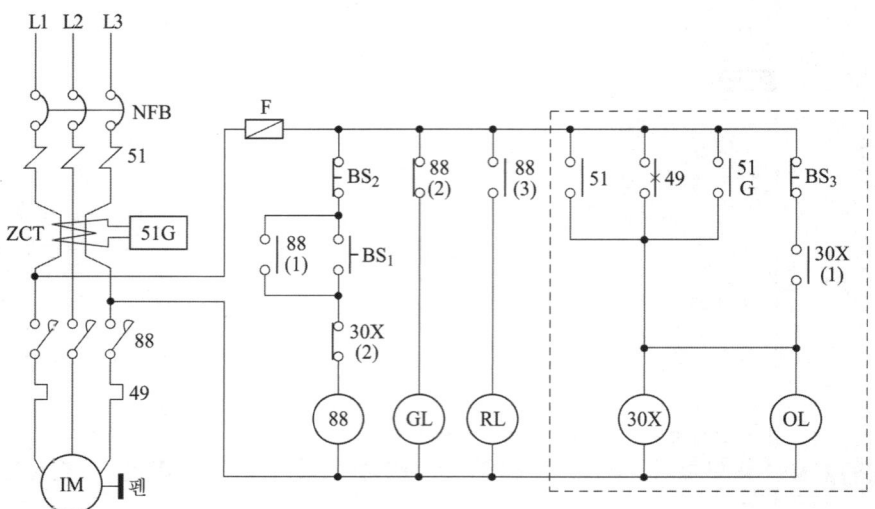

(1) 88은 MC로서 도면에서는 출력기구이다. 도면에 표시된 기구에 대하여 다음과 해당되는 명칭을 그약호로 쓰시오. 단, 중복은 없고, NFB, ZCT, IM, 펜은 제외하며, 해당되는 기구가 여러 가지일 경우에는 모두 쓰도록 한다.
① 고장표시기구 :
② 고장회복 확인기구 :
③ 기동기구 :
④ 정지기구 :
⑤ 운전표시램프 :
⑥ 정지표시램프 :
⑦ 고장표시램프 :
⑧ 고장검출기구 :

(2) 그림의 점선으로 표시된 회로를 AND, OR, NOT 회로를 사용하여 로직회로를 그리시오. 로직소자는 3입력 이하로 한다.

답안작성

(1) ① 30X   ② BS₃   ③ BS₁   ④ BS₂

⑤ RL   ⑥ GL   ⑦ OL   ⑧ 51, 51G, 49

(2)
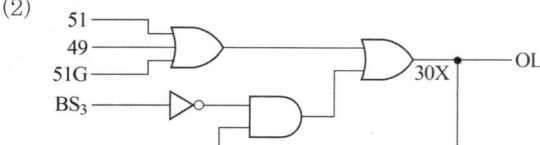

▶ 출제년도 : 01. 10.   ▶ 점수 : 12점

문제 10 그림은 고압 수전 설비 단선 결선도이다. 물음에 답하시오.

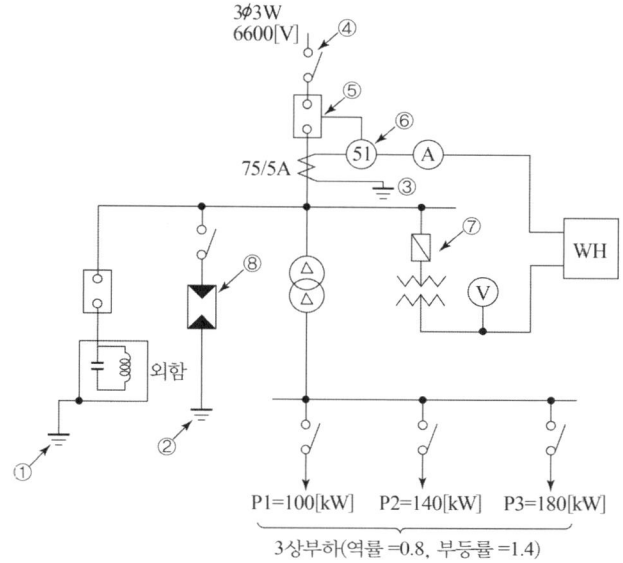

(1) 그림에서 ④~⑧의 명칭은 무엇인가?
(2) 각 부하의 최대 전력이 그림과 같고 역률이 0.8, 부등률이 1.4일 때 변압기 1차 전류계 Ⓐ에 흐르는 전류의 최대치를 구하시오. 또 동일한 조건에서 합성 역률 0.92 이상으로 유지하기 위한 전력용 콘덴서의 최소용량은 몇 [kVA]인가?
 • 전류 :
 • 콘덴서 용량 :
(3) DC(방전 코일)의 설치 목적을 설명하시오.

답안작성

(1) ④ 단로기   ⑤ 차단기   ⑥ 과전류 계전기   ⑦ 계기용 변압기   ⑧ 피뢰기
(2) • 합성최대 수용전력

$$P = \frac{100+140+180}{1.4} = 300 \text{ [kW]}$$

$$I = \frac{300 \times 10^3}{\sqrt{3} \times 6600 \times 0.8} \times \frac{5}{75} = 2.19 \text{ [A]} \qquad \text{답 : 2.19 [A]}$$

 • 콘덴서 용량

$$Q_c = 300 \times \left(\frac{0.6}{0.8} - \frac{\sqrt{1-0.92^2}}{0.92} \right) = 97.2 \text{ [kVA]} \qquad \text{답 : 97.2 [kVA]}$$

(3) 콘덴서 회로 개방시 잔류 전하의 방전

해설

(2) $I = \dfrac{P}{\sqrt{3}\,V\cos\theta}$

$Q_c = P(\tan\theta_1 - \tan\theta_2) = P\left(\dfrac{\sin\theta_1}{\cos\theta_1} - \dfrac{\sin\theta_2}{\cos\theta_2}\right)$

▸ 출제년도 : 10. ▸ 점수 : 5점

문제 11 다음 도면을 바르게 수정하시오.

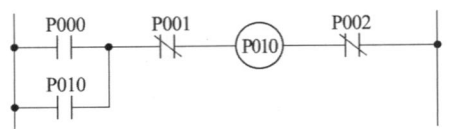

답안작성

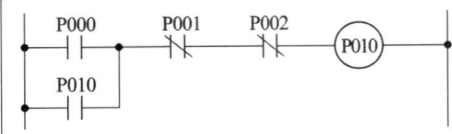

▸ 출제년도 : 89. 94. 01. 10. ▸ 점수 : 9점

문제 12 어떤 건물의 연면적이 420[m²] 이다. 이 건물에 표준부하를 적용하여 전등, 일반 동력 및 냉방 동력 공급용 변압기 용량은 각각 다음 표를 이용하여 구하시오. 단, 전등은 단상 부하로서 역률은 1이며, 일반 동력, 냉방 동력은 3상 부하로서 각 역률은 0.95, 0.9 이다.

표준 부하

부 하	표준부하 [W/m²]	수용률 [%]
전 등	30	75
일반 동력	50	65
냉방 동력	35	70

변압기 용량

상 별	용량 [kVA]
단상	3, 5, 7.5, 10, 15, 20, 30, 50
3상	3, 5, 7.5, 10, 15, 20, 30, 50

답안작성

(1) 전등 변압기 $Tr = 30 \times 420 \times 0.75 \times 10^{-3} = 9.45\ [kVA]$ 답 : 10 [kVA]

(2) 일반 동력 변압기 $Tr = \dfrac{50 \times 420 \times 0.65 \times 10^{-3}}{0.95} = 14.37\ [kVA]$ 답 : 15 [kVA]

(3) 냉방 동력 변압기 $Tr = \dfrac{35 \times 420 \times 0.7 \times 10^{-3}}{0.9} = 11.43\ [kVA]$ 답 : 15 [kVA]

해설

변압기 용량 ≥ 합성 최대수용전력 = $\dfrac{\text{설비용량[kVA]} \times \text{수용률}}{\text{부등률}} = \dfrac{\text{설비용량[kW]} \times \text{수용률}}{\text{부등률} \times \text{역률}}$

문제 13
▶ 출제년도 : 08. 10. ▶ 점수 : 5점

다음 그림은 사용이 편리하고 일반적인 접지저항을 측정하고자 할 때 널리 사용되는 전위차계법의 미완성 접속도이다. 다음 각 물음에 답하시오.

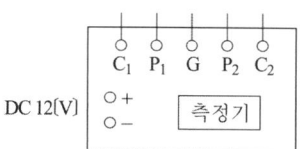
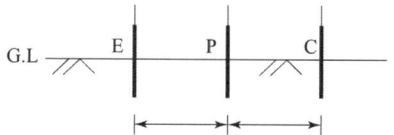

(1) 미완성 접속도를 완성하시오.
(2) 전극간 거리는 몇 [m] 이상으로 하는가?
(3) 전극 매설 깊이는 몇 [cm] 이상으로 하는가?

답안작성

(1)
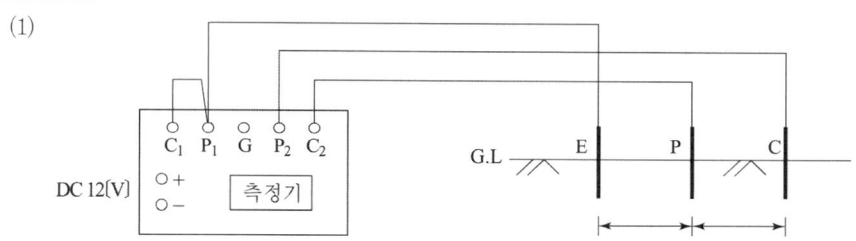

(2) 10 [m]
(3) 20 [cm]

문제 14
▶ 출제년도 : 10. ▶ 점수 : 6점

다음이 설명하고 있는 광원(램프)의 명칭을 쓰시오.

"반도체의 P-N 접합구조를 이용하여 소수캐리어(전자 및 정공)를 만들어내고, 이들의 재결합에 의하여 발광시키는 원리를 이용한 광원(램프)으로 발광파장은 반도체에 첨가되는 불순물의 종류에 따라 다르다. 종래의 광원에 비해 소형이고 수명은 길며 전기에너지가 빛에너지로 직접 변환히기 때문에 전력소모가 적은 에너지 절감형 광원이다."

답안작성

LED 램프

문제 15
▶ 출제년도 : 10. ▶ 점수 : 5점

CL램프와 PL램프를 스위치 하나로 동시에 점등시키고자 한다. 다음의 미완성 도면을 완성하시오.

답안작성

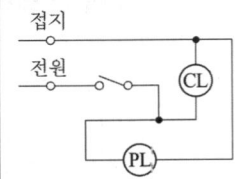

▸출제년도 : 10. ▸점수 : 5점

문제 16 역률을 0.7에서 0.9로 개선하면 전력손실은 개선 전의 몇 [%]가 되겠는가?

• 계산 : • 답 :

답안작성

계산 : $P_l \propto \dfrac{1}{\cos^2\theta}$ 이므로 $P_l : P_l' = \dfrac{1}{0.7^2} : \dfrac{1}{0.9^2}$

$$P_l' = \dfrac{0.7^2}{0.9^2} P_l = 0.6049 P_l$$

답 : 60.49[%]

해설

전력손실 $P_l = 3I^2 R = 3 \times \left(\dfrac{P}{\sqrt{3}\, V\cos\theta}\right)^2 \times R = \dfrac{RP^2}{V^2 \cos^2\theta}$

국가기술자격검정 실기시험문제 및 답안지

2010년도 산업기사 일반검정 제 2 회

자격종목(선택분야)	시험시간	형별
전기산업기사	2시간 00분	

문제 01

▶ 출제년도 : 10.   ▶ 점수 : 5점

다음 그림은 PLC 프로그램 명령어 중 반전명령어(✳, NOT)를 이용한 도면이다. 반전명령어를 사용하지 않을 때의 래더 다이어그램을 작성하시오.

• 반전 명령어를 사용하지 않을 때의 래더 다이어그램

답안작성

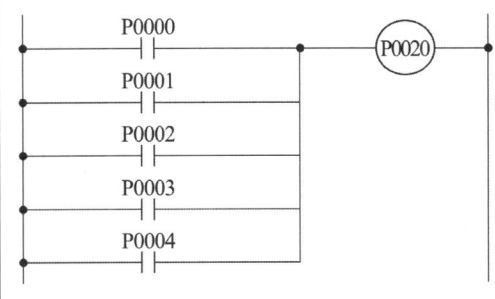

▸출제년도 : 07. 10.　　▸점수 : 13점

문제 02 다음은 정전시 조치사항이다. 점검방법에 따른 알맞은 점검절차를 보기에서 찾아 기호로 답란에 쓰시오.

[보기]
㉠ 수전용차단기 개방　　　　　　㉡ 잔류전하의 방전
㉢ 단로기 또는 전력퓨즈의 개방　㉣ 단락접지용구의 취부
㉤ 수전용차단기의 투입　　　　　㉥ 보호계전기 및 시험회로의 결선
㉦ 보호계전기 시험　　　　　　　㉧ 저압개폐기의 개방
㉨ 검전의 실시　　　　　　　　　㉩ 안전표지류의 취부
㉪ 투입금지 표시찰 취부　　　　　㉫ 구분 또는 분기개폐기의 개방
㉬ 고압개폐기 또는 교류부하개폐기의 개방

점검 순서	점검 절차	점 검 방 법
1		(1) 개방하기 전에 연락책임자와 충분한 협의를 실시하고 정전에 의하여 관계되는 기기의 장애가 없다는 것을 확인하다. (2) 동력개폐기를 개방한다. (3) 전등개폐기를 개방한다.
2		수동(자동)조작으로 수전용차단기를 개방한다.
3		고압고무장갑을 착용하고 고압검전기로 수전용차단기의 부하측 이후를 3상 모두 검전하고 무전압 상태를 확인한다.
4		(책임분계점의 구분개폐기 개방의 경우) (1) 지락계전기가 있는 경우는 차단기와 연동시험을 실시한다. (2) 지락계전기가 없는 경우는 수동조작으로 확실히 개방한다. (3) 개방한 개폐기의 조작봉(끈)은 제3자가 조작하지 않도록 높은 장소에 확실히 매어 (lock) 놓는다.
5		개방한 개폐기의 조작봉을 고정하는 위치에서 보이기 쉬운 개소에 취부한다.
6		원칙적으로 첫 번째 상부터 순서대로 확실하게 충분한 각도로 개방한다.
7		고압케이블 및 콘덴서 등의 측정 후 잔류전하를 확실히 방전한다.
8		(1) 단락접지용구를 취부할 경우는 우선 먼저 접지금구를 접지선에 취부한다. (2) 다음에 단락접지 용구의 훅크부를 개방한 DS 또는 LBS 전원측 각 상에 취부 한다. (3) 안전표지판을 취부 하여 안전작업이 이루어지도록 한다.
9		공중이 들어가지 못하도록 위험구역에 안전네트(망) 또는 구획로프 등을 설치하여 위험표시를 한다.
10		(1) 릴레이측과 CT측을 회로테스터 등으로 확인한다. (2) 시험회로의 결선을 실시한다.
11		시험전원용 변압기 이외의 변압기 및 콘덴서 등의 개폐기를 개방한다.
12		수동(자동)조작으로 수전용차단기를 투입한다.
13		보호계전기 시험요령에 의해 실시한다.

• 답란

점검순서	1	2	3	4	5	6	7	8	9	10	11	12	13
점검절차													

답안작성

점검순서	1	2	3	4	5	6	7	8	9	10	11	12	13
점검절차	⊚	㉠	㉢	㉣	㉤	㉥	㉡	㉦	㉧	㉧	㉨	㉩	㉪

▸ 출제년도 : 99. 10.   ▸ 점수 : 5점

문제 03 차단기 명판(name plate)에 BIL 150 [kV], 정격차단전류 20 [kA]라고 기재되어 있다. 이 차단기의 정격전압[kV]을 구하시오.

• 계산 :   • 답 :

답안작성

계산 : • BIL $= 5E + 50[\text{kV}]$에서
  $150 = 5E + 50$ ∴ $E = 20[\text{kV}]$
• 공칭전압 $= 1.1E = 1.1 \times 20 = 22[\text{kV}]$
• 차단기의 정격전압 = 공칭전압$\times \dfrac{1.2}{1.1} = 22 \times \dfrac{1.2}{1.1} = 24[\text{kV}]$

해설

• 절연계급 20호 이상의 비유효 접지계에서의 BIL
  BIL $= 5E + 50[\text{kV}]$ 여기서, E : 절연계급 $\left(E = \dfrac{\text{공칭전압}}{1.1}\right)$
• 차단기의 정격전압 = 공칭전압$\times \dfrac{1.2}{1.1}$

▸ 출제년도 : 10.   ▸ 점수 : 5점

문제 04 송전용량 5000 [kVA]인 설비가 있을 때 공급 가능한 용량은 부하 역률 80 [%]에서 4000 [kW]까지이다. 여기서, 부하 역률을 95 [%]로 개선하는 경우 역률개선 전(80 [%])에 비하여 공급 가능한 용량 [kW]은 얼마가 증가되는지 구하시오.

• 계산 :   • 답 :

답안작성

계산 : 역률개선후 공급전력 $P' = P_a \cos\theta = 5000 \times 0.95 = 4750[\text{kW}]$
    증가용량 $\triangle P = P' - P = 4750 - 4000 = 750[\text{kW}]$
답 : 750 [kW]

해설

역률 개선 후 공급전력 증가분 $\triangle P = P_a \times (\cos\theta_2 - \cos\theta_1)$

▶ 출제년도 : 10. ▶ 점수 : 9점

문제 05

3상 154 [kV] 시스템의 회로도와 조건을 이용하여 점 F에서 3상 단락고장이 발행하였을 때 단락전류 등을 154 [kV], 100 [MVA] 기준으로 계산하는 과정에 대한 다음 각 물음에 답하시오.

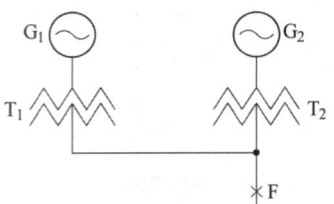

[조건]
① 발전기 G_1 : $S_{G1} = 20$[MVA], $\%Z_{G1} = 30$[%]
　　　　G_2 : $S_{G2} = 5$[MVA], $\%Z_{G2} = 30$[%]
② 변압기 T_1 : 전압 11/154 [kV], 용량 : 20 [MVA], $\%Z_{T1} = 10$[%]
　　　　T_2 : 전압 6.6/154 [kV], 용량 : 5 [MVA], $\%Z_{T2} = 10$[%]
③ 송전선로 : 전압 154 [kV], 용량 : 20 [MVA], $\%Z_{TL} = 5$[%]

(1) 정격전압과 정격용량을 각각 154 [kV], 100 [MVA]로 할 때 정격전류(I_n)를 구하시오.
　• 계산 :　　　　　　　　　　　　• 답 :

(2) 발전기(G_1, G_2), 변압기(T_1, T_2) 및 송전선로의 %임피던스 $\%Z_{G1}$, $\%Z_{G2}$, $\%Z_{T1}$, $\%Z_{T2}$, $\%Z_{TL}$을 각각 구하시오.
　① $\%Z_{G1}$
　　• 계산 :　　　　　　　　　　　• 답 :
　② $\%Z_{G2}$
　　• 계산 :　　　　　　　　　　　• 답 :
　③ $\%Z_{T1}$
　　• 계산 :　　　　　　　　　　　• 답 :
　④ $\%Z_{T2}$
　　• 계산 :　　　　　　　　　　　• 답 :
　⑤ $\%Z_{TL}$
　　• 계산 :　　　　　　　　　　　• 답 :

(3) 점 F에서의 합성%임피던스를 구하시오.
　• 계산 :　　　　　　　　　　　　• 답 :

(4) 점 F에서의 3상 단락전류 I_s를 구하시오.
　• 계산 :　　　　　　　　　　　　• 답 :

(5) 점 F에 설치할 차단기의 용량을 구하시오.
　• 계산 :　　　　　　　　　　　　• 답 :

답안작성

(1) 계산 : $I_n = \dfrac{P_n}{\sqrt{3}\ V_n} = \dfrac{100 \times 10^6}{\sqrt{3} \times 154 \times 10^3} = 374.9[A]$　　답 : 374.9 [A]

(2) ① 계산 : $\%Z_{G1} = 30[\%] \times \dfrac{100}{20} = 150[\%]$ 답 : 150 [%]

② 계산 : $\%Z_{G2} = 30[\%] \times \dfrac{100}{5} = 600[\%]$ 답 : 600 [%]

③ 계산 : $\%Z_{T1} = 10[\%] \times \dfrac{100}{20} = 50[\%]$ 답 : 50 [%]

④ 계산 : $\%Z_{T2} = 10[\%] \times \dfrac{100}{5} = 200[\%]$ 답 : 200 [%]

⑤ 계산 : $\%Z_{TL} = 5[\%] \times \dfrac{100}{20} = 25[\%]$ 답 : 25 [%]

(3) 계산 : $\%Z = \%Z_{TL} + \dfrac{(\%Z_{G1} + \%Z_{T1}) \times (\%Z_{G2} + \%Z_{T2})}{(\%Z_{G1} + \%Z_{T1}) + (\%Z_{G2} + \%Z_{T2})}$

$= 25 + \dfrac{(150 + 50) \times (600 + 200)}{(150 + 50) + (600 + 200)} = 185[\%]$

답 : 185 [%]

(4) 계산 : 단락전류 $I_s = I_n \times \dfrac{100}{\%Z} = 374.9 \times \dfrac{100}{185} = 202.65[A]$

답 : 202.65 [A]

(5) 계산 : 차단용량 $P_s = \sqrt{3} \times 154 \times 10^3 \times \dfrac{1.2}{1.1} \times 202.65 \times 10^{-6} = 58.97[MVA]$

답 : 58.97 [MVA]

해설

(2) 기준용량 $\%Z =$ 정격용량 $[\%] \times \dfrac{\text{기준용량}}{\text{정격용량}}$

(4) • 차단용량 $= \sqrt{3} \times$ 정격전압 $(=$ 공칭전압 $\times \dfrac{1.2}{1.1}) \times$ 정격차단전류

• 차단전류 > 단락전류

▶ 출제년도 : 10.   ▶ 점수 : 6점

문제 06 제5고조파 전류의 확대 방지 및 스위치 투입시 돌입전류 억제를 목적으로 역률 개선용 콘덴서에 직렬 리액터를 설치하고자 한다. 콘덴서의 용량이 500 [kVA]라고 할 때 다음 각 물음에 답하시오.

(1) 이론상 필요한 직렬 리액터의 용량[kVA]을 구하시오.
   • 계산 :   • 답 :

(2) 실제적으로 설치하는 직렬 리액터의 용량[kVA]을 구하고, 그 이유를 설명하시오.
   • 리액터의 용량 :
   • 이유 :

답안작성

(1) 계산 : 리액터 용량 $= 500 \times 0.04 = 20[kVA]$
    답 : 20 [kVA]

(2) • 리액터의 용량 : $500 \times 0.06 = 30[kVA]$
    • 이유 : 계통의 주파수 변동을 고려한 여유

▶ 출제년도 : 87. 91. 97. 00. 10.   ▶ 점수 : 7점

문제 07 그림은 자동차 차고의 셔터 회로이다. 셔터를 열 때 셔터에 빛이 비치면 PHS에 의해 자동으로 열리고, 또한 PB_1를 조작해도 열린다. 셔터를 닫을 때는 PB_2를 조작하면 된다. 리미트 스위치 LS_1은 셔터의 상한용이고, LS_2는 셔터의 하한용이다. 물음에 답하시오.

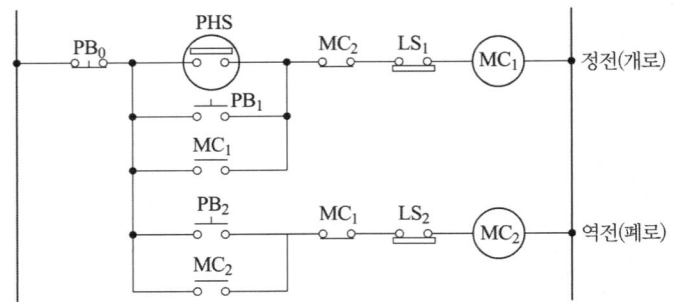

(1) MC_1, MC_2의 a접점은 어떤 역할을 하는 접점인가?
(2) MC_1, MC_2의 b접점은 어떤 역할을 하는가?
(3) 도면에서 ─o─o─ 의 약호는 LS이다. 이것의 우리말 명칭을 쓰시오.
(4) 시퀀스도에서 PHS(또는 PB_1)와 PB_2를 답지의 타임 차트와 같이 ON 조작하였을 때의 타임 차트를 완성하시오.

답안작성

(1) 자기 유지
(2) 인터록(interlock)
(3) 리미트 스위치
(4)

해설

셔터의 개폐는 상승, 하강 논리이고, 전동기의 정·역 논리와 같다. 따라서 인터록 논리가 필요하며 리프트 장치와 같이 상·하한용 리미트 스위치가 필요하다.

▶ 출제년도 : 06. 10. ▶ 점수 : 6점

문제 08 주어진 진리값 표는 3개의 리미트 스위치 LS_1, LS_2, LS_3에 입력을 주었을 때 출력 X와의 관계표이다. 이 표를 이용하여 다음 각 물음에 답하시오.

진리값 표

LS_1	LS_2	LS_3	X
0	0	0	0
0	0	1	0
0	1	0	0
0	1	1	1
1	0	0	0
1	0	1	1
1	1	0	1
1	1	1	1

(1) 진리값 표를 이용하여 다음과 같은 Karnaugh도를 완성하시오.

LS_3 \ LS_1, LS_2	0 0	0 1	1 1	1 0
0				
1				

(2) 물음 (1)항의 Karnaugh 도에 대한 논리식을 쓰시오.
(3) 진리값과 물음 (2)항의 논리식을 이용하여 이것을 무접점 회로도로 표시하시오.

답안작성

(1)

LS_3 \ LS_1, LS_2	0 0	0 1	1 1	1 0
0	0	0	1	0
1	0	1	1	1

(2) $X = LS_1 LS_2 + LS_2 LS_3 + LS_1 LS_3$

(3)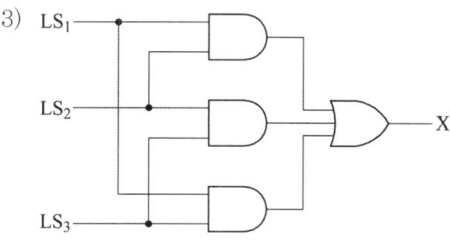

해설

(2) $X = \overline{LS_1} LS_2 LS_3 + LS_1 \overline{LS_2} LS_3 + LS_1 LS_2 \overline{LS_3} + LS_1 LS_2 LS_3$
$= LS_2 LS_3 + LS_1 LS_3 + LS_1 LS_2$

또는
$X = LS_1 (LS_2 + LS_3) + LS_2 LS_3$

(3) $X = LS_2LS_3 + LS_1LS_3 + LS_1LS_2$ 또는 $X = LS_1(LS_2 + LS_3) + LS_2LS_3$

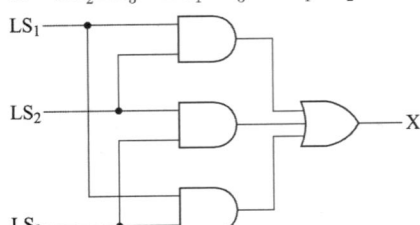 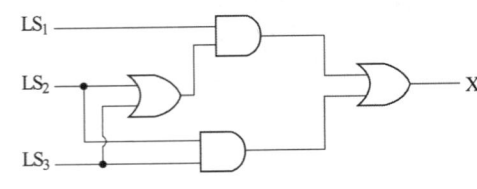

▶ 출제년도 : 10.　▶ 점수 : 5점

문제 09 역률이 나쁘면 기기의 효율이 떨어지므로 역률 개선용 콘덴서를 설치한다. 어느 기기의 역률이 0.9이었다면 이 기기의 무효율은 얼마나 되는지 구하시오.

• 계산 :　　　　　　　　　　　　　　• 답 :

답안작성

계산 : 무효율 $\sin\theta = \sqrt{1-\cos^2\theta} = \sqrt{1-0.9^2} = 0.44$
답 : 0.44

▶ 출제년도 : 05. 10.　▶ 점수 : 6점

문제 10 그림은 갭형 피뢰기와 갭레스형 피뢰기의 구조를 나타낸 것이다. 화살표로 표시된 "①"~"⑥"의 각 부분의 명칭을 답란에 쓰시오.

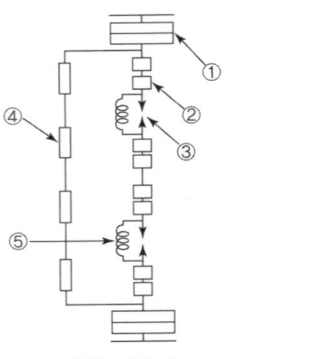 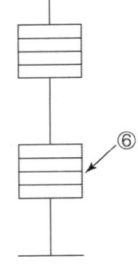

갭형 피뢰기　　　　갭레스형 피뢰기

• 답란 :

①	②	③	④	⑤	⑥

답안작성

①	②	③	④	⑤	⑥
특성요소	주갭	측로갭	분로저항	소호코일	특성요소

▶ 출제년도 : 03, 10. ▶ 점수 : 5점

문제 11 다음은 콘센트의 그림기호이다. 각 콘센트의 종류 또는 형별 명칭을 답란에 쓰시오.

(1) ⊙LK (2) ⊙ET (3) ⊙EX (4) ⊙H (5) ⊙EL

• 답란 :

(1)	(2)	(3)	(4)	(5)

답안작성

(1)	(2)	(3)	(4)	(5)
빠짐방지형 콘센트	접지단자붙이 콘센트	방폭형 콘센트	의료용 콘센트	누전 차단기붙이 콘센트

해설

명 칭	그림 기호	적 요
콘센트	⊙	① 천장에 부착하는 경우는 다음과 같다. ⊙ ② 바닥에 부착하는 경우는 다음과 같다. ⊙ ③ 용량의 표시 방법은 다음과 같다. 　· 15 [A]는 방기하지 않는다. 　· 20 [A]이상은 암페어 수를 방기한다. 　　[보기] ⊙20A ④ 2구 이상인 경우는 구수를 방기한다. 　　[보기] ⊙2 ⑤ 3극 이상인 것은 극수를 방기한다. 　　[보기] ⊙3P ⑥ 종류를 표시하는 경우는 다음과 같다. 　　빠짐 방지형　　　⊙LK 　　걸림형　　　　　⊙T 　　접지극붙이　　　⊙E 　　접지단자붙이　　⊙ET 　　누전 차단기붙이　⊙EL ⑦ 방수형은 WP를 방기한다. ⊙WP ⑧ 방폭형은 EX를 방기한다. ⊙EX ⑨ 의료용은 H를 방기한다. ⊙H

▶ 출제년도 : 10. ▶ 점수 : 5점

문제 12 2000 [lm]을 복사하는 전등 30개를 100 [m²]의 사무실에 설치하려고 있다. 조명율 0.5, 감광보상률 1.5(보수율 0.667)인 경우 이 사무실의 평균조도[lx]를 구하시오.

• 계산 :　　　　　　　　　　　　　　　　• 답 :

답안작성

계산 : $E = \dfrac{FUN}{AD} = \dfrac{2000 \times 0.5 \times 30}{100 \times 1.5} = 200\,[\text{lx}]$

답 : 200 [lx]

▶ 출제년도 : 10.   ▶ 점수 : 5점

문제 13
권상하중이 18톤이며, 매분 6.5 [m]의 속도로 끌어 올리는 권상용 전동기의 용량 [kW]을 구하시오. 단, 전동기를 포함한 기중기의 효율은 73 [%] 이다.
• 계산 :   • 답 :

답안작성

$P = \dfrac{W \cdot V}{6.12\eta} = \dfrac{18 \times 6.5}{6.12 \times 0.73} = 26.19\,[\text{kW}]$

해설

권상용 전동기의 출력 $P = \dfrac{W \cdot V}{6.12\eta}\,[\text{kW}]$

W : 권상 중량 [ton], V : 권상 속도 [m/min], η : 효율

▶ 출제년도 : 10.   ▶ 점수 : 5점

문제 14
주상 변압기의 고압 측의 사용 탭이 6600 [V]인 때에 저압 측의 전압이 190 [V]였다. 저압측의 전압을 200 [V]로 유지하기 위해서 고압측의 사용 탭은 얼마로 하여야 하는지 구하시오. 단, 변압기의 정격 전압은 6600/210 [V] 이다.
• 계산 :   • 답 :

답안작성

고압측의 탭전압

$E_1 = \dfrac{V_1}{V_2} \times E_2 = \dfrac{6600}{200} \times 190 = 6270\,[\text{V}]$

∴ 탭전압의 표준값인 6300 [V] 탭으로 선정한다.

답 : 6300 [V]

해설

$a = \dfrac{N_1}{N_2} = \dfrac{6600}{210} = \dfrac{V_1}{V_2}$ 에서

2차측의 전압이 190[V]일때의 1차측 공급전압 V_1

$V_1 = \dfrac{6600}{210} \times 190\,[\text{V}]$

2차측 전압을 200[V]로 하기 위한 새로운 권수비 a' (이때 변압기 1차측 공급전압은 변동이 없음)

$a' = \dfrac{V_1}{V_2'} = \dfrac{\frac{6600 \times 190}{210}}{200} = \dfrac{6600 \times 190}{200 \times 210}$

따라서, 변압기 1차측의 새로운 탭전압

$$N_1' = a'N_2 = \frac{6600 \times 190}{200 \times 210} \times 210 = \frac{190}{200} \times 6600 = 6270[\text{V}]$$

▸ 출제년도 : 96. 04. 10. ▸ 점수 : 5점

문제 15 전력용콘덴서의 개폐제어는 크게 나누어 수동조작과 자동조작이 있다. 자동조작방식을 제어요소에 따라 분류할 때 그 제어요소는 어떤 것이 있는지 5가지만 답란에 쓰시오.

• 답란

①	②	③	④	⑤

답안작성

①	②	③	④	⑤
무효전력에 의한 제어	전압에 의한 제어	역률에 의한 제어	전류에 의한 제어	시간에 의한 제어

▸ 출제년도 : 97. 00. 04. 06. 10. ▸ 점수 : 8점

문제 16 그림과 같은 계통에서 측로 단로기 DS₃을 통하여 부하를 공급하고, 차단기 CB를 점검하고자 할 때 다음 각 물음에 답하시오. 단, 평상시에 DS₃은 열려있는 상태이다.

(1) CB를 점검하기 위한 기기의 조작방법을 순서대로 설명하시오.
(2) CB를 점검 완료한 후 원상복구 시킬 때의 조작방법을 순서대로 설명하시오.
(3) 도면과 같은 설비에서 차단기 CB의 점검 작업 중 발생될 수 있는 문제점을 지적하여 설명하고 이러한 문제점을 해소하기 위한 방안을 설명하시오.
  • 발생될 수 있는 문제점 :
  • 해소 방안 :

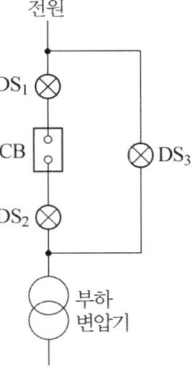

답안작성

(1) DS₃(ON) → CB(OFF) → DS₂(OFF) → DS₁(OFF)
(2) DS₂(ON) → DS₁(ON) → CB(ON) → DS₃(OFF)
(3) • 발생될 수 있는 문제점 : 차단기(CB)가 투입(ON)된 상태에서 단로기(DS₁, DS₂)를 투입(ON)하거나 개방(OFF)하면 위험(감전 및 전기화상)하다.
    • 해소 방안 : 단로기(DS)와 차단기(CB)간에 인터록 장치를 한다.
                (부하 전류가 통전 중에는 회로의 개폐가 되지 않도록 시설한다.)

국가기술자격검정 실기시험문제 및 답안지

2010년도 산업기사 일반검정 제3회

자격종목(선택분야)	시험시간	형별
전기산업기사	2시간 00분	

문제 01

▸ 출제년도 : 10.   ▸ 점수 : 5점

정격출력 300 [kVA], 역률 80 [%]인 전동기 회로에 역률 개선용 콘덴서를 설치하여 역률 90 [%]로 개선하기 위하여 다음 표를 이용하여 콘덴서 용량을 구하시오.

•계산 :   •답 :

		개선 후의 역률													
		1.0	0.99	0.98	0.97	0.96	0.95	0.94	0.93	0.92	0.91	0.9	0.875	0.85	0.825	0.8
개선 전의 역률	0.4	230	216	210	205	201	197	194	190	187	184	182	175	168	161	155
	0.425	213	198	192	188	184	180	176	173	170	167	164	157	151	144	138
	0.45	198	183	177	173	168	165	161	158	155	152	149	143	136	129	123
	0.475	185	171	165	161	156	153	149	146	143	140	137	130	123	116	110
	0.5	173	159	153	148	144	140	137	134	130	128	125	118	111	104	93
	0.525	162	148	142	137	133	129	126	122	119	117	114	107	100	93	87
	0.55	152	138	132	127	123	119	116	112	109	106	104	97	90	83	77
	0.575	142	128	122	117	114	110	106	103	99	96	94	87	80	73	67
	0.6	133	119	113	108	104	101	97	94	91	88	85	78	71	65	58
	0.625	125	111	105	100	96	92	89	85	82	79	77	70	63	56	50
	0.65	116	103	97	92	88	84	81	77	74	71	69	62	55	48	42
	0.675	109	95	89	84	80	76	73	70	66	64	61	54	47	40	34
	0.7	102	88	81	77	73	69	66	62	59	56	54	46	40	33	27
	0.725	95	81	75	70	66	62	59	55	52	49	46	39	33	26	20
	0.75	88	74	67	63	58	55	52	49	45	43	40	33	26	19	13
	0.775	81	67	61	57	52	49	45	42	39	36	33	26	19	12	6.5
	0.8	75	61	54	50	46	42	39	35	32	29	27	19	13	6	
	0.825	69	54	48	44	40	36	32	29	26	23	21	14	7		
	0.85	62	48	42	37	33	29	26	22	19	16	14	7			
	0.875	55	41	35	30	26	23	19	16	13	10	7				
	0.9	48	34	28	23	19	16	12	9	6	2.8					

답안작성

계산 : 역률 0.8에서 0.9로 개선하기 위한 K값은 표에서 $K = 0.27$

따라서, 필요한 콘덴서 용량 $Q_c = KP = 0.27 \times 300 \times 0.8 = 64.8 [\text{kVA}]$

해설

부하가 300[kVA] 이므로 [kW]로 변환하기 위해서는 역률 $\cos\theta$를 곱해 주어야 한다.

▸ 출제년도 : 98. 00. 10.   ▸ 점수 : 11점

문제 02 어떤 변전실에서 그림과 같은 일부하 곡선 A, B, C 인 부하에 전기를 공급하고 있다. 이 변전실의 총 부하에 대한 다음 각 물음에 답하시오. 단, A, B, C의 역률은 시간에 관계 없이 각각 80 [%], 100 [%] 및 60 [%]이며, 그림에서 부하 전력은 부하 곡선의 수치에 10^3을 한다는 의미임. 즉, 수직측의 5는 5×10^3[kW]라는 의미임.

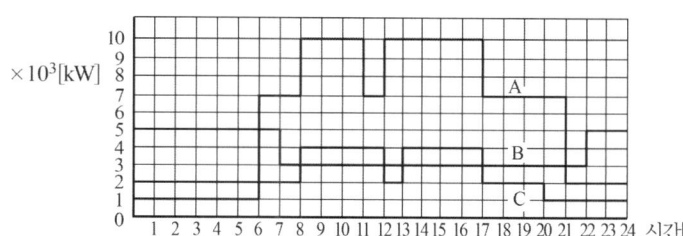

※ 부하 전력은 부하 곡선의 수치에 10^3을 한다는 의미임.
  즉 수직축의 5는 5×10^3[kW]라는 의미임.

(1) 합성 최대 전력은 몇 [kW]인가?
(2) A, B, C 각 부하에 대한 평균 전력은 몇 [kW]인가?
(3) 총 부하율은 몇 [%]인가?
(4) 부등률은 얼마인가?
(5) 최대 부하일 때의 합성 총 역률은 몇 [%]인가?

답안작성

(1) 합성 최대 전력은 도면에서 8~11시, 13~17시에 나타내며
$P = (10+4+3) \times 10^3 = 17 \times 10^3$ [kW]

(2) $A = \dfrac{\{(1 \times 6) + (7 \times 2) + (10 \times 3) + (7 \times 1) + (10 \times 5) + (7 \times 4) + (2 \times 3)\} \times 10^3}{24}$

$= 5.88 \times 10^3$ [kW]

$B = \dfrac{\{(5 \times 7) + (3 \times 15) + (5 \times 2)\} \times 10^3}{24} = 3.75 \times 10^3$ [kW]

$C = \dfrac{\{(2 \times 8) + (4 \times 4) + (2 \times 1) + (4 \times 4) + (2 \times 3) + (1 \times 4)\} \times 10^3}{24} = 2.5 \times 10^3$ [kW]

(3) 종합 부하율 $= \dfrac{\text{평균 전력}}{\text{합성 최대 전력}} \times 100$

$= \dfrac{\text{A, B, C 각 평균 전력의 합계}}{\text{합성 최대 전력}} \times 100$

$= \dfrac{(5.88 + 3.75 + 2.5) \times 10^3}{17 \times 10^3} \times 100 = 71.35$ [%]

(4) 부등률 $= \dfrac{\text{A, B, C 최대 전력의 합계}}{\text{합성 최대 전력}} = \dfrac{(10+5+4) \times 10^3}{17 \times 10^3} = 1.12$

(5) 먼저 최대 부하시 Q를 구해보면
$Q = \dfrac{10 \times 10^3}{0.8} \times 0.6 + \dfrac{3 \times 10^3}{1} \times 0 + \dfrac{4 \times 10^3}{0.6} \times 0.8 = 12833.33$ [kVar]

$$\cos\theta = \frac{P}{\sqrt{P^2+Q^2}} = \frac{17000}{\sqrt{17000^2+12833.33^2}} \times 100 = 79.81[\%]$$

▶ 출제년도 : 96. 07. 10.　▶ 점수 : 4점

문제 03 권수비가 33인 PT와 20인 CT를 그림과 같이 단상 고압 회로에 접속했을 때 전압계 Ⓥ와 전류계 Ⓐ 및 전력계 Ⓦ의 지시가 95 [V], 4.5 [A], 360 [W]이었다면 고압 부하의 역률은 몇 [%]가 되겠는가? 단, PT의 2차 전압은 110 [V], CT의 2차 전류는 5 [A]이다.

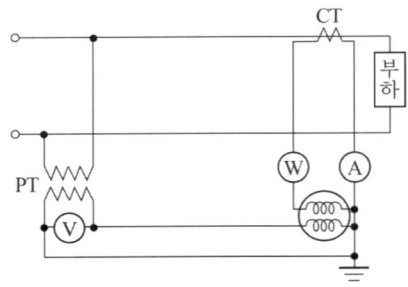

답안작성

역률 $\cos\theta = \dfrac{P[\text{W}]}{VI[\text{VA}]} = \dfrac{360}{95 \times 4.5} \times 100 = 84.21[\%]$

∴ 84.21 [%]

해설

단상 회로임을 고려하여 산출하여야 한다.

▶ 출제년도 : 10.　▶ 점수 : 6점

문제 04 유입 변압기와 비교한 몰드 변압기의 장점 5가지를 쓰시오.

답안작성

① 자기 소화성이 우수하므로 화재의 염려가 없다.
② 소형 경량화 할 수 있다.
③ 전력손실이 감소
④ 코로나 특성 및 임펄스 강도가 높다
⑤ 습기, 가스, 염분 및 소손 등에 대해 안전하다.

해설

그 외에도 [장점]
⑥ 보수 및 점검이 용이
⑦ 저진동 및 저소음 기기
⑧ 단시간 과부하 내량이 크다.

▸ 출제년도 : 06. 10.   ▸ 점수 : 8점

문제 05 발전기에 대한 다음 각 물음에 답하시오.
(1) 발전기의 출력이 500 [kVA]일 때 발전기용 차단기의 차단 용량을 산정하시오. 단, 변전소 회로측의 차단 용량은 30 [MVA]이며, 발전기 과도 리액턴스는 0.25로 한다.
(2) 동기 발전기의 병렬 운전 조건 4가지를 쓰시오.

답안작성

(1) 계산 : ① 기준용량 $P_n = 30$[MVA]로 하면
- 변전소측 $\%Z_s$
$$P_s = \frac{100}{\%Z_s} \times P_n \text{에서} \quad \%Z_s = \frac{P_n}{P_s} \times 100 = \frac{30}{30} \times 100 = 100[\%]$$
- 발전기 $\%Z_g$
$$\%Z_g = \frac{30,000}{500} \times 25 = 1500[\%]$$

② 차단용량

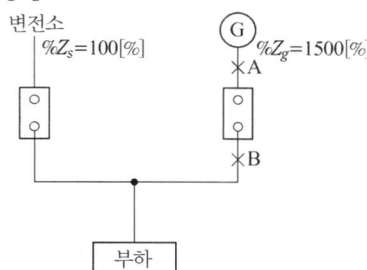

- A점에서 단락시 단락용량 P_{sA}
$$P_{sA} = \frac{100}{\%Z_s} \times P_n = \frac{100}{100} \times 30 = 30[\text{MVA}]$$
- B점에서 단락시 단락용량 P_{sB}
$$P_{sB} = \frac{100}{\%Z_g} \times P_n = \frac{100}{1500} \times 30 = 2[\text{MVA}]$$

차단기 용량은 P_{sA}와 P_{sB} 중에서 큰 값 기준하여 선정
답 : 30 [MVA]

(2) ① 기전력의 크기가 같을 것 ② 기전력의 위상이 같을 것
③ 기전력의 주파수가 같을 것 ④ 기전력의 파형이 같을 것

해설

(1) ① A점에서 단락시 : 변전소에서 공급되는 고장 전류만 차단기를 흐른다.
② B점에서 단락시 : 발전기측에서 공급되는 고장 전류만 차단기를 흐른다.

▸ 출제년도 : 89. 09. 10.   ▸ 점수 : 5점

문제 06 차단기 트립회로 전원방식의 일종으로서 AC 전원을 정류해서 콘덴서에 충전시켜 두었다가 AC 전원 정전시 차단기의 트립전원으로 사용하는 방식을 무엇이라 하는가?

답안작성

CTD 방식(콘덴서 트립 방식)

▶ 출제년도 : 99. 01. 10. ▶ 점수 : 5점

문제 07 평면도와 같은 건물에 대한 전기배선을 설계하기 위하여, 전등 및 소형 전기기계기구의 부하용량을 상정하여 분기회로수를 결정하고자 한다. 주어진 평면도와 표준부하를 이용하여 최대부하용량을 상정하고 최소분기 회로수를 결정하시오. 단, 분기회로는 16 [A] 분기회로이며 배전전압은 220 [V]를 기준하고, 적용 가능한 부하는 최대값으로 상정할 것

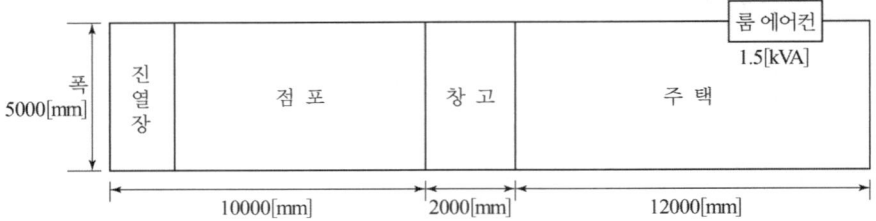

- 설비 부하 용량은 "①" 및 "②"에 표시하는 건물의 종류 및 그 부분에 해당하는 표준 부하에 바닥면적을 곱한 값과 "③"에 표시하는 건물 등에 대응하는 표준 부하[VA]를 합한 값으로 할 것

① 건물의 종류에 대응한 표준부하

건축물의 종류	표준 부하 [VA/m²]
공장, 공회당, 사원, 교회, 극장, 영화관, 연회장 등	10
기숙사, 여관, 호텔, 병원, 학교, 음식점, 다방, 대중 목욕탕, 학교	20
사무실, 은행, 상점, 이발소, 미장원	30
주택, 아파트	40

[비고] 건물이 음식점과 주택 부분의 2 종류로 될 때에는 각각 그에 따른 표준 부하를 사용할 것
[비고] 학교와 같이 건물의 일부분이 사용되는 경우에는 그 부분만을 적용한다.

② 건물(주택, 아파트를 제외)중 별도 계산할 부분의 부분적인 표준부하

건축물의 부분	표준부하 [VA/m²]
복도, 계단, 세면장, 창고, 다락	5
강당, 관람석	10

③ 표준부하에 따라 산출한 수치에 가산하여야 할 [VA]수
  - 주택, 아파트(1세대 마다)에 대하여는 1000~500 [VA]
  - 상점의 진열장에 대하여는 진열장의 폭 1 [m]에 대하여 300 [VA]
  - 옥외의 광고등, 전광사인, 네온사인 등의 [VA]수
  - 극장, 댄스홀 등의 무대조명, 영화관 등의 특수 전등부하의 [VA]수

④ 예상이 곤란한 콘센트, 틀어 끼우는 접속기, 소켓 등이 있을 경우에라도 이를 상정하지 않는다.

답안작성

① 건물의 종류에 대응한 부하용량
   점포 : $10 \times 5 \times 30 = 1500$ [VA]
   주택 : $12 \times 5 \times 40 = 2400$ [VA]
② 건물 중 별도 계산할 부분의 부하용량
   창고 : $2 \times 5 \times 5 = 50$ [VA]
③ 표준부하에 따라 산출한 수치에 가산하여야 할 VA수
   주택 1세대 : 1000 [VA] (적용 가능한 최대부하로 상정)
   진열창 : $5 \times 300 = 1500$ [VA]
   룸 에어컨 : 1500 [VA]
   ∴ 최대 부하 용량 $P = 1500 + 2400 + 50 + 1000 + 1500 + 1500 = 7950$ [VA]
   16 [A] 분기회로수 $N = \dfrac{7950}{16 \times 220} = 2.26$
   답 : 최대 부하 용량 : 7950 [VA],   분기 회로수 : 16 [A] 분기 3회로

해설

- 분기회로수
220 [V]에서 정격소비전력 3 [kW] (110 [V]때는 1.5 [kW])이상인 냉방기기, 취사용 기기는 전용 분기회로로 하여야 한다. 그러나, 룸에어컨은 1.5 [kVA]이므로 단독 분기 회로로 할 필요없음.

▸ 출제년도 : 88. 06. 10   ▸ 점수 : 5점

문제 08 다음 그림의 회로는 어느 것인가 먼저 ON 조작된 측의 램프만 점등하는 병렬 우선 회로(PB₁ ON 시 L₁이 점등된 상태에서 L₂가 점등되지 않고, PB₂ ON 시 L₂가 점등된 상태에서 L₁이 점등되지 않는 회로)로 변경하여 그리시오. 단, 계전기 R₁, R₂의 보조 b접점 각 1개씩을 추가 사용하여 그리도록 한다.

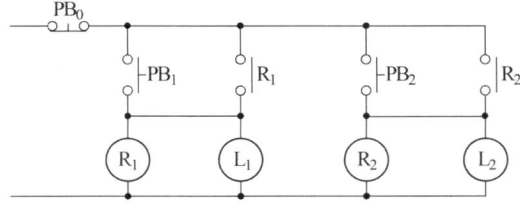

답안작성

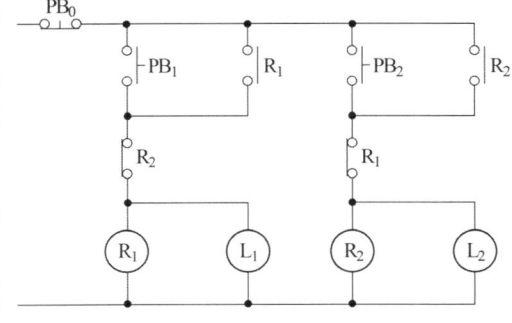

해설

R_1, R_2의 b접점으로 각각 상대쪽의 동작을 금지하는 인터록(interlock) 회로이다.

▶ 출제년도 : 94. 10.   ▶ 점수 : 5점

문제 09 지표면상 20 [m] 높이에 수조가 있다. 이 수조에 초당 0.2 [m³]의 물을 양수하려고 한다. 여기에 사용되는 펌프 모터에 3상 전력을 공급하기 위하여 단상 변압기 2대를 사용하였다. 펌프 효율이 65 [%]이고, 펌프축 동력에 15 [%]의 여유를 둔다면 변압기 1대의 용량은 몇 [kVA]이며, 이 때 변압기를 어떠한 방법으로 결선하여야 하는가? 단, 펌프용 3상 농형 유도 전동기의 역률은 80 [%]로 가정한다.

답안작성

① 변압기 1대의 용량

단상 변압기 2대를 V결선 했을 경우의 출력 $P_V = \sqrt{3}\, P_1$ [kVA]

양수 펌프용 전동기 $P = \dfrac{9.8\,QHK}{\eta \times cos\theta}$ [kVA]

여기서, $\sqrt{3}\, P_1 = \dfrac{9.8 \times 20 \times 0.2 \times 1.15}{0.65 \times 0.8} = 86.69$ [kVA]

∴ 변압기 1대 정격 용량 : $P_1 = \dfrac{86.69}{\sqrt{3}} = 50.05$ [kVA]

답 : 50.05 [kVA]

② 결선 : V결선

▶ 출제년도 : 92. 96. 00. 10.   ▶ 점수 : 5점

문제 10 LS, DS, CB가 그림과 같이 설치되었을 때의 조작 순서를 차례로 쓰시오.

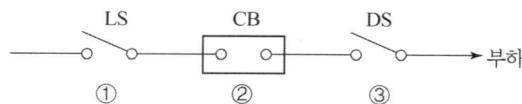

(1) 투입(ON)시의 조작 순서
(2) 차단(OFF)시의 조작 순서

답안작성

(1) ③ - ① - ②
(2) ② - ③ - ①

해설

※ • 휴전 작업 조작 순서 : CB(OFF) → DS(OFF) → LS(OFF)
  • 전력 공급 조작 순서 : DS(ON) → LS(ON) → CB(ON)
    여기서, LS (Line Switch) : 선로 개폐기
         DS (Disconnecting Switch) : 단로기

▶ 출제년도 : 10. ▶ 점수 : 10점

문제 11 다음의 교류차단기의 약어와 소호원리에 대해 쓰시오.

명 칭	약 어	소 호 원 리
가스차단기		
공기차단기		
유입차단기		
진공차단기		
자기차단기		
기중차단기		

답안작성

명 칭	약 어	소 호 원 리
가스차단기	GCB	SF_6(육불화유황)가스를 흡수해서 차단
공기차단기	ABB	압축공기를 아크에 불어넣어서 차단
유입차단기	OCB	아크에 의한 절연유 분해가스의 흡부력을 이용하여 차단
진공차단기	VCB	고진공속에서 전자의 고속도 확산을 이용하여 차단
자기차단기	MBB	전자력을 이용하여 아크를 소호실 내로 유도하여 냉각차단
기중차단기	ACB	대기 중에서 아크를 길게 하여 소호실에서 냉각차단

▶ 출제년도 : 10. ▶ 점수 : 5점

문제 12 다음 그림을 보고 물음에 답하시오.

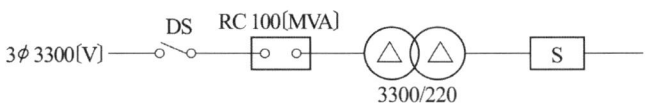

(1) 그림에서 RC100 [MVA] 가 의미하는 것은?
(2) ⬚S⬚ 의 심벌의 명칭은?
(3) 단선도로 표시된 변압기 그림을 복선도로 그리시오.

답안작성

(1) 차단용량 100 [MVA]
(2) 개폐기
(3)
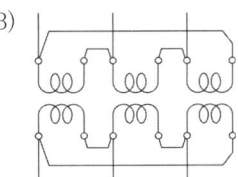

▸ 출제년도 : 86. 96. 98. 00. 02. 03. 10.   ▸ 점수 : 11점

문제 13 어느 회사에서 한 부지에 A, B, C의 세 공장을 세워 3대의 급수 펌프 P_1(소형), P_2(중형), P_3(대형)으로 다음 계획에 따라 급수 계획을 세웠다. 이 계획을 잘 보고 다음 물음에 답하시오.

[계획]
① 모든 공장 A, B, C가 휴무일 때 또는 그 중 한 공장만 가동할 때에는 펌프 P_1만 가동시킨다.
② 모든 공장 A, B, C중 어느 것이나 두 개의 공장만 가동할 때에는 P_2만 가동시킨다.
③ 모든 공장 A, B, C가 모두 가동할 때에는 P_3만 가동시킨다.

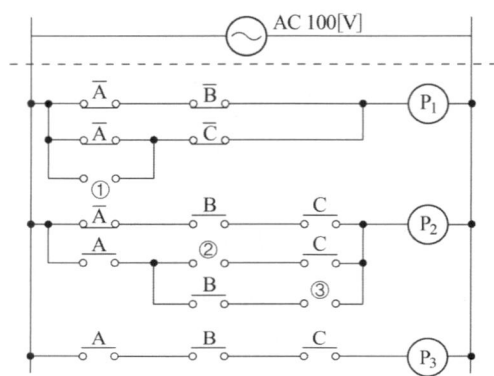

(1) 조건과 같은 진리표를 작성하시오.
(2) ①~③번의 접점 문자 기호를 쓰시오.
(3) P_1~P_3의 출력식을 각각 쓰시오.
※ 접점 심벌을 표시할 때는 A, B, C, $\overline{A}$, $\overline{B}$, $\overline{C}$등 문자 표시도 할 것

답안작성

(1)

A	B	C	출력
0	0	0	P_1
0	0	1	P_1
0	1	0	P_1
0	1	1	P_2
1	0	0	P_1
1	0	1	P_2
1	1	0	P_2
1	1	1	P_3

(2) ① $\overline{B}$ ② $\overline{B}$ ③ $\overline{C}$

(3) $P_1 = \overline{A}\,\overline{B} + (\overline{A}+\overline{B})\overline{C}$
$P_2 = \overline{A}BC + A(\overline{B}C + B\overline{C})$
$P_3 = ABC$

해설

$P_1 = \overline{A}\,\overline{B}\,\overline{C} + \overline{A}\,\overline{B}C + \overline{A}B\overline{C} + A\overline{B}\,\overline{C}$
$= \overline{A}\,\overline{B}\,\overline{C} + \overline{A}\,\overline{B}\,\overline{C} + \overline{A}\,\overline{B}\,\overline{C} + \overline{A}\,\overline{B}C + \overline{A}B\overline{C} + A\overline{B}\,\overline{C}$
$= \overline{A}\,\overline{B}(\overline{C}+C) + \overline{A}\,\overline{C}(\overline{B}+B) + \overline{B}\,\overline{C}(\overline{A}+A)$
$= \overline{A}\,\overline{B} + \overline{A}\,\overline{C} + \overline{B}\,\overline{C} = \overline{A}\,\overline{B} + (\overline{A}+\overline{B})\overline{C}$
$P_2 = \overline{A}BC + A\overline{B}C + AB\overline{C} = \overline{A}BC + A(\overline{B}C + B\overline{C})$
$P_3 = ABC$

▸ 출제년도 : 10. ▸ 점수 : 5점

문제 14 다음과 같은 래더 다이어그램을 보고 PLC 프로그램을 완성하시오.
단, 타이머 설정시간 t는 0.1초 단위임.

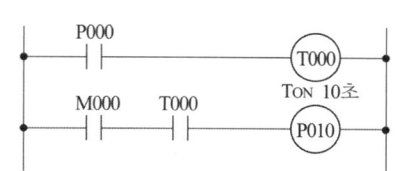

명령어	번 지
LOAD	P000
TMR	(①)
DATA	(②)
(③)	M000
AND	(④)
(⑤)	P010

답안작성

① T000 ② 100 ③ LOAD ④ T000 ⑤ OUT

▸ 출제년도 : 10. ▸ 점수 : 5점

문제 15 변압기 탭전압 6150 [V], 6250 [V], 6350 [V], 6450 [V], 6600 [V]일 때 변압기 1차측 사용탭이 6600 [V]인 경우 2차 전압이 97 [V]이였다. 1차측 탭전압을 6150 [V]로 하면 2차측전압은 몇 [V]인가?

• 계산 :   • 답 :

답안작성

계산 : $D = 97 \times \dfrac{6600}{6150} = 104.1 [V]$

답 : 104.1 [V]

해설

권수비 $a = \dfrac{n_1}{n_2} = \dfrac{V_1}{V_2}$ 에서 $\dfrac{6600}{n_2} = \dfrac{V_1}{97}$

따라서, 1차 공급전압 $V_1 = \dfrac{6600}{n_2} \times 97 [\text{V}]$

1차측 탭전압을 6150 [V]로 할 경우 새로운 2차측 전압 V_2'는

$$V_2' = \dfrac{V_1}{a'} = \dfrac{\dfrac{6600}{n_2} \times 97}{\dfrac{6150}{n_2}} = \dfrac{n_2}{6150} \times \dfrac{6600}{n_2} \times 97 = 104.1 [\text{V}]$$

▸ 출제년도 : 95. 07. 10.　▸ 점수 : 5점

문제 16

폭 5 [m], 길이 7.5 [m], 천장 높이 3.5 [m]의 방에 형광등 40 [W] 4등을 설치하니 평균 조도가 100 [lx]가 되었다. 조명률 0.5, 40 [W] 형광등 1등의 전광속이 3000 [lm]일 때 감광보상률 D를 구하시오.

• 계산 :　　　　　　　　　　　　　　• 답 :

답안작성

계산 : $D = \dfrac{FUN}{EA} = \dfrac{3000 \times 0.5 \times 4}{100 \times 5 \times 7.5} = 1.6$

답 : 1.6

E60-2
전기산업기사 실기

2011년도 기출문제

- 2011년 전기산업기사 1회
- 2011년 전기산업기사 2회
- 2011년 전기산업기사 3회

국가기술자격검정 실기시험문제 및 답안지

2011년도 산업기사 일반검정 제**1**회

자격종목(선택분야)	시험시간	형별	수험번호	성 명	감독위원 확인
전기산업기사	2시간 00분				

문제 01

▶출제년도 : 11. ▶점수 : 6점

그림과 같은 무접점의 논리 회로도를 보고 다음 각 물음에 답하시오.

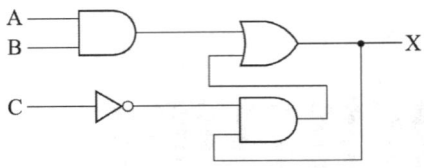

(1) 출력식을 나타내시오.
(2) 주어진 무접점 논리회로를 유접점 논리회로로 바꾸어 그리시오.
(3) 주어진 타임 차트를 완성하시오.

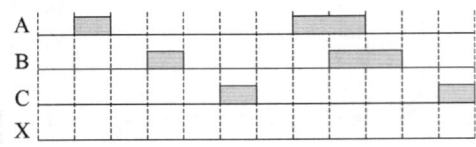

답안작성

(1) $X = AB + \overline{C}X$

(2)
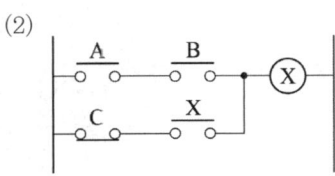

(3)
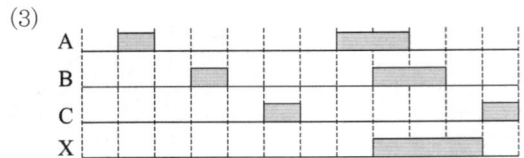

▶ 출제년도 : 96. 00. 04. 11.   ▶ 점수 : 10점

문제 02 그림은 최대 사용 전압 6900 [V]인 변압기의 절연 내력 시험을 위한 시험 회로도이다. 그림을 보고 다음 각 물음에 답하시오.

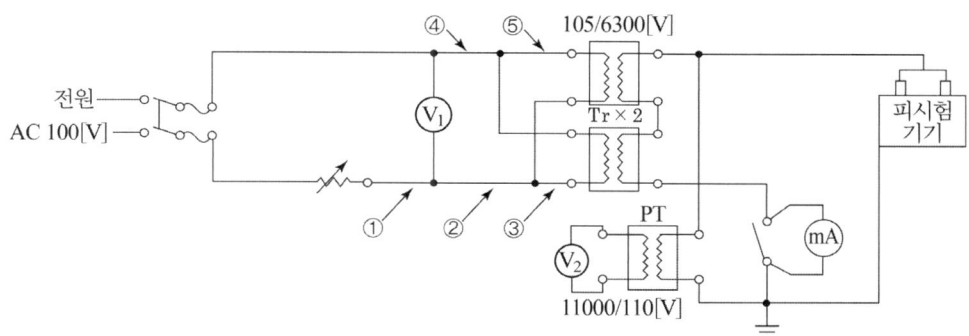

(1) 전원측 회로에 전류계 Ⓐ를 설치하고자 할 때 ①~⑤번 중 어느 곳이 적당한가?
(2) 시험시 전압계 V_1로 측정되는 전압은 몇 [V]인가?(단, 소수점 이하는 반올림 할 것)
 • 계산 :   • 답 :
(3) 시험시 전압계 V_2로 측정되는 전압은 몇 [V]인가?
 • 계산 :   • 답 :
(4) PT의 설치 목적은 무엇인가?
(5) 전류계 [mA]의 설치 목적은 어떤 전류를 측정하기 위함인가?

답안작성

(1) ①
(2) 계산 : 절연 내력 시험 전압 : $V = 6900 \times 1.5 = 10350 [V]$
     전압계 $V_1 = 10350 \times \dfrac{1}{2} \times \dfrac{105}{6300} = 86.25 [V]$
   답 : 86 [V]
(3) 계산 : $V_2 = 6900 \times 1.5 \times \dfrac{110}{11000} = 103.5 [V]$
   답 : 103.5 [V]
(4) 피시험기기의 절연 내력 시험 전압 측정
(5) 누설 전류의 측정

해설

(2) ① KEC 135 변압기 전로의 절연내력
   변압기의 전로는 표에서 정하는 시험전압을 권선과 다른 권선, 철심 및 외함 간에 시험전압을 연속하여 10분간 가하여 절연내력을 시험하였을 때에 이에 견디는 것이어야 한다.

권선의 종류 (최대사용전압)	접지방식	시험 전압 (최대사용전압의 배수)	최저 시험 전압
1. 7[kV] 이하		1.5배	500[V]
	다중접지	0.92배	500[V]
2. 7[kV] 초과 25[kV] 이하	다중접지	0.92배	
3. 7[kV] 초과 60[kV] 이하 (2란의 것을 제외한다)		1.25배	10.5[kV]
4. 60[kV] 초과 (전위 변성기를 사용하여 접지하는 것을 포함한다. 8란의 것을 제외한다)	비접지	1.25	
5. 60[kV] 초과 (전위 변성기를 사용하여 접지하는 것, 6란 및 8란의 것을 제외한다)	접지식	1.1배	75[kV]
6. 60[kV] 초과(8란의 것을 제외한다) 다만, 170[kV]를 초과하는 권선에는 그 중성점에 피뢰기를 시설하는 것에 한한다.	직접접지	0.72배	
7. 170[kV] 초과 (8란의 것을 제외한다)	직접접지	0.64배	
8. 60[kV]를 초과하는 정류기에 접속하는 권선	정류기의 교류측의 최대 사용전압의 1.1배의 교류전압 또는 정류기의 직류측의 최대 사용전압의 1.1배의 직류전압		

② 문제에서 소수점 이하는 반올림할 것이라는 조건이 있음.

▶ 출제년도 : 93. 97. 99. 02. 11.   ▶ 점수 : 5점

문제 03 차단기 명판에 BIL 150 [kV] 정격차단전류 20 [kA], 공칭전압 22 [kV]일 때 이 차단기의 정격 용량 [MVA]을 구하시오.
• 계산 :   • 답 :

답안작성

계산 : 차단기의 차단용량
$$P_s = \sqrt{3}\, V_s\, I_s = \sqrt{3} \times 22 \times \frac{1.2}{1.1} \times 20 = 831.38[\text{MVA}]$$
답 : 831.38 [MVA]

해설

• 3상 차단기의 차단용량 $= \sqrt{3} \times$ 차단기의 정격전압 $\times$ 차단기의 정격 차단전류
• 차단기의 정격전압 $=$ 공칭전압 $\times \dfrac{1.2}{1.1}$

▶ 출제년도 : 11.   ▶ 점수 : 5점

문제 04 변류비 60/5인 CT 2개를 그림과 같이 접속할 때 전류계에 3 [A]가 흐른다면 CT 1차측에 흐르는 전류는 몇 [A]인가?
• 계산 :
• 답 :

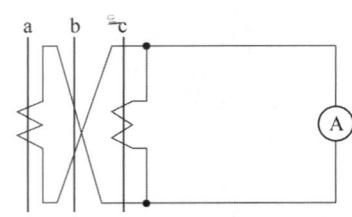

답안작성

계산 : CT 1차측 전류 = 전류계 지시치 $\times \dfrac{1}{\sqrt{3}} \times$ 변류비

$$= 3 \times \dfrac{1}{\sqrt{3}} \times \dfrac{60}{5} = 20.78 \, [\text{A}]$$

답 : 20.78[A]

해설

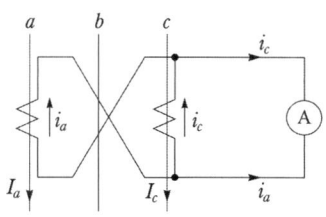 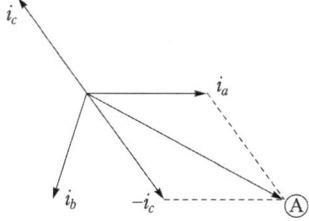

CT가 교차 접속되어 있으므로 전류계에는 1개의 CT 2차측 전류의 $\sqrt{3}$ 배를 지시한다. 따라서
- 1개의 CT 2차측 전류 = $\dfrac{\text{전류계의 지시값}}{\sqrt{3}}$
- CT 1차측 전류 = 변류비×CT 2차측 전류

▸ 출제년도 : 11. ▸ 점수 : 5점

문제 05 절연저항 측정에 관한 다음 물음에 답하시오.

(1) 500[V] 이하의 저압 전로의 배선이나 기기에 대한 절연 측정을 하기 위한 절연 저항 측정기는 몇 [V] 급을 사용하는가?

(2) 다음표의 전로의 사용 전압의 구분에 따른 절연저항값은 몇 [MΩ] 이상이어야 하는지 그 값을 표에 써 넣으시오.

전로의 사용전압[V]	절연저항[MΩ]
SELV 및 PELV	
FELV, 500[V] 이하	
500[V] 초과	

답안작성

(1) 500 [V]

(2)

전로의 사용전압[V]	절연저항[MΩ]
SELV 및 PELV	0.5
FELV, 500[V] 이하	1.0
500[V] 초과	1.0

해설

전기설비 기술기준 제52조 저압전로의 절연성능
전기사용 장소의 사용전압이 저압인 전로의 전선 상호간 및 전로와 대지 사이의 절연저항은 개폐기 또는 과전류차단기로 구분할 수 있는 전로마다 다음 표에서 정한 값 이상이어야 한다. 다만, 전선

상호간의 절연저항은 기계기구를 쉽게 분리가 곤란한 분기회로의 경우 기기 접속 전에 측정할 수 있다. 또한, 측정 시 영향을 주거나 손상을 받을 수 있는 SPD 또는 기타 기기 등은 측정 전에 분리시켜야 하고, 부득이하게 분리가 어려운 경우에는 시험전압을 250[V] DC로 낮추어 측정할 수 있지만 절연저항 값은 1[MΩ] 이상이어야 한다.

전로의 사용전압[V]	DC 시험전압[V]	절연저항[MΩ]
SELV 및 PELV	250	0.5
FELV, 500[V] 이하	500	1.0
500[V] 초과	1,000	1.0

[주] 특별저압(extra low voltage : 2차 전압이 AC 50[V], DC 120[V] 이하)으로 SELV(비접지 회로 구성) 및 PELV(접지회로 구성)은 1차와 2차가 전기적으로 절연된 회로, FELV는 1차와 2차가 전기적으로 절연되지 않은 회로

▸ 출제년도 : 05. 11. ▸ 점수 : 4점

문제 06 발전기를 병렬 운전하려고 한다. 병렬 운전이 가능한 조건 4가지를 쓰시오.

답안작성
① 기전력의 크기가 같을 것   ② 기전력의 위상이 같을 것
③ 기전력의 파형이 같을 것   ④ 기전력의 주파수가 같을 것

▸ 출제년도 : 98. 02. 11. ▸ 점수 : 4점

문제 07 그림과 같은 단상 3선식 선로에서 설비 불평형률은 몇 [%]인가?

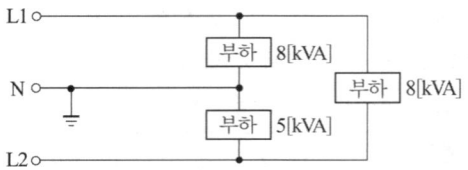

답안작성
계산 : 설비불평형률 $= \dfrac{8-5}{(8+5+8) \times \dfrac{1}{2}} \times 100 = 28.57[\%]$

답 : 28.57[%]

해설
단상 3선식에서 설비불평형률

설비불평형률 $= \dfrac{\text{중성선과 각 전압측 전선간에 접속된 부하 설비용량의 차}}{\text{총 부하 설비용량의 1/2}} \times 100[\%]$

▸ 출제년도 : 11. ▸ 점수 : 5점

문제 08 부하 전력이 480 [kW], 역률 80 [%]인 부하에 전력용 콘덴서 220 [kVA]를 설치하면 역률은 몇 [%]가 되는가?

• 계산 :   • 답 :

답안작성

계산 : • 부하의 무효 전력 $Q = \dfrac{P}{\cos\theta} \times \sin\theta = \dfrac{480}{0.8} \times 0.6 = 360[\text{kVar}]$

• 콘덴서 설치 후 역률 $\cos\theta' = \dfrac{P}{\sqrt{P^2+(Q-Q_c)^2}} \times 100$

$= \dfrac{480}{\sqrt{480^2+(360-220)^2}} \times 100 = 96[\%]$

답 : 96 [%]

▶ 출제년도 : 97. 02. 11.　▶ 점수 : 7점

문제 09 ● 다음 전기 설비에서 사용하는 그림 기호의 명칭을 쓰시오.

(1) ----▭---- LD　(2) ⊠　(3) ●R　(4) ◗EX

(5) ◣　(6) | MDF |　(7) ▭

답안작성

(1) 라이팅 덕트　(2) 풀박스 및 접속 상자
(3) 리모콘 스위치　(4) 방폭형 콘센트　(5) 분전반
(6) 본 배선반　(7) 단자반

▶ 출제년도 : 11.　▶ 점수 : 5점

문제 10 ● 다음 보기의 부하에 대한 간선의 허용 전류를 결정하시오.

[보기] • 전동기 : 40 [A] 이하 1대, 20 [A] 1대
　　　• 히터 : 20 [A]

수용률이 60 [%]일 때 전류는 최소 몇 [A]인가?

• 계산 :　　　　　　　　　　　　• 답 :

답안작성

계산 : 설계전류 $I_B = (40+20+20) \times 0.6 = 48[\text{A}]$

$I_B \leq I_n \leq I_Z$의 조건을 만족하는 간선의 허용전류 $I_Z \geq 48[\text{A}]$

답 : 48 [A]

해설

KEC 212.4.1 도체와 과부하 보호장치 사이의 협조
과부하에 대해 케이블(전선)을 보호하는 장치의 동작특성은 다음의 조건을 충족해야 한다.

$$I_B \leq I_n \leq I_Z, \quad I_2 \leq 1.45 \times I_Z$$

I_B : 회로의 설계전류(선도체를 흐르는 설계전류 또는 함유율이 높은 영상분 고조파,특히 제3고조파가 지속적으로 흐르는 경우 중성선에 흐르는 전류이다.)
I_Z : 케이블의 허용전류
I_n : 보호장치의 정격전류(사용현장에 적합하게 조정된 전류의 설정 값)
I_2 : 보호장치가 규약시간 이내에 유효하게 동작하는 것을 보장하는 전류

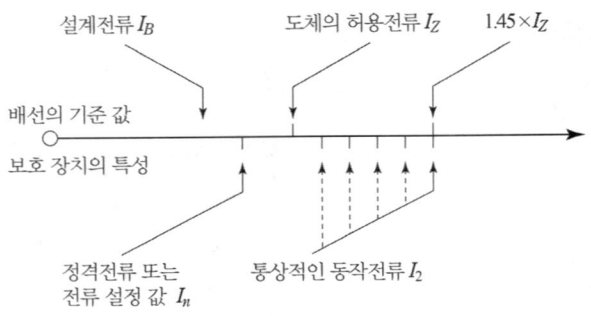

과부하 보호 설계 조건도

▶ 출제년도 : 95. 00. 05. 11.   ▶ 점수 : 6점

문제 11 그림과 같은 부하 곡선을 보고 다음 각 물음에 답하시오.

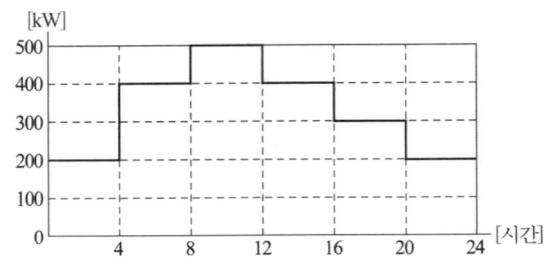

(1) 첨두 부하는 몇 [kW]인가?
(2) 첨두 부하가 지속되는 시간은 몇 시부터 몇 시까지인가?
(3) 일공급 전력량은 몇 [kWh]인가?
  • 계산 :   • 답 :
(4) 일부하율은 몇 [%]인가?
  • 계산 :   • 답 :

답안작성

(1) 500 [kW]
(2) 8~12시
(3) 계산 : $W = (200+400+500+400+300+200) \times 4 = 8000$ [kWh]
   답 : 8000[kWh]
(4) 계산 : 일부하율 $= \dfrac{8000}{24 \times 500} \times 100 = 66.67 [\%]$
   답 : 66.67[%]

해설

(4) 일부하율 $= \dfrac{1\text{일의 평균 전력}}{1\text{일의 최대 전력}} = \dfrac{1\text{일 사용 전력량}/24}{1\text{일의 최대 전력}}$

▶ 출제년도 : 98. 01. 11.   ▶ 점수 : 6점

문제 12 그림과 같은 사무실에 조명 시설을 하려고 한다. 다음 주어진 조건을 이용하여 다음 각 물음에 답하시오.

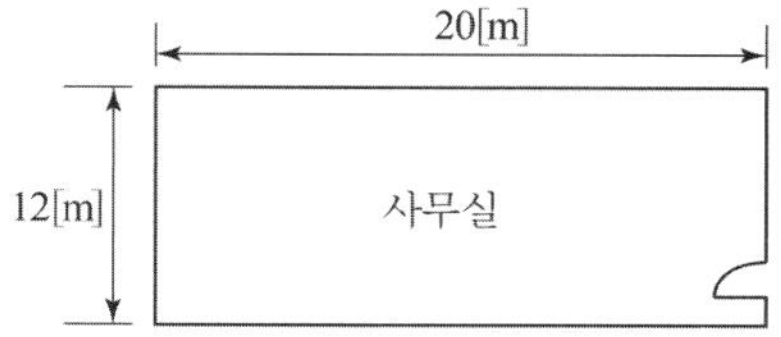

[조건]
- 천장고 3 [m]
- 조명률 0.45
- 보수율 0.75
- 조명 기구 FL 40 [W]×2등용 (이것을 1기구로 하고 이것의 광속은 5000 [lm])
- 분기 Breaker : 50 AF/30 AT

(1) 조도를 500 [lx]로 기준할 때 설치해야 할 기구수는? (배치를 고려하여 산정할 것)
(2) 분기 Breaker의 50 AF/30 AT에서 AF와 AT의 의미는 무엇인가?

답안작성

(1) $FUN = EAD$

$$N = \frac{EAD}{FU} = \frac{500 \times 12 \times 20 \times \frac{1}{0.75}}{5000 \times 0.45} = 71.11 \, [등]$$

답 : 72 [등]

(2) AF : 차단기 프레임 전류,   AT : 차단기 트립 전류

▶ 출제년도 : 11.   ▶ 점수 : 6점

문제 13 송전단 전압 66 [kV], 수전단 전압 61 [kV]인 송전 선로에서 수전단의 부하를 끊은 경우의 수전단 전압이 63 [kV]라 할 때 다음 각 물음에 답하시오.
(1) 전압 강하율을 구하시오.
(2) 전압 변동률을 구하시오.

답안작성

(1) 전압 강하율 : $\epsilon = \frac{V_s - V_r}{V_r} \times 100 = \frac{66 - 61}{61} \times 100 = 8.2 [\%]$

답 : 8.2 [%]

(2) 전압 변동률 : $\epsilon = \frac{V_{r0} - V_r}{V_r} \times 100 = \frac{63 - 61}{61} \times 100 = 3.28 [\%]$

답 : 3.28 [%]

해설

(1) 전압 강하율 = $\frac{송전단 전압 - 수전단 전압}{수전단 전압} \times 100 [\%]$

(2) 전압 변동률 = $\frac{무부하 상태에서의 수전단 전압 - 정격부하 상태에서의 수전단 전압}{정격부하 상태에서의 수전단 전압} \times 100 [\%]$

▶ 출제년도 : 11.   ▶ 점수 : 5점

문제 14 대지저항률을 낮추기 위한 접지저감재의 구비조건 5가지를 쓰시오.

답안작성

① 저감 효과가 클 것
② 저감 효과가 영속성이 있을 것
③ 접지극을 부식시키지 말 것
④ 공해가 없을 것
⑤ 경제적이그 공법이 용이할 것

해설

그 외에도 ⑥ 안전할 것

▶ 출제년도 : 04. 06. 11.   ▶ 점수 : 5점

문제 15 어느 건물의 수용가가 자가용 디젤 발전기 설비를 설계하려고 한다. 발전기 용량을 산출하기 위하여 필요한 부하의 종류와 여러 가지 특성이 다음의 부하 및 특성표와 같을 때 전부하를 운전하는 데 필요한 수치값들을 주어진 표를 활용하여 수치표의 빈칸에 기록하면서 발전기의 [kVA] 용량을 산정하시오. 단, 전동기 기동시에 필요한 용량은 무시하고, 수용률의 적용은 최대 입력 전동기 한 대에 대하여 100 [%], 기타의 전동기는 80 [%]로 한다. 또한 전등 및 기타의 효율 및 역률은 100 [%]로 한다.

부하 및 특성표

부하의 종류	출력[kW]	극수[극]	대수[대]	적용 부하	기동 방법
전동기	30	8	1	소화전 펌프	리액터 기동
	11	6	3	배풍기	Y-△기동
전등 및 기타	60			비상조명	

[표 1] 전동기

정격 출력 [kW]	극 수	동기 속도 [rpm]	전부하 특성		기동전류 I_{st} 각 상의 평균값 [A]	비 고			전부하 슬 립 S [%]
			효율 η [%]	역률 pf [%]		무부하 전류 I_0 각상의 전류값 [A]	전부하 전류 I 각상의 평균값 [A]		
5.5	4	1800	82.5 이상	79.5 이상	150 이하	12	23		5.5
7.5			83.5 이상	80.5 이상	190 이하	15	31		5.5
11			84.5 이상	81.5 이상	280 이하	22	44		5.5
15			85.5 이상	82.0 이상	370 이하	28	59		5.0
(19)			86.0 이상	82.5 이상	455 이하	33	74		5.0
22			86.5 이상	83.0 이상	540 이하	38	84		5.0
30			87.0 이상	83.5 이상	710 이하	49	113		5.0
37			87.5 이상	84.0 이상	875 이하	59	138		5.0

정격 출력 [kW]	극 수	동기 속도 [rpm]	전부하 특성		기동전류 I_{st} 각 상의 평균값 [A]	비 고		
			효율 η [%]	역률 pf [%]		무부하 전류 I_0 각상의 전류값 [A]	전부하 전류 I 각상의 평균값 [A]	전부하 슬 립 S [%]
5.5	6	1200	82.0 이상	74.5 이상	150 이하	15	25	5.5
7.5			83.0 이상	75.5 이상	185 이하	19	33	5.5
11			84.0 이상	77.0 이상	290 이하	25	47	5.5
15			85.0 이상	78.0 이상	380 이하	32	62	5.5
(19)			85.5 이상	78.5 이상	470 이하	37	78	5.0
22			86.0 이상	79.0 이상	555 이하	43	89	5.0
30			86.5 이상	80.0 이상	730 이하	54	119	5.0
37			87.0 이상	80.0 이상	900 이하	65	145	5.0
5.5	8	900	81.0 이상	72.0 이상	160 이하	16	26	6.0
7.5			82.0 이상	74.0 이상	210 이하	20	34	5.5
11			83.5 이상	75.5 이상	300 이하	26	48	5.5
15			84.0 이상	76.5 이상	405 이하	33	64	5.5
(19)			85.0 이상	77.0 이상	485 이하	39	80	5.5
22			85.5 이상	77.5 이상	575 이하	47	91	5.0
30			86.0 이상	78.5 이상	760 이하	56	121	5.0
37			87.5 이상	79.0 이상	940 이하	68	148	5.0

[표 2] 자가용 디젤 발전기의 표준 출력

50	100	150	200	300	400

수치값 표

부하	출력 [kW]	효율 [%]	역률 [%]	입력[kVA]	수용률 [%]	수용률 적용값 [kVA]
전동기	30×1					
전동기	11×3					
전등 및 기타	60					
계						
필요한 발전기 용량 [kVA]						

※ 수치표의 빈칸을 채울 때, 계산이 필요한 것은 계산식을 반드시 기록하고 그 결과값을 표시하도록 한다.

답안작성

부하	출력 [kW]	효율 [%]	역률 [%]	입 력 [kVA]	수용률 [%]	수용률 적용값 [kVA]
전동기	30×1	86	78.5	$\dfrac{30}{0.86 \times 0.785} = 44.44$	100	44.44
전동기	11×3	84	77	$\dfrac{11 \times 3}{0.84 \times 0.77} = 51.02$	80	40.82
전등 및 기타	60	100	100	60	100	60
계						145.26
필요한 발전기 용량[kVA]						150

▶ 출제년도 : 85. 98. 02. 11.   ▶ 점수 : 5점

문제 16 전원측 전압이 380 [V]인 3상 3선식 옥내 배선이 있다. 그림과 같이 250 [m] 떨어진 곳에서부터 10 [m] 간격으로 용량 5 [kVA]의 3상 동력을 5대 설치하려고 한다. 부하 말단까지의 전압 강하를 5 [%] 이하로 유지하려면 동력선의 굵기를 얼마로 선정하면 좋은지 표에서 산정하시오. 단, 전선으로는 도전율이 97 [%]인 비닐 절연 동선을 사용하여 금속관 내에 설치하여 부하 말단까지 동일한 굵기의 전선을 사용한다.

[도면]

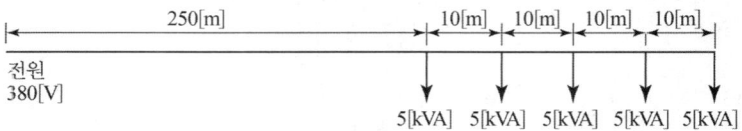

[표 1] 전선의 굵기 및 허용 전류

전선의 굵기 [mm²]	10	16	25	35	50
전선의 허용 전류[A]	43	62	82	97	133

답안작성

부하의 중심 거리 $L = \dfrac{5 \times 250 + 5 \times 260 + 5 \times 270 + 5 \times 280 + 5 \times 290}{5+5+5+5+5} = 270\,[\text{m}]$

전부하 전류 $I = \dfrac{5 \times 10^3 \times 5}{\sqrt{3} \times 380} \fallingdotseq 38\,[\text{A}]$

전압 강하 $e = 380 \times 0.05 = 19\,[\text{V}]$

전선 1 [m]의 저항을 $r\,[\Omega/\text{m}]$라 하면 선로의 전 저항 $R = 270 \times r$

$e = 19 = \sqrt{3}\,IR = \sqrt{3} \times 38 \times 270 \times r$

$r = \dfrac{19}{\sqrt{3} \times 38 \times 270} = \dfrac{1}{58} \times \dfrac{100}{97} \times \dfrac{1}{A}$

$A = \dfrac{\sqrt{3} \times 38 \times 270 \times 100}{19 \times 58 \times 97} = 16.62\,[\text{mm}^2]$

이므로 표에 의하여 25 [mm²]가 된다.

해설

• 부하의 중심거리 $L = \dfrac{\sum I_i L_i}{\sum I_i} = \dfrac{\sum V I_i L_i}{\sum V I_i} = \dfrac{\sum P_a L_i}{\sum P_a}$

• 허용전류만 고려하면 표 1에서 알 수 있듯이 10 [mm²] 전선을 사용하여도 무방하나 전압강하를 고려하면 전선의 굵기는 25 [mm²]가 되어야 한다.

▶ 출제년도 : 11.   ▶ 점수 : 6점

문제 17 울타리의 높이와 울타리로부터 충전 부분까지의 거리의 합계는 35 [kV] 이하는 (①) [m], 35 [kV] 초과 160 [kV] 이하는 (②)[m], 160 [kV] 초과 시 6 [m]에 160 [kV]를 초과하는 (③) [kV] 또는 그 단수마다 (④) [cm]를 더한 값 이상으로 한다.

답안작성

① 5   ② 6   ③ 10   ④ 12

해설

KEC 341.4 특고압용 기계기구의 시설
특고압용 기계기구는 다음의 규정에 의하여 시설하는 경우 이외에는 시설하여서는 아니 된다.
1. 기계기구의 주위에 규정에 준하여 울타리·담 등을 시설하는 경우
   - 울타리·담 등의 높이 : 2 [m] 이상
   - 지표면과 울타리·담 등의 하단사이의 간격 : 0.15 [m] 이하
2. 기계기구를 지표상 5[m] 이상의 높이에 시설하고 충전부분의 지표상의 높이를 표에서 정한 값 이상으로 하고 또한 사람이 접촉할 우려가 없도록 시설하는 경우

사용전압의 구분	울타리·담 등의 높이와 울타리·담 등으로부터 충전 부분까지의 거리의 합계
35[kV] 이하	5 [m]
35[kV] 초과 160[kV] 이하	6 [m]
160[kV] 초과	• 거리의 합계 = 6 + 단수 × 0.12 [m] • 단수 = $\dfrac{\text{사용전압 [kV]}-160}{10}$ 단수 계산에서 소수점 이하는 절상

▶ 출제년도 : 11.   ▶ 점수 : 5점

문제 18

다음 표와 같은 부하설비가 있다. 여기에 공급할 변압기 용량을 선정하시오.
(단, 부등률은 1.2, 부하의 종합역률은 80 [%] 이다.)

수용가	설비용량 [kW]	수용률 [%]
A	60	60
B	40	50
C	20	70
D	30	65

• 계산 :   • 답 :

답안작성

계산 : 변압기 용량 = $\dfrac{\text{개별 최대 수용 전력의합}}{\text{부등률} \times \text{역률}} = \dfrac{\text{설비용량} \times \text{수용률}}{\text{부등률} \times \text{역률}}$

$= \dfrac{60 \times 0.6 + 40 \times 0.5 + 20 \times 0.7 + 30 \times 0.65}{1.2 \times 0.8} = 93.23 [\text{kVA}]$

답 : 100[kVA]

해설

변압기 용량 ≥ 합성최대 수용전력 = $\dfrac{\text{설비용량 [kW]} \times \text{수용률}}{\text{부등률} \times \text{역률}}$ [kVA]

국가기술자격검정 실기시험문제 및 답안지

2011년도 산업기사 일반검정 제2회

자격종목(선택분야)	시험시간	형별	수험번호	성 명	감독위원 확 인
전기산업기사	2시간 00분				

문제 01 ▸출제년도 : 06. 11. ▸점수 : 5점

그림과 같은 교류 100[V] 단상 2선식 분기 회로의 전선 굵기를 결정하되 표준 규격으로 결정하시오. 단, 전압강하는 2[V] 이하, 배선은 600[V] 고무 절연 전선을 사용하는 애자사용 공사로 한다.

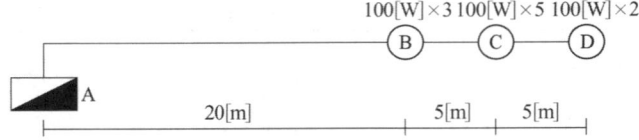

답안작성

계산 : 부하중심까지의 거리

$$L = \frac{\sum l \times i}{\sum i} = \frac{20 \times \frac{100 \times 3}{100} + 25 \times \frac{100 \times 5}{100} + 30 \times \frac{100 \times 2}{100}}{\frac{100 \times 3}{100} + \frac{100 \times 5}{100} + \frac{100 \times 2}{100}} = 24.5[\text{m}]$$

전부하 전류 $I = \sum i = \frac{100 \times 3}{100} + \frac{100 \times 5}{100} + \frac{100 \times 2}{100} = 10[\text{A}]$

전선의 굵기 $A = \frac{35.6LI}{1000e} = \frac{35.6 \times 24.5 \times 10}{1000 \times 2} = 4.36[\text{mm}^2]$

답 : 6 [mm²]

해설

전선규격(KSC IEC 기준)
1.5, 2.5, 4, 6, 10, 16, 25, 35, 50, 70, 95, 120, 150, 185, 240, 300, 400, 500, 630 [mm²]

문제 02 ▸출제년도 : 11. ▸점수 : 4점

전력용 콘덴서 설치장소(2가지)와 전력용 콘덴서 및 직렬 리액터의 역할을 간단히 설명하시오.
(1) 전력용 콘덴서 설치 장소
(2) ① 전력용 콘덴서의 역할
　　② 직렬 리액터의 역할

답안작성

(1) 전력용 콘덴서 설치 장소
  ① 개개의 전동기에 콘덴서를 부착하는 방법
  ② 변압기 2차측 모선에 집중하여 설치하는 방법
(2) ① 콘덴서의 역할 : 역률 개선
  ② 직렬 리액터의 역할 : 제5고조파 제거

▶출제년도 : 11. ▶점수 : 10점

문제 03 공장들의 일부하곡선이 그림과 같을 때 다음 각 물음에 답하시오.

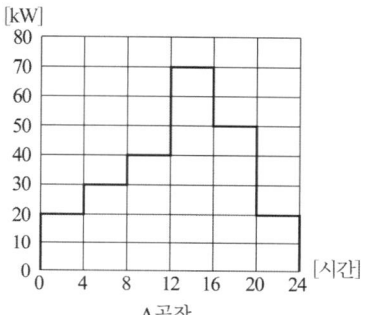
A공장

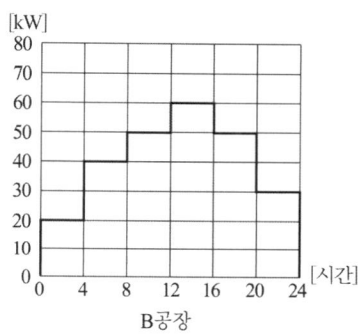
B공장

(1) A공장의 평균전력은 몇 [kW]인가?
  •계산 :   •답 :
(2) A공장의 첨두 부하가 지속되는 시간은 몇 시부터 몇 시까지인가?
(3) A, B 각 공장의 수용률은 얼마인가? (단, 설비용량은 공장 모두 80 [kW]이다.)
  - A 공장
    •계산 :   •답 :
  - B 공장
    •계산 :   •답 :
(4) A, B 각 공장의 일부하율은 얼마인가?
  - A 공장
    •계산 :   •답 :
  - B 공장
    •계산 :   •답 :
(5) A, B 각 공장 상호간의 부등률을 계산하고 부등률의 정의를 간단히 쓰시오.
  •부등률 계산 :
  •부등률의 정의 :

답안작성

(1) A 공장 평균전력

계산 : 평균전력 = $\frac{(20+30+40+70+50+20) \times 4}{24}$ = 38.33[kW]

답 : 38.33 [kW]

(2) 12~16시

(3) ① A 공장

계산 : 수용률 = $\frac{70}{80} \times 100$ = 87.5 [%]　　　답 : 87.5 [%]

② B 공장

계산 : 수용률 = $\frac{60}{80} \times 100$ = 75 [%]　　　답 : 75 [%]

(4) ① A 공장

계산 : 일부하율 = $\frac{38.33}{70} \times 100$ = 54.76 [%]　　　답 : 54.76 [%]

② B 공장

계산 : 평균전력 = $\frac{(20+40+50+60+50+30) \times 4}{24}$ = 41.67[kW]

일부하율 = $\frac{41.67}{60} \times 100$ = 69.45 [%]

답 : 69.45 [%]

(5) • 부등률 계산 : $\frac{70+60}{130}$ = 1

• 부등률의 정의 : 전력 소비 기기를 동시에 사용하는 정도

해설

(3) 수용률 = $\frac{최대전력}{설비용량} \times 100[\%]$

(4) 부하율 = $\frac{평균전력}{최대전력} \times 100[\%]$

(5) ① 부등률 = $\frac{개별\ 부하의\ 최대\ 수요\ 전력의\ 합}{합성\ 최대\ 전력}$

② • A 공장 최대 전력 : 70 [kW]
　• B 공장 최대 전력 : 60 [kW]
　• 합성 최대 전력 : 12시~16시 사이에 발생하여 그 값은 130 [kW]

▶ 출제년도 : 11.　▶ 점수 : 5점

문제 04 디젤 발전기를 5시간 전부하 운전할 때 연료 소비량이 300 [kg]이었다. 이 발전기의 정격 출력은 몇 [kVA]인가? 단, 중유의 열량은 10000 [kcal/kg], 기관 효율 40 [%], 발전기 효율 85 [%], 전부하시 발전기 역률 80 [%] 이다.

• 계산 :　　　　　　　　　　　　　　　　　　• 답 :

답안작성

계산 : $P = \frac{BH\eta_t\eta_g}{860t\cos\theta} = \frac{300 \times 10000 \times 0.4 \times 0.85}{860 \times 5 \times 0.8}$ = 296.51[kVA]　　　답 : 296.51 [kVA]

해설

- 1시간당 연료 소비량 = $\frac{300}{5} = 60[kg]$
- 발생열량 = $60[kg] \times 10000[kcal/kg] = 600000[kcal]$
- 효율 감안한 출력 $P = \frac{600000 \times 0.4 \times 0.85}{860} = 237.21[kW]$
  (∵ 1[kWh] = 860[kcal])
- 출력[kVA] = $\frac{P[kW]}{\cos\theta} = \frac{237.21}{0.8} = 296.51[kVA]$

▶ 출제년도 : 05. 11.   ▶ 점수 : 6점

문제 05 대지 전압은 접지식 전로와 비접지식 전로에서 어떤 전압(어느 개소간의 전압)인지를 설명하시오.

- 접지식 선로 :
- 비접지식 선로 :

답안작성

- 접지식 전로 : 전선과 대지 사이의 전압
- 비접지식 전로 : 전선과 그 전로 중의 임의의 다른 전선 사이의 전압

▶ 출제년도 : 97. 04. 11.   ▶ 점수 : 5점

문제 06 그림은 발전기의 상간 단락 보호 계전 방식을 도면화 한 것이다. 이 도면을 보고 다음 각 물음에 답하시오.

(1) 점선안의 계전기 명칭은?
(2) 동작 코일은 A, B, C 코일 중 어느 것인가?
(3) 발전기에 상간 단락이 생길 때 코일 C의 전류 i_d 는 어떻게 표현되는가?
(4) 동기발전기를 병렬운전 시키기 위한 조건을 4가지만 쓰시오

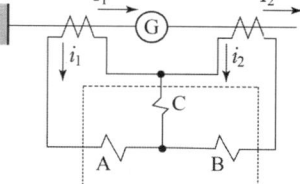

답안작성

(1) 비율 차동 계전기
(2) C 코일
(3) $i_d = |i_1 - i_2|$
(4) ① 기전력의 크기가 같을 것
    ② 기전력의 위상이 같을 것
    ③ 기전력의 주파수가 같을 것
    ④ 기전력의 파형이 같을 것

해설

(2) C 코일 : 동작 코일 (차동 전류)
    A, B 코일 : 억제 코일 (부하 전류)
(3) C 코일(동작 코일)에 흐르는 전류는 A, B 코일(억제 코일)에 흐르는 전류의 차전류가 흐른다.

문제 07

▸출제년도 : 11. ▸점수 : 5점

어느 철강 회사에서 천장크레인의 권상용 전동기에 의하여 권상 중량 100 [ton]을 권상 속도 3 [m/min]로 권상하려고 한다. 권상용 전동기의 소요 출력은 몇 [kW] 정도이어야 하는가? 단, 권상기의 기계효율은 80 [%]이다.

답안작성

$$P = \frac{W \cdot V}{6.12\eta} = \frac{100 \times 3}{6.12 \times 0.8} = 61.27 \,[\text{kW}]$$

해설

권상용 전동기의 출력 $P = \dfrac{W \cdot V}{6.12\eta}$ [kW]

W : 권상 중량 [ton], V : 권상 속도 [m/min], η : 효율

문제 08

▸출제년도 : 88. 11. ▸점수 : 5점

그림과 같은 단상 3선식 100/200[V] 수전의 경우 설비 불평형률을 구하고 그림과 같은 설비가 양호하게 되었는지의 여부를 판단하시오. 단, ⒣는 전열기 부하이고, Ⓜ은 전동기 부하임.

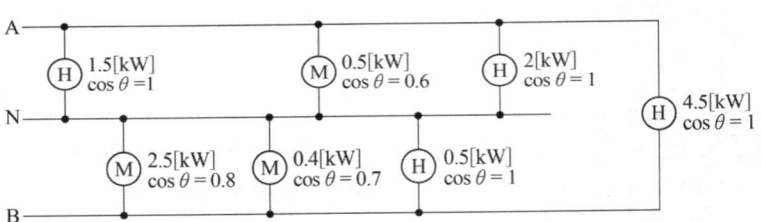

•계산 :   •답 :

답안작성

계산 : $P_{AN} = 1.5 + \dfrac{0.5}{0.6} + 2 = 4.33 \,[\text{kVA}]$

$P_{BN} = \dfrac{2.5}{0.8} + \dfrac{0.4}{0.7} + 0.5 = 4.2 \,[\text{kVA}]$

$P_{AB} = 4.5 \,[\text{kVA}]$

$\therefore$ 불평형률 $= \dfrac{4.33 - 4.2}{(4.33 + 4.2 + 4.5) \times \dfrac{1}{2}} \times 100 = 2 [\%]$

따라서, 40 [%] 이하이므로 양호한 설비이다.

답 : 2 [%], 양호하다.

해설

단상 3선식에서

설비불평형률 $= \dfrac{\text{중성선과 각 전압측 전선간에 접속되는 부하설비용량[kVA]의 차}}{\text{총 부하설비용량[kVA]의 } 1/2} \times 100 [\%]$

여기서, 불평형률은 40[%] 이하이어야 한다.

▶ 출제년도 : 88. 96. 11.   ▶ 점수 : 10점

문제 09

다음 도면은 단상 2선식 100 [V]로 수전하는 철근 콘크리트 구조로 된 주택의 전등, 콘센트 설비 평면도이다. 도면을 보고 물음에 답하시오. 단, 형광등 시설은 원형 노출 콘센트를 설치하여 사용할 수 있게 하고 분기 회로 보호는 배선용 차단기를, 간선은 누전 차단기를 사용하는 것으로 한다.

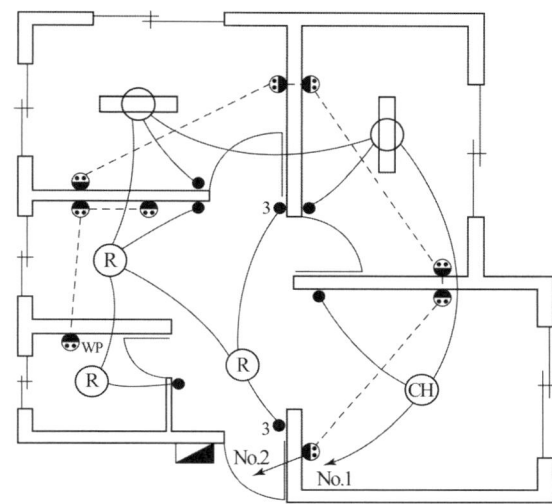

(1) 도면에서 실선과 파선으로 배선 표시가 되어 있는데 이들은 무슨 공사를 의미하는가?
(2) 분전반의 단선 결선도를 그리시오.
(3) 형광등은 40 [W] 2램프용을 시설할 경우 그 기호를 나타내어 보시오.
(4) 전선과 전선관을 제외한 전기 자재의 명칭과 수량을 기재하시오.

명 칭	수 량	명 칭	수 량	명 칭	수 량
샹데리아		누전 차단기		배선용 차단기	
원형 노출 콘센트		형광등 2등용		백열등	
매입 콘센트(일반)		텀블러 스위치(단극)		텀블러 스위치(3로)	
8각 박스		매입 콘센트(방수용)		4각 박스	
스위치 박스		콘센트 플레이트		스위치 플레이트	

답안작성

(1) 실선 : 천장 은폐 배선, 파선 : 바닥 은폐 배선
(2)
```
   ┌───┐   ┌───┐   ┌───┐
   │ E │───│ B │───│ B │
   └───┘   └───┘   └───┘
             ↓ No 1   ↓ No 2
```
(3)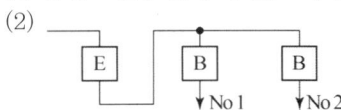
   F40×2

(4)

명 칭	수량	명 칭	수량	명 칭	수량
샹데리아	1	누전 차단기	1	배선용 차단기	2
원형 노출 콘센트	2	형광등 2등용	2	백열등	3
매입 콘센트(일반)	8	텀블러 스위치(단극)	5	텀블러 스위치(3로)	2
8각 박스	5	매입 콘센트(방수용)	1	4각 박스	1
스위치 박스	16	콘센트 플레이트	9	스위치 플레이트	7

해설

(1) ----------- : 노출배선
━━━━━━ : 바닥은폐배선
도면에서 노출배선인지 바닥은폐배선인지 구별이 곤란하다. 그러나 문제에 주어진 전기자재에서 콘센트가 매입콘센트로 주어졌으므로 바닥은폐배선이 타당함.

▶ 출제년도 : 98. 00. 11.   ▶ 점수 : 6점

문제 10 CT 및 PT에 대한 다음 각 물음에 답하시오.
(1) CT는 운전 중에 개방하여서는 아니된다. 그 이유는?
(2) PT의 2차측 정격 전압과 CT의 2차측 정격 전류는 일반적으로 얼마로 하는가?
(3) 3상 간선의 전압 및 전류를 측정하기 위하여 PT와 CT를 설치할 때, 다음 그림의 결선도를 답안지에 완성하시오. 접지가 필요한 곳에는 접지 표시를 하시오.
퓨즈는 ▭, PT는 ⋛, CT는 ⋚ 로 표현하시오.

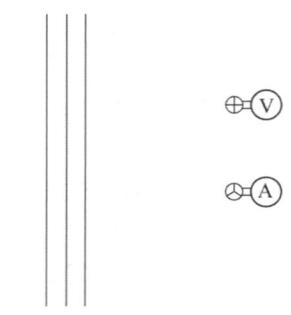

답안작성

(1) CT 2차측 절연보호
(2) •PT의 2차 정격 전압 : 110 [V]   •CT의 2차 정격 전류 : 5 [A]
(3)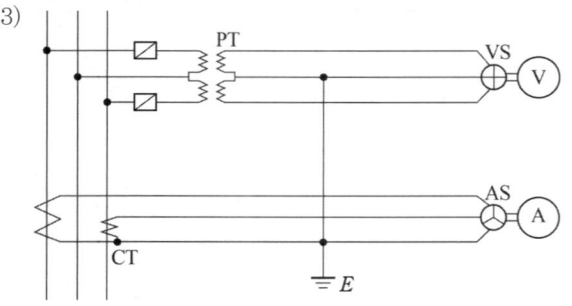

문제 11

▶출제년도 : 11. ▶점수 : 5점

다음 각 물음에 답하시오.

(1) 풀용 수중조명등에 전기를 공급하기 위해서는 1차측 전로의 사용전압 및 2차측 전로의 사용전압이 각각 (①)이하 및 (②) 이하인 절연 변압기를 사용할 것.

(2) 절연 변압기는 그 2차측 전로의 사용전압이 (③) 이하인 경우에는 1차 권선과 2차 권선 사이에 금속제의 혼촉방지판을 설치하여야 하며 규정에 준하여 접지공사를 하여야 한다.

(3) 절연 변압기의 2차측 전로의 사용전압이 (④)를 초과하는 경우에는 그 전로에 지락이 생겼을 때에 자동적으로 전로를 차단하는 장치를 할 것.

답안작성

① 400 [V]
② 150 [V]
③ 30 [V]
④ 30 [V]

해설

KEC 234.14 수중조명등
234.14.1 사용전압
　수영장 기타 이와 유사한 장소에 사용하는 수중조명등에 전기를 공급하기 위해서는 절연변압기를 사용하고, 그 사용전압은 다음에 의하여야 한다.
　1. 절연변압기의 1차측 전로의 사용전압은 400[V] 이하일 것.
　2. 절연변압기의 2차측 전로의 사용전압은 150[V] 이하일 것.
234.14.2 전원장치
　수중조명등에 전기를 공급하기 위한 절연변압기의 2차 측 전로는 접지하지 말 것.
234.14.4 접지
　수중조명등의 절연변압기는 그 2차측 전로의 사용전압이 30[V] 이하인 경우는 1차권선과 2차권선 사이에 금속제의 혼촉방지판을 설치하고, 규정에 준하여 접지공사를 하여야 한다.
234.14.5 누전차단기
　수중조명등의 절연변압기의 2차측 전로의 사용전압이 30[V]를 초과하는 경우에는 그 전로에 지락이 생겼을 때에 자동적으로 전로를 차단하는 정격감도전류 30[mA] 이하의 누전차단기를 시설하여야 한다.

문제 12

출제기준 변경 및 개정된 관계 법규에 따라 삭제된 문제입니다.

문제 13

▶출제년도 : 11. ▶점수 : 2점

동작 시에 아크가 생기는 것은 목재의 벽 또는 천장 기타의 가연성 물체로부터 얼마 이상 떼어놓아야 하는가?

• 고압용의 것 : (①) 이상
• 특고압용의 것 : (②) 이상

답안작성

① 1 [m]   ② 2 [m]

해설

KEC 341.7 아크를 발생하는 기구의 시설
고압용 또는 특고압용의 개폐기·차단기·피뢰기 기타 이와 유사한 기구로서 동작 시에 아크가 생기는 것은 목재의 벽 또는 천장 기타의 가연성 물체로부터 표에서 정한 값 이상 이격하여 시설하여야 한다.

기구 등의 구분	이격거리
고압용의 것	1 [m] 이상
특고압용의 것	2[m] 이상(사용전압 35[kV] 이하의 특고압용의 기구 등으로서 동작할 때에 생기는 아크의 방향과 길이를 화재가 발생할 우려가 없도록 제한하는 경우에는 1[m] 이상)

▶ 출제년도 : 88. 91. 96. 02. 11.　▶ 점수 : 6점

문제 14 비상용 조명으로 40 [W] 120등, 60 [W] 50등을 30분간 사용하려고 한다. 납 급방전형 축전지(HS형) 1.7 [V/cell]을 사용하여 허용 최저 전압 90 [V], 최저 축전지 온도를 5 [℃]로 할 경우 참고 자료를 사용하여 물음에 답하시오. 단, 비상용 조명 부하의 전압은 100 [V]로 한다.

[표] 납 축전지 용량 환산 시간 [K]

형식	온도 [℃]	10분			30분		
		1.6 [V]	1.7 [V]	1.8 [V]	1.6 [V]	1.7 [V]	1.8 [V]
CS	25	0.9 0.8	1.15 1.06	1.6 1.42	1.41 1.34	1.6 1.55	2.0 1.88
	5	1.15 1.1	1.35 1.25	2.0 1.8	1.75 1.75	1.85 1.8	2.45 2.35
	-5	1.35 1.25	1.6 1.5	2.65 2.25	2.05 2.05	2.2 2.2	3.1 3.0
HS	25	0.58	0.7	0.93	1.03	1.14	1.38
	5	0.62	0.74	1.05	1.11	1.22	1.54
	-5	0.68	0.82	1.15	1.2	1.35	1.68

상단은 900[Ah]를 넘는 것(2000[Ah]까지), 하단은 900[Ah] 이하인 것

(1) 비상용 조명 부하의 전류는?
　•계산 :　　　　　　　　　　　•답 :
(2) HS형 납 축전지의 셀 수는? 단, 1셀의 여유를 준다.
　•계산 :　　　　　　　　　　　•답 :
(3) HS형 납 축전지의 용량 [Ah]은? 단, 경년 용량 저하율은 0.80이다.
　•계산 :　　　　　　　　　　　•답 :

답안작성

(1) 계산 : $I = \dfrac{P}{V}$ 에서 $I = \dfrac{40 \times 120 + 60 \times 50}{100} = 78 [A]$

답 : 78 [A]

(2) 계산 : $n = \dfrac{90}{1.7} = 52.94$ [cell] 따라서, 1셀의 여유를 주어 54 [cell]로 정한다.

답 : 54 [cell]

(3) 계산 : 표에서 용량 환산 시간 1.22 선정

축전지 용량 $C = \dfrac{1}{L}KI = \dfrac{1}{0.8} \times 1.22 \times 78 = 118.95 [Ah]$

답 : 118.95 [Ah]

해설

(2) $V = \dfrac{V_a + V_e}{n}$

여기서, V_a : 부하의 최저 허용 전압
V_e : 축전지와 부하간의 전압 강하
n : 직렬로 접속된 cell 수

(3) 용량 환산 시간(K)은 HS형, 5 [℃], 30 [분], 1.7 [V]의 난에서 1.22인 것을 알 수 있다.

▶ 출제년도 : 91. 96. 97. 03. 11.   ▶ 점수 : 5점

문제 15 3상 3선식 중성점 비접지식 6600 [V] 가공전선로가 있다. 이 전로에 접속된 주상변압기 100 [V]측 그 1단자에 중성점 접지공사를 할 때 접지 저항값은 얼마 이하로 유지하여야 하는가? (단, 이 전선로는 고저압 혼촉시 2초 이내에 자동 차단하는 장치가 있으며, 고압측 1선 지락전류는 5[A]라고 한다.)

답안작성

계산 : 2초 이내 자동 차단하는 장치가 있으므로

$R_2 = \dfrac{300}{I_g} = \dfrac{300}{5} = 60 \: [\Omega]$

답 : 60 [Ω]

해설

중성점 접지공사의 접지저항

① 자동차단장치가 없는 경우 $R_2 = \dfrac{150}{1선 \: 지락전류} [\Omega]$

② 2초 이내에 동작하는 자동차단장치가 있는 경우 $R_2 = \dfrac{300}{1선 \: 지락전류} [\Omega]$

③ 1초 이내에 동작하는 자동차단장치가 있는 경우 $R_2 = \dfrac{600}{1선 \: 지락전류} [\Omega]$

▶ 출제년도 : 99. 01. 05. 11.   ▶ 점수 : 6점

문제 16 답안지의 도면은 유도 전동기 M의 정·역회전 회로의 미완성 도면이다. 이 도면을 이용하여 다음에 답하시오. 단, 주 접점 및 보조 접점을 그릴 때에는 해당되는 접점의 명칭도 함께 쓰도록 한다.

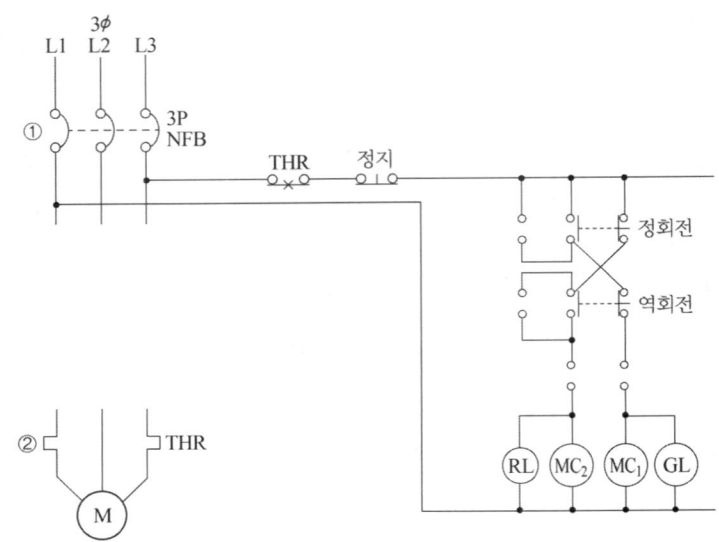

[동작조건]
- NFB를 투입한 다음
- 정회전용 누름 버튼 스위치를 누르면 전동기 M이 정회전하며, GL 램프가 점등된다.
- 정지용 누름 버튼 스위치를 누르면 전동기 M은 정지한다.
- 역회전용 누름 버튼 스위치를 누르면 전동기 M이 역회전하며, RL 램프가 점등된다.
- 과부하시에는 ─○╳○─ 접점이 떨어져서 전동기가 멈추게 된다.

※ 정회전 또는 역회전 중에 회전 방향을 바꾸려면 전동기를 정지시킨 다음 회전 방향을 바꾸어야 한다.
※ 누름 버튼 스위치를 누르는 것은 눌렀다가 즉시 손을 떼는 것을 의미한다.
※ 정회전과 역회전의 방향은 임의로 결정하도록 한다.

(1) 도면의 ①, ②에 대한 우리말 명칭(기능)은 무엇인가?
(2) 정회전과 역회전이 되도록 주 회로의 미완성 부분을 완성하시오.
(3) 정회전과 역회전이 되도록 다음의 동작조건을 이용하여 미완성된 보조 회로를 완성하시오.

답안작성

(1) ① 배선용 차단기   ② 열동계전기

(2) (3)

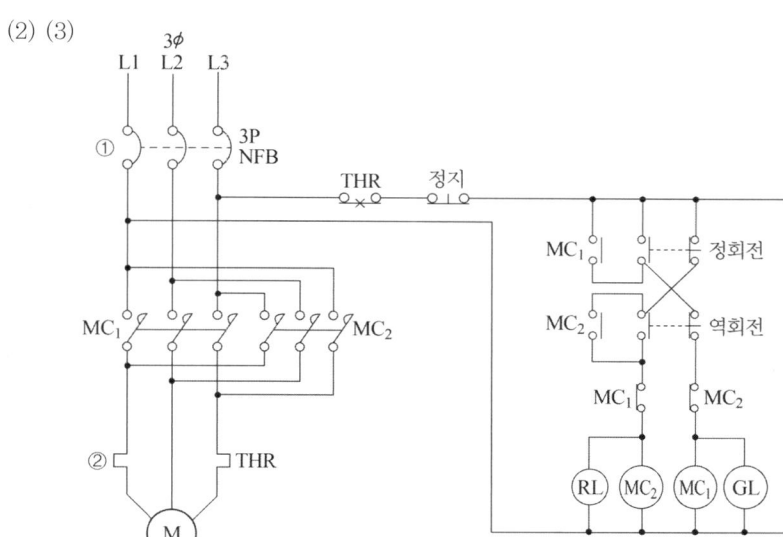

▸ 출제년도 : 11. ▸ 점수 : 5점

문제 17 프로그램의 차례대로 PLC시퀀스(래더 다이어그램)를 그리시오. 여기서 시작 입력 LOAD, 출력 OUT, 타이머 TMR, 설정시간 DATA, 직렬 AND, 병렬 OR, 부정 NOT의 명령을 사용하며, P010~P012는 전자접촉기 MC를 각각 나타내며, P001과 P002는 버튼 스위치를 표시한 것이다.

(1)

	명 령	번 지
생략	LOAD	P001
	OR	M001
	LOAD NOT	P002
	OR	M000
	AND LOAD	—
	OUT	P017

(2)

	명 령	번 지
생략	LOAD	P001
	AND	M001
	LOAD NOT	P002
	AND	M000
	OR LOAD	—
	OUT	P017

답안작성

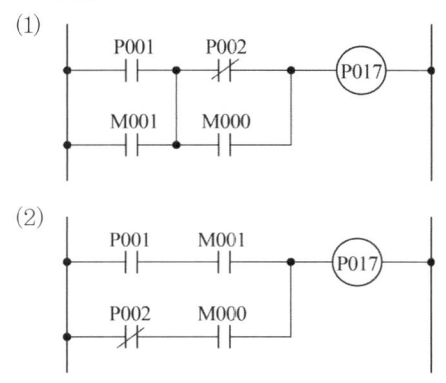

▶ 출제년도 : 11. ▶ 점수 : 5점

문제 18 가스절연 개폐장치(GIS)의 구성품 4가지를 쓰시오.

답안작성
① 단로기   ② 차단기   ③ 변류기(CT)   ④ 계기용 변압기

해설
그 외에도 ⑤ 피뢰기

출제기준 변경 및 개정된 관계법규에 따라 삭제된 문제가 있어 배점의 합계가 100점이 안됩니다.

국가기술자격검정 실기시험문제 및 답안지

2011년도 산업기사 일반검정 제 3 회

자격종목(선택분야)	시험시간	형별	수험번호	성 명	감독위원 확 인
전기산업기사	2시간 00분				

문제 01 ▸ 출제년도 : 11. ▸ 점수 : 5점

154 [kV] 변압기가 설치된 옥외변전소에서 울타리를 시설하는 경우에 울타리로부터 충전부까지의 거리는 얼마 이상이 되어야 하는가? 단, 울타리의 높이는 2 [m] 이다.

답안작성

4 [m]

해설

KEC 351.1 발전소 등의 울타리·담 등의 시설
울타리·담 등은 다음에 따라 시설하여야 한다.
가. 울타리·담 등의 높이는 2[m] 이상으로 하고 지표면과 울타리·담 등의 하단사이의 간격은 0.15[m] 이하로 할 것.
나. 울타리·담 등과 고압 및 특고압의 충전 부분이 접근하는 경우에는 울타리·담 등의 높이와 울타리·담 등으로부터 충전부분까지 거리의 합계는 표에서 정한 값 이상으로 할 것.

사용전압의 구분	울타리·담 등의 높이와 울타리·담 등으로부터 충전 부분까지의 거리의 합계
35 [kV] 이하	5 [m]
35 [kV] 초과 160 [kV] 이하	6 [m]
160 [kV] 초과	• 거리 = 6 + 단수 × 0.12 [m] • 단수 = $\dfrac{\text{사용전압 [kV]} - 160}{10}$ 단수 계산에서 소수점 이하는 절상

즉, 울타리로부터 충전부 까지의 거리 = 6 [m] − 울타리의 높이 = 6 − 2 = 4 [m]

문제 02 ▸ 출제년도 : 11. ▸ 점수 : 5점

금속덕트에 넣는 저압 전선의 단면적(전선의 피복 절연물을 포함)은 금속 덕트 내부 단면적의 몇 [%] 이하가 되도록 해야 하는가?

답안작성

20 [%]

해설

KEC 232.31 금속덕트공사
1) 전선은 절연전선(옥외용 비닐절연전선을 제외한다)일 것.
2) 금속덕트에 넣은 전선의 단면적(절연피복의 단면적을 포함한다)의 합계
   가. 일반적인 경우 : 덕트 내부 단면적의 20[%] 이하
   나. 전광표시장치 기타 이와 유사한 장치 또는 제어회로 만의 배선만을 넣는 경우 : 50[%] 이하
3) 금속덕트 안에는 전선에 접속점이 없도록 할 것. 다만, 전선을 분기하는 경우에는 그 접속점을 쉽게 점검할 수 있는 때에는 그러하지 아니하다.

▶ 출제년도 : 94. 01. 11.   ▶ 점수 : 8점

문제 03 그림은 직류식 전자식 차단기의 제어회로를 예시하고 있다. 문제의 시퀀스도를 잘 숙지하고 각 물음의 (   ) 안의 알맞은 말을 쓰시오.

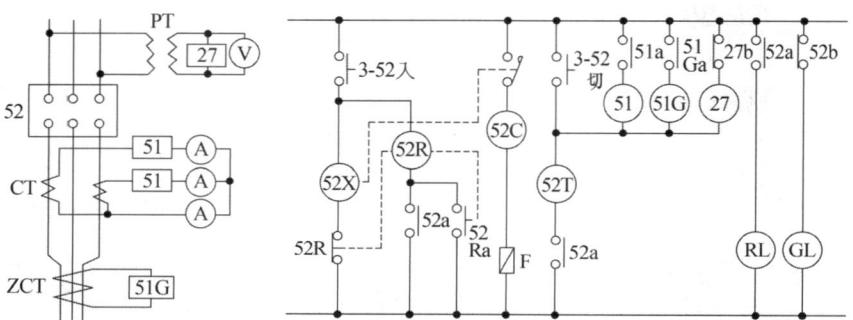

(1) 그림의 우측 도면에서 알 수 있듯이 3-52 스위치를 ON시키면 (①)이 (가)동작하여 52X의 접점이 CLOSE되고 (②)의 투입 코일에 전류가 통전되어 52의 차단기를 투입시키게 된다. 차단기 투입과 동시에 52a의 접점이 동작하여 52R가 통전(ON)되고 (③)의 코일을 개방시키게 된다.
(2) 회로도에서 ⎣27⎦ 의 기기 명칭을 (④), ⎣51⎦ 의 기기 명칭은 (⑤), ⎣51G⎦ 의 기기명칭을 (⑥)라고 한다.
(3) 차단기의 개방 조작 및 트립 조작은 (⑦)의 코일이 통전됨으로써 가능하다.
(4) 지금 차단기가 개방되었다면 개방 상태 표시를 나타내는 표시 램프는 (⑧)이다.

답안작성

(1) ① 52X   ② 52C   ③ 52X
(2) ④ 부족 전압 계전기   ⑤ 과전류 계전기   ⑥ 지락 과전류 계전기
(3) ⑦ 52T
(4) ⑧ GL

문제 04 출제기준 변경 및 개정된 관계 법규에 따라 삭제된 문제입니다.

문제 05

▸ 출제년도 : 11.　▸ 점수 : 4점

철주에 절연전선을 사용하여 접지공사를 하는 경우, 접지극은 지하 75 [cm] 이상의 깊이에 매설하고 지표상 2 [m]까지의 부분에는 합성수지관 등으로 덮어야 한다. 그 이유는 무엇인가?

답안작성

사람이 접지선과 접촉될 우려가 있는 경우 이를 보호하기 위하여 시설

해설

KEC 142.2 접지극의 시설 및 접지저항
가. 접지극은 동결 깊이를 감안하여 시설하되 고압 이상의 전기설비와 변압기 중성점 접지공사에 의하여 시설하는 접지극의 매설깊이는 지표면으로부터 지하 0.75 [m] 이상으로 한다.
나. 접지도체를 철주 기타의 금속체를 따라서 시설하는 경우에는 접지극을 철주의 밑면으로부터 0.3 [m] 이상의 깊이에 매설하는 경우 이외에는 접지극을 지중에서 그 금속체로부터 1 [m] 이상 떼어 매설하여야 한다.

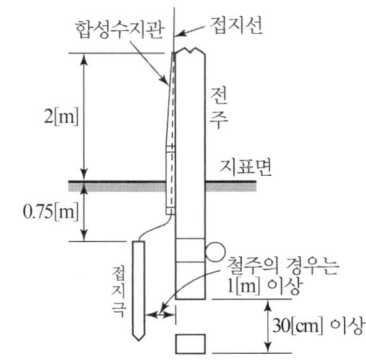

KEC 142.3.1 접지도체
접지도체는 지하 0.75[m] 부터 지표 상 2[m] 까지 부분은 합성수지관(두께 2[mm] 미만의 합성수지제 전선관 및 가연성 콤바인덕트관은 제외한다) 또는 이와 동등 이상의 절연효과와 강도를 가지는 몰드로 덮어야 한다.

문제 06

▸ 출제년도 : 97. 07. 11.　▸ 점수 : 5점

방의 크기가 가로 12 [m], 세로 24 [m], 높이 4 [m]이며, 6 [m]마다 기둥이 있고, 기둥 사이에 보가 있으며, 이중천장으로 실내마감되어 있다. 이 방의 평균조도를 500 [lx]가 되도록 매입개방형 형광등 조명을 하고자 할 때 다음 조건을 이용하여 이 방의 조명에 필요한 등수를 구하시오.

[조건]
- 천장반사율 : 75 [%]
- 벽반사율 : 50 [%]
- 조명률 : 70 [%]
- 등의 보수상태 : 중간정도
- 등의 광속 : 2200 [lm]
- 바닥반사율 : 30 [%]
- 창반사율 : 50 [%]
- 감광보상률 : 1.6
- 안정기손실 : 개당 20 [W]

답안작성

계산 : 등수 $N = \dfrac{EAD}{FU} = \dfrac{500 \times 12 \times 24 \times 1.6}{2200 \times 0.7} = 149.61\,[\text{등}]$

답 : 150 [등]

문제 07

출제기준 변경 및 개정된 관계 법규에 따라 삭제된 문제입니다.

▶ 출제년도 : 07. 11.   ▶ 점수 : 5점

문제 08 정격용량 500 [kVA]의 변압기에서 배전선의 전력손실을 40 [kW]로 유지하면서 부하 L_1, L_2에 전력을 공급하고 있다. 지금 그림과 같이 전력용 콘덴서를 기존 부하와 병렬로 연결하여 합성 역률을 90 [%]로 개선하고 새로운 부하를 증설하려고 할 때 다음 물음에 답하시오. 단, 여기서 부하 L_1은 역률 60 [%], 180 [kW]이고, 부하 L_2의 전력은 120 [kW], 160 [kVar] 이다.

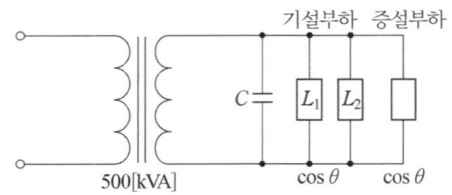

(1) 부하 L_1과 L_2의 합성용량 [kVA]과 합성역률은?
  ① 합성용량 : •계산 :   •답 :
  ② 합성역률 : •계산 :   •답 :
(2) 역률 개선시 변압기 용량의 한도까지 부하설비를 증설하고자 할 때 증설부하용량은 몇 [kW]인가?
  •계산 :   •답 :

답안작성

(1) ① 합성용량
  계산 : 유효전력 $P = P_1 + P_2 = 180 + 120 = 300 [kW]$
  무효전력 $Q = Q_1 + Q_2 = \dfrac{P_1}{\cos\theta_1} \times \sin\theta_1 + Q_2 = \dfrac{180}{0.6} \times 0.8 + 160 = 400 [kVar]$
  합성용량 $P_a = \sqrt{P^2 + Q^2} = \sqrt{300^2 + 400^2} = 500 [kVA]$
  답 : 500 [kVA]
  ② 합성역률
  계산 : $\cos\theta = \dfrac{P}{P_a} \times 100 = \dfrac{300}{500} \times 100 = 60 [\%]$
  답 : 60 [%]
(2) 계산 : 증설부하용량을 $\triangle P$라 하면
  역률 개선 후 총 유효전력 $P = P_a \cos\theta = 500 \times 0.9 = 450 [kW]$
  증설 부하 용량 $\triangle P = P - P_1 - P_2 - P_l = 450 - 180 - 120 - 40 = 110 [kW]$
  답 : 110 [kW]

▶ 출제년도 : 85. 98. 02. 11.   ▶ 점수 : 5점

문제 09 3상 3선식 6 [kV] 수전점에서 100/5 [A] CT 2대, 6600/110 [V] PT 2대를 정확히 결선하여 CT 및 PT의 2차측에서 측정한 전력이 300 [W]라면 수전 전력은 얼마이겠는가?
  •계산 :   •답 :

답안작성

계산 : 수전 전력 = 측정 전력(전력계의 지시값)×CT비×PT비

$$\therefore P = 300 \times \frac{100}{5} \times \frac{6600}{110} \times 10^{-3} = 360[\text{kW}]$$

답 : 360[kW]

▸ 출제년도 : 02. 08. 11.   ▸ 점수 : 8점

문제 10 도면과 같이 단상 변압기 3대가 있다. 다음 각 물음에 답하시오.

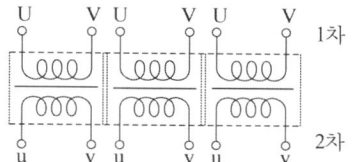

(1) 이 변압기를 △-△로 결선하시오. (주어진 도면에 직접 그리시오.)
(2) △-△ 결선으로 운전하던 중 한 상의 변압기에 고장이 생겨 이것을 분리하고 나머지 2대로 3상 전력을 공급하고자 한다. 이때 사용하는 결선의 명칭은 무엇이며, 이 결선과 △결선의 출력비는 몇 [%]가 되는지 계산하고 결선도를 완성하시오. (주어진 도면에 직접 그리시오.)
　① 결선의 명칭
　② △결선과의 출력비
　　• 계산 :　　　　　　　　　　　　　　• 답 :
　③ 결선도

답안작성

(1)

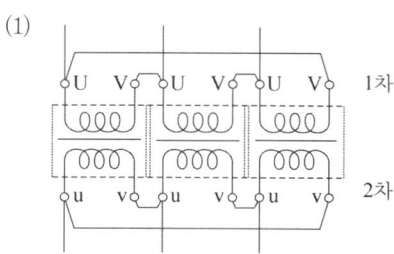

(2) ① 결선의 명칭 : V-V 결선
　② △결선과의 출력비
　　• 계산 : 출력의 비 $= \dfrac{\text{V결선 출력}}{\text{3상 출력}} = \dfrac{P_v}{P_\triangle} = \dfrac{\sqrt{3}\,VI}{3VI} = \dfrac{1}{\sqrt{3}} ≒ 0.577 = 57.7[\%]$
　　• 답 : 57.7[%]

③ 결선도

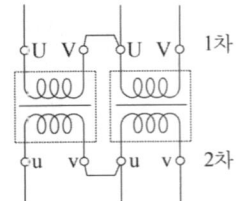

해설

이용률 = $\dfrac{3상\ 출력}{설비용량} = \dfrac{\sqrt{3}\,VI}{2VI} = \dfrac{\sqrt{3}}{2} = 0.866 = 86.6[\%]$

출력의 비 = $\dfrac{V결선\ 출력}{3상\ 출력} = \dfrac{\sqrt{3}\,VI}{3VI} = \dfrac{1}{\sqrt{3}} \fallingdotseq 0.577 = 57.7[\%]$

▶ 출제년도 : 91. 94. 05. 11.　▶ 점수 : 6점

문제 11 배전 선로에 있어서 전압을 3 [kV]에서 6 [kV]로 상승시켰을 경우, 승압 전과 승압 후의 장점과 단점을 비교하여 설명하시오. 단, 수치 비교가 가능한 부분은 수치를 적용시켜 비교 설명하시오.

답안작성

(1) 장점
　① 전력 손실이 75 [%] 경감된다.
　② 전압 강하율 및 전압 변동률이 75 [%] 경감된다.
　③ 공급 전력이 4배 증대된다.
(2) 단점
　① 변압기, 차단기 등의 절연 레벨이 높아지므로 기기가 비싸진다.
　② 전선로, 애자 등의 절연 레벨이 높아지므로 건설비가 많이 든다.

해설

(1) 전력 손실 $P_l \propto \dfrac{1}{V^2}$, 전압 강하율 $\epsilon \propto \dfrac{1}{V^2}$, 공급 전력 $P \propto V^2$

▶ 출제년도 : 88. 11.　▶ 점수 : 5점

문제 12 그림과 같은 단상 3선식 100/200 [V] 수전의 경우 설비 불평형률을 구하고 그림과 같은 설비가 양호하게 되었는지의 여부를 판단하시오. 단, ⒣는 전열기 부하이고, ⓜ은 전동기 부하임.

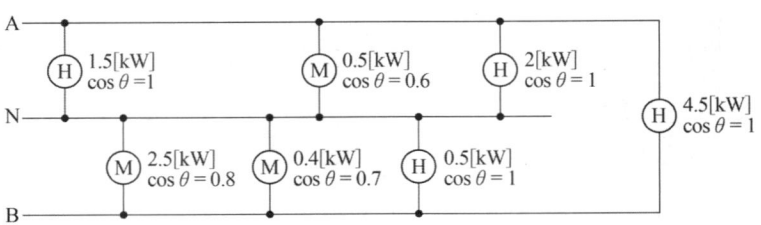

• 계산 :   • 답 :

답안작성

계산 : $P_{AN} = 1.5 + \dfrac{0.5}{0.6} + 2 = 4.33 \text{ [kVA]}$

$P_{BN} = \dfrac{2.5}{0.8} + \dfrac{0.4}{0.7} + 0.5 = 4.2 \text{ [kVA]}$

$P_{AB} = 4.5 \text{ [kVA]}$

∴ 불평형률 $= \dfrac{4.33 - 4.2}{(4.33 + 4.2 + 4.5) \times \dfrac{1}{2}} \times 100 = 2 [\%]$

따라서, 40 [%] 이하이므로 양호한 설비이다.

답 : 2 [%], 양호하다.

해설

단상 3선식에서

설비불평형률 $= \dfrac{\text{중성선과 각 전압측 전선간에 접속되는 부하설비용량[kVA]의 차}}{\text{총 부하설비용량[kVA]의 1/2}} \times 100 [\%]$

여기서, 불평형률은 40 [%] 이하이어야 한다.

▸ 출제년도 : 96. 04. 11.   ▸ 점수 : 5점

문제 13 분전반에서 30 [m]인 거리에 5 [kW]의 단상 교류 200 [V]의 전열기용 아웃트렛을 설치하여, 그 전압강하를 4 [V] 이하가 되도록 하려고 한다. 배선방법을 금속관공사로 한다고 할 때 여기에 필요한 전선의 굵기를 계산하고, 실제 사용되는 전선의 굵기를 정하시오.

답안작성

$I = \dfrac{P}{E} = \dfrac{5000}{200} = 25 \text{ [A]}$

$A = \dfrac{35.6 LI}{1000 e} = \dfrac{35.6 \times 30 \times 25}{1000 \times 4} = 6.68 [\text{mm}^2]$

답 : 10 [mm²]

해설

전선규격 [mm²]		
1.5	2.5	4
6	10	16
25	35	50
70	95	120
150	185	240
300	400	500

전선의 단면적	
단상 2선식	$A = \dfrac{35.6 LI}{1000 \cdot e}$
3상 3선식	$A = \dfrac{30.8 LI}{1000 \cdot e}$
단상 3선식 3상 4선식	$A = \dfrac{17.8 LI}{1000 \cdot e}$

▸ 출제년도 : 11.   ▸ 점수 : 4점

문제 14 정격전압 6000 [V], 용량 6000 [kVA]인 3상 교류 발전기에서 여자전류가 300 [A], 무부하 단자전압은 6000 [V], 단락전류 800 [A]라고 한다. 이 발전기의 단락비는 얼마인가?

• 계산 :   • 답 :

답안작성

계산 : $I_n = \dfrac{P_n}{\sqrt{3}\,V_n} = \dfrac{6000 \times 10^3}{\sqrt{3} \times 6000} = 577.35\,[A]$

∴ 단락비 $(K_s) = \dfrac{I_s}{I_n} = \dfrac{800}{577.35} = 1.39$

답 : 1.39

▸ 출제년도 : 11.   ▸ 점수 : 4점

문제 15 그림에서 각 지점간의 저항을 동일하다고 가정하고 간선 AD 사이에 전원을 공급하려고 한다. 전력 손실이 최대가 되는 지점과 최소가 되는 지점을 구하시오.

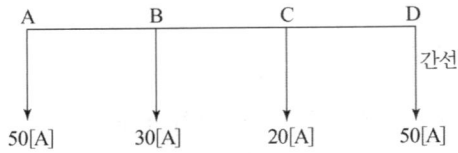

• 계산 :

• 답 : ① 전력 손실이 최대가 되는 공급점
       ② 전력 손실이 최소가 되는 공급점

답안작성

계산 : 각 구간의 저항을 R이라 하면 전력 손실 $P_L = I^2 R$ [W]에서

A점을 급전점으로 하였을 경우의 전력 손실은
$P_A = (30+20+50)^2 R + (20+50)^2 R + 50^2 R = 17400R$ [W]

B점을 급전점으로 하였을 경우의 전력 손실은
$P_B = 50^2 R + (20+50)^2 R + 50^2 R = 9900R$ [W]

C점을 급전점으로 하였을 경우의 전력 손실은
$P_C = (50+30)^2 R + 50^2 R + 50^2 R = 11400R$ [W]

D점을 급전점으로 하였을 경우의 전력 손실은
$P_D = (20+30+50)^2 R + (30+50)^2 R + 50^2 R = 18900R$ [W]

답 : ① 전력 손실이 최대가 되는 공급점 : D점
     ② 전력 손실이 최소가 되는 공급점 : B점

▸ 출제년도 : 90. 97. 11.   ▸ 점수 : 10점

문제 16 그림은 유도 전동기와 2개의 전자접촉기 MS₁, MS₂를 사용하여 정회전 운전(MS₁)과, 역회전 운전(MS₂)이 가능하도록 설계된 회로도이다. 이 회로도를 보고 다음 각 물음에 답하시오. 단, 주회로 부분의 전자접촉기 주접점 MS₂의 부분은 미완성 상태임.

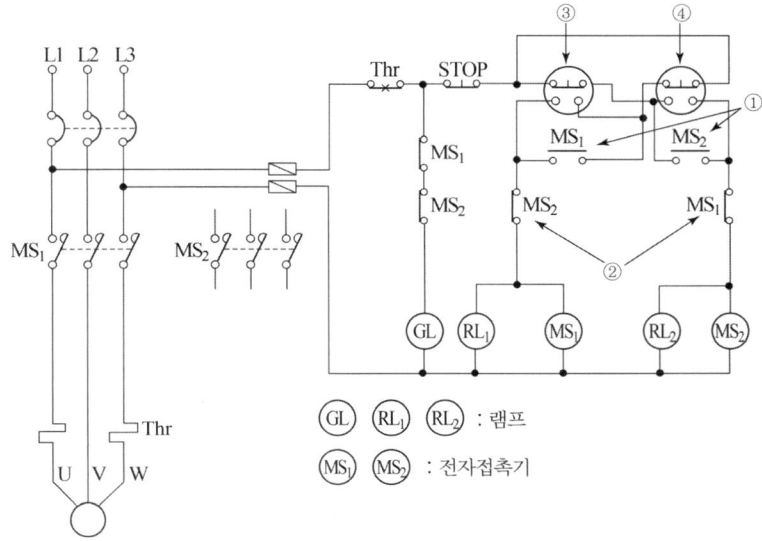

(1) 전동기 운전중 누름 버튼 스위치 STOP을 누르면 어떤 램프가 점등되는가?
(2) ①번 접점과 ②번 접점의 역할은 어떤 회로라 하는지 간단한 용어로 답하시오.
(3) 정회전을 하기 위한 누름 버튼 스위치는 어느 것인가?
(4) 전자 접촉기 MS₂의 주 접점 회로를 완성하시오.
(5) THR의 명칭과 기능을 설명하시오.

답안작성

(1) GL
(2) ① 자기 유지   ② 인터록
(3) ③
(4)

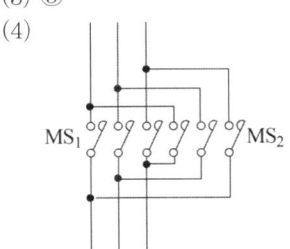

(5) 명칭 : 열동계전기
　　기능 : 과전류로부터 전동기의 소손을 방지한다.

문제 17 ▸ 출제년도 : 97, 00, 04, 06, 11. ▸ 점수 : 6점

그림과 같은 계통에서 측로 단로기 DS_3을 통하여 부하에 공급하고 차단기 CB를 점검하고자 할 때 다음 각 물음에 답하시오. 단, 평상시에 DS_3는 열려 있는 상태임.
(1) 차단기 점검을 하기 위한 조작 순서를 쓰시오.
(2) CB의 점검이 완료된 후 정상 상태로 전환시의 조작 순서를 쓰시오.
(3) 도면과 같은 설비에서 차단기 CB의 점검 작업 중 발생할 수 있는 문제점을 설명하고 이러한 문제점을 해소하기 위한 방안을 설명하시오.
  • 발생될 수 있는 문제점 :
  • 해소 방안 :

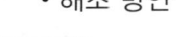

답안작성

(1) DS_3(ON) → CB(OFF) → DS_2(OFF) → DS_1(OFF)
(2) DS_2(ON) → DS_1(ON) → CB(ON) → DS_3(OFF)
(3) • 발생될 수 있는 문제점 : 차단기(CB)가 투입(ON)된 상태에서 단로기(DS_1, DS_2)를 투입(ON)하거나 개방(OFF)하면 위험(감전 및 전기화상)하다.
  • 해소 방안
    ① 인터록 장치를 한다. (부하 전류가 통전 중에 회로의 개폐가 되지 않도록 시설한다.)
    ② 단로기에 잠금 장치를 한다. (사용 중의 단로기를 개방상태와 투입상태를 그대로 유지하기 위하여 자물쇠 장치를 한다.)

문제 18 ▸ 출제년도 : 11. ▸ 점수 : 5점

단상 2선식 200 [V]의 옥내배선에서 소비전력 60 [W], 역률 65 [%]의 형광등을 100 [등] 설치할 때 이 시설을 16 [A]의 분기회로로 하려고 한다. 이 때 필요한 분기회로는 최소 몇 회선이 필요한가? 단, 한 회로의 부하전류는 분기회로 용량의 80 [%]로 하고 수용률은 100 [%]로 한다.

답안작성

분기회로 수 = $\dfrac{\text{상정 부하설비의 합 [VA]}}{\text{전압 [V]} \times \text{분기회로 전류 [A]}}$

$= \dfrac{\dfrac{60}{0.65} \times 100}{200 \times 16 \times 0.8} = 3.61$ 회로

답 : 16 [A] 분기 4회로

출제기준 변경 및 개정된 관계법규에 따라 삭제된 문제가 있어 배점의 합계가 100점이 안됩니다.

E60-2
전기산업기사 실기

2012년도 기출문제

- 2012년 전기산업기사 1회
- 2012년 전기산업기사 2회
- 2012년 전기산업기사 3회

국가기술자격검정 실기시험문제 및 답안지

2012년도 산업기사 일반검정 제 1 회

자격종목(선택분야)	시험시간	형별	수험번호	성 명	감독위원 확인
전기산업기사	2시간 00분				

문제 01

▶ 출제년도 : 01. 04. 06. 12   ▶ 점수 : 12점

그림은 자가용 수변전 설비 주회로의 절연 저항 측정시험에 대한 배치도이다. 다음 각 물음에 답하시오.

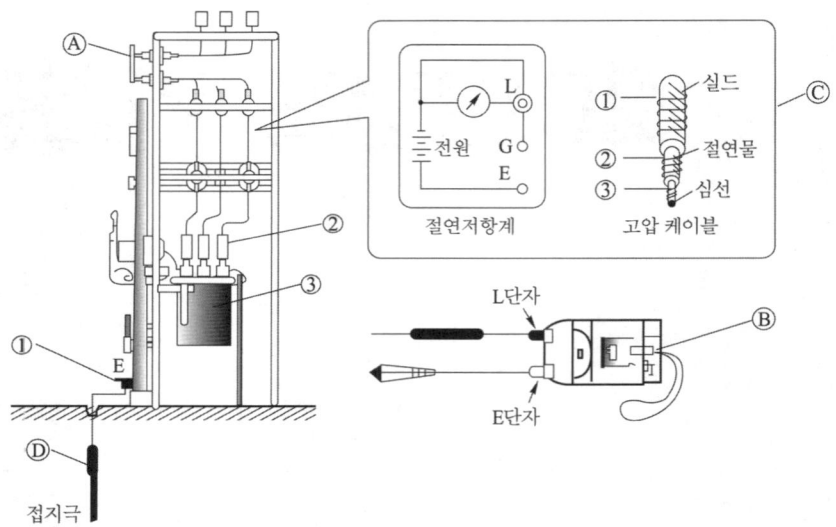

(1) 절연 저항 측정에서 Ⓐ기기의 명칭을 쓰고 개폐 상태를 밝히시오.
(2) 기기 Ⓑ의 명칭은 무엇인가?
(3) 절연 저항계의 L단자와 E단자의 접속은 어느 개소에 하여야 하는가?
(4) 절연 저항계의 지시가 잘 안정되지 않을 때에는 통상 어떻게 하여야 하는가?
(5) Ⓒ의 고압 케이블과 절연 저항계의 단자 L, G, E와의 접속은 어떻게 하여야 하는가?

답안작성

(1) 단로기 : 개방 상태
(2) 절연 저항계
(3) L 단자 : 선로측   E 단자 : 접지극 ①
(4) 1분 후 다시 측정한다.
(5) L 단자 : ③   G 단자 : ②   E 단자 : ①

문제 02

▶ 출제년도 : 12.   ▶ 점수 : 14점

회로도는 펌프용 3.3 [kV] 모터 및 GPT 단선 결선도이다. 회로도를 보고 다음 물음에 답하시오.

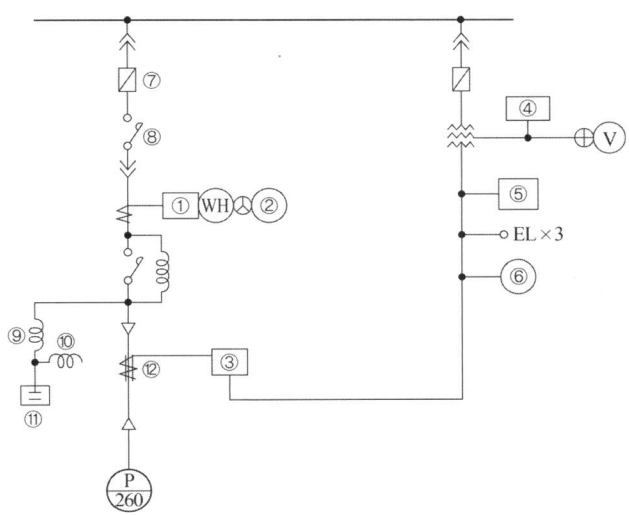

(1) ①~⑥으로 표시된 보호 계전기 및 기기의 명칭을 쓰시오.
    ①   ②
    ③   ④
    ⑤   ⑥

(2) ⑦~⑪로 표시된 전기기계 기구의 명칭과 용도를 간단히 기술하시오.
    ⑦ 명칭 :   용도 :
    ⑧ 명칭 :   용도 :
    ⑨ 명칭 :   용도 :
    ⑩ 명칭 :   용도 :
    ⑪ 명칭 :   용도 :

(3) 펌프용 모터의 출력이 260 [kW], 역률 85 [%]인 뒤진 역률 부하를 95 [%]로 개선하는데 필요한 전력용 콘덴서의 용량을 계산하시오.
    • 계산 :   • 답 :

답안작성

(1) ① 과전류 계전기   ② 전류계
    ③ 지락 방향 계전기   ④ 부족 전압 계전기
    ⑤ 지락 과전압 계전기   ⑥ 영상 전압계
(2) ⑦ 명칭 : 전력 퓨즈   용도 : 단락사고시 기기를 전로로부터 분리하여 사고확대 방지
    ⑧ 명칭 : 개폐기   용도 : 전동기의 기동 정지
    ⑨ 명칭 : 직렬 리액터   용도 : 제5고조파의 제거
    ⑩ 명칭 : 방전 코일   용도 : 잔류 전하의 방전
    ⑪ 명칭 : 전력용 콘덴서   용도 : 역률 개선
    ⑫ 명칭 : 영상 변류기   용도 : 지락 사고시 지락 전류를 검출

(3) 계산 : $Q_c = P(\tan\theta_1 - \tan\theta_2) = 260\left(\dfrac{\sqrt{1-0.85^2}}{0.85} - \dfrac{\sqrt{1-0.95^2}}{0.95}\right) = 75.68\,[\text{kVA}]$

답 : 75.38 [kVA]

▸ 출제년도 : 12.   ▸ 점수 : 4점

문제 03 다음의 자가용 고압 수변전 설비에 대한 그림을 보고 아래 물음에 답하시오.

정기점검을 행할 경우의 작업순서는 (①), (②)의 순서로 개방한 후 전력회사에 요구하여 (③)를 개방시키고, 정전에 의해 송전이 정지되었을 경우 접지용구를 설치한다.

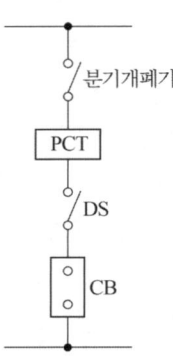

답안작성

① CB
② DS
③ 분기개폐기

▸ 출제년도 : 04. 12.   ▸ 점수 : 5점

문제 04 500[kVA]의 변압기가 그림과 같은 부하로 운전되고 있다. 오전에는 역률 85[%]로 오후에는 100[%]로 운전된다고 할 때 전일효율은 몇 [%]가 되겠는가? 단, 이 변압기의 철손은 6 [kW] 전부하시 동손은 10 [kW]라 한다.

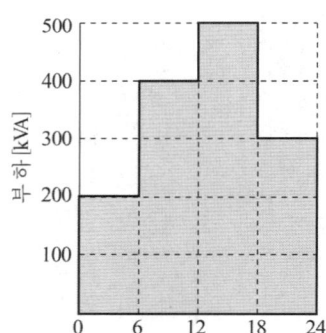

답안작성

출력 $P = (200 \times 6 \times 0.85) + (400 \times 6 \times 0.85) + (500 \times 6 \times 1)$
$\qquad + (300 \times 6 \times 1) = 7860\,[\text{kWh}]$

철손 $P_i = 6 \times 24 = 144\,[\text{kWh}]$

동손 $P_c = 10 \times \left\{\left(\dfrac{200}{500}\right)^2 \times 6 + \left(\dfrac{400}{500}\right)^2 \times 6 + \left(\dfrac{500}{500}\right)^2 \times 6 + \left(\dfrac{300}{500}\right)^2 \times 6\right\} = 129.6\,[\text{kWh}]$

전일 효율 $\eta = \dfrac{7860}{7860 + 144 + 129.6} \times 100 = 96.64\,[\%]$

답 : 96.64 [%]

해설

전일효율 $\eta = \dfrac{\sum h\left(\dfrac{1}{m}\right)VI\cos\theta}{\sum h\left(\dfrac{1}{m}\right)VI\cos\theta + 24P_i + \sum h\left(\dfrac{1}{m}\right)^2 P_c} \times 100$

▸ 출제년도 : 11. 12. ▸ 점수 : 4점

문제 05 이상전압이 2차 기기에 악영향을 주는 것을 막기 위해 선로에 보호장치를 설치하는 회로이다. 그림 중 ①의 명칭을 쓰시오.

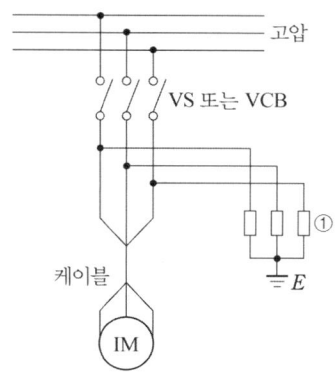

답안작성

서지흡수기

해설

서지흡수기의 적용

차단기의 종류 전압등급 2차 보호기기		VCB				
		3 [kV]	6 [kV]	10 [kV]	20 [kV]	30 [kV]
전동기		적 용	적 용	적 용	–	–
변압기	유입식	불필요	불필요	불필요	불필요	불필요
	몰드식	적 용	적 용	적 용	적 용	적 용
	건 식	적 용	적 용	적 용	적 용	적 용
콘덴서		불필요	불필요	불필요	불필요	불필요
변압기와 유도기기 와의 혼용 사용시		적 용	적 용	–	–	–

[주] 상기 표에서와 같이 VCB를 사용시 반드시 서지흡수기를 설치하여야 하나 VCB와 유입변압기를 사용시는 설치하지 않아도 된다.

▸ 출제년도 : 98. 01. 12. ▸ 점수 : 5점

문제 06 감전 사고는 작업자 또는 일반인의 과실 등과 기계기구류내의 전로의 절연불량 등에 의하여 발생되는 경우가 많이 있다. 저압에 사용되는 기계기구류내의 전로의 절연불량 등으로 발생되는 감전사고를 방지하기 위한 기술적인 대책을 4가지만 써라.

답안작성

① 충분히 낮은 접지 저항을 얻을 수 있도록 접지 시설을 완벽하게 한다.
② 고감도 누전 차단기 설치
③ 기계 기구의 외함 접지
④ 2중 절연 구조의 전기기기 선정

▸ 출제년도 : 97. 02. 08. 12. ▸ 점수 : 10점

문제 07 그림과 같은 단상변압기 3대가 있다. 이 변압기에 대하여 다음 각 물음에 답하시오.

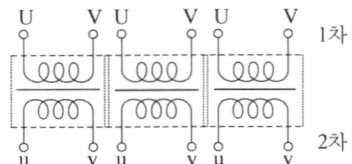

(1) 이 변압기를 주어진 그림에 △-△결선을 하시오.
(2) △-△결선으로 운전하던 중 S상 변압기에 고장이 생겨 이것을 분리하고 나머지 2대로 3상 전력을 공급하고자 한다. 이때의 결선도를 그리고, 이 결선의 명칭을 쓰시오.
　① 결선도
　② 명칭
(3) "(2)"문항에서 변압기 1대의 이용률은 몇 [%]인가?
　•계산 :　　　　　　　　　　　　　•답 :
(4) "(2)"문항에서와 같이 결선한 변압기 2대의 3상 출력은 △-△결선시의 변압기 3대의 3상 출력과 비교할 때 몇 [%]정도 되는가?
　•계산 :　　　　　　　　　　　　　•답 :
(5) △-△결선시의 장점을 2가지만 쓰시오.

답안작성

(1)

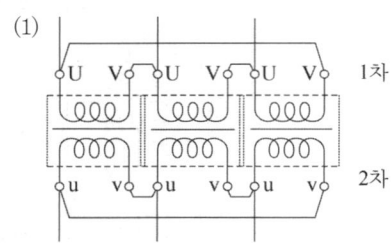

(2) ① 결선도

　② 명칭 : V-V 결선

(3) 계산 : 이용률 $= \dfrac{\sqrt{3}\,P_1}{2P_1} \times 100 = 86.6\,[\%]$　　답 : 86.6 [%]

(4) 계산 : 출력비 $= \dfrac{\sqrt{3}\,P_1}{3P_1} \times 100 = 57.74\,[\%]$　　답 : 57.74 [%]

(5) ① 제3고조파 전류가 △결선 내를 순환하므로 정현파 교류 전압을 유기하여 기전력의 파형이 왜곡되지 않는다.
　② 1대 고장시 V-V 결선으로 운전할 수 있다.

해설

• 이용률 $= \dfrac{3\text{상 출력}}{\text{설비용량}} = \dfrac{\sqrt{3}\,VI}{2VI} = \dfrac{\sqrt{3}}{2} = 0.866 = 86.6[\%]$

• 출력의 비 $= \dfrac{\text{V결선 출력}}{3\text{상 출력}} = \dfrac{\sqrt{3}\,VI}{3VI} = \dfrac{1}{\sqrt{3}} \fallingdotseq 0.577 = 57.7[\%]$

▶ 출제년도 : 12.   ▶ 점수 : 5점

문제 08 수전 전압 6600 [V], 수전 전력 450 [kW](역률 0.8)인 고압 수용가의 수전용 차단기에 사용하는 과전류 계전기의 사용탭은 몇 [A]인가? 단, CT의 변류비는 75/5로 하고 탭 설정값은 부하 전류의 150 [%]로 한다.

•계산 :   •답 :

답안작성

계산 : 정격 1차 전류 $I_1 = \dfrac{450 \times 10^3}{\sqrt{3} \times 6600 \times 0.8} = 49.21 [A]$

탭 설정값은 부하 전류의 150 [%]이므로

$49.21 \times 1.5 \times \dfrac{5}{75} = 4.92 [A]$

답 : 5 [A]

해설

① 과전류 계전기의 전류 탭(I_t) = 부하전류(I) $\times \dfrac{1}{변류비} \times$ 설정값

② OCR(과전류 계전기)의 탭 전류 : 2 [A], 3 [A], 4 [A], 5 [A], 6 [A], 7 [A], 8 [A], 10 [A], 12 [A]

▶ 출제년도 : 12.   ▶ 점수 : 4점

문제 09 2전력계법에 의해 3상 부하의 전력을 측정한 결과 지시값이 $W_1 = 200[kW]$, $W_2 = 800 [kW]$ 이었다. 이 부하의 역률은 몇 [%]인가?

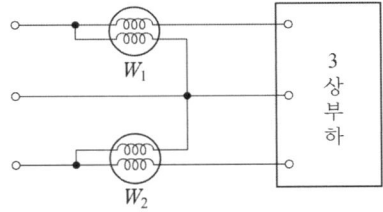

답안작성

$$\cos\theta = \dfrac{W_1 + W_2}{2\sqrt{W_1^2 + W_2^2 - W_1 W_2}} \times 100 = \dfrac{200 + 800}{2\sqrt{200^2 + 800^2 - 200 \times 800}} \times 100 = 69.34[\%]$$

해설

2전력계법은 2개의 단상전력계로 3상전력을 측정하는 방법으로 각각의 전력 및 역률은 다음과 같다.

• 유효 전력 : $P = W_1 + W_2$ [W]

• 무효 전력 : $P_r = \sqrt{3}\,(W_1 - W_2)$ [VAR]

• 피상 전력 : $P_a = 2\sqrt{W_1^2 + W_2^2 - W_1 W_2}$ [VA]

• 역률 : $\cos\theta = \dfrac{W_1 + W_2}{2\sqrt{W_1^2 + W_2^2 - W_1 W_2}} = \dfrac{W_1 + W_2}{\sqrt{3}\,VI}$

문제 10 ▸출제년도 : 10. 12. ▸점수 : 5점

유입 변압기와 비교한 몰드 변압기의 장점 5가지를 쓰시오.

답안작성

① 자기 소화성이 우수하므로 화재의 염려가 없다.
② 소형 경량화 할 수 있다.
③ 전력손실이 감소
④ 코로나 특성 및 임펄스 강도가 높다
⑤ 습기, 가스, 염분 및 소손 등에 대해 안전하다.

해설

그 외에도 [장점]
⑥ 보수 및 점검이 용이
⑦ 저진동 및 저소음 기기
⑧ 단시간 과부하 내량이 크다.

문제 11 ▸출제년도 : 93. 94. 95. 99. 00. 01. 02. 03. 07. 12. ▸점수 : 5점

그림과 같은 심벌의 명칭을 구체적으로 쓰시오.

(1)  (2)  (3)  (4)  (5)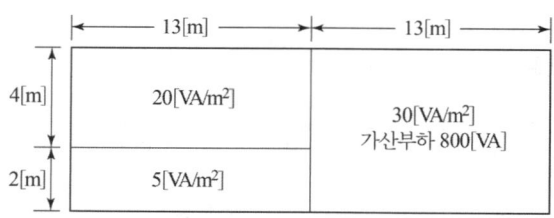

답안작성

(1) 분전반   (2) 제어반
(3) 배전반   (4) 재해방지 전원회로용 분전반
(5) 재해방지 전원회로용 배전반

문제 12 ▸출제년도 : 12. ▸점수 : 5점

아래의 그림과 같은 평면의 건물에 대한 배선 설계를 하기 위하여 주어진 조건을 이용하여 분기 회로수를 결정하시오.

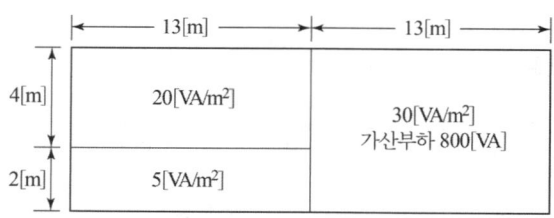

배전전압은 220[V], 16[A] 분기회로 이다.

답안작성

계산 : 부하 설비 용량 $P = (13 \times 4 \times 20) + (13 \times 2 \times 5) + (13 \times 6 \times 30) + 800 = 4310 [VA]$

∴ 분기 회로수 $N = \dfrac{4310}{220 \times 16} = 1.22$ 회로

답 : 16 [A] 분기 2 회로

해설

① 부하 설비 용량 = 바닥 면적 × 부하 밀도 + 가산 부하

② 분기 회로수 = 부하 설비 용량 [VA] / (사용 전압 [V] × 분기 회로 전류 [A])
여기서, 분기 회로수는 절상한다.

▸ 출제년도 : 90. 94. 95. 12.   ▸ 점수 : 6점

문제 13 반도체의 스위칭 이론을 이용하여 표현된 무접점식인 논리 기호는 아래의 "예"와 같이 접점에 의하여 표시할 수 있다.

[예]

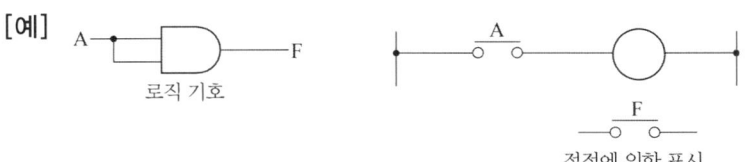

다음의 로직 기호를 앞의 [예]와 같이 유접점으로 표현하시오.

답안작성

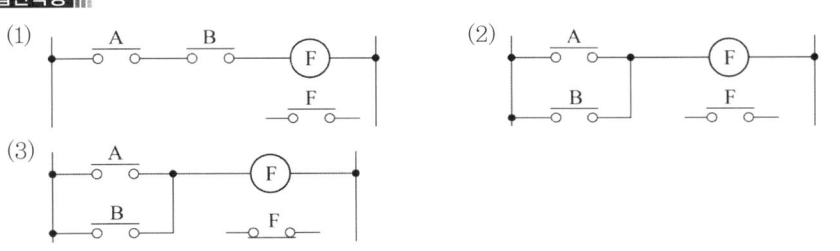

▸ 출제년도 : 09. 12.   ▸ 점수 : 5점

문제 14 지표면상 20[m] 높이의 수조가 있다. 이 수조에 18 [m³/min] 물을 양수하는데 필요한 펌프용 전동기의 소요 동력은 몇 [kW]인가? (단, 펌프의 효율은 70 [%]로 하고, 여유계수는 1.1로 한다.)

• 계산 :   • 답 :

답안작성

계산 : $P = \dfrac{KQH}{6.12\eta} = \dfrac{1.1 \times 18 \times 20}{6.12 \times 0.7} = 92.44$ [kW]

답 : 92.44 [kW]

해설

$P = \dfrac{KQH}{6.12\eta}$ [kW]

(단, K : 손실계수(여유계수), Q : 양수량 [m³/min], H : 총양정 [m], η : 효율)

문제 15 ▸ 출제년도 : 12. ▸ 점수 : 6점

주어진 조건을 이용하여 다음의 시퀀스 회로를 그리시오.

[조건]
- 푸시버튼 스위치 4개(PBS_1, PBS_2, PBS_3, PBS_4)
- 보조 릴레이 3개(X_1, X_2, X_3)
- 계전기의 보조 a접점 또는 보조 b접점을 추가 또는 삭제하여 작성하되 불필요한 접점을 사용하지 않도록 할 것이며 보조 접점에는 접점의 명칭을 기입하도록 할 것

먼저 수신한 회로만을 동작시키고 그 다음 입력 신호를 주어도 동작하지 않도록 회로를 구성하고 타임차트를 그리시오.

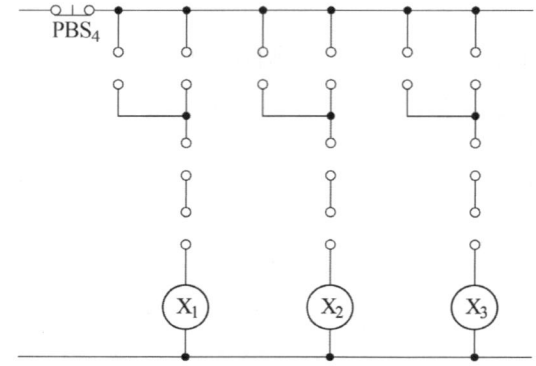

[타임차트]

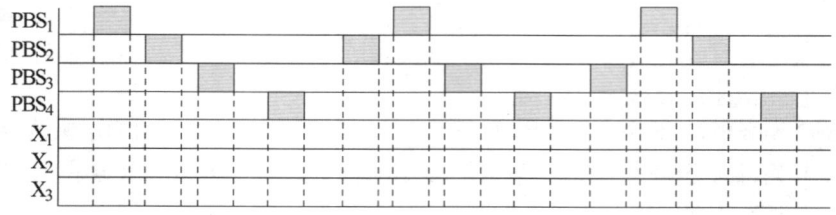

답안작성

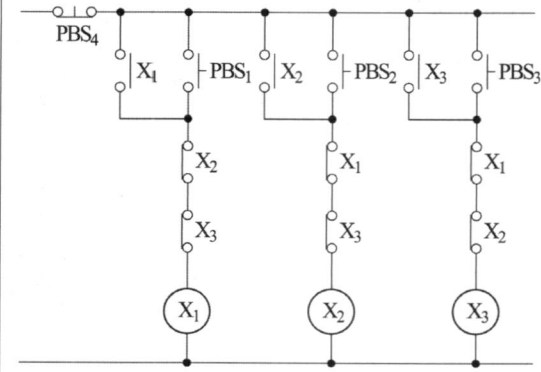

[타임차트]

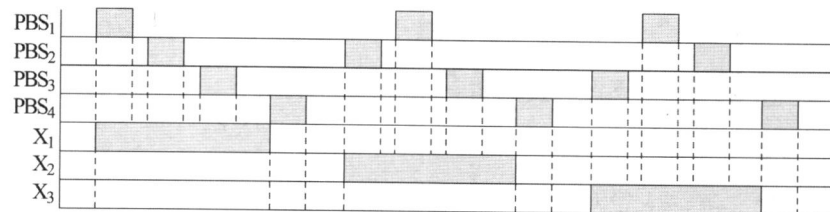

▸ 출제년도 : 97. 07. 12.   ▸ 점수 : 5점

문제 16 평면이 12×24 [m]인 사무실에 40 [W], 전광속 2400 [lm]인 형광등을 사용하여 평균 조도를 120 [lx]로 유지하도록 설계하고자 한다. 이 사무실에 필요한 형광등 수를 산정하시오. 단, 유지율은 0.8, 조명률은 50 [%] 이다.

•계산 :   •답 :

답안작성

계산 : 등수 $N = \dfrac{EAD}{FU} = \dfrac{120 \times 12 \times 24 \times \dfrac{1}{0.8}}{2400 \times 0.5} = 36[등]$

답 : 36 [등]

해설

감광보상률$(D) = \dfrac{1}{보수율 (유지율, M)}$

국가기술자격검정 실기시험문제 및 답안지

2012년도 산업기사 일반검정 제2회

자격종목(선택분야)	시험시간	형별
전기산업기사	2시간 00분	

문제 01 ▶출제년도 : 12. ▶점수 : 4점

변압기 절연유의 열화 방지를 위한 습기제거 장치로서 흡습제와 절연유가 주입되는 2개의 용기로 이루어져 있다. 하부에 부착된 용기는 외부공기와 직접적인 접촉을 막아주기 위한 용기로, 표시된 눈금(용기의 2/3 정도)까지 절연유를 채워 관리되어져야 한다. 이 변압기 부착물의 명칭을 쓰시오.

답안작성

호흡기(흡습호흡기)

해설

변압기에 부착된 흡습호흡기

문제 02 ▶출제년도 : 97. 00. 02. 03. 12. ▶점수 : 6점

어떤 공장의 전기설비로 역률 0.8, 용량 200 [kVA]인 3상 유도부하가 사용되고 있다. 이 부하에 병렬로 전력용 콘덴서를 설치하여 합성 역률을 0.95로 개선할 경우 다음 각 물음에 답하시오.

(1) 전력용 콘덴서의 용량은 몇 [kVA]가 필요한가?
 • 계산 : • 답 :

(2) 전력용 콘덴서에 직렬리액터를 설치할 때 설치하는 이유와 용량은 이론상 몇 [kVA]를 설치하여야 하는지를 쓰시오.
 • 이유 :
 • 용량 :

답안작성

(1) 계산 : 콘덴서 용량 $Q_c = P(\tan\theta_1 - \tan\theta_2) = 200 \times 0.8 \left(\dfrac{0.6}{0.8} - \dfrac{\sqrt{1-0.95^2}}{0.95} \right) = 67.41\,[\text{kVA}]$

  답 : 67.41 [kVA]

(2) 이유 : 제5고조파의 제거

  용량 : 이론상 콘덴서 용량의 4 [%]이므로 $67.41 \times 0.04 = 2.7\,[\text{kVA}]$

해설

(2) 이론상 : 콘덴서 용량 × 4 [%]
  실 제 : 콘덴서 용량 × 6 [%]

▶ 출제년도 : 12. ▶ 점수 : 6점

문제 03

예비 전원으로 이용되는 축전지에 대한 다음 각 물음에 답하시오.

(1) 그림과 같은 부하 특성을 갖는 축전지를 사용할 때 보수율이 0.8, 최저 축전지 온도 5[℃], 허용 최저 전압 90 [V]일 때 몇 [Ah] 이상인 축전지를 선정하여야 하는가? 단, $I_1 = 60[\text{A}]$, $I_2 = 50[\text{A}]$, $K_1 = 1.15$, $K_2 = 0.91$, 셀(cell)당 전압은 1.06 [V/cell] 이다.

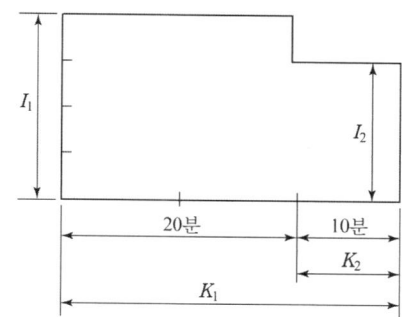

(2) 연 축전지와 알칼리 축전지의 공칭 전압은 각각 몇 [V]인가?
   • 연 축전지
   • 알칼리 축전지

답안작성

(1) $C = \dfrac{1}{L}[K_1 I_1 + K_2(I_2 - I_1)] = \dfrac{1}{0.8}[1.15 \times 60 + 0.91(50 - 60)] = 74.88\,[\text{Ah}]$

  ∴ 74.88 [Ah]

(2) • 연 축전지 : 2 [V]   • 알칼리 축전지 : 1.2 [V]

해설

(1)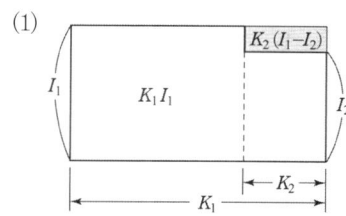

방전 특성 곡선의 면적은 전체 면적 $K_1 I_1$에서 $K_2(I_1 - I_2)$면적을 빼면 되므로

$K_1 I_1 - K_2(I_1 - I_2) = K_1 I_1 + K_2(I_2 - I_1)$이 된다.

즉, 축전지 용량 $C = \dfrac{1}{L}[K_1 I_1 + K_2(I_2 - I_1)]$이 된다.

문제 04

▶ 출제년도 : 03. 05. 12   ▶ 점수 : 4점

수전전압 22.9 [kV] 변압기 용량 3000 [kVA]의 수전설비를 계획할 때 외부와 내부의 이상전압으로부터 계통의 기기를 보호하기 위해 설치해야 할 기기의 명칭과 그 설치위치를 설명하시오. 단, 변압기는 몰드형으로서 변압기 1차의 주차단기는 진공차단기를 사용하고자 한다.

(1) 낙뢰 등 외부 이상전압
(2) 개폐 이상전압 등 내부 이상전압

답안작성

(1) • 기기명 : 피뢰기
    • 설치위치 : 진공 차단기 1차측
(2) • 기기명 : 서지 흡수기
    • 설치위치 : 진공 차단기 2차측과 몰드형 변압기 1차측 사이

문제 05

▶ 출제년도 : 99. 03. 12.   ▶ 점수 : 6점

분전반에서 30 [m]의 거리에 2.5 [kW]의 교류 단상 220 [V] 전열용 아웃렛을 설치하여 전압강하를 2 [%] 이내가 되도록 하고자 한다. 이곳의 배선 방법을 금속관공사로 한다고 할 때, 다음 각 물음에 답하시오.

(1) 전선의 굵기를 선정하고자 할 때 고려하여야 할 사항을 3가지만 쓰시오.
(2) 전선은 450/750 [V] 일반용 단심 비닐절연전선을 사용한다고 할 때 본문내용에 따른 전선의 굵기를 계산하고, 규격품의 굵기로 답하시오.

답안작성

(1) 허용 전류, 전압 강하, 기계적 강도

(2) $I = \dfrac{2.5 \times 10^3}{220} = 11.36 \, [\text{A}]$

전선의 굵기 : $A = \dfrac{35.6LI}{1000e} = \dfrac{35.6 \times 30 \times 11.36}{1000 \times (220 \times 0.02)} = 2.76 \, [\text{mm}^2]$

답 : 4 [mm²]

해설

KSC IEC 전선규격 [mm²]

1.5	2.5	4
6	10	16
25	35	50
70	95	120
150	185	240
300	400	500

전선의 단면적

단상 2선식	$A = \dfrac{35.6LI}{1000 \cdot e}$
3상 3선식	$A = \dfrac{30.8LI}{1000 \cdot e}$
단상 3선식 3상 4선식	$A = \dfrac{17.8LI}{1000 \cdot e}$

문제 06

특별고압 가공 전선로(22.9 [kV-Y])로부터 수전하는 어느 수용가의 특별고압 수전 설비의 단선 결선도이다. 다음 각 물음에 답하시오.

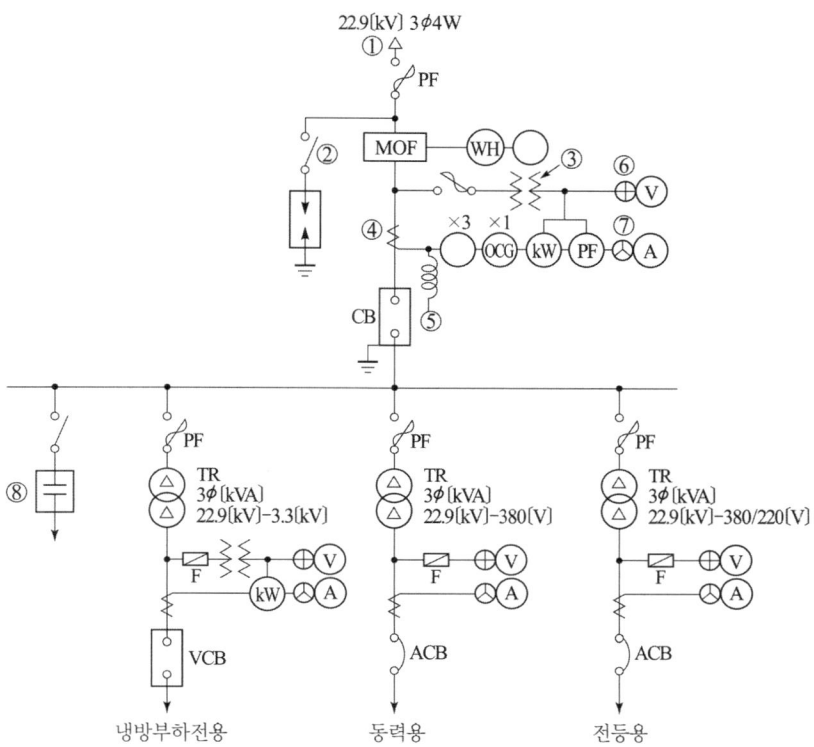

(1) ①~⑧에 해당되는 것의 명칭과 약호를 쓰시오.

번호	약호	명칭	번호	약호	명칭
①			②		
③			④		
⑤			⑥		
⑦			⑧		

(2) 동력부하의 용량은 300 [kW], 수용률은 0.6, 부하역률이 80 [%], 효율이 85 [%] 일 때 이 동력용 3상 변압기의 용량은 몇 [kVA] 인지를 계산하고, 주어진 변압기의 용량을 선정하시오.

변압기의 표준 정격 용량 [kVA]

200	300	400	500

•계산 :   •답 :

(3) 냉방 부하용 터보 냉동기 1대를 설치하고자 한다. 냉동기에 설치된 전동기는 3상 농형유도전동기로 정격전압 3.3 [kV], 정격출력 200 [kW], 전동기의 역률 85 [%], 효율 90 [%]일 때 정격 운전 시 부하전류는 얼마인가?
•계산 :   •답 :

답안작성

(1)

번호	약호	명칭	번호	약호	명칭
①	CH	케이블헤드	②	DS	단로기
③	PT	계기용 변압기	④	CT	변류기
⑤	TC	트립코일	⑥	VS	전압계용 전환 개폐기
⑦	AS	전류계용 전환 개폐기	⑧	SC	전력용 콘덴서

(2) 계산 : $P = \dfrac{\text{설비용량} \times \text{수용률}}{\text{역률} \times \text{효율}} = \dfrac{300 \times 0.6}{0.8 \times 0.85} = 264.71 [\text{kVA}]$

답 : 표에서 300 [kVA] 선정

(3) 계산 : 부하 전류 $I = \dfrac{P}{\sqrt{3}\, V \cos\theta\, \eta} = \dfrac{200}{\sqrt{3} \times 3.3 \times 0.85 \times 0.9} = 45.74 [\text{A}]$

답 : 45.74 [A]

해설

(2) 변압기 용량[kVA] > 최대 수용전력[kVA] = $\dfrac{\text{설비용량}[\text{kW}] \times \text{수용률}}{\text{역률} \times \text{효율}}$

▶ 출제년도 : 04. 12.   ▶ 점수 : 4점

문제 07 송전 계통의 중성점 접지방식에서 어떻게 접지하는 것을 유효접지(effective grounding)라 하는지를 설명하고, 유효접지의 가장 대표적인 접지 방식 한 가지만 쓰시오.
•설 명 :
•접지방식 :

답안작성

• 설 명 : 1선지락 사고시 건전상의 전압상승이 상규 대지전압의 1.3배를 넘지 않도록 접지 임피던스를 조절해서 접지하는 것
• 접지방식 : 직접접지방식

▸ 출제년도 : 89. 97. 98. 02. 12.   ▸ 점수 : 6점

문제 08

다음 어느 생산 공장의 수전 설비이다. 이것을 이용하여 다음 각 물음에 답하시오.

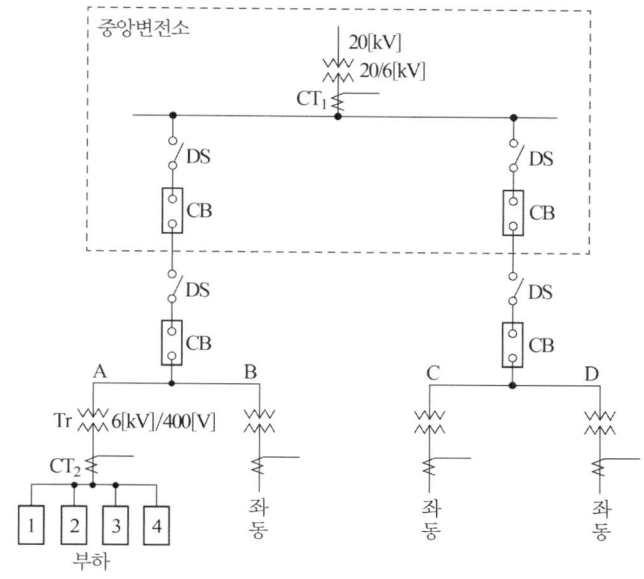

뱅크의 부하 용량표

피더	부하 설비 용량 [kW]	수용률 [%]
1	125	80
2	125	80
3	500	70
4	600	84

변류기 규격표

항 목	변 류 기
정격 1차 전류 [A]	5, 10, 15, 20, 30, 40 50, 75, 100, 150, 200 300, 400, 500, 600, 750 1000, 1500, 2000, 2500
정격 2차 전류 [A]	5

(1) 표와 같이 A, B, C, D 4개의 뱅크가 있으며, 각 뱅크는 부등률이 1.1이다. 이 때 중앙 변전소의 변압기 용량을 산정하시오. (단, 각 부하의 역률은 0.8이며, 변압기 용량은 표준규격으로 답하도록 한다.)
   • 계산 :   • 답 :

(2) 변류기 CT$_1$과 CT$_2$의 변류비를 산정하시오. 단, 1차 수전 전압은 20000/6000 [V], 2차 수전 전압은 6000/400 [V]이며, 변류비는 표준규격으로 답하도록 한다.
   • 계산 :   • 답 :

답안작성

(1) 계산 : A 뱅크의 최대 수요 전력
$$= \frac{125 \times 0.8 + 125 \times 0.8 + 500 \times 0.7 + 600 \times 0.84}{1.1 \times 0.8} = 1197.73 \text{ [kVA]}$$
A, B, C, D 각 뱅크간의 부등률은 없으므로
$S_{Tr} = 1197.73 \times 4 = 4790.92$ [kVA]
답 : 5000 [kVA]

(2) 계산 : ① CT_1

$$I_1 = \frac{5000}{\sqrt{3} \times 6} \times (1.25 \sim 1.5) = 601.4 \sim 721.7 [A] \qquad \therefore 600/5 \text{ 선정}$$

② CT_2

$$I_1 = \frac{1197.73}{\sqrt{3} \times 0.4} \times (1.25 \sim 1.5) = 2160.97 \sim 2593.16 [A] \qquad \therefore 2500/5 \text{ 선정}$$

답 : ① CT_1 : 600/5   ② CT_2 : 2500/5

해설

(1) 최대수요전력 = $\dfrac{\dfrac{\text{부하설비 용량[kW]}}{\cos\theta} \times \text{수용률}}{\text{부등률}}$ [kVA]

(2) 변류기는 최대 부하 전류의 1.25~1.5배로 선정

▶출제년도 : 12. ▶점수 : 8점

문제 09 전기설비에서 사용되는 다음 용어의 정의를 쓰시오.
(1) 간선 (2) 단락전류
(3) 사용전압 (4) 분기회로

답안작성

(1) 간선 : 인입구에서 분기과전류차단기에 이르는 배선으로서 분기회로의 분기점에서 전원측 부분을 말한다.
(2) 단락전류 : 전로의 선간이 임피던스가 적은 상태로 접촉되었을 경우에 그 부분을 통하여 흐르는 큰전류를 말한다.
(3) 사용전압 : 보통의 사용상태에서 그 회로에 가하여지는 선간전압을 말한다.
(4) 분기회로 : 간선에서 분기하여 분기과전류차단기를 거쳐서 부하에 이르는 사이의 배선을 말한다.

▶출제년도 : 09. 12. ▶점수 : 5점

문제 10 지표면상 15 [m] 높이의 수조가 있다. 이 수조에 시간 당 5000 [m³] 물을 양수하는데 필요한 펌프용 전동기의 소요 동력은 몇 [kW]인가? (단, 펌프의 효율은 55 [%]로 하고, 여유계수는 1.1로 한다.)
• 계산 :   • 답 :

답안작성

계산 : $P = \dfrac{KQH}{6.12\eta} = \dfrac{1.1 \times \dfrac{5000}{60} \times 15}{6.12 \times 0.55} = 408.5 [kW]$

답 : 408.5 [kW]

해설

$P = \dfrac{KQH}{6.12\eta}$ [kW]

(단, K : 손실계수(여유계수), Q : 양수량 [m³/min], H : 총양정 [m], η : 효율)

문제 11

▸ 출제년도 : 12.   ▸ 점수 : 4점

다음 그림에서 Ⓥ 가 지시하는 것은 무엇인가?

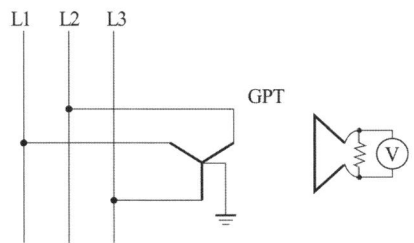

답안작성

영상전압

문제 12

▸ 출제년도 : 97. 07. 12.   ▸ 점수 : 5점

길이 20 [m], 폭 10 [m], 천장 높이 5 [m], 유지율은 80 [%], 조명률은 50 [%] 이다. 작업면의 평균 조도를 120 [lx]로 할 때 소요 광속은 얼마인가?

• 계산 :   • 답 :

답안작성

계산 : 등수 $F = \dfrac{EAD}{UN} = \dfrac{120 \times 20 \times 10 \times \dfrac{1}{0.8}}{0.5 \times 1} = 60,000 [\text{lm}]$

답 : 60,000 [lm]

해설

감광보상률$(D) = \dfrac{1}{보수율\ (유지율,\ M)}$

문제 13

▸ 출제년도 : 12.   ▸ 점수 : 5점

고압회로 케이블의 지락보호를 위하여 검출기로 관통형 영상변류기를 설치하고 원칙적으로는 케이블 1회선에 대하여 실드접지의 접지점은 1개소로 한다. 그러나, 케이블의 길이가 길게 되어 케이블 양단에 실드 접지를 하게 되는 경우 양 끝의 접지는 다른 접지선과 접속하면 안된다. 그 이유는 무엇인가?

답안작성

지락사고시 지락전류의 일부분이 다른 접지선의 접지점을 통하여 흐르게 된다.
그 결과 지락전류의 검출이 제대로 되지 않아 지락계전기가 동작하지 않을 수 있기 때문이다.

해설

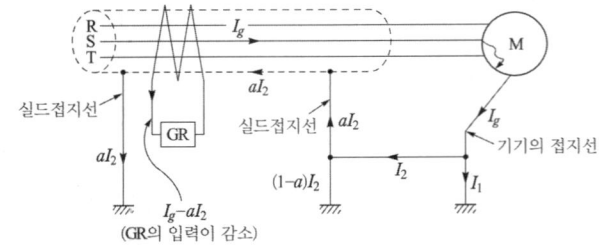

▸ 출제년도 : 92. 97. 06. 12.   ▸ 점수 : 7점

문제 14 그림은 전동기 5대가 동작할 수 있는 제어 회로 설계도이다. 회로를 완전히 숙지한 다음 (   ) 안에 알맞은 말을 넣어 완성하여라.

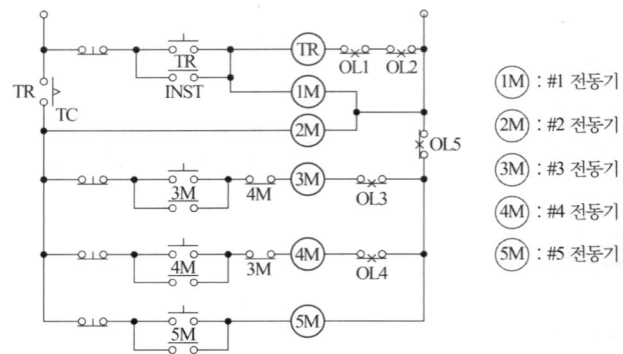

(1) #1 전동기가 기동하면 일정 시간 후에 (①) 전동기가 기동하고 #1 전동기가 운전 중에 있는 한 (②) 전동기도 운전된다.
(2) #1, #2 전동기가 운전 중이 아니면 (①) 전동기는 기동할 수 없다.
(3) #4 전동기가 운전 중일 때 (①) 전동기는 기동할 수 없으며 #3 전동기가 운전 중일 때 (②) 전동기는 기동할 수 없다.
(4) #1 또는 #2 전동기의 과부하 계전기가 트립하면 (①) 전동기가 정지한다.
(5) #5 전동기의 과부하 계전기가 트립하면 (①) 전동기가 정지한다.

답안작성

(1) ① #2, ② #2   (2) ① #3 #4 #5   (3) ① #3, ② #4
(4) ① #1 #2 #3 #4 #5 (5) ① #3 #4 #5

▸ 출제년도 : 12.   ▸ 점수 : 4점

문제 15 MOF에 대하여 간략히 설명하시오.

답안작성

PT와 CT를 한 함내에 설치하고 고전압, 대전류를 저전압(110[V]), 소전류(5[A])로 변압·변류하여 전력량계에 공급하는 계기용변성기 이다.

해설

계기용 변성기(Metering Out Fit : MOF)

문제 16 ▸출제년도 : 12. ▸점수 : 5점

계기용 변압기(2개)와 변류기(2개)를 부속하는 3상 3선식 전력량계를 결선하시오.
(단, 1, 2, 3은 상순을 표시하고 P1, P2, P3은 계기용 변압기에 1S, 1L, 3S, 3L은 변류기에 접속하는 단자이다.)

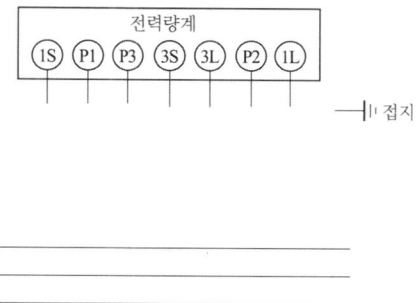

답안작성

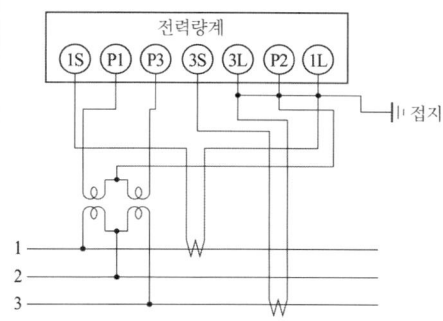

해설

적산전력계 결선(변성기 사용)

상 선	변류기 부속	계기용 변압기 및 변류기 부속
단상 2선식		
3상 3선식 단상 3선식		

상 선	변류기 부속	계기용 변압기 및 변류기 부속
3상 4선식	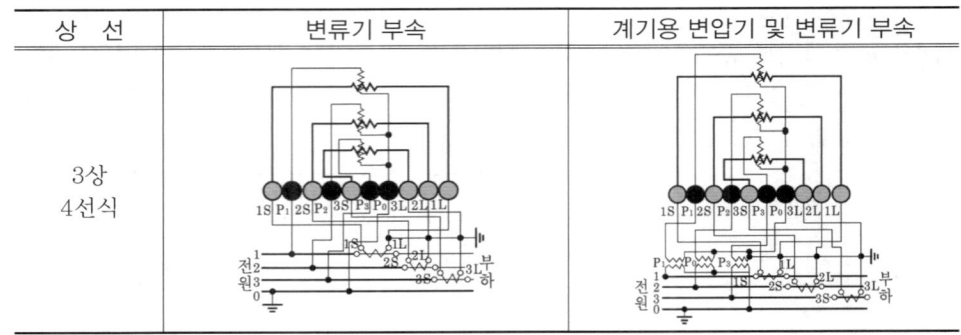	

▶ 출제년도 : 12.   ▶ 점수 : 4점

문제 17 다음 논리회로의 출력을 논리식으로 나타내고 간략화 하시오.

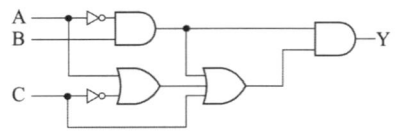

답안작성

$Y = (\overline{A} \cdot B)(\overline{A} \cdot B + A + \overline{C} + C) = (\overline{A} \cdot B)(\overline{A} \cdot B + A + 1) = \overline{A} \cdot B$

해설

$\overline{C} + C = 1$, $\overline{A} \cdot B + A + 1 = 1$

▶ 출제년도 : 12.   ▶ 점수 : 5점

문제 18 접지공사에서 접지저항을 저감시키는 방법을 5가지만 쓰시오.

답안작성

① 접지극 길이를 길게 한다.   ② 접지극을 병렬 접속한다.
③ 심타공법으로 시공한다.   ④ 접지저항 저감제를 사용한다.
⑤ 접지봉의 매설깊이를 깊게 한다.

해설

접지저항 저감방법
(1) 물리적 저감방법
　① 접지극 길이를 길게한다
　　• 직렬 접지시공　• 매설지선 시설　• 평판 접지극 시설
　② 접지극의 병렬접속
　　　$R = k \dfrac{R_1 R_2}{R_1 + R_2}$ (여기서, k : 결합계수로 보통 1.2를 적용한다)
　③ 접지극의 매설깊이를 깊게(지표면하 75 [cm] 이하에 시설)
　④ 접지극과 대지와의 접촉저항을 향상시키기 위하여 심타공법으로 시공
(2) 화학적 저감방법
　① 접지극 주변의 토양 개량 (염, 유산, 암모니아, 탄산소다, 카본분말, 밴드나이트 등 화공약품을 사용하는데 따른 환경오염 문제로 사용이 제한되고 있다)
　② 접지저항 저감제 사용 (주로 아스롱을 사용)

국가기술자격검정 실기시험문제 및 답안지

2012년도 산업기사 일반검정 제 3 회

자격종목(선택분야): 전기산업기사
시험시간: 2시간 00분

문제 01 ▸ 출제년도 : 96. 01. 12. ▸ 점수 : 5점

일반적 조명기구의 그림 기호에 문자와 숫자가 다음과 같이 방기되어 있다. 그 의미를 쓰시오.

(1) H500   (2) N200   (3) F40   (4) X200   (5) M200

답안작성

(1) 500 [W] 수은등
(2) 200 [W] 나트륨등
(3) 40 [W] 형광등
(4) 200 [W] 크세논 램프
(5) 200 [W] 메탈 할라이드등

문제 02 ▸ 출제년도 : 12. ▸ 점수 : 5점

수용률의 정의와 수용률의 의미를 간단히 설명하시오.

(1) 정의
(2) 의미

답안작성

(1) 정의 : 수용가의 최대전력과 부하 설비용량과의 비를 수용률이라 하며 보통 백분율로 표시한다.

$$수용률 = \frac{최대전력}{부하설비용량} \times 100 [\%]$$

(2) 의미 : 수용 설비가 동시에 사용되는 정도를 나타낸다.

문제 03 ▸ 출제년도 : 12. ▸ 점수 : 5점

전력 계통에 설치되는 분로리액터는 무엇을 위하여 설치하는가?

답안작성

페란티 현상의 방지

해설

무부하 장거리 선로에서 선로의 정전용량에 의해 진상전류가 흐르게 되어 수전단 전압이 송전단 전압보다 높게되는 현상을 페란티현상 이라고 한다. 이를 방지하기 위하여 분로리액터를 설치하여 진상전류를 감소시킨다.

▸출제년도 : 87. 93. 10. 12.   ▸점수 : 9점

문제 04 다음 회로는 환기팬의 자동운전회로이다. 이 회로와 동작 개요를 보고 다음 각 물음에 답하시오.

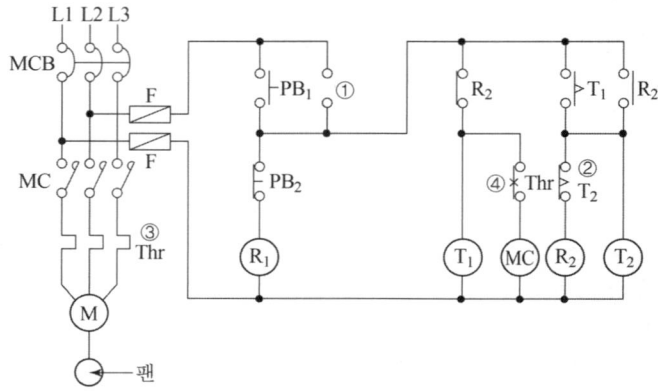

[동작개요]
① 연속 운전을 할 필요가 없는 환기용 팬등의 운전 회로에서 기동 버튼에 의하여 운전을 개시하면 그 다음에는 자동적으로 운전 정지를 반복하는 회로이다.
② 기동 버튼 PB₁을 "ON" 조작하면 타이머 T₁의 설정 시간만 환기팬이 운전하고 자동적으로 정지한다. 그리고 타이머 T₂ 의 설정 시간에만 정지하고 재차 자동적으로 운전을 개시한다.
③ 운전 도중에 환기팬을 정지시키려고 할 경우에는 버튼 스위치 PB₂를 "ON" 조작하여 행한다.

(1) 위 시퀀스도에서 릴레이 R₁에 의하여 자기 유지될 수 있도록 ①로 표시된 곳에 접점 기호를 그려 넣으시오.
(2) ②로 표시된 접점 기호의 명칭과 동작을 간단히 설명하시오.
(3) Thr로 표시된 ③, ④의 명칭과 동작을 간단히 설명하시오.

답안작성
(1) ┤├ R₁
(2) 명칭 : 한시동작 순시복귀 b접점
    동작 : 타이머 T_2가 여자되면 일정 시간 후 개로되어 R_2와 T_2를 소자시킨다.
(3) 명칭 : ③ 열동 계전기, ④ 수동 복귀 b접점
    동작 : 전동기에 과전류가 흐르면 열동계전기 ③이 동작하고 ④ 접점이 개로되어 전동기를 정지시키며 접점의 복귀는 수동으로 한다.

▸ 출제년도 : 12.   ▸ 점수 : 10점

문제 05

도면은 154 [kV]를 수전하는 어느 공장의 수전설비에 대한 단선도이다. 이 단선도를 보고 다음 각 물음에 답하시오.

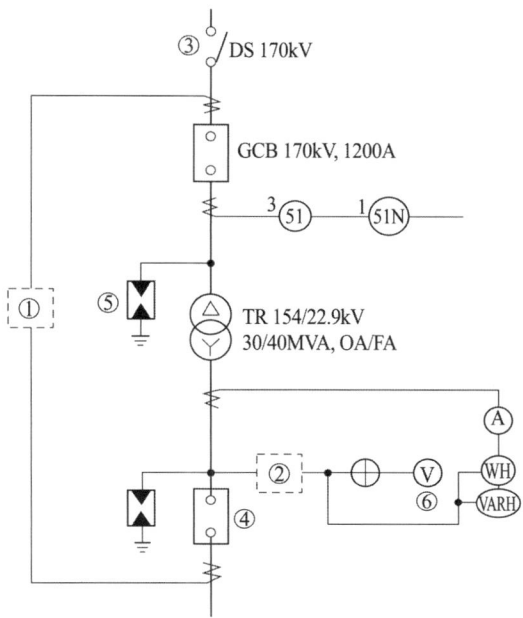

(1) ①에 설치되어야 할 기기의 심벌을 그리고, 그 명칭을 쓰시오.
(2) ②에 설치되어야 할 기기의 심벌을 그리고, 그 명칭을 쓰시오.
(3) 51, 51N의 기구번호의 명칭은?
(4) GCB, VARH의 용어는?
(5) ③~⑥에 해당하는 명칭을 쓰시오

답안작성

(1) 심벌 : (87T)

   명칭 : 주변압기 차동 계전기

(2) 심벌 : ─⫸⫷─

   명칭 : 계기용 변압기

(3) 51 : 교류 과전류계전기   51N : 중성점 과전류계전기
(4) GCB : 가스차단기   VARH : 무효전력량계
(5) ③ 단로기   ④ 차단기   ⑤ 피뢰기   ⑥ 전압계

해설

(1) 계전기별 고유번호
- 87 : 전류 차동계전기 (비율 차동 계전기)
- 87B : 모선 보호 차동계전기
- 87G : 발전기용 차동계전기
- 87T : 주변압기 차동계전기

문제 06

▸출제년도 : 05. 12.   ▸점수 : 6점

다음 각 물음에 답하시오.

(1) 농형 유도 전동기의 기동법 4가지를 쓰시오.
   ·   ·
   ·   ·

(2) 유도 전동기의 1차 권선의 결선을 △에서 Y로 바꾸면 기동시 1차 전류는 △결선시의 몇 배가 되는가?

답안작성

(1) 전전압 기동법, Y-△기동법, 리액터 기동법, 기동 보상기법

(2) $\dfrac{1}{3}$배

해설

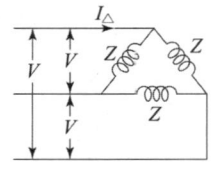 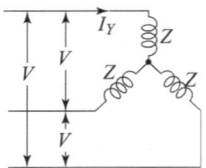

$I_\triangle = \dfrac{V}{Z} \times \sqrt{3}$ $I_Y = \dfrac{V/\sqrt{3}}{Z}$

$\therefore \dfrac{I_\triangle}{I_Y} = \dfrac{\dfrac{\sqrt{3}\,V}{Z}}{\dfrac{V}{\sqrt{3}\,Z}} = 3$ $I_Y = \dfrac{1}{3} I_\triangle$

문제 07

▸출제년도 : 04. 06. 12.   ▸점수 : 5점

단상 2선식 220 [V]로 공급되는 전동기가 절연열화로 인하여 외함에 전압이 인가 될 때 사람이 접촉하였다. 이 때의 접촉전압은 몇 [V]인가? 단, 변압기 2차측 접지저항은 9 [Ω], 전로의 저항은 1 [Ω], 전동기 외함의 접지저항은 100 [Ω]이다.

•계산 :   •답 :

답안작성

계산 : $I_g = \dfrac{220}{9+1+100} = 2\,[A]$

$V_g = I_g \cdot R = 2 \times 100 = 200\,[V]$

답 : 200 [V]

해설

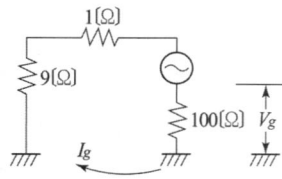

▸ 출제년도 : 89. 02. 06. 12.   ▸ 점수 : 6점

문제 08 계기용 변압기(PT)와 전압 절환 개폐기(VS 혹은 VCS)로 모선 전압을 측정하고자 한다.

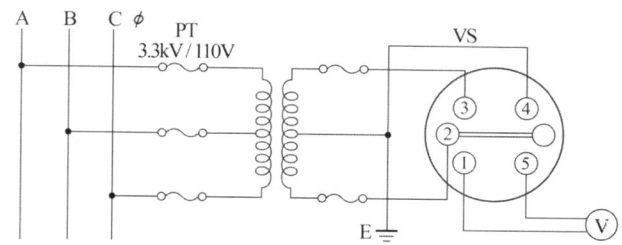

(1) V_{AB} 측정시 VS 단자 중 단락되는 접점을 2가지 쓰시오.
(2) V_{BC} 측정시 VS 단자 중 단락되는 접점을 2가지 쓰시오.
(3) PT 2차측을 접지하는 이유를 기술하시오.

답안작성

(1) ① - ③, ④ - ⑤
(2) ① - ②, ④ - ⑤
(3) PT의 절연 파괴시 고저압 혼촉사고로 인한 2차측의 전위 상승을 방지하기 위하여

▸ 출제년도 : 95. 03. 12.   ▸ 점수 : 5점

문제 09 부하 설비 및 수용률이 그림과 같은 경우 이곳에 공급할 변압기 Tr의 용량을 계산하여 표준 용량으로 결정하시오. 단, 부등률은 1.1, 종합 역률은 80 [%] 이하로 한다.

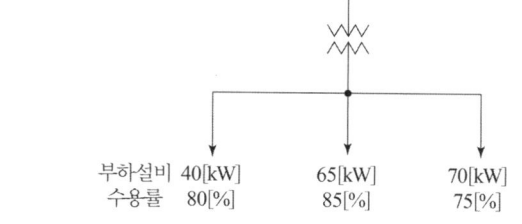

변압기 표준 용량 [kVA]						
50	100	150	200	250	300	500

• 계산 :   • 답 :

답안작성

계산 : 변압기 용량 $= \dfrac{40 \times 0.8 + 65 \times 0.85 + 70 \times 0.75}{1.1 \times 0.8} = 158.81 [kVA]$

답 : 표준 용량 200 [kVA] 선정

해설

① 변압기 용량 [kVA] ≥ 합성 최대 전력 [kVA] = $\dfrac{\text{설비 용량 [kVA]} \times \text{수용률}}{\text{부등률}}$

② 변압기 용량 [kVA] ≥ 합성 최대 전력 [kVA] = $\dfrac{\text{설비 용량 [kW]} \times \text{수용률}}{\text{부등률} \times \text{역률}}$

문제 10
▸ 출제년도 : 12. ▸ 점수 : 4점

서지 흡수기(Surge Absorber)의 기능을 쓰시오.

답안작성

개폐서지 등 이상전압으로부터 변압기 등 기기보호

해설

서지 흡수기는 LA와 같은 구조와 특성을 지니고 있으며 선로에서 발생할 수 있는 개폐서지, 순간 과도전압 등의 이상전압이 2차 기기에 영향을 미치는 것을 방지함

문제 11
▸ 출제년도 : 07. 12. ▸ 점수 : 4점

그림과 같은 3상 3선식 배전선로에서 불평형률을 구하시오.

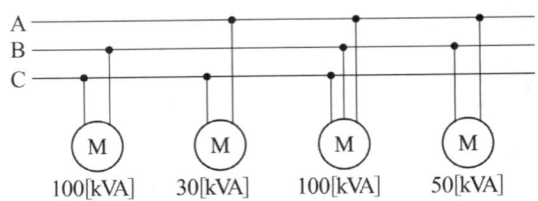

답안작성

$$\text{설비불평형률} = \frac{100-30}{(100+30+100+50) \times \frac{1}{3}} \times 100 = 75[\%]$$

해설

3상 3선식에서

$$\text{설비불평형률} = \frac{\text{각 선간에 접속되는 단상 부하의 최대와 최소의 차}}{\text{총 부하 설비용량의 1/3}} \times 100[\%]$$

문제 12
▸ 출제년도 : 12. ▸ 점수 : 4점

보호 계전기에 필요한 특성 4가지를 쓰시오.

답안작성

① 선택성   ② 신뢰성   ③ 감도   ④ 속도

해설

① 선택성 : 차단구간이 필요 최소한이 되도록 사고구간을 선택할 수 있어야 한다.
② 신뢰성 : 오동작으로 인하여 계통에 영향이 미치지 않도록 동작 신뢰성을 확보하여야 한다.
③ 감도 : 계통구성이나 운전조건은 언제나 변하고, 사고 발생지점이나 종류도 일정하지 않으므로 어떠한 상황에서도 동작할 수 있는 감도를 가져야 한다.
④ 속도 : 계통의 안정도 유지 및 사고 확대방지에 필요한 속도로 동작해야 한다.

▸ 출제년도 : 12. ▸ 점수 : 6점

문제 13 주어진 진리표를 이용하여 다음 각 물음에 답하시오.

진리표

A	B	C	출력
0	0	0	P_1
0	0	1	P_1
0	1	0	P_1
0	1	1	P_2
1	0	0	P_1
1	0	1	P_2
1	1	0	P_2

(1) P_1, P_2의 출력식을 각각 쓰시오.
(2) 무접점 회로도를 그리시오.

답안작성

(1) $P_1 = \overline{A}\,\overline{B} + (\overline{A} + \overline{B})\overline{C}$, $P_2 = \overline{A}BC + A(\overline{B}C + B\overline{C})$

(2)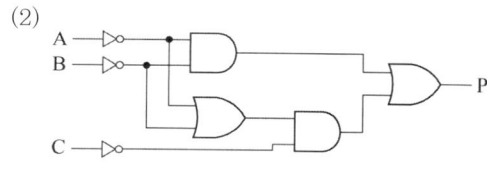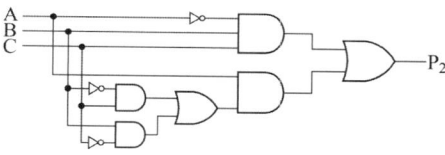

해설

(1) $P_1 = \overline{A}\,\overline{B}\,\overline{C} + \overline{A}\,\overline{B}C + \overline{A}B\overline{C} + A\overline{B}\,\overline{C}$
$= \overline{A}\,\overline{B}\,\overline{C} + \overline{A}\,\overline{B}C + \overline{A}B\overline{C} + A\overline{B}\,\overline{C} + \overline{A}\,\overline{B}\,\overline{C} + \overline{A}\,\overline{B}\,\overline{C}$
$= \overline{A}\,\overline{B}(C + \overline{C}) + \overline{A}\,\overline{C}(B + \overline{B}) + \overline{B}\,\overline{C}(A + \overline{A}) = \overline{A}\,\overline{B} + (\overline{A} + \overline{B})\overline{C}$

$P_2 = \overline{A}BC + A\overline{B}C + AB\overline{C} = \overline{A}BC + A(\overline{B}C + B\overline{C})$

▸ 출제년도 : 12. ▸ 점수 : 6점

문제 14 그림과 같은 부하 특성을 갖는 축전지를 사용할 때 보수율이 0.8, 최저 축전지 온도 5[℃], 허용 최저 전압 90[V]일 때 몇 [Ah] 이상인 축전지를 선정하여야 하는가? 단, $K_1 = 1.15$, $K_2 = 0.95$이고 셀당 전압은 1.06[V/cell]이다.

• 계산 :
• 답 :

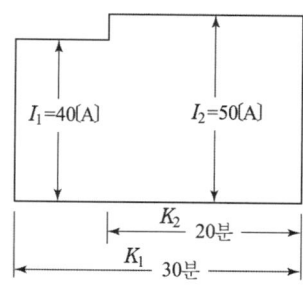

답안작성

계산 : $C = \dfrac{1}{L}[K_1 I_1 + K_2(I_2 - I_1)] = \dfrac{1}{0.8} \times [1.15 \times 40 + 0.95 \times (50 - 40)] = 69.38[Ah]$

답 : 69.38[Ah]

문제 15

▸ 출제년도 : 12. ▸ 점수 : 6점

380 [V] 농형 유도전동기의 출력이 30 [kW]이다. 이것을 시설한 분기회로의 전선의 굵기와 과전류 차단기의 정격전류를 선정하시오. 단, 역률은 85 [%]이고, 효율은 80 [%]이며 전선의 허용전류는 다음 표와 같다.

동선의 단면적 [mm^2]	허용전류 [A]
6	49
10	61
16	88
25	115
35	162

(1) 과전류 차단기의 정격전류를 선정하시오
  • 계산 :   • 답 :
(2) 전선의 굵기(과부하 전류에 의하여 도체가 장시간에 걸쳐 열적손상에 의한 피해를 방지할 수 있도록 할 것)
  • 계산 :   • 답 :

답안작성

(1) 계산 : 설계전류 $I_B = \dfrac{30}{\sqrt{3} \times 0.38 \times 0.85 \times 0.8} = 67.03$ [A]

  $I_B \leq I_n \leq I_Z$ 의 조건을 만족하는 과전류 차단기의 정격전류 I_n은 표준품의 80[A] 선정
  답 : 80[A] 선정

(2) 계산 : 과부하 전류에 의한 전선의 열적 손상은 방지할 수 있도록 하기 위해서는 $I_Z \geq 1.25 I_n$
  즉, $I_Z \geq 1.25 \times 80 \geq 100$ [A] 따라서 허용전류가 115[A]인 25[mm^2] 선정
  답 : 25[mm^2] 선정

해설

(1) ① KEC 212.4.1 도체와 과부하 보호장치 사이의 협조
    과부하에 대해 케이블(전선)을 보호하는 장치의 동작특성은 다음의 조건을 충족해야 한다.
    $I_B \leq I_n \leq I_Z$, $I_2 \leq 1.45 \times I_Z$
    I_B : 회로의 설계전류(선도체를 흐르는 설계전류 또는 함유율이 높은 영상분 고조파, 특히 제3고조파가 지속적으로 흐르는 경우 중성선에 흐르는 전류이다.)
    I_Z : 케이블의 허용전류
    I_n : 보호장치의 정격전류(사용현장에 적합하게 조정된 전류의 설정 값)
    I_2 : 보호장치가 규약시간 이내에 유효하게 동작하는 것을 보장하는 전류

    [참고] $I_2 \leq 1.45 I_Z$의 요구조건
        과부하전류가 도체의 허용전류(I_Z)보다크고 I_2 미만의 전류가 지속적으로 흐르는 경우에는 도체가 과전류보호장치에 의하여 보호되지 않을 수도 있다. 따라서 과부하전류에 의하여 도체가 장시간에 걸쳐 열적손상에 의한 피해를 방지하기 위하여 가능한 도체의 허용전류 선정은 과부하 차단기 정격전류의 1.25배 이상 되도록 선정하는 것이 바람직 하다.

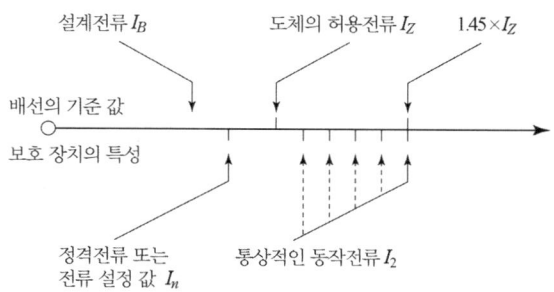

과부하 보호 설계 조건도

② 배선용 차단기의 정격전류[A]
  6, 8, 10, 13, 16, 20, 25, 32, 40, 50, 63, 80, 100, 125, 160, 200, 250, 320, 400, 500, 630[A] 등

▸ 출제년도 : 88. 93. 12. ▸ 점수 : 4점

문제 16 논리 회로 (a)를 보고 진리표 (b)를 완성하시오.

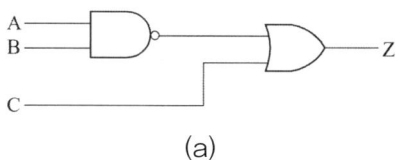

(a)

A	B	C	Z
0	0	0	
0	0	1	
0	1	1	
0	1	0	
1	1	1	

(b)

답안작성

A	B	C	Z
0	0	0	1
0	0	1	1
0	1	1	1
0	1	0	1
1	1	1	1

해설

AB가 동시에 1인 경우 이외, 혹은 C가 1인 경우 Z는 1이 된다.

문제 17 ▸출제년도 : 12. ▸점수 : 4점

차단기에 비하여 전력용 퓨즈의 장점 4가지를 쓰시오.

답안작성

① 소형으로 큰 차단 용량을 갖는다. ② 보수가 용이하다.
③ 릴레이나 변성기가 필요 없다. ④ 고속도 차단한다.

문제 18 ▸출제년도 : 12. ▸점수 : 6점

그림과 같은 평형 3상 회로로 운전하는 유도전동기가 있다. 이 회로에 그림과 같이 2개의 전력계 W_1, W_2, 전압계 V, 전류계 A를 접속한 후 지시값은 $W_1 = 5.8[\text{kW}]$, $W_2 = 3.5[\text{kW}]$, $V = 220[\text{V}]$, $I = 30[\text{A}]$이었다.

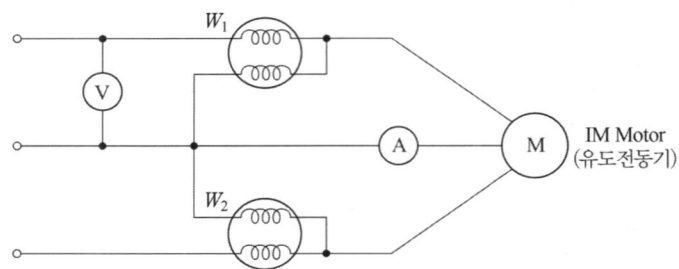

(1) 이 유도전동기의 역률은 몇 [%]인가?
 • 계산 :   • 답 :
(2) 역률을 90 [%]로 개선시키려면 몇 [kVA] 용량의 콘덴서가 필요한가?
 • 계산 :   • 답 :
(3) 이 전동기로 만일 매분 20 [m]의 속도로 물체를 권상한다면 몇 [ton]까지 가능한가? 단, 종합효율은 80 [%]로 한다.
 • 계산 :   • 답 :

답안작성

(1) 계산 : 전력 $P = W_1 + W_2 = 5.8 + 3.5 = 9.3[\text{kW}]$

피상전력 $P_a = \sqrt{3}\,VI = \sqrt{3} \times 220 \times 30 \times 10^{-3} = 11.43[\text{kVA}]$

역률 $\cos\theta = \dfrac{9.3}{11.43} \times 100 = 81.36[\%]$

답 : 81.36 [%]

(2) 계산 : $Q_c = P(\tan\theta_1 - \tan\theta_2) = 9.3 \times \left(\dfrac{\sqrt{1-0.8136^2}}{0.8136} - \dfrac{\sqrt{1-0.9^2}}{0.9} \right) = 2.14[\text{kVA}]$

답 : 2.14 [kVA]

(3) 계산 : 권상용 전동기의 용량 $P = \dfrac{W \cdot V}{6.12\eta}[\text{kW}]$

∴ 물체의 중량 $W = \dfrac{6.12\eta P}{V} = \dfrac{6.12 \times 0.8 \times 9.3}{20} = 2.28[\text{ton}]$

답 : 2.28[ton]

E60-2
전기산업기사 실기

2013년도 기출문제

- 2013년 전기산업기사 1회
- 2013년 전기산업기사 2회
- 2013년 전기산업기사 3회

국가기술자격검정 실기시험문제 및 답안지

2013년도 산업기사 일반검정 제1회

자격종목(선택분야)	시험시간	형별
전기산업기사	2시간 00분	

수험번호 　성　명　 감독위원 확인

문제 01
▶ 출제년도 : 13.　▶ 점수 : 5점

변압기 보호를 위하여 과전류계전기의 탭(Tap)과 레버(Lever)를 정정하였다고 한다. 과전류 계전기에서 탭(Tap)과 레버(Lever)는 각각 무엇을 정정하는지를 쓰시오.

답안작성
- 탭 : 과전류계전기의 최소동작전류
- 레버 : 과전류계전기의 동작시간

해설
반한시성 계전기의 동작 시간 특성

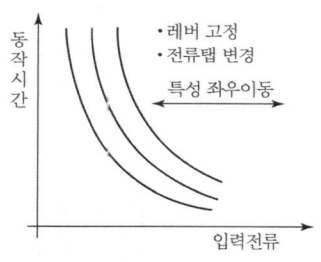 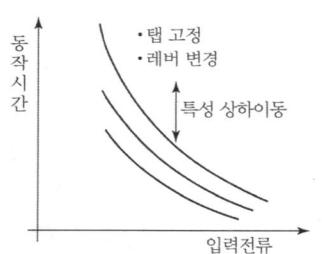

문제 02
▶ 출제년도 : 89. 93. 95. 02. 06. 13.　▶ 점수 : 6점

공급전압을 220 [V]에서 380 [V]로 승압할 경우 저압간선에 나타나는 효과로서 다음 각 물음에 답하시오.

(1) 공급능력 증대는 몇 배인가?
- 계산　　　　　　　　　　　　　　・답

(2) 전력손실의 감소는 몇 [%]인가?
- 계산　　　　　　　　　　　　　　・답

(3) 전압강하율의 감소는 몇 [%]인가?
- 계산　　　　　　　　　　　　　　・답

답안작성

(1) 계산 : 공급능력 $P \propto V$ 이므로
$$P' = \frac{380}{220} \times P = 1.73P$$
답 : 1.73배

(2) 계산 : $P_L \propto \frac{1}{V^2}$ 이므로 $P_L' = \left(\frac{220}{380}\right)^2 P_L = 0.3352 P_L$
∴ 감소는 $1 - 0.3352 = 0.6648$
답 : 66.48 [%]

(3) 계산 : $\epsilon \propto \frac{1}{V^2}$ 이므로 $\epsilon' = \left(\frac{220}{380}\right)^2 \epsilon = 0.3352\epsilon$
∴ 감소는 $1 - 0.3352 = 0.6648$
답 : 66.48 [%]

해설

(1) 공급능력 $P = VI\cos\theta$[W]에서 선로의 허용전류는 전선의 굵기에 의해 좌우된다.
따라서, 전선의 굵기가 일정한 경우 전선의 허용전류가 일정하므로 $P \propto V$

(2) 전력손실 $P_l = 3I^2R = 3 \times \left(\frac{P}{\sqrt{3}\,V\cos\theta}\right)^2 = \frac{RP^2}{V^2\cos^2\theta}$ ∴ $P_l \propto \frac{1}{V^2}$

(3) 전압강하율 $\epsilon = \frac{e}{V} = \frac{\frac{PR+XQ}{V}}{V} = \frac{RP+XQ}{V^2}$ ∴ $\epsilon \propto \frac{1}{V^2}$

▶ 출제년도 : 09. 13.   ▶ 점수 : 5점

문제 03 공장 조명 설계시 에너지 절약대책을 4가지만 쓰시오.

답안작성

① 고효율 등기구 채용
② 고조도 저휘도 반사갓 채용
③ 등기구의 격등 제어 및 적정한 회로 구성
④ 전반조명과 국부조명(TAL 조명)을 적절히 병용하여 이용

해설

이외에도 ⑤ 슬림라인 형광등 및 전구식 형광등 채용
⑥ 재실감지기 및 카드키 채용
⑦ 적절한 조광제어실시
⑧ 고역률 등기구 채용
⑨ 창측 조명기구 개별점등
⑩ 등기구의 적절한 보수 및 유지 관리 등이 있다.

▶ 출제년도 : 93. 01. 13.   ▶ 점수 : 5점

문제 04 CIRCUIT BREAKER(차단기)와 DISCONNECTING SWITCH(단로기)의 차이점을 설명하시오.

답안작성

- 차단기(CB) : 정상적인 부하 전류를 개폐하거나 또는 기기나 계통에서 발생한 고장 전류를 차단하여 고장 개소를 제거할 목적으로 사용된다.
- 단로기(DS) : 전선로나 전기기기의 수리, 점검을 하는 경우 차단기로 차단된 무부하 상태의 전로를 확실하게 열기 위하여 사용되는 개폐기로서 부하 전류 및 고장 전류를 차단하는 기능은 없다.

▸ 출제년도 : 07. 11. 13.   ▸ 점수 : 6점

문제 05 부하에 병렬로 콘덴서를 설치하고자 한다. 다음 조건을 참고하여 각 물음에 답하시오.

[조건]
부하 1은 역률이 60[%]이고, 유효전력은 180[kW], 부하 2는 유효전력 120[kW]이고, 무효전력이 160[kVar]이며, 배전 전력손실은 40[kW]이다.

(1) 부하 1과 부하 2의 합성 용량은 몇 [kVA]인가?
   • 계산   • 답
(2) 부하 1과 부하 2의 합성 역률은 얼마인가?
   • 계산   • 답
(3) 합성 역률을 90[%]로 개선하는데 필요한 콘덴서 용량은 몇 [kVA]인가?
   • 계산   • 답
(4) 역률 개선 시 배전의 전력손실은 몇 [kW]인가?
   • 계산   • 답

답안작성

(1) 계산 : 유효전력 $P = P_1 + P_2 = 180 + 120 = 300 [\text{kW}]$

무효전력 $Q = Q_1 + Q_2 = \dfrac{P_1}{\cos\theta_1} \times \sin\theta_1 + Q_2 = \dfrac{180}{0.6} \times 0.8 + 160 = 400 [\text{kVar}]$

합성용량 $P_a = \sqrt{P^2 + Q^2} = \sqrt{300^2 + 400^2} = 500 [\text{kVA}]$

답 : 500 [kVA]

(2) 계산 : $\cos\theta = \dfrac{P}{P_a} \times 100 = \dfrac{300}{500} \times 100 = 60 [\%]$

답 : 60 [%]

(3) 계산 : $Q_c = P(\tan\theta_1 - \tan\theta_2) = (180 + 120)\left(\dfrac{0.8}{0.6} - \dfrac{\sqrt{1-0.9^2}}{0.9}\right) = 254.7 [\text{kVA}]$

답 : 254.7 [kVA]

(4) 계산 : 전력손실 $P_l \propto \dfrac{1}{\cos^2\theta}$ 이므로

전력손실 $P_l' = \left(\dfrac{0.6}{0.9}\right)^2 P_l = \left(\dfrac{0.6}{0.9}\right)^2 \times 40 = 17.78 [\text{kW}]$

답 : 17.78 [kW]

문제 06

▸ 출제년도 : 13.　▸ 점수 : 6점

△-△ 결선으로 운전하던 중 한 상의 변압기에 고장이 생겨 이것을 분리하고 나머지 2대로 3상 전력을 공급하고자 한다. 다음 각 물음에 답하시오.

(1) 결선의 명칭을 쓰시오.
(2) 이용률은 몇 [%]인가?
(3) 변압기 2대의 3상 출력은 △-△ 결선시의 변압기 3대의 출력과 비교할 때 몇 [%] 정도인가?

답안작성

(1) V-V 결선

(2) 이용률 $= \dfrac{3상\ 출력}{설비용량} = \dfrac{\sqrt{3}\ VI}{2\ VI} \times 100 = 86.6[\%]$

(3) 출력의 비 $= \dfrac{V결선\ 출력}{3상\ 출력} = \dfrac{\sqrt{3}\ VI}{3\ VI} \times 100 = 57.74[\%]$

문제 07

▸ 출제년도 : 13.　▸ 점수 : 5점

동력부하 설비로 많이 사용되는 전동기를 합리적으로 선정하기 위하여 고려 할 사항 4가지를 쓰시오.

답안작성

① 부하의 토크 및 속도특성에 적합한 것일 것.
② 용도에 알맞은 기계적 형식의 것일 것.
③ 운전형식에 적당한 정격, 냉각방식일 것.
④ 사용장소의 상황에 알맞은 보호방식일 것.

해설

그 외에도
⑤ 고장이 적고 신뢰도가 높으며 운전비가 저렴할 것.
⑥ 가급적 표준출력의 것일 것.

문제 08

▸ 출제년도 : 96. 13.　▸ 점수 : 4점

가로가 12 [m], 세로가 18 [m], 방바닥에서 천장까지의 높이가 3.8 [m]인 방에서 조명기구를 천장에 직접 설치하고자 한다. 이 방의 실지수를 구하시오. 단, 작업이 책상 위에서 행하여지며, 작업면은 방바닥에서 0.85 [m]이다.

• 계산 :　　　　　　　　　　　　　　　　• 답 :

답안작성

계산 : 실지수 $= \dfrac{X \cdot Y}{H(X+Y)} = \dfrac{12 \times 18}{(3.8-0.85)(12+18)} = 2.44$

답 : 2.44

▶ 출제년도 : 13. ▶ 점수 : 6점

문제 09 도면은 어느 수용가의 옥외간이 수전설비이다. 다음 물음에 답하시오.

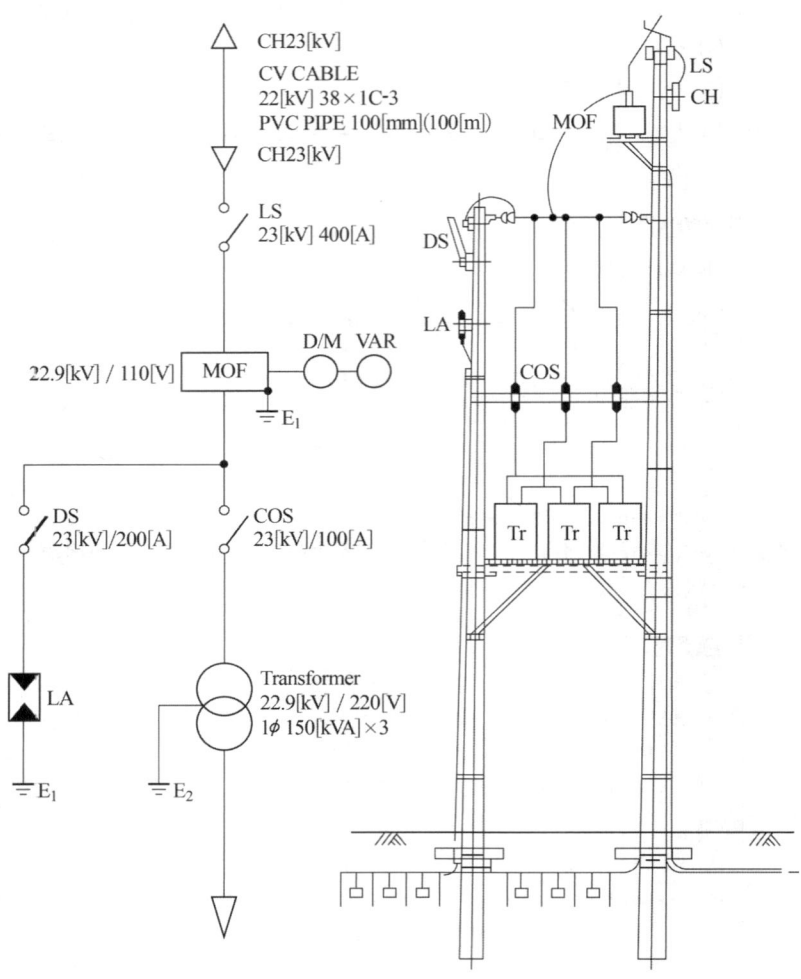

(1) MOF에서 부하용량에 적당한 CT비를 산출하시오. 단, CT 1차측 전류의 여유율은 1.25배로 한다.
(2) LA의 정격전압은 얼마인가?
(3) 도면에서 D/M, VAR는 무엇인지 쓰시오.

답안작성

(1) 계산 : $I = \dfrac{150 \times 3 \times 10^3}{\sqrt{3} \times 22900} = 11.35$ [A]

여유율이 1.25이므로 11.35 × 1.25 = 14.19, 즉 15 [A]로 선정한다.
답 : 15/5
(2) 18 [kV]
(3) D/M : 최대 수요전력량계, VAR : 무효전력량계

문제 10

▶ 출제년도 : 13.   ▶ 점수 : 5점

다음 그림은 배전반에서 계측을 하기위한 계기용 변성기이다. 아래 그림을 보고 명칭, 약호, 심벌, 역할에 알맞은 내용을 쓰시오.

구 분		
명 칭		
약 호		
심 벌		
역 할		

답안작성

구 분		
명 칭	계기용 변류기	계기용 변압기
약 호	CT	PT
심 벌	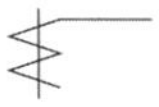	
역 할	대전류를 소전류(정격 5[A])로 변성한다.	고전압을 저전압(정격 110[V])로 변성한다.

문제 11

▶ 출제년도 : 13.   ▶ 점수 : 5점

최대사용전력이 625 [kW]인 공장의 시설용량은 800 [kW]이다. 이 공장의 수용률을 계산하시오.

• 계산   • 답

답안작성

계산 : 수용률 $= \dfrac{\text{최대 수용 전력}}{\text{설비 용량}} \times 100 = \dfrac{625}{800} \times 100 = 78.13\,[\%]$

답 : $78.13\,[\%]$

해설

수용률 (Demand Factor) : 수용 설비가 동시에 사용되는 정도를 나타낸다.

$$\text{수용률} = \dfrac{\text{최대 수요 전력 [kW]}}{\text{부하 설비 합계 [kW]}} \times 100\,[\%]$$

▸ 출제년도 : 11, 13.   ▸ 점수 : 5점

문제 12 변류비 30/5인 CT 2개를 그림과 같이 접속할 때 전류계에 2[A]가 흐른다면 CT 1차측에 흐르는 전류는 몇 [A]인가?
- 계산 :
- 답 :

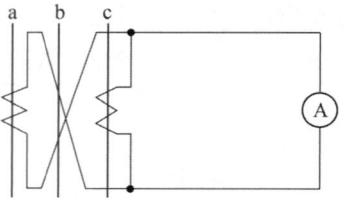

답안작성

계산 : CT 1차측 전류 = 전류계 지시치 $\times \dfrac{1}{\sqrt{3}} \times$ 변류비

$$= 2 \times \dfrac{1}{\sqrt{3}} \times \dfrac{30}{5} = 6.93\,[\text{A}]$$

답 : 6.93[A]

해설

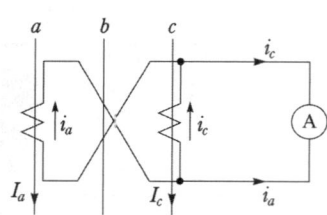 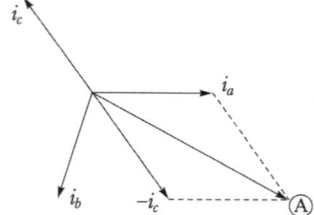

CT가 교차 접속되어 있으므로 전류계에는 1개의 CT 2차측 전류의 $\sqrt{3}$ 배를 지시한다. 따라서
- 1개의 CT 2차측 전류 = $\dfrac{\text{전류계의 지시값}}{\sqrt{3}}$
- CT 1차측 전류 = 변류비 × CT 2차측 전류

▸ 출제년도 : 13.   ▸ 점수 : 6점

문제 13 간접조명 방식에서 천장밑의 휘도를 균일하게 하기 위하여 등기구 사이의 간격과 천장과 등기구와의 거리는 얼마로 하는게 적합한가?
단, 작업면에서 천장까지의 거리는 2.0 [m] 이다.
(1) 등기구 사이의 간격
- 계산   ・답
(2) 천장과 등기구 와의 거리
- 계산   ・답

답안작성

(1) 계산 : 등간격 $S \leq 1.5H$ 이어야 하므로 $S = 1.5 \times 2 = 3[\text{m}]$
    답 : 3 [m] 이하
(2) 계산 : 천장과 등기구와의 거리 $H_1 = S \times \dfrac{1}{5} = 3 \times \dfrac{1}{5} = 0.6[\text{m}]$
    답 : 0.6 [m]

해설

천장 밑의 휘도를 균일하게 하기 위한 등 간격
- 등 간격 $S \leq 1.5H$
- 천장과 등기구와의 거리 $H_1 = S \times \dfrac{1}{5}$

여기서, H : 작업면에서 천장까지의 높이
S : 등간격
H_1 : 천장과 등기구와의 거리

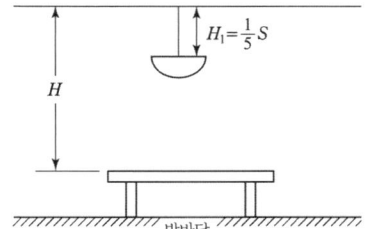

▸ 출제년도 : 89. 96. 13.   ▸ 점수 : 9점

문제 14

시퀀스도를 보고 다음 각 물음에 답하시오.

(1) 전원측에 가장 가까운 푸시버튼 PB_1으로부터 PB_3, PB_0까지 "ON" 조작할 경우의 동작사항을 간단히 설명하시오.
(2) 최초에 PB_2를 "ON" 조작한 경우에는 어떻게 되는가?
(3) 타임차트를 푸시버튼 PB_1, PB_2, PB_3, PB_0와 같이 타이밍으로 "ON" 조작하였을 때의 타임차트의 R_1, R_2, R_3를 완성하시오.

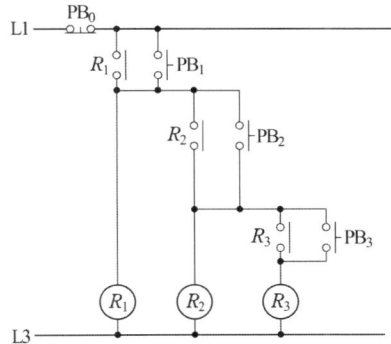 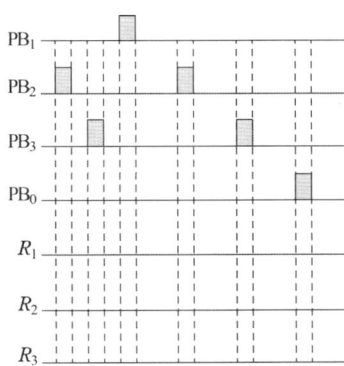

답안작성

(1) PB_1, PB_2, PB_3 순서대로 누르면 R_1, R_2, R_3가 순서대로 여자된다. 또한 PB_0를 누르면 R_1, R_2, R_3가 동시에 소자된다.

(2) 동작하지 않는다.

(3)
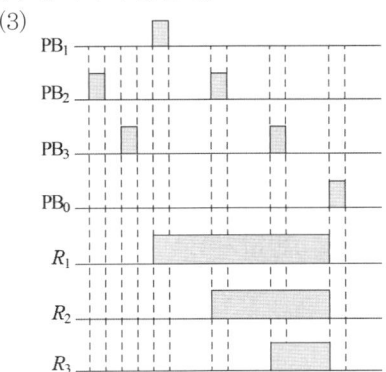

문제 15
▸ 출제년도 : 13. ▸ 점수 : 6점

다음 물음에 답하시오.
(1) 전력퓨즈는 과전류 중 주로 어떤 전류의 차단을 목적으로 하는가?
(2) 전력퓨즈의 단점을 보완하기 위한 대책을 3가지만 쓰시오.

답안작성
(1) 단락 전류
(2) ① 결상 계전기 사용
　② 사용목적에 적합한 전용의 전력퓨즈 사용
　③ 계통의 절연강도를 전력퓨즈 용단 시 발생하는 과전압보다 높게 한다.

해설
(2) 전력 퓨즈의 단점
　① 재투입을 할 수 없다.
　② 과도 전류로 용단되기 쉽고 결상을 일으킬 염려가 있다.
　③ 동작시간, 전류특성을 자유로이 조정할 수 없다.
　④ 비보호 영역이 있다.
　⑤ 차단시 이상전압이 발생한다.

문제 16
▸ 출제년도 : 13. ▸ 점수 : 5점

그림과 같이 80 [kW], 70 [kW], 50 [kW] 부하 설비에 수용률이 각각 60 [%], 70 [%], 80 [%]로 할 경우 변압기 용량은 몇 [kVA]가 필요한지 선정하시오. 단, 부등률은 1.1, 종합 부하 역률은 90 [%]이다.

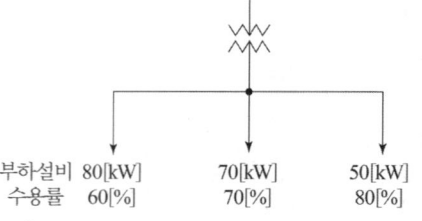

변압기 표준용량 [kVA]

50	75	100	150	200	300

• 계산　　　　　　　　　　　　　　　　• 답

답안작성

계산 : 변압기 용량 ≥ 합성 최대 전력 = $\dfrac{\text{설비용량} \times \text{수용률}}{\text{부등률} \times \text{역률}}$ [kVA]

∴ 변압기 용량 = $\dfrac{80 \times 0.6 + 70 \times 0.7 + 50 \times 0.8}{1.1 \times 0.9} = 138.38$ [kVA]

답 : 표에서 150 [kVA] 선정

문제 17
▸ 출제년도 : 13. ▸ 점수 : 5점

다중 접지계통에서 수전변압기를 단상 2부싱 변압기로 Y−△ 결선하는 경우에는 1차측 중성점은 접지하지 않고 부동(Floating) 시켜야 하는데 그 이유에 대하여 설명하시오.

답안작성

지락 또는 단락 등에 의해서 결상이 발생하는 경우 건전상의 전위상승이 평상시보다 $\sqrt{3}$배가 증대하여 기기가 소손 될 가능성이 있기 때문.

해설

다중접지계통에서 수전변압기를 단상 2부싱 변압기로 Y-△결선하고 1차측 중성점을 접지했을 때 지락 또는 단락 등에 의해서 결상이 발생하는 경우 건전상의 전위상승이 평상시보다 $\sqrt{3}$배가 증대하여 기기가 소손 등의 문제점이 발생할 가능성이 있기 때문에 1차측 중성점은 접지하지 않고 부동시켜야 한다. 그러나, 3상 변압기로 Y-△결선하는 경우에는 접지를 시설하여도 무방하다.

국가기술자격검정 실기시험문제 및 답안지

2013년도 산업기사 일반검정 제 2 회

자격종목(선택분야)	시험시간	형별
전기산업기사	2시간 00분	

문제 01

▶출제년도 : 05. 13. ▶점수 : 6점

폭 12 [m], 길이 18 [m], 천장 높이 3.1 [m], 작업면(책상 위)높이 0.85 [m]인 사무실이 있다. 이 사무실의 천장은 백색 텍스로 마감하였으며, 벽면은 옅은 크림색으로 마감하였고, 실내 조도는 500 [lx], 조명기구는 40W 2등용(H형)팬던트를 설치하고자 한다. 이 때 다음 조건을 이용하여 각 물음의 설계를 하도록 하시오.

[조건]
- 천장의 반사율은 50 [%], 벽의 반사율은 30 [%]로서 H형 팬던트의 기구를 사용할 때 조명율은 0.61로 한다.
- H형 팬던트 기구의 보수율은 0.75로 하도록 한다.
- H형 팬던트의 길이는 0.5 [m]이다.
- 램프의 광속은 40 [W] 1등당 3300 [lm]으로 한다.
- 조명기구의 배치는 5열로 배치하도록 하며 각 열당 등수는 동일하게 되도록한다.

(1) 광원의 높이는 몇 [m]인가?
(2) 이 사무실의 실지수는 얼마인가?
  • 계산 :   • 답 :
(3) 이 사무실에는 40 [W] 2등용(H형) 팬던트의 조명기구를 몇 조 설치하여야 하는가?
  • 계산 :   • 답 :

답안작성

(1) $H = 3.1 - 0.85 - 0.5 = 1.75$ [m]

(2) 계산 : 실지수 $= \dfrac{XY}{H(X+Y)} = \dfrac{12 \times 18}{1.75(12+18)} = 4.11$

  답 : 4.11

(3) 계산 : $N = \dfrac{EA}{FUM} = \dfrac{500 \times (12 \times 18)}{3300 \times 2 \times 0.61 \times 0.75} = 35.77$ [조]

  답 : 40[조]

문제 02 ▸출제년도 : 13. ▸점수 : 6점

그림은 22.9 [kV-Y] 1000 [kVA] 이하에 적용 가능한 특별 고압 간이 수전 설비 표준 결선도이다. 그림에서 표시된 ①~③까지의 명칭을 쓰시오.

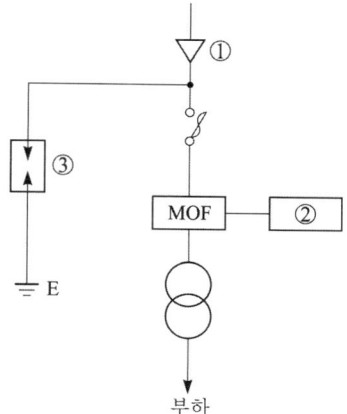

답안작성

① 케이블헤드   ② 전력량계   ③ 피뢰기

해설

22.9 [kV-Y] 1,000 [kVA] 이하를 시설하는 경우

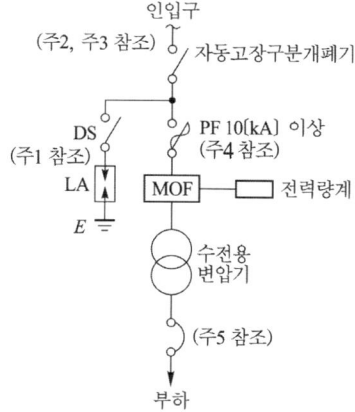

[주1] LA용 DS는 생략할 수 있으며 22.9 [kV-Y]용의 LA는 Disconnector (또는 Isolator) 붙임형을 사용하여야 한다.

[주2] 인입선을 지중선으로 시설하는 경우로 공동주택 등 고장시 정전피해가 큰 경우는 예비지중선을 포함하여 2회선으로 시설하는 것이 바람직하다.

[주3] 지중인입선의 경우에 22.9 [kV-Y] 계통은 CNCV-W 케이블(수밀형) 또는 TR CNCV-W(트리억제형)을 사용하여야 한다. 다만, 전력구·공동구·덕트·건물구내 등 화재의 우려가 있는 장소에서는 FR CNCO-W(난연) 케이블을 사용하는 것이 바람직하다.

[주4] 300[kVA] 이하인 경우는 PF 대신 COS(비대칭 차단전류 10[kA] 이상의 것)을 사용할 수 있다.

[주5] 특별고압 간이수전설비는 PF의 용단 등의 결상사고에 대한 대책이 없으므로 변압기 2차측에 설치되는 주차단기에는 결상계전기 등을 설치하여 결상사고에 대한 보호능력이 있도록 함이 바람직하다.

▸ 출제년도 : 98. 00. 13.   ▸ 점수 : 10점

문제 03 어떤 변전실에서 그림과 같은 일부하 곡선 A, B, C 인 부하에 전기를 공급하고 있다. 이 변전실의 총 부하에 대한 다음 각 물음에 답하시오. 단, A, B, C의 역률은 시간에 관계없이 각각 80 [%], 100 [%] 및 60 [%]이며, 그림에서 부하 전력은 부하 곡선의 수치에 10^3을 한다는 의미임. 즉, 수직측의 5는 5×10^3[kW]라는 의미임.

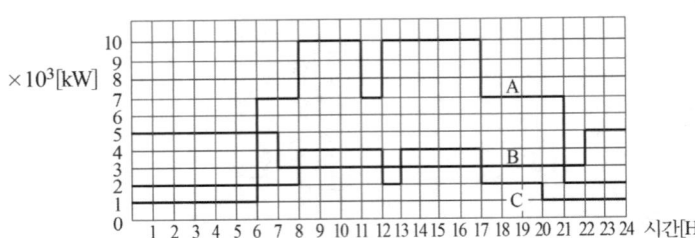

※ 부하 전력은 부하 곡선의 수치에 10^3을 한다는 의미임.
즉 수직축의 5는 5×10^3[kW]라는 의미임.

(1) 합성 최대 전력은 몇 [kW]인가?
(2) A, B, C 각 부하에 대한 평균 전력은 몇 [kW]인가?
(3) 총 부하율은 몇 [%]인가?
(4) 부등률은 얼마인가?
(5) 최대 부하일 때의 합성 총 역률은 몇 [%]인가?

답안작성

(1) 합성 최대 전력은 도면에서 8~11시, 13~17시에 나타내며
$P = (10+4+3) \times 10^3 = 17 \times 10^3$ [kW]

(2) $A = \dfrac{\{(1\times 6)+(7\times 2)+(10\times 3)+(7\times 1)+(10\times 5)+(7\times 4)+(2\times 3)\}\times 10^3}{24}$
$= 5.88 \times 10^3$ [kW]

$B = \dfrac{\{(5\times 7)+(3\times 15)+(5\times 2)\}\times 10^3}{24} = 3.75 \times 10^3$ [kW]

$C = \dfrac{\{(2\times 8)+(4\times 4)+(2\times 1)+(4\times 4)+(2\times 3)+(1\times 4)\}\times 10^3}{24} = 2.5 \times 10^3$ [kW]

(3) 종합 부하율 $= \dfrac{\text{평균 전력}}{\text{합성 최대 전력}} \times 100$
$= \dfrac{\text{A, B, C 각 평균 전력의 합계}}{\text{합성 최대 전력}} \times 100$
$= \dfrac{(5.88+3.75+2.5)\times 10^3}{17\times 10^3} \times 100 = 71.35[\%]$

(4) 부등률 $= \dfrac{\text{A, B, C 최대 전력의 합계}}{\text{합성 최대 전력}} = \dfrac{(10+5+4)\times 10^3}{17\times 10^3} = 1.12$

(5) 먼저 최대 부하시 Q를 구해보면
$Q = \dfrac{10\times 10^3}{0.8}\times 0.6 + \dfrac{3\times 10^3}{1}\times 0 + \dfrac{4\times 10^3}{0.6}\times 0.8 = 12833.33$ [kVar]

$$\cos\theta = \frac{P}{\sqrt{P^2+Q^2}} = \frac{17000}{\sqrt{17000^2+12833.33^2}} \times 100 = 79.81[\%]$$

▸ 출제년도 : 13.   ▸ 점수 : 5점

문제 04 CT와 AS와 전류계 결선도를 그리고 필요한 곳에 접지를 하시오.

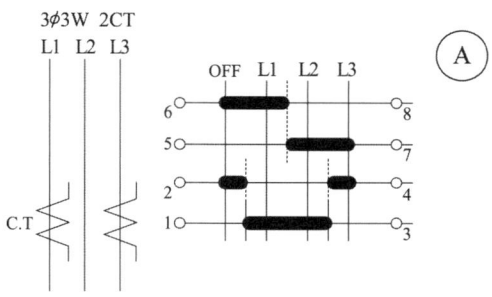

답안작성

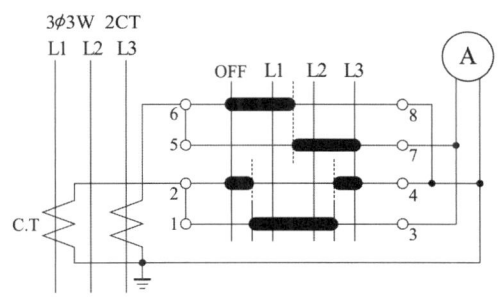

▸ 출제년도 : 08. 13.   ▸ 점수 : 5점

문제 05 전부하에서 동선 100 [W], 철손 50 [W]인 변압기에서 최대 효율을 나타내는 부하는 몇 [%]인가?

• 계산 :   • 답 :

답안작성

계산 : $m = \sqrt{\dfrac{P_i}{P_c}} \times 100 = \sqrt{\dfrac{50}{100}} \times 100 = 70.71[\%]$

답 : $70.71[\%]$

해설

최대 효율은 동손과 철손이 같을 때 발생하므로

$m^2 P_c = P_i$에서 $m = \sqrt{\dfrac{P_i}{P_c}}$

문제 06 ▸출제년도 : 13. ▸점수 : 4점

다음 전선의 약호에 대한 명칭을 쓰시오.
(1) NRI(70)
(2) NFI(70)

답안작성

(1) 300/500 [V] 기기 배선용 단심 비닐절연전선(70 [℃])
(2) 300/500 [V] 기기 배선용 유연성 단심 비닐절연전선(70 [℃])

문제 07 ▸출제년도 : 13. ▸점수 : 7점

3상 유도 전동기의 정·역 회로도이다. 다음 물음에 답하시오.

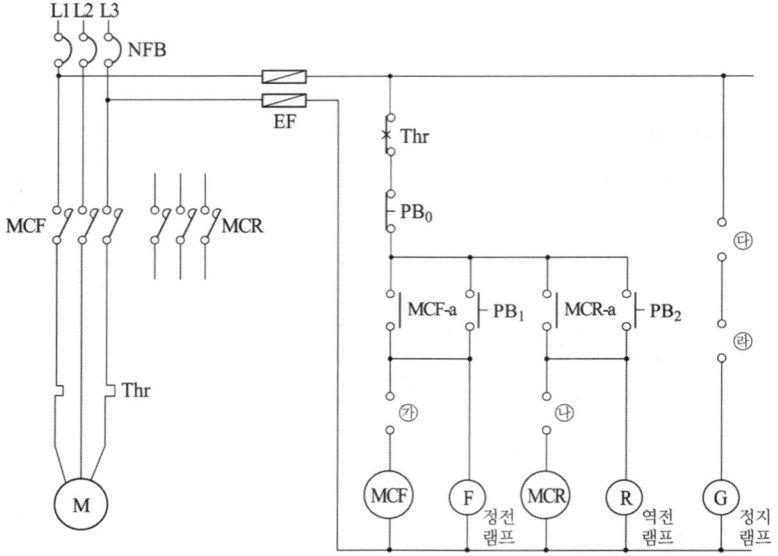

(1) 주회로 및 보조회로의 미완성 부분 (㉮~㉱)을 완성하시오.
(2) 타임차트를 완성하시오.

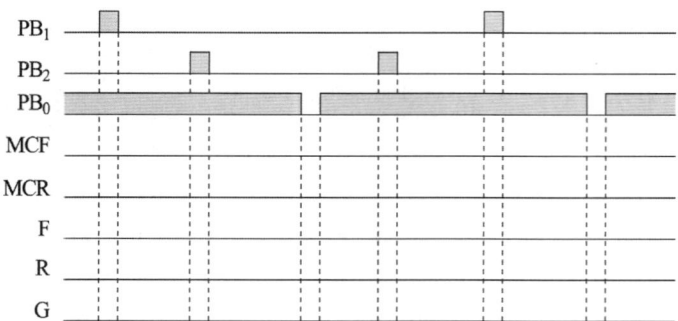

답안작성

(1)

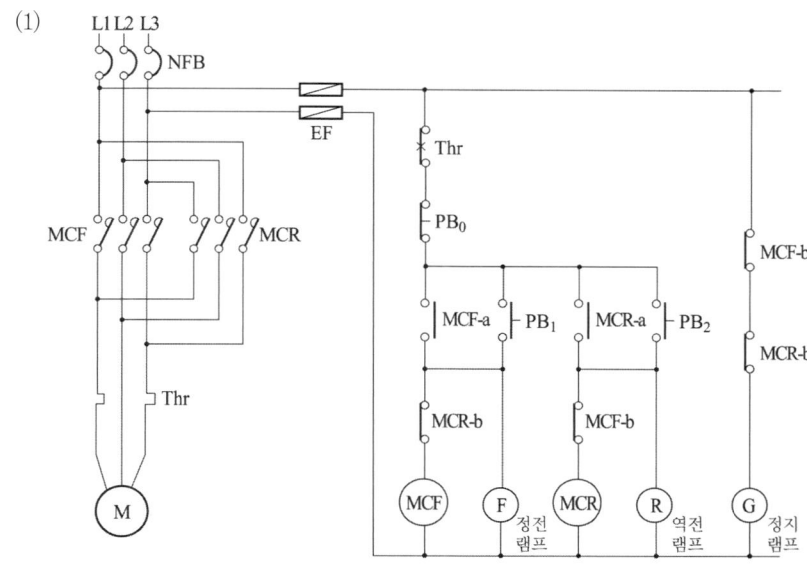

(2)

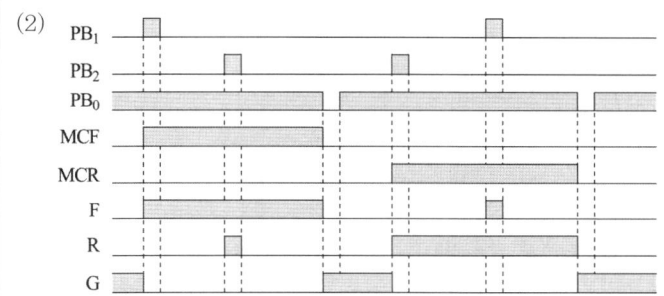

▸ 출제년도 : 13.   ▸ 점수 : 5점

문제 08 정격전류가 40 [A]인 농형 유도전동기가 있다. 이것을 시설한 분기회로 전선의 허용전류는 몇 [A] 이상이어야 하는가?
• 계산 :   • 답 :

답안작성

계산 : 설계전류 $I_B = 40[A]$ 이므로 $I_B \leq I_n \leq I_Z$의 조건을 만족하는 전선의 허용전류 $I_Z \geq 40[A]$이 어야 한다.
답 : 40[A]

해설

KEC 212.4.1 도체와 과부하 보호장치 사이의 협조
과부하에 대해 케이블(전선)을 보호하는 장치의 동작특성은 다음의 조건을 충족해야 한다.
$$I_B \leq I_n \leq I_Z, \qquad I_2 \leq 1.45 \times I_Z$$
I_B : 회로의 설계전류(선도체를 흐르는 설계전류 또는 함유율이 높은 영상분 고조파,특히 제3고조파 가 지속적으로 흐르는 경우 중성선에 흐르는 전류이다.)

I_Z : 케이블의 허용전류
I_n : 보호장치의 정격전류(사용현장에 적합하게 조정된 전류의 설정 값)
I_2 : 보호장치가 규약시간 이내에 유효하게 동작하는 것을 보장하는 전류

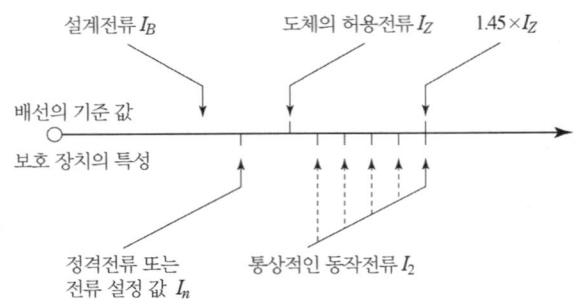

과부하 보호 설계 조건도

▸ 출제년도 : 13.   ▸ 점수 : 5점

문제 09 피뢰기 설치시 점검사항 3가지를 쓰시오.

답안작성

① 피뢰기 애자 부분 손상여부 점검
② 피뢰기 1, 2차측 단자 및 단자볼트 이상유무 점검
③ 피뢰기 절연저항 측정

▸ 출제년도 : 90. 13.   ▸ 점수 : 5점

문제 10 비상용 조명 부하 110 [V]용 100 [W] 58등, 60 [W] 50등이 있다. 방전 시간 30분, 축전지 HS형 54 [cell], 허용 최저 전압 100 [V], 최저 축전지 온도 5 [℃]일 때 축전지 용량은 몇 [Ah]인가? 단, 경년 용량 저하율 0.8, 용량 환산 시간 : $K = 1.2$이다.
• 계산 :   • 답 :

답안작성

계산 : 부하 전류 $I = \dfrac{100 \times 58 + 60 \times 50}{110} = 80 [A]$

∴ 축전지 용량 : $C = \dfrac{1}{L} KI = \dfrac{1}{0.8} \times 1.2 \times 80 = 120 [Ah]$

답 : 120 [Ah]

▸ 출제년도 : 13.   ▸ 점수 : 5점

문제 11 정격 용량 700 [kVA]인 변압기에서 지상 역률 65 [%]의 부하에 700 [kVA]를 공급하고 있다. 역률 90 [%]로 개선하여 변압기의 전용량까지 부하에 공급하고자 한다. 다음 각 물음에 답하시오.
(1) 소요되는 전력용 콘덴서의 용량은 몇 [kVA]인가?
• 계산 :   • 답 :

(2) 역률 개선에 따른 유효 전력의 증가분은 몇 [kW]인가?
  •계산 :   •답 :

답안작성

(1) 계산 : • 역률 개선 전 무효전력 $Q_1 = P_a \sin\theta_1 = 700 \times \sqrt{1-0.65^2} = 531.95$ [kVar]
  • 역률 개선 후 무효전력 $Q_2 = P_a \sin\theta_2 = 700 \times \sqrt{1-0.9^2} = 305.12$ [kVar]
  따라서, 필요한 콘덴서의 용량
  $Q = Q_1 - Q_2 = 531.95 - 305.12 = 226.83$ [kVA]
  답 : 226.83 [kVA]

(2) 계산 : 역률개선에 따른 유효전력 증가분
  $\Delta P = P_a(\cos\theta_2 - \cos\theta_1)$ [kW] $= 700(0.9-0.65) = 175$ [kW]
  답 : 175 [kW]

▶ 출제년도 : 13.   ▶ 점수 : 5점

문제 12 차단기의 정격 전압이 7.2 [kV]이고 3상 정격 차단 전류가 20 [kA]인 수용가의 수전용 차단기의 차단 용량은 몇 [MVA]인가? 단, 여유율은 고려하지 않는다.
  •계산 :   •답 :

답안작성

계산 : 차단 용량 = $\sqrt{3} \times$ 정격 전압 $\times$ 정격 차단 전류 $= \sqrt{3} \times 7.2 \times 20 = 249.42$ [MVA]
답 : 249.42 [MVA]

문제 13 출제기준 변경 및 개정된 관계 법규에 따라 삭제된 문제입니다.

▶ 출제년도 : 13.   ▶ 점수 : 5점

문제 14 허용 가능한 독립접지의 이격거리를 결정하게 되는 세가지 요인은 무엇인가?

답안작성

① 발생하는 접지전류의 최대값
② 전위상승의 허용값
③ 그 지점의 대지 저항률

해설

독립접지 시공 시 하나의 접지에 의해 다른 쪽 접지가 전위상승을 일으키지 않도록 하기 위해서는 두 접지간의 거리는 무한대로 이격 되어야 하나, 현실적으로 불가능하므로 접지의 전위상승(ΔV)이 일정한 범위 내에 들어가면 서로 완전히 독립되었다고 볼 수 있는데, 이 이격거리는 다음 세 가지 요인에 의존한다.
① 발생하는 접지전류의 최대값
② 전위상승의 허용값
③ 그 지점의 대지 저항률

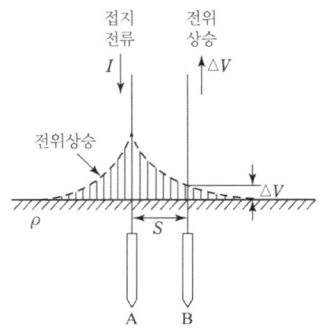

▶ 출제년도 : 89. 97. 98. 02. 13.   ▶ 점수 : 6점

문제 15 ● 다음 어느 생산 공장의 수전 설비이다. 이것을 이용하여 다음 각 물음에 답하시오.

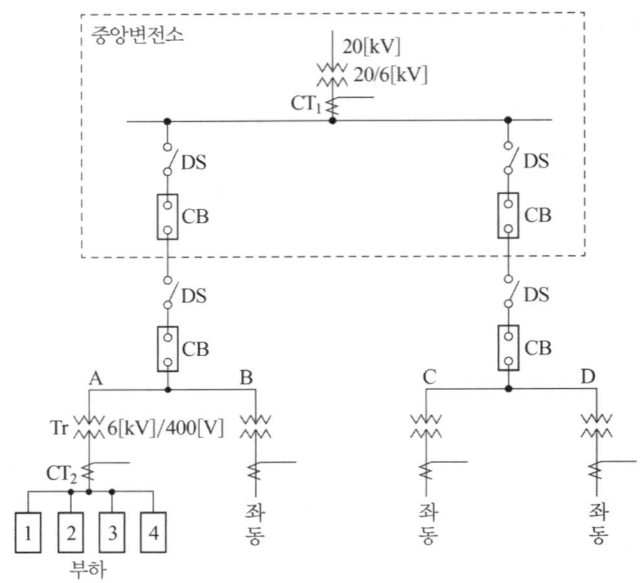

뱅크의 부하 용량표

피더	부하 설비 용량 [kW]	수용률 [%]
1	125	80
2	125	80
3	500	70
4	600	84

변류기 규격표

항 목	변 류 기
정격 1차 전류 [A]	5, 10, 15, 20, 30, 40 50, 75, 100, 150, 200 300, 400, 500, 600, 750 1000, 1500, 2000, 2500
정격 2차 전류 [A]	5

(1) 표와 같이 A, B, C, D 4개의 뱅크가 있으며, 각 뱅크는 부등률이 1.1이다. 이 때 중앙 변전소의 변압기 용량을 산정하시오. (단, 각 부하의 역률은 0.8이며, 변압기 용량은 표준규격으로 답하도록 한다.)
 • 계산 :   • 답 :

(2) 변류기 CT_1과 CT_2의 변류비를 산정하시오. 단, 1차 수전 전압은 20000/6000 [V], 2차 수전 전압은 6000/400 [V]이며, 변류비는 표준규격으로 답하도록 한다.
 • 계산 :   • 답 :

답안작성

(1) 계산 : A 뱅크의 최대 수요 전력
$$= \frac{125 \times 0.8 + 125 \times 0.8 + 500 \times 0.7 + 600 \times 0.84}{1.1 \times 0.8} = 1197.73 \text{ [kVA]}$$
  A, B, C, D 각 뱅크간의 부등률은 없으므로
  $STr = 1197.73 \times 4 = 4790.92 \text{[kVA]}$
 답 : 5000 [kVA]

(2) 계산 : ① CT_1

$$I_1 = \frac{5000}{\sqrt{3} \times 6} \times 1.25 \sim 1.5 = 601.4 \sim 721.7 [A]$$

∴ 600/5 선정

② CT_2

$$I_1 = \frac{1197.73}{\sqrt{3} \times 0.4} \times 1.25 \sim 1.5 = 2160.97 \sim 2593.16 [A]$$

∴ 2500/5 선정

답 : ① CT_1 : 600/5   ② CT_2 : 2500/5

해설

(1) 최대수요전력 = $\dfrac{\dfrac{\text{부하설비 용량[kW]}}{\cos\theta} \times \text{수용률}}{\text{부등률}}$ [kVA]

(2) 변류기는 최대 부하 전류의 1.25~1.5배로 선정

▶ 출제년도 : 96. 13.   ▶ 점수 : 5점

문제 16 수변전 설비에 설치하고자 하는 파워 퓨즈(전력용 퓨즈)는 사용 장소, 정격 전압, 정격 전류 등을 고려하여 구입하여야 하는데, 이외에 고려하여야 할 주요 특성을 3가지만 쓰시오.

답안작성

① 정격 차단용량
② 최소 차단전류
③ 전류-시간 특성

▶ 출제년도 : 94. 04. 13.   ▶ 점수 : 5점

문제 17 1000 [kVA] 단상 변압기 3대를 △-△ 결선의 1뱅크로 하여 사용하고 있는 변전소가 있다. 지금 부하의 증가로 동일한 용량의 단상 변압기 1대를 추가하여 운전하려고 할 때, 다음 물음에 답하시오.

(1) 3상의 최대 부하에 대응할 수 있는 결선법은 무엇인가?
(2) 최대 몇 [kVA]의 3상 부하에 대응할 수 있겠는가?
  • 계산 :   • 답 :

답안작성

(1) V-V결선 2뱅크
(2) 계산 : $P = 2P_V = 2 \times \sqrt{3}\, P_1 = 2 \times \sqrt{3} \times 1000 = 3464.1 [kVA]$
  답 : 3464.1 [kVA]

해설

단상 변압기 4대로 V-V 결선 2 bank 운영할 수 있으므로
$$P = 2P_V = 2 \times \sqrt{3}\, P_1$$

문제 18 ▸ 출제년도 : 13. ▸ 점수 : 6점

다음 기기의 사용용도에 대하여 설명하시오.
(1) 점멸기
(2) 단로기
(3) 차단기
(4) 전자접촉기

답안작성

(1) 전등 등의 점멸에 사용
(2) 고압기기 1차 측에 설치하여 고압기기를 점검, 수리할 때 회로를 분리하기 위하여 사용
(3) 부하전류 개폐 및 고장전류를 차단하기 위하여 사용
(4) 부하의 개폐 빈도가 높은 곳에 사용

> 출제기준 변경 및 개정된 관계법규에 따라 삭제된 문제가 있어 배점의 합계가 100점이 안됩니다.

국가기술자격검정 실기시험문제 및 답안지

2013년도 **산업기사** 일반검정 제 **3** 회

자격종목(선택분야)	시험시간	형별	수험번호	성 명	감독위원 확 인
전기산업기사	2시간 00분				

문제 01

▸출제년도 : 13. ▸점수 : 7점

그림은 플로우트레스(플로우트스위치 없는) 액면 릴레이를 사용한 급수제어의 시퀀스도이다. 다음 각 물음에 답하시오.

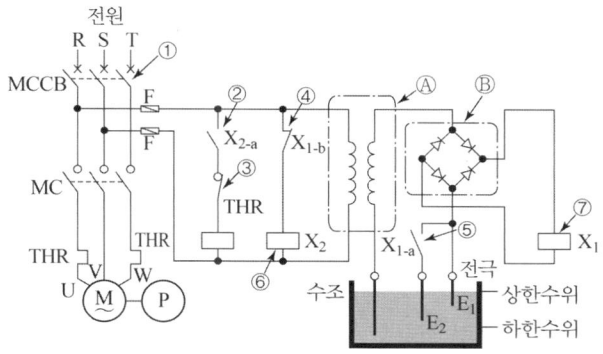

(1) 도면에서 기기 Ⓑ의 명칭을 쓰고 그 기능을 설명하시오.
  •명칭 :   •기능 :
(2) 전동 펌프가 과전류가 되었을 때 최초에 동작하는 계전기의 접점을 도면에 표시되어 있는 번호로 지적하고 그 명칭은 무엇인지를 구체적으로(동작에 관련된 명칭) 쓰도록 하시오.
(3) 수조의 수위가 전극보다 올라갔을 때 전동펌프는 어떤 상태로 되는가?
(4) 수조의 수위가 전극 E_1보다 내려갔을 때 전동 펌프는 어떤 상태로 되는가?
(5) 수조의 수위가 전극 E_2보다 내려갔을 때 전동 펌프는 어떤 상태로 되는가?

답안작성

(1) 명칭 : 브리지 정류 회로
    기능 : 직류 전원을 사용하는 릴레이 X_1에 교류 전원을 직류로 변환하여 공급
(2) ③, 수동 복귀 b 접점
(3) 정지 상태
(4) 정지 상태
(5) 운전 상태

문제 02

▸출제년도 : 13. ▸점수 : 5점

아래 회로도를 보고 물음에 답하시오.

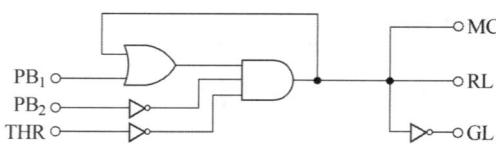

(1) 답안지의 시퀀스 회로도를 완성하시오.

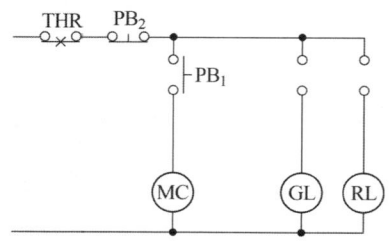

(2) MC 출력식을 쓰시오.

답안작성

(1)

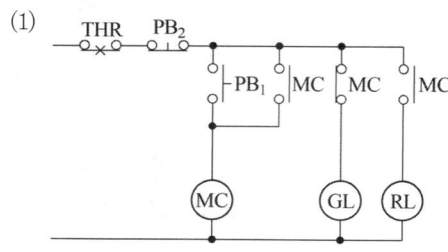

(2) $MC = (PB_1 + MC) \cdot \overline{PB_2} \cdot \overline{THR}$

문제 03

▸출제년도 : 13. ▸점수 : 6점

사용 전압 200 [V]인 3상 유도 전동기를 간선에 연결하려고 한다. 주어진 표를 이용하여 다음 물음에 답하시오. (단, 공사방법 B_1, XLPE 절연전선을 사용하는 경우이다.)

- 3.7 [kW] 1대 : 직입 기동
- 7.5 [kW] 1대 : 직입 기동
- 15 [kW] 1대 : 기동 보상기 사용

(1) 간선에 흐르는 전체전류는 몇 [A]인가?
 • 계산 :   • 답 :
(2) 간선의 굵기는 몇 [mm²]인가?
(3) 간선 과전류 차단기의 용량을 주어진 표를 이용하여 구하시오.
(4) 간선 개폐기의 용량을 주어진 표를 이용하여 구하시오.

[참고자료]

표 1 전동기 공사에서 간선의 전선 굵기·개폐기 용량 및 적정 퓨즈(200[V], B종 퓨즈)

전동기 kW 수의 총계 ① (kW) 이하	최대 사용 전류 ①' (A) 이하	배선종류에 의한 간선의 최소 굵기(mm²) ②						직입기동 전동기 중 최대용량의 것									
		공사방법 A1 3개선		공사방법 B1 3개선		공사방법 C 3개선		0.75 이하	1.5	2.2	3.7	5.5	7.5	11	15	18.5	22	30	37~55
								기동기사용 전동기 중 최대용량의 것									
								−	−	−	5.5	7.5	11 15	18.5 22	−	30 37	−	45	55
		PVC	XLPE, EPR	PVC	XLPE, EPR	PVC	XLPE, EPR	과전류차단기 (A) ……… (칸 위 숫자) ③ 개폐기용량 (A) ……… (칸 아래 숫자) ④									
3	15	2.5	2.5	2.5	2.5	2.5	2.5	15 30	20 30	30 30	−	−	−	−	−	−	−	−
4.5	20	4	2.5	2.5	2.5	2.5	2.5	20 30	20 30	30 30	50 60	−	−	−	−	−	−	−
6.3	30	6	4	6	4	4	2.5	30 30	30 30	50 60	50 60	75 100	−	−	−	−	−	−
8.2	40	10	6	10	6	6	4	50 60	50 60	50 60	75 100	75 100	100 100	−	−	−	−	−
12	50	16	10	10	10	10	6	50 60	50 60	60 60	75 100	75 100	100 100	150 200	−	−	−	−
15.7	75	35	25	25	16	16	16	75 100	75 100	75 100	75 100	100 100	100 200	150 200	150 200	−	−	−
19.5	90	50	25	35	25	25	16	100 100	100 100	100 100	100 100	150 200	150 200	200 200	200 200	−	−	−
23.2	100	50	35	35	25	35	25	100 100	100 100	100 100	100 100	150 200	150 200	200 200	200 200	−	−
30	125	70	50	50	35	50	35	150 200	150 200	150 200	150 200	150 200	150 200	200 200	200 200	−	−
37.5	150	95	70	70	50	70	50	150 200	150 200	150 200	150 200	150 200	150 200	150 200	300 300	300 300	−
45	175	120	70	95	50	70	50	200 200	200 200	200 200	200 200	200 200	200 200	200 200	300 300	300 300	300 300
52.5	200	150	95	95	70	95	70	200 200	200 200	200 200	200 200	200 200	200 200	200 200	300 300	400 400	400 400
63.7	250	240	150	−	95	120	95	300 300	300 300	300 300	300 300	300 300	300 300	300 300	400 400	400 400	500 600
75	300	300	185	−	120	185	120	300 300	300 300	300 300	300 300	300 300	300 300	300 300	400 400	400 400	500 600
86.2	350	−	240	−	240	150		400 400	400 400	400 400	400 400	400 400	400 400	400 400	400 400	400 400	600 600

[주] 1. 최소 전선 굵기는 1회선에 대한 것이며, 2회선 이상일 경우는 복수회로 보정계수를 적용하여야 한다.
2. 공사방법 A1은 벽 내의 전선관에 공사한 절연전선 또는 단심케이블, B1은 벽면의 전선관에 공사한 절연전선 또는 단심케이블, 공사방법 C는 벽면에 공사한 단심 또는 다심케이블을 시설하는 경우의 전선 굵기를 표시하였다.
3. 「전동기중 최대의 것」에는 동시 기동하는 경우를 포함함
4. 과전류차단기의 용량은 해당 조항에 규정되어 있는 범위에서 실용상 거의 최대 값을 표시함
5. 과전류 차단기의 선정은 최대용량의 정격전류의 3배에 다른 전동기의 정격전류의 합계를 가산한 값 이하를 표시함
6. 고리퓨즈는 300 [A] 이하에서 사용하여야 한다.

표 2. 3상 유도 전동기의 규약 전류값

출력		전류[A]		출력		전류[A]	
[kW]	환산[HP]	200[V]용	400[V]용	[kW]	환산[HP]	200[V]용	400[V]용
0.2	1/4	1.8	0.9	18.5	25	79	39
0.4	1/2	3.2	1.6	22	30	93	46
0.75	1	4.8	4.0	30	40	124	62
1.5	2	8.0	4.0	37	50	151	75
2.2	3	11.1	5.5	45	60	180	90
3.7	5	17.4	8.7	55	75	225	112
5.5	7.5	26	13	75	100	300	150
7.5	10	34	17	110	150	435	220
11	15	48	24	150	200	570	285
15	20	65	32				

[주] 사용하는 회로의 표준 전압이 220[V]나 440[V]이면 200[V] 또는 400[V]일 때의 각각 0.9배로 한다.

답안작성

(1) 계산 : 표 2에서 구한 전동기의 전부하 전류 $I = 17.4 + 34 + 65 = 116.4\,[\text{A}]$ 답 : 116.4 [A]
(2) 간선의 굵기 : 35 [mm²]
(3) 차단기 용량 : 150 [A]
(4) 개폐기 용량 : 200 [A]

해설

(2) 표 1의 최대사용전류 125 [A]난과 공사방법 B1, XLPE 절연전선 난이 교차되는 곳의 전선의 굵기 35 [mm²]을 선정.
(3), (4) 표 1에서 최대사용전류 125 [A]난과 기동기 사용 15 [kW]난이 교차되는 곳의 과전류 차단기 150 [A], 개폐기 200 [A] 선정

▶ 출제년도 : 13.　▶ 점수 : 5점

문제 04 ● 전로의 사용전압이 500[V] 이하인 경우 절연저항값은 몇 [MΩ] 이상이어야 하는가?

답안작성

1 [MΩ]

해설

전기설비기술기준 제52조 저압전로의 절연성능
전기사용 장소의 사용전압이 저압인 전로의 전선 상호간 및 전로와 대지 사이의 절연저항은 개폐기 또는 과전류차단기로 구분할 수 있는 전로마다 다음 표에서 정한 값 이상이어야 한다. 다만, 전선 상호간의 절연저항은 기계기구를 쉽게 분리가 곤란한 분기회로의 경우 기기 접속 전에 측정할 수 있다. 또한, 측정 시 영향을 주거나 손상을 받을 수 있는 SPD 또는 기타 기기 등은 측정 전에 분리시켜야 하고, 부득이하게 분리가 어려운 경우에는 시험전압을 250[V] DC로 낮추어 측정할 수 있지만 절연저항 값은 1[MΩ] 이상이어야 한다.

전로의 사용전압[V]	DC 시험전압[V]	절연저항[MΩ]
SELV 및 PELV	250	0.5
FELV, 500[V] 이하	500	1.0
500[V] 초과	1,000	1.0

[주] 특별저압(extra low voltage : 2차 전압이 AC 50[V], DC 120[V] 이하)으로 SELV(비접지회로 구성) 및 PELV(접지회로 구성)은 1차와 2차가 전기적으로 절연된 회로, FELV는 1차와 2차가 전기적으로 절연되지 않은 회로

▸ 출제년도 : 96. 00. 04. 13.   ▸ 점수 : 8점

문제 05 그림과 같은 단상 3선식 수전인 경우 다음 각 물음에 답하시오.

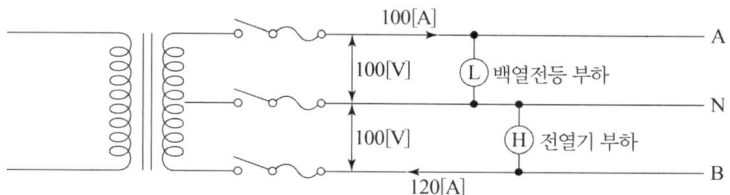

(1) 2차측이 폐로되어 있다고 할 때 설비 불평형률은 몇 [%]인가?
(2) 변압기 2차측에서 부하전단까지 누락되거나 잘못된 부분이 3가지 있다. 이것을 지적하고 옳은 방법을 설명하시오.

답안작성

(1) 불평형률 $= \dfrac{120-100}{\dfrac{1}{2}(100+120)} \times 100 = 18.18[\%]$

답 : 18.18 [%]

(2) ① 중성선 : 계통접지공사를 하여야 함
    ② 중성선 과전류 차단기는 생략하고 동선으로 직결
    ③ 개폐기는 3극 동시개폐

해설

(1) 단상 3선식에서 설비불평형률

설비불평형률 $= \dfrac{\text{중성선과 각 전압측 전선간에 접속되는 부하설비용량[kVA]의 차}}{\text{총 부하설비용량[kVA]의 }1/2} \times 100[\%]$

여기서, 불평형률은 40 [%] 이하이어야 한다.

(2)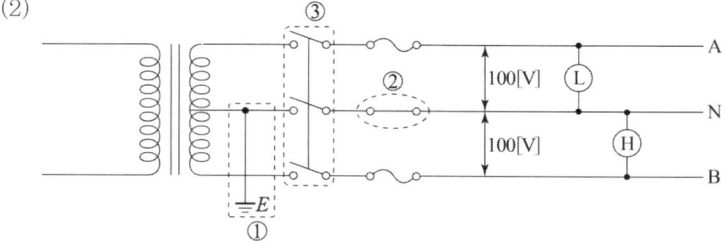

▸ 출제년도 : 08. 13.   ▸ 점수 : 5점

문제 06 부하율을 식으로 표시하고 부하율이 적다는 것은 무엇을 의미하는지 2가지만 쓰시오.
(1) 식
(2) 의미

답안작성

(1) 식 : 부하율 $= \dfrac{평균\ 전력}{최대\ 전력} \times 100[\%]$

(2) 의미
   ① 공급 설비를 유용하게 사용하지 못한다.
   ② 평균 수요 전력과 최대 수요 전력과의 차가 커지게 되므로 부하 설비의 가동률이 저하된다.

▸ 출제년도 : 13. ▸ 점수 : 6점

문제 07 다음 미완성 도면의 Y-Y 변압기 결선도와 △-△ 변압기 결선도를 완성하시오. 단, 필요한 곳에는 접지를 포함하여 완성시키도록 한다.

(1) Y-Y 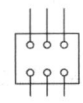   (2) △-△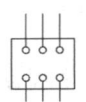

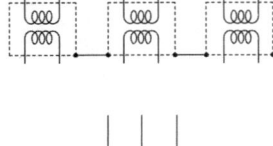   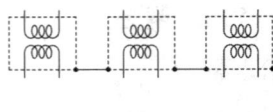

답안작성

(1) Y-Y   (2) △-△

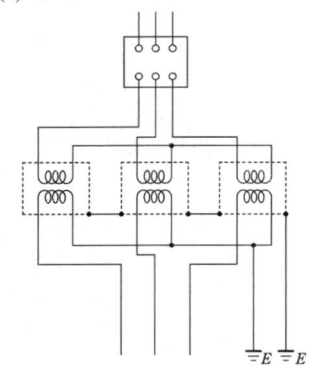   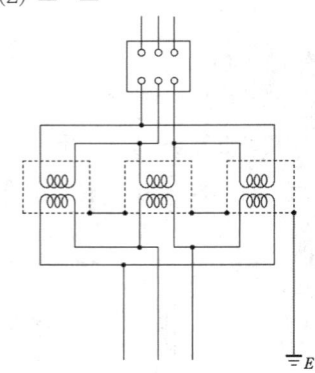

▸ 출제년도 : 13. ▸ 점수 : 5점

문제 08 목적에 따른 접지의 분류에서 계통접지와 기기접지에 대한 접지목적을 쓰시오.
(1) 계통접지 목적
(2) 기기접지 목적

답안작성
(1) 계통접지 : 고압과 저압의 혼촉에 의해 발생하는 2차측 전로의 재해를 방지하기 위하여
(2) 기기접지 : 전기기기의 절연이 파괴되어 내부의 충전부로부터 외부의 노출 비충전 금속부분에 이상전압이 발생하여 감전사고가 발생 할 수 있는 위험을 방지하기 위하여

해설
이외에도 ③ 뇌해방지용 접지 ④ 정전기 장해 방지용 접지 ⑤ 지락 검출용 접지
         ⑥ 등전위화용 접지 ⑦ 노이즈 방지용 접지 ⑧ 기능용 접지

▶ 출제년도 : 13.   ▶ 점수 : 5점

문제 09 ● 전압비가 3300/220 [V]인 단권 변압기 2대를 V결선으로 해서 부하에 전력을 공급 하고자 한다. 공급할 수 있는 최대용량은 자기용량의 몇 배인가?
• 계산 :   • 답 :

답안작성
계산 : $\dfrac{\text{자기용량}}{\text{부하용량}} = \dfrac{1}{0.866} \times \left(\dfrac{V_h - V_l}{V_h}\right)$ 에서

∴ 부하용량 $=$ 자기용량 $\times 0.866 \times \dfrac{V_h}{V_h - V_l} = 0.866 \times \dfrac{3520}{3520 - 3300} \times$ 자기용량

$= 13.86 \times$ 자기용량

답 : 13.86배

해설
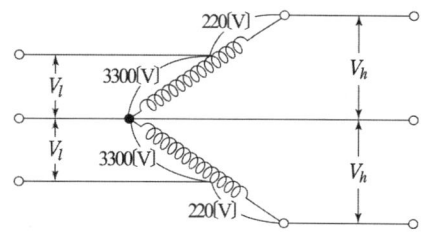

▶ 출제년도 : 84. 94. 13.   ▶ 점수 : 5점

문제 10 ● 주변압기의 용량이 1300 [kVA], 전압 22900/3300 [V] 3상 3선식 전로의 2차측에 설치하는 단로기의 단락 강도는 몇 [kA] 이상이어야 하는가? 단, 주변압기의 %임피던스는 3 [%] 이다.
• 계산 :   • 답 :

답안작성
계산 : 2차 정격 전류 $I_{2n} = \dfrac{P_n}{\sqrt{3} \cdot V_{2n}} = \dfrac{1300 \times 10^3}{\sqrt{3} \times 3300} = 227.44$ [A]

∴ 단락 강도 $I_s = \dfrac{100}{\%Z} I_n = \dfrac{100}{3} \times 227.44 \times 10^{-3} = 7.58$ [kA]

답 : 7.58 [kA]

| E60-2 전기산업기사 실기 |

문제 11 ▸출제년도 : 96. 99. 00. 01. 05. 13.   ▸점수 : 6점

평형 3상 회로에 그림과 같은 유도 전동기가 있다. 이 회로에 2개의 전력계와 전압계 및 전류계를 접속하였더니 그 지시값은 $W_1 = 6.24$[kW], $W_2 = 3.77$[kW], 전압계의 지시는 200 [V], 전류계의 지시는 34 [A] 이었다. 이 때 다음 각 물음에 답하시오.

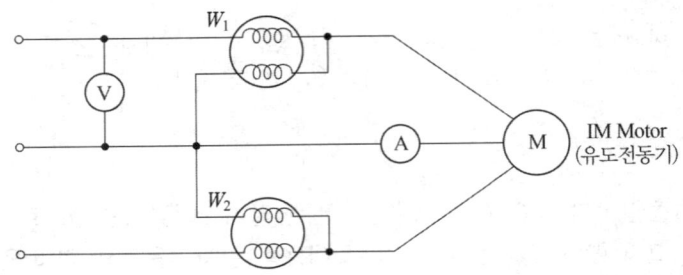

(1) 부하에 소비되는 전력을 구하시오.
 • 계산 :   • 답 :
(2) 부하의 피상전력을 구하시오.
 • 계산 :   • 답 :
(3) 이 유도 전동기의 역률은 몇 [%]인가?
 • 계산 :   • 답 :

답안작성

(1) 계산 : $P = W_1 + W_2 = 6.24 + 3.77 = 10.01$ [kW]   답 : 10.01 [kW]

(2) 계산 : $P_a = \sqrt{3}\,VI = \sqrt{3} \times 200 \times 34 \times 10^{-3} = 11.78$ [kVA]   답 : 11.78 [kVA]

(3) 계산 : $\cos\theta = \dfrac{W_1 + W_2}{\sqrt{3}\,VI} = \dfrac{10.01}{11.78} \times 100 = 84.97$ [%]   답 : 84.97 [%]

문제 12 ▸출제년도 : 13.   ▸점수 : 5점

3상 4선식 22.9 [kV] 수전 설비의 부하 전류가 30 [A]이다. 60/5 [A]의 변류기를 통하여 과부하 계전기를 시설하였다. 120 [%]의 과부하에서 차단기를 동작시키려면 과부하 트립 전류값은 몇 [A]로 설정해야 하는가?

답안작성

과전류 계전기의 전류 탭(I_t) = 부하전류(I) × $\dfrac{1}{변류비}$ × 설정값

∴ $I_t = 30 \times \dfrac{5}{60} \times 1.2 = 3$ [A]

답 : 3 [A] 설정

해설

※ OCR(과전류 계전기)의 탭 전류
 2 [A], 3 [A], 4 [A], 5 [A], 6 [A], 7 [A], 8 [A], 10 [A], 12 [A]

▶ 출제년도 : 98. 00. 03. 13. ▶ 점수 : 8점

문제 13 어떤 작업장의 실내에 조명 설비를 하고자 한다. 조명 설비의 설계에 필요한 다음 각 물음에 답하시오.

[조건]
- 방바닥에서 0.8 [m]의 높이에 있는 작업면에서 모든 작업이 이루어진다고 한다.
- 작업장의 면적은 가로 20 [m]×세로 25 [m]이다.
- 방바닥에서 천장까지의 높이는 4 [m]이다.
- 이 작업장의 평균 조도는 180 [lx]가 되도록 한다.
- 등기구는 40 [W] 형광등을 사용하며, 형광등 1개의 전광속은 3000 [lm]이다.
- 조명률은 0.7, 감광 보상률은 1.4로 한다.

(1) 이 작업장의 실지수는 얼마인가?
  •계산 :   •답 :
(2) 이 작업장에 필요한 평균 조도를 얻으려면 형광등은 몇 등이 필요한가?
  •계산 :   •답 :

답안작성

(1) 계산 : 실지수$(R \cdot I) = \dfrac{X \cdot Y}{H(X+Y)} = \dfrac{20 \times 25}{(4-0.8) \times (20+25)} = 3.47$ 답 : 3.47

(2) 계산 : 등수$(N) = \dfrac{EAD}{FU} = \dfrac{180 \times (20 \times 25) \times 1.4}{3000 \times 0.7} = 60\,[등]$ 답 : 60[등]

해설

(1) 실지수 $= \dfrac{X \cdot Y}{H(X+Y)}$

▶ 출제년도 : 89. 93. 95. 02. 06. 13. ▶ 점수 : 4점

문제 14 가정용 100[V] 전압을 200[V]로 승압할 경우 손실전력의 감소는 몇 [%]가 되는가?
  •계산 :   •답 :

답안작성

계산 : $P_L \propto \dfrac{1}{V^2}$ 이므로 $P_L' = \left(\dfrac{100}{200}\right)^2 P_L = 0.25 P_L$

∴ 감소는 $1 - 0.25 = 0.75$

답 : 75 [%]

▶ 출제년도 : 13. ▶ 점수 : 5점

문제 15 그림과 같은 분기회로 전선의 단면적을 산출하여 적당한 굵기를 선정하시오.
단, ① 배전 방식은 단상 2선식 교류 200 [V]로 한다.
  ② 사용 전선은 450/750 [V] 일반용 단심 비닐절연전선이다.
  ③ 사용 전선관은 후강전선관으로 하며, 전압 강하는 최원단에서 2[%]로 보고 계산한다.

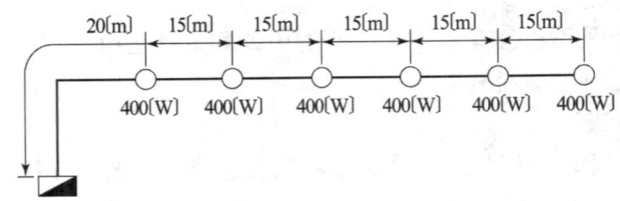

답안작성

부하 중심점 : $L = \dfrac{i_1 l_1 + i_2 l_2 + i_3 l_3 + \cdots + i_n l_n}{i_1 + i_2 + i_3 + \cdots + i_n}$

$L = \dfrac{2 \times 20 + 2 \times 35 + 2 \times 50 + 2 \times 65 + 2 \times 80 + 2 \times 95}{2+2+2+2+2+2} = 57.5\,[\text{m}]$

부하 전류 : $I = \dfrac{400 \times 6}{200} = 12\,[\text{A}]$

∴ 전선의 굵기 $A = \dfrac{35.6 LI}{1000 e} = \dfrac{35.6 \times 57.5 \times 12}{1000 \times 4} = 6.14\,[\text{mm}^2]$

그러므로, 공칭 단면적 10 [mm²]로 결정

답 : 10 [mm²]

해설

- 전압강하 $e = 200 \times 0.02 = 4\,[\text{V}]$
- $i_1 = i_2 = i_3 \cdots i_6 = \dfrac{P}{V} = \dfrac{400}{200} = 2\,[\text{A}]$
- KSC IEC 규격

전선의 공칭 단면적 [mm²]		
1.5	2.5	4
6	10	16
25	35	50
70	95	120
150	185	240
300	400	500

- 전선의 단면적

단상 2선식	$A = \dfrac{35.6 LI}{1000 \cdot e}$
3상 3선식	$A = \dfrac{30.8 LI}{1000 \cdot e}$
단상 3선식 3상 4선식	$A = \dfrac{17.8 LI}{1000 \cdot e}$

▶ 출제년도 : 13.   ▶ 점수 : 5점

문제 16
어떤 발전소의 발전기가 13.2 [kV], 용량 93,000 [kVA], %임피던스 95 [%] 일 때, 임피던스는 몇 [Ω]인가?

• 계산 :   • 답 :

답안작성

계산 : $\%Z = \dfrac{PZ}{10 V^2}$ 이므로

∴ $Z = \dfrac{\%Z \cdot 10 V^2}{P} = \dfrac{95 \times 10 \times 13.2^2}{93000} = 1.78\,[\Omega]$

답 : 1.78 [Ω]

▸출제년도 : 13.   ▸점수 : 5점

문제 17 최대사용전압이 22,900 [V]인 중성점 다중접지 방식의 절연내력시험전압은 몇 [V] 이며, 이 시험전압을 몇 분간 가하여 이에 견디어야 하는가?
(1) 시험전압
  •계산 :   •답 :
(2) 인가하는 시간

답안작성

(1) 절연내력시험전압
   계산 : 절연 내력 시험 전압 $V = 22,900 \times 0.92 = 21,068 [V]$
   답 : 21,068 [V]
(2) 인가하는 시간 : 10분

해설

KEC 132 전로의 절연저항 및 절연내력
1. 사용전압이 저압인 전로에서 정전이 어려운 경우 등 절연저항 측정이 곤란한 경우에는 누설전류를 1 [mA] 이하로 유지하여야 한다.
2. 고압 및 특고압의 전로는 표에서 정한 시험전압을 전로와 대지 사이(다심케이블은 심선 상호 간 및 심선과 대지 사이)에 연속하여 10분간 가하여 절연내력을 시험하였을 때에 이에 견디어야 한다. 다만, 전선에 케이블을 사용하는 교류 전로로서 표에서 정한 시험전압의 2배의 직류전압을 전로와 대지 사이에 연속하여 10분간 가하여 절연내력을 시험하였을 때에 이에 견디는 것에 대하여는 그러하지 아니하다.

전로의 종류	접지방식	시험전압 (최대사용 전압의 배수)	최저 시험전압
1. 7 [kV] 이하인 전로		1.5배	
2. 7 [kV] 초과 25 [kV] 이하	다중접지	0.92배	
3. 7 [kV] 초과 60 [kV] 이하 (2란의 것을 제외한다.)		1.25배	10.5[kV]
4. 60 [kV] 초과 (전위 변성기를 사용하여 접지하는 것을 포함한다)	비 접 지	1.25배	
5. 60 [kV] 초과 (전위 변성기를 사용하여 접지하는 것 및 6란과 7란의 것을 제외한다)	접 지 식	1.1배	75[kV]
6. 60 [kV] 초과 (7란의 것을 제외한다)	직접접지	0.72배	
7. 170 [kV] 초과 (발전소 또는 변전소 혹은 이에 준하는 장소에 시설하는 것.)	직접접지	0.64배	

▸출제년도 : 13.   ▸점수 : 5점

문제 18 옥내에 시설되는 단상전동기에 과부하 보호 장치를 하지 않아도 되는 전동기의 용량은 몇 [kW] 이하인가?

답안작성

0.2 [kW] 이하

해설

KEC 212.6.3 저압전로 중의 전동기 보호용 과전류보호장치의 시설
옥내에 시설하는 전동기에는 전동기가 손상될 우려가 있는 과전류가 생겼을 때에 자동적으로 이를 저지하거나 이를 경보하는 장치를 하여야 한다. 다만, 다음의 어느 하나에 해당하는 경우에는 그러하지 아니하다.
가. 전동기를 운전 중 상시 취급자가 감시할 수 있는 위치에 시설하는 경우
나. 전동기의 구조나 부하의 성질로 보아 전동기가 손상될 수 있는 과전류가 생길 우려가 없는 경우
다. 단상전동기로써 그 전원측 전로에 시설하는 과전류 차단기의 정격전류가 16[A](배선차단기는 20[A]) 이하인 경우
라. 정격 출력이 0.2[kW] 이하인 것

E60-2
전기산업기사 실기

2014년도 기출문제

- 2014년 전기산업기사 1회
- 2014년 전기산업기사 2회
- 2014년 전기산업기사 3회

국가기술자격검정 실기시험문제 및 답안지

2014년도 산업기사 일반검정 제1회

자격종목(선택분야)	시험시간	형별
전기산업기사	2시간 00분	

문제 01 ▸ 출제년도 : 90. 14. ▸ 점수 : 5점

계기 정수가 1200 [Rev/kWh], 승률 1인 전력량계의 원판이 12회전하는데 50초가 걸렸다. 이 때 부하의 평균 전력은 몇 [kW]인가?
- 계산 :
- 답 :

답안작성

계산 : $P = \dfrac{3600 \cdot n}{t \cdot k} \times \text{CT비} \times \text{PT비} = \dfrac{3600 \times 12}{50 \times 1200} \times 1 = 0.72\,[\text{kW}]$

답 : 0.72 [kW]

해설

$P = \dfrac{3600 \cdot n}{t \cdot k} \times \text{CT비} \times \text{PT비}$

n : 회전수[회], t : 시간[초], k : 계기정수[rev/kWh]

문제 02 ▸ 출제년도 : 14. ▸ 점수 : 5점

수전단 상전압 22,000 [V], 전류 400 [A], 선로의 저항 $R = 3\,[\Omega]$, 리액턴스 $X = 5\,[\Omega]$일 때, 전압 강하율은 몇 [%]인가? (단, 수전단 역률은 0.80이라 한다.)
- 계산 :
- 답 :

답안작성

계산 : 전압 강하율 $\epsilon = \dfrac{E_s - E_r}{E_r} \times 100 = \dfrac{I(R\cos\theta + X\sin\theta)}{E_r} \times 100$

$= \dfrac{400 \times (3 \times 0.8 + 5 \times 0.6)}{22000} \times 100 = 9.82\,[\%]$

답 : 9.82 [%]

해설

- 전압 강하율 $\epsilon = \dfrac{E_s - E_r}{E_r} \times 100 = \dfrac{I(R\cos\theta + X\sin\theta)}{E_r} \times 100$

- 전압 강하율 $\epsilon = \dfrac{V_s - V_r}{V_r} \times 100 = \dfrac{\sqrt{3}\,I(R\cos\theta + X\sin\theta)}{V_r} \times 100$

여기서, E_s : 송전단 상전압 E_r : 수전단 상전압
V_s : 송전단 선간전압 V_r : 수전단 선간전압

▸출제년도 : 14. ▸점수 : 5점

문제 03 어떤 건물옥상의 수조에 분당 1500 [l]씩 물을 올리려 한다. 지하수조에서 옥상수조까지의 양정이 50[m]일 경우 전동기 용량은 몇 [kW] 이상으로 하여야 하는지 계산하시오. (단, 배관의 손실은 양정의 30[%]로 하며, 펌프 및 전동기 종합효율은 80[%], 여유계수는 1.1로 한다.)

•계산 :   •답 :

답안작성

계산 : 1000 [l]=1 [m^3] 이므로,
$$P = \frac{KQH}{6.12\eta} = \frac{1.1 \times 1.5 \times 50 \times 1.3}{6.12 \times 0.8} = 21.91 [\text{kW}]$$
답 : 21.91 [kW]

해설

$P = \dfrac{KQH}{6.12\eta}$ [kW], $P = \dfrac{9.8KQ'H}{\eta}$ [kW]

여기서, K : 여유계수, Q : 분당 양수량 [m^3/min], Q' : 초당 양수량 [m^3/sec]
H : 총양정 [m], η : 효율

▸출제년도 : 93. 01. 14 ▸점수 : 5점

문제 04 CIRCUIT BREAKER(차단기)와 DISCONNECTING SWITCH(단로기)의 차이점을 설명하시오.

답안작성

- 차단기(CB) : 정상적인 부하 전류를 개폐하거나 또는 기기나 계통에서 발생한 고장 전류를 차단하여 고장 개소를 제거할 목적으로 사용된다.
- 단로기(DS) : 전선로나 전기기기의 수리, 점검을 하는 경우 차단기로 차단된 무부하 상태의 전로를 확실하게 열기 위하여 사용되는 개폐기로서 부하 전류 및 고장 전류를 차단하는 기능은 없다.

해설

퓨즈와 각종 개폐기 및 차단기와의 기능비교

기능＼능력	회로 분리		사고 차단	
	무부하	부하	과부하	단락
퓨 즈				○
차단기	○	○	○	○
개폐기	○	○	○	
단로기	○			
전자 접촉기	○	○	○	

문제 05

▸ 출제년도 : 14.   ▸ 점수 : 5점

3상4선식 교류 380 [V]로 수전하는, 15 [kVA] 3상 부하가 변전실 배전반 전용 변압기에서 190 [m] 떨어져 설치되어 있다. 이 경우 간선 케이블의 최소 굵기를 계산하고 케이블은 선정하시오. (단, 케이블 규격은 IEC에 의한다.)
단, 수용가 설비의 인입구로부터 기기까지의 전압강하는 표의 값 이하이어야 한다.

설비의 유형	조명 [%]	기타 [%]
A – 저압으로 수전하는 경우	3	5
B – 고압 이상으로 수전하는 경우[a]	6	8

[a] 가능한 한 최종회로 내의 전압강하가 A 유형의 값을 넘지 않도록 하는 것이 바람직하다. 사용자의 배선설비가 100[m]를 넘는 부분의 전압강하는 미터 당 0.005[%] 증가할 수 있으나 이러한 증가분은 0.5[%]를 넘지 않아야 한다.

• 계산 :   • 답 :

답안작성

계산 : • 부하전류 $I = \dfrac{P_a}{\sqrt{3}\,V} = \dfrac{15 \times 10^3}{\sqrt{3} \times 380} = 22.79\,[\text{A}]$

• 허용전압강하 $= 5 + (190 - 100) \times 0.005 = 5.45\,[\%]$

• 전선의 굵기 $A = \dfrac{17.8LI}{1000e} = \dfrac{17.8 \times 190 \times 22.79}{1000 \times 220 \times 0.0545} = 6.43\,[\text{mm}^2]$

답 : 10 [mm^2] 선정

해설

• KEC 232.3.5 수용가 설비에서의 전압 강하

1) 수용가 설비의 인입구로부터 기기까지의 전압강하는 표의 값 이하이어야 한다.

설비의 유형	조명 [%]	기타 [%]
A – 저압으로 수전하는 경우	3	5
B – 고압 이상으로 수전하는 경우[a]	6	8

[a] 가능한 한 최종회로 내의 전압강하가 A 유형의 값을 넘지 않도록 하는 것이 바람직하다. 사용자의 배선설비가 100[m]를 넘는 부분의 전압강하는 미터 당 0.005[%] 증가할 수 있으나 이러한 증가분은 0.5[%]를 넘지 않아야 한다.

2) 다음의 경우에는 표 보다 더 큰 전압강하를 허용할 수 있다.
   ① 기동 시간 중의 전동기
   ② 돌입전류가 큰 기타 기기

• KSC IEC 전선규격 [mm²]			• 전선의 단면적	
1.5	2.5	4	단상 2선식	$A = \dfrac{35.6LI}{1000 \cdot e}$
6	10	16		
25	35	50	3상 3선식	$A = \dfrac{30.8LI}{1000 \cdot e}$
70	95	120		
150	185	240	단상 3선식 3상 4선식	$A = \dfrac{17.8LI}{1000 \cdot e}$
300	400	500		

- 전선의 굵기 선정에서 상전압 220[V]를 사용한 것은 전압선과 중성선, 즉 단상 부하에서의 전압강하도 5.45[%] 이하가 되도록 하기 위한 것임.

  이때 전선의 굵기를 계산하는 공식도 $A = \dfrac{17.8LI}{1000 \cdot e}$ 를 사용함.

- 선간전압 380[V]로 계산하여도 동일한 결과를 얻을 수 있다. 단 이때에는 3상 3선식 공식을 적용하여야 한다.

$$A = \dfrac{30.8LI}{1000 \cdot e} = \dfrac{30.8 \times 190 \times 22.79}{1000 \times 380 \times 0.0545} = 6.44[\mathrm{mm^2}]$$

▸ 출제년도 : 14. ▸ 점수 : 4점

문제 06 직렬콘덴서를 사용하는 목적에 대하여 쓰시오.

답안작성

- 선로의 전압강하 감소
- 계통의 안정도 증대

해설

- 직렬콘덴서란 송배전선로의 도중에 콘덴서를 직렬로 삽입하여 선로의 유도성 리액턴스를 보상함으로써 선로정수 그 자체를 변화시켜 선로의 전압강하를 감소시키고 계통의 안정도를 증대시킨다.

$$X = X_L - X_C$$

  여기서, X : 선로의 합성리액턴스, X_L : 선로의 유도 리액턴스, X_C : 직렬 콘덴서

- 3상 선로의 전압강하 $e = \sqrt{3}\,I(R\cos\theta + X\sin\theta)$에서 합성리액턴스 X가 감소하면 전압강하 e가 감소

- 최대 전송전력 $P_m = \dfrac{E_G E_M}{X}\sin\theta$에서 P_m이 일정 할 경우 X가 감소하면 상차각 θ가 적은 상태로 운전할 수 있어 계통의 안정도가 향상된다.

▸ 출제년도 : 14.　▸ 점수 : 14점

문제 07 다음 도면은 어느 수변전 설비의 미완성 단선 계통도이다. 도면을 읽고 물음에 답하시오.

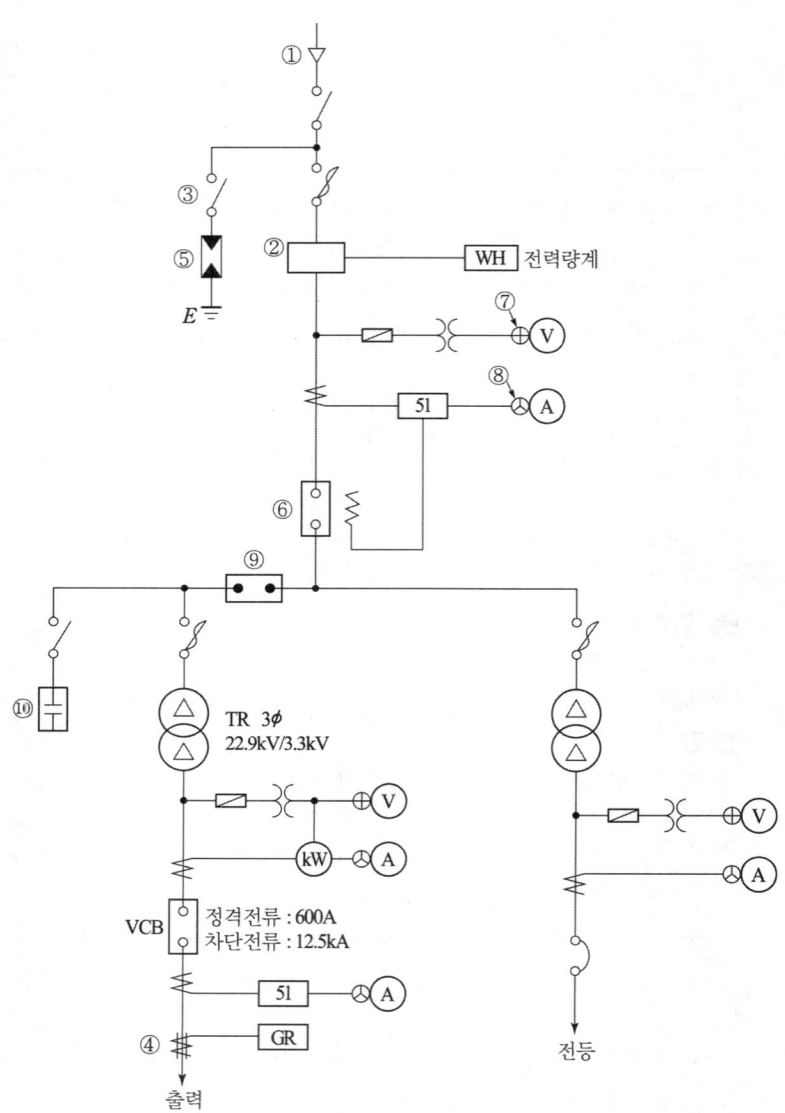

(1) 도면에 표시한 ①~⑩번까지의 약호와 명칭을 쓰시오.

번호	약호	명칭	번호	약호	명칭
①			⑥		
②			⑦		
③			⑧		
④			⑨		
⑤			⑩		

(2) ⑩번을 직렬 리액터와 방전 코일이 부착된 상태로 복선도를 그리시오.

(3) 동력용 △-△결선 변압기의 복선도를 그리시오.

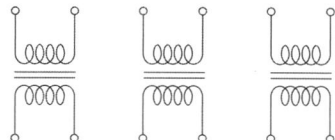

(4) 도면에서 접지 표시가 된 곳을 제외하고 보호접지 공사를 하여야 할 부분을 4개소만 열거하시오.

(5) 동력 부하로 3상 유도 전동기 20[kW], 역률 60[%] (지상) 부하가 연결되어 있다. 이 부하의 역률을 80[%]로 개선하는데 필요한 전력용 콘덴서의 용량은 몇 [kVA]인가?

답안작성

(1)

번호	약호	명칭	번호	약호	명칭
①	CH	케이블 헤드	⑥	CB	차단기
②	MOF	전력 수급용 계기용 변성기	⑦	VS	전압계용 전환 개폐기
③	DS	단로기	⑧	AS	전류계용 전환 개폐기
④	ZCT	영상변류기	⑨	OS	유입 개폐기
⑤	LA	피뢰기	⑩	SC	전력용 콘덴서

(2)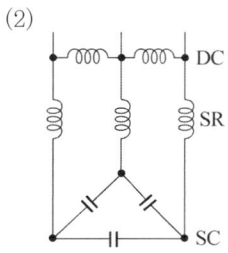

(3)

(4) ① 차단기 외함　② 전력 수급용 계기용 변성기 외함
　　③ 변압기 외함　④ 전력용 콘덴서 외함

(5) $Q_c = 20\left(\dfrac{0.8}{0.6} - \dfrac{0.6}{0.8}\right) = 11.67[\text{kVA}]$

해설

(5) $Q_c = P(\tan\theta_1 - \tan\theta_2) = P\left(\dfrac{\sin\theta_1}{\cos\theta_1} - \dfrac{\sin\theta_2}{\cos\theta_2}\right)$

▸ 출제년도 : 97. 99. 03. 07. 14.　▸ 점수 : 6점

문제 08 그림과 같은 계통의 기기의 A점에서 완전 지락이 발생하였다. 그림을 이용하여 다음 각 물음에 답하시오.

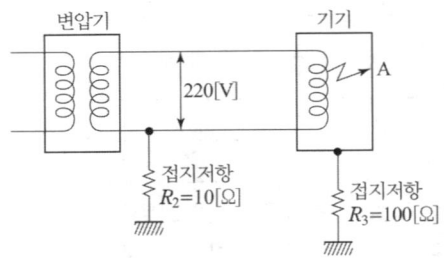

(1) 이 기기의 외함에 인체가 접촉하고 있지 않을 경우, 이 외함의 대지 전압을 구하시오.
　• 계산 :　　　　　　　　　　　　　　　• 답 :

(2) 이 기기의 외함에 인체가 접촉하였을 경우 인체를 통해서 흐르는 전류를 구하시오. 단, 인체의 저항은 3000 [Ω]으로 한다.
　• 계산 :　　　　　　　　　　　　　　　• 답 :

답안작성

(1) 대지 전압

계산 : $\epsilon = \dfrac{R_3}{R_2+R_3} \times V = \dfrac{100}{10+100} \times 220 = 200$ [V]

답 : 200 [V]

(2) 인체에 흐르는 전류

계산 : $\bar{I} = \dfrac{V}{R_2 + \dfrac{R_3 \cdot R}{R_3+R}} \times \dfrac{R_3}{R_3+R} = \dfrac{220}{10 + \dfrac{100 \times 3000}{100+3000}} \times \dfrac{100}{100+3000}$

　　　　$= 0.06647$ [A] $= 66.47$ [mA]

답 : 66.47 [mA]

해설

(1) 인체가 접촉하지 않은 경우　　　　　(2) 인체가 접촉하였을 경우

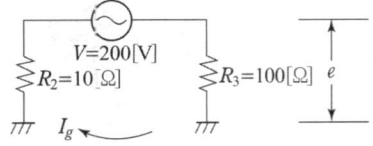 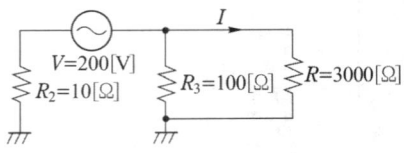

▸ 출제년도 : 14.　▸ 점수 : 5점

문제 09 그림과 같은 무접점의 논리 회로도를 유접점 회로로 바꾸어 그리시오.

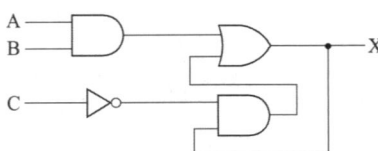

답안작성

```
   A   B
 ──o o─o o──┐
            ├──(X)──
   C   X    │
 ──o o─o o──┘
```

해설

무접점 회로	유접점 회로
AND 게이트	직렬 접속
OR 게이트	병렬 접속
NOT 게이트	b 접점

▸ 출제년도 : 14 ▸ 점수 : 6점

문제 10 ● 배전용 변전소에 접지 공사를 하고자 한다. 접지 목적을 3가지만 쓰시오.

답안작성

① 감전 방지   ② 기기의 손상 방지   ③ 보호 계전기의 확실한 동작

해설

(1) ① 감전 방지 : 기기의 절연 열화나 손상 등으로 누전이 발생하면 전류가 접지선으로 흘러 기기의 대지 전위 상승이 억제되고 인체의 감전 위험이 줄어들게 된다.
  ② 기기의 손상 방지 : 뇌전류 또는 고 저압 혼촉 등에 의하여 침입하는 고전압을 접지선을 통해 대지로 흘려 보내 기기의 손상을 방지 할 수 있다.
  ③ 보호 계전기의 확실한 동작 : 지락 사고시에 일정 크기 이상의 지락 전류가 흐르기 때문에 지락 계전기 등의 동작을 확실하게 할 수 있다.

▸ 출제년도 : 91. 98. 14. ▸ 점수 : 5점

문제 11 ● 전원 전압이 220 [V]인 회로에서 700 [W]의 전기솥 2대, 600 [W]의 다리미 1대, 150 [W]의 텔레비전 2대를 사용할 때 10 [A]의 고리 퓨즈의 상태(용단여부)와 그 이유를 쓰시오.

• 고리퓨즈의 상태 :
• 이유 :

답안작성

부하 전류 $I = \dfrac{700 \times 2 + 600 + 150 \times 2}{220} = 10.45$ [A]

• 고리퓨즈의 상태 : 용단되지 않는다.
• 이유 : 4[A] 초과 16[A] 미만의 저압용 퓨즈는 정격전류의 1.5배에 견디도록 되어 있다.

▸ 출제년도 : 97. 07. 12. 14 ▸ 점수 : 5점

문제 12 ● 방의 넓이가 12 [m²]이고, 이 방의 천장 높이는 3 [m] 이다. 조명률 50 [%], 감광보상률 1.3, 작업면의 평균 조도를 150 [lx]로 할 때 소요 광속은 몇 [lm] 이면 되는가?

•계산 :   •답 :

답안작성

계산 : $F = \dfrac{AED}{UN} = \dfrac{12 \times 150 \times 1.3}{0.5 \times 1} = 4680\,[\text{lm}]$

답 : 4680 [lm]

해설

감광보상률$(D) = \dfrac{1}{\text{보수율 (유지율, } M)}$

▶ 출제년도 : 14.   ▶ 점수 : 3점

문제 13 전기설비의 보수점검작업의 점검 후에 실시하여야 하는 유의사항을 3가지만 쓰시오.

답안작성

① 접지도체의 제거   ② 최종확인   ③ 점검의 기록

해설

최종 확인 사항
- 작업자가 전기 반내에 들어가 있지 않는가?
- 점검을 위해 임시로 설치한 가설물 등의 철거가 완전하게 이루어졌는가?
- 공구 등이 버려져 있지 않은가?
- 쥐, 곤충 등이 침입하지 않았는가?

▶ 출제년도 : 85. 98. 02. 11. 14.   ▶ 점수 : 5점

문제 14 3상 3선식 6.6 [kV]로 수전하는 수용가의 수전점에서 100/5 [A], CT 2대와 6600/110 [V] PT 2대를 사용하여 CT 및 PT의 2차측에서 측정한 전력이 300 [W] 이었다면 수전전력은 몇 [kW] 인지 계산하시오.

• 계산 :   • 답 :

답안작성

계산 : 수전 전력 = 측정 전력(전력계의 지시값)×CT비×PT비

$\therefore P = 300 \times \dfrac{100}{5} \times \dfrac{6600}{110} \times 10^{-3} = 360\,[\text{kW}]$

답 : 360 [kW]

▶ 출제년도 : 14.   ▶ 점수 : 5점

문제 15 기존 광원에 비하여 LED 램프의 특성 5가지만 쓰시오.

답안작성

① Lamp에서의 발열이 매우 적다.
② 수명이 길다.
③ 전력소모가 적다.
④ 높은 내구성으로 외부 충격에 강하다.
⑤ 친환경적이다.(무수은, CO_2 저감)

▶ 출제년도 : 14. ▶ 점수 : 6점

문제 16 용량 30 [kVA]의 단상 주상 변압기가 있다. 이 변압기의 어느 날의 부하가 30 [kW] 로 4시간, 24 [kW]로 8시간 및 8 [kW]로 10시간이었다고 할 경우, 이 변압기의 일부하율 및 전일효율을 계산하시오.(단, 부하의 역률은 1, 변압기의 전부하 동손은 500 [W], 철손은 200 [W] 이다.)

(1) 일 부하율
 • 계산 :   • 답 :
(2) 전일효율
 • 계산 :   • 답 :

답안작성

(1) 일부하율

 계산 : 일부하율 $= \dfrac{\text{평균 전력}}{\text{최대 전력}} \times 100[\%]$ 에서

 부하율 $= \dfrac{(30 \times 4 + 24 \times 8 + 8 \times 10)/24}{30} \times 100 = 54.44[\%]$

 답 : 54.44[%]

(2) 전일효율

 계산 : 출력 $P = 30 \times 4 + 24 \times 8 + 8 \times 10 = 392[\text{kWh}]$

 철손 $P_i = 0.2 \times 24 = 4.8[\text{kWh}]$

 동손 $P_c = 0.5 \times \left\{ \left(\dfrac{30}{30}\right)^2 \times 4 + \left(\dfrac{24}{30}\right)^2 \times 8 + \left(\dfrac{8}{30}\right)^2 \times 10 \right\} = 4.92[\text{kWh}]$

 전일 효율 $\eta = \dfrac{392}{392 + 4.8 + 4.92} \times 100 = 97.58[\%]$

 답 : 97.58[%]

해설

• 일평균전력 $= \dfrac{\text{1일 사용량}}{24}$

• 철손은 부하의 크기에 관계없이 전원만 인가되면 발생

• 전일효율 $\eta = \dfrac{\sum h \left(\dfrac{1}{m}\right) VI\cos\theta}{\sum h \left(\dfrac{1}{m}\right) VI\cos\theta + 24P_i + \sum h \left(\dfrac{1}{m}\right)^2 P_c} \times 100$

▶ 출제년도 : 14. ▶ 점수 : 5점

문제 17 다음 회로에서 전원전압이 공급될 때 최대 전류계의 측정 범위가 500[A]인 전류계로 전 전류값이 1500 [A]인 전류를 측정하려고 한다. 전류계와 병렬로 몇 [Ω]의 저항을 연결하면 측정이 가능한지 계산하시오. (단, 전류계의 내부저항은 100[Ω]이다.)

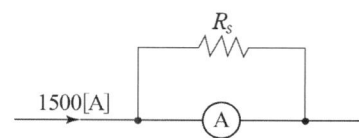

답안작성

전류계의 배율 $n = \dfrac{I}{I_o} = \dfrac{1500}{500} = 3$ 이므로,

$\therefore R_s = \dfrac{r}{n-1} = \dfrac{100}{3-1} = 50[\Omega]$

해설

① 분류기 : 전류계의 측정 범위를 넓히기 위하여 전류계에 병렬로 연결한 저항

$$I_o = I\left(\dfrac{r}{R_s} + 1\right)[A]$$

여기서, I_o : 측정할 전류값[A]
I : 전류계의 눈금[A]
R_s : 분류기의 저항[Ω]
r : 전류계의 내부 저항[Ω]

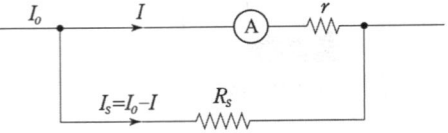

② 전류 분배법칙

$I = I_o \times \dfrac{R_s}{r+R_s} = 1500 \times \dfrac{R_s}{100+R_s} = 500[A]$ 에서

$1500 R_s = 500 \times 100 + 500 R_s$

$\therefore R_s = \dfrac{500 \times 100}{1000} = 50[\Omega]$

▶ 출제년도 : 97. 99. 03. 14.   ▶ 점수 : 6점

문제 18

축전지에 대한 다음 각 물음에 답하시오.
(1) 연축전지의 고장으로 전 셀의 전압이 불균형이 크고 비중이 낮았을 때 추정할 수 있는 원인은?
(2) 연축전지와 알칼리 축전지의 1셀당 기전력은 약 몇 [V]인가?
(3) 알칼리 축전지에 불순물이 혼입되었다면 어떤 현상이 나타나는가?

답안작성

(1) 방전 상태로 방치, 충전 부족으로 장기간 사용, 불순물의 혼입
(2) 연축전지 2.05~2.08 [V/cell], 알칼리 축전지 : 1.32 [V/cell]
(3) 전해액의 착색 및 용량의 감소

국가기술자격검정 실기시험문제 및 답안지

2014년도 산업기사 일반검정 제2회

자격종목(선택분야): 전기산업기사
시험시간: 2시간 00분

문제 01

▶ 출제년도 : 88. 95. 03. 14 ▶ 점수 : 15점

아래 도면은 어느 수전설비의 단선 결선도이다. 물음에 답하시오.

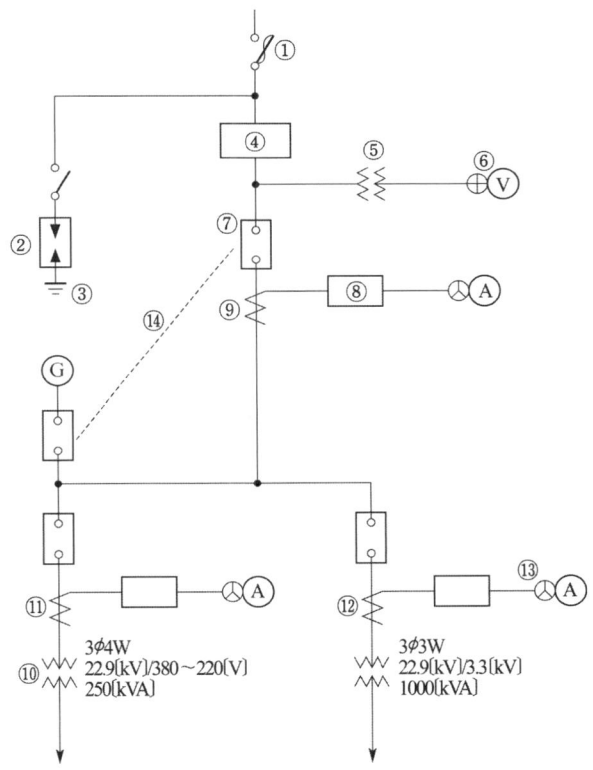

(1) ①~②, ④~⑨, ⑬에 해당되는 부분의 명칭과 용도를 쓰시오.
(2) ⑤의 1차, 2차 전압은?
(3) ⑩의 2차측 결선 방법은?
(4) ⑪, ⑫의 1차 2차 전류는? 단, CT 정격 전류는 부하 정격 전류의 1.5배로 한다.
(5) ⑭의 목적은?

답안작성

(1)

번호	명 칭	용 도
①	전력 퓨즈	일정값 이상의 과전류 및 단락 전류를 차단하여 사고 확대를 방지
②	피뢰기	이상 전압이 내습하면 이를 대지로 방전하고, 속류를 차단한다.
④	전력 수급용 계기용 변성기	전력량을 적산하기 위하여 고전압을 저전압으로, 대전류를 소전류로 변성시켜 전력량계에 공급한다.
⑤	계기용 변압기	고전압을 저전압으로 변성시켜 계기 및 계전기 등의 전원으로 사용한다.
⑥	전압계용 전환 계폐기	1대의 전압계로 3상 각상의 전압을 측정하기 위한 전환 개폐기
⑦	교류 차단기	단락 사고, 과부하, 지락 사고 등 사고 전류와 부하 전류를 차단하기 위한 장치
⑧	과전류 계전기	계통에 과전류가 흐르면 동작하여 차단기의 트립 코일을 여자시킨다.
⑨	변류기	대전류를 소전류로 변성하여 계기 및 과전류 계전기에 공급한다.
⑬	전류계용 전환 개폐기	1대의 전류계로 3상 각상의 전류를 측정하기 위한 전환 개폐기

(2) 1차 전압 : $\dfrac{22900}{\sqrt{3}}$ [V], 2차 전압 : $\dfrac{190}{\sqrt{3}}$ [V]

(3) Y결선

(4) ⑪ $I_1 = \dfrac{250}{\sqrt{3} \times 22.9} = 6.3$ [A]

∴ $6.3 \times 1.5 = 9.45$ [A]이므로 변류비 10/5 선정

∴ $I_2 = \dfrac{250}{\sqrt{3} \times 22.9} \times \dfrac{5}{10} = 3.15$ [A]

답 : 1차 전류 6.3 [A], 2차 전류 3.15 [A]

⑫ $I_1 = \dfrac{1000}{\sqrt{3} \times 22.9} = 25.21$ [A]

∴ $25.21 \times 1.5 = 37.82$ [A]이므로 변류비 40/5 선정

∴ $I_2 = \dfrac{1000}{\sqrt{3} \times 22.9} \times \dfrac{5}{40} = 3.15$ [A]

답 : 1차 전류 25.21 [A], 2차 전류 3.15 [A]

(5) 상용 전원과 예비 전원의 동시 투입을 방지한다. (인터록)

해설

(3)

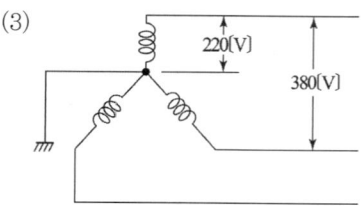

문제 02 ▸출제년도 : 14.   ▸점수 : 5점

단상 500[kVA] 변압기 3대로 △-Y 결선으로 하였을 경우, 저압측에 설치하는 차단기의 차단용량[MVA]을 구하시오. (단, 변압기의 임피던스는 5.0[%] 이다.)
• 계산 :   • 답 :

답안작성

계산 : $P_s = \dfrac{100}{\%Z} P_n = \dfrac{100}{5} \times 500 \times 3 = 30000 [\text{kVA}] = 30 [\text{MVA}]$

답 : 30 [MVA]

문제 03 ▸출제년도 : 93. 14.   ▸점수 : 5점

500[kVA]의 변압기에 역률 60[%]의 부하 500[kVA]가 접속되어 있다. 이 부하와 병렬로 콘덴서를 접속해서 합성 역률을 90[%]로 개선하면 부하는 몇 [kW] 증가시킬 수 있는가?
• 계산 :   • 답 :

답안작성

계산 : 500 [kVA] 역률 60 [%]의 유효 전력 $P_1 = 500 \times 0.6 = 300 [\text{kW}]$
       500 [kVA] 역률 90 [%]의 유효 전력 $P_2 = 500 \times 0.9 = 450 [\text{kW}]$
       따라서, 증가시킬 수 있는 유효 전력 $P = P_2 - P_1 = 450 - 300 = 150 [\text{kW}]$

답 : 150[kW]

해설

증가 부하 $[\text{kW}] = P_a (\cos\theta_2 - \cos\theta_1) = 500(0.9 - 0.6) = 150 [\text{kW}]$

문제 04 ▸출제년도 : 12. 14.   ▸점수 : 5점

전등, 콘센트만 사용하는 220[V], 총 부하산정용량 12000[VA]의 부하가 있다. 이 부하의 분기회로수를 구하시오. (단, 16[A] 분기회로로 한다.)
• 계산 :   • 답 :

답안작성

계산 : 분기회로 수 $= \dfrac{\text{상정 부하 설비의 합 [VA]}}{\text{전압} \times \text{분기회로 전류}} = \dfrac{12000}{220 \times 16} = 3.41$ 회로

답 : 16 [A] 분기 4 회로

문제 05 출제기준 변경 및 개정된 관계 법규에 따라 삭제된 문제입니다.

▸ 출제년도 : 14.   ▸ 점수 : 5점

문제 06 다음 주어진 조건을 이용하여 A점에 대한 법선조도와 수평면 조도를 계산하시오.
(단, 전등의 전광속은 20000 [lm] 이며, 광도의 θ는 그래프 상에서 값을 읽는다.)

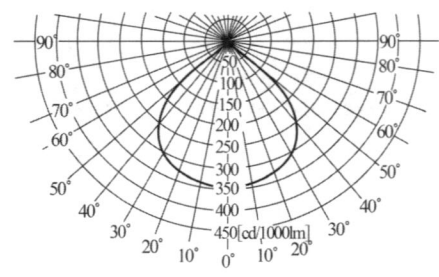
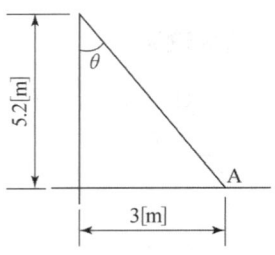

• 계산 :   • 답 :

답안작성

계산 : $\cos\theta = \dfrac{h}{\sqrt{h^2+a^2}} = \dfrac{5.2}{\sqrt{5.2^2+3^2}} = 0.866$

∴ $\theta = \cos^{-1} 0.866 = 30°$

표에서 각도 30°에서의 광도값은 300 [cd/1000 lm]이므로

전등의 광도 $I = 300 \times \dfrac{20000}{1000} = 6000 [cd]$이다.

∴ 법선 조도 $E_n = \dfrac{I}{r^2} = \dfrac{6000}{5.2^2+3^2} = 166.48 [lx]$

수평면 조도 $E_h = \dfrac{I}{r^2}\cos\theta = \dfrac{6000}{5.2^2+3^2} \times 0.866 = 144.17 [lx]$

답 : 법선조도 : 166.48 [lx], 수평면 조도 : 144.17 [lx]

▸ 출제년도 : 08. 14.   ▸ 점수 : 5점

문제 07 철손과 동손이 같을 때 변압기 효율은 최고로 된다. 단상 220[V], 50[kVA]의 변압기의 정격전압에서 철손은 10[W], 전부하에서 동손은 160[W]이면 효율이 가장 크게 되는 것은 몇 [%] 부하일 때 인가?

• 계산 :   • 답 :

답안작성

계산 : $m = \sqrt{\dfrac{P_i}{P_c}} \times 100 = \sqrt{\dfrac{10}{160}} \times 100 = 25 [\%]$

답 : 25 [%]

해설

최대 효율은 동손과 철손이 같을 때 발생하므로

$m^2 P_c = P_i$에서 $m = \sqrt{\dfrac{P_i}{P_c}}$

문제 08

▸ 출제년도 : 89. 08. 14.   ▸ 점수 : 5점

150 [kVA], 22.9 [kV]/380-220 [V], %저항 3 [%], %리액턴스 4 [%]인 변압기의 정격전압에서 변압기 2차측 단락전류는 정격전류의 몇 배인가? (단, 전원측의 임피던스는 무시한다.)

• 계산 :   • 답 :

답안작성

계산 : 단락전류 $I_s = \dfrac{100}{\%Z}I_n = \dfrac{100}{\sqrt{3^2+4^2}}I_n = 20I_n[A]$ 답 : 20배

해설

단락전류 $I_s = \dfrac{100}{\%Z} \times I_n$ (정격전류)

문제 09

▸ 출제년도 : 14.   ▸ 점수 : 4점

변전소의 주요기능 4가지를 쓰시오.

답안작성

① 전압의 변성과 조정   ② 전력의 집중과 배분
③ 전력 조류의 제어   ④ 송배전선로 및 변전소의 보호

문제 10

▸ 출제년도 : 14.   ▸ 점수 : 4점

수용률(Demand Factor)을 식으로 나타내고 설명하시오.

답안작성

• 식 : 수용률 = $\dfrac{\text{최대 수용 전력[kW]}}{\text{부하 설비 합계[kW]}} \times 100[\%]$

• 설명 : 어느 기간 중에서의 수용가의 최대 수용 전력[kW]과 그 수용가가 설치하고 있는 설비 용량의 합계[kW]와의 비를 말한다.

문제 11

▸ 출제년도 : 03. 14.   ▸ 점수 : 9점

단상변압기 3대를 △-△ 결선하고 이 결선방식의 장점과 단점을 3가지씩 설명하시오.

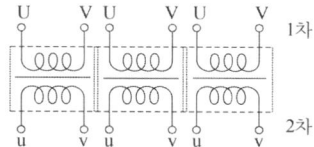

답안작성

• △-△ 결선방식

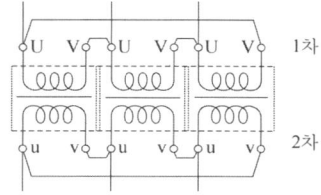

-729-

• 장점
① 제3고조파 전류가 △결선 내를 순환하므로 정현파 교류 전압을 유기하여 기전력의 파형이 왜곡되지 않는다.
② 1대가 고장이 나면 나머지 2대로 V결선하여 사용할 수 있다.
③ 각 변압기의 상전류가 선전류의 $\frac{1}{\sqrt{3}}$이 되어 대전류에 적합하다.

• 단점
① 중성점을 접지할 수 없으므로 지락사고의 검출이 곤란하다.
② 권수비가 다른 변압기를 결선하면 순환전류가 흐른다.
③ 각 상의 임피던스가 다를 경우 3상 부하가 평형이 되어도 변압기의 부하전류는 불평형이 된다.

▶ 출제년도 : 14.   ▶ 점수 : 5점

문제 12 3상 송전선의 각 선의 전류가 $I_a = 220 + j50$[A], $I_b = -150 - j300$[A], $I_c = -50 + j150$[A]일 때 이것과 병행으로 가설된 통신선에 유기되는 전자 유도 전압의 크기는 약 몇 [V]인가? (단, 송전선과 통신선 사이의 상호 임피던스는 15 [Ω]이다.)
• 계산 :   • 답 :

[답안작성]

계산 : $E_m = j\omega Ml(I_a + I_b + I_c) = j15 \times (220 + j50 - 150 - j300 - 50 + j150)$
$= j15 \times (20 - j100) = j300 + 1500 = \sqrt{300^2 + 1500^2} = 1529.71[V]$

답 : 1529.71 [V]

[해설]

전자 유도전압 $E_m = -j\omega Ml(I_a + I_b + I_c) = -j\omega Ml(3I_0)$
여기서, M : 전력선과 통신선 사이의 상호 인덕턴스 [H/km]
        l : 병행길이 [km]
        I_0 : 영상 전류 [A]

▶ 출제년도 : 91. 96. 06. 14.   ▶ 점수 : 5점

문제 13 대지 전압이란 무엇과 무엇 사이의 전압을 말하는지 접지식 전로와 비접지식 전로를 구분하여 설명하시오.

[답안작성]

① 접지식 전로 : 전선과 대지 사이의 전압
② 비접지식 전로 : 전선과 그 전로중 임의의 다른 전선 사이의 전압

▶ 출제년도 : 08. 14.   ▶ 점수 : 6점

문제 14 수전실 등의 시설과 관련하여 변압기, 배전반 등 수전설비는 보수 점검에 필요한 공간 및 방화상 유효한 공간을 유지하기 위하여 주요부분이 유지하여야 할 거리를 정하고 있다. 다음 표에 기기별 최소유지거리를 쓰시오.

기기별 \ 위치별	앞면 또는 조작·계측면	뒷면 또는 점검면	열상호간(점검하는 면)
특별고압 배전반	[m]	[m]	[m]
저압 배전반	[m]	[m]	[m]

답안작성

기기별 \ 위치별	앞면 또는 조작·계측면	뒷면 또는 점검면	열상호간(점검하는 면)
저압 배전반	1.7 [m]	0.8 [m]	1.4 [m]
저압 배전반	1.5 [m]	0.6 [m]	1.2 [m]

해설

수전설비의 배전반 등의 최소유지거리

기기별 \ 위치별	앞면 또는 조작·계측면	뒷면 또는 점검면	열상호간(점검하는면)	기타의 면
특별고압 배전반	1.7	0.8	1.4	-
고압 배전반	1.5	0.6	1.2	-
저압 배전반	1.5	0.6	1.2	-
변압기 등	0.6	0.6	1.2	0.3

[비고] 앞면 또는 조작계측 면은 배전반 앞에서 계측기를 판독할 수 있거나 필요조작을 할 수 있는 최소거리임.

▸ 출제년도 : 91. 14.   ▸ 점수 : 5점

문제 15 부하설비가 각각 A – 30 [kW], B – 25 [kW], C – 50 [kW], D – 40 [kW]되는 수용가가 있다. 이 수용장소의 수용률이 A와 B는 각각 80 [%], C와 D는 각각 60 [%]이고 이 수용장소의 부등률은 1.30이다. 이 수용장소의 종합최대전력은 몇 [kW]인가?

• 계산 :   • 답 :

답안작성

계산 : 종합최대전력 = $\dfrac{설비용량 \times 수용률}{부등률}$

$$= \dfrac{(30+25) \times 0.8 + (50+40) \times 0.6}{1.3} = 75.38 [kW]$$

답 : 75.38 [kW]

해설

부등률 = $\dfrac{최대 \ 수용 \ 전력의 \ 합}{종합 \ 최대 \ 전력} = \dfrac{설비용량 \times 수용률}{종합 \ 최대 \ 전력}$

▸ 출제년도 : 14.   ▸ 점수 : 5점

문제 16 부하의 역률을 개선하는 원리를 간단히 쓰시오.

답안작성

역률을 개선한다는 것은 부하와 병렬로 콘덴서를 설치하여 진상의 무효전력 Q_C를 공급하여 부하의 지상 무효전력 Q_L을 감소시키는 것을 말하며 이때 부하의 유효전력 P는 변함이 없다.

해설

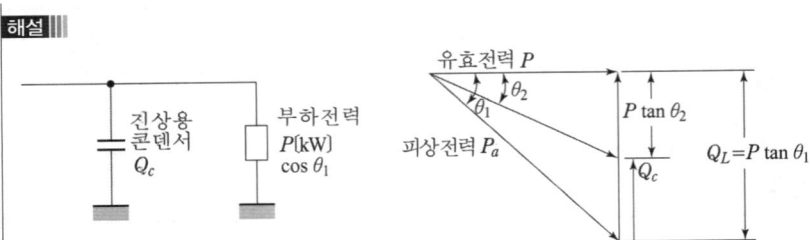

▸출제년도 : 14. ▸점수 : 3점

문제 17 다음 PLC에 대한 내용에 대하여 아래 그림의 기능을 쓰시오.

명 칭	기호	기능
NOT	─╳─	

답안작성

입력과 출력의 상태가 반대로 되는 상태 반전 회로

▸출제년도 : 14. ▸점수 : 4점

문제 18 다음 불대수 논리식을 간단히 하시오.

$AB + A(B+C) + B(B+C)$

답안작성

$$AB + A(B+C) + B(B+C) = AB + AB + AC + BB + BC$$
$$= AB + AC + B + BC = AC + B(A+1+C)$$
$$= AC + B$$

해설

- $BB = B$
- $B(A+1+C) = B$

출제기준 변경 및 개정된 관계법규에 따라 삭제된 문제가 있어 배점의 합계가 100점이 안됩니다.

국가기술자격검정 실기시험문제 및 답안지

2014년도 **산업기사** 일반검정 제 **3** 회

자격종목(선택분야)	시험시간	형별
전기산업기사	2시간 00분	

문제 01

▶ 출제년도 : 97. 00. 04. 06. 14.   ▶ 점수 : 5점

그림과 같은 계통에서 측로 단로기 T1을 통하여 부하에 공급하고 차단기 CB를 점검을 하기 위한 조작 순서를 쓰시오. (단, 평상시에 T1은 열려 있는 상태임.)

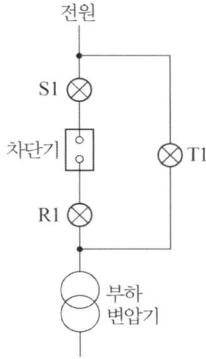

답안작성

T1(ON) → 차단기(OFF) → R1(OFF) → S1(OFF)

해설

- S1전단과 R1후단의 전압차가 0이므로(단, 차단기 및 S1에서부터 R1까지의 선로에서의 전압강하 무시) T1을 투입하거나 개방하는 시점에서는 단로기 T1에는 전류가 흐르지 않는다.
- T1이 투입되어 있는 상태에서 차단기를 개방하면 모든 부하전류가 T1을 통하여 흐르게 되므로 부하는 무정전 상태로 유지

문제 02

▶ 출제년도 : 14.   ▶ 점수 : 4점

금속관 배선의 교류 회로에서 1회로의 전선 전부를 동일 관내에 넣는 것을 원칙으로 하는데 그 이유는 무엇인가?

답안작성

전자적 불평형을 방지하기 위하여

해설

1회로의 전선 전부란 단상 2선식 회로는 2선을, 단상 3선식 회로 및 3상 3선식 회로는 3선을, 3상 4선식 회로는 4선을 말한다.

▶ 출제년도 : 97. 00.   ▶ 점수 : 6점

문제 03

그림의 적산 전력계에서 간선 개폐기까지의 거리는 10 [m]이고, 간선 개폐기에서 전동기, 전열기, 전등까지의 분기 회로의 거리를 각각 20 [m]라 한다. 간선과 분기선의 전압강하를 각각 2 [V]로 할 때 부하 전류를 계산하고, 표를 이용하여 전선의 굵기를 구하시오. 단, 모든 역률은 1로 가정한다.

[조건]
- M_1 : 380 [V] 3상 전동기 10 [kW]
- M_2 : 380 [V] 3상 전동기 15 [kW]
- M_3 : 380 [V] 3상 전동기 20 [kW]
- H : 220 [V] 단상 전열기 3 [kW]
- L : 220 [V] 형광등 40 [W]×2등용, 10개

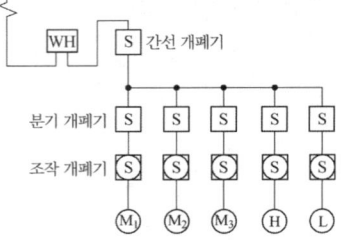

[표 1] 전선 최대 길이 (3상 4선식, 전압강하 3.8 [V])

전류[A]	전선의 굵기 [mm²]											
	2.5	4	6	10	16	25	35	50	95	150	185	240	300
	전선 최대 길이 [m]											
1	534	854	1281	2135	3416	5337	7472	10674	20281	32022	39494	51236	64045
2	267	427	640	1067	1708	2669	3736	5337	10140	16011	19747	25618	32022
3	178	285	427	712	1139	1779	2491	3558	6760	10674	13165	17079	21348
4	133	213	320	534	854	1334	1868	2669	5070	8006	9874	12809	16011
5	107	171	256	427	683	1067	1494	2135	4056	6404	7899	10247	12809
6	89	142	213	356	569	890	1245	1779	3380	5337	6582	8539	10674
7	76	122	183	305	488	762	1067	1525	2897	4575	5642	7319	9149
8	67	107	160	267	427	667	934	1335	2535	4003	4937	6404	8006
9	59	95	142	237	380	593	830	1186	2253	3558	4388	5693	7116
12	44	71	107	178	285	445	623	890	1690	2669	3291	4270	5337
14	38	61	91	152	244	381	534	762	1449	2287	2821	3660	4575
15	36	57	85	142	228	356	498	712	1352	2135	2633	3416	4270
16	33	53	80	133	213	334	467	667	1268	2001	2468	3202	4003
18	30	47	71	119	190	297	415	593	1127	1779	2194	2846	3558
25	21	34	51	85	137	213	299	427	811	1281	1580	2049	2562
35	15	24	37	61	98	152	213	305	579	915	1128	1464	1830
45	12	19	28	47	76	119	166	237	451	712	878	1139	1423

[비고 1] 전압강하가 2 [%] 또는 3 [%]의 경우, 전선길이는 각각 이 표의 2배 또는 3배가 된다. 다른 경우에도 이 예에 따른다.

[비고 2] 전류가 20 [A] 또는 200 [A] 경우의 전선길이는 각각 이 표 전류 2 [A] 경우의 1/10 또는 1/100이 된다. 다른 경우에도 이 예에 따른다.

[비고 3] 이 표는 평형부하의 경우에 대한 것이다.

[비고 4] 이 표는 역률 1로 하여 계산한 것이다.

답안작성

① 각 부하 전류를 구하면

$$I_{M1} = \frac{10}{\sqrt{3} \times 0.38} = 15.19 \text{ [A]}$$

$$I_{M2} = \frac{15}{\sqrt{3} \times 0.38} = 22.79 \text{ [A]}$$

$$I_{M3} = \frac{20}{\sqrt{3} \times 0.38} = 30.39 \text{ [A]}$$

$$I_H = \frac{3000}{220} = 13.64 \, [A]$$

$$I_L = \frac{(40 \times 2) \times 10}{220} = 3.64 \, [A]$$

간선에 흐르는 전류는 $15.19 + 22.79 + 30.39 + 13.64 + 3.64 = 85.65 \, [A]$
따라서, 전선의 최대 긍장

$$L = \frac{\text{배선 설계의 긍장} \times \dfrac{\text{부하의 최대 사용 전류}}{\text{표의 전류}}}{\dfrac{\text{배선 설계의 전압 강하}}{\text{표의 전압 강하}}} = \frac{10 \times \dfrac{85.65}{1}}{\dfrac{2}{3.8}} = 1627.35 \, [m]$$

간선의 굵기는 표에 의해서 $10 \, [mm^2]$이 된다.

② 분기 회로의 전선 굵기는

- $L_{M1} = \dfrac{20 \times \dfrac{15.19}{1}}{\dfrac{2}{3.8}} = 577.22 \, [m] \quad \rightarrow \quad 4 \, [mm^2]$

- $L_{M2} = \dfrac{20 \times \dfrac{22.79}{1}}{\dfrac{2}{3.8}} = 866.02 \, [m] \quad \rightarrow \quad 6 \, [mm^2]$

- $L_{M3} = \dfrac{20 \times \dfrac{30.39}{1}}{\dfrac{2}{3.8}} = 1154.82 \, [m] \quad \rightarrow \quad 6 \, [mm^2]$

- $L_H = \dfrac{20 \times \dfrac{13.64}{1}}{\dfrac{2}{3.8}} = 518.32 \, [m] \quad \rightarrow \quad 2.5 \, [mm^2]$

- $L_L = \dfrac{20 \times \dfrac{3.64}{1}}{\dfrac{2}{3.8}} = 138.32 \, [m] \quad \rightarrow \quad 2.5 \, [mm^2]$

해설

- 전선 최대 길이 $= \dfrac{\text{배선 설계의 길이}[m] \times \dfrac{\text{부하의 최대 사용 전류 }[A]}{\text{표의 전류 }[A]}}{\dfrac{\text{배선 설계의 전압 강하 }[V]}{\text{표의 전압 강하 }[V]}} \, [m]$

- 표의 전류는 표의 전류값 중에서 임의로 선정하여 계산할 수 있다. 다만 계산을 간단하게 하기 위하여 부하의 최대사용전류를 고려하여 선정한다.

- LM_1 : 표의 전류 1 [A] 난에서 전선 최대 길이가 577.22 [m]를 초과하는 4 [mm^2] 선정

  LM_2 : 표의 전류 1 [A] 난에서 전선 최대 길이가 866.02 [m]를 초과하는 6 [mm^2] 선정

  LM_3 : 표의 전류 1 [A] 난에서 전선 최대 길이가 1154.82 [m]를 초과하는 6 [mm^2] 선정

  L_H : 표의 전류 1 [A] 난에서 전선 최대 길이가 518.32 [m]를 초과하는 2.5 [mm^2] 선정

  L_L : 표의 전류 1 [A] 난에서 전선 최대 길이가 138.32 [m]를 초과하는 2.5 [mm^2] 선정

문제 04

▶ 출제년도 : 14. ▶ 점수 : 6점

그림과 같이 전등만의 2군 수용가가 각각 1대씩의 변압기를 통해서 전력을 공급받고 있다. 각 군 수용가의 총 설비용량은 각각 50 [kW] 및 30 [kW]라고 한다. 각 군 수용가의 최대부하를 구하시오. 또한 고압 간선에 걸리는 최대 부하는 얼마로 되겠는가? (단, 변압기 상호간의 부등률은 1.2라고 한다.)

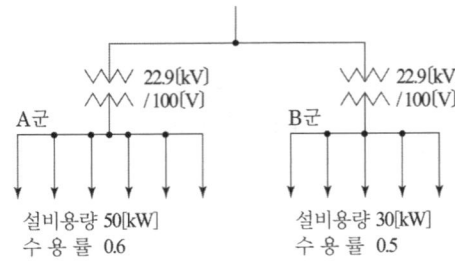

(1) A군의 최대부하
  • 계산 :   • 답 :
(2) B군의 최대부하
  • 계산 :   • 답 :
(3) 간선에 걸리는 최대 부하
  • 계산 :   • 답 :

답안작성

(1) A군의 최대부하
  계산 : $T_A = 50 \times 0.6 = 30 [kW]$ 답 : 30 [kW]
(2) B군의 최대부하
  계산 : $T_B = 30 \times 0.5 = 15 [kW]$ 답 : 15 [kW]
(3) 간선에 걸리는 최대 부하
  계산 : 최대 부하 $= \dfrac{T_A + T_B}{부등률} = \dfrac{30+15}{1.2} = 37.5 [kW]$
  답 : 37.5 [kW]

해설

• 수용률 $= \dfrac{\text{최대 수용 전력 [kW]}}{\text{부하 설비 합계 [kW]}} \times 100 [\%]$

  따라서, 최대부하 = 설비용량 × 수용률

• 부등률 $= \dfrac{\text{각 부하의 최대 수용 전력의 합 [kW]}}{\text{각 부하를 종합하였을 때의 최대 수용 전력 (합성 최대 전력) [kW]}}$

  따라서 고압 간선에 걸리는 최대부하는

  간선의 최대부하 $= \dfrac{\text{각 부하의 최대 수용 전력의 합 [kW]}}{\text{부등률}}$

▶ 출제년도 : 00. 03. 14.   ▶ 점수 : 8점

문제 05

그림과 같은 유도 전동기의 미완성 시퀀스 회로도를 보고 다음 각 물음에 답하시오.

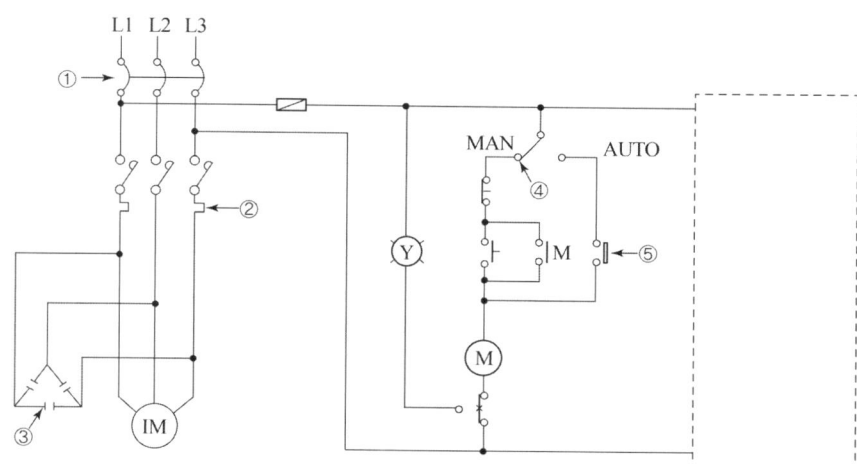

(1) 도면에 표시된 ①~⑤의 약호와 명칭을 쓰시오.
(2) 도면에 그려져 있는 Ⓨ등은 어떤 역할을 하는 등인가?
(3) 전동기가 정지하고 있을 때는 녹색등 Ⓖ가 점등되고, 전동기가 운전 중일 때는 녹색 등 Ⓖ가 소등되고 적색등 Ⓡ이 점등되도록 표시등 Ⓖ, Ⓡ을 회로의 ☐ 내에 설치하시오.
(4) ③의 결선도를 완성하고 역할을 쓰시오.

답안작성

(1) ① 약호 : MCCB, 명칭 : 배선용 차단기   ② 약호 : Thr, 명칭 : 열동계전기
    ③ 약호 : SC,   명칭 : 전력용 콘덴서   ④ 약호 : SS, 명칭 : 셀렉터 스위치
    ⑤ 약호 : LS,   명칭 : 리미트 스위치
(2) 과부하 동작 표시 램프
(3)

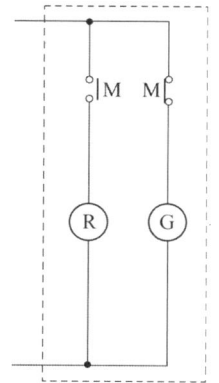

(4) • 결선도

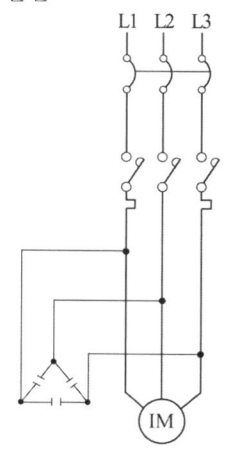

• 역할 : 역률을 개선한다.

▶ 출제년도 : 14. ▶ 점수 : 12점

문제 06

다음은 22.9[kV] 수변전 설비 결선도이다. 물음에 답하시오

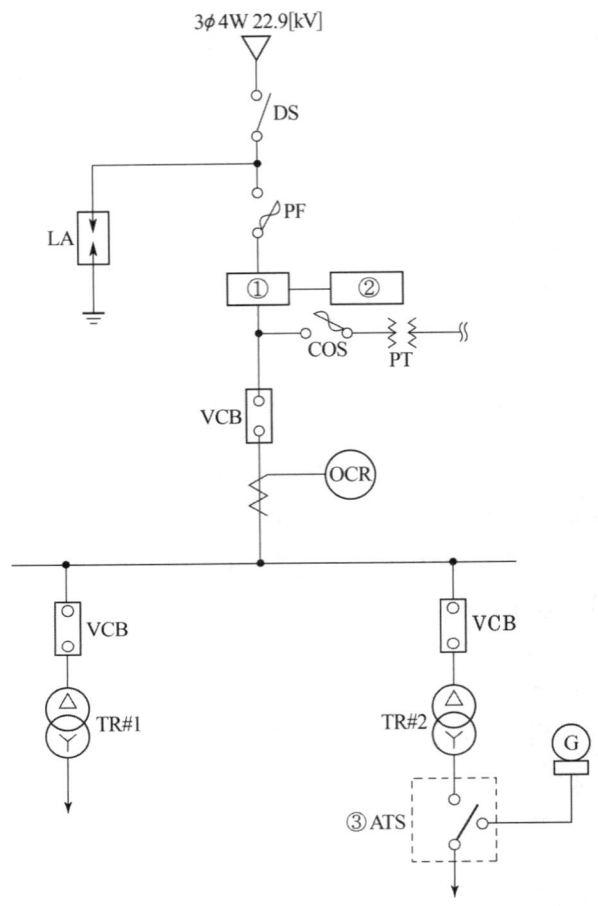

(1) 22.9[kV-Y] 계통에서는 수전 설비 지중 인입선으로 어떤 케이블을 사용하여야 하는가?
(2) ①, ②의 약호는?
(3) ③의 ATS 기능은 무엇인가?
(4) △-Y 변압기의 결선도를 그리시오.
(5) DS 대신 사용 할 수 있는 기기는?
(6) 전력용 퓨즈의 가장 큰 단점은 무엇인가

답안작성

(1) • CNCV-W 케이블(수밀형)
　　• TR CNCV-W 케이블(트리억제형)
(2) ① MOF　　② WH
(3) 주전원의 정전 또는 기준치 이하로 전압이 떨어질 경우 발전기 전원으로 자동 전환 시킴으로써 부하에 전원을 공급

(4)
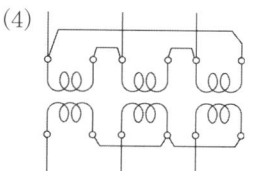

(5) 자동고장구분 개폐기
(6) 동작 후 재투입이 불가능하다.

▸ 출제년도 : 07. 11. 14.   ▸ 점수 : 6점

문제 07 3상 4선식 송전선에서 한 선의 저항이 10 [Ω], 리액턴스가 20 [Ω]이고, 송전단 전압이 6600 [V], 수전단 전압이 6100 [V]이었다. 수전단의 부하를 끊은 경우 수전단 전압이 6300 [V], 부하 역률이 0.8일 때 다음 각 물음에 답하시오.

(1) 전압 강하율을 구하시오.
   •계산 :   •답 :
(2) 전압 변동률을 구하시오.
   •계산 :   •답 :
(3) 이 송전선로의 수전 가능한 전력 [kW]를 구하시오.
   •계산 :   •답 :

답안작성

(1) 계산 : 전압 강하율 : $\epsilon = \dfrac{V_s - V_r}{V_r} \times 100 = \dfrac{6600 - 6100}{6100} \times 100 = 8.2[\%]$

답 : 8.2 [%]

(2) 계산 : 전압 변동률 : $\epsilon = \dfrac{V_{r0} - V_r}{V_r} \times 100 = \dfrac{6300 - 6100}{6100} \times 100 = 3.28[\%]$

답 : 3.28 [%]

(3) 계산 : 전압강하 $e = V_s - V_r = 6600 - 6100 = 500[V]$

전력 $P = \dfrac{eV_r}{R + X\tan\theta} = \dfrac{500 \times 6100}{10 + 20 \times \dfrac{0.6}{0.8}} \times 10^{-3} = 122[kW]$

답 : 122 [kW]

해설

(1) 전압 강하율 = $\dfrac{송전단 전압 - 수전단 전압}{수전단 전압} \times 100[\%]$

(2) 전압 변동률 = $\dfrac{무부하 상태에서의 수전단 전압 - 정격부하 상태에서의 수전단 전압}{정격부하 상태에서의 수전단 전압} \times 100[\%]$

(3) 전압강하 $e = \sqrt{3}I(R\cos\theta + X\sin\theta) = \dfrac{\sqrt{3}V_r I\cos\theta \times R + \sqrt{3}V_r I\sin\theta \times X}{V_r} = \dfrac{RP + XQ}{V_r}$

에서 $P = \dfrac{eV_r}{R + X\tan\theta}$

▸ 출제년도 : 14.   ▸ 점수 : 5점

문제 08 매분 18[m³]의 물을 높이 15[m]인 탱크에 양수하는데 필요한 전력을 V결선한 변압기로 공급한다면, 여기에 필요한 단상 변압기 1대의 용량은 몇 [kVA]인가? 단, 펌프와 전동기의 합성 효율은 65[%]이고, 전동기의 전부하 역률은 95[%]이며, 펌프의 축동력은 15[%]의 여유를 본다고 한다.

• 계산   • 답

답안작성

계산 : $P = \dfrac{HQK}{6.12\eta} = \dfrac{15 \times 18 \times 1.15}{6.12 \times 0.65} = 78.05[\text{kW}]$

[kVA]로 환산하면

부하 용량 $= \dfrac{78.05}{0.95} = 82.16\,[\text{kVA}]$

V 결선시 용량 $P_V = \sqrt{3}\,P_1$ 에서

단상변압기 1대의 용량 $P_1 = \dfrac{P_V}{\sqrt{3}} = \dfrac{82.16}{\sqrt{3}} = 47.44[\text{kVA}]$

답 : 47.44 [kVA]

▸ 출제년도 : 14.   ▸ 점수 : 5점

문제 09 최대 눈금 250[V]인 전압계 V_1, V_2를 직렬로 접속하여 측정하면 몇 [V]까지 측정할 수 있는가? (단, 전압계 내부 저항 V_1은 15[kΩ], V_2는 18[kΩ]으로 한다.)

• 계산 :   • 답 :

답안작성

계산 : 회로의 전류 $I = \dfrac{V}{R_1 + R_2} = \dfrac{V}{15000 + 18000} = \dfrac{V}{33000}[\text{A}]$

$R_2 > R_1$이므로 $V_2 = IR_2 = 250[\text{V}]$에서 $I = \dfrac{250}{R_2} = \dfrac{250}{18000}[\text{A}]$

따라서, $I = \dfrac{250}{18000} = \dfrac{V}{33000}$

∴ $V = \dfrac{33000}{18000} \times 250 = 458.33[\text{V}]$

답 : 458.33 [V]

해설

직렬접속에서 회로에 흐르는 전류는 동일하다.

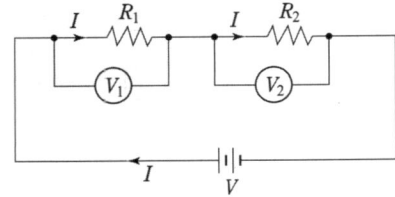

문제 10

▶ 출제년도 : 14.   ▶ 점수 : 4점

22.9[kV]인 3상 4선식의 다중 접지 방식에서 다음 각 장소에 시설되는 피뢰기의 정격 전압은 몇 [kV]이어야 하는가?
(1) 배전선로
(2) 변전소

[답안작성]

(1) 18[kV]   (2) 21[kV]

[해설]

피뢰기의 정격전압

전력 계통		피뢰기의 정격전압 [kV]	
전압 [kV]	중성점 접지방식	변전소	배전선로
345	유효 접지	288	
154	유효 접지	144	
66	PC 접지 또는 비접지	72	
22	PC 접지 또는 비접지	24	
22.9	3상 4선 다중접지	21	18

[주] 전압 22.9 [kV-Y] 이하의 배전선로에서 수전하는 설비의 피뢰기 정격전압[kV]은 배전선로용을 적용한다.

문제 11

▶ 출제년도 : 14.   ▶ 점수 : 5점

어떤 콘덴서 3개를 선간 전압 3300 [V], 주파수 60 [Hz]의 선로에 △로 접속하여 60 [kVA]가 되도록 하려면 콘덴서 1개의 정전 용량 [μF]은 약 얼마로 하여야 하는가?

[답안작성]

$Q = 3VI_c = 3 \times 2\pi f C V^2$ 이므로,

콘덴서 1개의 정전 용량 $C = \dfrac{Q}{6\pi f V^2} = \dfrac{60 \times 10^3}{6\pi \times 60 \times 3300^2} \times 10^6 = 4.87[\mu F]$

[해설]

- △결선의 경우 $C_d = \dfrac{Q}{3 \times 2\pi f V^2} \times 10^3 [\mu F]$

- Y결선의 경우 $C_s = \dfrac{Q}{2\pi f V^2} \times 10^3 [\mu F]$

여기서, $Q[kVA]$: 콘덴서 용량, $C[\mu F]$: 정전 용량, $V[V]$: 선간 전압

문제 12 출제기준 변경 및 개정된 관계 법규에 따라 삭제된 문제입니다.

▶ 출제년도 : 14.   ▶ 점수 : 5점

문제 13 피뢰기와 피뢰침의 차이를 간단히 쓰시오.

항 목	피뢰기(lightning arrester)	피뢰침(lightning rod)
사용목적		
취부위치		

답안작성

항 목	피뢰기(lightning arrester)	피뢰침(lightning rod)
사용목적	이상전압(낙뢰 또는 개폐시 발생하는 전압)으로부터 전력설비의 기기를 보호	건축물과 내부의 사람이나 물체를 뇌해로부터 보호
취부위치	• 발전소·변전소 또는 이에 준하는 장소의 가공전선 인입구 및 인출구 • 가공전선로에 접속하는 배전용 변압기의 고압측 및 특고압측 • 고압 및 특고압 가공전선로로부터 공급을 받는 수용장소의 인입구 • 가공전선로와 지중전선로가 접속되는 곳	• 지면상 20[m]를 초과하는 건축물이나 공작물 • 소방법에서 정한 위험물, 화약류 저장소, 옥외탱크 저장소 등

▶ 출제년도 : 14.   ▶ 점수 : 5점

문제 14 가공전선로의 이도가 너무 크거나 너무 작을 시 전선로에 미치는 영향 4가지만 쓰시오.

답안작성
① 이도의 대소는 지지물의 높이를 좌우한다.
② 이도가 너무 크면 전선은 그만큼 좌우로 크게 진동해서 다른 상의 전선에 접촉하거나 수목에 접촉해서 위험을 준다.
③ 이도가 너무 크면 도로, 철도, 통신선 등의 횡단 장소에서는 이들과 접촉될 위험이 있다.
④ 이도가 너무 작으면 그와 반비례해서 전선의 장력이 증가하여 심할 경우에는 전선이 단선되기도 한다.

▶ 출제년도 : 11. 14.   ▶ 점수 : 5점

문제 15 변류비 40/5인 CT 2개를 그림과 같이 접속할 때 전류계에 2[A]가 흐른다면 CT 1차측에 흐르는 전류는 몇 [A]인가?
• 계산
• 답

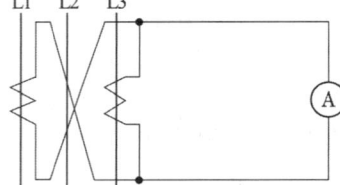

답안작성
계산 : CT 1차측 전류 = 전류계 지시치 $\times \dfrac{1}{\sqrt{3}} \times$ 변류비 $= 2 \times \dfrac{1}{\sqrt{3}} \times \dfrac{40}{5} = 9.24$ [A]
답 : 9.24 [A]

해설

CT가 교차 접속되어 있으므로 CT 2차측 전류는 전류계 지시치의 $\frac{1}{\sqrt{3}}$이 된다.

▶ 출제년도 : 14. ▶ 점수 : 5점

문제 16 다음과 같은 부하 특성의 소결식 알칼리 축전지의 용량 저하율 L은 0.85이고, 최저 축전지 온도는 5[℃], 허용 최저 전압은 1.06[V/cell]일 때 축전지 용량은 몇 [Ah]인가? 단, 여기서 용량 환산 시간 $K_1 = 1.22$, $K_2 = 0.98$, $K_3 = 0.52$이다.

• 계산 :
• 답 :

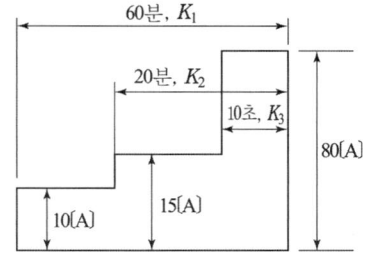

답안작성

계산 : $C = \frac{1}{L}\{K_1 I_1 + K_2(I_2 - I_1) + K_3(I_3 - I_2)\}$

$= \frac{1}{0.85}\{1.22 \times 10 + 0.98(15-10) + 0.52(80-15)\} = 59.88[\text{Ah}]$

답 : 59.88[Ah]

해설

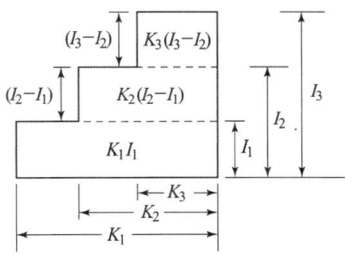

즉, 축전지 용량은 방전특성곡선의 면적을 구하면 된다.

$C = \frac{1}{L}[K_1 I_1 + K_2(I_2 - I_1) + K_3(I_3 - I_2)]$

▶ 출제년도 : 14. ▶ 점수 : 4점

문제 17 다음의 조명 효율에 대해 설명하시오.

(1) 전등효율
(2) 발광효율

답안작성

(1) 전등효율 : 전력소비 P에 대한 전발산광속 F의 비율을 전등효율 η라 한다.
  $\eta = \frac{F}{P}[\text{lm/W}]$

(2) 발광효율 : 방사속 ϕ에 대한 광속 F의 비율을 그 광원의 발광효율 ϵ이라 한다.
  $\epsilon = \frac{F}{\phi}[\text{lm/W}]$

▸ 출제년도 : 14. ▸ 점수 : 6점

문제 18

그림과 같은 PLC 시퀀스(래더 다이어그램)가 있다. 물음에 답하시오.

(1) PLC 프로그램에서의 신호 흐름은 단방향이므로 시퀀스를 수정해야 한다. 문제의 도면을 바르게 작성하시오.

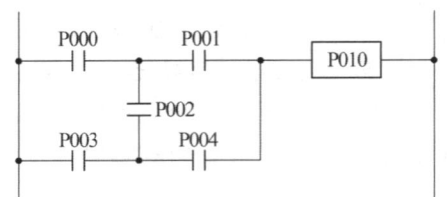

(2) PLC 프로그램을 표의 ①~⑧에 완성하시오. (단, 명령어는 LOAD, AND, OR, NOT, OUT를 사용한다.)

STEP	OP	add	주소	명령어	번지
0	LOAD	P000	7	AND	P002
1	AND	P001	8	⑤	⑥
2	①	②	9	OR LOAD	
3	AND	P002	10	⑦	⑧
4	AND	P004	11	AND	P004
5	OR LOAD		12	OR LOAD	
6	③	④	13	OUT	P010

답안작성

(1)
```
   P000   P001
───┤├─────┤├──────┌────┐───
                  │P010│
   P000 P002 P004 └────┘
───┤├──┤├──┤├─────
   P003 P002 P001
───┤├──┤├──┤├─────
   P003 P004
───┤├──┤├─────────
```

(2) ① LOAD, ② P000, ③ LOAD, ④ P003, ⑤ AND, ⑥ P001, ⑦ LOAD, ⑧ P003

출제기준 변경 및 개정된 관계법규에 따라 삭제된 문제가 있어 배점의 합계가 100점이 안됩니다.

E60-2

전기산업기사 실기

2015년도 기출문제

- 2015년 전기산업기사 1회
- 2015년 전기산업기사 2회
- 2015년 전기산업기사 3회

국가기술자격검정 실기시험문제 및 답안지

2015년도 산업기사 일반검정 제1회

자격종목(선택분야)	시험시간	형별	수험번호	성 명	감독위원 확인
전기산업기사	2시간 00분				

문제 01 ▶출제년도 : 88. 92. 94. 00. 01. 15   ▶점수 : 4점

길이 24[m], 폭 12[m], 천장높이 5.5[m], 조명률 50[%]의 어떤 사무실에서 전광속 6000 [lm]의 32[W] × 2등용 형광등을 사용하여 평균조도가 300[lx]되려면, 이 사무실에 필요한 형광등 수량을 구하시오. (단, 유지율은 80 [%]로 계산한다.)

• 계산 :   • 답 :

답안작성

계산 : $N = \dfrac{EAD}{FU} = \dfrac{300 \times 24 \times 12 \times \dfrac{1}{0.8}}{6000 \times 0.5} = 36\,[\text{등}]$

답 : 36 [등]

문제 02 ▶출제년도 : 15.   ▶점수 : 6점

그림과 같은 22[kV], 3상 1회선 선로의 F점에서 3상 단락고장이 발생하였을 경우 고장전류 [A]를 구하시오.

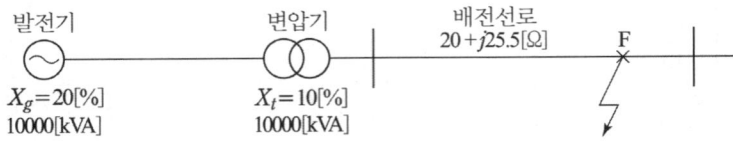

• 계산 :   • 답 :

답안작성

계산 : • 선로의 임피던스를 10000[kVA]를 기준하여 %Z로 환산하면

$\%R_l = \dfrac{R \cdot P}{10\,V^2} = \dfrac{20 \times 10000}{10 \times 22^2} = 41.32\,[\%]$

$\%X_l = \dfrac{X_l \cdot P}{10\,V^2} = \dfrac{25.5 \times 10000}{10 \times 22^2} = 52.69\,[\%]$

• 고장점까지의 합성 %Z

$\%Z = \sqrt{\%R_l^2 + (\%X_g + \%X_t + \%X_l)^2} = \sqrt{41.32^2 + (20 + 10 + 52.69)^2} = 92.44\,[\%]$

• 고장전류 $I_s = \dfrac{100}{\%Z} \times I_n = \dfrac{100}{92.44} \times \dfrac{10000}{\sqrt{3} \times 22} = 283.89\,[\text{A}]$

답 : 283.89[A]

해설

- $\%R = \dfrac{R \cdot P_n}{10 V_n^2}$

- $\%X = \dfrac{X \cdot P_n}{10 V_n^2}$

- 단락 전류 $I_s = \dfrac{100}{\%Z} \times I_n = \dfrac{100}{\%Z} \times \dfrac{P_n}{\sqrt{3} \times V_n}$

▸ 출제년도 : 02. 06. 15. ▸ 점수 : 6점

문제 03 그림은 어느 공장의 하루의 전력부하곡선이다. 이 그림을 보고 다음 각 물음에 답하시오. (단, 이 공장의 부하설비용량은 80[kW]라고 한다.)

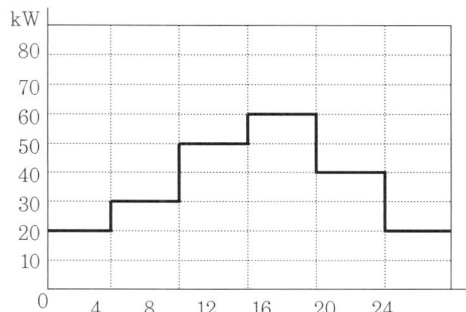

(1) 이 공장의 부하 평균전력은 몇 [kW]인가?
  • 계산 :   • 답 :

(2) 이 공장의 일 부하율은 얼마인가?
  • 계산 :   • 답 :

(3) 이 공장의 수용률은 얼마인가?
  • 계산 :   • 답 :

답안작성

(1) 계산 : $P = \dfrac{20 \times 4 + 30 \times 4 + 50 \times 4 + 60 \times 4 + 40 \times 4 + 20 \times 4}{24} = 36.67 [\text{kW}]$

  답 : 36.67 [kW]

(2) 계산 : 일 부하율 $= \dfrac{36.67}{60} \times 100 = 61.12 [\%]$ 답 : 61.12 [%]

(3) 계산 : 수용률 $= \dfrac{60}{80} \times 100 = 75 [\%]$ 답 : 75 [%]

해설

(2) 부하율 $= \dfrac{\text{평균 부하전력}}{\text{최대 부하전력}} \times 100 [\%]$

(3) 수용률 $= \dfrac{\text{최대 수요전력}}{\text{부하설비 합계}} \times 100 [\%]$

▸ 출제년도 : 93. 94. 95. 99. 00. 01. 02. 03. 07. 15.   ▸ 점수 : 5점

문제 04 그림과 같은 심벌의 명칭을 구체적으로 쓰시오.

(1)    (2)    (3)    (4)    (5)

답안작성

(1) 배전반
(2) 제어반
(3) 재해방지 전원회로용 배전반
(4) 재해방지 전원회로용 분전반
(5) 분전반

▸ 출제년도 : 15.   ▸ 점수 : 5점

문제 05 3상 3선식 전로에 연결된 3상 평형부하가 있다. L3상의 P점이 단선되었다고 할 때, 이 부하의 소비전력은 단선 전 소비전력에 비하여 어떻게 되는지 계산식을 이용하여 설명하시오. (단, 선간 전압은 E[V] 이며, 부하의 저항은 R[Ω] 이다.)

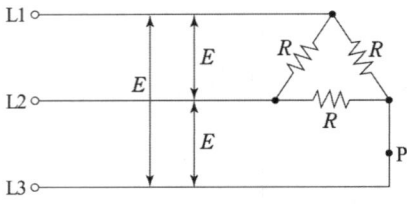

• 계산 :   • 답 :

답안작성

계산 : ① 단선 전 소비전력 $P_3 = 3\dfrac{E^2}{R}$

② P점단선 후 소비전력 P_1

• 단선되면 단상부하가 되므로 부하 $R_L = \dfrac{R \cdot 2R}{R+2R} = \dfrac{2}{3}R$

• 단선 후 소비전력 $P_1 = \dfrac{E^2}{R_L} = \dfrac{E^2}{\dfrac{2}{3}R} = \dfrac{3}{2}\dfrac{E^2}{R}$

③ 소비전력 비 $\dfrac{P_1}{P_3} = \dfrac{\dfrac{3}{2}\dfrac{E^2}{R}}{3\dfrac{E^2}{R}} = \dfrac{1}{2}$ 에서

$P_1 = \dfrac{1}{2}P_3$ 가 되어 단선 후 소비전력은 단선 전 소비 전력의 $\dfrac{1}{2}$ 이 된다.

답 : 단선 전 소비전력의 $\dfrac{1}{2}$ 로 감소한다.

해설

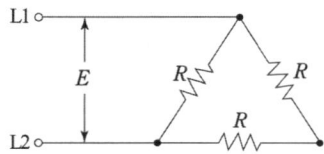 ⇒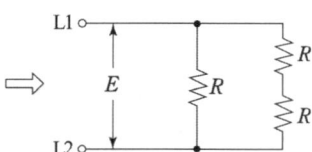

▸ 출제년도 : 06. 15.   ▸ 점수 : 8점

문제 06 그림과 같은 평형 3상 회로에서 운전되는 유도 전동기에 전력계, 전압계, 전류계를 접속하고, 각 계기의 지시를 측정하니 전력계 $W_1 = 6.57$[kW], $W_2 = 4.38$[kW], 전압계 $V = 220$[V], 전류계 $I = 30.41$[A] 이었을 때, 다음 각 물음에 답하시오. 단, 전압계와 전류계는 회로에 정상적으로 연결되어 있다고 한다.

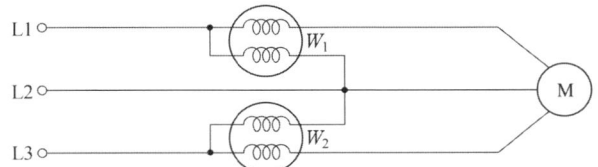

(1) 전압계와 전류계를 적당한 위치에 부착하여 도면을 작성하시오.
(2) 유효전력은 몇 [kW]인가?
  • 계산 :   • 답 :
(3) 피상전력은 몇 [kVA]인가?
  • 계산 :   • 답 :
(4) 역률은 몇 [%]인가?
  • 계산 :   • 답 :
(5) 이 유도 전동기로 30[m/min]의 속도로 물체를 권상한다면 몇 [kg]까지 가능하겠는가? 단, 종합 효율은 85 [%]이다.
  • 계산 :   • 답 :

답안작성

(1)
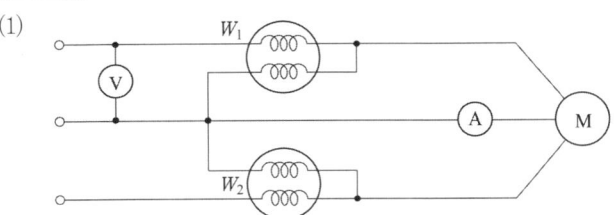

(2) 계산 : 유효 전력 $P = W_1 + W_2 = 6.57 + 4.38 = 10.95$[kW]   답 : 10.95[kW]

(3) 계산 : 피상 전력 $P_a = \sqrt{3}\, VI = \sqrt{3} \times 220 \times 30.41 \times 10^{-3} = 11.59$[kVA]   답 : 11.59[kVA]

(4) 계산 : 역률 $\cos\theta = \dfrac{P}{P_a} \times 100 = \dfrac{10.95}{11.59} \times 100 = 94.48[\%]$ 답 : 94.48[%]

(5) 계산 : 권상기 용량 $P = \dfrac{MV}{6.12\eta}$[kW]에서

$$M = \dfrac{6.12\eta \times P}{V} \times 1000 = \dfrac{6.12 \times 0.85 \times 10.95}{30} \times 1000 = 1898.73[\text{kg}]$$

답 : 1898.73[kg]

해설

$$P = \dfrac{MV}{6.12\eta}[\text{kW}]$$

여기서, P : 권상기 용량 [kW], M : 중량 [ton], V : 권상속도 [m/min], η : 효율

문제 07

▸ 출제년도 : 15. ▸ 점수 : 6점

다음 그림은 3상 유도전동기의 직입기동 제어회로의 미완성 부분이다. 주어진 동작설명과 보기의 명칭 및 접점수를 준수하여 회로를 완성하시오.

[동작설명]
- PB_2(기동)를 누른 후 놓으면, MC는 자기유지 되며, MC에 의하여 전동기가 운전된다.
- PB_1(정지)을 누르면, MC는 소자 되며, 운전 중인 전동기는 정지된다.
- 과부하에 의하여 전자식 과전류 계전기(EOCR)가 동작되면, 운전 중인 전동기는 동작을 멈추며, X_1 릴레이가 여자 되고, X_1 릴레이 접점에 의하여 경보벨이 동작한다.
- 경보벨 동작 중 PB_3을 눌렀다 놓으면, X_2 릴레이가 여자되어 경보벨의 동작은 멈추지만 전동기는 기동되지 않는다.
- 전자식 과전류 계전기(EOCR)가 복귀되면 X_1, X_2 릴레이가 소자된다.
- 전동기가 운전 중이면 RL(적색), 정지되면 GL(녹색) 램프가 점등된다.

[보기]

약 호	명 칭	약 호	명 칭
MCCB	배선용차단기(3P)	PB_1	누름버튼스위치 (전동기 정지용, 1b)
MC	전자개폐기 (주접점 3a, 보조접점 2a1b)	PB_2	누름버튼스위치 (전동기 기동용, 1a)
EOCR	전자식 과전류 계전기 (보조접점 1a1b)	PB_3	누름버튼스위치 (경보벨 정지용, 1a)
X_1	경보 릴레이(1a)	RL	적색 표시등
X_2	경보 정지 릴레이(1a1b)	GL	녹색 표시등
M	3상 유도전동기	B ( )	경보벨

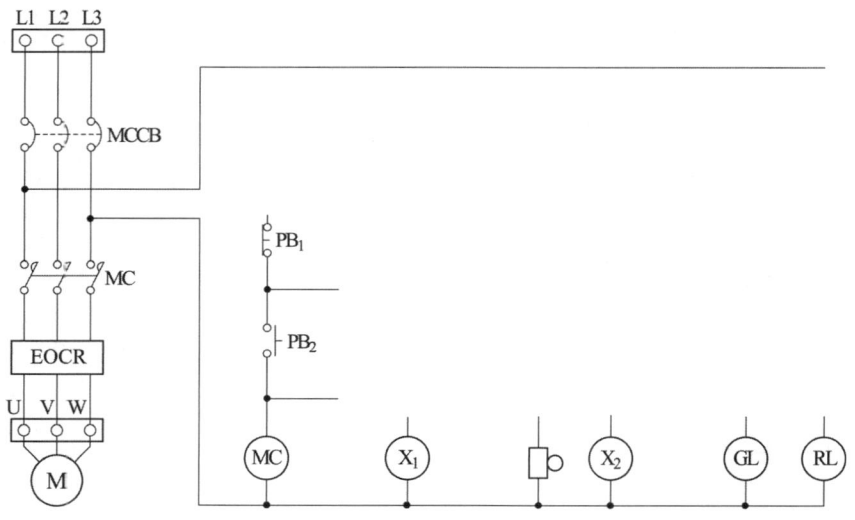

답안작성

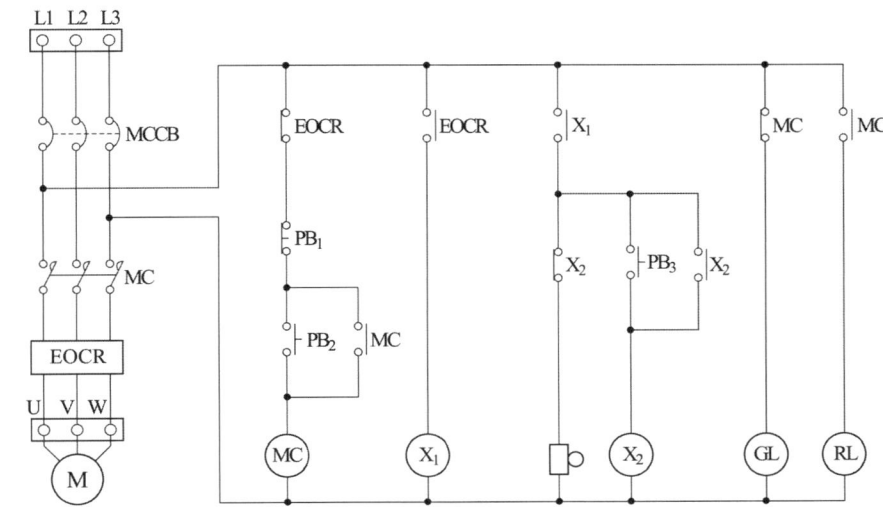

▶ 출제년도 : 04. 08. 15. ▶ 점수 : 4점

문제 08 피뢰기의 속류와 제한전압에 대하여 설명하시오.
(1) 속류 (2) 제한전압

답안작성

(1) 속류 : 방전 전류에 이어서 전원으로부터 공급되는 상용 주파수의 전류가 직렬갭을 통하여 대지로 흐르는 전류
(2) 제한전압 : 피뢰기 방전 중 피뢰기 단자에 남게되는 충격전압

▶ 출제년도 : 08. 14. 15. ▶ 점수 : 5점

문제 09 200[kVA]의 단상변압기가 있다. 철손은 1.6[kW]이고 전 부하 동손은 2.4[kW] 이다. 역률 80[%]에서의 최대효율을 계산하시오.
• 계산 : • 답 :

답안작성

계산 : • 최대효율이 발생되는 부하율 $m = \sqrt{\dfrac{P_i}{P_c}} = \sqrt{\dfrac{1.6}{2.4}} = 0.8165$

• 최대효율 $\eta_m = \dfrac{0.8165 \times 200 \times 0.8}{0.8165 \times 200 \times 0.8 + 1.6 + 0.8165^2 \times 2.4} \times 100 = 97.61[\%]$

답 : 97.61[%]

해설

• 최대효율조건 $P_i = m^2 P_c$ 에서 $m = \sqrt{\dfrac{P_i}{P_c}}$

• 효율 $\eta_m = \dfrac{m\,VI\cos\theta}{m\,VI\cos\theta + P_i + m^2 P_c} \times 100[\%]$

▸ 출제년도 : 02. 15.   ▸ 점수 : 11점

문제 10 주어진 도면을 보고 다음 각 물음에 답하시오. (단, 변압기의 2차측은 고압이다.)

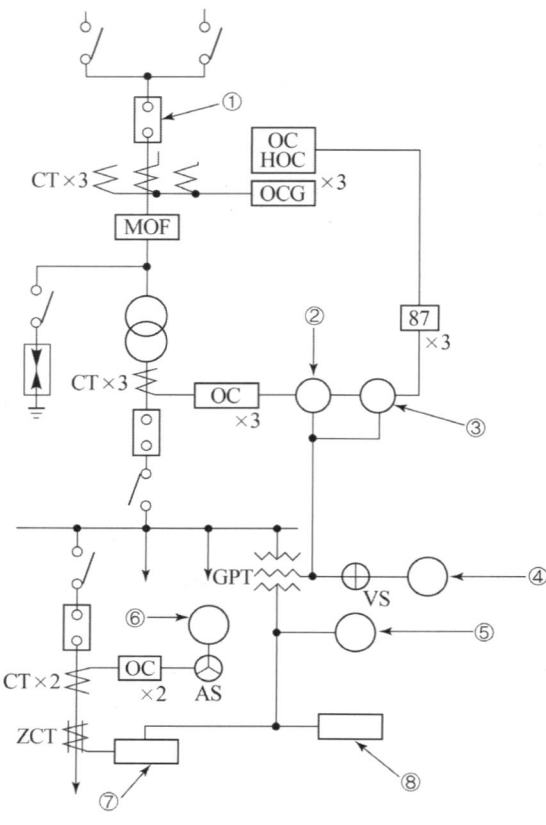

(1) 도면의 ①~⑧까지의 약호와 우리말 명칭을 쓰시오.
(2) 변압기 결선이 △-Y 결선일 경우 비율차동계전기(87)의 결선을 완성하시오.
  (단, 위상 보정이 되지 않는 계전기이며, 변류기 결선에 의하여 위상을 보정한다.)

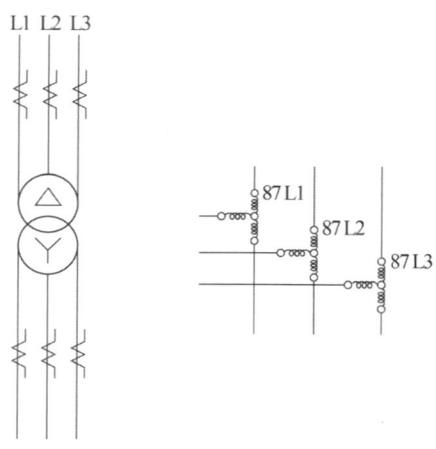

(3) 도면상의 약호 중 AS와 VS의 명칭 및 용도를 간단히 설명하시오.

약호	명 칭	용 도
AS		
VS		

답안작성

(1) ① 약호 : CB 　　명칭 : 교류차단기
　　② 약호 : 51V 　명칭 : 전압 억제 과전류 계전기
　　③ 약호 : TLR(TC) 명칭 : 한시 계전기
　　④ 약호 : V 　　명칭 : 전압계
　　⑤ 약호 : Vo 　 명칭 : 영상 전압계
　　⑥ 약호 : A 　　명칭 : 전류계
　　⑦ 약호 : SG 　 명칭 : 선택 지락 계전기
　　⑧ 약호 : OVGR 명칭 : 지락 과전압 계전기

(2)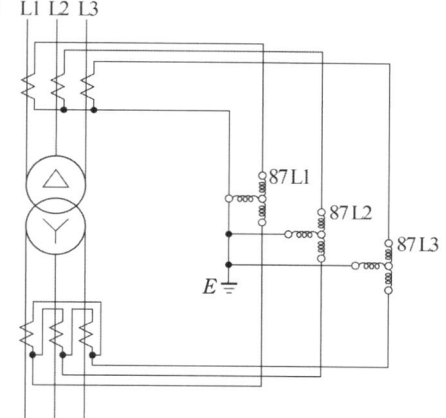

(3)
약호	명 칭	용 도
AS	전류계용 전환개폐기	3상 각 상의 전류를 1대의 전류계로 측정하기 위한 전환개폐기
VS	전압계용 전환개폐기	3상 각 상의 전압을 1대의 전압계로 측정하기 위한 전환개폐기

답안작성

(2) 비율차동계전기용 CT는 계전기 1차측과 2차측의 전류 위상을 맞추기 위하여 변압기 결선과 반대로 한다. 즉, 변압기 결선이 △-Y이면 CT의 결선은 Y-△로 한다.

문제 13 출제기준 변경 및 개정된 관계 법규에 따라 삭제된 문제입니다.

▶ 출제년도 : 07. 08. 15. 　▶ 점수 : 6점

문제 12 정격용량 500[kVA]의 변압기에서 배전선의 전력손실을 40[kW]로 유지하면서 부하 L_1, L_2에 전력을 공급하고 있다. 지금 그림과 같이 전력용 콘덴서를 기존 부하와 병렬로 연결하여 합성 역률을 90[%]로 개선하려고 할 때 다음 각 물음에 답하시오. 단, 여기서 부하 L_1은 역률 60[%], 180[kW]이고, 부하 L_2의 전력은 120[kW], 160[kVar] 이다.

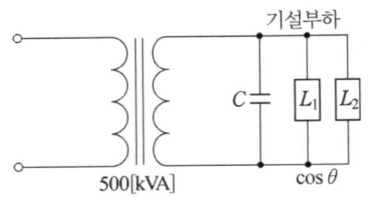

(1) 부하 L_1과 L_2의 합성용량 [kVA]을 구하시오.
- 계산   • 답

(2) 부하 L_1과 L_2의 합성 역률을 구하시오.
- 계산   • 답

(3) 합성역률 90[%]로 개선하는데 필요한 콘덴서 용량(Q_c)은 몇 [kVA]인가?
- 계산   • 답

답안작성

(1) 계산 : 유효전력 $P = P_1 + P_2 = 180 + 120 = 300\,[\text{kW}]$

무효전력 $Q = Q_1 + Q_2 = \dfrac{P_1}{\cos\theta_1} \times \sin\theta_1 + Q_2 = \dfrac{180}{0.6} \times 0.8 + 160 = 400\,[\text{kVar}]$

합성용량 $P_a = \sqrt{P^2 + Q^2} = \sqrt{300^2 + 400^2} = 500\,[\text{kVA}]$

답 : 500 [kVA]

(2) 계산 : $\cos\theta = \dfrac{P}{P_a} = \dfrac{300}{500} \times 100 = 60\,[\%]$ 답 : 60[%]

(3) 계산 : $Q_c = P(\tan\theta_1 - \tan\theta_2) = 300 \times \left(\dfrac{0.8}{0.6} - \dfrac{\sqrt{1-0.9^2}}{0.9} \right) = 254.7\,[\text{kVA}]$

답 : 254.7 [kVA]

▶ 출제년도 : 05. 15.   ▶ 점수 : 9점

문제 13 전로의 절연 저항에 대하여 다음 각 물음에 답하시오.

(1) 다음표의 전로의 사용 전압의 구분에 따른 절연저항값은 몇 [MΩ] 이상이어야 하는지 그 값을 표에 써 넣으시오.

전로의 사용전압[V]	절연저항[MΩ]
SELV 및 PELV	
FELV, 500[V] 이하	
500[V] 초과	

(2) 물음 "(1)"에서 표에 써있는 대지 전압은 접지식 전로와 비접지식 전로에서 어떤 전압(어느 개소간의 전압)인지를 설명하시오.
- 접지식 전로 :
- 비접지식 전로 :

(3) 사용 전압이 200 [V]이고 최대 공급전류가 30 [A]인 단상 2선식 가공 전선로에서 2선을 총괄한 것과 대지간의 절연 저항은 몇 [Ω]인가?

•계산 :   •답 :

답안작성

(1)

전로의 사용전압[V]	절연저항[MΩ]
SELV 및 PELV	0.5
FELV, 500[V] 이하	1.0
500[V] 초과	1.0

(2) • 접지식 전로 : 전선과 대지 사이의 전압
　　• 비접지식 전로 : 전선과 그 전로 중의 임의의 다른 전선 사이의 전압

(3) 계산 : 누설전류 $I = 30 \times \dfrac{1}{2000} \times 2 = 0.03[A]$

　　절연저항 $R = \dfrac{200}{0.03} = 6666.67[\Omega]$

답 : 6666.67[Ω]

해설

(1) 전기설비 기술기준 제52조 저압전로의 절연성능

전기사용 장소의 사용전압이 저압인 전로의 전선 상호간 및 전로와 대지 사이의 절연저항은 개폐기 또는 과전류차단기로 구분할 수 있는 전로마다 다음 표에서 정한 값 이상이어야 한다. 다만, 전선 상호간의 절연저항은 기계기구를 쉽게 분리가 곤란한 분기회로의 경우 기기 접속 전에 측정할 수 있다. 또한, 측정 시 영향을 주거나 손상을 받을 수 있는 SPD 또는 기타 기기 등은 측정 전에 분리시켜야 하고, 부득이하게 분리가 어려운 경우에는 시험전압을 250[V] DC로 낮추어 측정할 수 있지만 절연저항 값은 1[MΩ] 이상이어야 한다.

전로의 사용전압[V]	DC 시험전압[V]	절연저항[MΩ]
SELV 및 PELV	250	0.5
FELV, 500[V] 이하	500	1.0
500[V] 초과	1,000	1.0

[주] 특별저압(extra low voltage : 2차 전압이 AC 50[V], DC 120[V] 이하)으로 SELV(비접지회로 구성) 및 PELV(접지회로 구성)은 1차와 2차가 전기적으로 절연된 회로, FELV는 1차와 2차가 전기적으로 절연되지 않은 회로

(3) 전기설비 기술기준 제27조 (전선로의 전선 및 절연성능)

저압전선로 중 절연 부분의 전선과 대지 사이 및 전선의 심선 상호 간의 절연저항은 사용전압에 대한 누설전류가 최대 공급전류의 1/2,000을 넘지 않도록 하여야 한다.

▶ 출제년도 : 15.　▶ 점수 : 5점

문제 14 통합접지는 협소한 면적의 대형 건축물 내에 설치된 여러 설비의 접지를 공통으로 묶어서 사용하는 접지방법이다. 통합접지의 장점 5가지를 쓰시오.

답안작성

① 접지극의 연접으로 합성저항의 저감효과
② 접지극의 연접으로 접지극의 신뢰도 향상
③ 접지극의 수량 감소
④ 계통접지의 단순화
⑤ 철근, 구조물 등을 연접하면 거대한 접지전극의 효과를 얻을 수 있다.

해설
통합접지의 단점
① 계통의 이상전압 발생 시 유기전압 상승
② 다른 기기, 계통으로부터 사고 파급
③ 피뢰침용과 공용하므로 뇌서지에 대한 영향을 받을 수 있다.

▸ 출제년도 : 90. 13. 15. ▸ 점수 : 5점

문제 15 비상용 조명 부하 110[V]용 100[W] 18등, 60[W] 25등이 있다. 방전 시간 30분, 축전지 HS형 54[cell], 허용 최저 전압 100[V], 최저 축전지 온도 5[℃]일 때 축전지 용량은 몇 [Ah]인가? 단, 경년 용량 저하율 0.8, 용량 환산 시간 : $K = 1.2$ 이다.
• 계산 :   • 답 :

답안작성
계산 : 부하 전류 $I = \dfrac{P}{V} = \dfrac{100 \times 18 + 60 \times 25}{110} = 30[A]$

∴ 축전지 용량 : $C = \dfrac{1}{L}KI = \dfrac{1}{0.8} \times 1.2 \times 30 = 45[Ah]$

답 : 45[Ah]

▸ 출제년도 : 15. ▸ 점수 : 5점

문제 16 다음 그림의 출력 Z에 대한 논리식을 입력요소가 모두 나타나도록 전개하시오. (단, A, B, C, D는 푸시버튼스위치 입력이다.)

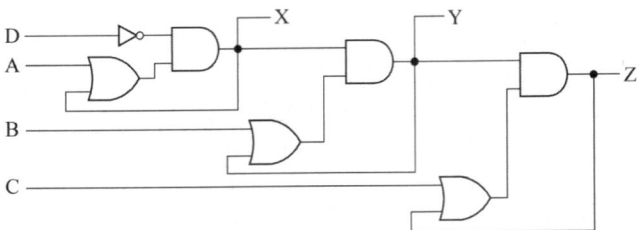

답안작성
$Z = (C+Z) \cdot (B+Y) \cdot (A+X) \cdot \overline{D}$

해설
$X = (A+X) \cdot \overline{D}$
$Y = (B+Y) \cdot X$
$Z = (C+Z) \cdot Y$
∴ $Z = (C+Z) \cdot (B+Y) \cdot (A+X) \cdot \overline{D}$

문제 17

 출제년도 : 15.   ▶ 점수 : 5점

3개의 접지판 상호간의 저항을 측정한 값이 그림과 같다면 G_3의 접지 저항값은 몇 [Ω]이 되겠는가?

• 계산 :

• 답 :

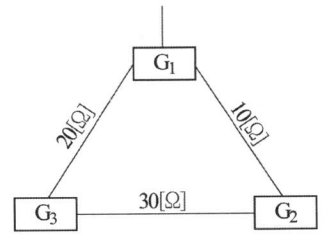

답안작성

계산 : 접지 저항값 $R_{G3} = \dfrac{1}{2}(30+20-10) = 20[\Omega]$

답 : 20[Ω]

해설

$R_{G1} + R_{G2} = R_{G12}$ ·· ①

$R_{G2} + R_{G3} = R_{G23}$ ·· ②

$R_{G3} + R_{G1} = R_{G31}$ ·· ③

즉, (① + ② + ③) × $\dfrac{1}{2}$ 로 계산하면

$R_{G1} + R_{G2} + R_{G3} = \dfrac{1}{2}(R_{G12} + R_{G23} + R_{G31})$ ··············· ④

∴ ④ － ① 하면

$R_{G3} = \dfrac{1}{2}(R_{G23} + R_{G31} - R_{G12})$

> 출제기준 변경 및 개정된 관계법규에 따라 삭제된 문제가 있어 배점의 합계가 100점이 안됩니다.

국가기술자격검정 실기시험문제 및 답안지

2015년도 산업기사 일반검정 제2회			수험번호	성 명	감독위원 확인
자격종목(선택분야)	시험시간	형별			
전기산업기사	2시간 00분				

문제 01 ▸출제년도 : 08. 15.   ▸점수 : 5점

그림은 22.9[kV-y] 1000[kVA] 이하를 시설하는 경우의 특별고압 간이수전설비 결선도이다. [주1]~[주5]의 (① ~ ⑤)에 알맞은 내용을 쓰시오.

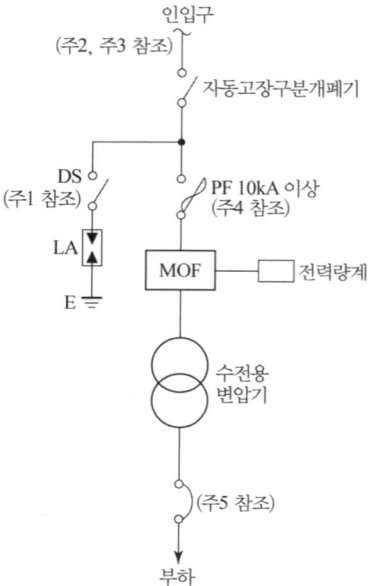

[주1] LA용 DS는 생략할 수 있으며 22.9[kV-y]용의 LA는 Disconnector (또는 Isolator)붙임형을 사용하여야 한다.

[주2] 인입선을 지중선으로 시설하는 경우로 공동주택 등 고장 시 정전피해가 큰 경우는 예비 지중선을 포함하여 (①)으로 시설하는 것이 바람직하다.

[주3] 지중 인입선의 경우에 22.9[kV-y] 계통은 CNCV-W 케이블(수밀형) 또는 (②)을 사용하여야 한다. 다만, 전력구·공동구·덕트·건물구내 등 화재의 우려가 있는 장소에서는 (③)을 사용하는 것이 바람직하다.

[주4] 300[kVA] 이하인 경우는 PF 대신(④)을 사용할 수 있다.

[주5] 특별고압 간이수전설비는 PF의 용단 등의 결상사고에 대한 대책이 없으므로 변압기 2차측에 설치되는 주차단기에는 (⑤)등을 설치하여 결상사고에 대한 보호능력이 있도록 함이 바람직하다.

①	②	③	④	⑤

답안작성

①	②	③	④	⑤
2회선	TR CNCV-W (트리억제형)	FR CNCO-W (난연)	COS(비대칭 차단 전류 10[kA] 이상의 것)	결상 계전기

해설

22.9 [kV-Y] 1,000 [kVA] 이하를 시설하는 경우

[주1] LA용 DS는 생략할 수 있으며 22.9 [kV-Y]용의 LA는 Disconnector(또는 Isolator) 붙임형을 사용하여야 한다.

[주2] 인입선을 지중선으로 시설하는 경우로 공동주택 등 고장시 정전피해가 큰 경우는 예비지중선을 포함하여 2회선으로 시설하는 것이 바람직하다.

[주3] 지중인입선의 경우에 22.9 [kV-Y] 계통은 CNCV-W 케이블(수밀형) 또는 TR CNCV-W(트리억제형)을 사용하여야 한다. 다만, 전력구·공동구·덕트·건물구내 등 화재의 우려가 있는 장소에서는 FR CNCO-W(난연) 케이블을 사용하는 것이 바람직하다.

[주4] 300 [kVA] 이하인 경우는 PF 대신 COS(비대칭 차단전류 10 [kA] 이상의 것)을 사용할 수 있다.

[주5] 특별고압 간이수전설비는 PF의 용단 등의 결상사고에 대한 대책이 없으므로 변압기 2차측에 설치되는 주차단기에는 결상계전기 등을 설치하여 결상사고에 대한 보호능력이 있도록 함이 바람직하다.

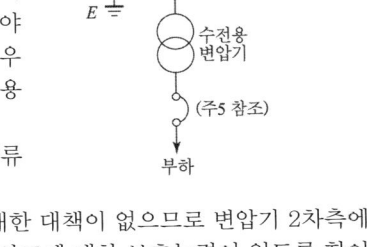

▶ 출제년도 : 15.   ▶ 점수 : 5점

문제 02 다음 내용에서 ①~③에 알맞은 내용을 답란에 쓰시오.

"회로의 전압은 주로 변압기의 자기포화에 의하여 변형이 일어나는데 (①)을(를) 접속함으로서 이 변형이 확대되는 경우가 있어 전동기, 변압기 등의 소음증대, 계전기의 오동작 또는 기기의 손실이 증대되는 등의 장해를 일으키는 경우가 있다. 그러기 때문에 이러한 장해의 발생 원인이 되는 전압파형의 찌그러짐을 개선할 목적으로 (①)와(과) (②)로(으로) (③)을(를) 설치한다."

답안작성

①	②	③
진상 콘덴서	직렬	리액터

▶ 출제년도 : 11. 15.   ▶ 점수 : 5점

문제 03 5500[lm] 의 광속을 발산하는 전등 20개를 가로 10[m] × 세로 20[m] 의 방에 설치하였다. 이 방의 평균조도를 구하시오. (단, 조명률은 0.5, 감광보상률 1.3 이다.)

• 계산 :   • 답 :

답안작성

계산 : $E = \dfrac{FUN}{AD} = \dfrac{5500 \times 0.5 \times 20}{10 \times 20 \times 1.3} = 211.54\,[\text{lx}]$

답 : 211.54 [lx]

해설

$FUN = EAD$

여기서, F : 광원 1개당의 광속[lm], U : 조명률[%], N : 광원의 개수[등]
E : 작업면상의 평균조도[lx], A : 방의 면적[m²], D : 감광보상률

▶ 출제년도 : 88. 15. ▶ 점수 : 7점

문제 04 수전 전압 22.9 [kV], 가공 전선로의 %임피던스가 5 [%]일 때 수전점의 단락 전류가 3000[A]인 경우 기준 용량과 수전용 차단기의 차단 용량을 구하고, 다음 표에서 차단기의 정격 용량은 선정하시오.

차단기의 정격 용량 [MVA]

50	75	100	150	250	300	400	500

(1) 기준 용량
 • 계산 :   • 답 :
(2) 차단 용량
 • 계산 :   • 답 :
(3) 차단기 정격용량 선정

답안작성

(1) 기준 용량

계산 : 단락 전류 $I_s = \dfrac{100}{\%Z} I_n$ 에서

정격 전류 $I_n = \dfrac{\%Z}{100} I_s = \dfrac{5}{100} \times 3000 = 150\,[\text{A}]$

∴ 기준 용량 : $P_n = \sqrt{3}\, V_n I_n = \sqrt{3} \times 22900 \times 150 \times 10^{-6} = 5.95\,[\text{MVA}]$

답 : 5.95 [MVA]

(2) 차단 용량

계산 : $P_s = \sqrt{3}\, V_n I_s = \sqrt{3} \times 25800 \times 3000 \times 10^{-6} = 134.06\,[\text{MVA}]$

답 : 134.06 [MVA]

(3) 150 [MVA]으로 선정

해설

- 차단 용량 [MVA] = $\sqrt{3} \times$ 정격 전압 [kV] $\times$ 정격 차단 전류 [kA]
- 22.9[kV]계통의 차단기 정격전압 25.8[kV]
- 차단기의 차단 전류 > 단락 전류이다.

문제 05 다음 그림은 3상 유도전동기의 무접점 회로도이다. 다음 각 물음에 답하시오.

▸ 출제년도 : 15.   ▸ 점수 : 6점

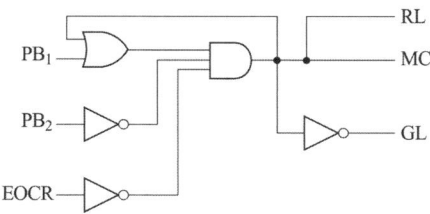

(1) 유접점 회로를 완성하시오.

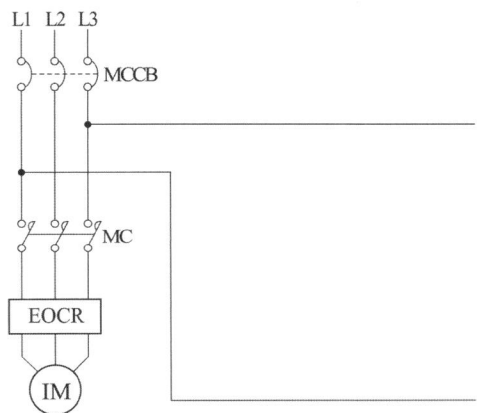

(2) MC, RL, GL의 논리식을 각각 쓰시오.

답안작성

(1)

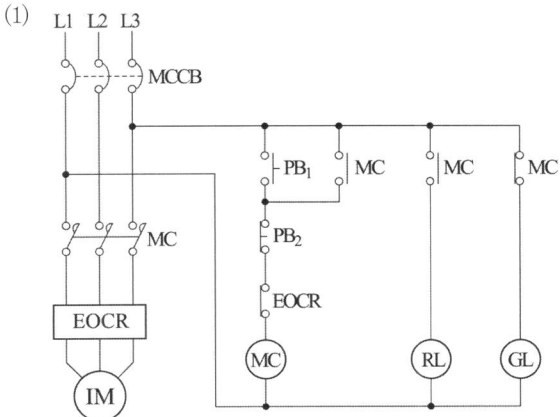

(2) • $MC = (PB_1 + MC) \cdot \overline{PB_2} \cdot \overline{EOCR}$
 • $RL = MC$
 • $GL = \overline{MC}$

▶ 출제년도 : 89. 97. 98. 00. 03. 05. 06. 15.   ▶ 점수 : 8점

문제 06 변류기(CT) 2대를 V결선하여 OCR 3대를 그림과 같이 연결하여 사용할 경우 다음 각 물음에 답하시오.

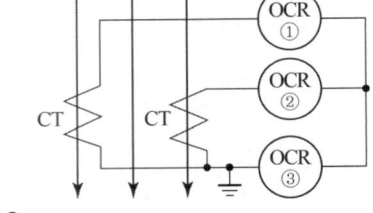

(1) 우리나라에서 사용하는 변류기(CT)의 극성은 일반적으로 어떤 극성을 사용하는가?
(2) 변류기 2차측에 접속하는 외부 부하 임피던스를 무엇이라고 하는가?
(3) ③번 OCR에 흐르는 전류는 어떤 상의 전류인가?
(4) OCR은 주로 어떤 사고가 발생하였을 때 동작하는가?
(5) 이 전로는 어떤 배전 방식을 취하고 있는가? 단, 배전방식 및 접지식, 비접지식 등을 구분하여 구체적으로 쓰도록 한다.
(6) 그림에서 CT의 변류비가 30/5 이고, 변류기 2차측 전류를 측정하였더니 3 [A]이었다면 수전전력은 약 몇 [kW] 인가? 단, 수전전압은 22900 [V]이고, 역률은 90 [%]이다.
• 계산 :   • 답 :

답안작성

(1) 감극성   (2) 부담   (3) b상 전류
(4) 단락 사고   (5) 3상 3선식 비접지 방식
(6) 계산 : $P = \sqrt{3}\, VI\cos\theta = \sqrt{3} \times 22900 \times 3 \times \frac{30}{5} \times 0.9 \times 10^{-3} = 642.56 [\text{kW}]$
답 : $642.56\,[\text{kW}]$

▶ 출제년도 : 15.   ▶ 점수 : 6점

문제 07 고압차단기의 종류 3가지와 각각의 소호매체를 답란에 쓰시오.

고압차단기	소호매체

답안작성

고압차단기	소호매체
유입차단기	절연유
가스차단기	SF_6 가스
진공차단기	고진공

해설

고압차단기의 소호 매질

종류	진공차단기(VCB)	유입차단기(OCB)	가스차단기(GCB)	자기차단기(MBB)
소호 매질	고진공	절연유	SF_6 가스	전자력

문제 08
▸ 출제년도 : 15.   ▸ 점수 : 5점

변압기의 임피던스 전압에 대하여 설명하시오.

답안작성

정격 전류가 흐를 때의 변압기 내의 전압 강하
즉, 변압기의 임피던스와 정격 전류와의 곱(I_nZ)을 말한다.

문제 09
▸ 출제년도 : 15.   ▸ 점수 : 6점

농형 유도전동기의 일반적인 속도제어 방법 3가지를 쓰시오.

답안작성

극수 변환법, 주파수 변환법, 전원 전압 제어법

해설

권선형 유도 전동기의 속도 제어법
- 2차 저항을 제어하는 방법
- 2차 여자법 등이 있다.

문제 10
▸ 출제년도 : 10, 15.   ▸ 점수 : 5점

권선하중이 2.5톤이며, 매분 25 [m]의 속도로 끌어 올리는 권상용 전동기의 용량 [kW]을 구하시오. (단, 전동기를 포함한 권상기의 효율은 80 [%], 여유계수는 1.1 이다.)

답안작성

계산 : $P = \dfrac{KWV}{6.12\eta} = \dfrac{1.1 \times 2.5 \times 25}{6.12 \times 0.8} = 14.04 [\text{kW}]$

답 : 14.04 [kW]

해설

권상용 전동기의 출력 $P = \dfrac{KWV}{6.12\eta} [\text{kW}]$

K : 여유계수, W : 권상 중량 [ton], V : 권상 속도 [m/min], η : 효율

문제 11
▸ 출제년도 : 15.   ▸ 점수 : 5점

어느 수용가의 총설비 부하 용량은 전등 800 [kW], 동력 1200 [kW]라고 한다. 각 수용가의 수용률은 60 [%]이고, 각 수용가 간의 부등률은 전등 1.2, 동력 1.5, 전등과 동력 상호간은 1.4라고 하면 여기에 공급되는 변전시설용량은 몇 [kVA]인가? 단, 부하 전력 손실은 5 [%]로 하며, 역률은 1로 계산한다.

• 계산 :   • 답 :

답안작성

계산 : $\text{Tr 용량} = \dfrac{\text{설비 용량} \times \text{수용률}}{\text{부등률} \times \text{역률}}$

$= \dfrac{\dfrac{800 \times 0.6}{1.2} + \dfrac{1200 \times 0.6}{1.5}}{1.4} \times (1 + 0.05) = 660 [\text{kVA}]$

답 : 660 [kVA]

▶ 출제년도 : 15.   ▶ 점수 : 4점

문제 12 역률 개선에 대한 효과를 4가지 쓰시오.

답안작성

① 변압기와 배전선의 전력 손실 경감
② 전압 강하의 감소
③ 설비 용량의 여유 증가
④ 전기 요금의 감소

해설

역률 개선의 효과
① 변압기와 배전선의 전력 손실 경감

$$전력손실\ P_l = \frac{P^2 R}{V^2 \cos^2\theta}$$

따라서, 전력손실은 역률의 자승에 반비례하므로 역률을 개선하면 전력손실은 감소한다.
② 전압 강하의 감소

$$전압강하\ e = \frac{P}{V}\left(R + X\frac{\sin\theta}{\cos\theta}\right)$$

따라서, 역률을 개선하면 분모인 $\cos\theta$는 증가하고 분자인 $\sin\theta$는 감소하게 되어 전압강하는 감소하게 된다.
③ 설비 용량의 여유 증가

$$부하의\ 피상전력 = \sqrt{(부하의\ 유효전력)^2 + (부하의\ 무효전력 - 콘덴서\ 용량)^2}$$

이므로 콘덴서를 설치하면 부하의 피상전력이 감소하게 되어 동일한 전기공급 설비로서 더 많은 부하에 전기를 공급할 수 있게 된다.
④ 전기 요금의 감소
수용가의 역률을 90 [%]를 기준으로 하여 90 [%]보다 낮은 매 1 [%]마다 기본요금이 1 [%]씩 할증되고, 90 [%]보다 높은 매 1 [%] 마다 (95 [%]까지 적용) 기본요금을 1 [%]씩 감해주는 제도가 있다. 따라서, 역률을 개선하면 전기 요금이 감소하게 된다.

▶ 출제년도 : 97. 00. 02. 03. 15.   ▶ 점수 : 5점

문제 13 실부하 6000 [kW] 역률 85 [%]로 운전하는 공장에서 역률을 95 [%]로 개선하는데 필요한 콘덴서 용량을 구하시오.

• 계산 :   • 답 :

답안작성

계산 : $Q_c = 6000 \times \left(\dfrac{\sqrt{1-0.85^2}}{0.85} - \dfrac{\sqrt{1-0.95^2}}{0.95}\right) = 1746.36\,[\text{kVA}]$

답 : 1746.36 [kVA]

해설

$$Q_c = P(\tan\theta_1 - \tan\theta_2) = P\left(\frac{\sqrt{1-\cos^2\theta_1}}{\cos\theta_1} - \frac{\sqrt{1-\cos^2\theta_2}}{\cos\theta_2}\right)\,[\text{kVA}]$$

여기서, P : 유효전력[kW], $\cos\theta_1$: 개선 전 역률, $\cos\theta_2$: 개선 후 역률

▶ 출제년도 : 97. 02. 08. 12. 15.   ▶ 점수 : 6점

문제 14 그림과 같은 단상변압기 3대가 있다. 이 변압기에 대하여 다음 각 물음에 답하시오.

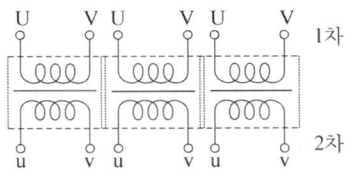

(1) 이 변압기를 주어진 그림에 △-△결선을 하시오.
(2) △-△결선으로 운전하던 중 S상 변압기에 고장이 생겨 이것을 분리하고 나머지 2대로 3상 전력을 공급하고자 한다. 이때의 결선도를 그리고, 이 결선의 명칭을 쓰시오.
   ① 결선도
   ② 명칭
(3) "(2)"문항에서와 같이 결선한 변압기 2대의 3상 출력은 △-△결선시의 변압기 3대의 3상 출력과 비교할 때 몇 [%]정도 되는가?
   • 계산   • 답

답안작성

(1)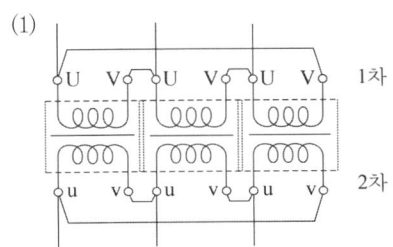

(2) ① 결선도
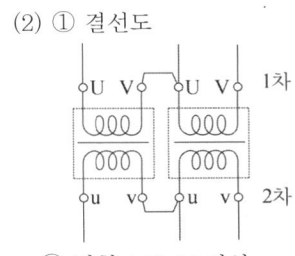

② 명칭 : V-V 결선

(3) 계산 : 출력비 $= \dfrac{\sqrt{3}\,P_1}{3P_1} \times 100 = 57.74\,[\%]$

답 : 57.74 [%]

▶ 출제년도 : 04. 15.   ▶ 점수 : 6점

문제 15 그림과 같은 탭(tab) 전압 1차측이 3150 [V], 2차측이 210 [V]인 단상 변압기에서 전압 V_1을 V_2로 승압하고자 한다. 이 때 다음 각 물음에 답하시오.

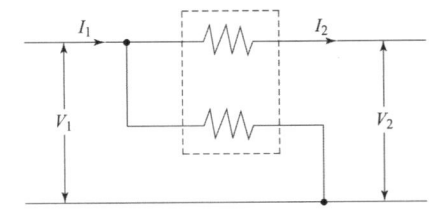

(1) V_1이 3000 [V]인 경우, V_2는 몇 [V]가 되는가?
   • 계산 :   • 답 :
(2) I_1이 25 [A]인 경우 I_2는 몇 [A]가 되는가? 단, 변압기의 임피던스, 여자전류 및 손실은 무시한다.
   • 계산 :   • 답 :

답안작성

(1) 계산 : $V_2 = V_1\left(1 + \dfrac{e_2}{e_1}\right) = 3000\left(1 + \dfrac{210}{3150}\right) = 3200[\text{V}]$

답 : 3200 [V]

(2) 계산 : 입력 $P_1 = V_1 I_1 = 3000 \times 25 = 75000[\text{VA}]$

손실을 무시하면 입력 = 출력이므로

출력 $P_2 = V_2 I_2$에서 $I_2 = \dfrac{P_2}{V_2} = \dfrac{75000}{3200} = 23.44[\text{A}]$

답 : 23.44 [A]

▶ 출제년도 : 11. 15.　▶ 점수 : 5점

문제 16

3상3선식 380 [V] 회로에 그림과 같이 부하가 연결되어 있다. 간선의 허용전류 [A]를 구하시오. (단, 전동기의 평균 역률은 80 [%]이다.)

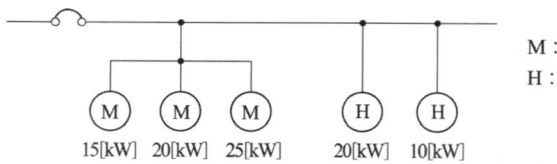

M : 전동기
H : 전열기

•계산　　　　　　　　　　　　　•답

답안작성

계산 : • 전동기 정격 전류의 합 $\sum I_M = \dfrac{(15+20+25) \times 10^3}{\sqrt{3} \times 380 \times 0.8} = 113.95 \,[\text{A}]$

• 전동기의 유효 전류 $I_r = 113.95 \times 0.8 = 91.16 \,[\text{A}]$

• 전동기의 무효 전류 $I_q = 113.95 \times \sqrt{1-0.8^2} = 68.37 \,[\text{A}]$

• 전열기 정격 전류의 합 $\sum I_H = \dfrac{(20+10) \times 10^3}{\sqrt{3} \times 380 \times 1.0} = 45.58 \,[\text{A}]$

따라서, 설계전류 $I_B = \sqrt{(91.16+45.58)^2 + 68.37^2} = 152.88 [\text{A}]$

$I_B \leq I_n \leq I_Z$ 의 조건을 만족하는 간선의 허용전류 $I_Z \geq I_B$ (여기서 $I_B = 152.88[\text{A}]$)가 되어야 한다.

답 : 152.88 [A]

해설

KEC 212.4.1 도체와 과부하 보호장치 사이의 협조
과부하에 대해 케이블(전선)을 보호하는 장치의 동작특성은 다음의 조건을 충족해야 한다.

$I_B \leq I_n \leq I_Z, \quad I_2 \leq 1.45 \times I_Z$

I_B : 회로의 설계전류(선도체를 흐르는 설계전류 또는 함유율이 높은 영상분 고조파,특히 제3고조파가 지속적으로 흐르는 경우 중성선에 흐르는 전류이다.)
I_Z : 케이블의 허용전류
I_n : 보호장치의 정격전류(사용현장에 적합하게 조정된 전류의 설정 값)
I_2 : 보호장치가 규약시간 이내에 유효하게 동작하는 것을 보장하는 전류

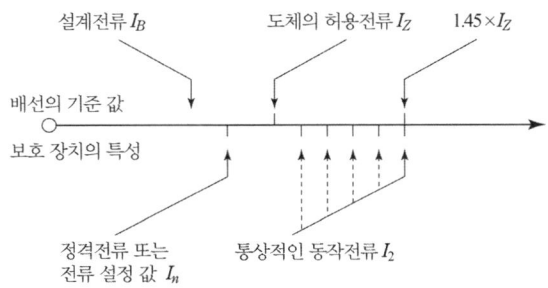

과부하 보호 설계 조건도

▸ 출제년도 : 08. 15.   ▸ 점수 : 5점

문제 17 변압기의 고장(소손(燒損))원인 중 5가지만 쓰시오.

답안작성
① 권선의 상간단락   ② 층간단락   ③ 고·저압 혼촉
④ 지락 및 단락사고에 의한 과전류   ⑤ 절연물 및 절연유의 열화에 의한 절연내력 저하

▸ 출제년도 : 15.   ▸ 점수 : 6점

문제 18 보조접지극 A, B와 접지극 E 상호간에 접지저항을 측정한 결과 그림과 같은 저항값을 얻었다. E의 접지저항은 몇 [Ω]인가?
• 계산
• 답

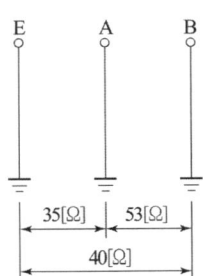

답안작성

계산 : 접지 저항값 $R_E = \frac{1}{2}(40 + 35 - 53) = 11\,[\Omega]$

답 : 11 [Ω]

해설

$R_A + R_B = R_{AB}$ ················· ①
$R_B + R_E = R_{BE}$ ················· ②
$R_E + R_A = R_{EA}$ ················· ③

즉, (① + ② + ③) × $\frac{1}{2}$ 로 계산하면

$R_A + R_B + R_E = \frac{1}{2}(R_{AB} + R_{BE} + R_{EA})$ ················· ④

∴ ④ − ① 하면

$R_E = \frac{1}{2}(R_{BE} + R_{EA} - R_{AB})$

참고 : 쉽게 암기하는 방법

• $R_A = \frac{1}{2}(R_{EA} + R_{AB} - R_{BE})$ ⋯ 첨자 A가 있는 항은 +, A가 없는 항은 −

• $R_B = \frac{1}{2}(R_{BE} + R_{AB} - R_{EA})$ ⋯ 첨자 B가 있는 항은 +, B가 없는 항은 −

국가기술자격검정 실기시험문제 및 답안지

2015년도 산업기사 일반검정 제3회

자격종목(선택분야)	시험시간	형별
전기산업기사	2시간 00분	

문제 01 ▸ 출제년도 : 97, 00, 02, 03, 15. ▸ 점수 : 6점

어떤 공장의 전기설비로 역률 0.8, 용량 200 [kVA]인 3상 평형 유도부하가 사용되고 있다. 이 부하에 병렬로 전력용 콘덴서를 설치하여 합성 역률을 0.95로 개선할 경우 다음 각 물음에 답하시오.

(1) 전력용 콘덴서의 용량은 몇 [kVA]가 필요한가?
  • 계산 :
  • 답 :

(2) 전력용 콘덴서에 직렬리액터를 설치할 때 용량은 몇 [kVA]를 설치하여야 하는지를 구하시오.
  • 계산 :
  • 답 :

답안작성

(1) 계산 : 콘덴서 용량

$$Q_c = P(\tan\theta_1 - \tan\theta_2) = 200 \times 0.8 \left(\frac{0.6}{0.8} - \frac{\sqrt{1-0.95^2}}{0.95} \right) = 67.41 [\text{kVA}]$$

답 : 67.41 [kVA]

(2) 계산 : • 이론상 : 콘덴서 용량의 4 [%] 이므로 $67.41 \times 0.04 = 2.7 [\text{kVA}]$
  • 실제 : 콘덴서 용량의 6 [%] 이므로 $67.41 \times 0.06 = 4.04 [\text{kVA}]$

답 : 이론상 : 2.7 [kVA], 실제 : 4.04 [kVA]

해설

(2) 이론상 : 콘덴서 용량 × 4 [%]
  실 제 : 콘덴서 용량 × 6 [%]

문제 02 ▸ 출제년도 : 89, 15. ▸ 점수 : 5점

조명용 변압기의 주요 사양은 다음과 같다. 전원측 %임피던스를 무시할 경우 변압기 2차측 단락전류는 몇 [kA]인가?

• 상수 : 단상
• 전압 : 3.3 [kV]/220 [V]
• 용량 : 50 [kVA]
• %임피던스 : 3 [%]
• 계산 :
• 답 :

답안작성

계산 : $I_s = \dfrac{100}{3} \times \dfrac{50 \times 10^3}{220} \times 10^{-3} = 7.58 \text{[kA]}$ 답 : 7.58 [kA]

해설

$I_s = \dfrac{100}{\%Z} I_n, \quad I_n = \dfrac{P}{V}$

▸ 출제년도 : 15. ▸ 점수 : 5점

문제 03 정격 출력 37[kW], 역률 0.8, 효율 0.82인 3상 유도 전동기가 있다. 변압기를 V결선 하여 전원을 공급하고자 한다면 변압기 1대의 최소용량은 몇 [kVA] 이어야 하는가?
• 계산 :   • 답 :

답안작성

계산 : 변압기 1대 용량

$$P_1 = \dfrac{P_V \text{[kVA]}}{\sqrt{3}} = \dfrac{P \text{[kW]}}{\sqrt{3} \times \cos\theta \times \eta} = \dfrac{37}{\sqrt{3} \times 0.8 \times 0.82} = 32.56 \text{[kVA]}$$

답 : 32.56 [kVA]

해설

- 전동기 입력 $\text{[kVA]} = \dfrac{P\text{[kW]}}{\cos\theta \times \eta} = \dfrac{P}{0.8 \times 0.82}$, 여기서 P : 3상 출력
- V결선 변압기 3상출력 $P_V = \sqrt{3} P_1$, 여기서 P_1 : 단상 변압기 1대 용량

▸ 출제년도 : 92. 96. 00. 10. 15. ▸ 점수 : 4점

문제 04 LS, DS, CB가 그림과 같이 설치되었을 때의 조작 순서를 차례로 쓰시오.

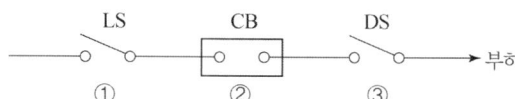

(1) 전원투입(ON)시의 조작 순서
(2) 전원차단(OFF)시의 조작 순서

답안작성

(1) ③ - ① - ②
(2) ② - ③ - ①

해설

차단기의 투입시점
- 투입시 : 차단기는 DS 조작 후 최후에 투입
- 차단시 : 차단기는 DS를 조작하기 전 제일 먼저 개방하여 부하전류를 차단하여야 함.
※ • 휴전 작업 조작 순서 : CB(OFF) → DS(OFF) → LS(OFF)
 • 전력 공급 조작 순서 : DS(ON) → LS(ON) → CB(ON)
 여기서, LS (Line Switch) : 선로 개폐, DS (Disconnecting Switch) : 단로기

문제 05

▶ 출제년도 : 15.　▶ 점수 : 4점

400[V] 이하의 옥내 저압 배선을 설계하고자 한다. 이때 시설 장소의 조건에 관계없이 한 가지 배선 방법으로 배선하고자 할 때 옥내에는 건조한 장소, 습기진 장소, 노출배선 장소, 은폐배선을 하여야 할 장소, 점검이 불가능한 장소 등으로 되어 있다고 한다면 적용 가능한 공사 방법은 어떤 방법이 있는지 그 방법을 4가지만 쓰시오.

답안작성

① 금속관 공사
② 합성 수지관 공사(CD관 제외)
③ 비닐피복 2종 가요전선관 공사
④ 케이블 공사

해설

⑤ 케이블트레이 배선

시설 장소와 배선 방법(400 [V] 이하)

배선 방법		옥 내						옥측 옥외	
		노출 장소		은폐 장소				우선 내	우선 외
				점검 가능		점검 불가능			
		건조한 장소	습기가 많은 장소 또는 수분이 있는 장소	건조한 장소	습기가 많은 장소 또는 수분이 있는 장소	건조한 장소	습기가 많은 장소 또는 수분이 있는 장소		
애자사용공사		○	○	○	○	×	×	①	①
금속관공사		○	○	○	○	○	○	○	○
합성수지관공사 (CD관 제외)		○	○	○	○	○	○	○	○
가요 전선관 공사	1종 가요전선관	○	×	○	×	×	×	×	×
	비닐피복1종 가요전선관	○	○	○	○	×	×	×	×
	2종 가요전선관	○	×	○	×	×	×	×	×
	비닐피복2종 가요전선관	○	○	○	○	○	○	○	○
금속몰드공사		○	×	○	×	×	×	×	×
합성수지몰드공사		○	×	○	×	×	×	×	×
플로어덕트공사		×	×	×	×	③	×	×	×
셀룰라덕트공사		×	×	○	×	③	×	×	×
금속덕트공사		○	×	○	×	×	×	×	×
라이팅덕트공사		○	×	○	×	×	×	×	×
버스덕트공사		○	×	○	×	×	×	④	④
케이블공사		○	○	○	○	○	○	○	○
케이블트레이공사		○	○	○	○	○	○	○	○

[비고] 1) ○ : 시설할 수 있다.　× : 시설할 수 없다.
2) ① 은 노출 장소 및 점검할 수 있는 은폐 장소에 한하여 시설할 수 있다.
③ 은 콘크리트 등의 바닥 내에 한한다.
④ 는 옥외용 덕트를 사용하는 경우에 한하여(점검 수 없는 은폐장소를 제외한다.)시설할 수 있다.
⑤ 는 전동기에 접속하는 짧은 부분으로 가요성을 필요로 하는 부분의 배선에 한하여 시설할 수 있다.

문제 06

▸출제년도 : 08. 15. ▸점수 : 4점

욕실 등 인체가 물에 젖어있는 상태에서 물을 사용하는 장소에 콘센트를 시설하는 경우에 설치해야 하는 인체감전보호용 누전차단기의 정격감도전류와 동작시간은 얼마 이하를 사용하여야 하는가?

• 정격감도전류   • 동작시간

답안작성

• 정격감도전류 : 15[mA] 이하   • 동작시간 : 0.03[sec] 이하

해설

KEC 234.5 콘센트의 시설
1) 욕조나 샤워시설이 있는 욕실 또는 화장실 등 인체가 물에 젖어있는 상태에서 전기를 사용하는 장소에 콘센트를 시설하는 경우에는 다음에 따라 시설하여야한다.
　가. 인체감전보호용 누전차단기(정격감도전류 15[mA] 이하, 동작시간 0.03[초] 이하의 전류동작형의 것에 한한다) 또는 절연변압기(정격용량 3[kVA] 이하인 것에 한한다)로 보호된 전로에 접속하거나, 인체감전보호용 누전차단기가 부착된 콘센트를 시설하여야 한다.
　나. 콘센트는 접지극이 있는 방적형 콘센트를 사용하여 규정에 준하여 접지하여야 한다.
2) 주택의 옥내전로에는 접지극이 있는 콘센트를 사용하여 규정에 준하여 접지하여야 한다.

문제 07

▸출제년도 : 15. ▸점수 : 5점

다음은 컨베이어시스템 제어회로의 도면이다. 3대의 컨베이어가 A → B → C 순서로 기동하며, C → B → A 순서로 정지한다고 할 때, 시스템도와 타임차트도를 보고 PLC 프로그램 입력 ①~⑤를 답안지에 완성하시오.

[시스템도]

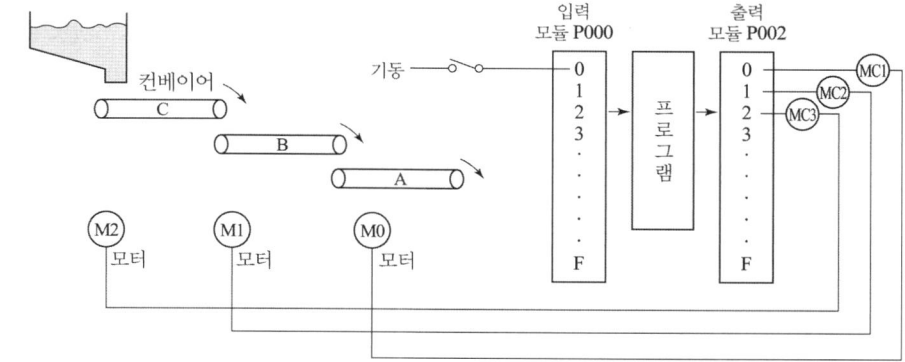

[타임차트도]

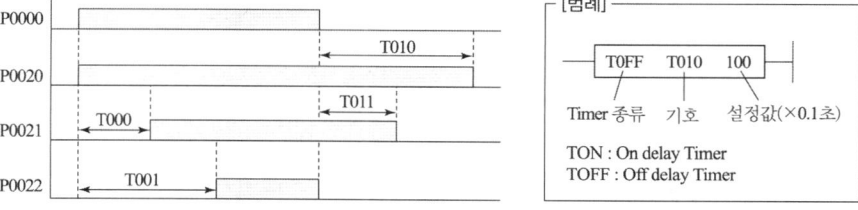

[프로그램 입력]

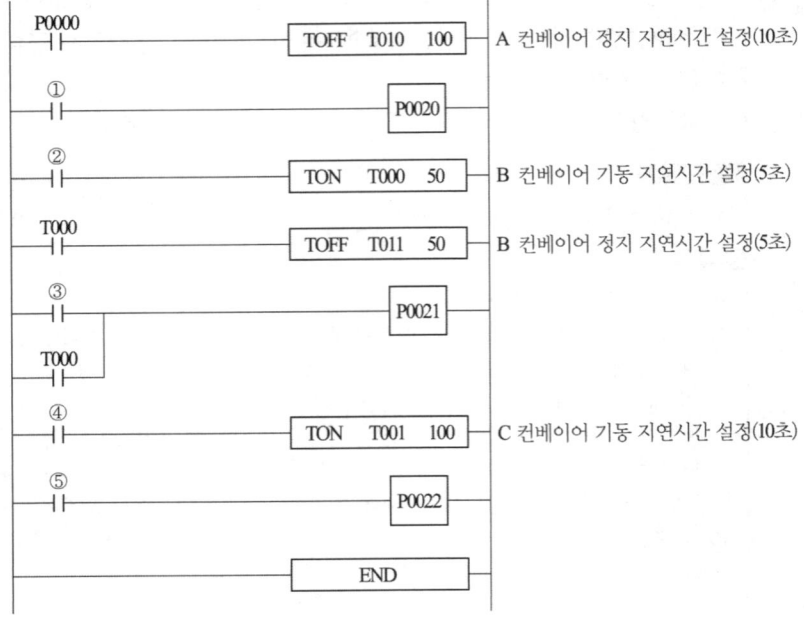

답안작성

①	②	③	④	⑤
T010	P0000	T011	P0000	T001

▶ 출제년도 : 97. 07. 12. 15.   ▶ 점수 : 6점

문제 08 다음 그림과 같은 사무실이 있다. 이 사무실의 평균조도를 150[lx]로 하고자 할 때 다음 각 물음에 답하시오.

[조건]
- 형광등은 32[W]를 사용 이 형광등의 광속은 2900[lm]으로 한다.
- 조명률은 0.6, 감광보상률은 1.2로 한다.
- 건물 천장 높이는 3.85[m], 작업면은 0.85[m]로 한다.
- 가장 경제적인 설계를 한다.

(1) 이 사무실에 필요한 형광등의 수를 구하시오.
- 계산 :   • 답 :

(2) 실지수를 구하시오.
- 계산 :   • 답 :

(3) 양호한 전반 조명이라면 등간격은 등높이의 몇 배 이하로 해야 하는가?

답안작성

(1) 계산 : $N = \dfrac{EAD}{FU} = \dfrac{150 \times 20 \times 10 \times 1.2}{2900 \times 0.6} = 20.69$ [등]　　　답 : 21 [등]

(2) 계산 : 실지수 $= \dfrac{XY}{H(X+Y)} = \dfrac{20 \times 10}{(3.85 - 0.85) \times (20 + 10)} = 2.22$　　　답 : 2.22

(3) 1.5배

해설

(3) 조명기구 간격 및 배치
- 기구의 최대 간격 $S \leq 1.5H$
- 광원과 벽면 거리 $S_0 \leq \dfrac{H}{2}$ (벽측을 사용하지 않을 경우)

　　　　　　　　　　$S_0 \leq \dfrac{H}{3}$ (벽측을 사용할 경우)

단, H : 작업면 상의 광원의 높이 [m]

▶ 출제년도 : 96. 99. 01. 08. 15.　　▶ 점수 : 13점

문제 09

어느 공장에서 예비전원을 얻기 위한 전기시동방식 수동제어장치의 디젤엔진 3상교류 발전기를 시설하게 되었다. 발전기는 사이리스터식 정지 자여자 방식을 채택하고 전압은 자동과 수동으로 조정 가능하게 하였을 경우, 다음 각 물음에 답하시오.

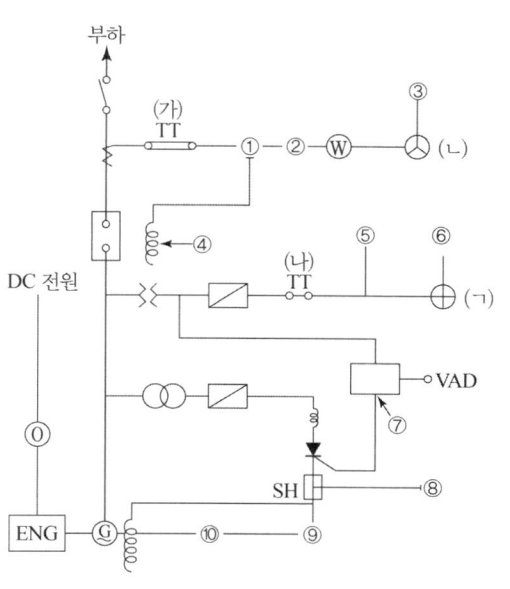

[약호]
ENG : 전기기동식 디젤 엔진
G : 정지여자식 교류 발전기
TG : 타코제너레이터
AVR : 자동전압 조정기
VAD : 전압 조정기
AV : 교류 전압계
CR : 사이리스터 정류기
SR : 가포화리액터
AA : 교류 전류계
CT : 변류기
PT : 계기용 변압기
W : 지시 전력계
Fuse : 퓨즈
F : 주파수계
TrE : 여자용 변압기
RPM : 회전수계
CB : 차단기
DA : 직류전류계
TC : 트립 코일
OC : 과전류 계전기
DS : 단로기
Wh : 전력량계
SH : 분류기
※ ◎ 엔진기동용 푸시 버튼

(1) 도면에서 ①~⑩에 해당되는 부분의 명칭을 주어진 약호로 답하시오.
(2) 도면에서 (가) ─TT─ 와 (나) ─TT─ 는 무엇을 의미하는가?
(3) 도면에서 (ㄱ)과 (ㄴ)는 무엇을 의미하는가?

답안작성

(1) ① OC ② WH ③ AA ④ TC ⑤ F
   ⑥ AV ⑦ AVR ⑧ DA ⑨ RPM ⑩ TG
(2) (가) 전류 시험 단자   (나) 전압 시험단자
(3) (ㄱ) 전압계용 전환 개폐기 (ㄴ) 전류계용 전환 개폐기

해설

- TT : Test Terminal
- CTT : Current Test Terminal (전류 시험 단자)
- PTT : Potential Test Terminal (전압 시험 단자)

▶ 출제년도 : 12. 15. ▶ 점수 : 3점

문제 10 다음의 그림은 변압기 절연유의 열화 방지를 위한 습기 제거 장치로서 실리카겔(흡습제)과 절연유가 주입되는 2개의 용기로 이루어져 있다. 하부에 부착된 용기는 외부 공기와 직접적인 접촉을 막아주기 위한 용기로, 표시된 눈금(용기의 2/3정도)까지 절연유를 채워 관리되어져야 한다. 이 변압기 부착물의 명칭을 쓰시오.

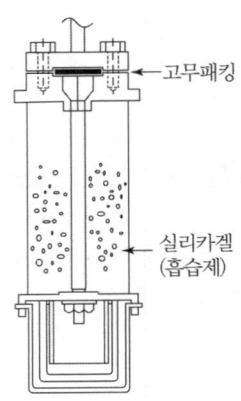

답안작성

호흡기(흡습호흡기)

▶ 출제년도 : 15. ▶ 점수 : 5점

문제 11 건축 연면적이 350[m²]의 주택에 다음 조건과 같은 전기설비를 시설하고자 할 때 분전반에 사용할 20[A]와 30[A]의 분기 회로수는 각각 몇 회로로 하여야 하는지를 결정하시오. (단, 분전반의 인입 전압은 단상 220[V]이며, 전등 및 전열의 분기 회로는 20[A], 에어컨은 30[A] 분기회로이다.)

[조건] • 전등과 전열용 부하는 40[VA/m²]
   • 2500[VA] 용량의 에어컨 2대
   • 예비부하는 3500[VA]

•계산 :   •답 :

답안작성

계산 : ① 전등 및 전열용 부하
   상정 부하 = 바닥 면적×부하 밀도+가산 부하 = $350 \times 40 + 3500 = 17500$[VA]
   20[A] 분기 회로수 = $\dfrac{17500}{220 \times 20} = 3.98$회로
   ② 에어컨 전용
   30[A] 분기 회로수 = $\dfrac{2500 \times 2}{220 \times 30} = 0.76$회로

답 : • 20[A] 분기 4회로 • 30[A] 분기 1회로

해설

- 분기회로수 산정시 소수가 발생되면 무조건 절상하여 산출한다.
- 220 [V]에서 3 [kW] (110 [V] 때는 1.5 [kW]) 이상인 냉방기기, 취사용 기기 등 대형 전기 기계기구를 사용하는 경우에는 단독분기회로를 사용하여야 한다.

▶ 출제년도 : 15.   ▶ 점수 : 5점

문제 12 소세력 회로의 정의와 최대 사용전압과 최대 사용전류를 구분하여 쓰시오.

답안작성

- 정의 : 전자개폐기의 조작회로 또는 초인벨·경보벨 등에 접속하는 전로로서 최대 사용전압이 60 [V] 이하인 것
- 최대 사용전압 및 최대 사용전류 :

최대 사용 전압의 구분	최대 사용 전류
15 [V] 이하	5 [A] 이하
15 [V] 초과 30 [V] 이하	3 [A] 이하
30 [V] 초과 60 [V] 이하	1.5 [A] 이하

해설

KEC 241.14 소세력 회로
전자 개폐기의 조작회로 또는 초인벨·경보벨 등에 접속하는 전로로서 최대 사용전압이 60[V] 이하인 것

KEC 241.14.1 사용전압
소세력 회로에 전기를 공급하기 위한 절연변압기의 사용전압은 대지전압 300[V] 이하로 하여야 한다.

KEC 241.14.2 전원장치
1. 소세력 회로에 전기를 공급하기 위한 변압기는 절연변압기 이어야 한다.
2. 절연변압기의 2차 단락전류는 소세력 회로의 최대사용전압에 따라 표에서 정한 값 이하의 것일 것.

표. 절연변압기의 2차 단락전류 및 과전류차단기의 정격전류

소세력 회로의 최대 사용전압의 구분	2차 단락전류	과전류 차단기의 정격전류
15[V] 이하	8[A]	5[A]
15[V] 초과 30[V] 이하	5[A]	3[A]
30[V] 초과 60[V] 이하	3[A]	1.5[A]

▶ 출제년도 : 88. 99. 15.   ▶ 점수 : 6점

문제 13 어떤 변전소의 공급구역내의 총 부하용량은 전등 600 [kW], 동력 800 [kW]이다. 각 수용가의 수용률은 전등 60 [%], 동력 80 [%], 각 수용가간의 부등률은 전등 1.2, 동력 1.6이며, 또한 변전소에서 전등부하와 동력부하간의 부등률을 1.4라 하고, 배전선(주상변압기 포함)의 전력손실을 전등부하, 동력부하 각각 10 [%]라 할 때 다음 각 물음에 답하시오.

(1) 전등의 종합 최대수용전력은 몇 [kW]인가?

　　•계산　　　　　　　　　　　　　　•답

(2) 동력의 종합 최대수용전력은 몇 [kW]인가?
　　• 계산　　　　　　　　　　　　　　　　• 답
(3) 변전소에 공급하는 최대전력은 몇 [kW]인가?
　　• 계산　　　　　　　　　　　　　　　　• 답

답안작성

(1) 계산 : $P_N = \dfrac{600 \times 0.6}{1.2} = 300[\text{kW}]$　　• 답 : 300[kW]

(2) 계산 : $P_M = \dfrac{800 \times 0.8}{1.6} = 400[\text{kW}]$　　• 답 : 400[kW]

(3) 계산 : $P = \dfrac{300+400}{1.4} \times (1+0.1) = 550[\text{kW}]$　　• 답 : 550[kW]

해설

• 부등률 = $\dfrac{\text{최대 수용 전력의 합}}{\text{합성 최대 수용 전력}} = \dfrac{\text{설비용량} \times \text{수용률}}{\text{합성 최대 수용 전력}}$

• 변전소에서 공급 하여야 할 전력 = 부하의 합성 최대 수용전력 + 선로 및 주상 변압기의 손실전력

▶ 출제년도 : 04. 08. 15.　▶ 점수 : 10점

문제 14 피뢰기에 대한 다음 각 물음에 답하시오.
(1) 현재 사용되고 있는 교류용 피뢰기의 주요 구조는 무엇과 무엇으로 구성되어 있는가?
(2) 피뢰기의 정격전압이라고 하는 것은 어떤 전압을 말하는가?
(3) 피뢰기의 제한전압은 어떤 전압을 말하는가?
(4) 피뢰기의 기능상 필요한 구비조건을 4가지만 쓰시오.

답안작성

(1) 직렬 갭과 특성요소
(2) 속류를 차단할 수 있는 최고의 교류전압
(3) 피뢰기 방전 중 피뢰기 단자에 남게 되는 충격전압
(4) ① 충격방전 개시 전압이 낮을 것
　　② 상용주파 방전개시 전압이 높을 것
　　③ 방전내량이 크면서 제한 전압이 낮을 것
　　④ 속류차단 능력이 충분할 것

▶ 출제년도 : 01. 09. 15.　▶ 점수 : 4점

문제 15 전력계통에서 이용되는 다음 리액터의 설치 목적을 쓰시오.

명 칭	설 치 목 적
직렬 리액터	
분로(병렬) 리액터	
소호 리액터	
한류 리액터	

답안작성

명 칭	설 치 목 적
직렬 리액터	제5고조파의 제거
분로(병렬) 리액터	페란티 현상의 방지
소호 리액터	지락 전류의 제한
한류 리액터	단락 전류의 제한

해설

소호 리액터 : 지락시 아크를 소호하며 병렬 공진을 이용하여 지락 전류를 소멸한다.

▶ 출제년도 : 15.   ▶ 점수 : 5점

문제 16 일정 기간 사용한 연축전지를 점검하였더니 전 셀의 전압이 불균일하게 나타났다면, 어느 방식으로 충전하여야 하는지 충전방식의 명칭과 그 충전방식에 대하여 설명하시오.

답안작성

- 충전방식의 명칭 : 균등 충전
- 충전방식 설명 : 각 전해조에서 일어나는 전위차를 보정하기 위하여 1~3개월 마다 1회씩 정전압으로 10~12시간 충전하여 각 전해조의 용량을 균일하게 하는 충전방식

해설

- 균등 충전 : 여러 개의 축전지를 한 조로 하여 장시간 사용하는 경우 축전지 개개의 특성에 따라 자기 방전으로 생기는 축전 상태의 불균형을 없애고 충전 상태를 균등하게 하기 위한 충전 방식

▶ 출제년도 : 97. 03. 05. 15.   ▶ 점수 : 5점

문제 17 다음과 같은 값을 측정하는데 가장 적당한 것은?

(1) 전선의 굵기(단선)
(2) 옥내전등선의 절연저항
(3) 접지저항

답안작성

(1) 와이어 게이지
(2) 메거
(3) 접지저항 측정기

해설

(2) 메거를 절연저항계로 답하여도 된다.

▶ 출제년도 : 15.   ▶ 점수 : 5점

문제 18 지중전선로의 지중함 설치 시 지중함의 시설기준을 3가지만 쓰시오.

답안작성

① 지중함은 견고하고 차량 기타 중량물의 압력에 견디는 구조일 것
② 지중함은 그 안의 고인 물을 제거할 수 있는 구조로 되어 있을 것
③ 지중함의 뚜껑은 시설자 이외의 자가 쉽게 열 수 없도록 시설할 것

해설

KEC 334.2 지중함의 시설
지중전선로에 사용하는 지중함은 다음에 따라 시설하여야 한다.
1. 지중함은 견고하고 차량 기타 중량물의 압력에 견디는 구조일 것.
2. 지중함은 그 안의 고인 물을 제거할 수 있는 구조로 되어 있을 것.
3. 폭발성 또는 연소성의 가스가 침입할 우려가 있는 것에 시설하는 지중함으로서 그 크기가 $1\,[m^3]$ 이상인 것에는 통풍장치 기타 가스를 방산시키기 위한 적당한 장치를 시설할 것.
4. 지중함의 뚜껑은 시설자이외의 자가 쉽게 열 수 없도록 시설할 것.
5. 저압지중함의 경우에는 절연성능이 있는 고무판을 주철(강)재의 뚜껑 아래에 설치할 것.
6. 차도 이외의 장소에 설치하는 저압 지중함은 절연성능이 있는 재질의 뚜껑을 사용할 수 있다.

E60-2
전기산업기사 실기

2016년도 기출문제

- 2016년 전기산업기사 1회
- 2016년 전기산업기사 2회
- 2016년 전기산업기사 3회

국가기술자격검정 실기시험문제 및 답안지

2016년도 산업기사 일반검정 제1회

자격종목(선택분야)	시험시간	형별
전기산업기사	2시간 00분	

문제 01 ▸ 출제년도 : 16. ▸ 점수 : 6점

폐쇄형 수배전반(Metal Clad Switchgear)의 특징과 장점을 3가지만 쓰시오.
(1) 특징
(2) 개방형 수배전반과 비교할 때 폐쇄형 수배전반의 장점(3가지)

답안작성

(1) 특징
   모선실, 단로기, 차단기실 등을 구분하여 각 실을 완전히 접지금속으로 격벽을 설치하고 자동연결방식으로 되어 외부로 인출되어 나올 수 있도록 하고, 차단기가 개방상태가 되지 않으면 인출이나 접속등 입출을 할 수 없도록 상호 인터록 장치가 완비된 배전함으로써 사고발생시 사고의 확대를 방지하고 단위 회로로 제작소에서 제작을 표준화 할 수 있는 특징이 있다.

(2) 장점
   ① 충전부는 접지된 금속제함 내에 넣어져 있으므로 안정성이 높다.
   ② 표준화할 수 있으므로 장치에 호환성이 있어 증설이나 보수에 편리하다.
   ③ 제작소에서 완전히 조립, 시험을 거쳐 수송할 수 있으므로 신뢰도가 높고, 현지작업이 용이하고 공사기간의 단축을 기할 수 있어 공사비도 저렴해진다.

해설

개방형 수전설비에 비하여 다음과 같은 특징을 가지고 있다.
① 안정성이 높다. 충전부는 접지된 금속제함 내에 넣어져 있으므로 운전보수상 안전하다. 또한 단위회로마다 구획되어 있으므로 만일의 사고가 발생될 경우에는 사고의 확대가 방지된다.
② 단위회로로 제작소에서 표준화할 수 있으므로 장치에 호환성이 있어 증설이나 보수에 편리하다.
③ 현지공사의 단축을 꾀할 수 있다. 즉, 제작소에서 완전히 조립, 시험을 거쳐 수송할 수 있으므로 신뢰도가 높고, 현지작업이 용이하고 공사기간의 단축을 기할 수 있어 공사비도 저렴해진다.
④ 전용면적을 줄일 수 있다. 일반적으로 폐쇄형으로 할 경우는 개방형에 비하여 약 30~40 [%]의 전용면적을 줄일 수 있다고 한다.
⑤ 보수·점검이 용이하다. 특히 Metal-Clad Switchgear에서는 차단기를 반외로 간단히 빼낼 수 있기 때문에 기기의 보수·점검이 아주 용이하고 안전할 수 있다.

문제 02 ▸ 출제년도 : 16. ▸ 점수 : 5점

감리원은 공사시작 전에 설계도서의 적정여부를 검토하여야 한다. 설계도서 검토 시 포함하여야 하는 주요 검토내용을 5가지만 쓰시오.

답안작성

① 현장조건에 부합 여부
② 시공의 실제가능 여부
③ 다른 사업 또는 다른 공정과의 상호부합 여부
④ 설계도서의 누락, 오류 등 불명확한 부분의 존재여부
⑤ 시공 상의 예상 문제점 및 대책 등

해설

이외에도
⑥ 설계도면, 설계설명서, 기술계산서, 산출내역서 등의 내용에 대한 상호일치 여부
⑦ 발주자가 제공한 물량 내역서와 공사업자가 제출한 산출내역서의 수량일치 여부

▸출제년도 : 16.　▸점수 : 7점

문제 03 아래 그림과 같은 3상 교류회로에서 차단기 a, b, c 의 차단용량을 각각 구하시오.

[조건]
- %리액턴스 : 발전기 10 [%], 변압기 7 [%]
- 발전기 용량 : G_1 - 18000 [kVA]
　　　　　　　G_2 - 30000 [kVA]
- 변압기 T는 40000 [kVA] 이다.

(1) 차단기 a의 차단용량을 구하시오.
　•계산 :　　　　　　　　　　　　　　•답 :
(2) 차단기 b의 차단용량을 구하시오.
　•계산 :　　　　　　　　　　　　　　•답 :
(3) 차단기 c의 차단용량을 구하시오.
　•계산 :　　　　　　　　　　　　　　•답 :

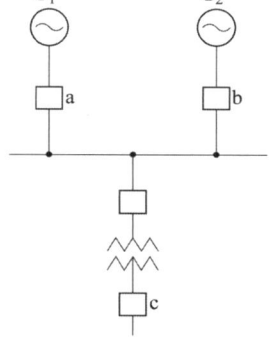

답안작성

(1) 계산 : $P_a = \dfrac{100}{\%Z} P_n = \dfrac{100}{10} \times 18 = 180 [\text{MVA}]$　　답 : 180 [MVA]

(2) 계산 : $P_b = \dfrac{100}{\%Z} \times P_n = \dfrac{100}{10} \times 30 = 300 [\text{MVA}]$　　답 : 300 [MVA]

(3) 계산 : 기준 용량을 30 [MVA]로 하여 환산하면

　• $\%Z_{G1} = \dfrac{30}{18} \times 10 = 16.67 [\%]$

　• $\%Z_T = \dfrac{30}{40} \times 7 = 5.25 [\%]$

　• 변압기 2차측까지의 합성%Z
　　$\%Z = \dfrac{\%Z_{G1} \times \%Z_{G2}}{\%Z_{G1} + \%Z_{G2}} + \%Z_T = \dfrac{16.67 \times 10}{16.67 + 10} + 5.25 = 11.5 [\%]$

　• 따라서 c 차단기의 차단 용량 P_c는
　　$P_c = \dfrac{100}{\%Z} \times P_n = \dfrac{100}{11.5} \times 30 = 260.87 [\text{MVA}]$

답 : 260.87 [MVA]

해설

(1) $\%Z = \sqrt{\%R^2 + \%X^2}$ 이다.
그러나 문제에서 $\%X$만 주어진 경우에는 $\%R$이 매우 적어 무시하였으므로 $\%X = \%Z$로 계산해도 무방합니다. (변압기나 발전기 같은 경우 coil로 되어 있기 때문에 저항은 매우 적고 상대적으로 리액턴스는 크므로 $\%X = \%Z$로 계산하여도 무방합니다.)

(3) 기준용량으로 $\%Z$ 환산
기준용량 $\%Z$ = 자기용량 $\%Z \times \dfrac{\text{기준용량}}{\text{자기용량}}$

▶ 출제년도 : 16.   ▶ 점수 : 10점

문제 04 어떤 인텔리전트 빌딩에 대한 등급별 추정 전원 용량에 대한 다음 표를 이용하여 각 물음에 답하시오.

등급별 추정 전원 용량 [VA/m²]

내용 \ 등급별	0등급	1등급	2등급	3등급
조 명	22	22	22	30
콘 센 트	5	13	5	5
사무자동화(OA) 기기	–	2	34	36
일반동력	38	45	45	45
냉방동력	40	43	43	43
사무자동화(OA)동력	–	2	8	8
합 계	105	127	157	167

(1) 연면적 10000 [m²]인 인텔리전트 빌딩 2등급인 사무실 빌딩의 전력설비 부하용량을 다음 표에 의하여 구하시오.

부하 내용	면적을 적용한 부하용량 [kVA]	
	계산과정	부하용량 [kVA]
조 명		
콘 센 트		
OA 기기		
일반동력		
냉방동력		
OA 동력		
합 계		

(2) 물음 "(1)"에서 조명, 콘센트, 사무자동화기기의 적정 수용률은 0.75, 일반동력 및 사무자동화 동력의 적정 수용률은 0.5, 냉방동력의 적정 수용률은 0.9 이고, 주변압기 부등률은 1.3 으로 적용한다. 이때 전압방식을 2단 강압방식으로 채택할 경우 변압기의 용량에 따른 변전설비의 용량을 산출하시오. (단, 조명, 콘센트, 사무자동화기기를 3상 변압기 1대로, 일반동력 및 사무자동화 동력을 3상 변압기 1대로, 냉방동력을 3상 변압기 1대로 구성하고, 상기 부하에 대한 주변압기 1대를 사용하도록 하며,

변압기 용량은 아래 표의 표준용량을 활용하여 선정한다.)

[표]

변압기표준용량 [kVA]	10, 15, 20, 30, 50, 75, 100, 150, 200, 300, 500, 750, 1000

① 조명, 콘센트, 사무자동화 기기에 필요한 변압기 용량 산정
　•계산 :　　　　　　　　　　　　　　　　　•답 :
② 일반동력, 사무자동화 동력에 필요한 변압기 용량 산정
　•계산 :　　　　　　　　　　　　　　　　　•답 :
③ 냉방동력에 필요한 변압기 용량 산정
　•계산 :　　　　　　　　　　　　　　　　　•답 :
④ 주변압기 용량 산정
　•계산 :　　　　　　　　　　　　　　　　　•답 :

(3) 주변압기에서부터 각 부하에 이르는 변전설비의 단선 계통도를 간단하게 그리시오.

답안작성

(1)

부하 내용	면적을 적용한 부하용량 [kVA]	
	계산과정	부하용량 [kVA]
조 명	$22 \times 10000 \times 10^{-3} = 220$ [kVA]	220 [kVA]
콘 센 트	$5 \times 10000 \times 10^{-3} = 50$ [kVA]	50 [kVA]
OA 기기	$34 \times 10000 \times 10^{-3} = 340$ [kVA]	340 [kVA]
일반동력	$45 \times 10000 \times 10^{-3} = 450$ [kVA]	450 [kVA]
냉방동력	$43 \times 10000 \times 10^{-3} = 430$ [kVA]	430 [kVA]
OA 동력	$8 \times 10000 \times 10^{-3} = 80$ [kVA]	80 [kVA]
합 계	$157 \times 10000 \times 10^{-3} = 1570$ [kVA]	1570 [kVA]

(2) ① 계산 : $Tr_1 = (220 + 50 + 340) \times 0.75 = 457.5$ [kVA]　　답 : 500 [kVA]
　② 계산 : $Tr_2 = (450 + 80) \times 0.5 = 265$ [kVA]　　답 : 300 [kVA]
　③ 계산 : $Tr_3 = 430 \times 0.9 = 387$ [kVA]　　답 : 500 [kVA]
　④ 계산 : $STr = \dfrac{457.5 + 265 + 387}{1.3} = 853.46$ [kVA]　　답 : 1000 [kVA]

(3)

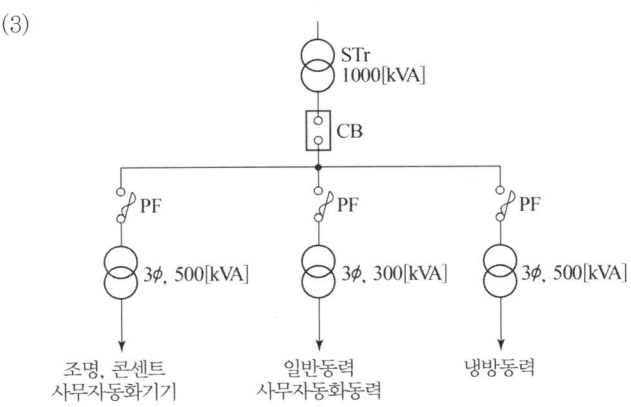

해설

(2) 주변압기 용량 $\geq \dfrac{\Sigma(\text{부하 설비용량} \times \text{수용률})}{\text{부등률}}$

문제 05 출제기준 변경 및 개정된 관계 법규에 따라 삭제된 문제입니다.

▸출제년도 : 16.   ▸점수 : 3점

문제 06 전기설비로 유입되는 뇌서지를 피보호물의 절연내력 이하로 제한함으로써 기기를 안전하게 보호하기 위해서 전기기기 전단에 설치되며, 과도적인 과전압을 제한하고 서지전류를 분류하는 것을 목적으로 설치하는 장치를 쓰시오.

답안작성

서지보호장치(SPD)

해설

서지보호장치(SPD : Surge Protective Device)의 기능에 따른 분류

분 류	기 능	사용되는 부품
전압스위칭형 SPD	서지가 인가되지 않는 경우는 높은 임피던스 상태에 있으며 전압서지에 응답하여 급격히 낮은 임피던스 값으로 변화하는 기능을 갖는 SPD를 말한다.	에어갭, 가스방전관, 사이리스터형 SPD
전압제한형 SPD	서지가 인가되지 않는 경우는 높은 임피던스 상태에 있으며 전압서지에 응답한 경우는 임피던스가 연속적으로 낮아지는 기능을 갖는 SPD를 말한다.	배리스터, 억제형 다이오드
복합형 SPD	전압스위칭형 소자 및 전압제한형 소자의 모든 기능을 갖는 SPD를 말한다.	가스방전관과 배리스터를 조합한 SPD

▸출제년도 : 12, 16.   ▸점수 : 5점

문제 07 다음과 같은 특성의 축전지 용량 C를 구하시오. (단, 축전지 사용 시의 보수율은 0.8, 축전지 온도 5[℃], 허용 최저전압은 90[V], 셀당 전압 1.06[V/cell], $K_1 = 1.15$, $K_2 = 0.92$ 이다.)

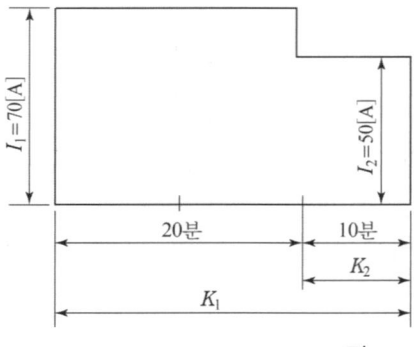

•계산 :   •답 :

답안작성

계산 : $C = \dfrac{1}{L} \cdot [K_1 I_1 + K_2(I_2 - I_1)] = \dfrac{1}{0.8}[1.15 \times 70 + 0.92(50 - 70)] = 77.63\,[Ah]$

답 : $77.63\,[Ah]$

해설

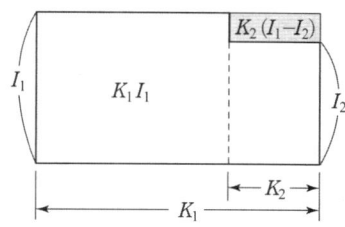

방전 특성 곡선의 면적은 전체 면적 $K_1 I_1$에서 $K_2(I_1 - I_2)$ 면적을 빼면 되므로
$K_1 I_1 - K_2(I_1 - I_2) = K_1 I_1 + K_2(I_2 - I_1)$이 된다.

즉, 축전지 용량 $C = \dfrac{1}{L}[K_1 I_1 + K_2(I_2 - I_1)]$이 된다.

▸ 출제년도 : 16. ▸ 점수 : 3점

문제 08 그림과 같은 수전설비에서 변압기나 부하설비에서 사고가 발생하였을 때 가장 먼저 개로하여야 하는 기기의 명칭을 쓰시오.

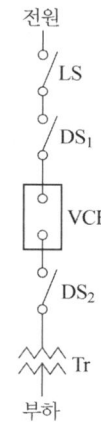

답안작성

진공차단기(VCB)

해설

단로기(DS)는 부하전류를 차단 할 수 없다.
따라서, 변압기나 부하설비에서 사고 발생 시 가장 먼저 개로 하여야 하는 것은 고장전류를 차단할 수 있는 진공차단기(VCB)이다.

▸ 출제년도 : 16. ▸ 점수 : 5점

문제 09 3상 전원에 접속된 △결선의 콘덴서를 성형(Y)결선으로 바꾸면 진상 용량은 어떻게 되는지 관계식을 나타내어 설명하시오.

답안작성

△결선의 진상용량 $Q_\triangle = 3 \times 2\pi f C V^2$

Y결선의 진상용량 $Q_Y = 3 \times 2\pi f C \left(\dfrac{V}{\sqrt{3}}\right)^2 = 2\pi f C V^2$

∴ $Q_Y = \dfrac{1}{3} Q_\triangle$

해설

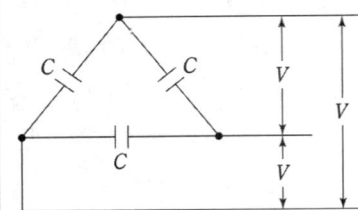 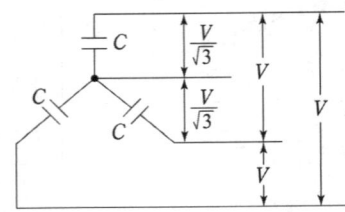

△결선의 콘덴서를 성형(Y)결선으로 바꾸면 콘덴서에 인가되는 전압이 $\dfrac{1}{\sqrt{3}}$로 감소하게 되며, 진상용량은 $Q \propto V^2$의 관계에서 진상용량 $Q_Y = \dfrac{1}{3} Q_\triangle$로 감소하게 된다.

▸ 출제년도 : 16.   ▸ 점수 : 7점

문제 10 그림과 같은 직류 분권 전동기가 있다. 단자전압 220[V], 보극을 포함한 전기자 회로 저항이 0.06[Ω], 계자 회로 저항이 180[Ω], 무부하 공급전류가 4[A], 전부하시 공급전류가 40[A], 무부하시 회전속도가 1800[rpm]이라고 한다. 이 전동기에 대하여 다음 각 물음에 답하시오.

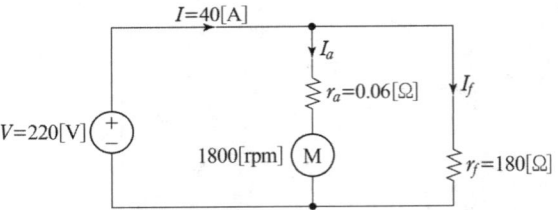

(1) 전부하시의 출력은 몇 [kW] 인지 구하시오.
　•계산 :　　　　　　　　　　　　　　　　•답 :
(2) 전부하시 효율 [%]을 구하시오.
　•계산 :　　　　　　　　　　　　　　　　•답 :
(3) 전부하시 회전속도 [rpm]를 구하시오.
　•계산 :　　　　　　　　　　　　　　　　•답 :
(4) 전부하시 토크 [N·m]를 구하시오.
　•계산 :　　　　　　　　　　　　　　　　•답 :

답안작성

(1) 계산 : • 계자전류 $I_f = \dfrac{V}{r_f} = \dfrac{220}{180} = 1.22[\text{A}]$

- 전기자 전류 $I_a = I - I_f = 40 - 1.22 = 38.78[A]$
- 역기전력 $E_c = V - I_a r_a = 220 - 38.78 \times 0.06 = 217.67[V]$

따라서 전부하시의 출력 $P_0 = E_c I_a = 217.67 \times 38.78 \times 10^{-3} = 8.44[kW]$

답 : 8.44[kW]

(2) 계산 : $\eta = \dfrac{출력}{입력} \times 100 = \dfrac{8.44}{220 \times 40 \times 10^{-3}} \times 100 = 95.91[\%]$

답 : 95.91[%]

(3) 계산 :
- 무부하시 전기자 전류 $I_{a0} = I_0 - I_f = 4 - 1.22 = 2.78[A]$
- 무부하시 역기전력 $E_{c0} = V - I_{a0} r_a = 220 - 2.78 \times 0.06 = 219.83[V]$

무부하시의 회전속도를 N_0, 전부하시의 회전속도를 N이라고 하면,

$E_c = p\phi \dfrac{N}{60} \cdot \dfrac{Z}{a}[V]$에서 $E_c \propto N$ 이므로

$E_{c0} : E_c = N_0 : N$ 에서

$\therefore N = \dfrac{E_c}{E_{c0}} \times N_0 = \dfrac{217.67}{219.83} \times 1800 = 1782.31[rpm]$

답 : 1782.31[rpm]

(4) 계산 : 출력 $P_0 = E_c I_a = 2\pi n T = 2\pi \dfrac{N}{60} T$ 에서

토크 $T = \dfrac{60 \times E_c I_a}{2\pi N} = \dfrac{60 \times 217.67 \times 38.78}{2\pi \times 1782.31} = 45.23[N \cdot m]$

답 : 45.23[N·m]

해설

(1) • 분권전동기의 역기전력 $E_c = V - I_a r_a[V]$
  (여기서 V : 정격전압, I_a : 전기자 전류, r_a : 전기자 저항)
- 계자전류 $I_f = \dfrac{V}{r_f}[A]$
- 역기전력 $E_c = V - I_a r_a[V]$

(3) • 무부하시 전기자 전류 $I_{a0} = I_0 - I_f[A]$ (여기서, I_0 : 무부하전류)
- 무부하시 역기전력 $E_{c0} = V - I_{a0} r_a[V]$ (여기서, I_{a0} : 무부하시 전기자 전류)
- 역기전력 $E_c = p\phi \dfrac{N}{60} \cdot \dfrac{Z}{a}[V]$에서 $E_c \propto N$

(4) 출력 $P_0 = E_c I_a = 2\pi n T = 2\pi \dfrac{N}{60} T[N \cdot m]$

▶ 출제년도 : 16. ▶ 점수 : 6점

문제 11 어느 공장의 수전설비에서 100[kVA] 단상 변압기 3대를 △결선하여 273[kW] 부하에 전력을 공급하고 있다. 단상 변압기 1대가 고장이 발생하여 단상 변압기 2대로 V결선하여 전력을 공급할 경우 다음 물음에 답하시오.(단, 부하역률은 1로 계산한다.)

(1) V결선으로 하여 공급할 수 있는 최대 전력[kW]을 구하시오.
  • 계산 :   • 답 :

(2) V결선된 상태에서 273[kW] 부하 전체를 연결할 경우 과부하율[%]을 구하시오.
  • 계산 :   • 답 :

답안작성

(1) 계산 : V결선 출력 $P_V = \sqrt{3}\,P_1\cos\theta = \sqrt{3}\times 100 \times 1 = 173.21[\text{kW}]$
    답 : 173.21 [kW]

(2) 계산 : 과부하율 $= \dfrac{\text{부하용량}}{V\text{결선출력}} \times 100 = \dfrac{273}{173.21}\times 100 = 157.61[\%]$
    답 : 157.61 [%]

▶ 출제년도 : 16.   ▶ 점수 : 5점

문제 12 PLC 프로그램 작도 시 주의사항 중 출력 뒤에 접점을 사용할 수 없다. 문제의 도면을 바르게 고쳐 그리시오.

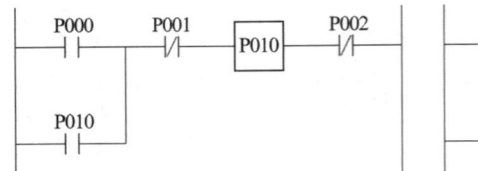

답안작성

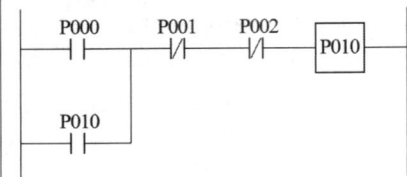

▶ 출제년도 : 91. 16.   ▶ 점수 : 5점

문제 13 수전단 전압이 3000[V]인 3상 3선식 배전선로의 수전단에 역률 0.8(지상)인 520[kW]의 부하가 접속되어 있다. 이 부하에 동일 역률의 부하 80[kW]를 추가하여 600[kW]로 증가시키되 부하와 병렬로 전력용 콘덴서를 설치하여 수전단 전압 및 선로 전류를 일정하게 불변으로 유지하고자 할 때, 이 경우에 필요한 전력용 콘덴서 용량[kVA]을 구하시오.

•계산 :   •답 :

답안작성

계산 : 부하 증가 후의 역률 $\cos\theta_2$는 선로 전류가 불변이므로

$$\dfrac{P_1}{\sqrt{3}\,V\cos\theta_1} = \dfrac{P_2}{\sqrt{3}\,V\cos\theta_2}$$ 에서

$$\cos\theta_2 = \dfrac{P_2}{P_1}\cos\theta_1 = \dfrac{600}{520}\times 0.8 = 0.92$$

∴ 콘덴서 용량 $Q_c = P(\tan\theta_1 - \tan\theta_2)$

$$Q_c = 600\left(\dfrac{0.6}{0.8} - \dfrac{\sqrt{1-0.92^2}}{0.92}\right) = 194.4[\text{kVA}]$$

답 : 194.4[kVA]

해설

$$P = \sqrt{3}\,VI\cos\theta \text{ 에서 전류 } I = \frac{P}{\sqrt{3}\,V\cos\theta}$$

▸ 출제년도 : 09. 16.   ▸ 점수 : 5점

문제 14 10[kW] 전동기를 사용하여 지상 5[m], 용량 500[m³]의 저수조에 물을 가득 채우려면, 시간은 몇 분이 소요되는지 구하시오. (단, 펌프의 효율은 70 [%], 여유계수 $K=1.2$ 이다.)
• 계산 :   • 답 :

답안작성

계산 : $P = \dfrac{KHQ}{6.12\eta} = \dfrac{KH\dfrac{V}{t}}{6.12\eta}$ 에서 $t = \dfrac{KHV}{P \times 6.12\eta} = \dfrac{1.2 \times 5 \times 500}{10 \times 6.12 \times 0.7} = 70.03\,[\text{분}]$

답 : 70.03 [분]

해설

$$P = \frac{KHQ}{6.12\eta} = \frac{KH\dfrac{V}{t}}{6.12\eta}$$

P : 전동기 용량[kW], H : 전 양정 [m], Q : 양수량 [m³/min]
η : 효율, V : 저수조 용량 [m³], t : 시간 [min]

▸ 출제년도 : 97. 16.   ▸ 점수 : 10점

문제 15 도면은 3상 유도전동기의 Y-△기동 회로이다. 도면을 보고 다음 각 물음에 답하시오.

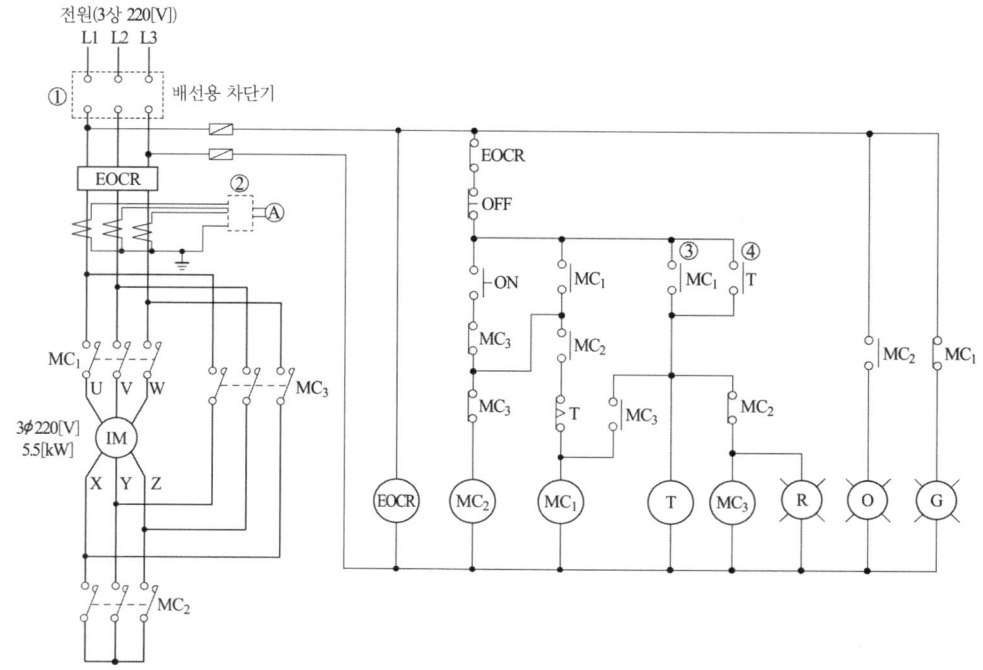

- 789 -

(1) 3상 유도전동기를 Y-△ 기동회로로 사용하는 주된 이유를 설명하시오.
(2) 회로에서 ①의 배선용차단기 그림기호를 3상 복선도용으로 나타내시오.
(3) 회로의 ②에 들어갈 장치의 명칭과 단선도용 그림기호를 그리시오.
(4) 회로에서 사용된 EOCR의 명칭과 어떤 때 동작하는지를 설명하시오.
 • 명칭   • 설명
(5) 회로에서 MC₂가 여자될 때에는 MC₃는 여자될 수 없으며, 또한 MC₃가 여자될 때에는 MC₂는 여자될 수 없다. 이러한 회로를 무슨 회로라 하는지 쓰시오.
(6) 회로에서 표시등 Ⓡ Ⓞ Ⓖ 의 용도를 각각 쓰시오.

표시등 Ⓡ	표시등 Ⓞ	표시등 Ⓖ

(7) 회로에서 ③번 접점과 ④번 접점이 동작하여 이루는 회로를 자기유지회로라 한다. 다음의 유접점 자기유지회로를 무접점 자기유지회로로 바꾸어 그리시오.
(단, OR, AND, NOT 게이트 각 1개씩만 사용한다.)
 • 유접점 회로   • 무접점 회로

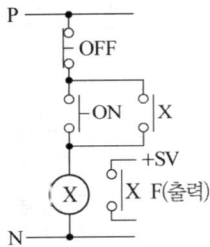

답안작성

(1) 전동기 기동 시 기동 전류를 감소시키기 위하여
(2)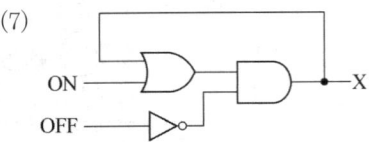
(3) 명칭 : 전류계용 전환개폐기   그림기호 : Ⓐ
(4) 명칭 : 전자식 과부하계전기
    설명 : 전동기에 과전류가 흐르면 동작하여 MC를 트립시켜 전동기를 보호한다.
(5) 인터록 회로
(6)

표시등 Ⓡ	표시등 Ⓞ	표시등 Ⓖ
정상 운전(△ 운전) 표시등	기동(Y기동) 표시등	전동기의 정지 표시등

(7)

```
ON ──┐┌─OR─┐┌─AND─┬── X
     └────┘│     │
OFF ──NOT──┘     │
     └───────────┘
```

해설

(1) Y - △ 기동

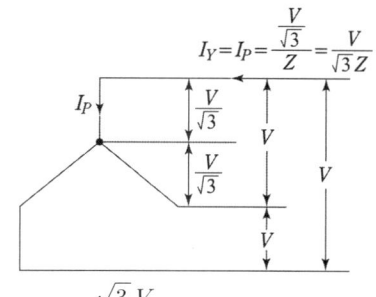
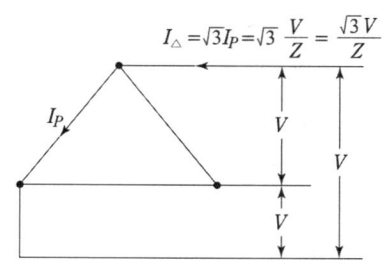

$$\frac{I_\triangle}{I_Y} = \frac{\frac{\sqrt{3}\,V}{Z}}{\frac{V}{\sqrt{3}\,Z}} = 3 \qquad \therefore I_Y = \frac{1}{3}I_\triangle$$

▸ 출제년도 : 16.   ▸ 점수 : 5점

문제 16 변압기 2차측 단락전류 억제 대책을 고압회로와 저압회로로 나누어서 간략하게 쓰시오.
(1) 고압회로의 억제 대책(2가지)
(2) 저압회로의 억제 대책(3가지)

답안작성

(1) 계통분할방식, 직류연계
(2) 고임피던스 기기의 채용, 한류리액터의 채용, 계통연계기 채용

▸ 출제년도 : 10. 16.   ▸ 점수 : 5점

문제 17 폭 24[m]의 도로 양쪽에 30[m]의 간격으로 지그재그식으로 가로등을 배열하여 도로의 평균조도를 5[lx]로 하고자 한다. 각 가로등의 광속[lm]을 구하시오. (단, 가로면에서의 광속이용률은 35 [%], 감광보상율은 1.3이다.)
• 계산 :   • 답 :

답안작성

계산 : $F = \dfrac{EAD}{UN} = \dfrac{5 \times \frac{1}{2} \times 24 \times 30 \times 1.3}{0.35 \times 1} = 6685.71\,[\mathrm{lm}]$

답 : 6685.71 [lm]

해설

지그재그 배치의 경우 가로등
1등당 조명하여야 하는 면적 $= \dfrac{B}{2} \times S = \dfrac{BS}{2}$

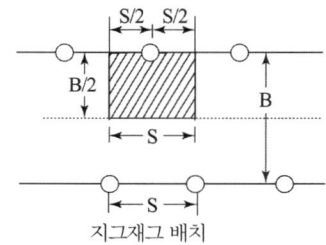

지그재그 배치

▸ 출제년도 : 13. 16.　▸ 점수 : 5점

문제 18 22.9[kV-Y] 수전설비의 부하전류가 40[A] 이다. 변류기(CT) 60/5[A]의 2차측에 과전류계전기를 시설하여 120[%]의 과부하에서 부하를 차단시키고자 한다. 과전류 계전기의 전류 탭 설정값을 구하시오.

• 계산 :　　　　　　　　　　　　　　　　　　　　• 답 :

답안작성

계산 : 탭 설정값은 부하 전류의 120[%]이므로

$$40 \times \frac{5}{60} \times 1.2 = 4[A]$$

답 : 4 [A]

해설

과전류 계전기의 전류 탭(I_t) = 부하전류(I) × $\dfrac{1}{\text{변류비}}$ × 설정값

※ OCR(과전류 계전기)의 탭 전류
2 [A], 3 [A], 4 [A], 5 [A], 6 [A], 7 [A], 8 [A], 10 [A], 12 [A]

> 출제기준 변경 및 개정된 관계법규에 따라 삭제된 문제가 있어 배점의 합계가 100점이 안됩니다.

국가기술자격검정 실기시험문제 및 답안지

2016년도 산업기사 일반검정 제 2 회

자격종목(선택분야)	시험시간	형별
전기산업기사	2시간 00분	

문제 01 ▸ 출제년도 : 12. 16. ▸ 점수 : 5점

접지공사에서 접지저항을 저감시키는 방법을 5가지 쓰시오.

답안작성

① 접지극의 길이를 길게한다.　　② 접지극을 병렬접속한다.
③ 접지봉의 매설깊이를 깊게한다.　　④ 접지저항 저감제를 사용한다.
⑤ 심타공법으로 시공한다.

해설

접지저항 저감법
(1) 물리적인 저감법
　　① 접지극의 길이를 길게 한다.
　　　　• 직렬 접지시공　　• 매설지선 시설　　• 평판 접지극 시설
　　② 접지극의 병렬 접속
　　　　$R = k \dfrac{R_1 R_2}{R_1 + R_2}$ (여기서, k는 결합계수로 보통 1.2를 적용한다.)
　　③ 접지봉의 매설깊이를 깊게 한다.(지표면하 75[cm]이하에 시설)
　　④ 접지극과 대지와의 접촉저항을 향상시키기 위하여 심타공법으로 시공한다.
(2) 화학적 저감방법
　　① 접지극 주변의 토양의 개량(염, 유산, 암모니아, 탄산소다, 카본분말, 밴드나이트 등 화공약품
　　　을 사용하는데 따른 환경오염 문제로 사용이 제한되고 있다.)
　　② 접지저항 저감제 사용(주로 아스론 사용)

문제 02 ▸ 출제년도 : 16. ▸ 점수 : 4점

콘덴서 회로에 직렬리액터를 반드시 넣어야 하는 경우를 2가지 쓰고, 그 효과를 설명하시오.

답안작성

직렬리액터를 설치하여야 하는 경우	효 과
부하설비로 인한 고조파가 존재 하는 경우	5고조파에 의한 전압 파형의 찌그러짐 방지
콘덴서 투입시 발생하는 큰 돌입전류에 의해 전원계통 및 부하설비에 악 영향을 미칠 우려가 있는 경우	콘덴서 투입시 돌입전류 방지

▶ 출제년도 : 95. 99. 02. 16.   ▶ 점수 : 5점

문제 03 그림의 회로는 농형 유도전동기의 직류여자방식 제어기기의 접속도이다. 회로도 동작 설명을 참고하여 다음 각 물음에 대한 알맞은 내용을 답란에 쓰시오.

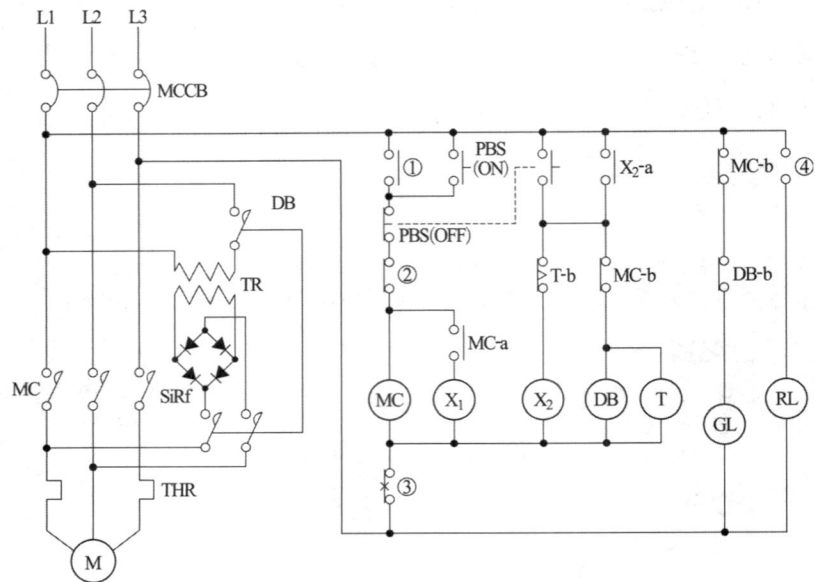

[동작설명]
- 운전용 푸시버튼 스위치 PBS(ON)을 눌렀다 놓으면 MC가 여자 되어 주 접점 MC가 투입, 전동기는 기동하기 시작하며 운전을 계속한다.
- 운전을 정지하기 위하여 정지용 푸시버튼 스위치 PBS(OFF)를 눌렀다 놓으면 MC가 소자되어 주 접점 MC가 떨어지고, 직류 제동용 전자접촉기 DB가 투입되어 전동기에는 직류가 흐른다.
- 타이머 T에 설정한 시간만큼 직류 제동 전류가 흐른 후 직류가 차단되고 각 접점은 운전 전의 상태로 복귀되고 전동기는 정지하게 된다.

(1) ①번 접점의 약호를 쓰시오.
(2) ②번 접점의 약호를 쓰시오.
(3) 정지용 푸시버튼 PBS(OFF)를 누르면 타이머 T에 통전하여 설정(set)한 시간만큼 타이머 T가 동작하여 직류 제어용 직류 전원을 차단하게 된다. 타이머 T에 의해 조작 받는 계전기 혹은 전자접촉기의 그림기호 2가지를 도면 중에서 선택하여 그리시오.
(4) ③번 그림기호(접점)의 약호를 쓰시오.
(5) RL은 운전 중 점등하는 램프이다. ④는 어느 보조계전기의 어느 접점을 사용하는지 운전 중의 접점 상태를 그리시오.

답안작성

(1)	(2)	(3)	(4)	(5)
MC-a	DB-b	X₂ DB	Thr-b	X₁-a

문제 04

▶ 출제년도 : 16.   ▶ 점수 : 4점

설계감리업무 수행지침의 용어 정의 중 전력시설물의 현장적용 적합성 및 생애주기비용 등을 검토하는 것을 무엇이라 하는지 쓰시오.

답안작성

설계의 경제성 검토

문제 05

▶ 출제년도 : 06. 16.   ▶ 점수 : 9점

도면은 고압수전설비의 단선결선도이다. 이 도면을 보고 다음 각 물음에 답하시오. (단, 인입선은 케이블이다.)

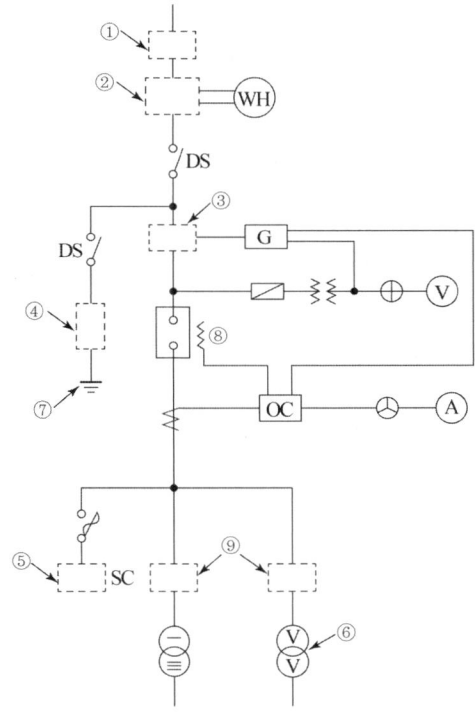

(1) ①~③까지의 그림기호를 단선도로 그리고, 그림기호에 대한 우리말 명칭을 쓰시오.

구 분	①	②	③
그림기호			
명 칭			

(2) ④~⑥까지의 그림기호를 복선도로 그리고, 그림기호에 대한 우리말 명칭을 쓰시오.

구 분	④	⑤	⑥
그림기호			
명 칭			

(3) 장치 ⑧의 약호와 이것을 설치하는 목적을 쓰시오.

(4) ⑨번에 사용되는 보호장치로는 어떤 것이 가장 적당한지 쓰시오.

답안작성

(1)

구 분	①	②	③
그림기호			
명 칭	케이블 헤드	전력 수급용 계기용 변성기	영상변류기

(2)

구 분	④	⑤	⑥
그림기호			
명 칭	피뢰기	전력용 콘덴서	V결선 변압기

(3) 약호 : TC
   목적 : 차단기를 개로 할 경우에 트립기구를 동작시키기 위한 목적으로 설치 한 코일
(4) COS (컷아웃 스위치) 또는 PF(전력퓨즈)

▶출제년도 : 1˙, 16. ▶점수 : 5점

문제 06 다음 그림에서 AD 는 간선이다. A, B, C, D 중에서 어느 점에 전원을 공급하면 간선의 전력손실이 최소로 될 수 있는지 계산하여 공급점을 선정하시오.
(단, 각 점간의 저항은 각각 $r[\Omega]$로 한다.)

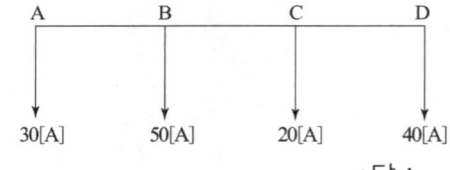

• 계산 :   • 답 :

답안작성

계산 : 각 구간의 저항을 r이라 하면 전력 손실 $P_L = I^2 r[\mathrm{W}]$에서
  A점을 급전점으로 하였을 경우의 전력 손실은
  $P_A = (50+20+40)^2 r + (20+40)^2 r + 40^2 r = 17300r[\mathrm{W}]$
  B점을 급전점으로 하였을 경우의 전력 손실은
  $P_B = 30^2 r + (20+40)^2 r + 40^2 r = 6100r[\mathrm{W}]$
  C점을 급전점으로 하였을 경우의 전력 손실은
  $P_C = (30+50)^2 r + 30^2 r + 40^2 r = 8900r[\mathrm{W}]$
  D점을 급전점으로 하였을 경우의 전력 손실은
  $P_D = (30+50+20)^2 r + (30+50)^2 r + 30^2 r = 17300r[\mathrm{W}]$
  ∴ B점에서 전력 공급시 전력 손실이 최소가 된다.
답 : B점

해설

급전점을 B로 한 경우 전류분포

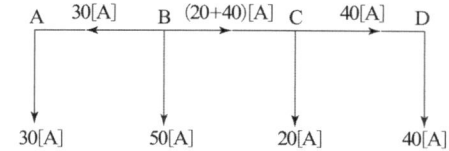

▸ 출제년도 : 12. 16.   ▸ 점수 : 5점

문제 07
서지 흡수기(Surge Absorber)의 주요기능에 대하여 설명하시오.

답안작성

개폐서지 등 이상전압으로부터 변압기 등 기기보호

해설

(1) 서지흡수기 : 피뢰기와 같은 구조로 되어 있으나 적용 전압 범위만을 조정하여 적용시키는 일종의 옥내 피뢰기로서 선로에서 발생할 수 있는 개폐 서지, 순간 과도전압 등의 이상전압이 2차 기기에 악영향을 주는 것을 막기 위해 설치하는 것으로 다음과 같다.
보호 대상기기(발전기, 변압기, 전동기, 콘덴서, 반도체 장비 계통)의 전단에 설치하며 대부분 개폐서지를 발생하는 차단기의 후단에 설치하고 2차측은 접지한다.

(2) 서지흡수기의 정격

계통공칭전압	3.3 [kV]	6.6 [kV]	22.9 [kV]
정격전압	4.5 [kV]	7.5 [kV]	18 [kV]
공칭방전전류	5 [kA]	5 [kA]	5 [kA]

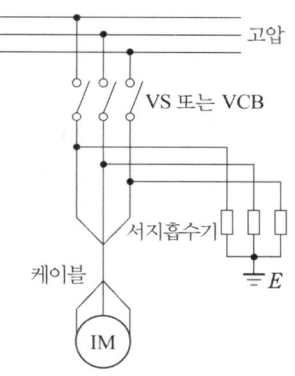

▸ 출제년도 : 09. 12. 16.   ▸ 점수 : 6점

문제 08
지표면상 5[m] 높이에 수조가 있다. 이 수조에 초당 1[m³]의 물을 양수하는데 펌프 효율이 70[%]이고, 펌프 축동력에 20[%]의 여유를 줄 경우 펌프용 전동기의 용량[kW]을 구하시오. (단, 펌프용 3상 농형 유도전동기의 역률을 100[%]로 한다.)

•계산 :   •답 :

답안작성

계산 : $P = \dfrac{9.8QHK}{\eta} = \dfrac{9.8 \times 1 \times 5 \times 1.2}{0.7} = 84[kW]$

답 : 84[kW]

해설

$P = \dfrac{9.8qHK}{\eta} = \dfrac{9.8 \times \dfrac{Q}{60} \times HK}{\eta} = \dfrac{9.8QHK}{60\eta} = \dfrac{QHK}{6.12\eta}[kW]$

단, K : 손실계수(여유계수), Q : 양수량 [m³/min], q : 양수량 [m³/sec], H : 총양정 [m], η : 효율

문제 09 ▸출제년도 : 16. ▸점수 : 5점

다음 그림기호의 정확한 명칭을 쓰시오.

그림기호	명칭(구체적으로 기록)
CT	
TS	
⫪	
⊣⊢	
Wh	

답안작성

그림기호	명칭(구체적으로 기록)
CT	변류기(상자)
TS	타임스위치
⫪	콘덴서
⊣⊢	축전지
Wh	전력량계(상자들이 또는 후드붙이)

해설

명 칭	그림기호	적 용
변류기 (상자)	CT	필요에 따라 전류를 표기한다.
타임스위치	TS	
콘덴서	⫪	필요에 따라 전기방식, 전압, 용량을 표기한다.
축전지	⊣⊢	필요에 따라 종류, 용량, 전압 등을 표기한다.
전력량계 (상자들이 또는 후드붙이)	Wh	(1) 필요에 따라 전기방식, 전압, 전류 등을 표기한다. (2) 집합계기 상자에 넣는 경우는 전력량계의 수를 표기한다. 보기 : $\boxed{Wh}_{12}$

문제 10 ▸출제년도 : 97. 00. 03. 16. ▸점수 : 5점

변류기의 1차측에 전류가 흐르는 상태에서 2차측을 개방하면 어떤 문제점이 있는지 2가지를 쓰시오.

답안작성

① 2차측에 고전압 유기
② 절연파괴

해설

변류기 2차측을 개방하면 1차 전류가 모두 여자전류가 되어 2차측에 고전압 유기 및 절연이 파괴되어 소손될 우려가 있으므로 CT 2차측 기기를 교체하고자 하는 경우는 반드시 CT 2차측을 단락시켜야 한다.

▶ 출제년도 : 09. 13. 16.   ▶ 점수 : 5점

문제 11 공장 조명 설계 시 에너지 절약대책을 4가지만 쓰시오.

답안작성

① 고효율 등기구 채택
② 고조도 저휘도 반사갓 채택
③ 등기구의 격등 제어 및 적정한 회로 구성
④ 전반조명과 국부조명(TAL 조명)을 적절히 병용하여 이용

해설

이외에도 ⑤ 슬림라인 형광등 및 안정기 내장형 램프 채택
⑥ 재실감지기 및 카드키 채택
⑦ 적절한 조광제어실시
⑧ 고역률 등기구 채택
⑨ 창측 조명기구 개별점등
⑩ 등기구의 적절한 보수 및 유지 관리 등이 있다.

▶ 출제년도 : 16.   ▶ 점수 : 5점

문제 12 주어진 조건에 의하여 1년 이내 최대 전력 3000[kW], 월 기본요금 6490[원/kW], 월간 평균역률이 95[%]일 때 1개월의 기본요금을 구하시오. 또한 1개월의 사용 전력량이 54만[kWh], 전력요금 89[원/kWh]라 할 때 1개월의 총 전력요금은 얼마인지를 계산하시오.

[조건]

역률의 값에 따라 전력요금은 할인 또는 할증되며, 역률 90[%]를 기준으로 하여 역률이 1[%] 늘 때마다 기본요금이 1[%] 할인되며, 1[%] 나빠질 때마다 1[%]의 할인요금을 지불해야 한다.

(1) 기본요금을 구하시오.
　　•계산 :　　　　　　　　　　　　　　•답 :
(2) 1개월의 총전력요금을 구하시오.
　　•계산 :　　　　　　　　　　　　　　•답 :

답안작성

(1) 계산 : $3,000 \times 6,490 \times (1-0.05) = 18,496,500$ [원]　　답 : 18,496,500 [원]
(2) 계산 : $18,496,500 + 540,000 \times 89 = 66,556,500$ [원]　　답 : 66,556,500 [원]

▶출제년도 : 90. 94. 97. 02. 05. 16.   ▶점수 : 5점

문제 13 바닥 면적이 400[m²]인 사무실의 조도를 300[lx]로 할 경우 광속 2400[lm], 램프 전류 0.4[A], 36[W]인 형광 램프를 사용할 경우 이 사무실에 대한 최소 전등수를 구하시오. (단, 감광보상률은 1.2, 조명률은 70[%]이다.)
•계산 :   •답 :

답안작성

계산 : $N = \dfrac{AED}{FU} = \dfrac{400 \times 300 \times 1.2}{2400 \times 0.7} = 85.71$ [등]

전등의 수는 86등 선정

답 : 86등

해설

$FUN = EAD$에서 산출된 전등의 수 중 소수가 발생하면 절상한다.

▶출제년도 : 16.   ▶점수 : 6점

문제 14 경간 200[m]인 가공 송전선로가 있다. 전선 1[m]당 무게는 2.0[kg]이고 풍압하중은 없다고 한다. 인장강도 4000[kg]의 전선을 사용할 때 이도(dip)와 전선의 실제 길이를 구하시오. (단, 전선의 안전율은 2.2로 한다.)

(1) 이도(dip)
•계산   •답
(2) 전선의 실제 길이
•계산   •답

답안작성

(1) 계산 : 이도 $D = \dfrac{WS^2}{8T} = \dfrac{2 \times 200^2}{8 \times \dfrac{4000}{2.2}} = 5.5$ [m]   답 : 5.5[m]

(2) 계산 : 전선의 실제 길이 $L = S + \dfrac{8D^2}{3S} = 200 + \dfrac{8 \times 5.5^2}{3 \times 200} = 200.4$ [m]   답 : 200.4[m]

해설

(1) 이도 : 이도란 전선의 지지점을 연결하는 수평선으로부터 밑으로 내려가 있는 길이를 말한다.

$D = \dfrac{WS^2}{8T}$

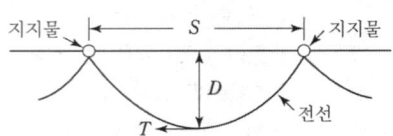

여기서, D : 이도 [m]
W : 단위 길이당 전선의 중량 [kg/m]
S : 경간 [m]
T : 전선의 수평장력 [kg]

(2) 전선의 실제길이

$L = S + \dfrac{8D^2}{3S}$

여기서, L : 전선의 실제 길이 [m], S : 경간 [m], D : 이도 [m]

▶ 출제년도 : 07. 16.   ▶ 점수 : 7점

문제 15 단상변압기 3대를 △-△ 결선으로 완성하고, 단상변압기 1대 고장으로 2대를 V결선하여 사용시 장·단점을 각각 2가지만 쓰시오.

• 결선도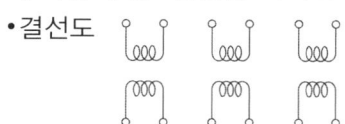

• 장점
• 단점

답안작성

• 결선도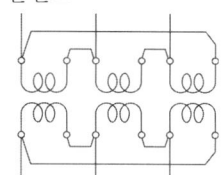

• 장점 : ① 단상 변압기 2대로 3상 부하에 전력을 공급할 수 있다.
         ② 설치 방법이 간단하고, 소용량이면 가격이 저렴
• 단점 : ① △결선에 비해 출력이 57.7[%]로 저하된다.
         ② 설비의 이용률이 86.6[%]로 저하된다.

▶ 출제년도 : 16.   ▶ 점수 : 5점

문제 16 부하개폐기(LBS : Load Breaker Switch)의 기능을 설명하시오.

답안작성

변압기 등의 운전·정지 또는 전력계통의 운전·정지 등 부하전류가 흐르고 있는 회로의 개폐를 목적으로 사용한다.

해설

부하개폐기(LBS : Load Breaking Switch) : 정상상태에서 소정의 전류를 개폐 및 통전, 그 전로의 단락상태에 있어서 이상전류를 소정의 시간 통전할 수 있는 성능을 갖는 개폐기로, 변압기 등의 운전·정지 또는 전력계통의 운전·정지 등 부하전류가 흐르고 있는 회로의 개폐를 목적으로 사용한다. 즉,
• 부하전류의 개폐 및 통전   • 루프(loop) 전류의 개폐 및 통전
• 여자전류의 개폐 및 통전   • 충전전류의 개폐 및 통전
• 콘덴서전류의 개폐 및 통전

▶ 출제년도 : 16.   ▶ 점수 : 4점

문제 17 4극 60[Hz] 볼류트 펌프 전동기를 회전계로 측정한 결과 1710[rpm] 이었다. 이 전동기의 슬립은 몇 [%]인지 구하시오.
• 계산   • 답

답안작성

계산 : 동기속도 $N_s = \dfrac{120f}{p} = \dfrac{120 \times 60}{4} = 1800[\text{rpm}]$

∴ 슬립 $s = \dfrac{N_s - N}{N_s} \times 100 = \dfrac{1800 - 1710}{1800} \times 100 = 5[\%]$

답 : 5[%]

해설

- 동기속도 $N_s = \dfrac{120f}{p}$ [rpm]

  여기서, f : 주파수[Hz], p : 극수

- 슬립(slip) $s = \dfrac{N_s - N}{N_s} \times 100$ [%]

  여기서, N_s : 회전자계의 속도(동기 속도) [rpm]

  N : 전동기의 실제 회전 속도 [rpm]

▶ 출제년도 : 03. 06. 16.　▶ 점수 : 5점

문제 18 총설비 부하가 250[kW], 수용률 65[%], 부하역률 85[%]인 수용가에 전력을 공급하기 위한 변압기 용량[kVA]을 계산하고 규격용량으로 답하시오.
- 계산　　　　　　　　　　　　　　　　　　　　　　　　　　• 답

답안작성

계산 : $P_a = \dfrac{250 \times 0.65}{0.85} = 191.18$ [kVA]

답 : 200 [kVA] 선정

해설

변압기 용량 [kVA] $\geq \dfrac{\text{설비용량 [kVA]} \times \text{수용률}}{\text{효율}} = \dfrac{\text{설비용량 [kW]} \times \text{수용률}}{\text{효율} \times \text{역률}}$

▶ 출제년도 : 16.　▶ 점수 : 5점

문제 19 발전기실의 위치선정 시 고려하여야 하는 사항을 4가지만 쓰시오.

답안작성

① 엔진기초는 건물기초와 관계없는 장소로 할 것
② 발전기의 보수 점검 등이 용이 하도록 충분한 면적 및 층고를 확보할 것
③ 급·배기가 잘되는 장소 일 것
④ 엔진 및 배기관의 소음, 진동이 주위에 영향을 미치지 않는 장소일 것

해설

- 발전기실의 높이는 발전기 높이의 약 2배 정도를 확보하여야 한다.
- 발전기실의 면적 $S \geq 1.7\sqrt{P}$ (추천값 : $S \geq 3\sqrt{P}$)

  여기서, S : 발전기실의 필요면적 [m^2]

  P : 발전기의 출력 [PS]

국가기술자격검정 실기시험문제 및 답안지

2016년도 산업기사 일반검정 제 3 회

자격종목(선택분야)	시험시간	형별
전기산업기사	2시간 00분	

문제 01 ▸출제년도 : 16. ▸점수 : 5점

다음 전선 약호의 품명을 쓰시오.

약 호	품 명
ACSR	
CN-CV-W	
FR CNCO-W	
LPS	
VCT	

답안작성

약 호	품 명
ACSR	강심알루미늄 연선
CN-CV-W	동심중성선 수밀형 전력케이블
FR CNCO-W	동심중성선 수밀형 저독성 난연 전력케이블
LPS	300/500 V 연질 비닐 시스 케이블
VCT	0.6/1 kV 비닐절연 비닐캡타이어 케이블

문제 02 ▸출제년도 : 95. 16. ▸점수 : 5점

그림과 같은 시퀀스회로에서 접점 "A"가 닫혀서 폐회로가 될 때 표시등 PL의 동작사항을 설명하시오. (단, X는 보조릴레이, $T_1 \sim T_2$는 타이머(On delay)이며 설정시간은 1초이다.)

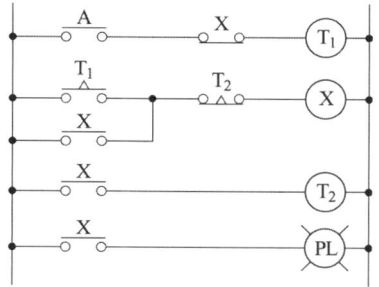

답안작성

PL은 T_1 설정 시간 동안 소등하고 T_2 설정 시간 동안 점등함을 반복하며, A가 개로되면 반복을 중지한다.

▶ 출제년도 : 16. ▶ 점수 : 5점

문제 03 송전계통의 중성점을 접지하는 목적을 3가지만 쓰시오.

답안작성

① 지락 고장시 건전상의 대지 전위 상승을 억제하여 전선로 및 기기의 절연 레벨을 경감시킨다.
② 뇌, 아크 지락, 기타에 의한 이상 전압의 경감 및 발생을 방지한다.
③ 지락 고장시 접지 계전기의 동작을 확실하게 한다.

해설

그 외에
④ 소호 리액터 접지 방식에서는 1선 지락시의 아크 지락을 재빨리 소멸시켜 그대로 송전을 계속할 수 있게 한다.

▶ 출제년도 : 16. ▶ 점수 : 5점

문제 04 조명설비의 광원으로 활용되는 할로겐램프의 장점(3가지)과 용도(2가지)를 각각 쓰시오.

답안작성

(1) 장점
 ① 초소형, 경량의 전구
 ② 단위 광속이 크다.
 ③ 연색성이 좋다.
(2) 용도
 ① 옥외의 투광 조명
 ② 고천장 조명

해설

(1) 할로겐전구의 특징
 ① 초소형, 경량의 전구(백열전구의 1/10 이상 소형화 가능)
 ② 단위 광속이 크다.
 ③ 수명이 백열전구에 비하여 2배로 길다.
 ④ 별도의 점등장치가 필요하지 않다.
 ⑤ 열충격에 강하다.
 ⑥ 배광제어가 용이하다.
 ⑦ 연색성이 좋다.
 ⑧ 온도가 높다 (할로겐 전구의 베이스로 세라믹 사용).
 ⑨ 휘도가 높다.
 ⑩ 흑화가 거의 발생하지 않는다.
(2) 할로겐 전구의 용도
 ① 옥외의 투광 조명, 고천장 조명, 광학용, 비행장 활주로용, 자동차용, 복사기용, 히터용
 ② 백화점 상점의 스포트라이트, 후드 light
 ③ 색온도를 중요시 하는 컬러 TV 스튜디오의 스포트라이트, back light에 사용

문제 05

▶ 출제년도 : 16.　▶ 점수 : 4점

다음 (　)안에 공통으로 들어갈 내용을 답란에 쓰시오.

- 감리원은 공사업자로부터 (　　)을(를) 사전에 제출받아 다음 각 호의 사항을 고려하여 공사업자가 제출한 날부터 7일 이내에 검토·확인하여 승인 한 후 시공할 수 있도록 하여야 한다. 다만, 7일 이내에 검토·확인이 불가능한 때에는 사유 등을 명시하여 통보하고, 통보사항이 없는 때에는 승인한 것으로 본다.
  1. 설계도면, 설계설명서 또는 관계 규정에 일치하는지 여부
  2. 현장의 시공기술자가 명확하게 이해할 수 있는지 여부
  3. 실제시공 가능 여부
  4. 안정성의 확보 여부
  5. 계산의 정확성
  6. 제도의 품질 및 선명성, 도면작성 표준에 일치 여부
  7. 도면으로 표시 곤란한 내용은 시공시 유의사항으로 작성되었는지 등의 검토
- (　　)은(는) 설계도면 및 설계설명서 등에 불명확한 부분을 명확하게 해줌으로써 시공 상의 착오방지 및 공사의 품질을 확보하기 위한 수단으로 사용한다.

답안작성

시공상세도

문제 06

▶ 출제년도 : 16.　▶ 점수 : 4점

다음 진리표(Truth Table)는 어떤 논리회로를 나타낸 것인지 명칭과 논리기호로 나타내시오.

입력		출력
A	B	
0	0	0
0	1	0
1	0	0
1	1	1

답안작성

명칭 : AND 회로

기호 :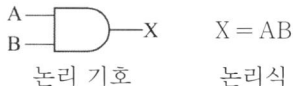

해설

① AND 회로 : 입력 A, B가 동시에 있을 때 출력 X가 생기는 회로

- 논리기호와 논리식

　　논리 기호　　　논리식　$X = AB$

- 진리표

A	B	X
0	0	0
0	1	0
1	0	0
1	1	1

② OR 회로 : 입력 A, B 중 한 입력만 있어도 출력 X가 생기는 회로

- 논리기호와 논리식

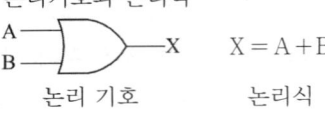

논리 기호　　　　논리식

- 진리표

A	B	X
0	0	0
0	1	1
1	0	1
1	1	1

③ NOT 회로 : 입력과 출력의 상태가 반대로 되는 상태 반전 회로, 즉 부정의 판단 기능을 갖는 회로

- 논리기호와 논리식

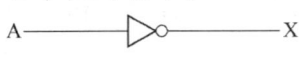

- 진리표

A	X
0	1
1	0

④ NAND 회로 : AND 회로를 부정하는 판단 기능을 갖는 회로(AND + NOT 로 구성)

- 논리기호와 논리식

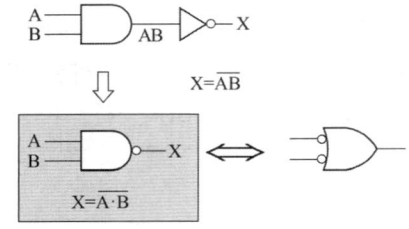

$X = \overline{AB}$

$X = A \cdot B$

- 진리표

A	B	X
0	0	1
0	1	1
1	0	1
1	1	0

⑤ NOR 회로 : OR 회로를 부정하는 판단 기능을 갖는 회로(OR + NOT로 구성)

- 논리기호와 논리식

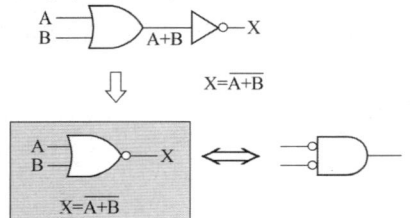

$X = \overline{A+B}$

$X = A+B$

- 진리표

A	B	X
0	0	1
0	1	0
1	0	0
1	1	0

▸ 출제년도 : 13. 16.　▸ 점수 : 6점

문제 07 다음과 같은 전등부하 계통에 전력을 공급하고 있다. 다음 각 물음에 답하시오. 단, 부하의 역률은 1이라고 한다.

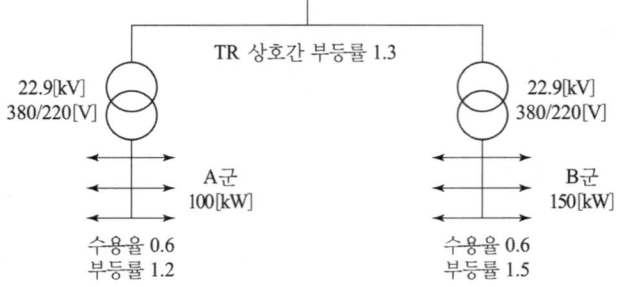

(1) 수용가의 변압기 용량[kVA]을 각각 구하시오.
① A군 수용가
  • 계산 :   • 답 :
② B군 수용가
  • 계산 :   • 답 :
(2) 고압간선에 걸리는 최대부하 [kW]를 구하시오.
  • 계산 :   • 답 :

답안작성

(1) ① A군 수용가

계산 : $TR_A = \dfrac{100 \times 0.6}{1.2 \times 1} = 50[kVA]$ 답 : 50[kVA]

② B군 수용가

계산 : $TR_B = \dfrac{150 \times 0.6}{1.5 \times 1} = 60[kVA]$ 답 : 60[kVA]

(2) 계산 : 최대부하 $= \dfrac{\dfrac{100 \times 0.6}{1.2} + \dfrac{150 \times 0.6}{1.5}}{1.3} = 84.62[kW]$ 답 : 84.62 [kW]

해설

(1) 변압기 용량 [kVA] ≥ 합성 최대 전력 [kVA] $= \dfrac{\text{설비 용량 [kVA]} \times \text{수용률}}{\text{부등률}}$

$= \dfrac{\text{설비 용량 [kW]} \times \text{수용률}}{\text{부등률} \times \text{역률}}$

(2) 고압간선에 걸리는 최대부하전력 $= \dfrac{\sum \text{각 변압기군의 최대수용전력의 합}}{\text{변압기 상호간의 부등률}}$

$= \dfrac{\sum \dfrac{\text{설비용량} \times \text{수용률}}{\text{부등률}}}{\text{변압기 상호간의 부등률}}$

▸ 출제년도 : 95. 00. 16.   ▸ 점수 : 5점

문제 08

단상 2선식 220 [V]의 옥내배선에서 소비전력 40 [W], 역률 85 [%]의 LED 형광등 85등을 설치할 때 16 [A]의 분기회로 수는 최소 몇 회로인지 구하시오.
(단, 한 회선의 부하전류는 분기회로 용량의 80 [%]로 하고 수용률은 100 [%]로 한다.)
• 계산 :   • 답 :

답안작성

계산 : 부하용량 $P_a = \dfrac{40}{0.85} \times 85 = 4000[VA]$

분기회로 수 $N = \dfrac{\text{부하용량[VA]}}{\text{전압[V]} \times \text{전류[A]}} = \dfrac{4000}{220 \times 16 \times 0.8} = 1.42$회로

답 : 16 [A] 분기 2회로

▶ 출제년도 : 16. ▶ 점수 : 5점

문제 09 다음 그림은 TN계통의 TN-C방식 저압배전선로 접지계통이다. 중성선(N), 보호선(PE) 등의 범례 기호를 활용하여 노출 도전성 부분의 접지계통 결선도를 완성하시오.

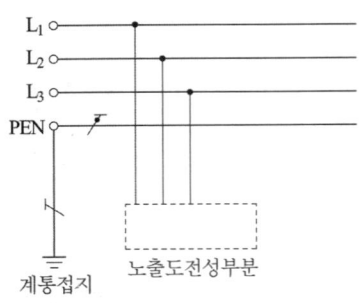

답안작성

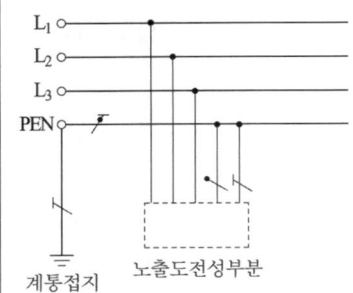

해설

기 호	설 명
─────/•──	중성선 (N)
─────/───	보호도체 (PE)
─────/•──	보호도체와 중성선 결합 (PEN)

[비고] 기호 : TN 계통, TT 계통, IT 계통에 동일 적용

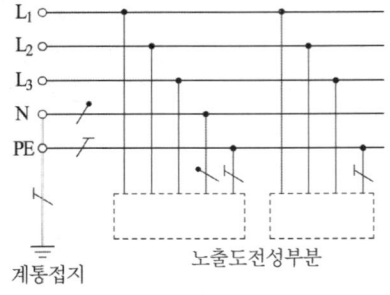 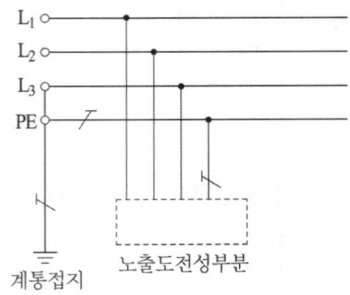

계통 전체의 중성선과 　　　계통 전체의 접지된 상전선과
보호도체를 접속하여 사용한다.　　보호도체를 접속하여 사용한다.

(a) TN-S 계통

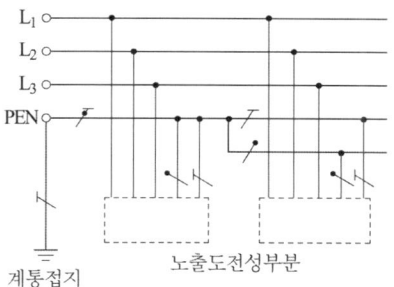

(b) TN-C-S 계통
계통 일부의 중성선과 보호도체를 동일 전선으로 사용한다.

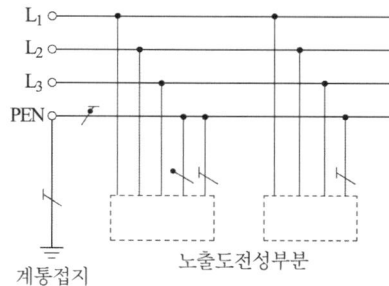

(c) TN-C 계통
계통 전체의 중성선과 보호도체를 동일 전선으로 사용한다.

▸ 출제년도 : 16. ▸ 점수 : 6점

문제 10 그림과 같은 저압 배선방식의 명칭과 특징을 4가지만 쓰시오.

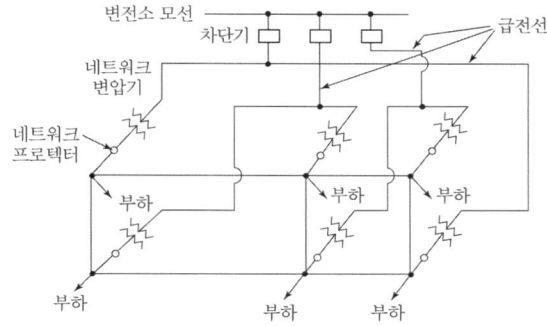

(1) 명칭
(2) 특징(4가지)

답안작성

(1) 저압 네트워크 방식
(2) ① 무정전 공급이 가능해서 공급 신뢰도가 높다.
    ② 플리커, 전압 변동률이 적다.
    ③ 전력 손실이 감소된다.
    ④ 부하 증가에 대한 적응성이 좋다.

해설

- 저압 네트워크 방식 : 배전 변전소의 동일 모선으로부터 2회선 이상의 급전선으로 전력을 공급하는 방식으로, 어느 회선에 사고가 일어나더라도 다른 회선에서 무정전으로 공급할 수 있다.
- 장점
  ① 무정전 공급이 가능해서 공급 신뢰도가 높다.
  ② 플리커, 전압 변동률이 적다.
  ③ 전력 손실이 감소된다.
  ④ 기기의 이용률이 향상된다.
  ⑤ 부하 증가에 대한 적응성이 좋다.
  ⑥ 변전소의 수를 줄일 수 있다.

- 단점
  ① 건설비가 비싸다.
  ② 특별한 보호 장치를 필요로 한다.

▸ 출제년도 : 16. ▸ 점수 : 6점

문제 11 그림과 같은 분기회로의 전선 굵기를 표준 공칭 단면적으로 산정하여 쓰시오. (단, 전압강하는 2[V] 이하이고, 배선 방식은 교류 220[V], 단상 2선식이며, 후강전선관 공사로 한다.)

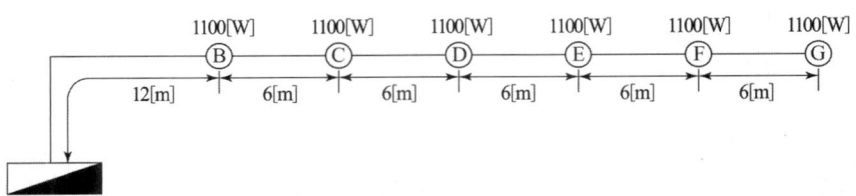

• 계산   • 답

답안작성

계산 : 전류 $i = \dfrac{P}{V} = \dfrac{1100}{220} = 5[A]$

부하 중심점 : $L = \dfrac{i_1 l_1 + i_2 l_2 + i_3 l_3 + \cdots + i_n l_n}{i_1 + i_2 + i_3 + \cdots + i_n}$ 에서

$L = \dfrac{5 \times 12 + 5 \times 18 + 5 \times 24 + 5 \times 30 + 5 \times 36 + 5 \times 42}{5+5+5+5+5+5} = 27[m]$

부하 전류 $I = \dfrac{1100 \times 6}{220} = 30[A]$

∴ 전선의 굵기 $A = \dfrac{35.6 LI}{1000 e} = \dfrac{35.6 \times 27 \times 30}{1000 \times 2} = 14.42[mm^2]$

그러므로, 공칭 단면적 16 [mm^2]로 결정

답 : 16 [mm^2]

해설

• 부하 중심점까지의 거리 $L = \dfrac{\sum i \times l}{\sum i} = \dfrac{i_1 l_1 + i_2 l_2 + i_3 l_3 + \cdots + i_n l_n}{i_1 + i_2 + i_3 + \cdots + i_n}$ [m]

• KSC IEC 규격

전선의 공칭 단면적 [mm^2]		
1.5	2.5	4
6	10	16
25	35	50
70	95	120
150	185	240
300	400	500

• 전선의 단면적

단상 2선식	$A = \dfrac{35.6 LI}{1000 \cdot e}$
3상 3선식	$A = \dfrac{30.8 LI}{1000 \cdot e}$
단상 3선식 3상 4선식	$A = \dfrac{17.8 LI}{1000 \cdot e}$

문제 12

▶출제년도 : 01. 10. 16.   ▶점수 : 12점

그림은 고압 수전설비의 단선결선도이다. 다음 각 물음에 답하시오.

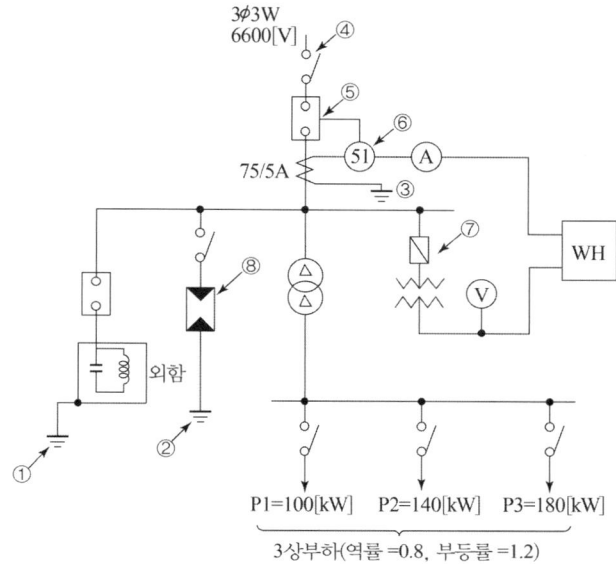

(1) 그림에서 ④~⑧의 명칭을 한글로 쓰시오.

④	⑤	⑥	⑦	⑧

(2) 각 부하의 최대전력이 그림과 같고, 역률 0.8, 부등률 1.2일 때,
① 변압기 1차측의 전류계 ⓐ에 흐르는 전류의 최대값을 구하시오.
   • 계산 :   • 답 :
② 동일한 조건에서 합성역률을 0.9 이상으로 유지하기 위한 전력용콘덴서의 최소 용량[kVA]을 구하시오.
   • 계산 :   • 답 :

(3) 단선도상의 피뢰기 정격전압과 방전전류는 얼마인지 쓰시오.
   • 피뢰기 정격전압 :
   • 방전전류 :

(4) DC(방전 코일)의 설치 목적을 쓰시오.

답안작성

(1)

④	⑤	⑥	⑦	⑧
단로기	차단기	과전류 계전기	계기용 변압기	피뢰기

(2) ① 계산 : $P = \dfrac{100+140+180}{1.2} = 350 \, [\text{kW}]$

$I = \dfrac{350 \times 10^3}{\sqrt{3} \times 6600 \times 0.8} \times \dfrac{5}{75} = 2.55 \, [\text{A}]$

답 : 2.55 [A]

② 계산 : $Q = 350 \times \left(\dfrac{0.6}{0.8} - \dfrac{\sqrt{1-0.9^2}}{0.9} \right) = 92.99 \, [\text{kVA}]$

답 : 92.99 [kVA]

(3) 피뢰기 정격전압 : 7.5[kV]
   방전전류 : 2500[A]

(4) 콘덴서 회로 개방시 잔류 전하의 방전

해설

(2) ① 부하전력 $P[\text{kW}] = \dfrac{\text{설비용량}[\text{kW}] \times \text{수용률}}{\text{부등률}}$

부하전류 $I = \dfrac{P}{\sqrt{3} \, V \cos\theta} \, [\text{A}]$

Ⓐ에 흐르는 전류 = 부하전류 × $\dfrac{1}{\text{변류비}}$

② 역률 개선용 전력용 콘덴서 용량

$Q = P(\tan\theta_1 - \tan\theta_2) = P\left(\dfrac{\sin\theta_1}{\cos\theta_1} - \dfrac{\sin\theta_2}{\cos\theta_2} \right)$

▸ 출제년도 : 16. ▸ 점수 : 8점

문제 13 10[kVar]의 전력용 콘덴서를 설치하고자 할 때 필요한 콘덴서의 정전용량[μF]을 각각 구하시오. (단, 사용전압은 380[V]이고, 주파수는 60[Hz]이다.)

(1) 단상 콘덴서 3대를 Y결선할 때 콘덴서의 정전용량[μF]
   • 계산 :   • 답 :
(2) 단상 콘덴서 3대를 △결선할 때 콘덴서의 정전용량[μF]
   • 계산 :   • 답 :
(3) 콘덴서는 어떤 결선으로 하는 것이 유리한지 설명하시오.

답안작성

(1) 계산 : $C_s = \dfrac{Q}{2\pi f V^2} = \dfrac{10 \times 10^3}{2\pi \times 60 \times 380^2} = 183.7 \times 10^{-6} [\text{F}] = 183.7 \, [\mu\text{F}]$

답 : 183.7[μF]

(2) 계산 : $C_d = \dfrac{Q}{6\pi f V^2} = \dfrac{10 \times 10^3}{6\pi \times 60 \times 380^2} = 61.23 \times 10^{-6} [\text{F}] = 61.23 \, [\mu\text{F}]$

답 : 61.23[μF]

(3) △결선시 필요로 하는 콘덴서의 정전용량은 Y결선시의 1/3로도 충분하므로 △결선으로 하는 것이 유리하다.

해설

(1) Y결선 : 콘덴서 용량 $Q_Y = 3 \times 2\pi f C_s \left(\dfrac{V}{\sqrt{3}}\right)^2 = 2\pi f C_s V^2$ 이므로,

정전용량 $C_s = \dfrac{Q_Y}{2\pi f V^2}$

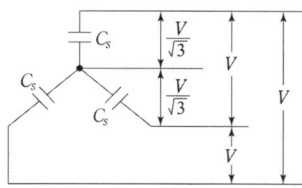

(2) △결선 : 콘덴서 용량 $Q_\triangle = 3 \times 2\pi f C_d V^2$ 이므로,

정전용량 $C_d = \dfrac{Q_\triangle}{3 \times 2\pi f V^2}$

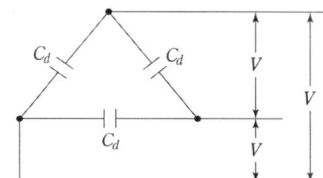

▸ 출제년도 : 08. 10. 16.　▸ 점수 : 5점

문제 14 폭 8[m]의 2차선 도로에 가로등을 도로 한 쪽 배열로 50[m] 간격으로 설치하고자 한다. 도로면의 평균조도를 5[lx]로 설계할 경우 가로등 1등당 필요한 광속을 구하시오.
(단, 감광보상율은 1.5, 조명률은 0.43으로 한다.)
• 계산　　　　　　　　　　　　　　　　　　　• 답

답안작성

계산 : $F = \dfrac{AED}{UN} = \dfrac{8 \times 50 \times 5 \times 1.5}{0.43 \times 1} = 6976.74\,[\mathrm{lm}]$

답 : 6976.74 [lm]

해설

(1) 한 쪽(편면) 배열의 경우 다음과 같다.

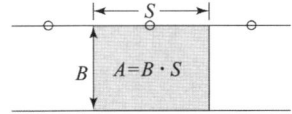

따라서, 등기구 하나에 대한 면적은
$A = $ 도로 폭$(B) \times$ 등 간격$(S) = 8 \times 50 = 400\,[\mathrm{m}^2]$

(2) 조명 기구의 배치 방법에 의한 분류
　① 도로 양측으로 대칭 배열
　② 도로 양측으로 지그재그 배열 $\Big\}$ $A = \dfrac{1}{2} \times$ 도로 폭 $\times$ 등 간격 $[\mathrm{m}^2]$
　③ 도로 중앙 배열
　④ 도로 편면 배열 $\Big\}$ $A = $ 도로 폭 $\times$ 등 간격 $[\mathrm{m}^2]$

문제 15 ▸ 출제년도 : 93. 16. ▸ 점수 : 4점

축전지를 사용 중 충전하는 방식을 4가지만 쓰시오.

답안작성

급속충전, 부동충전, 세류충전, 균등충전

해설

① 보통 충전 : 필요할 때마다 표준 시간율로 소정의 충전을 하는 방식이다.
② 급속 충전 : 비교적 단시간에 보통 충전 전류의 2~3배의 전류로 충전하는 방식이다.
③ 부동 충전 : 축전지의 자기 방전을 보충함과 동시에 상용 부하에 대한 전력 공급은 충전기가 부담하도록 하되 충전기가 부담하기 어려운 일시적인 대전류 부하는 축전지로 하여금 부담하게 하는 방식이다.
④ 균등 충전 : 부동 충전 방식에 의하여 사용할 때 각 전해조에서 일어나는 전위차를 보정하기 위하여 1~3개월마다 1회씩 정전압으로 10~12시간 충전하여 각 전해조의 용량을 균일화하기 위한 방식이다.
⑤ 세류 충전 : 자기 방전량만을 항시 충전하는 부동 충전 방식의 일종이다.

문제 16 ▸ 출제년도 : 16. ▸ 점수 : 5점

부하의 허용 최저전압이 DC 115[V]이고, 축전지와 부하간의 전선에 의한 전압 강하가 5[V] 이다. 직렬로 접속한 축전지가 55셀일 때 축전지 셀당 허용 최저전압을 구하시오.
•계산 :   •답 :

답안작성

계산 : $V = \dfrac{V_a + V_e}{n} = \dfrac{115 + 5}{55} = 2.18 [\text{V/cell}]$

답 : 2.18 [V/cell]

문제 17 ▸ 출제년도 : 16. ▸ 점수 : 5점

부하 용량이 900[kW]이고, 전압이 3상 380[V]인 수용가 전기설비의 계기용 변류기를 결정하고자 한다. 다음 조건에 알맞은 변류기를 주어진 표에서 찾아 선정하시오.

[조건]
- 수용가의 인입 회로에 설치하는 것으로 한다.
- 부하역률은 0.9로 계산한다.
- 실제 사용하는 정도의 1차 전류용량으로 하며 여유율은 1.25배로 한다.

[표] 변류기의 정격

1차 정격전류 [A]	400	500	600	750	1000	1500	2000	2500
2차 정격전류 [A]	\multicolumn{8}{c}{5}

•계산 :   •답 :

답안작성

계산 : $I_n = \dfrac{P}{\sqrt{3}\,V\cos\theta} = \dfrac{900 \times 10^3}{\sqrt{3} \times 380 \times 0.9} = 1519.34\,[\text{A}]$

$I_1 = I_n \times 1.25 = 1519.34 \times 1.25 = 1899.18\,[\text{A}]$

∴ 변류비 2000/5 [A] 선정

답 : 2000/5 [A]

▸ 출제년도 : 16.　▸ 점수 : 5점

문제 18 다음은 수용률, 부등률 및 부하율을 나타낸 것이다. ( ) 안의 알맞은 내용을 답란에 쓰시오.

(1) 수용률 = $\dfrac{\text{최대수용전력}}{(\ \text{①}\ )} \times 100[\%]$

(2) 부등률 = $\dfrac{(\ \text{②}\ )}{\text{합성최대수용전력}}$

(3) 부하율 = $\dfrac{\text{부하의 평균수용전력}}{(\ \text{③}\ )} \times 100[\%]$

답안작성

① 총부하 설비용량
② 개별 최대수용전력의 합
③ 부하의 합성최대수용전력

MEMO

E60-2
전기산업기사 실기

2017년도 기출문제

- 2017년 전기산업기사 1회
- 2017년 전기산업기사 2회
- 2017년 전기산업기사 3회

국가기술자격검정 실기시험문제 및 답안지

2017년도 산업기사 일반검정 제1회

자격종목(선택분야)	시험시간	형별
전기산업기사	2시간 00분	

문제 01

▶ 출제년도 : 89. 17. ▶ 점수 : 6점

단상 2선식 220[V]의 전원을 사용하는 간선에 전등 부하의 전류 합계가 8[A], 정격 전류 5[A]의 전열기가 2대 그리고 정격전류 24[A]인 전동기 1대를 접속하는 부하설비가 있다.
다음 물음에 답하시오. (단, 전동기의 기동 계급은 고려하지 않는다.)

(1) 이 간선에 설치하여야 하는 과전류 차단기를 다음 규격에 의하여 선정하시오.

차단기 규격	50[A], 75[A], 100[A], 125[A], 150[A], 175[A], 200[A]

• 계산   • 답

(2) 전원을 공급하는 간선의 굵기를 선정하기 위한 전류의 최소값은 몇 [A]인가?(과부하 전류에 의하여 도체가 장시간에 걸쳐 열적손상에 의한 피해를 방지할 수 있도록 고려할 것)

• 계산   • 답

답안작성

(1) • 계산 : 설계전류 $I_B = 8 + 5 \times 2 + 24 = 42[A]$

$I_B \leq I_n \leq I_Z$의 조건을 만족하는 과전류차단기의 정격전류 $I_n \geq 42[A]$ ($I_B = 42[A]$)가 되어야 하므로 표에서 과전류 차단기의 정격전류 $I_n = 50[A]$ 선정

• 답 : 50[A]

(2) • 계산 : 허용전류 $I_Z \geq 1.25 \times I_n = 1.25 \times 50 = 62.5[A]$

• 답 : 62.5[A]

해설

KEC 212.4.1 도체와 과부하 보호장치 사이의 협조
과부하에 대해 케이블(전선)을 보호하는 장치의 동작특성은 다음의 조건을 충족해야 한다.

$$I_B \leq I_n \leq I_Z, \quad I_2 \leq 1.45 \times I_Z$$

I_B : 회로의 설계전류(선도체를 흐르는 설계전류 또는 함유율이 높은 영상분 고조파,특히 제3고조파가 지속적으로 흐르는 경우 중성선에 흐르는 전류이다.)

I_Z : 케이블의 허용전류

I_n : 보호장치의 정격전류(사용현장에 적합하게 조정된 전류의 설정 값)

I_2 : 보호장치가 규약시간 이내에 유효하게 동작하는 것을 보장하는 전류

[참고] $I_2 \leq 1.45 I_Z$의 요구조건

과부하전류가 도체의 허용전류(I_Z)보다크고 I_2 미만의 전류가 지속적으로 흐르는 경우에는 도체가 과전류보호장치에 의하여 보호되지 않을 수도 있다. 따라서 과부하전류에 의하여 도체가 장시간에 걸쳐 열적손상에 의한 피해를 방지하기 위하여 가능한 도체의 허용전류 선정은 과부하 차단기 정격전류의 1.25배 이상 되도록 선정하는 것이 바람직 하다.

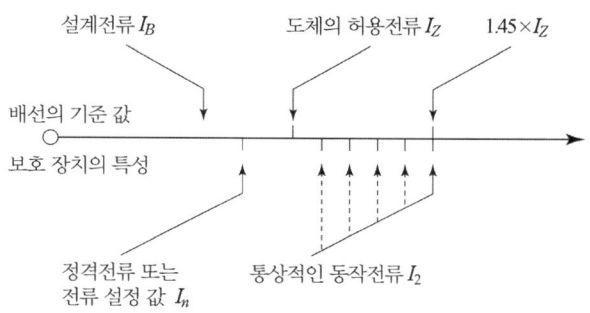

과부하 보호 설계 조건도

▸ 출제년도 : 97. 07. 17. ▸ 점수 : 12점

문제 02 다음 도면을 보고 물음에 답하시오.

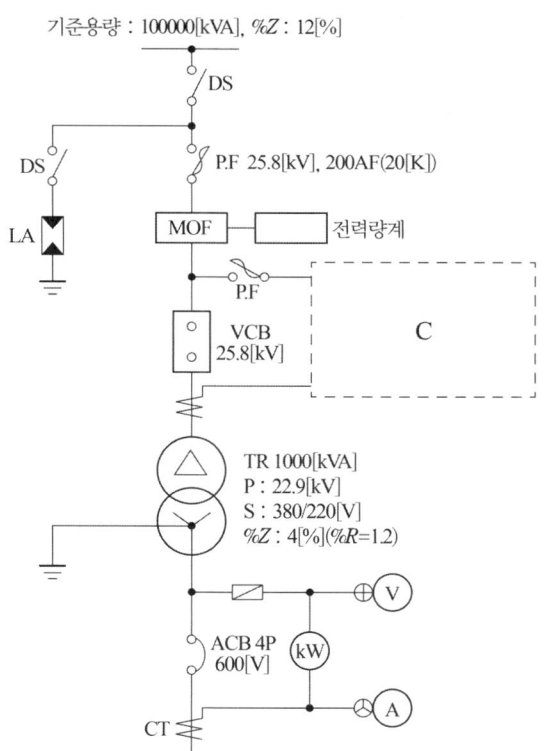

(1) LA의 명칭과 그 기능을 설명하시오.
　• 명칭 :
　• 기능 :
(2) VCB의 필요한 최소 차단 용량[MVA]을 구하시오.
　•계산 :　　　　　　　　　　　　　　•답 :
(3) 도면 C 부분의 계통도에 그려져야 할 것들 중에서 그 종류를 5가지만 쓰시오.
(4) ACB의 최소 차단전류[kA]를 구하시오.
　•계산 :　　　　　　　　　　　　　　•답 :
(5) 최대 부하 800[kVA], 역률 80[%]인 경우 변압기에 의한 전압 변동률[%]을 구하시오.
　•계산 :　　　　　　　　　　　　　　•답 :

답안작성

(1) • 명칭 : 피뢰기
　　• 기능 : 이상 전압이 내습하면 이를 대지로 방전시키고, 속류를 차단한다.
(2) 계산 : 전원측 %Z가 100 [MVA]에 대하여 12 [%]이므로
$$P_s = \frac{100}{\%Z} \times P_n \text{ [MVA]에서}$$
$$P_s = \frac{100}{12} \times 100 = 833.33 \text{[MVA]}$$
답 : 833.33 [MVA]
(3) ① 계기용 변압기　② 전압계　　③ 전류계
　　④ 과전류 계전기　⑤ 과전류 지락계전기
(4) 계산 : 변압기 %Z를 100 [MVA]로 환산하면
$$\frac{100000}{1000} \times 4 = 400 \text{ [%]}$$
합성 %$Z = 12 + 400 = 412[\%]$
단락 전류 $I_s = \frac{100}{\%Z} \times I_n = \frac{100}{412} \times \frac{100 \times 10^6}{\sqrt{3} \times 380} \times 10^{-3} = 36.88 \text{[kA]}$
답 : 36.88 [kA]
(5) 계산 : 최대부하 800[kVA]일 때의 %저항 강하
$$p = 1.2 \times \frac{800}{1000} = 0.96[\%]$$
최대부하 800[kVA]일 때의 %리액턴스 강하
$$q = \sqrt{4^2 - 1.2^2} \times \frac{800}{1000} = 3.05[\%]$$
전압 변동률 $\epsilon = p\cos\theta + q\sin\theta$
$$\epsilon = 0.96 \times 0.8 + 3.05 \times 0.6 = 2.6[\%]$$
답 : 2.6 [%]

해설

(3) 특고압 수전 설비 표준 결선도

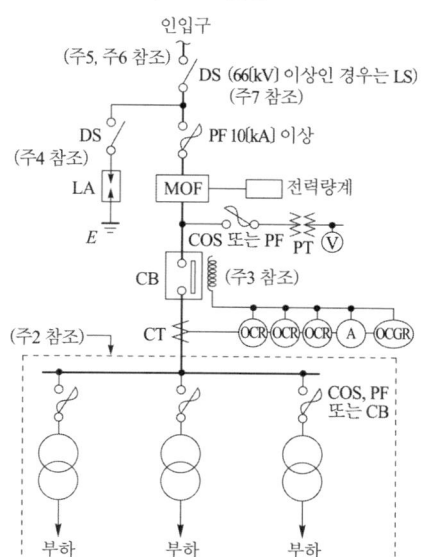

약 호	명 칭
DS	단로기
LA	피뢰기
CT	변류기
CB	차단기
TC	트립 코일
OCR	과전류 계전기
GR	지락 계전기
MOF	전력 수급용 계기용 변성기
COS	컷아웃 스위치
PF	전력 퓨즈
PT	계기용 변압기

[주1] 22.9 [kV-Y] 1000 [kVA] 이하인 경우에는 간이 수전 설비 결선도에 의할 수 있다.
[주2] 결선도 중 점선내의 부분은 참고용 예시이다.
[주3] 차단기의 트립 전원은 직류(DC) 또는 콘덴서 방식(CTD)이 바람직하며 66 [kV] 이상의 수전 설비에는 직류(DC)이어야 한다.
[주4] LA용 DS는 생략할 수 있으며 22.9 [kV-Y]용의 LA는 Disconnector(또는 Isolator) 붙임형을 사용하여야 한다.
[주5] 인입선을 지중선으로 시설하는 경우로서 공동 주택 등 사고시 정전 피해가 큰 수전 설비 인입선은 예비선을 포함하여 2회선으로 시설하는 것이 바람직하다.
[주6] 지중인입선의 경우에 22.9 [kV-Y] 계통은 CNCV-W 케이블(수밀형) 또는 TR CNCV-W 케이블(트리억제형)을 사용하여야 한다. 다만, 전력구·공동구·덕트·건물구내 등 화재의 우려가 있는 장소에서는 FR CNCO-W 케이블(난연)을 사용하는 것이 바람직하다.
[주7] DS 대신 자동고장구분 개폐기(7000[kVA] 초과시에는 Sectionalizer)를 사용할 수 있으며 66[kV] 이상의 경우는 LS를 사용하여야 한다.

(5) • %저항 강하 $p = \dfrac{I_2 r_2}{V_2} \times 100 [\%]$

• %리액턴스 강하 $q = \dfrac{I_2 x_2}{V_2} \times 100 [\%]$

▶ 출제년도 : 96. 04. 11. 17. ▶ 점수 : 5점

문제 03 분전반에서 30[m]인 거리에 5[kW]의 단상 교류(2선식) 200 [V]의 전열기용 아웃트렛을 설치하여, 그 전압강하를 4 [V] 이하가 되도록 하려고 한다. 배선방법을 금속관공사로 한다고 할 때 여기에 필요한 전선의 굵기를 계산하고, 실제 사용되는 전선의 굵기(실제 사용 규격)를 선정하시오.

• 계산   • 답

답안작성

- 계산 : $I = \dfrac{P}{E} = \dfrac{5000}{200} = 25[\text{A}]$

  $A = \dfrac{35.6LI}{1000e} = \dfrac{35.6 \times 30 \times 25}{1000 \times 4} = 6.68[\text{mm}^2]$

- 답 : $10\,[\text{mm}^2]$

해설

전선규격 [mm²]		
1.5	2.5	4
6	10	16
25	35	50
70	95	120
150	185	240
300	400	500

전선의 단면적	
단상 2선식	$A = \dfrac{35.6LI}{1000 \cdot e}$
3상 3선식	$A = \dfrac{30.8LI}{1000 \cdot e}$
단상 3선식 3상 4선식	$A = \dfrac{17.8LI}{1000 \cdot e}$

▸ 출제년도 : '4. 17.　▸ 점수 : 5점

문제 04 그림과 같은 논리 회로를 유접점 회로로 변환하여 그리시오.

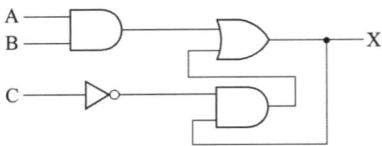

답안작성

```
    A     B
 ───o o───o o───┐
                ├──(X)──
    C     X    │
 ───o o───o o──┘
```

해설

무접점 회로	유접점 회로
AND 게이트	직렬 접속
OR 게이트	병렬 접속
NOT 게이트	b 접점

▸ 출제년도 : 17.　▸ 점수 : 6점

문제 05 피뢰기의 정기점검 항목을 4가지만 쓰시오.

답안작성

① 피뢰기 애자부분 손상여부 점검
② 피뢰기 1,2차측 단자 및 단자볼트 이상유무 점검
③ 피뢰기 절연저항 측정
④ 피뢰기 접지저항 측정

해설

피뢰기 절연저항 측정
① 1000[V] Megger를 준비한다.
② 메거로 피뢰기 1,2차 양단자간 금속 부분의 절연저항을 측정한다.
③ 측정한 절연저항값을 확인하여 1000[MΩ] 이상이면 양호하다.

▶ 출제년도 : 17.   ▶ 점수 : 5점

문제 06

다음 주어진 전동기 정·역 운전회로의 주회로에 알맞은 제어회로를 주어진 설명과 같은 시퀀스도로 완성하시오.

[제어회로 동작 설명]

1. 제어회로에 전원이 인가되면 GL램프가 점등된다.
2. 푸시버튼(BS₁)을 누르면 MC₁이 여자되고 회로가 자기유지되며, RL₁ 램프가 점등된다.
3. MC₁의 동작에 따라 전동기는 정회전을 하고 GL 램프는 소등된다.
4. 푸시버튼(BS₃)을 누르면 전동기가 정지하고 GL램프가 점등된다.
5. 푸시버튼(BS₂)을 누르면 MC₂가 여자되고 회로가 자기 유지되며, RL₂ 램프가 점등된다.
6. MC₂의 동작에 따라 전동기는 역회전을 하고 GL 램프는 소등된다.
7. 푸시버튼(BS₃)을 누르면 전동기가 정지하고 GL 램프가 점등된다.
8. MC₁, MC₂는 동시 작동하지 않도록 MC b접점을 이용하여 상호 인터록 회로로 구성되어 있다.
9. 과전류가 흘러 열동형 계전기가 작동하면, 제어회로에 전원이 차단되고 OL램프가 점등된다.

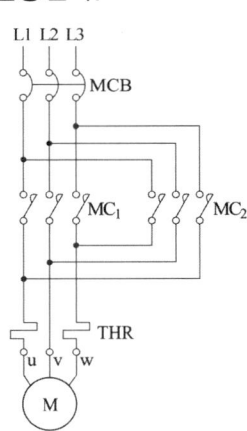

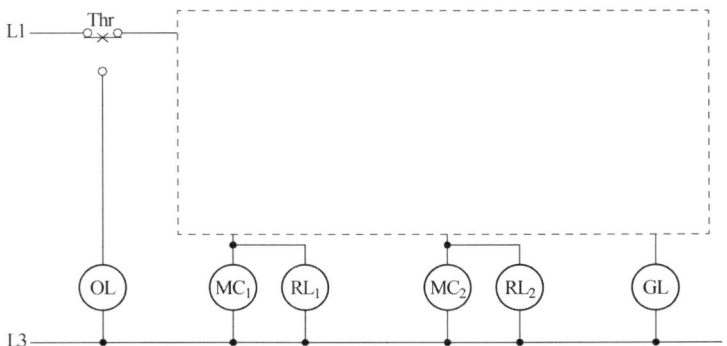

답안작성

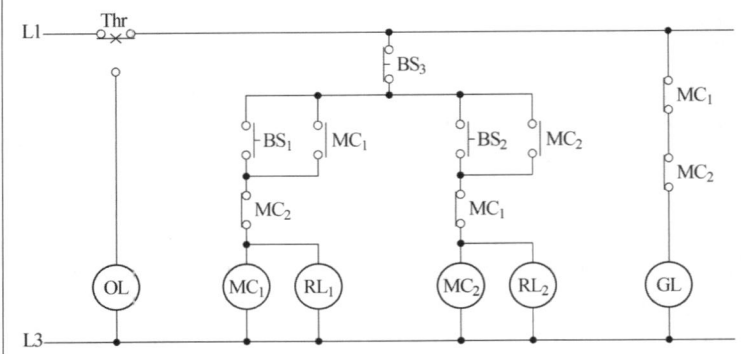

▸ 출제년도 : 17. ▸ 점수 : 5점

문제 07 역률 과보상시 발생하는 현상 3가지를 쓰시오.

답안작성

① 역률의 저하 및 손실의 증가
② 단자전압 상승
③ 계전기 오동작

해설

이외에도 다음과 같은 결점이 있다.
④ 고조파 왜곡의 증대
⑤ 설비용량(특히 변압기)이 감소하여 과부하가 될 수 있다.

▸ 출제년도 : 17. ▸ 점수 : 6점

문제 08 40[kVA], 3상 380[V], 60[Hz]용 전력용 콘덴서의 결선방식에 따른 용량을 [μF]으로 구하시오.
(1) △결선인 경우 C_1[μF]
  • 계산   • 답
(2) Y결선인 경우 C_2[μF]
  • 계산   • 답

답안작성

(1) △결선인 경우 C_1[μF]
  • 계산 : $Q = 3EI_c = 3 \times 2\pi f C_1 E^2$에서
  $$C_1 = \frac{Q}{6\pi f E^2} \times 10^6 = \frac{Q}{6\pi f V^2} \times 10^6 = \frac{40000}{6 \times \pi \times 60 \times 380^2} \times 10^6 = 244.93[\mu F]$$
  • 답 : 244.93[μF]

(2) Y결선인 경우 $C_2[\mu F]$

- 계산 : $Q = 3EI_c = 3 \times 2\pi f C_2 E^2$에서

$$C_2 = \frac{Q}{6\pi f E^2} \times 10^6 = \frac{Q}{6\pi f \left(\frac{V}{\sqrt{3}}\right)^2} \times 10^6 = \frac{Q}{2\pi f V^2} \times 10^6 [\mu F]$$

$$C_2 = \frac{40000}{2 \times \pi \times 60 \times 380^2} \times 10^6 = 734.79 [\mu F]$$

- 답 : $734.79 [\mu F]$

해설

Y결선시 콘덴서에 인가되는 전압은 △결선에 비해 $\frac{1}{\sqrt{3}}$로 감소하게 된다.

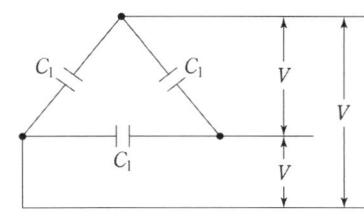 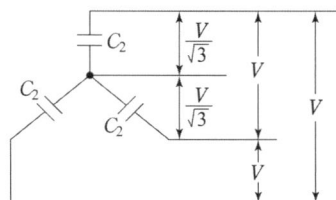

따라서 동일한 [kVA]가 되기 위해서는 Y로 결선시 C_2의 용량이 △결선시 C_1의 3배가 되어야 한다.

▶ 출제년도 : 09. 16. 17.   ▶ 점수 : 6점

문제 09 지상 7 [m]에 있는 300 [m³]의 저수조에 양수하는데 30 [kW]의 전동기를 사용할 경우 저수조에 물을 가득 채우는 데 소요되는 시간(분)을 구하시오.
(단, 펌프의 효율은 80[%], K=1.2 이다.)

- 계산   - 답

답안작성

계산 : $P = \frac{KHQ}{6.12\eta} = \frac{KH\frac{V}{t}}{6.12\eta}$ 에서 $t = \frac{KHV}{P \times 6.12\eta} = \frac{1.2 \times 7 \times 300}{30 \times 6.12 \times 0.8} = 17.16 [분]$

답 : 17.16 [분]

해설

$$P = \frac{KHQ}{6.12\eta} = \frac{KH\frac{V}{t}}{6.12\eta}$$

P : 전동기 용량[kW], H : 전 양정 [m], Q : 양수량 [m³/min]
η : 효율, V : 저수조 용량 [m³]($V = Q \times t$[m³]), t : 시간 [min]

▶ 출제년도 : 96. 98. 04. 17.   ▶ 점수 : 5점

문제 10 다음 조건에 있는 콘센트의 그림기호를 그리시오.

벽붙이용	천장에 부착하는 경우	바닥에 부착하는 경우
방수형	2구용	

답안작성

벽붙이용	천장에 부착하는 경우	바닥에 부착하는 경우
⊙	⊙⊙	⊙⊙
방수형	2구용	
⊙WP	⊙₂	

해설

명 칭	그림 기호	적 요
콘센트	⊙	① 천장에 부착하는 경우는 다음과 같다. ⊙⊙ ② 바닥에 부착하는 경우는 다음과 같다. ⊙⊙ ③ 용량의 표시 방법은 다음과 같다. 　• 15[A]는 표기하지 않는다. 　• 20[A] 이상은 암페어 수를 표기한다. 　[보기] ⊙$_{20A}$ ④ 2구 이상인 경우는 구수를 표기한다. 　[보기] ⊙$_2$ ⑤ 3극 이상인 것은 극수를 표기한다. 　[보기] ⊙$_{3P}$ ⑥ 종류를 표시하는 경우는 다음과 같다. 　빠짐 방지형　　⊙$_{LK}$ 　걸림형　　　　⊙$_T$ 　접지극붙이　　⊙$_E$ 　접지단자붙이　⊙$_{ET}$ 　누전 차단기붙이⊙$_{EL}$ ⑦ 방수형은 WP를 표기한다. ⊙$_{WP}$ ⑧ 방폭형은 EX를 표기한다. ⊙$_{EX}$ ⑨ 의료용은 H를 표기한다. ⊙$_H$

▶ 출제년도 : 08. 13. 17.   ▶ 점수 : 4점

문제 11 부하율을 식으로 표시하고 부하율이 높다는 의미에 대해 설명하시오.

(1) 부하율

(2) 부하율이 높다는 의미

답안작성

(1) 부하율 = $\dfrac{\text{평균 전력}}{\text{최대 전력}} \times 100[\%]$

(2) 의미
  ① 공급 설비를 유용하게 사용하고 있다.
  ② 평균수요 전력과 최대 수요 전력과의 차가 적어지게 되므로 부하 설비의 가동률이 높다는 것을 의미한다.

▶ 출제년도 : 04. 12. 17.   ▶ 점수 : 5점

문제 12 500 [kVA]의 변압기가 그림과 같은 부하로 운전되고 있다. 오전에는 역률 85 [%]로 오후에는 100 [%]로 운전된다고 할 때 전일효율은 몇 [%]가 되겠는가? 단, 이 변압기의 철손은 6 [kW] 전부하시 동손은 10 [kW]라 한다.
• 계산 :
• 답 :

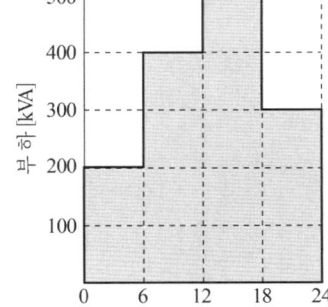

답안작성

• 계산 : 출력 $P = (200 \times 6 \times 0.85) + (400 \times 6 \times 0.85)$
  $+ (500 \times 6 \times 1) + (300 \times 6 \times 1) = 7860 [\text{kWh}]$

  철손 $P_i = 6 \times 24 = 144 [\text{kWh}]$

  동손 $P_c = 10 \times \left\{ \left(\dfrac{200}{500}\right)^2 \times 6 + \left(\dfrac{400}{500}\right)^2 \times 6 + \left(\dfrac{500}{500}\right)^2 \times 6 + \left(\dfrac{300}{500}\right)^2 \times 6 \right\} = 129.6 [\text{kWh}]$

  전일 효율 $\eta = \dfrac{7860}{7860 + 144 + 129.6} \times 100 = 96.64 [\%]$

• 답 : 96.64 [%]

해설

전일효율 $\eta = \dfrac{\sum h \left(\dfrac{1}{m}\right) VI \cos\theta}{\sum h \left(\dfrac{1}{m}\right) VI \cos\theta + 24 P_i + \sum h \left(\dfrac{1}{m}\right)^2 P_c} \times 100$

▶ 출제년도 : 11. 13. 14. 17.   ▶ 점수 : 5점

문제 13 변류비 30/5 [A]인 CT 2개를 그림과 같이 접속하였을 때 전류계에 2 [A]가 흐른다고 하면 CT 1차측에 흐르는 전류는 몇 [A] 인지 구하시오.
• 계산
• 답

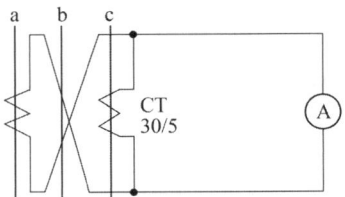

답안작성

- 계산 : CT 1차측 전류 = 전류계 지시치 $\times \dfrac{1}{\sqrt{3}} \times$ 변류비 $= 2 \times \dfrac{1}{\sqrt{3}} \times \dfrac{30}{5} = 6.93 \,[\text{A}]$
- 답 : 6.93 [A]

해설

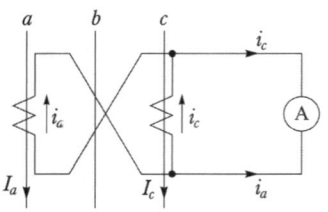 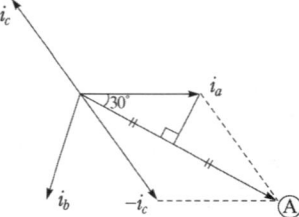

CT가 교차 접속되어 있으므로 전류계에는 1개의 CT 2차측 전류의 $\sqrt{3}$ 배
($\text{Ⓐ} = 2 \times i_a \cos 30° = \sqrt{3}\, i_a$)를 지시한다. 따라서

- 1개의 CT 2차측 전류 $i_a = \dfrac{\text{전류계의 지시값}}{\sqrt{3}} = \dfrac{\text{Ⓐ}}{\sqrt{3}}$
- CT 1차측 전류 = 변류비 × CT 2차측 전류

▸ 출제년도 : 17. ▸ 점수 : 5점

문제 14 전력시설물 공사감리업무 수행 시 비상주 감리원의 업무를 5가지만 쓰시오.

답안작성

① 설계도서 등의 검토
② 중요한 설계변경에 대한 기술검토
③ 설계변경 및 계약금액 조정의 심사
④ 기성 및 준공검사
⑤ 상주감리원이 수행하지 못하는 현장 조사분석 및 시공상의 문제점에 대한 기술검토와 민원사항에 대한 현지조사 및 해결방안 검토

해설

이외에도
⑥ 정기적(분기 또는 월별)으로 현장 시공상태를 종합적으로 점검·확인·평가하고 기술지도
⑦ 공사와 관련하여 발주자(지원업무수행자 포함)가 요구한 기술적 사항 등에 대한 검토
⑧ 그 밖에 감리업무 추진에 필요한 기술지원 업무

▸ 출제년도 : 85. 95. 17. ▸ 점수 : 3점

문제 15 전기사용장소의 사용전압이 500[V] 이하인 경우, 전로의 전선 상호간 및 전로와 대지 간의 절연저항은 개폐기 또는 과전류차단기로 구분할 수 있는 전로마다 얼마 이상을 유지하여야 하는지 쓰시오.

답안작성

$1[\text{M}\Omega]$

해설

전기설비기술기준 제52조 저압전로의 절연성능

전기사용 장소의 사용전압이 저압인 전로의 전선 상호간 및 전로와 대지 사이의 절연저항은 개폐기 또는 과전류차단기로 구분할 수 있는 전로마다 다음 표에서 정한 값 이상이어야 한다. 다만, 전선 상호간의 절연저항은 기계기구를 쉽게 분리가 곤란한 분기회로의 경우 기기 접속 전에 측정할 수 있다. 또한, 측정 시 영향을 주거나 손상을 받을 수 있는 SPD 또는 기타 기기 등은 측정 전에 분리시켜야 하고, 부득이하게 분리가 어려운 경우에는 시험전압을 250[V] DC로 낮추어 측정할 수 있지만 절연저항 값은 1[MΩ] 이상이어야 한다.

전로의 사용전압[V]	DC 시험전압[V]	절연저항[MΩ]
SELV 및 PELV	250	0.5
FELV, 500[V] 이하	500	1.0
500[V] 초과	1,000	1.0

[주] 특별저압(extra low voltage : 2차 전압이 AC 50[V], DC 120[V] 이하)으로 SELV(비접지 회로 구성) 및 PELV(접지회로 구성)은 1차와 2차가 전기적으로 절연된 회로, FELV는 1차와 2차가 전기적으로 절연되지 않은 회로

▶ 출제년도 : 95. 00. 16. 17.   ▶ 점수 : 5점

문제 16 ● 단상 2선식 220 [V] 배전선로에 소비전력 40 [W], 역률 80 [%]의 형광등 180개를 설치할 때 16 [A] 분기회로의 최소 회선수를 구하시오. (단, 한 회로의 부하전류는 분기회로의 80 [%]로 한다.)

• 계산 :   • 답 :

답안작성

• 계산 : 부하용량 $P_a = \dfrac{40}{0.8} \times 180 = 9000[VA]$

  분기회로 수 $N = \dfrac{부하용량[VA]}{전압[V] \times 전류[A]} = \dfrac{9000}{220 \times 16 \times 0.8} = 3.2$회로

• 답 : 16[A] 분기 4 회로

해설

• 한 회로의 부하전류는 분기회로의 80[%]로 한다는 의미 : 16[A]분기회로의 경우 한 회로에 인가할 수 있는 전류는 12.8[A](즉, 16[A]×0.8=12.8[A])라는 의미이다.

▶ 출제년도 : 17.   ▶ 점수 : 6점

문제 17 ● 수전전압 3000[V], 역률 0.8의 부하에 지름 5[mm]의 경동선으로 20[km]의 거리에 10[%] 이내의 손실률로 보낼 수 있는 3상 전력[kW]을 구하시오.

• 계산 :   • 답 :

답안작성

• 계산 : 선로저항 $R = \rho \dfrac{l}{A} = \rho \dfrac{l}{\pi r^2} = \dfrac{1}{58} \times \dfrac{100}{97} \times \dfrac{20 \times 10^3}{\pi \times 2.5^2} = 18.11[\Omega]$

$$P = \frac{V^2\cos^2\theta}{R} \times \frac{k}{100} \times 10^{-3} = \frac{3000^2 \times 0.8^2}{18.11} \times \frac{10}{100} \times 10^{-3} = 31.81[\text{kW}]$$

• 답 : 31.81[kW]

해설

- 고유저항률 $\rho = \frac{1}{58} \times \frac{100}{C} [\Omega/\text{m} \cdot \text{mm}^2]$
- 경동선의 도전율 $C = 97[\%]$
- 전력손실 $P_l = 3I^2R = 3 \times \left(\frac{P}{\sqrt{3}\,V\cos\theta}\right)^2 R = \frac{P^2 R}{V^2\cos^2\theta}$
- 전력손실률 $k = \frac{P_l}{P} \times 100 = \frac{PR}{V^2\cos^2\theta} \times 100[\%]$ 에서 $P = \frac{V^2\cos^2\theta}{R} \times \frac{k}{100}$

▸ 출제년도 : 08. 17. ▸ 점수 : 6점

문제 18

전기사업자는 그가 공급하는 전기의 품질(표준전압, 표준주파수)을 허용오차 범위 안에서 유지하도록 전기사업법에 규정되어 있다. 다음 표의 괄호 안에 표준전압 또는 표준주파수에 대한 허용오차를 정확하게 쓰시오.

표준전압 또는 표준주파수	허용 오차
110 볼트	110볼트의 상하로 (①)볼트 이내
220 볼트	220볼트의 상하로 (②)볼트 이내
380 볼트	380볼트의 상하로 (③)볼트 이내
60 헤르츠	60헤르츠 상하로 (④)헤르츠 이내

답안작성

① 6   ② 13   ③ 38   ④ 0.2

해설

전기사업법 시행규칙 별표3
표준전압·표준주파수 및 허용오차(제18조 관련)
① 표준전압 및 허용오차

표준전압	허용오차
110 볼트	110볼트의 상하로 6볼트 이내
220 볼트	220볼트의 상하로 13볼트 이내
380 볼트	380볼트의 상하로 38볼트 이내

② 표준주파수 및 허용오차

표준 주파수	허용오차
60 헤르츠	60헤르츠 상하로 0.2헤르츠 이내

국가기술자격검정 실기시험문제 및 답안지

2017년도 산업기사 일반검정 제2회

자격종목(선택분야)	시험시간	형별
전기산업기사	2시간 00분	

문제 01 ▸출제년도 : 16. 17.   ▸점수 : 5점

부하용량이 300[kW]이고, 전압이 3상 380[V]인 전기설비의 계기용 변류기의 1차 전류를 계산하고 그 값을 기준으로 변류기의 1차 전류를 아래 규격에서 선정하시오.

[조건]
- 수용가의 인입 회로나 전력용 변압기의 1차측에 설치
- 실제 사용하는 정도의 1차 전류용량을 산정
- 부하 역률은 1로 계산
- 계기용 변류기 1차 전류[A] 규격은 300, 400, 600, 800, 1000 중에서 선정

• 계산 :   • 답 :

답안작성

• 계산 : ① 1차 전류 $I_n = \dfrac{P}{\sqrt{3}\,V\cos\theta} = \dfrac{300\times 10^3}{\sqrt{3}\times 380 \times 1} = 455.8[A]$

② 변류기의 1차전류 $I_1 = I_n \times (1.25\sim 1.5) = 455.8\times (1.25\sim 1.5) = 569.75\sim 683.7[A]$

• 답 : 600[A]

문제 02 ▸출제년도 : 85. 86. 94. 17.   ▸점수 : 5점

200[kW] 설비용량 수용가의 부하율 70[%], 수용률 80[%]라면 1개월(30일) 동안의 사용 전력량[kWh]을 구하시오.

• 계산 :   • 답 :

답안작성

• 계산 : 사용 전력량[kWh] = 설비 용량[kW] × 수용률 × 부하율 × 사용 시간 이므로
  월간 사용전력량 = $200\times 0.8 \times 0.7 \times 24 \times 30 = 80640[kWh]$
• 답 : 80640[kWh]

해설

- 수용률 = $\dfrac{최대\ 수용\ 전력}{설비용량}$ • 부하율 = $\dfrac{평균\ 전력}{최대\ 수용\ 전력}$
- 평균 전력 = 최대 수용 전력 × 부하율 = 설비용량 × 수용률 × 부하율
- 월간사용 전력량[kWh] = 평균전력[kW] × 24[시간] × 30[일]

문제 03 전력계통에 이용되는 리액터의 분류에 따른 설치 목적을 쓰시오.

▶ 출제년도 : 01. 07. 09. 15. 17.   ▶ 점수 : 5점

구 분	설 치 목 적
분로(병렬)리액터	
직렬리액터	
소호리액터	
한류리액터	

답안작성

구 분	설 치 목 적
분로(병렬)리액터	페란티 현상의 방지
직렬리액터	제5고조파의 제거
소호리액터	지락 전류의 제한
한류리액터	단락 전류의 제한

해설

소호 리액터 : 지락시 아크를 소호하며 병렬 공진을 이용하여 지락 전류를 소멸한다.

문제 04 축전지를 충전하는 방식을 3가지만 쓰고 충전방식에 대하여 설명하시오.

▶ 출제년도 : 93. 16. 17.   ▶ 점수 : 5점

충전방식	설 명

답안작성

충전방식	설 명
보통 충전	필요할 때마다 표준 시간율로 소정의 충전을 하는 방식이다.
급속 충전	비교적 단시간에 보통 전류의 2~3배의 전류로 충전하는 방식이다.
세류 충전	자기 방전량만을 항시 충전하는 부동 충전 방식의 일종이다.

해설

① 보통 충전 : 필요할 때마다 표준 시간율로 소정의 충전을 하는 방식이다.
② 급속 충전 : 비교적 단시간에 보통 전류의 2~3배의 전류로 충전하는 방식이다.
③ 부동 충전 : 축전지의 자기 방전을 보충함과 동시에 상용 부하에 대한 전력 공급은 충전기가 부담하도록 하되 충전기가 부담하기 어려운 일시적인 대전류 부하는 축전지로 하여금 부담하게 하는 방식이다.
④ 세류 충전 : 자기 방전량만을 항시 충전하는 부동 충전 방식의 일종이다.
⑤ 균등 충전 : 부동 충전 방식에 의하여 사용할 때 각 전해조에서 일어나는 전위차를 보정하기 위하여 1~3개월 마다 1회씩 정전압으로 10~12시간 충전하여 각 전해조의 용량을 균일화하기 위한 방식이다.

▶ 출제년도 : 17. ▶ 점수 : 6점

문제 05 어느 단상 변압기의 2차 정격전압은 2300[V], 2차 정격전류는 43.5[A], 2차 측으로부터 본 합성저항이 0.66[Ω], 무부하손이 1000[W]이다. 전부하시 역률이 100[%] 및 80[%]일 때의 효율을 각각 구하시오.

(1) 전부하시 역률 100[%]일 때의 효율[%]
　•계산 :　　　　　　　　　　　　　　　　　　•답 :
(2) 전부하시 역률 80[%]일 때의 효율[%]
　•계산 :　　　　　　　　　　　　　　　　　　•답 :

답안작성

(1) 계산 : $\eta_{100} = \dfrac{2300 \times 43.5 \times 1}{2300 \times 43.5 \times 1 + 1000 + 43.5^2 \times 0.66} \times 100 = 97.8[\%]$　　답 : 97.8[%]

(2) 계산 : $\eta_{100} = \dfrac{2300 \times 43.5 \times 0.8}{2300 \times 43.5 \times 0.8 + 1000 + 43.5^2 \times 0.66} \times 100 = 97.27[\%]$　　답 : 97.27[%]

해설

• 전부하시 효율 $\eta = \dfrac{VI\cos\theta}{VI\cos\theta + P_i + P_c} \times 100[\%]$

• 동손 $P_c = I^2 R$ [W]

▶ 출제년도 : 95. 07. 10. 17. ▶ 점수 : 5점

문제 06 폭 5[m], 길이 7.5[m], 천장높이 3.5[m]의 방에 형광등 40[W] 4등을 설치하니 평균조도가 100[lx]가 되었다. 40[W] 형광등 1등의 광속이 3000[lm], 조명률이 0.5일 때 감광보상률을 구하시오.
•계산 :　　　　　　　　　　　　　　　　　　•답 :

답안작성

• 계산 : 감광보상률 $D = \dfrac{FUN}{EA} = \dfrac{3000 \times 0.5 \times 4}{100 \times 5 \times 7.5} = 1.6$

• 답 : 1.6

▶ 출제년도 : 07. 11. 14. 17. ▶ 점수 : 6점

문제 07 3상 4선식 송전선에서 1선의 저항이 10[Ω], 리액턴스가 20[Ω]이고, 송전단 전압이 6600[V], 수전단 전압이 6100[V]이었다. 수전단의 부하를 끊은 경우 수전단 전압이 6300[V], 부하 역률이 0.8일 때 다음 각 물음에 답하시오.

(1) 전압 강하율[%]을 구하시오.
　•계산 :　　　　　　　　　　　　　　　　　　•답 :
(2) 전압 변동률[%]을 구하시오.
　•계산 :　　　　　　　　　　　　　　　　　　•답 :
(3) 이 송전선로의 수전 가능한 전력[kW]를 구하시오.
　•계산 :　　　　　　　　　　　　　　　　　　•답 :

답안작성

(1) 계산 : 전압 강하율 : $\epsilon = \dfrac{V_s - V_r}{V_r} \times 100 = \dfrac{6600 - 6100}{6100} \times 100 = 8.2[\%]$

답 : 8.2 [%]

(2) 계산 : 전압 변동률 : $\epsilon = \dfrac{V_{r0} - V_r}{V_r} \times 100 = \dfrac{6300 - 6100}{6100} \times 100 = 3.28[\%]$

답 : 3.28 [%]

(3) 계산 : 전압강하 $e = V_s - V_r = 6600 - 6100 = 500[\text{V}]$

전력 $P = \dfrac{eV_r}{R + X\tan\theta} = \dfrac{500 \times 6100}{10 + 20 \times \dfrac{0.6}{0.8}} \times 10^{-3} = 122[\text{kW}]$

답 : 122 [kW]

해설

(1) 전압 강하율 $= \dfrac{\text{송전단 전압} - \text{수전단 전압}}{\text{수전단 전압}} \times 100[\%]$

(2) 전압 변동률 $= \dfrac{\text{무부하 상태에서의 수전단 전압} - \text{정격부하 상태에서의 수전단 전압}}{\text{정격부하 상태에서의 수전단 전압}} \times 100[\%]$

(3) 전압강하 $e = \sqrt{3}\,I(R\cos\theta + X\sin\theta) = \dfrac{\sqrt{3}\,V_r I\cos\theta \times R + \sqrt{3}\,V_r I\sin\theta \times X}{V_r}$

$= \dfrac{RP + XQ}{V_r} = \dfrac{P\left(R + X\dfrac{Q}{P}\right)}{V_r} = \dfrac{P(R + X\tan\theta)}{V_r}$

에서 $P = \dfrac{eV_r}{R + X\tan\theta}$

▶ 출제년도 : 94. 17.   ▶ 점수 : 4점

문제 08 부하설비의 역률이 90 [%] 이하로 낮아지는 경우 수용자가 볼 수 있는 손해를 4가지만 쓰시오. (단, 역률은 지상역률이다.)

답안작성

① 전력 손실이 커진다.
② 전압 강하가 커진다.
③ 전기 요금이 증가한다.
④ 필요한 전원 설비 용량이 증가한다.

해설

역률이 90[%] 이하로 낮아지는 경우
① 변압기와 배전선의 전력 손실 증가

전력손실 $P_l = \dfrac{P^2 R}{V^2 \cos^2\theta}$

따라서, 전력손실은 역률의 자승에 반비례하므로 역률이 낮아지면 전력손실은 증가한다.
② 전압 강하가 커진다.

전압강하 $e = \dfrac{P}{V}\left(R + X\dfrac{\sin\theta}{\cos\theta}\right)$

따라서, 역률이 낮아지면 분모인 $\cos\theta$는 감소하고 분자인 $\sin\theta$는 증가하게 되어 전압강하는 커지게 된다.

③ 전기 요금의 증가
  수용가의 역률을 90 [%]를 기준으로 하여 90 [%]보다 낮은 매 1 [%]마다 기본요금이 1 [%]씩 할증되고, 90 [%]보다 높은 매 1 [%] 마다 (95 [%]까지 적용) 기본요금을 1 [%]씩 감해주는 제도가 있다. 따라서, 역률이 낮아지면 전기 요금은 증가하게 된다.
④ 필요한 전원 설비 용량이 증가

$$역률 = \frac{유효전력}{피상전력}$$ 에서

역률이 낮다는 것은 동일한 유효전력을 공급하기 위해서는 더 많은 피상전력, 즉 더 많은 전원 설비 용량이 필요하게 된다는 것을 의미한다.

▶ 출제년도 : 17. ▶ 점수 : 6점

문제 09

그림과 같은 배전방식의 명칭과 이 배전방식의 특징을 4가지 쓰시오. (단, 특징은 배전용 변압기 1대 단위로 저압 배전선로를 구성하는 방식과 비교한 경우이다.)

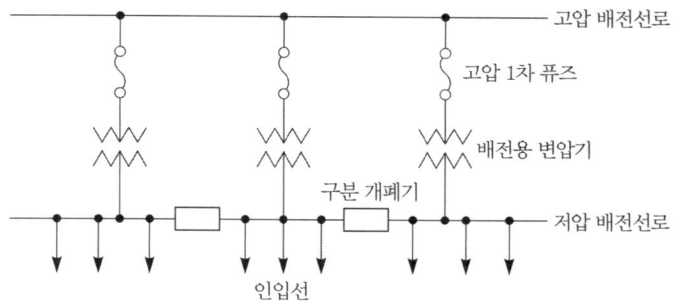

(1) 명칭
(2) 특징

답안작성

(1) 명칭 : 저압 뱅킹 방식
(2) 특징 : ① 변압기의 공급 전력을 서로 융통시킴으로써 변압기 용량을 저감할 수 있다.
  ② 전압 변동 및 전력 손실이 경감된다.
  ③ 부하의 증가에 대응할 수 있는 탄력성이 향상된다.
  ④ 고장 보호 방식이 적당할 때 공급 신뢰도는 향상된다(정전의 감소).

해설

저압 뱅킹 방식 : 동일 고압 배전 선로에 접속되어 있는 2대 이상의 배전용 변압기를 경유해서 저압측 간선을 병렬 접속하는 방식이다.

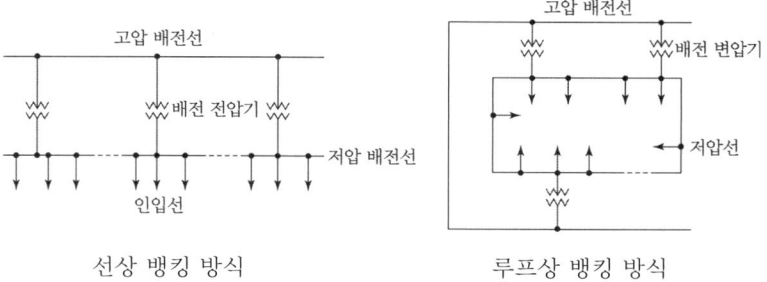

선상 뱅킹 방식   루프상 뱅킹 방식

문제 10
▸ 출제년도 : '7. ▸ 점수 : 5점

다음 표 안의 시설조건에 맞는 고압가공인입선의 높이를 쓰시오. (단, KEC를 따른다.)

시설 조건	전선의 높이[m]
도로(농로 기타의 교통이 복잡하지 않는 도로 및 횡단보도교는 제외)의 노면상	① 이상
철도 또는 레일면상	② 이상
횡단보도교의 노면상	③ 이상
상기 이외의 지표상	④ 이상
공장구내 등에서 해당 전선(가공케이블은 제외)의 아래쪽에 위험하다는 표시를 할 때의 지표상	⑤ 이상

답안작성

① 6   ② 6.5   ③ 3.5   ④ 5   ⑤ 3.5

해설

KEC 331.12.1 고압 가공인입선의 시설

시설 조건	전선의 높이[m]
도로(농로 기타의 교통이 복잡하지 않는 도로 및 횡단보도교는 제외)의 노면상	6.0 이상
철도 또는 레일면상	6.5 이상
횡단보도교의 노면상	3.5 이상
상기 이외의 지표상	5.0 이상
공장구내 등에서 해당 전선(가공케이블은 제외)의 아래쪽에 위험하다는 표시를 할 때의 지표상	3.5 이상

문제 11
▸ 출제년도 : '17. ▸ 점수 : 5점

책임 설계감리원이 설계감리의 기성 및 준공을 처리한 때에 발주자에게 제출하는 준공서류 중 감리기록서류 5가지를 쓰시오. (단, 설계감리업무 수행지침을 따른다.)

답안작성

① 설계감리일지
② 설계감리지시부
③ 설계감리기록부
④ 설계감리요청서
⑤ 설계자와 협의사항 기록부

해설

설계감리의 기성 및 준공 : 책임 설계감리원이 설계감리의 기성 및 준공을 처리한 때에는 다음 각 호의 준공서류를 구비하여 발주자에게 제출하여야 한다.
(1) 설계용역 기성부분 검사원 또는 설계용역 준공검사원
(2) 설계용역 기성부분 내역서
(3) 설계감리 결과보고서
(4) 감리기록서류
  ① 설계 감리일지   ② 설계감리지시부   ③ 설계감리기록부
  ④ 설계 감리요청서   ⑤ 설계자와 협의사항 기록부
(5) 그 밖에 발주자가 과업지시서상에서 요구한 사항

▸출제년도 : 04. 07. 17. ▸점수 : 12점

문제 12 그림은 154 [kV]를 수전하는 어느 공장의 수전설비 도면의 일부분이다. 이 도면을 보고 다음 각 물음에 답하시오.

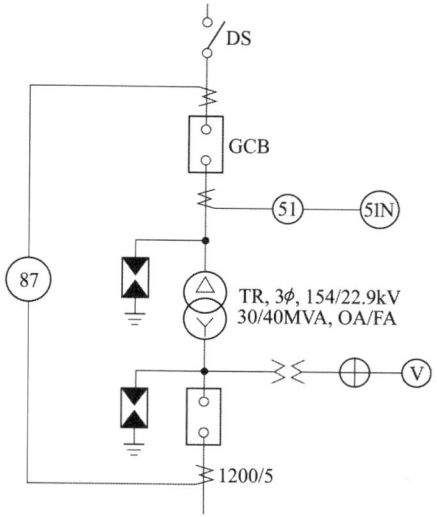

(1) 그림에서 87과 51N의 명칭을 쓰시오.
 • 87
 • 51N

(2) 154/22.9 [kV] 변압기에서 FA 용량기준으로 154 [kV]측의 전류와 22.9 [kV]측의 전류는 몇 [A]인지 구하시오.
 • 154 [kV]측   계산 :   답 :
 • 22.9 [kV]측   계산 :   답 :

(3) GCB에는 주로 절연재료로 어떤 가스를 사용하는지 쓰시오.

(4) △-Y 변압기의 복선도를 완성하시오.

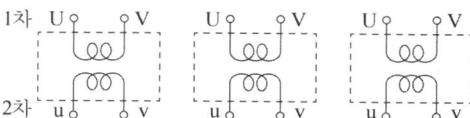

답안작성

(1) • 87 : 전류차동계전기
   • 51N : 중성점 과전류계전기

(2) • 154 [kV]측
   계산 : $I = \dfrac{40000}{\sqrt{3} \times 154} = 149.96$ [A]   답 : 149.96 [A]

   • 22.9 [kV]측
   계산 : $I = \dfrac{40000}{\sqrt{3} \times 22.9} = 1008.47$ [A]   답 : 1008.47 [A]

(3) SF_6 (육불화유황) 가스

(4)

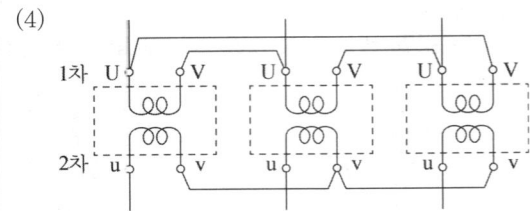

해설

(1) • 87 : 전류 차동 계전기   • 87G : 발전기용 차동 계전기
    • 87B : 모선 보호 차동 계전기   • 87T : 주변압기 차동 계전기
(2) 30/40[MVA], OA/FA는 냉각팬없이 유입자냉식(OA)으로 사용할 경우 변압기 용량은 30[MVA]이고, 유입풍냉식(FA)으로 사용할 경우 변압기 용량은 40[MVA]가 된다.

▶ 출제년도 : 08. 17.   ▶ 점수 : 4점

문제 13 변압기의 병렬운전 조건을 4가지만 쓰시오.

답안작성

① 극성이 일치할 것
② 정격 전압(권수비)이 같을 것
③ %임피던스 강하(임피던스 전압)가 같을 것
④ 내부 저항과 누설 리액턴스의 비(즉 $r_a/x_a = r_b/x_b$)가 같을 것

해설

(1) 단상 변압기 병렬 운전 조건

병렬운전 조건	조건이 맞지 않는 경우
① 극성이 일치할 것	큰 순환 전류가 흘러 권선이 소손
② 정격 전압(권수비)이 같을 것	순환 전류가 흘러 권선이 가열
③ %임피던스 강하(임피던스 전압)가 같을 것	부하의 분담이 용량의 비가 되지 않아 부하의 분담이 균형을 이룰 수 없다.
④ 내부 저항과 누설 리액턴스의 비 (즉 $r_a/x_a = r_b/x_b$)가 같을 것	각 변압기의 전류간에 위상차가 생겨 동손이 증가

(2) 3상 변압기 병렬 운전 조건
    3상 변압기의 병렬 운전 조건은 단상 변압기의 병렬 운전 조건 이외의 다음 조건을 만족해야 한다.
    ① 상회전 방향이 같을 것
    ② 위상 변위가 같을 것

▶ 출제년도 : 90. 13. 15. 17.   ▶ 점수 : 5점

문제 14 비상용 조명 부하 110 [V]용 100 [W] 58등, 60 [W] 50등이 있다. 방전시간 30분, 축전지 HS형 54 [cell], 허용 최저전압 100 [V], 최저 축전지온도 5 [℃]일 때 축전지 용량은 몇 [Ah] 인지 구하시오. (단, 경년용량 저하율 0.8, 용량환산시간 K = 1.2이다.)
• 계산 :   • 답 :

답안작성

- 계산 : 부하 전류 $I = \dfrac{P}{V} = \dfrac{100 \times 58 + 60 \times 50}{110} = 80 \,[\text{A}]$

  $\therefore$ 축전지 용량 $C = \dfrac{1}{L} KI = \dfrac{1}{0.8} \times 1.2 \times 80 = 120 \,[\text{Ah}]$

- 답 : 120 [Ah]

해설

$$C = \dfrac{1}{L} KI \,[\text{Ah}]$$

여기서, C : 축전지의 용량 [Ah] L : 보수율(경년용량 저하율)
　　　　K : 용량환산시간 계수 I : 방전 전류 [A]

▸ 출제년도 : 97. 06. 09. 17.　▸ 점수 : 5점

문제 15 그림은 특고압 수변전설비 중 지락보호회로의 복선도의 일부분이다. ①~⑤ 까지에 해당되는 부분의 각 명칭을 쓰시오.

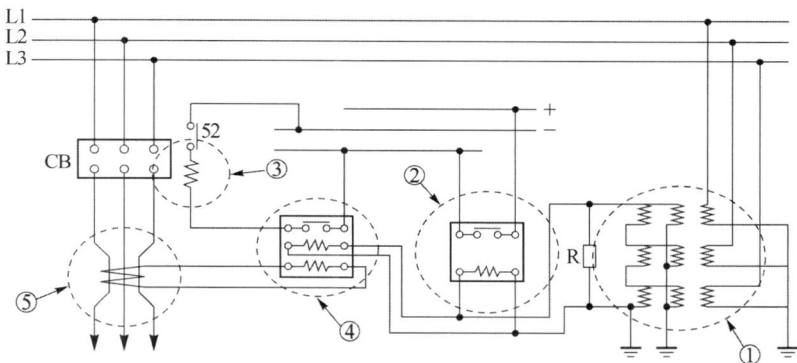

답안작성

① 접지형 계기용 변압기 (GPT)　② 지락 과전압 계전기 (OVGR)
③ 트립 코일 (TC)　　　　　　　④ 선택 접지 계전기 (SGR)
⑤ 영상 변류기 (ZCT)

▸ 출제년도 : 17.　▸ 점수 : 5점

문제 16 역률개선용 콘덴서의 주파수를 50[Hz]에서 60[Hz]로 변경하였을 때 콘덴서에 흐르는 전류비를 구하시오. (단, 인가전압 변동은 없다.)

• 계산　　　　　　　　　　　　　　　　　　• 답

답안작성

- 계산 : 콘덴서에 흐르는 전류 $I_c = \omega CV = 2\pi f CV \,[\text{A}]$에서 전압 V가 일정한 경우 $I_c \propto f$ 가 된다.

  따라서, $\dfrac{I_{60}}{I_{50}} = \dfrac{60}{50} = 1.2$

- 답 : $\dfrac{I_{60}}{I_{50}} = 1.2$

▸ 출제년도 : 98. 00. 13. 17.   ▸ 점수 : 5점

문제 17 표와 같이 어느 수용가 A, B, C에 공급하는 배전선로의 최대전력은 600 [kW]이다. 이때 수용가의 부등률을 구하시오.

수용가	설비용량 [kW]	수용률 [%]
A	400	70
B	400	60
C	500	60

답안작성

- 계산 : 부등률 $= \dfrac{(400 \times 0.7)+(400 \times 0.6)+(500 \times 0.6)}{600} = 1.37$
- 답 : 1.37

해설

부등률 $= \dfrac{\text{개개 최대 수용 전력의 합계}}{\text{합성 최대 수용 전력}} = \dfrac{\text{설비 용량} \times \text{수용률}}{\text{합성 최대 수용 전력}}$

▸ 출제년도 : 89. 96. 08. 17.   ▸ 점수 : 7점

문제 18 그림과 같은 시퀀스회로를 보고 다음 각 물음에 답하시오.
(단, R_1, R_2, R_3는 보조 릴레이 이다.)

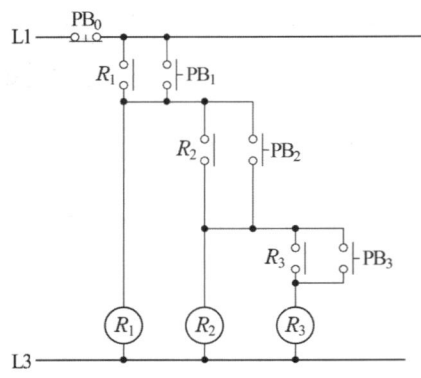
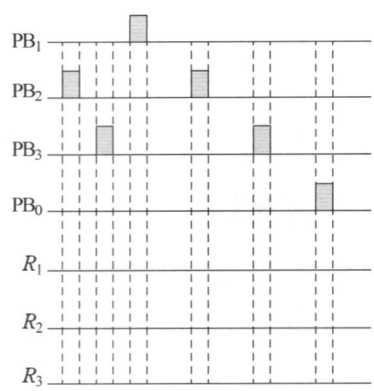

(1) 전원측의 가장 가까운 누름버튼스위치 PB_1으로부터 PB_2, PB_3, PB_0까지 ON 조작할 경우의 동작사항을 설명하시오.
    (단, 여기에서 ON 조작은 누름버튼스위치를 눌러주는 역할을 말한다.)
(2) 최초에 PB_2를 ON 조작한 경우의 동작상황을 설명하시오.
(3) 타임차트의 누름버튼스위치 PB_1, PB_2, PB_3, PB_0 와 같은 타이밍으로 ON 조작하였을 때 타임차트의 R_1, R_2, R_3의 동작상태를 그림으로 완성하시오.

답안작성

(1)

동작조건	동작사항 설명
PB_1 ON	R_1이 여자되고, 자기유지 된다.
PB_2 ON	R_2가 여자되고, 자기유지 된다.
PB_3 ON	R_3가 여자되고, 자기유지 된다.
PB_0 ON	R_1, R_2, R_3가 동시에 소자된다.

(2) 동작하지 않는다.

(3)

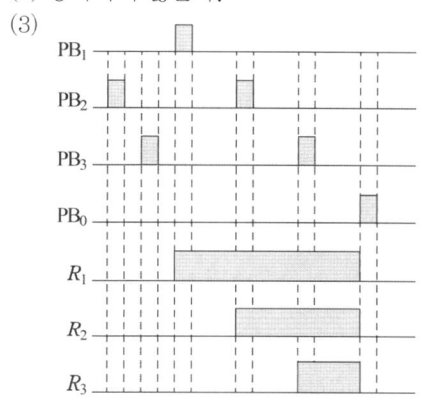

국가기술자격검정 실기시험문제 및 답안지

2017년도 산업기사 일반검정 제 3 회

자격종목(선택분야): 전기산업기사
시험시간: 2시간 00분

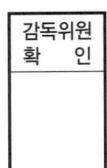

문제 01 ▸출제년도 : 97. 07. 12. 15. 17. ▸점수 : 5점

사무실의 크기가 12 [m] × 24 [m] 이다. 이 사무실의 평균조도를 150 [lx] 이상으로 하고자 한다. 이곳에 다운라이트(LED 150 [W] 사용)로 배치하고자 할 때, 시설하여야 할 최소등기구는 몇 [개] 인가? (단, LED 150 [W]의 전광속은 2450 [lm], 기구의 조명률은 0.7, 감광보상률 1.4로 한다.)

• 계산 :   • 답 :

답안작성

• 계산 : $N = \dfrac{AED}{FU} = \dfrac{12 \times 24 \times 150 \times 1.4}{2450 \times 0.7} = 35.27 [개]$

• 답 : 36 [개]

해설

$FUN = EAD$에서 산출된 전등의 수 중 소수가 발생하면 절상한다.

문제 02 ▸출제년도 : 97. 04. 11. 17. ▸점수 : 6점

그림은 발전기의 상간 단락 보호 계전 방식을 도면화한 것이다. 이 도면을 보고 다음 각 물음에 답하시오.

(1) 점선안의 계전기 명칭은?
(2) 동작 코일은 A, B, C 코일 중 어느 것인가?
(3) 발전기에 상간 단락이 생길 때 코일 C의 전류 i_d는 어떻게 표현되는가?
(4) 동기발전기를 병렬운전 시키기 위한 조건을 4가지만 쓰시오.

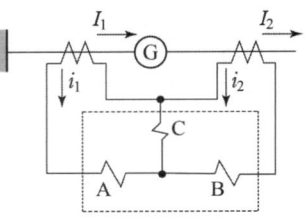

답안작성

(1) 비율 차동 계전기
(2) C 코일
(3) $i_d = |i_1 - i_2|$
(4) ① 기전력의 크기가 같을 것
    ② 기전력의 위상이 같을 것
    ③ 기전력의 주파수가 같을 것
    ④ 기전력의 파형이 같을 것

해설

(2) C 코일 : 동작 코일 (차동 전류)
　　A, B 코일 : 억제 코일 (부하 전류)
(3) C 코일(동작 코일)에 흐르는 전류는 A, B 코일(억제 코일)에 흐르는 전류의 차전류가 흐른다.
(4) 이 외에도 3상 동기 발전기의 병렬 운전 시에는 상회전 방향이 같아야 한다.

▸ 출제년도 : 89. 95. 01. 17.　▸ 점수 : 5점

문제 03 변전소에 200 [Ah]의 연 축전지가 55개 설치되어 있다. 다음 각 물음에 답하시오.
(1) 묽은 황산의 농도는 표준이고, 액면이 저하하여 극판이 노출되어 있다. 어떤 조치를 하여야 하는가?
(2) 부동 충전시에 알맞은 전압은?
　• 계산　　　　　　　　　　　　　　• 답
(3) 충전시에 발생하는 가스의 종류는?
(4) 충전이 부족할 때 극판에 발생하는 현상을 무엇이라고 하는가 ?

답안작성

(1) 증류수를 보충한다.
(2) • 계산 : 부동 충전 전압은 2.15 [V/cell]
　　　　　∴ $V = 2.15 \times 55 = 118.25 [V]$
　• 답 : 118.25[V]
(3) 수소 가스
(4) 설페이션 현상

해설

부동 충전 전압
• CS형 (클래드식) → 2.15 [V/cell]
• HS형 (페이스트식) → 2.18 [V/cell]

▸ 출제년도 : 17.　▸ 점수 : 3점

문제 04 특고압 가공전선과 저고압 가공전선 등의 접근 또는 교차에 관한 내용이다. 다음 ①~③에 들어갈 내용을 쓰시오.

> • 특고압 가공전선이 저고압 가공전선과 접근시 특고압 가공전선로는 1차 접근상태로 시설되는 경우 (①) 특고압 보안공사에 의하여야 한다.
> • 특고압 가공전선과 저고압 가공전선 등 또는 이들의 지지물이나 지주 사이의 이격거리는 (②)[m]이며, 사용전압이 60000 [V] 초과시 10000 [V] 또는 그 단수마다 (③)[cm] 더한 거리이다.

답안작성

① 제3종　② 2　③ 12

해설

KEC 333.26 특고압 가공전선과 저고압 가공전선 등의 접근 또는 교차
특고압 가공전선이 가공약전류전선 등 저압 또는 고압의 가공전선이나 저압 또는 고압의 전차선(이하에서 "저고압 가공전선 등"이라 한다)과 제1차 접근상태로 시설되는 경우
가. 특고압 가공전선로는 제3종 특고압 보안공사에 의할 것.
나. 특고압 가공전선과 저고압 가공 전선 등 또는 이들의 지지물이나 지주 사이의 이격거리는 표에서 정한 값 이상일 것.

사용전압의 구분	이격거리
60 [kV] 이하	2 [m]
60 [kV] 초과	• 이격거리 = 2 + 단수×0.12[m] • 단수 = $\dfrac{(전압 [kV]-60)}{10}$ 단수 계산에서 소수점 이하는 절상

▶ 출제년도 : 17.   ▶ 점수 : 4점

문제 05 ● 전기안전관리자의 공사의 감리업무 중 공사종류 2가지를 쓰시오.

답안작성

① 비상용 예비발전설비의 설치·변경공사로서 총공사비가 1억원 미만인 공사
② 전기수용설비의 증설 또는 변경공사로서 총공사비가 5천만원 미만인 공사

해설

전기안전관리자의 자격 및 직무 (전기사업법 시행규칙 제44조)
전기안전관리자의 직무 범위
① 전기설비의 공사·유지 및 운용에 관한 업무 및 이에 종사하는 사람에 대한 안전교육
② 전기설비의 안전관리를 위한 확인·점검 및 이에 대한 업무의 감독
③ 전기설비의 운전·조작 또는 이에 대한 업무의 감독
④ 전기설비의 안전관리에 관한 기록의 작성·보존 및 비치
⑤ 공사계획의 인가신청 또는 신고에 필요한 서류의 검토
⑥ 다음 어느 하나에 해당하는 공사의 감리업무
　• 비상용 예비발전설비의 설치·변경공사로서 총공사비가 1억원 미만인 공사
　• 전기수용설비의 증설 또는 변경공사로서 총공사비가 5천만원 미만인 공사
⑦ 전기설비의 일상점검·정기점검·정밀점검의 절차, 방법 및 기준에 대한 안전관리규정의 작성
⑧ 전기재해의 발생을 예방하거나 그 피해를 줄이기 위하여 필요한 응급조치

▶ 출제년도 : 12. 17.   ▶ 점수 : 4점

문제 06 ● 차단기에 비하여 전력용 퓨즈의 장점 4가지를 쓰시오.

답안작성

① 소형으로 큰 차단 용량을 갖는다.
② 보수가 용이하다.
③ 릴레이나 변성기가 필요 없다.
④ 고속도 차단한다.

▶ 출제년도 : 89. 97. 98. 02. 13. 17.   ▶ 점수 : 10점

문제 07 그림은 어느 생산공장의 수전설비의 계통도이다. 이 계통도와 뱅크의 부하용량표, 변류기 규격표를 보고 다음 각 물음에 답하시오. (단, 용량산출시 제시되지 않은 조건은 무시한다.

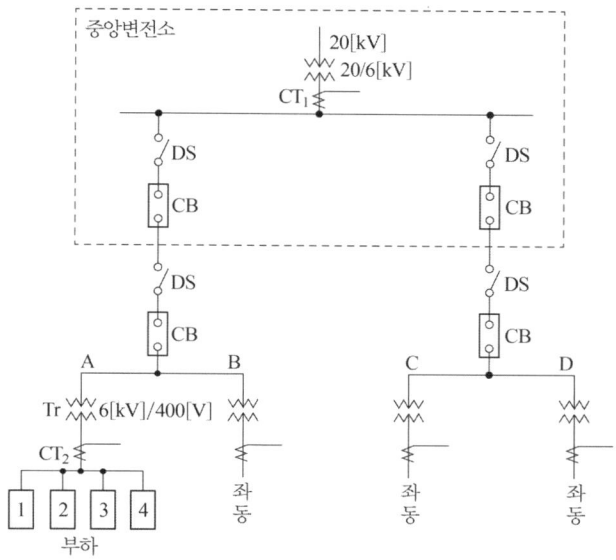

뱅크의 부하 용량표

피더	부하 설비 용량 [kW]	수용률 [%]
1	125	80
2	125	80
3	500	60
4	600	84

변류기 규격표

항 목	변 류 기
정격 1차 전류 [A]	5, 10, 15, 20, 30, 40 50, 75, 100, 150, 200 300, 400, 500, 600, 750 1000, 1500, 2000, 2500
정격 2차 전류 [A]	5

(1) A, B, C, D 뱅크에 같은 부하가 걸려 있으며, 각 뱅크의 부등률은 1.1이고, 전부하 합성역률은 0.8 이다. 중앙변전소 변압기 용량을 구하시오. 단, 변압기 용량은 표준규격으로 답하도록 한다.
 • 계산 :   • 답 :

(2) 변류기 CT₁과 CT₂의 변류비를 구하시오. (단, 1차 수전 전압은 20000/6000 [V], 2차 수전 전압은 6000/400 [V]이며, 변류비는 1.25배로 결정한다.)
 • 계산 :   • 답 :

답안작성

(1) • 계산 : A 뱅크의 최대 수요 전력 $= \dfrac{125 \times 0.8 + 125 \times 0.8 + 500 \times 0.6 + 600 \times 0.84}{1.1 \times 0.8}$

$= 1140.91 \,[\text{kVA}]$

A, B, C, D 각 뱅크간의 부등률은 없으므로

$STr = 1140.91 \times 4 = 4563.64 \,[\text{kVA}]$

• 답 : 5000 [kVA]

(2) • 계산 : ① CT_1 $I_1 = \dfrac{5000}{\sqrt{3} \times 6} \times 1.25 = 601.41 [A]$ ∴ 600/5 선정

② CT_2 $I_1 = \dfrac{1140.91}{\sqrt{3} \times 0.4} \times 1.25 = 2058.45 [A]$ ∴ 2000/5 선정

• 답 : ① CT_1 : 600/5   ② CT_2 : 2000/5

해설

(1) 최대수요전력 = $\dfrac{\dfrac{\text{부하설비 용량}[kW]}{\cos\theta} \times \text{수용률}}{\text{부등률}}$ [kVA]

▸ 출제년도 : 17.   ▸ 점수 : 6점

문제 08 지상역률 80[%]인 60[kW] 부하에 지상역률 60[%]의 40[kW] 부하를 연결하였다. 이때 합성역률을 90[%]로 개선하는데 필요한 콘덴서 용량은 몇 [kVA]인가?

• 계산   • 답

답안작성

• 계산 : 합성 유효전력 $P = 60 + 40 = 100$ [kW]

합성 무효전력 $Q = \dfrac{P_1}{\cos\theta_1} \times \sin\theta_1 + \dfrac{P_2}{\cos\theta_2} \times \sin\theta_2 = \dfrac{60}{0.8} \times 0.6 + \dfrac{40}{0.6} \times 0.8$
$= 98.33 [kVar]$

역률 90[%]일 때의 무효전력 $Q' = \dfrac{P}{\cos\theta} \times \sin\theta = \dfrac{100}{0.9} \times \sqrt{1-0.9^2} = 48.43 [kVar]$

따라서 필요한 콘덴서 용량 $Q_c = Q - Q' = 98.33 - 48.43 = 49.9 [kVA]$

• 답 : 49.9 [kVA]

▸ 출제년도 : 97. 02. 17.   ▸ 점수 : 7점

문제 09 옥내 배선용 그림 기호에 대한 다음 각 물음에 답하시오.
(1) 일반적인 콘센트의 그림 기호는 ◐ 이다. 어떤 경우에 사용되는가?
(2) 점멸기의 그림 기호로 ●₂ₚ, ●₃의 의미는 어떤 의미인가?
(3) 배선용 차단기, 누전 차단기의 그림 기호를 그리시오.
(4) HID등으로서 M400, N400의 의미는 무엇인가?

답안작성

(1) 벽붙이용
(2) 2극 스위치, 3로 스위치
(3) 배선용 차단기 : B, 누전 차단기 : E
(4) 400 [W] 메탈 핼라이드등, 400 [W] 나트륨등

▸ 출제년도 : 17.   ▸ 점수 : 4점

문제 10 몰드 변압기의 열화원인 4가지를 쓰시오.

답안작성

① 열적 열화   ② 전계 열화   ③ 응력 열화   ④ 환경 열화

▶ 출제년도 : 14. 17.   ▶ 점수 : 5점

문제 11 매 분 18[m³]의 물을 높이 15[m]인 탱크에 양수하는데 필요한 전력을 V결선한 변압기로 공급한다면, 여기에 필요한 단상 변압기 1대의 용량은 몇 [kVA]인가? (단, 펌프와 전동기의 합성 효율은 68[%]이고, 전동기의 전부하 역률은 89[%]이며, 펌프의 축동력은 15[%]의 여유를 본다고 한다.)

• 계산 :   • 답 :

답안작성

• 계산 : $P = \dfrac{HQK}{6.12\eta} = \dfrac{15 \times 18 \times 1.15}{6.12 \times 0.68} = 74.61 \, [\text{kW}]$

[kVA]로 환산하면

부하 용량 $= \dfrac{74.61}{0.89} = 83.83 \, [\text{kVA}]$

V 결선시 용량 $P_V = \sqrt{3} \, P_1$ 에서

단상변압기 1대의 용량 $P_1 = \dfrac{P_V}{\sqrt{3}} = \dfrac{83.83}{\sqrt{3}} = 48.4 [\text{kVA}]$

• 답 : 48.4 [kVA]

▶ 출제년도 : 98. 00. 11. 17.   ▶ 점수 : 6점

문제 12 다음의 결선도는 PT 및 CT의 미완성 결선도이다. 그림기호를 그리고 약호들을 사용하여 결선도를 완성하시오.

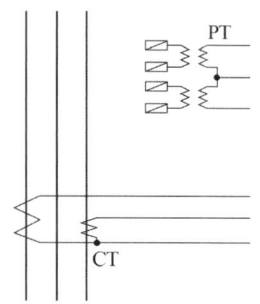
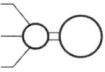
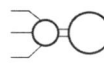

답안작성

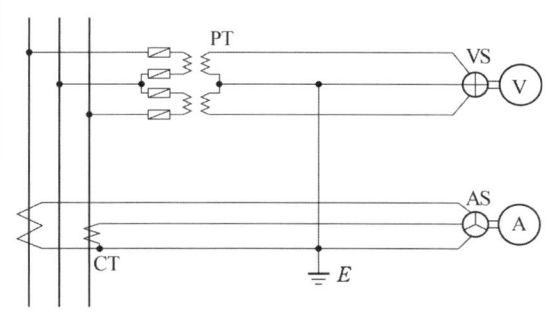

▸ 출제년도 : 17.   ▸ 점수 : 6점

문제 13 ● 다음 용어의 정의를 쓰시오.
① 변전소
② 개폐소
③ 급전소

답안작성

① 변전소 : 변전소의 밖으로부터 전송받은 전기를 변전소 안에 시설한 변압기·전동발전기·회전변류기·정류기 그 밖의 기계기구에 의하여 변성하는 곳으로서 변성한 전기를 다시 변전소 밖으로 전송하는 곳을 말한다.
② 개폐소 : 개폐소 안에 시설한 개폐기 및 기타 장치에 의하여 전로를 개폐하는 곳으로서 발전소·변전소 및 수용장소 이외의 곳을 말한다.
③ 급전소 : 전력계통의 운용에 관한 지시 및 급전조작을 하는 곳을 말한다.

▸ 출제년도 : 02. 17.   ▸ 점수 : 10점

문제 14 ● 주어진 도면과 동작설명을 보고 다음 각 물음에 답하시오.

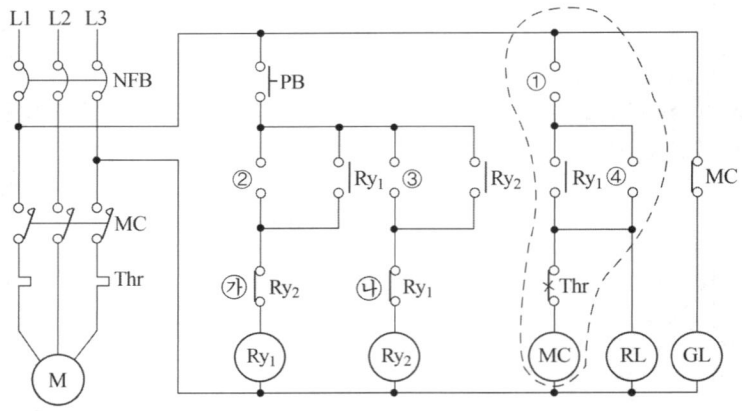

[동작설명]
① 누름 버튼 스위치 PB를 누르면 릴레이 Ry_1이 여자되어 MC를 여자시켜 전동기가 기동되며 PB에서 손을 떼어도 전동기는 계속 운전된다.
② 다시 PB를 누르면 릴레이 Ry_2가 여자되어 MC는 소자되며 전동기는 정지한다.
③ 다시 PB를 누름에 따라서 ①과 ②의 동작을 반복하게 된다.

(1) ㉮, ㉯의 릴레이 b접점이 서로 작용하는 역할에 대하여 이것을 무슨 접점이라 하는가?
(2) 운전 중에 과전류로 인하여 Thr이 작동되면 점등되는 램프는 어떤 램프인가?
(3) 그림의 점선 부분을 논리식(출력식)과 무접점 논리회로로 표시하시오.
　• 논리식
　• 논리회로

(4) 동작에 관한 타임차트를 완성하시오.

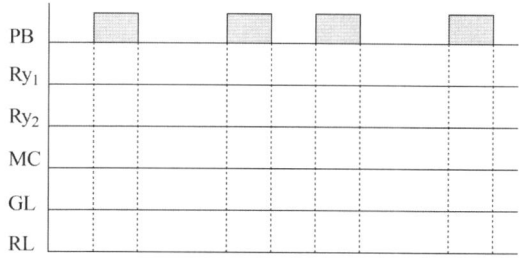

답안작성

(1) 인터록 접점(Ry_1, Ry_2 동시 투입 방지)
(2) GL 램프
(3) • 논 리 식 : $MC = \overline{Ry_2}(Ry_1 + MC) \cdot \overline{Thr}$

• 논리회로 :

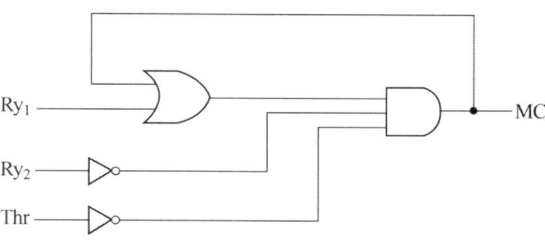

(4)

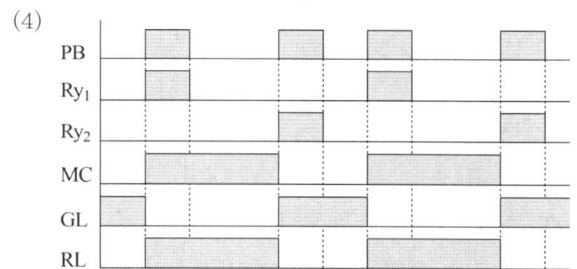

▸ 출제년도 : 17.   ▸ 점수 : 4점

문제 15 ● 다음 곡선의 계전기 명칭을 쓰시오.

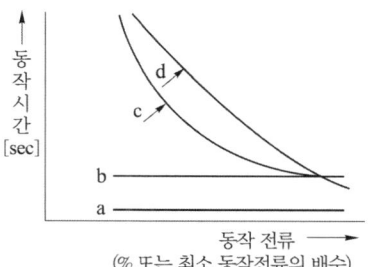

답안작성

	a	b	c	d
명칭	순한시 계전기	정한시 계전기	반한시성 정한시 계전기	반한시 계전기

해설

보호 계전기의 동작 시간에 의한 분류
① 순한시 계전기 : 고장즉시 동작
② 정한시 계전기 : 고장후 일정시간이 경과하면 동작
③ 반한시 계전기 : 고장전류의 크기에 반비례하여 동작
④ 반한시성 정한시 계전기 : 반한시와 정한시 특성을 겸함

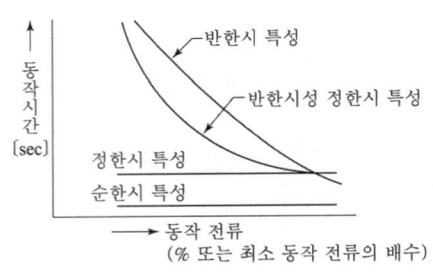

▸ 출제년도 : 96. 00. 04. 11. 17. ▸ 점수 : 6점

문제 16 그림은 최대 사용 전압 6900[V]인 변압기의 절연 내력 시험을 위한 시험 회로도이다. 그림을 보고 다음 각 물음에 답하시오.

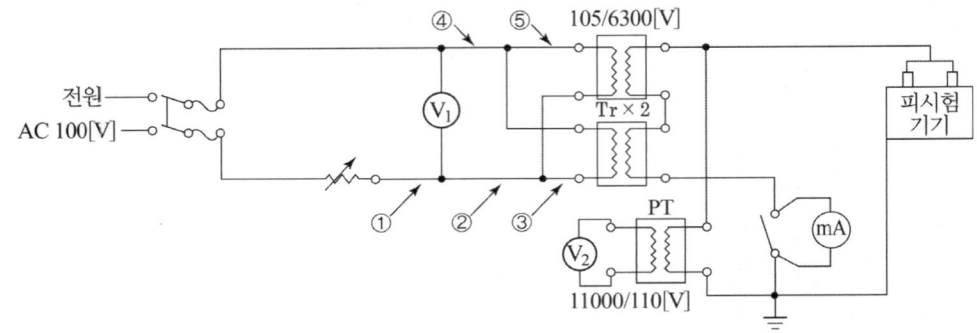

(1) 전원측 회로에 전류계 Ⓐ를 설치하고자 할 때 ①~⑤번 중 어느 곳이 적당한가?
(2) 시험시 전압계 V_1 로 측정되는 전압은 몇 [V]인가?(단, 소수점 이하는 반올림 할 것)
  • 계산 :   • 답 :
(3) 시험시 전압계 V_2 로 측정되는 전압은 몇 [V]인가?
  • 계산 :   • 답 :
(4) PT의 설치 목적은 무엇인가?
(5) 전류계 [mA]의 설치 목적은 어떤 전류를 측정하기 위함인가?

답안작성

(1) ①
(2) 계산 : 절연 내력 시험 전압 : $V = 6900 \times 1.5 = 10350[V]$
    전압계 : $V_1 = 10350 \times \dfrac{1}{2} \times \dfrac{105}{6300} = 86.25\ [V]$
  답 : 86 [V]
(3) 계산 : $V_2 = 6900 \times 1.5 \times \dfrac{110}{11000} = 103.5\ [V]$ 답 : 103.5 [V]
(4) 피시험기기의 절연 내력 시험 전압 측정
(5) 누설 전류의 측정

해설

(2) ① KEC 135 변압기 전로의 절연내력

변압기의 전로는 표 에서 정하는 시험전압을 권선과 다른 권선, 철심 및 외함 간에 시험전압을 연속하여 10분간 가하여 절연내력을 시험하였을 때에 이에 견디는 것이어야 한다.

권선의 종류 (최대사용전압)	접지방식	시험 전압 (최대사용전압의 배수)	최저 시험 전압
1. 7[kV] 이하		1.5배	500[V]
	다중접지	0.92배	500[V]
2. 7[kV] 초과 25[kV] 이하	다중접지	0.92배	
3. 7[kV] 초과 60[kV] 이하 (2란의 것을 제외한다)		1.25배	10.5[kV]
4. 60[kV] 초과 (전위 변성기를 사용하여 접지하는 것을 포함한다. 8란의 것을 제외한다)	비접지	1.25	
5. 60[kV] 초과 (전위 변성기를 사용하여 접지하는 것, 6란 및 8란의 것을 제외한다)	접지식	1.1배	75[kV]
6. 60[kV] 초과(8란의 것을 제외한다) 다만, 170[kV]를 초과하는 권선에는 그 중성점에 피뢰기를 시설하는 것에 한한다.	직접접지	0.72배	
7. 170[kV] 초과 (8란의 것을 제외한다)	직접접지	0.64배	
8. 60[kV]를 초과하는 정류기에 접속하는 권선		정류기의 교류측의 최대 사용전압의 1.1배의 교류전압 또는 정류기의 직류측의 최대 사용전압의 1.1배의 직류전압	

② 문제에서 소수점 이하는 반올림할 것이라는 조건이 있음.

▸ 출제년도 : 95. 00. 05. 17.　▸ 점수 : 4점

문제 17 그림과 같은 부하 곡선을 보고 다음 각 물음에 답하시오.

(1) 일공급 전력량은 몇 [kWh]인가?
　• 계산 :
　• 답 :
(2) 일부하율은 몇 [%]인가?
　• 계산 :
　• 답 :

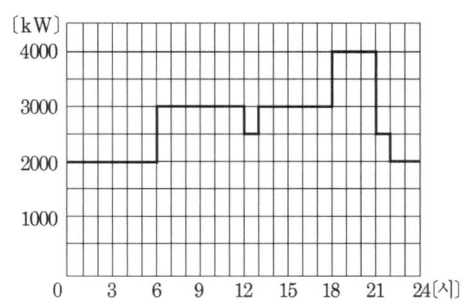

답안작성

(1) • 계산 : $W = 2000 \times 6 + 3000 \times 6 + 2500 \times 1 + 3000 \times 5 + 4000 \times 3 + 2500 \times 1 + 2000 \times 2$
　　　　　$= 66000 \, [\text{kWh}]$
　• 답 : 66000 [kWh]
(2) • 계산 : 평균전력 $= \dfrac{66000}{24} = 2750 [\text{kW}]$
　　　　부하곡선에서 최대전력 = 4000[kW]

일부하율 = 평균전력/최대전력 × 100 = 2750/4000 × 100 = 68.75[%]

• 답 : 68.75 [%]

▶ 출제년도 : 17.   ▶ 점수 : 5점

문제 18 다음은 제어계의 조절부 동작에 의한 분류이다. 다음 ① ~ ⑤ 안에 들어갈 제어계를 쓰시오.

(①) 제어	이 제어는 각각의 이점을 살리고 있으므로 가장 우수한 제어 동작이다. 이 동작으로 제어를 하는 경우에는 오프셋이 없고 응답이 빠른 제어를 할 수 있다.
(②) 제어	이것은 구조가 간단하나 설정값과 제어결과, 즉 검출값 편차의 크기에 비례하여 조작부를 제어하는 것으로 정상 오차를 수반한다. 사이클링은 없으나 잔류편차(off-set)가 생기는 결점이 있다.
(③) 제어	제어계 오차가 검출될 때 오차가 변화하는 속도에 비례하여 조작량을 가감산하도록 하는 동작으로 오차가 커지는 것을 미리 방지하는 데 있다.
(④) 제어	오차의 크기와 오차가 발생하고 있는 시간에 대해 둘러싸고 있는 면적을 말하고, 적분값의 크기에 비례하여 조작부를 제어하는 것으로, 잔류 오차가 없도록 제어할 수 있는 장점이 있다.
(⑤) 제어	제어 결과에 빨리 도달하도록 미분 동작을 부가한 것이다. 응답 속응성의 개선에 사용된다.

답안작성

① 비례 적분 미분(PID)
② 비례(P)
③ 미분(D)
④ 적분(I)
⑤ 비례 미분(PD)

E60-2
전기산업기사 실기

2018년도 기출문제

- 2018년 전기산업기사 1회
- 2018년 전기산업기사 2회
- 2018년 전기산업기사 3회

국가기술자격검정 실기시험문제 및 답안지

2018년도 산업기사 일반검정 제1회 | 수험번호 | 성명 | 감독위원 확인

자격종목(선택분야)	시험시간	형별
전기산업기사	2시간 00분	

문제 01 ▶출제년도 : 09, 12, 16, 18. ▶점수 : 5점

지표면상 15[m] 높이의 수조가 있다. 이 수조에 시간 당 5000[m³] 물을 양수하는데 필요한 펌프용 전동기의 소요 동력은 몇 [kW]인가? (단, 펌프의 효율은 55[%]로 하고, 여유계수는 1.1로 한다.)

• 계산 :   • 답 :

답안작성

계산 : $P = \dfrac{KQH}{6.12\eta} = \dfrac{1.1 \times \dfrac{5000}{60} \times 15}{6.12 \times 0.55} = 408.5 [\text{kW}]$

답 : 408.5 [kW]

해설

$P = \dfrac{KQH}{6.12\eta}$ [kW]

(단, K : 손실계수(여유계수), Q : 양수량 [m³/min], H : 총양정 [m], η : 효율)

문제 02 ▶출제년도 : 99, 02, 09, 18. ▶점수 : 8점

예비전원설비에 이용되는 연축전지와 알칼리축전지에 대하여 다음 각 물음에 답하시오.

(1) 연축전지와 비교할 때 알칼리축전지의 장점과 단점을 1가지씩만 쓰시오.
   • 장점 :
   • 단점 :
(2) 연축전지와 알칼리축전지의 공칭전압은 각각 몇 [V]인지 쓰시오.
   • 연축전지 :
   • 알칼리축전지 :
(3) 축전지의 일상적인 충전방식 중 부동충전방식에 대하여 설명하시오.
(4) 연축전지의 정격용량이 200[Ah]이고, 상시부하가 15[kW]이며, 표준전압이 100[V]인 부동충전방식 충전기의 2차 전류는 몇 [A]인지 구하시오. (단, 상시부하의 역률은 1로 간주한다.)
   • 계산 :   • 답 :

답안작성

(1) • 장점 : 수명이 길다.
　　• 단점 : 연축전지 보다 공칭 전압이 낮다.
(2) • 연축전지 : 2.0 [V/cell]
　　• 알칼리축전지 : 1.2 [V/cell]
(3) 축전지와 부하를 충전기에 병렬로 접속하여 사용하는 방식으로 축전지의 자기방전을 보충함과 동시에 일상적인 부하전류는 충전기가 공급하되, 충전기가 공급하기 어려운 일시적인 대전류 부하는 축전지가 공급하는 충전방식
(4) 계산 : $I = \dfrac{200}{10} + \dfrac{15000}{100} = 170 [A]$
　　답 : 170 [A]

해설

(1) 알칼리 축전지의 장·단점
　　[장점] • 수명이 길다(연축전지의 3~4배)
　　　　　• 진동과 충격에 강하다.
　　　　　• 충·방전 특성이 양호하다.
　　　　　• 방전시 전압 변동이 작다.
　　　　　• 사용 온도 범위가 넓다.
　　[단점] • 연축전지 보다 공칭 전압이 낮다.
　　　　　• 가격이 비싸다.
(4) • 충전기 2차 전류 [A] = $\dfrac{축전지\ 용량\ [Ah]}{정격방전률\ [h]} + \dfrac{상시\ 부하용량\ [VA]}{표준전압\ [V]}$
　　• 연축전지의 정격방전율 : 10 [h]

▸ 출제년도 : 07. 18.　▸ 점수 : 5점

문제 03
다음 (　)에 알맞은 내용을 쓰시오.
"임의의 면에서 한 점의 조도는 광원의 광도 및 입사각 θ의 코사인에 비례하고 거리의 제곱에 반비례한다. 이와 같이 입사각의 코사인에 비례하는 것을 Lambert의 코사인 법칙이라 한다. 또 광선과 피조면의 위치에 따라 조도를 (　　)조도, (　　)조도, (　　)조도 등으로 분류할 수 있다.

답안작성

법선, 수평면, 수직면

▸ 출제년도 : 00. 05. 09. 18.　▸ 점수 : 6점

문제 04
60[Hz]로 설계된 3상 유도 전동기를 동일 전압으로 50[Hz]에 사용할 경우 다음 각 요소는 어떻게 변화하는지 수치를 이용하여 설명하시오.
(1) 무부하 전류
(2) 온도 상승
(3) 속도

답안작성

(1) 6/5로 증가
(2) 6/5로 증가
(3) 5/6로 감소

해설

(1) $V = 4.44K_w w f \phi$ [V]에서 $\phi = \dfrac{V}{4.44K_w w f}$, $\therefore I_\phi \propto \phi \propto \dfrac{1}{f}$

따라서 주파수가 낮아지면 자화전류가 증가하고 그에 따라 무부하 전류(여자전류)도 증가하게 된다.

(2) 히스테리시스손 $P_h \propto f B_m^2 \propto f \phi^2 \propto f \cdot \left(\dfrac{1}{f}\right)^2 \propto \dfrac{1}{f}$

따라서 주파수가 낮아지면 히스테리시스손이 증가하게 되고 그에 따라 전동기의 온도도 상승하게 된다.

(3) 속도 $N_s = \dfrac{120f}{p}$ 에서 $N_s \propto f$

따라서 주파수가 낮아지면 전동기의 속도도 감소하게 된다.

▶ 출제년도 : 10. 18.   ▶ 점수 : 9점

문제 05 3상 154 [kV] 시스템의 회로도와 조건을 이용하여 점 F에서 3상 단락고장이 발생하였을 때 단락전류 등을 154 [kV], 100 [MVA] 기준으로 계산하는 과정에 대한 다음 각 물음에 답하시오.

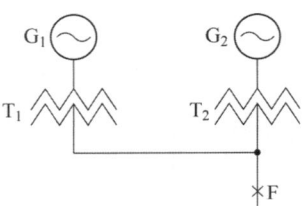

[조건]

① 발전기 $G_1 : S_{G1} = 20$[MVA], $\%Z_{G1} = 30$[%]
　　　　$G_2 : S_{G2} = 5$[MVA], $\%Z_{G2} = 30$[%]

② 변압기 $T_1 :$ 전압 11/154 [kV], 용량 : 20 [MVA], $\%Z_{T1} = 10$[%]
　　　　$T_2 :$ 전압 6.6/154 [kV], 용량 : 5 [MVA], $\%Z_{T2} = 10$[%]

③ 송전선로 : 전압 154 [kV], 용량 : 20 [MVA], $\%Z_{TL} = 5$[%]

(1) 정격전압과 정격용량을 각각 154 [kV], 100 [MVA]로 할 때 정격전류(I_n)를 구하시오.

　•계산 :　　　　　　　　　　　　　　　　•답 :

(2) 발전기(G_1, G_2), 변압기(T_1, T_2) 및 송전선로의 %임피던스 $\%Z_{G1}$, $\%Z_{G2}$, $\%Z_{T1}$, $\%Z_{T2}$, $\%Z_{TL}$을 각각 구하시오.

　① $\%Z_{G1}$
　　•계산 :　　　　　　　　　　　　　　•답 :
　② $\%Z_{G2}$
　　•계산 :　　　　　　　　　　　　　　•답 :

③ %Z_{T1}
- 계산 :   • 답 :

④ %Z_{T2}
- 계산 :   • 답 :

⑤ %Z_{TL}
- 계산 :   • 답 :

(3) 점 F에서의 합성 %임피던스를 구하시오.
- 계산 :   • 답 :

(4) 점 F에서의 3상 단락전류 I_s를 구하시오.
- 계산 :   • 답 :

(5) 점 F에 설치할 차단기의 용량을 구하시오.
- 계산 :   • 답 :

답안작성

(1) 계산 : $I_n = \dfrac{P_n}{\sqrt{3}\,V_n} = \dfrac{100 \times 10^6}{\sqrt{3} \times 154 \times 10^3} = 374.9[A]$ 답 : 374.9[A]

(2) ① 계산 : %$Z_{G1} = 30[\%] \times \dfrac{100}{20} = 150[\%]$ 답 : 150[%]

② 계산 : %$Z_{G2} = 30[\%] \times \dfrac{100}{5} = 600[\%]$ 답 : 600[%]

③ 계산 : %$Z_{T1} = 10[\%] \times \dfrac{100}{20} = 50[\%]$ 답 : 50[%]

④ 계산 : %$Z_{T2} = 10[\%] \times \dfrac{100}{5} = 200[\%]$ 답 : 200[%]

⑤ 계산 : %$Z_{TL} = 5[\%] \times \dfrac{100}{20} = 25[\%]$ 답 : 25[%]

(3) 계산 : %Z = %$Z_{TL} + \dfrac{(\%Z_{G1} + \%Z_{T1}) \times (\%Z_{G2} + \%Z_{T2})}{(\%Z_{G1} + \%Z_{T1}) + (\%Z_{G2} + \%Z_{T2})}$

$= 25 + \dfrac{(150+50) \times (600+200)}{(150+50) + (600+200)} = 185[\%]$

답 : 185[%]

(4) 계산 : 단락전류 $I_s = I_n \times \dfrac{100}{\%Z} = 374.9 \times \dfrac{100}{185} = 202.65[A]$

답 : 202.65[A]

(5) 계산 : 차단용량 $P_s = \sqrt{3} \times 154 \times 10^3 \times \dfrac{1.2}{1.1} \times 202.65 \times 10^{-6} = 58.97[MVA]$

답 : 58.97[MVA]

해설

(2) 기준용량 %Z = 정격용량[%] × $\dfrac{\text{기준용량}}{\text{정격용량}}$

(5) • 차단용량 = $\sqrt{3}$ × 정격전압(=공칭전압 × $\dfrac{1.2}{1.1}$) × 정격차단전류

• 차단전류 > 단락전류

문제 06 ▸출제년도 : 17. 18.   ▸점수 : 6점

지상역률 80[%]인 100[kW] 부하에 지상역률 60[%]의 70[kW] 부하를 연결하였다. 이때 합성역률을 90[%]로 개선하는데 필요한 콘덴서 용량은 몇 [kVA]인가?
• 계산   • 답

답안작성

- 계산 : 합성유효전력 $P = 100 + 70 = 170\,[\text{kW}]$

  합성무효전력 $Q = \dfrac{P_1}{\cos\theta_1} \times \sin\theta_1 + \dfrac{P_2}{\cos\theta_2} \times \sin\theta_2 = \dfrac{100}{0.8} \times 0.6 + \dfrac{70}{0.6} \times 0.8$

  $= 168.33\,[\text{kVar}]$

  역률 90[%]일 때의 무효전력 $Q' = \dfrac{P}{\cos\theta} \times \sin\theta = \dfrac{170}{0.9} \times \sqrt{1-0.9^2} = 82.33\,[\text{kVar}]$

  따라서 필요한 콘덴서 용량 $Q_c = Q - Q' = 168.33 - 82.33 = 86\,[\text{kVA}]$

- 답 : 86 [kVA]

해설

다른 방법으로

- 무효 전력 $Q = P_a \sin\theta = \dfrac{P}{\cos\theta} \times \sin\theta\,[\text{kVar}]$ 에서

  합성 무효 전력 $Q = \dfrac{100}{0.8} \times 0.6 + \dfrac{70}{0.6} \times 0.8 = 168.33\,[\text{kVar}]$

- 합성 유효 전력 $P = 100 + 70 = 170\,[\text{kW}]$

- 합성역률 $\cos\theta = \dfrac{P}{\sqrt{P^2 + Q^2}} = \dfrac{170}{\sqrt{170^2 + 168.33^2}} = 0.71058841$

- 역률 개선용 콘덴서 용량 $Q_c = P\left(\dfrac{\sqrt{1-\cos^2\theta_1}}{\cos\theta_1} - \dfrac{\sqrt{1-\cos^2\theta_2}}{\cos\theta_2}\right)$

  $= 170 \times \left(\dfrac{\sqrt{1-0.71058841^2}}{0.71058841} - \dfrac{\sqrt{1-0.9^2}}{0.9}\right) = 86\,[\text{kVA}]$

문제 07 ▸출제년도 : 10. 18.   ▸점수 : 5점

제5고조파 전류의 확대 방지 및 스위치 투입시 돌입전류 억제를 목적으로 역률 개선용 콘덴서에 직렬 리액터를 설치하고자 한다. 콘덴서의 용량이 500 [kVA]라고 할 때 다음 각 물음에 답하시오.

(1) 이론상 필요한 직렬 리액터의 용량[kVA]을 구하시오.
   • 계산 :   • 답 :
(2) 실제적으로 설치하는 직렬 리액터의 용량[kVA]을 구하고 그 이유를 설명하시오.
   • 리액터의 용량 :
   • 이유 :

답안작성

(1) 계산 : 리액터 용량 $= 500 \times 0.04 = 20\,[\text{kVA}]$
    답 : 20 [kVA]

(2) • 리액터의 용량 : $500 \times 0.06 = 30\,[\text{kVA}]$
    • 이유 : 계통의 주파수 변동을 고려한 여유

문제 08

▸ 출제년도 : 15. 18. ▸ 점수 : 6점

고압차단기의 종류 3가지와 각각의 소호매체를 답란에 쓰시오.

고압차단기	소호매체

답안작성

고압차단기	소호매체
유입차단기	절연유
가스차단기	SF_6 가스
진공차단기	고진공

해설

고압차단기의 소호 매질

종 류	진공차단기(VCB)	유입차단기(OCB)	가스차단기(GCB)	자기차단기(MBB)
소호 매질	고진공	절연유	SF_6 가스	전자력

문제 09

▸ 출제년도 : 96. 03. 04. 11. 12. 17. 18. ▸ 점수 : 5점

분전반에서 25[m]의 거리에 4[kW]의 교류 단상 200[V] 전열용 아웃트렛을 설치하여 전압강하를 1[%] 이내가 되도록 하고자 한다. 이곳의 배선 방법을 금속관공사로 한다고 할 때, 전선의 굵기[mm²]를 얼마로 선정하는 것이 적당한지 구하시오.

- 계산
- 답

답안작성

- 계산 : $I = \dfrac{P}{V} = \dfrac{4 \times 10^3}{200} = 20[\text{A}]$

  전선의 굵기 $A = \dfrac{35.6LI}{1000e} = \dfrac{35.6 \times 25 \times 20}{1000 \times (200 \times 0.01)} = 8.9[\text{mm}^2]$

- 답 : 10 [mm²]

해설

KSC IEC 전선규격 [mm²]

1.5	2.5	4
6	10	16
25	35	50
70	95	120
150	185	240
300	400	500

전선의 단면적

단상 2선식	$A = \dfrac{35.6LI}{1000 \cdot e}$
3상 3선식	$A = \dfrac{30.8LI}{1000 \cdot e}$
단상 3선식 3상 4선식	$A = \dfrac{17.8LI}{1000 \cdot e}$

▶ 출제년도 : 92. 05. 07. 18.   ▶ 점수 : 14점

문제 10 3층 사무실용 건물에 3상 3선식의 6000[V]를 수전하여 200[V]로 체강하여 수전하는 설비를 하였다. 각 종 부하설비가 표와 같을 때 주어진 조건을 이용하여 다음 각 물음에 답하시오.

동력 부하 설비

사용 목적	용량 [kW]	대수	상용 동력 [kW]	하계 동력 [kW]	동계 동력 [kW]
난방 관계 · 보일러 펌프 · 오일 기어 펌프 · 온수 순환 펌프	6.7 0.4 3.7	1 1 1			6.7 0.4 3.7
공기 조화 관계 · 1, 2, 3층 패키지 콤프레셔 · 콤프레셔 팬 · 냉각수 펌프 · 쿨링 타워	7.5 5.5 5.5 1.5	6 3 1 1	16.5	45.0 5.5 1.5	
급수·배수 관계 · 양수 펌프	3.7	1	3.7		
기타 · 소화 펌프 · 셔터	5.5 0.4	1 2	5.5 0.8		
합 계			26.5	52.0	10.8

조명 및 콘센트 부하 설비

사용 목적	와트수[W]	설치 수량	환산 용량[VA]	총용량[VA]	비 고
전등관계 · 수은등 A · 수은등 B · 형광등 · 백열 전등	200 100 40 60	2 8 820 20	260 140 55 60	520 1120 45100 1200	200 [V] 고역률 100 [V] 고역률 200 [V] 고역률
콘센트 관계 · 일반 콘센트 · 환기팬용 콘센트 · 히터용 콘센트 · 복사기용 콘센트 · 텔레타이프용 콘센트 · 룸 쿨러용 콘센트	 1500 	70 8 2 4 2 6	150 55 	10500 440 3000 3600 2400 7200	2P 15 [A]
기타 · 전화 교환용 정류기		1		800	
계				75880	

상 별	변압기 용량
	제작회사에서 시판되는 표준용량[kVA]
단상 3상	5, 10, 15, 20, 30, 50, 75, 100, 150, 200, 250, 300

[조건]
1. 동력부하의 역률은 모두 70 [%]이며, 기타는 100 [%]로 간주한다.
2. 조명 및 콘센트 부하설비의 수용률은 다음과 같다.
    • 전등설비 : 60 [%]
    • 콘센트설비 : 70 [%]
    • 전화교환용 정류기 : 100 [%]
3. 변압기 용량 산출시 예비율(여유율)은 고려하지 않으며 용량은 표준규격으로 답하도록 한다.
4. 변압기 용량 산정시 필요한 동력부하설비의 수용률은 전체 평균 65[%]로 한다.

(1) 동계 난방 때 온수 순환 펌프는 상시 운전하고, 보일러용과 오일 기어 펌프의 수용률이 55 [%]일 때 난방 동력 수용 부하는 몇 [kW]인가?
    • 계산 :   • 답 :
(2) 상용 동력, 하계 동력, 동계 동력에 대한 피상전력은 몇 [kVA]가 되겠는가?
    ① 상용 동력
        • 계산 :   • 답 :
    ② 하계 동력
        • 계산 :   • 답 :
    ③ 동계 동력
        • 계산 :   • 답 :
(3) 이 건물의 총 전기설비 용량은 몇 [kVA]를 기준으로 하여야 하는가?
    • 계산 :   • 답 :
(4) 조명 및 콘센트 부하설비에 대한 단상변압기의 용량은 최소 몇 [kVA]가 되어야 하는가?
    • 계산 :   • 답 :
(5) 동력 부하용 3상 변압기의 용량은 몇 [kVA]가 되겠는가?
    • 계산 :   • 답 :
(6) 단상과 3상 변압기의 각 1차측에 전류계용으로 사용되는 변류기의 1차측 정격전류는 각각 몇 [A]인가?
    ① 단상
        • 계산 :   • 답 :

② 3상
　　•계산 :　　　　　　　　　　　　　　　　　　•답 :
(7) 역률개선을 위하여 각 부하마다 전력용 콘덴서를 설치하려고 할 때 보일러 펌프의 역률을 95[%]로 개선하려면 몇 [kVA]의 전력용 콘덴서가 필요한가?
　　•계산 :　　　　　　　　　　　　　　　　　　•답 :

답안작성

(1) 계산 : 수용부하 $= 3.7 + (6.7 + 0.4) \times 0.55 = 7.61$ [kW]　　답 : 7.61 [kW]

(2) ① 계산 : 상용 동력의 피상 전력 $= \dfrac{26.5}{0.7} = 37.86$ [kVA]　　답 : 37.86 [kVA]

　　② 계산 : 하계 동력의 피상 전력 $= \dfrac{52.0}{0.7} = 74.29$ [kVA]　　답 : 74.29 [kVA]

　　③ 계산 : 동계 동력의 피상 전력 $= \dfrac{10.8}{0.7} = 15.43$ [kVA]　　답 : 15.43 [kVA]

(3) 계산 : $37.86 + 74.29 + 75.88 = 188.03$ [kVA]　　답 : 188.03 [kVA]

(4) 계산 : • 전등 관계 : $(520 + 1120 + 45100 + 1200) \times 0.6 \times 10^{-3} = 28.76$ [kVA]
　　　　　• 콘센트 관계 : $(10500 + 440 + 3000 + 3600 + 2400 + 7200) \times 0.7 \times 10^{-3} = 19$ [kVA]
　　　　　• 기타 : $800 \times 1 \times 10^{-3} = 0.8$ [kVA]
　　　　　• 합계 : $28.76 + 19 + 0.8 = 48.56$ [kVA]
　　답 : 50 [kVA]

(5) 계산 : 동계 동력과 하계 동력 중 큰 부하를 기준하고 상용 동력과 합산하여 계산하면
$$\dfrac{(26.5 + 52.0)}{0.7} \times 0.65 = 72.89 [\text{kVA}]$$이므로
3상 변압기 용량은 75 [kVA]가 된다.
　　답 : 75 [kVA]

(6) ① 단상 : 계산 : $I = \dfrac{50 \times 10^3}{6 \times 10^3} \times (1.25 \sim 1.5) = 10.42 \sim 12.5$ [A]
　　　　답 : $10.42 \sim 12.5$ [A] 사이에 표준품이 없으므로 10 [A] 선정

　　② 3상 : 계산 : $I = \dfrac{75 \times 10^3}{\sqrt{3} \times 6 \times 10^3} \times (1.25 \sim 1.5) = 9.02 \sim 10.83$ [A]
　　　　답 : 10[A] 선정

(7) 계산 : $Q_c = P(\tan\theta_1 - \tan\theta_2) = 6.7 \times \left(\dfrac{\sqrt{1-0.7^2}}{0.7} - \dfrac{\sqrt{1-0.95^2}}{0.95} \right) = 4.63$ [kVA]
　　답 : 4.63 [kVA]

해설

(1) 동력 수용 부하 = 설비용량 × 수용률

(2) 피상전력 $P_a[\text{kVA}] = \dfrac{P[\text{kW}]}{\cos\theta}$

(3) 수용률
　　• 전등 : 60[%]　　• 콘센트 : 70[%]　　• 기타 : 100[%]

(5) 동계부하와 하계부하는 동시에 가동되지 않으므로 동계부하와 하계부하 중 큰 부하를 기준
　　• 변압기 용량[kVA] $= \dfrac{설비용량[\text{kW}]}{\cos\theta} \times 수용률$

▸ 출제년도 : 18.   ▸ 점수 : 12점

문제 11 다음 수전설비의 단선결선도를 보고 다음 각 물음에 답하시오.

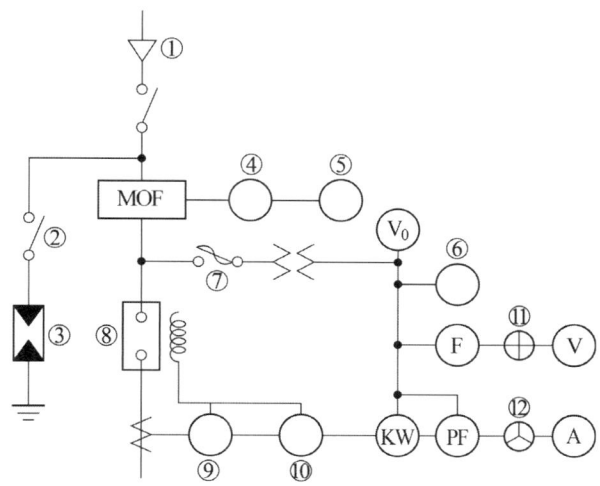

(1) ①의 용도를 간단히 설명하시오.
(2) ②로 표시된 전기기계 기구의 명칭과 용도를 간단히 설명하시오.
(3) ③로 표시된 전기기계 기구의 명칭과 용도를 간단히 설명하시오.
(4) ④~⑫로 표시된 전기기계 기구의 명칭을 쓰시오.

답안작성

(1) 가공전선과 케이블 단말(종단) 접속 시 사용
(2) 명칭 : 단로기
　　용도 : 부하 전류가 흐르지 않을 때 회로를 변경 또는 개폐
(3) 명칭 : 피뢰기
　　용도 : 이상 전압이 내습하면 이를 대지로 방전하고, 속류를 차단한다.
(4) ④ 최대수요전력량계　　　　⑤ 무효전력량계
　　⑥ 지락과전압계전기　　　　⑦ 전력퓨즈(컷 아웃 스위치)
　　⑧ 차단기　　　　　　　　　⑨ 과전류계전기
　　⑩ 지락과전류계전기　　　　⑪ 전압계용 전환개폐기
　　⑫ 전류계용 전환개폐기

▸ 출제년도 : 95. 00. 16. 17. 18.   ▸ 점수 : 5점

문제 12 단상 2선식 200 [V] 의 옥내배선에서 소비전력 40 [W], 역률 80 [%]의 형광등 160[등]을 설치할 때 이 시설을 16 [A] 분기회로로 하려고 한다. 이 때 필요한 분기회로는 최소 몇 회선이 필요한가? 단, 한 회로의 부하전류는 분기회로 용량의 80 [%]로 하고 수용률은 100[%]로 한다.

• 계산 :　　　　　　　　　　　　　　　　　　　　• 답 :

답안작성

- 계산 : 부하용량 $P_a = \dfrac{40}{0.8} \times 160 = 8,000[\text{VA}]$

  분기회로 수 $N = \dfrac{\text{부하용량[VA]}}{\text{전압[V]} \times \text{전류[A]}} = \dfrac{8000}{200 \times 16 \times 0.8} = 3.13$회로

- 답 : 16[A] 분기 4 회로

해설

- 한 회로의 부하전류는 분기회로의 80[%]로 한다는 의미 : 16[A]분기회로의 경우 한 회로에 인가할 수 있는 전류는 12.8[A](즉, 16[A]×0.8=12.8[A])라는 의미이다.

▶ 출제년도 : 18.　▶ 점수 : 4점

문제 13 지중 전선로는 전선에 케이블을 사용하고 또한 관로식·암거식(暗渠式) 또는 직접 매설식에 의하여 시설하여야 한다. 관로식에 의하여 시설하는 경우의 매설 깊이와 직접 매설식에 의하여 시설하는 경우(단, 매설 깊이를 차량 기타 중량물의 압력을 받을 우려가 있는 장소임)의 매설 깊이는 얼마 이상으로 하여야 하는지 쓰시오.

시설장소	매설깊이
관로식	①
직접 매설식	②

답안작성

① 1[m], ② 1[m]

해설

KEC 334.1 지중전선로의 시설
1. 지중 전선로는 전선에 케이블을 사용하고 또한 관로식·암거식(暗渠式) 또는 직접 매설식에 의하여 시설하여야 한다.
2. 지중 전선로를 관로식 또는 암거식에 의하여 시설하는 경우에는 다음에 따라야 한다.
    가. 관로식에 의하여 시설하는 경우에는 매설 깊이를 1.0[m] 이상으로 하되, 매설 깊이가 충분하지 못한 장소에는 견고하고 차량 기타 중량물의 압력에 견디는 것을 사용할 것. 다만 중량물의 압력을 받을 우려가 없는 곳은 0.6[m] 이상으로 한다.
    나. 암거식에 의하여 시설하는 경우에는 견고하고 차량 기타 중량물의 압력에 견디는 것을 사용할 것.
3. 지중 전선로를 직접 매설식에 의하여 시설하는 경우에는 매설 깊이를 차량 기타 중량물의 압력을 받을 우려가 있는 장소에는 1.0[m] 이상, 기타 장소에는 0.6[m] 이상으로 하고 또한 지중 전선을 견고한 트라프 기타 방호물에 넣어 시설하여야 한다.

▶ 출제년도 : 18.　▶ 점수 : 5점

문제 14 다음은 어느 계전기 회로의 논리식이다. 이 논리식을 이용하여 다음 각 물음에 답하시오. 단, 여기에서 A, B, C는 입력이고, X는 출력이다.

논리식 : $X = \overline{A}B + C$

(1) 이 논리식을 무접점 시퀀스도(논리회로)로 나타내시오.
(2) 물음 (1)에서 무접점 시퀀스도로 표현된 것을 2입력 NAND gate만으로 등가 변환하시오.

답안작성

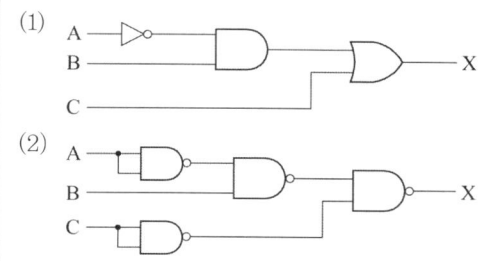

▶ 출제년도 : 18. ▶ 점수 : 5점

문제 15 태양광모듈 1장의 출력이 300[W], 변환효율이 20[%]일 때, 발전용량 12 [kW]인 태양광발전소의 최소 설치 필요 면적은 몇 [m²] 인지 구하시오. (단, 일사량은 1,000 [W/m²], 이격거리는 고려하지 않는다고 한다.)
• 계산 :   • 답 :

답안작성

• 계산 : • 태양전지모듈 변환효율 $\eta = \dfrac{P_{mpp}}{A \times S} \times 100$ [%] 이므로

  모듈면적 $A = \dfrac{P_{mpp}}{\eta \times S} \times 100 = \dfrac{300}{20 \times 1,000} \times 100 = 1.5 [\text{m}^2]$

• 발전용량은 12[kW], 모듈 1장의 출력은 300 [W] 이므로

  태양전지모듈 수 $N = \dfrac{12,000}{300} = 40 [장]$

• 태양광발전소의 최소 설치 필요 면적 $= 40 \times 1.5 = 60 [\text{m}^2]$

• 답 : $60 [\text{m}^2]$

해설

모듈출력 P_{mpp} [W], 모듈면적 A [m²] 이라고 하면,

모듈변환효율 $= \dfrac{P_{mpp} [\text{W}]}{A [\text{m}^2] \times 일사량 [\text{W/m}^2]} \times 100 [\%]$

국가기술자격검정 실기시험문제 및 답안지

2018년도 산업기사 일반검정 제2회

자격종목(선택분야)	시험시간	형별
전기산업기사	2시간 00분	

문제 01 ▸출제년도 : 14. 18.   ▸점수 : 5점

그림과 같은 PLC 시퀀스(래더 다이어그램)가 있다.
PLC 프로그램에서의 신호 흐름은 단방향이므로 시퀀스를 수정해야 한다. 문제의 도면을 바르게 작성하시오.

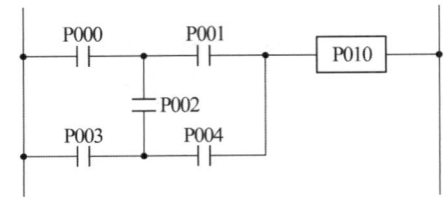

답안작성

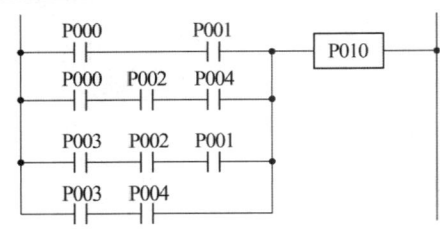

문제 02 ▸출제년도 : 85. 98. 02. 11. 14. 18.   ▸점수 : 5점

3상 3선식 6.6[kV]로 수전하는 수용가의 수전점에서 100/5[A], CT 2대와 6600/110[V], PT 2대를 사용하여 CT 및 PT의 2차측에서 측정한 전력이 300[W] 이었다면 수전전력은 몇 [kW]인지 계산하시오.

• 계산 :   • 답 :

답안작성

• 계산 : 수전 전력 = 측정 전력(전력계의 지시값)×CT비×PT비

$$\therefore P = 300 \times \frac{100}{5} \times \frac{6600}{110} \times 10^{-3} = 360[\text{kW}]$$

• 답 : 360[kW]

▸ 출제년도 : 09. 18.   ▸ 점수 : 8점

문제 03 3로스위치 4개를 사용한 3개소 점멸의 단선도를 참조하여 복선도를 완성하시오.

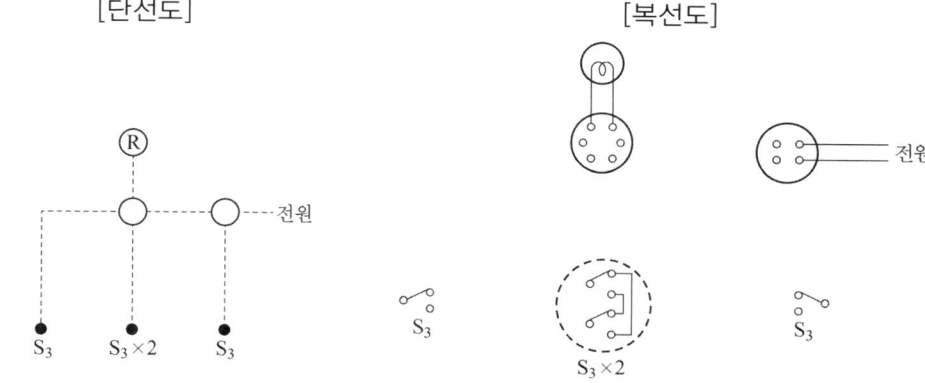

답안작성

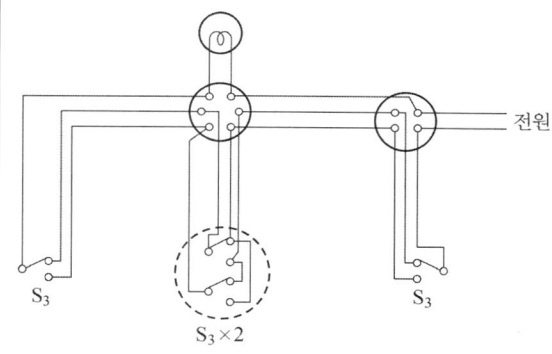

▸ 출제년도 : 10. 12. 18.   ▸ 점수 : 5점

문제 04 유입 변압기와 비교한 몰드 변압기의 장점 5가지를 쓰시오.

답안작성
① 자기 소화성이 우수하므로 화재의 염려가 없다.
② 소형 경량화 할 수 있다.
③ 전력손실이 감소
④ 코로나 특성 및 임펄스 강도가 높다
⑤ 습기, 가스, 염분 및 소손 등에 대해 안전하다.

해설
그 외에도 [장점]
⑥ 보수 및 점검이 용이
⑦ 저진동 및 저소음 기기
⑧ 단시간 과부하 내량이 크다.

▶ 출제년도 : 09. 18.　▶ 점수 : 6점

문제 05 과도적인 과전압을 제한하고 서지(Surge)전류를 분류하는 목적으로 사용되는 서지보호장치(SPD : Surge Protective Device)에 대한 다음 물음에 답하시오.
(1) 기능에 따라 3가지로 분류하여 쓰시오.
(2) 구조에 따라 2가지로 분류하여 쓰시오.

답안작성

(1) 전압스위칭형 SPD, 전압제한형 SPD, 복합형 SPD
(2) 1포트 SPD, 2포트 SPD

해설

(1) 서지보호장치(SPD : Surge Protective Device)의 기능에 따른 분류

분류	기능	사용되는 부품
전압스위칭형 SPD	서지가 인가되지 않는 경우는 높은 임피던스 상태에 있으며 전압서지에 응답하여 급격하게 낮은 임피던스 값으로 변화하는 기능을 갖는 SPD를 말한다.	에어갭, 가스방전관, 사이리스터형 SPD
전압제한형 SPD	서지가 인가되지 않는 경우는 높은 임피던스 상태에 있으며 전압서지에 응답한 경우는 임피던스가 연속적으로 낮아지는 기능을 갖는 SPD를 말한다.	배리스터, 억제형 다이오드
복합형 SPD	전압스위칭형 소자 및 전압제한형 소자의 모든 기능을 갖는 SPD를 말한다.	가스방전관과 배리스터를 조합한 SPD

(2) SPD에는 회로의 접속단자 형태로 1포트 SPD와 2포트 SPD가 있다.
　① SPD의 구성

구조 구분	특징	표시 예
1포트 SPD	1단자 또는 2단자를 갖는 SPD로 보호하는 기기에 대하여 서지를 분류하도록 접속한다.	SPD
2포트 SPD	2단자 또는 4단자를 갖는 SPD로 입력단자와 출력단자 사이에 직렬 임피던스가 삽입되어 있다.	SPD

　② 1포트 SPD는 전압 스위칭형, 전압제한형 또는 복합형의 기능을 갖는 SPD이고, 2포트 SPD는 복합형의 기능을 가지고 있다.

▶ 출제년도 : 18.　▶ 점수 : 5점

문제 06 중성점 접지에 관한 다음 물음에 답하시오.
(1) 송전 계통에서의 중성점 접지방식 4가지를 쓰시오.
(2) 유효접지는 1선지락 사고시 건전상의 전압상승이 상규 대지전압의 몇 배를 넘지 않도록 접지 임피던스를 조절해서 접지해야 하는지 쓰시오.

답안작성

(1) ① 비접지 방식　② 직접 접지 방식
　　③ 저항 접지 방식　④ 소호리액터 접지 방식
(2) 1.3배

해설

(1) 중성점 접지방식의 종류
중성점 접지 방식은 중성점을 접지하는 접지임 피던스 Z_n의 종류와 크기에 따라 다음과 같이 구분한다.
① 비접지 방식 : $Z_n = \infty$
② 직접접지 방식 : $Z_n = 0$
③ 저항 접지방식 : $Z_n = R$
④ 소호리액터접지방식 : $Z_n = jX_L$

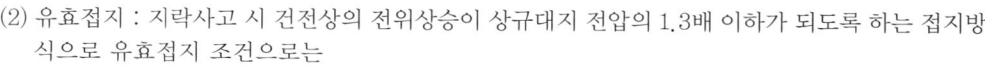

(2) 유효접지 : 지락사고 시 건전상의 전위상승이 상규대지 전압의 1.3배 이하가 되도록 하는 접지방식으로 유효접지 조건으로는
- $\dfrac{R_0}{X_1} \leq 1$
- $0 \leq \dfrac{X_0}{X_1} \leq 3$

여기서, R_0 : 저항, X_1 : 정상리액턴스, X_0 : 영상리액턴스

▸ 출제년도 : 96. 98. 18.   ▸ 점수 : 12점

문제 07 도면은 어느 수용가의 수전설비 결선도이다. 이 결선도를 보고 다음 각 물음에 답하시오.

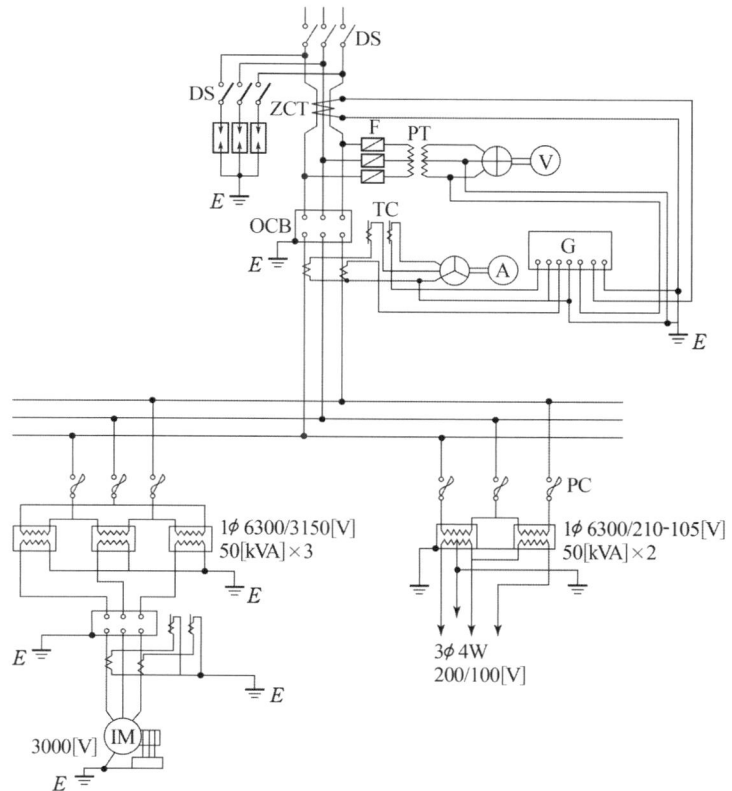

(1) ZCT의 명칭과 역할은?
(2) 도면에서 ⊕은 무엇을 나타내는가?
(3) 도면에서 Ⓐ은 무엇을 나타내는가?
(4) 6300/3150[V] 단상 변압기 3대의 2차측 결선이 잘못되어 있다. 이 부분을 올바르게 고쳐서 그리시오.
(5) 도면에서 TC는 무엇을 나타내는가?

답안작성

(1) 명칭 : 영상 변류기
    역할 : 지락 사고시 영상 전류(지락 전류) 검출
(2) ⊕ : 전압계용 전환 개폐기
(3) Ⓐ : 전류계용 전환 개폐기
(4)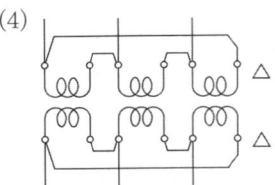
(5) 트립코일

해설

(4) 전동기의 전압이 3000 [V]이고 단상 변압기 2차측 전압이 3150 [V]이다. 따라서, 변압기의 결선을 Y결선 하면 전동기에 인가되는 전압이 선간 전압이 되어 $\sqrt{3}$ 배가 되므로 변압기는 △-△ 결선이 되어야 한다.

▶ 출제년도 : 98. 08. 18.   ▶ 점수 : 5점

문제 08

다음 각 항목을 측정하는데 가장 알맞은 계측기 또는 측정방법을 쓰시오.
(1) 변압기의 절연저항
(2) 검류계의 내부저항
(3) 전해액의 저항
(4) 배전선의 전류
(5) 절연 재료의 고유저항

답안작성

(1) 절연저항계 (Megger)   (2) 휘이스톤 브리지
(3) 콜라우시 브리지   (4) 후크온 메터
(5) 절연저항계 (Megger)

▶ 출제년도 : 13. 18.   ▶ 점수 : 5점

문제 09

다음 그림은 배전반에서 계측을 하기 위한 계기용 변성기이다. 아래 그림을 보고 명칭, 약호, 심벌, 역할에 알맞은 내용을 쓰시오.

구 분		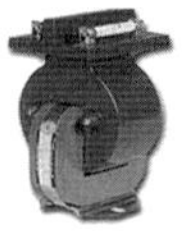
명 칭		
약 호		
심 벌		
역 할		

답안작성

구 분		
명 칭	계기용 변류기	계기용 변압기
약 호	CT	PT
심 벌	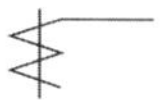	
역 할	대전류를 소전류(정격 5 [A])로 변성한다.	고전압을 저전압(정격 110[V])로 변성한다.

▶출제년도 : 08. 17. 18.   ▶점수 : 5점

문제 10 단상변압기의 병렬운전 조건을 3가지만 쓰시오.

답안작성

① 극성이 일치할 것
② 정격 전압(권수비)이 같을 것
③ %임피던스 강하(임피던스 전압)가 같을 것

해설

(1) 단상 변압기 병렬 운전 조건

병렬운전 조건	조건이 맞지 않는 경우
① 극성이 일치할 것	큰 순환 전류가 흘러 권선이 소손
② 정격 전압(권수비)이 같을 것	순환 전류가 흘러 권선이 가열
③ %임피던스 강하(임피던스 전압)가 같을 것	부하의 분담이 용량의 비가 되지 않아 부하의 분담이 균형을 이룰 수 없다.
④ 내부 저항과 누설 리액턴스의 비 (즉 $r_a/x_a = r_b/x_b$)가 같을 것	각 변압기의 전류간에 위상차가 생겨 동손이 증가

(2) 3상 변압기 병렬 운전 조건
   3상 변압기의 병렬 운전 조건은 단상 변압기의 병렬 운전 조건 이외의 다음 조건을 만족해야 한다.
   ① 상회전 방향이 같을 것
   ② 위상 변위가 같을 것

▸ 출제년도 : 13. 18.   ▸ 점수 : 5점

문제 11 어떤 발전소의 발전기가 13.2 [kV], 용량 93,000 [kVA], %임피던스 95 [%] 일 때, 임피던스는 몇 [Ω]인가?
• 계산 :   • 답 :

답안작성

• 계산 : $\%Z = \dfrac{PZ}{10V^2}$ 이므로

$$\therefore Z = \dfrac{\%Z \cdot 10V^2}{P} = \dfrac{95 \times 10 \times 13.2^2}{93000} = 1.78[\Omega]$$

• 답 : 1.78 [Ω]

▸ 출제년도 : 01. 18.   ▸ 점수 : 14점

문제 12 그림은 인입변대에 22.9 [kV] 수전 설비를 설치하여 380/220 [V]를 사용하고자 한다. 다음 각 물음에 답하시오.

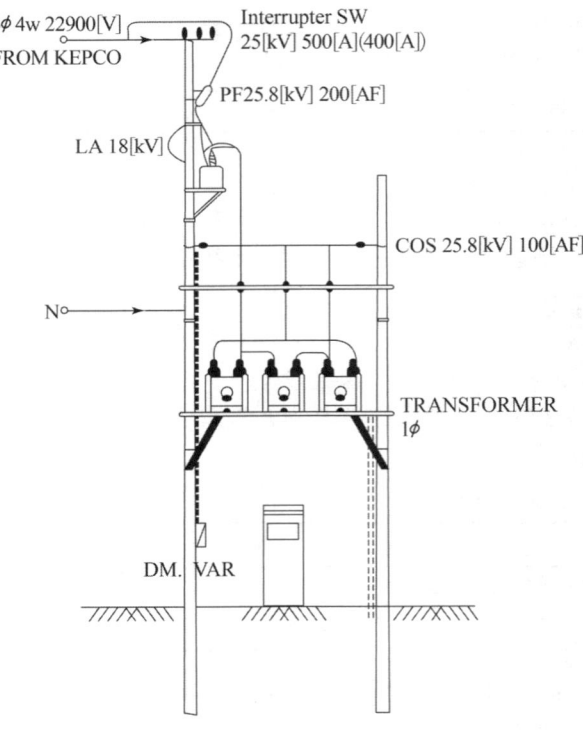

(1) DM 및 VAR의 명칭을 쓰시오.
(2) 도면에 사용된 LA의 수량은 몇 개이며 정격 전압은 몇 [kV]인가?
(3) 22.9 [kV-Y] 계통에 사용하는 것은 주로 어떤 케이블이 사용되는가?
(4) 주어진 도면을 단선도로 그리시오.

답안작성

(1) DM : 최대 수요 전력량계
　　VAR : 무효 전력계
(2) LA의 수량 : 3개
　　정격 전압 : 18 [kV]
(3) CNCV-W 케이블(수밀형)

(4)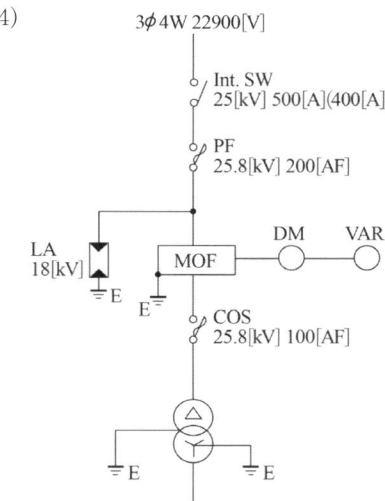

▸ 출제년도 : 18.　▸ 점수 : 5점

문제 13 다음의 유접점 회로도를 보고 MC, RL, GL의 논리식을 각각 쓰시오.

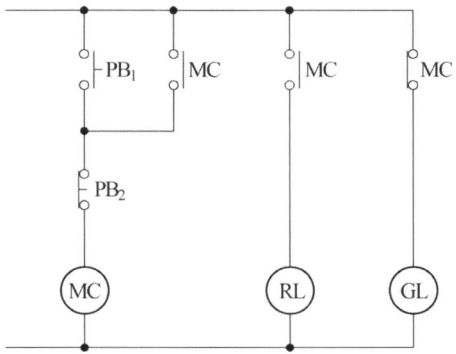

답안작성

- $MC = (PB_1 + MC) \cdot \overline{PB_2}$
- $RL = MC$
- $GL = \overline{MC}$

▶ 출제년도 : 08. 14. 18.   ▶ 점수 : 6점

문제 14 수전실 등의 시설과 관련하여 변압기, 배전반 등 수전설비는 보수 점검에 필요한 공간 및 방화상 유효한 공간을 유지하기 위하여 주요부분이 유지하여야 할 거리를 정하고 있다. 다음 표에 기기별 최소유지거리를 쓰시오.

기기별 \ 위치별	앞면 또는 조작·계측면	뒷면 또는 점검면	열상호간(점검하는 면)
특별고압 배전반	[m]	[m]	[m]
저압 배전반	[m]	[m]	[m]

답안작성

기기별 \ 위치별	앞면 또는 조작·계측면	뒷면 또는 점검면	열상호간(점검하는 면)
저압 배전반	1.7 [m]	0.8 [m]	1.4 [m]
저압 배전반	1.5 [m]	0.6 [m]	1.2 [m]

해설

수전설비의 배전반 등의 최소유지거리

기기별 \ 위치별	앞면 또는 조작·계측면	뒷면 또는 점검면	열상호간 (점검하는면)	기타의 면
특별고압 배전반	1.7	0.8	1.4	–
고압 배전반	1.5	0.6	1.2	–
저압 배전반	1.5	0.6	1.2	–
변압기 등	0.6	0.6	1.2	0.3

[비고] 앞면 또는 조작계측 면은 배전반 앞에서 계측기를 판독할 수 있거나 필요조작을 할 수 있는 최소거리임.

▶ 출제년도 : 09. 18.   ▶ 점수 : 5점

문제 15 부하가 유도전동기이고, 기동용량이 2000 [kVA] 이다. 기동시 전압강하는 20 [%]이며, 발전기의 과도리액턴스가 25 [%] 이다. 이 전동기를 운전할 수 있는 자가발전기의 최소 용량은 몇 [kVA]인지 계산하시오.

• 계산 :   • 답 :

답안작성

• 계산 : $P = \left(\dfrac{1}{e} - 1\right) \times x_d \times 기동용량 = \left(\dfrac{1}{0.2} - 1\right) \times 0.25 \times 2000 = 2000 [kVA]$

• 답 : 2000 [kVA]

해설

발전기 정격용량[kVA] $= \left(\dfrac{1}{허용\ 전압\ 강하} - 1\right) \times 과도\ 리액턴스 \times 기동\ 용량 [kVA]$

▸ 출제년도 : 93. 01. 03. 06. 18.　▸ 점수 : 4점

문제 16 그림은 어느 공장의 일부하 곡선이다. 이 공장에서의 일부하율은 몇 [%]인가?

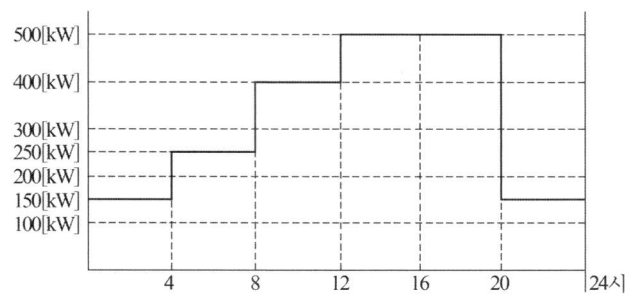

• 계산 :　　　　　　　　　　　　　　　• 답 :

답안작성

- 계산 : 부하율 $= \dfrac{(150 \times 4 + 250 \times 4 + 400 \times 4 + 500 \times 8 + 150 \times 4) \times \dfrac{1}{24}}{500} \times 100 = 65[\%]$

- 답 : 65 [%]

해설

- 부하율 $= \dfrac{\text{평균 전력}}{\text{최대 전력}} \times 100[\%]$

- 평균전력 $= \dfrac{\text{전력 사용량 [kWh]}}{\text{사용시간 [h]}}$

국가기술자격검정 실기시험문제 및 답안지

2018년도 산업기사 일반검정 제 3 회

자격종목(선택분야)	시험시간	형별
전기산업기사	2시간 00분	

문제 01 ▸ 출제년도 : 09. 18.   ▸ 점수 : 6점

송전선로 전압을 154 [kV]에서 345 [kV]로 승압할 경우 송전선로에 나타나는 효과에 대하여 다음 물음에 답하시오.

(1) 전력손실이 동일한 경우 공급능력의 증대는 몇 배인지 구하시오.
 • 계산 :   • 답 :
(2) 전력손실의 감소는 몇 [%]인지 구하시오.
 • 계산 :   • 답 :
(3) 전압강하율의 감소는 몇 [%]인지 구하시오.
 • 계산 :   • 답 :

답안작성

(1) 공급능력

계산 : $P \propto V$ 이므로 $P_1 : P_2 = V_1 : V_2$ 에서

$$P_2 = \frac{V_2}{V_1} \times P_1 = \frac{345}{154} \times P_1 = 2.24 P_1$$

답 : 2.24배

(2) 전력손실

계산 : $P_L \propto \frac{1}{V^2}$ 이므로 $P_{L1} : P_{L2} = \frac{1}{V_1^2} : \frac{1}{V_2^2}$ 에서

$$P_{L2} = \left(\frac{V_1}{V_2}\right)^2 P_{L1}, \quad P_{L2} = \left(\frac{154}{345}\right)^2 P_{L1} = 0.1993 P_{L1}$$

전력손실 감소분 $= 1 - 0.1993 = 0.8007 = 80.07 [\%]$

답 : 80.07 [%]

(3) 전압강하율

계산 : $\epsilon \propto \frac{1}{V^2}$ 이므로 $\epsilon_1 : \epsilon_2 = \frac{1}{V_1^2} : \frac{1}{V_2^2}$ 에서

$$\epsilon_2 = \left(\frac{V_1}{V_2}\right)^2 \epsilon_1, \quad \epsilon_2 = \left(\frac{154}{345}\right)^2 \epsilon_1 = 0.1993 \epsilon_1$$

전압강하율 감소분 $= 1 - 0.1993 = 0.8007 = 80.07 [\%]$

답 : 80.07 [%]

해설

(1) 전력손실이 동일한 경우 이므로(전력손실률이 동일한 경우가 아님)

전력손실 $P_L = 3I^2R$에서 전류 I는 일정하다.

따라서, 공급능력 $P = \sqrt{3}\,VI\cos\theta$ 에서 $P \propto V$

(2) 전력손실 $P_L = \dfrac{P^2R}{V^2\cos^2\theta}$ 에서 $P_L \propto \dfrac{1}{V^2}$

(3) 전압강하율 $\epsilon = \dfrac{e}{V} \times 100 = \dfrac{P}{V^2}(R + X\tan\theta)$ 에서 $\epsilon \propto \dfrac{1}{V^2}$

▶ 출제년도 : 89. 97. 98. 02. 13. 17. 18.   ▶ 점수 : 7점

문제 02 그림은 어느 생산공장의 수전설비의 계통도이다. 이 계통도와 뱅크의 부하용량표, 변류기 규격표를 보고 다음 각 물음에 답하시오. (단, 용량산출시 제시되지 않은 조건은 무시한다.

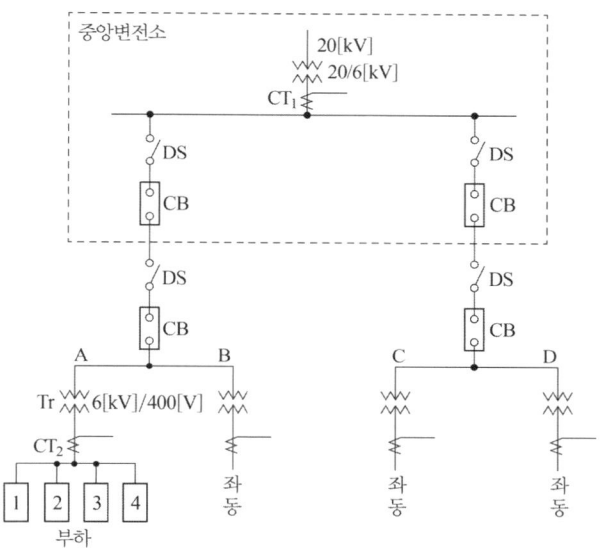

뱅크의 부하 용량표

피더	부하 설비 용량 [kW]	수용률 [%]
1	125	80
2	125	80
3	500	70
4	600	84

변류기 규격표

항 목	변 류 기
정격 1차 전류 [A]	5, 10, 15, 20, 30, 40, 50, 75, 100, 150, 200, 300, 400, 500, 600, 750, 1000, 1500, 2000, 2500
정격 2차 전류 [A]	5

(1) A, B, C, D 뱅크에 같은 부하가 걸려 있으며, 각 뱅크간의 부등률은 1.30이고, 전부하 합성역률은 0.8 이다. 중앙변전소 변압기 용량을 구하시오. 단, 변압기 용량은 표준 규격으로 답하도록 한다.

• 계산 :   • 답 :

(2) 변류기 CT_1의 변류비를 구하시오. (단, 변류비는 1.2배로 결정한다.)

• 계산 : • 답 :

(3) A뱅크 변압기의 용량을 선정하고 CT₂의 변류비를 구하시오. (변류비는 1.15배로 결정한다.)
   ① A 뱅크 변압기 용량
   ② CT₂ 변류비
   • 계산 : • 답 :

답안작성

(1) • 계산 : A 뱅크의 최대 수요 전력 $= \dfrac{125 \times 0.8 + 125 \times 0.8 + 500 \times 0.7 + 600 \times 0.84}{0.8}$
$= 1317.5 \ [\text{kVA}]$

A, B, C, D 각 뱅크간의 부등률이 1.3이므로

$STr = \dfrac{1317.5 \times 4}{1.3} = 4053.85 \ [\text{kVA}]$

• 답 : 5000 [kVA]

(2) • 계산 : $CT_1 \quad I_1 = \dfrac{5000}{\sqrt{3} \times 6} \times 1.2 = 577.35[\text{A}] \qquad \therefore \ 600/5 \ 선정$

• 답 : 600/5

(3) ① A 뱅크 변압기 용량 : 1500[kVA]
   ② CT₂ 변류비
   • 계산 : $CT_2 \quad I_1 = \dfrac{1500}{\sqrt{3} \times 0.4} \times 1.15 = 2489.82 \ [\text{A}] \qquad \therefore \ 2500/5 \ 선정$
   • 답 : ① 1500[kVA] ② CT₂ : 2500/5

해설

(1) • 최대수요전력 $= \dfrac{\dfrac{부하설비\ 용량[\text{kW}]}{\cos\theta} \times 수용률}{부등률} \ [\text{kVA}]$

• 변압기 용량[kVA] : 3000, 4000, 5000, 7500, 10000, 12000, 15000, 20000, 25000, 30000, 40000

▶ 출제년도 : ˜8. ▶ 점수 : 6점

문제 03 FL-20D 형광등의 전압이 100[V], 전류가 0.35[A], 안정기의 손실이 5[W]일 때 역률[%]은 얼마인지 구하시오.
• 계산 : • 답 :

답안작성

• 계산 : 20 [W] 형광등의 안정기 손실이 5 [W] 이므로
전체소비 전력 $P = 20 + 5 = 25[\text{W}]$

$\therefore \cos\theta = \dfrac{P}{VI} \times 100 = \dfrac{25}{100 \times 0.35} \times 100 = 71.43[\%]$

• 답 : 71.43[%]

해설

FL-20D : 직관형광등 - 20[W] (주광색)

▶ 출제년도 : 06. 10. 18.   ▶ 점수 : 6점

문제 04 주어진 진리값 표는 3개의 리미트 스위치 LS_1, LS_2, LS_3에 입력을 주었을 때 출력 X와의 관계표이다. 이 표를 이용하여 다음 각 물음에 답하시오.

진리값 표

LS_1	LS_2	LS_3	X
0	0	0	0
0	0	1	0
0	1	0	0
0	1	1	1
1	0	0	0
1	0	1	1
1	1	0	1
1	1	1	1

(1) 진리값 표를 이용하여 다음과 같은 Karnaugh도를 완성하시오.

LS_3 \ LS_1, LS_2	0 0	0 1	1 1	1 0
0				
1				

(2) 물음 (1)항의 Karnaugh 도에 대한 논리식을 쓰시오.
(3) 진리값과 물음 (2)항의 논리식을 이용하여 이것을 무접점 회로도로 표시하시오.

답안작성

(1)

LS_3 \ LS_1, LS_2	0 0	0 1	1 1	1 0
0	0	0	1	0
1	0	1	1	1

(2) $X = LS_1 LS_2 + LS_2 LS_3 + LS_1 LS_3$

(3)
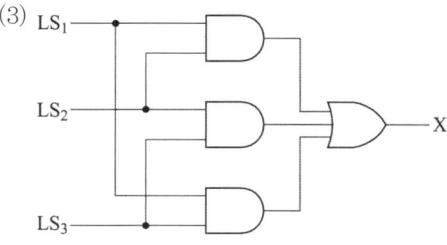

해설

(2) $X = \overline{LS_1} LS_2 LS_3 + LS_1 \overline{LS_2} LS_3 + LS_1 LS_2 \overline{LS_3} + LS_1 LS_2 LS_3$
   $= LS_2 LS_3 + LS_1 LS_3 + LS_1 LS_2$

또는

$X = LS_1(LS_2 + LS_3) + LS_2 LS_3$

(3) $X = LS_2LS_3 + LS_1LS_3 + LS_1LS_2$ 또는 $X = LS_1(LS_2 + LS_3) + LS_2LS_3$

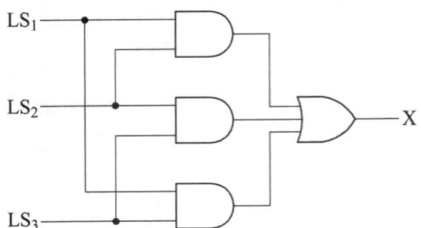
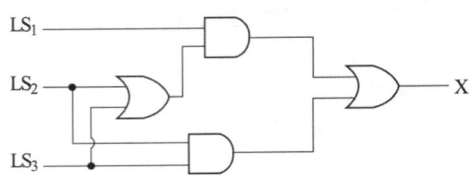

▶ 출제년도 : 98. 00. 03. 04. 09. 13. 17. 18.　▶ 점수 : 4점

문제 05 표와 같이 어느 수용가 A, B, C에 공급하는 배전선로의 최대전력은 700 [kW]이다. 이때 수용가의 부등률은 얼마인가?

수용가	설비용량 [kW]	수용률 [%]
A	500	60
B	700	50
C	700	50

• 계산 :　　　　　　　　　　　　　　　　　　• 답 :

답안작성

• 계산 : 부등률 $= \dfrac{(500 \times 0.6) + (700 \times 0.5) + (700 \times 0.5)}{700} = 1.43$

• 답 : 1.43

해설

부등률 $= \dfrac{\text{개개 최대 수용 전력의 합계}}{\text{합성 최대 수용 전력}} = \dfrac{\text{설비 용량} \times \text{수용률}}{\text{합성 최대 수용 전력}}$

▶ 출제년도 : 97. 00. 18.　▶ 점수 : 4점

문제 06 미완성 부분인 단상 변압기 3대를 △-Y 결선하시오.

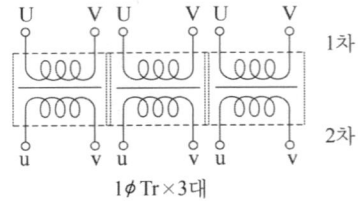

1φTr×3대

답안작성

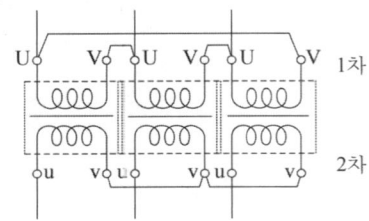

문제 07

▸ 출제년도 : 92. 05. 07. 09. 18.   ▸ 점수 : 13점

3층 사무실용 건물에 3상 3선식 6000[V]를 수전하고 200[V]로 체강하여 사용하는 수전설비를 시설하였다. 각종 부하설비가 [표 1], [표 2]와 같을 때 다음 각 물음에 답하시오.

[표 1] 동력부하설비

사 용 목 적		용량[kW]	대수	상용동력[kW]	하계동력[kW]	동계동력[kW]
난방설비	보일러 펌프	6.0	1			6.0
	오일기어펌프	0.4	1			0.4
	온수순환펌프	3.0	1			3.0
공기조화설비	1,2,3층 패키지 콤프레셔	7.5	6		45.0	
	콤프레셔 팬	5.5	3	16.5		
	냉각수 펌프	5.5	1		5.5	
	쿨링 타워	1.5	1		1.5	
급·배수설비	양수펌프	3.0	1	3.0		
기 타	소화펌프	5.5	1	5.5		
	샤 터	0.4	2	0.8		
합 계				25.8	52.0	9.4

[표 2] 조명 및 콘센트 부하설비

사 용 목 적		왓트수[W]	설치수량	환산용량[VA]	총용량[VA]	비고
전 등 설 비	수은등 A	200	4	260	1,040	200[V]고역률
	수은등 B	100	8	140	1,120	100[V]고역률
	형광등	40	820	55	45,100	200[V]고역률
	백열전등	60	10	60	600	
콘센트 설 비	일반 콘센트		80		12,000	2P 15[A]
	환기팬용 콘센트		8	150	440	
	히터용 콘센트	1,500	2	55	3,000	
	복사기용 콘센트		4		3,600	
	텔레타이프용 콘센트		2		2,400	
	룸 쿨러용 콘센트		6		7,200	
기 타	전화교환용 정류기		1		800	
합 계					77,300	

[표 3] 변압기 용량

상 별	제작회사에서 시판되는 표준용량[kVA]
단상 3상	5, 10, 15, 20, 30, 50, 75, 100, 150, 200, 250, 300

(1) 동계난방 때 온수순환펌프는 상시 운전하고, 보일러용과 오일기어펌프의 수용률이 55 [%]일 때 난방동력 수용부하는 몇 [kW]인가?

•계산 :   •답 :

(2) 동력부하의 역률이 전부 70 [%]라고 한다면 피상전력은 각각 몇 [kVA]인가?
  ① 상용 동력
    • 계산 :   • 답 :
  ② 하계 동력
    • 계산 :   • 답 :
  ③ 동계 동력
    • 계산 :   • 답 :
(3) 총 전기설비 용량은 몇 [kVA]를 기준으로 하여야 하는가?
    • 계산 :   • 답 :
(4) 전등의 수용률을 60 [%], 콘센트 설비의 수용률을 70 [%]라고 한다면 몇 [kVA]의 단상변압기에 연결하여야 하는가? (단, 전화교환용 정류기는 100 [%] 수용률로서 계산결과에 포함시키며, 변압기 예비율(여유율)은 무시한다.)
    • 계산 :   • 답 :
(5) 동력설비 부하의 수용률이 모두 65 [%]라면 동력부하용 3상변압기의 용량은 몇 [kVA]인가? (단, 동력부하의 역률은 70 [%]로 하며 변압기의 예비율은 무시한다.)
    • 계산 :   • 답 :
(6) 상기 "(4)"항과 "(5)"항에서 선정된 단상과 3상 변압기의 전류계용으로 사용되는 변류기의 1차측 정격전류는 각각 몇 [A]인가?
  ① 단상
    • 계산 :   • 답 :
  ② 3상
    • 계산 :   • 답 :

답안작성

(1) 계산 : 수용부하 $= 3.0 + (6.0 + 0.4) \times 0.55 = 6.52$ [kW]   답 : 6.52 [kW]

(2) ① 계산 : 상용 동력의 피상 전력 $= \dfrac{25.8}{0.7} = 36.86$ [kVA]   답 : 36.86 [kVA]

   ② 계산 : 하계 동력의 피상 전력 $= \dfrac{52.0}{0.7} = 74.29$ [kVA]   답 : 74.29 [kVA]

   ③ 계산 : 동계 동력의 피상 전력 $= \dfrac{9.4}{0.7} = 13.43$ [kVA]   답 : 13.43 [kVA]

(3) 계산 : $36.86 + 74.29 + 77.3 = 188.45$ [kVA]   답 : 188.45 [kVA]

(4) 계산 : 전등 관계 : $(1040 + 1120 + 45100 + 600) \times 0.6 \times 10^{-3} = 28.72$ [kVA]
         콘센트 관계 : $(12000 + 440 + 3000 + 3600 + 2400 + 7200) \times 0.7 \times 10^{-3} = 20.05$ [kVA]
         기타 : $800 \times 1 \times 10^{-3} = 0.8$ [kVA]
         $28.72 + 20.05 + 0.8 = 49.57$ [kVA]이므로 단상 변압기 용량은 50 [kVA]가 된다.
   답 : 50 [kVA]

(5) 계산 : 동계 동력과 하계 동력 중 큰 부하를 기준하고 상용 동력과 합산하여 계산하면
         $\dfrac{(25.8 + 52.0)}{0.7} \times 0.65 = 72.24$ [kVA]이므로

3상 변압기 용량은 75 [kVA]가 된다.
답 : 75 [kVA]

(6) ① 단상 변압기 1차측 변류기

계산 : $I = \dfrac{50 \times 10^3}{6 \times 10^3} \times (1.25 \sim 1.5) = 10.42 \sim 12.5$ [A]

답 : 10.42~12.5 [A] 사이에 표준품이 없으므로 10 [A] 선정

② 3상 변압기 1차측 변류기

계산 : $I = \dfrac{75 \times 10^3}{\sqrt{3} \times 6 \times 10^3} \times (1.25 \sim 1.5) = 9.02 \sim 10.83$ [A]

답 : 10 [A] 선정

▶ 출제년도 : 18.   ▶ 점수 : 4점

문제 08

그림과 같이 지지점 A, B, C에는 고저차가 없으며, 경간 AB와 BC 사이에 전선이 가설되어 있다. 지금 경간 AC의 중점인 지지점 B에서 전선이 떨어졌다고 하면, 전선의 이도 D_2는 전선이 떨어지기 전 D_1의 몇 배가 되는지 구하시오.

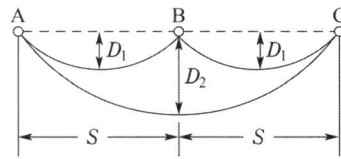

• 계산 :   • 답 :

답안작성

• 계산 : 전선의 실제 길이 $L = S + \dfrac{8D^2}{3S}$ 에서 AB구간 및 BC구간 전선의 실제 길이를 L_1, AC 구간 전선의 실제 길이를 L_2라고 하면 전선의 실제 길이는 떨어지기 전과 떨어진 후가 같으므로

$2L_1 = L_2$

$2\left(S + \dfrac{8D_1^2}{3S}\right) = 2S + \dfrac{8D_2^2}{3 \times 2S}$

$2S + \dfrac{2 \times 8D_1^2}{3S} = 2S + \dfrac{8D_2^2}{3 \times 2S}$

$\dfrac{8D_2^2}{3 \times 2S} = \dfrac{2 \times 8D_1^2}{3S}$

$D_2^2 = \dfrac{2 \times 8D_1^2}{3S} \times \dfrac{3 \times 2S}{8}$

$\therefore D_2 = \sqrt{4D_1^2} = 2D_1$

• 답 : 2배

▶ 출제년도 : 18.   ▶ 점수 : 4점

문제 09

다음 PLC에 대한 내용에 대하여 아래 그림의 기능을 쓰시오.

명령어	기호	기능
LOAD	─┤ ├─	
LOAD NOT	─┤/├─	

답안작성

명령어	기호	기 능
LOAD	—| |—	독립된 하나의 회로에서 a접점에 의한 논리 회로의 시작 명령
LOAD NOT	—|/|—	독립된 하나의 회로에서 b접점에 의한 논리 회로의 시작 명령

▶ 출제년도 : 86, 96, 98, 00, 02, 03, 10, 18.　▶ 점수 : 12점

문제 10 어느 회사에서 한 부지에 A, B, C의 세 공장을 세워 3대의 급수 펌프 P_1(소형), P_2(중형), P_3(대형)으로 다음 계획에 따라 급수 계획을 세웠다. 이 계획을 잘 보고 다음 물음에 답하시오.

[조건]
① 모든 공장 A, B, C가 휴무일 때 또는 그 중 한 공장만 가동할 때에는 펌프 P_1만 가동시킨다.
② 모든 공장 A, B, C중 어느 것이나 두 개의 공장만 가동할 때에는 P_2만 가동시킨다.
③ 모든 공장 A, B, C가 모두 가동할 때에는 P_3만 가동시킨다.

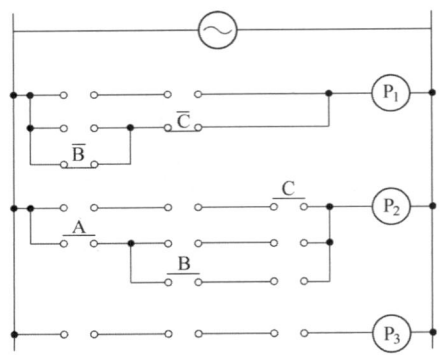

(1) 조건과 같은 진리표를 작성하시오.

A	B	C	P_1	P_2	P_3
0	0	0			
1	0	0			
0	1	0			
0	0	1			
1	1	0			
1	0	1			
0	1	1			
1	1	1			

(2) 미완성 시퀀스 도면에 접점과 그 기호를 삽입하여 도면을 완성하시오.
(3) P_1, P_2, P_3의 출력식을 가장 간단한 식으로 표현하시오.
※ 접점 심벌을 표시할 때는 A, B, C, $\overline{A}$, $\overline{B}$, $\overline{C}$ 등 문자 표시도 할 것

답안작성

(1)

A	B	C	P_1	P_2	P_3
0	0	0	1	0	0
1	0	0	1	0	0
0	1	0	1	0	0
0	0	1	1	0	0
1	1	0	0	1	0
1	0	1	0	1	0
0	1	1	0	1	0
1	1	1	0	0	1

(2)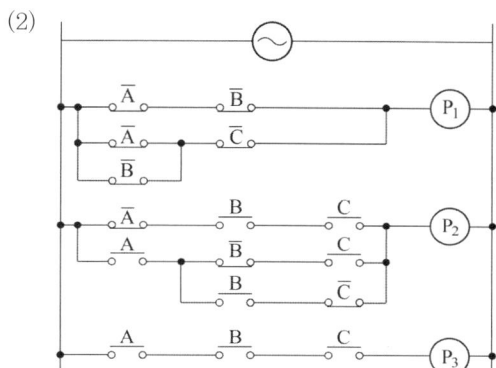

(3) $P_1 = \overline{A}\,\overline{B} + (\overline{A} + \overline{B})\overline{C}$

$P_2 = \overline{A}BC + A(\overline{B}C + B\overline{C})$

$P_3 = ABC$

해설

$P_1 = \overline{A}\,\overline{B}\,\overline{C} + \overline{A}\,\overline{B}C + \overline{A}B\overline{C} + A\overline{B}\,\overline{C}$

$\quad = \overline{A}\,\overline{B}\,\overline{C} + \overline{A}\,\overline{B}C + \overline{A}B\overline{C} + A\overline{B}\,\overline{C} + \overline{A}\,\overline{B}\,\overline{C} + \overline{A}\,\overline{B}\,\overline{C}$

$\quad = \overline{A}\,\overline{B}(C + \overline{C}) + \overline{A}\,\overline{C}(B + \overline{B}) + \overline{B}\,\overline{C}(A + \overline{A}) = \overline{A}\,\overline{B} + (\overline{A} + \overline{B})\overline{C}$

$P_2 = \overline{A}BC + A\overline{B}C + AB\overline{C} = \overline{A}BC + A(\overline{B}C + B\overline{C})$

$P_3 = ABC$

출제년도 : 09. 18. ▸ 점수 : 6점

문제 11 전력퓨즈(Power Fuse)는 고압, 특고압 기기의 단락전류의 차단을 목적으로 사용되며, 소호방식에 따라 한류형(PF)과 비한류형(COS)이 있다. 다른 개폐기와 비교한 퓨즈의 장점과 단점을 각각 3가지씩만 쓰시오. (단, 가격, 크기, 무게 등 기술 외적인 사항은 제외한다.)

답안작성

(1) 장점
　① 고속도 차단이 가능하다.
　② 소형으로 큰 차단용량을 갖는다.

③ 릴레이나 변성기가 필요 없다.
(2) 단점
① 동작 후 재투입 불가
② 차단전류-동작시간특성의 조정이 불가능하다.
③ 비보호영역이 존재한다.

▶ 출제년도 : 18. ▶ 점수 : 6점

문제 12 수전방식 중 회선수에 따른 분류에서 1회선 수전방식의 특징을 쓰시오.

답안작성

제일 간단하고 신뢰도는 낮지만 용도에 따라서는 경제적이다.

해설

명 칭		특 징
1회선 수전 방식		제일 간단하고 신뢰도는 낮지만 용도에 따라서는 경제적이다.
2회선 수전 방식	예비선 절체 방식	실질적으로는 1회선 수전이지만 송전선 사고시에 예비선으로 절체함으로써 정전 시간을 단축할 수 있다.
	평행 2회선 방식	어느 한쪽 송전선 사고시에도 정전없이 급전을 계속할 수 있다.
	루프식	• 양방향에서 급전되기 때문에 선로 사고시에도 정전없이 받을 수 있다. • 전압변동률이 좋아서 배전 손실은 감소된다. • 보호 방식이 복잡하다.
스포트 네트워크 방식		• 무정전 공급이 가능하다. • 기기의 이용률이 향상된다. • 전압변동률이 좋다. • 부하 증가에 대한 적응성이 좋다. • 전등·동력의 일원화가 가능하다.

▶ 출제년도 : 90. 94. 97. 02. 05. 16. 18. ▶ 점수 : 5점

문제 13 바닥 면적이 200[m²]인 사무실의 조도를 150[lx]로 할 경우 광속 2500[lm], 램프 전류 0.4[A], 40[W]인 형광 램프를 사용할 경우 이 사무실에 대한 최소 전등수를 구하시오. (단, 감광보상률은 1.25, 조명률은 50[%] 이다.)
• 계산 :   • 답 :

답안작성

• 계산 : $N = \dfrac{AED}{FU} = \dfrac{200 \times 150 \times 1.25}{2500 \times 0.5} = 30$ [등]
• 답 : 30[등]

해설

$FUN = EAD$에서 산출된 전등의 수 중 소수가 발생하면 절상한다.

▶ 출제년도 : 18.　▶ 점수 : 6점

문제 14 매입 방법에 따른 건축화 조명 방식의 분류 3가지만 쓰시오.

답안작성

매입 형광등, 다운 라이트 조명, 코퍼 라이트조명

해설

건축화 조명이란 건축물의 천정, 벽 등의 일부가 조명기구로 이용되거나 광원화 되어 건축물의 마감재료의 일부로서 간주되는 조명설비 이다. 이에 대한 종류는 천정면 이용방법과 벽면 이용 방법으로 대별된다.
(1) 천정 매입방법
　① 매입 형광등 : 하면 개방형, 하면 확산판 설치형, 반매입형 등이 있다.
　② down light : 천정에 작은 구멍을 뚫고 조명기구를 매입하여 빛의 빔방향을 아래로 유효하게 조명하는 방법
　③ pin hole light : down-light의 일종으로 아래로 조사되는 구멍을 적게 하거나 렌즈를 달아 복도에 집중 조사되도록 한다.
　④ coffer light : 대형의 down light라고도 볼 수 있으며 천정면을 둥글게 또는 사각으로 파내어 내부에 조명기구를 배치하여 조명하는 방법
　⑤ line light : 매입 형광등방식의 일종으로 형광등을 연속으로 배치하는 조명방식
(2) 천정면 이용방법
　① 광천정 조명 : 실의 천정 전체를 조명기구 화 하는 방식으로 천정 조명 확산 판넬로서 유백색의 플라스틱판이 사용된다.
　② 루버 조명 : 실의 천정면을 조명기구화하는 방식으로 천정면 재료로 루버를 사용하여 보호각을 증가시킨다.
　③ cove 조명 : 광원으로 천정이나 벽면상부를 조명함으로서 천정면이나 벽에서 반사되는 반사광을 이용하는 간접 조명방식으로 효율은 대단히 나쁘지만 부드럽고 안정된 조명을 시행할 수 있다.
(3) 벽면 이용방법
　① coner 조명 : 천정과 벽면 사이에 조명기구를 배치하여 천정과 벽면에 동시에 조명하는 방법
　② conice 조명 : 코너를 이용하여 코오니스를 15~20 [cm] 정도 내려서 아래쪽의 벽 또는 커튼을 조명하도록 하는 방법
　③ valance 조명 : 광원의 전면에 밸런스판을 설치하여 천정면 이나 벽면으로 반사시켜 조명하는 방법
　④ 광창 조명 : 지하실이나 무창실에 창문이 있는 효과를 내는 방법으로 인공창의 뒷면에 형광등을 배치하는 방법

▶ 출제년도 : 18.　▶ 점수 : 6점

문제 15 책임감리원은 감리업무 수행 중 긴급하게 발생되는 사항 또는 불특정하게 발생하는 중요사항에 대하여 발주자에게 수시로 보고하여야 하며, 감리기간 종료 후 최종감리보고서를 발주자에게 제출하여야 한다. 최종감리보고서에 포함될 서류 중 안전관리 실적 3가지를 쓰시오

답안작성

안전관리조직, 교육실적, 안전점검실적

해설

책임감리원은 다음 각 호의 사항이 포함된 최종감리보고서를 감리기간 종료 후 14일 이내에 발주자에게 제출하여야 한다.
① 공사 및 감리용역 개요 등(사업목적, 공사개요, 감리용역 개요, 설계용역 개요)
② 공사추진 실적현황(기성 및 준공검사 현황, 공종별 추진실적, 설계변경 현황, 공사현장 실정보고 및 처리현황, 지시사항 처리, 주요인력 및 장비투입현황, 하도급 현황, 감리원 투입현황)
③ 품질관리 실적(검사요청 및 결과통보현황, 각종 측정기록 및 조사표, 시험장비 사용현황, 품질관리 및 측정자 현황, 기술검토실적 현황 등)
④ 주요기자재 사용실적(기자재 공급원 승인현황, 주요기자재 투입현황, 사용자재 투입현황)
⑤ 안전관리 실적(안전관리조직, 교육실적, 안전점검실적, 안전관리비 사용실적)
⑥ 환경관리 실적(폐기물발생 및 처리실적)
⑦ 종합분석

▸ 출제년도 : 97. 00. 02. 03. 15. 18.   ▸ 점수 : 5점

문제 16 어느 공장의 3상 부하가 30[kW]이고, 역률이 65[%]이다. 이것의 역률을 90[%]로 개선하려면 전력용 콘덴서 몇 [kVA]가 필요한가?
• 계산 :   • 답 :

답안작성

• 계산 : $Q_c = P(\tan\theta_1 - \tan\theta_2) = 30 \times \left(\dfrac{\sqrt{1-0.65^2}}{0.65} - \dfrac{\sqrt{1-0.9^2}}{0.9} \right) = 20.54 [\text{kVA}]$

• 답 : 20.54 [kVA]

해설

$$Q_c = P(\tan\theta_1 - \tan\theta_2) = P\left(\dfrac{\sqrt{1-\cos^2\theta_1}}{\cos\theta_1} - \dfrac{\sqrt{1-\cos^2\theta_2}}{\cos\theta_2} \right) [\text{kVA}]$$

여기서, P : 유효전력[kW], $\cos\theta_1$: 개선 전 역률, $\cos\theta_2$: 개선 후 역률

E60-2
전기산업기사 실기

2019년도 기출문제

- 2019년 전기산업기사 1회
- 2019년 전기산업기사 2회
- 2019년 전기산업기사 3회

국가기술자격검정 실기시험문제 및 답안지

2019년도 산업기사 일반검정 제1회

자격종목(선택분야): 전기산업기사
시험시간: 2시간 00분

문제 01

▸ 출제년도 : 03. 06. 19. ▸ 점수 : 11점

그림은 22.9[kV] 특고압 수전설비의 단선도이다. 이 도면을 보고 다음 각 물음에 답하시오.

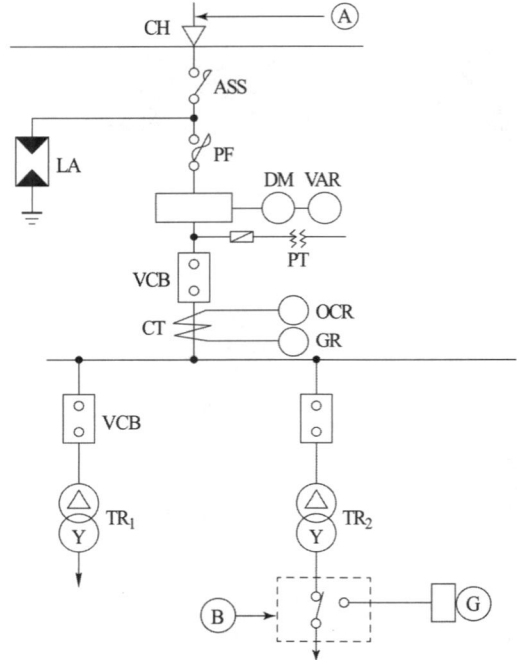

(1) 도면에 표시되어 있는 다음 약호의 명칭을 우리말로 쓰시오.
   ① ASS :   ② LA :
   ③ VCB :   ④ DM :

(2) TR_1쪽의 부하 용량의 합이 300 [kW]이고, 역률 및 효율이 각각 0.8, 수용률이 0.6이라면 TR_1 변압기의 용량은 몇 [kVA]가 적당한지를 계산하고 규격용량으로 답하시오. (단, 변압기의 규격용량[kVA]은 100, 150, 225, 300, 500이다.)
   • 계산 :   • 답 :

(3) Ⓐ에는 어떤 종류의 케이블이 사용되는가?
(4) Ⓑ의 명칭은 무엇인가?
(5) 변압기의 결선도를 복선도로 그리시오.

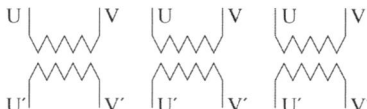

답안작성

(1) ① ASS : 자동고장 구분개폐기
    ② LA : 피뢰기
    ③ VCB : 진공 차단기
    ④ DM : 최대 수요전력량계

(2) 계산 : $TR_1 = \dfrac{300 \times 0.6}{0.8 \times 0.8} = 281.25 [kVA]$

  답 : 300 [kVA] 선정

(3) CNCV-W 케이블 (수밀형)
(4) 자동 전환개폐기
(5)

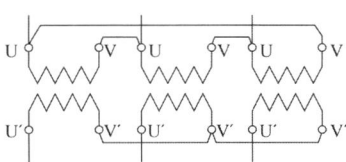

해설

(1) ① ASS : Automatic Section Switch
    ② LA : Lightning Arresters
    ③ VCB : Vacuum Circuit Breaker
    ④ DM : Demand Meter

(2) 변압기 용량 $[kVA] \geq \dfrac{설비용량\,[kVA] \times 수용률}{효율} = \dfrac{설비용량\,[kW] \times 수용률}{효율 \times 역률}$

▶ 출제년도 : 14. 19.　▶ 점수 : 6점

문제 02 용량 30 [kVA]의 단상 주상 변압기가 있다. 이 변압기의 어느 날의 부하가 30[kW]로 4시간, 24 [kW]로 8시간 및 8 [kW]로 10시간이었다고 할 경우, 이 변압기의 일부하율 및 전일효율을 계산하시오.(단, 부하의 역률은 1, 변압기의 전부하 동손은 500 [W], 철손은 200 [W] 이다.)

(1) 일 부하율
　•계산 :　　　　　　　　　　　　•답 :
(2) 전일효율
　•계산 :　　　　　　　　　　　　•답 :

답안작성

(1) 일부하율

계산 : 일부하율 $= \dfrac{\text{평균 전력}}{\text{최대 전력}} \times 100[\%]$ 에서

$$\text{부하율} = \dfrac{(30 \times 4 + 24 \times 8 + 8 \times 10)/24}{30} \times 100 = 54.44[\%]$$

답 : 54.44[%]

(2) 전일효율

계산 : 출력 $P = 30 \times 4 + 24 \times 8 + 8 \times 10 = 392[\text{kWh}]$

철손 $P_i = 0.2 \times 24 = 4.8[\text{kWh}]$

동손 $P_c = 0.5 \times \left\{ \left(\dfrac{30}{30}\right)^2 \times 4 + \left(\dfrac{24}{30}\right)^2 \times 8 + \left(\dfrac{8}{30}\right)^2 \times 10 \right\} = 4.92[\text{kWh}]$

전일 효율 $\eta = \dfrac{392}{392 + 4.8 + 4.92} \times 100 = 97.58[\%]$

답 : 97.58[%]

해설

- 일평균전력 $= \dfrac{1일 \ 사용량}{24}$
- 철손은 부하의 크기에 관계없이 전원만 인가되면 발생
- 전일효율 $\eta = \dfrac{\sum h \left(\dfrac{1}{m}\right) VI\cos\theta}{\sum h \left(\dfrac{1}{m}\right) VI\cos\theta + 24P_i + \sum h \left(\dfrac{1}{m}\right)^2 P_c} \times 100$

▶ 출제년도 : 19. ▶ 점수 : 4점

문제 03 다음 ( )에 가장 알맞은 내용을 답란에 쓰시오.

교류변전소용 자동제어기구 번호에서 52C는 (①)이고, 52T는 (②) 이다.

답안작성

① 차단기 투입 코일
② 차단기 트립 코일

해설

기구번호	명 칭	설 명
52	교류차단기	교류회로를 차단하는 것
52C	차단기 투입 코일	
52T	차단기 트립 코일	
52H	소내용 차단기	
52P	MTr 1차 차단기	
52S	MTr 2차 차단기	
52K	MTr 3차 차단기	

▸ 출제년도 : 12. 19.   ▸ 점수 : 14점

문제 04 회로도는 펌프용 3.3[kV] 모터 및 GPT 단선 결선도이다. 회로도를 보고 다음 물음에 답하시오.

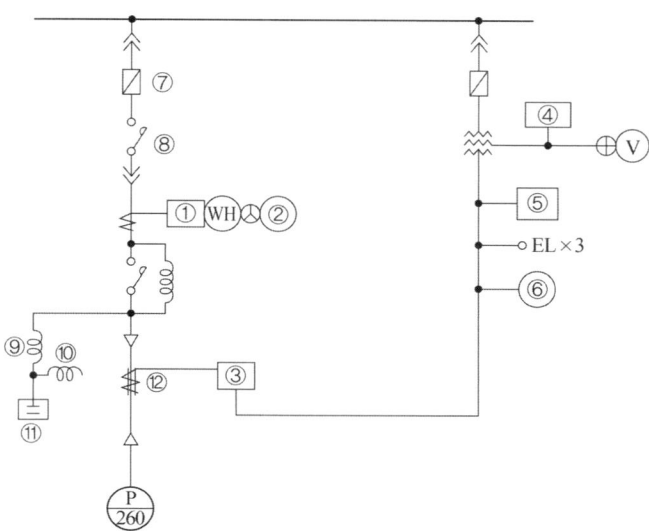

(1) ①~⑥으로 표시된 보호 계전기 및 기기의 명칭을 쓰시오.
   ①   ②
   ③   ④
   ⑤   ⑥

(2) ⑦~⑪로 표시된 전기기계 기구의 명칭과 용도를 간단히 기술하시오.
   ⑦ 명칭 :   용도 :
   ⑧ 명칭 :   용도 :
   ⑨ 명칭 :   용도 :
   ⑩ 명칭 :   용도 :
   ⑪ 명칭 :   용도 :

(3) 펌프용 모터의 출력이 260[kW], 뒤진 역률 85[%]인 부하를 95[%]로 개선하는데 필요한 전력용 콘덴서의 용량을 계산하시오.
   • 계산 :   • 답 :

답안작성

(1) ① 과전류 계전기   ② 전류계
    ③ 지락 방향 계전기   ④ 부족 전압 계전기
    ⑤ 지락 과전압 계전기   ⑥ 영상 전압계
(2) ⑦ 명칭 : 전력 퓨즈   용도 : 단락사고시 기기를 전로로부터 분리하여 사고확대 방지
    ⑧ 명칭 : 개폐기   용도 : 전동기의 기동 정지
    ⑨ 명칭 : 직렬 리액터   용도 : 제5고조파의 제거
    ⑩ 명칭 : 방전 코일   용도 : 잔류 전하의 방전

⑪ 명칭 : 전력용 콘덴서 용도 : 역률 개선
⑫ 명칭 : 영상 변류기 용도 : 지락 사고시 지락 전류를 검출

(3) 계산 : $Q_c = P(\tan\theta_1 - \tan\theta_2) = 260\left(\dfrac{\sqrt{1-0.85^2}}{0.85} - \dfrac{\sqrt{1-0.95^2}}{0.95}\right) = 75.68\,[\text{kVA}]$

답 : 75.68 [kVA]

▶ 출제년도 : 88. 99. 15. 19.   ▶ 점수 : 5점

문제 05 ● 어떤 변전소의 공급구역내의 총 부하용량은 전등 600 [kW], 동력 800 [kW]이다. 각 수용가의 수용률은 전등 60 [%], 동력 80 [%], 각 수용가간의 부등률은 전등 1.2, 동력 1.6이며, 또한 변전소에서 전등부하와 동력부하간의 부등률을 1.4라 하고, 배전선(주상변압기 포함)의 전력손실을 전등부하, 동력부하 각각 10 [%]라 할 때 다음 각 물음에 답하시오.

(1) 전등의 종합 최대수용전력은 몇 [kW]인가?
  • 계산   • 답
(2) 동력의 종합 최대수용전력은 몇 [kW]인가?
  • 계산   • 답
(3) 변전소에서 공급하는 최대전력은 몇 [kW]인가?
  • 계산   • 답

답안작성

(1) 계산 : $P_N = \dfrac{600 \times 0.6}{1.2} = 300\,[\text{kW}]$ • 답 : 300 [kW]

(2) 계산 : $P_M = \dfrac{800 \times 0.8}{1.6} = 400\,[\text{kW}]$ • 답 : 400 [kW]

(3) 계산 : $P = \dfrac{300 + 400}{1.4} \times (1 + 0.1) = 550\,[\text{kW}]$ • 답 : 550 [kW]

해설

• 부등률 = $\dfrac{\text{최대 수용 전력의 합}}{\text{합성 최대 수용 전력}} = \dfrac{\text{설비용량} \times \text{수용률}}{\text{합성 최대 수용 전력}}$

• 변전소에서 공급 하여야 할 전력 = 부하의 합성 최대 수용전력 + 선로 및 주상 변압기의 손실전력

▶ 출제년도 : 04. 08. 15. 19.   ▶ 점수 : 8점

문제 06 ● 피뢰기는 이상전압이 기기에 침입했을 때 그 파고값을 저감시키기 위하여 뇌전류를 대지로 방전시켜 절연파괴를 방지하며, 방전에 의하여 생기는 속류를 차단하여 원래의 상태로 회복시키는 장치이다. 다음 각 물음에 답하시오.

(1) 갭(gap)형 피뢰기의 구성요소를 쓰시오.
(2) 피뢰기의 구비 조건 4가지만 쓰시오.
(3) 피뢰기의 제한전압이란 무엇인가?
(4) 피뢰기의 정격전압이란 무엇인가?
(5) 충격 방전 개시 전압이란 무엇인가?

답안작성
(1) 직렬 갭과 특성요소
(2) ① 충격 방전 개시 전압이 낮을 것
    ② 상용주파 방전 개시 전압이 높을 것
    ③ 방전내량이 크면서 제한전압이 낮을 것
    ④ 속류 차단능력이 클 것
(3) 피뢰기 방전 중 피뢰기 단자간에 남게되는 충격전압
(4) 속류를 차단할 수 있는 최고의 교류전압
(5) 피뢰기 단자간에 충격전압을 인가하였을 경우 방전을 개시하는 전압

▶ 출제년도 : 19. ▶ 점수 : 4점

문제 07

한시(Time Delay) 보호계전기의 종류를 4가지만 쓰시오.

답안작성
① 정한시형
② 반한시형
③ 반한시성 정한시형
④ 단한시형

해설
한시 보호계전기의 종류
① 정한시형 : 동작 전류의 크기에 관계없이 일정한 시간에 동작하는 계전기
② 반한시형 : 동작 전류가 커질수록 동작 시간이 짧게 되는 계전기
③ 반한시성 정한시형 : 동작 전류가 적은 동안에는 동작 전류가 커질수록 동작 시간이 짧게 되고 어떤 전류 이상이면 동작 전류의 크기에 관계없이 일정한 시간에 동작하는 계전기
④ 단한시형 : 동작 시간이 다른 정한시의 단일 계전기를 조합해서, 동작 전류가 일정한 범위마다에 정한시 특성으로 동작하게 되는 계전기

▶ 출제년도 : 19. ▶ 점수 : 5점

문제 08

계기용 변류기(CT, Current Transformer)의 목적과 정격부담에 대하여 설명하시오.
- 목적
- 정격 부담

답안작성
- 목적 : 회로의 대전류를 소전류로 변성하여 계기나 계전기에 공급
- 정격부담 : 변류기의 2차측 단자 간에 접속되는 부하의 한도를 말하며 [VA]로 표시한다.

▶ 출제년도 : 19. ▶ 점수 : 5점

문제 09

실내 바닥에서 3[m] 떨어진 곳에 300[cd]인 전등이 점등되어 있는데 이 전등 바로 아래에서 수평으로 4[m] 떨어진 곳의 수평면조도는 몇 [lx] 인지 구하시오.
- 계산 :   • 답 :

답안작성

계산 : 수평면 조도 $E_h = \dfrac{I}{r^2}\cos\theta = \dfrac{300}{(\sqrt{3^2+4^2})^2} \times \dfrac{3}{\sqrt{3^2+4^2}} = 7.2\,[\text{lx}]$

답 : 7.2[lx]

해설

(1) 조도의 구분

① 법선 조도 : $E_n = \dfrac{I}{r^2}$

② 수평면 조도 : $E_h = E_n\cos\theta = \dfrac{I}{r^2}\cos\theta = \dfrac{I}{h^2}\cos^3\theta$

③ 수직면 조도 : $E_v = E_n\sin\theta = \dfrac{I}{r^2}\sin\theta = \dfrac{I}{d^2}\sin^3\theta$

(2) 역률 $\cos\theta = \dfrac{h}{r} = \dfrac{h}{\sqrt{h^2+d^2}}$

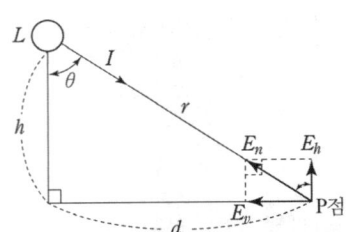

▶ 출제년도 : 88. 91. 96. 02. 11. 19.　▶ 점수 : 6점

문제 10 비상용 조명으로 40 [W] 120등, 60 [W] 50등을 30분간 사용하려고 한다. 납 급방전형 축전지(HS형) 1.7 [V/cell]을 사용하여 허용 최저 전압 90 [V], 최저 축전지 온도를 5 [℃]로 할 경우 참고 자료를 사용하여 물음에 답하시오. 단, 비상용 조명 부하의 전압은 100 [V]로 한다.

[표] 납 축전지 용량 환산 시간 [K]

형식	온도 [℃]	10 분			30 분		
		1.6 [V]	1.7 [V]	1.8 [V]	1.6 [V]	1.7 [V]	1.8 [V]
CS	25	0.9 0.8	1.15 1.06	1.6 1.42	1.41 1.34	1.6 1.55	2.0 1.88
	5	1.15 1.1	1.35 1.25	2.0 1.8	1.75 1.75	1.85 1.8	2.45 2.35
	-5	1.35 1.25	1.6 1.5	2.65 2.25	2.05 2.05	2.2 2.2	3.1 3.0
HS	25	0.58	0.7	0.93	1.03	1.14	1.38
	5	0.62	0.74	1.05	1.11	1.22	1.54
	-5	0.68	0.82	1.15	1.2	1.35	1.68

상단은 900 [Ah]를 넘는 것(2000 [Ah]까지), 하단은 900 [Ah] 이하인 것

(1) 비상용 조명 부하의 전류는?

　•계산 :　　　　　　　　　　　　　　•답 :

(2) HS형 납 축전지의 셀 수는? 단, 1셀의 여유를 준다.

　•계산 :　　　　　　　　　　　　　　•답 :

(3) HS형 납 축전지의 용량 [Ah]은? 단, 경년 용량 저하율은 0.80이다.
  • 계산 :　　　　　　　　　　　　　　　　• 답 :

답안작성

(1) 계산 : $I = \dfrac{P}{V}$ 에서 $I = \dfrac{40 \times 120 + 60 \times 50}{100} = 78\,[A]$

　답 : 78 [A]

(2) 계산 : $n = \dfrac{90}{1.7} = 52.94\,[cell]$ 따라서, 1셀의 여유를 주어 54 [cell]로 정한다.

　답 : 54 [cell]

(3) 계산 : 표에서 용량 환산 시간 1.22 선정

　　　　축전지 용량 $C = \dfrac{1}{L}KI = \dfrac{1}{0.8} \times 1.22 \times 78 = 118.95\,[Ah]$

　답 : 118.95 [Ah]

해설

(2) $V = \dfrac{V_a + V_e}{n}$

　여기서, V_a : 부하의 최저 허용 전압
　　　　V_e : 축전지와 부하간의 전압 강하
　　　　n : 직렬로 접속된 cell 수

(3) 용량 환산 시간(K)은 HS형, 5[℃], 30[분], 1.7[V]의 난에서 1.22인 것을 알 수 있다.

▸ 출제년도 : 99. 01. 04. 19.　▸ 점수 : 5점

문제 11

고압 수용가의 큐비클식 수전설비의 주차단기의 종류에 따른 분류 3가지를 쓰시오.

답안작성

① CB형 큐비클
② PF·CB형 큐비클
③ PF·S형 큐비클

해설

큐비클의 종류	설　명
CB형	차단기(CB)를 사용한것
PF-CB형	한류형 전력 퓨우즈(PF)와 CB를 조합하여 사용하는 것
PF-S형	PF와 고압 개폐기를 조합하여 사용하는 것

▸ 출제년도 : 19.　▸ 점수 : 6점

문제 12

조명에서 사용되는 용어 중 광속, 조도, 광도의 정의를 설명하시오.

(1) 광속
(2) 조도
(3) 광도

답안작성

(1) 광속 : F [lm]
  방사속(단위시간당 방사되는 에너지의 량)중 빛으로 느끼는 부분
(2) 조도 : E [lx]
  어떤 면의 단위 면적당의 입사 광속
(3) 광도 : I [cd]
  광원에서 어떤 방향에 대한 단위 입체각으로 발산되는 광속

▶ 출제년도 : 93. 97. 04. 19.   ▶ 점수 : 6점

문제 13 신설 공장의 부하 설비가 [표]와 같을 때 다음 각 물음에 답하시오.

변압기군	부하의 종류	출력 [kW]	수용률 [%]	부등률	역률 [%]
A	플라스틱 압출기(전동기)	50	60	1.3	80
A	일반 동력 전동기	85	40	1.3	80
B	전등 조명	60	80	1.1	90
C	플라스틱 압출기	100	60	1.3	80

(1) 각 변압기군의 최대 수용 전력은 몇 [kW]인가?
  ① A 변압기의 최대 수용 전력
    •계산 :   •답 :
  ② B 변압기의 최대 수용 전력
    •계산 :   •답 :
  ③ C 변압기의 최대 수용 전력
    •계산 :   •답 :
(2) 변압기 효율은 98 [%]로 할 때 각 변압기의 최소 용량은 몇 [kVA]인가?
  ① A 변압기의 용량
    •계산 :   •답 :
  ② B 변압기의 용량
    •계산 :   •답 :
  ③ C 변압기의 용량
    •계산 :   •답 :

답안작성

(1) ① 계산 : $P_A = \dfrac{50 \times 0.6 + 85 \times 0.4}{1.3} = 49.23$ [kW]   답 : 49.23 [kW]

  ② 계산 : $P_B = \dfrac{60 \times 0.8}{1.1} = 43.64$ [kW]   답 : 43.64 [kW]

  ③ 계산 : $P_C = \dfrac{100 \times 0.6}{1.3} = 46.15$ [kW]   답 : 46.15 [kW]

(2) ① 계산 : $Tr_A = \dfrac{50 \times 0.6 + 85 \times 0.4}{1.3 \times 0.8 \times 0.98} = 62.79 \, [kVA]$ 답 : 62.79 [kVA]

② 계산 : $Tr_B = \dfrac{60 \times 0.8}{1.1 \times 0.9 \times 0.98} = 49.47 \, [kVA]$ 답 : 49.47 [kVA]

③ 계산 : $Tr_C = \dfrac{100 \times 0.6}{1.3 \times 0.8 \times 0.98} = 58.87 \, [kVA]$ 답 : 58.87 [kVA]

해설

변압기 용량 [kVA] ≥ 합성최대 수용전력 = $\dfrac{\text{부하 설비 용량 [kVA]} \times \text{수용률}}{\text{부등률}}$

$= \dfrac{\text{부하 설비 용량 [kW]} \times \text{수용률}}{\text{부등률} \times \text{역률}}$

▶ 출제년도 : 95. 00. 16. 17. 18. 19.   ▶ 점수 : 5점

문제 14

단상 2선식 200[V] 옥내배선에서 소비전력이 60[W]이고, 역률이 65[%]인 형광등 100등을 설치하고자 한다. 분기회로를 16[A] 분기회로로 한다면 분기회로 수는 몇 회선이 필요한가? (단, 1개회로의 부하 전류는 분기회로 용량의 80[%]로 하고 수용률은 100[%]로 한다.)

• 계산 :   • 답 :

답안작성

• 계산 : 부하용량 $P_a = \dfrac{60}{0.65} \times 100 = 9230.77 \, [VA]$

분기회로 수 $N = \dfrac{\text{부하용량[VA]}}{\text{전압[V]} \times \text{분기회로 전류[A]}} = \dfrac{9230.77}{200 \times 16 \times 0.8} = 3.61$ 회로

• 답 : 16[A] 분기 4 회로

해설

• 분기 회로수 = $\dfrac{\text{부하 설비 용량[VA]}}{\text{사용 전압[V]} \times \text{분기 회로 전류[A]}}$

여기서, 분기 회로수는 절상한다.

• 1개 회로의 부하전류는 분기회로용량의 80[%]로 한다는 의미 : 16[A]분기회로의 경우 한 회로에 인가할 수 있는 전류는 12.8[A](즉, 16[A]×0.8=12.8[A])라는 의미이다.

▶ 출제년도 : 19.   ▶ 점수 : 5점

문제 15

3상 380[V], 60[Hz]에 사용되는 Y결선된 역률 개선용 진상콘덴서 1[kVA]에 적합한 표준규격[μF]의 3상 콘덴서를 선정하시오. (단, 3상 콘덴서 표준규격[μF]은 10, 15, 20, 30, 40, 50, 75 이다.)

• 계산 :   • 답 :

답안작성

계산 : Y결선 시 콘덴서의 정전용량

$C_s = \dfrac{Q}{2\pi f E^2} = \dfrac{1 \times 10^3}{2\pi \times 60 \times 380^2} \times 10^6 = 18.37 \, [\mu F]$

답 : 20[μF] 선정

▶ 출제년도 : 13. 19.　▶ 점수 : 5점

문제 16 3상 4선식 22.9[kV] 중성선 다중접지방식의 가공전선로와 대지간의 절연내력 시험전압은 얼마인지 계산하고, 몇 분간 견디어야 하는가?

(1) 절연내력 시험전압
　• 계산 :　　　　　　　　　　　　　　　　　• 답 :
(2) 인가하는 시간

답안작성

(1) 절연내력시험전압
　계산 : 절연 내력 시험 전압 $V = 22900 \times 0.92 = 21068\,[V]$
　답 : 21068 [V]
(2) 인가하는 시간 : 10분

해설

KEC 132 전로의 절연저항 및 절연내력
1. 사용전압이 저압인 전로에서 정전이 어려운 경우 등 절연저항 측정이 곤란한 경우에는 누설전류를 1[mA] 이하로 유지하여야 한다.
2. 고압 및 특고압의 전로는 표 에서 정한 시험전압을 전로와 대지 사이(다심케이블은 심선 상호 간 및 심선과 대지 사이)에 연속하여 10분간 가하여 절연내력을 시험하였을 때에 이에 견디어야 한다. 다만, 전선에 케이블을 사용하는 교류 전로로서 표 에서 정한 시험전압의 2배의 직류전압을 전로와 대지 사이에 연속하여 10분간 가하여 절연내력을 시험하였을 때에 이에 견디는 것에 대하여는 그러하지 아니하다.

전로의 종류	접지방식	시험전압 (최대사용 전압의 배수)	최저 시험전압
1. 7 [kV] 이하인 전로		1.5배	
2. 7 [kV] 초과 25 [kV] 이하	다중접지	0.92배	
3. 7 [kV] 초과 60 [kV] 이하 (2란의 것을 제외한다.)		1.25배	10.5[kV]
4. 60 [kV] 초과 (전위 변성기를 사용하여 접지하는 것을 포함한다)	비 접지	1.25배	
5. 60 [kV] 초과 (전위 변성기를 사용하여 접지하는 것 및 6란과 7란의 것을 제외한다)	접 지 식	1.1배	75[kV]
6. 60 [kV] 초과 (7란의 것을 제외한다)	직접접지	0.72배	
7. 170 [kV] 초과 (발전소 또는 변전소 혹은 이에 준하는 장소에 시설하는 것.)	직접접지	0.64배	

국가기술자격검정 실기시험문제 및 답안지

2019년도 산업기사 일반검정 제 2 회

자격종목(선택분야)	시험시간	형별	수험번호	성 명	감독위원 확인
전기산업기사	2시간 00분				

문제 01 ▶출제년도 : 19. ▶점수 : 5점

250[V]의 최대눈금을 가진 2개의 직류전압계 V_1 및 V_2를 직렬로 접속하여 회로의 전압을 측정할 때 각 전압계의 저항이 각각 18[kΩ] 및 15[kΩ]이라면 측정할 수 있는 회로의 최대 전압은 몇 [V] 인지 구하시오.

• 계산 :   • 답 :

답안작성

계산 : • 전류 $I = \dfrac{V}{r_1 + r_2}$

• V_1 전압계에 걸리는 전압 $= \dfrac{V}{r_1 + r_2} \times r_1 = 250[V]$

• 회로의 최대전압 $V = \dfrac{r_1 + r_2}{r_1} \times 250 = \dfrac{18 + 15}{18} \times 250 = 458.33[V]$

답 : 458.33[V]

해설

전압계 직렬회로에서 내부저항이 큰 전압계에 더 높은 전압이 인가되고, 이 전압은 전압계의 최대눈금을 초과할 수 없다.

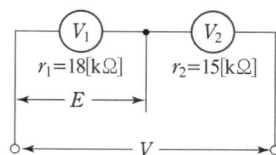

문제 02 ▶출제년도 : 19. ▶점수 : 7점

수용률, 부하율, 부등률의 관계식을 정확하게 쓰고 부하율이 수용률 및 부등률과 일반적으로 어떤 관계인지 비례, 반비례 등으로 설명하시오.

답안작성

(1) ① 수용률 $= \dfrac{\text{최대수요전력}}{\text{부하설비 정격용량의 합계}} \times 100[\%]$

② 부하율 $= \dfrac{\text{평균수요전력}}{\text{최대수요전력}} \times 100[\%]$

③ 부등률 $= \dfrac{\text{각각 최대수요전력의 합계}}{\text{합성 최대수요전력}}$

(2) 부하율은 수용률에 반비례하고, 부등률에 비례한다.

해설

(2) 합성최대수요전력 = $\dfrac{\text{설비용량} \times \text{수용률}}{\text{부등률}}$

∴ 부하율 = $\dfrac{\text{평균수요전력}}{\text{합성최대수요전력}}$ = $\dfrac{\text{평균수요전력}}{\text{설비용량}} \times \dfrac{\text{부등률}}{\text{수용률}}$

▸ 출제년도 : 08. 19. ▸ 점수 : 5점

문제 03 축전지 설비에 대하여 다음 각 물음에 답하시오.
(1) 연(鉛)축전지의 전해액이 변색되며, 충전하지 않고 방치된 상태에서도 다량으로 가스가 발생되고 있다. 어떤 원인의 고장으로 추정되는가?
(2) 거치용 축전설비에서 가장 많이 사용되는 충전방식으로 자기방전을 보충함과 동시에 상용부하에 대한 전력공급은 충전기가 부담하도록 하되 충전기가 부담하기 어려운 일시적인 대전류 부하는 축전지로 하여금 부담하게 하는 충전 방식은?
(3) 연(鉛)축전지와 알칼리 축전지의 공칭전압은 몇 [V/셀]인가?
   ① 연(鉛)축전지
   ② 알칼리 축전지
(4) 축전지 용량을 구하는 식

$$C_B = \dfrac{1}{L}[K_1 I_1 + K_2(I_2 - I_1) + K_3(I_3 - I_2) \cdots + K_n(I_n - I_{n-1})][\text{Ah}]$$

에서 L은 무엇을 나타내는가?

답안작성

(1) 전해액의 불순물 혼입
(2) 부동충전방식
(3) ① 연(鉛)축전지 : 2.0 [V/cell]
    ② 알칼리 축전지 : 1.2 [V/cell]
(4) 보수율

▸ 출제년도 : 88. 92. 94. 00. 01. 15. 19. ▸ 점수 : 4점

문제 04 길이 24 [m], 폭 12 [m], 천장높이 5.5 [m], 조명률 50 [%]의 어떤 사무실에서 전광속 6000 [lm]의 32 [W]×2등용 형광등을 사용하여 평균조도가 300[lx]되려면, 이 사무실에 필요한 형광등 수량을 구하시오. (단, 유지율은 80 [%]로 계산한다.)
• 계산 :   • 답 :

답안작성

계산 : $N = \dfrac{EAD}{FU} = \dfrac{300 \times 24 \times 12 \times \dfrac{1}{0.8}}{6000 \times 0.5} = 36[\text{등}]$

답 : 36 [등]

▶ 출제년도 : 04. 19. ▶ 점수 : 12점

문제 05

그림은 중형 환기팬의 수동운전 및 고장 표시등 회로의 일부이다. 이 회로를 이용하여 다음 각 물음에 답하시오.

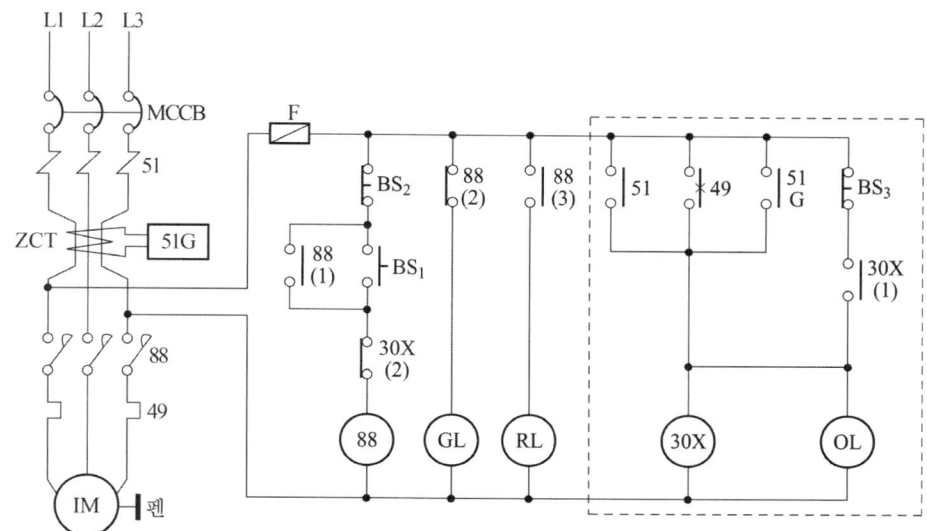

(1) 88은 MC로서 도면에서는 출력기구이다. 도면에 표시된 기구(버튼) 및 램프에 대하여 다음에 해당되는 명칭을 그 약호로 쓰시오. (단, 기구(버튼) 및 램프에 대한 약호의 중복은 없고, MCCB, ZCT, IM, 펜은 제외하며, 해당되는 기구가 여러 가지일 경우에는 모두 쓰도록 한다.)

① 고장표시기구 :　　　　　　　　② 고장 회복확인 기구(버튼) :
③ 기동기구(버튼) :　　　　　　　④ 정지기구(버튼) :
⑤ 운전표시램프 :　　　　　　　　⑥ 정지표시램프 :
⑦ 고장표시램프 :　　　　　　　　⑧ 고장검출기구 :

(2) 그림의 점선으로 표시된 회로를 AND, OR, NOT 게이트를 사용하여 로직회로를 그리시오. (단, 로직소자는 3입력 이하로 한다.)

답안작성

(1) ① 30X　② BS$_3$　③ BS$_1$　④ BS$_2$
　　⑤ RL　⑥ GL　⑦ OL　⑧ 51, 51G, 49

(2)
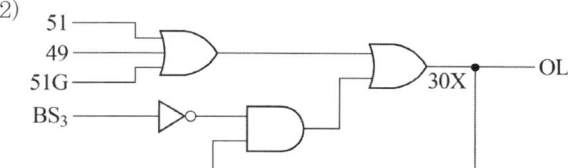

▸ 출제년도 : 19.   ▸ 점수 : 6점

문제 06 다음 전동기의 회전방향 변경 방법에 대해 설명하시오.
- 3상 농형 유도전동기
- 단상 유도전동기(분상기동형)
- 직류 직권전동기

답안작성
- 3상 농형 유도전동기 : 3상 유도전동기 3선 중 임의의 2선의 접속을 서로 바꾸어 연결한다.
- 단상 유도전동기(분상기동형) : 주권선 또는 기동권선 중 어느 한 권선의 단자의 접속을 반대로 한다.
- 직류 직권전동기 : 계자회로와 전기자회로 중 어느 한쪽의 접속을 반대로 한다.

해설

① 3상 농형 유도전동기
  3상 유도전동기의 회전방향을 바꾸기 위해서는 3선중 임의의 2선을 서로 바꾸면 된다.

② 분상 기동형
  주권선 또는 기동권선 중 어느 한 권선의 단자의 접속을 반대로 한다.

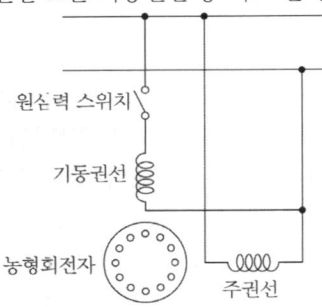

③ 직류 직권전동기
  계자회로와 전기자회로 중 어느 한쪽의 접속을 반대로 하면 되는데, 대부분 전기자 회로의 접속을 바꾸어 단자 전압의 극성을 반대로 하고 있다.

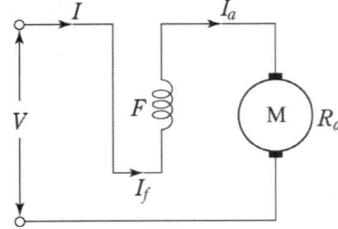

▸ 출제년도 : 19.   ▸ 점수 : 5점

문제 07 한국전기설비규정(KEC)에서 규정하는 저압 케이블의 종류를 3가지만 쓰시오.

답안작성
① 클로로프렌외장케이블   ② 비닐외장케이블   ③ 폴리에틸렌외장케이블

해설

KEC 122.4 저압케이블
사용전압이 저압인 전로(전기기계기구 안의 전로를 제외한다)의 전선으로 사용하는 케이블은
가. 0.6/1 [kV] 연피케이블 나. 클로로프렌외장케이블
다. 비닐외장케이블 라. 폴리에틸렌외장케이블
마. 무기물 절연케이블 바. 금속외장케이블
사. 저독성난연 폴리올레핀 외장케이블 아. 300/500[V] 연질 비닐시스케이블

▶ 출제년도 : 09. 19. ▶ 점수 : 6점

문제 08 3상 3선식 배전선로의 1선당 저항이 3 [Ω], 리액턴스가 2 [Ω]이고 수전단 전압이 6000 [V], 수전단에 용량 480 [kW] 역률 0.8(지상)의 3상 평형 부하가 접속되어 있을 경우에 송전단 전압 V_s, 송전단 전력 P_s 및 송전단 역률 $\cos\theta_s$를 구하시오.

(1) 송전단 전압
  • 계산 : • 답 :
(2) 송전단 전력
  • 계산 : • 답 :
(3) 송전단 역률
  • 계산 : • 답 :

답안작성

(1) 계산 : $V_s = V_r + \sqrt{3}I(R\cos\theta + X\sin\theta) = V_r + \dfrac{P_r}{V_r}(R + X\tan\theta)$

$= 6000 + \dfrac{480 \times 10^3}{6000}\left(3 + 2 \times \dfrac{0.6}{0.8}\right) = 6360 [V]$

답 : 6360 [V]

(2) 계산 : $I = \dfrac{P_r}{\sqrt{3}\,V_r\cos\theta_r} = \dfrac{480000}{\sqrt{3}\times 6000 \times 0.8} = 57.74[A]$

$P_s = P_r + 3I^2R = 480 + 3 \times 57.74^2 \times 3 \times 10^{-3} = 510.01 [kW]$

답 : 510.01 [kW]

(3) 계산 : $\cos\theta_s = \dfrac{P_s}{P_a} = \dfrac{P_s}{\sqrt{3}\,V_s I}$ 에서

$\cos\theta_s = \dfrac{510 \times 10^3}{\sqrt{3} \times 6360 \times 57.74} = 0.8018 = 80.18[\%]$

답 : 80.18 [%]

해설

(1) $V_s = V_r + \sqrt{3}I(R\cos\theta + X\sin\theta)$

$= V_r + \dfrac{\sqrt{3}\,V_r I(R\cos\theta + X\sin\theta)}{V_r} = V_r + \dfrac{RP_r + XQ_r}{V_r}$

$= V_r + \dfrac{P_r}{V_r}\left(R + X\dfrac{Q_r}{P_r}\right) = V_r + \dfrac{P_r}{V_r}(R + X\tan\theta)$

▸출제년도 : 19.   ▸점수 : 12점

문제 09 다음은 간이수변전설비의 단선도 일부이다. 각 물음에 답하시오.

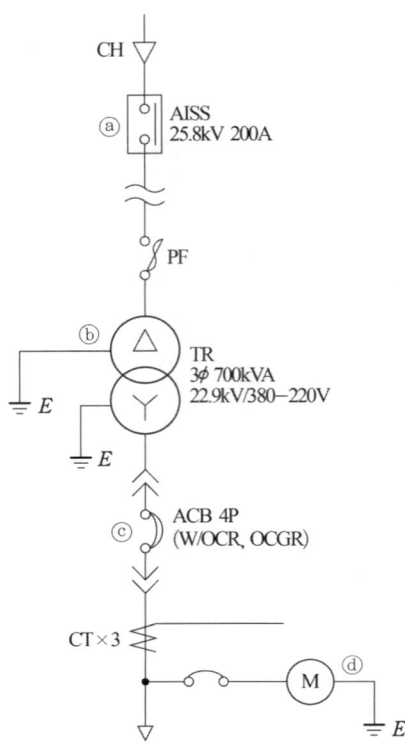

(1) 간이수변전설비의 단선도에서 ⓐ는 인입구 개폐기인 자동고장구분개폐기이다. 다음 (   )에 들어갈 내용을 답란에 쓰시오.

> 22.9[kV-y] (①)[kVA] 이하에 적용이 가능하며, 300[kVA] 이하의 경우에는 자동고장구분개폐기 대신에 (②)를 사용할 수 있다.

(2) 간이수변전설비의 단선도에서 ⓑ에 설치된 변압기에 대하여 다음 (   )에 들어갈 내용을 답란에 쓰시오.

> 과전류강도는 최대부하전류의 (①)배 전류를 (②)초 동안 흘릴 수 있어야 한다.

(3) 간이수변전설비의 단선도에서 ⓒ는 ACB이다. 보호요소를 3가지만 쓰시오.
(4) 간이수변전설비의 단선도에서 변류기의 변류비를 선정하시오.
    (단, CT의 정격전류는 부하전류의 125[%]로 하며, 표준규격[A]은 1차 : 1000, 1200, 1500, 2000, 2차 : 5를 사용한다.)
    • 계산 :   • 답 :

답안작성

(1) ① 1000 ② 인터럽트 스위치
(2) ① 25 ② 2
(3) ① 과전류 ② 부족전압 ③ 결상
(4) 계산 : CT $I_1 = \dfrac{700 \times 10^3}{\sqrt{3} \times 380} \times 1.25 = 1329.42[A]$ ∴ 1500/5 선정

답 : 1500/5

해설

(1) ① 자동고장구분 개폐기 : 공급변전소의 차단기의 배전선로에 설치된 리클로저와 협조하여 고장 구간만을 신속, 정확하게 차단 혹은 개방하여 고장의 확대를 방지하고 피해를 최소화시키기 위하여 300[kVA] 초과, 1000[kVA] 이하의 약식 수전설비의 인입개폐기로 사용한다.
② 인터럽터 스위치 : 수동 조작만 가능하고, 과부하시 자동으로 개폐할 수 없고, 돌입 전류 억제 기능을 가지고 있지 않으며, 용량 300[kVA] 이하에서 자동고장구분 개폐기 대신에 주로 사용하고 있다.

▶ 출제년도 : 04. 12. 19. ▶ 점수 : 5점

문제 10 송전계통의 중성점 접지방식 중 유효접지(effective grounding)방식을 설명하고, 유효접지의 가장 대표적인 접지방식을 쓰시오.

답안작성

• 유효접지방식 : 1선지락 사고시 건전상의 전압상승이 상규 대지전압의 1.3배를 넘지 않도록 접지 임피던스를 조절해서 접지하는 것
• 대표적인 접지방식 : 직접접지방식

▶ 출제년도 : 09. 19. ▶ 점수 : 6점

문제 11 PLC 프로그램을 보고 프로그램에 맞도록 주어진 PLC 접점 회로도를 완성하시오.

단, ① STR : 입력 A 접점 (신호) ② STRN : 입력 B 접점 (신호)
  ③ AND : AND A 접점 ④ ANDN : AND B 접점
  ⑤ OR : OR A 접점 ⑥ ORN : OR B 접점
  ⑦ OB : 병렬접속점 ⑧ OUT : 출력
  ⑨ END : 끝 ⑩ W : 각 번지 끝

어드레스	명령어	데이터	비고
01	STR	001	W
02	STR	003	W
03	ANDN	002	W
04	OB	–	W
05	OUT	100	W
06	STR	001	W

어드레스	명령어	데이터	비고
07	ANDN	002	W
08	STR	003	W
09	OB	–	W
10	OUT	200	W
11	END	–	W

• PLC 접점 회로도

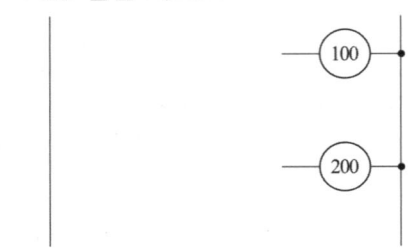

답안작성

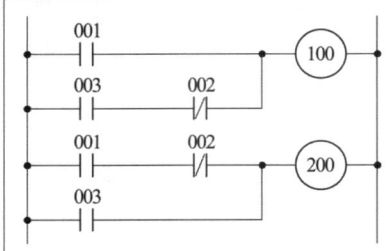

▶ 출제년도 : 08. 19.   ▶ 점수 : 5점

문제 12 변압기와 고압 모터에 서지흡수기를 설치하고자 한다. 각각의 경우에 대하여 서지흡수기를 그려 넣고 각각의 공칭전압에 따른 서지흡수기의 정격(정격전압 및 공칭방전전류)도 함께 쓰시오.

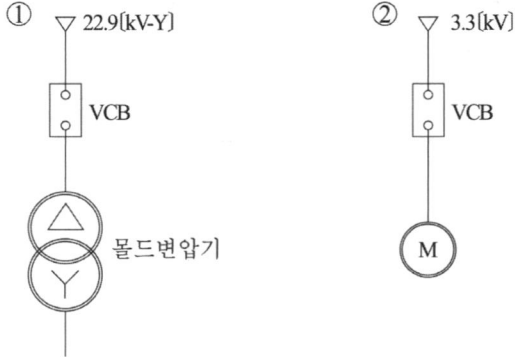

답안작성

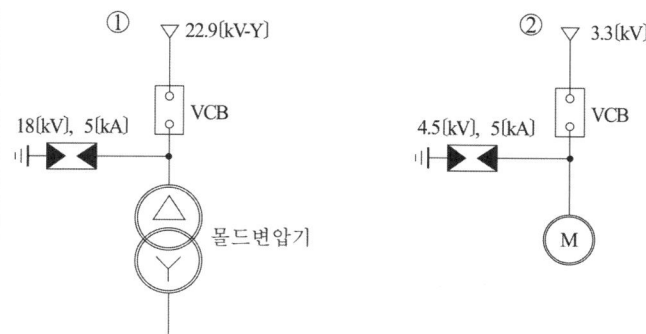

▶ 출제년도 : 88. 99. 15. 19.　▶ 점수 : 6점

문제 13 어떤 변전소의 공급구역내의 총 부하용량은 전등 600 [kW], 동력 800 [kW]이다. 각 수용가의 수용률은 전등 60 [%], 동력 80 [%], 각 수용가간의 부등률은 전등 1.2, 동력 1.6 이며, 또한 변전소에서 전등부하와 동력부하간의 부등률을 1.4라 하고, 배전선(주상변압기 포함)의 전력손실을 전등부하, 동력부하 각각 10 [%]라 할 때 다음 각 물음에 답하시오.

(1) 전등의 종합 최대수용전력은 몇 [kW]인가?
　• 계산　　　　　　　　　　　　　　　　• 답
(2) 동력의 종합 최대수용전력은 몇 [kW]인가?
　• 계산　　　　　　　　　　　　　　　　• 답
(3) 변전소에 공급하는 최대전력은 몇 [kW]인가?
　• 계산　　　　　　　　　　　　　　　　• 답

답안작성

(1) • 계산 : $P_N = \dfrac{600 \times 0.6}{1.2} = 300 [kW]$
　• 답 : 300[kW]
(2) • 계산 : $P_M = \dfrac{800 \times 0.8}{1.6} = 400 [kW]$
　• 답 : 400[kW]
(3) • 계산 : $P = \dfrac{300+400}{1.4} \times (1+0.1) = 550 [kW]$
　• 답 : 550[kW]

해설

• 부등률 = $\dfrac{\text{최대 수용 전력의 합}}{\text{합성 최대 수용 전력}} = \dfrac{\text{설비용량} \times \text{수용률}}{\text{합성 최대 수용 전력}}$
• 변전소에서 공급 하여야 할 전력 = 부하의 합성 최대 수용전력 + 선로 및 주상 변압기의 손실전력

▶ 출제년도 : 11, 14, 17, 19.   ▶ 점수 : 6점

문제 14 그림과 같은 무접점의 논리 회로도를 보고 다음 각 물음에 답하시오.

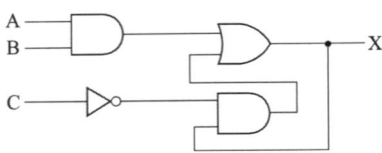

(1) 주어진 타임 차트를 완성하시오.

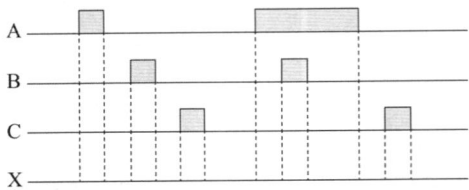

(2) 주어진 무접점 논리회로도를 이용하여 논리식을 쓰고 유접점 회로로 바꾸어 그리시오.

답안작성

(1)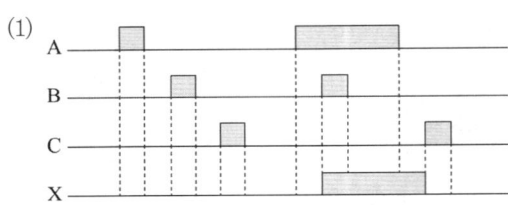

(2) • 논리식 : $X = AB + \overline{C}X$

• 유접점 회로도 :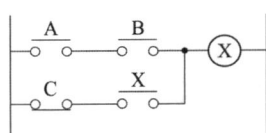

▶ 출제년도 : 19.   ▶ 점수 : 5점

문제 15 전기방식에 대한 설명이다. 다음 ( )에 들어갈 내용을 답란에 쓰시오.

전기방식용 전원장치는 (①), (②), (③), (④)로 구성되며, 전기방식회로의 최대 사용전압은 직류 (⑤)[V] 이하이다.

답안작성

① 절연변압기 ② 정류기 ③ 개폐기 ④ 과전류차단기 ⑤ 60

해설

KEC 241.16.3 전기부식방지회로의 전압
전기방식회로의 최대사용전압은 직류 60[V] 이하일 것

▸ 출제년도 : 03. 07. 19. ▸ 점수 : 5점

문제 16

거리계전기의 설치점에서 고정점까지의 임피던스를 70 [Ω]이라고 하면 계전기측에서 본 임피던스는 몇 [Ω]인가? 단, PT의 비는 154000/110 [V], CT의 변류비는 500/5[A] 이다.

답안작성

계산 : $Z_{Ry} = Z_1 \times \dfrac{CT \text{ 비}}{PT \text{ 비}} = 70 \times \dfrac{500}{5} \times \dfrac{110}{154000} = 5\,[\Omega]$

답 : 5 [Ω]

해설

$$Z_{Ry} = \dfrac{V_2}{I_2} = \dfrac{V_1 \times \dfrac{1}{PT\text{비}}}{I_1 \times \dfrac{1}{CT\text{비}}} = \dfrac{V_1}{I_1} \times \dfrac{CT\text{비}}{PT\text{비}} = Z_1 \times \dfrac{CT\text{비}}{PT\text{비}}$$

국가기술자격검정 실기시험문제 및 답안지

2019년도 산업기사 일반검정 제3회

자격종목(선택분야)	시험시간	형별	수험번호	성 명	감독위원 확인
전기산업기사	2시간 00분				

문제 01

▸출제년도 : 15, 19. ▸점수 : 5점

3상 3선식 전로에 연결된 3상 평형부하가 있다. c상의 P점이 단선되었다고 할 때, 이 부하의 소비전력은 단선 전 소비전력에 비하여 어떻게 되는지 계산식을 이용하여 설명하시오. (단, 선간 전압은 E[V] 이며, 부하의 저항은 R[Ω] 이다.)

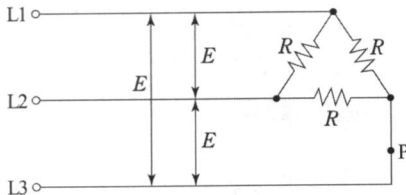

• 계산 :   • 답 :

답안작성

계산 : ① 단선 전 소비전력 $P_3 = 3\dfrac{E^2}{R}$

② P점단선 후 소비전력 P_1

• 단선되면 단상부하가 되므로 부하 $R_L = \dfrac{R \cdot 2R}{R+2R} = \dfrac{2}{3}R$

• 단선 후 소비전력 $P_1 = \dfrac{E^2}{R_L} = \dfrac{E^2}{\dfrac{2}{3}R} = \dfrac{3}{2}\dfrac{E^2}{R}$

③ 소비전력 비 $\dfrac{P_1}{P_3} = \dfrac{\dfrac{3}{2}\dfrac{E^2}{R}}{3\dfrac{E^2}{R}} = \dfrac{1}{2}$ 에서

$P_1 = \dfrac{1}{2}P_3$ 가 되어 단선 후 소비전력은 단선 전 소비 전력의 $\dfrac{1}{2}$이 된다.

답 : 단선 전 소비전력의 $\dfrac{1}{2}$로 감소한다.

해설

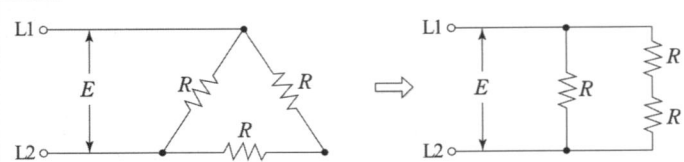

▶ 출제년도 : 16. 19.   ▶ 점수 : 6점

문제 02 그림과 같은 분기회로의 전선 굵기를 표준 공칭 단면적으로 산정하여 쓰시오. (단, 전압강하는 2[V] 이하이고, 배선 방식은 교류 220[V], 단상 2선식이며, 후강전선관 공사로 한다.)

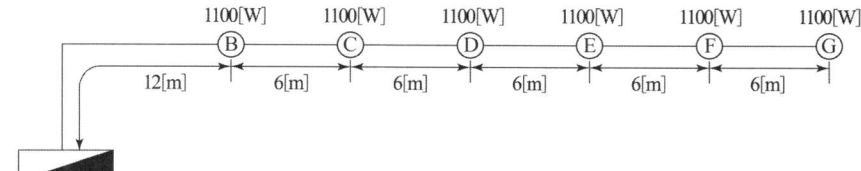

• 계산 :   • 답 :

답안작성

- 계산 : 전류 $i = \dfrac{P}{V} = \dfrac{1100}{220} = 5[A]$

  부하 중심점 : $L = \dfrac{i_1 l_1 + i_2 l_2 + i_3 l_3 + \cdots + i_n l_n}{i_1 + i_2 + i_3 + \cdots + i_n}$ 에서

  $L = \dfrac{5 \times 12 + 5 \times 18 + 5 \times 24 + 5 \times 30 + 5 \times 36 + 5 \times 42}{5+5+5+5+5+5} = 27[m]$

  부하 전류 $I = \dfrac{1100 \times 6}{220} = 30[A]$

  ∴ 전선의 굵기 $A = \dfrac{35.6 LI}{1000e} = \dfrac{35.6 \times 27 \times 30}{1000 \times 2} = 14.42[mm^2]$

  그러므로, 공칭 단면적 16 [mm²]로 결정

- 답 : 16 [mm²]

해설

- 부하 중심점까지의 거리 $L = \dfrac{\sum i \times l}{\sum i} = \dfrac{i_1 l_1 + i_2 l_2 + i_3 l_3 + \cdots + i_n l_n}{i_1 + i_2 + i_3 + \cdots + i_n}$ [m]

- KSC IEC 규격

전선의 공칭 단면적 [mm²]		
1.5	2.5	4
6	10	16
25	35	50
70	95	120
150	185	240
300	400	500

- 전선의 단면적

단상 2선식	$A = \dfrac{35.6LI}{1000 \cdot e}$
3상 3선식	$A = \dfrac{30.8LI}{1000 \cdot e}$
단상 3선식 3상 4선식	$A = \dfrac{17.8LI}{1000 \cdot e}$

▶ 출제년도 : 19.   ▶ 점수 : 3점

문제 03 형광방전램프의 점등회로 방식 3가지를 쓰시오.

답안작성

글로우스타트, 래피드스타트, 전자스타트

해설

이외에도 순시시동식이 있다.

▶ 출제년도 : 03. 06. 16. 19.   ▶ 점수 : 5점

문제 04 총설비 부하가 350[kW], 수용률 60[%], 부하역률 70[%]인 수용가에 전력을 공급하기 위한 변압기 용량[kVA]을 계산하고 규격용량으로 답하시오.
• 계산   • 답

답안작성

계산 : $P_a = \dfrac{350 \times 0.6}{0.7} = 300[kVA]$ 답 : 300 [kVA] 선정

해설

변압기 용량 [kVA] $\geq \dfrac{설비용량 [kVA] \times 수용률}{효율} = \dfrac{설비용량 [kW] \times 수용률}{효율 \times 역률}$

▶ 출제년도 : 12. 16. 19.   ▶ 점수 : 5점

문제 05 서지 흡수기(Surge Absorber)의 기능 및 설치위치에 대해 간단히 기술하시오.

답안작성

• 기능 : 개폐서지 등 이상전압으로부터 변압기 등 기기보호
• 설치위치 : 개폐서지를 발생하는 차단기의 후단과 보호 대상기기의 전단 사이에 설치

해설

(1) 서지흡수기 : 피뢰기와 같은 구조로 되어 있으나 적용 전압 범위만을 조정하여 적용시키는 일종의 옥내 피뢰기로서 선로에서 발생할 수 있는 개폐 서지, 순간 과도 전압 등의 이상전압이 2차 기기에 악영향을 주는 것을 막기 위해 설치하는 것으로 다음과 같다.
보호 대상기기(발전기, 변압기, 전동기, 콘덴서, 반도체 장비 계통)의 전단에 설치하며 대부분 개폐서지를 발생하는 차단기의 후단에 설치하고 2차측은 접지한다.

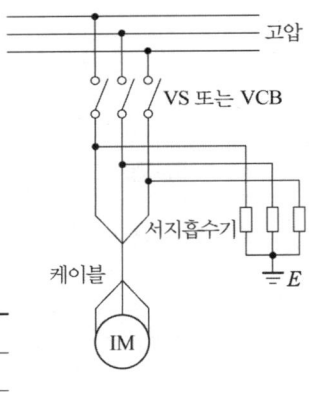

(2) 서지흡수기의 정격

계통공칭전압	3.3 [kV]	6.6 [kV]	22.9 [kV]
정격전압	4.5 [kV]	7.5 [kV]	18 [kV]
공칭방전전류	5 [kA]	5 [kA]	5 [kA]

▶ 출제년도 : 19.   ▶ 점수 : 5점

문제 06 어떤 공장의 어느 날 부하실적이 1일 사용전력량 100[kWh]이며, 1일의 최대 전력이 7[kW]이고, 최대전력일 때의 전류값이 20[A]이었을 경우 다음 각 물음에 답하시오.
단, 이 공장은 220[V], 11[kW] 인 3상 유도전동기를 부하 설비로 사용한다고 한다.
(1) 일 부하율은 몇 [%]인가?
   • 계산 :   • 답 :
(2) 최대 공급 전력일 때의 역률은 몇 [%]인가?
   • 계산 :   • 답 :

답안작성

(1) 계산 : 부하율 = $\dfrac{평균\ 수용\ 전력}{최대\ 수용\ 전력} \times 100[\%] = \dfrac{100/24}{7} \times 100 = 59.52[\%]$

　　답 : 59.52[%]

(2) 계산 : $\cos\theta = \dfrac{P}{\sqrt{3}\,VI} = \dfrac{7 \times 10^3}{\sqrt{3} \times 220 \times 20} \times 100 = 91.85[\%]$

　　답 : 91.85[%]

▶ 출제년도 : 19.　▶ 점수 : 5점

문제 07 60 [Hz], 6300/210 [V], 50 [kVA]의 단상 변압기에 있어서 임피던스 전압은 170 [V], 임피던스 와트는 700 [W]이다. 이 변압기에 지역률 0.8인 정격부하를 건 상태에서의 전압 변동률은 몇 [%]인지 구하시오.
　• 계산 :　　　　　　　　　　　　　　　　• 답 :

답안작성

계산 : • %임피던스 강하 $z = \dfrac{V_s}{V_{1n}} \times 100 = \dfrac{170}{6300} \times 100 = 2.70[\%]$

　　　• %저항 강하 $p = \dfrac{P_s}{V_{1n}I_{1n}} \times 100 = \dfrac{700}{50 \times 10^3} \times 100 = 1.4[\%]$

　　　• %리액턴스 강하 $q = \sqrt{z^2 - p^2} = \sqrt{2.7^2 - 1.4^2} = 2.31[\%]$

　　　• 전압변동률 $\epsilon = p\cos\theta + q\sin\theta = 1.4 \times 0.8 + 2.31 \times 0.6 = 2.51[\%]$

답 : 2.51[%]

▶ 출제년도 : 16. 19.　▶ 점수 : 6점

문제 08 어느 공장의 수전설비에서 100 [kVA] 단상 변압기 3대를 △결선하여 273 [kW] 부하에 전력을 공급하고 있다. 단상 변압기 1대가 고장이 발생하여 단상 변압기 2대로 V결선하여 전력을 공급할 경우 다음 물음에 답하시오.(단, 부하역률은 1로 계산한다.)
(1) V결선으로 하여 공급할 수 있는 최대 전력 [kW]을 구하시오.
　• 계산 :　　　　　　　　　　　　　　　　• 답 :
(2) V결선된 상태에서 273 [kW] 부하 전체를 연결할 경우 과부하율 [%]을 구하시오.
　• 계산 :　　　　　　　　　　　　　　　　• 답 :

답안작성

(1) 계산 : V결선 출력 $P_V = \sqrt{3}\,P_1 \cos\theta = \sqrt{3} \times 100 \times 1 = 173.21[\text{kW}]$

　　답 : 173.21 [kW]

(2) 계산 : 과부하율 = $\dfrac{부하용량}{V결선출력} \times 100 = \dfrac{273}{173.21} \times 100 = 157.61[\%]$

　　답 : 157.61 [%]

▸ 출제년도 : 88. 95. 03. 19.　▸ 점수 : 15점

문제 09 아래 도면은 어느 수전설비의 단선 결선도이다. 물음에 답하시오.

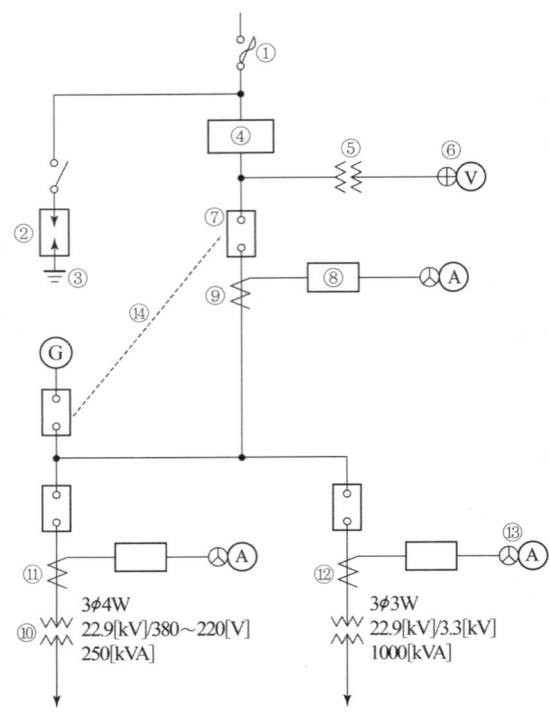

(1) ①~②, ④~⑨, ⑬에 해당되는 부분의 명칭과 용도를 쓰시오.
(2) ⑤의 1차, 2차 전압은?
(3) ⑩의 2차측 결선 방법은?
(4) ⑪, ⑫의 1차 2차 전류는? 단, CT 정격 전류는 부하 정격 전류의 1.5배로 한다.
(5) ⑭의 목적은?

답안작성

(1)

번호	명 칭	용　　　도
①	전력 퓨즈	일정값 이상의 과전류 및 단락 전류를 차단하여 사고 확대를 방지
②	피뢰기	이상 전압이 내습하면 이를 대지로 방전하고, 속류를 차단한다.
④	전력 수급용 계기용 변성기	전력량을 적산하기 위하여 고전압을 저전압으로, 대전류를 소전류로 변성시켜 전력량계에 공급한다.
⑤	계기용 변압기	고전압을 저전압으로 변성시켜 계기 및 계전기 등의 전원으로 사용한다.
⑥	전압계용 전환 계폐기	1대의 전압계로 3상 각상의 전압을 측정하기 위한 전환 개폐기
⑦	교류 차단기	단락 사고, 과부하, 지락 사고 등 사고 전류와 부하 전류를 차단하기 위한 장치
⑧	과전류 계전기	계통에 과전류가 흐르면 동작하여 차단기의 트립 코일을 여자시킨다.

번호	명칭	용도
⑨	변류기	대전류를 소전류로 변성하여 계기 및 과전류 계전기에 공급한다.
⑬	전류계용 전환 개폐기	1대의 전류계로 3상 각상의 전류를 측정하기 위한 전환 개폐기

(2) 1차 전압 : $\dfrac{22900}{\sqrt{3}}$ [V], 2차 전압 : $\dfrac{190}{\sqrt{3}}$ [V]

(3) Y결선

(4) ⑪ $I_1 = \dfrac{250}{\sqrt{3} \times 22.9} = 6.3$ [A]

∴ $6.3 \times 1.5 = 9.45$ [A]이므로 변류비 10/5 선정

∴ $I_2 = \dfrac{250}{\sqrt{3} \times 22.9} \times \dfrac{5}{10} = 3.15$ [A]

답 : 1차 전류 6.3 [A], 2차 전류 3.15 [A]

⑫ $I_1 = \dfrac{1000}{\sqrt{3} \times 22.9} = 25.21$ [A]

∴ $25.21 \times 1.5 = 37.82$ [A]이므로 변류비 40/5 선정

∴ $I_2 = \dfrac{1000}{\sqrt{3} \times 22.9} \times \dfrac{5}{40} = 3.15$ [A]

답 : 1차 전류 25.21 [A], 2차 전류 3.15 [A]

(5) 상용 전원과 예비 전원의 동시 투입을 방지한다. (인터록)

해설

(3)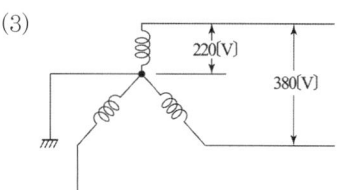

▶ 출제년도 : 19. ▶ 점수 : 5점

문제 10 단상 2선식의 교류 배전선이 있다. 전선 1선의 저항은 0.03[Ω], 리액턴스는 0.05[Ω]이고, 부하는 무유도성으로 220[V], 3[kW]일 때 급전점의 전압은 몇 [V]인가?

• 계산 : • 답 :

답안작성

계산 : $I = \dfrac{P}{V} = \dfrac{3 \times 10^3}{220}$ [A]

급전점의 전압 $V_s = V_r + 2I(R\cos\theta + X\sin\theta)$

$= 220 + 2 \times \dfrac{3000}{220} \times (0.03 \times 1 + 0.05 \times 0) = 220.82$ [V]

답 : 220.82 [V]

해설

• 부하전류 $I = \dfrac{P}{V} = \dfrac{3 \times 10^3}{220}$ [A]

• 부하가 무유도성일 때 역률 $\cos\theta = 1$, 따라서 $\sin\theta = 0$

- 부하가 무유도성일 때 급전점 전압 V_s

$$V_s = V_r + 2I(R\cos\theta + X\sin\theta) = V_r + 2I(R \times 1 + X \times 0) = V_r + 2IR$$

▶ 출제년도 : 91. 96. 97. 03. 11. 19.   ▶ 점수 : 5점

문제 11

3상 3선식 중성점 비접지식 6600[V] 가공전선로가 있다. 이 전로에 접속된 주상변압기 100[V]측 그 1단자에 중성점 접지공사를 할 때 접지 저항값은 얼마 이하로 유지하여야 하는가? (단, 이 전선로는 고저압 혼촉 시 자동 차단하는 장치가 없으며, 고압측 1선지락전류는 5[A]라고 한다.)

• 계산 :   • 답 :

답안작성

계산 : 자동 차단하는 장치가 없으므로

$$R_2 = \frac{150}{I_g} = \frac{150}{5} = 30[\Omega]$$

답 : 30[Ω]

해설

중성점 접지공사의 접지저항

① 자동차단장치가 없는 경우 $R_2 = \dfrac{150}{1선\ 지락전류}[\Omega]$

② 2초 이내에 동작하는 자동차단장치가 있는 경우 $R_2 = \dfrac{300}{1선\ 지락전류}[\Omega]$

③ 1초 이내에 동작하는 자동차단장치가 있는 경우 $R_2 = \dfrac{600}{1선\ 지락전류}[\Omega]$

▶ 출제년도 : 96. 19.   ▶ 점수 : 13점

문제 12

스위치 S_1, S_2, S_3, S_4에 의하여 직접 제어되는 계전기 A_1, A_2, A_3, A_4가 있다. 전등 X, Y, Z 가 동작표와 같이 점등되었다고 할 때 다음 각 물음에 답하시오.

A_1	A_2	A_3	A_4	X	Y	Z
0	0	0	0	0	1	0
0	0	0	1	0	0	0
0	0	1	0	0	0	0
0	0	1	1	0	0	0
0	1	0	0	0	0	0
0	1	0	1	0	0	0
0	1	1	0	1	0	0
0	1	1	1	1	0	0
1	0	0	0	0	0	0
1	0	0	1	0	0	1
1	0	1	0	0	0	0
1	0	1	1	1	1	0
1	1	0	0	0	0	1
1	1	0	1	0	0	1
1	1	1	0	0	0	0
1	1	1	1	1	0	0

- 출력 램프 X에 대한 논리식

  $X = \overline{A_1}A_2A_3\overline{A_4} + \overline{A_1}A_2A_3A_4 + A_1A_2A_3A_4 + A_1\overline{A_2}A_3A_4 = A_3(\overline{A_1}A_2 + A_1A_4)$

- 출력 램프 Y에 대한 논리식

  $Y = \overline{A_1}\,\overline{A_2}\,\overline{A_3}\,\overline{A_4} + A_1\overline{A_2}A_3A_4 = \overline{A_2}(\overline{A_1}\,\overline{A_3}\,\overline{A_4} + A_1A_3A_4)$

- 출력 램프 Z에 대한 논리식

  $Z = A_1\overline{A_2}\,\overline{A_3}A_4 + A_1A_2\overline{A_3}\,\overline{A_4} + A_1A_2\overline{A_3}A_4 = A_1\overline{A_3}(A_2 + A_4)$

(1) 답란에 미완성 부분을 최소 접점수로 접점 표시를 하고 접점 기호를 써서 유접점 회로를 완성하시오. (예 : $\,{}^{\circ}_{\circ}|A_1\ {}^{\circ}_{\circ}|\overline{A_1}\,$)

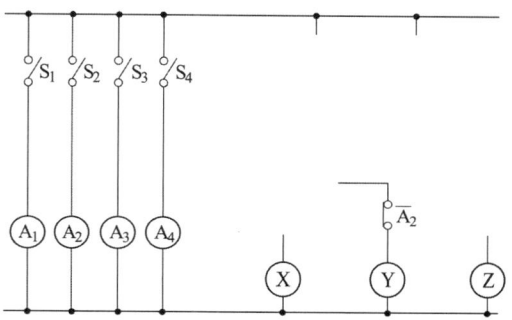

(2) 답란에 미완성 무접점 회로도를 완성하시오.

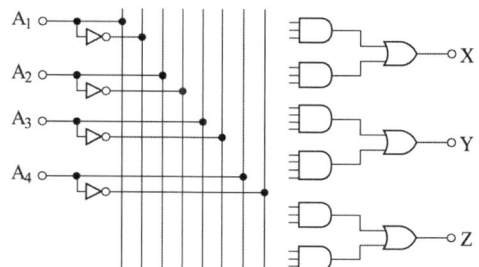

답안작성

(1)

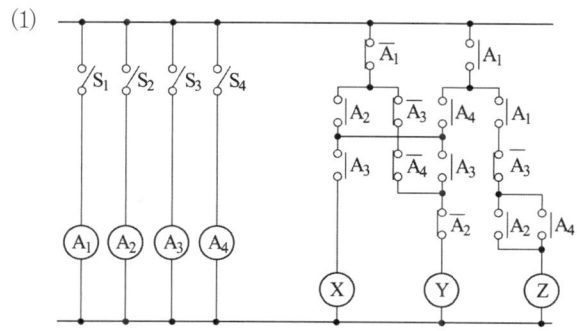

(2)

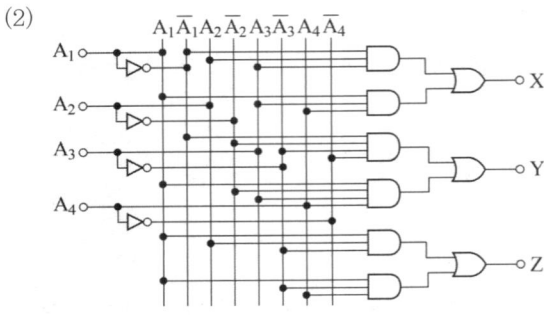

▸ 출제년도 : 15, 19.   ▸ 점수 : 5점

문제 13 3상 3선식 380[V] 회로에 그림과 같이 부하가 연결되어 있다. 간선의 허용전류[A]를 구하시오. (단, 전동기의 평균 역률은 75[%]이다.)

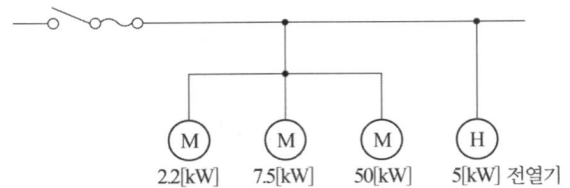

• 계산 :   • 답 :

답안작성

계산 : • 전동기 정격 전류의 합 $\sum I_M = \dfrac{(2.2+7.5+50)\times 10^3}{\sqrt{3}\times 380 \times 0.75} = 120.94[A]$

• 전동기의 유효 전류 $I_r = 120.94 \times 0.75 = 90.71[A]$

• 전동기의 무효 전류 $I_q = 120.94 \times \sqrt{1-0.75^2} = 79.99[A]$

• 전열기 정격 전류의 합 $I_H = \dfrac{5\times 10^3}{\sqrt{3}\times 380 \times 1.0} = 7.6[A]$

따라서, 설계전류 $I_B = \sqrt{(90.71+7.6)^2 + 79.99^2} = 126.74[A]$

$I_B \leq I_n \leq I_Z$의 조건을 만족하는 간선의 허용전류 $I_Z \geq I_B$(여기서 $I_B = 126.74[A]$)가 되어야 한다.

답 : 126.74[A]

해설

KEC 212.4.1 도체와 과부하 보호장치 사이의 협조
과부하에 대해 케이블(전선)을 보호하는 장치의 동작특성은 다음의 조건을 충족해야 한다.

$$I_B \leq I_n \leq I_Z, \qquad I_2 \leq 1.45 \times I_Z$$

I_B : 회로의 설계전류(선도체를 흐르는 설계전류 또는 함유율이 높은 영상분 고조파,특히 제3고조파가 지속적으로 흐르는 경우 중성선에 흐르는 전류이다.)

I_Z : 케이블의 허용전류

I_n : 보호장치의 정격전류(사용현장에 적합하게 조정된 전류의 설정 값)

I_2 : 보호장치가 규약시간 이내에 유효하게 동작하는 것을 보장하는 전류

```
                    설계전류 I_B    도체의 허용전류 I_Z    1.45×I_Z
                         ↓              ↓                ↓
      배선의 기준 값
   ○─────────────────────┼──────────────┼────────────────┼──────────→
      보호 장치의 특성    ↑              ↑  ↑  ↑  ↑  ↑
                    정격전류 또는      통상적인 동작전류 I_2
                    전류 설정 값 I_n
```

과부하 보호 설계 조건도

▸ 출제년도 : 10. 12. 18. 19.   ▸ 점수 : 6점

문제 14 유입 변압기와 비교한 몰드 변압기의 장점 3가지와 단점 3가지를 쓰시오.

답안작성

(1) 장점
　① 자기 소화성이 우수하므로 화재의 염려가 없다.
　② 소형 경량화 할 수 있다.
　③ 보수 및 점검이 용이하다.
(2) 단점
　① 옥외에 설치 시 외함에 내장 시켜야 한다.
　② 충격파 내전압이 낮다.
　③ 수지층에 차폐물이 없으므로 운전 중 코일 표면과 접촉하면 위험하다.

해설

(1) 그 외의 장점으로는
　④ 코로나 특성 및 임펄스 강도가 높다.
　⑤ 습기, 가스, 염분 및 소손 등에 대해 안정하다.
　⑥ 저진동 및 저소음이다.
　⑦ 단시간 과부하 내량이 크다.
　⑧ 전력손실이 적다.
(2) 그 외의 단점으로는
　④ 가격이 비싸다.

▸ 출제년도 : 94. 98. 00. 02. 06. 19.   ▸ 점수 : 7점

문제 15 전력 퓨즈에서 퓨즈에 대한 그 역할과 기능에 대해서 다음 각 물음에 답하시오.
(1) 퓨즈의 역할을 크게 2가지로 대별하여 간단하게 설명하시오.
　•
　•

(2) 퓨즈의 가장 큰 단점은 무엇인가?
(3) 주어진 표는 개폐장치(기구)의 동작 가능한 곳에 ○표를 한 것이다. ①~③은 어떤 개폐 장치이겠는가?

기능 \ 능력	회로 분리		사고 차단	
	무부하	부하	과부하	단락
퓨 즈	○			○
①	○	○	○	○
②	○	○	○	
③	○			

(4) 큐비클의 종류중 PF·S형 큐비클은 주 차단장치로서 어떤 것들을 조합하여 사용하는 것을 말하는가?

답안작성

(1) • 부하 전류는 안전하게 통전한다
 • 어떤 일정값 이상의 과전류는 차단하여 전로나 기기를 보호한다.
(2) 재투입할 수 없다.
(3) ① 차단기 ② 개폐기 ③ 단로기
(4) 전력 퓨즈와 개폐기

▸ 출제년도 : 98. 02. 11. 19. ▸ 점수 : 4점

문제 16 그림과 같은 단상 3선식 선로에서 설비불평형률은 몇 [%]인가?

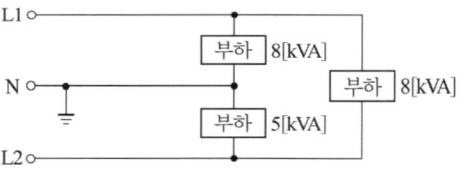

• 계산 :   • 답 :

답안작성

• 계산 : 설비불평형률 $= \dfrac{8-5}{(8+5+8) \times \dfrac{1}{2}} \times 100 = 28.57[\%]$

• 답 : 28.57[%]

해설

단상 3선식에서 설비불평형률

설비불평형률 $= \dfrac{\text{중성선과 각 전압측 전선간에 접속된 부하 설비용량의 차}}{\text{총 부하 설비용량의 1/2}} \times 100[\%]$

E60-2
전기산업기사 실기

2020년도 기출문제

- 2020년 전기산업기사 1회
- 2020년 전기산업기사 2회
- 2020년 전기산업기사 3회
- 2020년 전기산업기사 4회

국가기술자격검정 실기시험문제 및 답안지

2020년도 **산업기사** 일반검정 제**1**회

자격종목(선택분야)	시험시간	형별
전기산업기사	2시간 00분	

출제년도 : 90. 98. 04. 20.　▶ 점수 : 14점

문제 01 주어진 도면은 어떤 수용가의 수전 설비의 단선 결선도이다. 도면과 참고표를 이용하여 물음에 답하시오.

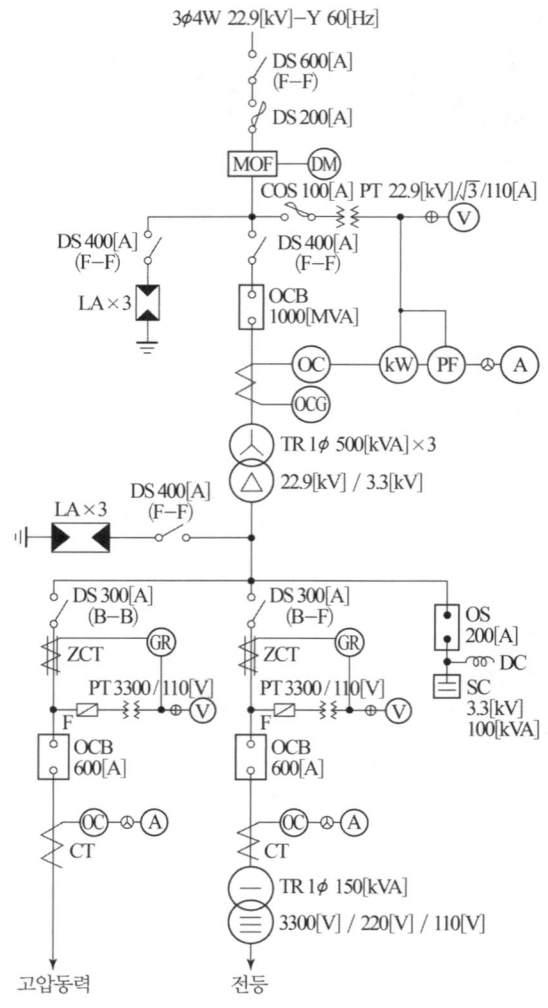

- 924 -

[참고표]

계기용 변성기 정격(일반 고압용)

종 별	정 격	
PT	1차 정격 전압 [V]	3300, 6000
	2차 정격 전압 [V]	110
	정격 부담 [VA]	50, 100, 200, 400
CT	1차 정격 전류 [A]	10, 15, 20, 30, 40, 50, 75, 100, 150, 200, 300, 400, 500, 600
	2차 정격 전류 [A]	5
	정격 부담 [VA]	15, 40, 100 일반적으로 고압 회로는 40 [VA] 이하, 저압 회로는 15 [VA] 이상

(1) 22.9 [kV] 측에 대하여 다음 각 물음에 답하시오.
    ① MOF에 연결되어 있는 ⓓⓜ은 무엇인가?
    ② DS의 정격 전압은 몇 [kV]인가?
    ③ LA의 정격 전압은 몇 [kV]인가?
    ④ OCB의 정격 전압은 몇 [kV]인가?
    ⑤ OCB의 정격 차단 용량 선정은 무엇을 기준으로 하는가?
    ⑥ CT의 변류비는? (단, 1차 전류의 여유는 25 [%]로 한다)
        • 계산 :   • 답 :
    ⑦ DS에 표시된 F-F의 뜻은?
    ⑧ 그림과 같은 결선에서 단상 변압기가 2부싱형 변압기이면 1차 중성점의 접지는 어떻게 해야 하는가? (단, "접지를 한다", "접지를 하지 않는다"로 답 하시오.)
    ⑨ OCB의 차단 용량이 1000 [MVA]일 때 정격 차단 전류는 몇 [A]인가?

(2) 3.3 [kV]측에 대하여 다음 각 물음에 답하시오.
    ① 옥내용 PT는 주로 어떤 형을 사용하는가?
    ② 고압 동력용 OCB에 표시된 600 [A]는 무엇을 의미하는가?
    ③ 콘덴서에 내장된 DC의 역할은?
    ④ 전등 부하의 수용률이 70 [%]일 때 전등용 변압기에 걸 수 있는 부하 용량은 몇 [kW]인가?

답안작성

(1) ① 최대 수요 전력량계   ② 25.8 [kV]   ③ 18 [kV]
    ④ 25.8 [kV]   ⑤ 단락 용량
    ⑥ 계산 : $I_1 = \dfrac{500 \times 3}{\sqrt{3} \times 22.9} \times 1.25 = 47.27$ [A]이므로 CT의 변류비는 50/5 선정
       답 : 50/5
    ⑦ 접속 단자의 접속 방법이 표면 접속이라는 것
    ⑧ 접지를 하지 않는다.
    ⑨ 계산 : 정격 차단 용량 = $\sqrt{3} \times$ 정격 전압 $\times$ 정격 차단 전류 에서

$$I_s = \frac{P_s}{\sqrt{3}\,V} = \frac{1000 \times 10^3}{\sqrt{3} \times 25.8} = 22377.92\,[\text{A}]$$

답 : 22377.92 [A]

(2) ① 몰드형
② 정격 전류
③ 콘덴서에 축적된 잔류 전하 방전
④ 부하 용량 $= \dfrac{150}{0.7} = 214.29\,[\text{kW}]$

▸ 출제년도 : 20.   ▸ 점수 : 5점

문제 02 조명기구 배치에 따른 조명방식의 종류를 3가지만 쓰시오.

답안작성

전반조명방식, 국부조명방식, TAL조명방식

해설

① 전반조명 방식 : 조명대상 실내 전체를 일정하게 조명하는 것으로 대표적인 조명 방식이다. 전반 조명은 계획과 설치가 용이하고, 책상의 배치나 작업대상물이 바뀌어도 대응이 용이한 방식이다.
② 국부조명 방식 : 실내에서 각 구역별 필요 조도에 따라 부분적 또는 국소적으로 설치하는 방식이며, 이는 일반적으로 조명기구를 작업대에 직접 설치하거나 작업부의 천장에 매다는 형태이다.
③ 국부적 전반조명 방식 : 넓은 실내공간에서 각 구역별 작업성이나 활동영역을 고려하여 일반적인 장소에는 평균조도로서 조명하고, 세밀한 작업을 하는 구역에는 고조도로 조명하는 방식이므로 이를 고려 한다.
④ TAL 조명방식 (Task & Ambient Lighting) : TAL 조명방식은 작업구역(Task)에는 전용의 국부조명방식으로 조명하고, 기타 주변(Ambient) 환경에 대하여는 간접조명과 같은 낮은 조도레벨로 조명하는 방식을 말한다. 여기서 주변조명은 직접 조명방식도 포함한다.

▸ 출제년도 : 98. 00. 20.   ▸ 점수 : 10점

문제 03 도면은 사무실 일부의 조명 및 전열 도면이다. 주어진 조건을 이용하여 다음 각 물음에 답하시오.

[도면]

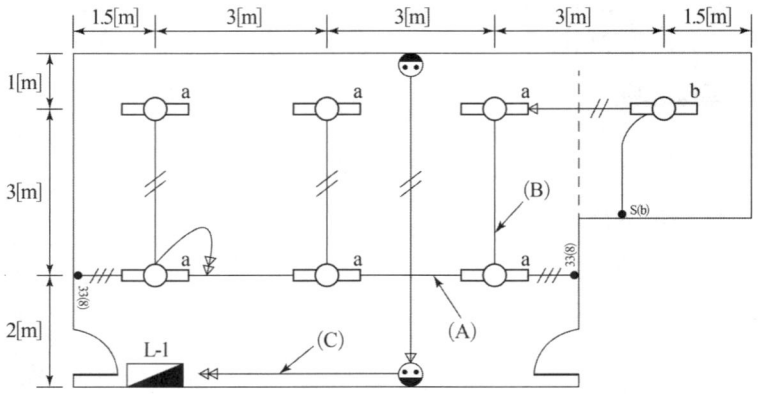

[조건]
- 층고 : 3.6 [m] 2중 천장
- 조명 기구 : FL32×2 매입형
- 콘크리트 슬라브 및 미장 마감
- 2중 천장과 천장 사이 : 1[m]
- 전선관 : 금속 전선관

(1) 전등과 전열에 사용할 수 있는 전선의 최소 굵기는 얼마인가? (단, 접지도체는 제외한다.)
   - 전등 :   [mm²]   • 전열 :   [mm²]

(2) (A)와 (B)에 배선되는 전선수는 최소 몇 본이 필요한가?
   (단, 접지도체는 제외한다.)
   (A) :   (B) :

(3) (C)에 사용될 전선의 종류와 전선의 굵기 및 전선 가닥수를 쓰시오.
   (단, 접지도체는 제외한다.)
   - 전선의 종류 :
   - 전선의 최소 굵기 :
   - 전선의 최소 가닥수 :

(4) 도면에서 박스(4각 박스 + 8각 박스 + 스위치 박스)는 몇 개가 필요한가?
   (단, 분전반은 제외한다.)

(5) 30AF/20AT에서 AF와 AT의 의미는 무엇인가?
   • AF :   • AT :

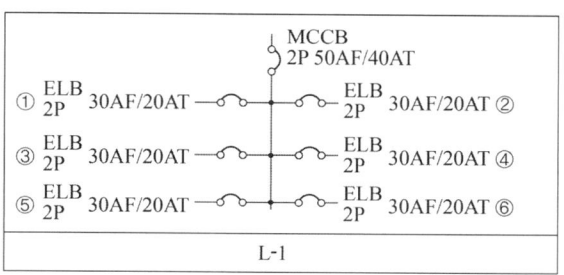

답안작성

(1) • 전등 : 2.5 [mm²]
    • 전열 : 2.5 [mm²]
(2) (A) 6가닥   (B) 4가닥
(3) • 전선의 종류 : NR
    • 전선의 최소 굵기 : 2.5 [mm²]
    • 전선의 최소 가닥수 : 4가닥
(4) 12개
(5) • AF : 차단기 프레임 전류
    • AT : 차단기 트립 전류

해설

(3) NR : 450/750[V] 일반용 단심 비닐절연전선

문제 04
▶ 출제년도 : 20. ▶ 점수 : 5점

단상 유도전동기의 기동방식을 3가지만 쓰시오.

답안작성
① 반발 기동형
② 콘덴서 기동형
③ 분상 기동형

해설
단상 유도전동기의 기동법
반발기동형, 반발유도형, 콘덴서기동형, 분상기동형, 세이딩코일형, 모노사이클릭형

문제 05
▶ 출제년도 : 09. 20. ▶ 점수 : 5점

3상 3선식 6600[V]인 변전소에서 저항 6[Ω] 리액턴스 8[Ω]의 송전선을 통하여 역률 0.8의 부하에 전력을 공급할 때 수전단 전압을 6000[V] 이상으로 유지하기 위해서 걸 수 있는 부하는 최대 몇 [kW]까지 가능하겠는가?
• 계산 :   • 답 :

답안작성

계산 : 전압강하 $e = \dfrac{P}{V}(R + X\tan\theta)$ 에서

$$P = \dfrac{e \times V}{R + X\tan\theta} \times 10^{-3} = \dfrac{(6600-6000) \times 6000}{6 + 8 \times \dfrac{0.6}{0.8}} \times 10^{-3} = 300 [\text{kW}]$$

답 : 300 [kW]

문제 06
▶ 출제년도 : 16. 20. ▶ 점수 : 6점

경간 200[m]인 가공 송전선로가 있다. 전선 1[m]당 무게는 2.0[kg]이고 풍압하중은 없다고 한다. 인장강도 4000[kg]의 전선을 사용할 때 이도(dip)와 전선의 실제 길이를 구하시오. (단, 전선의 안전율은 2.2로 한다.)
(1) 이도(dp)
  • 계산   • 답
(2) 전선의 실제 길이
  • 계산   • 답

답안작성

(1) 계산 : 이도 $D = \dfrac{WS^2}{8T} = \dfrac{2 \times 200^2}{8 \times \dfrac{4000}{2.2}} = 5.5 [\text{m}]$

  답 : 5.5[m]

(2) 계산 : 전선의 실제 길이 $L = S + \dfrac{8D^2}{3S} = 200 + \dfrac{8 \times 5.5^2}{3 \times 200} = 200.4 [\text{m}]$

  답 : 200.4[m]

[해설]

(1) 이도 : 이도란 전선의 지지점을 연결하는 수평선으로부터 밑으로 내려가 있는 길이를 말한다.

$$D = \frac{WS^2}{8T}$$

여기서, D : 이도 [m]
W : 단위 길이당 전선의 중량 [kg/m]
S : 경간 [m]
T : 전선의 수평장력 [kg]

(2) 전선의 실제길이

$$L = S + \frac{8D^2}{3S}$$

여기서, L : 전선의 실제 길이 [m], S : 경간 [m], D : 이도 [m]

▶ 출제년도 : 15. 20.   ▶ 점수 : 5점

문제 07 건축 연면적이 350[m²]의 주택에 다음 조건과 같은 전기설비를 시설하고자 할 때 분전반에 사용할 20[A]와 30[A]의 분기 회로수는 각각 몇 회로로 하여야 하는지를 결정하시오. (단, 분전반의 인입 전압은 단상 220[V]이며, 전등 및 전열의 분기 회로는 20[A], 에어컨은 30[A] 분기회로이다.)

〈조건〉
- 전등과 전열용 부하는 25[VA/m²]
- 2500[VA]의 에어컨 2대
- 예비부하는 3500[VA]

•계산 :   •답 :

[답안작성]

계산 : ① 전등 및 전열용 부하

상정 부하 = 바닥 면적×부하 밀도+가산 부하 = $350 \times 25 + 3500 = 12250$[VA]

20[A] 분기 회로수 = $\frac{12250}{220 \times 20} = 2.78$회로

② 에어컨 전용

30[A] 분기 회로수 = $\frac{2500 \times 2}{220 \times 30} = 0.76$회로

답 : • 20[A] 분기 3회로   • 30[A] 분기 1회로

[해설]
- 분기회로수 산정시 소수가 발생되면 무조건 절상하여 산출한다.
- 220[V]에서 3[kW] (110[V] 때는 1.5[kW]) 이상인 냉방기기, 취사용 기기 등 대형 전기 기계기구를 사용하는 경우에는 단독분기회로를 사용하여야 한다.

문제 08

▸출제년도 : 20. ▸점수 : 4점

다음 표에 우리나라에서 통용되고 있는 계통의 공칭전압에 따른 정격전압을 쓰시오.

계통의 공칭전압[kV]	정격전압[kV]
22.9	
154	
345	
765	

답안작성

계통의 공칭전압[kV]	정격전압[kV]
22.9	25.8
154	170
345	362
765	800

문제 09

▸출제년도 : 08. 20. ▸점수 : 7점

그림은 3상 유도전동기의 Y-△ 기동법을 나타내는 결선도이다. 다음 물음에 답하시오.

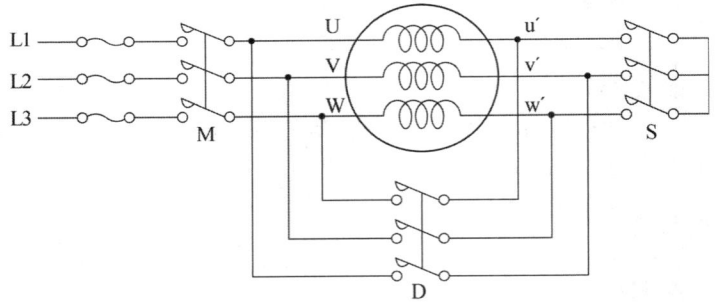

(1) 다음 표의 빈칸에 기동시 및 운전시의 전자개폐기 접점의 ON, OFF 상태 및 접속상 태(Y결선, △결선)를 쓰시오.

구 분	전자개폐기 접점상태(ON, OFF)			접속상태
	S	D	M	
기동시				
운전시				

(2) 전전압 기동과 비교하여 Y-△기동법의 기동시 기동전압, 기동전류 및 기동토크는 각각 어떻게 되는가?

(단, 전전압 기동 시의 기동전압은 V_s, 기동전류는 I_s, 기동토크는 T_s이다.)

① 기동전압(선간전압) : (   ) $\times V_s$

② 기동전류 : (   ) $\times I_s$

③ 기동토크 : (   ) $\times T_s$

답안작성

(1)

구 분	전자개폐기 접점상태(ON, OFF)			접속상태
	S	D	M	
기동시	ON	OFF	ON	Y 결선
운전시	OFF	ON	ON	△ 결선

(2) ① 기동전압(선간전압) : $\dfrac{1}{\sqrt{3}}$

② 기동전류 : $\dfrac{1}{3}$

③ 기동토크 : $\dfrac{1}{3}$

해설

- Y기동시 선전류 $I_Y = \dfrac{\frac{V}{\sqrt{3}}}{Z} = \dfrac{V}{\sqrt{3}\,Z}$

- △기동시 선전류 $I_\triangle = \sqrt{3}\,\dfrac{V}{Z}$

- $\dfrac{I_Y}{I_\triangle} = \dfrac{\frac{V}{\sqrt{3}Z}}{\frac{\sqrt{3}\,V}{Z}} = \dfrac{1}{3}$ ∴ $I_Y = \dfrac{1}{3} I_\triangle$

▸ 출제년도 : 20.   ▸ 점수 : 5점

문제 10 전력기술관리법에 따른 종합설계업의 기술인력 등록 기준을 3가지 쓰시오.

답안작성

전기 분야 기술사 2명, 설계사 2명, 설계보조자 2명

해설

전력기술관리법 시행령 [별표4]
설계업의 종류, 종류별 등록 기준 및 영업 범위

종류		등록 기준		영업 범위
		기술인력	자본금	
종합설계업		전기 분야 기술사 2명 설계사 2명 설계보조자 2명	1억원 이상	전력시설물의 설계도서 작성
전문 설계업	1종	전기 분야 기술사 1명 설계사 1명 설계보조자 1명	3천만원 이상	전력시설물의 설계도서 작성
	2종	설계사 1명 설계보조자 1명	1천만원 이상	일반용전기설비의 설계도서 작성

▶출제년도 : 96. 01. 03. 20.   ▶점수 : 6점

문제 11 200[V], 15[kVA]인 3상 유도전동기를 부하로 사용하는 공장이 있다. 이 공장이 어느 날 1일 사용전력량이 90[kWh]이고, 1일 최대전력이 10[kW]일 경우 다음 각 물음에 답하시오. 단, 최대전력일 때의 전류값은 43.3[A]라고 한다.

(1) 일 부하율은 몇 [%]인가?
- 계산 :   • 답 :

(2) 최대전력일 때의 역률은 몇 [%]인가?
- 계산 :   • 답 :

답안작성

(1) 계산 : 일 부하율 $= \dfrac{90/24}{10} \times 100 = 37.5[\%]$

답 : $37.5[\%]$

(2) 계산 : $\cos\theta = \dfrac{P}{\sqrt{3}\,VI} = \dfrac{10 \times 10^3}{\sqrt{3} \times 200 \times 43.3} \times 100 = 66.67[\%]$

답 : $\cos\theta = 66.67[\%]$

해설

부하율 $= \dfrac{평균전력}{최대전력} \times 100[\%] = \dfrac{1일\ 사용\ 전력량/24}{최대전력} \times 100[\%]$

▶출제년도 : 12. 20.   ▶점수 : 6점

문제 12 예비전원으로 사용되는 축전지설비의 방전특성이 아래와 같을 때 물음에 답하시오.

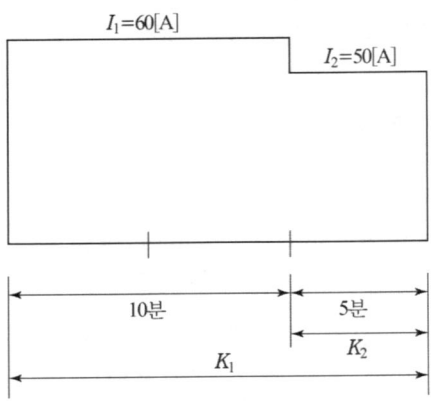

(1) 축전지 온도 5[℃], 허용최저전압 90[V]일 때의 축전지 용량[Ah]을 구하시오.
(단, $K_1 = 1.15$, $K_2 = 0.91$, 셀(cell)당 전압은 1.06[V/cell], 보수율은 0.80이다.)
- 계산 :   • 답 :

(2) 납축전지와 알칼리 축전지의 공칭 전압은 각각 몇 [V]인가?
- 납축전지
- 알칼리 축전지

답안작성

(1) $C = \dfrac{1}{L}[K_1 I_1 + K_2(I_2 - I_1)] = \dfrac{1}{0.8}[1.15 \times 60 + 0.91(50-60)] = 74.88[Ah]$ ∴ 74.88[Ah]

(2) • 납축전지 : 2[V]
  • 알칼리 축전지 : 1.2[V]

해설

(1)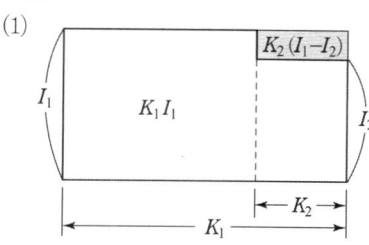

방전 특성 곡선의 면적은 전체 면적 $K_1 I_1$에서 $K_2(I_1 - I_2)$면적을 빼면 되므로
$K_1 I_1 - K_2(I_1 - I_2) = K_1 I_1 + K_2(I_2 - I_1)$이 된다.
즉, 축전지 용량 $C = \dfrac{1}{L}[K_1 I_1 + K_2(I_2 - I_1)]$이 된다.

▶ 출제년도 : 19, 20.   ▶ 점수 : 5점

문제 13 전등 수용가의 최대전력이 각각 200[W], 300[W], 800[W], 1200[W], 2500[W]이면 주상변압기의 용량은 몇 [kVA] 인지 선정하시오. (단, 역률은 1, 부등률은 1.14이며, 변압기의 표준용량[kVA]은 5, 7.5, 10, 15, 20으로 한다.)

• 계산 :   • 답 :

답안작성

계산 : $\mathrm{Tr} = \dfrac{200 + 300 + 800 + 1200 + 2500}{1.14 \times 1} \times 10^{-3} = 4.39[kVA]$

답 : 5[kVA] 선정

해설

• 변압기의 용량[kVA] ≥ 합성 최대 전력 = $\dfrac{\text{개개의 최대 수용 전력의 합계[kW]}}{\text{부등률} \times \text{역률}}$

  $= \dfrac{\text{설비 용량[kW]} \times \text{수용률}}{\text{부등률} \times \text{역률}}$

▶ 출제년도 : 90, 97, 08, 16, 20.   ▶ 점수 : 7점

문제 14 배전용 변전소의 각 종 전기 시설에는 접지를 하고 있다. 그 접지 목적을 3가지로 요약하여 쓰고, 중요 접지개소를 3개소만 쓰시오.

(1) 접지 목적
(2) 접지 개소

답안작성

(1) 접지 목적
   ① 감전 방지
   ② 기기의 손상 방지
   ③ 보호 계전기의 확실한 동작

(2) 접지개소
① 일반기기 및 제어반 외함 접지
② 피뢰기 접지
③ 피뢰침 접지

해설

(1) ① 감전 방지 : 기기의 절연 열화나 손상 등으로 누전이 발생하면 전류가 접지선으로 흘러 기기의 대지 전위 상승이 억제되고 인체의 감전 위험이 줄어들게 된다.
② 기기의 손상 방지 : 뇌전류 또는 고 저압 혼촉 등에 의하여 침입하는 고전압을 접지선을 통해 대지로 흘려 보내 기기의 손상을 방지 할 수 있다.
③ 보호 계전기의 확실한 동작 : 지락 사고시에 일정 크기 이상의 지락 전류가 흐르기 때문에 지락 계전기 등의 동작을 확실하게 할 수 있다.
(2) 그외에도
④ 옥외 철구 및 경계책 접지
⑤ 케이블 실드선 접지

▶ 출제년도 : 20.   ▶ 점수 : 5점

문제 15 관등회로를 배선할 때 전압별 전선과 조영재의 이격거리를 쓰시오. (단, 노출장소이다.)

전압 구분	이격거리
6000[V] 이하	( ) [cm] 이상
6000[V] 초과 9000[V] 이하	( ) [cm] 이상
9000[V] 초과	( ) [cm] 이상

답안작성

전압 구분	이격거리
6000[V] 이하	(2) [cm] 이상
6000[V] 초과 9000[V] 이하	(3) [cm] 이상
9000[V] 초과	(4) [cm] 이상

해설

KEC 234.12.3 관등회로의 배선
전선은 자기 또는 유리제 등의 애자로 견고하게 지지하여 조영재의 아랫면 또는 옆면에 부착하고 또한 다음과 같이 시설할 것. 다만, 전선을 노출장소에 시설할 경우로 공사 여건상 부득이한 경우는 조영재의 윗면에 부착할 수 있다.
(1) 전선 상호간의 이격거리는 60[mm] 이상일 것.
(2) 전선과 조영재 이격거리는 노출장소에서 표에 따를 것.

전선과 조영재의 이격거리

전압 구분	이격거리
6000[V] 이하	20 [mm] 이상
6000[V] 초과 9000[V] 이하	30 [mm] 이상
9000[V] 초과	40 [mm] 이상

▸ 출제년도 : 09. 20. ▸ 점수 : 5점

문제 16 주변압기가 3상 △결선(6.6 [kV] 계통)일 때 지락사고시 지락보호에 대하여 답하시오.
(1) 지락보호에 사용하는 변성기 및 계전기의 명칭을 쓰시오.
　　① 변성기
　　② 계전기
(2) 영상전압을 얻기 위하여 단상 PT 3대를 사용하는 경우 접속방법을 간단히 설명하시오.

답안작성

(1) ① 변성기
　　　• 계기용 변압기 : 접지형 계기용 변압기(GPT)
　　　• 계기용 변류기 : 영상 변류기(ZCT)
　　② 계전기 : 지락방향 계전기
(2) 3대의 단상PT를 사용하여 1차측을 Y결선하여 중성점을 직접 접지하고, 2차측은 개방 △결선(broken delta connection) 한다.

국가기술자격검정 실기시험문제 및 답안지

2020년도 산업기사 일반검정 제 2 회

자격종목(선택분야)	시험시간	형별	수험번호	성 명
전기산업기사	2시간 00분			

문제 01

▶ 출제년도 : 20. ▶ 점수 : 10점

배선을 설계하기 위한 전등 및 소형 전기기계기구의 부하용량을 상정하고 분기회로 수를 구하려고 한다. 상점이 있는 주택이 다음 그림과 같을 때, 주어진 참고 자료를 이용하여 다음 물음에 답을 구하시오. (단, 대형기기(정격소비전력이 공칭전압 220[V]는 3[kW] 이상, 공칭전압 110[V]는 1.5[kW] 이상)인 냉난방 장치 등은 별도로 1회로를 추가하며, 분기회로는 16[A] 분기회로를 사용하고, 주어진 참고 자료의 수치 적용은 최대값을 적용한다.)

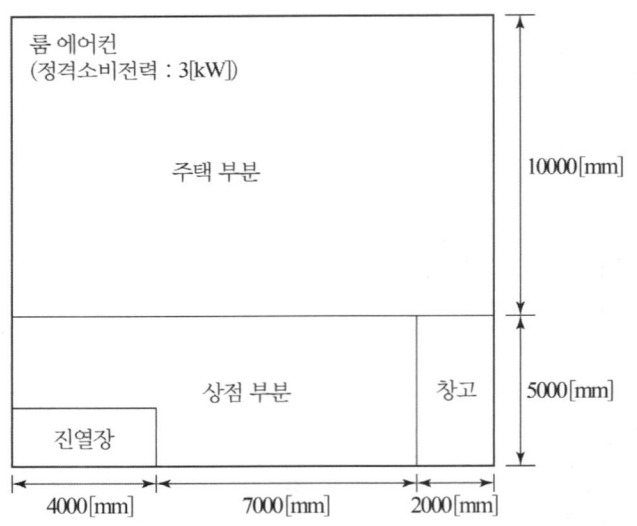

[참고사항]

가. 건축물의 종류에 대응한 표준 부하

건축물의 종류	표준 부하[VA/m²]
공장, 공회당, 사원, 교회, 극장, 영화관, 연회장 등	10
기숙사, 여관, 호텔, 병원, 학교, 음식점, 다방, 대중 목욕탕	20
사무실, 은행, 상점, 이발소, 미장원	30
주택, 아파트	40

나. 건축물(주택, 아파트를 제외)중 별도계산할 부분의 표준 부하

건축물의 부분	표준부하[VA/m²]
복도, 계단, 세면장, 창고, 다락	5
강당, 관람석	10

다. 표준 부하에 따라 산출한 값에 가산하여야 할 [VA]수
  ① 주택, 아파트(1세대마다)에 대하여는 500~1000[VA]
  ② 상점의 진열장에 대하여는 진열장 폭 1[m]에 대하여 300[VA]

(1) 배선을 설계하기 위한 전등 및 소형 전기기계기구의 설비부하용량[VA]을 상정하시오.
  • 계산 :   • 답 :

(2) 규정에 따라 다음의 (   )에 들어갈 내용을 답란에 쓰시오.

> 사용전압 220[V]의 15[A] 분기회로 수는 부하의 상정에 따라 상정한 설비부하용량(전등 및 소형 전기기계기구에 한한다.)을 (①)[VA]로 나눈 값(사용전압이 110[V]인 경우에는 (②)[VA]로 나눈 값)을 원칙으로 한다.

(3) 사용전압이 220[V]인 경우 분기회로 수를 구하시오.
  • 계산 :   • 답 :
(4) 사용전압이 110[V]인 경우 분기회로 수를 구하시오. (단, 룸에어컨은 포함하지 않는다.)
  • 계산 :   • 답 :
(5) 연속부하(상시 3시간 이상 연속사용)가 있는 분기회로의 부하용량은 그 분기회로를 보호하는 과전류차단기의 정격전류의 몇 [%]를 초과하지 않아야 하는지 값을 쓰시오.

답안작성

(1) 계산 : 부하 설비 용량 = 바닥 면적×표준 부하 + 가산 부하
  $P = (13 \times 10 \times 40) + (11 \times 5 \times 30) + (2 \times 5 \times 5) + (4 \times 300) + 1000 = 9100$ [VA]
  답 : 9100[VA]

(2) ① 3300, ② 1650

(3) 계산 : 분기 회로수 = $\dfrac{\text{부하 용량[VA]}}{\text{사용 전압[V]} \times \text{분기 회로 전류[A]}} = \dfrac{9100}{220 \times 16} = 2.59$
  답 : 16[A] 분기 4회로 (룸에어컨 1회로 포함)

(4) 계산 : 분기 회로수 = $\dfrac{\text{부하 용량[VA]}}{\text{사용 전압[V]} \times \text{분기 회로 전류[A]}} = \dfrac{9100}{110 \times 16} = 5.17$
  답 : 16[A] 분기 6회로

(5) 80[%]

해설

                    주택   점포   창고   진열장   가산부하
(1) 최대 전력 : $P = (13 \times 10 \times 40) + (11 \times 5 \times 30) + (2 \times 5 \times 5) + (4 \times 300) + 1000 = 9100$ [VA]
(5) 연속부하가 있는 분기회로의 부하용량은 그 분기회로를 보호하는 과전류차단기의 정격전류의 80[%]를 초과하지 않을 것

[주1] 연속부하는 상시 3시간 이상 연속하여 사용하는 것을 말한다.
[주2] 80[%]를 초과하여 사용하는 경우는 과전류차단기의 동작원리(트립 방식에 따라 주위온도의 영향을 받지 않는 것이 있다)와 전압변동범위 등을 고려하여 연속사용 상태에서 동작하지 않도록 유의할 것

▸ 출제년도 : 20.   ▸ 점수 : 4점

문제 02 그림과 같은 무접점 논리회로를 유접점 시퀀스회로로 변환하여 나타내시오.

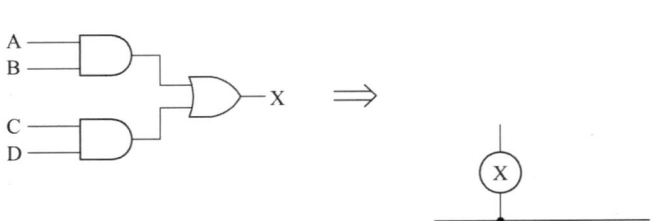

답안작성

유접점 시퀀스회로

(회로도)

▸ 출제년도 : 00. 03. 14. 20.   ▸ 점수 : 8점

문제 03 그림과 같은 3상 유도전동기의 미완성 시퀀스회로도를 보고 다음 각 물음에 답하시오.

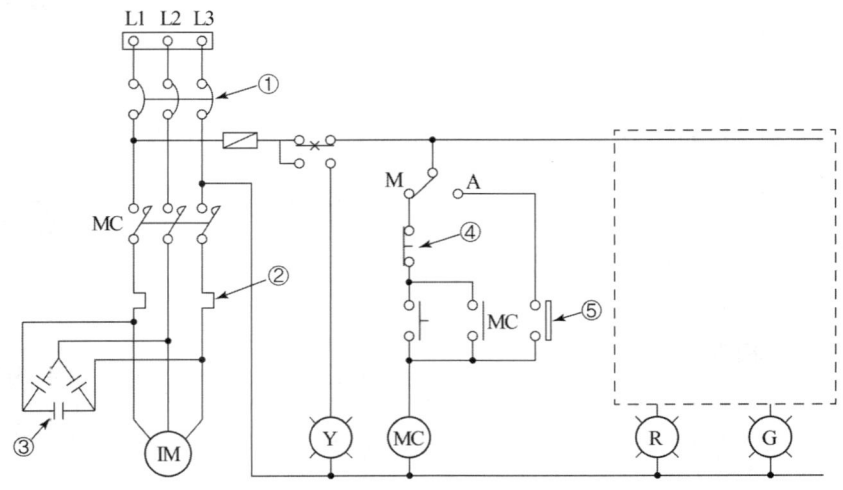

(1) 도면에 표시된 ①~⑤의 약호와 한글명칭을 쓰시오.

구분	①	②	③	④	⑤
약호					
한글명칭					

(2) 도면에 그려져 있는 황색램프 Ⓨ 의 역할을 쓰시오.

(3) 전동기가 정지하고 있을 때는 녹색램프 Ⓖ가 점등되고, 전동기가 운전 중일 때는 녹색램프 Ⓖ가 소등되고 적색램프 Ⓡ이 점등되도록 회로도의 점선박스 안에 그려 완성하시오. (단, 전자접촉기 MC의 a, b접점을 이용하여 회로도를 완성하시오.)

답안작성

(1)

구분	①	②	③	④	⑤
약호	MCCB	Thr	SC	PBS	LS
한글명칭	배선용 차단기	열동 계전기	전력용 콘덴서	푸시버튼 스위치	리미트 스위치

(2) 열동계전기 동작 표시

(3)

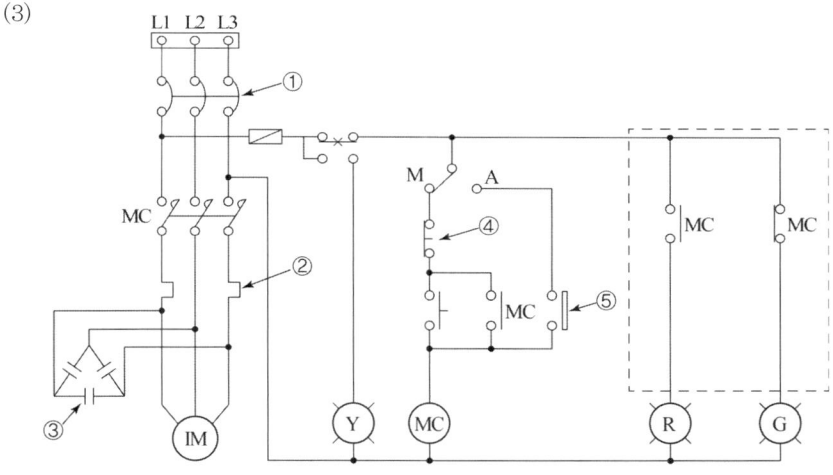

▶ 출제년도 : 20.   ▶ 점수 : 4점

문제 04 건축물의 천장이나 벽 등을 조명기구 겸용으로 마무리하는 건축화 조명이 최근 많이 시공되고 있다. 옥내조명설비(KDS 31 70 10 : 2019)에 따른 건축화 조명의 종류를 4가지만 쓰시오.

답안작성

라인라이트, 다운라이트, 핀홀라이트, 코퍼라이트

해설

건축화 조명은 건축물의 천장이나 벽을 조명기구 겸용으로 마무리하는 것으로서 천장면 이용방식(라인라이트, 다운라이트, 핀홀라이트, 코퍼라이트, 광천장조명, 루버천장조명 및 코브조명 등), 벽면 이용방식(코너조명, 코니스조명, 밸런스조명 및 광창조명 등)이 있으며, 작업 공간의 특성을 고려하여 적합한 조명방식을 선정한다.

▶ 출제년도 : 98. 00. 10. 20.   ▶ 점수 : 10점

문제 05 ● 어떤 변전실에서 그림과 같은 일부하 곡선 A, B, C 인 부하에 전기를 공급하고 있다. 이 변전실의 총 부하에 대한 다음 각 물음에 답하시오. 단, A, B, C의 역률은 시간에 관계 없이 각각 80[%], 100[%] 및 60[%]이며, 그림에서 부하 전력은 부하 곡선의 수치에 10^3 을 한다는 의미임. 즉, 수직측의 5는 5×10^3[kW]라는 의미임.

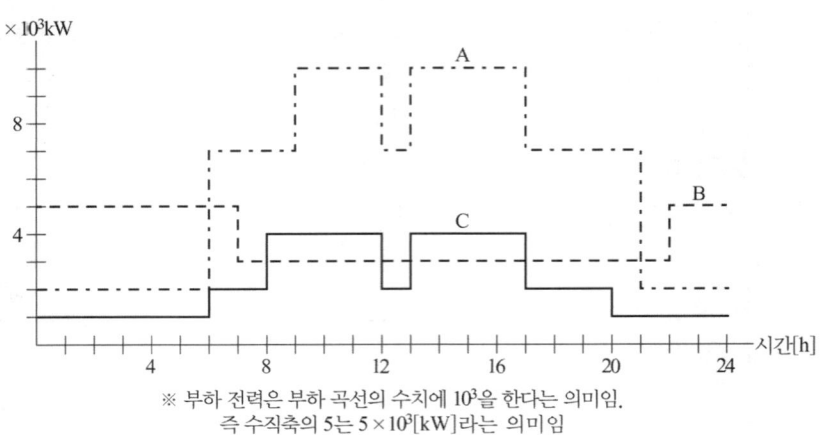

※ 부하 전력은 부하 곡선의 수치에 10^3을 한다는 의미임.
즉 수직축의 5는 5×10^3[kW]라는 의미임

(1) 합성 최대 전력은 몇 [kW]인가?
  • 계산 :   • 답 :
(2) A, B, C 각 부하에 대한 평균 전력은 몇 [kW]인가?
  • 계산 :   • 답 :
(3) 총 부하율은 몇 [%]인가?
  • 계산 :   • 답 :
(4) 부등률은 얼마인가?
  • 계산 :   • 답 :
(5) 최대 부하일 때의 합성 총 역률은 몇 [%]인가?
  • 계산 :   • 답 :

답안작성

(1) 계산 : 합성 최대 전력은 도면에서 9~12시, 13~17시에 나타내며
$$P = (10+4+3) \times 10^3 = 17 \times 10^3 [\text{kW}]$$
답 : 17×10^3[kW]

(2) 계산 : $A = \dfrac{\{(2 \times 6) + (7 \times 3) + (10 \times 3) + (7 \times 1) + (10 \times 4) + (7 \times 4) + (2 \times 3)\} \times 10^3}{24}$

$= 6 \times 10^3$[kW]

$B = \dfrac{\{(5 \times 7) + (3 \times 15) + (5 \times 2)\} \times 10^3}{24} = 3.75 \times 10^3$[kW]

$C = \dfrac{\{(1 \times 6) + (2 \times 2) + (4 \times 4) + (2 \times 1) + (4 \times 4) + (2 \times 3) + (1 \times 4)\} \times 10^3}{24}$

$= 2.25 \times 10^3$[kW]

답 : $A : 6 \times 10^3$[kW], $B : 3.75 \times 10^3$[kW], $C : 2.25 \times 10^3$[kW]

(3) 계산 : 종합 부하율 $= \dfrac{\text{평균 전력}}{\text{합성 최대 전력}} \times 100$

$= \dfrac{\text{A, B, C 각 평균 전력의 합계}}{\text{합성 최대 전력}} \times 100$

$= \dfrac{(6 + 3.75 + 2.25) \times 10^3}{17 \times 10^3} \times 100 = 70.59[\%]$

답 : 70.59[%]

(4) 계산 : 부등률 $= \dfrac{\text{A, B, C 최대 전력의 합계}}{\text{합성 최대 전력}} = \dfrac{(10 + 5 + 4) \times 10^3}{17 \times 10^3} = 1.12$

답 : 1.12

(5) 계산 : 먼저 최대 부하시 Q를 구해보면

$$Q = \dfrac{10 \times 10^3}{0.8} \times 0.6 + \dfrac{3 \times 10^3}{1} \times 0 + \dfrac{4 \times 10^3}{0.6} \times 0.8 = 12833.33[\text{kVar}]$$

$$\cos\theta = \dfrac{P}{\sqrt{P^2 + Q^2}} = \dfrac{17000}{\sqrt{17000^2 + 12833.33^2}} \times 100 = 79.81[\%]$$

답 : 79.81[%]

▸ 출제년도 : 01. 16. 20.   ▸ 점수 : 10점

문제 06 그림은 고압 수전설비의 단선결선도이다. 다음 각 물음에 답하시오.

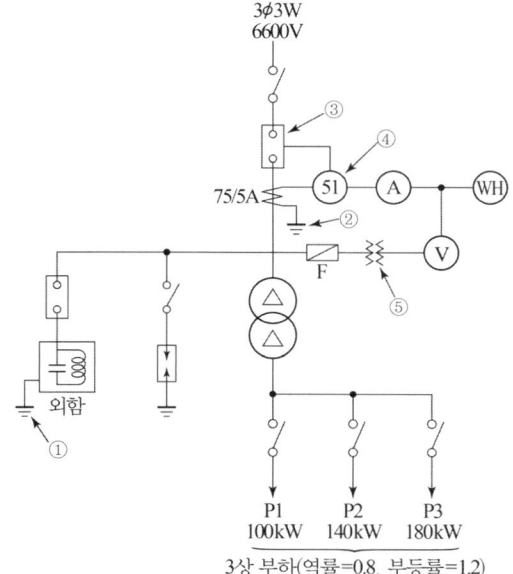

3상 부하(역률=0.8, 부등률=1.2)

(1) 그림에서 ③~⑤의 명칭을 한글로 쓰시오.

③	④	⑤

(2) 각 부하의 최대전력이 그림과 같고, 역률 0.8, 부등률 1.2일 때,
   ① 변압기 1차측의 전류계 Ⓐ에 흐르는 전류의 최대값을 구하시오.
      • 계산 :   • 답 :
   ② 동일한 조건에서 합성역률을 0.9 이상으로 유지하기 위한 전력용콘덴서의 최소 용량[kVA]을 구하시오.
      • 계산 :   • 답 :
(3) 단선도상의 피뢰기 정격전압과 방전전류는 얼마인지 쓰시오.
   • 피뢰기 정격전압 :
   • 방전전류 :
(4) DC(방전 코일)의 설치 목적을 쓰시오.

답안작성

(1)

③	④	⑤
차단기	과전류계전기	계기용변압기

(2) ① 계산 : $P = \dfrac{100+140+180}{1.2} = 350 \text{ [kW]}$

$I = \dfrac{350 \times 10^3}{\sqrt{3} \times 6600 \times 0.8} \times \dfrac{5}{75} = 2.55 \text{ [A]}$

답 : 2.55 [A]

② 계산 : $Q = 350 \times \left(\dfrac{0.6}{0.8} - \dfrac{\sqrt{1-0.9^2}}{0.9} \right) = 92.99 \text{ [kVA]}$

답 : 92.99 [kVA]

(3) 피뢰기 정격전압 : 7.5[kV]
    방전전류 : 2500[A]
(4) 콘덴서 회로 개방시 잔류 전하의 방전

해설

(2) ① 부하전력 $P[\text{kW}] = \dfrac{\text{설비용량[kW]} \times \text{수용률}}{\text{부등률}}$

부하전류 $I = \dfrac{P}{\sqrt{3}\, V \cos\theta} \text{ [A]}$

Ⓐ에 흐르는 전류 = 부하전류 × $\dfrac{1}{\text{변류비}}$

② 역률 개선용 전력용 콘덴서 용량

$Q = P(\tan\theta_1 - \tan\theta_2) = P\left(\dfrac{\sin\theta_1}{\cos\theta_1} - \dfrac{\sin\theta_2}{\cos\theta_2} \right)$

▶ 출제년도 : 20.   ▶ 점수 : 5점

문제 07 역률 개선용 커패시터와 직렬로 연결하여 사용하는 직렬 리액터의 사용 목적을 3가지만 쓰시오.

답안작성

① 콘덴서 사용시 고조파에 의한 전압파형의 왜곡방지
② 콘덴서 투입시 돌입전류 억제
③ 콘덴서 개방시 재점호한 경우 모선의 과전압 억제

해설

전력용 콘덴서에 직렬로 삽입되는 직렬 리액터의 용량은 일반적으로 5고조파에 대응하는 콘덴서 용량의 6[%]를 정격 용량으로 사용하고 있다. 직렬 리액터의 사용목적은 다음과 같다.
① 콘덴서 사용시 고조파에 의한 전압파형의 왜곡방지
② 콘덴서 투입시 돌입전류 억제
③ 콘덴서 개방시 재점호한 경우 모선의 과전압 억제
④ 고조파 발생원에 의한 고조파전류의 유입억제와 계전기 오동작 방지

▶ 출제년도 : 15, 20.   ▶ 점수 : 5점

문제 08
차단기의 종류를 5가지만 쓰고 각각의 소호매체(매질)를 답란에 쓰시오.

차단기 종류	매체(매질)

답안작성

차단기 종류	매체(매질)
공기차단기	압축된 공기
유입차단기	절연유
가스차단기	SF_6 가스
진공차단기	고진공
자기차단기	전자력

해설

소호 원리에 따른 차단기의 종류

종류		소 호 원 리
명칭	약어	
유입 차단기	OCB	소호실에서 아크에 의한 절연유 분해 가스의 열전도 및 압력에 의한 blast을 이용해서 차단
기중 차단기	ACB	대기 중에서 아크를 길게 해서 소호실에서 냉각 차단
자기 차단기	MBB	대기중에서 전자력을 이용하여 아크를 소호실 내로 유도해서 냉각 차단
공기 차단기	ABB	압축된 공기를 아크에 불어 넣어서 차단
진공 차단기	VCB	고진공 중에서 전자의 고속도 확산에 의해차단
가스 차단기	GCB	고성능 절연 특성을 가진 특수 가스(SF_6)를 이용해서 차단

문제 09
▶ 출제년도 : 97. 03. 05. 15. 20.　▶ 점수 : 5점

다음과 같은 값을 측정하는데 어떤 측정기기를 사용하는 것이 적합한지 쓰시오.
(1) 단선인 전선의 굵기
(2) 옥내전등선의 절연저항
(3) 접지저항

답안작성
(1) 와이어 게이지
(2) 메거
(3) 접지저항 측정기

해설
(2) 메거를 절연저항계로 답하여도 된다.

문제 10
▶ 출제년도 : 93. 97. 99. 02. 20.　▶ 점수 : 7점

차단기 명판에 BIL 150[kV] 정격차단전류 20[kA], 차단시간 5[Hz], 솔레노이드형이라고 기재되어 있다. 이것을 보고 다음 각 물음에 답하시오.
(1) BIL이란 무엇인가?
(2) 이 차단기의 정격전압이 25.8[kV]라면 정격용량은 몇 [MVA]가 되겠는가?
　• 계산과정 :　　　　　　　　　　　　• 답 :
(3) 차단기를 트립(Trip)시키는 방식을 3가지만 쓰시오.

답안작성
(1) 기준 충격 절연 강도
(2) 계산 : $P_s = \sqrt{3}\, V_n\, I_s = \sqrt{3} \times 25.8 \times 10^3 \times 20 \times 10^3 \times 10^{-6} = 893.74 [\text{MVA}]$
　답 : 893.74[MVA]
(3) 직류 전압 트립 방식, 과전류 트립 방식, 콘덴서 트립 방식

해설
(3) 차단기 트립 방식
　① 직류 전압 트립 방식 : 별도로 설치된 축전지 등의 제어용 직류 전원의 에너지에 의하여 트립되는 방식
　② 과전류 트립 방식 : 차단기의 주회로에 접속된 변류기의 2차 전류에 의하여 차단기가 트립되는 방식
　③ 콘덴서 트립 방식 : 충전된 콘덴서의 에너지에 의하여 트립되는 방식
　④ 부족 전압 트립 방식 : 부족 전압 트립 장치에 인가되어 있는 전압의 저하에 의하여 차단기가 트립되는 방식

문제 11
▶ 출제년도 : 97. 00. 04. 06. 20.　▶ 점수 : 4점

그림과 같은 변전설비에서 무정전 상태로 차단기를 점검하기 위한 조작순서를 기구기호를 이용하여 설명하시오. (단, S_1, R_1은 단로기, T_1은 By-pass 단로기, TR은 변압기이며, T_1은 평상시에 개방되어 있는 상태이다.)

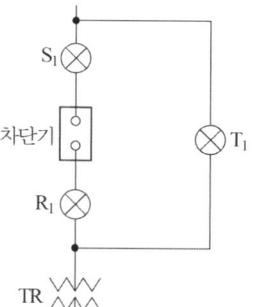

답안작성

T₁(ON) → 차단기(OFF) → R₁(OFF) → S₁(OFF)

▶ 출제년도 : 20.   ▶ 점수 : 5점

문제 12 그림과 같은 직렬 커패시터를 연결한 교류 배전선에서 부하전류가 15[A], 부하역률이 0.6(뒤짐), 1선당 선로저항 $R = 3[\Omega]$, 용량 리액턴스 $X_c = 4[\Omega]$인 경우, 부하의 단자전압을 220[V]로 하기 위해 전원단 ab에 가해지는 전압 E_s는 몇 [V] 인지 구하시오. (단, 선로의 유도리액턴스는 무시한다.)

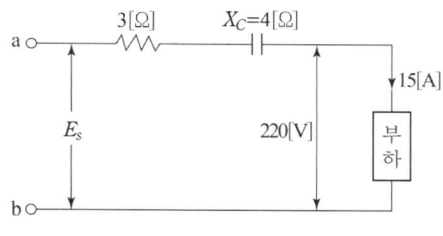

• 계산 :   • 답 :

답안작성

계산 : 단상 2선식 $E_s = E_r + 2I(R\cos\theta - X\sin\theta)$
$= 220 + 2 \times 15 \times (3 \times 0.6 - 4 \times 0.8) = 178[V]$

답 : 178[V]

▶ 출제년도 : 08. 20.   ▶ 점수 : 4점

문제 13 주변압기 단상 22900/380 [V], 500 [kVA] 3대를 Y-Y 결선으로 하여 사용하고자 하는 경우 2차측에 설치해야할 차단기 용량은 몇 [MVA]로 하면 되는가? 단, 변압기의 %Z는 3 [%]로 계산하며, 그 외 임피던스는 고려하지 않는다.

• 계산 :   • 답 :

답안작성

계산 : $P_s = \dfrac{100}{\%Z}P_n = \dfrac{100}{3} \times 1500 = 50{,}000[kVA] = 50[MVA]$

답 : 50 [MVA]

문제 14 ▸ 출제년도 : 09, 20. ▸ 점수 : 5점

기동용량이 2000[kVA]인 3상 유도전동기를 기동할 때 허용 전압강하는 20[%]이며, 발전기의 과도리액턴스가 25[%]이면, 이 전동기를 운전할 수 있는 자가발전기의 최소 용량은 몇 [kVA]인지 계산하시오.
• 계산 :   • 답 :

답안작성

계산 : $P = \left(\dfrac{1}{e} - 1\right) \times x_d \times 기동용량 = \left(\dfrac{1}{0.2} - 1\right) \times 0.25 \times 2000 = 2000 [\text{kVA}]$

답 : 2000[kVA]

해설

발전기 정격용량[kVA] $= \left(\dfrac{1}{허용\ 전압\ 강하} - 1\right) \times 과도\ 리액턴스 \times 기동\ 용량\ [\text{kVA}]$

문제 15 ▸ 출제년도 : 15, 20. ▸ 점수 : 5점

대형 건축물 내에 설치된 여러 전기를 사용하는 설비의 접지를 공통으로 묶어서 사용하는 통합 접지의 장점 5가지를 쓰시오

답안작성

① 접지극의 연접으로 합성저항의 저감효과
② 접지극의 연접으로 접지극의 신뢰도 향상
③ 접지극의 수량 감소
④ 계통접지의 단순화
⑤ 철근, 구조물 등을 연접하면 거대한 접지전극의 효과를 얻을 수 있다.

해설

통합접지의 단점
① 계통의 이상전압 발생 시 유기전압 상승
② 다른 기기, 계통으로부터 사고 파급
③ 피뢰침용과 공용하므로 뇌서지에 대한 영향을 받을 수 있다.

문제 16 ▸ 출제년도 : 89, 93, 95, 02, 06, 20. ▸ 점수 : 9점

가정용 110[V] 전압을 220[V]로 승압할 경우 저압간선에 나타나는 효과로서 다음 각 물음에 답하시오. (단, 부하가 일정한 경우이다.)
(1) 공급능력 증대는 몇 배인지 구하시오. (단, 선로의 손실은 무시한다.)
   • 계산 :   • 답 :
(2) 전력손실의 감소는 몇 [%]인지 구하시오.
   • 계산 :   • 답 :
(3) 전압강하율의 감소는 몇 [%]인지 구하시오.
   • 계산 :   • 답 :

답안작성

(1) 계산 : 공급능력 $P = VI$에서 $P \propto V$이므로
$$P : P' = 110 : 220$$
$$\therefore P' = \frac{220}{110} \times P = 2P$$
답 : 2배

(2) 계산 : $P_l \propto \frac{1}{V^2}$이므로 $P_l' = \left(\frac{110}{220}\right)^2 P_l = 0.25 P_l$
$\therefore$ 감소는 $1 - 0.25 = 0.75$
답 : 75[%]

(3) 계산 : $\epsilon \propto \frac{1}{V^2}$이므로 $\epsilon' = \left(\frac{110}{220}\right)^2 \epsilon = 0.25\epsilon$
$\therefore$ 감소는 $1 - 0.25 = 0.75$
답 : 75[%]

해설

(1) 공급능력 $P = VI\cos\theta$[W]에서 선로의 허용전류는 전선의 굵기에 의해 좌우된다. 따라서, 전선의 굵기가 일정한 경우 전선의 허용전류가 일정하므로 $P \propto V$

(2) 전력손실 $P_l = 3I^2 R = 3 \times \left(\frac{P}{\sqrt{3}\, V\cos\theta}\right)^2 = \frac{RP^2}{V^2 \cos^2\theta}$ $\therefore P_l \propto \frac{1}{V^2}$

(3) 전압강하율 $\epsilon = \frac{e}{V} = \frac{\frac{PR+XQ}{V}}{V} = \frac{RP+XQ}{V^2}$ $\therefore \epsilon \propto \frac{1}{V^2}$

국가기술자격검정 실기시험문제 및 답안지

2020년도 산업기사 일반검정 제 3 회

자격종목(선택분야)	시험시간	형별
전기산업기사	2시간 00분	

문제 01 ▸출제년도 : 20. ▸점수 : 5점

100[kVA]의 단상변압기 3대를 Y-△로 접속하고 2차 △의 1상에만 전등부하를 접속하여 사용할 때 몇 [kVA]까지 부하를 걸 수 있는지 구하시오.
• 계산과정 :   • 답 :

답안작성

계산 : $P = \dfrac{3}{2} \times P_1 = \dfrac{3}{2} \times 100 = 150[\text{kVA}]$

답 : 150[kVA]

해설

3상 변압기에 단상 부하를 걸면 단상 변압기 1대 용량의 3/2배까지 걸 수 있다.

문제 02 ▸출제년도 : C4. 20. ▸점수 : 5점

200[V], 10[kVA]인 3상 유도전동기를 부하설비로 사용하는 곳이 있다. 이 곳의 어느 날 부하 실적이 1일 사용 전력량 60[kWh], 1일 최대사용전력 8[kW], 최대 전류 일 때의 전류 값이 30[A]이었을 경우, 다음 각 물음에 답하시오.

(1) 1일 부하율[%]은 얼마인가?
  • 계산 :   • 답 :
(2) 최대 사용 전력일 때의 역률[%]은 얼마인가?
  • 계산 :   • 답 :

답안작성

(1) 계산 : 부하율 $= \dfrac{\text{평균 수용 전력}}{\text{최대 수용 전력}} \times 100[\%]$

$= \dfrac{\frac{60}{24}}{8} \times 100 = 31.25[\%]$

답 : 31.25[%]

(2) 계산 : $\cos\theta = \dfrac{P}{\sqrt{3}\,VI} = \dfrac{8 \times 10^3}{\sqrt{3} \times 200 \times 30} \times 100 = 76.98[\%]$

답 : 76.98[%]

▸ 출제년도 : 16, 20.   ▸ 점수 : 5점

문제 03 다음과 같은 특성의 축전지 용량[Ah]을 구하시오. (단, 축전지 사용 시의 보수율은 0.8, 축전지 온도 5[℃], 허용 최저전압은 90[V], 셀당 전압 1.06[V/cell], $K_1 = 1.15$, $K_2 = 0.92$이다.)

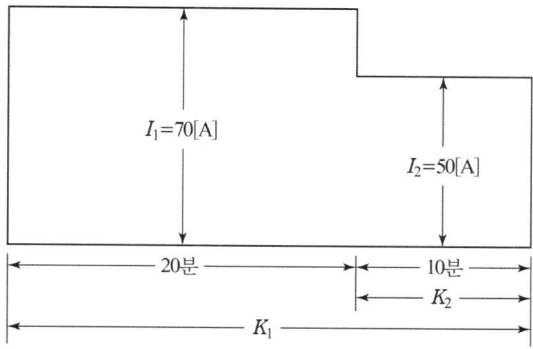

• 계산 :   • 답 :

답안작성

계산 : $C = \dfrac{1}{L} \cdot [K_1 I_1 + K_2 (I_2 - I_1)] = \dfrac{1}{0.8}[1.15 \times 70 + 0.92(50-70)] = 77.63[Ah]$

답 : 77.63[Ah]

해설

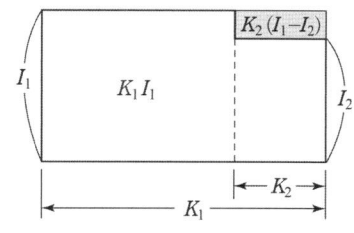

방전 특성 곡선의 면적은 전체 면적 $K_1 I_1$에서
$K_2(I_1 - I_2)$ 면적을 빼면 되므로
$K_1 I_1 - K_2(I_1 - I_2) = K_1 I_1 + K_2(I_2 - I_1)$ 이 된다.
즉, 축전지 용량 $C = \dfrac{1}{L}[K_1 I_1 + K_2(I_2 - I_1)]$이 된다.

▸ 출제년도 : 10, 16, 20.   ▸ 점수 : 5점

문제 04 폭 24[m]의 도로 양쪽에 30[m]의 간격으로 지그재그식으로 가로등을 배열하여 도로의 평균조도를 5[lx]로 하고자 한다. 각 가로등의 광속[lm]을 구하시오. (단, 가로 면에서의 조명률은 35[%], 감광보상율은 1.3이다.)

• 계산 :   • 답 :

답안작성

계산 : $F = \dfrac{EAD}{UN} = \dfrac{5 \times \dfrac{1}{2} \times 24 \times 30 \times 1.3}{0.35 \times 1} = 6685.71[lm]$

답 : 6685.71 [lm]

해설

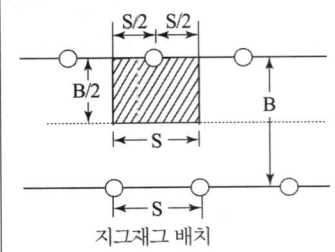

지그재그 배치

▶ 출제년도 : 08. 17. 20.　▶ 점수 : 4점

문제 05 단상변압기의 병렬운전 조건을 4가지만 쓰시오.

답안작성

① 극성이 일치할 것
② 정격 전압(권수비)이 같을 것
③ %임피던스 강하(임피던스 전압)가 같을 것
④ 내부 저항과 누설 리액턴스의 비(즉 $r_a/x_a = r_b/x_b$)가 같을 것

해설

(1) 단상 변압기 병렬 운전 조건

병렬운전 조건	조건이 맞지 않는 경우
① 극성이 일치할 것	큰 순환 전류가 흘러 권선이 소손
② 정격 전압(권수비)이 같을 것	순환 전류가 흘러 권선이 가열
③ %임피던스 강하(임피던스 전압)가 같을 것	부하의 분담이 용량의 비가 되지 않아 부하의 분담이 균형을 이룰 수 없다.
④ 내부 저항과 누설 리액턴스의 비 (즉 $r_a/x_a = r_b/x_b$)가 같을 것	각 변압기의 전류간에 위상차가 생겨 동손이 증가

(2) 3상 변압기 병렬 운전 조건
　　3상 변압기의 병렬 운전 조건은 단상 변압기의 병렬 운전 조건 이외의 다음 조건을 만족해야 한다.
　　① 상회전 방향이 같을 것
　　② 위상 변위가 같을 것

▶ 출제년도 : 20.　▶ 점수 : 5점

문제 06 계약전력 3000[kW]인 자가용설비 수용가가 있다. 1개월간 사용 전력량이 540[MWh], 1개월간 무효전력량이 350[MVarh]이다. 기본요금이 4045[원/kWh], 전력량 요금이 51[원/kWh]라 할 때 1개월간의 사용 전기요금을 구하시오.
(단, 역률에 따른 요금의 추가 또는 감액은 시간대에 관계없이 역률 90[%]에 미달하는 경우, 미달하는 역률 60[%]까지 매 1[%]당 기본요금의 0.2[%]를 추가하고 90[%]를 초과하는 경우에는 95[%]까지 초과하는 매 1[%]당 기본요금의 0.2[%]를 감액한다.)
　• 계산 :　　　　　　　　　　　　　　　　　　• 답 :

답안작성

계산 : ① 기본요금 = 3000 × 4045 = 12135000[원]
② 사용량 요금 = 540000 × 51 = 27540000[원]
③ 역률 $\cos\theta = \dfrac{P}{\sqrt{P^2+P_r^2}} \times 100 = \dfrac{540}{\sqrt{540^2+350^2}} \times 100 = 83.92[\%]$

역률 미달분 = 90 - 83.92 = 6.08[%]
역률 미달에 따른 기본요금 추가 = 7 × 0.002 × 3000 × 4045 = 169890[원]
따라서, 전기사용요금 = 12135000 + 27540000 + 169890 = 39844890[원]

답 : 39844890[원]

▶ 출제년도 : 09. 18. 20.   ▶ 점수 : 5점

문제 07 과도적인 과전압을 제한하고 서지(Surge)전류를 분류하는 목적으로 사용되는 서지보호장치(SPD : Surge Protective Device)에 대한 다음 물음에 답하시오.
(1) 기능에 따라 3가지로 분류하여 쓰시오.
(2) 구조에 따라 2가지로 분류하여 쓰시오.

답안작성

(1) 전압스위칭형 SPD, 전압제한형 SPD, 복합형 SPD
(2) 1포트 SPD, 2포트 SPD

해설

(1) 서지보호장치(SPD : Surge Protective Device)의 기능에 따른 분류

분류	기능	사용되는 부품
전압스위칭형 SPD	서지가 인가되지 않는 경우는 높은 임피던스 상태에 있으며 전압서지에 응답하여 급격하게 낮은 임피던스 값으로 변화하는 기능을 갖는 SPD를 말한다.	에어갭, 가스방전관, 사이리스터형 SPD
전압제한형 SPD	서지가 인가되지 않는 경우는 높은 임피던스 상태에 있으며 전압서지에 응답한 경우는 임피던스가 연속적으로 낮아지는 기능을 갖는 SPD를 말한다.	배리스터, 억제형 다이오드
복합형 SPD	전압스위칭형 소자 및 전압제한형 소자의 모든 기능을 갖는 SPD를 말한다.	가스방전관과 배리스터를 조합한 SPD

(2) SPD에는 회로의 접속단자 형태로 1포트 SPD와 2포트 SPD가 있다.
① SPD의 구성

구조 구분	특징	표시 예
1포트 SPD	1단자 또는 2단자를 갖는 SPD로 보호하는 기기에 대하여 서지를 분류하도록 접속한다.	SPD
2포트 SPD	2단자 또는 4단자를 갖는 SPD로 입력단자와 출력단자 사이에 직렬 임피던스가 삽입되어 있다.	SPD

② 1포트 SPD는 전압 스위치형, 전압제한형 또는 복합형의 기능을 갖는 SPD이고, 2포트 SPD는 복합형의 기능을 가지고 있다.

문제 08
▶ 출제년도 : 20.　▶ 점수 : 5점

절연저항 측정에 대하여 다음 각 물음에 답하시오.
(1) 사용전압이 저압인 전로에서 정전이 어려운 경우 등 절연저항 측정이 곤란한 경우에는 누설전류를 몇 [mA]이하로 유지하여야 하는지 쓰시오.
(2) 다음과 같은 전로의 최소 절연저항 값을 다음 표에 쓰시오.

전로의 사용전압[V]	절연저항[MΩ]
SELV 및 PELV	
FELV, 500[V] 이하	
500[V] 초과	

답안작성

(1) 1[mA]이하
(2)

전로의 사용전압[V]	절연저항[MΩ]
SELV 및 PELV	0.5
FELV, 500[V] 이하	1.0
500[V] 초과	1.0

해설

(1) KEC 132 전로의 절연저항 및 절연내력
사용전압이 저압인 전로에서 정전이 어려운 경우 등 절연저항 측정이 곤란한 경우에는 누설전류를 1[mA] 이하로 유지하여야 한다.
(2) 전기설비기술기준 제52조 저압전로의 절연성능
전기사용 장소의 사용전압이 저압인 전로의 전선 상호간 및 전로와 대지 사이의 절연저항은 개폐기 또는 과전류차단기로 구분할 수 있는 전로마다 다음 표에서 정한 값 이상이어야 한다. 다만, 전선 상호간의 절연저항은 기계기구를 쉽게 분리가 곤란한 분기회로의 경우 기기 접속 전에 측정할 수 있다. 또한, 측정 시 영향을 주거나 손상을 받을 수 있는 SPD 또는 기타 기기 등은 측정 전에 분리시켜야 하고, 부득이하게 분리가 어려운 경우에는 시험전압을 250[V] DC로 낮추어 측정할 수 있지만 절연저항 값은 1[MΩ] 이상이어야 한다.

전로의 사용전압[V]	DC 시험전압[V]	절연저항[MΩ]
SELV 및 PELV	250	0.5
FELV, 500[V] 이하	500	1.0
500[V] 초과	1,000	1.0

[주] 특별저압(extra low voltage : 2차 전압이 AC 50[V], DC 120[V] 이하)으로 SELV(비접지회로 구성) 및 PELV(접지회로 구성)은 1차와 2차가 전기적으로 절연된 회로, FELV는 1차와 2차가 전기적으로 절연되지 않은 회로

문제 09
▶ 출제년도 : 20.　▶ 점수 : 5점

어느 수용가가 당초 역률(지상) 80[%]로 100[kW]의 부하를 사용하고 있었는데 새로 역률(지상) 60[%] 70[kW]의 부하를 증가하여 사용하게 되었다. 이 때 커패시터로 합성역률을 90[%]로 개선하는데 필요한 용량[kVA]을 구하시오.
• 계산　　　　　　　　　　　　　　　　• 답

답안작성

계산 : 무효 전력 $Q = \dfrac{100}{0.8} \times 0.6 + \dfrac{70}{0.6} \times 0.8 = 168.33 [\text{kVar}]$

유효 전력 $P = 100 + 70 = 170 [\text{kW}]$

합성 역률 $\cos\theta = \dfrac{P}{\sqrt{P^2 + Q^2}} = \dfrac{170}{\sqrt{170^2 + 168.33^2}} = 0.71$

$\therefore Q_c = P(\tan\theta_1 - \tan\theta_2) = 170\left(\dfrac{\sqrt{1-0.71^2}}{0.71} - \dfrac{\sqrt{1-0.9^2}}{0.9}\right) = 86.28 [\text{kVA}]$

답 : $86.28 [\text{kVA}]$

해설

피상전력을 $P_a [\text{kVA}]$라 할 때,

- 유효 전력 $P = P_a \cos\theta [\text{kW}]$
- 무효 전력 $Q = P_a \sin\theta = \dfrac{P}{\cos\theta} \times \sin\theta [\text{kVar}]$

▸ 출제년도 : 01. 18. 20.   ▸ 점수 : 14점

문제 10 그림은 인입변대에 22.9 [kV] 수전 설비를 설치하여 380/220 [V]를 사용하고자 한다. 다음 각 물음에 답하시오.

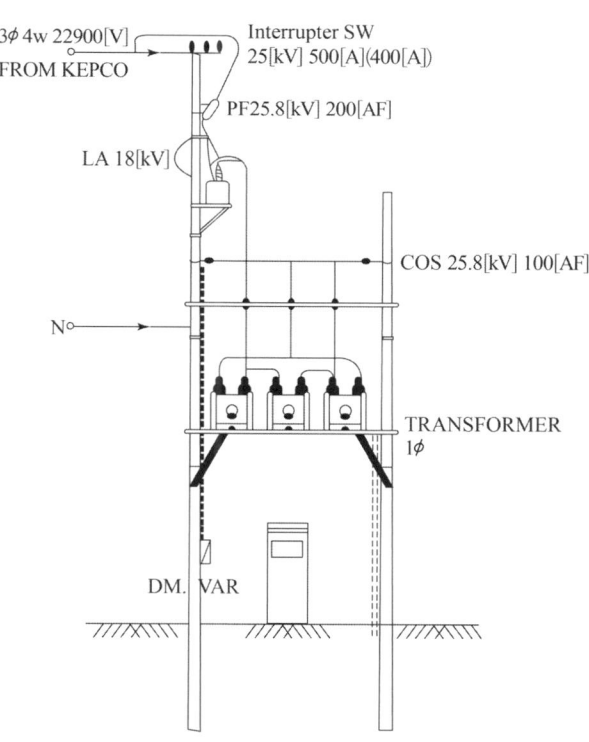

(1) DM 및 VAR의 명칭을 쓰시오.
(2) 도면에 사용된 LA의 수량은 몇 개이며 정격 전압은 몇 [kV]인가?

(3) 22.9 [kV-Y] 계통에 사용하는 것은 주로 어떤 케이블이 사용되는가?
(4) 주어진 도면을 단선도로 그리시오.

답안작성

(1) DM : 최대 수요 전력량계
  VAR : 무효 전력계
(2) LA의 수량 : 3개
  정격 전압 : 18 [kV]
(3) CNCV-W 케이블(수밀형)

(4)

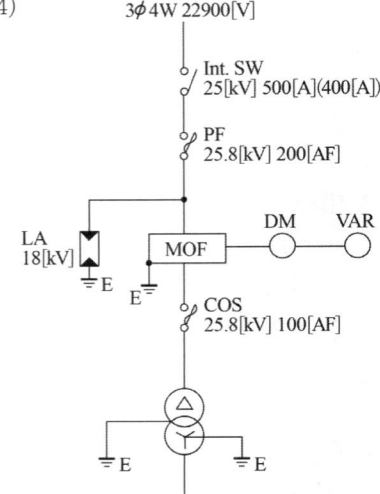

▶ 출제년도 : 07. 20. ▶ 점수 : 5점

문제 11 그림과 같이 CT가 결선되어 있을 때 전류계 A_3의 지시는 얼마인가?
단, 부하전류 $I_1 = I_2 = I_3 = I$로 한다.

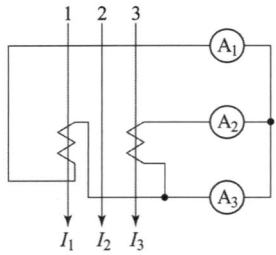

•계산 :   •답 :

답안작성

계산 : $A_3 = I_1 - I_3 = \sqrt{3}\,I$
답 : $\sqrt{3}\,I$

해설

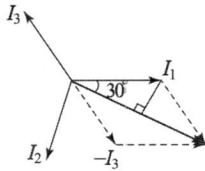

$A_3 = 2 \times I_1 \cos 30° = \sqrt{3}\,I$

▶ 출제년도 : 18. 20.　▶ 점수 : 5점

문제 12 논리식 $X = \overline{A}B + C$에 대한 다음 각 물음에 답하시오.
(단, A, B, C는 입력이고, X는 출력이다.)
(1) NOT, AND(2입력, 1출력), OR(2입력, 1출력) 게이트만 사용하여 논리회로로 표현하시오.
(2) 물음 (1)의 논리회로를 NAND(2입력, 1출력) 게이트만을 최소로 사용한 회로로 표현하시오.

답안작성

(1)
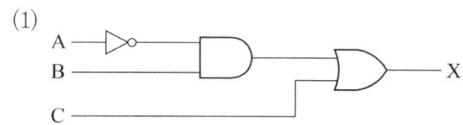

(2)
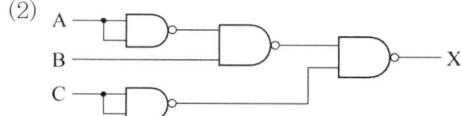

▶ 출제년도 : 09. 16. 17. 20.　▶ 점수 : 5점

문제 13 지상 10[m]에 있는 300[m³]의 저수조에 양수하는데 45[kW]의 전동기를 사용할 경우 저수조에 물을 가득 채우는 데 소요되는 시간(분)을 구하시오.
(단, 펌프의 효율은 85[%], $K = 1.2$ 이다.)
• 계산　　　　　　　　　　　　　　　　• 답

답안작성

계산 : $P = \dfrac{KHQ}{6.12\eta} = \dfrac{KH\dfrac{V}{t}}{6.12\eta}$ 에서 $t = \dfrac{KHV}{P \times 6.12\eta} = \dfrac{1.2 \times 10 \times 300}{45 \times 6.12 \times 0.85} = 15.38$[분]

답 : 15.38[분]

해설

$$P = \dfrac{KHQ}{6.12\eta} = \dfrac{KH\dfrac{V}{t}}{6.12\eta}$$

P : 전동기 용량[kW],　H : 전 양정 [m],　Q : 양수량 [m³/min]
η : 효율,　V : 저수조 용량 [m³]($V = Q \times t$[m³]),　t : 시간 [min]

▶ 출제년도 : 20.　▶ 점수 : 5점

문제 14 22900/380-220[V], 30[kVA] 변압기에서 공급되는 전선로가 있다. 다음 각 물음에 답하시오.
(1) 1선당 허용 누설전류의 최대값[A]을 구하시오.
　• 계산　　　　　　　　　　　　　　　• 답
(2) 이때의 절연저항의 최소값[Ω]을 구하시오.
　• 계산　　　　　　　　　　　　　　　• 답

답안작성

(1) 계산 : $I = \dfrac{30 \times 10^3}{\sqrt{3} \times 380} = 45.58[A]$

누설전류 $I_g = 45.58 \times \dfrac{1}{2000} = 0.02[A]$

답 : 0.02[A]

(2) 계산 : 절연저항 $R = \dfrac{380}{0.02} = 19000[\Omega]$ 답 : 19000[Ω]

▶ 출제년도 : 20. ▶ 점수 : 7점

문제 15 아래의 그림과 같은 시퀀스회로를 보고 논리회로 및 타임차트를 그리시오.
(단, PBS₁, PBS₂, PBS₃는 푸시버튼스위치, X₁, X₂는 릴레이, L₁, L₂는 출력 램프이다.)

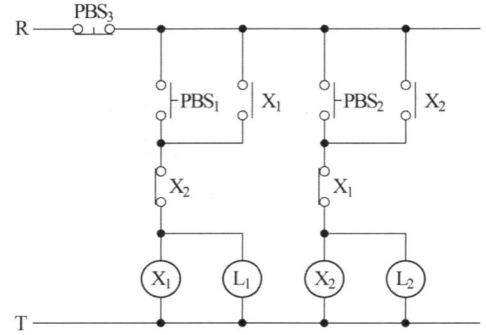

(1) 시퀀스회로를 논리회로로 표현하시오.
(단, OR(2입력, 1출력), AND(3입력, 1출력), NOT 게이트만을 이용하여 표현하시오.
(2) 시퀀스 회로를 보고 타임차트를 완성하시오.

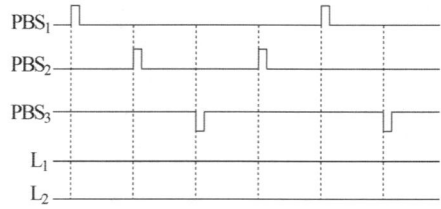

답안작성

(1) 논리회로

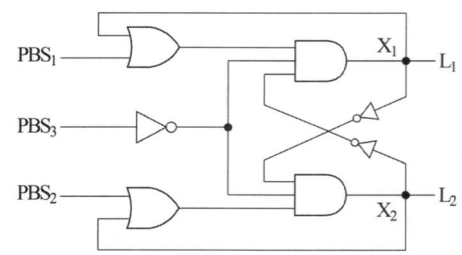

(2) 타임차트

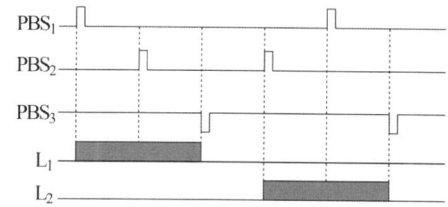

▶ 출제년도 : 20.   ▶ 점수 : 10점

문제 16 자가용전기설비의 수·변전설비 단선도 일부이다. 과전류계전기와 관련된 다음 각 물음에 답하시오.

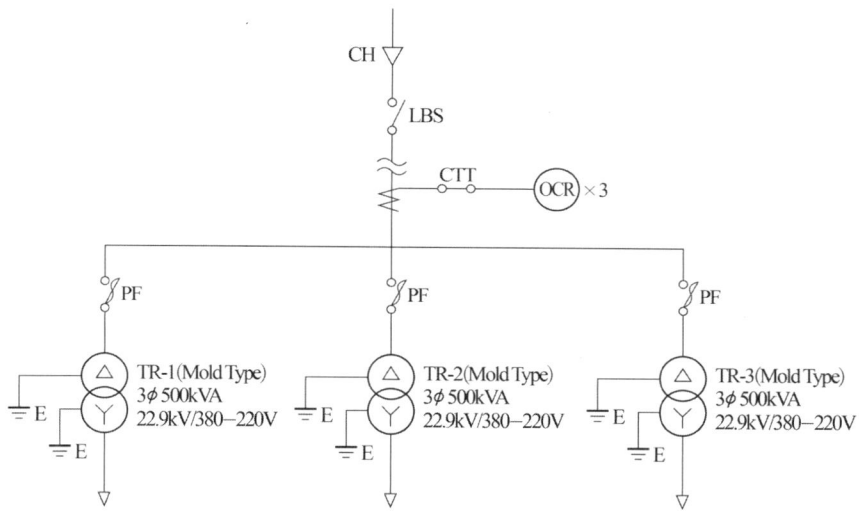

- 계전기 Type : 유도원판형
- 동작특성 : 반한시
- Tap Range : 한시 3~9[A](3, 4, 5, 6, 7, 8, 9)
- Lever : 1~10

계기용 변류기 정격	
1차 정격전류[A]	20, 25, 30, 40, 50, 75
2차 정격전류[A]	5

(1) OCR의 한시 Tap을 선정하시오.
 (단, CT비는 최대부하전류의 125[%], 정정기준은 변압기 정격전류의 150[%]이다.)
  • 계산 :   • 답 :

(2) OCR의 순시 Tap을 선정하시오.
   (단, 정정기준은 변압기 1차측 단락사고에 동작하고, 변압기 2차측 단락사고 및 여자돌입전류에는 동작하지 않도록 변압기 2차 3상 단락전류의 150[%] Setting, 변압기 2차 3상 단락전류는 20087[A] 이다.)
   • 계산 :   • 답 :
(3) 유도원판형계전기의 Lever는 무슨 의미인지 쓰시오.
(4) OCR의 동작특성 중 반한시 특성이란 무엇인지 쓰시오.

답안작성

(1) 계산 : • CT 1차측 전류 $I_1 = \dfrac{1500}{\sqrt{3} \times 22.9} \times 1.25 = 47.27[A]$
   따라서, CT는 50/5 선정
   • OCR의 한시 Tap 설정 전류값 $I_1 = \dfrac{1500}{\sqrt{3} \times 22.9} \times 1.5 = 56.73$
   따라서, OCR 설정 전류탭 $= 56.73 \times \dfrac{5}{50} = 5.67[A]$
   답 : 6[A]

(2) 계산 : • 변압기 1차측 단락전류 $= 20087 \times 1.5 \times \dfrac{380}{22900} = 499.98[A]$
   • OCR의 순시 Tap $= 499.98 \times \dfrac{5}{50} = 50[A]$
   답 : 50[A]

(3) 과전류계전기의 동작시간을 조정
(4) 동작 전류가 커질수록 동작 시간이 짧게 되는 특성

해설

(4) 보호 계전기 특징
   ① 순한시 특성 : 최소 동작 전류 이상의 전류가 흐르면 즉시 동작하는 특성
   ② 반한시 특성 : 동작 전류가 커질수록 동작 시간이 짧게 되는 특성
   ③ 정한시 특성 : 동작 전류의 크기에 관계없이 일정한 시간에 동작하는 특성
   ④ 반한시 정한시 특성 : 동작 전류가 적은 동안에는 동작 전류가 커질수록 동작 시간이 짧게 되고 어떤 전류 이상이면 동작 전류의 크기에 관계없이 일정한 시간에 동작하는 특성

▸ 출제년도 : 20.   ▸ 점수 : 5점

문제 17 단상변압기의 2차측 탭 전압 105[V] 단자에 1[Ω]의 저항을 접속하고 1차측에 1[A]의 전류를 흘렸을 때 1차측의 단자전압이 900[V]이었다면 다음 각 물음에 답하시오.
(1) 1차측 탭 전압 V_1을 구하시오.
   • 계산 :   • 답 :
(2) 2차 전류 I_2를 구하시오.
   • 계산 :   • 답 :

답안작성

(1) 계산 : $R_1 = \dfrac{V_1}{I_1} = \dfrac{900}{1} = 900[\Omega]$

　　　　권수비 $a = \dfrac{V_1}{V_2} = \dfrac{I_2}{I_1} = \sqrt{\dfrac{R_1}{R_2}} = \sqrt{\dfrac{900}{1}} = 30$

　　　　따라서 $V_1 = aV_2 = 30 \times 105 = 3150[\text{V}]$

　　답 : 3150[V]

(2) 계산 : 2차 전류 $I_2 = aI_1 = 30 \times 1 = 30[\text{A}]$

　　답 : 30[A]

국가기술자격검정 실기시험문제 및 답안지

2020년도 산업기사 일반검정 제 4 회

자격종목(선택분야): 전기산업기사
시험시간: 2시간 00분

문제 01

▶ 출제년도 : 20. ▶ 점수 : 5점

아래 그림과 같은 전선로의 단락용량[MVA]을 구하시오. (단, 그림의 %Z는 10[MVA]를 기준으로 한 것이다.)

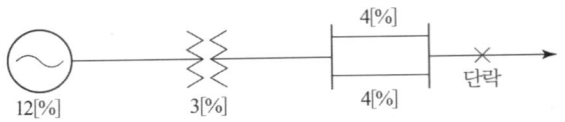

• 계산 :   • 답 :

답안작성

계산 : • 선로 임피던스 $\%Z_l = \dfrac{4 \times 4}{4+4} = 2[\%]$

• 단락점까지 합성 임피던스 $\%Z = 12+3+2 = 17[\%]$

단락용량 $P_s = \dfrac{100}{\%Z_s} \times P_n = \dfrac{100}{17} \times 10 = 58.82[\text{MVA}]$

답 : 58.82[MVA]

문제 02

▶ 출제년도 : 11. 12. 20. ▶ 점수 : 5점

양수량 18[m³/min], 전양정 20[m]의 펌프를 구동하는 전동기의 소요출력[kW]을 구하시오. (단, 펌프의 효율은 70[%]로 하고, 여유계수는 10[%]를 준다고 한다.)

• 계산 :   • 답 :

답안작성

계산 : $P = \dfrac{KQH}{6.12\eta} = \dfrac{1.1 \times 18 \times 20}{6.12 \times 0.7} = 92.44[\text{kW}]$

답 : 92.44[kW]

해설

$P = \dfrac{KQH}{6.12\eta}[\text{kW}]$

(단, K : 손실계수(여유계수), Q : 양수량[m³/min], H : 총양정[m], η : 효율)

▶ 출제년도 : 20. ▶ 점수 : 6점

문제 03 그림은 전동기의 정·역 운전이 가능한 미완성 시퀀스 회로도이다. 이 회로도를 보고 다음 각 물음에 답하시오. (단, 전동기는 가동 중 정·역을 곧바로 바꾸면 과전류와 기계적 손상이 발생되기 때문에 지연 타이머로 지연시간을 주도록 하였다.)

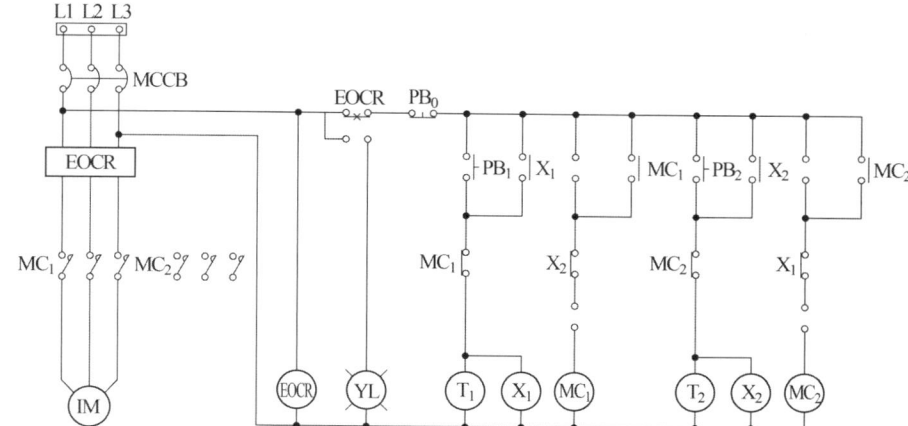

(1) 정·역 운전이 가능하도록 주어진 회로에서 주회로의 미완성 부분을 완성하시오.
(2) 정·역 운전이 가능하도록 주어진 회로에서 보조(제어)회로의 미완성 부분을 완성하시오. (단 접점에는 접점 명칭을 반드시 기록하도록 하시오.)
(3) 주회로 도면에서 과부하 및 결상을 보호할 수 있는 계전기의 명칭을 쓰시오.

답안작성

(1)
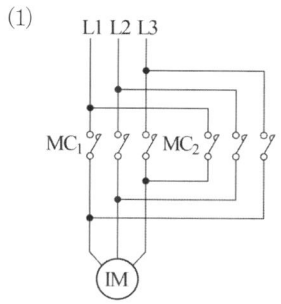

(2)
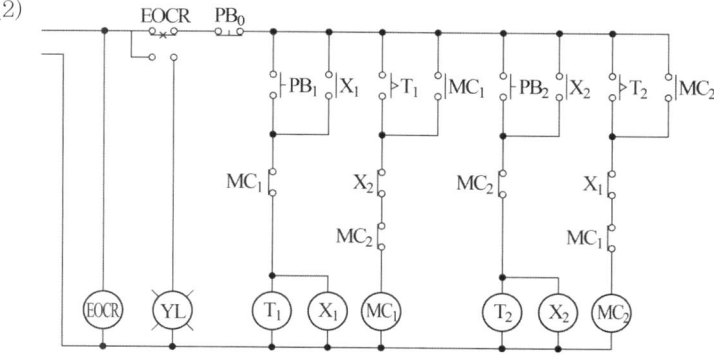

(3) 전자식 과전류계전기

문제 04 ▸ 출제년도 : 20.   ▸ 점수 : 5점

계단의 전등을 계단의 아래와 위의 두 곳에서 자유로이 점멸하도록 3로 스위치를 사용하려고 한다. 주어진 미완성 도면을 완성하시오.

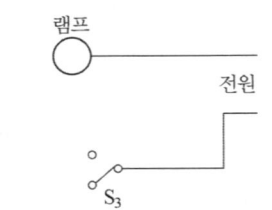

답안작성

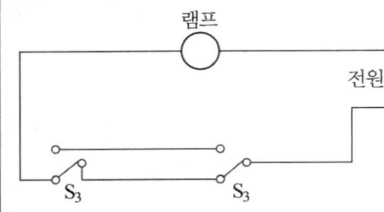

문제 05 ▸ 출제년도 : 20.   ▸ 점수 : 10점

어느 회사에서 한 부지에 A, B, C의 세 공장을 세워 3대의 급수 펌프 P_1(소형), P_2(중형), P_3(대형)으로 다음 계획에 따라 급수 계획을 세웠다. 조건과 미완성 시퀀스 도면을 보고 다음 각 물음에 답하시오.

[조건]
① 공장 A, B, C가 모두 휴무일 때 또는 그 중 한 공장만 가동할 때에는 펌프 P_1만 가동시킨다.
② 공장 A, B, C 중 어느 것이나 두 개의 공장만 가동할 때에는 P_2만 가동시킨다.
③ 공장 A, B, C가 모두를 가동할 때에는 P_3만 가동시킨다.

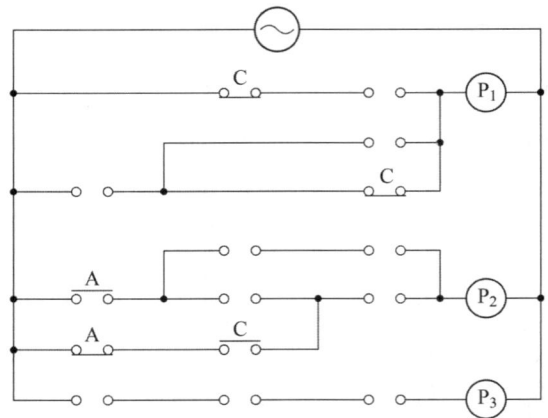

(1) 위의 조건에 대한 진리표를 작성하시오.

A	B	C	P_1	P_2	P_3
0	0	0			
1	0	0			
0	1	0			
0	0	1			
1	1	0			
1	0	1			
0	1	1			
1	1	1			

(2) 주어진 미완성 시퀀스 도면에 접점과 그 기호를 삽입하여 도면을 완성하시오.
(3) P_1, P_2, P_3의 출력식을 가장 간단한 식으로 표현하시오.

답안작성

(1)

A	B	C	P_1	P_2	P_3
0	0	0	1	0	0
1	0	0	1	0	0
0	1	0	1	0	0
0	0	1	1	0	0
1	1	0	0	1	0
1	0	1	0	1	0
0	1	1	0	1	0
1	1	1	0	0	1

(2)

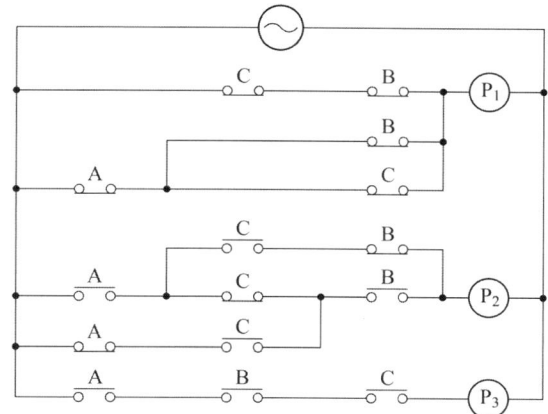

(3) $P_1 = \overline{A}\,\overline{B}\,\overline{C} + \overline{A}\,BC + \overline{A}B\overline{C} + A\overline{B}\,\overline{C}$
$= \overline{A}\,\overline{B}\,\overline{C} + \overline{A}\,BC + \overline{A}B\overline{C} + A\overline{B}\,\overline{C} + \overline{A}\,\overline{B}\,\overline{C} + \overline{A}\,\overline{B}\,\overline{C}$
$= \overline{A}\,\overline{B}(C+\overline{C}) + \overline{A}\,\overline{C}(B+\overline{B}) + \overline{B}\,\overline{C}(A+\overline{A})$
$= \overline{A}\,(\overline{B}+\overline{C}) + \overline{B}\,\overline{C}$

$P_2 = \overline{A}BC + A\overline{B}C + AB\overline{C} = \overline{A}BC + A(\overline{B}C + B\overline{C})$

$P_3 = ABC$

▸ 출제년도 : 20. ▸ 점수 : 4점

문제 06 정전기 대전의 종류 3가지와 정전기 방지 대책 2가지를 쓰시오.
(1) 정전기 대전의 종류 3가지
(2) 정전기 방지 대책 2가지

답안작성
(1) 마찰대전, 유동대전, 충돌대전
(2) 접지, 제전기 사용

해설
(1) 정전기 대전의 종류
  • 마찰대전   • 박리대전   • 충돌대전   • 분출대전
  • 유동대전   • 파괴대전   • 교반대전   • 적하대전   • 유도대전
(2) ① 대전되는 물체를 전기적으로 접지
   ② 대전물체가 부도체일 경우 도전율을 크게
   ③ 대전물체 주변의 습도를 높여준다.
   ④ 대전물체의 차폐
   ⑤ 제전기 사용

▸ 출제년도 : 20. ▸ 점수 : 5점

문제 07 전원 전압이 100[V]인 회로에 600[W]의 전기밥솥 1대, 350[W]의 전기다리미 1대, 150[W]의 텔레비전 1대를 사용하며, 사용되는 모든 부하의 역률이 1이라고 할 때 이 회로에 연결된 10[A] 고리 퓨즈는 어떻게 되겠는지 이유를 설명하시오.

답안작성

• 부하 전류 $I = \dfrac{P}{V} = \dfrac{600+350+150}{100} = 11[A]$

• 상태 : 용단되지 않는다.
• 이유 : 4[A] 초과 16[A] 미만의 저압용 퓨즈는 정격전류의 1.5배에 견디도록 되어 있다.

해설
KEC 212.3.4 보호장치의 특성
과전류차단기로 저압전로에 사용하는 범용의 퓨즈(「전기용품 및 생활용품 안전관리법」에서 규정하는 것을 제외한다)는 표 212.3-1에 적합한 것이어야 한다.

표 212.3-1 퓨즈(gG)의 용단특성

정격전류의 구분	시 간	정격전류의 배수	
		불용단전류	용단전류
4 [A] 이하	60분	1.5배	2.1배
4 [A] 초과 16 [A] 미만	60분	1.5배	1.9배
16 [A] 이상 63 [A] 이하	60분	1.25배	1.6배
63 [A] 초과 160 [A] 이하	120분	1.25배	1.6배
160 [A] 초과 400 [A] 이하	180분	1.25배	1.6배
400 [A] 초과	240분	1.25배	1.6배

즉, 10[A] 퓨즈에 1.1배(11/10=1.1배)의 과전류가 흐르는 경우 퓨즈는 용단되지 않는다.

문제 08 ▸ 출제년도 : 14. 20. ▸ 점수 : 5점

380[V], 10[kW](3상4선식)의 3상 전열기가 수·변전실 배전반에서 50[m] 떨어져 설치되어 있다. 이 경우 배전용 케이블의 최소 규격을 선정하시오.

케이블 규격 [mm²]							
1.5	2.5	4	6	10	16	25	35

• 계산 :   • 답 :

답안작성

계산 : $I = \dfrac{P}{\sqrt{3}\,V} = \dfrac{10 \times 10^3}{\sqrt{3} \times 380} = 15.19[\text{A}]$

전압강하는 5[%] 이내로 하여야 하므로

전선의 굵기 $A = \dfrac{17.8LI}{1000e} = \dfrac{17.8 \times 50 \times 15.19}{1000 \times 220 \times 0.05} = 1.23[\text{mm}^2]$

답 : 1.5[mm²] 선정

해설

KEC 232.3.9 수용가 설비에서의 전압강하
다른 조건을 고려하지 않는다면 수용가 설비의 인입구로부터 기기까지의 전압강하는 표 232.3-1의 값 이하이어야 한다.

표 232.3-1 수용가설비의 전압강하

설비의 유형	조명 (%)	기타 (%)
A - 저압으로 수전하는 경우	3	5
B - 고압 이상으로 수전하는 경우 [a]	6	8

[a] 가능한 한 최종회로 내의 전압강하가 A 유형의 값을 넘지 않도록 하는 것이 바람직하다.
  사용자의 배선설비가 100 m를 넘는 부분의 전압강하는 미터 당 0.005 % 증가할 수 있으나 이러한 증가분은 0.5 %를 넘지 않아야 한다.

전선의 단면적

단상 2선식	$A = \dfrac{35.6LI}{1000 \cdot e}$
3상 3선식	$A = \dfrac{30.8LI}{1000 \cdot e}$
단상 3선식 3상 4선식	$A = \dfrac{17.8LI}{1000 \cdot e}$

문제 09 ▸ 출제년도 : 10. 20. ▸ 점수 : 5점

송전용량 5000 [kVA]인 설비가 있을 때 공급 가능한 용량은 부하 역률 80 [%]에서 4000 [kW]까지이다. 여기서, 부하 역률을 95 [%]로 개선하는 경우 역률개선 전(80 [%])에 비하여 공급 가능한 용량 [kW]은 얼마가 증가되는지 구하시오.

• 계산 :   • 답 :

답안작성

계산 : 역률개선 후 공급전력 $P' = P_a\cos\theta = 5000 \times 0.95 = 4750\,[\text{kW}]$

증가용량 $\triangle P = P' - P = 4750 - 4000 = 750\,[\text{kW}]$

답 : 750 [kW]

해설

역률 개선 후 공급전력 증가분 $\triangle P = P_a \times (\cos\theta_2 - \cos\theta_1)$

▶ 출제년도 : 20. ▶ 점수 : 5점

문제 10 아래의 논리회로를 참고하여 다음 각 물음에 답하시오.

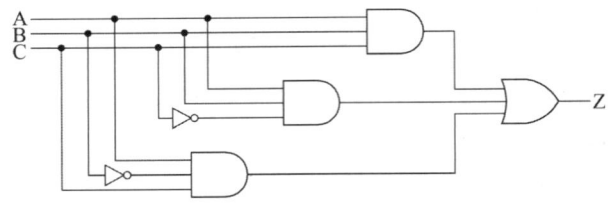

(1) 출력식 Z를 간소화 하시오.
 • 간소화 과정
 • Z =

(2) (1) 항에서 간소화한 출력식 Z에 따른 시퀀스 회로를 완성하시오.

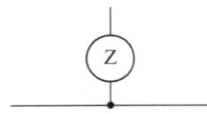

답안작성

(1) • 간소화 과정

$Z = ABC + AB\overline{C} + A\overline{B}C$
$ = ABC + ABC + AB\overline{C} + A\overline{B}C$
$ = AB(C+\overline{C}) + AC(B+\overline{B})$
$ = AB + AC = A(B+C)$

• $Z = A(B+C)$

(2)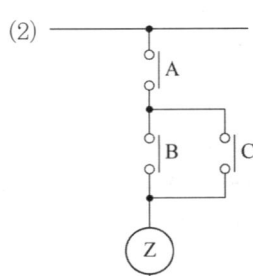

문제 11 전력시설물 공사감리업무 수행지침에 따른 검사절차에 대한 내용이다. 다음 (   )에 들어갈 내용을 답란에 쓰시오.
(단, 반드시 전력시설물 공사감리업무 수행지침에 표현된 문구를 활용하여 쓰시오.)

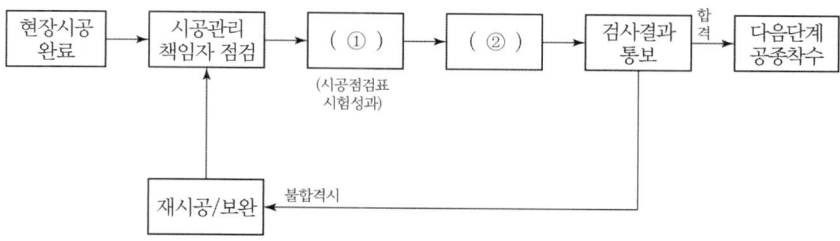

답안작성

① 검사 요청서 제출   ② 감리원 현장검사

문제 12 저압 케이블 회로의 누전점을 HOOK-ON 미터로 탐지하려고 한다. 다음 각 물음에 답하시오.

(1) 저압 3상 4선식 선로의 합성전류를 HOOK-ON 미터로 아래 그림과 같이 측정하였다. 부하측에서 누전이 없는 경우 HOOK-ON 미터 지시값은 몇 [A]를 지시하는지 쓰시오.

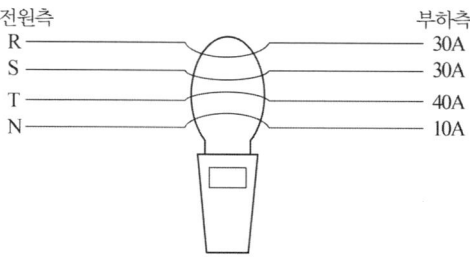

(2) 다른 곳에는 누전이 없고, "G"지점에서 3[A]가 누전되면 "S"지점에서 HOOK-ON 미터 검출 전류는 몇 [A]가 검출되고, "K"지점에서 HOOK-ON 미터 검출전류는 몇 [A]가 검출되는지 쓰시오.

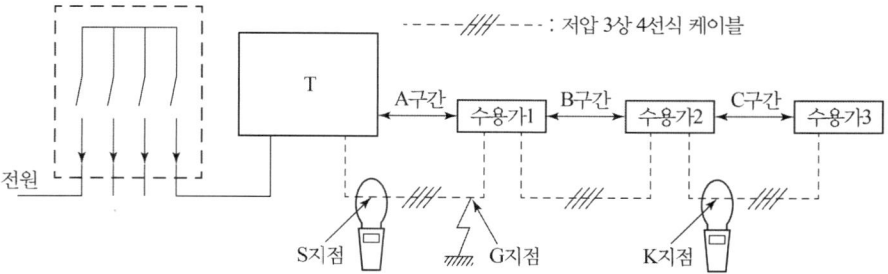

- "S"지점에서의 검출전류 :   [A]
- "K"지점에서의 검출전류 :   [A]

답안작성

(1) "0"을 지시한다.
(2) • "S"지점에서의 검출전류 : 3[A]
    • "K"지점에서의 검출전류 : 0[A]

해설

"K" 지점은 누전이 되는 G지점보다 부하측이 되므로 G지점의 누전과 관계없이 "0"을 지시한다.

▶ 출제년도 : 14. 20.   ▶ 점수 : 5점

문제 13 단상 커패시터 3개를 선간전압 3300[V], 주파수 60[Hz]의 선로에 △로 접속하여 60[kVA]가 되도록 하려면 커패시터 1개의 정전용량[μF]은 약 얼마로 하면 되는지 구하시오.
- 계산과정 :   • 답 :

답안작성

계산 : $Q = 3EI_c = 3 \times 2\pi f C E^2$ 이므로,

따라서, 1개의 정전 용량 $C = \dfrac{Q}{6\pi f E^2} = \dfrac{60 \times 10^3}{6\pi \times 60 \times 3300^2} \times 10^6 = 4.87[\mu F]$

답 : 4.87[μF]

해설

- △결선 : 콘덴서 용량 $Q_\triangle = 3 \times 2\pi f C_d E^2$ 이므로,

  정전용량 $C_d = \dfrac{Q_\triangle}{3 \times 2\pi f E^2}$

- Y결선 : 콘덴서 용량 $Q_Y = 3 \times 2\pi f C_s \left(\dfrac{V}{\sqrt{3}}\right)^2 = 2\pi f C_s V^2$ 이므로,

  정전용량 $C_s = \dfrac{Q_Y}{2\pi f V^2}$

▶ 출제년도 : 00. 05. 18. 20.   ▶ 점수 : 6점

문제 14 50[Hz]로 설계된 3상 유도 전동기를 동일 전압으로 60[Hz]에 사용할 경우 다음 요소는 어떻게 변화하는지를 수치를 이용하여 설명하시오.
(1) 무부하 전류
(2) 온도 상승
(3) 속도

답안작성

(1) 5/6로 감소
(2) 5/6로 감소
(3) 6/5으로 증가

해설

(1) $V = 4.44 K_w w f \phi$ [V]에서 $\phi = \dfrac{V}{4.44 K_w w f}$, $\therefore I_\phi \propto \phi \propto \dfrac{1}{f}$

따라서 주파수가 높아지면 자화전류가 감소하고 그에 따라 무부하 전류(여자전류)도 감소하게 된다.

(2) 히스테리시스손 $P_h \propto f B_m^2 \propto f \phi^2 \propto f \cdot \left(\dfrac{1}{f}\right)^2 \propto \dfrac{1}{f}$

따라서 주파수가 높아지면 히스테리시스손이 감소하게 되고 그에 따라 전동기의 온도도 감소하게 된다.

(3) 속도 $N_s = \dfrac{120 f}{p}$ 에서 $N_s \propto f$

따라서 주파수가 높아지면 전동기의 속도도 증가하게 된다.

▶ 출제년도 : 98. 01. 06. 20.   ▶ 점수 : 14점

문제 15 그림과 같은 철골 공장에 백열등의 전반 조명을 할 때 평균조도로 200[lx]를 얻기 위한 광원의 소비전력을 구하려고 한다. 주어진 조건과 참고자료를 이용하여 다음 각 물음에 답하면서 순차적으로 구하도록 하시오.

[조건] • 천장, 벽면의 반사율은 30[%]이다.
• 광원은 천장면하 1[m]에 부착한다.
• 천장의 높이는 9[m]이다.
• 감광보상률은 보수 상태를 "양"으로 하며 적용한다.
• 배광은 직접 조명으로 한다.
• 조명 기구는 금속 반사갓 직부형이다.

[도면]

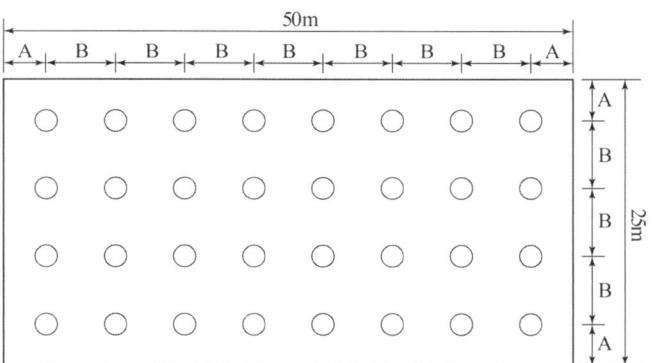

[참고자료]

표 1. 실지수 분류기호

기 호	A	B	C	D	E	F	G	H	I	J
실지수	5.0	4.0	3.0	2.5	2.0	1.5	1.25	1.0	0.8	0.6
범 위	4.5 이상	4.5 ~ 3.5	3.5 ~ 2.75	2.75 ~ 2.25	2.25 ~ 1.75	1.75 ~ 1.38	1.38 ~ 1.12	1.12 ~ 0.9	0.9 ~ 0.7	0.7 이하

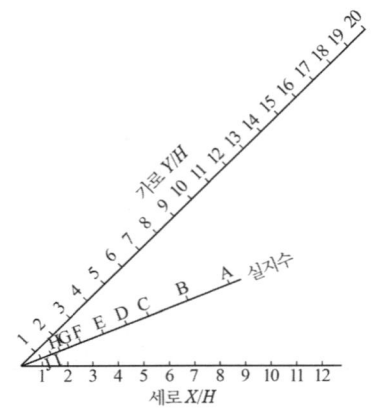

실지수 도표

표 2. 조명률표

배광 설치간격	조명 기구	감광보상률(D)			반사율 ρ	천장	0.75			0.50			0.30	
		보수상태				벽	0.5	0.3	0.1	0.5	0.3	0.1	0.3	0.1
		양	중	부	실지수		조명률 U[%]							
간접 0.80 0 $S \leq 1.2H$		전구			J0.6		16	13	11	12	10	08	06	05
		1.5	1.7	2.0	I0.8		20	16	15	15	13	11	08	07
					H1.0		23	20	17	17	14	13	10	08
					G1.25		26	23	20	20	17	15	11	10
					F1.5		29	26	22	22	19	17	12	11
		형광등			E2.0		32	29	26	24	21	19	13	12
		1.7	2.0	2.5	D2.5		36	32	30	26	24	22	15	14
					C3.0		38	35	32	28	25	24	16	15
					B4.0		42	39	36	30	29	27	18	17
					A5.0		44	41	39	33	30	29	19	18
직접 0 0.75 $S \leq 1.3H$		전구			J0.6		34	29	26	32	29	27	29	27
		1.3	1.4	1.5	I0.8		43	38	35	39	36	35	36	34
					H1.0		47	43	40	41	40	38	40	38
					G1.25		50	47	44	44	43	41	42	41
					F1.5		52	50	47	46	44	43	44	43
		형광등			E2.0		58	55	52	49	48	46	47	46
		1.4	1.7	2.0	D2.5		62	58	56	52	51	49	50	49
					C3.0		64	61	58	54	52	51	51	50
					B4.0		67	64	62	55	53	52	52	52
					A5.0		68	66	64	56	54	53	54	52

표 3. 전등의 용량에 따른 광속

용 량[W]	광 속[lm]
100	3200 ~ 3500
200	7700 ~ 8500
300	10000 ~ 11000
400	13000 ~ 14000
500	18000 ~ 20000
1000	21000 ~ 23000

(1) 광원의 높이는 몇 [m]인지 구하시오.
　　• 계산　　　　　　　　　　　　　　• 답
(2) 실지수의 기호와 실지수를 구하시오.
　　• 계산　　　　　　　　　　　　　　• 답
(3) 조명률을 선정하시오.
(4) 감광보상률을 선정하시오.
(5) 전 광속을 구하시오.
　　• 계산　　　　　　　　　　　　　　• 답
(6) 전등 한 등의 광속[lm]을 구하시오.
　　• 계산　　　　　　　　　　　　　　• 답
(7) 전등 한 등의 용량[W]을 선정하시오.

답안작성

(1) 계산 : 등고 $H = 9 - 1 = 8[m]$
　　답 : 8[m]

(2) 계산 : 실지수 $= \dfrac{XY}{H(X+Y)} = \dfrac{50 \times 25}{8(50+25)} = 2.08$
　　따라서, 표 1에서 실지수 기호는 E
　　답 : 실지수 기호 : E, 실지수 : 2.0

(3) 조명률 : 문제 조건에서 천장, 벽 반사율 30[%], 실지수 E, 직접 조명이므로
　　표 2에서 조명률 47[%] 선정

(4) 감광보상률 : 문제 조건에서 보수 상태 양이므로 표 2에서 직접 조명, 전구란에서 1.3 선택

(5) 계산 : 전 광속 $NF = \dfrac{EAD}{U} = \dfrac{200 \times (50 \times 25) \times 1.3}{0.47} = 691489.36[lm]$
　　답 : 691489.36[lm]

(6) 계산 : 1등당 광속 : 등수가 32개이므로
　　$F = \dfrac{691489.36}{32} = 21609.04[lm]$
　　답 : 21609.04[lm]

(7) 백열 전구의 크기 : 표 3에서 21000~23000[lm]인 1000[W] 선정

문제 16 ▸출제년도 : 07. 20. ▸점수 : 6점

다음 ( )에 알맞은 내용을 쓰시오.

> "임의의 면에서 한 점의 조도는 광원의 광도 및 입사각 θ의 코사인에 비례하고 거리의 제곱에 반비례한다. 이와 같이 입사각의 코사인에 비례하는 것을 Lambert의 코사인 법칙이라 한다. 또 광선과 피조면의 위치에 따라 조도를 (   )조도, (   )조도, (   )조도 등으로 분류할 수 있다.

답안작성

법선, 수평면, 수직면

문제 17 ▸출제년도 : 04. 12. 17. 20. ▸점수 : 5점

500 [kVA]의 변압기가 그림과 같은 부하로 운전되고 있다. 오전에는 역률 85 [%]로 오후에는 100 [%]로 운전된다고 할 때 전일효율은 몇 [%]가 되겠는가? 단, 이 변압기의 철손은 6 [kW] 전부하시 동손은 10 [kW]라 한다.
• 계산 :
• 답 :

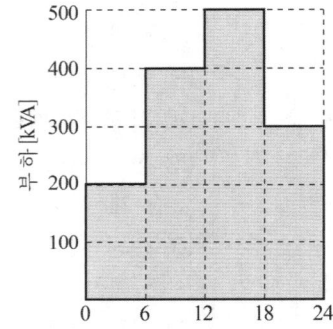

답안작성

• 계산 : 출력 $P = (200 \times 6 \times 0.85) + (400 \times 6 \times 0.85) + (500 \times 6 \times 1) + (300 \times 6 \times 1) = 7860 [\text{kWh}]$

철손 $P_i = 6 \times 24 = 144 [\text{kWh}]$

동손 $P_c = 10 \times \left\{ \left(\dfrac{200}{500}\right)^2 \times 6 + \left(\dfrac{400}{500}\right)^2 \times 6 + \left(\dfrac{500}{500}\right)^2 \times 6 + \left(\dfrac{300}{500}\right)^2 \times 6 \right\} = 129.6 [\text{kWh}]$

전일 효율 $\eta = \dfrac{7860}{7860 + 144 + 129.6} \times 100 = 96.64 [\%]$

• 답 : 96.64 [%]

해설

전일효율 $\eta = \dfrac{\sum h \left(\dfrac{1}{m}\right) VI\cos\theta}{\sum h \left(\dfrac{1}{m}\right) VI\cos\theta + 24 P_i + \sum h \left(\dfrac{1}{m}\right)^2 P_c} \times 100$

E60-2
전기산업기사 실기

2021년도 기출문제

- 2021년 전기산업기사 1회
- 2021년 전기산업기사 2회
- 2021년 전기산업기사 3회

국가기술자격검정 실기시험문제 및 답안지

2021년도 산업기사 일반검정 제1회

자격종목(선택분야)	시험시간	형별
전기산업기사	2시간 00분	

문제 01

▶ 출제년도 : 91. 95. 21.　▶ 점수 : 5점

수용가 인입구의 전압이 22.9[kV], 주차단기의 차단 용량이 200[MVA]이다. 10[MVA], 22.9/3.3[kV] 변압기의 임피던스가 4.5[%]일 때 변압기 2차 측에 필요한 차단기 정격차단용량을 다음 표에서 선정하시오.

- 계산　　　　　　　　　　　　　　　　• 답

차단기의 정격차단용량[MVA]							
100	160	250	310	410	520	600	750

답안작성

계산 : ① 기준 Base를 10 [MVA]로 할 때 전원측 임피던스

$$\%Z_s = \frac{100}{P_s} \times P_n = \frac{100}{200} \times 10 = 5\,[\%]$$

② 차단기 용량

단락 용량 $P_s = \frac{100}{\%Z} \times P_n = \frac{100}{5+4.5} \times 10 = 105.26\,[\text{MVA}]$

∴ 차단 용량은 단락 용량보다 커야하므로 표에서 160 [MVA] 선정

답 : 160 [MVA]

해설

• $P_s = \dfrac{100}{\%Z_s} \times P_n$,　　$\%Z_s = \dfrac{100}{P_s} \times P_n$

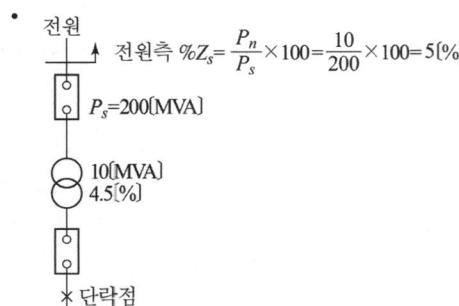

문제 02

▸ 출제년도 : 92. 05. 07. 18. 21.   ▸ 점수 : 14점

3층 사무실용 건물에 3상 3선식의 6000[V]를 200[V]로 강압하여 수전하는 설비이다. 각종 부하 설비가 표와 같을 때 참고자료를 이용하여 다음 물음에 답하시오.

동력 부하 설비

사용 목적	용량 [kW]	대수	상용 동력 [kW]	하계 동력 [kW]	동계 동력 [kW]
난방 관계					
• 보일러 펌프	6.7	1			6.7
• 오일 기어 펌프	0.4	1			0.4
• 온수 순환 펌프	3.7	1			3.7
공기 조화 관계					
• 1, 2, 3층 패키지 콤프레셔	7.5	6		45.0	
• 콤프레셔 팬	5.5	3	16.5		
• 냉각수 펌프	5.5	1		5.5	
• 쿨링 타워	1.5	1		1.5	
급수 · 배수 관계					
• 양수 펌프	3.7	1	3.7		
기타					
• 소화 펌프	5.5	1	5.5		
• 셔터	0.4	2	0.8		
합　　계			26.5	52.0	10.8

조명 및 콘센트 부하 설비

사용 목적	와트수 [W]	설치 수량	환산 용량 [VA]	총용량 [VA]	비 고
전등관계					
• 수은등 A	200	2	260	520	200[V] 고역률
• 수은등 B	100	8	140	1120	100[V] 고역률
• 형광등	40	820	55	45100	200[V] 고역률
• 백열 전등	60	20	60	1200	
콘센트 관계					
• 일반 콘센트		70	150	10500	2P 15[A]
• 환기팬용 콘센트		8	55	440	
• 히터용 콘센트	1500	2		3000	
• 복사기용 콘센트		4		3600	
• 텔레타이프용 콘센트		2		2400	
• 룸 쿨러용 콘센트		6		7200	
기타					
• 전화 교환용 정류기		1		800	
계				75880	

[조건]
1. 동력부하의 역률은 모두 70[%]이며, 기타는 100[%]로 간주한다.
2. 조명 및 콘센트 부하설비의 수용률은 다음과 같다.
   - 전등설비 : 60[%]
   - 콘센트설비 : 70[%]
   - 전화교환용 정류기 : 100[%]
3. 변압기 용량 산출 시 예비율(여유율)은 고려하지 않으며 용량은 표준규격으로 답하도록 한다.
4. 변압기 용량 산정 시 필요한 동력부하설비의 수용률은 전체 평균 65[%]로 한다.

(1) 동계 난방 때 온수 순환 펌프는 상시 운전하고, 보일러용과 오일 기어 펌프의 수용률이 55[%]일 때 난방 동력 수용 부하는 몇 [kW]인가?
   - 계산 :   • 답 :
(2) 상용 동력, 하계 동력, 동계 동력에 대한 피상전력은 몇 [kVA]가 되겠는가?
   ① 상용 동력
   - 계산 :   • 답 :
   ② 하계 동력
   - 계산 :   • 답 :
   ③ 동계 동력
   - 계산 :   • 답 :
(3) 이 건물의 총 전기설비 용량은 몇 [kVA]를 기준으로 하여야 하는가?
   - 계산 :   • 답 :
(4) 조명 및 콘센트 부하설비에 대한 단상변압기의 표준용량[kVA]을 선정하시오.
   (단, 단상 변압기의 표준용량[kVA]은 50, 75, 100, 150, 200, 300, 400, 500에서 선정한다.)
   - 계산 :   • 답 :
(5) 동력 부하용 3상 변압기의 표준용량[kVA]을 선정하시오.
   (단, 3상 변압기의 표준용량[kVA]은 50, 75, 100, 150, 200, 300, 400, 500에서 선정한다.)
   - 계산 :   • 답 :
(6) 단상과 3상 변압기의 각 2차측에 전류계용으로 사용되는 변류기가 설치되어 있다. 각 변류기의 1차측 정격전류[A]를 선정하시오.
   ① 단상
   - 계산 :   • 답 :
   ② 3상
   - 계산 :   • 답 :

(7) 역률개선을 위하여 각 부하마다 전력용 커패시터를 설치하려고 할 때 보일러 펌프의 역률을 95[%]로 개선하려면 몇 [kVA]의 전력용 커패시터가 필요한지 구하시오.
　• 계산 : 　　　　　　　　　　　　　　　　　　• 답 :

답안작성

(1) 계산 : 수용부하 $= 3.7 + (6.7 + 0.4) \times 0.55 = 7.61$[kW]　　답 : 7.61[kW]

(2) ① 계산 : 상용 동력의 피상 전력 $= \dfrac{26.5}{0.7} = 37.86$[kVA]　　답 : 37.86[kVA]

　　② 계산 : 하계 동력의 피상 전력 $= \dfrac{52.0}{0.7} = 74.29$[kVA]　　답 : 74.29[kVA]

　　③ 계산 : 동계 동력의 피상 전력 $= \dfrac{10.8}{0.7} = 15.43$[kVA]　　답 : 15.43[kVA]

(3) 계산 : $37.86 + 74.29 + 75.88 = 188.03$[kVA]　　답 : 188.03[kVA]

(4) 계산 :　• 전등 관계 : $(520 + 1120 + 45100 + 1200) \times 0.6 \times 10^{-3} = 28.76$[kVA]
　　　　　　• 콘센트 관계 : $(10500 + 440 + 3000 + 3600 + 2400 + 7200) \times 0.7 \times 10^{-3} = 19$[kVA]
　　　　　　• 기타 : $800 \times 1 \times 10^{-3} = 0.8$[kVA]
　　　　　　• 합계 $= 28.76 + 19 + 0.8 = 48.56$[kVA]
　　　　　따라서, 단상 변압기 표준용량 50[kVA]를 선정
　　답 : 50[kVA]

(5) 계산 : 동계 동력과 하계 동력 중 큰 부하를 기준하고 상용 동력과 합산하여 계산하면
　　　　　$\dfrac{(26.5 + 52.0)}{0.7} \times 0.65 = 72.89$[kVA]
　　　　　따라서, 3상 변압기 표준용량 75[kVA]를 선정
　　답 : 75[kVA]

(6) ① 단상
　　• 계산 : $I = \dfrac{50 \times 10^3}{200} \times (1.25 \sim 1.5) = 312.5 \sim 375$[A]
　　　　따라서, 표준품의 300/5 변류기 사용
　　• 답 : 300[A]

　　② 3상
　　• 계산 : $I = \dfrac{75 \times 10^3}{\sqrt{3} \times 200} \times (1.25 \sim 1.5) = 270.63 \sim 324.76$[A]
　　　　따라서, 표준품의 300/5 변류기 사용
　　• 답 : 300[A]

(7) 계산 : $Q_c = P(\tan\theta_1 - \tan\theta_2) = 6.7 \times \left(\dfrac{\sqrt{1 - 0.7^2}}{0.7} - \dfrac{\sqrt{1 - 0.95^2}}{0.95} \right) = 4.63$[kVA]
　　답 : 4.63[kVA]

해설

(1) 동력 수용 부하 = 설비용량 × 수용률

(2) 피상전력 $P_a[\text{kVA}] = \dfrac{P[\text{kW}]}{\cos\theta}$

(3) 37.86(상용동력) + 74.29(하계동력) + 75.88(조명 및 콘센트) = 188.03[kVA]
　　(하계동력과 동계동력이 동시에 운전되지 않기 때문에 건물의 총 전기설비 기준은 하계동력과 동계동력 중 큰 값만 고려하면 된다.)

(5) • 동계부하와 하계부하는 동시에 가동되지 않으므로 동계부하와 하계부하 중 큰 부하를 기준
  • 변압기 용량[kVA] = $\dfrac{\text{설비용량[kW]}}{\cos\theta} \times$ 수용률

(6) ① 변류기 1차전류가 312.5 ~ 375[A] 사이에 있는 표준품의 변류기는 없다.
  따라서, 1.25 ~ 1.5배의 여유를 고려하였으므로(변압기 2차정격 전류는 250[A]) 변류기 1차전류가 300[A]인 변류기를 선정하는 것이 바람직하다.

▶ 출제년도 : 21.   ▶ 점수 : 4점

문제 03 전력시설물 공사감리업무 수행지침에 따른 부진공정 만회대책에 대한 내용이다. 다음 ( )에 들어갈 내용을 답란에 쓰시오.

> 감리원은 공사 진도율이 계획공정 대비 월간 공정실적이 (①)[%] 이상 지연되거나, 누계공정 실적이 (②)[%] 이상 지연될 때에는 공사업자에게 부진사유 분석, 만회대책 및 만회공정표를 수립하여 제출하도록 지시하여야 한다.

답안작성

① 10   ② 5

해설

부진공정 만회대책
1) 감리원은 공사 진도율이 계획공정 대비 월간 공정실적이 10[%] 이상 지연되거나, 누계공정 실적이 5[%] 이상 지연될 때에는 공사업자에게 부진사유 분석, 만회대책 및 만회공정표를 수립하여 제출하도록 지시하여야 한다.
2) 감리원은 공사업자가 제출한 부진공정 만회대책을 검토·확인하고, 그 이행 상태를 주간단위로 점검·평가하여야 하며, 공사추진회의 등을 통하여 미 조치 내용에 대한 필요대책 등을 수립하여 정상 공정으로 회복할 수 있도록 조치하여야 한다.

▶ 출제년도 : 99. 02. 09. 21.   ▶ 점수 : 8점

문제 04 예비전원설비에 이용되는 연축전지와 알칼리축전지에 대하여 다음 각 물음에 답하시오.
(1) 연축전지와 비교할 때 알칼리축전지의 장점과 단점을 1가지씩만 쓰시오.
  • 장점 :   • 단점 :
(2) 연축전지와 알칼리축전지의 공칭전압은 각각 몇 [V/cell]인지 쓰시오.
  • 연축전지 :
  • 알칼리축전지 :
(3) 축전지의 일상적인 충전방식 중 부동충전방식에 대하여 설명하시오.
(4) 연축전지의 정격용량이 200[Ah]이고, 상시부하가 10[kW]이며, 표준전압이 100[V]인 부동충전방식 충전기의 2차 전류는 몇 [A]인지 구하시오(단, 상시부하의 역률은 1로 간주한다).
  • 계산 :   • 답 :

답안작성

(1) 장점 : 수명이 길다.
    단점 : 연축전지 보다 공칭 전압이 낮다.
(2) 연축전지 : 2.0[V/cell]
    알칼리축전지 : 1.2[V/cell]
(3) 축전지와 부하를 충전기에 병렬로 접속하여 사용하는 방식으로 축전지의 자기방전을 보충함과 동시에 일상적인 부하전류는 충전기가 공급하되, 충전기가 공급하기 어려운 일시적인 대전류 부하는 축전지가 공급하는 충전방식
(4) 계산 : $I = \dfrac{200}{10} + \dfrac{10000}{100} = 120[A]$ 답 : 120[A]

해설

(1) 알칼리 축전지의 장·단점
   [장점] • 수명이 길다(연축전지의 3~4배)
          • 진동과 충격에 강하다.
          • 충·방전 특성이 양호하다.
          • 방전 시 전압 변동이 작다.
          • 사용 온도 범위가 넓다.
   [단점] • 연축전지 보다 공칭 전압이 낮다.
          • 가격이 비싸다.
(4) • 충전기 2차 전류[A] = $\dfrac{축전지\ 용량[Ah]}{정격방전율[h]} + \dfrac{상시\ 부하용량[VA]}{표준전압[V]}$
    • 연축전지의 정격방전율 : 10[h]

▶ 출제년도 : 03. 07. 21.   ▶ 점수 : 5점

문제 05 무접점 릴레이 회로가 그림과 같을 때 다음 각 물음에 답하시오.

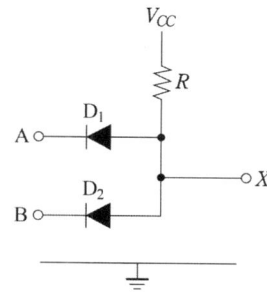

(1) 출력식 X를 쓰시오.
(2) 타임차트를 완성하시오.

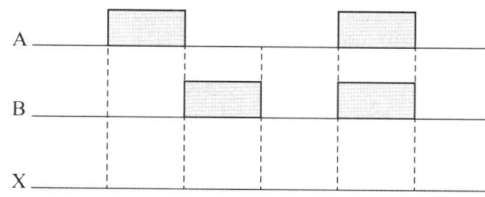

답안작성

(1) X = A · B
(2)

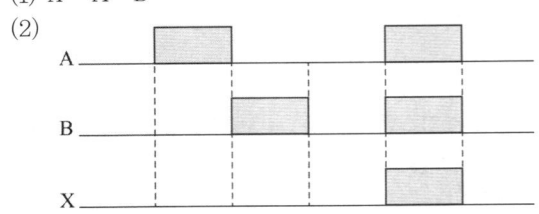

해설

회 로	유접점	무접점	논리회로	진리표		
AND 회로			$X = A \cdot B$	A	B	X
				0	0	0
				0	1	0
				1	0	0
				1	1	1
OR 회로			$X = A + B$	A	B	X
				0	0	0
				0	1	1
				1	0	1
				1	1	1

▶ 출제년도 : 21.   ▶ 점수 : 5점

문제 06 합성수지관공사 시설 장소에 대한 표이다. 다음 표에 시설가능 여부를 "○", "×"를 사용하여 완성하시오.

합성수지관공사 시설 장소

옥 내							옥측/옥외	
노출 장소		은폐 장소						
		점검 가능		점검 불가능				
건조한 장소	습기가 많은 장소 또는 물기가 있는 장소	건조한 장소	습기가 많은 장소 또는 물기가 있는 장소	건조한 장소	습기가 많은 장소 또는 물기가 있는 장소		우선 내	우선 외
○		○					○	

○ : 시설할 수 있다.   × : 시설할 수 없다.
[비고 1] 점검가능장소 예시 : 건물의 빈 공간 등
[비고 2] 점검불가능장소 예시 : 구조체 매입, 케이블채널, 지중 매설, 창틀 및 처마도리 등

답안작성

옥 내						옥측/옥외	
노출 장소		은폐 장소					
		점검 가능		점검 불가능			
건조한 장소	습기가 많은 장소 또는 물기가 있는 장소	건조한 장소	습기가 많은 장소 또는 물기가 있는 장소	건조한 장소	습기가 많은 장소 또는 물기가 있는 장소	우선 내	우선 외
○	○	○	○	○	○	○	○

○ : 시설할 수 있다.   × : 시설할 수 없다.
[비고 1] 점검가능장소 예시 : 건물의 빈 공간 등
[비고 2] 점검불가능장소 예시 : 구조체 매입, 케이블채널, 지중 매설, 창틀 및 처마도리 등

해설

시설장소와 배선방법

배선 방법		옥 내						옥측 옥외	
		노출 장소		은폐 장소					
				점검 가능		점검 불가능			
		건조한 장소	습기가 많은 장소 또는 물기가 있는 장소	건조한 장소	습기가 많은 장소 또는 물기가 있는 장소	건조한 장소	습기가 많은 장소 또는 물기가 있는 장소	우선 내	우선 외
애자공사		○	○	○	○	×	×	①	①
금속관공사		○	○	○	○	○	○	○	○
합성수지관 공사	합성수지관 (CD관 제외)	○	○	○	○	○	○	○	○
	CD관	②	②	②	②	②	②	②	②
가요전선관 공사	1종 가요전선관	○	×	○	×	×	×	×	×
	비닐피복1종 가요전선관	○	○	○	○	×	×	×	×
	2종 가요전선관	○	×	○	×	○	×	○	×
	비닐피복2종 가요전선관	○	○	○	○	○	○	○	○
금속몰드공사		○	×	○	×	×	×	×	×
합성수지몰드공사		○	×	○	×	×	×	×	×
플로어덕트공사		×	×	×	×	③	×	×	×
셀룰러덕트공사		×	×	×	×	③	×	×	×
금속덕트공사		○	×	○	×	×	×	×	×
라이팅덕트공사		○	×	○	×	×	×	×	×
버스덕트공사		○	×	○	×	×	×	④	④
케이블공사		○	○	○	○	○	○	○	○
케이블 트레이공사		○	○	○	○	○	○	○	○

[비고] 기호의 뜻은 다음과 같다.
　　　○ : 시설할 수 있다.   × : 시설할 수 없다.
　　　CD관 : 내연성이 없는 것을 말한다.

① : 노출장소 및 점검할 수 있는 은폐장소에 한하여 시설할 수 있다.
② : 직접 콘크리트에 매설하는 경우를 제외하고 전용의 불연성 또는 자소성이 있는 난연성의 관 또는 덕트에 넣는 경우에 한하여 시설할 수 있다.
③ 콘크리트 등의 바닥 내에 한한다.
④ 옥외용 덕트를 사용하는 경우에 한하여(점검할 수 없는 은폐장소는 제외한다) 시설할 수 있다.

▸ 출제년도 : 08. 21.   ▸ 점수 : 5점

문제 07

공동주택에 전력량계 $1\phi 2W$용 35개를 신설하고, $3\phi 4W$용 7개는 사용이 종료되어 신품으로 교체하였다. 소요되는 공구손료 등을 제외한 직접 노무비를 계산하시오. (단, 인공계산은 소수 셋째자리까지 구하며, 내선전공의 노임은 95,000원이다.)

전력량계 및 부속장치 설치	(단위 : 대)
종 별	내선전공
전력량계 $1\phi 2W$용	0.14
〃 $1\phi 3W$용 및 $3\phi 3W$용	0.21
〃 $3\phi 4W$용	0.32
전류변성기 CT(저·고압)	0.40
전압변성기 PT(저·고압)	0.40
영상전류변류기(ZCT)	0.40
현수용 전압전류변성기(MOF)(고압·특고압)	3.00
설치용 〃 〃	2.00
계기함	0.30
특수계기함	0.45
변성기함(저압·고압)	0.60

[해설] ① 방폭 200[%]
② 아파트 등 공동주택 및 기타 이와 유사한 동일 장소 내에서 10대를 초과하는 전력량계 설치 시 추가 1대당 해당품의 70[%]
③ 특수계기함은 3종 계기함, 농사용 계기함, 집합 계기함 및 저압 변류기용 계기함 등임.
④ 고압변성기함, 현수용 전압전류변성기(MOF) 및 설치용 전압전류변성기(MOF)(설치대 조립품 포함)를 주상설치 시 배전전공 적용
⑤ 철거 30[%], 재사용 철거 50[%]

답안작성

계산 : 내선전공 $= 10 \times 0.14 + (35-10) \times 0.14 \times 0.7 + 7 \times 0.32(1+0.3) = 6.762$[인]
직접노무비 $= 6.762 \times 95000 = 642,390$[원]
답 : 642,390 [원]

해설

① $1\phi 2W$용 전력량계 신설
 • 기본 10개 설치 인공 : $10 \times 0.14 = 1.4$[인]
 • 기본 10개를 초과하는 25대 설치 인공 : $25 \times 0.14 \times 0.7 = 2.45$[인]
② $3\phi 4W$용 전력량계 철거 : $7 \times 0.32 \times 0.3 = 0.672$[인]
   (사용이 종료된 계기이므로 재사용 철거 적용 안함)
③ $3\phi 4W$용 전력량계 신설 : $7 \times 0.32 = 2.24$[인]

▶ 출제년도 : 21.   ▶ 점수 : 5점

문제 08 전열기를 사용하여 5[℃]의 순수한 물 15[*l*]를 60[℃]로 상승시키는데 1시간이 소요되었다. 이때 필요한 전열기의 용량[kW]을 구하시오. (단, 전열기의 효율은 76[%]로 한다.)
 • 계산 :   • 답 :

답안작성

• 계산 : 전열기의 용량 $P = \dfrac{mCT}{860 \cdot t \cdot \eta}$ [kW]에서

$$P = \dfrac{15 \times 1 \times (60-5)}{860 \times 1 \times 0.76} = 1.26 [\text{kW}]$$

• 답 : 1.26[kW]

해설

$$P = \dfrac{mCT}{860 \cdot t \cdot \eta} [\text{kW}]$$

여기서, m : 질량 [kg], C : 비열 [kcal/kg·℃], T : 온도차 [℃]
          t : 시간 [hour], η : 전열기의 효율 [%]

[참고]
• $P[\text{kW}] \times t[\text{h}] = W[\text{kWh}]$
• 1[kWh]=860[kcal]

▶ 출제년도 : 09, 21.   ▶ 점수 : 6점

문제 09 그림과 같이 V결선과 Y결선된 변압기 한 상의 중심 O에서 110 [V]를 인출하여 사용하고자 한다.

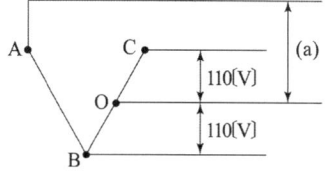 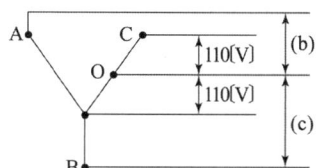

(1) 위 그림에서 (a)의 전압을 구하시오.
 • 계산 :   • 답 :
(2) 위 그림에서 (b)의 전압을 구하시오.
 • 계산 :   • 답 :
(3) 위 그림에서 (c)의 전압을 구하시오.
 • 계산 :   • 답 :

답안작성

(1) 계산 : $V_{AO} = 220 \underline{/0°} + 110 \underline{/-120°}$

$= 220[\cos 0° + j\sin 0°] + 110\left[\cos\left(-\dfrac{2}{3}\pi\right) + j\sin\left(-\dfrac{2}{3}\pi\right)\right]$

$$= 220 + (-55 - j55\sqrt{3}) = 165 - j55\sqrt{3}$$
$$= \sqrt{165^2 + (55\sqrt{3})^2} = 190.53[V]$$

답 : 190.53[V]

(2) 계산 : $V_{AO} = 110\underline{/120°} - 220\underline{/0°}$
$$= 110(\cos120° + j\sin120°) - 220(\cos0° + j\sin0°)$$
$$= 110\left(-\frac{1}{2} + j\frac{\sqrt{3}}{2}\right) - 220 = -275 + j55\sqrt{3}$$
$$= \sqrt{275^2 + (55\sqrt{3})^2} = 291.03[V]$$

답 : 291.03[V]

(3) 계산 : $V_{BO} = 110\underline{/120°} - 220\underline{/-120°}$
$$= 110[\cos120° + j\sin120°] - 220[\cos(-120°) + j\sin(-120°)]$$
$$= 110\left(-\frac{1}{2} + j\frac{\sqrt{3}}{2}\right) - 220\left(-\frac{1}{2} - j\frac{\sqrt{3}}{2}\right) = 55 + j165\sqrt{3}$$
$$= \sqrt{55^2 + (165\sqrt{3})^2} = 291.03$$

답 : 291.03[V]

해설

(1) $V_{AO} = \sqrt{(220\cos60° - 110)^2 + (220\sin60°)^2} = 110\sqrt{3} = 190.53[V]$

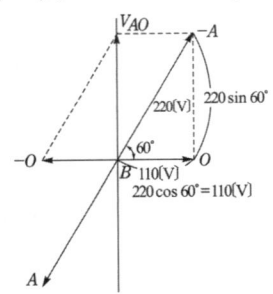

(2)(3) $V_{AO} = \sqrt{(220\cos60° + 110)^2 + (220\sin60°)^2} = \sqrt{220^2 + (110\sqrt{3})^2} = 291.03[V]$

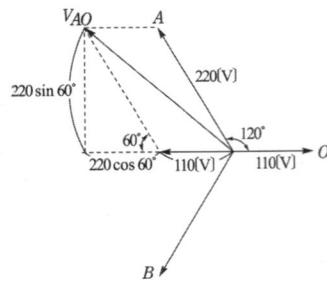

▸ 출제년도 : 94. 02. 21. ▸ 점수 : 5점

문제 10 부하집계 결과 A상 부하 25[kVA], B상 부하 33[kVA], C상 부하 19[kVA]로 나타났다. 여기에 3상 부하 20[kVA]를 연결하여 사용할 경우, 3상 변압기 표준용량을 선정하시오.

3상 변압기 표준용량[kVA]							
50	75	100	150	200	300	400	500

• 계산 :   • 답 :

답안작성

• 계산 : 1상당 최대 부하 $P_1 = 33 + \dfrac{20}{3} = 39.67[\text{kVA}]$

∴ 3상 변압기의 경우 모두 동일용량이 되어야 하므로
$P_3 = 39.67 \times 3 = 119.01[\text{kVA}]$

• 답 : 150[kVA] 선정

해설

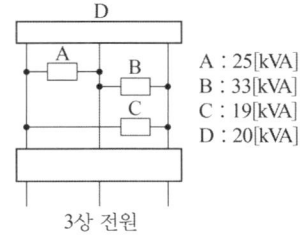

A : 25[kVA]
B : 33[kVA]
C : 19[kVA]
D : 20[kVA]

3상 전원

▶ 출제년도 : 18. 21.   ▶ 점수 : 4점

문제 11 한국전기설비규정에 따라 지중전선로를 시설할 때 다음 각 항의 매설 깊이[m]에 대하여 쓰시오.

(1) 관로식에 의하여 시설하는 경우 최소 매설 깊이(중량물의 압력을 받을 우려가 있는 장소)

(2) 직접 매설식에 의하여 시설하는 경우 최소 매설 깊이(중량물의 압력을 받을 우려가 있는 장소)

답안작성

(1) 1.0[m]
(2) 1.0[m]

해설

KEC 334.1 지중전선로의 시설
1. 지중 전선로는 전선에 케이블을 사용하고 또한 관로식·암거식(暗渠式) 또는 직접 매설식에 의하여 시설하여야 한다.
2. 지중 전선로를 관로식 또는 암거식에 의하여 시설하는 경우에는 다음에 따라야 한다.
  가. 관로식에 의하여 시설하는 경우에는 매설 깊이를 1.0[m] 이상으로 하되, 매설 깊이가 충분하지 못한 장소에는 견고하고 차량 기타 중량물의 압력에 견디는 것을 사용할 것. 다만 중량물의 압력을 받을 우려가 없는 곳은 0.6[m] 이상으로 한다.
  나. 암거식에 의하여 시설하는 경우에는 견고하고 차량 기타 중량물의 압력에 견디는 것을 사용할 것.

3. 지중 전선로를 직접 매설식에 의하여 시설하는 경우에는 매설 깊이를 차량 기타 중량물의 압력을 받을 우려가 있는 장소에는 1.0[m] 이상, 기타 장소에는 0.6[m] 이상으로 하고 또한 지중 전선을 견고한 트라프 기타 방호물에 넣어 시설하여야 한다.

▸출제년도 : 21. ▸점수 : 3점

문제 12 그림과 같은 수전설비에서 변압기의 내부 고장이 발생하였을 때 가장 먼저 개방되어야 하는 기기의 명칭을 쓰시오.

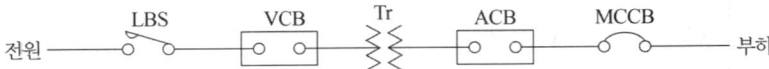

답안작성

VCB(진공차단기)

해설

변압기 내부 고장이 발생한 경우 제일 먼저 조치하여야 할 사항으로는 고장전류를 차단 할 수 있는 전원 측 차단기를 개방하여 더 이상 고장이 확대되는 것을 방지하도록 하여야 한다.
이때 차단기는 고장전류를 충분히 차단 할 수 있는 성능을 가진 것이어야 한다.

▸출제년도 : 21. ▸점수 : 5점

문제 13 평탄지에서 전선의 지지점의 높이를 같도록 가선한 경간이 100[m]인 가공전선로가 있다. 사용전선으로 인장하중이 1480[kg], 중량 0.334[kg/m]인 7/2.6[mm](38[mm²])의 경동선을 사용하고, 수평 풍압하중이 0.608[kg/m], 전선의 안전율이 2.2인 경우 이도(Dip)를 구하시오.

• 계산 :   • 답 :

답안작성

• 계산 : 하중 $W = \sqrt{0.334^2 + 0.608^2} = 0.69[\text{kg/m}]$

따라서, 이도 $D = \dfrac{WS^2}{8T} = \dfrac{0.69 \times 100^2}{8 \times \left(\dfrac{1480}{2.2}\right)} = 1.28[\text{m}]$

• 답 : 1.28[m]

해설

① 하중

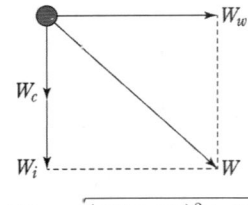

• 풍압하중(W_w)
• 전선에 가해지는 합성하중(W)
• 전선의 자중(W_c)
• 빙설 하중(W_i)

• $W = \sqrt{(W_i + W_c)^2 + W_w^2}$

② 이도 $D = \dfrac{WS^2}{8T}$ [m]

여기서, W : 전선의 중량 [kg/m], S : 경간(span) [m], T : 전선의 수평장력 [kg]

▸ 출제년도 : 90. 09. 21.　▸ 점수 : 4점

문제 14 3상 변압기 1차 전압 22900[V], 2차 전압이 380[V]/220[V]일 때 2차 전압이 370[V]로 측정되어 전압을 높이고자 할 때 탭을 22900[V]에서 21900[V]로 변경하면 2차 전압은 몇 [V] 인지 구하시오.
• 계산 :　　　　　　　　　　　　　　　　　　• 답 :

답안작성

• 계산 : $V_2' = \dfrac{N_1}{N_1'} V_2 = \dfrac{22900}{21900} \times 370 = 386.89$ [V]

• 답 : 386.89[V]

해설

권수비 $a = \dfrac{N_1}{N_2} = \dfrac{V_1}{V_2}$ 에서 $V_1 = aV_2$

변압기 1차측 공급전압은 변함이 없으므로 탭 변경 시 새로운 권수비 a'는

$a' = \dfrac{N_1'}{N_2} = \dfrac{V_1}{V_2'}$ 에서

$V_2' = \dfrac{V_1}{a'} = \dfrac{a}{a'} V_2 = \dfrac{N_1/N_2}{N_1'/N_2} = \dfrac{N_1}{N_1'} V_2$

▸ 출제년도 : 20. 21.　▸ 점수 : 6점

문제 15 옥내조명설비(KDS 31 70 10:2019)에 따른 건축화 조명방식이다. 다음 각 물음에 답하시오.
(1) 천장면 이용방식을 3가지만 쓰시오.
(2) 벽면 이용방식을 3가지만 쓰시오.

답안작성

(1) 광천장조명, 루버천장조명, 코브조명
(2) 코너조명, 코니스조명, 밸런스조명

해설

옥내조명설비(KDS 31 70 10:2019)
건축화 조명은 건축물의 천장이나 벽을 조명기구 겸용으로 마무리하는 것으로서 천장면 이용방식(라인라이트, 다운라이트, 핀홀라이트, 코퍼라이트, 광천장조명, 루버천장조명 및 코브조명 등), 벽면 이용방식(코너조명, 코니스조명, 밸런스조명 및 광창조명 등)이 있으며, 작업 공간의 특성을 고려하여 적합한 조명방식을 선정한다.

종류	분류	내용
천장면 이용방식	라인라이트	• 매입 형광등방식의 일종으로 형광등을 연속으로 배치하는 조명방식
	다운라이트	• 천정에 작은 구멍을 뚫고 조명기구를 매입하여 빛의 빔방향을 아래로 유효하게 조명하는 방식
	핀홀라이트	• down-light의 일종으로 아래로 조사되는 구멍을 적게 하거나 렌즈를 달아 복도에 집중 조사되도록 하는 방식
	코퍼라이트	• 대형의 down light라고도 볼 수 있으며 천정면을 둥글게 또는 사각으로 파내어 내부에 조명기구를 배치하여 조명하는 방식
	광천장조명	• 방의 천장 전체를 조명기구화 하는 방식 • 천정 조명 확산 판넬로서 유백색의 플라스틱판이 사용된다.
	루버천장조명	• 방의 천장면을 조명기구화 하는 방식 • 천장면 재료로 루버를 사용하여 보호각을 증가시킨다.
	코브조명	• 광원으로 천장이나 벽면 상부를 조명함으로서 천장면이나 벽에서 반사되는 반사광을 이용하는 간접 조명방식 • 효율은 대단히 나쁘지만 부드럽고 안정된 조명을 시행할 수 있다.
벽면 이용방식	코너조명	• 천장과 벽면 사이에 조명기구를 배치하여 천장과 벽면에 동시에 조명하는 방법
	코니스조명	• 코너를 이용하여 코오니스를 15~20[cm] 정도 내려서 아래쪽의 벽 또는 커튼을 조명하도록 하는 방법
	밸런스조명	• 광원의 전면에 밸런스판을 설치하여 천장면 이나 벽면으로 반사시켜 조명하는 방법
	광창조명	• 인공창의 뒷면에 형광등을 배치하여 지하실이나 무(無)창실에 창문이 있는 효과를 내는 방법

▶ 출제년도 : 95. 00. 16. 17. 21.   ▶ 점수 : 5점

문제 16 단상 2선식 220[V]의 옥내배선에서 소비전력 40[W], 역률 85[%]의 LED 형광등 85등을 설치할 때 16[A]의 분기회로 수를 구하시오. (단, 한 회선의 부하전류는 분기회로 용량의 80[%]로 하고 수용률은 100[%]로 한다.)

• 계산 :   • 답 :

답안작성

• 계산 : 부하용량 $P_a = \dfrac{40}{0.85} \times 85 = 4000$[VA]

분기회로 수 $N = \dfrac{상정\ 부하[VA]}{전압[V] \times 전류[A]} = \dfrac{4000}{220 \times 16 \times 0.8} = 1.42$회로

• 답 : 16[A] 분기 2회로

해설

• 한 회로의 부하전류는 분기회로의 80[%]로 한다는 의미 : 16[A]분기회로의 경우 한 회로에 인가할 수 있는 전류는 12.8[A](즉, 16[A]×0.8=12.8[A])라는 의미이다.

문제 17

주어진 진리값 표는 3개의 리미트 스위치 LS_1, LS_2, LS_3에 입력을 주었을 때 출력 X와의 관계표이다. 이 표를 이용하여 다음 각 물음에 답하시오.

진리값 표

LS_1	LS_2	LS_3	X
0	0	0	0
0	0	1	0
0	1	0	0
0	1	1	1
1	0	0	0
1	0	1	1
1	1	0	1
1	1	1	1

(1) 진리값 표를 이용하여 다음과 같은 Karnaugh도를 완성하시오.

LS_3 \ LS_1, LS_2	0 0	0 1	1 1	1 0
0				
1				

(2) 물음 (1)항의 Karnaugh 도에 대한 논리식을 쓰시오.
(3) 진리값과 물음 (2)항의 논리식을 이용하여 이것을 무접점 회로도로 표시하시오.
(단, OR, AND 게이트만을 이용하여 표현하시오.)

답안작성

(1)

LS_3 \ LS_1, LS_2	0 0	0 1	1 1	1 0
0	0	0	1	0
1	0	1	1	1

(2) $X = LS_1 LS_2 + LS_2 LS_3 + LS_1 LS_3$

(3)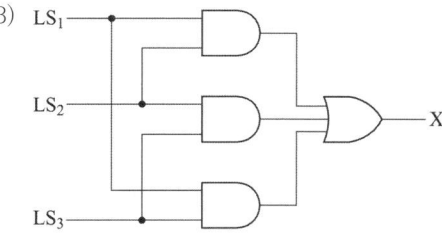

해설

(2) $X = \overline{LS_1} LS_2 LS_3 + LS_1 \overline{LS_2} LS_3 + LS_1 LS_2 \overline{LS_3} + LS_1 LS_2 LS_3$
$= LS_2 LS_3 + LS_1 LS_3 + LS_1 LS_2$

또는

$X = LS_1(LS_2 + LS_3) + LS_2 LS_3$

(3) $X = LS_2LS_3 + LS_1LS_3 + LS_1LS_2$ 또는 $X = LS_1(LS_2 + LS_3) + LS_2LS_3$

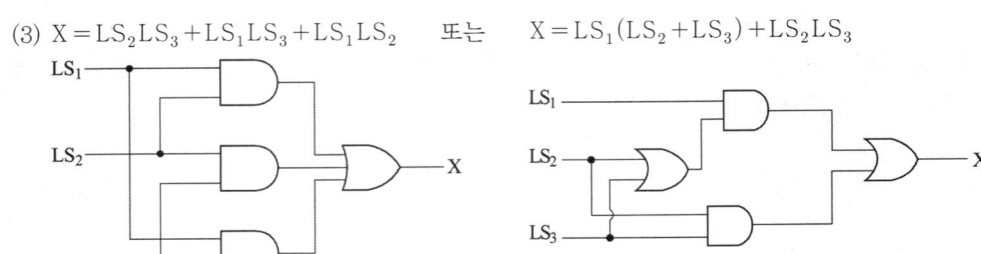

▶ 출제년도 : 16, 21.   ▶ 점수 : 5점

문제 18 다음 그림은 TN계통의 TN-C방식 저압배전선로 접지계통이다. 중성선(N), 보호선(PE) 등의 범례 기호를 활용하여 노출 도전성 부분의 접지계통 결선도를 완성하시오.

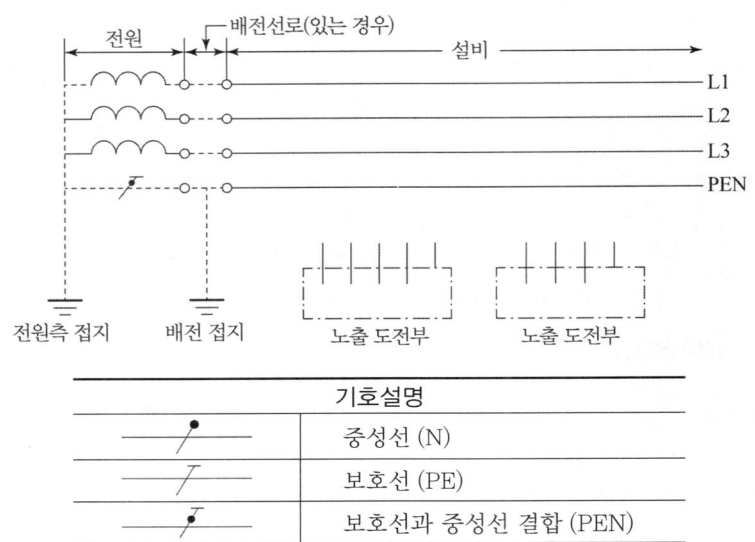

답안작성

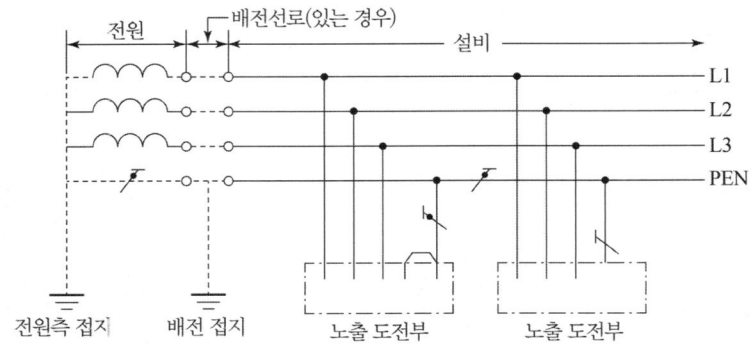

해설

- TN-C 계통 : 계통 전체에 대해 중성선과 보호도체의 기능을 동일도체로 겸용한 PEN 도체를 사용한다. 배전계통에서 PEN 도체를 추가로 접지할 수 있다.

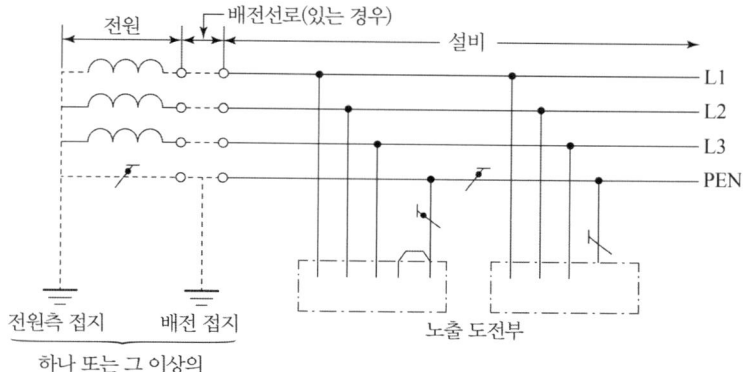

국가기술자격검정 실기시험문제 및 답안지

2021년도 산업기사 일반검정 제2회

자격종목(선택분야)	시험시간	형별
전기산업기사	2시간 00분	

문제 01 ▸ 출제년도 : 21. ▸ 점수 : 10점

다음은 3φ4W 22.9[kV] 수전설비 단선결선도의 일부분이다. 다음 각 물음에 답하시오.

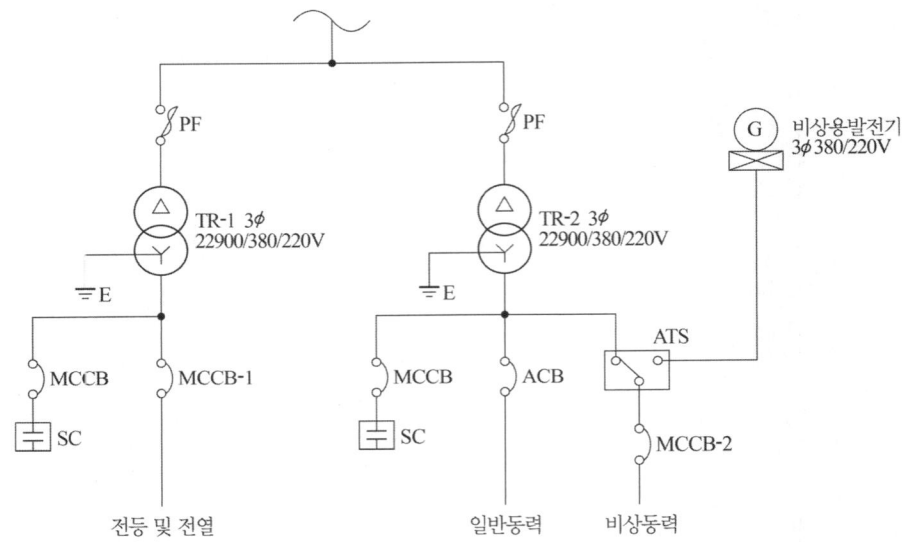

[참고사항]
- 변압기의 표준규격[kVA]은 200, 300, 400, 500, 600 이다.
- TR-1 변압기 및 TR-2 변압기의 효율은 90[%] 이다.
- TR-2 변압기 용량은 15[%] 여유를 갖는다.
- 전등 및 전열의 부하합계[kVA]에 역률과 수용률을 반영한 수용부하 합계가 390.42[kVA] 이다.
- 일반 동력의 부하합계[kVA]에 역률과 수용률을 반영한 수용부하 합계가 110.3[kVA]이고, 비상동력의 부하합계[kVA]에 역률과 수용률을 반영한 수용부하 합계가 75.5[kVA] 이다.

(1) TR-1 변압기의 적정용량은 몇 [kVA]인지 선정하시오.
   (단, 조건에 제시되지 않은 것은 무시한다.)
   • 계산 :   • 답 :

(2) TR-2 변압기의 적정용량은 몇 [kVA]인지 선정하시오.
   (단, 조건에 제시되지 않은 것은 무시한다.)
   • 계산 :   • 답 :

(3) TR-1 변압기 2차측 정격전류[A]를 구하시오.
   (단, 조건에 제시되지 않은 것은 무시한다.)
   • 계산 :   • 답 :

(4) ATS의 사용목적을 쓰시오.

(5) 변압기 2차측 중성점에 실시하는 접지의 목적을 설명하시오.

답안작성

(1) 계산 : TR-1변압기 용량
$$P_1 = \frac{전등및전열}{\eta} = \frac{390.42}{0.9} = 433.8[\text{kVA}]$$
답 : 500[kVA]

(2) 계산 : TR-2변압기 용량
$$P_2 = \frac{일반동력 + 비상동력}{\eta} \times 여유 = \frac{110.3 + 75.5}{0.9} \times 1.15 = 237.41[\text{kVA}]$$
답 : 300[kVA]

(3) 계산 : $I_2 = \frac{P_1}{\sqrt{3}\,V} = \frac{500 \times 10^3}{\sqrt{3} \times 380} = 759.67[\text{A}]$ 답 : 759.67[A]

(4) 주전원의 정전 또는 기준치 이하로 전압이 떨어질 경우 비상용발전기 전원으로 자동 전환 시킴으로써 부하에 전원을 공급

(5) 고압 또는 특고압측 전로가 저압측 전로와 혼촉할 우려가 있는 경우에 저압전로의 보호를 위하여 변압기 2차측 중성점에 접지를 한다.

▶출제년도 : 18. 21.   ▶점수 : 5점

문제 02 FL-40D 형광등의 전압이 220[V], 전류가 0.25[A], 안정기의 손실이 5[W]일 때 역률[%]은 얼마인지 구하시오.

• 계산 :   • 답 :

답안작성

• 계산 : 40 [W] 형광등의 안정기 손실이 5 [W] 이므로
   전체소비 전력 $P = 40 + 5 = 45[\text{W}]$
$$\therefore \cos\theta = \frac{P}{VI} \times 100 = \frac{45}{220 \times 0.25} \times 100 = 81.82[\%]$$

• 답 : 81.82[%]

해설

FL-40D : 직관형광등 - 40[W] (주광색)

▸ 출제년도 : 15, 21.   ▸ 점수 : 5점

문제 03 다음은 컨베이어시스템 제어회로의 도면이다. A, B, C 3대의 컨베이어가 기동 시 A → B → C 순서로 동작하며, 정지 시 C → B → A 순서로 정지한다. 그림을 보고 [프로그램 입력] ① ~ ⑤에 들어갈 내용을 답란에 쓰시오.

[시스템도]

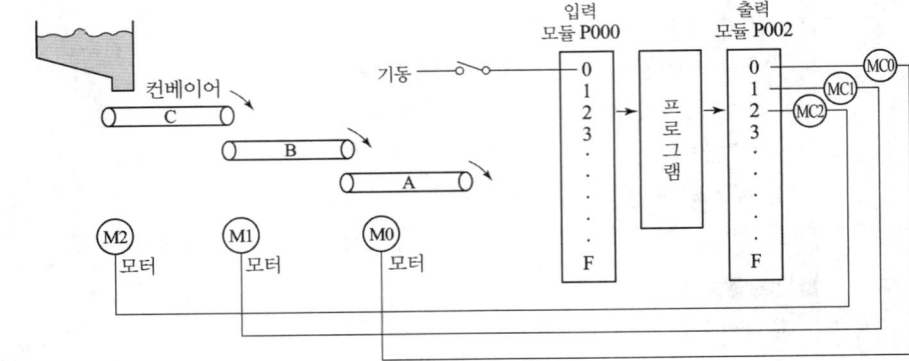

[타임차트]

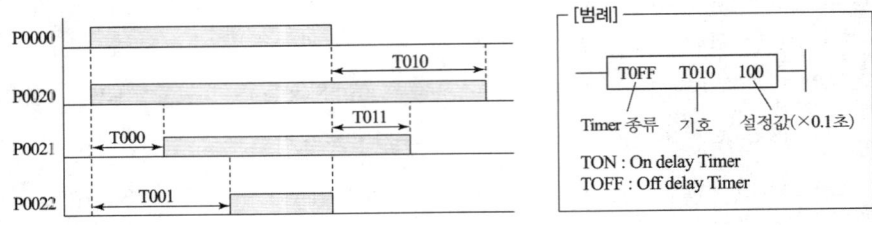

[프로그램 입력]

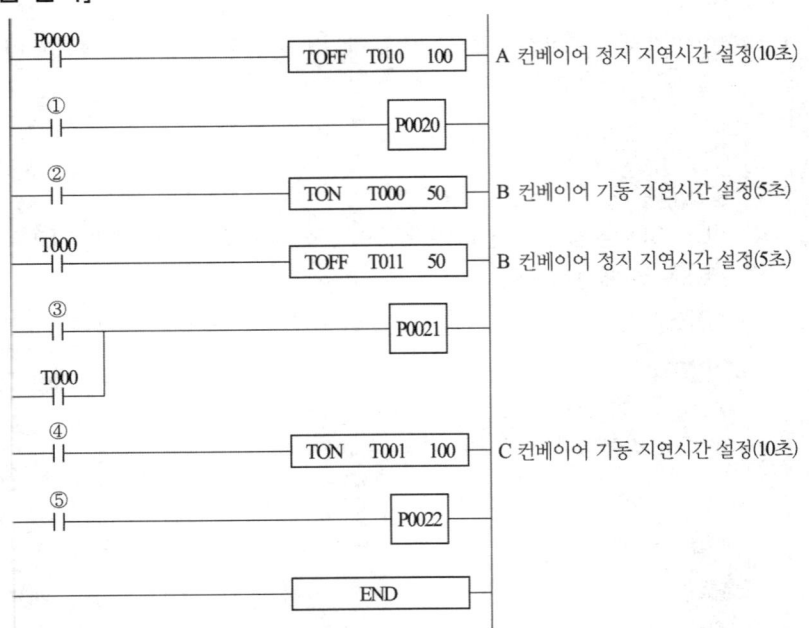

답안작성

①	②	③	④	⑤
T010	P0000	T011	P0000	T001

▶ 출제년도 : 96. 04. 21. ▶ 점수 : 5점

문제 04 어느 수용가의 3상 3선식 저압전로에 3상, 10[kW], 380[V]인 전열기를 부하로 사용하고 있다. 이때 수용가 설비의 인입구로부터 분전반까지 전압강하가 3[%]이고, 분전반에서 전열기까지 거리가 10[m]인 경우 분전반에서 전열기까지의 전선의 최소 단면적은 몇 [mm²]인지 선정하시오.

전선규격 [mm²]

| 2.5 | 4 | 6 | 10 | 16 | 25 | 35 | 50 | 70 | 95 | 120 | 150 |

• 계산 :   • 답 :

답안작성

• 계산 : 부하전류 $I = \dfrac{P}{\sqrt{3}\,V} = \dfrac{10 \times 10^3}{\sqrt{3} \times 380} = 15.19[A]$

저압수전하는 경우 인입구로부터 기기까지의 전압강하는 5[%] 이하가 되어야 하므로 분전반에서 전열기까지의 전압강하는 2[%](5[%]−3[%]=2[%])이하가 되어야 한다.

전압강하 $e = 380 \times 0.02 = 7.6[V]$

단면적 $A = \dfrac{30.8LI}{1000e} = \dfrac{30.8 \times 10 \times 15.19}{1000 \times 7.6} = 0.62[\text{mm}^2]$

공칭단면적 2.5[mm²] 선정

• 답 : 2.5[mm²]

해설

(1) 수용가 설비의 인입구로부터 기기까지의 전압강하는 표의 값 이하이어야 한다.

설비의 유형	조명 [%]	기타 [%]
A − 저압으로 수전하는 경우	3	5
B − 고압 이상으로 수전하는 경우[a]	6	8

a 가능한 한 최종회로 내의 전압강하가 A 유형의 값을 넘지 않도록 하는 것이 바람직하다. 사용자의 배선설비가 100[m]를 넘는 부분의 전압강하는 미터 당 0.005[%] 증가할 수 있으나 이러한 증가분은 0.5[%]를 넘지 않아야 한다.

(2) 전선의 단면적

단상 2선식	$A = \dfrac{35.6LI}{1000 \cdot e}$
3상 3선식	$A = \dfrac{30.8LI}{1000 \cdot e}$
단상 3선식 3상 4선식	$A = \dfrac{17.8LI}{1000 \cdot e}$

문제 05

▸ 출제년도 : 89. 97. 98. 00. 03. 05. 06. 15. 21. ▸ 점수 : 8점

도면은 CT 2대를 V결선하고, OCR 3대를 연결한 도면이다. 이 도면을 보고 다음 각 물음에 답하시오.

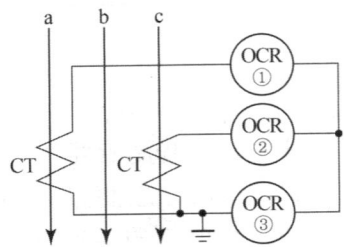

(1) 국내에서 사용되는 CT는 일반적으로 어떤 극성을 사용하는지 쓰시오.
(2) 그림에서 CT의 변류비가 40/5이고, 변류기 2차측 전류를 측정하였더니 3[A]의 전류가 흘렀다면 수전전력은 약 몇 [kW]인가? (단, 수전전압은 22900[V]이고, 역률은 90[%]이다.)
 • 계산 :   • 답 :
(3) ③번 OCR에 흐르는 전류는 어떤 상의 전류와 크기가 같은지 쓰시오.
(4) OCR은 주로 어떤 고장(사고)에 의하여 동작하는지 쓰시오.
(5) 통전 중에 있는 변류기 2차측 기기를 교체하고자 할 때 가장 먼저 취하여야 할 조치는 무엇인지를 설명하시오.

답안작성

(1) 감극성
(2) 계산 : $P = \sqrt{3}\,VI\cos\theta = \sqrt{3} \times 22900 \times \left(3 \times \dfrac{40}{5}\right) \times 0.9 \times 10^{-3} = 856.74\,[\text{kW}]$

  답 : 856.74[kW]
(3) b상 전류
(4) 단락 사고
(5) 2차측 단락

해설

(3) 가동접속(정상접속)

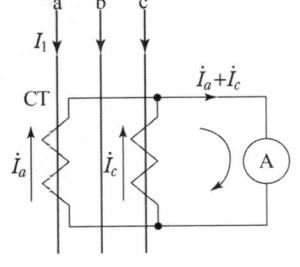 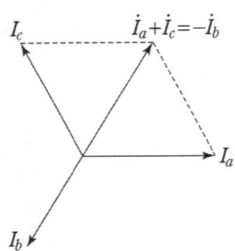

여기서, I_1 : 부하 전류, $\dot{I}_a, \dot{I}_b, \dot{I}_c$: CT 2차 전류

$\dot{I_a} + \dot{I_c}$: 전류계 Ⓐ의 지시값, 즉 Ⓐ의 지시는 CT 2차 전류와 같은 크기의 전류값 지시(I_b 상)

(5) 변류기 2차측을 개방하면 1차 전류가 모두 여자전류가 되어 2차측에 과전압 유기 및 절연이 파괴되어 소손될 우려가 있으므로 CT 2차측 기기를 교체하고자 하는 경우는 반드시 CT 2차측을 단락 시켜야 한다.

▶ 출제년도 : 17. 21.　▶ 점수 : 6점

문제 06 40[kVA], 3상 380[V], 60[Hz]인 전력용 커패시터의 내부 결선방식에 따른 용량을 [μF]으로 구하시오.
(1) △결선인 경우 $C_1[\mu F]$
　• 계산　　　　　　　　　　　　　　　• 답
(2) Y결선인 경우 $C_2[\mu F]$
　• 계산　　　　　　　　　　　　　　　• 답

답안작성

(1) △결선인 경우 $C_1[\mu F]$
　• 계산 : $Q = 3EI_c = 3 \times 2\pi f C_1 E^2$ 에서
$$C_1 = \frac{Q}{6\pi f E^2} \times 10^6 = \frac{Q}{6\pi f V^2} \times 10^6 = \frac{40000}{6 \times \pi \times 60 \times 380^2} \times 10^6 = 244.93[\mu F]$$
　• 답 : $244.93[\mu F]$

(2) Y결선인 경우 $C_2[\mu F]$
　• 계산 : $Q = 3EI_c = 3 \times 2\pi f C_2 E^2$ 에서
$$C_2 = \frac{Q}{6\pi f E^2} \times 10^6 = \frac{Q}{6\pi f \left(\frac{V}{\sqrt{3}}\right)^2} \times 10^6 = \frac{Q}{2\pi f V^2} \times 10^6 [\mu F]$$
$$C_2 = \frac{40000}{2 \times \pi \times 60 \times 380^2} \times 10^6 = 734.79[\mu F]$$
　• 답 : $734.79[\mu F]$

해설

Y결선시 콘덴서에 인가되는 전압은 △결선에 비해 $\frac{1}{\sqrt{3}}$ 로 감소하게 된다.

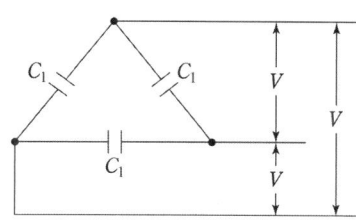
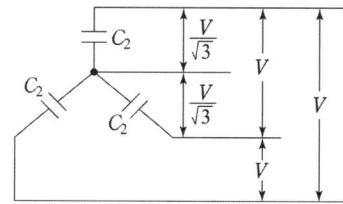

△결선이나 Y결선시 동일한 용량이 되어야 하므로
$Q = 3 \times 2\pi f C_1 V^2 = 2\pi f C_2 V^2$ ∴ $3C_1 = C_2$
즉, 동일한 [kVA]가 되기 위해서는 Y로 결선시 C_2의 용량이 △결선시 C_1의 3배가 되어야 한다.

▸출제년도 : 2˙. ▸점수 : 6점

문제 07 아래의 논리회로도를 참고하여 다음 각 물음에 답하시오.

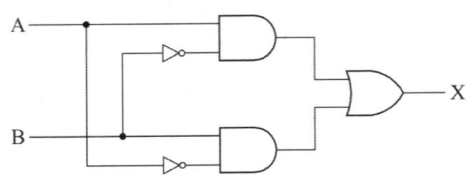

(1) 논리회로도를 참고하여 미완성 시퀀스회로를 완성하시오.

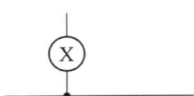

(2) 논리회로도를 참고하여 미완성 타임차트를 완성하시오.

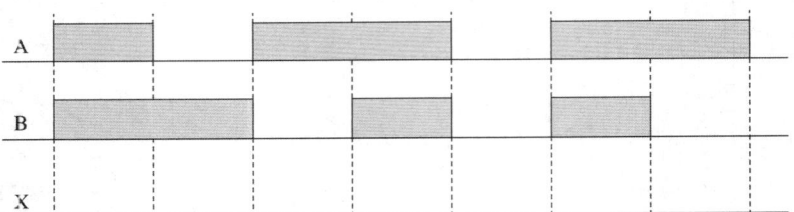

답안작성

(1)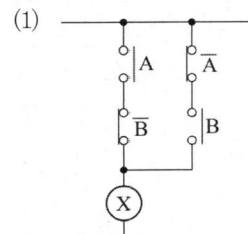

(2)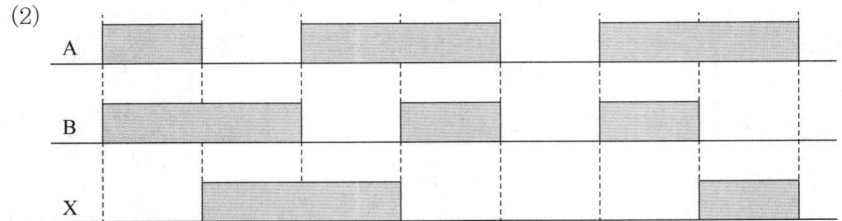

문제 08

▶ 출제년도 : 07. 11. 15. 21. ▶ 점수 : 8점

정격용량 500[kVA]의 변압기에서 배전선의 전력손실을 40[kW]로 유지하면서 부하 L_1, L_2에 전력을 공급하고 있다. 전력용 커패시터를 기존 부하와 병렬로 연결하여 합성 역률을 90[%]로 개선하려고 할 때 다음 물음에 답하시오. (단, 여기서 부하 L_1은 역률 60[%], 180[kW]이고, 부하 L_2의 전력은 120[kW], 160[kVar]이다.)

(1) 부하 L_1과 L_2의 합성용량 [kVA]을 구하시오.
  • 계산 : • 답 :

(2) 부하 L_1과 L_2의 합성 역률을 구하시오
  • 계산 : • 답 :

(3) 합성역률을 90[%]로 개선하는데 필요한 전력용 커패시터 용량은 몇 [kVA]인지 구하시오.
  • 계산 : • 답 :

(4) 역률개선 시 배전선의 전력손실[kW]을 구하시오.
  • 계산 : • 답 :

답안작성

(1) 계산 : 유효전력 $P = P_1 + P_2 = 180 + 120 = 300[\text{kW}]$

무효전력 $Q = Q_1 + Q_2 = \dfrac{P_1}{\cos\theta_1} \times \sin\theta_1 + Q_2 = \dfrac{180}{0.6} \times 0.8 + 160 = 400[\text{kVar}]$

합성용량 $P_a = \sqrt{P^2 + Q^2} = \sqrt{300^2 + 400^2} = 500[\text{kVA}]$

답 : 500[kVA]

(2) 계산 : $\cos\theta = \dfrac{P}{P_a} = \dfrac{300}{500} \times 100 = 60[\%]$

답 : 60[%]

(3) 계산 : $Q_c = P(\tan\theta_1 - \tan\theta_2) = 300 \times \left(\dfrac{0.8}{0.6} - \dfrac{\sqrt{1-0.9^2}}{0.9}\right) = 254.7[\text{kVA}]$

답 : 254.7[kVA]

(4) 계산 : $P_l \propto \dfrac{1}{\cos^2\theta}$ 이므로

$40 : P_l' = \dfrac{1}{0.6^2} : \dfrac{1}{0.9^2}$

$P_l' = \left(\dfrac{0.6}{0.9}\right)^2 \times 40 = 17.78[\text{kW}]$

답 : 17.78[kW]

해설

(4) 3상의 경우 선로손실

$P_l = 3I^2R = 3 \times \left(\dfrac{P}{\sqrt{3}\,V\cos\theta}\right)^2 R = \dfrac{P^2 R}{V^2 \cos^2\theta} \propto \dfrac{1}{\cos^2\theta}$

문제 09

▶ 출제년도 : 21.   ▶ 점수 : 5점

전기안전관리자의 직무에 관한 고시에 따라 전기안전관리자는 전기설비의 유지·운용 업무를 위해 국가표준기본법 제14조 및 교정대상 및 주기설정을 위한 지침 제4조에 따라 다음의 계측장비를 주기적으로 교정하여야 한다. 다음 계측장비의 권장 교정 주기를 답란에 쓰시오.

구 분		권장 교정주기(년)
계측장비교정	절연저항 측정기(1000[V], 2000[MΩ])	(①)
	접지저항 측정기	(②)
	클램프미터	(③)
	회로시험기	(④)
	계전기 시험기	(⑤)

답안작성

①	②	③	④	⑤
1	1	1	1	1

해설

계측장비 교정 등(전기안전관리자의 직무에 관한 고시 제9조)
계측장비 등 권장 교정 및 시험주기

구 분		권장 교정 및 시험주기(년)
계측장비교정	계전기 시험기	1
	절연내력 시험기	1
	절연유 내압 시험기	1
	적외선 열화상 카메라	1
	전원품질분석기	1
	절연저항 측정기(1000[V], 2000[MΩ])	1
	절연저항 측정기(500[V], 100[MΩ])	1
	회로시험기	1
	접지저항 측정기	1
	클램프미터	1
안전장구시험	특고압 COS 조작봉	1
	저압검전기	1
	고압·특고압 검전기	1
	고압절연장갑	1
	절연장화	1
	절연안전모	1

문제 10

▶ 출제년도 : 13. 21. ▶ 점수 : 5점

어느 발전소의 발전기 단자전압이 13.2[kV], 용량이 93,000[kVA]이고, %동기임피던스($\%Z_s$)는 95[%]이다. 이 발전기의 Z_s는 몇 [Ω]인지 구하시오.

• 계산 :   • 답 :

답안작성

계산 : $\%Z_s = \dfrac{PZ_s}{10V^2}$ 이므로

$$\therefore Z_s = \dfrac{\%Z_s \cdot 10V^2}{P} = \dfrac{95 \times 10 \times 13.2^2}{93000} = 1.78[\Omega]$$

답 : 1.78 [Ω]

해설

%Z 법

• $\%Z = \dfrac{I_n[A] \times Z[\Omega]}{E[V]} \times 100[\%]$

• $\%Z = \dfrac{P[kVA] \times Z[\Omega]}{10V^2[kV]} [\%]$ (단위가 [kV], [kVA]인 것에 주의)

문제 11

▶ 출제년도 : 98. 00. 13. 17. 21. ▶ 점수 : 5점

표와 같은 수용가 A, B, C, D에 공급하는 배전선로의 최대전력이 700[kW]이다. 수용가 사이의 부등률을 구하시오.

수용가	설비용량 [kW]	수용률 [%]
A	300	70
B	300	50
C	400	60
D	500	80

• 계산 :   • 답 :

답안작성

계산 : 부등률 = $\dfrac{300 \times 0.7 + 300 \times 0.5 + 400 \times 0.6 + 500 \times 0.8}{700} = 1.43$

답 : 1.43

해설

부등률 = $\dfrac{\text{개개 최대 수용 전력의 합계}}{\text{합성 최대 수용 전력}} = \dfrac{\text{설비 용량} \times \text{수용률}}{\text{합성 최대 수용 전력}}$

문제 12

▸ 출제년도 : 08. 10. 16. 21.   ▸ 점수 : 5점

폭 8[m]의 2차선 도로에 가로등을 도로 한 쪽 배열로 50[m] 간격으로 설치하고자 한다. 도로면의 평균조도를 5[lx]로 설계할 경우 가로등 1등당 필요한 광속을 구하시오.
(단, 감광보상율은 1.5, 조명률은 0.43으로 한다.)
• 계산   • 답

[답안작성]

계산 : $F = \dfrac{AED}{UN} = \dfrac{8 \times 50 \times 5 \times 1.5}{0.43 \times 1} = 6976.74\,[\mathrm{lm}]$

답 : 6976.74 [lm]

[해설]

(1) 한 쪽(편면) 배열의 경우 다음과 같다.

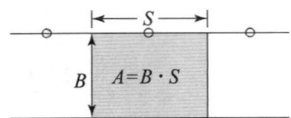

따라서, 등기구 하나에 대한 면적은
$A = $ 도로 폭$(B) \times$ 등 간격$(S) = 8 \times 50 = 400\,[\mathrm{m}^2]$

(2) 조명 기구의 배치 방법에 의한 분류
  ① 도로 양측으로 대칭 배열
  ② 도로 양측으로 지그재그 배열 } $A = \dfrac{1}{2} \times$ 도로 폭 $\times$ 등 간격 $[\mathrm{m}^2]$
  ③ 도로 중앙 배열
  ④ 도로 편면 배열 } $A = $ 도로 폭 $\times$ 등 간격 $[\mathrm{m}^2]$

문제 13

▸ 출제년도 : 21.   ▸ 점수 : 5점

대지저항률 500[Ω·m], 반경 0.01[m], 길이 2[m]인 접지봉을 전부 매입하는 경우 접지저항 값[Ω]을 구하시오. (단, Tagg식으로 구한다.)
• 계산 :   • 답 :

[답안작성]

• 계산 : $R = \dfrac{\rho}{2\pi l} \ln \dfrac{2l}{r} = \dfrac{500}{2\pi \times 2} \times \ln \dfrac{2 \times 2}{0.01} = 238.39\,[\Omega]$

• 답 : 238.39[Ω]

[해설]

접지봉의 접지저항 계산식(Tagg식)
$$R = \dfrac{\rho}{2\pi l} \ln \dfrac{2l}{r}\,[\Omega]$$
(여기서, ρ : 대지저항률[Ω·m], r : 전극 반경[m], l : 전극 길이[m])

▸ 출제년도 : 07. 21. ▸ 점수 : 4점

문제 14 그림과 같은 회로에서 단자전압이 V_0일 때 전압계의 눈금 V로 측정하기 위한 배율기의 저항 R_m을 구하는 관계식의 유도과정과 관계식을 쓰시오. (단, 전압계의 내부저항은 R_v로 한다.)

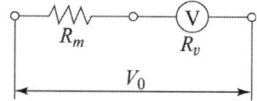

- 관계식의 유도과정 :
- 관계식 :

답안작성

- 관계식의 유도과정 : $V = IR_v$, $I = \dfrac{V_0}{R_m + R_v}$ 이므로

$$V = \dfrac{R_v}{R_m + R_v} V_0 \quad \therefore R_m = R_v \left(\dfrac{V_0}{V} - 1 \right)$$

- 관계식 : $R_m = R_v \left(\dfrac{V_0}{V} - 1 \right)$

▸ 출제년도 : 99. 21. ▸ 점수 : 8점

문제 15 답안지의 그림은 3φ4W식 선로에 전력량계를 접속하기 위한 미완성 결선도이다. 이 결선도를 이용하여 다음 각 물음에 답하시오.

(1) 전력량계가 정상적으로 동작이 가능하도록 PT와 CT를 추가하여 결선도를 완성하시오. (단, 결선과 함께 접지가 필요한 곳은 함께 표시하시오.)

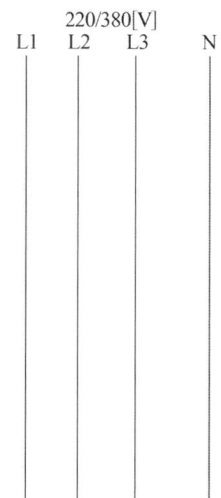

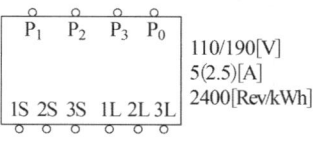

110/190[V]
5(2.5)[A]
2400[Rev/kWh]

(2) 전력량계의 형식표기 중 5(2.5)[A]는 어떤 전류를 의미하는지 각 수치에 대하여 각각 상세히 설명하시오.
- 5[A]
- 2.5[A]

(3) PT비는 220/110[V], CT비는 300/5[A]라 한다. 전력량계의 승률은 얼마인지 구하시오.
- 계산 :
- 답 :

답안작성

(1)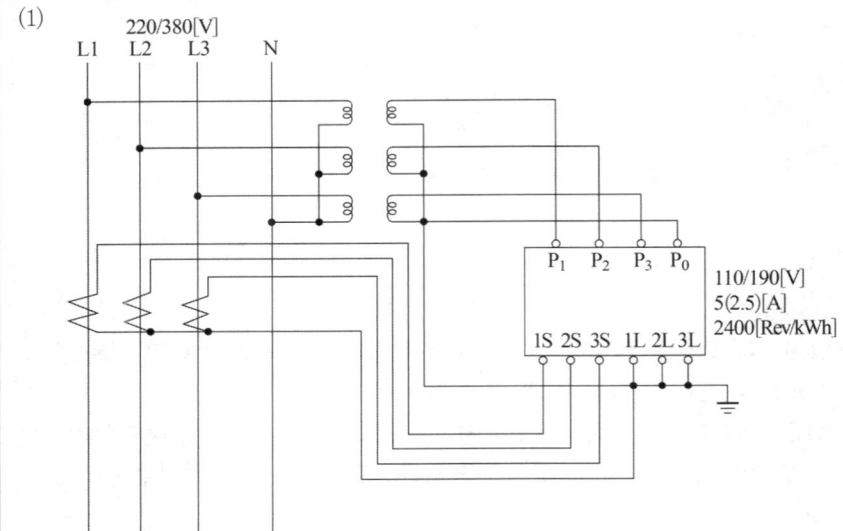

(2) • 5[A] : 정격전류
　• 2.5[A] : 기준전류

(3) • 계산 : 승률(M) = PT비 × CT비 = $\dfrac{220}{110} \times \dfrac{300}{5} = 120$[배]
　• 답 : 120[배]

해설

(2) • Ⅱ형 계기(정격전류가 기준전류의 2배)는 정격전류에서부터 정격전류의 1/20까지 계기가 갖고 있는 오차율(계기등급)을 보장한다는 의미를 나타낸다.
• Ⅲ형 계기(정격전류가 기준전류의 3배)는 정격전류에서부터 정격전류의 1/30까지 계기가 갖고 있는 오차율(계기등급)을 보장한다는 의미를 나타낸다.
• Ⅳ형 계기(정격전류가 기준전류의 4배)는 정격전류에서부터 정격전류의 1/40까지 계기가 갖고 있는 오차율(계기등급)을 보장한다는 의미를 나타낸다.
• 예를 들어 단상 220[V], 60(20)[A], 60[Hz] 2.0급 계량기는 Ⅲ형계기 이므로 정격전류 60[A]에서부터 정격전류 60[A]의 1/30인 2[A] 사이의 부하전류에서 오차 2.0[%]의 정확성을 유지할 수 있다는 의미이다.

▶ 출제년도 : 90. 14. 21.   ▶ 점수 : 5점

문제 16
계기정수 2400[rev/kWh]인 적산전력량계를 500[W]의 부하에 접속하였다면 1분 동안에 원판은 몇 회전하는지 구하시오.
• 계산 :   • 답 :

답안작성

• 계산 : 전력 $P = \dfrac{3600 \cdot n}{t \cdot k} \times \text{CT비} \times \text{PT비}$ 에서

$n = \dfrac{P \times t \times k}{3600} = \dfrac{0.5 \times 60 \times 2400}{3600} = 20[\text{rev}]$

• 답 : 20[rev]

해설

$P = \dfrac{3600 \cdot n}{t \cdot k} \times \text{CT비} \times \text{PT비}$

n : 회전수[rev], t : 시간[sec], k : 계기정수[rev/kWh]

▶ 출제년도 : 14. 21.   ▶ 점수 : 5점

문제 17
통신선과 평행된 주파수 60[Hz]의 3상 1회선 송전선이 있다. 1선 지락 때문에 영상전류 50[A]가 흐르고 있을 때 통신선에 유기되는 전자유도전압[V]의 크기를 구하시오.
(단, 영상전류는 각 상에 걸쳐 있으며, 송전선과 통신선과의 상호 인덕턴스는 0.06 [mH/km], 그 평행길이는 30[km]이다.)
• 계산 :   • 답 :

답안작성

• 계산 : $E_m = -j\omega Ml(3I_0)$
  $= -j \times 2\pi \times 60 \times 0.06 \times 10^{-3} \times 30 \times 3 \times 50$
  $= 101.79[\text{V}]$

• 답 : 101.79[V]

해설

① 전자유도전압 $E_m = -j\omega Ml(3I_0)[\text{V}]$
  여기서, I_0 : 기유도 전류, M : 상호인덕턴스, l : 전력선과 통신선이 병행한 길이
  $\omega = 2\pi f$: 각주파수
② 유도전압은 그 크기를 뜻하므로 $(-j)$는 의미가 없다.

국가기술자격검정 실기시험문제 및 답안지

2021년도 산업기사 일반검정 제 3 회

자격종목(선택분야)	시험시간	형별	수험번호	성 명	감독위원 확 인
전기산업기사	2시간 00분				

문제 01 ▸ 출제년도 : 10. 16. 21.　▸ 점수 : 5점

폭 25[m]의 도로 양쪽에 30[m] 간격으로 가로등을 지그재그로 설치하여 도로 위의 평균조도를 5[lx]로 하기 위한 수은등의 용량[W]을 선정하시오. (단, 조명률은 30[%], 보수율은 75[%]로 한다.)

수은등의 광속

용량[W]	전광속[lm]
100	3200 ~ 3500
200	7700 ~ 8500
300	10000 ~ 11000
400	13000 ~ 14000
500	18000 ~ 20000

• 계산 :　　　　　　　　　　　　　　• 답 :

답안작성

• 계산 : $FUN = EAD$ 에서

$$광속\ F = \frac{\frac{1}{2}B \times S \times E \times \frac{1}{M}}{U} = \frac{\frac{1}{2} \times 25 \times 30 \times 5 \times \frac{1}{0.75}}{0.3} = 8333.33[\text{lm}]$$

표에서 광속이 7700~8500[lm]인 200[W] 선정

• 답 : 200[W]

해설

• 지그재그 배치의 경우 1등당 조명하여야 하는 면적 $A = \dfrac{B}{2} \times S$

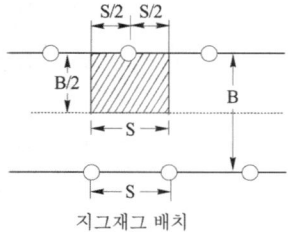

지그재그 배치

• 감광보상률$(D) = \dfrac{1}{보수율(M)}$

▸출제년도 : 21.   ▸점수 : 5점

문제 02 3상 3선식 배전선로의 저항이 2.5[Ω]이고, 리액턴스가 5[Ω]일 때 전압강하율을 10[%]로 유지하기 위해서 배전선로 말단에 접속할 수 있는 최대 3상 평형부하[kW]를 구하시오. (단, 수전단 전압은 3000[V]이고, 부하 역률은 0.8(지상)로 한다.)

• 계산 :   • 답 :

답안작성

• 계산 : 전압강하율

$$\epsilon = \frac{V_s - V_r}{V_r} = \frac{\frac{PR+XQ}{V_r}}{V_r} = \frac{RP+XQ}{V_r^2} = \frac{R \times P + X \times \frac{P}{\cos\theta} \times \sin\theta}{V_r^2}$$

$$0.1 = \frac{2.5 \times P + 5 \times \frac{P}{0.8} \times 0.6}{3000^2}$$

$$900,000 = 6.25P$$

$$\therefore P = 144,000[\text{W}] = 144[\text{kW}]$$

• 답 : 144[kW]

▸출제년도 : 07. 21.   ▸점수 : 5점

문제 03 가동 코일형의 밀리볼트계가 있다. 이것에 45[mV]의 전압을 가할 때 30[mA]가 흘러 최대값을 지시했다. 다음 각 물음에 답하시오.
(1) 밀리볼트계의 내부 저항[Ω]을 구하시오.
   • 계산 :   • 답 :
(2) 이것을 100[V]의 전압계로 만들려면 몇 [Ω]의 배율기를 써야 하는지 구하시오.
   • 계산 :   • 답 :

답안작성

(1) 계산 : 저항 $R_v = \frac{E_d}{I_d} = \frac{45}{30} = 1.5[\Omega]$

   답 : 1.5[Ω]

(2) 계산 : $R_m = R_v\left(\frac{V_0}{V} - 1\right) = 1.5 \times \left(\frac{100}{45 \times 10^{-3}} - 1\right) = 3331.83[\Omega]$

   답 : 3331.83[Ω]

해설

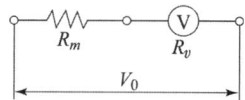

배율기의 저항 $R_m = R_v\left(\frac{V_0}{V} - 1\right)[\Omega]$

▶ 출제년도 : 21. ▶ 점수 : 5점

문제 04 선간전압 22.9[kV], 작용 정전용량 0.03[μF/km], 주파수 60[Hz], 유전체 역률 0.003인 3심 케이블의 유전체 손실[W/km]을 구하시오.

• 계산 :   • 답 :

답안작성

• 계산 : $W = \omega C V^2 \tan\delta = 2\pi f C V^2 \tan\delta = 2\pi \times 60 \times 0.03 \times 22.9^2 \times 0.003 = 17.79[\text{W/km}]$
• 답 : 17.79[W/km]

해설

유전체 손실
① 단상인 경우
$$W_1 = EI_C \tan\delta = \omega C E^2 \tan\delta [\text{W/km}]$$
② 3상인 경우
$$W_3 = 3EI_C \tan\delta = 3\omega C \left(\frac{V}{\sqrt{3}}\right)^2 \tan\delta = \omega C V^2 \tan\delta [\text{W/km}]$$
(여기서, C : 정전용량[μF/km], E : 상전압[kV]
V : 선간상전압[kV], δ : 유전 손실각)
③ 역률 $\cos\theta$가 진상 90°에 대단히 근접한 경우, $\cos\theta \simeq \tan\delta$ 이다.

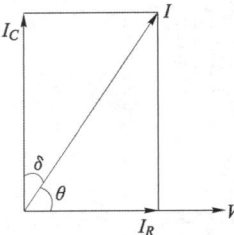

▶ 출제년도 : 21. ▶ 점수 : 5점

문제 05 특고압용 변압기의 내부고장 검출방법을 3가지만 쓰시오.

답안작성

비율차동계전기, 충격압력계전기, 부흐홀쯔계전기

해설

(1) 변압기 내부고장 검출용 보호 계전기
① 과전류 계전기 : 5,000[kVA]미만 소용량 변압기 내부 보호용
② 비율 차동 계전기 : 통상 10,000[kVA]이상의 특고압변압기 내부고장보호에 사용
③ 충격압력 계전기 : 변압기 내부사고시 발생하는 분해가스 압력을 검출하여 차단
④ 부흐홀쯔 계전기 : 변압기 본체 탱크 내에 발생한 가스 또는 이에 따른 유류를 검출하여 변압기 내부고장을 검출
⑤ 방출 안전장치 : 변압기 내부압력이 일정 이상이 되면 방압변이 동작하여 변압기의 폭발을 방지
(2) 외부 고장에 대한 보호
① 피뢰기, SA : 낙뢰 및 개폐 surge로부터 보호
② 파워 퓨즈 : 단락 사고로부터 보호
③ 과전류 계전기 : 과부하 또는 단락사고로부터 보호
④ 지락과전류 계전기, 지락과전압 계전기 : 지락사고로부터 보호

문제 06 ▸출제년도 : 21. ▸점수 : 6점

다음 [조건]의 차단기에 대한 각 물음에 답하시오. (단, 한국전기설비규정에 따른다.)

[조건] – 전압 : 3상 380[V]
　　　– 부하의 종류 : 전동기(효율과 역률은 고려하지 않는다.)
　　　– 부하용량 : 30[kW]
　　　– 전동기 기동시간에 따른 차단기의 규약동작배율 : 5
　　　– 전동기 기동전류 : 8배
　　　– 전동기 기동방법 : 직입기동

[차단기 정격전류[A]]
　32, 40, 50, 63, 80, 100, 125, 150, 175, 200, 225, 250, 300, 400

(1) 부하의 정격전류[A]를 구하시오.
　• 계산 :　　　　　　　　　　　　　　　　• 답 :
(2) 차단기의 정격전류[A]를 선정하시오.
　• 계산 :　　　　　　　　　　　　　　　　• 답 :

답안작성

(1) 계산 : $I_m = \dfrac{P}{\sqrt{3}\,V} = \dfrac{30 \times 10^3}{\sqrt{3} \times 380} = 45.58[A]$　　답 : 45.58[A]

(2) 계산 : $I_n = \dfrac{I_m \beta}{\delta} = \dfrac{45.58 \times 8}{5} = 72.93[A]$

따라서, 차단기 정격전류 80[A]를 선정

답 : 80[A]

해설

전동기 기동전류를 고려한 정격

$I_n = \dfrac{I_m \beta}{\delta}[A]$

(여기서, I_m : 전동기 정격전류, β : 전전압 기동배율, δ : 보호장치 규약동작배율)
즉, 계산값 보다 큰 표준정격전류의 보호장치를 선정하여야 한다.

문제 07 ▸출제년도 : 10. 18. 21. ▸점수 : 6점

제5고조파 전류의 확대 방지 및 스위치 투입시 돌입전류 억제를 목적으로 역률 개선용 콘덴서에 직렬 리액터를 설치하고자 한다. 콘덴서의 용량이 500 [kVA]라고 할 때 다음 각 물음에 답하시오.

(1) 이론상 필요한 직렬 리액터의 용량[kVA]을 구하시오.
　• 계산 :　　　　　　　　　　　　　　　　• 답 :

(2) 실제적으로 설치하는 직렬 리액터의 용량[kVA]을 구하고 그 이유를 설명하시오.
- 리액터의 용량 :
- 이유 :

답안작성

(1) 계산 : 리액터 용량 $= 500 \times 0.04 = 20[\text{kVA}]$
　답 : 20 [kVA]
(2) • 리액터의 용량 : $500 \times 0.06 = 30[\text{kVA}]$
　• 이유 : 계통의 주파수 변동을 고려한 여유

해설

[이론상] 리액터 용량 = 콘덴서 용량 × 4[%]
[실제상] 리액터 용량 = 콘덴서 용량 × 6[%]

▶ 출제년도 : 03. 06. 19. 21.　▶ 점수 : 11점

문제 08 그림은 22.9[kV] 특고압 수전설비의 단선도이다. 이 도면을 보고 다음 각 물음에 답하시오.

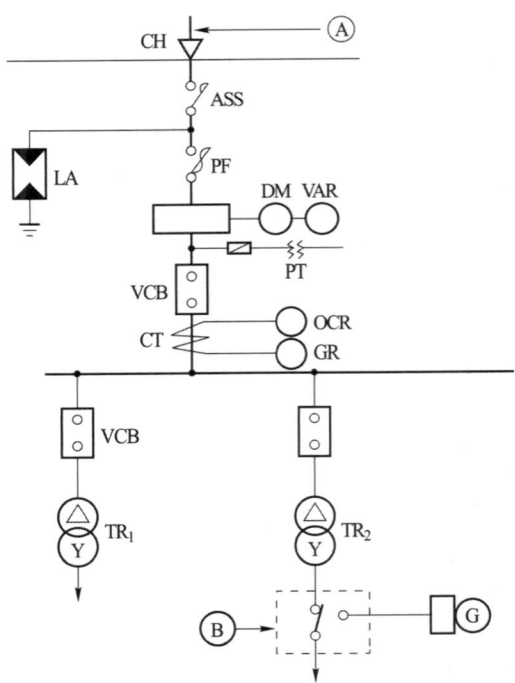

(1) 도면에 표시되어 있는 다음 약호의 명칭을 우리말로 쓰시오.
　① ASS :　　　　　　　　　　② LA :
　③ VCB :　　　　　　　　　　④ PF :

(2) TR₁ 변압기의 부하설비 용량의 합이 300[kW], 역률 및 효율이 각각 0.8, 수용률이 0.6일 때, TR₁ 변압기의 표준용량[kVA]을 선정하시오.
  (단, 변압기의 표준용량[kVA]은 100, 150, 225, 300, 500이다.)
  • 계산 :   • 답 :
(3) Ⓐ에는 어떤 종류의 케이블이 사용되어야 하는지 쓰시오.
(4) Ⓑ에 해당하는 기구의 한글명칭을 쓰시오.
(5) 도면상의 TR₁ 변압기 결선도를 복선도로 그리시오.

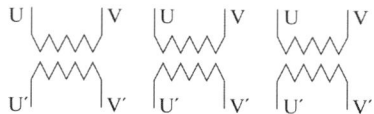

답안작성

(1) ① ASS : 자동고장 구분개폐기
    ② LA : 피뢰기
    ③ VCB : 진공 차단기
    ④ PF : 전력용 퓨즈

(2) 계산 : $TR_1 = \dfrac{300 \times 0.6}{0.8 \times 0.8} = 281.25 [kVA]$

   답 : 300[kVA] 선정

(3) CNCV-W 케이블 (수밀형)
(4) 자동 전환개폐기

(5)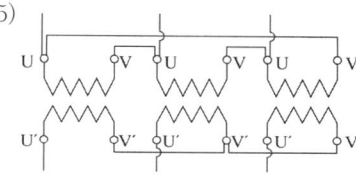

해설

(1) ① ASS : Automatic Section Switch   ② LA : Lightning Arresters
    ③ VCB : Vacuum Circuit Breaker   ④ PF : Power Fuse

(2) 변압기 용량[kVA] $\geq \dfrac{\text{설비용량[kVA]} \times \text{수용률}}{\text{효율}} = \dfrac{\text{설비용량[kW]} \times \text{수용률}}{\text{효율} \times \text{역률}}$

▶ 출제년도 : 03. 07. 19. 21.   ▶ 점수 : 5점

문제 09

거리계전기의 설치점에서 고정점까지의 임피던스를 70 [Ω]이라고 하면 계전기측에서 본 임피던스는 몇 [Ω]인가? 단, PT의 비는 154000/110 [V], CT의 변류비는 500/5[A]이다.

답안작성

계산 : $Z_{Ry} = Z_1 \times \dfrac{CT\text{비}}{PT\text{비}} = 70 \times \dfrac{500}{5} \times \dfrac{110}{154000} = 5[\Omega]$ 답 : 5 [Ω]

해설

$Z_{Ry} = \dfrac{V_2}{I_2} = \dfrac{V_1 \times \dfrac{1}{PT\text{비}}}{I_1 \times \dfrac{1}{CT\text{비}}} = \dfrac{V_1}{I_1} \times \dfrac{CT\text{비}}{PT\text{비}} = Z_1 \times \dfrac{CT\text{비}}{PT\text{비}}$

문제 10

▶ 출제년도 : 21. ▶ 점수 : 4점

한국전기설비규정에 따라 수용가 설비의 인입구로부터 기기까지의 전압강하는 다음 표의 값 이하이어야 한다. 다음 ( )에 들어갈 내용을 답란에 쓰시오. (단, 한국전기설비규정에 따른 다른 조건을 고려하지 않는 경우이다.)

설비의 유형	조명 (%)	기타 (%)
A - 저압으로 수전하는 경우	(①)	(②)
B - 고압 이상으로 수전하는 경우[a]	(③)	(④)

[a] 가능한 한 최종회로 내의 전압강하가 A 유형의 값을 넘지 않도록 하는 것이 바람직하다. 사용자의 배선설비가 100[m]를 넘는 부분의 전압강하는 미터 당 0.005[%] 증가할 수 있으나 이러한 증가분은 0.5[%]를 넘지 않아야 한다.

답안작성

①	②	③	④
3	5	6	8

해설

KEC 232.3.9 수용가 설비에서의 전압강하
다른 조건을 고려하지 않는다면 수용가 설비의 인입구로부터 기기까지의 전압강하는 표 232.3-1의 값 이하이어야 한다.

표 232.3-1 수용가설비의 전압강하

설비의 유형	조명 (%)	기타 (%)
A - 저압으로 수전하는 경우	3	5
B - 고압 이상으로 수전하는 경우[a]	6	8

[a] 가능한 한 최종회로 내의 전압강하가 A 유형의 값을 넘지 않도록 하는 것이 바람직하다. 사용자의 배선설비가 100[m]를 넘는 부분의 전압강하는 미터 당 0.005[%] 증가할 수 있으나 이러한 증가분은 0.5[%]를 넘지 않아야 한다.

문제 11

▶ 출제년도 : 97. 07. 12. 15. 21. ▶ 점수 : 4점

방의 가로 길이가 8[m], 세로 길이가 6[m], 방바닥에서 천장까지의 높이가 4.1[m]인 방에 조명기구를 천장 직부형으로 시설하고자 한다. 다음의 각 경우로 조명기구를 배열할 때 벽과 조명기구 사이의 최대 이격거리[m]를 구하시오.
(단, 작업하는 책상면의 높이는 방바닥에서 0.8[m]이다.)
(1) 벽면을 이용하지 않을 때
  • 계산 :   • 답 :
(2) 벽면을 이용할 때
  • 계산 :   • 답 :

답안작성

(1) 계산 : $H = 4.1 - 0.8 = 3.3$

$$S_0 \leq \frac{H}{2} = \frac{3.3}{2} = 1.65[m]$$

답 : 1.65[m]

(2) 계산 : $S_0 \leq \frac{H}{3} = \frac{3.3}{3} = 1.1[m]$ 답 : 1.1[m]

해설

조명기구 간격 및 배치
① 기구의 최대 간격 $S \leq 1.5H$
② 광원과 벽면 거리

- $S_0 \leq \dfrac{H}{2}$ (벽측을 사용하지 않을 경우)

- $S_0 \leq \dfrac{H}{3}$ (벽측을 사용할 경우)

H : 작업면 부터 광원까지의 높이[m]

▸ 출제년도 : 18. 21. ▸ 점수 : 8점

문제 12 송전계통의 변압기 중성점 접지방식에 대한 다음 각 물음에 답하시오.
(1) 중성점 접지방식의 종류를 4가지만 쓰시오.
(2) 우리나라의 154[kV], 345[kV] 송전계통에 적용하는 중성점 접지방식을 쓰시오.
(3) 유효접지란 1선 지락 고장 시 건전상 전압이 상규 대지전압의 몇 배를 넘지 않도록 중성점 임피던스를 조절해서 접지해야 하는지 쓰시오.

답안작성

(1) ① 비접지방식 ② 직접 접지방식 ③ 저항 접지방식 ④ 소호리액터 접지방식
(2) 직접 접지방식
(3) 1.3배

해설

(1) 중성점 접지방식의 종류
중성점 접지 방식은 중성점을 접지하는 접지임피던스 Z_n의 종류와 크기에 따라 다음과 같이 구분한다.
① 비접지방식 : $Z_n = \infty$
② 직접 접지방식 : $Z_n = 0$
③ 저항 접지방식 : $Z_n = R$
④ 소호리액터 접지방식 : $Z_n = jX_L$

(2) 전압별 중성점 접지방식
① 22[kV] : 비접지방식
② 66[kV] : 소호리액터 접지방식
③ 22.9[kV] : 중성점 다중접지방식
④ 154, 345[kV] : 직접 접지방식

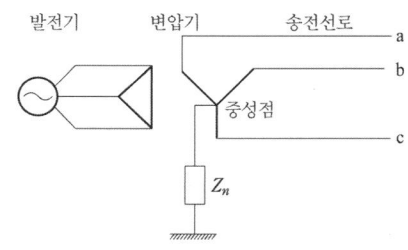

(3) 유효접지 : 지락사고 시 건전상의 전위상승이 상규대지 전압의 1.3배 이하가 되도록 하는 접지방식으로 유효접지 조건으로는

- $\dfrac{R_0}{X_1} \leq 1$ • $0 \leq \dfrac{X_0}{X_1} \leq 3$

여기서, R_0 : 저항, X_1 : 정상리액턴스, X_0 : 영상리액턴스

▶ 출제년도 : 06. 11. 21.   ▶ 점수 : 5점

문제 13 그림과 같은 교류 100[V] 단상 2선식 분기회로에서 전선의 부하중심까지 거리[m]를 구하시오.

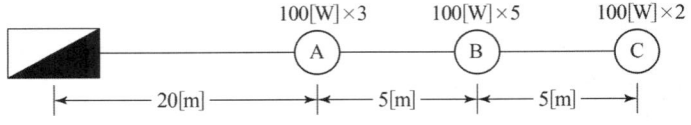

• 계산 :   • 답 :

답안작성

계산 : $I = \sum i = \dfrac{100 \times 3}{100} + \dfrac{100 \times 5}{100} + \dfrac{100 \times 2}{100} = 10[A]$

부하중심까지의 거리

$$L = \dfrac{\sum l \times i}{\sum i} = \dfrac{20 \times \dfrac{100 \times 3}{100} + 25 \times \dfrac{100 \times 5}{100} + 30 \times \dfrac{100 \times 2}{100}}{10} = 24.5[m]$$

답 : 24.5[m]

▶ 출제년도 : 21.   ▶ 점수 : 6점

문제 14 피뢰시스템의 수뢰부시스템에 대한 다음 각 물음에 답하시오.
(1) 수뢰부시스템의 구성 요소 3가지를 쓰시오.
(2) 수뢰부시스템의 배치 방법 3가지를 쓰시오.

답안작성

(1) 돌침, 수평도체, 메시도체
(2) 보호각법, 회전구체법, 메시법

해설

KEC 152.1 수뢰부시스템
1. 수뢰부시스템의 선정은 돌침, 수평도체, 메시도체의 요소 중에 한 가지 또는 이를 조합한 형식으로 시설하여야 한다.
2. 수뢰부시스템의 배치는 다음에 의한다.
    가. 보호각법, 회전구체법, 메시법 중 하나 또는 조합된 방법으로 배치하여야 한다.
    나. 건축물·구조물의 뾰족한 부분, 모서리 등에 우선하여 배치한다.

3. 건축물·구조물과 분리되지 않은 수뢰부시스템의 시설은 다음에 따른다.
   가. 지붕 마감재가 불연성 재료로 된 경우 지붕표면에 시설할 수 있다.
   나. 지붕 마감재가 높은 가연성 재료로 된 경우 지붕재료와 다음과 같이 이격하여 시설한다.
      ⑴ 초가지붕 또는 이와 유사한 경우 0.15[m] 이상
      ⑵ 다른 재료의 가연성 재료인 경우 0.1[m] 이상

▶ 출제년도 : 03. 06. 21.   ▶ 점수 : 6점

문제 15 누름버튼 스위치 PB_1, PB_2, PB_3에 의해서만 직접 제어되는 계전기 X_1, X_2, X_3가 있다. 이 계전기 3개가 모두 소자(복귀)되어 있을 때만 출력램프 L_1이 점등되고, 그 이외에는 출력램프 L_2가 점등되도록 계전기를 사용한 시퀀스 제어회로를 설계하려고 한다. 이 때 다음 각 물음에 답하시오.

(1) 본문 요구조건과 같은 진리표를 작성하시오.

입력			출력	
X_1	X_2	X_3	L_1	L_2
0	0	0		
0	0	1		
0	1	0		
0	1	1		
1	0	0		
1	0	1		
1	1	0		
1	1	1		

(2) 최소 접점수를 갖는 출력램프 L_1, L_2의 논리식을 쓰시오.
(3) 논리식에 대응되는 시퀀스 제어회로(유접점 회로)를 그리시오. (단, 스위치 및 접점을 그릴 때는 해당하는 문자 기호(예, PB_1, X_1 등)를 함께 쓰도록 한다.)

〈예시〉

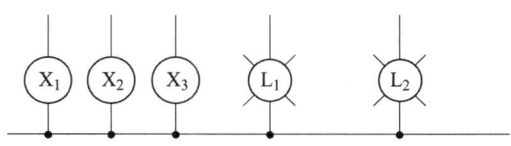

답안작성

(1)

입력			출력	
X_1	X_2	X_3	L_1	L_2
0	0	0	1	0
0	0	1	0	1
0	1	0	0	1
0	1	1	0	1
1	0	0	0	1
1	0	1	0	1
1	1	0	0	1
1	1	1	0	1

(2) $L_1 = \overline{X_1} \cdot \overline{X_2} \cdot \overline{X_3}$

$L_2 = \overline{X_1} \cdot \overline{X_2} \cdot X_3 + \overline{X_1} \cdot X_2 \cdot \overline{X_3} + \overline{X_1} \cdot X_2 \cdot X_3$
$+ X_1 \cdot \overline{X_2} \cdot \overline{X_3} + X_1 \cdot \overline{X_2} \cdot X_3 + X_1 \cdot X_2 \cdot \overline{X_3} + X_1 \cdot X_2 \cdot X_3 = X_1 + X_2 + X_3$

(3)

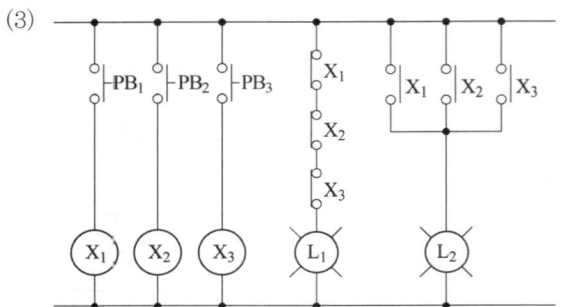

▶ 출제년도 : 11. 12. 20. 21.　　▶ 점수 : 5점

문제 16

10[m] 높이에 있는 수조에 초당 1[m³]의 물을 양수하는데 사용하는 펌프용 전동기의 펌프 효율이 70[%]이고, 펌프 축동력에 25[%]의 여유를 줄 경우 펌프용 전동기의 용량 [kW]을 구하시오. (단, 펌프용 3상 농형 유도전동기의 역률을 100[%]로 한다.)

• 계산 :　　　　　　　　　　　　　　　　　• 답 :

답안작성

• 계산 : $P = \dfrac{9.8qHK}{\eta} = \dfrac{9.8 \times 1 \times 10 \times 1.25}{0.7} = 175[\text{kW}]$

• 답 : 175[kW]

해설

$P = \dfrac{9.8qHK}{\eta} = \dfrac{9.8 \times \dfrac{Q}{60} \times HK}{\eta} = \dfrac{9.8QHK}{60\eta} = \dfrac{QHK}{6.12\eta}[\text{kW}]$

단, K : 손실계수(여유계수), Q : 양수량 [m³/min], q : 양수량 [m³/sec], H : 총양정 [m], η : 효율

▸ 출제년도 : 98. 21.   ▸ 점수 : 4점

문제 17 그림과 같은 논리회로의 출력 Y를 가장 간단한 논리식으로 표현하시오.

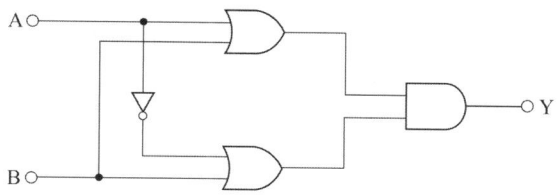

- 간소화 과정 :
- Y =

답안작성

- 간소화 과정 : $Y = (A+B)(\overline{A}+B) = A\overline{A} + \overline{A}B + AB + BB$
  $= \overline{A}B + AB + B = B(\overline{A} + A + 1) = B$
- $Y = B$

▸ 출제년도 : 95. 00. 16. 17. 21.   ▸ 점수 : 5점

문제 18 단상 2선식 220 [V] 배전선로에 소비전력 40 [W], 역률 80 [%]의 형광등 180개를 설치할 때 16 [A] 분기회로의 최소 회선수를 구하시오. (단, 한 회로의 부하전류는 분기회로의 80 [%]로 한다.)

- 계산 :   • 답 :

답안작성

- 계산 : 부하용량 $P_a = \dfrac{40}{0.8} \times 180 = 9000 [VA]$

  분기회로 수 $N = \dfrac{\text{부하용량[VA]}}{\text{전압[V]} \times \text{전류[A]}} = \dfrac{9000}{220 \times 16 \times 0.8} = 3.2$ 회로

- 답 : 16[A] 분기 4 회로

해설

- 한 회로의 부하전류는 분기회로의 80[%]로 한다는 의미 : 16[A]분기회로의 경우 한 회로에 인가할 수 있는 전류는 12.8[A](즉, 16[A]×0.8=12.8[A])라는 의미이다.

MEMO

E60-2
전기산업기사 실기

2022년도 기출문제

- 2022년 전기산업기사 1회
- 2022년 전기산업기사 2회
- 2022년 전기산업기사 3회

국가기술자격검정 실기시험문제 및 답안지

2022년도 산업기사 일반검정 제1회

자격종목(선택분야)	시험시간	형별
전기산업기사	2시간 00분	

문제 01 ▸ 출제년도 : 20, 22. ▸ 점수 : 12점

다음은 22.9[kV-Y] 수변전설비의 단선도 일부이다. 다음 각 물음에 답하시오.

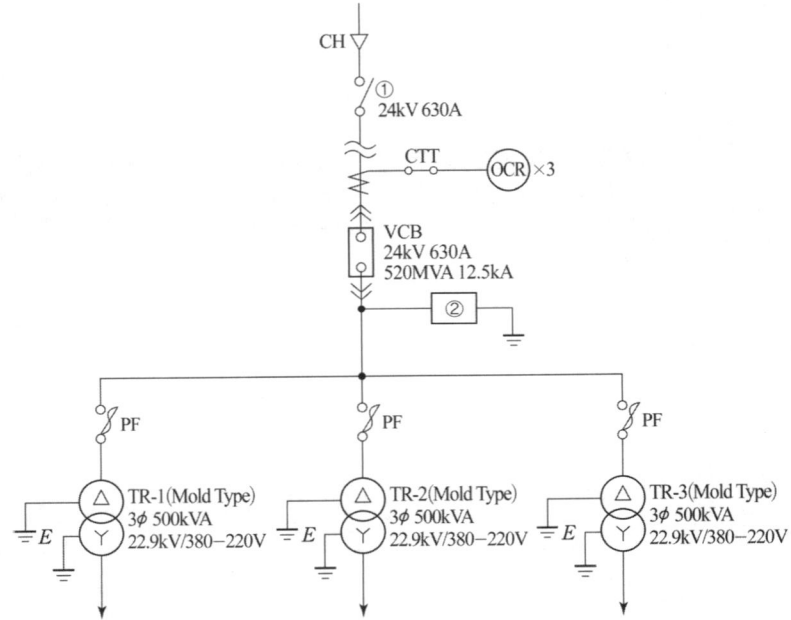

(1) ①은 수배전설비의 인입구 개폐기로 많이 사용되고 있으며, 부하개폐 및 단락보호(한류퓨즈 장착 시) 기능을 가진 기기이다. ①의 설비 명칭을 쓰시오.

(2) CT비를 선정하시오. (단, 최대 부하전류의 125[%], 정격 2차 전류 5[A])

계기용 변류기 정격	
1차 정격전류[A]	20, 25, 30, 40, 50, 75
2차 정격전류[A]	5

• 계산 :   • 답 :

(3) OCR의 한시탭값을 선정하시오.
(단, 정정기준은 변압기 정격전류의 150[%], 계전기 Type은 유도원판형, Tap Range : 한시 4, 5, 6, 7, 8, 10)

• 계산 :   • 답 :

(4) 선로에서 발생할 수 있는 개폐서지, 순간과도전압 등의 이상전압이 2차기기에 미치는 악영향을 방지하기 위해 설치하는 ②의 설비 명칭을 쓰시오.

답안작성

(1) 부하개폐기

(2) 계산 : CT 1차측 전류 $I_1 = \dfrac{1500}{\sqrt{3} \times 22.9} \times 1.25 = 47.27[A]$

따라서, CT는 50/5 선정

답 : 50/5

(3) 계산 : OCR의 한시 Tap 설정 전류값 $I_1 = \dfrac{500+500+500}{\sqrt{3} \times 22.9} \times 1.5 = 56.73$

따라서, OCR 설정 전류탭 $= 56.73 \times \dfrac{5}{50} = 5.67[A]$

답 : 6[A]

(4) 서지흡수기(SA : Surge Absorber)

해설

(1) 부하개폐기(LBS : Load Breaking Switch) : 정상상태에서 소정의 전로를 개폐 및 통전, 그 전로의 단락상태에 있어서 이상전류를 소정의 시간 통전할 수 있는 성능을 갖는 개폐기로, 변압기 등의 운전·정지 또는 전력계통의 운전·정지 등 부하전류가 흐르고 있는 회로의 개폐를 목적으로 사용한다.

(2) 변압기 1차측 전류 I_{1n}

$$I_{1n} = \dfrac{P_a}{\sqrt{3}\,V} = \dfrac{500 \times 3 \times 10^3}{\sqrt{3} \times 22.9 \times 10^3} = 37.82[A]$$

CT비 선정 $I_1 = I_{1n} \times 1.25 = 37.82 \times 1.25 = 47.28[A]$

따라서, CT비 $\dfrac{50}{5}$ 선정

(4) 서지흡수기(Surge Absorber)
- 피뢰기와 같은 구조로 되어 있으나 적용 전압 범위만을 조정하여 적용시키는 일종의 옥내 피뢰기로서 선로에서 발생할 수 있는 개폐 서지, 순간 과도전압 등의 이상전압이 2차 기기에 악영향을 주는 것을 막기 위해 설치한다.
- 보호 대상기기(발전기, 변압기, 전동기, 콘덴서, 반도체 장비 계통)의 전단에 설치하며 대부분 개폐서지를 발생하는 차단기의 후단에 설치하고 2차측은 접지한다.

▶ 출제년도 : 22. ▶ 점수 : 5점

문제 02 공칭 변류비가 $\dfrac{100}{5}$ 인 변류기(CT)의 1차에 250[A]가 흘렀을 경우 2차 전류가 10[A]였다면, 이때의 비오차[%]를 구하시오.

• 계산 : • 답 :

답안작성

계산 : 공칭변류비 $= \dfrac{100}{5} = 20$

측정변류비 $= \dfrac{250}{10} = 25$

$$\therefore \text{비오차} = \frac{\text{공칭변류비} - \text{측정변류비}}{\text{측정변류비}} \times 100 = \frac{20-25}{25} \times 100 = -20[\%]$$

답 : $-20[\%]$

해설

- 비오차는 공칭변류비와 측정변류비 사이에서 얻어진 백분율 오차로서, CT의 정밀도를 나타낸다.
- 비오차 $= \dfrac{\text{공칭변류비} - \text{측정변류비}}{\text{측정변류비}} \times 100$

▶ 출제년도 : 22. ▶ 점수 : 6점

문제 03 주어진 PLC 프로그램을 보고 래더도를 각각 작성하시오.
(단, 시작입력 LOAD, 출력 OUT, 직렬 AND, 병렬 OR, 부정 NOT, 그룹간 직렬접속 AND LOAD, 그룹 간 병렬접속 OR LOAD이다. 회로 작성 시 선의 접속 및 미접속에 대한 예시를 참고하여 작성하시오.)

[선의 접속과 미접속에 대한 예시]

접속	미접속
─┼─•─	─┼─

(1)

step	명령어	변수/디바이스
0	LOAD	P001
1	OR	M001
2	LOAD NOT	P002
3	OR	M000
4	AND LOAD	-
5	OUT	P017

- 래더도

(2)

step	명령어	변수/디바이스
0	LOAD	P001
1	AND	M001
2	LOAD NOT	P002
3	AND	M000
4	OR LOAD	-
5	OUT	P017

- 래더도

답안작성

(1)
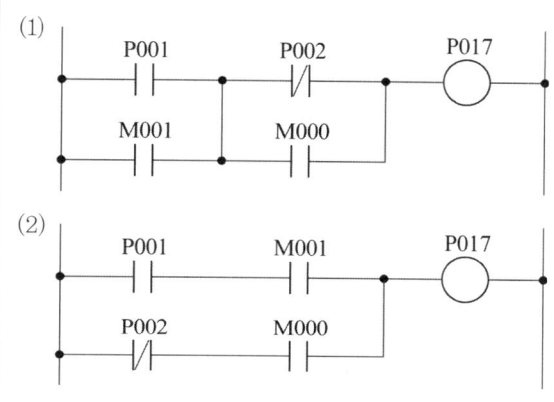

(2)

▸ 출제년도 : 22.　▸ 점수 : 5점

문제 04 논리식 $X = (A + B) \cdot \overline{C}$에 대한 다음 각 물음에 답하시오.
(단, A, B, C는 입력이고 X는 출력이다. 회로 작성 시 선의 접속 및 미접속에 대한 예시를 참고하여 작성하시오.)

[선의 접속과 미접속에 대한 예시]

접속	미접속
┼·	┼

(1) 주어진 논리식에 대한 논리회로를 작성하시오.

(2) "(1)"항의 논리회로를 NOR 게이트만을 사용한 논리회로로 작성하시오.
　(단, 최소한의 NOR 게이트를 사용하고, NOR 게이트는 2입력을 사용한다.)

답안작성

(1) 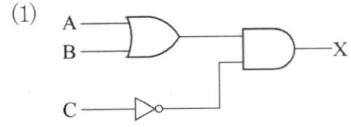 (2)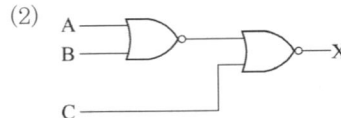

해설

(2) $X = (A+B) \cdot \overline{C} = \overline{\overline{(A+B) \cdot \overline{C}}} = \overline{\overline{(A+B)} + C}$

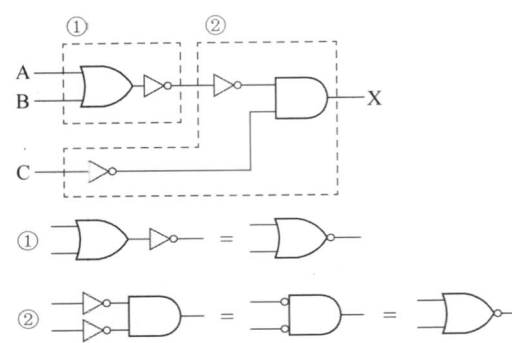

▸ 출제년도 : 99. 02. 09. 21. 22.   ▸ 점수 : 5점

문제 05 연(납) 축전지의 정격용량이 100[Ah], 직류 상시 최대 부하전류 80[A]인 부동충전 방식 정류기의 직류 정격출력 전류[A]값을 구하시오.

• 계산 :   • 답 :

답안작성

계산 : $I = \dfrac{100}{10} + 80 = 90[A]$

답 : 90[A]

해설

- 충전기 2차 전류[A] = $\dfrac{\text{축전지 용량[Ah]}}{\text{정격방전율[h]}} + \dfrac{\text{상시 부하용량[VA]}}{\text{표준전압[V]}}$
- 연축전지의 정격방전율 : 10[h]

문제 06 ▸ 출제년도 : 94. 04. 22. ▸ 점수 : 4점

500[kVA] 단상 변압기 3대를 △ – △ 결선의 1뱅크로 하여 사용하고 있는 변전소가 있다. 부하의 증가로 1대의 단상 변압기를 추가하여 2뱅크로 하였을 때, 최대 3상 부하 용량[kVA]을 구하시오.

• 계산 : • 답 :

답안작성

계산 : $P = 2P_V = 2 \times \sqrt{3}\,P_1 = 2 \times \sqrt{3} \times 500 = 1732.05[\text{kVA}]$

답 : 1732.05[kVA]

해설

단상 변압기 4대로 V – V 결선 2 bank 운영할 수 있으므로

$$P = 2P_V = 2 \times \sqrt{3}\,P_1$$

문제 07 ▸ 출제년도 : 22. ▸ 점수 : 5점

어떤 공장의 3상 부하가 20[kW], 역률이 60[%](지상)라고 한다. 이것을 역률 80[%]로 개선하기 위한 전력용 커패시터의 용량[kVA]을 구하시오. 또한 이를 위해 단상 커패시터 3대를 △결선한 경우에 필요한 커패시터의 정전용량[μF]을 구하시오. (단, 전력용 커패시터의 정격전압은 200[V], 주파수는 60[Hz]이다.)

(1) 전력용 커패시터의 용량[kVA]
  • 계산 : • 답 :
(2) 전력용 커패시터의 정전용량[μF]
  • 계산 : • 답 :

답안작성

(1) 계산 : $Q_\triangle = P(\tan\theta_1 - \tan\theta_2) = P\left(\dfrac{\sqrt{1-\cos^2\theta_1}}{\cos\theta_1} - \dfrac{\sqrt{1-\cos^2\theta_2}}{\cos\theta_2}\right)$

$= 20 \times \left(\dfrac{\sqrt{1-0.6^2}}{0.6} - \dfrac{\sqrt{1-0.8^2}}{0.8}\right) = 11.67[\text{kVA}]$

답 : 11.67[kVA]

(2) 계산 : $C = \dfrac{Q_\triangle}{3 \times 2\pi f V^2} = \dfrac{11.67 \times 10^3}{3 \times 2\pi \times 60 \times 200^2} \times 10^6 = 257.96[\mu\text{F}]$

답 : 257.96[μF]

해설

커패시터의 용량

① △결선 : $Q_\triangle = 3 \times 2\pi f C E^2 = 3 \times 2\pi f C V^2[\text{VA}]$

② Y결선 : $Q_Y = 3 \times 2\pi f C E^2 = 3 \times 2\pi f C \left(\dfrac{V}{\sqrt{3}}\right)^2 = 2\pi f C V^2[\text{VA}]$

　단, C : 전선 1선당 정전 용량[F], E : 상전압[V], V : 선간전압[V], f : 주파수[Hz]

문제 08

▶ 출제년도 : 17. 22. ▶ 점수 : 5점

책임 설계감리원이 설계감리의 기성 및 준공을 처리한 때에 발주자에게 제출하는 준공 서류 중 감리기록서류 5가지를 쓰시오. (단, 설계감리업무 수행지침을 따른다.)

답안작성

① 설계감리일지 ② 설계감리지시부 ③ 설계감리기록부
④ 설계감리요청서 ⑤ 설계자와 협의사항 기록부

해설

설계감리의 기성 및 준공
책임 설계감리원이 설계감리의 기성 및 준공을 처리한 때에는 다음 각 호의 준공서류를 구비하여 발주자에게 제출하여야 한다.
(1) 설계용역 기성부분 검사원 또는 설계용역 준공검사원
(2) 설계용역 기성부분 내역서
(3) 설계감리 결과보고서
(4) 감리기록서류
　　① 설계감리일지　② 설계감리지시부　③ 설계감리기록부
　　④ 설계감리요청서　⑤ 설계자와 협의사항 기록부
(5) 그 밖에 발주자가 과업지시서상에서 요구한 사항

문제 09

▶ 출제년도 : 19. 22. ▶ 점수 : 4점

다음 (　)에 가장 알맞은 내용을 답란에 쓰시오.

> 교류변전소용 자동제어기구 번호에서 52C는 (　①　)이고, 52T는 (　②　)이다.

답안작성

① 차단기 투입 코일, ② 차단기 트립 코일

해설

기구번호	명　칭	설　명
52	교류차단기	교류회로를 차단하는 것
52C	차단기 투입 코일	
52T	차단기 트립 코일	
52H	소내용 차단기	
52P	MTr 1차 차단기	
52S	MTr 2차 차단기	
52K	MTr 3차 차단기	

문제 10

▶ 출제년도 : 22. ▶ 점수 : 4점

다음 약호에 대한 전선 종류의 명칭을 정확히 쓰시오.

- 450/750[V] HFIO :
- 0.6/1[kV] PNCT :

답안작성

- 450/750[V] HFIO : 450/750[V] 저독성 난연 폴리올레핀 절연전선
- 0.6/1[kV] PNCT : 0.6/1[kV] 고무절연 클로로프렌 캡타이어 케이블

해설

- 450/750[V] HFIO : 450/750V 저독성 난연 폴리올레핀 절연전선
  (Halogen Free Flame-Retardant Cross Linked Polyolefin)

▸ 출제년도 : 22.   ▸ 점수 : 5점

문제 11 점광원으로부터 원추의 밑면까지의 거리가 8[m], 밑면의 지름이 12[m]인 원형면에 입사되는 광속이 1570[lm]이라고 할 때, 이 점광원의 평균광도[cd]를 구하시오. (단 π는 3.14로 계산한다.)

• 계산 :   • 답 :

답안작성

계산 : $\cos\theta = \dfrac{8}{\sqrt{8^2+6^2}} = 0.8$

따라서 광도 $I = \dfrac{F}{2\pi(1-\cos\theta)} = \dfrac{1570}{2\times 3.14 \times (1-0.8)} = 1250[cd]$

답 : 1250[cd]

해설

점광원으로부터 h만큼 떨어진 반지름 r의 원형면의 평균조도

(1) 입체각 $\omega = 2\pi(1-\cos\theta)$

(2) 광 도 $I = \dfrac{F}{\omega} = \dfrac{F}{2\pi(1-\cos\theta)}$

(3) 조 도 $E = \dfrac{F}{S} = \dfrac{2\pi(1-\cos\theta)I}{\pi r^2} = \dfrac{2(1-\cos\theta)I}{r^2}$

여기서, $\cos\theta = \dfrac{h}{\sqrt{r^2+h^2}}$, 면적 $S = \pi r^2$

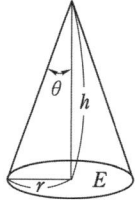

▸ 출제년도 : 14. 21. 22.   ▸ 점수 : 5점

문제 12 3상 송전선의 각 선의 전류가 $I_a = 220 + j50[A]$, $I_b = -150 - j300[A]$, $I_c = -50 + j150[A]$일 때 이것과 병행으로 가설된 통신선에 유도되는 전자 유도 전압의 크기는 몇 [V]인지 계산하시오. (단, 송전선과 통신선 사이의 상호 임피던스는 15[Ω]이다.)

• 계산 :   • 답 :

답안작성

계산 : $E_m = j\omega M l (I_a + I_b + I_c) = j15 \times (220 + j50 - 150 - j300 - 50 + j150)$

$= j15 \times (20 - j100) = j300 + 1500 = \sqrt{300^2 + 1500^2} = 1529.71[V]$

답 : 1529.71[V]

해설

① 전자 유도전압 $E_m = -j\omega Ml(I_a + I_b + I_c) = -j\omega Ml(3I_0)$

여기서, M : 전력선과 통신선 사이의 상호 인덕턴스 [H/km]
  l : 병행길이 [km]
  I_0 : 영상 전류 [A]

② 유도전압은 그 크기를 뜻하므로 $(-j)$는 의미가 없다.

▶ 출제년도 : 13. 16. 22.   ▶ 점수 : 5점

문제 13 22.9[kV-Y] 수전설비의 부하전류가 40[A]일 때, 변류기(CT) 60/5[A]의 2차측에 과전류계전기를 시설하여 120[%]의 과부하에서 부하를 차단시키고자 한다. 과전류 계전기의 전류 탭 설정값을 구하시오.

• 계산 : • 답 :

답안작성

계산 : 탭 설정값은 부하 전류의 120[%]이므로
$$40 \times \frac{5}{60} \times 1.2 = 4[A]$$
답 : 4 [A]

해설

과전류 계전기의 전류 탭(I_t) = 부하전류$(I) \times \dfrac{1}{변류비} \times$ 설정값

※ OCR(과전류 계전기)의 탭 전류
  2 [A], 3 [A], 4 [A], 5 [A], 6 [A], 7 [A], 8 [A], 10 [A], 12 [A]

▶ 출제년도 : 15. 22.   ▶ 점수 : 6점

문제 14 접지저항을 측정하기 위하여 보조접지극 A, B와 접지극 E 상호간에 접지저항을 측정한 결과 그림과 같은 저항값을 얻었다. E의 접지저항은 몇 [Ω]인지 구하시오.

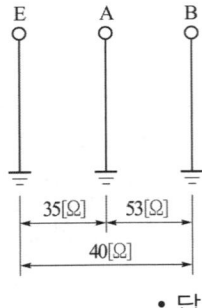

• 계산 • 답

답안작성

계산 : 접지 저항값 $R_E = \dfrac{1}{2}(40 + 35 - 53) = 11[\Omega]$
답 : 11[Ω]

해설

$$R_A + R_B = R_{AB} \quad \cdots\cdots ①$$
$$R_B + R_E = R_{BE} \quad \cdots\cdots ②$$
$$R_E + R_A = R_{EA} \quad \cdots\cdots ③$$

즉, (① + ② + ③) × $\frac{1}{2}$로 계산하면

$$R_A + R_B + R_E = \frac{1}{2}(R_{AB} + R_{BE} + R_{EA}) \quad \cdots\cdots ④$$

∴ ④ - ① 하면

$$R_E = \frac{1}{2}(R_{BE} + R_{EA} - R_{AB})$$

즉, 측정하려고 하는 접지극 E의 첨자가 들어있는 항은 +, E의 첨자가 들어있지 않은 항은 - 하면 된다.

▶ 출제년도 : 22. ▶ 점수 : 4점

문제 15

한국전기설비규정에 따라 사용자재에 의한 공사방법을 배선시스템에 따른 배선공사방법으로 분류한 표이다. 빈칸에 알맞은 내용을 쓰시오.

종류	공사방법
전선관시스템	합성수지관공사, 금속관공사, 휨(가요)전선관공사
케이블트렁킹시스템	(①), (②), 금속트렁킹공사
케이블덕팅시스템	플로어덕트공사, 셀룰러덕트공사, 금속덕트공사

답안작성

① 합성수지몰드공사
② 금속몰드공사

해설

배선설비 공사의 종류(KEC 232.2)

표 232.2-3 공사방법의 분류

종류	공사방법
전선관시스템	합성수지관공사, 금속관공사, 휨(가요)전선관공사
케이블트렁킹시스템	합성수지몰드공사, 금속몰드공사, 금속트렁킹공사[a]
케이블덕팅시스템	플로어덕트공사, 셀룰러덕트공사, 금속덕트공사[b]
애자공사	애자공사
케이블트레이시스템 (래더, 브래킷 포함)	케이블트레이공사
케이블공사	고정하지 않는 방법, 직접 고정하는 방법, 지지선 방법

a 금속본체와 커버가 별도로 구성되어 커버를 개폐할 수 있는 금속덕트공사를 말한다.
b 본체와 커버 구분 없이 하나로 구성된 금속덕트공사를 말한다.

▶ 출제년도 : 07. 22.   ▶ 점수 : 6점

문제 16 어떤 3상 부하에 그림과 같이 접속된 전압계, 전류계 및 전력계의 지시가 각각 $V = 200[V]$, $I = 34[A]$, $W_1 = 6.24[kW]$, $W_2 = 3.77[kW]$이다. 이 부하에 대하여 다음 각 물음에 답하시오.

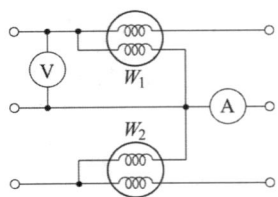

(1) 소비전력[kW]을 구하시오.
  • 계산 :   • 답 :
(2) 피상전력[kVA]을 구하시오.
  • 계산 :   • 답 :
(3) 부하 역률[%]을 구하시오.
  • 계산 :   • 답 :

답안작성

(1) 계산 : $P = W_1 + W_2 = 6.24 + 3.77 = 10.01[kW]$ 답 : $10.01[kW]$

(2) 계산 : $P_a = \sqrt{3}\,VI \times 10^{-3} = \sqrt{3} \times 200 \times 34 \times 10^{-3} = 11.78[kVA]$ 답 : $11.78[kVA]$

(3) 계산 : $\cos\theta = \dfrac{P}{P_a} = \dfrac{10.01}{11.78} \times 100 = 84.97[\%]$ 답 : $84.97[\%]$

해설

(3) $\cos\theta = \dfrac{W_1 + W_2}{2\sqrt{W_1^{\,2} + W_2^{\,2} - W_1 W_2}}$ … ①

$\cos\theta = \dfrac{\text{유효 전력}}{\text{피상 전력}} = \dfrac{W_1 + W_2}{\sqrt{3}\,VI}$ … ②

실제는 ①의 방법과 ②의 방법에 의해 계산한 값이 서로 같아야 한다. 그러나 문제에서 전류값을 임의의 값으로 주었기 때문에 그 결과가 서로 다르다. 그러므로 문제를 풀 때에는 ①, ②의 방법 모두가 맞는 방법이나 문제에서 2전력계법이란 문구가 없으므로 ②의 방법으로 계산했음.

▶ 출제년도 : 98. 08. 18. 22.   ▶ 점수 : 5점

문제 17 다음 각 항목을 측정하는데 가장 알맞은 계측기 또는 측정방법을 쓰시오.
  ① 변압기의 절연저항 :
  ② 검류계의 내부저항 :
  ③ 전해액의 저항 :
  ④ 배전선의 전류 :
  ⑤ 접지극 접지저항 :

답안작성
① 절연저항계 (Megger)
② 휘이스톤 브리지
③ 콜라우시 브리지
④ 후크온 메타
⑤ 접지저항계

▶ 출제년도 : 89. 08. 14. 22.   ▶ 점수 : 5점

문제 18
150[kVA], 22.9[kV]/380-220[V], %저항 3[%], %리액턴스 4[%]일 때 정격전압에서 단락전류는 정격전류의 몇 배인가? (단, 전원측의 임피던스는 무시한다.)
• 계산 :   • 답 :

답안작성
계산 : $I_s = \dfrac{100}{\%Z} I_n = \dfrac{100}{\sqrt{3^2+4^2}} I_n = 20 I_n [A]$

답 : 20배

해설
단락전류 $I_s = \dfrac{100}{\%Z} \times I_n$ (정격전류)

▶ 출제년도 : 22.   ▶ 점수 : 4점

문제 19
지름 30[cm]인 완전 확산성 반구형 전구를 사용하여 평균 휘도가 0.3[cd/cm²]인 천장등을 가설하려고 한다. 기구효율을 0.75라 하면, 이 전구의 광속[lm]을 구하시오. (단, 광속발산도는 0.95[lm/cm²]라 한다.)

답안작성
광속 $F = R \cdot S = R \times \dfrac{\pi D^2}{2} = 0.95 \times \dfrac{\pi \times 30^2}{2} = 1343.03 [lm]$

기구 효율을 적용하면

∴ $F_0 = \dfrac{F}{\eta} = \dfrac{1343.03}{0.75} = 1790.71 [lm]$

해설
① 구형의 표면적 $= 4\pi r^2 = \pi D^2$
② 반구의 표면적 $= \dfrac{4\pi r^2}{2} = \dfrac{\pi D^2}{2}$

문제의 조건이 "반구형 전구를 사용하여"라고 되어 있으므로 ②를 적용한다.

③ 광속 발산도 $R = \dfrac{F}{S}$ 이므로 광속은 $F = R \cdot S = R \times \dfrac{\pi D^2}{2}$ 가 된다.

국가기술자격검정 실기시험문제 및 답안지

2022년도 **산업기사** 일반검정 제**2**회

자격종목(선택분야)	시험시간	형별	수험번호	성 명	감독위원 확 인
전기산업기사	2시간 00분				

문제 01 ▸출제년도 : 16. 20. 22.   ▸점수 : 5점

주어진 조건에 의하여 1년 이내 최대 전력 3000[kW], 월 기본요금 6490[원/kW], 월간 평균역률이 95[%]일 때 1개월의 기본요금을 구하시오. 또한 1개월의 사용 전력량이 54만[kWh], 전력량 요금 89[원/kWh]라 할 때 1개월의 총 전력요금은 얼마인지를 계산하시오.

[조건] 역률의 값에 따라 전력요금은 할인 또는 할증되며, 역률 90[%]를 기준으로 하여 역률이 1[%] 늘 때마다 기본요금이 1[%] 할인되며, 1[%] 나빠질 때마다 1[%]의 할인요금을 지불해야 한다.

(1) 기본요금을 구하시오.
 • 계산 :   • 답 :
(2) 1개월의 총전력요금을 구하시오.
 • 계산 :   • 답 :

답안작성

(1) 계산 : $3,000 \times 6,490 \times (1-0.05) = 18,496,500$[원]   답 : 18,496,500[원]
(2) 계산 : $18,496,500 + 540,000 \times 89 = 66,556,500$[원]   답 : 66,556,500[원]

문제 02 ▸출제년도 : 22.   ▸점수 : 4점

다음 조명 용어에 대한 기호 및 단위를 쓰시오.

(1) 휘도		(2) 광도		(3) 조도		(4) 광속발산도	
기호	단위	기호	단위	기호	단위	기호	단위

답안작성

(1) 휘도		(2) 광도		(3) 조도		(4) 광속발산도	
기호	단위	기호	단위	기호	단위	기호	단위
B	st, nt	I	cd	E	lx	R	rlx

해설

(1) 휘도 : 단위 면적 당 광도로서 눈부심 정도를 나타낸다.
  $B = \dfrac{I}{S}$[nt] or $B = \dfrac{I}{S}$[sb]

$(1[\text{nt}] = 1[\text{cd/m}^2], \ 1[\text{sb}] = 1[\text{cd/cm}^2], \ 1[\text{sb}] = 10^4[\text{nt}])$

여기서, I : 어느 방향의 광도, S : 어느 방향에서 본 겉보기 면적

(2) 광도 : 광원에서 어떤 방향에 대한 단위 입체각으로 발산되는 광속

$$I = \frac{F}{\omega}[\text{cd}]$$

여기서, F : 입체각 내의 광속, ω : 입체각

(3) 조도 : 단위 면적에 입사되는 빛의 양

$$E = \frac{F}{S}[\text{lx}]$$

여기서, F : 광속, S : 면적

(4) 광속 발산도 : 단위 면적에서 나가는 빛의 양

$$R = \frac{F}{S}[\text{rlx}]$$

여기서, F : S에서 발산하는 광속, S : 발산 면적

▶ 출제년도 : 01. 05. 22.   ▶ 점수 : 5점

문제 03 평형 3상 회로에서 운전하는 유도전동기가 있다. 이 회로에 그림과 같이 2개의 전력계 W_1 및 W_2, 전압계 V, 전류계 A를 접속하니 각 계기의 지시치가 $W_1 = 5.96[\text{kW}]$, $W_2 = 2.36[\text{kW}]$, V = 200[V], A = 30[A]와 같을 때 유도전동기의 역률[%]을 구하시오.

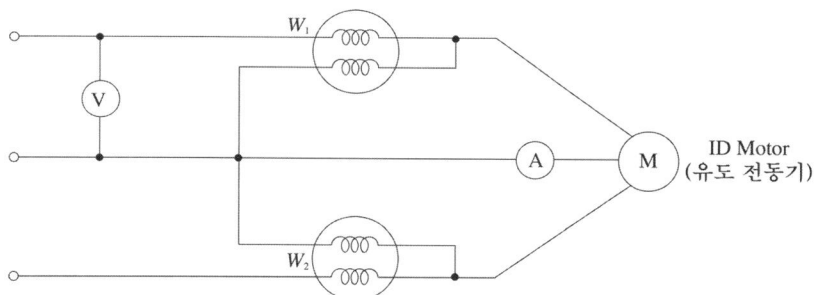

• 계산 :   • 답 :

답안작성

계산 : ① 유효전력 $P = W_1 + W_2 = 5.96 + 2.36 = 8.32[\text{kW}]$

② 피상전력 $P_a = \sqrt{3}\,VI = \sqrt{3} \times 200 \times 30 \times 10^{-3} = 10.39[\text{kVA}]$

따라서 역률 $\cos\theta = \dfrac{W_1 + W_2}{\sqrt{3}\,VI} = \dfrac{8.32}{10.39} \times 100 = 80.08[\%]$

답 : 80.08[%]

해설

2전력계법에 의한 역률 $\cos\theta$

$$\cos\theta = \frac{W_1 + W_2}{2\sqrt{W_1^2 + W_2^2 - W_1 W_2}} \times 100 = \frac{5.96 + 2.36}{2\sqrt{5.96^2 + 2.36^2 - 5.96 \times 2.36}} \times 100 = 80.02[\%]$$

▸ 출제년도 : 96. 98. 04. 17. 22.　▸ 점수 : 5점

문제 04 ● 다음 조건에 맞는 콘센트의 그림기호를 그리시오.

벽붙이용	천장에 부착하는 경우	바닥에 부착하는 경우
방수형	2구용	

답안작성

벽붙이용	천장에 부착하는 경우	바닥에 부착하는 경우
◐	⊙	⊙
방수형	2구용	
◐WP	◐₂	

해설

명칭	그림 기호	적　요
콘센트	◐	① 천장에 부착하는 경우는 다음과 같다. ⊙ ② 바닥에 부착하는 경우는 다음과 같다. ⊙ ③ 용량의 표시 방법은 다음과 같다. 　• 15[A]는 표기하지 않는다. 　• 20[A] 이상은 암페어 수를 표기한다. 　　[보기] ◐₂₀A ④ 2구 이상인 경우는 구수를 표기한다. 　　[보기] ◐₂ ⑤ 3극 이상인 것은 극수를 표기한다. 　　[보기] ◐₃P ⑥ 종류를 표시하는 경우는 다음과 같다. 　　빠짐 방지형　　◐LK 　　걸림형　　　　◐T 　　접지극붙이　　◐E 　　접지단자붙이　◐ET 　　누전 차단기붙이 ◐EL ⑦ 방수형은 WP를 표기한다. ◐WP ⑧ 방폭형은 EX를 표기한다. ◐EX ⑨ 의료용은 H를 표기한다. ◐H

▸ 출제년도 : 22.　▸ 점수 : 5점

문제 05 ● 송전거리 40[km], 송전전력 10000[kW]일 때의 경제적 송전전압[kV]을 구하시오. (단, still 식을 이용하여 구하시오.)

• 계산 :　　　　　　　　　　　　　　　• 답 :

답안작성

계산 : $V_s = 5.5\sqrt{0.6l + \dfrac{P}{100}} = 5.5\sqrt{0.6 \times 40 + \dfrac{10000}{100}} = 61.25[\text{kV}]$

답 : $61.25[\text{kV}]$

해설

Still의 식(경제적인 송전 전압)

$$V_s = 5.5\sqrt{0.6l + \dfrac{P}{100}}\,[\text{kV}]$$

여기서, l : 송전 거리[km], P : 송전 용량[kW]

▶ 출제년도 : 95. 16. 22.   ▶ 점수 : 5점

문제 06 그림과 같은 시퀀스회로에서 접점 "A"가 닫혀서 폐회로가 될 때 표시등 PL의 동작사항을 설명하시오. (단, X는 보조릴레이, $T_1 \sim T_2$는 타이머(On delay)이며 설정시간은 1초이다.)

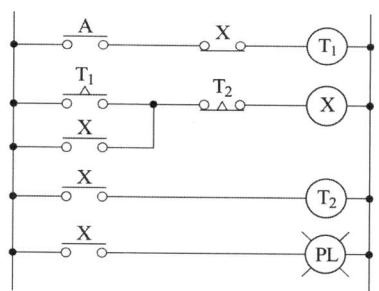

답안작성

PL은 T_1 설정 시간 동안(1초) 소등하고 T_2 설정 시간(1초) 동안 점등함을 반복하며, A가 개로되면 반복을 중지한다.

▶ 출제년도 : 15. 22.   ▶ 점수 : 5점

문제 07 콜라우시브리지에 의해 접지저항을 측정했을 때, 접지판 상호간의 저항이 그림과 같다면 G_3의 접지 저항값[Ω]을 구하시오.

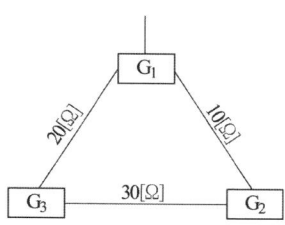

• 계산 :   • 답 :

답안작성

계산 : 접지 저항값 $R_{G3} = \frac{1}{2}(30+20-10) = 20[\Omega]$ 답 : $20[\Omega]$

해설

$R_{G1} + R_{G2} = R_{G12}$ ⋯ ①
$R_{G2} + R_{G3} = R_{G23}$ ⋯ ②
$R_{G3} + R_{G1} = R_{G31}$ ⋯ ③

즉, (① + ② + ③) × $\frac{1}{2}$ 로 계산하면

$R_{G1} + R_{G2} + R_{G3} = \frac{1}{2}(R_{G12} + R_{G23} + R_{G31})$ ⋯ ④

∴ ④ − ① 하면

$R_{G3} = \frac{1}{2}(R_{G23} + R_{G31} - R_{G12})$

▸ 출제년도 : 22.   ▸ 점수 : 6점

문제 08 어느 3상 동력부하를 단상변압기 3대를 이용하여 △-△결선으로 전원을 공급하고 있다. 단상 변압기 1대의 용량은 150[kVA]이며 운전 중 1대가 고장이 발생하였다. 다음 각 물음에 답하시오.

(1) 변압기 2대로 3상 전력을 공급하기 위한 변압기 결선 방법을 쓰시오.
(2) 변압기 2대로 3상 전력을 공급할 때 변압기의 이용률[%]을 구하시오.
　• 계산 :　　　　　　　　　　　　　　　• 답 :
(3) 변압기 2대를 이용한 3상 출력을 △-△결선한 변압기 3대의 3상 출력과 비교할 때 출력비[%]를 구하시오.
　• 계산 :　　　　　　　　　　　　　　　• 답 :

답안작성

(1) V-V결선

(2) 계산 : 이용률 = $\frac{3상\ 출력}{설비용량} \times 100 = \frac{\sqrt{3}\ VI}{2VI} \times 100 = \frac{\sqrt{3}}{2} \times 100 = 86.6[\%]$
    답 : 86.6[%]

(3) 계산 : 출력의 비 = $\frac{V결선\ 출력}{3상\ 출력} \times 100 = \frac{\sqrt{3}\ VI}{3VI} \times 100 = \frac{1}{\sqrt{3}} \times 100 = 57.74[\%]$
    답 : 57.74[%]

▸ 출제년도 : 22.   ▸ 점수 : 5점

문제 09 역률(지상)이 0.8인 유도부하 30[kW]와 역률이 1인 전열기 부하 25[kW]가 있다. 이들 부하에 사용할 변압기의 표준용량[kVA]을 구하시오.
(단, 변압기의 표준용량[kVA]은 5, 10, 15, 20, 25, 50, 75, 100)
　• 계산　　　　　　　　　　　　　　　• 답

답안작성

계산 : • 유도부하의 유효전력 $P = 30[\text{kW}]$
　　　• 유도부하의 무효전력 $P_r = \dfrac{30}{0.8} \times 0.6 = 22.5[\text{kVar}]$
　　　• 전열기 부하의 유효전력 $P_H = 25[\text{kW}]$
　　　• 총 설비용량 $P_A = \sqrt{(30+25)^2 + 22.5^2} = 59.42[\text{kVA}]$
　　　따라서 변압기의 표준용량 75[kVA]를 선정한다.
답 : 75[kVA]

해설

역률이 서로 다른 부하의 합성은 벡터로 계산해야 한다.

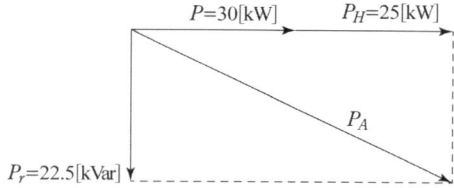

▶ 출제년도 : 96. 22.　▶ 점수 : 5점

문제 10 그림과 같은 단상 3선식 회로에서 중성선이 ×점에서 단선되었다면 부하 A 및 부하 B의 단자 전압은 몇 [V]인가?

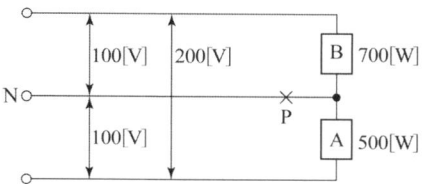

• 계산 :　　　　　　　　　　　　　　• 답 :

답안작성

계산 : 부하 A의 저항 $R_A = \dfrac{V^2}{P_A} = \dfrac{100^2}{500} = 20[\Omega]$

　　　부하 B의 저항 $R_B = \dfrac{V^2}{P_B} = \dfrac{100^2}{700} = 14.29[\Omega]$

　　　∴ 부하 A의 단자 전압 $V_A = \dfrac{R_A}{R_A + R_B} \times V = \dfrac{20}{20 + 14.29} \times 200 = 116.65[\text{V}]$

　　　부하 B의 단자 전압 $V_B = \dfrac{14.29}{20 + 14.29} \times 200 = 83.35[\text{V}]$

답 : $V_A = 116.65[\text{V}], \ V_B = 83.35[\text{V}]$

해설

중성선이 P점에서 단선되면 200[V] 전원에 부하 A, B는 직렬접속 상태가 된다.

문제 11

▸ 출제년도 : 08. 17. 22.   ▸ 점수 : 5점

전기사업자는 그가 공급하는 전기의 품질(표준전압, 표준주파수)을 허용오차 범위 안에서 유지하도록 전기사업법에 표준접압·표준주파수 및 허용오차를 규정하고 있다. 다음 표의 끝호 안에 표준전압 또는 표준주파수에 대한 허용오차를 쓰시오.

표준전압 또는 표준주파수	허용 오차
110 볼트	110볼트의 상하로 (①)볼트 이내
220 볼트	220볼트의 상하로 (②)볼트 이내
380 볼트	380볼트의 상하로 (③)볼트 이내
60 헤르츠	60헤르츠 상하로 (④)헤르츠 이내

답안작성

① 6 ② 13 ③ 38 ④ 0.2

해설

전기사업법 시행규칙 별표3 : 표준전압·표준주파수 및 허용오차(제18조 관련)

1. 표준전압 및 허용오차

표준전압	허용오차
110 볼트	110볼트의 상하로 6볼트 이내
220 볼트	220볼트의 상하로 13볼트 이내
380 볼트	380볼트의 상하로 38볼트 이내

2. 표준주파수 및 허용오차

표준 주파수	허용오차
60 헤르츠	60헤르츠 상하로 0.2헤르츠 이내

문제 12

▸ 출제년도 : 99. 01. 02. 22.   ▸ 점수 : 5점

전동기를 제작하는 어떤 공장에 700[kVA]의 변압기가 설치되어 있다. 이 변압기에 역률(지상) 65[%]의 부하 700[kVA]가 접속되어 있다고 할 때, 이 부하와 병렬로 전력용 커패시터를 접속하여 합성역률을 90[%]로 유지하려고 한다. 다음 각 물음에 답하시오.

(1) 전력용 콘덴서의 용량[kVA]을 구하시오.
 • 계산 :   • 답 :

(2) 역률개선 후 이 변압기에 역률(지상) 90[%]의 부하를 몇 [kW] 더 증가시켜 접속할 수 있는지 구하시오.
 • 계산 :   • 답 :

답안작성

(1) 계산 : $Q_c = 700 \times 0.65 \left(\dfrac{\sqrt{1-0.65^2}}{0.65} - \dfrac{\sqrt{1-0.9^2}}{0.9} \right) = 311.59[kVA]$

답 : 311.59[kVA]

(2) 계산 : 증가 부하 $\Delta P = P_a (\cos\theta_2 - \cos\theta_1) = 700(0.9 - 0.65) = 175[kW]$

답 : 175[kW]

해설

(1) $Q_c = P(\tan\theta_1 - \tan\theta_2) = P \left(\dfrac{\sqrt{1-\cos^2\theta_1}}{\cos\theta_1} - \dfrac{\sqrt{1-\cos^2\theta_2}}{\cos\theta_2} \right)$

(2) 다른 방법으로 풀어보면

변압기에 유효전력 P_1, 역률$\cos\theta_1$, 피상전력 P_{a1} 부하에 전력을 공급하고 있을 때 전력용 콘덴서 Q_c를 병렬로 접속하여 역률을 $\cos\theta_2$로 개선하였다면 변압기 용량은 $P_{a1} - P_{a2}$만큼의 여유가 생기게 된다.

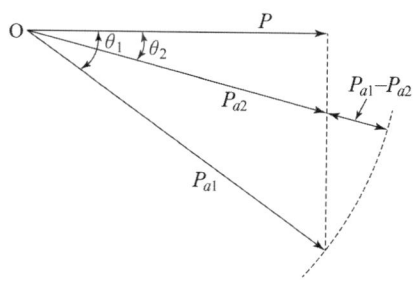

- 변압기에서 증대시킬 수 있는 부하의 피상전력

$$\cos\theta_1 = \frac{P}{P_{a1}}, \quad \cos\theta_2 = \frac{P}{P_{a2}}$$

$$\therefore P_{a1} = \frac{P}{\cos\theta_1}, \quad P_{a2} = \frac{P}{\cos\theta_2}$$

$$P_{a1} - P_{a2} = P\left(\frac{1}{\cos\theta_1} - \frac{1}{\cos\theta_2}\right) = 700 \times 0.65 \times \left(\frac{1}{0.65} - \frac{1}{0.9}\right) = 194.44[\text{kVA}]$$

- 증가시킬 수 있는 역률 0.9인 부하 P_2

$$P_2 = 194.44 \times 0.9 = 175[\text{kW}]$$

▶ 출제년도 : 22.   ▶ 점수 : 11점

문제 13 아래는 3상 유도전동기에 전력을 공급하는 분기회로이다. 다음 각 물음에 답하시오.

정격전류 : 50[A], 공사방법 : B2, 주위온도 : 40[℃], 분기선은 XLPE절연 동(Cu) 도체, 허용전압강하 : 2[%], 분기점에서 전동기까지 거리 : 70[m], 기타 사항은 고려하지 않는다.

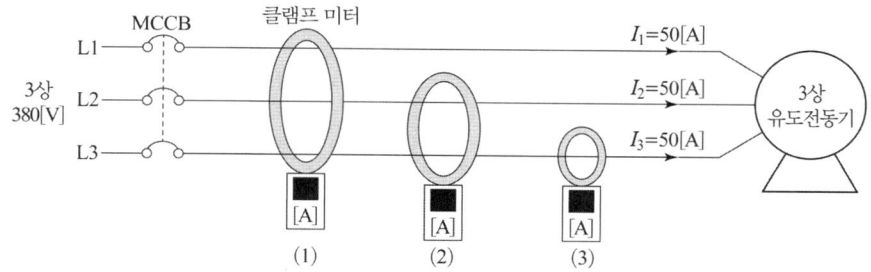

[표 1] 표준 공사방법의 허용전류[A]
- XLPE 또는 EPR 절연, 구리 또는 알루미늄 도체, 도체온도 : 90[℃]
- 주위온도 : 기중 30[℃], 지중 20[℃]

구리 도체의 공칭 단면적 [mm²]	A1 단열벽안 전선관의 절연전선		A2 단열벽안 전선관의 다심케이블		B1 석재벽면/안 전선관의 절연전선		B2 석재벽면/안 전선관의 다심케이블		C 벽면에 공사한 단심/다심 케이블		D 지중덕트안의 단심/다심 케이블	
	단상	3상	단상	3상	단상	3상	단상	3상	단상	3상	단상	3상
1.5	19	17	18.5	16.5	23	20	22	19.5	24	22	26	22
2.5	26	23	25	22	31	28	30	26	33	30	34	29
4	35	31	33	30	42	37	40	35	45	40	44	37
6	45	40	42	38	54	48	51	44	58	52	56	46
10	61	54	57	51	75	66	69	60	80	71	73	61
16	81	73	76	68	100	88	91	80	107	96	95	79
25	106	95	99	89	133	117	119	105	138	119	121	101
35	131	117	121	109	164	144	146	128	171	147	146	122
50	158	141	145	130	198	175	175	154	209	179	173	144
70	200	179	183	164	253	222	221	194	269	229	213	178
95	241	216	220	197	306	269	265	233	328	278	252	211
120	278	249	253	227	354	312	305	268	382	322	287	240
150	318	285	290	259	-	-	-	-	441	371	324	271
185	362	324	329	295	-	-	-	-	506	424	363	304
240	424	380	386	346	-	-	-	-	599	500	419	351
300	486	435	442	396	-	-	-	-	693	576	474	396

[표 2] 기중케이블의 허용전류에 적용하는 대기 주위온도가 30[℃] 이외인 경우의 보정계수

주위온도 [℃]	절연체	
	PVC	XLPE 또는 EPR
10	1.22	1.15
15	1.17	1.12
20	1.12	1.08
25	1.06	1.04
30	1.00	1.00
35	0.94	0.96
40	0.87	0.91
45	0.79	0.87
50	0.71	0.82
55	0.61	0.76
60	0.50	0.71

(1) 공사방법 및 주위온도를 고려한 분기선 도체의 최소 굵기를 표를 참고하여 선정하시오. (단, 허용 전압강하는 고려하지 않는다.)

• 계산 :   • 답 :

(2) 허용 전압강하를 고려한 분기선 도체의 굵기를 계산하고, 상기 조건을 모두 만족하는 최소 굵기를 표에서 최종 선정하시오. (단, 주위온도에 대한 보정은 고려하지 않는다.)
  • 계산 :   • 답 :
(3) 3상 유도전동기는 고장 없이 정상운전 중이고 각 상은 평형 전류 50[A]이다. 유지관리를 위해 클램프미터로 그림과 같이 3회 전류측정을 하였다. 클램프 미터 (1), (2), (3)의 측정값을 쓰시오.

답안작성

(1) 계산 : • 주위온도는 40[℃], XLPE절연이므로 [표2]에서 보정계수 0.91을 선정

$$허용전류\ I = \frac{50}{0.91} = 54.95[A]$$

• 공사방법은 B2, 3상이므로 [표1]에서 허용전류가 60[A]인 공칭단면적 10[mm^2]을 선정
답 : 10[mm^2]

(2) 계산 : • 허용 전압강하를 고려한 전선의 굵기

$$A = \frac{30.8LI}{1000e} = \frac{30.8 \times 70 \times 50}{1000 \times 380 \times 0.02} = 14.18[mm^2]$$

• 공칭단면적 16[mm^2]을 선정
• "(1)"과 "(2)"의 전선 중 더 굵은 것을 선정하여야 하므로 16[mm^2]을 최종 선정
답 : 16[mm^2]

(3)

(1)	(2)	(3)
0[A]	50[A]	50[A]

해설

(3) (1)의 경우

$$I = I_a + I_b + I_c$$
$$= 50 + 50(-\frac{1}{2} - j\frac{\sqrt{3}}{2}) + 50(-\frac{1}{2} + j\frac{\sqrt{3}}{2})$$
$$= 50 - 25 - j25\sqrt{3} - 25 + j25\sqrt{3} = 0[A]$$

(2)의 경우

$$I = |I_b + I_c|$$
$$= \left| 50(-\frac{1}{2} - j\frac{\sqrt{3}}{2}) + 50(-\frac{1}{2} + j\frac{\sqrt{3}}{2}) \right|$$
$$= |-25 - j25\sqrt{3} - 25 + j25\sqrt{3}| = 50[A]$$

▶ 출제년도 : 22.   ▶ 점수 : 5점

문제 14 어느 건물의 부하는 하루에 240[kW]로 5시간, 100[kW]로 8시간, 75[kW]로 나머지 시간을 사용한다. 이에 따른 수전설비를 450[kW]로 하였을 때, 이 건물의 일부하율[%]을 구하시오.
  • 계산 :   • 답 :

답안작성

계산 : • 일 평균전력 $= \dfrac{240 \times 5 + 100 \times 8 + 75 \times 11}{24} = 117.71[\mathrm{kW}]$

• 일부하율 $= \dfrac{\text{평균 전력}}{\text{최대 수용 전력}} \times 100 = \dfrac{117.71}{240} \times 100 = 49.05 = 49.05[\%]$

답 : 49.05[%]

해설

부하율 : 공급 설비가 어느 정도 유효하게 사용되는가를 나타내며 부하율이 클수록 공급 설비가 유효하게 사용된다.

부하율 $= \dfrac{\text{평균 수요 전력}[\mathrm{kW}]}{\text{최대 수요 전력}[\mathrm{kW}]} \times 100[\%]$

▸ 출제년도 : 94. 00. 22.   ▸ 점수 : 6점

문제 15

그림은 어느 수용가의 배전계통도이다. 각 변압기 상호간의 부등률을 1.2라고 할 때 다음 각 물음에 답하시오.

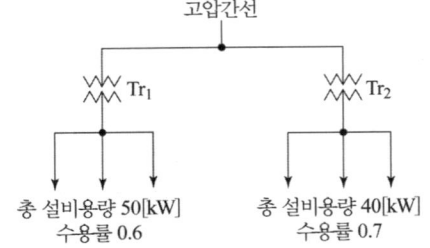

(1) Tr_1 변압기의 최대부하는 몇 [kW]인지 구하시오.
 • 계산 :   • 답 :
(2) Tr_2 변압기의 최대부하는 몇 [kW]인지 구하시오.
 • 계산 :   • 답 :
(3) 고압 간선의 합성최대수용전력은 몇 [kW]인지 구하시오.
 • 계산 :   • 답 :

답안작성

(1) 계산 : $P_1 = 50 \times 0.6 = 30[\mathrm{kW}]$ 답 : 30[%]

(2) 계산 : $P_2 = 40 \times 0.7 = 28[\mathrm{kW}]$ 답 : 28[kW]

(3) 계산 : $P_0 = \dfrac{30 + 28}{1.2} = 48.33[\mathrm{kW}]$ 답 : 48.33[kW]

해설

(1) 최대 수용 전력 $= \dfrac{\text{설비 용량} \times \text{수용률}}{\text{부등률}}$

(2) 부등률 $= \dfrac{\text{최대 수용 전력의 합}}{\text{합성 최대 수용 전력}}$

문제 16

▸출제년도 : 22. ▸점수 : 4점

한국전기설비규정에 따른 저압전로 중의 전동기 보호용 과전류보호장치의 시설에 관한 설명 중 일부이다. 빈칸에 알맞은 내용을 쓰시오.

> 옥내에 시설하는 전동기(정격 출력이 0.2[kW]이하인 것을 제외한다. 이하 여기에서 같다)에는 전동기가 손상될 우려가 있는 과전류가 생겼을 때에 자동적으로 이를 저지하거나 이를 경보하는 장치를 하여야 한다. 다만, 다음의 어느 하나에 해당하는 경우에는 그러하지 아니하다.
> 가. 전동기를 운전 중 상시 취급자가 감시할 수 있는 위치에 시설하는 경우
> 나. 전동기의 구조나 부하의 성질로 보아 전동기가 손상될 수 있는 과전류가 생길 우려가 없는 경우
> 다. 단상전동기[KS C 4204(2013)의 표준정격의 것을 말한다]로써 그 전원측 전로에 시설하는 과전류 차단기의 정격전류가 (①)[A](배선차단기는 (②)[A]) 이하인 경우

답안작성

① 16, ② 20

해설

저압전로 중의 전동기 보호용 과전류보호장치의 시설(KEC 212.6.3)
옥내에 시설하는 전동기(정격 출력이 0.2[kW]이하인 것을 제외한다. 이하 여기에서 같다)에는 전동기가 손상될 우려가 있는 과전류가 생겼을 때에 자동적으로 이를 저지하거나 이를 경보하는 장치를 하여야 한다. 다만, 다음의 어느 하나에 해당하는 경우에는 그러하지 아니하다.
가. 전동기를 운전 중 상시 취급자가 감시할 수 있는 위치에 시설하는 경우
나. 전동기의 구조나 부하의 성질로 보아 전동기가 손상될 수 있는 과전류가 생길 우려가 없는 경우
다. 단상전동기로써 그 전원측 전로에 시설하는 과전류 차단기의 정격전류가 16[A](배선차단기는 20[A]) 이하인 경우
라. 전동기의 출력이 0.2[kW] 이하일 경우

문제 17

▸출제년도 : 22. ▸점수 : 5점

3상 농형 유도전동기의 기동방법 중 기동전류가 가장 큰 기동방법과 기동토크가 가장 큰 기동방법을 다음 보기에서 골라 쓰시오.

> [보기] 직입기동, Y-△기동, 리액터기동, 콘돌퍼 기동

(1) 기동전류가 가장 큰 기동방법
(2) 기동토크가 가장 큰 기동방법

답안작성

(1) 직입기동   (2) 직입기동

해설

[농형 유도 전동기의 기동법]
농형 유도 전동기의 기동 토크 T_s는 전압의 제곱에 비례한다. 따라서, 단자전압을 감소시키면 전류는 감소하고 기동 토크도 감소하게 된다.
(1) 전 전압 기동법(직입기동)
　 전동기에 별도의 기동장치를 사용하지 않고 직접 정격전압을 인가하여 기동하는 방법
(2) Y-△ 기동 방법
　 기동시 고정자권선을 Y로 접속하여 기동함으로써 기동전류를 감소시키고 운전속도에 가까워지면 권선을 △로 변경하여 운전하는 방식(△ 기동시에 비해 기동전류는 1/3, 기동토오크도 1/3로 감소한다.)
(3) 리액터 기동방법
　 전동기의 1차측에 직렬로 철심이 든 리액터를 설치하고 그 리액턴스의 값을 조정하여 전동기에 인가되는 전압을 제어함으로써 기동전류 및 토크를 제어 하는 방식
(4) 기동보상기법
　 3상 단권변압기를 이용하여 전동기에 인가되는 기동전압을 감소시킴으로써 기동전류를 감소시키는 기동방식(3개의 탭(50, 60, 80%)을 용도에 따라 선택한다.)
(5) 콘돌퍼 기동법
　 기동보상기법과 리액터 기동방법을 혼합한 방식으로 기동 시에는 단권 변압기를 이용하여 기동한 후 단권 변압기의 감전압탭으로부터 전원으로 접속을 바꿀 때 큰 과도전류가 생기는 경우가 있는데 이 전류를 억제하기 위하여 기동된 후에 리액터를 통하여 운전한 후 일정한 시간 후 리액터를 단락하여 전원으로 접속을 바꾸는 기동방식으로 원활한 기동이 가능하지만 가격이 비싸다는 단점이 있다.

▶ 출제년도 : 95. 07. 17. 22.　▶ 점수 : 5점

문제 18 폭 5[m], 길이 7.5[m], 천장높이 3.5[m]의 방에 형광등 40[W] 4등을 설치하니 평균조도가 100[lx]가 되었다. 40[W] 형광등 1등의 광속이 3000[lm], 조명률이 0.5일 때 감광보상률을 구하시오.
　• 계산 :　　　　　　　　　　　　　　　　　　• 답 :

답안작성

계산 : 감광보상률 $D = \dfrac{FUN}{EA} = \dfrac{3000 \times 0.5 \times 4}{100 \times 5 \times 7.5} = 1.6$　　답 : 1.6

▶ 출제년도 : 96. 22.　▶ 점수 : 4점

문제 19 피뢰기의 종류를 구조에 따라 분류할 때 종류 4가지를 쓰시오.

답안작성

① 갭 저항형 피뢰기　② 갭 레스형 피뢰기　③ 밸브 저항형 피뢰기　④ 밸브형

해설

피뢰기의 종류는 다음과 같다.
① 갭 저항형(GAP RESISTANCE TYPE)
② 갭 레스형(GAP LESS TYPE) : 특성요소(ZnO : 산화아연)로만 구성
③ 밸브 저항형(VALVE RESISTANCE TYPE) : 직렬 갭 + 특성 요소(SiC)
④ 밸브형(VALVE TYPE)

국가기술자격검정 실기시험문제 및 답안지

2022년도 산업기사 일반검정 제 3 회

자격종목(선택분야)	시험시간	형별
전기산업기사	2시간 00분	

문제 01
▸ 출제년도 : 19. 22. ▸ 점수 : 5점

계기용 변류기(CT, Current Transformer)를 사용하는 목적과 정격부담에 대하여 설명하시오.
- 계기용 변류기의 사용 목적
- 정격 부담

답안작성
- 목적 : 회로의 대전류를 소전류로 변성하여 계기나 계전기에 공급
- 정격부담 : 변류기의 2차측 단자 간에 접속되는 부하의 한도를 말하며 [VA]로 표시한다.

문제 02
▸ 출제년도 : 86. 96. 98. 00. 02. 03. 22. ▸ 점수 : 7점

어느 회사에서 하나의 부지 내에 A, B, C 3개의 공장을 세워 3대의 급수 펌프 P_1(소형), P_2(중형), P_3(대형)로 급수시설을 하여 다음 급수계획과 같이 급수하고자 한다. 이 계획에 대한 다음 각 물음에 답하시오.

[급수계획]
① 공장 A, B, C가 휴무일 때 또는 그 중 한 공장만 가동할 때에는 펌프 P_1만 가동한다.
② 공장 A, B, C 중 어느 것이나 두 개의 공장만 가동할 때에는 P_2만 가동한다.
③ 공장 A, B, C가 모두 가동할 때에는 P_3만 가동한다.

(1) 급수계획에 대한 진리표를 완성하시오.

입 력			출 력		
A	B	C	P_1	P_2	P_3
0	0	0			
0	0	1			
0	1	0			
0	1	1			
1	0	0			
1	0	1			
1	1	0			
1	1	1			

(2) 급수 펌프 P_1, P_2에 대한 출력식을 나타내고 간략화 하시오.
(3) 급수 펌프 P_1, P_2에 대한 논리회로를 완성하시오.
  (단, 입력은 A, B, C 이며, 출력은 P_1, P_2, P_3 이다.)

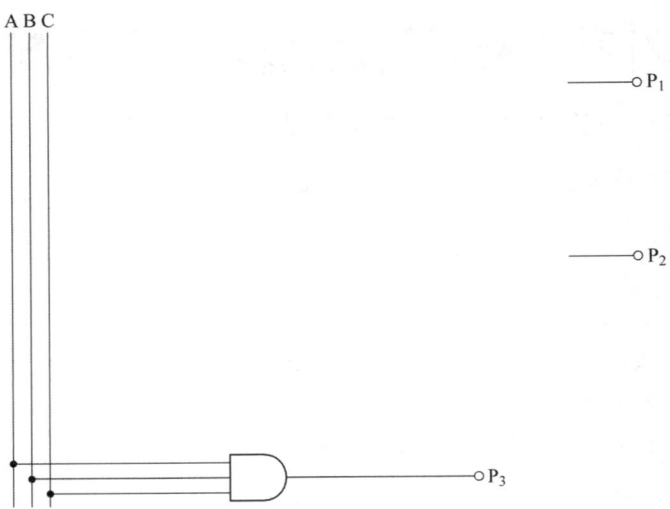

답안작성

(1)

A	B	C	P_1	P_2	P_3
0	0	0	1	0	0
0	0	1	1	0	0
0	1	0	1	0	0
0	1	1	0	1	0
1	0	0	1	0	0
1	0	1	0	1	0
1	1	0	0	1	0
1	1	1	0	0	1

(2) $P_1 = \overline{A}\,\overline{B}\,\overline{C} + \overline{A}\,\overline{B}C + \overline{A}B\overline{C} + A\overline{B}\,\overline{C}$
$= \overline{A}\,\overline{B}\,\overline{C} + \overline{A}\,\overline{B}C + \overline{A}B\overline{C} + A\overline{B}\,\overline{C} + \overline{A}\,\overline{B}\,\overline{C} + \overline{A}\,\overline{B}\,\overline{C}$
$= \overline{A}\,\overline{B}(C+\overline{C}) + \overline{A}\,\overline{C}(B+\overline{B}) + \overline{B}\,\overline{C}(A+\overline{A}) = \overline{A}\,\overline{B} + (\overline{A}+\overline{B})\overline{C}$

$P_2 = \overline{A}BC + A\overline{B}C + AB\overline{C} = \overline{A}BC + A(\overline{B}C + B\overline{C})$

(3)

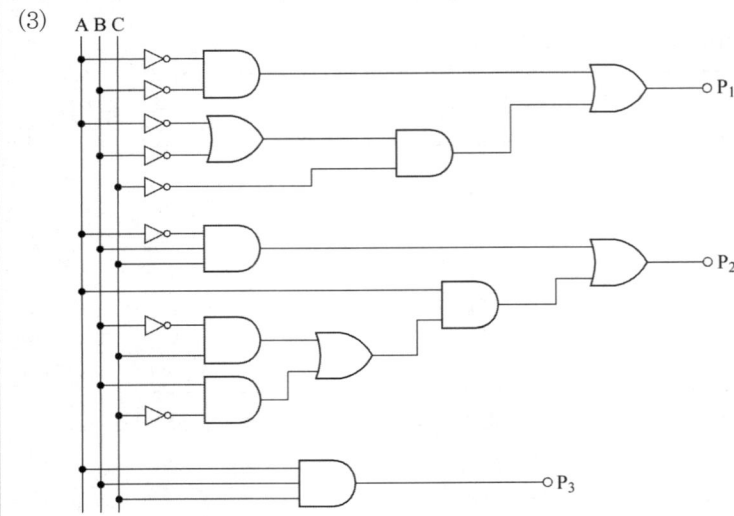

해설

$P_1 = \overline{A}\,\overline{B}\,\overline{C} + \overline{A}\,\overline{B}C + \overline{A}B\overline{C} + A\overline{B}\,\overline{C}$
$\quad = \overline{A}\,\overline{B}\,\overline{C} + \overline{A}\,\overline{B}\,\overline{C} + \overline{A}\,\overline{B}C + \overline{A}B\overline{C} + A\overline{B}\,\overline{C}$
$\quad\quad$ ($\overline{A}\,\overline{B}\,\overline{C}$를 병렬로 추가하여도 회로의 기능은 변함없다.)
$\quad = \overline{A}\,\overline{B}(\overline{C}+C) + \overline{A}\,\overline{C}(\overline{B}+B) + \overline{B}\,\overline{C}(\overline{A}+A)$
$\quad\quad$ ($\overline{C}+C=1$, $\overline{B}+B=1$, $\overline{A}+A=1$)
$\quad = \overline{A}\,\overline{B} + \overline{A}\,\overline{C} + \overline{B}\,\overline{C} = \overline{A}\,\overline{B} + (\overline{A}+\overline{B})\overline{C}$
$P_2 = \overline{A}BC + A\overline{B}C + AB\overline{C} = \overline{A}BC + A(\overline{B}C + B\overline{C})$
$P_3 = ABC$

▸ 출제년도 : 12. 22. ▸ 점수 : 4점

문제 03 다음 논리회로의 출력을 논리식으로 나타내고 간략화 하시오.

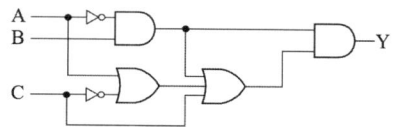

답안작성

$Y = (\overline{A}\cdot B)(\overline{A}\cdot B + A + \overline{C} + C) = (\overline{A}\cdot B)(\overline{A}\cdot B + A + 1) = \overline{A}\cdot B$

해설

$\overline{C}+C=1$, $\overline{A}\cdot B + A + 1 = 1$

▸ 출제년도 : 97. 02. 22. ▸ 점수 : 6점

문제 04 그림과 같은 주택과 상점의 2층 건물의 평면도에 대한 전기배선 설계를 하고자 한다. 주어진 조건을 이용하여 1층과 2층을 분리하여 분기회로수를 결정하시오.
(단, 룸 에어컨은 별도의 회로로 한다.)

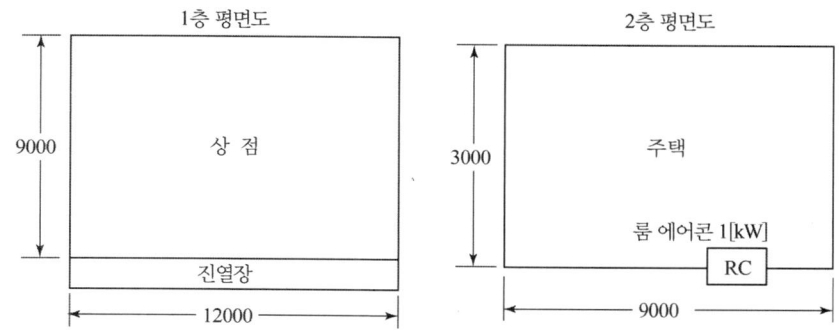

[조건] • 분기 회로는 16[A] 분기 회로로 하고 80[%]의 정격이 되도록 한다.
• 배전 전압은 220[V]를 기준으로 하여 적용 가능한 최대 부하를 상정한다.

- 주택의 표준 부하는 40[VA/m²], 상점의 표준 부하는 30[VA/m²]로 한다.
- 1층과 2층은 분리하여 분기 회로수를 결정하고, 상점과 주택에 각각 1000[VA]를 가산하여 적용한다.
- 상점의 진열장은 길이 1[m]당 300[VA]를 적용한다.
- 옥외 광고등 500[VA], 1등이 상점에 있는 것으로 한다.
- 기타 예상되는 콘센트, 소켓 등이 있는 경우에도 적용하지 않는다.

(1) 1층 상점의 분기회로 수를 구하시오.
- 계산 :
- 답 :

(2) 2층 주택의 분기회로 수를 구하시오.
- 계산 :
- 답 :

답안작성

(1) 계산 : 최대 상정 부하 $P = (12 \times 9 \times 30) + 12 \times 300 + 500 + 1000 = 8340[VA]$

분기 회로수 $N = \dfrac{8340}{220 \times 16 \times 0.8} = 2.96[회로]$

답 : 16[A] 분기 3회로

(2) 계산 : 최대 상정 부하 $P = 9 \times 3 \times 40 + 1000 = 2080[VA]$ (룸 에어컨은 별도 회로)

분기 회로수 $N = \dfrac{2080}{220 \times 16 \times 0.8} = 0.74[회로]$

룸 에어컨용 별도 1회로

답 : 16[A] 분기 2회로

해설

(1) 최대상정부하 = 바닥면적×표준부하 + 쇼윈도 부하 + 옥외 광고등 + 가산부하
(2) • 최대상정부하 = 바닥면적×표준부하 + 가산부하
   • 룸 에어컨은 별도의 회로로 한다.
   • 분기회로 수 산정 시 소수가 발생되면 무조건 절상하여 산출한다.

▶ 출제년도 : '0. 22.   ▶ 점수 : 5점

문제 05

그림과 같은 계통에서 단락점에 흐르는 단락전류를 구하시오.
(단, 선로의 전압은 154[kV], 기준용량은 10[MVA]으로 한다.)

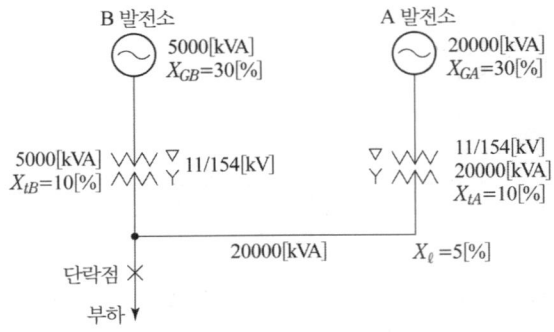

• 계산 :   • 답 :

답안작성

계산 : ① 정격전류 $I_n = \dfrac{10 \times 10^6}{\sqrt{3} \times 154 \times 10^3} = 37.49[\text{A}]$

② 10[MVA] 기준으로 %X를 구하면

- $X_{GA} = 30[\%] \times \dfrac{10}{20} = 15[\%]$
- $X_{tA} = 10[\%] \times \dfrac{10}{20} = 5[\%]$
- $X_{GB} = 30[\%] \times \dfrac{10}{5} = 60[\%]$
- $X_{tB} = 10[\%] \times \dfrac{10}{5} = 20[\%]$
- $X_l = 5[\%] \times \dfrac{10}{20} = 2.5[\%]$

$\%X = \dfrac{(X_{GA} + X_{tA} + X_l) \times (X_{GB} + X_{tB})}{(X_{GA} + X_{tA} + X_l) + (X_{GB} + X_{tB})} = \dfrac{(15+5+2.5) \times (60+20)}{(15+5+2.5) + (60+20)} = 17.56[\%]$

따라서, 단락전류 $I_s = \dfrac{100}{\%X} I_n = \dfrac{100}{17.56} \times 37.49 = 213.5[\text{A}]$

답 : 213.5[A]

▶ 출제년도 : 91. 92. 94. 96. 99. 13. 22.   ▶ 점수 : 5점

문제 06 30[kW], 20[kW], 25[kW]의 수용설비용량으로 각각 60[%], 50[%], 65[%]의 수용률을 갖는 부하가 있다. 이것에 공급할 변압기의 용량을 구하고 표에서 선정하시오. (단, 부등률은 1.1, 종합부하 역률은 85[%]로 한다.)

변압기 표준용량[kVA]

25	30	50	75	100	150

• 계산 :   • 답 :

답안작성

계산 : $Tr = \dfrac{30 \times 0.6 + 20 \times 0.5 + 25 \times 0.65}{1.1 \times 0.85} = 47.33[\text{kVA}]$

따라서 변압기 표준용량 표에 의해 50[kVA]를 선정한다.

답 : 50[kVA]

해설

변압기 용량[kVA] ≥ 합성최대 수용전력 = $\dfrac{\text{부하 설비 용량}[\text{kVA}] \times \text{수용률}}{\text{부등률}}$

$= \dfrac{\text{부하 설비 용량}[\text{kW}] \times \text{수용률}}{\text{부등률} \times \text{역률}}$

문제 07

▸ 출제년도 : 97. 00. 18. 22.   ▸ 점수 : 4점

단상 변압기 3대를 △-Y 결선하려고 한다. 미완성 된 부분을 그리시오.

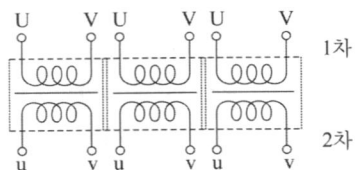

답안작성

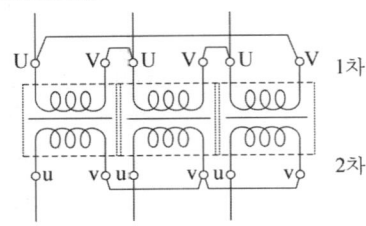

문제 08

▸ 출제년도 : 15. 19. 22   ▸ 점수 : 5점

그림과 같은 교류 3상 3선식 전로에 연결된 3상 평형부하가 있다. 이때 L3상의 P점이 단선된 경우, 이 부하의 소비전력은 단선 전 소비전력에 비하여 어떻게 되는지 계산식을 이용하여 설명하시오. (단, 선간 전압은 E[V]이며, 부하의 저항은 R[Ω] 이다.)

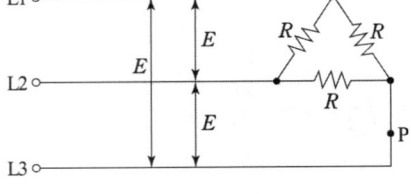

• 계산 :   • 답 :

답안작성

계산 : ① 단선 전 소비전력 $P_3 = 3\dfrac{E^2}{R}$

② P점단선 후 소비전력 P_1

• 단선되면 단상부하가 되므로 부하 $R_L = \dfrac{R \cdot 2R}{R+2R} = \dfrac{2}{3}R$

• 단선 후 소비전력 $P_1 = \dfrac{E^2}{R_L} = \dfrac{E^2}{\dfrac{2}{3}R} = \dfrac{3}{2}\dfrac{E^2}{R}$

③ 소비전력 비 $\dfrac{P_1}{P_3} = \dfrac{\dfrac{3}{2}\dfrac{E^2}{R}}{3\dfrac{E^2}{R}} = \dfrac{1}{2}$ 에서

$P_1 = \dfrac{1}{2}P_3$ 가 되어 단선 후 소비전력은 단선 전 소비 전력의 $\dfrac{1}{2}$이 된다.

답 : 단선 전 소비전력의 $\dfrac{1}{2}$로 감소한다.

해설

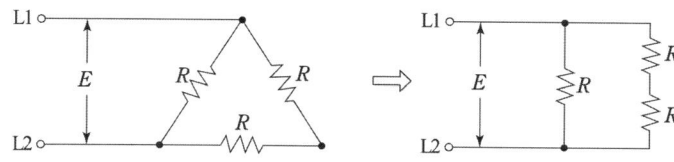

▶ 출제년도 : 97. 22. ▶ 점수 : 5점

문제 09 연 축전지의 정격용량 200[Ah], 상시부하 22[kW], 표준전압 220[V]인 부동충전방식 충전기의 2차 전류(충전전류) 값을 구하시오. (단, 연 축전지의 정격 방전율은 10[Ah]이며, 상시 부하의 역률은 100[%]로 한다.)

• 계산 :   • 답 :

답안작성

계산 : $I_2 = \dfrac{200}{10} + \dfrac{22 \times 10^3}{220} = 120[A]$

답 : 120[A]

해설

• 충전기 2차 전류 [A] = $\dfrac{\text{축전지 용량 [Ah]}}{\text{정격방전률 [h]}} + \dfrac{\text{상시 부하용량 [VA]}}{\text{표준전압 [V]}}$

• 연축전지의 정격방전율 : 10 [h]

▶ 출제년도 : 07. 22. ▶ 점수 : 12점

문제 10 그림과 같은 3상 배전선이 있다. 변전소(A점)의 전압은 3300 [V], 중간(B점) 지점의 부하 60 [A], 역률 0.8(지상), 말단(C점)의 부하는 40 [A], 역률 0.8이다. AB 사이의 길이는 3 [km], BC 사이의 길이는 2 [km]이고, 선로의 km당 임피던스는 저항 0.9 [Ω], 리액턴스 0.4 [Ω]이다. 다음 물음에 답하시오.

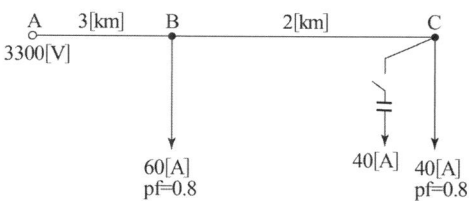

(1) C점에 전력용 콘덴서가 없는 경우 B점, C점의 전압은?

① B점의 전압
• 계산 :   • 답 :

② C점의 전압
• 계산 :   • 답 :

(2) C점에 전력용 콘덴서를 설치하여 진상 전류 40 [A]를 흘릴 때 B점, C점의 전압은?
① B점의 전압
  • 계산 :   • 답 :
② C점의 전압
  • 계산 :   • 답 :

답안작성

(1) ① B점의 전압

계산 : $V_B = V_A - \sqrt{3}\,I(R_1\cos\theta + X_1\sin\theta)$
$= V_A - \sqrt{3}\,(I\cos\theta \times R_1 + I\sin\theta \times X_1)$
$= 3300 - \sqrt{3}\,(100 \times 0.8 \times 3 \times 0.9 + 100 \times 0.6 \times 3 \times 0.4)$
$= 2801.17\,[V]$

답 : 2801.17 [V]

② C점의 전압

계산 : $V_C = V_B - \sqrt{3}\,I_2(R_2\cos\theta + X_2\sin\theta)$
$= 2801.17 - \sqrt{3} \times 40(2 \times 0.9 \times 0.8 + 2 \times 0.4 \times 0.6)$
$= 2668.15\,[V]$

답 : 2668.15 [V]

(2) ① B점의 전압

계산 : $V_B = V_A - \sqrt{3} \times \{I\cos\theta \cdot R_1 + (I\sin\theta - I_C) \cdot X_1\}$
$= 3300 - \sqrt{3} \times \{100 \times 0.8 \times 3 \times 0.9 + (100 \times 0.6 - 40) \times 3 \times 0.4\}$
$= 2884.31\,[V]$

답 : 2884.31 [V]

② C점의 전압

계산 : $V_C = V_B - \sqrt{3} \times \{I_2\cos\theta \cdot R_2 + (I_2\sin\theta - I_C) \cdot X_2\}$
$= 2884.31 - \sqrt{3} \times \{40 \times 0.8 \times 2 \times 0.9 + (40 \times 0.6 - 40) \times 2 \times 0.4\}$
$= 2806.71\,[V]$

답 : 2806.71 [V]

▶ 출제년도 : 22.   ▶ 점수 : 5점

문제 11 그림과 같이 완전 확산형 조명기구가 설치되어 있다. A점에서의 수평면 조도를 구하시오. (단, 각 조명기구의 광도는 1000[cd]이다.)

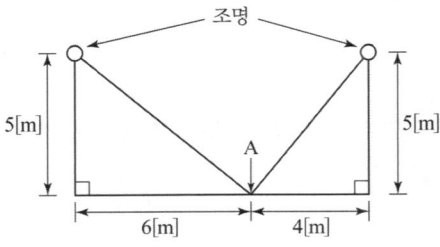

• 계산 :   • 답 :

답안작성

계산 : 왼쪽 조명의 수평면 조도를 E_L, 오른쪽 조명의 수평면 조도를 E_R이라고 하면

$$E_L = \frac{I}{R_L^2}\cos\theta = \frac{1000}{5^2+6^2} \times \frac{5}{\sqrt{5^2+6^2}} = 10.49[\text{lx}]$$

$$E_R = \frac{I}{R_R^2}\cos\theta = \frac{1000}{5^2+4^2} \times \frac{5}{\sqrt{5^2+4^2}} = 19.05[\text{lx}]$$

$$\therefore E_h = E_L + E_R = 10.49 + 19.05 = 29.54[\text{lx}]$$

답 : $29.54[\text{lx}]$

해설

(1) 조도의 구분

① 법선 조도 : $E_n = \dfrac{I}{r^2}$

② 수평면 조도 :
$$E_h = E_n\cos\theta = \frac{I}{r^2}\cos\theta = \frac{I}{h^2}\cos^3\theta$$

③ 수직면 조도 :
$$E_v = E_n\sin\theta = \frac{I}{r^2}\sin\theta = \frac{I}{d^2}\sin^3\theta$$

(2) 역률 $\cos\theta = \dfrac{h}{r} = \dfrac{h}{\sqrt{h^2+d^2}}$

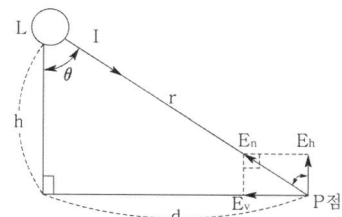

▸ 출제년도 : 22. ▸ 점수 : 6점

문제 12 다음은 절연내력 시험의 예이다. 각 물음에 대하여 답하시오.

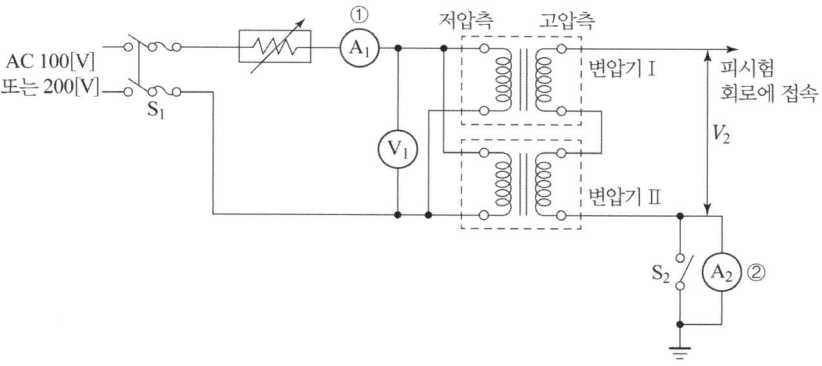

(1) ①의 전류계는 어떤 전류를 측정하는지 쓰시오.
(2) ②의 전류계는 어떤 전류를 측정하는지 쓰시오.
(3) 최대사용전압 6[kV]용 피시험기를 절연내력시험을 하고자 할 때 시험전압을 구하시오.
  • 계산 :   • 답 :

답안작성

(1) 변압기 여자전류
(2) 피시험기기의 누설 전류
(3) 계산 : 절연 내력 시험 전압 : $V = 6000 \times 1.5 = 9000[V]$
    답 : 9000[V]

해설

(2) 피시험기기의 누설 전류를 측정하여 절연 강도를 판정
(3) 변압기 전로의 절연내력(KEC 135)
변압기의 전로는 표에서 정하는 시험전압을 권선과 다른 권선, 철심 및 외함 간에 시험전압을 연속하여 10분간 가하여 절연내력을 시험하였을 때에 이에 견디는 것이어야 한다.

권선의 종류 (최대사용전압)	접지방식	시험 전압 (최대사용전압의 배수)	최저 시험전압
1. 7[kV] 이하		1.5배	500[V]
	다중접지	0.92배	500[V]
2. 7[kV] 초과 25[kV] 이하	다중접지	0.92배	
3. 7[kV] 초과 60[kV] 이하(2란의 것을 제외한다)		1.25배	10.5[kV]
4. 60[kV] 초과(전위 변성기를 사용하여 접지하는 것을 포함한다. 8란의 것을 제외한다)	비접지	1.25	
5. 60[kV] 초과(전위 변성기를 사용하여 접지하는 것, 6란 및 8란의 것을 제외한다)	접지식	1.1배	75[kV]
6. 60[kV] 초과(8란의 것을 제외한다). 다만, 170[kV]를 초과하는 권선에는 그 중성점에 피뢰기를 시설하는 것에 한한다.	직접접지	0.72배	
7. 170[kV] 초과(8란의 것을 제외한다)	직접접지	0.64배	

▶ 출제년도 : 05. 13. 22.   ▶ 점수 : 6점

문제 13 폭 12[m], 길이 18[m], 천장 높이 3.1[m], 작업면(책상 위)높이 0.85[m]인 사무실이 있다. 이 사무실의 천장은 백색 택스로 마감하였으며, 벽면은 옅은 크림색으로 마감하였고, 실내 조도는 500[lx], 조명기구는 40W 2등용(H형)팬던트를 설치하고자 한다. 이 때 다음 조건을 이용하여 각 물음의 설계를 하도록 하시오.

[조건] • 천장의 반사율은 50[%], 벽의 반사율은 30[%]로서 H형 팬던트의 기구를 사용할 때 조명율은 0.61로 한다.
• H형 팬던트 기구의 보수율은 0.75로 하도록 한다.
• H형 팬던트의 길이는 0.5[m]이다.
• 램프의 광속은 40[W] 1등당 3300[lm]으로 한다.
• 조명기구의 배치는 5열로 배치하도록 하며 각 열당 등수는 동일하게 되도록 한다.

(1) 광원의 높이는 몇 [m]인가?
(2) 이 사무실의 실지수는 얼마인가?
  • 계산 :   • 답 :
(3) 이 사무실에는 40 [W] 2등용(H형) 팬던트의 조명기구를 몇 조 설치하여야 하는가?
  • 계산 :   • 답 :

답안작성

(1) $H = 3.1 - 0.85 - 0.5 = 1.75$ [m]

(2) 계산 : 실지수 $= \dfrac{XY}{H(X+Y)} = \dfrac{12 \times 18}{1.75(12+18)} = 4.11$ 답 : 4.11

(3) 계산 : $N = \dfrac{EA}{FUM} = \dfrac{500 \times (12 \times 18)}{3300 \times 2 \times 0.61 \times 0.75} = 35.77$[조]   답 : 40[조]

해설

(3) 조명기구의 배치는 5열이고 열당 등수는 동일해야 하므로 등수는 5의 배수로 되어야 한다.

▶ 출제년도 : 89. 93. 95. 02. 06. 13. 22.   ▶ 점수 : 6점

문제 14

공급전압을 220 [V]에서 380 [V]로 승압할 경우 저압간선에 나타나는 효과로서 다음 각 물음에 답하시오.

(1) 전력에 대한 공급능력의 증대는 몇 배인지 구하시오.
  • 계산   • 답
(2) 전력손실은 승압 전에 비해 몇 [%]감소하는지 구하시오.
  • 계산   • 답

답안작성

(1) 계산 : 공급능력 $P \propto V$ 이므로

$$P' = \dfrac{380}{220} \times P = 1.73P$$

답 : 1.73배

(2) 계산 : $P_L \propto \dfrac{1}{V^2}$ 이므로 $P_L' = \left(\dfrac{220}{380}\right)^2 P_L = 0.3352 P_L$

∴ 감소는 $1 - 0.3352 = 0.6648$

답 : 66.48 [%]

해설

(1) 공급능력 $P = VI\cos\theta$ [W]에서 선로의 허용전류는 전선의 굵기에 의해 좌우된다.
    따라서, 전선의 굵기가 일정한 경우 전선의 허용전류가 일정하므로 $P \propto V$

(2) 전력손실 $P_l = 3I^2 R = 3 \times \left(\dfrac{P}{\sqrt{3}\, V\cos\theta}\right)^2 = \dfrac{RP^2}{V^2 \cos^2\theta}$ ∴ $P_l \propto \dfrac{1}{V^2}$

▶ 출제년도 : 03. 22.   ▶ 점수 : 5점

문제 15

다음의 전기 배선용 도식 기호에 대한 명칭을 쓰시오.

●$_{WP}$	●$_T$	◐$_2$	◐$_{3P}$	◐$_E$
①	②	③	④	⑤

답안작성

●WP	●T	◐₂	◐₃ₚ	◐ₑ
방수형 점멸기	타이머 붙이 점멸기	2구 콘센트	3극 콘센트	접지극 붙이 콘센트

해설

(1) 점멸기

명 칭	그림기호	적 요
점멸기	●	① 용량의 표시 방법은 다음과 같다. 　• 10 [A]는 표기하지 않는다. 　• 15 [A] 이상은 전류값을 표기한다. 　　[보기] ●₁₅ₐ ② 극수의 표시 방법은 다음과 같다. 　• 단극은 표기하지 않는다. 　• 2극 또는 3로, 4로는 각각 2P 또는 3, 4의 숫자를 표기한다. 　　[보기] ●₂ₚ　●₃ ③ 방수형은 WP를 표기한다.　●WP ④ 방폭형은 EX를 표기한다.　●EX ⑤ 타이머 붙이는 T를 표기한다.　●T

(2) 콘센트

명 칭	그림 기호	적 요
콘센트	◐	① 천장에 부착하는 경우는 다음과 같다. ⊙ ② 바닥에 부착하는 경우는 다음과 같다. ③ 용량의 표시 방법은 다음과 같다. 　• 15[A]는 표기하지 않는다. 　• 20[A] 이상은 암페어 수를 표기한다. 　[보기] ◐₂₀ₐ ④ 2구 이상인 경우는 구수를 표기한다. 　[보기] ◐₂ ⑤ 3극 이상인 것은 극수를 표기한다. 　[보기] ◐₃ₚ ⑥ 종류를 표시하는 경우는 다음과 같다. 　빠짐 방지형　◐LK 　걸림형　◐T 　접지극붙이　◐E 　접지단자붙이　◐ET 　누전 차단기붙이　◐EL ⑦ 방수형은 WP를 표기한다. ◐WP ⑧ 방폭형은 EX를 표기한다. ◐EX ⑨ 의료용은 H를 표기한다. ◐H

문제 16

▸ 출제년도 : 11. 22.   ▸ 점수 : 5점

천장 크레인의 권상용 전동기에 의하여 권상 중량 90[ton]을 권상 속도 3[m/min]로 권상하려고 한다. 권상용 전동기의 소요 출력[kW]을 구하시오.
(단, 권상기의 기계효율은 70[%]이다.)

답안작성

$$P = \frac{W \cdot V}{6.12\eta} = \frac{90 \times 3}{6.12 \times 0.7} = 63.03 [\text{kW}]$$

해설

권상용 전동기의 출력 $P = \dfrac{W \cdot V}{6.12\eta} [\text{kW}]$

W : 권상 중량[ton], V : 권상 속도[m/min], η : 효율

문제 17

▸ 출제년도 : 17. 22.   ▸ 점수 : 4점

부하율을 식으로 표시하고 부하율이 높다는 의미에 대해 설명하시오.
(1) 부하율
(2) 부하율이 높다는 의미

답안작성

(1) 부하율 $= \dfrac{\text{평균 전력}}{\text{최대 전력}} \times 100 [\%]$

(2) 부하율이 높다는 의미
  ① 공급 설비를 유용하게 사용하고 있다.
  ② 평균 수요 전력과 최대 수요 전력과의 차가 적어지게 되므로 부하 설비의 가동률이 상승한다.

문제 18

▸ 출제년도 : 89. 08. 14. 22.   ▸ 점수 : 5점

22.9[kV]/380[V], 500[kVA] 규격의 배전용 변압기가 있다. 이 변압기의 %저항이 1.05, %리액턴스는 4.92 일 때 2차측 회로의 최대 단락전류는 정격전류의 몇 배가 되는지 구하시오. (단, 전원 및 선로의 임피던스는 무시한다.)
• 계산 :   • 답 :

답안작성

계산 : 단락전류 $I_s = \dfrac{100}{\%Z}I_n = \dfrac{100}{\sqrt{1.05^2 + 4.92^2}}I_n = 19.88 I_n [\text{A}]$

답 : 19.88배

해설

단락전류 $I_s = \dfrac{100}{\%Z} \times I_n (\text{정격전류})$

MEMO

E60-2
전기산업기사 실기

2023년도 기출문제

- 2023년 전기산업기사 1회
- 2023년 전기산업기사 2회
- 2023년 전기산업기사 3회

국가기술자격검정 실기시험문제 및 답안지

2023년도 산업기사 일반검정 제1회

자격종목(선택분야)	시험시간	형별	수험번호	성 명	감독위원 확인
전기산업기사	2시간 00분				

문제 01

▶출제년도 : 04. 19. 23. ▶점수 : 12점

그림은 중형 환기팬의 수동운전 및 고장 표시등 회로의 일부이다. 이 회로를 이용하여 다음 각 물음에 답하시오.

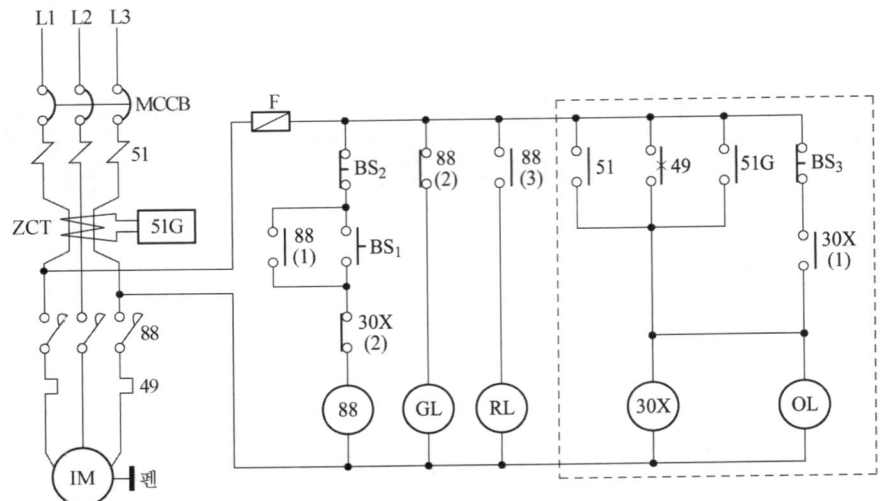

(1) 88은 MC로서 도면에서는 출력기구이다. 도면에 표시된 기구(버튼) 및 램프에 대하여 다음에 해당되는 명칭을 그 약호로 쓰시오. (단, 기구(버튼) 및 램프에 대한 약호의 중복은 없고, MCCB, ZCT, IM, 팬은 제외하며, 해당되는 기구가 여러 가지일 경우에는 모두 쓰도록 한다.)

① 고장표시기구 :   ② 고장 회복확인 기구(버튼) :
③ 기동기구(버튼) :   ④ 정지기구(버튼) :
⑤ 운전표시램프 :   ⑥ 정지표시램프 :
⑦ 고장표시램프 :   ⑧ 고장검출기구 :

(2) 그림의 점선으로 표시된 회로를 AND, OR, NOT 게이트를 사용하여 로직회로를 그리시오. (단, 로직소자는 3입력 이하로 한다.)

답안작성

(1) ① 30X   ② BS₃   ③ BS₁   ④ BS₂
　　⑤ RL   ⑥ GL   ⑦ OL   ⑧ 51, 51G, 49

(2)

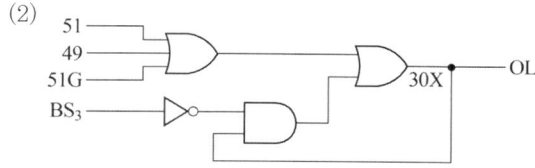

▶ 출제년도 : 95. 98. 00. 05. 23.　▶ 점수 : 7점

문제 02 그림과 같은 방전 특성을 갖는 부하에 대하여 다음 각 물음에 답하시오.
(단, 방전 전류 $I_1 = 500[A]$, $I_2 = 300[A]$, $I_3 = 80[A]$, $I_4 = 180[A]$이고,
방전 시간 $T_1 = 120[분]$, $T_2 = 119[분]$, $T_3 = 50[분]$, $T_4 = 1[분]$이며,
용량 환산 시간 $K_1 = 2.49$, $K_2 = 2.49$, $K_3 = 1.46$, $K_4 = 0.57$이다.
또한 보수율은 0.8을 적용한다.)

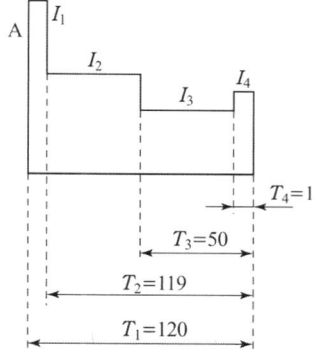

(1) 이와 같은 방전 특성을 갖는 축전지 용량은 몇 [Ah]인지 구하시오.
　• 계산 :　　　　　　　　　　　　　　• 답 :
(2) 납축전지의 정격방전율은 몇 시간인지 쓰시오.
(3) 납축전지에서 축전지의 공칭전압은 셀 당 몇 [V]인지 쓰시오.
(4) 예비전원으로 시설되는 축전지로부터 부하에 이르는 전로에는 개폐기와 또 무엇을 설치하는지 쓰시오.

답안작성

(1) 계산 : $C = \dfrac{1}{L}[K_1 I_1 + K_2(I_2 - I_1) + K_3(I_3 - I_2) + K_4(I_4 - I_3)]$ [Ah]

$\quad\quad\quad = \dfrac{1}{0.8}[2.49 \times 500 + 2.49(300 - 500) + 1.46(80 - 300) + 0.57(180 - 80)]$

$\quad\quad\quad = 603.5$ [Ah]

　　답 : 603.5[Ah]
(2) 10 시간율
(3) 2[V/cell]
(4) 과전류 차단기

해설

시간 경과와 함께 방전전류가 감소하는 부하

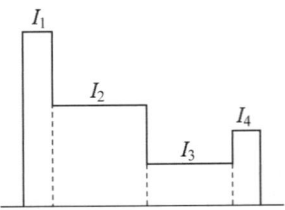

(1) $C_A = \dfrac{1}{L} K_1 I_1$ (2) $C_B = \dfrac{1}{L}[K_1 I_1 + K_2(I_2 - I_1)]$

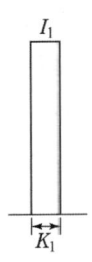   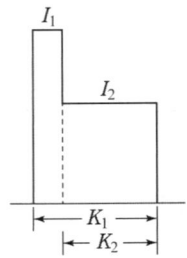

(3) $C_C = \dfrac{1}{L}[K_1 I_1 + K_2(I_2 - I_1) + K_3(I_3 - I_2)]$

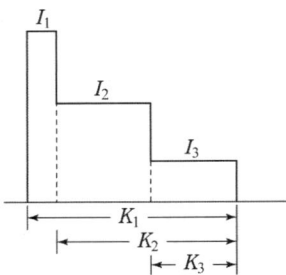

(4) $C_D = \dfrac{1}{L}[K_1 I_1 + K_2(I_2 - I_1) + K_3(I_3 - I_2) + K_4(I_4 - I_3)]$

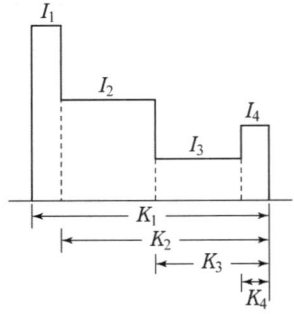

① 계산 방법 : 각 구간별로 구분하여 C_A, C_B, C_C, C_D 값 계산
② 축전지 용량은 각 구간별로 구분 계산한 값 C_A, C_B, C_C, C_D 중에서 제일 큰 값 선정(이때, C_A, C_B, C_C, C_D를 구할 때 각각의 K_1값은 서로 다른 값임)

그러나 문제에서 용량 환산 시간계수(K)값이 구분되어 주어지지 않았으므로 아래와 같이 면적을 구하는 방법으로 계산하였음.

축전지 용량은 전체 면적 $K_1 I_1$에서 $K_2(I_1 - I_2)$ 면적과 $K_3(I_2 - I_3)$ 면적을 빼주고 $K_4(I_4 - I_3)$ 면적을 더해주면 된다.

즉, $C = \dfrac{1}{L}\left[K_1 I_1 - K_2(I_1 - I_2) - K_3(I_2 - I_3) + K_4(I_4 - I_3)\right]$

$= \dfrac{1}{L}\left[K_1 I_1 + K_2(I_2 - I_1) + K_3(I_3 - I_2) + K_4(I_4 - I_3)\right]$

가 된다.

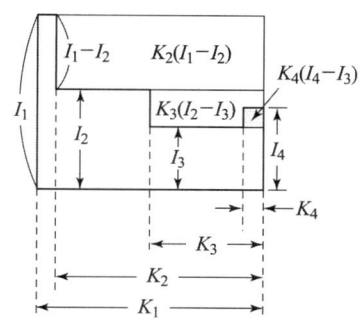

▸ 출제년도 : 03. 23.   ▸ 점수 : 4점

문제 03 ● 그림은 154[kV] 계통의 절연협조를 위한 각 기기의 절연강도 비교표이다. 변압기, 선로애자, 개폐기의 지지애자, 피뢰기의 제한전압이 속해 있는 부분은 어느 곳인가? □안에 써 넣으시오.

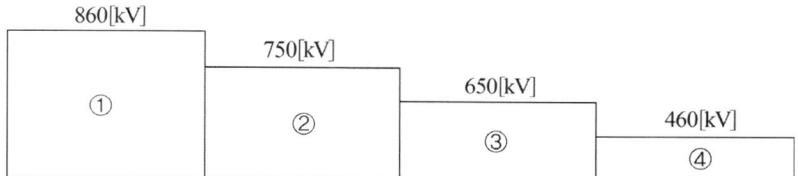

절연강도 비교표(BIL 650)

①		③	
②		④	

답안작성

①	선로애자	③	변압기
②	개폐기의 지지애자	④	피뢰기의 제한접압

▸ 출제년도 : 89. 97. 98. 00. 03. 05. 06. 15. 21. 23.   ▸ 점수 : 6점

문제 04 ● 다음은 CT 2대를 V결선하고, OCR 3대를 그림과 같이 연결하였다. 그림을 보고 다음 각 물음에 답하시오.

(1) 그림에서 CT의 변류비가 30/5이고, 변류기 2차 측 전류를 측정하였더니 3[A]의 전류가 흘렀다면 수전전력은 몇 [kW]인지 계산하시오.
(단, 수전전압은 22900[V]이고, 역률은 90[%]이다.)

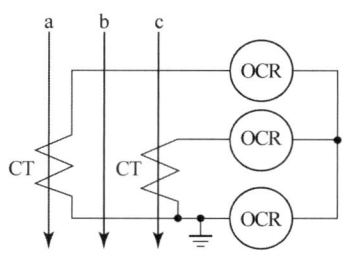

• 계산 :   • 답 :

(2) OCR은 주로 어떤 사고가 발생하였을 때 동작하는지 쓰시오.
(3) 통전 중에 있는 변류기 2차측 기기를 교체하고자 할 때 가장 먼저 취하여야 할 조치는 무엇인지 쓰시오.

답안작성

(1) 계산 : $P = \sqrt{3}\, VI\cos\theta = \sqrt{3} \times 22900 \times \left(3 \times \dfrac{30}{5}\right) \times 0.9 \times 10^{-3} = 642.56[kW]$

답 : 642.56[kW]

(2) 단락 사고
(3) 2차측 단락

해설

(3) 변류기 2차측을 개방하면 1차 전류가 모두 여자전류가 되어 2차측에 과전압 유기 및 절연이 파괴되어 소손될 우려가 있으므로 CT 2차측 기기를 교체하고자 하는 경우는 반드시 CT 2차측을 단락시켜야 한다.

▶ 출제년도 : 23. ▶ 점수 : 3점

문제 05 변압기 또는 선로 사고에 의하여, 뱅킹 내의 건전한 변압기의 일부 또는 전부가 연쇄적으로 회로로부터 차단되는 현상을 뜻하는 용어를 쓰시오.

답안작성

캐스케이딩 현상

해설

캐스케이딩(Cascading)
• 현상 : 일부 변압기 또는 선로의 사고에 의해서 뱅킹내의 모든 변압기가 연쇄적으로 선로로부터 차단되는 현상(고장이 확대)
• 발생 : 뱅킹방식에서 발생
• 대책 : 인접 변압기와 연결되어 있는 저압선의 중간에 구분 퓨즈를 설치하여 사고가 확대되는 것을 방지

▶ 출제년도 : 91. 92. 94. 96. 99. 13. 22. 23. ▶ 점수 : 5점

문제 06 부하설비 합계 용량이 1000[kW], 부하 역률이 85[%], 수용률이 70[%]인 공장의 수전설비 용량은 몇 [kVA]인지 구하시오.
• 계산 :   • 답 :

답안작성

계산 : 수전설비 용량 $= \dfrac{1000 \times 0.7}{0.85} = 823.53[kVA]$

답 : 823.53[kVA]

해설

변압기 용량, 수전설비 용량 [kVA] ≥ 합성최대 수용전력 $= \dfrac{\text{부하 설비 용량[kVA]} \times \text{수용률}}{\text{부등률}}$

$= \dfrac{\text{부하 설비 용량[kW]} \times \text{수용률}}{\text{부등률} \times \text{역률}}$

▸ 출제년도 : 23.　▸ 점수 : 6점

문제 07

"전력보안 통신설비"란 전력의 수급에 필요한 급전·운전·보수 등의 업무에 사용되는 전화나 원격지에 있는 설비의 감시·제어·계측·계통보호를 위해 전기적·광학적으로 신호를 송·수신하는 제 장치·전송로 설비 및 전원설비 등을 말한다. 전력보안 통신설비의 시설장소를 3곳만 쓰시오.

답안작성

① 송전선로
② 배전선로
③ 발전소, 변전소 및 변환소

해설

KEC 362.1 전력보안통신설비의 시설 요구사항
전력보안통신설비의 시설 장소는 다음에 따른다.

가. 송전선로
  (1) 66 kV, 154 kV, 345 kV, 765 kV계통 송전선로 구간(가공, 지중, 해저) 및 안전상 특히 필요한 경우에 전선로의 적당한 곳
  (2) 고압 및 특고압 지중전선로가 시설되어 있는 전력구내에서 안전상 특히 필요한 경우의 적당한 곳
  (3) 직류 계통 송전선로 구간 및 안전상 특히 필요한 경우의 적당한 곳
  (4) 송변전자동화 등 지능형전력망 구현을 위해 필요한 구간

나. 배전선로
  (1) 22.9 kV계통 배전선로 구간(가공, 지중, 해저)
  (2) 22.9 kV계통에 연결되는 분산전원형 발전소
  (3) 폐회로 배전 등 신 배전방식 도입 개소
  (4) 배전자동화, 원격검침, 부하감시 등 지능형전력망 구현을 위해 필요한 구간

다. 발전소, 변전소 및 변환소
  (1) 원격감시제어가 되지 아니하는 발전소·원격 감시제어가 되지 아니하는 변전소(이에 준하는 곳으로서 특고압의 전기를 변성하기 위한 곳을 포함한다)·개폐소, 전선로 및 이를 운용하는 급전소 및 급전분소 간
  (2) 2개 이상의 급전소(분소) 상호 간과 이들을 통합 운용하는 급전소(분소) 간
  (3) 수력설비 중 필요한 곳, 수력설비의 안전상 필요한 양수소(量水所) 및 강수량 관측소와 수력발전소 간
  (4) 동일 수계에 속하고 안전상 긴급 연락의 필요가 있는 수력발전소 상호 간
  (5) 동일 전력계통에 속하고 또한 안전상 긴급연락의 필요가 있는 발전소·변전소(이에 준하는 곳으로서 특고압의 전기를 변성하기 위한 곳을 포함한다) 및 개폐소 상호 간
  (6) 발전소·변전소 및 개폐소와 기술원 주재소 간. 다만, 다음 어느 항목에 적합하고 또한 휴대용이거나 이동형 전력보안통신설비에 의하여 연락이 확보된 경우에는 그러하지 아니하다.

(가) 발전소로서 전기의 공급에 지장을 미치지 않는 곳
(나) 상주감시를 하지 않는 변전소(사용전압이 35 kV 이하의 것에 한한다)로서 그 변전소에 접속되는 전선로가 동일 기술원 주재소에 의하여 운용되는 곳
(7) 발전소·변전소(이에 준하는 곳으로서 특고압의 전기를 변성하기 위한 곳을 포함한다.)·개폐소·급전소 및 기술원 주재소와 전기설비의 안전상 긴급 연락의 필요가 있는 기상대·측후소·소방서 및 방사선 감시계측 시설물 등의 사이
라. 배전자동화 주장치가 시설되어 있는 배전센터, 전력수급조절을 총괄하는 중앙급전사령실
마. 전력보안통신 데이터를 중계하거나, 교환장치가 설치된 정보통신실

▶ 출제년도 : 19. 23.   ▶ 점수 : 6점

문제 08

조명에서 사용되는 용어 중 광속, 조도, 광도의 정의를 설명하시오.
(1) 광속
(2) 조도
(3) 광도

답안작성

(1) 광속 : F [lm]
  방사속(단위시간당 방사되는 에너지의 량)중 빛으로 느끼는 부분
(2) 조도 : E [lx]
  어떤 면의 단위 면적당의 입사 광속
(3) 광도 : I [cd]
  광원에서 어떤 방향에 대한 단위 입체각으로 발산되는 광속

▶ 출제년도 : 12. 16. 19. 23.   ▶ 점수 : 5점

문제 09

서지 흡수기(Surge Absorber)의 주요 기능과 일반적인 설치 위치에 대하여 쓰시오.
• 주요 기능
• 설치 위치

답안작성

• 주요 기능 : 개폐서지 등 이상전압으로부터 변압기 등 기기보호
• 설치 위치 : 개폐서지를 발생하는 차단기의 후단과 보호 대상기기의 전단 사이에 설치

해설

(1) 서지흡수기 : 피뢰기와 같은 구조로 되어 있으나 적용 전압 범위만을 조정하여 적용시키는 일종의 옥내 피뢰기로서 선로에서 발생할 수 있는 개폐 서지, 순간 과도 전압 등의 이상전압이 2차 기기에 악영향을 주는 것을 막기 위해 설치하는 것으로 다음과 같다.
보호 대상기기(발전기, 변압기, 전동기, 콘덴서, 반도체 장비 계통)의 전단에 설치하며 대부분 개폐서지를 발생하는 차단기의 후단에 설치하고 2차측은 접지한다.

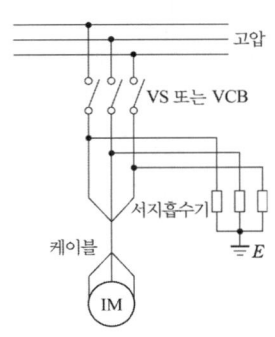

(2) 서지흡수기의 정격

계통공칭전압	3.3 [kV]	6.6 [kV]	22.9 [kV]
정격전압	4.5 [kV]	7.5 [kV]	18 [kV]
공칭방전전류	5 [kA]	5 [kA]	5 [kA]

▸ 출제년도 : 98. 00. 13. 17. 21. 23.　▸ 점수 : 4점

문제 10 22.9[kV] 배전선로에 A, B, C의 수용가가 접속되어 있다. 이 배전선로의 최대 전력이 9300[kW]로 기록되었을 때 이 선로의 부등률을 구하시오.

> A 수용가 : 설비용량 4500[kW], 수용률 80[%]
> B 수용가 : 설비용량 5000[kW], 수용률 60[%]
> C 수용가 : 설비용량 7000[kW], 수용률 50[%]

• 계산 :　　　　　　　　　　　　　　• 답 :

답안작성

계산 : 부등률 $= \dfrac{(4500 \times 0.8) + (5000 \times 0.6) + (7000 \times 0.5)}{9300} = 1.09$

답 : 1.09

해설

부등률 $= \dfrac{\text{개개 최대 수용 전력의 합계}}{\text{합성 최대 수용 전력}} = \dfrac{\text{설비 용량} \times \text{수용률}}{\text{합성 최대 수용 전력}}$

▸ 출제년도 : 23.　▸ 점수 : 5점

문제 11 6극 50[Hz]의 3상 권선형 유도 전동기의 전부하 회전수가 950[rpm], 회전자 1상의 저항이 $r[\Omega]$일 때, 1차측 단자를 전환해서 공급전압의 상회전을 반대로 바꾸어 전기제동을 하는 경우, 이 제동 토크를 전부하 토크와 같게 하기 위한 회전자의 삽입 저항 R은 회전자 1상의 저항 r의 몇 배인지 구하시오.

• 계산 :　　　　　　　　　　　　　　• 답 :

답안작성

계산 : 동기속도 $N_s = \dfrac{120f}{p} = \dfrac{120 \times 50}{6} = 1000[\text{rpm}]$

정회전시 슬립 $s = \dfrac{N_s - N}{N_s} = \dfrac{1000 - 950}{1000} = 0.05$

상회전을 반대로 전기제동 할 때의 슬립 s'는

$s' = \dfrac{N_s - (-N)}{N_s} = \dfrac{1000 - (-950)}{1000} = 1.95$

$s' = 1.95$에서 전부하 토크를 발생시키는 데 필요한 2차 삽입 저항 R은

$$\frac{r}{s} = \frac{r+R}{s'} \rightarrow \frac{r}{0.05} = \frac{r+R}{1.95}$$
$$\therefore R = \left(\frac{1.95}{0.05} - 1\right)r = 38r[\Omega]$$

답 : 38배

▸ 출제년도 : 93. 13. 14. 23.   ▸ 점수 : 5점

문제 12 어떤 공장에서 300[kVA]의 변압기에 역률 70[%]의 부하 300[kVA]가 접속되어 있다. 지금 합성 역률을 95[%]로 개선하기 위하여 전력용 콘덴서를 접속하면 역률 95[%] 부하는 몇 [kW] 증가시킬 수 있는지 구하시오.
• 계산 :   • 답 :

답안작성

계산 : 역률 개선 전 공급 가능 용량 $P = P_a \cos\theta_1 = 300 \times 0.7 = 210[kW]$
       역률 개선 후 공급 가능 용량 $P' = P_a \cos\theta = 300 \times 0.95 = 285[kW]$
       따라서 증가시킬 수 있는 부하 $\Delta P = 285 - 210 = 75[kW]$

답 : 75[kW]

해설

[방법1] 역률개선에 따른 유효전력 증가분
$$\Delta P = P_a(\cos\theta_2 - \cos\theta_1)[kW] = 300(0.95 - 0.7) = 75[kW]$$

[방법2] 변압기에 유효전력 P, 역률 $\cos\theta_1$, 피상전력 P_{a1} 부하에 전력을 공급하고 있을 때 전력용 콘덴서 Q_c를 병렬로 접속하여 역률을 $\cos\theta_2$로 개선하였다면 변압기 용량은 $P_{a1} - P_{a2}$만큼의 여유가 생기게 된다.

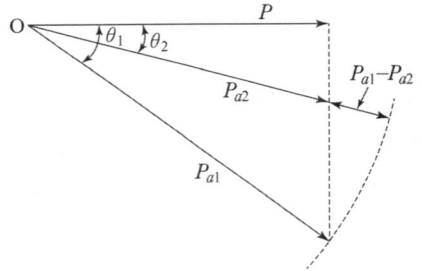

• 변압기에서 증대시킬 수 있는 부하의 피상전력
$$\cos\theta_1 = \frac{P}{P_{a1}}, \quad \cos\theta_2 = \frac{P}{P_{a2}}$$
$$\therefore P_{a1} = \frac{P}{\cos\theta_1}, \quad P_{a2} = \frac{P}{\cos\theta_2}$$
$$P_{a1} - P_{a2} = P\left(\frac{1}{\cos\theta_1} - \frac{1}{\cos\theta_2}\right) = 300 \times 0.7 \times \left(\frac{1}{0.7} - \frac{1}{0.95}\right) = 78.95[kVA]$$

• 증가시킬 수 있는 역률 0.95인 부하 P_2
$$P_2 = 78.95 \times 0.95 = 75[kW]$$

▸ 출제년도 : 23.   ▸ 점수 : 6점

문제 13 답안지의 그림은 3상 유도 전동기의 운전에 필요한 미완성 회로 도면이다. 다음 조건을 모두 만족하도록 회로를 완성하시오.

[조건]
(1) 운전용 푸시버튼(PB_1)을 누르면 MC코일이 여자되어 전동기가 운전되고, RL이 점등된다.
(2) 정지용 푸시버튼(PB_2)을 누르면 MC코일이 소자되어 전동기가 정지되고, GL이 점등된다.
(3) 전원 표시가 가능하도록 전원 표시용 파일럿 램프(PL) 1개를 도면에 설치하시오.

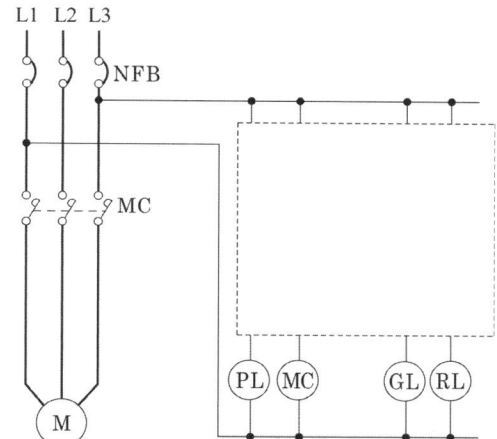

답안작성

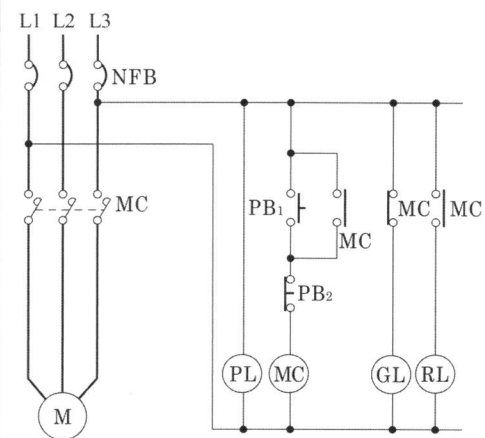

해설

pilot lamp는 전원 L1, L3선에 직접 접속한다.
RL은 MC-a 접점으로 점등하고
GL은 MC-b 접점으로 점등한다.

▶ 출제년도 : 14, 23 ▶ 점수 : 4점

문제 14 수용률(Demand Factor)을 식으로 나타내고 그 의미를 설명하시오.
- 식
- 의미

답안작성

- 식 : 수용률 = $\dfrac{\text{최대 수용 전력[kW]}}{\text{부하 설비 합계[kW]}} \times 100[\%]$
- 의미 : 어느 기간 중에서의 수용가의 최대 수용 전력[kW]과 그 수용가에 설치되어 있는 설비 용량의 합계[kW]와의 비를 말한다.

▶ 출제년도 : 96, 22, 23. ▶ 점수 : 6점

문제 15 그림과 같은 회로에서 중성선이 ×점에서 단선되었다면 부하 A 와 부하 B의 단자 전압은 몇 [V]인지 구하시오.

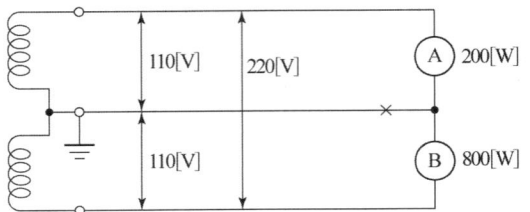

- 계산 :
- 답 :

답안작성

계산 : 부하 A의 저항 $R_A = \dfrac{V^2}{P_A} = \dfrac{110^2}{200} = 60.5[\Omega]$

부하 B의 저항 $R_B = \dfrac{V^2}{P_B} = \dfrac{110^2}{800} = 15.13[\Omega]$

∴ 부하 A의 단자 전압 $V_A = \dfrac{R_A}{R_A + R_B} \times V = \dfrac{60.5}{60.5 + 15.13} \times 220 = 175.99[V]$

부하 B의 단자 전압 $V_B = \dfrac{15.13}{60.5 + 15.13} \times 220 = 44.01[V]$

답 : $V_A = 175.99[V]$, $V_B = 44.01[V]$

해설

중성선이 P점에서 단선되면 220[V] 전원에 부하 A, B는 직렬접속 상태가 된다.

▶ 출제년도 : 07, 08, 23. ▶ 점수 : 5점

문제 16 소비전력이 400[kW]이고 무효전력이 300[kVar]인 부하에 대한 역률은 몇 [%]인지 구하시오.
- 계산 :
- 답 :

답안작성

계산 : 역률 $\cos\theta = \dfrac{P}{\sqrt{P^2+Q^2}} \times 100 = \dfrac{400}{\sqrt{400^2+300^2}} \times 100 = 80[\%]$

답 : 80[%]

▸ 출제년도 : 23.　▸ 점수 : 5점

문제 17　수전설비의 주요기기인 변압기가 특별고압용 변압기(뱅크용량 5000[kVA] 이상)일 경우, 변압기의 내부고장을 조기에 검출하여 2차적 재해를 방지하고 있다. 내부고장을 검출하는 수단으로 전기적 검출방식과 기계적 검출방식이 있는데 이들 방식에 사용되는 기기를 쓰시오.
- 전기적 검출방식(1가지)
- 기계적 검출방식(2가지)

답안작성

- 전기적 검출방식(1가지) : 비율 차동 계전기
- 기계적 검출방식(2가지) : 충격압력 계전기, 부흐홀쯔 계전기

해설

(1) 변압기 내부고장 검출용 보호 계전기
　① 과전류 계전기 : 5,000[kVA] 미만 소용량 변압기 내부 보호용
　② 비율 차동 계전기 : 통상 10,000[kVA] 이상의 특고압 변압기 내부 고장보호에 사용
　③ 충격압력 계전기 : 변압기 내부 사고 시 발생하는 분해가스 압력을 검출하여 차단
　④ 부흐홀쯔 계전기 : 변압기 본체 탱크 내에 발생한 가스 또는 이에 따른 유류를 검출하여 변압기 내부고장을 검출
　⑤ 방출 안전장치 : 변압기 내부압력이 일정 이상이 되면 방압변이 동작하여 변압기의 폭발을 방지
(2) 외부 고장에 대한 보호
　① 피뢰기, SA : 낙뢰 및 개폐 surge로부터 보호
　② 파워 퓨즈 : 단락 사고로부터 보호
　③ 과전류 계전기 : 과부하 또는 단락사고로부터 보호
　④ 지락 과전류 계전기, 지락 과전압 계전기 : 지락사고로부터 보호

▸ 출제년도 : 15. 23.　▸ 점수 : 6점

문제 18　역률 개선에 대한 효과를 3가지만 쓰시오.

답안작성

① 변압기와 배전선의 전력 손실 경감
② 전압 강하의 감소
③ 설비 용량의 여유 증가

해설

역률 개선의 효과
① 변압기와 배전선의 전력 손실 경감

$$전력손실\ P_l = \frac{P^2 R}{V^2 \cos^2\theta}$$

따라서, 전력손실은 역률의 자승에 반비례하므로 역률을 개선하면 전력손실은 감소한다.

② 전압 강하의 감소

$$전압강하\ e = \frac{P}{V}\left(R + X\frac{\sin\theta}{\cos\theta}\right)$$

따라서, 역률을 개선하면 분모인 $\cos\theta$는 증가하고 분자인 $\sin\theta$는 감소하게 되어 전압강하는 감소하게 된다.

③ 설비 용량의 여유 증가

$$부하의\ 피상전력 = \sqrt{(부하의\ 유효전력)^2 + (부하의\ 무효전력 - 콘덴서\ 용량)^2}$$

이므로 콘덴서를 설치하면 부하의 피상전력이 감소하게 되어 동일한 전기공급 설비로서 더 많은 부하에 전기를 공급할 수 있게 된다.

④ 전기 요금의 감소
수용가의 역률을 90[%]를 기준으로 하여 90[%]보다 낮은 매 1[%]마다 기본요금이 1[%]씩 할증되고, 90[%]보다 높은 매 1[%] 마다(95[%]까지 적용) 기본요금을 1[%]씩 감해주는 제도가 있다. 따라서, 역률을 개선하면 전기 요금이 감소하게 된다.

국가기술자격검정 실기시험문제 및 답안지

2023년도 산업기사 일반검정 제2회

자격종목(선택분야)	시험시간	형별
전기산업기사	2시간 00분	

문제 01 ▶ 출제년도 : 96. 03. 04. 11. 12. 17. 18. 23. ▶ 점수 : 5점

분전반에서 25[m]의 거리에 4[kW]의 교류 단상 2선식 200[V] 전열기를 설치하였다. 배선 방법을 금속관공사로 하고 전압강하를 1[%] 이하로 하기 위해서 전선의 공칭단면적 [mm²]을 선정하시오.
(단, 전선의 공칭단면적은 1.5, 2.5, 4.0, 6.0, 10, 16, 25[mm²] 이다.)

• 계산 : • 답 :

답안작성

• 계산 : $I = \dfrac{P}{V} = \dfrac{4 \times 10^3}{200} = 20[\text{A}]$

전선의 굵기 $A = \dfrac{35.6LI}{1000e} = \dfrac{35.6 \times 25 \times 20}{1000 \times (200 \times 0.01)} = 8.9[\text{mm}^2]$

• 답 : 10 [mm²]

해설

KSC IEC 전선규격 [mm²]

1.5	2.5	4
6	10	16
25	35	50
70	95	120
150	185	240
300	400	500

전선의 단면적

단상 2선식	$A = \dfrac{35.6LI}{1000 \cdot e}$
3상 3선식	$A = \dfrac{30.8LI}{1000 \cdot e}$
단상 3선식 3상 4선식	$A = \dfrac{17.8LI}{1000 \cdot e}$

문제 02 ▶ 출제년도 : 88. 92. 94. 00. 01. 12. 23. ▶ 점수 : 4점

가로 10[m], 세로 20[m]인 사무실에 평균 조도 250[lx]를 얻기 위하여 40[W] 전광속 2400[lm]인 형광등을 사용한다면 여기에 필요한 등 수(개)를 구하시오.
(단, 조명률은 0.5, 감광보상률은 1.2이다.)

• 계산 : • 답 :

답안작성

계산 : 등 수 $N = \dfrac{EAD}{FU} = \dfrac{250 \times 10 \times 20 \times 1.2}{2400 \times 0.5} = 50[개]$

답 : 50[개]

해설

$N = \dfrac{EAD}{FU} = \dfrac{EA}{FUM}[등]$

여기서, F : 광원 1개당의 광속 [lm], N : 광원의 개수 [등]
E : 작업면상의 평균 조도 [lx], A : 방의 면적 [m²]
D : 감광 보상률 ($D > 1$), U : 조명률
M : 유지율(보수율)

▸ 출제년도 : 11, 22, 23.   ▸ 점수 : 5점

문제 03 천장 크레인의 권상용 전동기에 의하여 권상 중량 60[ton]을 권상 속도 3[m/min]로 권상하려고 한다. 권상용 전동기의 소요 출력[kW]을 구하시오.
(단, 권상기의 기계효율은 80[%]이다.)

답안작성

$P = \dfrac{W \cdot V}{6.12\eta} = \dfrac{60 \times 3}{6.12 \times 0.8} = 36.76[\text{kW}]$

해설

권상용 전동기의 출력 $P = \dfrac{W \cdot V}{6.12\eta}[\text{kW}]$

W : 권상 중량[ton], V : 권상 속도[m/min], η : 효율

▸ 출제년도 : 16, 23.   ▸ 점수 : 6점

문제 04 그림과 같은 저압 배선방식의 명칭과 특징을 4가지만 쓰시오.

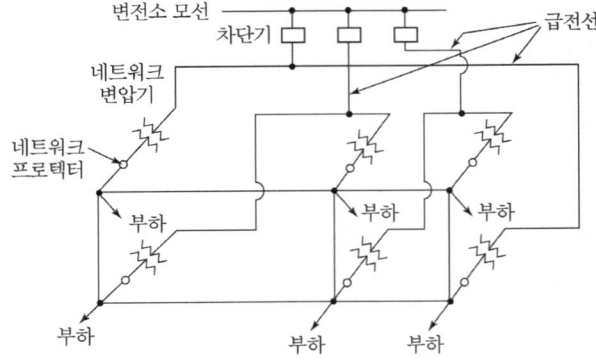

(1) 명칭
(2) 특징(4가지)

답안작성
(1) 저압 네트워크 방식
(2) ① 무정전 공급이 가능해서 공급 신뢰도가 높다.
    ② 플리커, 전압 변동률이 적다.
    ③ 전력 손실이 감소된다.
    ④ 부하 증가에 대한 적응성이 좋다.

해설
- 저압 네트워크 방식 : 배전 변전소의 동일 모선으로부터 2회선 이상의 급전선으로 전력을 공급하는 방식으로, 어느 회선에 사고가 일어나더라도 다른 회선에서 무정전으로 공급할 수 있다.
- 장점
  ① 무정전 공급이 가능해서 공급 신뢰도가 높다.
  ② 플리커, 전압 변동률이 적다.
  ③ 전력 손실이 감소된다.
  ④ 기기의 이용률이 향상된다.
  ⑤ 부하 증가에 대한 적응성이 좋다.
  ⑥ 변전소의 수를 줄일 수 있다.
- 단점
  ① 건설비가 비싸다.
  ② 특별한 보호 장치를 필요로 한다.

▸ 출제년도 : 09. 21. 23.　▸ 점수 : 6점

문제 05 그림과 같이 V결선과 Y결선된 변압기 한 상의 중심에서 110 [V]를 인출하여 사용하고자 한다. (단, 3상 평형조건이다.)

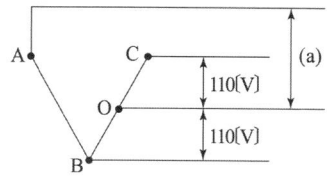 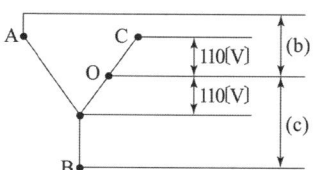

(1) 위 그림에서 (a)의 전압을 구하시오.
　• 계산 :　　　　　　　　　　　　　　• 답 :
(2) 위 그림에서 (b)의 전압을 구하시오.
　• 계산 :　　　　　　　　　　　　　　• 답 :
(3) 위 그림에서 (c)의 전압을 구하시오.
　• 계산 :　　　　　　　　　　　　　　• 답 :

답안작성
(1) 계산 : $V_{AO} = 220\underline{/0°} + 110\underline{/-120°}$
$= 220[\cos 0° + j\sin 0°] + 110\left[\cos\left(-\frac{2}{3}\pi\right) + j\sin\left(-\frac{2}{3}\pi\right)\right]$

$$= 220 + (-55 - j55\sqrt{3}) = 165 - j55\sqrt{3}$$
$$= \sqrt{165^2 + (55\sqrt{3})^2} = 190.53[V]$$

답 : 190.53[V]

(2) 계산 : $V_{AO} = 110\underline{/120°} - 220\underline{/0°}$
$$= 110(\cos120° + j\sin120°) - 220(\cos0° + j\sin0°)$$
$$= 110\left(-\frac{1}{2} + j\frac{\sqrt{3}}{2}\right) - 220 = -275 + j55\sqrt{3}$$
$$= \sqrt{275^2 + (55\sqrt{3})^2} = 291.03[V]$$

답 : 291.03[V]

(3) 계산 : $V_{BO} = 110\underline{/120°} - 220\underline{/-120°}$
$$= 110[\cos120° + j\sin120°] - 220[\cos(-120°) + j\sin(-120°)]$$
$$= 110\left(-\frac{1}{2} + j\frac{\sqrt{3}}{2}\right) - 220\left(-\frac{1}{2} - j\frac{\sqrt{3}}{2}\right) = 55 + j165\sqrt{3}$$
$$= \sqrt{55^2 + (165\sqrt{3})^2} = 291.03$$

답 : 291.03[V]

해설

(1) $V_{AO} = \sqrt{(220\cos60° - 110)^2 + (220\sin60°)^2} = 110\sqrt{3} = 190.53[V]$

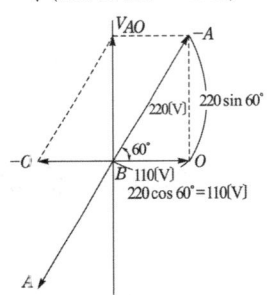

(2)(3) $V_{AC} = \sqrt{(220\cos60° + 110)^2 + (220\sin60°)^2} = \sqrt{220^2 + (110\sqrt{3})^2} = 291.03[V]$

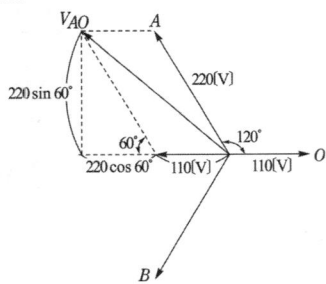

▶ 출제년도 : 90. 13. 23.　▶ 점수 : 5점

문제 06 비상용 조명 부하 110[V]용 100[W] 58등, 60[W] 50등이 있다. 방전 시간 30분, 축전지 HS형 54[cell], 허용 최저 전압 100[V], 최저 축전지 온도 5[℃]일 때 축전지 용량은 몇 [Ah]인가? (단, 경년 용량 저하율 0.8, 용량 환산 시간 : $K = 1.2$이다.)

•계산 :　　　　　　　　　　　　　　•답 :

답안작성

계산 : 부하 전류 $I = \dfrac{100 \times 58 + 60 \times 50}{110} = 80[\text{A}]$

∴ 축전지 용량 : $C = \dfrac{1}{L}KI = \dfrac{1}{0.8} \times 1.2 \times 80 = 120[\text{Ah}]$

답 : 120[Ah]

▶ 출제년도 : 11, 13, 14, 17, 23.   ▶ 점수 : 4점

문제 07 변류비 60/5인 CT 2개를 그림과 같이 접속할 때 전류계에 3[A]가 흐른다면 CT 1차측에 흐르는 전류는 몇 [A]인가?
(단, 선로의 전류는 3상 평형이다.)
• 계산 :
• 답 :

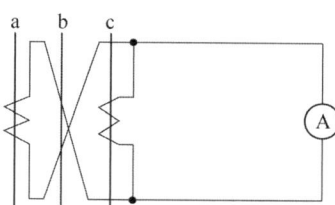

답안작성

계산 : CT 1차측 전류 = 전류계 지시치 $\times \dfrac{1}{\sqrt{3}} \times$ 변류비

$= 3 \times \dfrac{1}{\sqrt{3}} \times \dfrac{60}{5} = 20.78\,[\text{A}]$

답 : 20.78[A]

해설

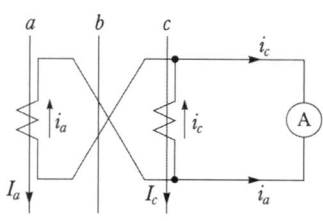 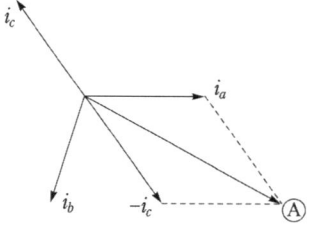

CT가 교차 접속되어 있으므로 전류계에는 1개의 CT 2차측 전류의 $\sqrt{3}$ 배를 지시한다. 따라서

• 1개의 CT 2차측 전류 = $\dfrac{\text{전류계의 지시값}}{\sqrt{3}}$

• CT 1차측 전류 = 변류비 × CT 2차측 전류

▶ 출제년도 : 07, 11, 14, 17, 23.   ▶ 점수 : 4점

문제 08 3상 4선식 송전선에서 1선의 저항이 10[Ω], 리액턴스가 20[Ω]이고, 송전단 전압이 6600[V], 수전단 전압이 6200[V]이었다. 수전단의 부하를 끊은 경우 수전단 전압이 6300[V], 부하 역률이 0.8일 때 다음 각 물음에 답하시오.
(1) 전압 강하율[%]을 구하시오.
  • 계산 :   • 답 :

(2) 전압 변동률[%]을 구하시오.
 • 계산 :   • 답 :

답안작성

(1) 계산 : 전압 강하율 : $\epsilon = \dfrac{V_s - V_r}{V_r} \times 100 = \dfrac{6600 - 6200}{6200} \times 100 = 6.45[\%]$
  답 : 6.45 [%]

(2) 계산 : 전압 변동률 : $\epsilon = \dfrac{V_{r0} - V_r}{V_r} \times 100 = \dfrac{6300 - 6200}{6200} \times 100 = 1.61[\%]$
  답 : 1.61 [%]

해설

(1) 전압 강하율 = $\dfrac{\text{송전단 전압} - \text{수전단 전압}}{\text{수전단 전압}} \times 100[\%]$

(2) 전압 변동률 = $\dfrac{\text{무부하 상태에서의 수전단 전압} - \text{정격부하 상태에서의 수전단 전압}}{\text{정격부하 상태에서의 수전단 전압}} \times 100[\%]$

▶ 출제년도 : 16. 23.   ▶ 점수 : 8점

문제 09 10[kVar]의 전력용 콘덴서를 설치하고자 할 때 필요한 콘덴서의 정전용량[μF]을 각각 구하시오. (단, 사용전압은 380[V]이고, 주파수는 60[Hz]이다.)

(1) 단상 콘덴서 3대를 Y결선할 때 콘덴서의 정전용량[μF]
 • 계산 :   • 답 :
(2) 단상 콘덴서 3대를 △결선할 때 콘덴서의 정전용량[μF]
 • 계산 :   • 답 :
(3) 콘덴서는 어떤 결선으로 하는 것이 유리한지 설명하시오.

답안작성

(1) 계산 : $C_s = \dfrac{Q}{2\pi f V^2} = \dfrac{10 \times 10^3}{2\pi \times 60 \times 380^2} = 183.7 \times 10^{-6}[\text{F}] = 183.7[\mu\text{F}]$
  답 : 183.7[μF]

(2) 계산 : $C_d = \dfrac{Q}{6\pi f V^2} = \dfrac{10 \times 10^3}{6\pi \times 60 \times 380^2} = 61.23 \times 10^{-6}[\text{F}] = 61.23[\mu\text{F}]$
  답 : 61.23[μF]

(3) △결선시 필요로 하는 콘덴서의 정전용량은 Y결선시의 1/3로도 충분하므로 △결선으로 하는 것이 유리하다.

해설

(1) Y결선 : 콘덴서 용량 $Q_Y = 3 \times 2\pi f C_s \left(\dfrac{V}{\sqrt{3}}\right)^2 = 2\pi f C_s V^2$ 이므로,

  정전용량 $C_s = \dfrac{Q_Y}{2\pi f V^2}$

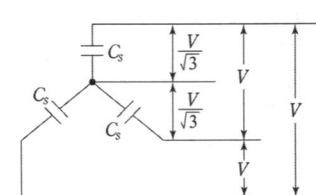

(2) △결선 : 콘덴서 용량 $Q_\triangle = 3 \times 2\pi f C_d V^2$ 이므로,

정전용량 $C_d = \dfrac{Q_\triangle}{3 \times 2\pi f V^2}$

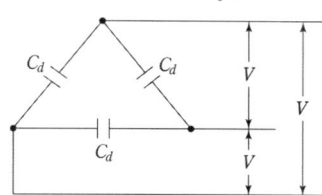

▸ 출제년도 : 23.   ▸ 점수 : 5점

문제 10   그림과 같이 직류 2선식 배전 선로에 있어서 부하점 B, C 및 D의 전압을 구하시오.
(단, 배전선의 굵기는 전부 동일한 전선으로 하고 A는 급전점, 급전점의 전압은 105[V]이며 이 전선의 1000[m]당 저항은 0.25[Ω]이다.)

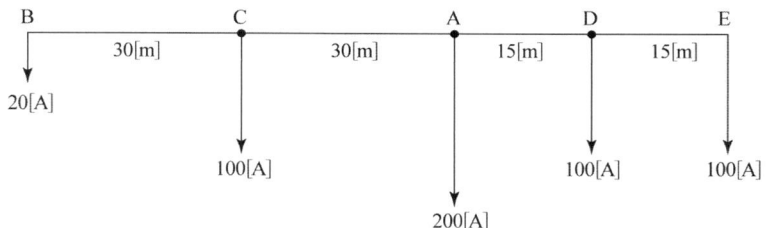

• 계산   • 답

답안작성

• 계산 : $V_C = V_A - 2(I_B + I_C)R = 105 - 2 \times (20+100) \times 30 \times \dfrac{0.25}{1000} = 103.2[\text{V}]$

$V_B = V_C - 2I_B R = 103.2 - 2 \times 20 \times 30 \times \dfrac{0.25}{1000} = 102.9[\text{V}]$

$V_D = V_A - 2(I_D + I_E)R = 105 - 2 \times (100+100) \times 15 \times \dfrac{0.25}{1000} = 103.5[\text{V}]$

• 답 : $V_B = 102.9[\text{V}]$, $V_C = 103.2[\text{V}]$, $V_D = 103.5[\text{V}]$

해설

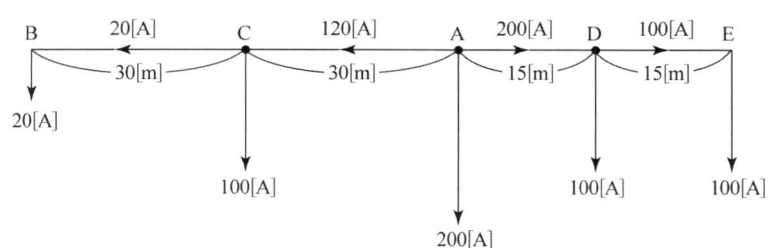

문제 11

▶ 출제년도 : 92. 05. 07. 18. 23. ▶ 점수 : 14점

3층 사무실용 건물에 3상 3선식의 6000[V]를 수전하여 200[V]로 강압하는 수전설비를 하였다. 각 종 부하설비가 표와 같을 때 주어진 조건을 이용하여 다음 각 물음에 답하시오.

동력 부하 설비

사용 목적	용량[kW]	대수	상용 동력[kW]	하계 동력[kW]	동계 동력[kW]
난방 관계 · 보일러 펌프 · 오일 기어 펌프 · 온수 순환 펌프	6.7 0.4 3.7	1 1 1			6.7 0.4 3.7
공기 조화 관계 · 1, 2, 3층 패키지 콤프레셔 · 콤프레셔 팬 · 냉각수 펌프 · 쿨링 타워	7.5 5.5 5.5 1.5	6 3 1 1	16.5	45.0 5.5 1.5	
급수·배수 관계 · 양수 펌프	3.7	1	3.7		
기타 · 소화 펌프 · 셔터	5.5 0.4	1 2	5.5 0.8		
합 계			26.5	52.0	10.8

조명 및 콘센트 부하 설비

사용 목적	와트수[W]	설치 수량	환산 용량[VA]	총용량[VA]	비 고
전등관계 · 수은등 A · 수은등 B · 형광등 · 백열 전등	200 100 40 60	2 8 820 20	260 140 55 60	520 1120 45100 1200	200 [V] 고역률 100 [V] 고역률 200 [V] 고역률
콘센트 관계 · 일반 콘센트 · 환기팬용 콘센트 · 히터용 콘센트 · 복사기용 콘센트 · 텔레타이프용 콘센트 · 룸 쿨러용 콘센트	 1500 	70 8 2 4 2 6	150 55 	10500 440 3000 3600 2400 7200	2P 15 [A]
기타 · 전화 교환용 정류기		1		800	
계				75880	

[조건]
1. 동력부하의 역률은 모두 70 [%]이며, 기타는 100 [%]로 간주한다.
2. 조명 및 콘센트 부하설비의 수용률은 다음과 같다.
   - 전등설비 : 60 [%]
   - 콘센트설비 : 70 [%]
   - 전화교환용 정류기 : 100 [%]
3. 변압기 용량 산출시 예비율(여유율)은 고려하지 않으며 용량은 표준규격으로 답하도록 한다.
4. 변압기 용량 산정시 필요한 동력부하설비의 수용률은 전체 평균 65[%]로 한다.

(1) 동계 난방 때 온수 순환 펌프는 상시 운전하고, 보일러용과 오일 기어 펌프의 수용률이 55[%]일 때 난방 동력 수용 부하는 몇 [kW]인가?
   • 계산 :   • 답 :

(2) 상용 동력, 하계 동력, 동계 동력에 대한 피상전력은 몇 [kVA]가 되겠는가?
   ① 상용 동력
      • 계산 :   • 답 :
   ② 하계 동력
      • 계산 :   • 답 :
   ③ 동계 동력
      • 계산 :   • 답 :

(3) 이 건물의 총 전기설비 용량은 몇 [kVA]를 기준으로 하여야 하는가?
   • 계산 :   • 답 :

(4) 조명 및 콘센트 부하설비에 대한 단상변압기의 표준용량[kVA]을 선정하시오.
   (단, 단상 변압기의 표준용량[kVA]은 50, 75, 100, 150, 200, 300, 400, 500에서 선정한다.)
   • 계산 :   • 답 :

(5) 동력 부하용 3상 변압기의 표준용량[kVA]을 선정하시오.
   (단, 3상 변압기의 표준용량[kVA]은 50, 75, 100, 150, 200, 300, 400, 500에서 선정한다.)
   • 계산 :   • 답 :

(6) 단상과 3상 변압기의 각 2차측에 전류계용으로 사용되는 변류기의 1차측 정격전류는 각각 몇 [A]인가?
   ① 단상
      • 계산 :   • 답 :
   ② 3상
      • 계산 :   • 답 :

(7) 역률개선을 위하여 각 부하마다 전력용 콘덴서를 설치하려고 할 때 보일러 펌프의 역률을 95[%]로 개선하려면 몇 [kVA]의 전력용 콘덴서가 필요한가?
   • 계산 :   • 답 :

답안작성

(1) 계산 : 수용부하 $= 3.7 + (6.7 + 0.4) \times 0.55 = 7.61 [\text{kW}]$ 답 : 7.61[kW]

(2) ① 계산 : 상용 동력의 피상 전력 $= \dfrac{26.5}{0.7} = 37.86 [\text{kVA}]$ 답 : 37.86[kVA]

   ② 계산 : 하계 동력의 피상 전력 $= \dfrac{52.0}{0.7} = 74.29 [\text{kVA}]$ 답 : 74.29[kVA]

   ③ 계산 : 동계 동력의 피상 전력 $= \dfrac{10.8}{0.7} = 15.43 [\text{kVA}]$ 답 : 15.43[kVA]

(3) 계산 : $37.86 + 74.29 + 75.88 = 188.03 [\text{kVA}]$ 답 : 188.03[kVA]

(4) 계산 : • 전등 관계 : $(520 + 1120 + 45100 + 1200) \times 0.6 \times 10^{-3} = 28.76 [\text{kVA}]$
   • 콘센트 관계 : $(10500 + 440 + 3000 + 3600 + 2400 + 7200) \times 0.7 \times 10^{-3} = 19 [\text{kVA}]$
   • 기타 : $800 \times 1 \times 10^{-3} = 0.8 [\text{kVA}]$
   • 합계 : $28.76 + 19 + 0.8 = 48.56 [\text{kVA}]$
   답 : 50[kVA]

(5) 계산 : 동계 동력과 하계 동력 중 큰 부하를 기준하고 상용 동력과 합산하여 계산하면
   $\dfrac{(26.5 + 52.0)}{0.7} \times 0.65 = 72.89 [\text{kVA}]$ 이므로
   3상 변압기 용량은 75[kVA]가 된다.
   답 : 75[kVA]

(6) ① 단상 : 계산 : $I = \dfrac{50 \times 10^3}{200} \times (1.25 \sim 1.5) = 312.5 \sim 375 [\text{A}]$
   답 : 312.5~375[A] 사이에 표준품이 없으므로 300[A] 선정

   ② 3상 : 계산 : $I = \dfrac{75 \times 10^3}{\sqrt{3} \times 200} \times (1.25 \sim 1.5) = 270.63 \sim 324.76 [\text{A}]$
   답 : 300[A] 선정

(7) 계산 : $Q_c = P(\tan\theta_1 - \tan\theta_2) = 6.7 \times \left(\dfrac{\sqrt{1 - 0.7^2}}{0.7} - \dfrac{\sqrt{1 - 0.95^2}}{0.95} \right) = 4.63 [\text{kVA}]$
   답 : 4.63[kVA]

해설

(1) 동력 수용부하 = 설비용량 × 수용률

(2) 피상전력 $P_a [\text{kVA}] = \dfrac{P[\text{kW}]}{\cos\theta}$

(3) 수용률
   • 전등 : 60[%]   • 콘센트 : 70[%]   • 기타 : 100[%]

(5) • 동계부하와 하계부하는 동시에 가동되지 않으므로 동계부하와 하계부하 중 큰 부하를 기준
   • 변압기 용량[kVA] $= \dfrac{\text{설비용량}[\text{kW}]}{\cos\theta} \times \text{수용률}$

▶ 출제년도 : 23. ▶ 점수 : 4점

문제 12
계전기에 최소 동작값을 넘는 전류를 인가하였을 때부터 그 접점을 닫을 때까지 요하는 시간, 즉 동작시간을 한시 또는 시한이라고 한다. 다음 그림은 계전기를 한시 특성으로 분류하여 그린 것이다. 특성에 맞는 곡선에 해당하는 계전기의 명칭을 쓰시오.

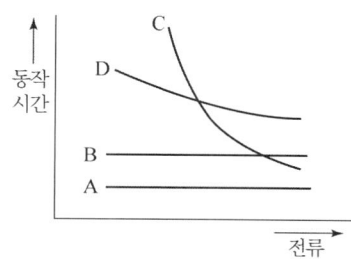

특성 곡선	계전기 명칭
A	
B	
C	
D	

답안작성

특성 곡선	계전기 명칭
A	순시 계전기
B	정한시 계전기
C	반한시 계전기
D	반한시성 정한시 계전기

해설

보호 계전기의 동작 시간에 의한 분류
보호 계전기 특징
① 순(한)시 특성 : 최소 동작 전류 이상의 전류가 흐르면 즉시 동작하는 특성
② 정한시 특성 : 동작 전류의 크기에 관계없이 일정한 시간에 동작하는 특성
③ 반한시 특성 : 동작 전류가 커질수록 동작 시간이 짧게 되는 특성
④ 반한시 정한시 특성 : 동작 전류가 적은 동안에는 동작 전류가 커질수록 동작 시간이 짧게 되는 반한시 특성을 갖고, 어떤 전류 이상이면 동작 전류의 크기에 관계없이 일정한 시간에 동작하는 정한시 특성을 가진 특성

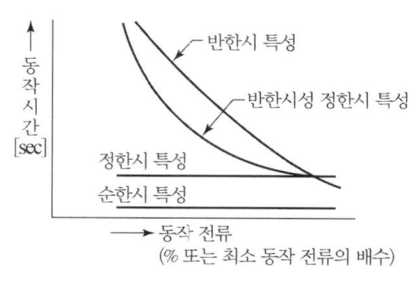

〈계전기의 한시 특성〉

▶ 출제년도 : 23. ▶ 점수 : 4점

문제 13
용량 100[kVA] 변압기의 철손이 400[W], 동손이 1300[W]이다. 하루 중 절반은 무부하로, 나머지의 절반은 50[%] 부하로 운전하고 나머지 시간은 전부하 운전을 할 때의 전일효율을 구하시오. (단, 부하의 역률은 100[%]라고 한다.)
• 계산 :   • 답 :

답안작성

계산 : 출력 $P = 100 \times \left(\dfrac{1}{2} \times 6 + 1 \times 6\right) = 900 \text{[kWh]}$

철손 $P_i = 24 \times 400 \times 10^{-3} = 9.6 \text{[kWh]}$

동손 $P_c = 1300 \times \left\{\left(\dfrac{1}{2}\right)^2 \times 6 + 1^2 \times 6\right\} \times 10^{-3} = 9.75 \text{[kWh]}$

∴ 전일 효율 $\eta = \dfrac{900}{900 + 9.6 + 9.75} \times 100 = 97.9 \text{[\%]}$

답 : 97.9[%]

해설

전일효율 $\eta = \dfrac{\sum h \left(\dfrac{1}{m}\right) VI\cos\theta}{\sum h \left(\dfrac{1}{m}\right) VI\cos\theta + 24P_i + \sum h \left(\dfrac{1}{m}\right)^2 P_c} \times 100$

▸ 출제년도 : 15, 23. ▸ 점수 : 5점

문제 14 무접점 제어회로를 입력요소가 모두 나타나도록 하여 출력 Z에 대한 논리식으로 쓰시오. (단, A, B, C, D는 푸시버튼스위치 입력이다.)

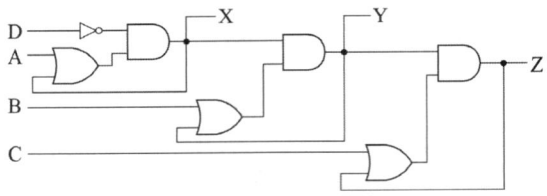

답안작성

$Z = (C+Z) \cdot (B+Y) \cdot (A+X) \cdot \overline{D}$

해설

$X = (A+X) \cdot \overline{D}, \quad Y = (B+Y) \cdot X, \quad Z = (C+Z) \cdot Y$

∴ $Z = (C-Z) \cdot (B+Y) \cdot (A+X) \cdot \overline{D}$

▸ 출제년도 : 14, 23. ▸ 점수 : 5점

문제 15 다음 회로에서 전원전압이 공급될 때 최대 전류계의 측정 범위가 500[A]인 전류계로 전 전류값이 2000[A]인 전류를 측정하려고 한다. 전류계와 병렬로 몇 [Ω]의 저항을 연결하면 측정이 가능한지 계산하시오. (단, 전류계의 내부저항은 90[Ω]이다.)

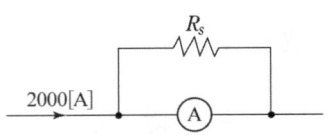

• 계산 :   • 답 :

답안작성

- 계산 : 전류계의 배율 $n = \dfrac{I_0}{I} = \dfrac{2000}{500} = 4$ 이므로,

$$\therefore R_s = \dfrac{r}{n-1} = \dfrac{90}{4-1} = 30[\Omega]$$

- 답 : $30[\Omega]$

해설

① 분류기 : 전류계의 측정 범위를 넓히기 위하여 전류계에 병렬로 연결한 저항

$$I_o = I\left(\dfrac{r}{R_s} + 1\right)[A]$$

여기서, I_o : 측정할 전류값[A]
  I : 전류계의 눈금[A]
  R_s : 분류기의 저항[Ω]
  r : 전류계의 내부 저항[Ω]

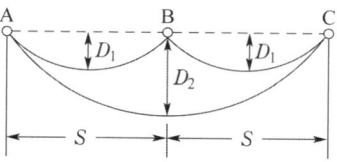

② 전류 분배법칙

$$I = I_o \times \dfrac{R_s}{r+R_s} = 2000 \times \dfrac{R_s}{90+R_s} = 500[A]에서$$

$$2000R_s = 500 \times 90 + 500R_s$$

$$\therefore R_s = \dfrac{500 \times 90}{1500} = 30[\Omega]$$

▶ 출제년도 : 18. 23. ▶ 점수 : 5점

문제 16 그림과 같이 고저차가 없는 같은 경간에 전선이 가설되어 있다. 가운데 지지점 B에서 전선이 지지점으로부터 떨어졌다고 하면 전선의 딥(Dip)은 전선이 떨어지기 전의 몇 배로 되는지 구하시오.

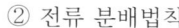

- 계산 :   - 답 :

답안작성

계산 : 전선의 실제 길이 $L = S + \dfrac{8D^2}{3S}$ 에서 AB구간 및 BC구간 전선의 실제 길이를 L_1, AC구간 전선의 실제 길이를 L_2라고 하면 전선의 실제 길이는 떨어지기 전과 떨어진 후가 같으므로

$$2L_1 = L_2$$

$$2\left(S + \dfrac{8D_1^2}{3S}\right) = 2S + \dfrac{8D_2^2}{3 \times 2S}$$

$$2S + \frac{2 \times 8D_1^2}{3S} = 2S + \frac{8D_2^2}{3 \times 2S}$$

$$\frac{8D_2^2}{3 \times 2S} = \frac{2 \times 8D_1^2}{3S}$$

$$D_2^2 = \frac{2 \times 8D_1^2}{3S} \times \frac{3 \times 2S}{8}$$

$$\therefore D_2 = \sqrt{4D_1^2} = 2D_1$$

답 : 2배

▶ 출제년도 : 95. 03. 07. 12. 23.   ▶ 점수 : 4점

문제 17 그림과 같은 부하에 대한 수용률을 갖는 전등 수용가군에 공급할 변압기의 용량[kVA]을 구하시오. (단, 수용가 상호간의 부등률은 1.3, 역률은 100[%]로 한다.)

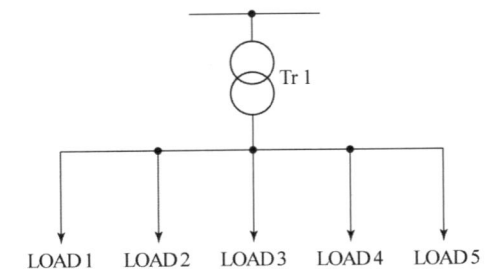

	LOAD 1	LOAD 2	LOAD 3	LOAD 4	LOAD 5
부하[kW]	3	4.5	5.5	12	17
수용률[%]	65	45	70	50	50

• 계산 :   • 답 :

답안작성

계산 : 변압기 용량 $= \dfrac{3 \times 0.65 + 4.5 \times 0.45 + 5.5 \times 0.7 + 12 \times 0.5 + 17 \times 0.5}{1.3 \times 1}$

$= 17.17 [\text{kVA}]$

답 : 17.17[kVA]

해설

변압기 용량[kVA] ≥ 합성 최대 전력[kVA]

$= \dfrac{\text{설비 용량[kW]} \times \text{수용률}}{\text{부등률} \times \text{역률}}$

문제 18

▸출제년도 : 23.   ▸점수 : 7점

다음의 회로는 인터록회로이다. 물음에 답하시오.

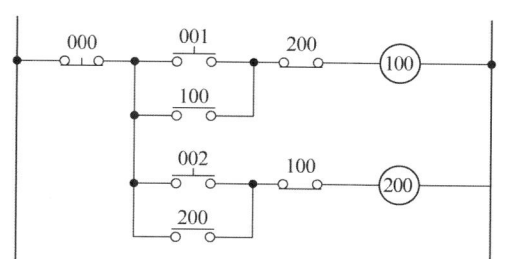

① STR : 입력 A접점(신호)
② STRN : 입력 B접점(신호)
③ AND : AND A접점
④ ANDN : AND B접점
⑤ OR : OR A접점
⑥ ORN : OR B접점
⑦ OB : 병렬 접속점
⑧ W : 각 번지 끝
⑨ OUT : 출력
⑩ END : 끝

(1) 무접점 회로를 그리시오.
(단, 입력은 000, 001, 002이며, 회로 작성 시 선의 접속 및 미접속에 대한 예시를 참고하여 작성하시오.)

	[선의 접속과 미접속에 대한 예시]	
	접속	미접속
	┼	┬

(2) 답안지의 PC프로그램을 완성하시오.

프로그램 번지 (어드레스)	명령어	데이터	비고
00	STRN	000	W
01	AND	001	W
02	ANDN	200	W
03	STRN	000	W
04	AND	100	W
05	ANDN	200	W
06	OB		W
07	OUT	100	W
08	STRN	000	W
09	AND	002	W
10	ANDN	100	W
11	STRN	000	W
12	AND	200	W
13	ANDN	100	W
14	OB		W
15	OUT	200	W
16	END		W

답안작성

(1)

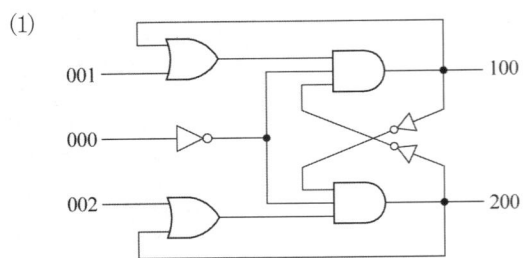

(2)

프로그램 번지 (어드레스)	명령어	데이터	비고
00	STRN	000	W
01	AND	001	W
02	ANDN	200	W
03	STRN	000	W
04	AND	100	W
05	ANDN	200	W
06	OB		W
07	OUT	100	W
08	STRN	000	W
09	AND	002	W
10	ANDN	100	W
11	STRN	000	W
12	AND	200	W
13	ANDN	100	W
14	OB		W
15	OUT	200	W
16	END		W

국가기술자격검정 실기시험문제 및 답안지

2023년도 산업기사 일반검정 제 3 회

자격종목(선택분야)	시험시간	형별
전기산업기사	2시간 00분	

수험번호 / 성 명 / 감독위원 확인

문제 01 ▸ 출제년도 : 04. 08. 15. 19. 23. ▸ 점수 : 5점

피뢰기의 구비조건 3가지만 쓰시오.

답안작성

① 충격방전 개시 전압이 낮을 것
② 방전내량이 크면서 제한 전압이 낮을 것
③ 속류차단 능력이 충분할 것

해설

그 외에도 ④ 상용주파 방전 개시 전압이 높을 것

문제 02 ▸ 출제년도 : 23. ▸ 점수 : 6점

어느 수용가가 당초 역률 80[%](지상)로 60[kW]의 부하를 사용하고 있었는데, 역률 60[%](지상)인 40[kW]의 부하를 추가해서 사용하게 되었다. 이때의 유효전력 및 무효전력을 구하시오.

(1) 유효전력
 • 계산 :   • 답 :
(2) 무효전력
 • 계산 :   • 답 :

답안작성

(1) 계산 : 유효전력 $P = P_1 + P_2 = 60 + 40 = 100[\text{kW}]$
 답 : $100[\text{kW}]$

(2) 계산 : 무효전력 $Q = Q_1 + Q_2 = \dfrac{P_1}{\cos\theta_1} \times \sin\theta_1 + \dfrac{P_2}{\cos\theta_2} \times \sin\theta_2$

$= \dfrac{60}{0.8} \times 0.6 + \dfrac{40}{0.6} \times 0.8 = 98.33[\text{kVar}]$

 답 : $98.33[\text{kVar}]$

문제 03

▶ 출제년도 : 15. 23.   ▶ 점수 : 5점

정격 출력 37[kW], 역률 0.8, 효율 0.82로 운전되는 3상 유도 전동기가 있다. 여기에 V결선의 변압기로 전원을 공급하고자 할 때, 변압기 1대의 용량[kVA]을 구하고 변압기 표준 용량을 참고하여 선정하시오.

변압기 표준 용량[kVA]						
10	15	20	30	50	75	100

• 계산 :   • 답 :

답안작성

계산 : 변압기 1대 용량

$$P_1 = \frac{P_V[\text{kVA}]}{\sqrt{3}} = \frac{P[\text{kW}]}{\sqrt{3} \times \cos\theta \times \eta} = \frac{37}{\sqrt{3} \times 0.8 \times 0.82} = 32.56[\text{kVA}]$$

답 : 50[kVA]선정

해설

• 전동기 입력 $[\text{kVA}] = \frac{P[\text{kW}]}{\cos\theta \times \eta} = \frac{P}{0.8 \times 0.82}$, 여기서 P : 3상 출력

• V결선 변압기 3상출력 $P_V = \sqrt{3} P_1$, 여기서 P_1 : 단상 변압기 1대 용량

문제 04

▶ 출제년도 : 91. 95. 03. 06. 23.   ▶ 점수 : 5점

그림과 같은 단상 3선식 110/220[V] 부하계통에 전력공급 시 설비 불평형률을 구하시오. (단, 주어진 조건 이외에는 고려하지 않는다.)

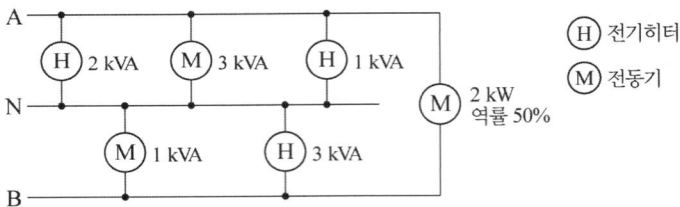

• 계산 :   • 답 :

답안작성

계산 : 설비불평형률 $= \dfrac{(2+3+1)-(1+3)}{\left(2+3+1+1+3+\dfrac{2}{0.5}\right) \times \dfrac{1}{2}} \times 100 = 28.57[\%]$

답 : 28.57[%]

해설

단상 3선식에서 설비불평형률

설비불평형률 $= \dfrac{\text{중성선과 각 전압측 전선간에 접속된 부하 설비용량의 차}}{\text{총 부하 설비용량의 1/2}} \times 100[\%]$

문제 05

▸ 출제년도 : 23.   ▸ 점수 : 5점

다음은 유도 장해의 구분 및 종류에 대한 내용이다. 다음 ( )에 들어갈 내용을 쓰시오.

- (①)은/는 전력선과 통신선과의 상호 인덕턴스에 의해 발생하는 것
- (②)은/는 전력선과 통신선과의 상호 정전 용량에 의해 발생하는 것
- (③)은/는 양자의 영향에 의하지만 상용 주파수보다 고조파의 유도에 의한 잡음 장해로 되는 것

답안작성

① 전자 유도   ② 정전 유도   ③ 고조파 유도

해설

유도 장해는 전자 유도, 정전 유도 및 고조파 유도가 있다.

① 전자 유도 : 전력선과 통신선과의 상호 인덕턴스에 의해 발생

송전선에 1선 지락사고가 발생해서 영상전류가 흐르면 통신선과의 전자적인 결합에 의해서 통신선에 커다란 전압, 전류를 유도하게 되어 통신용 기기나 통신종사자에게 손상 및 위해를 끼칠 수 있다.

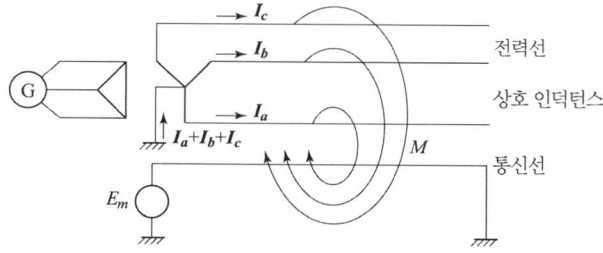

$$E_m = -j\omega Ml(I_a + I_b + I_c) = -j\omega Ml(3I_0)$$

② 정전 유도 : 전력선과 통신선과의 상호 정전 용량에 의해 발생

정전 유도 전압 $E_s = \dfrac{\sqrt{C_a(C_a - C_b) + C_b(C_b - C_c) + C_c(C_c - C_a)}}{C_a + C_b + C_c + C_s} \times E$

정전유도 전압은 고장 시 뿐만 아니라 평상시에도 발생한다. 또한, 정전 유도 전압은 주파수 및 양 선로의 평행 길이와는 관계가 없고 다만 전력선의 대지전압 $E\left(\dfrac{V}{\sqrt{3}}\right)$에만 비례한다.

따라서, 연가를 충분히 하여 $C_a = C_b = C_c$가 되면 정전 유도 전압을 0으로 할 수 있다.

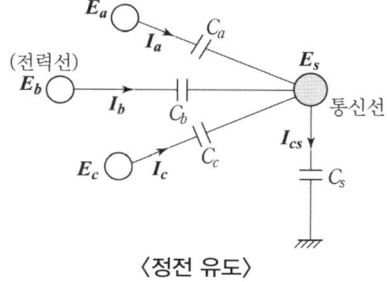

〈정전 유도〉

③ 고조파 유도 : 고조파의 유도에 의한 잡음 장해

▶ 출제년도 : 23.   ▶ 점수 : 5점

문제 06 그림과 같이 지선을 가설하여 전주에 가해진 수평장력 800[kg]을 지지하고자 한다. 지선으로 4[mm] 철선을 사용한다고 하면 몇 가닥을 사용하여야 하는지 구하시오.
(단, 4[mm] 철선 1가닥의 인장 하중은 440[kg]으로 하고 안전율은 2.5 이다.)

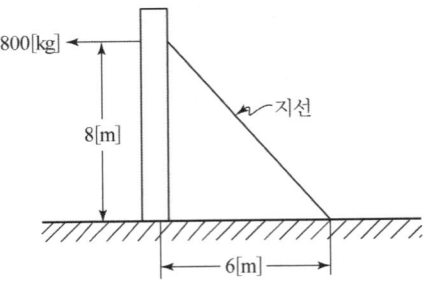

• 계산 :   • 답 :

답안작성

계산 : $\sin\theta = \dfrac{P}{T_0} = \dfrac{6}{\sqrt{8^2+6^2}} = \dfrac{6}{10}$

$T_0 = \dfrac{10}{6} \times P = \dfrac{10}{6} \times 800 = 1333.33\,[\text{kg}]$

지선의 장력(T_0) = $\dfrac{\text{소선 1가닥의 인장 강도} \times \text{소선수}}{\text{안전율}}$ → $1333.33 = \dfrac{440 \times n}{2.5}$

∴ $n = \dfrac{1333.33 \times 2.5}{440} = 7.58$ 가닥

답 : 8가닥

해설

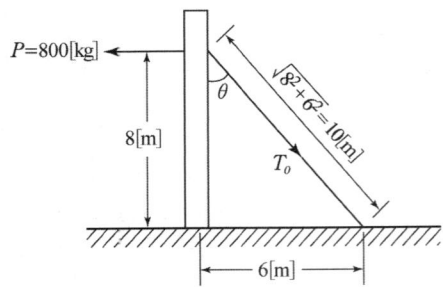

• 소선수에서 소수점 이하는 절상

▶ 출제년도 : 91. 95. 23.   점수 : 5점

문제 07 어느 고압 수용가의 전원측 %임피던스가 10[MVA]를 기준으로 할 때 25[%]라고 한다면, 이 고압 수용가의 수전점 단락 용량[MVA]을 구하시오.

• 계산 :   • 답 :

답안작성

계산 : 단락용량 $P_s = \dfrac{100}{\%Z}P_n = \dfrac{100}{25} \times 10 = 40[\text{MVA}]$

답 : 40[MVA]

▶ 출제년도 : 11. 16. 23.   점수 : 5점

문제 08 다음 그림과 같은 단상 회로에서 점 A, B, C, D 중 한 점에 전원을 접속하려고 한다. AB, BC, CD의 각 구간, 부하까지의 길이가 동일할 때, 전력손실을 최소로 할 수 있는 지점을 구하시오. (단, $R = 1$로 가정하고, 주어진 저항 이외에는 고려하지 않는다.)

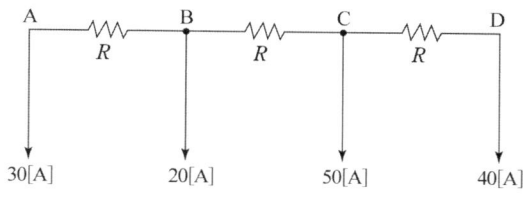

• 계산 :   • 답 :

답안작성

계산 : 각 구간의 저항을 $R = 1$이라 하면 전력 손실 $P_L = I^2R = I^2[\text{W}]$에서

A점을 급전점으로 하였을 경우의 전력 손실은
$P_A = (20+50+40)^2 + (50+40)^2 + 40^2 = 21800[\text{W}]$

B점을 급전점으로 하였을 경우의 전력 손실은
$P_B = 30^2 + (50+40)^2 + 40^2 = 10600[\text{W}]$

C점을 급전점으로 하였을 경우의 전력 손실은
$P_C = (30+20)^2 + 30^2 + 40^2 = 5000[\text{W}]$

D점을 급전점으로 하였을 경우의 전력 손실은
$P_D = (30+20+50)^2 + (30+20)^2 + 30^2 = 13400[\text{W}]$

∴ C점에서 전력 공급 시 전력 손실이 최소가 된다.

답 : C점

▶ 출제년도 : 23.   점수 : 5점

문제 09 다음 내용을 보고 빈칸에 들어갈 내용의 용어와 단위를 쓰시오.

• ( ) : 조명설비에서 복사 에너지를 눈으로 보아 빛으로 느끼는 크기를 나타낸 것으로, 광원으로부터 발산되는 빛의 양

• 용어 :
• 단위 :

답안작성

- 용어 : 광속
- 단위 : lm

해설

① 광속 : F [lm]
복사 에너지를 눈으로 보아 빛으로 느끼는 크기로서 나타낸 것으로 광원으로부터 발산되는 빛의 양이다.
② 광도 : I [cd]
광원에서 어떤 방향에 대한 단위 입체각으로 발산되는 광속으로서 광원의 능력을 나타낸다.
③ 조도 : E [lx]
어떤 면의 단위 면적당의 입사 광속으로서 피조면의 밝기를 나타낸다.
④ 휘도 : B [sb]
광원의 임의의 방향에서 본 단위 투영 면적당의 광도로서 광원의 빛나는 정도를 나타낸다.
⑤ 광속 발산도 : R [rlx]
광원의 단위 면적으로부터 발산하는 광속으로서 광원 혹은 물체의 밝기를 나타낸다.

▸ 출제년도 : 23. 점수 : 5점

문제 10 다음은 전압의 구분 및 종류에 대한 내용이다. 다음 ( )에 들어갈 내용을 쓰시오.

- (①)은/는 전선로를 대표하는 선간 전압을 말하고, 이 전압으로 그 계통의 송전 전압을 나타낸다.
- (②)은/는 전선로에 통상 발생하는 최고의 선간 전압으로서 염해 대책, 1선 지락 고장 시 등 내부 이상 전압, 코로나 장해, 정전 유도 등을 고려할 때의 표준이 되는 전압이다.

답안작성

① 공칭 전압 ② 최고 전압

해설

우리나라 표준 전압에는 공칭전압(nominal voltage)과 최고전압이 있다.
- 공칭전압 : 전선로를 대표하는 선간전압을 말하고 이 전압으로써 그 계통의 송전전압을 나타낸다.
- 최고전압 : 전선로에 통상 발생하는 최고의 선간 전압으로서 염해 대책, 1선 지락 고장 시 등 내부 이상 전압, 코로나 장해, 정전 유도 등을 고려할 때의 표준이 되는 전압이다.

▸ 출제년도 : 23. 점수 : 4점

문제 11 다음 저압 가공 인입선의 전선 높이를 쓰시오.
(1) 도로를 횡단하는 경우에는 노면상 몇 [m] 이상인지 쓰시오.
    (단, 기술상 부득이한 경우에 교통에 지장이 없을 때는 제외한다.)
(2) 철도 또는 궤도를 횡단하는 경우에는 레일면상 몇 [m] 이상인지 쓰시오.

답안작성

(1) 5[m]
(2) 6.5[m]

해설

KEC 221.1.1 저압 인입선의 시설
전선의 높이는 다음에 의할 것.
① 도로(차도와 보도의 구별이 있는 도로인 경우에는 차도)를 횡단하는 경우 : 노면상 5[m](기술상 부득이한 경우에 교통에 지장이 없을 때에는 3[m]) 이상
② 철도 또는 궤도를 횡단하는 경우 : 레일면상 6.5[m] 이상
③ 횡단보도교의 위에 시설하는 경우 : 노면상 3[m] 이상
④ ①에서 ③까지 이외의 경우 : 지표상 4[m](기술상 부득이한 경우에 교통에 지장이 없을 때에는 2.5[m]) 이상

▶ 출제년도 : 16. 19. 23.   ▶ 점수 : 6점

문제 12 그림과 같은 분기회로의 전선 굵기를 표준 공칭 단면적으로 산정하시오.
(단, 전압강하는 2[V] 이고, 배선 방식은 교류 220[V], 단상 2선식이며, 후강전선관 공사로 한다.)

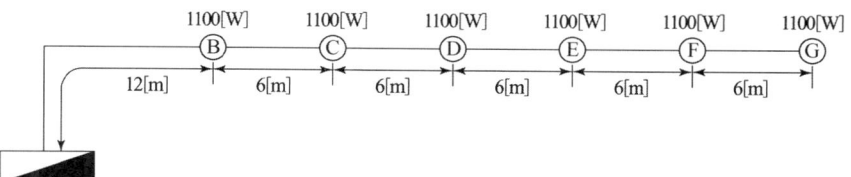

전선의 공칭단면적[mm^2]
1.5, 2.5, 4, 6, 10, 16, 25, 35, 50, 70, 95

•계산   •답

답안작성

계산 : 전류 $i = \dfrac{P}{V} = \dfrac{1100}{220} = 5$[A]

부하 중심점 : $L = \dfrac{i_1 l_1 + i_2 l_2 + i_3 l_3 + \cdots + i_n l_n}{i_1 + i_2 + i_3 + \cdots + i_n}$ 에서

$L = \dfrac{5 \times 12 + 5 \times 18 + 5 \times 24 + 5 \times 30 + 5 \times 36 + 5 \times 42}{5+5+5+5+5+5} = 27$[m]

부하 전류 $I = \dfrac{1100 \times 6}{220} = 30$[A]

∴ 전선의 굵기 $A = \dfrac{35.6 LI}{1000e} = \dfrac{35.6 \times 27 \times 30}{1000 \times 2} = 14.42$[mm^2]

그러므로, 공칭 단면적 16[mm^2]로 결정

답 : 16[mm^2]

해설

- 부하 중심점까지의 거리 $L = \dfrac{\sum i \times l}{\sum i} = \dfrac{i_1 l_1 + i_2 l_2 + i_3 l_3 + \cdots + i_n l_n}{i_1 + i_2 + i_3 + \cdots + i_n}$ [m]

- KSC IEC 규격

전선의 공칭 단면적 [mm²]		
1.5	2.5	4
6	10	16
25	35	50
70	95	120
150	185	240
300	400	500

- 전선의 단면적

단상 2선식	$A = \dfrac{35.6 LI}{1000 \cdot e}$
3상 3선식	$A = \dfrac{30.8 LI}{1000 \cdot e}$
단상 3선식 3상 4선식	$A = \dfrac{17.8 LI}{1000 \cdot e}$

▸ 출제년도 : 08. 15. 23.   ▸ 점수 : 14점

문제 13 그림은 22.9[kV-Y] 1000[kVA] 이하에 적용 가능한 특별 고압 간이 수전 설비 표준 결선도이다. 이 결선도를 보고 다음 각 물음에 답하시오.

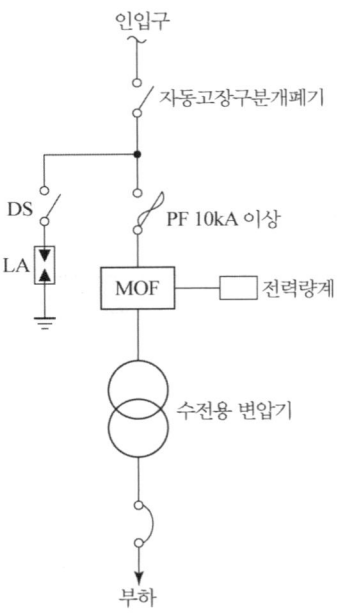

(1) 자동 고장 구분 개폐기의 약호를 쓰시오.
(2) 결선도에서 생략할 수 있는 것을 쓰시오.
(3) 22.9[kV-Y]용의 LA는 (   ) 붙임형을 사용하여야 한다. 다음 (   )안에 알맞은 내용을 쓰시오.
(4) 인입선을 지중선으로 시설하는 경우로서 공동 주택 등 사고 시 정전 피해가 큰 수전 설비 인입선은 예비선을 포함하여 몇 회선으로 시설하는 것이 바람직한지 쓰시오.

(5) 지중인입선의 경우 22.9[kV-Y] 계통에서는 어떤 케이블을 사용하는지 쓰시오.
(6) 전력구, 공동구, 덕트, 건물구내 등 화재의 우려가 있는 장소에는 어떤 케이블을 사용하는지 쓰시오.
(7) 300[kVA] 이하의 경우 PF 대신 COS를 사용하였다. 이것의 비대칭 차단 전류 용량은 몇 [kA]이상의 것을 사용하여야 하는지 쓰시오.

답안작성

(1) ASS
(2) LA용 DS
(3) Disconnector(또는 Isolator)
(4) 2회선
(5) CNCV-W 케이블(수밀형) 또는 TR CNCV-W(트리억제형)
(6) FR CNCO-W(난연) 케이블
(7) 10[kA]

해설

22.9[kV-Y] 1,000[kVA] 이하를 시설하는 경우
[주1] LA용 DS는 생략할 수 있으며 22.9[kV-Y]용의 LA는 Disconnector(또는 Isolator) 붙임형을 사용하여야 한다.
[주2] 인입선을 지중선으로 시설하는 경우로 공동주택 등 고장시 정전피해가 큰 경우는 예비지중선을 포함하여 2회선으로 시설하는 것이 바람직하다.
[주3] 지중인입선의 경우에 22.9[kV-Y] 계통은 CNCV-W 케이블(수밀형) 또는 TR CNCV-W(트리억제형)을 사용하여야 한다. 다만, 전력구·공동구·덕트·건물구내 등 화재의 우려가 있는 장소에서는 FR CNCO-W(난연) 케이블을 사용하는 것이 바람직하다.

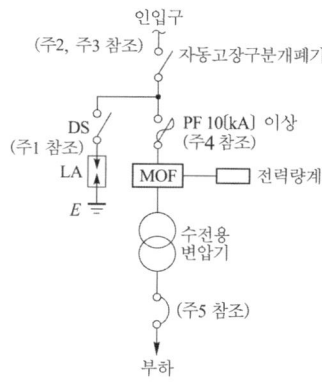

[주4] 300[kVA] 이하인 경우는 PF 대신 COS(비대칭 차단전류 10[kA] 이상의 것)을 사용할 수 있다.
[주5] 특고압 간이수전설비는 PF의 용단 등의 결상사고에 대한 대책이 없으므로 변압기 2차측에 설치되는 주차단기에는 결상계전기 등을 설치하여 결상사고에 대한 보호능력이 있도록 함이 바람직하다.

▶ 출제년도 : 19. 23.   ▶ 점수 : 5점

문제 14 모든 방향에서 광도가 400[cd]인 전등을 지름 4[m]의 책상 중심 바로 위 2[m]되는 곳에 놓았을 때, 책상 끝에서의 수평면 조도 E_h[lx]를 구하시오.

• 계산 :   • 답 :

답안작성

계산 : 수평면 조도 $E_h = \dfrac{I}{r^2}\cos\theta = \dfrac{400}{(2\sqrt{2})^2} \times \dfrac{2}{2\sqrt{2}} = 35.36$[lx]

답 : 35.36[lx]

해설

(1) 조도의 구분

① 법선 조도 : $E_n = \dfrac{I}{r^2}$

② 수평면 조도 : $E_h = E_n \cos\theta = \dfrac{I}{r^2}\cos\theta = \dfrac{I}{h^2}\cos^3\theta$

③ 수직면 조도 : $E_v = E_n \sin\theta = \dfrac{I}{r^2}\sin\theta = \dfrac{I}{d^2}\sin^3\theta$

(2) $\cos\theta = \dfrac{h}{r} = \dfrac{h}{\sqrt{h^2+d^2}} = \dfrac{2}{\sqrt{2^2+2^2}} = \dfrac{2}{2\sqrt{2}}$

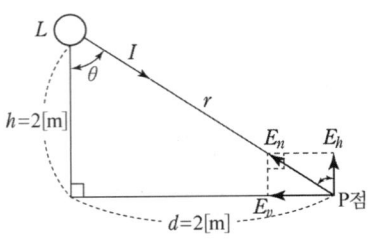

▶ 출제년도 : 95. 23.   ▶ 점수 : 5점

문제 15 그림은 농형 유도전동기의 직입기동에 관한 미완성 회로이다. 미완성 부분을 완성하시오. (단, 보기의 주어진 기호만을 사용하여 그리시오.)

[조건]
1. 전원이 인가되면 GL 램프가 점등된다.
2. 푸시버튼 ON을 누르면 전자접촉기(MC)가 여자되어 유도전동기가 기동되고, MC접점이 자기유지되어 동작이 지속된다. 그리고, RL램프가 점등되며, GL램프가 소등된다.
3. 열동계전기(THR)이 동작하면 유도 전동기가 정지되고, RL램프가 소등된다.
4. 푸시버튼 OFF를 누르면 전자접촉기(MC)가 소자되어, 유도전동기가 정지되고, RL램프가 소등되며, GL램프가 점등된다.

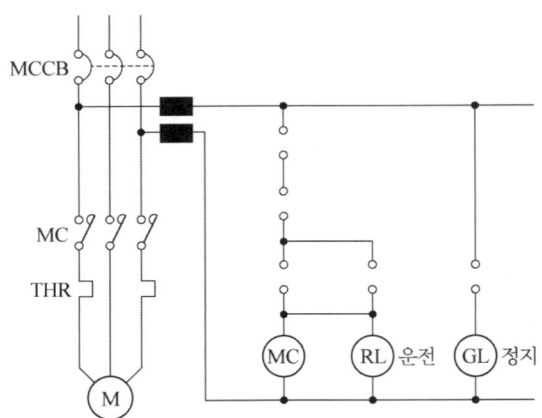

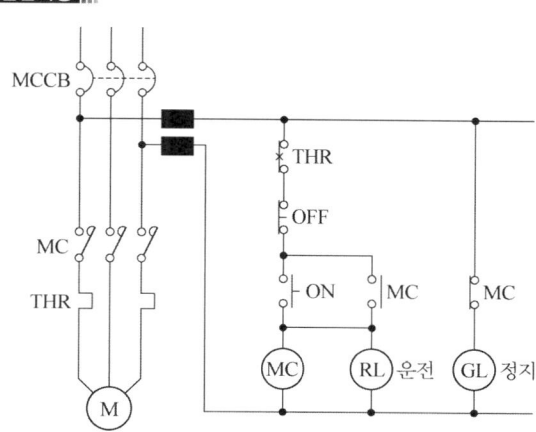

▸ 출제년도 : 14, 20, 23.   ▸ 점수 : 5점

문제 16 단상 콘덴서 3개를 선간전압 3300[V], 주파수 60[Hz]의 선로에 △로 접속하여 콘덴서 용량 60 [kVA]가 되도록 하려면 커패시터 1개의 정전용량[μF]은 얼마로 하면 되는지 구하시오.

• 계산 :   • 답 :

답안작성

계산 : $Q = 3EI_c = 3 \times 2\pi f CE^2$ 이므로,

따라서, 1개의 정전 용량 $C = \dfrac{Q}{6\pi f E^2} = \dfrac{60 \times 10^3}{6\pi \times 60 \times 3300^2} \times 10^6 = 4.87[\mu\text{F}]$

답 : $4.87[\mu\text{F}]$

해설

• △결선 : 콘덴서 용량 $Q_\triangle = 3 \times 2\pi f C_d E^2$ 이므로,

정전용량 $C_d = \dfrac{Q_\triangle}{3 \times 2\pi f E^2}$

• Y결선 : 콘덴서 용량 $Q_Y = 3 \times 2\pi f C_s \left(\dfrac{V}{\sqrt{3}}\right)^2 = 2\pi f C_s V^2$ 이므로,

정전용량 $C_s = \dfrac{Q_Y}{2\pi f V^2}$

▸ 출제년도 : 10, 23.   ▸ 점수 : 5점

문제 17 2000[lm]을 복사하는 전등 30개를 100[m²]의 사무실에 설치하려고 한다. 조명율 0.5, 감광보상률을 1.5(보수율 0.667)인 경우 이 사무실의 평균조도[lx]를 구하시오.

답안작성

계산 : $E = \dfrac{FUN}{AD} = \dfrac{2000 \times 0.5 \times 30}{100 \times 1.5} = 200[\text{lx}]$ 답 : $200[\text{lx}]$

해설

$AED = FUN$

여기서, F : 광원 1개당의 광속 [lm],
E : 작업면상의 평균 조도 [lx],
D : 감광 보상률 ($D > 1$),
M : 유지율(보수율)
N : 광원의 개수 [등]
A : 방의 면적 [m^2]
U : 조명률 [%]

▶ 출제년도 : 85. 86. 94. 17. 23.　▶ 점수 : 5점

문제 18 부하 설비 용량이 100[kW]인 공장에서 수용률 80[%], 부하율 60[%]라고 할 때, 공장의 1개월간의 사용 전력량[kWh]을 구하시오. (단, 1개월은 30일로 계산한다.)

• 계산 :　　　　　　　　　　　　　　　　• 답 :

답안작성

• 계산 : 사용 전력량[kWh] = 설비 용량[kW] × 수용률 × 부하율 × 사용 시간 이므로
　　　　 월간 사용전력량 = $100 \times 0.8 \times 0.6 \times 24 \times 30 = 34560$[kWh]
• 답 : 34560[kWh]

해설

• 수용률 = $\dfrac{\text{최대 수용 전력}}{\text{설비용량}}$

• 부하율 = $\dfrac{\text{평균 전력}}{\text{최대 수용 전력}}$

• 평균 전력 = 최대 수용 전력 × 부하율 = 설비용량 × 수용률 × 부하율
• 월간사용 전력량[kWh] = 평균전력[kW] × 24[시간] × 30[일]

E60-2
전기산업기사 실기

2024년도 기출문제

- 2024년 전기산업기사 1회
- 2024년 전기산업기사 2회
- 2024년 전기산업기사 3회

국가기술자격검정 실기시험문제 및 답안지

2024년도 산업기사 일반검정 제1회

자격종목(선택분야)	시험시간	형별	수험번호	성 명	감독위원 확 인
전기산업기사	2시간 00분				

문제 01 ▸ 출제년도 : 19. 24.   ▸ 점수 : 10점

다음은 간이수변전설비의 단선도 일부이다. 각 물음에 답하시오.

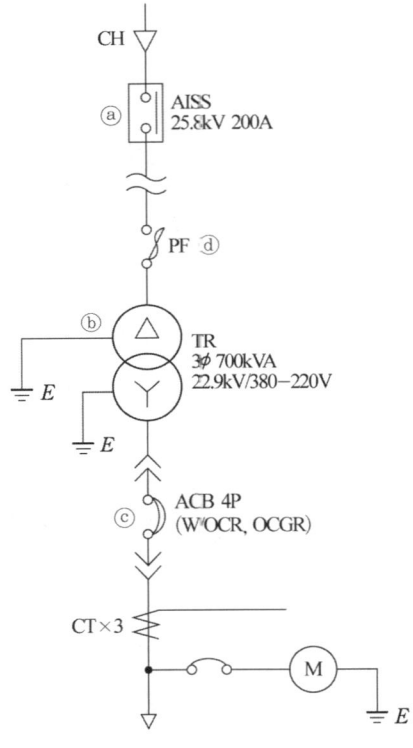

(1) 간이수변전설비의 단선도에서 ⓐ는 인입구 개폐기인 자동고장구분개폐기이다. 다음 (   )에 들어갈 내용을 답란에 쓰시오.

> 22.9[kV-y] (①)[kVA] 이하에 적용이 가능하며, 300[kVA] 이하의 경우에는 자동고장구분개폐기 대신에 (②)를 사용할 수 있다.

(2) 간이수변전설비의 단선도에서 ⓑ에 설치된 변압기에 대하여 다음 (   )에 들어갈 내용을 답란에 쓰시오.

> 과전류강도는 최대부하전류의 (①)배 전류를 (②)초 동안 흘릴 수 있어야 한다.

(3) 간이수변전설비의 단선도에서 ⓒ는 ACB이다. 보호요소를 2가지만 쓰시오.
(4) 간이수변전설비의 단선도에서 ⓓ는 PF이다. 다음 ( )에 들어갈 내용을 답란에 쓰시오.

> (①)[kVA] 이하의 경우 PF 대신 COS(비대칭 차단전류 (②)[kA] 이상의 것)을 사용할 수 있다.

(5) 간이수변전설비의 단선도에서 변류기의 변류비를 선정하시오. (단, CT의 정격전류는 부하전류의 125[%]로 하며, 표준규격[A]은 1차 : 1000, 1200, 1400, 1600, 2차 : 5를 사용한다.)
   • 계산 :   • 답 :

답안작성

(1) ① 1000   ② 인터럽트 스위치
(2) ① 25   ② 2
(3) ① 과전류   ② 결상
(4) ① 300   ② 10
(5) 계산 : CT $I_1 = \dfrac{700 \times 10^3}{\sqrt{3} \times 380} \times 1.25 = 1329.42[A]$ ∴ 1400/5 선정
    답 : 1400/5

해설

(1) ① 자동고장구분 개폐기 : 공급변전소의 차단기의 배전선로에 설치된 리클로저와 협조하여 고장구간만을 신속, 정확하게 차단 혹은 개방하여 고장의 확대를 방지하고 피해를 최소화시키기 위하여 300[kVA] 초과, 1000[kVA] 이하의 약식 수전설비의 인입개폐기로 사용한다.
   ② 인터럽터 스위치 : 수동 조작만 가능하고, 과부하시 자동으로 개폐할 수 없고, 돌입 전류 억제 기능을 가지고 있지 않으며, 용량 300[kVA] 이하에서 자동고장구분 개폐기 대신에 주로 사용하고 있다.
(3) ACB의 보호요소는 과전류, 부족전압, 결상 등 이다.

▸ 출제년도 : 96. 04. 24.   ▸ 점수 : 5점

문제 02 어떤 공장의 어느 날 부하실적이 1일 사용전력량 120[kWh], 1일의 최대전력이 8[kW], 최대전력일 때 전류값이 15[A]일 경우, 일 부하율과 최대공급전력일 때의 역률을 구하시오. (단, 380[V]인 3상 유도전동기를 부하 설비로 사용한다.)

(1) 일 부하율[%]
   • 계산 :   • 답 :
(2) 최대 공급 전력일 때의 역률[%]
   • 계산 :   • 답 :

답안작성

(1) 계산 : 부하율 $= \dfrac{\text{평균 수용 전력}}{\text{최대 수용 전력}} \times 100[\%] = \dfrac{120/24}{8} \times 100 = 62.5[\%]$

답 : 62.5[%]

(2) 계산 : $\cos\theta = \dfrac{P}{\sqrt{3}\,VI} = \dfrac{8 \times 10^3}{\sqrt{3} \times 380 \times 15} \times 100 = 81.03[\%]$

답 : 81.03[%]

▶ 출제년도 : 04. 12. 17. 20. 24. ▶ 점수 : 5점

문제 03 50[kVA]의 변압기가 그림과 같은 부하로 운전되고 있다. 역률이 오전에는 80[%], 오후에는 100[%]로 운전된다고 할 때 전일효율[%]을 구하시오. (단, 이 변압기의 철손은 600[W], 전 부하율의 동손은 1000[W]라고 한다.)

• 계산 :

• 답 :

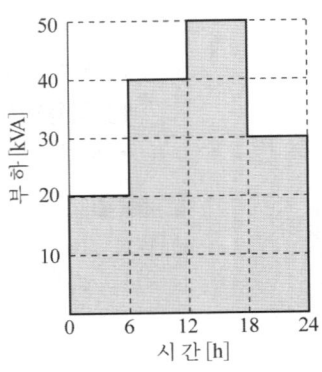

답안작성

• 계산 : 출력 $P = (20 \times 6 \times 0.8) + (40 \times 6 \times 0.8) + (50 \times 6 \times 1) + (30 \times 6 \times 1) = 768[\text{kWh}]$

철손 $P_i = 600 \times 10^{-3} \times 24 = 14.4[\text{kWh}]$

동손 $P_c = 1000 \times 10^{-3} \times \left\{ \left(\dfrac{20}{50}\right)^2 \times 6 + \left(\dfrac{40}{50}\right)^2 \times 6 + \left(\dfrac{50}{50}\right)^2 \times 6 + \left(\dfrac{30}{50}\right)^2 \times 6 \right\}$

$= 12.96[\text{kWh}]$

전일 효율 $\eta = \dfrac{768}{768 + 14.4 + 12.96} \times 100 = 96.56[\%]$

답 : 96.56[%]

해설

전일효율 $\eta = \dfrac{\sum h \left(\dfrac{1}{m}\right) VI\cos\theta}{\sum h \left(\dfrac{1}{m}\right) VI\cos\theta + 24P_i + \sum h \left(\dfrac{1}{m}\right)^2 P_c} \times 100$

▶ 출제년도 : 24. ▶ 점수 : 3점

문제 04 다음 차단기의 한글 명칭을 쓰시오.

• VCB :

• OCB :

• ACB :

답안작성

- VCB : 진공차단기
- OCB : 유입차단기
- ACB : 기중차단기

해설

소호 원리에 따른 차단기의 종류

종류		소호원리
명칭	약어	
유입 차단기	OCB	소호실에서 아크에 의한 절연유 분해 가스의 열전도 및 압력에 의한 blast를 이용해서 차단
기중 차단기	ACB	대기 중에서 아크를 길게 해서 소호실에서 냉각 차단
자기 차단기	MBB	대기중에서 전자력을 이용하여 아크를 소호실 내로 유도해서 냉각 차단
공기 차단기	ABB	압축된 공기를 아크에 불어 넣어서 차단
진공 차단기	VCB	고진공 중에서 전자의 고속도 확산에 의해차단
가스 차단기	GCB	고성능 절연 특성을 가진 특수 가스(SF_6)를 이용해서 차단

▶ 출제년도 : 24.   ▶ 점수 : 5점

문제 05 피뢰기의 제한전압이 무엇인지 설명하시오.

답안작성

피뢰기 방전 중 피뢰기 단자에 남게 되는 충격전압

해설

① 피뢰기의 방전 전류 : 갭의 방전에 따라 피뢰기를 통해서 대지로 흐르는 충격 전류를 말한다.
② 충격파 방전 개시 전압 : 피뢰기 단자간에 충격 전압을 인가하였을 경우 방전을 개시하는 전압
③ 상용주파 방전 개시 전압 : 피뢰기 단자간에 상용 주파수의 전압을 인가하였을 경우 방전을 개시하는 전압(실효값)
④ 제한 전압 : 피뢰기 방전 중 피뢰기 단자간에 남게 되는 충격 전압(피뢰기가 처리하고 남은 전압)
⑤ 속류 : 방전 전류에 이어서 전원으로부터 공급되는 상용 주파수의 전류가 직렬갭을 통하여 대지로 흐르는 전류

▶ 출제년도 : 19. 24.   ▶ 점수 : 5점

문제 06 실내 바닥으로부터 3[m] 높이에 300[cd]인 전등이 점등되어 있을 때, 이 전등 바로 아래의 바닥에서 수평으로 4[m] 떨어진 곳의 수평면조도 E_h[lx]를 구하시오.

- 계산 :
- 답 :

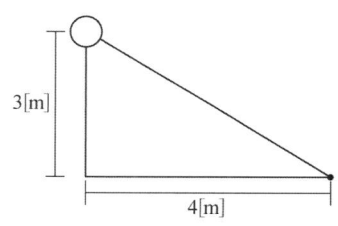

답안작성

계산 : 수평면 조도 $E_h = \dfrac{I}{r^2}\cos\theta = \dfrac{300}{(\sqrt{3^2+4^2})^2} \times \dfrac{3}{\sqrt{3^2+4^2}} = 7.2[\text{lx}]$

답 : 7.2[lx]

해설

(1) 조도의 구분

　① 법선 조도 : $E_n = \dfrac{I}{r^2}$

　② 수평면 조도 : $E_h = E_n\cos\theta = \dfrac{I}{r^2}\cos\theta = \dfrac{I}{h^2}\cos^3\theta$

　③ 수직면 조도 : $E_v = E_n\sin\theta = \dfrac{I}{r^2}\sin\theta = \dfrac{I}{d^2}\sin^3\theta$

(2) 역률 $\cos\theta = \dfrac{h}{r} = \dfrac{h}{\sqrt{h^2+d^2}}$

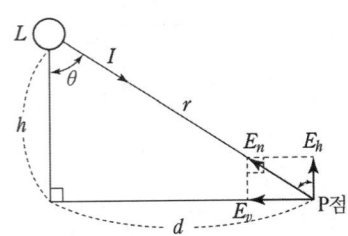

▶ 출제년도 : 21. 24.　▶ 점수 : 5점

문제 07　평탄지에서 전선의 지지점의 높이를 같도록 가선한 경간이 100[m]인 가공전선로가 있다. 사용전선으로 인장하중이 1480[kg], 중량 0.334[kg/m]인 경동선을 사용하고, 수평풍압하중이 0.608[kg/m], 전선의 안전율이 2.2인 경우 이도(Dip)를 구하시오.

• 계산 :

• 답 :

답안작성

• 계산 : 하중 $W = \sqrt{0.334^2 + 0.608^2} = 0.69[\text{kg/m}]$

　　따라서, 이도 $D = \dfrac{WS^2}{8T} = \dfrac{0.69 \times 100^2}{8 \times \left(\dfrac{1480}{2.2}\right)} = 1.28[\text{m}]$

• 답 : 1.28[m]

해설

① 하중

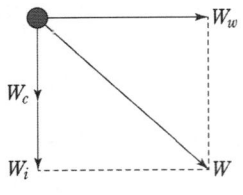

• 풍압하중(W_w)
• 전선에 가해지는 합성하중(W)
• 전선의 자중(W_c)
• 빙설 하중(W_i)

• $W = \sqrt{(W_i + W_c)^2 + W_w^2}$

② 이도 $D = \dfrac{WS^2}{8T}$ [m]

여기서, W : 전선의 중량 [kg/m], S : 경간(span) [m], T : 전선의 수평장력 [kg]

▶ 출제년도 : 90. 14. 24. ▶ 점수 : 5점

문제 08 3상 3선식 6.6[kV], 고압자가용 수용가에 있는 전력량계의 계기 정수는 1,000[rev/kWh] 이고 계기의 원판이 5회전 하는데 40초가 걸렸다. 이때 부하의 평균전력[kW]을 구하시오. (단, 승률은 1이다.)
• 계산 :   • 답 :

답안작성

계산 : 적산전력계의 측정값 $P_M = \dfrac{3600 \cdot n}{t \cdot k} = \dfrac{3600 \times 5}{40 \times 1000} = 0.45[kW]$

답 : $0.45[kW]$

해설

적산전력계의 측정값

$$P = \dfrac{3600 \cdot n}{t \cdot k} \times CT비 \times PT비 [kW]$$

여기서, n : 회전수[회], t : 시간[sec], k : 계기 정수[rev/kWh]

▶ 출제년도 : 24. ▶ 점수 : 5점

문제 09 다음의 논리회로를 보고 물음에 답하시오.

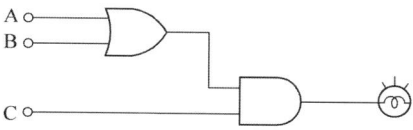

(1) 논리회로를 가장 간단한 논리식으로 쓰시오.
(2) "(1)"항의 논리식을 유접점 시퀀스 회로로 그리시오. (단, [보기]를 참고하여 그리시오.)

[보기]	보조 스위치 a접점	보조 스위치 b접점
	─o o─	─o o─

답안작성

(1) $(A+B) \cdot C$
(2)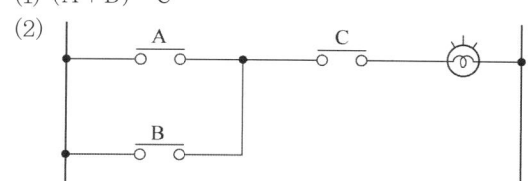

▶ 출제년도 : 96. 24.   ▶ 점수 : 5점

문제 10 다음과 같은 요구사항에 의하여 도면과 같은 시퀀스회로의 미완성부분에 대한 접점을 그리시오.

[요구사항]
- 전원스위치 MCCB를 넣으면 GL이 점등된다.
- 누름버튼스위치 PB1을 누르면 MC의 자기 유지와 동시에 MC의 보조접점에 의하여 GL은 소등되고, RL은 점등된다.
- 누름버튼스위치 PB2를 누르면 MC에 전류가 끊겨 전동기는 정지하고, RL은 소등, GL은 점등된다.
- 전동기가 운전 중 사고로 과전류가 흘러 열동계전기(THR)가 동작되면 모든 제어회로의 전원이 차단된다.

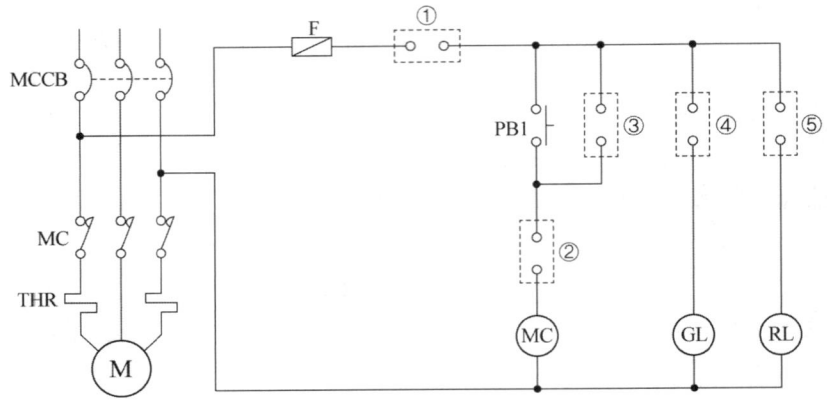

답안작성

①	②	③	④	⑤
THR	PB2	MC	MC	MC

해설

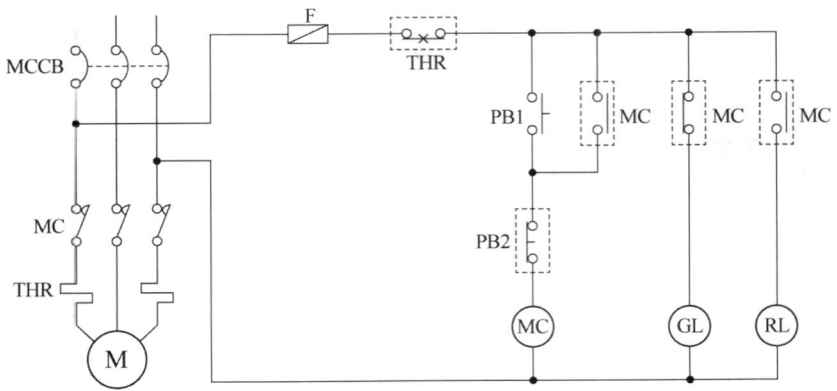

▸ 출제년도 : 13. 18. 24.   ▸ 점수 : 8점

문제 11 그림은 배전반에서 계측을 위한 계기용 변성기이다. 아래 그림을 보고 알맞은 내용을 쓰시오.

그림		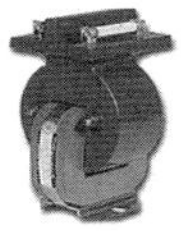
약 호		
그림기호 (단선도)		
사용목적		

답안작성

구 분		
약 호	CT	PT
그림기호 (단선도)	(기호)	(기호)
사용목적	대전류를 소전류로 변성한다.	고전압을 저전압으로 변성한다.

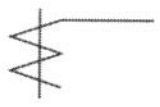

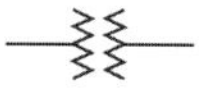

▸ 출제년도 : 94. 17. 24.   ▸ 점수 : 4점

문제 12 부하설비의 역률이 낮아지는 경우 수용가에서 볼 수 있는 손해를 4가지만 쓰시오. (단, 역률은 지상이다.)

답안작성

① 전력 손실이 커진다.
② 전압 강하가 커진다.
③ 전기 요금이 증가한다.
④ 필요한 전원 설비 용량이 증가한다.

해설

역률이 낮아지는 경우
① 변압기와 배전선의 전력 손실 증가

전력손실 $P_l = \dfrac{P^2 R}{V^2 \cos^2\theta}$

따라서, 전력손실은 역률의 자승에 반비례하므로 역률이 낮아지면 전력손실은 증가한다.
② 전압 강하가 커진다.

전압강하 $e = \dfrac{P}{V}\left(R + X\dfrac{\sin\theta}{\cos\theta}\right)$

따라서, 역률이 낮아지면 분모인 $\cos\theta$는 감소하고 분자인 $\sin\theta$는 증가하게 되어 전압강하는 커지게 된다.

③ 전기 요금의 증가

수용가의 역률을 90[%]를 기준으로 하여 90[%]보다 낮은 매 1[%]마다 기본요금이 1[%]씩 할증되고, 90[%]보다 높은 매 1[%] 마다 (95[%]까지 적용) 기본요금을 1[%]씩 감해주는 제도가 있다. 따라서, 역률이 낮아지면 전기 요금은 증가하게 된다.

④ 필요한 전원 설비 용량이 증가

$$역률 = \frac{유효전력}{피상전력}$$ 에서

역률이 낮다는 것은 동일한 유효전력을 공급하기 위해서는 더 많은 피상전력, 즉 더 많은 전원 설비 용량이 필요하게 된다는 것을 의미한다.

▶ 출제년도 : 96. 09. 24.   ▶ 점수 : 5점

문제 13 한국전기설비규정에 따른 전선의 식별 중 상구분에 따른 알맞은 색상을 쓰시오.

상(문자)	색상
L1	
L2	
L3	
N	
보호도체	

답안작성

상(문자)	색상
L1	갈색
L2	검은색
L3	회색
N	파란색
보호도체	녹색-노란색

해설

KEC 121.2 전선의 식별
① 전선의 색상은 표 에 따른다.

상(문자)	색상
L1	갈색
L2	검은색
L3	회색
N	파란색
보호도체	녹색-노란색

② 색상 식별이 종단 및 연결 지점에서만 이루어지는 나도체 등은 전선 종단부에 색상이 반영구적으로 유지될 수 있는 도색, 밴드, 색 테이프 등의 방법으로 표시해야 한다.

▸출제년도 : 20. 24. ▸점수 : 6점

문제 14 전력기술관리법에 따른 종합설계업의 기술인력은 각 2명씩 갖추어야 한다. 이에 해당하는 기술인력 3가지를 쓰시오.

답안작성

전기 분야 기술사, 설계사, 설계보조자

해설

전력기술관리법 시행령 [별표4]
설계업의 종류, 종류별 등록 기준 및 영업 범위

종류		등록 기준		영업 범위
		기술인력	자본금	
종합설계업		전기 분야 기술사 2명 설계사 2명 설계보조자 2명	1억원 이상	전력시설물의 설계도서 작성
전문 설계업	1종	전기 분야 기술사 1명 설계사 1명 설계보조자 1명	3천만원 이상	전력시설물의 설계도서 작성
	2종	설계사 1명 설계보조자 1명	1천만원 이상	일반용전기설비의 설계도서 작성

▸출제년도 : 05. 12. 24. ▸점수 : 3점

문제 15 3상 농형 유도전동기의 기동방식을 3가지만 쓰시오.

답안작성

전전압 기동법, Y-△기동법, 리액터 기동법

해설

농형 유도 전동기의 기동법
농형 유도 전동기의 기동 토오크 T_s는 전압의 제곱에 비례한다. 따라서, 단자전압을 감소시키면 전류는 감소하고 기동 토오크도 감소하게 된다.
① 전 전압 기동법
　　전동기에 별도의 기동장치를 사용하지 않고 직접 정격전압을 인가하여 기동하는 방법
　　㉮ 5[kW] 이하의 소용량 농형 유도 전동기에 적용
　　㉯ 기동 전류가 정격 전류의 4~6배 정도이다.
② Y-△ 기동 방법
　　기동시 고정자 권선을 Y로 접속하여 기동함으로써 기동전류를 감소시키고 운전속도에 가까워지면 권선을 △로 변경하여 운전하는 방식
　　㉮ 5~15 [kW] 정도의 농형 유도전동기 기동에 적용
　　㉯ Y로 기동시 전기자 권선에 가하여 지는 전압은 정격전압의 $1/\sqrt{3}$ 이므로 △ 기동시에 비해 기동전류는 1/3, 기동토오크도 1/3로 감소한다.
③ 리액터 기동방법
　　전동기의 1차측에 직렬로 철심이 든 리액터를 설치하고 그 리액턴스의 값을 조정하여 전동기에 인가되는 전압을 제어함으로써 기동전류 및 토오크를 제어 하는 방식

④ 기동보상기법
  3상 단권변압기를 이용하여 전동기에 인가되는 기동전압을 감소시킴으로써 기동전류를 감소시키는 기동방식
  ㉮ 15[kW] 이상의 농형 유도전동기 기동에 적용
  ㉯ 기동 보상기 2차측 전류 = 기동 전류 × 기동 보상기 탭
  ㉰ 기동 보상기 1차측 전류 = 기동 보상기 2차측 전류 / 권수비
                        = 기동 보상기 2차측 전류 × 기동 보상기 탭

▶ 출제년도 : 24. ▶ 점수 : 6점

문제 16 파동 임피던스 400[Ω]인 가공 선로에 파동 임피던스 50[Ω]인 케이블을 접속했다. 투과 전압은 600[kV], 이상 전류는 1000[A] 일 때, 피뢰기의 제한전압[kV]를 구하시오.

- 계산 :
- 답 :

답안작성

- 계산 : 제한전압 $= \dfrac{2Z_2}{Z_1+Z_2}e - \dfrac{Z_1 Z_2}{Z_1+Z_2}i = 600 - \dfrac{400 \times 50}{400+50} \times 1 = 555.56[\text{kV}]$
- 답 : 555.56[kV]

해설

- 제한전압 = 피뢰기가 처리하고 남은 전압
  = 피뢰기가 처리해야 할 전압 − 피뢰기가 처리한 전압
  $= \dfrac{2Z_2}{Z_1+Z_2}e - \dfrac{Z_1 Z_2}{Z_1+Z_2}i$
- 투과파의 파고값 $= \dfrac{2Z_2}{Z_1+Z_2}e = 600[\text{kV}]$

▶ 출제년도 : 24. ▶ 점수 : 5점

문제 17 반사율 65[%]의 완전 확산성 종이를 200[lx]의 조도로 비추었을 때, 반사체 표면의 휘도[cd/m²]를 구하시오.

- 계산 :
- 답 :

답안작성

계산 : 광속발산도 $R = \pi B = \rho E$

따라서, 휘도 $B = \dfrac{\rho E}{\pi} = \dfrac{0.65 \times 200}{\pi} = 41.38[\text{cd/m}^2]$

답 : 41.38[cd/m²]

해설

광속발산도를 R, 휘도를 B, 완전 확산면의 조도를 E, 반사율을 ρ라 하면
$R = \pi B = \rho E$ [rlx]

문제 18

▸ 출제년도 : 24.   ▸ 점수 : 5점

다음 설명에 알맞은 정격의 종류를 쓰시오.

전동기의 정격 종류	설 명
	지정 조건 밑에서 연속 사용할 때, 규정으로 정해진 온도 상승, 기타 제한을 넘지 않는 정격
	지정된 일정한 단시간 사용 조건으로 운전할 때 규정으로 정해진 온도 상승, 기타 제한을 넘지 않는 정격
	지정 조건 하에서 반복 사용하는 경우 규정으로 정해진 온도 상승, 기타 제한을 넘지 않는 정격

답안작성

전동기의 정격 종류	설 명
연속 운전 사용에 대한 정격	지정 조건 밑에서 연속 사용할 때, 규정으로 정해진 온도 상승, 기타 제한을 넘지 않는 정격
단시간 사용에 대한 정격	지정된 일정한 단시간 사용 조건으로 운전할 때 규정으로 정해진 온도 상승, 기타 제한을 넘지 않는 정격
주기적 사용에 대한 정격	지정 조건 하에서 반복 사용하는 경우 규정으로 정해진 온도 상승, 기타 제한을 넘지 않는 정격

해설

회전기기 - 제1부 : 정격 및 성능(KS C IEC60034-1)
정격분류
① 연속 운전 사용에 대한 정격
② 단시간 사용에 대한 정격
③ 주기적 사용에 대한 정격
④ 비주기적 사용에 대한 정격
⑤ 분산형 정부하를 갖는 사용에 대한 정격
⑥ 등가 부하에 대한 정격

문제 19

▸ 출제년도 : 24.   ▸ 점수 : 5점

한시(Time Delay) 보호계전기의 동작 특성에 대해 설명하시오.

- 정한시형 :
- 반한시형 :
- 반한시성 정한시형 :

답안작성

- 정한시형 : 동작 전류의 크기에 관계없이 일정한 시간에 동작하는 특성
- 반한시형 : 동작 전류가 커질수록 동작 시간이 짧게 되는 특성
- 반한시성 정한시형 : 동작 전류가 적은 동안에는 동작 전류가 커질수록 동작 시간이 짧게 되고 어떤 전류 이상이면 동작 전류의 크기에 관계없이 일정한 시간에 동작하는 특성

해설

보호 계전기 특징
① 반한시 특성 : 동작 전류가 커질수록 동작 시간이 짧게 되는 특성
② 정한시 특성 : 동작 전류의 크기에 관계없이 일정한 시간에 동작하는 특성
③ 순한시 특성 : 최소 동작 전류 이상의 전류가 흐르면 즉시 동작하는 특성
④ 반한시 정한시 특성 : 동작 전류가 적은 동안에는 동작 전류가 커질수록 동작 시간이 짧게 되고 어떤 전류 이상이면 동작 전류의 크기에 관계없이 일정한 시간에 동작하는 특성

국가기술자격검정 실기시험문제 및 답안지

2024년도 산업기사 일반검정 제 2 회

자격종목(선택분야)	시험시간	형별	수험번호	성 명	감독위원 확인
전기산업기사	2시간 00분				

문제 01 ▸ 출제년도 : 24. ▸ 점수 : 5점

전기공사업법령에 따른 등록사항의 변경신고에 대한 내용 중 공사업자는 등록사항 중 "대통령령으로 정하는 중요사항"이 변경된 경우에는 시·도지사에게 그 사실을 신고해야 한다. 이때, "대통령령으로 정하는 중요사항"을 2가지만 쓰시오.

답안작성
- 상호 또는 명칭
- 대표자

해설
공사업자의 변경신고 사항(전기공사업법 시행령 제7조)
"대통령령으로 정하는 중요사항"이란 다음 각호의 사항을 말한다.
1. 상호 또는 명칭
2. 영업소의 소재지
3. 대표자
4. 자본금(공사업과 관련이 없는 자본금의 변경은 제외한다)
5. 전기공사기술자

문제 02 ▸ 출제년도 : 24. ▸ 점수 : 5점

길이 50[km]인 송전선 한 줄마다의 애자 수는 300연이다. 애자 1연의 누설 저항이 $10^3[M\Omega]$이라면, 이 선로의 누설 컨덕턴스[$\mu\mho$]를 구하시오. (단, 주어진 조건 이외는 고려하지 않는다.)

- 계산 :
- 답 :

답안작성

계산 : 선로의 누설 컨덕턴스는 누설 저항이 10^3 [MΩ]인 애자련 300련이 병렬로 연결되어 있으므로

$$R = \frac{r}{n} = \frac{10^3}{300}[M\Omega] = \frac{10^9}{300}[\Omega]$$

$$\therefore G = \frac{1}{R} = \frac{300}{10^9} = 300 \times 10^{-9} [\mho] = 0.3[\mu\mho]$$

답 : $0.3[\mu\mho]$

문제 03

▸ 출제년도 : 11, 24.   ▸ 점수 : 3점

부등률의 정의를 쓰시오.

답안작성

전력 소비 기기를 동시에 사용하는 정도

해설

$$\text{부등률} = \frac{\text{최대 수용 전력의 합}}{\text{합성 최대 수용 전력}} = \frac{\text{설비용량} \times \text{수용률}}{\text{합성 최대 수용 전력}}$$

문제 04

▸ 출제년도 : 97, 24.   ▸ 점수 : 3점

주변압기가 3상 결선일 때, 비접지방식에서 영상전압을 얻을 수 있는 기기를 쓰시오.

답안작성

접지형 계기용 변압기

해설

① 접지형 계기용 변압기(GPT : Ground Potential Transformer)
   비접지 계통에서 지락 사고시의 영상 전압 검출
② 영상 변류기(ZCT : Zerophase Current Transformer)
   지락 사고시 지락 전류(영상 전류)를 검출하는 것으로 지락 계전기와 조합하여 차단기를 차단시킨다.

문제 05

▸ 출제년도 : 88, 92, 94, 00, 01, 12, 23, 24.   ▸ 점수 : 5점

바닥 면적이 1200[m²]인 사무실에 평균 조도 300[lx]를 얻고자 한다. 40[W] 형광등을 사용한다면 필요한 형광등 수[개]를 구하시오. (단, 40[W] 형광등의 전광속은 2500[lm], 조명률은 0.7, 감광보상률은 1.5로 하고 기타 계수는 무시한다.)

• 계산 :

• 답 :

답안작성

계산 : 등 수 $N = \dfrac{AED}{FU} = \dfrac{1200 \times 300 \times 1.5}{2500 \times 0.7} = 308.57$[개]

답 : 309[개]

해설

필요 등 수의 계산

$$N = \frac{AED}{FU} = \frac{AE}{FUM}[\text{등}]$$

여기서, F : 광원 1개당의 광속 [lm],
E : 작업면 상의 평균 조도 [lx],
D : 감광 보상률($D > 1$),
M : 유지율(보수율)
N : 광원의 개수 [등]
A : 방의 면적 [m²]
U : 조명률

문제 06

▸출제년도 : 24. ▸점수 : 5점

다음은 어느 단위 구역에서 측정한 조도 E_1, E_2, E_3, E_4이다. 측정된 조도를 사용하여 4점법에 따른 평균조도[lx]를 구하시오. (단, 꼭짓점 사이 거리는 동일하다.)

- 계산 :
- 답 :

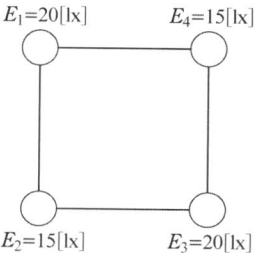

답안작성

계산 : 평균조도 $E = \dfrac{E_1 + E_2 + E_3 + E_4}{4} = \dfrac{20+15+20+15}{4} = 17.5[\text{lx}]$

답 : 17.5[lx]

문제 07

▸출제년도 : 97. 99. 03. 07. 24. ▸점수 : 6점

그림과 같은 계통의 기기의 A점에서 완전 지락이 발생하였다. 이때 다음 각 물음에 답하시오.

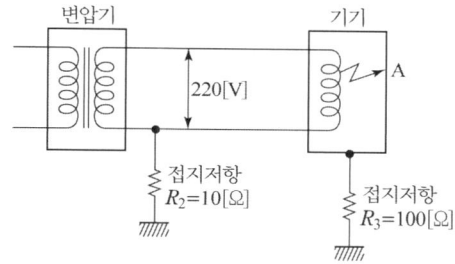

(1) 이 기기의 외함에 인체가 접촉하고 있지 않을 경우 이 외함의 대지 전압을 구하시오.
　•계산 :　　　　　　　　　　　•답 :

(2) 이 기기의 외함에 인체가 접촉하였을 경우 인체를 통해서 흐르는 전류[mA]를 구하시오. 단, 인체의 저항은 3000 [Ω]으로 한다.
　•계산 :　　　　　　　　　　　•답 :

답안작성

(1) 계산 : 대지 전압 : $e = \dfrac{R_3}{R_2 + R_3} \times V = \dfrac{100}{10+100} \times 220 = 200\ [\text{V}]$

　답 : 200[V]

(2) 계산 : 인체에 흐르는 전류

$$I = \dfrac{V}{R_2 + \dfrac{R_3 \cdot R}{R_3 + R}} \times \dfrac{R_3}{R_3 + R} = \dfrac{220}{10 + \dfrac{100 \times 3000}{100+3000}} \times \dfrac{100}{100+3000}$$

$\quad = 0.06647[\text{A}] = 66.47[\text{mA}]$

답 : 66.47[mA]

해설

(1) 인체가 접촉하지 않은 경우

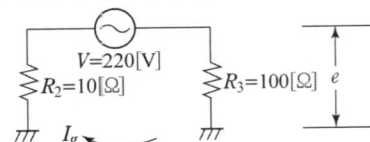

(2) 인체가 접촉하였을 경우

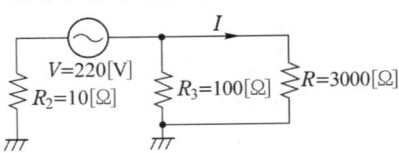

▶ 출제년도 : 90. 09. 21. 24.   ▶ 점수 : 5점

문제 08 3상 변압기 1차 전압 22900[V], 2차 전압은 380[V]이다. 2차 전압이 370[V]로 측정된 상태에서 22900[V]인 탭을 21900[V]로 변경할 때, 2차 전압[V]을 구하시오.

• 계산 :
• 답 :

답안작성

• 계산 : $V_2' = \dfrac{N_1}{N_1'} V_2 = \dfrac{22900}{21900} \times 370 = 386.89 [V]$

• 답 : 386.89[V]

해설

권수비 $a = \dfrac{N_1}{N_2} = \dfrac{V_1}{V_2}$ 에서 $V_1 = aV_2$

변압기 1차측 공급전압은 변함이 없으므로 탭 변경 시 새로운 권수비 a'는

$a' = \dfrac{N_1'}{N_2} = \dfrac{V_1}{V_2'}$ 에서

$V_2' = \dfrac{V_1}{a'} = \dfrac{a}{a'} V_2 = \dfrac{N_1/N_2}{N_1'/N_2} = \dfrac{N_1}{N_1'} V_2$

▶ 출제년도 : 97. 00. 04. 06. 20. 24.   ▶ 점수 : 4점

문제 09 그림과 같은 변전설비에서 무정전 상태로 차단기를 점검하기 위한 조작순서를 기구기호를 이용하여 설명하시오.
(단, S_1, R_1은 단로기, T_1은 By-pass 단로기, TR은 변압기이며, T_1은 평상시에 개방되어 있는 상태이다.)

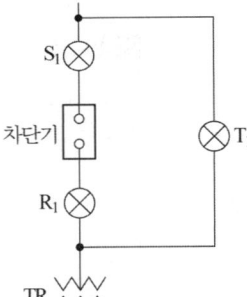

답안작성

T_1(ON) → 차단기(OFF) → R_1(OFF) → S_1(OFF)

▶ 출제년도 : 24. ▶ 점수 : 5점

문제 10 다음 수전설비 시스템의 알맞은 명칭을 쓰시오.

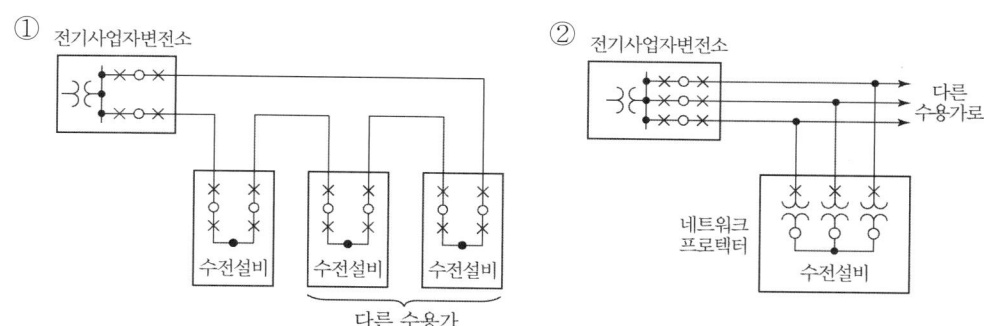

답안작성

① 루프 방식
② 스폿 네트워크 방식

해설

수전설비 시스템의 구성

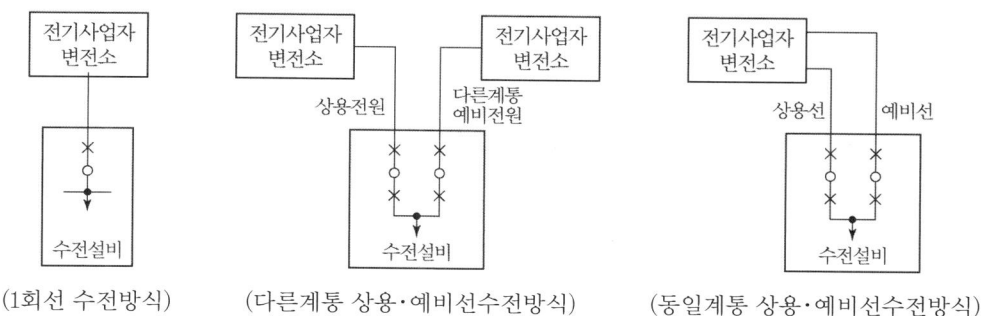

(1회선 수전방식)　　(다른계통 상용·예비선수전방식)　　(동일계통 상용·예비선수전방식)

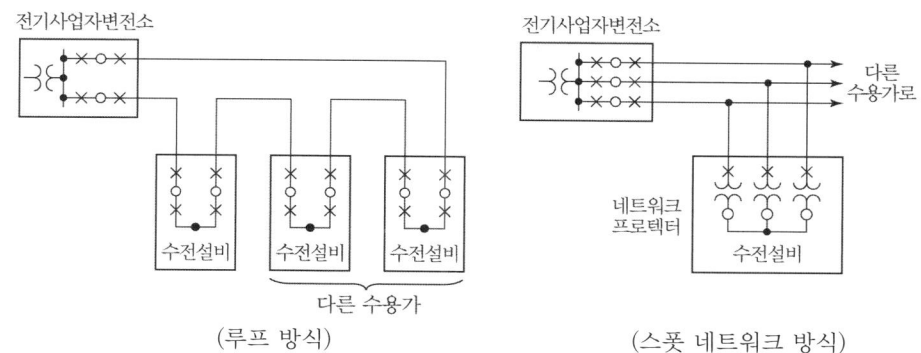

(루프 방식)　　(스폿 네트워크 방식)

문제 11

▸ 출제년도 : 89. 94. 01. 10. 24.　▸ 점수 : 6점

어떤 건물의 연면적이 420[m²] 이다. 이 건물에 표준부하를 적용하여 전등, 일반 동력 및 냉방 동력 공급용 변압기 용량을 각각 다음 표를 이용하여 선정하시오.
(단, 전등은 단상 부하로서 역률은 1이며, 일반 동력, 냉방 동력은 3상 부하로서 각 역률은 0.95, 0.9이다.)

표준 부하

부 하	표준부하 [W/m²]	수용률 [%]
전　등	30	75
일반 동력	50	65
냉방 동력	35	70

변압기 용량

상 별	용량 [kVA]
단상	3, 5, 7.5, 10, 15, 20, 30, 50
3상	3, 5, 7.5, 10, 15, 20, 30, 50

[답안작성]

(1) 전등 변압기　$Tr = 30 \times 420 \times 0.75 \times 10^{-3} = 9.45 [kVA]$　　답 : 단상변압기 10[kVA]

(2) 일반 동력 변압기　$Tr = \dfrac{50 \times 420 \times 0.65 \times 10^{-3}}{0.95} = 14.37 [kVA]$　　답 : 3상 변압기 15[kVA]

(3) 냉방 동력 변압기　$Tr = \dfrac{35 \times 420 \times 0.7 \times 10^{-3}}{0.9} = 11.43 [kVA]$　　답 : 3상 변압기 15[kVA]

[해설]

변압기 용량 ≥ 합성 최대수용전력 = $\dfrac{\text{설비용량[kVA]} \times \text{수용률}}{\text{부등률}}$

= $\dfrac{\text{설비용량[kW]} \times \text{수용률}}{\text{부등률} \times \text{역률}}$

문제 12

▸ 출제년도 : 17. 24.　▸ 점수 : 4점

전기설비기술기준에 따른 용어의 정의 중 보기에서 알맞은 용어를 쓰시오.

[보기]　급전소, 개폐소, 배선, 발전소, 변전소, 전선로, 전로, 전선

[용어의 정의]
- (①)란 전력계통의 운용에 관한 지시 및 급전조작을 하는 곳을 말한다.
- (②)이란 강전류 전기의 전송에 사용하는 전기 도체, 절연물로 피복한 전기 도체 또는 절연물로 피복한 전기 도체를 다시 보호 피복한 전기 도체를 말한다.
- (③)란 통상의 사용 상태에서 전기가 통하고 있는 곳을 말한다.
- (④)란 발전소·변전소·개폐소, 이에 준하는 곳, 전기사용장소 상호간의 전선(전차선을 저 외한다) 및 이를 지지하거나 수용하는 시설물을 말한다.

[답안작성]

① 급전소　② 전선　③ 전로　④ 전선로

해설

정의(전기설비기술기준 제3조)
- 급전소 : 전력계통의 운용에 관한 지시 및 급전조작을 하는 곳을 말한다.
- 전선 : 강전류 전기의 전송에 사용하는 전기 도체, 절연물로 피복한 전기 도체 또는 절연물로 피복한 전기 도체를 다시 보호 피복한 전기 도체를 말한다.
- 전로 : 통상의 사용 상태에서 전기가 통하고 있는 곳을 말한다.
- 전선로 : 발전소·변전소·개폐소, 이에 준하는 곳, 전기사용장소 상호간의 전선(전차선을 제외한다) 및 이를 지지하거나 수용하는 시설물을 말한다.
- 개폐소 : 개폐소 안에 시설한 개폐기 및 기타 장치에 의하여 전로를 개폐하는 곳으로서 발전소·변전소 및 수용장소 이외의 곳을 말한다.
- 배선 : 전기사용 장소에 시설하는 전선(전기기계기구 내의 전선 및 전선로의 전선을 제외한다)을 말한다.
- 발전소 : 발전기·원동기·연료전지·태양전지·해양에너지발전설비·전기저장장치 그 밖의 기계기구[비상용 예비전원을 얻을 목적으로 시설하는 것 및 휴대용 발전기를 제외한다]를 시설하여 전기를 생산[원자력, 화력, 신재생에너지 등을 이용하여 전기를 발생시키는 것과 양수발전, 전기저장장치와 같이 전기를 다른 에너지로 변환하여 저장 후 전기를 공급하는 것]하는 곳을 말한다.
- 변전소 : 변전소의 밖으로부터 전송받은 전기를 변전소 안에 시설한 변압기·전동발전기·회전변류기·정류기 그 밖의 기계기구에 의하여 변성하는 곳으로서 변성한 전기를 다시 변전소 밖으로 송전하는 곳을 말한다.

문제 13 ▶ 출제년도 : 08. 15. 24.　▶ 점수 : 6점

한국전기설비규정에 따른 콘센트의 시설에 대한 내용이다. 다음 빈칸에 알맞은 수치를 쓰시오.

> 욕조나 샤워시설이 있는 욕실 또는 화장실 등 인체가 물에 젖어있는 상태에서 전기를 사용하는 장소에 콘센트를 시설하는 경우에는 다음에 따라 시설하여야 한다.
> (1) 「전기용품 및 생활용품 안전관리법」의 적용을 받는 인체감전보호용 누전차단기(정격감도전류 (①)[mA] 이하, 동작시간 (②)초 이하의 전류동작형의 것에 한한다) 또는 절연변압기(정격용량 (③)[kVA] 이하인 것에 한한다)로 보호된 전로에 접속하거나, 인체감전보호용 누전차단기가 부착된 콘센트를 시설하여야 한다.

답안작성

① 15　② 0.03　③ 3

해설

KEC 234.5 콘센트의 시설
1) 욕조나 샤워시설이 있는 욕실 또는 화장실 등 인체가 물에 젖어있는 상태에서 전기를 사용하는 장소에 콘센트를 시설하는 경우에는 다음에 따라 시설하여야한다.
　가. 인체감전보호용 누전차단기(정격감도전류 15[mA] 이하, 동작시간 0.03[초] 이하의 전류동작형의 것에 한한다) 또는 절연변압기(정격용량 3[kVA] 이하인 것에 한한다)로 보호된 전로에 접속하거나, 인체감전보호용 누전차단기가 부착된 콘센트를 시설하여야 한다.
　나. 콘센트는 접지극이 있는 방적형 콘센트를 사용하여 규정에 준하여 접지하여야 한다.
2) 주택의 옥내전로에는 접지극이 있는 콘센트를 사용하여 규정에 준하여 접지하여야 한다.

문제 14 ▶ 출제년도 : 89. 97. 98. 00. 03. 05. 06. 15. 21. 24. ▶ 점수 : 5점

도면은 CT 2대를 V결선하고, OCR 3대를 연결한 도면이다. 이 도면을 보고 다음 각 물음에 답하시오.

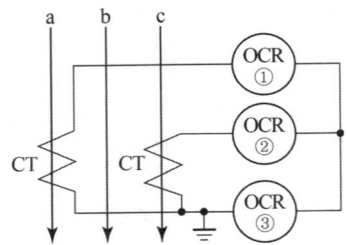

(1) OCR 중에서 ③번 OCR에 흐르는 전류는 어떤 상의 전류와 크기가 같은지 쓰시오.
(2) OCR은 주로 어떤 원인에 의하여 동작하는지 쓰시오.
(3) 통전 중에 있는 변류기 2차측 기기를 교체하고자 할 때 가장 먼저 취하여야 할 조치를 쓰시오.

답안작성

(1) b상 전류   (2) 단락 사고   (3) 2차측 단락

해설

(1) 가동접속(정상접속)

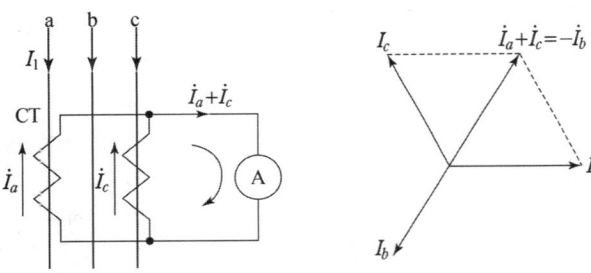

여기서, I_1 : 부하 전류, $\dot{I}_a, \dot{I}_b, \dot{I}_c$: CT 2차 전류

$\dot{I}_a + \dot{I}_c$: 전류계 Ⓐ의 지시값, 즉 Ⓐ의 지시는 CT 2차 전류와 같은 크기의 전류값 지시(I_b 상)

(3) 변류기 2차측을 개방하면 1차 전류가 모두 여자전류가 되어 2차측에 과전압 유기 및 절연이 파괴되어 소손될 우려가 있으므로 CT 2차측 기기를 교체하고자 하는 경우는 반드시 CT 2차측을 단락시켜야 한다.

문제 15 ▶ 출제년도 : 24. ▶ 점수 : 5점

어떤 화력발전소에서 시간당 중유 12[ton]을 써서 평균전력 40000[kW]를 얻고 있다. 중유의 발열량이 10000[kcal/kg]일 때 발전소의 효율[%]을 구하시오.

• 계산 :

• 답 :

답안작성

계산 : $\eta = \dfrac{860\,W}{mH} \times 100 = \dfrac{860 \times 40000}{12 \times 10^3 \times 10000} \times 100 = 28.67[\%]$

답 : $28.67[\%]$

해설

- 입력 : $m \times H$ [kcal]
- 출력 : $W \times 860$ [kcal] (1 [kWh] = 860[kcal])

따라서, 효율 $\eta = \dfrac{\text{출력}}{\text{입력}} = \dfrac{W \times 860}{m \times H} \times 100[\%]$

여기서 W : 발전 전력량[kWh], m : 연료 소비량[kg], H : 연료의 발열량[kcal/kg]

▶ 출제년도 : 10. 18. 22. 24.　▶ 점수 : 6점

문제 16

3상 154[kV] 시스템의 회로도와 조건을 이용하여 점 F에서 3상 단락고장이 발생하였을 때 154[kV], 100[MVA] 기준으로 단락전류[A]를 구하시오.
(단, 송전선로 $\%Z_{TL}$은 A부터 F까지를 의미하며, 이외는 고려하지 않는다.)

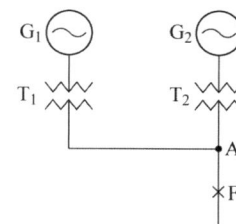

[조건]
① 발전기 G_1 : $S_{G1} = 20$[MVA], $\%Z_{G1} = 30[\%]$
　　　　 G_2 : $S_{G2} = 5$[MVA], $\%Z_{G2} = 30[\%]$
② 변압기 T_1 : 전압 11/154[kV], 용량 : 20[MVA], $\%Z_{T1} = 10[\%]$
　　　　 T_2 : 전압 6.6/154[kV], 용량 : 5[MVA], $\%Z_{T2} = 10[\%]$
③ 송전선로 : 전압 154[kV], 용량 : 20[MVA], $\%Z_{TL} = 5[\%]$

- 계산 :
- 답 :

답안작성

계산 : ① 정격전류 $I_n = \dfrac{P_n}{\sqrt{3}\,V_n} = \dfrac{100 \times 10^6}{\sqrt{3} \times 154 \times 10^3} = 374.9[A]$

② 100[MVA] 기준으로 $\%X$를 구하면

- $\%Z_{G1} = 30[\%] \times \dfrac{100}{20} = 150[\%]$
- $\%Z_{G2} = 30[\%] \times \dfrac{100}{5} = 600[\%]$
- $\%Z_{T1} = 10[\%] \times \dfrac{100}{20} = 50[\%]$
- $\%Z_{T2} = 10[\%] \times \dfrac{100}{5} = 200[\%]$
- $\%Z_{TL} = 5[\%] \times \dfrac{100}{20} = 25[\%]$

단락점 까지 합성%Z

$$\%Z = \%Z_{TL} + \frac{(\%Z_{G1} + \%Z_{T1}) \times (\%Z_{G2} + \%Z_{T2})}{(\%Z_{G1} + \%Z_{T1}) + (\%Z_{G2} + \%Z_{T2})}$$

$$= 25 + \frac{(150+50) \times (600+200)}{(150+50)+(600+200)} = 185[\%]$$

따라서 단락전류 $I_s = I_n \times \frac{100}{\%Z} = 374.9 \times \frac{100}{185} = 202.65[A]$

답 : 202.65[A]

해설

② 기준용량 $\%Z = $ 자기용량 $\%Z \times \frac{기준용량}{자기용량}$

▶ 출제년도 : 86. 96. 98. 00. 02. 03. 10. 22. 24.   ▶ 점수 : 12점

문제 17 어느 회사에서 한 부지에 A, B, C의 세 공장을 세워 3대의 급수 펌프 P₁(소형), P₂(중형), P₃(대형)으로 다음 조건에 따라 급수 계획을 세웠다. 조건과 미완성 시퀀스 도면을 보고 다음 각 물음에 답하시오.

[조건]
① 공장 A, B, C가 모두 휴무일 때 또는 그 중 한 공장만 가동할 때에는 펌프 P₁만 가동시킨다.
② 공장 A, B, C 중 어느 것이나 두 개의 공장만 가동할 때에는 P₂만 가동시킨다.
③ 공장 A, B, C가 모두 가동할 때에는 P₃만 가동시킨다.

(1) 위의 조건에 대한 진리표를 작성하시오.

A	B	C	P1	P2	P3
0	0	0			
0	0	1			
0	1	0			
0	1	1			
1	0	0			
1	0	1			
1	1	0			
1	1	1			

(2) P₁, P₂, P₃의 출력식을 최소 접점으로 표현하시오.
 • P₁
 • P₂
 • P₃

(3) 주어진 미완성 시퀀스 도면에 접점과 기호를 삽입하여 도면을 완성하시오.

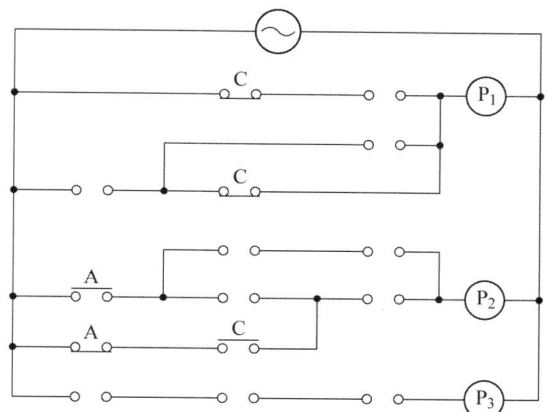

답안작성

(1)

A	B	C	P_1	P_2	P_3
0	0	0	1	0	0
0	0	1	1	0	0
0	1	0	1	0	0
0	1	1	0	1	0
1	0	0	1	0	0
1	0	1	0	1	0
1	1	0	0	1	0
1	1	1	0	0	1

(2) $P_1 = \overline{A}\,\overline{C} + \overline{B}(\overline{A} + \overline{C})$

$P_2 = \overline{A}BC + A(\overline{B}C + B\overline{C})$

$P_3 = ABC$

(3)

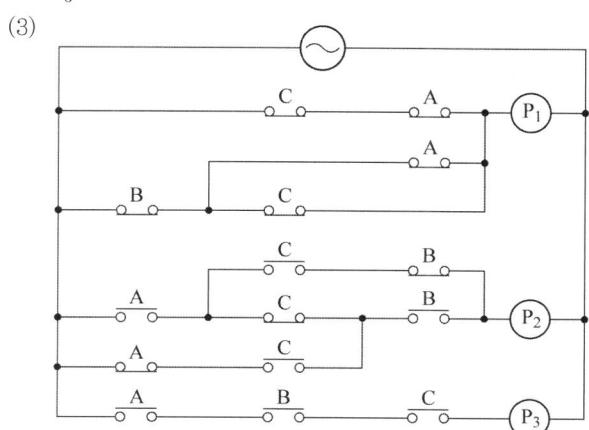

해설

$P_1 = \overline{A}\,\overline{B}\,\overline{C} + \overline{A}\,\overline{B}C + \overline{A}B\overline{C} + A\overline{B}\,\overline{C}$
$\quad = \overline{A}\,\overline{B}\,\overline{C} + \overline{A}\,\overline{B}C + \overline{A}B\overline{C} + A\overline{B}\,\overline{C} + \overline{A}\,\overline{B}\,\overline{C} + \overline{A}\,\overline{B}\,\overline{C}$
$\quad = \overline{A}\,\overline{B}(C+\overline{C}) + \overline{A}\,\overline{C}(B+\overline{B}) + \overline{B}\,\overline{C}(A+\overline{A}) = \overline{A}\,\overline{C} + \overline{B}(\overline{A}+\overline{C})$
$P_2 = \overline{A}BC - A\overline{B}C + AB\overline{C} = \overline{A}BC + A(\overline{B}C + B\overline{C})$
$P_3 = ABC$

▶ 출제년도 : 09. 18. 20. 24.   ▶ 점수 : 5점

문제 18

서지보호장치(SPD : Surge Protective Device)의 기능에 따른 분류 3가지와 구조에 따른 분류 2가지를 쓰시오.
(1) 기능에 따른 분류
(2) 구조에 따른 분류

답안작성

(1) 전압스위칭형 SPD, 전압제한형 SPD, 복합형 SPD
(2) 1포트 SPD, 2포트 SPD

해설

(1) 서지보호장치(SPD : Surge Protective Device)의 기능에 따른 분류

분 류	기 능	사용되는 부품
전압스위칭형 SPD	서지가 인가되지 않는 경우는 높은 임피던스 상태에 있으며 전압서지에 응답하여 급격하게 낮은 임피던스 값으로 변화하는 기능을 갖는 SPD를 말한다.	에어갭, 가스방전관, 사이리스터형 SPD
전압제한형 SPD	서지가 인가되지 않는 경우는 높은 임피던스 상태에 있으며 전압서지에 응답한 경우는 임피던스가 연속적으로 낮아지는 기능을 갖는 SPD를 말한다.	배리스터, 억제형 다이오드
복합형 SPD	전압스위칭형 소자 및 전압제한형 소자의 모든 기능을 갖는 SPD를 말한다.	가스방전관과 배리스터를 조합한 SPD

(2) SPD에는 회로의 접속단자 형태로 1포트 SPD와 2포트 SPD가 있다.
① SPD의 구성

구조 구분	특징	표시 예
1포트 SPD	1단자 또는 2단자를 갖는 SPD로 보호하는 기기에 대하여 서지를 분류하도록 접속한다.	SPD
2포트 SPD	2단자 또는 4단자를 갖는 SPD로 입력단자와 출력단자 사이에 직렬 임피던스가 삽입되어 있다.	SPD

② 1포트 SPD는 전압 스위칭형, 전압제한형 또는 복합형의 기능을 갖는 SPD이고, 2포트 SPD는 복합형의 기능을 가지고 있다.

▶ 출제년도 : 24.　▶ 점수 : 5점

문제 19 KS C 0301에 따른 그림기호의 명칭을 쓰시오.

그림기호	명　칭
CT	
TS	
 ⊥T (콘덴서 기호)	
 ⊣⊢	
Wh	

답안작성

그림기호	명　칭
CT	변류기(상자들이)
TS	타임스위치
 ⊥T	콘덴서
 ⊣⊢	축전지
Wh	전력량계(상자들이 또는 후드붙이)

해설

옥내 배선용 그림 기호(KS C 0301)

명칭	그림기호	적요
변류기 (상자들이)	CT	필요에 따라 전류를 방기한다.
타임스위치	TS	
콘덴서	 ⊥T	필요에 따라 전기방식, 전압, 용량을 방기한다.

명칭	그림기호	적요
축전지	⊣⊢	필요에 따라 종류, 용량, 전압 등을 방기한다.
전력량계	(Wh)	(1) 필요에 따라 전기방식, 전압, 전류 등을 방기한다. (2) 그림기호 (Wh)는 (WH)로 표시하여도 좋다.
전력량계 (상자들이 또는 후드붙이)	[Wh]	(1) 전력량계의 적요를 준용한다. (2) 집합 계기상자에 넣는 경우는 전력량계의 수를 방기한다. 보기 : [Wh]12

국가기술자격검정 실기시험문제 및 답안지

2024년도 산업기사 일반검정 제 3 회

자격종목(선택분야)	시험시간	형별
전기산업기사	2시간 00분	

수험번호 / 성 명 / 감독위원 확인

문제 01
▶ 출제년도 : 24.   ▶ 점수 : 6점

아래 그림과 같이 지름 12[cm]의 구형 외구가 있고 해당 외구의 중심에 균등 점광원이 있다. 구형 외구의 광속 발산도가 1000[rlx]이고, 투과율이 80[%]라고 할 때, 균등 점광원의 광도[cd]를 구하시오. (단, 그림은 완전 확산성 구형 광원이고, 주어지지 않은 조건 이외는 고려하지 않는다.)

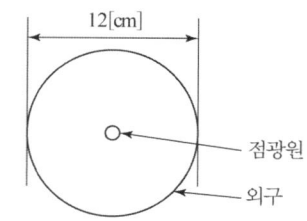

• 계산 :   • 답 :

답안작성

계산 : 반지름 $r = \dfrac{12 \times 10^{-2}}{2} = 0.06[m]$

광속발산도 $R = \tau \cdot \dfrac{I}{r^2} = 0.8 \times \dfrac{I}{0.06^2} = 1000[rlx]$ 이므로

따라서, 광도 $I = 1000 \times \dfrac{0.06^2}{0.8} = 4.5[cd]$

답 : 4.5[cd]

해설

투과면에서의 광속발산도 $R = \tau E = \tau \cdot \dfrac{I}{r^2}[rlx]$

여기서, τ : 투과율, r : 반지름
I : 광도(완전 확산성 구형 글로브 중심의 점광원)

문제 02
▶ 출제년도 : 24.   ▶ 점수 : 6점

한국전기설비규정에 따른 접지시스템의 구분 및 종류에 대한 내용이다. 빈칸에 들어갈 내용을 쓰시오.

1. 접지시스템은 (①), (②), (③) 등으로 구분한다.
2. 접지시스템의 시설 종류에는 (④), (⑤), (⑥)가 있다.

답안작성

①	계통접지	②	보호접지	③	피뢰시스템 접지
④	단독접지	⑤	공통접지	⑥	통합접지

해설

KEC 141 접지시스템의 구분 및 종류
1. 접지시스템은 계통접지, 보호접지, 피뢰시스템 접지 등으로 구분한다.
2. 접지시스템의 시설 종류에는 단독접지, 공통접지, 통합접지가 있다.

▶ 출제년도 : 24. ▶ 점수 : 4점

문제 03 부하전력 및 역률을 일정하게 유지하고 전압을 2배로 승압했을 때, 선로 손실 및 선로 손실률은 승압전에 비해 각각 몇 %로 되는지 구하시오. (단, 나머지 조건은 동일하다.)

(1) 선로손실
  • 계산   • 답

(2) 선로손실률
  • 계산   • 답

답안작성

(1) 선로손실

  • 계산 : $P_L \propto \dfrac{1}{V^2}$ 이므로 $P_L' \propto \dfrac{1}{\left(\dfrac{V'}{V}\right)^2} P_L$

  ∴ 선로손실 $P_L' = \left(\dfrac{V}{V'}\right)^2 P_L = \left(\dfrac{V}{2V}\right)^2 P_L = \left(\dfrac{1}{2}\right)^2 P_L = \dfrac{1}{4} P_L$

  • 답 : $\dfrac{1}{4}$ 배

(2) 선로손실률

  • 계산 : $k \propto \dfrac{1}{V^2}$ 이므로 $k' \propto \dfrac{1}{\left(\dfrac{V'}{V}\right)^2} k$

  ∴ 선로손실율 $k' = \left(\dfrac{V}{V'}\right)^2 k = \left(\dfrac{V}{2V}\right)^2 k = \left(\dfrac{1}{2}\right)^2 k = \dfrac{1}{4} k$

  • 답 : $\dfrac{1}{4}$ 배

해설

(1) 전력손실 $P_L = \dfrac{P^2 R}{V^2 \cos^2\theta} \propto \dfrac{1}{V^2}$

(2) 전력손실률 $k = \dfrac{P_L}{P} \times 100 = \dfrac{PR}{V^2 \cos^2\theta} \times 100[\%] \propto \dfrac{1}{V^2}$

  단, V : 승압 전의 전압, V' : 승압 후의 전압

[참고 : 송전전압과 송전전력과의 관계]		
관 계	관 계 식	항 목
전압의 자승에 비례	$\propto V^2$	송전전력(P)
전압에 반비례	$\propto \dfrac{1}{V}$	전압강하(e)
전압의 자승에 반비례	$\propto \dfrac{1}{V^2}$	• 전선의 단면적(A) • 전선의 총중량(W) • 전력손실(P_L) • 전압강하율(ϵ)

▸ 출제년도 : 24.   ▸ 점수 : 4점

문제 04 다음 조명용어의 정의를 쓰시오.
(1) 전등효율
(2) 광원의 연색성

답안작성
(1) 전력소비에 대한 전발산광속의 비율
(2) 조명에 의한 물체의 색깔을 결정하는 광원의 성질

해설
(1) 전력소비 P[W]에 대한 전발산광속 F[lm]의 비율을 전등효율 η라고 한다.
$$\eta = \frac{F}{P}[\text{lm/W}]$$
(2) 조명에 의한 물체의 색깔을 결정하는 광원의 성질을 연색성이라 하며
크세논 등 > 백색형광등 > 형광 수은등 > 나트륨 등 순으로 연색성이 우수하다.

▸ 출제년도 : 24.   ▸ 점수 : 6점

문제 05 유효낙차 81[m], 출력 10000[kW], 특유속도 164[rpm]인 수차의 회전속도[rpm]를 구하시오.
• 계산 :
• 답 :

답안작성
계산 : 수차의 특유속도 $N_s = N\dfrac{\sqrt{P}}{H^{5/4}}$[rpm]에서

수차의 회전속도 $N = N_s \dfrac{H^{\frac{5}{4}}}{P^{\frac{1}{2}}} = \dfrac{164 \times 81^{\frac{5}{4}}}{10000^{\frac{1}{2}}} = \dfrac{164 \times 81 \sqrt{\sqrt{81}}}{\sqrt{10000}} = \dfrac{164 \times 81 \times 3}{100}$
$= 398.52$[rpm]

답 : 398.52[rpm]

해설

$$N_s = N\frac{\sqrt{P}}{H^{5/4}}[\text{rpm}]$$

여기서, N : 정격 회전수, H : 유효 낙차, P : 낙차 $H[\text{m}]$에서의 최대 출력

▶ 출제년도 : 24. ▶ 점수 : 5점

문제 06 계기용변압기(2개)와 변류기(2개)를 포함하는 3상 3선식 전력량계를 결선하시오.
(단, 1, 2, 3은 상순을 표시하고, P1, P2, P3은 계기용변압기에, 1S, 1L, 3S, 3L은 변류기에 접속하는 단자이고, 선의 접속 및 미접속에 대한 예시를 참고하여 작성한다.)

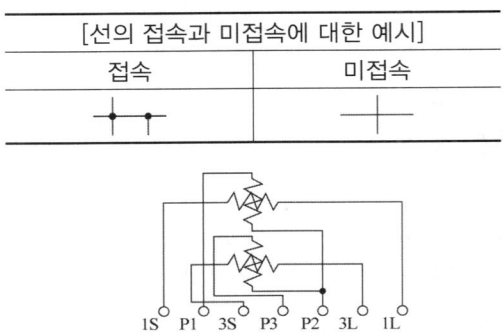

답안작성

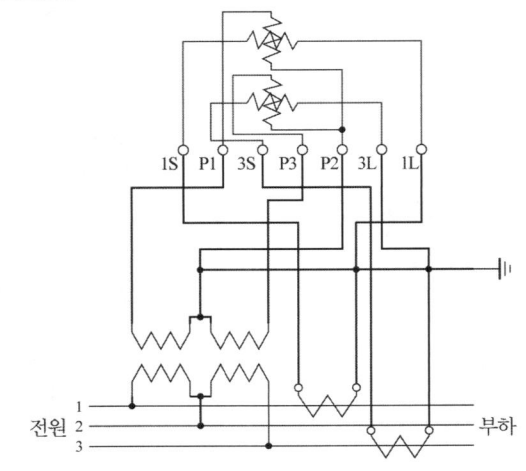

해설

적산전력계 결선(변성기 사용)

상 선	변류기 부속	계기용 변압기 및 변류기 부속
단상 2선식		
3상 3선식 / 단상 3선식		
3상 4선식		

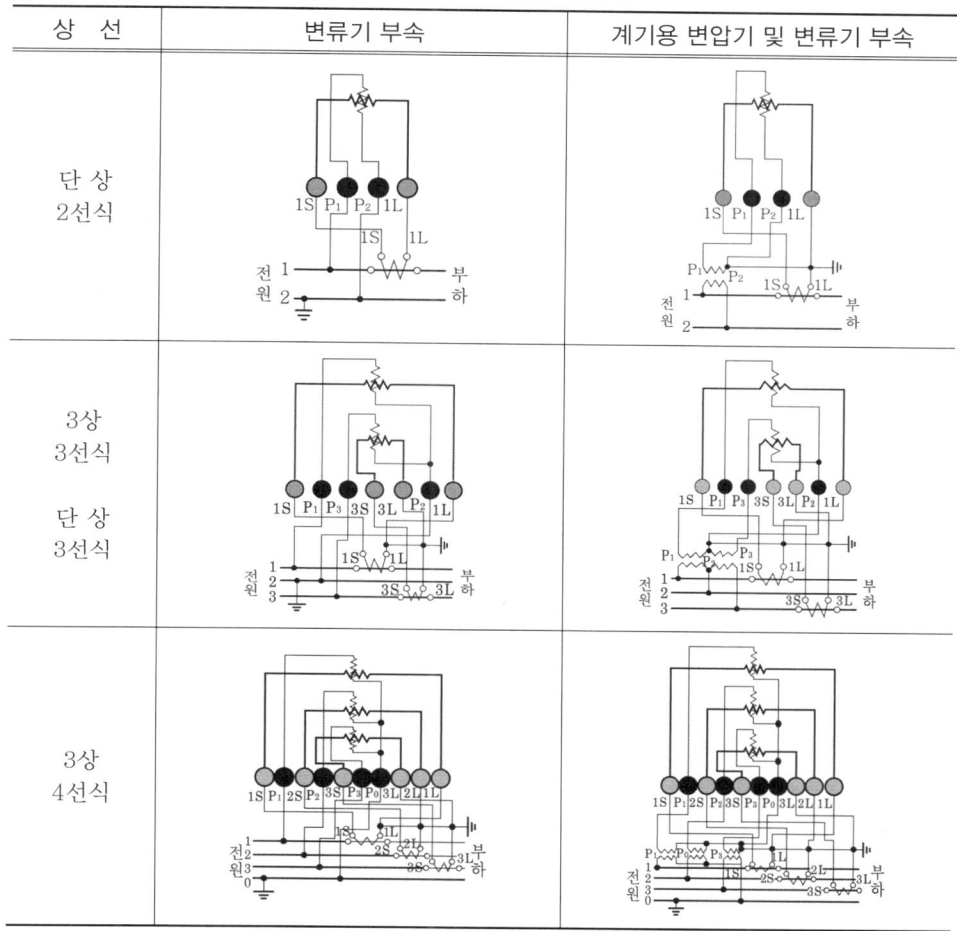

▶ 출제년도 : 20, 24. ▶ 점수 : 4점

문제 07 단상 유도전동기의 기동방식을 4가지만 쓰시오.

답안작성

① 반발 기동형
② 콘덴서 기동형
③ 분상 기동형
④ 세이딩코일형

해설

단상 유도전동기의 기동법
반발기동형, 반발유도형, 콘덴서기동형, 분상기동형, 세이딩코일형, 모노사이클릭형

문제 08

▸ 출제년도 : 24.   ▸ 점수 : 7점

다음 조건에 맞도록 미완성 시퀀스회로와 타임차트를 완성하시오.
(단, 스위치 및 접점을 그릴 때는 해당하는 문자(PBS$_1$, X$_1$ 등)를 함께 쓰도록 하고, 선의 접속 및 미접속에 대한 예시와 범례를 참고하여 작성하시오.)

[조건]
- 선행동작 우선회로이다. 즉, 누름버튼스위치(PBS) 중 가장 먼저 누르는 쪽의 램프만 점등된다.
- 누름버튼스위치(PBS) 4개(a접점 3개, b접점 1개), 릴레이 접점(X) 9개(a접점 3개, b접점 6개)를 사용한다.
- 누름버튼스위치(PBS)를 누른 후 릴레이(X) 동작은 자기유지에 의해 유지된다.
- 구체적인 작동 설명은 다음과 같다.

① PBS$_1$을 먼저 누르면 릴레이 X$_1$이 동작되며 램프 RL만 점등되고, PBS$_2$와 PBS$_3$를 나중에 눌러도 램프 GL과 WL은 점등되지 않는다.
② PBS$_2$를 먼저 누르면 릴레이 X$_2$가 동작되며 램프 GL만 점등되고, PBS$_1$과 PBS$_3$를 나중에 눌러도 램프 RL과 WL은 점등되지 않는다.
③ PBS$_3$을 먼저 누르면 릴레이 X$_3$이 동작되며 램프 WL만 점등되고, PBS$_1$과 PBS$_2$를 나중에 눌러도 램프 RL과 GL은 점등되지 않는다.
④ PBS$_4$를 누르면 모든 동작이 정지된다.

(1) 미완성 시퀀스회로를 완성하시오.

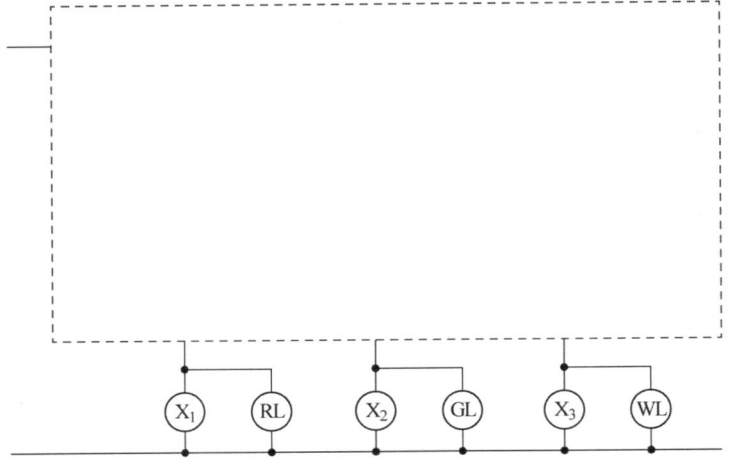

(2) 타임차트의 RL, GL, WL의 동작사항을 완성하시오. (단, 누름버튼스위치 PBS의 신호는 PBS를 누르는 동작을 의미한다.)

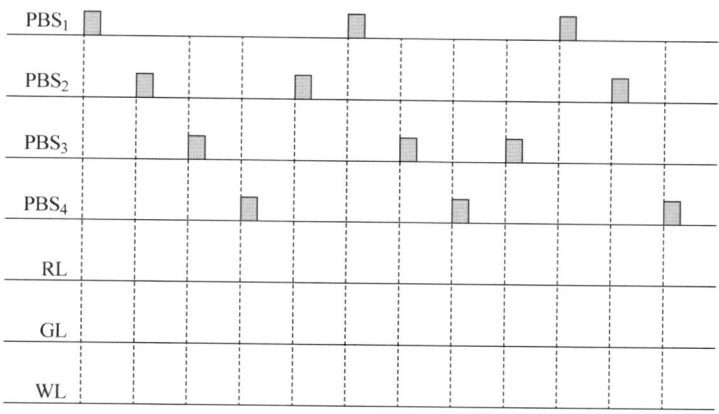

답안작성

(1)

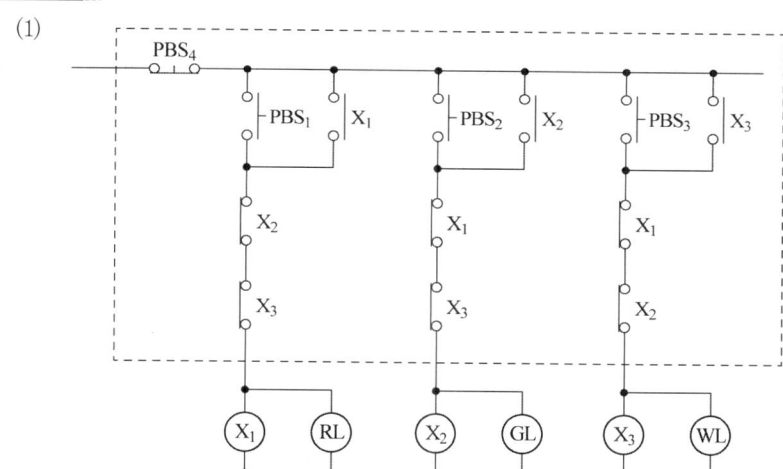

(2)

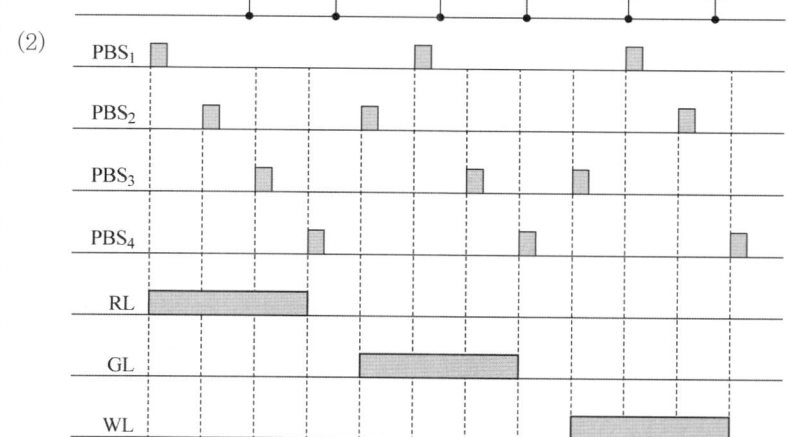

문제 09

▶ 출제년도 : 24.   ▶ 점수 : 4점

3상 변압기의 병렬운전 조건을 2가지만 쓰시오.

[답안작성]

- 변압기의 상회전 방향이 같을 것
- 변압기의 각 변위가 같을 것

[해설]

(1) 단상 변압기의 병렬운전 조건

병렬운전 조건	조건이 맞지 않는 경우
① 극성이 일치할 것	큰 순환 전류가 흘러 권선이 소손
② 정격 전압(권수비)이 같을 것	순환 전류가 흘러 권선이 과열
③ %임피던스 강하(임피던스 전압)가 같을 것	부하의 분담이 용량의 비가 되지 않아 부하의 분담이 균형을 이룰 수 없다.
④ 내부 저항과 누설 리액턴스의 비 (즉 $r_a/x_a = r_b/x_b$)가 같을 것	각 변압기의 전류간에 위상차가 생겨 동손이 증가

(2) 3상 변압기에서는 위의 조건 외에 각 변압기의 상회전 방향 및 각 변위가 같아야 한다.

문제 10

▶ 출제년도 : 05. 10. 24.   ▶ 점수 : 6점

그림은 갭형 피뢰기와 갭레스형 피뢰기의 구조를 나타낸 것이다. 화살표로 표시된 "①"~"⑥"의 각 부분의 명칭을 답란에 쓰시오.

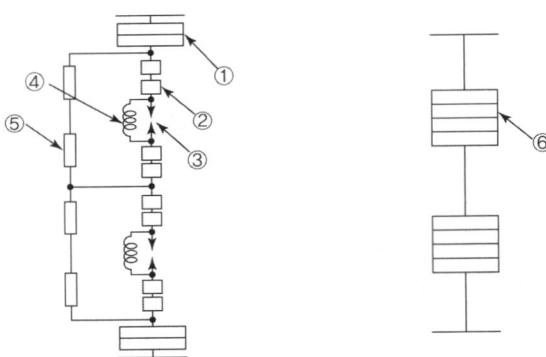

갭형 피뢰기   갭레스형 피뢰기

• 답란 :

①	②	③	④	⑤	⑥

[답안작성]

①	②	③	④	⑤	⑥
특성요소	주갭	측로갭	소호코일	분로저항	특성요소

▶ 출제년도 : 24.　▶ 점수 : 6점

문제 11 3상 평형회로에 2개의 전력계 W_1, W_2를 접속하였더니, 각 전력계의 지시값은 다음과 같았다. 다음 각 물음에 답하시오.

[전력계의 지시값]
- 전력계 W_1 : 2.2[kW]
- 전력계 W_2 : 5.8[kW]

(1) 회로의 역률[%]을 구하시오.
　• 계산 :　　　　　　　　　　　　　　• 답 :

(2) 역률을 85[%]로 개선하고자 할 때 필요한 전력용 커패시터용량[kVA]을 구하시오.
　• 계산 :　　　　　　　　　　　　　　• 답 :

답안작성

(1) • 계산 : 역률 $\cos\theta = \dfrac{W_1 + W_2}{2\sqrt{W_1^2 + W_2^2 - W_1 W_2}} \times 100$

$= \dfrac{2.2 + 5.8}{2\sqrt{2.2^2 + 5.8^2 - 2.2 \times 5.8}} \times 100 = 78.87[\%]$

• 답 : 78.87[%]

(2) • 계산 : $Q_c = W(\tan\theta_1 - \tan\theta_2)$

$= (2.2 + 5.8) \times \left(\dfrac{\sqrt{1 - 0.7887^2}}{0.7887} - \dfrac{\sqrt{1 - 0.85^2}}{0.85} \right) = 1.28[\text{kVA}]$

• 답 : 1.28[kVA]

해설

(1) 2전력계법
- 유효전력 $W = W_1 + W_2$
- 무효전력 $Q = \sqrt{3}(W_1 - W_2)$
- 피상전력 $P_a = 2\sqrt{W_1^2 + W_2^2 - W_1 W_2}$
- 역률 $\cos\theta = \dfrac{W_1 + W_2}{2\sqrt{W_1^2 + W_2^2 - W_1 W_2}}$

(2) $Q = P(\tan\theta_1 - \tan\theta_2) = P\left(\dfrac{\sin\theta_1}{\cos\theta_1} - \dfrac{\sin\theta_2}{\cos\theta_2} \right)$

▶ 출제년도 : 11. 12. 20. 21. 24.　▶ 점수 : 5점

문제 12 지표면상 16[m] 높이의 수조가 있다. 이 수조에 1시간 당 4500[m³] 물을 양수하기 위한 펌프용 전동기의 소요 동력[kW]을 구하시오. (단, 펌프의 효율은 60[%], 여유계수는 1.2 이다.)
　• 계산 :
　• 답 :

답안작성

계산 : $P = \dfrac{KQH}{6.12\eta} = \dfrac{1.2 \times \dfrac{4500}{60} \times 16}{6.12 \times 0.6} = 392.16\,[\text{kW}]$

답 : 392.16[kW]

해설

$P = \dfrac{KQH}{6.12\eta}\,[\text{kW}]$

(단, K : 손실계수(여유계수), Q : 양수량 [m³/min], H : 총양정 [m], η : 효율)

▶ 출제년도 : 24.   ▶ 점수 : 5점

문제 13 전력시설물 공사감리업무 수행지침에 따라 감리원은 해당 공사 완료 후 준공검사 전에 사전 시운전 등이 필요한 부분에 대하여는 공사업자에게 시운전을 위한 계획을 수립하여 시운전 30일 이내에 제출하도록 하고, 이를 검토하여 발주자에게 제출하여야 한다. 보기를 참고하여 시운전을 위한 계획에 포함되어야 할 사항을 모두 쓰시오.

[보기] ㄱ. 시운전 일정   ㄴ. 시험장비 확보
        ㄷ. 공사계약문서 작성   ㄹ. 안전요원 선임계획
        ㅁ. 기계·기구 사용계획   ㅂ. 지원업무담당자 지정

답안작성

시운전 일정, 시험장비 확보, 기계·기구 사용계획

해설

준공검사 등의 절차(전력시설물 공사감리업무 수행지침 제59조)
감리원은 해당 공사 완료 후 준공검사 전에 사전 시운전 등이 필요한 부분에 대하여는 공사업자에게 다음 각 호의 사항이 포함된 시운전을 위한 계획을 수립하여 시운전 30일 이내에 제출하도록 하고, 이를 검토하여 발주자에게 제출하여야 한다.
1. 시운전 일정   2. 시운전 항목 및 종류
3. 시운전 절차   4. 시험장비 확보 및 보정
5. 기계·기구 사용계획   6. 운전요원 및 검사요원 선임계획

▶ 출제년도 : 21. 24.   ▶ 점수 : 5점

문제 14 한국전기설비규정에 따른 수용가 설비에서의 전압강하에 대한 내용이다. 다른 조건을 고려하지 않는다면 수용가 설비의 인입구로부터 기기까지의 전압강하[%]를 쓰시오.

설비의 유형	조명 (%)	기타 (%)
저압으로 수전하는 경우	(①)	(②)
고압 이상으로 수전하는 경우[a]	(③)	8

답안작성

①	②	③
3	5	6

해설

- KEC 232.3.5 수용가 설비에서의 전압 강하
1) 수용가 설비의 인입구로부터 기기까지의 전압강하는 표의 값 이하이어야 한다.

설비의 유형	조명 [%]	기타 [%]
A - 저압으로 수전하는 경우	3	5
B - 고압 이상으로 수전하는 경우[a]	6	8

[a] 가능한 한 최종회로 내의 전압강하가 A 유형의 값을 넘지 않도록 하는 것이 바람직하다. 사용자의 배선설비가 100[m]를 넘는 부분의 전압강하는 미터 당 0.005[%] 증가할 수 있으나 이러한 증가분은 0.5[%]를 넘지 않아야 한다.

▸ 출제년도 : 21. 24.　▸ 점수 : 4점

문제 15 3상 3선식 배전선로의 저항이 12[Ω]이고, 리액턴스가 24[Ω]일 때 전압강하율을 10[%]로 유지하기 위해 배전선로 말단에 접속할 수 있는 최대 3상 평형부하[kW]를 구하시오. (단, 수전단 전압은 6600[V]이고, 부하 역률은 0.8(지상)로 한다.)
- 계산 :
- 답 :

답안작성

계산 : 전압강하율 $\epsilon = \dfrac{V_s - V_r}{V_r} = \dfrac{P}{V_r^2}(R + X\tan\theta)$ 에서

부하전력 $P = \dfrac{\epsilon V_r^2}{R + X\tan\theta} \times 10^{-3} = \dfrac{0.1 \times 6600^2}{12 + 24 \times \dfrac{0.6}{0.8}} \times 10^{-3} = 145.2[\text{kW}]$

답 : 145.2[kW]

해설

- 전압강하 $e = V_s - V_r = \sqrt{3}\,I(R\cos\theta + X\sin\theta)$
- 부하전류 $I = \dfrac{P}{\sqrt{3}\,V_r\cos\theta}$ 를 전압강하의 식에 대입하면,

$e = \sqrt{3} \times \dfrac{P}{\sqrt{3}\,V_r\cos\theta} \times (R\cos\theta + X\sin\theta) = \dfrac{P}{V_r}(R + X\tan\theta)$

따라서, 전압강하율 $\epsilon = \dfrac{V_s - V_r}{V_r} = \dfrac{e}{V_r} = \dfrac{P}{V_r^2}(R + X\tan\theta)$

▶ 출제년도 : 89. 97. 98. 02. 12. 13. 17. 18. 24.   ▶ 점수 : 7점

문제 16   그림은 어느 생산공장에 대한 수전설비의 계통도이다. 이 계통도를 보고 다음 각 물음에 답하시오. (단, 변압기용량 및 변류비 산출 시 주어지지 않은 조건은 반영하지 않는다.)

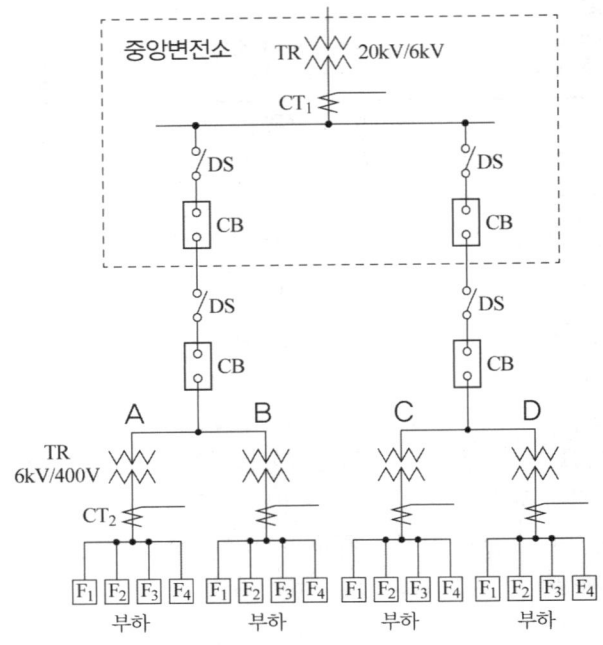

뱅크의 부하 용량표

Feeder	부하 설비 용량[kW]	수용률[%]
F_1	125	80
F_2	125	80
F_3	500	70
F_4	600	85

변류기 규격표

변류기	정격 1차 전류[A]	5, 10, 15, 20, 30, 40, 50, 75, 100, 150, 200, 300, 400, 500, 600, 750, 1000, 1500, 2000, 3000
	정격 2차 전류[A]	5

변압기 표준용량표 [kVA]

1000	1500	2000	3000	5000	7500	10000

(1) 뱅크 A, B, C, D는 동일한 부하와 설비이다. 중앙변전소에 필요한 변압기의 용량 [kVA]을 변압기 표준용량표를 참고하여 구하시오. (단, 각 뱅크 간의 부등률은 1, 각 뱅크 부하간의 부등률은 1.2, 전부하 합성역률은 0.9이다.)
- 계산 : • 답 :

(2) 변류기 CT_1과 CT_2의 변류비를 구하시오. (단, 1차 수전 전압은 20000/6000[V], 2차 수전 전압은 6000/400[V]이고, 변압기 표준용량표를 사용하여 변류기 규격표와 가까운 값을 선정한다.)

① CT_1 (단, 여유율은 1.25배로 한다.)
- 계산 : • 답 :

② CT_2 (단, 여유율은 1.35배로 한다.)
- 계산 : • 답 :

답안작성

(1) 계산 : A 뱅크의 최대 수요 전력 $= \dfrac{125 \times 0.8 + 125 \times 0.8 + 500 \times 0.7 + 600 \times 0.85}{1.2 \times 0.9}$

$\qquad\qquad\qquad\qquad = 981.48 [kVA]$

A, B, C, D 각 뱅크간의 부등률은 없으므로
$TR = 981.48 \times 4 = 3925.92 [kVA]$

답 : 5000[kVA]

(2) 계산 : ① CT_1

$I_1 = \dfrac{5000}{\sqrt{3} \times 6} \times 1.25 = 601.41 [A]$ ∴ 600/5 선정

② A, B, C, D뱅크의 변압기 용량을 1000[kVA]선정 하고 이때의 CT_2

$I_1 = \dfrac{1000}{\sqrt{3} \times 0.4} \times 1.35 = 1948.56 [A]$ ∴ 2000/5 선정

답 : ① CT_1 : 600/5   ② CT_2 : 2000/5

해설

(1) 변압기 용량[kVA] ≥ 합성 최대 수용 전력 $= \dfrac{설비용량[kVA] \times 수용률}{부등률}$

$\qquad\qquad\qquad\qquad\qquad\qquad\qquad = \dfrac{설비용량[kW] \times 수용률}{부등률 \times 역률}$

(2) ② 문제의 조건에서 변압기 표준용량표를 사용하여 변류기 규격표와 가까운 값을 선정하라고 하였으므로 A, B, C, D뱅크의 변압기 용량을 변압기 표준용량표에서 1000[kVA]선정 한 후 CT_2 변류비를 구함.

▸ 출제년도 : 97. 07. 17. 24.　▸ 점수 : 12점

문제 17 주어진 단선 결선도를 보고 다음 각 물음에 답하시오.

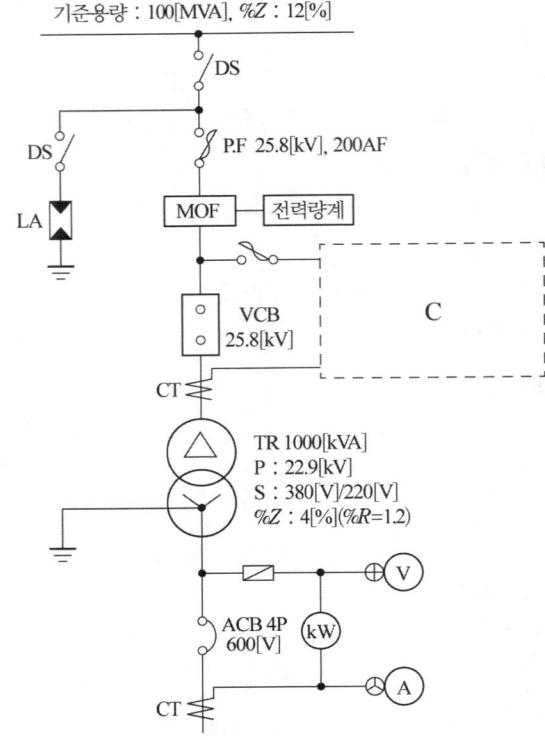

(1) LA의 명칭과 그 기능을 설명하시오.
   • 명칭 :
   • 기능 :
(2) VCB에서 단락용량[MVA]을 구하시오.
   • 계산 :　　　　　　　　　　　　　　• 답 :
(3) 도면 C 부분의 계통도에 그려져야 할 설비를 3가지만 쓰시오.
(4) ACB에서 단락전류[kA]를 구하시오.
   • 계산 :　　　　　　　　　　　　　　• 답 :
(5) 최대 부하가 800[kVA], 역률(지상)이 80[%]인 경우 변압기에 의한 전압변동률[%]을 구하시오.
   • 계산 :　　　　　　　　　　　　　　• 답 :

답안작성

(1) • 명칭 : 피뢰기
   • 기능 : 이상 전압이 내습하면 이를 대지로 방전시키고, 속류를 차단한다.
(2) • 계산 : 전원측 %Z가 100 [MVA]에 대하여 12 [%]이므로

$$P_s = \frac{100}{\%Z} \times P_n \text{ [MVA]에서}$$

$$P_s = \frac{100}{12} \times 100 = 833.33 \text{[MVA]}$$

답 : 833.33 [MVA]

(3) ① 계기용 변압기   ② 전압계   ③ 전류계

(4) 계산 : 변압기 %Z를 100 [MVA]로 환산하면

$$\frac{100000}{1000} \times 4 = 400 \text{ [\%]}$$

합성 $\%Z = 12 + 400 = 412\text{[\%]}$

단락 전류 $I_s = \frac{100}{\%Z} \times I_n = \frac{100}{412} \times \frac{100 \times 10^6}{\sqrt{3} \times 380} \times 10^{-3} = 36.88 \text{[kA]}$

답 : 36.88 [kA]

(5) 계산 : 최대부하 800[kVA] 일 때의 %저항 강하

$$p = 1.2 \times \frac{800}{1000} = 0.96\text{[\%]}$$

최대부하 800[kVA]일 때의 %리액턴스 강하

$$q = \sqrt{4^2 - 1.2^2} \times \frac{800}{1000} = 3.05\text{[\%]}$$

전압 변동률 $\epsilon = p\cos\theta + q\sin\theta$

$$\epsilon = 0.96 \times 0.8 + 3.05 \times 0.6 = 2.6\text{[\%]}$$

답 : 2.6 [%]

해설

(3) 특고압 수전 설비 표준 결선도

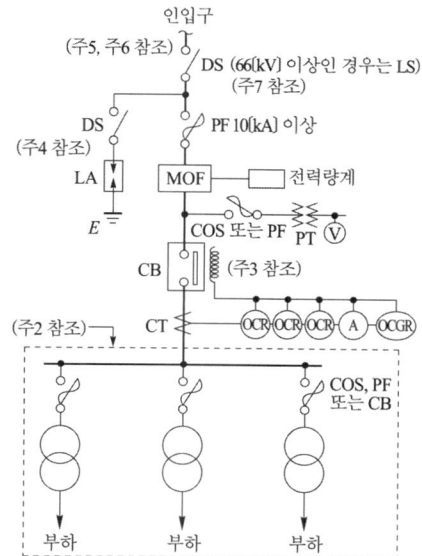

약 호	명 칭
DS	단로기
LA	피뢰기
CT	변류기
CB	차단기
TC	트립 코일
OCR	과전류 계전기
GR	지락 계전기
MOF	전력 수급용 계기용 변성기
COS	컷아웃 스위치
PF	전력 퓨즈
PT	계기용 변압기

[주1] 22.9 [kV-Y] 1000 [kVA] 이하인 경우에는 간이 수전 설비 결선도에 의할 수 있다.
[주2] 결선도 중 점선내의 부분은 참고용 예시이다.
[주3] 차단기의 트립 전원은 직류(DC) 또는 콘덴서 방식(CTD)이 바람직하며 66 [kV] 이상의 수전 설비에는 직류(DC)이어야 한다.
[주4] LA용 DS는 생략할 수 있으며 22.9 [kV-Y]용의 LA는 Disconnector(또는 Isolator) 붙임 형을 사용하여야 한다.

[주5] 인입선을 지중선으로 시설하는 경우로서 공동 주택 등 사고시 정전 피해가 큰 수전 설비 인입선은 예비선을 포함하여 2회선으로 시설하는 것이 바람직하다.

[주6] 지중인입선의 경우에 22.9[kV-Y] 계통은 CNCV-W 케이블(수밀형) 또는 TR CNCV -W 케이블(트리억제형)을 사용하여야 한다. 다만, 전력구·공동구·덕트·건물구내 등 화재의 우려가 있는 장소에서는 FR CNCO-W 케이블(난연)을 사용하는 것이 바람직하다.

[주7] DS 대신 자동고장구분 개폐기(7000[kVA] 초과시에는 Sectionalizer)를 사용할 수 있으며 66[kV] 이상의 경우는 LS를 사용하여야 한다.

(5) 변압기 용량 1000[kVA], $\%Z$: 4[%]($\%R$: 1.2[%])인 변압기를 최대부하 800[kVA]를 기준으로 $\%R(p)$과 $\%X(q)$를 구하면

① %저항 강하 $p = 1.2 \times \dfrac{800}{1000} = 0.96[\%]$

② $\%Z = \sqrt{\%R^2 + \%X^2} \rightarrow \%X = \sqrt{\%Z^2 - \%R^2}$ 이므로

%리액턴스 강하 $q = \sqrt{4^2 - 1.2^2} \times \dfrac{800}{1000} = 3.05[\%]$

▶ 출제년도 : 96. 99. 24.   ▶ 점수 : 4점

문제 18 사용전압이 220[V]인 옥내배선에서 소비전력 40[W]인 형광등 30개와 소비전력이 100[W]인 LED 램프 50개를 설치한다고 할 때 최소 분기회로 수를 구하시오.
(단, 16[A] 분기회로로 하며, 모든 조명기구의 역률은 70[%]로 한다.)

답안작성

계산 : ① 유효 전력 $P = 40 \times 30 + 100 \times 50 = 6200[W]$

② 피상 전력 $P_a = \dfrac{6200}{0.7} = 8857.14[VA]$

따라서 분기회로 수 $N = \dfrac{8857.14}{220 \times 16} = 2.52$ 회로

답 : 3회로

해설

• 피상전력 $P_a = \dfrac{P}{\cos\theta}$

• 분기 회로수 = $\dfrac{\text{부하 설비 용량[VA]}}{\text{사용 전압[V]} \times \text{분기 회로 전류[A]}}$

여기서, 분기 회로수는 절상한다.

| 판 권 |
| 소 유 |

E60-2 전기산업기사 실기

발　　행 / 2025년 2월 17일

저　　자 / 검정연구회
펴 낸 이 / 이 지 연
펴 낸 곳 / 엔트미디어
주　　소 / 서울시 강서구 강서로 47-8 302호
　　　　　(화곡동 평인빌딩)
전　　화 / 02) 2608-8339
팩　　스 / 02) 2608-8314
등록번호 / 제839-91-00430

낙장 및 파본된 책은 구입서점이나 본사에서 교환해 드립니다.

ISBN : 979-11-92810-52-2　13560

값 / 38,000원

이 책은 저작권법에 의해 저작권이 보호됩니다.
엔트미디어 발행인의 승인자료 없이 무단 전재하거나 복제하는
행위는 저작권법 제136조에 의해 5년 이하의 징역 또는 5,000만
원 이하의 벌금에 처하거나 이를 병과(倂科)할 수 있습니다.